Vögel am Wegesrand

1 BIENENFRESSER
2 HAUSSPERLING
3 STAR
4 BUCHFINK
5 MEHLSCHWALBE
6 RAUCHSCHWALBE
7 RINGELTAUBE
8 DOHLE
9 STEINKAUZ
10 BRAUNKEHLCHEN
11 TURMFALKE
12 NEUNTÖTER
13 ELSTER
14 BACHSTELZE
15 FELDLERCHE
16 KIEBITZ
17 FASAN
18 AMSEL
19 REBHUHN
20 SAATKRÄHE

Roger Peterson · Guy Mountfort · P. A. D. Hollom

DIE VÖGEL EUROPAS

DIE VÖGEL EUROPAS

Ein Taschenbuch für Ornithologen und Naturfreunde über alle in Europa lebenden Vögel

Von Roger Peterson, Guy Mountfort und P. A. D. Hollom

15., neubearbeitete Auflage

Übersetzt und bearbeitet von
Dr. Heinrich Hoerschelmann
Zoologisches Institut und
Zoologisches Museum Universität Hamburg

Mit 1520 Farbabbildungen und
366 zweifarbigen Verbreitungskarten

Parey Buchverlag Berlin 2002

Parey Buchverlag im
Blackwell Wissenschafts-Verlag GmbH
Kurfürstendamm 57, 10707 Berlin
Firmiangasse 7, 1130 Wien

Blackwell Science Ltd
Osney Mead, Oxford, OX2 0EL, UK
25 John Street, London WC1N 2BL, UK
23 Ainslie Place, Edinburgh EH3 6AJ, UK

Munksgaard International Publishers Ltd
35 Nørre Søgade
1016 Kopenhagen K, Dänemark

Blackwell Science, Inc.
Commerce Place, 350 Main Street
Malden, Massachusetts 02148 5018, USA

Deutsche Übersetzung:
Dr. Heinrich Hoerschelmann

1. Auflage: März 1954
2. Auflage: November 1956
3. Auflage: Januar 1959
4. Auflage: Dezember 1961
5. Auflage: Oktober 1963
6. Auflage: März 1965
7. Auflage: Dezember 1965
8. Auflage: Oktober 1968

Gewährleistungsvermerk
In Anbetracht des ständigen Wissenszuwachses sowie der rasch voranschreitenden technischen Anforderungen und Entwicklungen haben sich der/die Verfasser/in dieses Buches intensiv bemüht, dem aktuellen Wissenstand Rechnung zu tragen. Insbesondere wurde das Werk in Einklang mit den geltenden Gesetzen, Verordnungen und Richtlinien verfaßt. Dennoch können weder der/die Verfasser/in noch der Verlag eine Garantie für die in diesem Werk enthaltenen Angaben übernehmen. Dem Leser wird daher dringend empfohlen, einschlägige Veröffentlichungen zu verfolgen und weitergehende Entwicklungen ergänzend in Betracht zu ziehen.

Die Deutsche Bibliothek – CIP-Einheitsaufnahme

Peterson, Roger Tory:
Die Vögel Europas : ein Taschenbuch für Ornithologen und Naturfreunde über alle in Europa lebenden Vögel / von Roger Peterson, Guy Mountfort und P. A. D. Hollom. – 15., neubearb. Aufl. / übers. und bearb. von Heinrich Hoerschelmann. – Berlin : Parey, 2002
Einheitssacht.: A field guide to the birds of Britain and Europe <dt.>
ISBN 3-8263-8526-8

e-mail: parey@blackwis.de
Internet: http://www.blackwell.de

ISBN 3-8263-8526-8 • Printed in Hongkong

Blackwell Science KK
MG Kodemmacho Building, 3F
7–10, Kodemmacho Nihonbashi,
Chuo-ku, Tokio 103-0001, Japan

Blackwell Science Pty Ltd
54 University Street,
Carlton, Victoria 3053, Australien

Iowa State University Press
A Blackwell Science Company
2121 S. State Avenue
Ames, Iowa 50014-8300, USA

Die Originalausgabe erschien unter dem Titel:
COLLINS FIELD GUIDE TO BIRDS OF BRITAIN AND EUROPE (5th edition)
© Roger Tory Peterson, Guy Mountfort, P. A. D. Hollom, 1993
bei HarperCollinsPublishers Ltd

9. Auflage: Juli 1970
10. Auflage: April 1973
11. Auflage: Februar 1976
12. Auflage: Mai 1979
13. Auflage: August 1984
14. Auflage: Mai 1985
15. Auflage: Februar 2002

Einbandgestaltung: Petra Florath unter Verwendung einer Abbildung aus dem vorliegenden Buch
Satz und Repro: Heinrich Hoerschelmann & Type-Design, Berlin

Gedruckt auf chlorfrei gebleichtem Papier

Inhaltsverzeichnis

Verzeichnis der Farbtafeln

Vorwort zur fünften überarbeiteten Auflage

In den neununddreißig Jahren seit dem ersten Erscheinen sind von diesem Buche weit mehr als eine Million Exemplare in zwölf verschiedenen Sprachen verkauft worden. Es war das erste Vogelbestimmungsbuch seiner Art und so erfolgreich, daß inzwischen eine Vielzahl von Nachahmungen unter dem gleichen oder einem ähnlichen Titel erschienen sind. Nun wird eine fünfte, völlig überarbeitete Auflage vorgelegt. Der ganze Text ist neu geschrieben worden, nicht nur um ihn auf den heutigen Kenntnisstand zu bringen, sondern auch um die kennzeichnenden Bestimmungsmerkmale genauer und schärfer zu fassen. Die ausführlicheren einleitenden Texte zu den Vogelfamilien sollen dem weniger erfahrenen Beobachter die Zuordnung erleichtern. Um der wachsenden Zahl erfahrener, mit stark vergrößernden Spektiven ausgerüsteten Vogelexperten entgegenzukommen, wurden auch die Unterarten unserer Region, die sich im Freiland mit einiger Sicherheit bestimmen lassen, mit ihren besonderen Kennzeichen aufgenommen. Behandelt werden ebenfalls die eingebürgerten Arten, die es inzwischen zu freilebenden Populationen gebracht haben. Sowohl für den fliegenden als auch den sitzenden Vogel werden die charakteristischen Erscheinungsbilder, Haltungen, Stellungen und Bewegungsweisen vorgestellt. Unter der Rubrik „Ähnliche Arten", z. B. bei einigen Schnepfenvögeln, Greifvögeln, Laubsängern und Grasmücken, wird auf die besonderen Unterscheidungsmerkmale der Arten aufmerksam gemacht, mit denen am ehesten eine Verwechslung möglich ist.
Die Autoren hatten sich vorgenommen, die Texte im neuen „Peterson" so zu verbessern, daß sie klarere und genauere Bestimmungshilfen geben als sie in allen anderen vergleichbaren Büchern zu finden sind. Um dieses Ziel zu erreichen, gewannen sie D. I. M. Wallace für die Revision der Texte. Für die große Sorgfalt mit der er diese Aufgabe erfüllt hat, sind sie ihm zu besonderem Dank verpflichtet. Sein Amt als Herausgeber der Abschnitte über die Feldkennzeichen in „The Birds of Western Palearctic" und seine ständige Tätigkeit als Experte für die Freilandbestimmung befähigten ihn, uns die besten und neuesten Erkennungskriterien der europäischen Vögel, bevorzugt die der schwierigeren Fälle, deutlich zu machen.
Die Illustrationen wurden farblich aufgefrischt. Es wurden 19 neue Tafeln hinzugefügt, um die neu in die Liste europäischer Arten aufgenommenen Vögel vorstellen zu können. Weiter wurde eine bedeutende Zahl von zusätzlichen Abbildungen von Weibchen- und Jugendkleidern aufgenommen. Einige der zuvor überladenen Tafeln wurden geteilt, damit die Vögel größer und detailgetreuer abgebildet werden konnten. Die Gesamtzahl der abgebildeten Vögel ist auf 548 angewachsen.
Das Kapitel „Irrgäste" ist ebenfalls auf die insgesamt 171 Arten, die inzwischen in der behandelten Region nachgewiesen wurden, erweitert worden. Einige wenige bisher erwähnte Arten haben sich als Fehlbestimmungen erwiesen. Sie wurden deshalb fortgelassen. Andere wurden inzwischen mehr als zwanzigmal in Europa beobachtet. Sie werden daher im Text voll behandelt. Die Gesamtzahl der in diesem Feldführer vertretenen Arten beträgt somit 698. In mehreren Ländern sind, vergleichbar dem „British Birds Records Commitee", Ausschüsse gegründet worden, die die Glaubwürdigkeit von Seltenheitsbeobachtungen beurteilen. Bedauerlicherweise dauern die Klärungen und Recherchen oft ein Jahr oder länger bis endlich eine Entscheidung gefällt wird. Auch dann ist eine Wiederaufnahme des Verfahrens keineswegs ausgeschlossen. Wir sind daher der Meinung, daß es besser ist eine oder zwei Arten zu viel zu beschreiben, als möglicherweise wichtige Informationen fortzulassen. Entsprechend haben wir die Beobachtungen von Irrgästen, die von verantwortungsvollen Beobachtern bezeugt wurden und somit für sich eine ernstzunehmende Wahrscheinlichkeit beanspruchen können, auch dann aufgenommen, wenn sie nicht in den offiziellen Listen der Vogelfaunen erscheinen. Wir wollten unseren Lesern die Erkennungsmerkmale dieser Arten nicht vorenthalten. Wenn der Beobachter auf die zu beachtenden Merkmale schon im voraus hinreichend aufmerksam gemacht wurde, hat der nächste in den europäischen Gewässern erscheinende Vogel, der wie ein Kaptölpel aussieht, eine

bessere Chance, auch als ein solcher erkannt zu werden und vor dem Seltenheitsausschuß zu bestehen.
Wir haben die in Großbritannien gebräuchlichsten Vogelnamen verwendet, haben aber für die geringe Zahl der Irrgäste aus Nordamerika die dort inzwischen anerkannten Bezeichnungen benutzt.
Da sich die geographische Verbreitung der Vögel ständig ändert und für die verschiedensten Regionen Europas Verbreitungsatlanten erstellt werden, sind viele der Verbreitungskarten am Ende des Buches neu gezeichnet worden. In diesem Zusammenhang müssen wir die wertvolle Hilfe erwähnen, die wir durch die umfangreiche Bibliothek der „Royal Society for the Protection of Birds" erfahren haben. Der Zeitschrift „British Birds" schulden wir ebenfalls besonderen Dank für zahlreiche Hinweise auf Irrgäste, Nachweise seltener Arten und Veränderungen der Brutverbreitung. Den Herausgebern von „Birds of the Western Palearctic" sind wir dafür ausgesprochen dankbar, daß sie uns noch unveröffentlichtes Material dieser wertvollen Serie zugänglich gemacht haben.
Viele einheimische und ausländische Ornithologen haben uns ihr Wissen und ihre Erfahrung zur Verfügung gestellt, um es uns zu ermöglichen, den Feldführer so vollkommen wie irgend möglich zu machen. Wir danken ihnen allen und können nur bedauern, daß ihre Zahl viel zu groß ist, um sie alle persönlich erwähnen zu können.

R. T. P., G. R. M., P. A. D. H.

Vorwort zur fünfzehnten deutschen Auflage

Nach reiflicher Überlegung hat sich der Parey Buchverlag dazu entschlossen, den „Peterson" in der nunmehr vor über acht Jahren neubearbeiteten Fassung auch auf Deutsch herauszubringen. Dazu war es natürlich nötig, den Text wieder den neueren Erkenntnissen anzupassen. Der „Peterson" ist das Bestimmungsbuch, mit dem sich wohl die meisten, die heute in der Vogelforschung, der „liebenswerten Wissenschaft", den Ton angeben, ihre ersten ornithologischen Sporen verdient haben. Seit der Erstauflage vor fast einem halben Jahrhundert hat dieses Buch die Kenntnis der Vögel in unseren Landen entscheidend befördert und damit ganz wesentlich zur Fortentwicklung von Natur- und Umweltschutz beigetragen. Inzwischen sind viele umfangreichere und detailliertere Feldführer auf dem Markt. In ihnen ist das, was im „Peterson" begann, die möglichst naturgetreue, bildliche Darstellung der Vögel, oft zu einer beeindruckenden Fülle gediehen, die dem Spezialisten sehr dienlich ist, aber den gewöhnlichen Vogelfreund doch etwas verwirrt. Hier kann der „Peterson" in seiner Beschränkung auf das Wesentliche wieder eine Lücke schließen. So sei dieses Buch vor allem denen empfohlen, die beginnen, sich in der heimischen Vogelwelt zurechtzufinden, und auch denen, die eben nur wissen wollen, wer da in ihrem Garten singt und brütet, und natürlich auch allen denen, die aus dankbarer Anhänglichkeit zu diesem Buch auch diese neue Auflage besitzen wollen.

In Dankbarkeit widme ich diese Bearbeitung meinem verehrten Vorgänger im Amt, Herrn Prof. Dr. Wilhelm Meise, zum 100. Geburtstag.

Oldendorf / Örtze, im Frühjahr 2001 H. Hoerschelmann

Die behandelte geographische Region

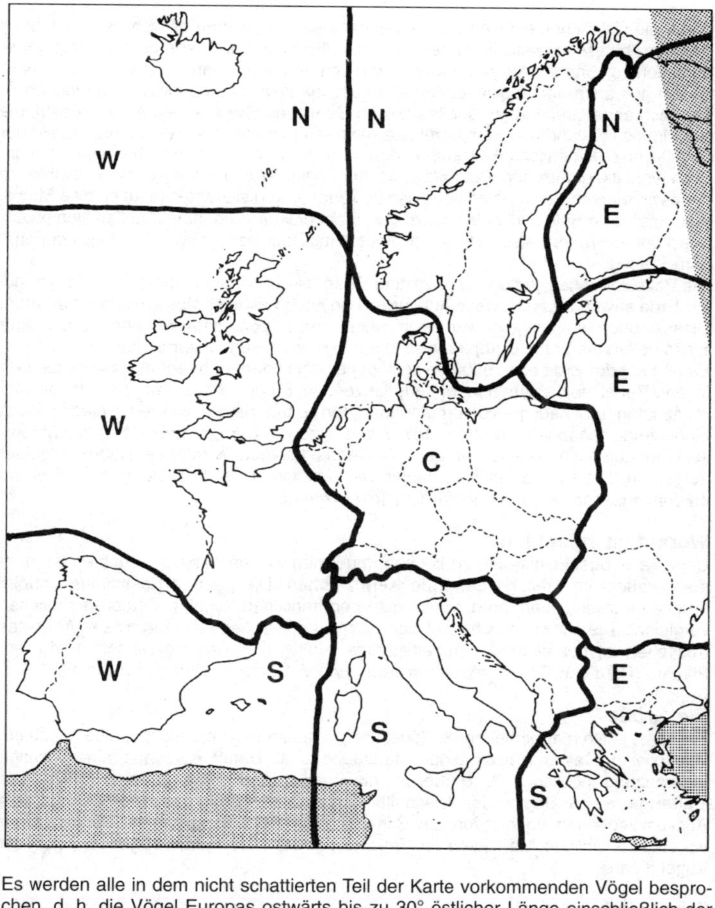

Es werden alle in dem nicht schattierten Teil der Karte vorkommenden Vögel besprochen, d. h. die Vögel Europas ostwärts bis zu 30° östlicher Länge einschließlich der Inseln des Mittelmeeres, jedoch ohne die Türkei und Nordafrika. Im Text wird die Verbreitung der Vögel mit **N-**, **S-**, **E-** (Ost), **W-** und **C-** (Zentral) **Europa** angegeben. Deutschland liegt im Zentrum (C) der erfaßten Region. Wie auf der Karte ersichtlich wird, überschneiden sich einige der Gebiete. Die einzelnen Regionen umfassen:

Im Norden - Island, Färöer, Norwegen, Schweden, Finnland.

Im Süden - Portugal, Spanien, das mediterrane Frankreich, Italien, die Staaten des ehemaligen Jugoslawien, Albanien, Griechenland, Bulgarien.

Im Osten (E) - Finnland, die Baltischen Staaten, Rumänien, Bulgarien, Griechenland.

Im Westen - Island, Färöer, Britannien, Irland, Frankreich, Spanien, Portugal.

Zentral (C) - Belgien, Niederlande, Dänemark, Deutschland, Polen, Tschechien, Slowakei, Ungarn, Österreich, Schweiz.

Wie man einen Vogel bestimmt

Viele, die sich schon ein wenig für Vögel interessieren, wagen es nicht, sich mit ihnen näher zu befassen, weil sie vorgeben, „ein Rotkehlchen nicht von einem Spatz unterscheiden zu können". Andere haben sich durch den ungewohnten, „fachchinesischen" Sprachgebrauch der Vogelexperten abschrecken lassen. Diese Menschen verschließen sich ohne Grund einer Quelle reinsten Genusses. Die Freude an den Vögeln, die der Mensch in Jahrhunderten gefühlsbestimmten Interesses entwickelt hat, ob sie nur flüchtig oder leidenschaftlich empfunden wird, ist weder von eingehendem Studium noch von akademischen Befähigungen abhängig. Wer behauptet, ein Rotkehlchen nicht von einem Sperling unterscheiden zu können, wird sicher einen Adler, eine Möwe, eine Ente, eine Eule und viele andere Vertreter der verschiedenen Vogelfamilien erkennen können. Er hat also schon ein gutes Stück auf dem Weg des „Vogelkennens" zurückgelegt.
Die Bezeichnungen „Adler", „Möwe" oder „Ente" sind aber sehr weit gefaßt. Es gibt auf der Erde etwa 50 verschiedene Adlerarten und noch viel mehr Möwen- und Entenarten. Dieses Buch soll zeigen, wie man ohne große Vorkenntnisse und komplizierte Einzelheiten die Vögel Europas, also unserer Heimat, kennenlernen kann.
Es gibt auf der Erde etwa 9000 verschiedene Vogelarten, d. h. Vogelgruppen, die sich in der Regel nur untereinander fortpflanzen. In Europa haben wir es nur mit 526 regelmäßig bzw. häufiger vorkommenden Arten zu tun. Sie alle werden in diesem Buch eingehend behandelt. Weitere 167 Arten sind in Europa nur als Ausnahmeerscheinungen nachgewiesen worden. Sie werden kurzgefaßt unter der Rubrik „Irrgäste" aufgeführt. Die Unterarten (geographische Variationen der Art), die sich im Freiland erkennen lassen, werden ebenfalls im Text erwähnt.

Worauf ist zu achten?

Um einen Vogel bestimmen zu können, muß man wissen, worauf zu achten ist, d. h. man braucht im Freiland bewährte **Kennzeichen**. Die genaue Bestimmung erfolgt dann im Ausschlußverfahren, indem man den fraglichen Vogel mit anderen ähnlichen vergleicht. Die Hinweisstriche auf den Abbildungen sollen das erleichtern. Aber das Aussehen ist nur einer der Anhaltspunkte. Haltung, Bewegungsweisen, Verhalten, Stimme (Rufe und Gesänge), Lebensraum und Vorkommen sind gleich wichtig.

Die Größe

Zunächst sollte man unbekannte Vögel mit gut bekannten vergleichen, also mit einem Haussperling, einer Amsel, einer Stadttaube usw. Damit ist schon eine wichtige Eingrenzung möglich z. B. „größer als ein Sperling und kleiner als eine Amsel". Die **Maßangaben** am Beginn des Abschnitts Kennzeichen geben die Länge des auf dem Rücken liegenden Vogels von der Schnabel- zur Schwanzspitze an. Dieses in der Vogelkunde übliche Maß kann im Freiland nur als Hilfe beim Größenvergleich der Vögel dienen.

Die Gestalt

Ist der **Körper** des Vogel rundlich wie bei einem Rotkehlchen (links) oder schlank wie bei einer Bachstelze (rechts)?

Sind die **Flügel** im Flug entweder lang und zugespitzt wie bei der Schwalbe (links) oder kurz und gerundet wie bei der Grasmücke (rechts)?

Ist der **Schnabel** fein und zierlich wie bei der Grasmücke (1) oder dick und kurz wie bei einem Finken und Sperling (2) oder lang und dolchförmig wie bei einer Seeschwalbe (3) oder kräftig und hakenartig gekrümmt wie bei einem Turmfalken (4)?

Ist der **Schwanz** tief gegabelt wie bei einer Schwalbe (a) oder kurz und gerade „abgeschnitten“ wie bei einem Star (b) oder tief eingekerbt wie bei einem Hänfling (c) oder breit, gerundet und gestuft (die Federn werden zu den Seiten hin in Stufen kürzer) wie bei einem Kuckuck (d) oder keilförmig wie bei einem Kolkraben (e)?

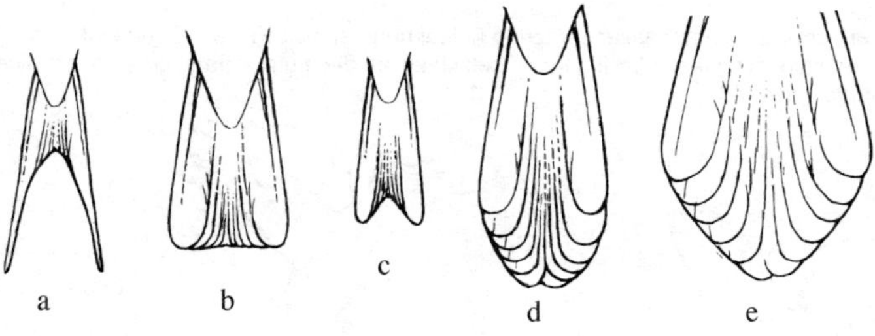

Das Verhalten

Einige Vögel haben sehr kennzeichnende Gewohnheiten. Wippt er andauernd mit dem Schwanz wie eine Bachstelze, zittert er mit dem Schwanz wie ein Rotschwanz, stellt er den Schwanz senkrecht auf („stelzt“ er den Schwanz) wie ein Zaunkönig, oder sitzt er kerzengerade mit abwärts gerichtetem Schwanz wie ein Grauschnäpper?

Klettert er an Bäumen? Wenn ja, klettert er in Spiralen aufwärts wie ein Baumläufer (1), klettert er ruckweise, gestützt auf den steifen Schwanz wie ein Specht (2), oder klettert er, ohne sich auf den Schwanz zu stützen, „kopfüber“ und „kopfunter“ wie ein Kleiber?

Läuft er bei der Nahrungssuche am Boden trippelnd wie eine Lerche, hüpft er wie ein Sperling, rennt er stoßweise wie eine Bachstelze, oder drückt er sich dicht am Boden dahin wie eine Heckenbraunelle?
Liegt er beim Schwimmen hoch im Wasser wie ein Teichhuhn (a) oder tief mit fast eingetauchtem Rücken wie ein Seetaucher (b)? Taucht er wie ein Bläßhuhn (c), oder gründelt er wie eine Stockente (d)?

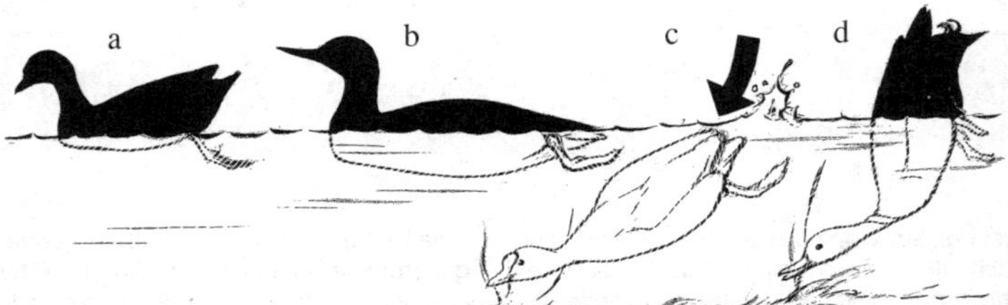

Muß er zum Start vom Wasser spritzend Anlauf nehmen wie ein Teichhuhn (links), oder kann er sich mit einem kräftigen Flügelschlag in die Luft „katapultieren“ wie eine Krickente (rechts)?

Fliegt er auf der Stelle („rüttelt“) über dem Wasser und taucht dann im Sturzflug wie eine Seeschwalbe oder ein Eisvogel, oder stürzt er sich mit den Füßen voran ins Wasser wie ein Fischadler, oder läuft er unter Wasser wie eine Wasseramsel?

Wenn er watet, steht er dann lange regungslos im seichten Wasser wie ein Reiher, oder rennt er hurtig am Ufer entlang wie ein Wasserläufer, oder folgt er den auf- und ablaufenden Wellen wie ein Sanderling?

Der Flug

Ist die Flugbahn ausgeprägt wellenförmig wie bei einem Specht (1), oder ist der Flug geradlinig und schnell wie bei einem Star (2)?

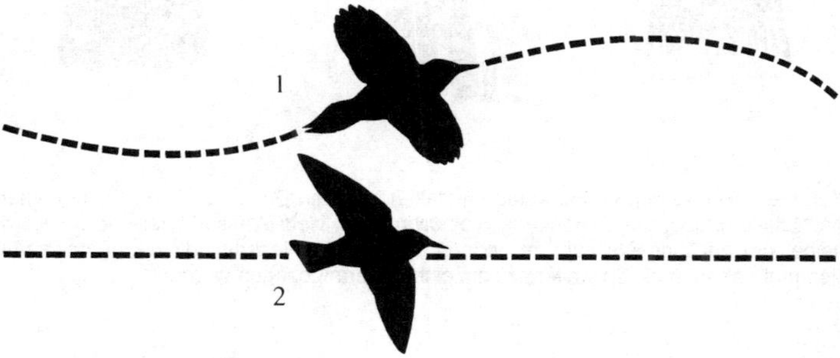

Schlägt er langsam mit den Flügeln wie ein Reiher oder schnell wie eine Stockente, oder wechseln Flügelschlagserien und Gleitstrecken miteinander ab wie bei einer Wacholderdrossel, oder segelt er ohne Flügelschlag wie ein Bussard?

Die im Freiland erkennbaren Kennzeichen

Nur wenige Vögel können allein an der Färbung erkannt werden. Beim Pirolmännchen z. B. mit seiner sattgelben und schwarzen Färbung ist ein Irrtum wohl ausgeschlossen. Zur Unterscheidung der meisten Vögel ist aber auf feinere Merkmale verschiedenster Art zu achten. Viele dieser Merkmale werden auf den Abbildungen durch **Hinweisstriche** hervorgehoben. Im Zweifel ist aber ein gründlicheres Studium der Texte angeraten. Dort wird, wenn nötig, auch auf spezielle Details hingewiesen.

Viele Vögel sind auf der Unterseite mehr oder weniger gefleckt oder gestreift. Erstreckt sich diese Zeichnung fast über die ganze Unterseite wie bei der Singdrossel (a), nur auf die Vorderbrust wie bei der Feldlerche (b) oder nur auf die Flanken wie beim Birkenzeisig (c)?

Hat der Schwanz ein kennzeichnendes Muster, z. B. eine weiße Endbinde wie beim Kernbeißer (1), weiße Außenkanten wie beim Buchfink (2) oder weiße Basisflecke wie beim Braunkehlchen (3)?

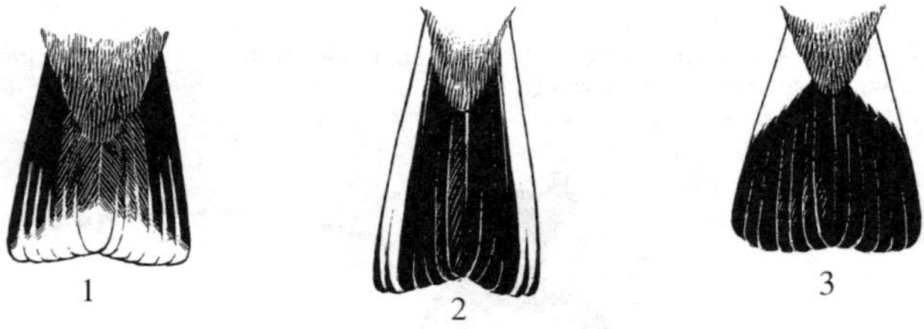

Mehrere Vögel zeigen im Flug einen auffallend weißen Bürzel, z. B. der Eichelhäher, die Mehlschwalbe, der Gimpel, die Steinschmätzer, viele Wasserläufer und die Kornweihe, um nur eine Auswahl zu nennen. Wenn so viele Arten dieses gemeinsame Merkmal haben, müssen weitere Kennzeichen herangezogen werden.

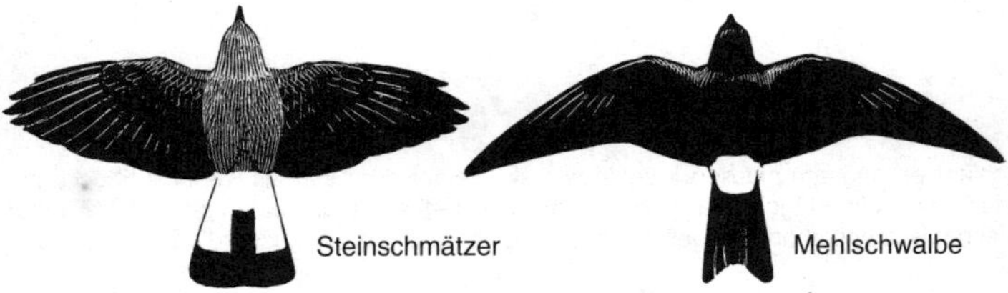

Das Vorhandensein oder Fehlen von Flügelbinden ist bei so unscheinbaren Vögeln wie den Laubsängern sehr wichtig. Viele dieser Binden sind deutlich, manche undeutlich, einige einzeln andere doppelt.

Bei vielen kleinen Singvögeln ist auch die Kopfzeichnung bedeutsam. Hat der Vogel einen Streif über oder unter dem Auge oder durch das Auge, oder eine Kombination vom mehreren solcher Streifen? Manche Grasmücken haben kennzeichnend gefärbte Augen, Augenringe oder Bartstreifen. Solche feinen Merkmale werden heute, wo man sich mit einer guten Optik den Vogel auch auf größere Entfernung genau betrachten kann, immer wichtiger.

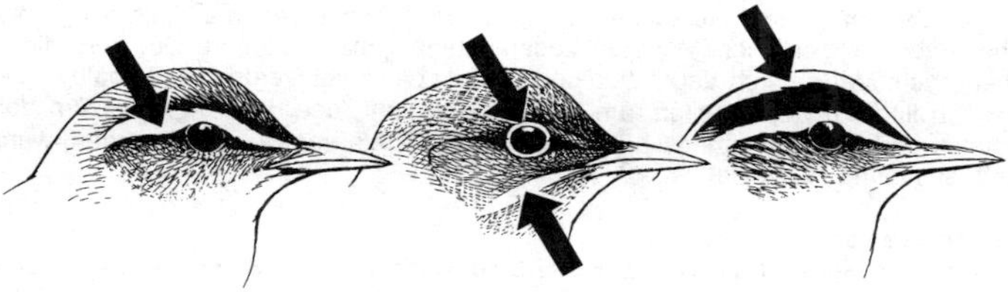

Auf die Flügelzeichnung sollte immer geachtet werden, v. a. bei Enten und Watvögeln. Flügel können ganz dunkel oder ganz hell, oder teils dunkel und teils hell sein oder auffallende weiße oder andersfarbige Streifen und Flecke aufweisen. Die genaue Verteilung solcher Abzeichen auf der Flügelober- und -unterseite ist wichtig.

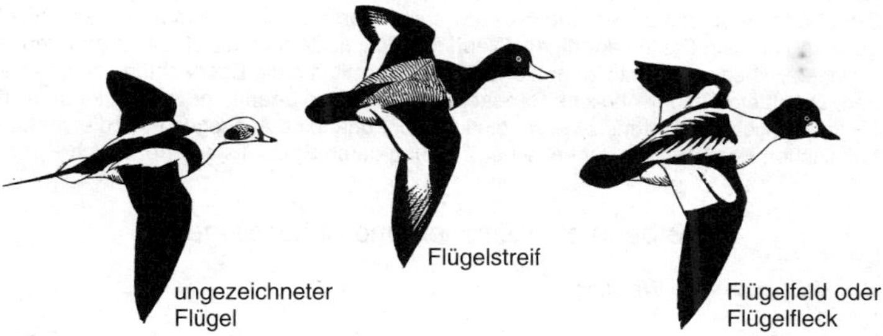

Rufe und Gesänge

Erfahrene Vogelkenner verlassen sich beim Ansprechen der Vögel ebenso auf ihr Gehör wie auf ihre Augen. Weil die Vögel aber kaum jemals „menschliche" Laute von sich geben, ist es nicht möglich, die Stimmen durch lautmalerische Umschreibungen exakt wiederzugeben. Die Lautempfindung ist sehr subjektiv. Jeder, der versucht einen Vogelruf in Buchstabenfolgen zu fassen, weiß, daß viele andere diese Lautwiedergabe nur schwer nachvollziehen können. Was in diesem Buch versucht wurde, bleibt also ein mehr oder weniger gelungener Notbehelf. Daher ist jedem, der die Vogelstimmen wirklich kennenlernen will, zu empfehlen, sich eine der heute in guter Qualität erhältlichen „Vogelstimmen Europas" auf Kassetten oder CDs zuzulegen. Beim hören dieser Tonträger kann die Lautumschreibung in diesem Buch hilfreiche „Merksätze" liefern. Beim Erlernen der Vogelstimmen sollte man zunächst immer versuchen, den singenden Vogel auch zu sehen. Wenn Bild und Ton sich verbinden, prägen sie sich besonders gut ein.

Die Lebensräume
Vögel, die der Anfänger schwer allein nach ihrem Aussehen bestimmen kann, können oft besser angesprochen werden, wenn man ihre typischen Lebensraumansprüche kennt. Die Eisente trifft man mit hoher Wahrscheinlichkeit nur auf dem Salzwasser an, die Spießente, die ebenfalls einen langen, spitzen Schwanz besitzt, dagegen fast nur auf dem Süßwasser. Waldlaubsänger sind Vögel der geschlossenen, hohen Laubwälder. Sie sind kaum jemals in der offenen Landschaft im dichten Gebüsch zu finden, wo man die Dorngrasmücke suchen würde. Vögel haben in bezug auf ihre geographische Verbreitung und ihre engeren Lebensräume ganz bestimmte Grenzen, die in erheblichem Maße durch Vegetation und Wasser bestimmt werden. Außerhalb dieser Grenzen findet man sie selten, am ehesten auf dem Zuge. Die Angaben zum Vorkommen und die Verbreitungskarten sollten daher stets berücksichtigt werden, wenn die Bestimmung zweifelhaft ist.

Die Jahreszeiten
Es ist interessant und nützlich zu wissen, zu welchen Jahreszeiten die Zugvögel in einer bestimmten Region erscheinen. Die meisten guten Vogelkenner führen sorgfältig Tagebuch über die Ankunfts- und Abzugsdaten. Dadurch wird es möglich vorauszusagen, wann höchstwahrscheinlich der erste Zilpzalp, der Mauersegler oder die Rotdrossel erscheinen werden. Solche Daten kann man auch auf den Rändern dieses Buches vermerken, das ja nicht als Schmuckstück des Bücherschrankes, sondern in erster Linie als Begleiter in Wald und Feld gedacht ist.

Vorsicht!
Beim Umgang mit Seltenheiten sollte man größte Vorsicht walten lassen. Ausnahmegäste können fast überall auftreten, besonders an Küsten und auf abgelegenen Inseln. Detaillierte Beschreibungen und Skizzen sollte man bei jeder vermuteten Seltenheit gleich an Ort und Stelle verfertigen. Wenn möglich, sollte man gleich einen erfahrenen örtlichen Experten zu Rate ziehen und versuchen mit ihm die Beobachtung zu bestätigen. Damit eine ungewöhnliche Beobachtung als richtig anerkannt werden kann, sind für gewöhnlich mindestens zwei voneinander unabhängige Aussagen über die charakteristischen Kennzeichen zur kritischen Prüfung durch Spezialisten erforderlich.

Die benutzten Zeichen und Abkürzungen:

♂ = Männchen, ♀ = Weibchen

Kleider: **PK** = Prachtkleid (Sommer-, Brutkleid); **SK** = Schlichtkleid (Winter-, Ruhekleid); **JK** = Jugendkleid (erstes vollständiges Gefieder eines flüggen Jungen)

Statusangaben: Die Angaben beziehen sich auf C-Europa, und hier im wesentlichen auf das deutschsprachige Gebiet.
B = regelmäßiger Brutvogel, teilweise auch nur lokale Vorkommen.
J = Jahresvogel, der sich das ganze Jahr über in dem Gebiet aufhält.
Z = Zugvogel, der das Gebiet zum Winter verläßt, oder durch das Gebiet zieht.
W = Wintergast, der sich nur im Winter in dem Gebiet aufhält.
G = Gastvogel, dessen häufigeres Auftreten nicht auf Zug zurückzuführen ist.
A = Ausnahmeerscheinung bzw. Irrgast.
E = Eingebürgerte oder aus Gefangenschaft entflogene Vögel.

Durch die Kombination der Statusangaben lassen sich genauere Angaben machen z. B.: **BZW** = Ein Teil der Brutvögel zieht fort, es kommen aber Vögel aus weiter nördlich lebenden Populationen zum Überwintern in das Gebiet.

Institutionen, Vereine und Verbände der Vogelforschung und des Vogelschutzes

Die Vögel spielen im Umwelt- und Naturschutz eine sehr wichtige Rolle. Daher sind in vielen kommunalen und in fast allen Naturschutzverwaltungen der Länder Stellen eingerichtet worden, die speziell auf die Belange des Vogelschutzes ausgerichtet sind. In den Ländern sind das die **Staatlichen Vogelschutzwarten,** die in der Mehrzahl den jeweiligen Landesämtern für Umwelt- und Naturschutz angegliedert sind.

Die Naturschutzverwaltungen könnten ihre Arbeit nicht leisten, wenn sie nicht auf die Erforschung der Vogelbestände durch die **Ornithologischen Arbeitsgemeinschaften** zurückgreifen könnten. Neben einer Vielzahl mehr lokaler avifaunistischer Arbeitsgruppen gibt es in fast jedem Bundesland auch eine landesweit tätige Vereinigung, die sich der Erfassung der Vogelwelt verschrieben hat. Alle diese Gruppen und Vereine sind im **Dachverband Deutscher Avifaunisten (DDA)**, c/o D. Franz, Am Schafberg 31, 96476 Rodach zusammengeschlossen.

Dem Naturschutz allgemein und speziell dem **Vogelschutz** widmen sich mehrere große Organisationen:

Naturschutzbund Deutschland (NABU) (ehemals Deutscher Bund für Vogelschutz) Bundesgeschäftsstelle, Herbert-Rabius-Str. 26, 53225 Bonn, mit Geschäftsstellen in den Bundesländern und vielen Ortsgruppen.
Landesverband für Vogelschutz in Bayern e. V. Eisvogelweg 1, 91161 Hilpoltstein.
Schweizer Vogelschutz (SVS), Postfach, CH-8036 Zürich.
Letzebuerger Natur- e Vulleschutzliga, Haus vun der Natur, Route de Kochelscheuer, L-1899 Kochelscheuer.
Verein Jordsand zum Schutze der Seevögel und der Natur e. V., Bornkampsweg 35, 22926 Ahrensburg.

In den **Ornithologischen Gesellschaften** haben sich die mehr wissenschaftlich interessierten Vogelkundler zusammengeschlossen. Es bestehen aber auch vielfache Verbindungen zum Vogel- und Naturschutz:

Ala, Schweizerische Gesellschaft für Vogelkunde und Vogelschutz, Rüttenenweg 63, CH-4313 Möhlin AG.
BirdLife Österreich, Gesellschaft für Vogelkunde, c/o Naturhistorisches Museum, Museumsplatz 1/10/8, A-1070 Wien.
Deutsche Ornithologen-Gesellschaft (DO-G), W. Stauber, Postfach 1126, 73330 Gingen/Fils.

Die **Vogelwarten** sind Institute zur Erforschung des Vogelzuges, des Vogelverhaltens und vieler anderer wissenschaftlich relevanter Fragen:

Institut für Vogelforschung, „Vogelwarte Helgoland", An der Vogelwarte 21, 26386 Wilhelmshaven mit Außenstellen auf Helgoland und in Braunschweig.
Schweizerische Vogelwarte, CH-6204 Sempach.
Vogelwarte Hiddensee, zum Hochland 17, 18565 Kloster, Hiddensee.
Vogelwarte Radolfzell am Max-Planck-Institut für Verhaltensbiologie, 78315 Radolfzell.

Bei allen diesen Institutionen, Vereinen, Verbänden und Arbeitsgruppen wird der Vogelfreund, auch der „Anfänger" oder nur an bestimmten Beobachtungen und Fragen Interessierte, Auskunft, Rat und Unterstützung erhalten.

Liste der Vögel C-Europas

Die Liste enthält die Brutvögel (B), die im Brutgebiet bleibenden Jahresvögel (J), die fortziehenden Zugvögel und die Durchzügler (Z), die Wintergäste (W), die Gastvögel (G) und die eingebürgerten oder aus Gefangenschaft entflogenen Vögel (E). Von den Ausnahmeerscheinungen und Irrgästen (A) wurden nur die Arten aufgenommen, die mehrfach nachgewiesen werden konnten.

Die Liste mit den Statusangaben soll eine schnelle Übersicht über den derzeitigen Stand der Vögel C-Europas ermöglichen. Sie kann aber auch zur Überprüfung der eigenen Artenkenntnis dienen.

Seetaucher
Sterntaucher ZW
Prachttaucher ZW
Eistaucher W
Gelbschnabeltaucher A

Lappentaucher
Zwergtaucher BJZW
Haubentaucher BZW
Rothalstaucher BZW
Ohrentaucher ZW
Schwarzhalstaucher BZW

Albatrosse
Schwarzbrauenalbatros A

Sturmvögel
Eissturmvogel BJZW
Gelbschnabel-Sturmtaucher A
Großer Sturmtaucher A
Dunkler Sturmtaucher Z
Schwarzschnabel-Sturmtaucher A
Mittelmeer-Sturmtaucher A
Kleiner Sturmtaucher A

Sturmschwalben
Buntfuß-Sturmschwalbe A
Sturmschwalbe A
Wellenläufer A

Tölpel
Baßtölpel BZW

Kormorane
Kormoran BJZW
Krähenscharbe A
Zwergscharbe A

Pelikane
Rosapelikan A
Krauskopfpelikan A

Reiher
Rohrdommel BZW
Zwergdommel BZ
Nachtreiher BZ
Rallenreiher A
Seidenreiher A
Silberreiher A
Graureiher BJZW
Purpurreiher BZ

Störche
Schwarzstorch BZ
Weißstorch BZ

Ibisse
Braunsichler A
Löffler G

Flamingos
Flamingo A
Chileflamingo EB

Entenvögel
Höckerschwan BJZW
Zwergschwan ZW
Singschwan ZW
Saatgans ZW
Kurzschnabelgans ZW
Bläßgans ZW
Zwerggans A
Graugans BJZW
Schneegans E
Streifengans E
Kanadagans EBW
Nonnengans BZW
Ringelgans ZW
Rothalsgans A
Nilgans EBJ
Rostgans E
Brandgans BJ
Mandarinente EBJ
Pfeifente BJZW
Nordamerikanische Pfeifente A
Schnatterente BJZ
Krickente BJZW
Stockente BJZW
Spießente BZW
Knäkente BZ
Blauflügelente A
Löffelente BZ
Kolbenente BJZ
Tafelente BJZW
Halsringente A
Moorente G
Reiherente BJZW
Bergente ZW
Eiderente BJZW
Prachteiderente A
Scheckente A
Kragenente A
Eisente ZW
Trauerente ZW
Brillenente A
Samtente ZW
Spatelente A
Schellente BJZW
Zwergsäger ZW
Mittelsäger BZW
Gänsesäger BJZW
Schwarzkopf-Ruderente A
Weißkopf-Ruderente A

Greife
Wespenbussard BZ
Gleitaar A
Schwarzmilan BZ
Rotmilan BZW
Seeadler BJW
Bartgeier E
Schmutzgeier A
Gänsegeier A
Schlangenadler A
Rohrweihe BZ
Kornweihe BZW
Steppenweihe A
Wiesenweihe BZ
Habicht BJ
Sperber BJZW
Mäusebussard BJZW
Adlerbussard A

Rauhfußbussard W
Schreiadler BZ
Schelladler A
Steppenadler A
Kaiseradler A
Steinadler BJ
Zwergadler A
Habichtsadler A

Fischadler
Fischadler BZ

Falken
Rötelfalke A
Turmfalke BJZW
Rotfußfalke G
Merlin ZW
Baumfalke BZ
Würgfalke A
Gerfalke A
Wanderfalke BJW

Rauhfußhühner
Haselhuhn BJ
Alpenschneehuhn BJ
Birkhuhn BJ
Auerhuhn BJ

Glattfußhühner
Steinhuhn BJ
Rebhuhn BJ
Wachtel BZ
Fasan EBJ

Rallen
Wasserralle BJZW
Tüpfelsumpfhuhn BZ
Kleines Sumpfhuhn BZ
Zwergsumpfhuhn A
Wachtelkönig BZ
Teichhuhn BJZW
Purpurhuhn A
Bläßhuhn BJZW

Kraniche
Kranich BZ
Jungfernkranich E

Trappen
Zwergtrappe A
Kragentrappe A
Großtrappe BJ

Austernfischer
Austernfischer BJZW

Stelzenläufer
Stelzenläufer G
Säbelschnäbler BJZ

Triele
Triel A

Brachschwalben
Rennvogel A
Rotflügel-Brachschwalbe A
Schwarzflügel-Brachschwalbe A

Regenpfeifer
Flußregenpfeifer BZ
Sandregenpfeifer BZ
Seeregenpfeifer BZ
Wüstenregenpfeifer A
Mornellregenpfeifer Z
Pazifischer Goldregenpfeifer A
Amerikanischer Goldregenpfeifer A
Goldregenpfeifer BZ
Kiebitzregenpfeifer ZW

Steppenkiebitz A
Weißschwanzkiebitz A
Kiebitz BZ

Schnepfenvögel
Knutt ZW
Sanderling ZW
Sandstrandläufer A
Zwergstrandläufer Z
Temminckstrandläufer Z
Wiesenstrandläufer A
Weißbürzel-Strandläufer A
Bairdstrandläufer A
Graubrust-Strandläufer A
Sichelstrandläufer Z
Meerstrandläufer ZW
Alpenstrandläufer BZW
Sumpfläufer Z
Bindenstrandläufer A
Grasläufer A
Kampfläufer BZ
Zwergschnepfe L ZW
Bekassine BZ
Doppelschnepfe A
Großer Schlammläufer A
Waldschnepfe BJZW
Uferschnepfe BZ
Pfuhlschnepfe Z
Regenbrachvogel Z
Großer Brachvogel BZW
Dunkler Wasserläufer Z
Rotschenkel BZW
Teichwasserläufer Z
Grünschenkel Z
Kleiner Gelbschenkel A
Waldwasserläufer BZW
Bruchwasserläufer Z
Terekwasserläufer A
Flußuferläufer BZ
Drosseluferläufer A
Steinwälzer BZW
Wilsonwassertreter A
Odinshühnchen Z
Thorshühnchen A

Raubmöwen
Spatelraubmöwe Z
Schmarotzerraubmöwe Z
Falkenraubmöwe Z
Skua ZW

Möwen
Fischmöwe A
Schwarzkopfmöwe BZ
Aztekenmöwe A
Präriemöwe A
Zwergmöwe Z
Schwalbenmöwe A
Bonapartemöwe A
Lachmöwe BJZW
Dünnschnabelmöwe A
Korallenmöwe A
Ringschnabelmöwe A
Sturmmöwe BJZW
Heringsmöwe BZW
Silbermöwe BJZW
Weißkopfmöwe BZW
Polarmöwe A
Eismöwe A
Mantelmöwe JZW
Rosenmöwe A
Dreizehenmöwe BJZW
Elfenbeinmöwe A

Seeschwalben
Lachseeschwalbe BZ
Raubseeschwalbe Z
Rüppellseeschwalbe A
Brandseeschwalbe BZ
Rosenseeschwalbe A

Flußseeschwalbe BZ
Küstenseeschwalbe BZ
Rußseeschwalbe A
Zwergseeschwalbe BZ
Weißbart-Seeschwalbe G
Trauerseeschwalbe BZ
Weißflügel-Seeschwalbe G

Alken
Trottellumme BJW
Dickschnabellumme A
Tordalk BJW
Gryllteiste W
Krabbentaucher W
Papageitaucher A

Flughühner
Steppenflughuhn A

Tauben
Felsen-, Straßentaube BJ
Hohltaube BZ
Ringeltaube BJZW
Türkentaube BJ
Turteltaube BZ
Orientturteltaube A

Papageien
Halsbandsittich EBJ

Kuckucke
Häherkuckuck A
Kuckuck BZ
Schwarzschnabelkuckuck A

Schleiereulen
Schleiereule BJ

Eulen
Zwergohreule A
Uhu BJ
Schnee-Eule A
Sperbereule A
Sperlingskauz BJ
Steinkauz BJ
Waldkauz BJ
Habichtskauz A
Waldohreule BJZW
Sumpfohreule BZW
Rauhfußkauz BJ

Nachtschwalben
Ziegenmelker BZ

Segler
Mauersegler BZ
Alpensegler BZ

Eisvögel
Eisvogel BJZW

Spinte
Bienenfresser BZG

Racken
Blauracke A

Wiedehopfe
Wiedehopf BZ

Spechte
Wendehals BZ
Grauspecht BJ
Grünspecht BJ
Schwarzspecht BJ
Buntspecht BJ

Blutspecht A
Mittelspecht BJ
Weißrückenspecht BJ
Kleinspecht BJ
Dreizehenspecht BJ

Lerchen
Kalanderlerche A
Weißflügellerche A
Mohrenlerche A
Kurzzehenlerche A
Stummellerche A
Haubenlerche BJ
Heidelerche BJZ
Feldlerche BJZW
Ohrenlerche W

Schwalben
Uferschwalbe BZ
Felsenschwalbe BZ
Rauchschwalbe BZ
Rötelschwalbe A
Mehlschwalbe BZ

Stelzen
Spornpieper A
Brachpieper BZ
Waldpieper A
Baumpieper BZ
Wiesenpieper BZW
Rotkehlpieper Z
Strandpieper W
Bergpieper BW
Schafstelze BZ
Zitronenstelze A
Gebirgsstelze BJ
Bachstelze BZ

Seidenschwänze
Seidenschwanz W

Wasseramseln
Wasseramsel BJW

Zaunkönige
Zaunkönig BJZW

Braunellen
Heckenbraunelle BJZW
Alpenbraunelle BJ

Drosselvögel
Heckensänger A
Rotkehlchen BJZW
Sprosser BZ
Nachtigall BZ
Blaukehlchen BZ
Blauschwanz A
Hausrotschwanz BZ
Gartenrotschwanz BZ
Braunkehlchen BZ
Schwarzkehlchen BZ
Steinschmätzer BZ
Nonnensteinschmätzer A
Mittelmeer-Steinschmätzer A
Wüstensteinschmätzer A
Steinrötel A
Blaumerle A
Erddrossel A
Schieferdrossel A
Zwergdrossel A
Grauwangendrossel A
Ringdrossel BZ
Amsel BJZW
Weißbrauendrossel A
Naumanndrossel A

Bechsteindrossel A
Wacholderdrossel BJZW
Singdrossel BZ
Rotdrossel Z
Misteldrossel BJZ
Wanderdrossel A

Zweigsänger
Seidensänger A
Cistensänger A
Streifenschwirl A
Strichelschwirl A
Feldschwirl BZ
Schlagschwirl BZ
Rohrschwirl BZ
Mariskensänger A
Seggenrohrsänger BZ
Schilfrohrsänger BZ
Feldrohrsänger A
Buschrohrsänger A
Sumpfrohrsänger BZ
Teichrohrsänger BZ
Drosselrohrsänger BZ
Blaßspötter A
Buschspötter A
Gelbspötter BZ
Orpheusspötter BZ
Provencegrasmücke A
Brillengrasmücke A
Weißbartgrasmücke A
Samtkopfgrasmücke A
Wüstengrasmücke A
Orpheusgrasmücke A
Sperbergrasmücke BZ
Klappergrasmücke BZ
Dorngrasmücke BZ
Gartengrasmücke BZ
Mönchsgrasmücke BZ
Grünlaubsänger A
Wanderlaubsänger A
Goldhähnchen-Laubsänger A
Gelbbrauen-Laubsänger A
Bartlaubsänger A
Dunkellaubsänger A
Berglaubsänger BZ
Waldlaubsänger BZ
Zilpzalp BZ
Fitis BZ
Wintergoldhähnchen BJZW
Sommergoldhähnchen BZ

Fliegenschnäpper
Grauschnäpper BZ
Zwergschnäpper BZ
Halsbandschnäpper BZ
Trauerschnäpper BZ

Timalien
Bartmeise BJZW

Schwanzmeisen
Schwanzmeise BJZW

Meisen
Sumpfmeise BJ
Weidenmeise BJ
Haubenmeise BJ
Tannenmeise BJW
Blaumeise BJZW
Kohlmeise BJZW

Kleiber
Kleiber BJ

Mauerläufer
Mauerläufer BJ

Baumläufer
Waldbaumläufer BJ
Gartenbaumläufer BJ

Beutelmeisen
Beutelmeise BZ

Pirole
Pirol BZ

Würger
Isabellwürger A
Neuntöter BZ
Schwarzstirnwürger A
Raubwürger BJW
Rotkopfwürger BZ

Rabenvögel
Eichelhäher BJZW
Elster BJ
Tannenhäher BJZW
Alpendohle BJ
Alpenkrähe A
Dohle BJZW
Saatkrähe BJZW
Aaskrähe BJZW
Kolkrabe BJ

Stare
Star BJZ
Rosenstar A

Sperlinge
Haussperling BJ
Feldsperling BJ
Schneefink BJ

Vireos
Rotaugenvireo A

Finken
Buchfink BJZW
Bergfink ZW
Girlitz BZ
Zitronengirlitz BJ
Grünling BJZW
Stieglitz BJZW
Erlenzeisig BJZW
Bluthänfling BJZW
Berghänfling W
Birkenzeisig BJZW
Polarbirkenzeisig A
Bindenkreuzschnabel A
Fichtenkreuzschnabel BJZW
Kiefernkreuzschnabel A
Karmingimpel BZ
Hakengimpel A
Gimpel BJZW
Kernbeißer BJZW

Waldsänger
Meisenwaldsänger A

Ammern
Weißkehlammer A
Spornammer ZW
Schneeammer W
Fichtenammer A
Goldammer BJZW
Zaunammer BJZ
Zippammer BJZ
Ortolan BZ
Grauortolan A
Waldammer A
Zwergammer A
Weidenammer A
Rohrammer BZW
Kappenammer A
Grauammer BJZW

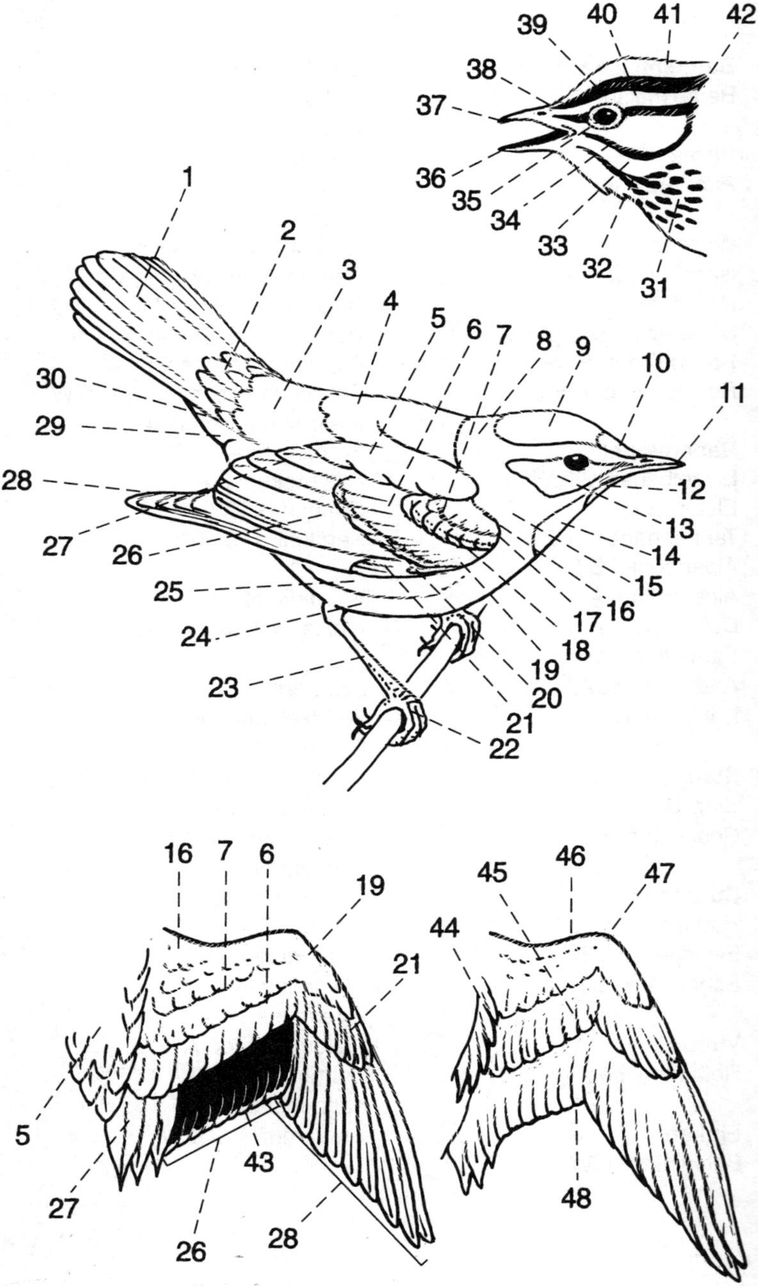

39
40
41
42
38
37
36
35
34
33
32
31
1
2
3
4
5
6
7
8
9
10
11
30
29
28
12
13
27
26
14
15
16
17
25
18
24
19
20
23
21
22
16
7
6
19
21
5
43
27
26
28
45
46
47
44
48

Topographie des Vogels

Die in diesem Buch benutzten Bezeichnungen,
die man sich einprägen sollte.

1 Schwanz (die äußeren Schwanzfedern bilden die Schwanzkanten)
2 Oberschwanzdecken
3 Bürzel
4 Mantel (im Anschluß an den Nacken) und dahinter Rücken
5 Schulterfedern
6 Große Flügeldecken
7 Mittlere Flügeldecken
8 Nacken
9 Scheitel
10 Stirn
11 Schnabel
12 Kinn
13 Ohrdecken (Wangen)
14 Kehle
15 Brust
16 Kleine Flügeldecken
17 Flügelbug
18 Obere Flügelbinde (über die Spitzen der Mittleren Decken)
19 Alua (Daumenfittich)
20 Untere Flügelbinde (über die Spitzen der Großen Decken)
21 Handdecken
22 Zehen mit Krallen
23 Lauf
24 Bauch
25 Flanken
26 Armschwingen
27 Schirmfedern
28 Handschwingen
29 Steiß
30 Unterschwanzdecken
31 Latz
32 Kinnstreif
33 Bartstreif
34 Wangenstreif
35 Augenring
36 Unterschnabel
37 Oberschnabel (die Oberkante bildet den Schnabelfirst)
38 Zügel mit Zügelstreif
39 Scheitelseitenstreif
40 Überaugenstreif
41 Scheitelstreif
42 Augenstreif
43 Spiegel (am Entenflügel)
44 Achselfedern
45 Vorderflügel (Flügeldecken des Unterflügels)
46 Flügelvorderkante
47 Flügelbug (Handgelenk)
48 Flügelhinterkante

Seetaucher: Gaviidae

Große, bodenbrütende Schwimmvögel der Gewässer in Taiga und Tundra. Außerhalb der Brutzeit auf dem Meer, zumeist nahe der Küste. Der Körper ist länger und der Hals dicker als bei den nicht verwandten Lappentauchern. Sie ernähren sich tauchend von Fischen. Bei Gefahr schnelles Wegtauchen oder nur teilweises Untertauchen, so daß der Kopf noch aus dem Wasser ragt. Das Flugbild wirkt bucklig, mit leicht abwärts hängendem bis gerade gestrecktem Hals. Die Flügel sind ziemlich schmal und spitzt. Im Flug ragen die großen Füße über den kurzen Schwanz. Stark unterschiedliche PK und SK. Die Geschlechter sind gleich. Jungvögel ähnlich den Altvögeln im SK. Die Stimmen sind laut und „gespenstisch" klagend.

Sterntaucher *Gavia stellata* **Tafel 1, Karte 1, ZW**

Kennzeichen: 55-67 cm. Der kleinste und schmächtigste der Seetaucher. Kopf kleiner als beim Prachttaucher. An dem schlanken, leicht aufgeworfenen Schnabel und dem gewöhnlich schräg aufgerichteten Kopf ist der schwimmende Vogel auch aus großer Entfernung recht sicher zu erkennen. Im PK mit rauchgrauem Kopf und rostrotem Kehlfleck, der bei ungünstiger Beleuchtung auch schwarz erscheinen kann. Die Oberseite graubraun und nicht gemustert. Im SK völlig anders gefärbt. Das Weiß von Gesicht, Vorderhals und Halsseiten kontrastiert mit dem grauen Scheitel und Hinterhals sowie der dunklen, mit weißen Punkten übersäten Oberseite (Sternhimmel). Das dunklere JK erinnert an den Prachttaucher. Die charakteristische Schnabelform und Kopfhaltung ermöglichen aber ein sicheres Erkennen. Flugbild schlanker als bei den anderen Seetauchern mit vergleichsweise dünnem Hals und Kopf. Flügel schlagen mit höherer Frequenz und holen weiter nach unten aus als bei den anderen Seetauchern. Gesellig, im Winter gelegentlich in lockeren Trupps auf Küstengewässern.
Ähnliche Arten: Der Prachttaucher ist etwas größer. Seine Schnabel und Kopfhaltung ist gerade, im SK ist beim schwimmenden Vogel über der Wasserlinie am hinteren Flankenbereich ein weißer Fleck zu erkennen. Eistaucher und Gelbschnabeltaucher sind sehr viel größer. Zu beachten ist aber die ähnliche Schnabelform und Kopfhaltung beim Gelbschnabeltaucher.
Stimme: Flugruf ein wiederholtes, gänseartiges „gak-gak..", im Brutgebiet bzw. bei der Balz variabel, rollend, knurrend „ok-ok-ärr", miauend „miao", gereiht „auua" oder „wooäar".
Vorkommen: Nistet auf Inseln am Rande kleiner, aber tiefer Teiche und an Küstenlagunen. Nahrungssuche auf dem Meer oder auf größeren Binnenseen. Im Winter vorwiegend auf Küstengewässern.

Prachttaucher *Gavia arctica* **Tafel 1, Karte 2, ZW**

Kennzeichen: 63-75 cm. Größe zwischen Stern- und Eistaucher. Vom Sterntaucher durch höhere Stirn und langsameren, flacheren Flügelschlag unterschieden. Schnabel ziemlich schlank und gerade, scheint sich an der Spitze leicht zu senken. Kopf- und Schnabelhaltung waagerecht. Im PK Gesicht schwärzlich, Oberkopf und Hinterhals grau, schwarzer Kehlfleck und auf den Schultern der schwarzen Oberseite gereihte, weiße „Fensterflecke". Im SK deutlicher Kontrast zwischen der dunklen Ober- und der weißen Unterseite. Der bläuliche Schnabel, der oft mehr graue Nacken und die weiße Kopfunterseite erinnern an die Trottellumme. Die Farbgrenze am hinteren Flankenbereich direkt über der Wasserlinie zu einem auffallend weißen Fleck ausgebuchtet. Im JK auf der Oberseite leicht hell geschuppt. Das Flugbild verjüngt sich weniger als beim Sterntaucher. Direkt von unten gesehen, ist der verdickte Kopf gut zu erkennen. Zieht alleine oder in kleinen Trupps. Im Winter einzeln.
Ähnliche Arten: Der Sterntaucher ist im JK oft ebenso dunkel, hat aber keinen hellen Flankenfleck und hält gewöhnlich Kopf und Schnabel leicht aufwärtsgerichtet. Die kleinen, prachttauchergroßen Eistaucher lassen sich an der Schnabelgröße sowie der Kopfform und -zeichnung erkennen.

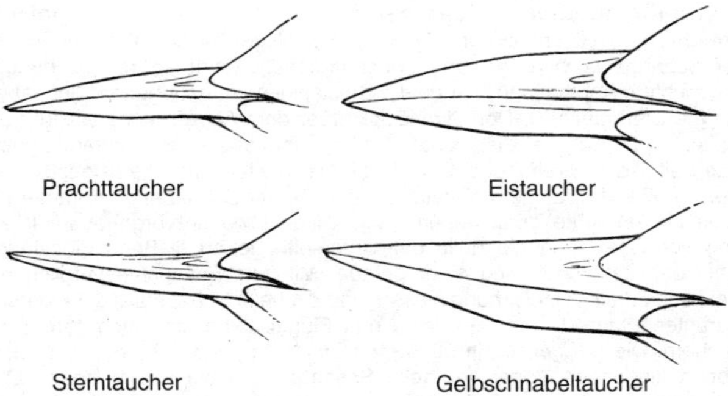

Schnäbel der Seetaucher

Stimme: Flugruf ein gänseartiges „gagaga", klingt tiefer als beim Sterntaucher, im Brutgebiet bzw. bei der Balz jammernd bis klangvoll gezogen „uu-luu-lii", bellend „waua" und kreischende bis heulende Laute.
Vorkommen: Nistet am Ufer oder auf Inseln größerer Binnengewässer. Überwintert vorwiegend auf Küstengewässern.

Eistaucher *Gavia immer* **Tafel 1, Karte 3, W**

Kennzeichen: 73-88 cm. Größe einer Gans, Körper aber flacher, Flügel im Verhältnis zum Körper kleiner und Füße, die im Flug das Körperende weit überragen, größer. Wirkt viel massiger als der Prachttaucher mit hohem, dolchförmigem Schnabel, der zumeist waagerecht gehalten wird, und einer steil aufsteigenden Stirn. Im PK Schnabel, Kopf und Hals schwarz mit einem schwarzweiß gestreiften Halsband, Oberseite und Flanken dunkel mit weißen Punkten und auf den Schultern weiße „Fensterreihen". Die weiße Brust ist auch von weitem deutlich erkennbar. Im SK ähnlich wie der Prachttaucher, die Oberseite aber grauer, die dunkle und helle Färbung an Kopf und Hals nicht scharf voneinander abgesetzt, ein angedeutetes dunkles Halsband und die dunklen Flanken ergeben ein weniger kontrastreiches Muster. Der Schnabel ist manchmal blaßgrau, aus der Nähe ist aber immer der schwarze First erkennbar. Das JK weitgehend wie das SK der Altvögel, auf den Schultern aber deutlicher hell geschuppt. Flug bemerkenswert langsam. Flügelschlag flach aber kräftig. Durchpflügt beim Start das Wasser und landet hoch aufspritzend mit der Brust voran. Ein seltener Vogel. Zieht einzeln oder in kleinen Trupps. Bildet im Winter gelegentlich locker zusammenhaltende Gruppen.
Ähnliche Arten: Ausgesprochen große Prachttaucher können im Winter in Gestalt und Zeichnung ähnlich wirken. Der Gelbschnabeltaucher ist noch massiger mit gewöhnlich deutlich anderen Umrissen, aber weitgehend gleicher Zeichnung. Aus der Nähe ist der gänzlich helle Schnabel ein sicheres Kennzeichen. Kormoran und Krähenscharbe haben im bräunlichen JK ein ähnliches Farbmuster, die Gestalt, insbesondere der Schnabel mit dem Haken an der Spitze, ist aber deutlich verschieden.
Stimme: Flugruf ein kurz bellendes „quak-quak.." oder „gek", im Brutgebiet bzw. bei der Balz ein weittragendes, tremolierend lachendes „ää-huu-quii-qui-huu-quii..".
Vorkommen: Nistet an Seen der Taiga und Tundra auf Inseln oder vorspringenden Landrücken. Im Winter auf Küstengewässern, gelegentlich auch auf größeren Gewässern im Binnenland.

Gelbschnabeltaucher *Gavia adamsii* **Tafel 1, A**

Kennzeichen: 77-90 cm. Ein riesig wirkender Vogel. Noch massiger als der Eistaucher. Schnabel leicht aufgeworfen, hoch und „scherenförmig" (s. Abbildung). Durch die aufgerichtete Kopfhaltung wird der Eindruck eines „aufgebogenen" Schnabels noch betont (vgl. Sterntaucher). Der Stirnhöcker über dem Auge noch auffälliger als beim Eistaucher. Im PK wie der Eistaucher, der Schnabel aber immer einfarbig gelblich bis elfenbeinweiß, die Streifung des Halsbandes breiter und die „Fenster" auf den Schultern größer. Im SK dem Eistaucher ähnlich, der Schnabel aber immer einfarbig hell. Das dunkle Auge durch einen aufgehellten Ring hervorgehoben. Die dunkle Färbung der Ober- und die helle der Unterseite gehen fließend ineinander über. Schnabel der Jungvögel wirkt mehr gerade. Mit dem Eistaucher verglichen, ist ihr Scheitel heller, die Halszeichnung blasser und die helle Schuppung der Oberseite weit ausgeprägter. Flugbild am massigsten und Flügelschlag am wuchtigsten von allen Seetauchern. Die riesigen Füße überragen den Körper weit. Bei gutem Licht können auch beim fliegenden Vogel der helle Schnabel und die relativ blasse Oberseite erkannt werden. Wenn der Schnabel und die Kopfhaltung sowie die Färbung nicht deutlich zu sehen sind, vom Eistaucher kaum zu unterscheiden.

Stimme: Im Winter gelegentlich Rufe wie „gok-gok" o. ä. Im Brutgebiet gedehnte, teils tremolierende und heulende Rufreihen ähnlich Eistaucher.

Vorkommen: Brutvogel der arktischen Küstenregionen Nordamerikas und Sibiriens. Zugvögel aus Nordamerika am häufigsten an den nördlichen Inseln und Steilküsten. Wahrscheinlich mehr pelagisch als die anderen Seetaucher. Vögel des östlichen Sibirien erscheinen im Winter an den Küsten von Norwegen, Schweden und Finnland. In W-, C- und S-Europa ein gelegentlicher Gast.

Lappentaucher: Podicipedidae

Kleine bis mittelgroße Vögel der stehenden oder schwach strömenden Binnengewässer. Im Winter halten sie sich auf Seen, Stauseen, Flüssen, Mündungs- und Küstengewässern auf. Sie bauen Schwimmnester. Die Rückenlinie ist beim Schwimmen flach gewölbt und schwanzlos und bei den kleineren Arten nach hinten aufgebauscht. Die Zehen haben Schwimmlappen und sind nicht, wie bei den Seetauchern, durch Schwimmhäute verbunden. Fluchtverhalten wie bei den Seetauchern. Sie fliegen gewöhnlich dicht über der Wasseroberfläche. Das Flugbild ist durch den gestreckt elliptischen Körper, den gerade vorgestreckten Hals sowie die nach hinten ragenden Füße bestimmt. Flug rasant schwirrend, auf kurze Strecken mehr unsicher flatternd. Geschlechter gleich. Starke saisonale Unterschiede in der Struktur und Färbung von Kopf und Hals. Im JK dem SK der Altvögeln ähnlich, jedoch mit kennzeichnendem Gesichtsmuster. Stimmen anhaltend trillernd, bellend oder klagend.

Bindentaucher *Podilymbus podiceps* **Tafel 2**

Kennzeichen: 31-38 cm. Kleiner, gedrungener Taucher mit einem klobigen „Hühnerschnabel", großem Kopf und deutlich schräg „abgeschnittenem" Hinterteil. Gefieder fahl braun, Steiß leuchtend weiß und Schnabel elfenbeinfarben. Im PK mit einer schwarzen Querbinde am Schnabel und einem schwarzen Kinnlatz unterhalb der gräulichen Wangen. Im SK ohne schwarze Zeichnung am Kopf. Die weißliche Färbung an Kinn und Kehle gegen den rötlichen Hals abgesetzt. Flugbild weniger kompakt als beim Zwergtaucher, Flugverhalten aber gleich.

Stimme: Im Winter gewöhnlich stumm. Im Frühjahr kann von einigen der Gastvögel der laute ratternde Balzruf zu hören sein.

Vorkommen: Stets bevorzugt auf Süßgewässern, zumeist Seen oder Staubecken. Seltener Gast aus Nordamerika. Mehrfach auf den Britischen Inseln nachgewiesen.

Zwergtaucher *Tachybaptus ruficollis* **Tafel 2, Karte 4, BJZW**

Kennzeichen: 23-29 cm. Kleinster und heimlichster Lappentaucher mit vergleichsweise kurzem, dickem Schnabel, rundem Kopf, kurzem Hals und ausgeprägt „aufgebauschtem", stumpfem Hinterteil. Im PK auf der Oberseite dunkelbraun und auf der Unterseite heller, mehr rotbraun mit einem markanten, gelblichgrünen Fleck am Schnabelwinkel. Kehle und Wangen kastanienbraun. Im Flug wird auf den Armschwingen eine schwach weißliche Färbung erkennbar. Im SK viel blasser mit bräunlichgelbem Hals, weißer Kehle und weißlichen Unterschwanzdecken. Junge mit auffallenden weißen Streifen an den Kopfseiten. Flug zumeist niedrig über dem Wasser mit schwirrenden Flügelschlägen. Der seltene Bindentaucher ist deutlich größer und hat einen viel klobigeren Schnabel.

Stimme: Ganzjährig aber vorwiegend im Brutgebiet bzw. bei der Balz ein bibberndes Trillern, oft im Duett vorgetragen, Tonhöhe und Lautstärke können schwanken. Bei Störung ein scharfes „pit". Daneben auch Laute wie „gaje" und „gak".

Vorkommen: Zur Brutzeit häufig auf Teichen, Seen, Staubecken usw. mit dichterem Pflanzenwuchs. Im Winter auch auf größeren Flüssen und Seen sowie in Flußmündungen.

Haubentaucher *Podiceps cristatus* **Tafel 2, Karte 5, BZW**

Kennzeichen: 46-51 cm. Größter Lappentaucher mit dem relativ längsten Schnabel und Hals. Erscheint „schwanzlos". Der Schnabel rosarot, die Oberseite graubraun und die Unterseite atlasweiß, an der Brust hell glänzend zu den Flanken hin gräulich schattiert. Im PK leicht kenntlich an den schwarzen Ohrbüscheln und an der auffallend rostbraun und schwarzen Krause an den Kopfseiten. Im SK fehlt die Krause und der Vogel wirkt weißköpfig. Vom weißen Gesicht mit deutlichem, hellem Überaugenstreif ist der schmale, schwarze Scheitel scharf abgesetzt. Im Flug markante weiße Felder auf den Schultern und Armschwingen. Junge wie Altvögel im SK aber mit dunkler Streifung an Kopfseiten und Hals. Flugbild schlank gestreckt. Kopf und Hals leicht durchhängend vorgestreckt. Flügelschlag mit hoher Frequenz. Zeigt eine ausgeprägte Schaubalz, an der beide Partner, oft mit synchron ausgeführten Bewegungen, gleichermaßen beteiligt sind. Siehe auch Rothalstaucher.

Stimme: Im Brutgebiet bzw. bei der Balz ruffreudig. Rufe teils krähenartig sonor und weit klingend. Partnerkontakt laut „orr" oder „rrra" oft auch „gröck gröck...". Drohlaut gereiht „äää".

Vorkommen: Seen, Teiche, Staubecken usw., gewöhnlich auf größeren Gewässern als die anderen Lappentaucher. Nistet dort, wo das Schwimmnest günstig an Wasserpflanzen verankert werden kann. Im Winter bevorzugt an Meeresküsten.

Rothalstaucher *Podiceps grisegena* **Tafel 2, Karte 6, BZW**

Kennzeichen: 40-46 cm. Kleiner als der Haubentaucher, Kopf rundlicher, weniger gestreckt und Hals dicker. Schnabel schwarz mit gelber Basis. Im PK heben sich die hellgrauen Wangen gut von dem schwarzen Scheitel mit den kleinen „Federhörnchen" ab. Hals und Brust lebhaft rostrot, Oberseite dunkel graubraun, Flanken schwärzlich grau. Im SK farblich blasser, allgemein mehr gräulichbraun aber mit ähnlichem Muster. Wangen weißlich, Hals düster gräulich, Brust weiß und die Flanken blasser. Junge mit schwarz gestreiftem Gesicht und rotbräunlichem Hals. Im Flug ähnlich Haubentaucher, der weiße Schulterfleck aber auf die Vorderkante des Flügels beschränkt. Flugbild gedrungener mit dickerem Hals. Flügelschlag schnell.

Ähnliche Art: Der Haubentaucher hat ein ähnliches SK. Der Rothalstaucher ist aber kleiner, dicklicher mit dunklerem Hals und schwarzgelbem, nicht rosa Schnabel. Sein Auge ist von der dunklen Kappe eingeschlossen, also kein weißer Überaugenstreif.

Stimme: Im Brutgebiet bzw. bei der Balz keckernd „keck keck..." o. ä., stockentenartig „aak" und durchdringend wiehernd „uööh...".

Vorkommen: Teiche, Seen usw., bevorzugt kleinere, flache Gewässer. Nistet verborgen im dichten Röhricht. Im Winter hauptsächlich an Küsten, selten im Binnenland.

Ohrentaucher *Podiceps auritus* **Tafel 2, Karte 7, ZW**
Kennzeichen: 31-38 cm. Mittelgroßer Lappentaucher mit einem geraden, kurz pfriemförmigen Schnabel. Der recht große Kopf hat einen geraden Scheitel und erscheint am Hinterkopf „aufgebeult" („Ohren"). Der Körper gedrungen, am Hinterende aber nie „aufgebauscht". Im PK Kopf schwarz glänzend mit einem breiten, orangegelben Streifen, der vom Auge ausgehend am Hinterkopf in kurzen „Öhrchen" endet. Hals, Brust und Flanken dunkel rostrot, Rücken dunkelbraun und Unterseite seidig glänzend weiß. Im Flug ein schmaler Schulterfleck und Armschwingen weiß. Im SK und JK auf der Oberseite ausgesprochen dunkel und auf der Unterseite weiß. Erkennbar an der hellen Schnabelspitze, dem relativ flachen Scheitel, dessen Schwarz an den Kopfseiten in Augenhöhe scharf vom Weiß der Wangen abgesetzt ist. Das Weiß der Wangen zieht bis an den Hinterkopf, der Nacken erscheint aufgetrieben, die Kehle ist rein weiß. Flugbild gedrungen mit leicht aufgerichtetem Kopf. Flügelschlag schnell, Flug aber wendiger als beim Zwergtaucher. Siehe auch Schwarzhalstaucher.
Stimme: Im Brutgebiet bzw. bei der Balz gemeinschaftliches Trillern. Einzelne Vögel rufen nasal „jorrh" oder „greijärr", das in ratterndem Trillern endet. Alarmruf „kowie".
Vorkommen: Nistet auf seichten Binnengewässern wie Teichen, Seen, Staubecken. Im Winter bevorzugt in geschützten Meeresbuchten, nur selten im Binnenland.

Schwarzhalstaucher *Podiceps nigricollis* **Tafel 2, Karte 8, BZW**
Kennzeichen: 28-34 cm. Zweitkleinster Lappentaucher mit rundlichem, wie beim Zwergtaucher hinten oft „aufgebauschtem" Körper. Der Schnabel aber schlanker und leicht aufgebogen, die Stirn steil und der Hals länger und beweglicher. Im PK auf der Oberseite schwarz bis dunkelbraun mit schwarz glänzendem Kopf und Hals. An den Kopfseiten je ein herabhängender, lebhaft goldgelber Federfächer. Die Flanken rotbraun und die Unterseite seidig weiß. Im SK und JK dem Ohrentaucher sehr ähnlich. Von ihm durch die insgesamt dunklere Färbung, den aufgebogenen Schnabel, den runden Scheitel, die bis unter die Augen reichende schwarze Kappe, die gräulich weißen Wangen, deren Weiß bis hinter die Augen zieht, den weitgehend düster grauen Hals und die davon abgesetzt weiße Brust unterschieden. Flügel im Flug ohne hellen Schulterfleck. Flug mit schnellem Flügelschlag. Man beachte: Das Gefiedermuster von Weibchen und Jungen des Zwergsägers und der Schwarzkopfruderente wirken aus der Entfernung gesehen ähnlich.
Stimme: Im Brutgebiet klagend, flötend, gezogen „pu-ii" oder „chrüi". Bei der Balz ein schnelles, tremolierendes Keckern „bidwidewide...", sanfter als beim Zwergtaucher.
Vorkommen: Bevorzugt kleinere, vegetations- und nahrungsreiche Gewässer. Nistet in kleinen, zerstreuten Kolonien, oft in der Nähe von Lachmöwen. Bei Gefahr des Austrocknens können die Kolonien verlegt werden. Überwintert auf geschützten Küstengewässern oder flacheren Binnenseen.

Albatrosse: Diomedeidae

Schwarzbrauenalbatros (Mollymauk) *Diomedea melanophris* **Tafel 5**
Kennzeichen: 80-95 cm. Albatrosse sind leicht an ihrer enormen Flügelspannweite, und an ihrem eleganten Segelflug, oft dicht über den Wellenkämmen, zu erkennen. Die Spannweite des Schwarzbrauenalbatros beträgt über 2 m und ist damit doppelt so weit wie die der Mantelmöwe. Von dieser unterscheidet er sich außer in der Größe durch den großen leicht „abwärtshängenden", orangegelben Schnabel, die rußschwarze Färbung auf Mantel und Flügeln und die unterseits im Zentrum weißen Flügel mit schwarzen Kanten, von denen die vordere breit und die hintere schmäler ist. Die schwarze „Augenbraue", die kurz vor dem Auge beginnt und sich dahinter als schmaler Strich fortsetzt, ist nur aus der Nähe zu sehen. Im JK Schnabel hellgrau mit dunkler Spitze, die erst in höherem Alter verschwindet, Kopf gräulichweiß, Hals grau und

Farbmuster der Flügelunterseite weniger deutlich, da das weiße Zentrum nur angedeutet ist. Flug „majestätisch" gleitend mit eleganten Wendemanövern. Die schmalen Flügel werden gewöhnlich gerade ausgestreckt, im starken Wind oder bei Wendungen aber auch im Handgelenk rückwärts und / oder abwärts gebogen. Aktiver Flügelschlag ist nur selten zu sehen. Folgt Schiffen. Auf See stumm.
Ähnliche Arten: Der Wanderalbatros (*D. exulans*) ist weit größer und in allen Altersstufen anders gefärbt (s. Irrgäste). Der Graukopfalbatros (*D. chrysostoma*) und der Gelbnasenalbatros (*D. chlororhynchos*) sind beide kleiner und haben graue Köpfe. Der erstere mit schwarzem, oben und unten rotgelbem Schnabel, der im Flug abwärts getragen wird und breiterem weißen Unterflügelfeld und der andere mit schlankem Hals und schmal zulaufendem Schwanz sowie einem vergleichsweise langen schwarzen Schnabel mit gelbem First. Die nahezu weißen Unterflügel haben nur ganz schmale schwarze Kanten. Die Jungvögel beider Arten sind von jungen Schwarzbrauenalbatrossen nur schwer zu unterscheiden.
Vorkommen: Pelagisch, überfliegt gelegentlich vorspringende Halbinseln oder segelt Küsten entlang. Einzelne haben in Baßtölpelkolonien auf den Färöer und auf den Shetland Inseln übersommert. Im allgemeinen ein seltener Gast aus dem Südatlantik, der nordwärts bis nach Island vorgedrungen ist.

Große Sturmvögel und Sturmtaucher: Procellariidae

Mittelgroße bis große Vögel der nördlichen und südlichen Ozeane, die an Küsten auf Felsbändern oder in Höhlen brüten, die übrige Zeit aber auf der hohen See zubringen. Bei starken auflandigen Winden können sie sich auch unter der Küste sammeln. Sie schwimmen gut und liegen dabei hoch im Wasser, so daß der Schwanz immer zu sehen ist. Die meisten tauchen vorzüglich. Die Nasenlöcher liegen am Ende röhrenartiger Schnabelleisten. Sie fliegen dicht über den Wellen oder auch hoch über der See. Der Flug ist elegant gleitend. In den Wendungen kippen sie oft seitlich ab. Wenn die Flügel gestreckt sind, erscheint das Flugbild kreuzförmig. Bei Flugmanövern werden die Flügel mehr oder weniger gewinkelt und gelegentlich die Beine als Steuerhilfe eingesetzt. Stimmen knurrend oder heiser quäkend. Bei schlechter Sicht und auf große Entfernung ist eine sichere Bestimmung oft nicht möglich. Der Schlüssel zum sicheren Erkennen auch der größeren und kleineren Verwandten ist die genaue Kenntnis der beiden häufigsten Arten, des Eissturmvogels und des Schwarzschnabel-Sturmtauchers. Beachte: Nur der Eissturmvogel hat ein möwenähnliches, weißliches oder hellgraues Gefieder, alle anderen sind dunkel und erinnern mehr an junge Möwen oder Alken im SK.

Eissturmvogel *Fulmarus glacialis* — Tafel 3, Karte 9, BJZW

Kennzeichen: 43-52 cm. Die möwenähnlichste Art der Röhrennasen mit kurzem, klobigen Schnabel, dickem, „stiernackigem" Kopf, schmalen, steif gestreckten Flügeln, „walzenförmigem" Körper und kurzem, breitem Schwanz. Von den Möwen durch die Nasenröhren auf dem dicken, gelb gesäumten Schnabel, das Fehlen schwarzer Flügelspitzen und die bläulichen Beine unterschieden. Bei der südlicher vorkommenden, hellen Variante sind Kopf und Unterseite weiß, Rücken, Flügel und Schwanz grau, die Flügel mit hellem Fleck am Grunde der Handschwingen. Bei der nördlicheren, dunklen Variante (sogen. „blauer Eissturmvogel") variiert die Gefiederfärbung von fast einheitlich gelbbraun bis rauchgrau mit zunehmend dunkleren Unterflügeln. Typisch ist der gleitende und kurvende Segelflug fast ohne Flügelschlag mit gerade gestreckten Flügeln, oft dicht über den Wellen. Folgt Schiffen, bei Fischdampfern oft in großen Scharen. Liegt beim Schwimmen hoch auf dem Wasser und braucht zum Auffliegen einen kurzen Anlauf. Bewegt sich auf dem Lande unbeholfen „rutschend" auf den Fersen, steht selten aufrecht.

Stimme: Am Brutplatz schnatternd gackernd schnarrend „aak", „rärr", „kau", „quäquä" o. ä. oft zu Rufreihen verbunden. Auf dem Wasser und im Flug ist ein tiefes „kuu" zu hören.
Vorkommen: Pelagisch, nur gelegentlich in Küstennähe. Nistet in losen Kolonien auf Vorsprüngen und in Spalten von Klippen, lokal auch weiter im Binnenland an Felsen und grasigen Abhängen. Über den nördlichen Fischgründen sehr zahlreich. Brütet auf Helgoland.

Gelbschnabel-Sturmtaucher *Calonectris diomedea* **Tafel 3, Karte 10, A**

Kennzeichen: 45-56 cm. Ein großer Sturmtaucher, der massiger als der Große Sturmtaucher wirkt und breitere, „lappigere" Flügel hat. Weitere Unterscheidungsmerkmale sind der kräftige, gelbe Schnabel, die graubraune Haube, deren Färbung gleitend in die melierten Halsseiten und die weiße Kehle übergeht, ein gelegentlich auftretender V-förmiger, weißer Bürzelfleck sowie die reinweiße Färbung der Unterseite und der schmal schwarz gesäumte Unterflügel. Der Flug erinnert an Möwen und an den Eissturmvogel. Typisch sind 5-8 Schläge, dann ein langes Gleiten oder Schwenken mit leicht abwärtsgebogenen Flügeln und gesenkten Flügelspitzen. Haltung beim Schwimmen und auf dem Land wie beim Eissturmvogel.
Ähnliche Arten: Junge Baßtölpel, Eissturmvogel und Großer Sturmtaucher - s. dort.
Stimme: Am Brutplatz nasal jammernd „ka-ouh" oder „kjijüi". Auf dem Meer gewöhnlich stumm.
Vorkommen: Pelagisch, nur gelegentlich in Küstennähe. Nistet gesellig auf Insel in Felsspalten. Die mediterranen Vögel sind überwiegend ortstreu, die anderen Populationen wandern nordwärts bis zu den Färöer.

Großer Sturmtaucher *Puffinus gravis* **Tafel 3, A**

Kennzeichen: 43-51 cm. Ein großer Sturmtaucher, in der Gestalt weitgehend wie der Schwarzschnabel-Sturmtaucher, aber deutlich massiger mit weit kraftvoller wirkendem Flug. Unterscheidungsmerkmale sind ein ziemlich schlanker, schwarzer Schnabel, eine schwärzliche, von der weißen Kehle scharf abgesetzte Kappe (durch diese Zeichnung wirkt der Kopf flach), ein fast reinweißes Halsband und eine dunkelbraune Oberseite mit V-förmigem, weißen Fleck an der Schwanzwurzel. Die Unterseite und die Mitte der Unterflügel sind weiß, der Bauch und die großen Unterflügeldecken aber „schmutziggrau". In der Mauser mit unregelmäßiger, weißer Linie in der Mitte der Oberflügel. Verhält sich im Flug wie der Schwarzschnabel-Sturmtaucher, der Flügelschlag ist aber langsamer und schwerfälliger. Gleitet ausdauernder und zeigt bei stärkerem Wind kraftvoll elegante Wendemanöver.
Ähnliche Arten: Baßtölpel, Gelbschnabel-Sturmtaucher und Teufelssturmvogel - s. dort.
Stimme: Meist still, beim Futterstreit auf See rauhes Quieken. Am Brutplatz heiseres, möwenähnliche Bellen.
Vorkommen: Pelagisch, nur gelegentlich in Küstennähe. Brütet in Höhlen auf Tristan da Cunha und zieht im Sommer und Herbst in den östlichen Nordatlantik (Portugal, Nordsee, Island). Seltener auch im westlichen Mittelmeer.

Dunkler Sturmtaucher *Puffinus griseus* **Tafel 3, Z**

Kennzeichen: 40-50 cm. Mittelgroßer Sturmtaucher mit relativ kleinem Kopf, der aus der Entfernung gesehen ganz schwarz erscheint. Die einheitlich rußbraune Färbung wird nur durch das helle Band auf der Unterflügelmitte belebt, das im Sonnenlicht geradezu aufscheinen kann. Verwechslungen sind bestenfalls mit der dunkelsten Variante des westmediterranen Mittelmeer-Sturmtauchers *P. y. mauretanicus* möglich. Der Flug wirkt seltsam mechanisch, ist aber schnell und fördernd. Fliegt gewöhnlich schnell. Schlagflug mit steif ausgestreckten oder leicht geknickten Flügeln und Gleitflug dicht über dem Wasser wechseln miteinander ab. Dazwischen scharfe Wendungen mit seitlichem Abkippen. Ruht oft schwimmend. Auf See stumm.

Ähnliche Arten: Eine Verwechslung mit den größeren Sturmtauchern, dem „Blauen Eissturmvogel", jungen Baßtölpeln und der dunklen Variante der Skua kann bei einiger Erfahrung vermieden werden.
Vorkommen: Pelagisch, aber regelmäßiger in Küstennähe als die großen Sturmtaucher. In manchen Jahren können Hunderte an vorspringenden Landzungen vorbeisegeln. Brütet auf Inseln des Südatlantik. Wandert im Herbst in den östlichen Nordatlantik bis Island und Norwegen und wurde auch in der Ostsee als Irrgast nachgewiesen.

Schwarzschnabel-Sturmtaucher *Puffinus puffinus* Tafel 3, Karte 11, A

Kennzeichen: 30-35 cm. Zweitkleinster Sturmtaucher. Im allgemeinen die häufigste Art. Nur der Dunkle Sturmtaucher kann gelegentlich ähnlich zahlreich auftreten. Das Flugbild ist auffallend kreuzförmig. Die schwarze Ober- kontrastiert scharf mit der weißen Unterseite. Dunkel sind nur der Hinterrand und die Spitzen der Unterflügel. Aus der Nähe sind der schlanke, schwarze Schnabel und die feine, dunkle Kante an den sonst reinweißen Unterflügeldecken zu sehen. Tritt oft in lockeren Trupps auf. Fliegt im hin und her schwenkenden Gleitflug, der in bemerkenswert unregelmäßiger Folge von schnellen Flügelschlägen unterbrochen wird. Manövriert zwischen Wellenkamm und Wellental, zumeist ohne höher aufzusteigen. Folgt Schiffen nicht. Schwimmt gut, aber weniger hoch auf dem Wasser als die großen Sturmtaucher. In der Dämmerung versammeln sich größere Schwärme über der See vor den Brutkolonien. Rutscht an Land mühsam auf den Fersen und nimmt beim Klettern die Flügel zur Hilfe.
Ähnliche Arten: Die atlantische Unterart (*P. p. puffinus*) ist größer und hat einen dunkleren Kopf als der Kleine Sturmtaucher (*P. assimilis*), dessen Flug zudem mehr flatternd wirkt. Die mediterranen Unterarten des Schwarzschnabel-Sturmtauchers können an die größeren Sturmtaucher erinnern - s. dort.
Stimme: Am Brutplatz im Flug wie am Boden heiser krähende und guttural quäkende Rufe in rascher Folge. Auf See zumeist stumm.
Vorkommen: Mehr in Landnähe als auf hoher See. Brütet in dichten Kolonien in Höhlen, die in grasige Hänge oder zwischen Felsen gegraben werden.

Mittelmeer-Sturmtaucher *Puffinus yelkouan* Tafel 3, Karte 12, A

Kennzeichen: 34-39 cm. Mit dem Schwarzschnabel-Sturmtaucher nah verwandt, wird auch zur gleichen Art gerechnet. Zwei wenig differierende Unterarten, im westlichen Mittelmeer *P. y. mauretanicus* („Balearen-Sturmtaucher") und im östlichen *P. y. yelkouan* („Yelkouan-Sturmtaucher"). Beiden Unterarten fehlt die farblich scharf abgesetzte Wangenpartie und der ungezeichnete Unterflügel des Schwarzschnabel-Sturmtauchers. *P. y. mauretanicus* ist ein wenig untersetzter, hat etwas längere Flügel und fliegt merklich langsamer als der Schwarzschnabel-Sturmtaucher. Insgesamt ist er nicht schwarzweiß, sondern auf der Oberseite dunkelbraun und auf der Unterseite braun und weiß gefleckt mit breiten dunklen Bändern am Unterflügel, v. a. an der Vorderkante. Der Yelkouan-Sturmtaucher ist im allgemeinen kleiner als der Schwarzschnabel-Sturmtaucher. Die hellsten Vögel sind oberseits schwarzbraun und unterseits schmutzig weiß. Die Färbung variiert aber beträchtlich, so daß viele dem blasseren Balearen-Sturmtaucher sehr ähnlich sehen. Verhalten und Stimme beider Unterarten wie beim Schwarzschnabel-Sturmtaucher.
Ähnliche Arten: Die Unterscheidung von *P. y. yelkouan* und dunkleren *P. puffinus* erfordert ein genaues Erkennen des Kopf-, Hals- und Unterflügelmusters. Die dunkelsten *P. y. mauretanicus* gleichen oft Dunklen Sturmtauchern. Diese sind aber um 1/4 größer, im Flugverhalten nicht so unstet und fliegen kraftvoller mit relativ schmalen, oft leicht gewinkelten Flügeln. Ihre Unterseite ist einheitlich dunkel.
Vorkommen: Auf dem offenen Mittelmeer. Die westliche Unterart passiert regelmäßig die Straße von Gibraltar. Brütet in dichten Kolonien in Erdhöhlen, die in grasige Hänge oder zwischen Felsen gegraben werden.

Kleiner Sturmtaucher *Puffinus assimilis* **Tafel 3, A**
Kennzeichen: 25-30 cm. Der kleinste und alkenähnlichste Sturmtaucher. Die Flügel sind relativ kurz und breit. Im Gefieder gleicht er dem Schwarzschnabel-Sturmtaucher. Die dunkle Kappe reicht aber nicht bis über die Augen, die aus der Nähe oft klar zu erkennen sind, die Halsseiten sind grauer und das Weiß der Unterflügel, das weit bis auf die Handschwingen reicht, ist seitlich schärfer begrenzt. Beim niedrigen, geradlinigen Flug wechseln schnell flatternde Flügelschläge mit ausgiebigem Gleiten ab. Zwei Unterarten: *P. a. baroli* von Madeira hat weiße Unterschwanzdecken, die weit seltenere Form der Kapverden, *P. a. boydi*, ein dunkleres Gesicht und schwarze Unterschwanzdecken.
Ähnliche Arten: Von sehr kleinen Exemplaren des Schwarzschnabel-Sturmtauchers schwer zu unterscheiden. Der Audubons-Sturmtaucher (*P. lherminieri*) kann im Verbreitungsgebiet auftreten. Bei seiner Ähnlichkeit mit *P. a. boydi* ist dessen artliche Zuordnung noch nicht endgültig geklärt.
Vorkommen: Regelmäßig vor den Küsten der Britischen Inseln. Im nördlichen Atlantik und westlichen Europa (bis Schweiz) bisher aber nur *P. a. baroli* nachgewiesen.

Sturmschwalben: Hydrobatidae

Recht kleine bis mittelgroße Vögel der nördlichen und südlichen Ozeane, die sich außer zur Brutzeit auf der hohen See aufhalten, bei Stürmen gelegentlich aber auch an die Küsten getrieben werden. Brüten an Küsten und auf Inseln in Höhlen. Sie fliegen gewöhnlich dicht über den Wellen. Das Flugbild erinnert an Schwalben oder Fledermäuse, der Kopf wird aber zumeist aufrecht gehalten, und die Beine hängen oft baumelnd herab. Am Brutplatz sind schnurrende und zwitschernde Laute zu hören. Auf See sind sie allgemein stumm. Der Wellenläufer ist die größte Art mit langem, schlankem Rumpf. Er fliegt gewöhnlich mit stark gewinkelten Flügeln. Die Sturmschwalbe ist kleiner. Im Flug flattert sie auffällig hin und her. Beide scheinen oft mit den herabhängenden Beinen geradezu auf den Wellen zu laufen.

Buntfuß-Sturmschwalbe *Oceanites oceanicus* **Tafel 3, A**
Kennzeichen: 16-18 cm. Nur wenig größer als die Sturmschwalbe mit gleicher Gestalt aber weniger „flatterhaftem" Flug. Fliegt wie eine Seeschwalbe oder Schwalbe. „Läuft" bei der Nahrungssuche mit herabhängenden Beinen und schmetterlingsartig hochgestellten Flügeln über das Wasser. Die relativ kurzen, breiten Flügel mit abgerundeten Spitzen werden gerade gehalten, ohne sie im Handgelenk zu winkeln. Der Schwanz ist kurz und eckig. Gefieder rußschwarz mit einem großen weißen, bis zu den hinteren Flanken reichenden Bürzelfleck. Auf den Oberflügeldecken ein hellgraues Band, aber kein heller Streif am Unterflügel wie bei der Sturmschwalbe. Die gelben Schwimmhäute sind nur selten zu erkennen. Folgt Schiffen. Auf See stumm.
Ähnliche Art: Sturmschwalbe - s. dort.
Vorkommen: Nicht streng pelagisch. Sammelt sich über flachen Schelfmeeren. Regelmäßig im Golf von Biskaya, gelegentlich an den SW- und W-Küsten der Britischen Inseln und Europas. Nur selten bis C-Europa und in das Mittelmeer. In das Binnenland verdriftete Vögel wurden bisher noch nicht gefunden. Brutplätze antarktisch und subantarktisch.

Sturmschwalbe *Hydrobates pelagicus* **Tafel 3, Karte 13, A**
Kennzeichen: 15-16 cm. Kleinster europäischer Seevogel. Unter Land nur in der Nähe der Brutplätze zu sehen. Die Flügel sind kurz und abgerundet und der Schwanz gerade abgeschnitten. Das Gefieder ist schwarz, mit einem eckigen, bis auf die hinteren Flanken reichenden, weißen Bürzelfleck. Bei der Mehrzahl ein weißes Band auf den Unterflügeln und seltener ein schmaler, aufgehellter Streif auf den Flügeldecken. Folgt

Schiffen. Der fledermausartige Flug mit kurzen Gleitphasen wirkt „kraftlos“ flatternd. Trippelt bei der Nahrungssuche mit baumelnden Beinen und flach V-förmig gehaltenen Flügeln über die Wellen.
Stimme: Auf See stumm. Am Brutplatz ziegenmelkerartiges, anhaltendes Schnurren, das durch einen „Atemruf“ unterbrochen wird: „arrr..-tschik - arrr...“. Vor dem Abflug „ke-kahh-kek“.
Vorkommen: Pelagisch, ausgenommen zur Brutzeit. Nistet kolonieweise auf Inseln unter Felsgeröll und Gemäuer oder in Erdhöhlen. Wird nur sehr selten ins Binnenland verdriftet.

Wellenläufer *Oceanodroma leucorhoa* **Tafel 3, Karte 14, A**

Kennzeichen: 18-21 cm. Die größte, schmal gestreckt wirkende Sturmschwalbe, die oft auch von Land aus zu sehen ist. Die Flügel sind relativ lang und schmal. Sie werden häufig im Flügelbug gewinkelt. Der recht lange Schwanz ist, wenn gespreizt, deutlich gegabelt. Er wird aber oft geschlossen getragen. Das Gefieder ist graubraun mit einem V-förmigen weißen Bürzelfleck, der zumeist zentral von einer grauen Linie durchzogen wird. Auf den großen Oberflügeldecken ein breites, diagonal verlaufendes, graues Band, aber keine Aufhellung des Unterflügels. Folgt Schiffen nicht. Flug auffallend sprunghaft, mal hüpfend, dann wieder vorwärts schießend und gleich darauf wieder auf der Stelle hin und her schwenkend. Schlägt dabei mit den Flügeln seltener als die kleinere Sturmschwalbe.
Ähnliche Art: Madeira-Wellenläufer - s. dort.
Stimme: Auf See meist stumm. Am Brutplatz anhaltendes Schnurren, ähnlich Sturmschwalbe, aber langsamer. Am Ende oft ein komplizierter Flugruf. Über der Kolonie abgehacktes, rauhes Lachen „her-kiti-wer kii-pit-krra-krra“.
Vorkommen: Wie die Sturmschwalbe, gräbt die Nisthöhlen aber in der Regel in weichen Untergrund. Wird vergleichsweise oft ins Binnenland verdriftet.

Madeira-Wellenläufer *Oceanodroma castro*

Kennzeichen: 19-21 cm. Wirkt durch den schwächer gegabelten Schwanz und die kürzeren Handflügel kleiner als der Wellenläufer. Gefieder rußbraun mit einem unauffälligen, schmalen, fahlbraunen Band auf den Großen Flügeldecken und deutlichen, mehr eckigen, auf die hinteren Flanken reichenden, weißen Bürzelfleck. Von der Buntfuß-Sturmschwalbe durch ein weniger ausgeprägtes Oberflügelband und kürzere Füße, die im Flug den Schwanz nicht überragen, zu unterscheiden. Flügel im Flug gewöhnlich gewinkelt, dabei horizontal gehalten oder gebogen. Flugweise bezeichnend: Schnelle Flügelschläge wechseln mit sturmtaucherähnlichem Gleiten und hin und her schwenkendem Zick-Zackflug (s. Tafel 3).
Vorkommen: Brutplätze bisher nur von Madeira und anderen zentralatlantischen Inseln bekannt. Jüngst auch auf zwei Inselgruppen vor Portugal festgestellt. Pelagisch, ausgenommen zur Brutzeit. Erreicht umherstreifend gelegentlich auch die Küstengewässer vor W-Europa.

Tölpel: Sulidae

Baßtölpel *Sula bassana* **Tafel 5, Karte 15, BZW**

Kennzeichen: 85-97 cm. Majestätisch wirkender, gänsegroßer Seevogel mit „zigarrenförmigem“ Körper. Der Schnabel lang und spitz, die Flügel lang und schmal, und der Schwanz spitz ausgezogen. Doppelt so groß wie eine Silbermöwe. Mit hellgrauem Schnabel, gelber Kappe und schwarzem Handflügel. Jungvögel sind, je nach Alter, zunächst schwärzlichbraun und mit weißen Tropfenflecken übersät, dann scheckig schwarzbraun und weiß (ganz weiß erst nach 4-5 Jahren). Im Flug wechseln tief ausholende Flügelschläge mit anhaltendem Gleiten. Die Vögel fliegen oft in charakteri-

stischen Reihen hintereinander her. Beim Fischen segeln sie suchend dahin, schwenken ab und stürzen sich mit nach hinten gewinkelten Flügeln kopfüber ins Wasser, manchmal aus 30 m Höhe und mehr.
Ähnliche Arten: Beim Kaptölpel (*S. capensis*), der vor der Iberischen Halbinsel beobachtet wurde, sind auch die Armschwingen und der Schwanz schwarz. Der schwarze Kehlstreif ist außerdem länger. Jungvögel können an Fregattvögel, dunkle Tölpel, Albatrosse und andere große Röhrennasen erinnern. Hier ist sehr genaues Beobachten notwendig.
Stimme: Am Brutplatz rauh krächzend „arräh", „urrah" o. ä. Abwehrruf ein hart ratterndes „arr-arr..".
Vorkommen: Streng ans Meer gebunden, manchmal weit draußen auf See. Brütet in großen, dichten Kolonien auf dem Plateau von Felseninseln oder auf den Simsen der Klippen z. B. Helgoland.

Kormorane: Phalacrocoracidae

Mittelgroße bis sehr große Vögel, die im Röhricht, auf Bäumen oder Felsen große Nester bauen. Den Winter verbringen sie auf großen, offenen Gewässern oder an Küsten. Sie schwimmen und tauchen vorzüglich. Bei Gefahr können sie, wie die Seetaucher, so tief eintauchen, daß nur noch Hals und Kopf zu sehen sind. Erkennbar sind sie auch dann an der hakig gebogenen Schnabelspitze, der nackten Partie am Schnabelgrund und dem oft S-förmig gebogenen Hals. Sie sitzen gern hoch mit halb ausgebreiteten Flügeln auf Felsen, Pfählen oder Bäumen. Über Wasser fliegen sie oft sehr niedrig, über Land zumeist höher. Im Flug erinnern Flugbild, Bewegungsweise und Formation an Gänse. Die Flügelschläge sind aber flacher und der Hals mit einem leichten Knick über die Körperachse gehoben. Altvögel mit glänzenden PK und matten SK. Jungvögel immer matt, auf der Unterseite oft blasser gefärbt. Stimmen guttural.

Kormoran *Phalacrocorax carbo* — **Tafel 4, Karte 16, BJZW**

Kennzeichen: 77-94 cm. Gänsegroßer, reptilienhaft wirkender Wasservogel. Schnabel lang, kräftig und an der Spitze hakig gebogen. Der große Kopf mit steilem Nacken wird zumeist etwas aufgerichtet getragen. Gefieder schwarz mit einem Bronzeschimmer. Der gelbliche Schnabel, der gelbe Schnabelgrund sowie das Weiß von Kehle und Wangen heben sich davon deutlich ab. Im PK mit runden, weißen Schenkelflecken. Dann sind bei den meisten W- und S-europäischen Kormoranen auch Hinterkopf und -hals weitgehend weiß, bei den Vögeln aus N- und NW-Europa aber zumeist schwarz. Die Jungvögel sind auf der Oberseite dunkel schmutzigbraun und auf der Unterseite bräunlichweiß. Schwimmt, wie die Seetaucher, mit tief im Wasser liegendem Körper, der Hals ist aber entweder steiler aufgerichtet oder in sich gebogen. Der gänseähnliche Flug ist kraftvoll, der Flügelschlag aber flacher und ruckhafter. Der gestreckte Hals wird leicht geknickt, über die Körperachse gehoben. Fliegt in Reihen oder in V-Formation. Sitzt aufrecht, oft mit halb ausgebreiteten Flügeln. Gesellig.
Stimme: Am Brutplatz gurgelnde, krähende und knurrende Laute „rärä..", „ga-ga-ga..", „korrr".
Vorkommen: Küsten, Flußmündungen, Küstenseen und größere Binnenseen. Brütet in Kolonien auf Bäumen oder Felsen, auf Inseln auch am Boden. Hat in der letzten Zeit sein Verbreitungsgebiet ausgedehnt.

Krähenscharbe *Phalacrocorax aristotelis* — **Tafel 4, Karte 17, A**

Kennzeichen: 68-78 cm. Reptilienhaft wirkender Seevogel. Deutlich kleiner als der Kormoran. Der Schnabel ist vergleichsweise kürzer und schlanker, der Kopf „zierlicher" mit steilerer Stirn und der Hals dünner. Im PK auf der Stirn ein kurzer aufrichtbarer Schopf. Gefieder einfarbig grünschimmernd schwarz, Schnabelwinkel gelb und Augen

blaß blaugrün. Jungvögel oberseits dunkel schmutzigbraun, unterseits heller. Einige britische und alle Mittelmeervögel sind auf der Bauchmitte weißlich. Kinn und Kehle sind mehr oder weniger weißlich aufgehellt. Der Schnabel ist feiner als bei den Altvögeln. Der Flug wirkt weniger kraftvoll als beim Kormoran. Die relativ breiten Flügel schlagen schneller. Fliegt in Reihen oder ungeordneten Trupps, gewöhnlich dicht über dem Wasser. Verhalten sonst wie beim Kormoran. Kann ohne Größenvergleich aus der Entfernung mit dem Kormoran verwechselt werden.
Stimme: Wenig ruffreudig. ♂ am Brutplatz anhaltend tief und rauh arr-ik arr-ik...", das an Türknarren erinnert. ♀ zischt.
Vorkommen: Ans Meer gebunden. Häufig an Felsküsten und auf Inseln mit steilen Klippen und ausgewaschenen Höhlen. Brütet kolonieweise, manchmal auch einzeln, auf Felsabsätzen und zwischen Felsblöcken.

Zwergscharbe *Phalacrocorax pygmeus* — Tafel 4, Karte 18, A

Kennzeichen: 45-55 cm. Der kleinste und kompakteste der Kormorane. Nur halb so groß wie der Kormoran, mit deutlich anderen Körperproportionen. Der Schnabel ist relativ kurz, der Kopf rund, der Hals kurz und der Schwanz lang. Im PK mit grünschwarz schimmerndem Gefieder, dunkel rotbraunem Kopf und dunklem Schnabel. Kopf, Hals, Unterseite und Oberschwanzdecken sind mit feinen weißen Strichen übersät. Im SK ohne weiße Strichelung aber mit weißlicher Kehle. Jungvögel oberseits braun, unterseits am Kinn weißlich, an Kehle und Brust fahlbraun und am Bauch schmutzig weiß. Im Flug behender als der Kormoran. Erinnert fliegend an ein Bläßhuhn. Im Verhalten sonst wie die verwandten Arten.
Stimme: Zumeist stumm. Am Brutplatz rauhes, kurzes Grunzen und längeres, höheres Krächzen.
Vorkommen: Zieht Binnengewässer, auch Flüsse und Sümpfe, der Meeresküste vor. Brütet kolonieweise, baut unordentliche Nester auf im Sumpfland stehenden Büschen.

Pelikane: Pelecanidae

Große Vögel, die sich bevorzugt auf Süß- oder Brackwasser aufhalten, auf dem Meer dagegen nur selten zu sehen sind. Sie bauen am Boden große Nester. Im Flug wird der Kopf auf die Schultern gezogen, so daß nur der klobige Schnabel mit dem Kehlsack nach vorne ragt. In großer Höhe kann die Silhouette an einen Storch erinnern. Es fehlen aber die nach hinten ausgestreckten Beine. Sie sind ausgezeichnete Segelflieger, nur gelegentlich werden einige flache Flügelschläge eingeschaltet. Sie fliegen gewöhnlich in langen Reihen, nicht im Schwarm oder in V-Formation. Sie liegen ausgesprochen hoch auf dem Wasser und schwimmen beim gemeinsamen Fischen gereiht nebeneinander.

Rosapelikan *Pelecanus onocrotalus* — Tafel 5, A

Kennzeichen: 140-175 cm. Große Vögel mit langem Hals und großen Ruderfüßen. Der lange, klobige Schnabel ist mit einem dehnbaren Kehlsack ausgestattet. Weiß mit gelblichem Schnabel und Kehlsack, roten Augen, gelbem Fleck am Halsansatz und fleischfarbenen Beinen. Die schwärzlichen Schwingen sehen von unten gänzlich schwarz, von oben mehr schwarz umrandet aus. Im Brutkleid mit kurzem, struppigem Schopf am Hinterkopf und lachsfarbenem Anflug im Gefieder. Jungvögel zunächst braun, später schmutzigweiß mit unregelmäßiger brauner Fleckung. Gewaltige Flügelspannweite. Beim Fliegen wird der Kopf zurückgelegt. Der Flug erscheint kraftvoll und mühelos. Segelflug wechselt mit Schlagflug, bei dem die Flügel nicht über die Körperachse gehoben werden. Fliegen gewöhnlich gereiht hintereinander, manchmal sehr hoch. Auf dem Wasser und in der Luft bewegen sie sich leicht und geschickt. Auf dem Land wirken sie unbeholfen.

Stimme: Zumeist stumm. Am Brutplatz ein stöhnend-grunzendes Knurren „huh-huh..." oder „kroh-kroh...".
Vorkommen: Überwiegend Zugvogel. Große Seen, ausgedehnte Sümpfe und an der Küste seichte Lagunen. Nistet kolonieweise im Röhricht. Brütet in SE-Europa. Umherstreifend bis W- und C-Europa.

Krauskopfpelikan *Pelecanus crispus* **Tafel 5, Karte 19, A**
Kennzeichen: 160-180 cm. Allgemein ein wenig größer als der Rosapelikan. Das Gefieder wirkt insgesamt „schmutziger". Unterseite trüb gräulichweiß, Halsansatz gelblich, Augen hell gelblich und Beine bleigrau. An Hinterkopf und Nacken ist das Gefieder schwach verlängert und gekräuselt. Die Flügel sehen von unten, bis auf die dunkleren Ränder und gefingerten Handschwingen, einheitlich gräulichweiß aus. Von oben gesehen sind die Handschwingen fast schwarz. Im PK oberseits mit silbrigem Glanz und unterseits bläulichgrau getönt. Im JK heller und grauer als der Rosapelikan. Die Stirnbefiederung ist am Schnabelansatz „gerade abgeschnitten", also nicht spitz auslaufend wie beim Rosapelikan. Fliegt wie der Rosapelikan. Schwimmende sind aus großer Entfernung vom Rosapelikan nur schwer zu unterscheiden.
Stimme: Meist stumm. Am Brutplatz blökende, fauchende, stöhnende Laute.
Vorkommen: Wandert im Winter gewöhnlich nur innerhalb SE-Europas. Sonst wie der Rosapelikan.

Reiher und Dommeln: Ardeidae

Mittelgroße bis sehr große Vögel der Feuchtgebiete im Binnenland und auch der Küsten. Sie brüten im Röhricht oder auf Bäumen, einige in größeren Kolonien. Sie sind Stand-, Strich- oder Zugvögel. Alle haben recht lange, dolchartige Schnäbel, lange Hälse und lange Beine. Sie waten im Wasser, schwimmen aber nur selten. Das Flugbild ist durch den nach hinten auf die Schulter gelegten Kopf, die breiten, an den Spitzen wenig gefingerten Flügel und die nach hinten ragenden Beine mit langen Zehen geprägt. Die saisonalen Unterschiede (PK, SK) beschränken sich auf die Färbung der nackten Hautpartien und auf die Ausbildung von Schmuckfedern an Kopf, Schultern und Hals. Die Geschlechter sehen, außer bei der Zwergdommel, gleich aus. Die Stimmen der Reiher sind bellend und krächzend, die der Dommeln dumpf „hupend" oder quakend.

Rohrdommel *Botaurus stellaris* **Tafel 6, Karte 20, BZW**
Kennzeichen: 68-81 cm. Großer, reiherähnlicher Sumpfvögel mit gelbbraunem, reich marmoriertem und gebändertem Gefieder, ziemlich kurzen, plumpen, grünen Beinen und einer bezeichnenden Stimme. Fliegt nur widerwillig auf. Der Flug ist langsam mit tief ausholenden breiten, abgerundeten, auffallend schwarz und braun gebänderten Flügeln. Läuft geduckt mit eingezogenem Kopf. Lebt versteckt und einzeln. In der Regel Dämmerungsvogel, der sich bei Tage im Röhricht verbirgt. Nimmt bei Gefahr senkrecht aufgerichtet mit nach oben zeigendem Schnabel die typische „Pfahlstellung" ein. Der unausgefärbte Nachtreiher ist wesentlich kleiner und hell gepunktet. S. auch Amerikanische Rohrdommel.
Stimme: Häufiger zu hören als zu sehen. Gesang am Brutplatz dumpf und durchdringend wie ein Nebelhorn mehrfach wiederholt „uh-pruh...". Rufe, meist im Flug, rauh „aark" oder „grüh".
Vorkommen: Dichtes, großflächiges Röhricht in Sümpfen und an Seeufern, manchmal auch an kleineren Teichen. Nistet in Schilf- und Rohrbeständen.

Amerikanische Rohrdommel *Botaurus lentiginosus* **Tafel 6**
Kennzeichen: 59-70 cm. Kleiner und zierlicher als die Rohrdommel. Der Scheitel ist kastanienbraun und auf jeder Halsseite verläuft ein lang ausgezogener, schwarzer

Bartstreif. Die Oberseite ist fein gesprenkelt, nicht marmoriert und gestreift. Die Flügel haben blaßbraune Decken und schwarze Schwingen. Die Beine sind gelblichgrün. Lebt weniger verborgen und wirkt im Flug nicht so schwerfällig wie die Rohrdommel. Sonst ist das Verhalten gleich.
Ähnliche Art: Junge Nachtreicher haben ungefähr die gleiche Größe, sind aber insgesamt grauer und hell gepunktet.
Stimme: Aufgeschreckt ein rasches, heiseres „kock-kock...". Gesang gereiht, tief „pumpend" „ka-onk..".
Vorkommen: Wie Rohrdommel, aber häufiger in offenem Sumpfland oder auf Feuchtwiesen. Verirrt sich gelegentlich von Nordamerika nach W-Europa.

Zwergdommel *Ixobrychus minutus* **Tafel 6, Karte 21, BZ**

Kennzeichen: 33-38 cm. Kleiner Reiher mit dunklem Scheitel und Rücken, auffallend gelblichweißen Flügeldecken, die sich von den dunklen Schwingen deutlich abheben, und blaßbräunlicher Unterseite. Scheitel und Rücken beim ♂ schimmernd schwarzgrün. ♀ oben dunkelbraun und unten gelblichbraun längsgestreift, die Flügeldecken mehr bräunlich, weniger gelblich. Der Schnabel ist gelblich, beim ♂ zur Brutzeit an der Wurzel oft orangerot. Beine grün. Jungvogel insgesamt kräftiger gestreift, Schnabel und Beine dunkler als bei den Altvögeln. Fliegt zumeist dicht über dem Röhricht. Der Flug mit relativ schnellen, ruckhaften Flügelschlägen und kurzen Gleitstrecken unterscheidet sich von dem anderer kleiner Reiher, die gleichmäßiger fliegen. Außerhalb der Brutzeit überwiegend dämmerungsaktiv.
Stimme: Gesang am Brutplatz eine oft langanhaltende, bei Tag und Nacht zu hörende Folge von schwachen „wuh"-Lauten. Flugruf kurz, rauh „kerr".
Vorkommen: Röhrichte an überwucherten Flußufern, Stauwässern, Teichen, Seen, Sümpfen. Nistet nahe am Wasser, gelegentlich in kleinen lockeren Gruppen.

Nachtreiher *Nycticorax nycticorax* **Tafel 6, Karte 22, BZ**

Kennzeichen: 58-65 cm. Ein untersetzter, kurzbeiniger Reiher. Die Altvögel haben einen schwarzen Scheitel und Rücken, eine weiße Unterseite, graue Flügel, einen grauen Schwanz, ein weißes Gesicht, rote Augen und im Nacken lange, weiße Schmuckfedern. Der Schnabel ist klobig und grau. Die Beine sind gelblich, zur Brutzeit mehr rötlich. Die Jungen sind auf der Oberseite braun, auf der Unterseite bräunlichweiß mit hellen gelbbräunlichen Flecken auf Rücken und Flügeln und braunen Streifen von der Kehle zum Bauch. Ältere Jungvögel sind grauer, weniger gefleckt und gestreift. Das Flugbild wirkt kompakt. Flug mit Schlag- und Gleitphasen. Dämmerungsvogel, ausgenommen zur Brutzeit. Ruht bei Tage gewöhnlich versteckt auf einem Baum und fliegt in der Dämmerung zur Nahrungssuche.
Stimme: Bei Störungen im Flug oder sitzend ein rabenartiges, dumpf gurgelndes Quaken „ark" oder „wark", das zumeist in der Dämmerung zu hören ist. In der Kolonie verschiedene rauhe, gutturale Laute.
Vorkommen: Bevorzugt dichte Busch und Baumbestände der Verlandungszonen von Seen, Teichen, Sümpfen und Auwälder. Nahrungssuche in der Dämmerung und Nacht in offenerem Gelände, z. B. an Flußufern, Teichen und Gräben. Nistet in losen Kolonien, oft gemeinschaftlich mit verwandten Arten, im Dickicht, auf Bäumen, lokal auch im Röhricht.

Rallenreiher *Ardeola ralloides* **Tafel 7, Karte 23, A**

Kennzeichen: 40-49 cm. Untersetzt und dickhalsig mit relativ langem Schnabel, langem schwärzlich gesäumtem Schopf und einem „Cape" von verlängerten Schmuckfedern über dem Rücken. Gefieder fahl semmelbraun. Die am Boden zumeist verborgenen weißen Flügel und der weiße Bürzel und Schwanz lassen den Vogel im Flug unerwartet fast gänzlich weiß erscheinen. Schnabel mit dunkler Spitze, zur Brutzeit blau, sonst mehr grün. Beine hell grünlich, zur Brutzeit mehr rötlich. Jungvögel oberseits fahl beigebraun, an Kopf, Hals und Brust gestreift.

Ähnliche Arten: Kuhreiher sind immer viel weißer und bevorzugen offenere, trockenere Lebensräume. Man beachte: Andere nah verwandte Arten aus E-Asien sollen in Europa, bisher unbestätigt, beobachtet worden sein. Sie werden oft als Käfigvögel eingeführt. Der Bacchusreiher (*Ardeola bacchus*) sieht sehr ähnlich aus - s. Irrgäste.
Stimme: Selten zu hören. Aufgeschreckt oder gelegentlich beim nächtlichen Flug ein hartes „karr" oder „garr".
Vorkommen: Vegetationsreiche Ufer, manchmal aber auch in offenem, feuchtem Gelände. Nistet einzeln oder in zerstreuten Gruppen im Röhricht zwischen verwandten Arten auf Büschen und Bäumen.

Kuhreiher *Bubulcus ibis* — **Tafel 7, Karte 24**

Kennzeichen: 45-52 cm. Kleinerer, dickhalsiger, kompakt wirkender Reiher mit einer bezeichnenden „Kehlwamme". Wirkt aus der Entfernung gesehen ganz weiß. Aus größerer Nähe sind im PK ein orangefarbener Scheitel, Rücken und „Kropf" erkennbar. Zur Brutzeit der dolchförmige Schnabel rötlich und die Beine rot. Im SK wie auch Jungvögel nahezu gänzlich weiß mit gelbem Schnabel und grünlichbraunen Beinen. Flugbild gedrungener als beim Seidenreiher. Flügelschlag schneller, im Flug daher wendiger. Gesellig. Bei der Nahrungssuche oft zwischen grasendem Vieh. Setzt sich gern auf den Rücken der Weidetiere.
Ähnliche Arten: Der Seidenreiher hat einen viel dünneren Hals, schlankeren Körper und anders gefärbte nackte Hautpartien. Der Rallenreiher ist an Kopf, Hals und Rücken immer dunkler.
Stimme: Allgemein stumm. In der Kolonie ein Keckern, das durch gedehnte „kräh"-Rufe unterbrochen wird. Bei Störung dumpf „ok-ok...".
Vorkommen: Deutlich weniger ans Wasser gebunden als andere Reiher. Oft auf Wiesen, Weiden und offenem Sumpfland. Nistet kolonieweise, oft gemeinsam mit verwandten Arten, im Röhricht, auf Büschen und Bäumen, nicht immer in Wassernähe.

Seidenreiher *Egretta garzetta* — **Tafel 7, Karte 25, A**

Kennzeichen: 55-65 cm. Mittelgroßer, schlanker Reiher mit einem gestreckt dolchförmigen Schnabel und langen Beinen. Das Gefieder ist schneeweiß. Im PK mit langen Schmuckfedern am Nacken und einem duftigen „Cape" verlängerter Schulterfedern. Schnabel schwarz, Beine schwarz mit auffallend gelben, zur Brutzeit rötlichen Zehen. Die seltene melanistische Farbvariante ist schiefergrau bis schwarz. Wirkt im Flug graziöser und in Gang und Haltung eleganter als die größeren Reiher. Nahrungssuche im offenen, flachen Wasser.
Ähnliche Arten: Kuhreiher und Rallenreiher - s. dort. Die überwiegend dunklen westlichen Küstenreiher (*E. gularis*) gleichen dunklen Seidenreihern. Küstenreiher sind aber am längeren, helleren, überwiegend gelblichen Schnabel und an den schmutziggrauen bis graugelben Beinen erkennbar - s. Irrgäste.
Stimme: Meist stumm, ruffreudiger nur in der Kolonie. Rufe wie „walla-walla..." kombiniert mit gedehntem „groar", daneben keckernde und krächzende Laute.
Vorkommen: Feuchtes Grünland, offene Sümpfe, Lagunen. Nistet gewöhnlich kolonieweise, oft zusammen mit anderen Reihern, auf Büschen und Bäumen in feuchtem Sumpfland, trockenem, offenen Gelände und auf Klippen.

Silberreiher *Egretta alba* — **Tafel 7, Karte 26, A**

Kennzeichen: 85-100 cm. Größter weißer Reiher, nahezu so groß wie der Graureiher. Gestalt wie beim viel kleineren Seidenreiher, der Schnabel relativ kürzer und der Hals eher länger und stärker gebogen. Gefieder immer weiß. Das schleierartige „Cape" der Schulterfedern reicht im PK bis über den Schwanz. Schnabel gelbgrün mit stark unterschiedlich ausgedehnter schwarzer Spitze. Der Schnabelwinkel reicht weit bis hinter das Auge. Beine allgemein grünlichschwarz, nur die Unterschenkel zur Brutzeit gelb bis orange. Flugbild zierlicher und Flügelschlag weniger wuchtig als bei den anderen großen Reihern. Die seltenen Albinos vom Graureiher sind an ihrer „gröberen" Gestalt und v. a. an dem weniger geschwungenen Hals zu erkennen.

Stimme: Ruft wenig. Am Boden und im Flug gelegentlich krächzend „kraa“. In der Kolonie stimmfreudiger, ruft bellend „rah“, „arrk“, bei Begrüßung „rroo-rroo“, erregt „krak“.
Vorkommen: See- und Flußufer, offene Sümpfe, Lagunen. Nistet in losen Kolonien im dichten Röhricht, seltener auf Büschen und Bäumen.

Graureiher *Ardea cinerea* **Tafel 6, Karte 27, BJZW**

Kennzeichen: 84-102 cm. Größter und am weitesten verbreiteter Reiher W- und C-Europas. Altvögel mit langem, gelbem, im Frühling mehr rötlichem „Dolchschnabel“, schwarzem Streif vom Auge bis zur Spitze der schmucken, lang herabhängenden Nackenfedern, fast weißem Gesicht, grauer Oberseite, schwarzem Flügelbug und schwarzen Schwingen, grauweißem Unterkörper und Hals, der vorne durch eine Doppelreihe schwarzer Flecke belebt ist. Jungvögel dunkler gefärbt, mit schwärzlichem Scheitel und düstergrauer Oberseite, die manchmal auch bräunlich getönt sein kann. Flugbild erinnert an einen großen Greifvogel. Kopf und Hals sind auf die Schultern zurückgelegt, die Beine ragen weit nach hinten über den Schwanz, die Flügel schlagen tief ausholend und regelmäßig, beim Gleiten sind sie abwärts gebogen. Steht oft lange Zeit bewegungslos mit lang ausgestrecktem Hals oder zwischen die Schultern gezogenem Kopf. Fischt durch plötzliches Zustoßen aufmerksam lauernd aus dem Stand oder beim schleichenden Waten. Wenig gesellig, außer zur Brutzeit.
Ähnliche Arten: Die seltenen Albinos machen einige Probleme - s. Silberreiher. Die seltenen, mehr bräunlichen Jungvögel können an Purpurreiher erinnern - s. dort.
Stimme: Flugruf ein lautes, hartes, durchdringendes „kraik“ oder „kräiik“. In der Kolonie vielfältige, krächzende, kreischende und gurgelnde Laute.
Vorkommen: Feuchte Wiesen, Flüsse, Seen, Meeresufer. Auch auf Feldern. Nistet kolonieweise, in der Regel auf hohen Bäumen.

Purpurreiher *Ardea purpurea* **Tafel 6, Karte 28, BZ**

Kennzeichen: 70-90 cm. Großer, schlanker Reiher mit dünnem „Schlangenhals“, flachem Kopf, dünnem Schnabel und bemerkenswert langen Zehen. Bei den Altvögeln ist der rötlichbraune Kopf durch einen schwarzen Scheitel mit langen Schmuckfedern und der gleichgefärbte Hals durch dunkle Längsstreifen, die den schlangenhaften Eindruck noch verstärken, geschmückt. Oberseite schiefergrau, im PK mit verlängerten blaßbraunen Schulterfedern. Schwingen schwarz, Bürzel und Schwanz grau, Unterseite bräunlich weinrot, Schnabel bräunlichgelb und Beine gelblichbraun. Junge insgesamt mehr bräunlich, ohne auffallende dunkle Streifung an Kopf und Hals und helleren Unterflügeldecken. Markantes Flugbild. Der Körper wirkt flach, die Halsschlinge hängt tief herab und an den lang ausgestreckten Beinen sind die abgespreizten langen Hinterzehen zu erkennen. Die Flügel sind schmaler und schlagen im Flug weniger wuchtig als beim Graureiher. Verhält sich recht heimlich. Man beachte: Junge Graureiher können ein blaßbraunes Gefieder haben.
Stimme: Im Flug gelegentlich kehlig, sonor „kria“ oder „airr“, höher als beim Graureiher. Am Brutplatz krächzende und quäkende Laute.
Vorkommen: Sümpfe, überwachsene Gräben, dichtes Röhricht usw. Nistet in Kolonien, manchmal mit anderen Arten zusammen, im Röhricht, seltener auf Büschen und ausnahmsweise auf Bäumen.

Störche: Ciconiidae

Sehr große, langbeinige und langhalsige Vögel mit langem, geradem Schnabel. Fliegen mit ausgestrecktem, leicht abwärtsgeneigtem Hals. Flügelschlag langsam. Ausgiebiges Segeln. Flügel lang, „rechteckig“ und tief gefingert. Gemessen schreitender Gang. Geschlechter gleich. Brüten auf Bäumen und Dächern.

Schwarzstorch *Ciconia nigra* **Tafel 7, Karte 29, BZ**
Kennzeichen: 90-105 cm. Scheuer, vereinzelt lebender Waldstorch. Etwas kleiner als der Weißstorch. Das Gefieder, bis auf die weißen Achseln und den weißen Unterkörper, glänzend schwarz. Schnabel und Beine rot. Jungvögel matter gefärbt mit bräunlicher Brust. Flug aktiver und geschickter als beim Weißstorch. Daher auf dem Zug nicht so stark von der Thermik abhängig.
Stimme: Schnabelklappern seltener als beim Weißstorch. Am Horst leise „chichu" Rufe, erregt pfeifend, fauchend „fich", Junge grölen „uä uä..." oder rufen gedehnt „orrr".
Vorkommen: Urwüchsige, sumpfige Wälder mit Bächen, Teichen und Auen. Nistet auf großen, hohen Waldbäumen, in Südeuropa (Spanien) auch an Felswänden.

Weißstorch *Ciconia ciconia* **Tafel 7, Karte 30, BZ**
Kennzeichen: 95-110 cm. Sehr großer, stattlicher Vogel mit langen Beinen und langem Schnabel. Im Unterschied zu den Reihern, Pelikanen und Geiern werden Kopf und Hals im Flug weit vorgestreckt. Gefieder, bis auf die pechschwarzen Schwingen, weiß. Schnabel und Beine rot. Flug ein wenig schwerfällig mit langsamen, tief ausholenden Flügelschlägen und Gleitphasen. Segelt in thermischen Aufwinden. Schreitet bei der Nahrungssuche gemessen dahin. Steht gern auf Bäumen oder Häusern, oft auf einem Bein. Gesellig. Die gewöhnlich sehr hoch fliegenden Trupps halten auf dem Zuge keine bestimmte Flugordnung ein.
Stimme: Vorwiegend Schnabelklappern, daneben auch noch ein leises Zischen. Junge betteln miauend oder wimmernd, können aber auch schon klappern.
Vorkommen: Sümpfe, feuchte Wiesen und Auen, zur Brutzeit zumeist in der Nähe von Siedlungen. Nistet auf Häusern, Ställen, Scheunen, Schornsteinen, Masten und seltener auch auf Bäumen.

Ibisse und Löffler: Threskiornithidae

Ähneln in der Gestalt kleinen Störchen oder Reihern, jedoch mit langem, gebogenem oder löffelförmig abgeplattetem Schnabel. Fliegen mit vorgestrecktem Hals. Die Geschlechter sind gleich. Röhricht- Busch- und Baumbrüter.

Braunsichler *Plegadis falcinellus* **Tafel 7, Karte 31, A**
Kennzeichen: 55-65 cm. Urtümlich anmutender Sumpfvogel mit brachvogelähnlicher Gestalt und fast einheitlich tief dunklem Gefieder. Altvögel aus der Nähe gesehen mit purpurn bronzegrünem Glanz. Jungvögel sind matt dunkelbraun. Das kennzeichnende Flugbild wird durch den langen, gebogenen Schnabel den leicht durchgebogen vorgestreckten Hals, den schmalen Körper, die langen, an den Spitzen abgerundeten Flügel und die weit nach hinten gestreckten Beine geprägt. Der Flug wirkt recht mechanisch mit schnellen, flachen Flügelschlägen und gelegentlichem Gleiten. Setzt sich gern auf Bäume. Kann im Flug an kleine Kormorane erinnern, unterscheidet sich jedoch durch den gebogenen Schnabel und die langen Beine.
Stimme: Meist stumm. Gelegentlich im Flug und am Nest rauh krächzende Rufreihen wie „gräh-" oder „garräh-", auch kurz „ka-ka...".
Vorkommen: Sümpfe, Schlammflächen, Reisfelder. Nistet kolonieweise, häufig in Gemeinschaft von Reihern, in ausgedehntem Röhricht über Flachwasser, gelegentlich auf Büschen oder Bäumen.

Löffler *Platalea leucorodia* **Tafel 7, Karte 32, G**
Kennzeichen: 80-93 cm. Großer, reiherähnlicher Sumpfvogel mit langem, spatelförmigem Schnabel. Altvögel weitgehend schneeweiß mit ockergelber Tönung am Halsansatz. Im PK am Nacken ein langer, gelblicher „Pferdeschwanz". Die Beine sind schwarz, Schnabel schwarz mit gelber Spitze. Jungvögel mit schwarzen Spitzen an

den Handschwingen, rosagrauem Schnabel und gelblichen bis grauen Beinen. Das Flugbild unterscheidet sich von dem der weißen Reiher durch den vorgestreckten, leicht herabhängenden Hals und den langen „Löffelschnabel".
Stimme: Meist stumm. Am Brutplatz verhaltene, nasale, jaulende oder grunzende Rufe. Klappert in Erregung mit dem Schnabel.
Vorkommen: Seichte, offene Gewässer, verschilfte Sümpfe, Flußmündungen, Lagunen. Nistet kolonieweise in ausgedehntem Röhricht, auf kleinen, unbewachsenen Inseln, lokal auf Bäumen oder Büschen.

Flamingos: Phoenicopteridae

Flamingo *Phoenicopterus ruber* **Tafel 7, A**

Kennzeichen: 90-120 cm. Grotesk anmutende Stelzvögel mit extrem langen Hälsen und Beinen an einem „Gänsekörper". Der dicke Schnabel ist, wie gebrochen, im Spitzenabschnitt nach unten geknickt. Das Gefieder der Altvögeln ist weiß und rosarot. Die karminroten Flügeldecken und die schwarzen Schwingen sind v. a. im Fluge zu sehen. Schnabel blaßrosa mit schwarzer Spitze, Beine ganz rosa. Jungvögel hell schmutzig graubraun mit recht einheitlich dunkel wirkenden Flügeln, blaßgrauem Schnabel und bleigrauen Beinen. Das Flugbild ist ausgesprochen ungewöhnlich. Hals und Beine werden leicht hängend weit nach vorne bzw. hinten ausgestreckt. Der Flug wirkt gänseähnlich, ist aber etwas schwerfälliger. Watet gemessenen Schrittes und steckt bei der Nahrungssuche den nach hinten weisenden Schnabel oder den ganzen Kopf ins seichte Wasser.
Ähnliche Arten: Neben dem Flamingo kann auch der **Chileflamingo** (*Ph. chilensis*) beobachtet werden, ein Gefangenschaftsflüchtling, der in Deutschland inzwischen brütet. Er hat immer graue Beine mit roten Gelenken. Der weit kleinere Zwergflamingo (s. Irrgäste) hat einen tief roten Schnabel.
Stimme: Ruft gänseähnlich im Flug nasal trompetend „oar-honk" oder „graa-agg". Der „Chor" größerer Trupps hört sich an wie das Schnattern von Gänsescharen.
Vorkommen: Flache Küstenlagunen, Überschwemmungsgebiete, Seen, Schlammflächen usw. Nistet kolonieweise auf Schlammbänken oder im Flachwasser, wo zum Nisten kegelstumpfförmige Schlammhügel aufgehäuft werden. Brütet, aber nicht alljährlich, in S-Frankreich und S-Spanien. Teilzieher. In Portugal und Holland häufigerer Gast. Streift gelegentlich in anderen Gebieten Europas umher.

Entenvögel (Schwäne, Gänse, Enten, Säger): Anatidae

Schwäne : Sehr groß, weiß mit langem, im Flug weit vorgestrecktem Hals. Ernähren sich grasend oder gründelnd. Die majestätischen Vögel fliegen in Reihen oder in V-Formation. Geschlechter gleich. Junge düster gräulich oder bräunlich gefärbt. Stimmen posaunend oder knurrend.
Gänse: Groß bis mittelgroß, meist grau oder teilweise schwarz mit langen Hälsen. Ernähren sich vorwiegend grasend. Flug kraftvoll. Flugbild weniger „langhalsig" als bei den Schwänen, fliegen aber in den gleichen Formationen. Stimmen trompetend und schnatternd.
Halbgänse (Nilgans, Rostgans Brandgans): Recht große, „bunte", unterschiedlich aussehende, gänseähnliche Entenvögel, die wie Gänse fliegen. Ernähren sich grasend oder gründelnd. Junge weniger „bunt". Geschlechter gleich. Stimmen pfeifend oder bellend.
Gründelenten: Klein bis mittelgroß. Gefieder der ♂ saisonal sehr variabel, Flügelmuster bleibt aber gleich. Flug schnell und wendig. „Sprungstart" ohne Anlauf.

Ernähren sich vorwiegend seihend und gründelnd, einige auch grasend. Geschlechter verschieden. ♂ im SK und Jungvögel gleichen ♀. Stimmen quakend, krächzend und pfeifend.
Tauchenten: Klein bis ziemlich groß. Gefieder der ♂ saisonal variabel, Flügelmuster bleibt aber gleich. Flugbild gedrungen. Flug weniger wendig als bei den meisten Gründelenten. Start mit platschendem Anlauf. Frei- und Höhlenbrüter. Ernähren sich vorwiegend tauchend. Geschlechter verschieden. ♂ im SK und Jungvögel gleichen ♀. Stimmen recht unterschiedlich, u. a. knurrend und summend. Schwer zu bestimmende Artbastarde.
Säger: Klein bis mittelgroß. Schnabel schlank und gezähnt, Kopf mit Schopf, Körper „zylindrisch" gestreckt. Flugbild sich verjüngend schlank. Kopf, Körper und Schwanz bilden, ähnlich wie bei Tauchern, eine Linie. Frei- oder Höhlenbrüter. Geschlechter verschieden. ♂ im SK und Jungvögel gleichen den rotbraunköpfigen ♀. Stimmen rauh.
Ruderenten: Klein und kompakt, mit auffallend dickem Kopf und steifem, geradem Schwanz, der bei der Balz aufgerichtet wird. Gefieder variabel, jedoch mit spezifischem Kopfmuster. Markantes Flugbild mit klobigem Kopf und Körper sowie kurzen, taucherartig schnell schlagenden Flügeln. Nisten im Röhricht. Ernähren sich tauchend. Geschlechter verschieden. Stimmen bei der Balz gluckend und tickend.

Höckerschwan *Cygnus olor* **Tafel 8, 9, Karte 33, BJZW**

Kennzeichen: 140-160 cm. Großer Schwan, der schon lange als Parkvogel gehalten wird. Altvögel mit orangerotem Schnabel mit schwarzem Schnabelgrund und -höcker, der bei den ♂ zur Brutzeit anschwillt. Beim Schwimmen wird der Hals anmutig gebogen, so daß der Schnabel abwärts weist. Der Schwanz ist ziemlich lang, spitz und beweglich. Imponierhaltung mit gebogenem Hals und segelartig über dem Rücken aufgestellten Flügeln. Jungvögel gräulichbraun, Parkvögel manchmal auch weiß, ohne Schnabelhöcker, mit graurötlichem Schnabel und grauen Beinen. Start mit langem Anlauf. Flug kraftvoll und geradlinig. Kopf und Hals, im Flug weit vorgestreckt, wippen leicht mit den Flügelschlägen. Typisches pfeifend-fauchendes Fluggeräusch. Außer zur Brutzeit gesellig, in bevorzugten Rastgebieten oft große Trupps.
Stimme: Wenig stimmbegabt, aber nicht stumm. Am Brutplatz gurgelnd „uiar" oder fast trompetend „quiurr", gereizt lautes Zischen.
Vorkommen: Zahme oder halbzahme Parkvögel auf fast allen Gewässern vom großen See und Fluß bis zum kleinen Parkteich und -bach. Wilde Vögel, die zumeist von Parkvögeln abstammen, auf Seen, Lagunen, Flußmündungen und Küstengewässern. Teilzieher. Im Winter Ansammlungen auf geschützten, flachen Meeresbuchten.

Gestalt der Enten an Land

Zwergschwan *Cygnus columbianus* **Tafel 8, 9, Karte 34, ZW**

Kennzeichen: 115-127 cm. Kleinster, gänseähnlichster Schwan, der im Aussehen dem Singschwan sehr nahe kommt, aber insgesamt einen anmutigeren Eindruck macht. Schnabel relativ kürzer, Kopf runder und Hals kürzer und dicker. Schnabel der Altvögel mit nur kleinem, eckigem oder abgerundetem, gelbem (selten orangefarbenem) Fleck am Schnabelgrund. Kopf selten gelblich getönt. Schnabel der neuweltlichen Unterart, *C. c. columbianus*, fast ganz schwarz, oft mit winzigem, gelbem Fleck an der Basis. Jungvögel wie Singschwan, jedoch deutlich kleiner. Flug, mit dem der anderen Schwäne verglichen, leicht und gewandt. Kann fast ohne Anlauf abheben. Kein Fluggeräusch. Fliegt gewöhnlich in ungeordneten Trupps. Geht auf dem Land weniger watschelnd als Höcker- und Singschwan. Stellt beim Schwimmen die Flügel nie auf. Gesellig, lokal in großen Trupps.

Stimme: Ruffreudig, verschiedene hupende, bellende und trompetende Rufe. Flugruf tief „guhk-guhk“, das mehr bellend, aber doch weicher und weniger nasal posaunend als beim Singschwan klingt.

Vorkommen: Feuchte Wiesen, überschwemmtes Grasland, Seen, Flußauen und Flußmündungen.

Singschwan *Cygnus cygnus* **Tafel 8, 9, Karte 35, ZW**

Kennzeichen: 140-160 cm. Ein großer, wilder Schwan, der dem Höckerschwan an Körpergröße fast gleich kommt. Der Schnabel ist ziemlich lang und der Kopf flach. Der Hals wird gewöhnlich steil aufgerichtet getragen und die Brust vorgewölbt. Der Schnabel der Altvögel hat eine ausgedehnte, nach vorne zu spitz auslaufende, zitronengelbe Basis. Der Kopf ist von eisenhaltigem Wasser oft rostig oder ockerfarben getönt. Die Jungvögel sind aschbraun gezeichnet. Sie sind insgesamt grauer als junge Höckerschwäne. Ihr Schnabel ist hell fleischfarben mit dunkler Spitze. Flugbild ähnlich dem des Höckerschwans, der ausgesprochen lange Hals wird aber gerader vorgestreckt. Beim Fliegen sind keine Fluggeräusche zu hören. Flugformationen: Schräge, sich wellende Reihe oder Winkel. Läuft geschickter als der Höckerschwan und biegt beim Grasen den Hals. Außer zur Brutzeit gesellig, aber seltener in sehr großen Trupps.

Stimme: Verschiedene hupende und trompetende Rufe, allgemein tiefer und lauter als beim Zwergschwan. Typischer Flugruf tief, läutend „guh-hug“, wobei die zweite Silbe ansteigt.

Vorkommen: Große Binnenseen, Flußauen und -mündungen, Lagunen und flache Meeresbuchten, feuchtes Grünland und Äcker. Nistet auf kleinen Inseln von Sümpfen, Seen und Mooren der arktischen Tundra.

Saatgans *Anser fabalis* **Tafel 10, 11, Karte 36, ZW**

Kennzeichen: 69-88 cm. Zweitgrößte und dunkelste der „Grauen Gänse“, mit gewöhnlich langem, keilförmigem Kopfprofil, langem Hals und gestrecktem Körper. Gefieder dunkelbraun mit gut sichtbaren hellen Federsäumen auf der Oberseite. Kennzeichnend ist die Kombination von dunklem Schnabel mit mehr oder weniger ausgedehnter orangefarbener Binde, dunklem Kopf und Hals und orangefarbenen Beinen. Man beachte: Bei der kleinen Unterart *A. f. rossicus* aus der Tundra sind Schnabel und Hals relativ kurz. Im Flug fällt am vorgestreckten Kopf und Hals die dunkle Färbung besonders auf. Verhalten im Flug wie bei der Graugans, der Vorderflügel ist aber dunkelbraun. Gang watschelnd, mit dem für Gänse typischen Schwenken des Hinterkörpers. Flugformationen unterschiedlich, gewöhnlich ein lockerer Keil, vor der Landung aber auch im ungeordneten Schwarm.

Ähnliche Arten: Die Graugans wirkt klobiger mit dickerem Kopf. Kopf und Hals sind hell und die Beine rosa. Die nah verwandte Kurzschnabelgans ist kleiner, untersetzter und zierlicher mit rosa Schnabelbinde und rötlichen Beinen. Grau- und Kurzschnabelgans zeigen im Flug einen hellen Vorderflügel.

Stimme: Weniger ruffreudig als andere „Graue Gänse“, mit einer vergleichsweise tiefen, rauhen Stimme. Flugrufe wie „gang-gang“.

Vorkommen: Überwintert im Binnenland auf weitem, offenem Grün- und Ackerland in der Nähe größerer Gewässer. Nistet in der offenen Tundra und auf Lichtungen der Taiga an Flüssen, Seen und Teichen.

Kurzschnabelgans *Anser brachyrhynchus* Tafel 10, 11, Karte 37, ZW

Kennzeichen: 64-76 cm. Zweitkleinste der „Grauen Gänse" mit kurzem, dreieckigem Schnabel, rundem Kopf, kurzem, recht dickem Hals, untersetztem Körper und relativ kurzen Beinen. Das Gefieder ist ausgesprochen bläulichgrau und hat bei den Altvögeln auf der Brust einen rosa Anflug. Kennzeichnend ist die Kombination von schwarzem Schnabel mit rosa Binde, sehr dunklem Kopf und Hals, der sich scharf von der hellen Brust abhebt, blaugrauen Flügeldecken und rosaroten Beinen. Man beachte: Jungvögel haben einen helleren Hals und ockerfarbene Beine. Flugbild gedrungen mit recht kurzem Hals und rundlichem Kopf. Im Flug mit dem dunklen Kopf und Hals und den hellen Vorderflügeln ein markantes Farbmuster. Die Flugbewegung wirkt kraftvoll, aber doch leicht. Flugformation gewöhnlich ein Keil.
Ähnliche Art: Die nah verwandte Saatgans ist größer, weniger gedrungen und hat einen längeren Hals. Ihr Vorderflügel ist dunkel, Schnabel und Beine sind orange.
Stimme: Schnattert im Flug ständig. Rufe höher, schriller als bei den größeren „Grauen Gänsen" mit typischen Doppel- und Dreifachlauten „ai-qui" oder „ang-ang-ang".
Vorkommen: Überwintert im Flachland an der Küste und an weiten Flußmündungen, dort auf Salzwiesen, Wiesen und Äckern. Brütet in losen Kolonien in der offenen Tundra, oft in bergigem Gelände an tiefen Schluchten und auf steilen Graten.

Bläßgans *Anser albifrons* Tafel 10, 11, Karte 38, ZW

Kennzeichen: 64-78 cm. Mittelgroße „Graue Gans", mit ziemlich langem Schnabel und hoher Stirn. Gefieder der Oberseite dunkler als bei den anderen „Grauen Gänsen". Kennzeichnend für die Altvögel ist die Kombination von weißer Blesse, fast einfarbig blaß rötlichem Schnabel, dunklem Vorderflügel, schwarz quergeflecktem Bauch und orangefarbenen Beinen. Die Unterart von Grönland, *A. a. flavirostris*, ist an dem besonders dunklen, stärker oliv getönten Gefieder, der kräftigeren schwarzen Zeichnung auf dem Bauch und dem orangefarbenen Schnabel zu erkennen. Jungvögel ohne Blesse und ohne Bauchflecke, aber mit der gleichen Färbung von Schnabel und Beinen wie die Altvögel. Flugbild ähnlich dem der Kurzschnabelgans, aber mit längerem Hals. Der Vorderflügel ist dunkel, die Brust kann aber hell „aufleuchten" und die schwarzen Bauchflecke sind oft gut erkennbar. Flugbewegungen wie bei den anderen „Grauen Gänsen", kann aber leichter, wie im „Sprung" starten. Fliegt über größere Entfernungen gewöhnlich in Keilformation, kurze Strecken werden ohne Flugordnung zurückgelegt. Bei guter Sicht sind die Altvögel kaum mit einer anderen Art zu verwechseln. Jungvögel erinnern an Graugänse und sind am besten an der Größe und Gestalt von diesen zu unterscheiden (s. auch Zwerggans).
Stimme: Ruffreudig. Flugrufe mehrfach wiederholte, klingende Doppellaute wie „qui-qui" oder „kiau-liau", auch sehr hoch „klili". Allgemein höher als von Saat- und Graugans und weniger schrill als von der Kurzschnabelgans.
Vorkommen: Wie Graugans, jedoch nur selten auf Stoppeln oder Kartoffelfeldern. Nistet gewöhnlich in der baumlosen Tundra in offenem Sumpfland, auf Flußinseln usw. Die Unterart von Grönland überwintert vorwiegend in W-Schottland und Irland.

Zwerggans *Anser erythropus* Tafel 10, Karte 39, A

Kennzeichen: 56-66 cm. Kleinste und zierlichste der „Grauen Gänse" mit kleinem, „dreieckigem" Schnabel, rundem Kopf und relativ langen Flügeln, deren Spitzen gewöhnlich über das Schwanzende ragen. Gefieder wirkt in der Regel dunkler als das der Bläßgans. Kennzeichnend sind der gänzlich rötliche Schnabel, die bis auf den Scheitel ziehende, weiße Stirnblesse, der ausgeprägte, leuchtend gelbe Augenring (bei der Bläßgans höchstens angedeutet) und die nur wenigen schwarzen Querflecke am Bauch. Jungvögel ohne die Blesse und die schwarzen Bauchflecke, jedoch mit gelbem

Augenring. Flugbild kompakter und kurzhalsiger als das der Bläßgans. Fliegt noch müheloser als diese, mit schnellerem Flügelschlag und kann noch leichter auffliegen. Flugformationen wie bei der Bläßgans. Wirkt beim Grasen hastiger.
Ähnliche Art: Die Bläßgans ist größer, nicht so zierlich, ihr Schnabel ist relativ länger, ihre Flügelspitzen reichen gewöhnlich nur bis an das Schwanzende und ihr fehlt der markante, leuchted gelbe Augenring.
Stimme: Die wie „kjü-jü-jü" klingenden Flugrufe sind höher als bei der Bläßgans, so daß sie in gemischten Scharen herauszuhören sind. Die ♂ rufen etwas tiefer als die ♀.
Vorkommen: Überwintert in der Salzsteppe, auf Wiesen und auf Ackerland. Brütet in Niederungen der Tundra in der Strauchtundra am Rande der Taiga und dort, wo sich das Brutgebiet weit südwärts erstreckt, auch in größeren Höhen der skandinavischen Fjälls.

Graugans *Anser anser* **Tafel 10, 11, Karte 40, BJZW**
Kennzeichen: 74-84 cm. Größte „Graue Gans" mit klobigem Schnabel, leicht eckig wirkendem, großem Kopf, dickem Hals, massigem Körper und stämmigen Beinen. Gefieder von allen „Grauen Gänsen" am einheitlichsten grau. Kennzeichnend ist die Kombination von gänzlich blaß orangefarbenem Schnabel, hellem Kopf und Hals, die nicht dunkler als der übrige Körper sind, weißlich grauen Vorderflügeln, nur schwach schwarz gepunktetem Bauch und rosa Beinen. Die osteuropäische Unterart, *A. a. rubirostris*, unterscheidet sich von der beschriebenen westlichen Form, *A. a. anser*, durch den rosa Schnabel, das blassere Gefieder und auffälligere helle Federsäume auf der Oberseite. Jungvögel haben gräulich fleischfarbene Beine. Flugbild am massigsten von allen „Grauen Gänsen", mit ausgesprochen breit wirkenden Flügeln. Der Flug kraftvoll mit recht langsamem Flügelschlag, kann gelegentlich mühevoll wirken. Fliegt gewöhnlich in Keilformation oder in schräger Reihe. Gang etwas schwerfällig und watschelnd. „Graue Gans" mit der südlichsten Verbreitung, daher auch am häufigsten bei uns zu beobachten. Zu merken sind die massige Gestalt und der helle vordere Oberflügel, der bei keiner der verwandten Arten auftritt.
Stimme: Wie die der Hausgänse. Allgemein tiefer und schallender als die der anderen „Grauen Gänse". Flugruf ein lautes, hallendes „ahng-ang-ang". Vor dem Auffliegen lange „ga-ga-Reihen".
Vorkommen: Im Winter auf Grünland und Äckern an der Küste, in Niederungen und an Flußmündungen. Nistet einzeln oder in lockeren Kolonien im dichten Bewuchs und auf kleinen Inseln an Seen, Teichen, in Sümpfen und Mooren.

Schneegans *Anser caerulescens* **Tafel 8, 9**
Kennzeichen: 65-75 cm. Mittelgroße Gans mit gedrungenem Schnabel, ovalem Kopf und aufgerichteter Haltung. Altvögel immer mit weißem Kopf, das übrige Gefieder aber unterschiedlich. In den beiden Unterarten treten jeweils zwei Farbvarianten auf. Bei der kleineren, westlichen Form, *A. c. caerulescens*, ist die dunkle Variante, die „Blaue Schneegans", häufig, dagegen sind dunkle Gänse bei der größeren, östlichen *A. c. atlanticus* selten. Die helle Variante ist, bis auf die schwarzen Handschwingen, völlig weiß und hat einen rosaroten Schnabel mit schwärzlichem Spalt sowie rosarote Beine. Bei der dunklen Variante sind Kopf und Hals weiß und das Körpergefieder bläulich schwarzgrau (selten an Brust, Bauch und Steiß auch weiß). Jungvögel der weißen Variante sind auf Scheitel, Oberhals und Oberseite bräunlich grau, die der dunklen durchweg dunkel. Flug und Verhalten weitgehend wie bei der Graugans, läuft aber gewandter.
Ähnliche Art: Zwergschneegänse, *A. rossii*, die gelegentlich aus Gefangenschaft entweichen, sind viel kleiner und zierlicher. Ihr kurzer „Dreiecksschnabel" hat eine blaue Basis.
Stimme: Sehr ruffreudig. Rufen im Flug fast ununterbrochen. Der Flugruf wenig melodisch, rauh und schrill „hauk" oder „kähk", klingt aus der Ferne wie das Bellen kleiner Hunde. Im „Chor" sind, im Unterschied zur Graugans, die Einzelstimmen herauszuhören.

Vorkommen: Brutvögel aus Nordamerika in NW-Europa am häufigsten zusammen mit Bläßgänsen aus Grönland. Winterquartiere wie bei den „Grauen Gänsen". Die Gefangenschaftsflüchtlinge beider Farbvarianten erschweren die Beurteilung von Beobachtungen.

Streifengans *Anser indicus* — Tafel 96, E

Kennzeichen: 71-76 cm. Etwa so groß wie die Bläßgans mit insgesamt blaßgrauem Gefieder. Leicht an dem gelben Schnabel, den beiden schwarzen Streifen am Hinterkopf, je einer längs verlaufenden, weißen Linie auf den Halsseiten, der dunklen hinteren Flankenpartie und den orangefarbenen Beinen zu erkennen.
Vorkommen: Gefangenschaftsflüchtlinge schließen sich wilden Gänsen an. Mehrfach wurden in C- und N-Europa Bruten nachgewiesen. Bastarde mit anderen Gänsen nicht selten.

Kanadagans *Branta canadensis* — Tafel 8, 9, Karte 41, EBW

Kennzeichen: 55-100 cm. Die in Europa eingebürgerte Unterart der Kanadagans, *B. c. canadensis*, ist die größte hier vorkommende Gans mit dem längsten Hals. Bei den anderen freigelassenen, entflogenen und gelegentlich auch als echte Irrgäste aus Nordamerika einfliegenden Unterarten variiert die Körpergröße von groß bis ausgesprochen klein. Die kleinen Kanadagänse sind weit gedrungener als die großen. Alle graubraun mit schwarzem Kopf, der durch einen breiten, weißen Fleck von der Kehle zu den Wangen belebt wird, und langem, schwarzem Hals, der sich scharf von der weißlichen Brust abhebt. Schnabel und Beine schwarz. Die häufigste Unterart ist die hellste mit einer weißlichen Brust. Die anderen sind in verschiedenen Abstufungen dunkler. Flugbild von allen Gänsen am schwanenähnlichsten. Flugbewegungen weit ausholend und kraftvoll. Flugformationen oft in Reihen, weniger geordnet als bei den „Grauen Gänsen". Der Gang wirkt leicht. Beim Grasen wird der Hals in auffälliger Weise gekrümmt.
Stimme: Im Flug sehr ruffreudig. Rufe tief, nasal, trompetend „ah-honk", wobei die zweite Silbe ansteigt. Der „Chor" fliegender Trupps klingt härter und rauher als bei den „Grauen Gänsen".
Vorkommen: Weites, offenes Acker- und Grünland in der Nähe von größeren Binnengewässern. Manchmal auch in locker bewaldeten Gebieten und an der Küste. In C-Europa häufiger Parkvogel und auch schon kleinere, frei lebende Populationen. Nistet einzeln oder in losen Kolonien in dichter Vegetation an Gewässern. Größere Brutvorkommen auf den Britischen Inseln, in Norwegen, Schweden, Finnland. Skandinavische Gänse überwintern in Deutschland und den Niederlanden. Einige wenige schließen sich auch Bläßgänsen aus Grönland bei ihrem Flug über den Atlantik nach W-Schottland und Irland an.

Nonnengans (Weißwangengans) *Branta leucopsis* — Tafel 8, 9, Karte 42, BZW

Kennzeichen: 58-70 cm. Mittelgroße „dunkle Gans" mit vergleichsweise kleinem, dreieckigem Schnabel. Gefieder vorwiegend schwarz und weiß mit auffallend gelblichweißem bis weißem Gesicht. Am Kopf ist nur der Scheitel schwarz. Das Schwarz erstreckt sich dann über den ganzen Hals bis auf die Brust. Die Oberseite ist stahlgrau bis schwärzlich und durch die schwarzweißen Endsäume der Federn auffallend dunkel gebändert. Bürzel weiß und Schwanz schwarz, Schwingen schwarz, Unterseite fast einheitlich weißlichgrau. Flugbild wie das einer mittelgroßen „Grauen Gans", Flügel wirken aber breiter. Flugbewegungen kraftvoll. Fliegt zumeist in dichten, wenig geordneten Trupps. Läuft recht geschickt.
Stimme: Aus weidenden Scharen ist ständig ein plauderndes „hoog..." zu hören. Im Flug bellend einsilbig „gauk" oder „gock", das im „Chor" wie eine Meute kläffender Hunde klingt.
Vorkommen: Selten weit im Binnenland. Bevorzugt Vorländer und Marschen an der Küste oder in weiten Flußmündungen. Seltener im Watt und auf flachen Küsten-

gewässern als die Ringelgans. Einzelne können sich Trupps „Grauer Gänse“ anschließen. Nistet in der Arktis kolonieweise an steilen Klippen, zwischen Felsgeröll der Schluchten und Hänge, manchmal auch in der offenen Tundra.

Ringelgans *Branta bernicla* **Tafel 8, 9, Karte 43, ZW**
Kennzeichen: 55-62 cm. Zweitkleinste und entenähnlichste der „dunklen Gänse“ mit ziemlich flachem Schnabel, relativ kurzem Hals, länglich ovalem Körper und recht kurzen Beinen. Gefieder vorwiegend mattschwarz und schwärzlichgrau mit leuchtend weißem Hinterteil. Aus der Nähe ist auf den Halsseiten ein kleiner, weißer Fleck zu sehen. Am häufigsten ist die „dunkelbäuchige“, nordrussische Unterart, *B. b. bernicla*, die, da der dunkle Bauch nur an der hinteren Flankenpartie leicht hell gebändert ist, auf der Ober- und Unterseite gleich dunkel erscheinen kann. Die „hellbäuchige“, arktische Unterart, *B. b. hrota*, ist mit ihren ausgedehnt weißlichgrauen Flanken auf der Unterseite weit heller. Die helle Unterseite und die schwarze Brust erinnern an die Nonnengans. Bei der als Irrgast aus Nordamerika gelegentlich auftretenden „schwarzen“ Unterart, *B. b. nigricans*, ist das Gefieder mehr rußbraun, sind die weißen Halsflecke größer und zu einem „Halbkragen“ verbunden und die hellen Flankenbänder weiter nach unten gezogen. Jungvögel sind auf der Unterseite immer weit dunkler als die Altvögel, haben keinen Halsfleck und auf den Flügeldecken eine helle Bänderung. Hält sich weit mehr als andere Gänse auf dem Wasser auf. Schwimmt und gründelt auf flachen Küstengewässern. Der relativ kurze Hals und lange Hinterkörper ergeben das gedrungenste Flugbild von allen Gänsen. Flug leicht und schnell. Trupps fliegen auf kürzeren Strecken zumeist ungeordnet, in ständig wechselnden Formationen, auf dem Zug aber in langgezogenen Ketten. Läuft trotz der kurzen Beine recht geschickt.
Stimme: Typischer Ruf ist ein tiefes, rollendes „rott rott..“, das im Flug und von grasenden Scharen zu hören ist.
Vorkommen: Überwintert an Küsten im Watt, auf Salzwiesen und Marschland. Nur selten auf Süßgewässern. Brütet in der flachen Küstentundra mit Tümpeln, Buchten und Inseln.

Rothalsgans *Branta ruficollis* **Tafel 8, 11, A**
Kennzeichen: 54-60 cm. Kleinste und zierlichste aller Gänse mit „winzigem“ Schnabel, angedeuteter „Mähne“ an Hinterkopf und Hals sowie recht langen Flügeln und Beinen. Gefieder zeigt eine dekorative Kombination von Schwarz und Kastanienbraun mit weißer Zeichnung. Der breite, weiße Flankenstreif ist ein markantes, auf große Entfernung erkennbares Merkmal. Der weiße Fleck zwischen Schnabel und Auge, die weiße Umrandung der kastanienbraunen Wangen, die sich im weißen Streif fortsetzt, der die rotbraune Brust gegen den schwarzen Bauch abgrenzt, die weißen Bänder auf den Flügeldecken, der weiße Bürzel und der weiße Steiß sind nur aus der Nähe zu sehen. Jungvögel weniger kontrastreich mit breiterer, weißer Wangenzeichnung. Wirkt im Flug dickhalsig. Fliegt geschickt und schnell und hat beim Start keinerlei Schwierigkeiten. Ungeordnete Trupps. Läuft leicht und gewandt.
Stimme: Schrille Stakatorufe wie „ki-kwi“, „ti-tschi“ oder „a-ik“, die kaum Ähnlichkeit mit den Rufen anderer Gänse haben.
Vorkommen: Überwintert gewöhnlich in der Grassteppe mit geringerer Bindung an Gewässer als andere Gänse. Regelmäßig in SE-Europa. Irrgäste in C- und W-Europa zumeist in Gesellschaft von Bläß- oder Nonnengänsen. Brütet in der Küstentundra Westsibiriens.

Nilgans *Alopochen aegyptiacus* **Tafel 96, EBJ**
Kennzeichen: 63-73 cm. Großer, langbeiniger, „zänkischer“, isoliert stehender Vertreter der Halbgänse. Gefieder, bis auf die braune Oberseite, vorwiegend bräunlichgelb mit grauem Anflug. Kennzeichnend sind ein dunkelbrauner Fleck um das rote Auge, der braune Hinterhals und ein dunkelbrauner Fleck auf der Brust. Schnabel und

Beine sind rosarot. Im Flug zeigt sich die auffällige Flügelzeichnung mit weißen Oberflügeldecken, grünglänzendem Spiegel und schwarzen Schwingen. Flugbild und Flug wie bei den anderen Halbgänsen, die Flügel erscheinen aber bemerkenswert breit.
Stimme: Wenig ruffreudig, aber bei sozialen Kontakten oft recht laut. ♂ zischt heiser. Ruf des ♀ ein gutturales, schrilles, fast schmetterndes Schnattern „honk-hääh-hääh".
Vorkommen: Im afrikanischen Brutgebiet Binnengewässer und Sümpfe. In England, den Niederlanden und Belgien eingebürgert. In NW-Deutschland zunehmende Brutvorkommen. In S-Europa gelegentlich Irrgäste, sonst überwiegend entflogene Parkvögel.

Rostgans *Tadorna ferruginea* **Tafel 16, 19, 21, Karte 44, E**
Kennzeichen: 58-70 cm. Große, gänseähnliche „Ente" mit recht kleinem Schnabel. Das Gefieder ist überwiegend einheitlich rostfarben mit blasserem Kopf. Schwingen, Schwanz, Schnabel und Beine sind schwarz. ♂ mit einem schmalen, dunklen Halsring und ♀ mit nahezu weißem Kopf. Jungvögel gleichen ♀. Flügel im Flug durch die schwarzgrünen Schwingen und die weißen Flügeldecken auffällig kontrastreich. In Flugweise und Verhalten der Brandgans sehr ähnlich, aber allgemein ortstreuer. Läuft mühelos und geschickt.
Ähnliche Arten: Die Graukopfkasarka aus S-Afrika, *T. cana*, die, bis auf den grauen Kopf, die gleiche Gefiederfärbung besitzt, kann als Gefangenschaftsflüchtling auftreten. Auch die Nilgans ist ähnlich - s. dort.
Stimme: Ruffreudig, ruft im Flug und am Boden. Rufe laut, nasal und vielfältig. ♀ rufen rauher als ♂. Flugruf „äng" oder „ä-hong". Imponierende ♂ rollend „arorr".
Vorkommen: Viel mehr an das Land gebunden als die Brandgans. Im Winter häufig an sandigen See- und Flußufern, auf Feldern und sogar in der trockenen Steppe. Nistet in Erdhöhlen und Felsspalten, hohlen Bäumen und Mauerlöchern.

Brandgans *Tadorna tadorna* **Tafel 16, 19, 21, Karte 45, BJ**
Kennzeichen: 55-65 cm. Große, gänseähnliche „Ente" mit gestrecktem Körper, die von weitem schwarzweiß wirkt. Aus der Nähe werden die Farbkontraste sichtbar. Kopf und Hals glänzend schwarzgrün, Körper weiß mit breiter fuchsroter Binde um den Vorderkörper, dunklem Mittelstreif auf der Unterseite, rostgelben Unterschwanzdecken, schwarzen Schultern und schwarzem Schwanz. Schnabel rot, beim ♂ mit Höcker, und Beine rosarot. Am ausgebreiteten Flügel Vorderflügel weiß, Handschwingen schwarz und Armschwingen mit grünglänzendem Spiegel. Jungvögel oben aschbraun, ohne rostrote Brustbinde, Gesicht und Kehle weißlich, Schnabel fleischfarben und Beine grau. Flugbild und Flug gänseähnlich. Flügelschlag langsamer als bei den meisten Enten. Flugformation gewöhnlich gereiht. Liegt beim Schwimmen hoch im Wasser. Gut zu Fuß.
Stimme: Im Brutgebiet ruffreudig, sonst schweigsam. Stimmen von ♂ und ♀ stark verschieden. ♂ pfeifen hoch „tju-tju...". ♀ rufen, oft bis zum Triller beschleunigt, „ak-ak...".
Vorkommen: Sandige und schlickige Flachküsten. Dringt zunehmend ins Binnenland vor. Nistet in Kaninchenbauen u. a. Höhlen und Nischen, selten auch in dichter Vegetation.

Mandarinente *Aix galericulata* **Tafel 12, EBJ**
Kennzeichen: 41-49 cm. Recht kleine, großäugige, langschwänzige Ente mit hoher Stirn und einer „Nackenhaube", die eine charakteristische Kopfform ergibt. Gefieder beim ♂ aber auch beim ♀ bemerkenswert dekorativ. Beim ♂ Stirn, Scheitel und Haube dunkel mit metallisch grünem Glanz, darunter ein deutlich abgesetzter weißlichgelber Überaugenstreif. Unter und hinter dem Auge ein fächerförmiger, orangefarbener Federbusch. Brust kastanienbraun, gegen die Flanken durch zwei schwarzweiße Binden abgesetzt. Flanken gelblichbraun. Die orangefarbenen „Segel" erheben sich hinter den Flanken. Bürzel und Schwanz schwärzlich. Schnabel rot. Im Flug Unterseite weiß und Flügel insgesamt dunkel. Handschwingen mit schmalen, weißen Außenfahnen, Armschwingen mit weißen Spitzen. ♀ oberseits überwiegend olivgrau und unterseits

gräulichweiß mit schwarzgrauem Schnabel, weißem Fleck am Schnabelgrund, der sich in der weißen Kehle fortsetzt, feiner weißer „Brille“ und hellen Fleckenreihen auf Brust und Flanken. Jungvögel gleichen den ♀. Im Flug der Schellente ähnlich, Schlagfrequenz aber geringer. Watschelt mit „hängender“ Brust.
Ähnliche Art: ♀ und Jungvögel leicht mit entflogenen **Brautenten**-♀, *Aix sponsa*, zu verwechseln (s. **Tafel 96**), diese aber mit grünlichgrauem Hinterkopf, breiter „Brille“, schmaler, weißer Linie um den Schnabelgrund. Brautenten-♂ zeigen ein den Mandarinenten-♂ ähnliches Farbmuster, haben aber keine „Segel“. Kopf insgesamt dunkelgrün, mit zwei feinen weißen Linien entlang der Haube, weißem Wangenstreif und weißer Kehle.
Stimme: Außer bei der Balz schweigsam. Balzrufe des ♂ schnarrend, im Flug scharf „wuick“. ♀ laut, scharf „kett“, ähnlich Bläßhuhn.
Vorkommen: Gewöhnlich an waldgesäumten Binnengewässern und Parkteichen. Brütet in Baumhöhlen. Aus Ostasien in Europa eingebürgert. Frei lebende größere Brutbestände in England, kleine Brutansiedlungen in den Niederlanden, Deutschland, Schweiz, Österreich. Aus Gefangenschaft entflogene auch in anderen Gegenden Europas.

Pfeifente *Anas penelope* — Tafel 12, 19, 21, Karte 46, BJZW

Kennzeichen: 42-50 cm. Recht kleine, kompakte Ente mit auffällig kleinem, bläulichgrauem Schnabel, kurzen Beinen, rundem Kopf und spitzem Schwanz. ♂ mit rotbraunem Kopf, hellgelber Stirn, blaß weinroter Brust, grauem Körper, weißem Bauch und schwarzem Steiß. Im Flug markantes weißes Feld auf den Flügeldecken. Im SK wie ♀, aber rötlicher und mit dem weißen Flügelfleck. ♀ und Jungvögel insgesamt schlicht graubraun, auf den Flanken am intensivsten rötlich getönt. Flügel ohne weißes Feld. Flugbild kompakt, aber ausgewogen proportioniert mit recht kurzem, „tailliertem“ Hals. Die Flügel etwa in der Körpermitte. Flug schnell, geschickt und wendig. Watschelnder Gang. Wegen der kurzen Beine scheinen grasende Trupps über die Wiese zu rutschen. Zugvogel, der weite Wanderungen unternimmt.
Ähnliche Arten: Man achte auf entfolgene Chilenenpfeifenten, *A. sibilatrix*, die einen überwiegend grünen Kopf haben und auf Amerikanische Pfeifenten - s. dort.
Stimme: Markantester Ruf der melodische Pfiff „wij-uu“ des ♂. ♀ rufen knarrend „warr“.
Vorkommen: Im Winter an Flachküsten mit weiten Marschen. In geringerer Zahl auch auf feuchtem Grünland an Binnengewässern. Ernährt sich vorwiegend grasend. Brütet in offener oder locker bewaldeter Landschaft an vegetationsreichen Seen und Teichen.

Nordamerikanische Pfeifente *Anas americana* — Tafel 18, A

Kennzeichen: 48-56 cm. Etwas größerer Kopf, breiterer Rumpf und längerer Schwanz als bei der Pfeifente. Das allgemeine Farbmuster des ♂ dem des Pfeifenten-♂ sehr ähnlich. Markant verschieden ist v. a. die Kopfzeichnung mit einer cremeweißen Stirn, glänzend grünem Band vom Auge zum Nacken und dichter, schwarzer Sprenkelung auf Wangen und Vorderhals. Rücken, Brust und Flanken sind weinrötlichbraun. Die schwarze Linie am Schnabelgrund ist nur aus der Nähe zu sehen. Im Flug weißes Feld auf den Achselfedern (bei der Pfeifente grau) und mittleren Oberflügeldecken. ♀ und Jungvögel sehr ähnlich den Pfeifenten-♀. Die schwarze Linie am Schnabelgrund und die weißen Säume der Schulterfedern erfordern beste Sicht. Der grauweiße, dicht schwärzlich gesprenkelte Kopf, der oft um das Auge einen dunklen Fleck zeigt, der insgesamt blassere, mehr rostfarben bis orange getönte Körper und die gröber gefleckte Brust ergeben eine kontrastreichere Färbung. Die Flügelspitzen überragen beim Stehen die Oberschwanzdecken nicht. Flügel zeigt im Flug die weißen Achselfedern und die weißlich gesäumten Oberflügeldecken. In Flug und Verhalten wie die Pfeifente.
Ähnliche Arten: Bastarde zwischen Chilenenpfeifente und Pfeifente können sehr ähnlich aussehen, auch variiert die Färbung der Pfeifenten-♀ erheblich, eine sichere Bestimmung erfordert daher die detailgenaue Beobachtung.

Stimme: Rufe ähnlich denen der Pfeifente. Die Pfiffe der ♂ klingen etwas kehliger, leiser und weniger durchdringend.
Vorkommen: Bevorzugt die gleichen Lebensräume wie die Pfeifente. Irrgäste aus Nordamerika in W-, N- und C-Europa beobachtet, teilweise aber wohl auch aus Gefangenschaft entflogen.

Schnatterente *Anas strepera* **Tafel 12, 19, 21, Karte 47, BJZ**
Kennzeichen: 46-56 cm. Kleiner und schlanker als die Stockente mit recht schlankem Schnabel, steiler Stirn, die den Kopf leicht „eckig" erscheinen läßt, ziemlich kurzem Hals und gerader bzw. schwach vorwärts geneigter Rückenlinie. Beide Geschlechter haben einen weißen Bauch und einen außen schwarzen, innen weißen Flügelspiegel. Dieser Spiegel kann aber bei einigen ♀ und Jungvögeln nur schwach ausgeprägt sein. ♂ insgesamt gräulich mit dunkelgrauem Schnabel, hellerem, mehr bräunlichem, an den Wangen aufgehelltem und oben dunkel gesprenkeltem Kopf, dicht schwarz gewellter Brust und schwarzem Steiß. Die kastanienbraunen Flügeldecken sind auch im SK vorhanden. ♀ dem Stockenten-♀ ähnlich, aber fahler und grauer, v. a. am weitgehend einheitlich grau wirkenden Kopf. Die kennzeichnenden, breiten, orangegelben Oberschnabelränder sind bei Stockenten-♀ nicht so ausgeprägt. Jungvögel wie die ♀, das Gesicht aber stärker gezeichnet und das Gefieder wärmer gelbbraun, Gefiederzeichnung mehr streifig als schuppig und Bauch nicht weiß. Flugbild gedrungener als das der Stockente, die Flügel aber spitzer. Wirkt im Flug schneller und geschickter. Scheu, fällt aufgescheucht nicht so bald wieder ein.
Stimme: Relativ schweigsam. Rufe des ♂ ein rauhes, nasales „träb" und ein wie „fiid" klingender Pfiff. ♀ quakt ähnlich wie Stockenten-♀, aber höher, weniger nasal, mit fallender Tonhöhe „rääk-rääk-räk...".
Vorkommen: Flache, nährstoff- und vegetationsreiche Gewässer in offener Landschaft. Nicht weltweit verbreitet wie die Stockente und weit seltener an Meeresküsten.

Gluckente *Anas formosa* **Tafel 18**
Kennzeichen: 39-43 cm. Größer als die Krickente, mit deutlich längeren Flügeln und gestreckterem Körper, was v. a. im Fug auffällt. ♂ im PK unverwechselbar mit cremeweißen Kopfseiten, die durch einen senkrechten, vom Auge zum Kinn ziehenden, schwarzen Streif geteilt werden. Ein markanter grüner, weiß eingefaßter „Halbmond" erstreckt sich vom Auge zum Nacken. Scheitel, Oberhals und Kinn schwarz. Die verlängerten herabhängenden Schulterfedern rotbraun, schwarz und cremegelb. Brust rötlich, Flanken grau und Steiß schwarz, jeweils gegeneinander durch senkrechte weiße Streifen getrennt. Im Flug wird über dem grünen, weißlich gesäumten Flügelspiegel ein rostbraunes Band sichtbar. ♀ und Jungvögel erinnern mehr an die Knäk- als an die Krickente. Kopf mit rundem, weißem Fleck am Schnabelgrund. Der am Auge unterbrochene gelblichbraune Überaugenstreif betont den dunklen Scheitel und Augenstreif. Oberflügelzeichnung wie beim ♂, der Streif über dem Spiegel bei den Jungvögeln aber mehr weißlich. Im Flug Vorderkante des Unterflügels markant dunkel. Der helle Bauch, wie bei der Pfeifente, hervorgehoben. Verhält sich wie eine Krickente, der Flug aber weniger reißend und unruhig.
Stimme: Balzruf des ♂ ein typisches, tiefes Glucken, „hot-hot...", ♀ quakt ähnlich wie viele andere Gründelenten.
Vorkommen: Seen und Teiche der Taiga sowie Sümpfe und Flußdeltas am Rande der Tundra. Im Winter auf flachen Seen, langsam strömenden Flüssen, Reisfeldern usw. Nur selten an der Küste. Irrgäste aus E-Asien gelegentlich in Europa.

Krickente *Anas crecca* **Tafel 12, 19, 21, Karte 48, BJZW**
Kennzeichen: 34-38 cm. Kleinste und kompakteste europäische Ente mit relativ großem Kopf. Von weitem gesehen weitgehend einheitlich graubraun. ♀ und Jungvögel auch aus der Nähe bemerkenswert uniform, ohne auffällige Kopfzeichnung, jedoch mit einem weißlichen Streif an der Schwanzkante. Im Flug ein breites weißes

Band über die Großen Flügeldecken, das den schillernd grün-schwarzen Flügelspiegel begrenzt. ♂ im PK mit tief kastanienbraunem Kopf, der an den Seiten durch ein von feinen, cremefarbenen Linien eingefaßtes, gebogenes, grünes Feld belebt wird. Cremefarbenrötliche Brust schwarz gepunktet, entlang der Schulter ein waagerechter weißer Streif und auf jeder Seite des schwarzen „Hecks" ein gelblicher Fleck. Das ♂ der nordamerikanischen Unterart, *A. c. carolinensis*, hat statt der hellen Linie entlang der Schulter einen senkrechten weißen Streif vor dem Flügelbug. Wirkt im Flug limikolenhaft, v. a. bei den schnellen, wendigen Flugmanövern im dicht geschlossenen Trupp. Gründelt im flachen Wasser nah bei oder in der Ufervegetation.
Stimme: Ruffreudig. ♂ pfeift leise melodisch, aber erstaunlich weit tragend „krük" oder „krilück". ♀ quakt nasal „kee" oder „nää".
Vorkommen: Teiche, Seen und träge fließende Flüsse mit dichter Ufervegetation. Nistet auch an Tümpeln, Torfstichen u. a. Kleingewässern mit dichtem Bewuchs. Im Winter in Sumpfgebieten, im Mündungsbereich großer Flüsse und gelegentlich auch an flachen Küsten.

Stockente *Anas platyrhynchos* **Tafel 12, 19, 21, Karte 49, BJZW**

Kennzeichen: 50-60 cm. Die häufigste und am weitesten verbreitete Gründelente, die auch auf fast allen Stadtgewässern anzutreffen ist. Diese „Stadtenten" zeichnen sich durch eine hohe Färbungsvielfalt aus (Weißlinge, Schwärzlinge usw.). ♂ im PK mit glänzend grünem Kopf, schmalem weißen Halsring, purpurbrauner Brust, hellgrauem Körper, schwarzem Steiß und weißem Schwanz, dessen mittlere, schwarze Federn als „Erpellocken" nach vorn gekrümmt sind. Flügelspiegel, wie auch beim ♀, blau mit breiten, weißen Säumen. Beine bei ♂ und ♀ orange. ♀ und Jungvögel sind braun gefleckt, ohne auffällige Gesichtszeichnung mit einem grauoliven, seitlich orange gefleckten Schnabel. ♂ im SK wie ein dunkles ♀, die Brust aber mehr einheitlich rötlichbraun und der Scheitel dunkler. Im Flug wird der weißliche Unterflügel sichtbar. Flug kraftvoll mit schnellen, flachen Flügelschlägen.
Ähnliche Arten: Man beachte, daß die ♀ und Jungvögel denen von Schnatter- und Spießente recht ähnlich sind - s. dort.
Stimme: Ruffreudig, v. a. die ♀. Ruf des ♂ ein gedämpftes, leicht schnarrendes „räb-räb". ♀ quaken laut, gedehnt, oft gereiht „waak-waak-wak-wak...".
Vorkommen: Auf fast jedem größeren Gewässer. Nistet zumeist in Wassernähe in dichtem Bewuchs, manchmal auch in Baumhöhlen, Balkonkästen usw. Auf dem Zug und im Winter auch an Küsten.

Dunkelente *Anas rubripes* **Tafel 18, 19**

Kennzeichen: 53-61 cm. In Größe, Gestalt und Verhalten wie die Stockente. Gefieder der Altvögel insgesamt schwärzlichbraun mit feinen gelblichbraunen Federsäumen, die nur aus der Nähe erkennbar sind. Oberkopf, Hinterhals und Augenstreif schwärzlich mit brauner Sprenkelung. Kopf und Hals sonst blaßbräunlich mit hellbrauner Sprenkelung. Schwanz dunkel. Flügelspiegel purpurblau mit ganz feiner heller Hinterkante. ♂ mit gelbem Schnabel und orangefarbenen Beinen. Schnabel vom ♀ helloliv bis grünlichgelb und Beine bräunlichorange. Im Flug scharfer Kontrast zwischen dem fast weißen Unterflügel und dem dunklen Körper. Jungvögel blasser und brauner, der hellere Kopf mit dem deutlichen Überaugenstreif aber markant abgehoben. Im Unterschied zur jungen Stockente keine rötliche Brust, kein blaßbrauner, gefleckter Bauch und keine hellen Schwanzkanten.
Ähnliche Arten: Man achte auf Färbungsvarianten der Stockente und Bastarde zwischen Stock- und Dunkelente. Letztere sind in Nordamerika nicht selten und können, wenn sich Irrgäste mit Stockenten verpaaren, auch in Europa auftreten. Eine sichere Bestimmung ergibt die genaue Beobachtung des Flügelspiegels und der Schwanzfärbung.
Stimme: Die Lautäußerungen gleichen denen der Stockente.
Vorkommen: Nahe Verwandte der Stockente aus Nordamerika. Wandert gelegentlich über den Atlantik nach N-, C- und W-Europa.

Spießente *Anas acuta* **Tafel 12, 19, 21, Karte 50, BZW**

Kennzeichen: 51-62 cm. Kleiner als die Stockente. Der lange Hals und Schwanz lassen sie in kennzeichnender Weise elegant und schlank erscheinen. ♂ im PK mit dunkel schokoladenbraunem Kopf. Seitlich am Hals zieht, von der auffallend weißen Brust ausgehend, ein schmaler, weißer Keil bis in Augenhöhe. Körper fein grau gebändert. Vom Rücken hängen die schwarzweißen, zugespitzten Schulterfedern herab. „Heck" vorne gelblichweiß, hinten schwarz. Schwanz schwarz mit hellem Rand, die mittleren Federn lang ausgezogen und zugespitzt. Flügelspiegel glänzend grünschwarz mit schmalem, rostfarbenem Vorder- und breitem, weißem Hintersaum. Unterflügel überwiegend gräulich mit dunklerer Vorderkante. ♀ und Jungvögel weit schlichter. Gefieder matt gräulichbraun mit dunkler Sprenkelung, Fleckung und Schuppung. Der Kopf wirkt einheitlicher als bei ähnlichen Enten. Die hellere Färbung von Augenring und Kehle ist nur aus der Nähe zu sehen. Von den anderen Enten-♀ am besten durch den schlankeren, entweder mehr gebogenen oder lang aufgereckten Hals und den verlängerten Schwanz zu unterscheiden. Weitere Merkmale sind der graue Schnabel (vgl. Schnatter- und Stockente), die breite helle Hinterkante am matt bräunlichgrünen Flügelspiegel und die mehr braunen Handschwingen (vgl. Pfeifente). Die Eisenten haben auch einen langen, spitzen Schwanz. Sie sind aber Meerestauchenten und haben einen teilweise weißen Kopf sowie gänzlich dunkle Flügel.

Stimme: Balzruf des ♂ ein leises „krük" oder „wä-krüe", ähnlich dem des Krickenten-♂. ♀ quakt gedämpfter als das Stockenten-♀ und schnarrt gelegentlich.

Vorkommen: Brütet in Sümpfen, an flachen, verlandenden Seen und träge fließenden Flüssen. Im Winter häufig an der Küste und an weiten Flußmündungen, in Marschen, Sümpfen und Lagunen.

Knäkente *Anas querquedula* **Tafel 12, 19, 21, Karte 51, BZ**

Kennzeichen: 37-41 cm. Kaum größer als die Krickente, aber mit einigen gestaltlichen Unterschieden: Schnabel gerader, Stirn steiler, Scheitel flacher, Hals länger und schlanker. Wirkt im Flug weniger gedrungen und hält beim Schwimmen den Schwanz mehr aufgerichtet. ♂ im PK leicht an dem weißen Band, das am dunkelbraunen Kopf vom Auge im Bogen bis zum Nacken zieht, an den schwarzweißen Schulterfedern, die vom Rücken über die grauen Flanken hängen, und am grob gepunkteten „Heck" zu erkennen. Im Flug kontrastieren der dunkelbraune Kopf und Hals mit dem weißen Bauch. Der Oberflügel, bis auf den grünen, weiß eingefaßten Spiegel, markant hell lavendelgrau. Im SK wie ein ♀, aber mit dem hellgrauen Vorderflügel. ♀ und Jungvögel haben eine deutliche Kopfzeichnung mit dunklem Scheitel, Augenstreif und Wangenfleck auf hellbräunlichem Grund. Der Vorderflügel ist dunkler als beim ♂ und der weiß eingefaßte Spiegel nur matt grünlich. Die Handschwingen sind heller, die Vorderkante des Unterflügels dagegen dunkler als bei der Krickente. Das Flugbild wirkt durch den längeren Hals gestreckter als bei der Krickente. Flug reißend und wendig. In Verhalten und Ernährung eher mit der Löffel- als mit der Krickente vergleichbar. ♀ und Jungvögel können an Gluckenten erinnern - s. dort.

Stimme: Balz- und Flugruf des ♂ ein trocken ratterndes „trrr" oder „rrrp". ♀ rufen kurz quakend „ga" oder „knäk".

Vorkommen: Flache Seen und Sümpfe mit dichter Ufervegetation in offener Landschaft. Auch im Winter nur selten auf Salzwasser an der Küste.

Blauflügelente *Anas discors* **Tafel 18, A**

Kennzeichen: 37-41 cm. So groß wie die Knäkente, Gestalt aber eher wie die der Krickente, wenn auch mit längerem, geraderem Schnabel. Wirkt von weitem noch dunkler als die Krickente. Markantestes Merkmal der im Flug gut sichtbare, ganz blaue Vorderflügel. ♂ im PK leicht an dem schiefergrauen Kopf mit dem leuchtend weißen „Halbmondfleck" zwischen Auge und Schnabel erkennbar. Brust und Flanken sind auf hell rötlichbraunem Grund dicht dunkel gepunktet. Das „Heck" ist vorne weiß, hinten schwarz. ♀ und Jungvögel erinnern mehr an Krick- als an Knäkenten. Erkennbar sind

sie am hellen Fleck an der Schnabelbasis, an dem deutlicheren, hellen Überaugenstreif, dem schmalen, hellen Augenring, dem schmalen, dunklen Augenstreif, der feinen Fleckung auf Brust und Unterseite, dem einheitlich dunklen Flügelspiegel ohne hellen Hintersaum und den gelblichen Beinen (bei Krick- und Knäkente grau). Flugweise und Verhalten wie bei der Krickente.
Ähnliche Art: Man beachte, daß gelegentlich Zimtenten, *Anas cyanoptera*, die eine ähnliche Färbung des Oberflügels zeigen, aus Gefangenschaft entweichen. Die Altvögel sind aber ausgesprochen rötlichbraun und haben keine markante Kopfzeichnung. Die Jungvögel sind dagegen mehr bräunlich und daher leichter zu verwechseln. Am besten sind sie an dem längeren, geraderen, leicht spatelartig verbreiterten Schnabel, der feineren Brustzeichnung und den nach hinten zu dunkler werdenden Flanken zu erkennen.
Stimme: Ruf des ♂ fein lispelnd „ziief" oder pfeifend „piiip". ♀ quaken hoch, ähnlich wie die Krickente.
Vorkommen: N-Amerika. Liebt kleine, ruhige Gewässer. Brütet an Teichen und flachen Seen in offener Landschaft. Im Winter auf sumpfigem Marschland an der Küste, auf Reisfeldern und flachen Seen. Irrgäste in N-, C- und S-Europa nachgewiesen.

Löffelente *Anas clypeata* **Tafel 12, 19, 21, Karte 52, BZ**

Kennzeichen: 44-52 cm. Gedrungene, kurzhalsige Ente, die mit ihrem unproportioniert lang wirkenden „Löffelschnabel", der den Kopf nach unten zu ziehen scheint, die Wasseroberfläche durchseiht. Die Flügelspitzen werden beim Schwimmen oft sichtbar angehoben. Der hellblaue (♂) bzw. blaugraue (♀) Vorderflügel wird durch ein weißes Band über die Großen Decken vom grünen Spiegel getrennt, dessen Hinterkante dunkel ist. Von weitem wirkt das ♂ im PK abwechselnd schwarz und weiß. Aus der Nähe sieht man den schwärzlichen Schnabel, den glänzend dunkelgrünen Kopf, mit dem hervorstechend gelben Auge, die weiße Brust und die weißen Schultern, den kastanienbraunen Körper und das weiß-schwarze „Heck" mit den hellen Schwanzkanten. Die Beine sind leuchtend orange. ♀ und Jungvögel sind wie Stockenten gefärbt, der lange Schnabel mit den orangefarbenen Kanten ist aber unverkennbar. Das Flugbild wirkt durch den klobigen Schnabel „kopflastig". Die recht kurzen Flügel scheinen nach hinten verschoben. Der Flug ist schnell und wendig.
Stimme: Balzruf des ♂ kurz und dumpf „tuck-tuck". Quakreihen des ♀ kurz, ein- bis viersilbig und gedehnt „wa-ak wa-ak".
Vorkommen: Auf vegetationsreichen flachen Seen, Teichen und Sümpfen. Auch auf dem Zug nur selten auf Salzwasser an der Küste.

Marmelente *Marmaronetta angustirostris* **Tafel 12**

Kennzeichen: 39-42 cm. Etwa so groß wie die Knäkente, aber mit längerem Hals und Schnabel sowie dickerem Kopf. Unscheinbare Ente mit hell erdbraunem, dicht weiß getupftem Gefieder. Aus der Nähe wirkt der Kopf durch den dunklen Fleck um das Auge und den weißlichen Schnabelgrund lebhafter gefärbt. ♂ mit kurzer Nackenmähne. Jungvögel auf der Unterseite gelblicher und insgesamt schwächer marmoriert. Im Flug fallen die weißlichgrauen Schwingen auf. Das Flugbild unterscheidet sich von dem der Krickente durch den langen Hals. Flugweise recht langsam und „träge". Kann nicht im Sprung starten.
Stimme: Recht schweigsam. Bei der Balz sind von ♂ und ♀ nasal quiekende Laute zu hören.
Vorkommen: Mittelmeergebiet und Vorderer Orient. Kleinere, flache Süß- und Brackwasserseen mit dichtem Bewuchs. Brütet auch an Teichen und Flüssen. In S-Spanien Sommergast, hat gelegentlich auch in anderen Gegenden S-Europas gebrütet. Irrgäste in S-, C- und E-Europa.

Kolbenente *Netta rufina* **Tafel 13, 20, 22, Karte 53, BJZ**
Kennzeichen: 53-57 cm. Recht große, rundköpfige, ziemlich langhalsige Ente, die in sich Merkmale von Gründel- und Tauchenten vereint. ♂ im PK mit „flammend" orangebraunem Kopf und kurzer Mähne, schwarzem Hals, Unterkörper und „Heck", braunem Rücken und weißen Flanken. Zusammen mit dem etwas aufgebogenen roten Schnabel und den roten Beinen ergibt das eine einmalige Farbkombination. ♀ ziemlich einfarbig mattbraun, nur an Wangen, Kehle, Vorderhals und Bauch weißlich. Schnabel grau mit rosa Binde an der Spitze, Beine gräulichrosa. Die dunkle „Kappe" erinnert an Trauerenten-♀, deren Flügel sind aber einheitlich dunkel. Im Flug zeigen ♂ und ♀ auf den Schwingen ein breites, weißes Band. Flugbild schlanker als bei anderen Tauchenten mit recht langem Hals und klobigem Kopf. Flügelschlag weniger „schwirrend". Liegt schwimmend hoch im Wasser.
Stimme: Schweigsam. Balzruf des ♂ klingt kurz und laut wie „bät" oder „brät". ♀ ruft kurz, hart „rä-rr".
Vorkommen: Relativ kleine, flache Süß- und Brackwasserseen mit dichtem Bewuchs. Brütet auch an Fischteichen, kleinen Stauseen, träge fließenden Flüssen und in einigen Gegenden sogar an Küstenlagunen. In C- und W-Europa sind Gefangenschaftsflüchtlinge nicht selten.

Tafelente *Aythya ferina* **Tafel 13, 22, Karte 54, BJZW**
Kennzeichen: 42-49 cm. Die zweithäufigste Süßwassertauchente Europas. Mittelgroß mit hohem Scheitel und flacher, in den leicht aufgebogenen Schnabel übergehender Stirn. Charakteristisch sind auch die vorne dunkel-, hinten hellgrauen Oberflügel. ♂ im PK mit rotbraunem Kopf, schwarzer Brust, hellgrauem Körper und schwarzem „Heck". Schnabel mit blaugrauer Binde zwischen der schwarzen Spitze und der schwarzgrauen Basis. Diese Schnabelfärbung fehlt den sonst oft ähnlich aussehenden Tauchentenbastarden. Im SK den ♀ ähnlich, die Oberseite aber grauer. ♀ im Sommer fast einheitlich braun, im Winter auf Rücken und Flanken mehr grau überflogen, so daß der braune Kopf und Vorderkörper stärker abgesetzt erscheinen. Durch eine leichte Marmorierung des Gefieders, das helle Kinn und eine weißliche „Brille" wird das einheitliche Braun ein wenig belebt. Das Flugbild wirkt etwas gestreckter als bei der Reiherente, die Flugweise ist aber dieselbe. Am Tag recht wenig aktiv, zumeist auf dem Wasser, ruht nur selten am Ufer. Nahrungssuche vorwiegend während der Abend- und Morgendämmerung.
Ähnliche Arten: Die Vallisneriaente, *A. valisineria*, ist gleich gefärbt, aber größer - s. Irrgäste. Die ebenfalls ähnliche Rotkopfente, *A. americana*, ist auch ein potentieller Irrgast aus Nordamerika. Das ♂ hat aber einen dunkleren Rücken, gelbe Augen und einen einheitlicher gefärbten Schnabel.
Stimme: Allgemein schweigsam. Balzruf des ♂ leise „wi-warr". Beim Auffliegen ist vom ♀ manchmal ein rauhes „rarr" zu hören.
Vorkommen: Tiefere bis flache Seen und Teiche mit offenen Wasserflächen und Röhrichtgürteln. Im Winter auch auf offenen Gewässern wie Staubecken, großen Flüssen und Flußmündungen. Nur selten an der Meeresküste.

Halsringente *Aythya collaris* **Tafel 18, A**
Kennzeichen: 37-46 cm. So groß wie die Reiherente, aber Kopfform und Flankenzeichnung verschieden. Der Hinterkopf scheint durch eine kurze Holle aufgebeult. Die Begrenzung der hellen Flanken gegen den schwarzen Rücken folgt einer S-förmigen Linie. ♂ erinnert an ein Reiherenten-♂, die Flanken aber grau, nur gegen die schwarze Brust ein weißer Rand. Markant ist die Schnabelfärbung: Schwarze Spitze, dahinter eine breite, weiße Binde, bleigraue Basis und weiße Linie um die Schnabelwurzel. Bei Bastarden sind die Schnäbel diffuser gefärbt. Im Flug ist das helle Flügelband weniger auffällig als bei der Reiherente. ♀ gleicht mehr dem Tafelenten-♀. Gefiederfärbung, wie bei diesem, im Sommer einheitlicher als im Winter. Zu unterscheiden sind die ♀ an der helleren Färbung des Schnabelgrundes, an den aufgehell-

ten Wangen, dem weißen Augenring, der dunkleren Brust und dem dunkleren „Heck". Flug und Verhalten wie bei der Reiherente.
Stimme: Allgemein schweigsam. Balzruf des ♂ ein leiser, zischender Pfiff. Vom ♀ ist manchmal ein tiefes, rollendes „trrr" zu hören.
Vorkommen: N-Amerika. Sumpfland, Flußmündungen, geschützte Meeresbuchten. Als Irrgast in N-, W- und C-Europa nachgewiesen.

Moorente *Aythya nyroca* **Tafel 13, 20, 22, Karte 55, G**

Kennzeichen: 38-42 cm. Ziemlich kleine Tauchente. Der gestreckte Schnabel, der ohne Knick in die flache Stirn übergeht, läßt den Kopf weniger rund, mehr länglich erscheinen. ♂ und ♀ wirken insgesamt dunkel mit schwarzbraunem Rücken, leuchtend weißem Steiß und breitem, weißen Band über die Schwingen. ♂ im PK an Kopf, Hals, Brust und Flanken kupferglänzend mahagonibraun. ♂ im SK und ♀ matter gefärbt. JK wie das ♀, an der Brust aber durch helle Federsäume marmoriert. Augen des ♂ stechend weiß, die des ♀ und der Jungvögel braun. Liegt höher im Wasser als die Reiherente und hält den Schwanz oft leicht aufgerichtet. Das weiße Flügelband und der weiße Bauch sind im Flug gut zu sehen.
Ähnliche Arten: Man beachte, daß ♀ und Jungvögel der Reiherente auch einen weißen Steiß haben und Bastarde zwischen Reiher- und Tafelente ähnlich aussehen können.
Stimme: Allgemein schweigsam. Balzruf des ♂ leise stöhnend „wräijö" oder heiser „kjä-kjä..". ♀ ruf schnarrend „gjär-gjär...".
Vorkommen: Wie die Tafelente auf flachen Teichen und Seen mit Rörichtgürteln und reicher Vegetation. Im Winter auch auf Küstenlagunen und flachen, geschützten Meeresbuchten.

Reiherente *Aythya fuligula* **Tafel 13, 20, 22, Karte 56, BJZW**

Kennzeichen: 40-47 cm. Die häufigste Süßwassertauchente. Klein, kompakt, mit recht kurzem Schnabel und auffällig rundem Kopf. Am Hinterkopf beim ♂ ein langer, herabhängender Schopf und beim ♀ eine kurze Holle. Auf den Schwingen ein breites weißes Band. ♂ im PK schwarz mit auffallend weißen Flanken. ♂ im SK und ♀ dunkelbraun mit leicht aufgehellten Flanken. Einige ♀ mit weißlichem Schnabelgrund, ähnlich wie bei den Bergenten-♀. JK heller, brauner als ♀. Gesellig, auf dem Wasser und im Flug zumeist in dicht geschlossenen Trupps.
Ähnliche Arten: Tafel- und Halsringenten unterscheiden sich in der Schnabel- und Kopfform sowie in der Färbung bzw. Zeichnung. Bergenten sind größer, haben einen größeren Schnabel, höheren Kopf und helleren Rücken. Moorenten lassen sich an dem Schnabel-Kopfprofil und am reinweißen Steiß erkennen.
Stimme: Allgemein schweigsam. ♂ rufen gedämpft, kollernd „gügü-gürr". Ruf des ♀ ein kurzes, hartes „krök".
Vorkommen: Stehende und träge fließende Binnengewässer, auch Staubecken und Parkteiche. Im Winter auf größeren, offenen Gewässern, Flußmündungen und geschützten Meeresbuchten.

Bergente *Aythya marila* **Tafel 13, 20, Karte 57, ZW**

Kennzeichen: 42-51 cm. Recht große, ausladende, schwer wirkende Tauchente, mit breitem Schnabel, „Kugelkopf" und auffälligem, weißen Flügelband. Von weitem wirken die ♂ im PK vorne und hinten schwarz und in der Mitte weißlich hell. Der hellgraue Rücken und der blaugraue Schnabel sind nur aus der Nähe zu erkennen. Im SK graubräunlich überflogen, weniger kontrastreich, aber in der Farbverteilung gleich. ♀ ähnlich Reiherenten-♀, aber immer mit großem, weißem Fleck am Schnabelgrund. Jungvögel am besten an der Größe und Gestalt erkennbar. Schwimmt auch auf rauher See. Gesellig, fliegt in geschlossenen, ungeordneten Schwärmen oder in Reihen. Die Veilchenente, *A. affinis*, aus Nordamerika ist wesentlich kleiner (s. Irrgäste).
Stimme: Nur während der Balz ruffreudiger. Balzruf des ♂ leise, nasal „weiar" oder „wik-wik-wiu". ♀ ruft rauh „karr".

Vorkommen: Außer im Brutgebiet vorwiegend auf dem Meer, zumeist in Buchten und Flußmündungen. Brütet an Seen und Teichen der offenen und der locker bewaldeten Tundra.

Eiderente *Somateria mollissima* **Tafel 15, 20, 22, Karte 58, BJZW**

Kennzeichen: 60-70 cm. Häufigste und größte Meerestauchente mit massigem Körper, flachem Kopfprofil (s. Tafel 15) und kennzeichnender Flugweise. Das ♂ ist im PK die einzige oben weiße und unten schwarze Ente. Die Wangen, der Hals, die lachsrot überflogene Brust, der Rücken und der Vorderflügel sind weiß. Scheitel, Bauch und „Heck“ sind schwarz. Auf dem Nacken und Hinterhals ein hell moosgrüner Fleck. Der blaßgraue Schnabel geht ohne Absatz in die flache Stirn über. ♂ im SK und jugendliche ♂ haben ein dunkles mehr oder weniger weiß geschecktes Gefieder. ♀ und Jungvögel gleichen in der Gestalt den ♂, sind aber insgesamt braun mit dunkler Bänderung. Ein weißes Band über die Großen Decken und bräunlichgelbe Säume der Armschwingen täuschen einen Flügelspiegel vor. ♂ der arktischen Unterart *S. m. borealis*, die als Irrgäste vorkommen können, haben einen orangegelben Schnabel. Die Kopfform und der massige Körper schließen eine Verwechslung mit Tauchenten anderer Gattungen weitgehend aus. Die ♀ der verschiedenen Eiderentenarten (s. dort) sind aber nur schwer auseinanderzuhalten. Markantes, „klobiges“ Flugbild mit recht tief gehaltenem, leicht geneigtem Kopf. Flügelbewegung gleichmäßig und relativ langsam. Gesellig, fliegen oft in langen Reihen niedrig über das Wasser. Richtet sich im Wasser oft flügelnd auf.

Stimme: Während der Balz ruffreudig. Balzruf des ♂ ein weit schallendes, dumpfes, gurrendes „ahuh-uuh“, bei dem die zweite Silbe ansteigt. ♀ knarren „krrr“ oder gockeln „goggoggog...“.

Vorkommen: Streng ans Meer gebunden, an Flach- und Felsküsten. Im Winter gelegentlich auch auf großen Binnenseen.

Prachteiderente *Somateria spectabilis* **Tafel 15, 20, 22, A**

Kennzeichen: 55-63 cm. Eine große, vergleichsweise gedrungene und rundköpfige Eiderentenart mit relativ kurzem Schnabel. Von weitem wirkt der Vorderkörper des ♂ weiß und der ganze Rumpf schwarz. Aus der Nähe wird die markante Struktur und Färbung des Kopfes erkennbar. Der Oberkopf und der aufgewölbte Nacken sind hell graublau. Vor der Stirn ist ein aufgetriebener, orangefarbener Schild, der vom kurzen orangeroten Schnabel aufsteigt. Die Kopfseiten sind hellgrün. Bei angelegten Flügeln ist das große weiße Feld auf dem Vorderflügel als Linie am oberen Flankenrand zu sehen. Vor dem schwarzen „Heck“ befindet sich ein runder weißer Fleck. Das SK und Kleider jugendlicher ♂ gleichen denen der Eiderente. Das Gefieder des ♀ ist mehr rötlich getönt als bei den verwandten Arten. Eine sichere Bestimmung ist aber nur an der Kopfform möglich. Der Schnabel ist relativ kurz und läßt so den Kopf weniger gestreckt erscheinen. Aus größerer Nähe ist auch der kurze, abgerundete, befiederte Winkel erkennbar, der seitlich auf den Schnabel zieht (s. Tafel 15). Dazu kommen helle Augenringe (kein matter Überaugenstreif wie beim Eiderenten-♀), der aufgewölbte Nacken, die aufgehellte Kehle und die reichere Körperzeichnung, die an Brust und Flanken Bänder aus halbmondförmigen, dunklen Flecken und auf dem Rücken kräftigere dunkle Flecke sowie gebogen herabhängende Schulterfedern zeigt. Das Flugbild wirkt „gestauchter“ als das der Eiderente, und die Flügelbewegungen sind etwas schneller. Gesellig.

Stimme: Rufe ähnlich denen der Eiderente. Gurren der ♂ klingt kollernd „gru-gru-guruuu“. Das rauhe Quaken der ♀ erinnert an Gründelenten, außerdem lassen sie ein schnelles Schnattern hören.

Vorkommen: Arktische Küsten. Sonst wie die Eiderente, brütet aber auch an Süßwassertümpeln in der küstennahen Tundra. Nichtbrüter im Sommer vor Island und N-Norwegen. Im Winter an der Norwegischen Küste südlich des Polarkreises, Färöer, Island. Irrgäste auch in N-, W-, C- und S-Europa.

Scheckente *Polysticta stelleri* **Tafel 15, A**
Kennzeichen: 42-48 cm. Eine gedrungene Meerestauchente, die etwa so groß wie eine Schellente ist. Der leicht nach unten gesenkte Schnabel erscheint kurz und dick (s. Tafel 15), der Kopf wirkt eckig, die Schulterfedern hängen lang herab, der relativ lange Schwanz wird beim Schwimmen zumeist leicht aufgestellt. ♂ unverwechselbar mit weißem Kopf, schwarzem Augenring, grünem Fleck vor dem Auge, kleiner, grüner Holle am Hinterkopf, schwarzer Kehle und schwarzem Halsband. Die schwarze Rückenmitte, die hängenden schwarzweißen Schulterfedern und das schwarze „Heck" kontrastieren mit dem hell rötlichbraunen Körper. Unterhalb der Schulter ein runder, schwarzer Punkt. Im SK, bis auf die weißen Armdecken und den violetten Spiegel, fast einheitlich dunkelbraun. ♀ und Jungvögel rötlich- bis gräulichbraun mit schwacher hellerer Zeichnung. Um die Augen eine schmale, hellere „Brille". Der violette Flügelspiegel ist weiß gesäumt und der Unterflügel auffallend weiß. Flugbild und Flugweise mehr wie die von Trauer- und Samtente als wie die der Eiderente. Die schwirrenden Flügel erzeugen ein pfeifendes Geräusch.
Stimme: ♂ ausgesprochen schweigsam, nur während der Balz ein leises Brummen. ♀ ruffreudiger, die Rufe kurze, bellende Laute.
Vorkommen: Arktische Küsten. Brütet an Seen und Teichen der küstennahen Tundra. Im Winter an Felsküsten N-Norwegens (hier möglicherweise auch Brut) und in der nördlichen Ostsee. Irrgäste in N-, C- und W-Europa nachgewiesen.

Kragenente *Histrionicus histrionicus* **Tafel 16, 22, A**
Kennzeichen: 38-45 cm. Kleine, kurzschnäblige und -halsige „Meeresente" mit spitzem Schwanz. Vorzüglicher Schwimmer. ♂ im PK mit dunkel blaugrauem Gefieder (wirkt von weitem schwarz), kastanienbraunen Flanken und einem bizarren Muster von weißen Flecken und Streifen an Kopf, Hals und Brust. Flugbild wie das der Schellente, aber auf der Unterseite ganz dunkel. ♂ im SK ähnlich ♀ aber insgesamt dunkler mit weißer Zeichnung an Schultern und Brustseiten. ♀ einfarbig dunkelbraun mit weißlich gesprenkelter Bauchmitte, verwaschen weißem, großem Fleck um das Auge und einem leuchtend weißen, runden Ohrfleck. Fliegt mit schnellem Flügelschlag, zumeist dicht über dem Wasser. Schwimmt mühelos, nickt dabei ständig mit dem Kopf und stellt oft den Schwanz auf. Taucht gern in der rauhen Brandung.
Ähnliche Arten: Von ♀ der Samt- und Brillenente an der geringen Größe und dem kleinen Schnabel zu unterscheiden. ♀ und Jungvögel sind leicht mit jungen Eisenten zu verwechseln, diese sind aber am Bauch viel weißer.
Stimme: Nur während der Balz ruffreudiger. Balzruf des ♂ ein feiner, nasaler Pfiff. Häufigster Ruf des ♀ rauh krächzend „ek-ek-ek...".
Vorkommen: E-Asien, N-Amerika, Grönland, Island. Im Winter an rauhen Felsküsten. Nistet gesellig an reißenden Flüssen, bevorzugt an Stromschnellen und Wasserfällen. Seltener Gast in N-, W-, C- und S-Europa.

Eisente *Clangula hyemalis* **Tafel 16, 20, 22, Karte 59, ZW**
Kennzeichen: 39-47 cm, ohne den langen, spitzen Schwanz des ♂. Zierliche Meeresente mit kleinem Schnabel, rundem Kopf, einfarbig schwarzbraunen Flügeln und langem, spitzem Schwanz. ♂ im PK an Kopf, Hals, Brust und Oberseite schwarzbraun mit großem, grauweißem Augenfleck, rotbraun gesäumten Schulterfedern und leuchtend weißem Unterkörper. Im Winter sind Kopf und Hals, bis auf die hellgrauen Kopfseiten und die schwarzbraunen Wangen, weiß. Auch die Schulterfedern sind gänzlich weiß. ♀ und Jungvögel weit unscheinbarer. Scheitel dunkel, Kopfseiten und Hals weißlich mit dunklem Wangenfleck, Brust schwärzlichbraun, Oberseite braun und Unterkörper weißlich, mehr oder weniger hellbräunlich gewölkt. ♀ im Brutkleid fast so dunkel wie ♂, aber ohne „Schwanzspieße". Flugbild des ♂ durch den langen Schwanz bestimmt. Flugweise charakteristisch. Die abwärtsgekrümmten Flügel werden flach angehoben und tief nach unten durchgeschlagen, dabei kippt der Körper von einer Seite zur anderen, so daß wechselweise der helle Bauch und der dunkle Rücken sicht-

bar werden. Schwimmt leicht in der rauhen See und taucht mit kleinem Sprung. Spießenten haben auch einen lang ausgezogenen Schwanz, aber einen langen Hals und hell gezeichnete Flügel. Sie sind kaum auf der offenen See anzutreffen.
Stimme: ♂ während er Balz lebhaft, jodelnd „gak-gak-gauloiik", im Schwarm ergibt das ein melodisches, gänseähnliches „Gekläff". ♀ quaken tief und leise.
Vorkommen: Brütet an Gewässern der Tundra oder auf kleinen Inseln vor der arktischen Küste. Überwintert vorwiegend in Küstennähe auf dem Meer. Nur selten auf Binnengewässern.

Trauerente *Melanitta nigra* **Tafel 14, 20, 22, Karte 60, ZW**

Kennzeichen: 44-54 cm. Gedrungene Meeresente mit hohem, kurzem Schnabel, dickem Hals und recht langem, spitzem, oft aufgestelltem Schwanz. ♂ die einzige völlig schwarze Ente. Nur vor dem schwarzen Schnabelhöcker auf dem Schnabelfirst ein leuchtend orangegelber Fleck und auf der Schwingenunterseite silbergrau. Bei der nordamerikanischen Unterart, *M. n. americana*, einem seltenen Irrgast, ist die ganze Schnabelbasis gelb. ♀ und Jungvögel dunkelbraun mit hell geschuppten Flanken und aufgehelltem Bauch. Das hell graubraune Gesicht kontrastiert mit der schwarzbraunen Kappe. Die ♀ der verwandten Arten haben diese Kopfzeichnung nicht. Beine grau. Flugbild kompakt mit rundem Kopf und massigem Körper. Flug kräftig, schnell und zügig. Flugformation entweder schwingende Reihe oder dicht geschlossener Schwarm. Schwimmt und taucht auch mühelos in rauher See. Unternimmt weite Wanderungen.
Stimme: ♂ rufen in der Balzzeit auf dem Wasser und im Flug klangvoll gurrend „düi" oder „düit-düit". ♀ knarren sonor „knarr".
Vorkommen: Brütet an Binnengewässern der Tundra. Außerhalb der Brutzeit auf dem Meer, bevorzugt auf ruhigeren Buchten und Flußmündungen. Kann auf dem Zug auch auf Binnenseen einfallen.

Brillenente *Melanitta perspicillata* **Tafel 14, 20, 22, A**

Kennzeichen: 45-56 cm. In der Größe zwischen Trauer- und Samtente, aber mit einem noch massigeren Körper und einem mehr eiderentenartigen Kopfprofil. Gefieder des ♂, bis auf je einen leuchtend weißen Fleck auf Stirn und Nacken, gänzlich schwarz. Der aufgetriebene Schnabel seltsam orangegelb und weiß mit großem, schwarzem Fleck an der rot gerandeten Basis. Unterseite der Schwingen heller als die Unterflügeldecken aber nicht hell „leuchtend" wie bei dem Trauerenten-♂. ♀ und Jungvögel schwärzlichbraun mit unterschiedlich ausgeprägten hellen Flecken vor dem Schnabel, auf der Wange und im Nacken. Sie erinnern damit an Samtenten, haben aber keine weißen Armschwingen. Beine im Unterschied zur Trauerente orange. Flugweise und Verhalten wie bei der Trauerente.
Stimme: Wenig ruffreudig. Balzlaut der ♂ ein gluckendes Gurgeln. ♀ lassen ein krächzendes Krähen hören.
Vorkommen: N-Amerika. Außer zur Brutzeit auf dem Meer vor Küsten. Irrgäste in N-, W- und C-Europa nachgewiesen.

Samtente *Melanitta fusca* **Tafel 14, 20, 22, Karte 61, ZW**

Kennzeichen: 51-58 cm. Größte der „schwarzen Enten" mit langem Schnabel, der bei den ♂ an der Basis aufgetrieben ist, gestrecktem Kopf und recht kurzem Schwanz. Kennzeichnend ist der weiße Flügelspiegel, der aber beim Schwimmen nicht immer zu sehen ist. ♂ sonst, bis auf die gelben Schnabelseiten, einen kurzen, weißen Strich unter dem Auge und die rötlichen Beine, schwarz. ♀ und Jungvögel schwärzlichbraun mit unterschiedlich ausgeprägten, hellen Flecken vor dem Schnabel und auf den Ohrdecken sowie weißlich geflecktem Bauch. Der Flug ist kraftvoller, wirkt aber langsamer als bei der Trauerente. Gewöhnlich einzeln oder in kleineren Trupps, oft mit Eiderenten vergesellschaftet.
Stimme: Schweigsamer als die Trauerente. Balzruf des ♂ pfeifend „huör-ör". Ruf des ♀ ein rauhes „kärrr".

Vorkommen: Wie Trauerente, aber öfter auch auf der offenen, rauhen See. Brütet auf Inseln vor der Küste sowie an Gewässern der Tundra und Taiga.

Spatelente *Bucephala islandica* **Tafel 13, A**
Kennzeichen: 42-53 cm. Größer und massiger als die Schellente mit höherem, gedrungenerem Schnabel, steilerer Stirn und ausgeprägter, lang herabhängender „Mähne". Zeichnung und Färbung des Gefieders weitgehend wie bei der Schellente. ♂ im PK mit violettglänzendem, schwarzem Kopf, weißem „Halbmond" (nicht rundem Fleck) auf dem Zügel, einer Reihe weißer Flecke (nicht Streifen) auf der Schulter. Vom schwarzen Rücken zieht auf die Brustseiten ein spitzer Winkel. ♀ insgesamt düster gräulich mit dunkelbraunem Kopf und ohne auffällige weiße Zeichnung. Der Schnabel ist vor der Spitze ausgedehnt gelb. Im Flug sind auf dem Armflügel eine breite schwarze Vorderkante sowie zwischen den weißen Decken und Schwingen ein schwarzer Streifen zu sehen (vgl. Schellente). Flugweise und Verhalten wie bei der Schellente, das pfeifende Flügelgeräusch aber leiser.
Stimme: ♂ rufen bei der Balz weich grunzend „ka-kaà". Der Ruf der ♀ ist ein lautes, gackerndes „gä-gä-gärr".
Vorkommen: N-Amerika, Island. Brütet an Seen, Teichen und Flüssen. Überwintert vorwiegend im Binnenland aber auch an der Küste. Einzelne, wohl zur Hauptsache Zooflüchtlinge, in N-, W- und C-Europa nachgewiesen.

Schellente *Bucephala clangula* **Tafel 13, 20, 22, Karte 62, BJZW**
Kennzeichen: 40-48 cm. Mittelgroße Tauchente mit recht kurzem Schnabel, „dreieckig" wirkendem Kopf und flach ins Wasser abfallender Rückenlinie. Im Flug auf dem Armflügel ein großes, „viereckiges", weißes Feld. ♂ im PK mit schwarzem, grünglänzendem Kopf, großem, rundem, weißem Fleck vor dem gelben Auge, schwarzem Rücken und „Heck" und weißen, fein schwarz gesäumten Schulterfedern, die auf den weißen Unterkörper hängen und die Flanken besonders hoch erscheinen lassen. Im SK behalten die ♂ einen schwärzeren Kopf und eine hellere Brust als die ♀. ♀ mit gelber Schnabelspitze, schokoladenbraunem Kopf, weißem Kragen und weitgehend einheitlich dunkelgrauem Körper. Gewöhnlich sind über den hinteren Flanken die weißen Armschwingen zu sehen. Jungvögel brauner als ♀, ohne den hellen Kragen. Das Flugbild wird durch den großen Kopf am kurzen Hals geprägt. Flügelschlag wirbelnd schnell. Die Flügel, v. a. die der ♂, erzeugen im Flug ein singend, pfeifendes Geräusch. Unternimmt größere Wanderungen. Oft mit Bergenten vergesellschaftet. Vergleiche auch Spatelente.
Stimme: Allgemein schweigsam. Balzruf der ♂ ein gedehnt nasales „nirrirrik". ♀ rufen rauh „gaar".
Vorkommen: Brütet bevorzugt an größeren Gewässern mit dicht bewaldeten Ufern. Nistet in Baum-, manchmal auch in Erdhöhlen. Außerhalb der Brutzeit auf großen Seen, Stauseen, Flüssen und an der Küste.

Zwergsäger *Mergus albellus* **Tafel 17, 19, 21, Karte 63, ZW**
Kennzeichen: 38-44 cm. Kleine Ente mit „Sägeschnabel" (Schnabelrand bei den Sägern sägenartig gezähnt). Erinnert in Gestalt und Größe stark an die Schellente, hat aber ein kennzeichnendes Gefieder und eine kurze, etwas struppige Haube. Schnabel, mit dem anderer Säger verglichen, kurz und dick. ♂ sieht von weitem fast ganz weiß aus. Nur der große, schwarze Augenfleck ist gut erkennbar. Aus der Nähe sind der schwarze untere Haubenrand, der schwarze Rücken, die schwarzen, gegabelten Linien auf Flanken und Brust, die fein hellgrau gewellten Flanken und das graue Heck zu sehen. Im Flug auf den Mittleren Armdecken ein weißes Feld und weiße Säume an den schwarzen Großen Decken und den Armschwingen. Kappe und Nacken der ♀ und Jungvögel kastanienrot, im Gesicht mehr schwarzbraun. Wangen und Kehle weiß, Rücken dunkel- und Unterseite heller grau. Flugbild weit gedrungener als das der anderen Säger. Flug mit wirbelnden Flügeln reißend schnell und wendig. Gesellig.

Stimme: Allgemein still. ♂ lassen während der Balz ein sich beschleunigendes „gig gig gigerörr" hören. ♀ rufen zumeist einsilbig „räg".
Vorkommen: Brütet in der Taiga an Seen und Flüssen in Baumhöhlen. Im Winter auf flacheren Seen, Flußmündungen und geschützten Meeresbuchten.

Mittelsäger *Mergus serrator* **Tafel 17, 19, 21, Karte 64, BZW**
Kennzeichen: 52-58 cm. Schnittig schlanke „Ente" mit feinem, langem Schnabel und struppigem Schopf. ♂ im PK farbenfroh mit rotem Schnabel, roten Augen, schwarzgrünem Kopf, weißem Halsring, kastanienbrauner, schwarz gestreifter Brust, schwarzem Rücken mit weiß gefleckten Federn vor der weißen Schulter und gestreckten, grauen Flanken. Auf dem Oberflügel verlaufen über das große, weiße Flügelfeld der Armschwingen und -decken zwei schwarze Streifen. ♀ und Jungvögel haben einen fuchsbraunen Kopf mit oben schwärzlichem und darunter weißlichem Zügelstreif. An Kehle und Vorderhals geht das Braun des Kopfes allmählich in eine weißliche Tönung über. Die einzelnen Farben sind nicht wie beim Gänsesäger scharf gegeneinander abgesetzt. Flugbild langgezogen hager. Flug schnell und geradlinig mit kraftvollen Flügelschlägen. Liegt beim Schwimmen tief im Wasser, taucht gelegentlich „lugend" den halben Kopf ein und taucht vorzüglich. Unternimmt weitere Wanderungen.
Stimme: Allgemein schweigsam. Balzruf der ♂ tief, heiser „gwäng" oder „krikiräh". ♀ rufen bellend gereiht „prräk prräk...".
Vorkommen: Buchten und Flachwasserzonen an der Küste, Seen und Flüsse mit bewaldeten Ufern. Nester unter dichtem Bewuchs, in Höhlen, Felsspalten usw. Außerhalb der Brutzeit vorwiegend in Flußmündungen und auf Meeresbuchten.

Gänsesäger *Mergus merganser* **Tafel 17, 19, 21, Karte 65, BJZW**
Kennzeichen: 58-68 cm. Große, langgestreckte „Tauchente" mit langem, schlankem Schnabel und einer „Mähne" an Hinterkopf und Nacken. ♂ im PK mit rotem Schnabel, großem, schwarzgrün glänzendem Kopf und schwarzen Schultern. Hals, Flanken und Unterseite weiß mit lachsrotem Anflug, Bürzel und Schwanz grau. Auf den Armschwingen und -decken ein großes einheitlich weißes Flügelfeld. Im Unterschied zum Mittelsäger sind beim ♀ und Jungvogel das Weiß von Kehle und Brust und der hellgraue Hals scharf gegen das Braun des Kopfes abgesetzt. Rücken, Flanken und „Heck" fast einfarbig grau. Flugbild gestreckt aber nicht hager. Flug schnell und geradlinig mit kraftvollem Flügelschlag. Liegt schwimmend etwas höher im Wasser als der Mittelsäger. Beute wird „wasserlugend" erspäht und oft vor dem Tauchen schwimmend verfolgt. Gesellig.
Stimme: Zumeist stumm. ♂ ruft bei der Balz leise „auig-a" oder gedämpft läutend „rühroh". ♀ rufen kurz „aik-aik".
Vorkommen: Brütet an klaren Seen und Flüssen mit baumbestandenen Ufern. Nistet in Baumhöhlen. Überwintert auf großen Seen und Strömen, Flußmündungen und Küstengewässern.

Schwarzkopf-Ruderente *Oxyura jamaicensis* **Tafel 17, 18, A**
Kennzeichen: 35-43 cm. Kleiner als die Weißkopf-Ruderente mit weniger aufgetriebenem Schnabel, relativ großem Kopf und kurzem, steif aufgerichtetem Schwanz. ♂ leicht an dem blauen Schnabel, der schwarzen Kappe, den leuchtend weißen Wangen, der schwärzlichen Brust, dem rotbraunen Körper und dem schwarzen Schwanz zu erkennen. Im Flug wirken die kleinen Flügel einheitlich dunkel. ♀ und Jungvögel gräulichbraun mit schwacher heller Bänderung an Brust und Flanken. Kopfseiten weißlichgrau mit einem diffusen dunklen Band über die Wangen. Flugbild gedrungen, mit dickem Kopf, kleinen Flügeln und flachem „Heck". Wirbelnder Flügelschlag. Unternimmt im Winter weitere Wanderungen. In Spanien auch Hybriden mit der Weißkopf-Ruderente.
Stimme: Sehr schweigsam. Von balzenden ♂ sind leise, klopfende und klickende Laute zu hören.

Vorkommen: N- und S-Amerika. Seen, Teiche, Flußmündungen und Lagunen. Im Winter auch auf Stauseen und anderen offenen Gewässern. Aus Nordamerika stammende Vögel auf den Britischen Inseln eingebürgert. Weitere Ansiedlungen in den Niederlanden, Frankreich und Spanien. Irrgäste in W-, N-, S- und C-Europa.

Weißkopf-Ruderente *Oxyura leucocephala* **Tafel 17, Karte 66, A**

Kennzeichen: 43-48 cm. Die einzige in Europa heimische Ruderente. Durch den eigentümlich „geschwollenen" Schnabel, den klobigen Kopf, den gedrungen plumpen Körper, die kurzen, dreieckigen Flügel und den langen, spitzen, oft steif aufgerichteten Schwanz eine ausgesprochen eigenartige Erscheinung. ♂ mit blauem Schnabel. Kopf, bis auf den schwarzen Scheitel und Nacken, gänzlich weiß, Brust und Oberschwanzdecken rotbraun, Rücken und Flanken mehr gelblichbraun mit feiner Wellenzeichnung, Schwanz schwärzlichgrau. ♀ und Jungvögel insgesamt düsterer und kräftiger „gewellt". Kopf mit bis an das Auge reichender, schwarzer Kappe und einem deutlichen, breiten, dunklen Band über die hellen Wangen. Flügel einheitlich dunkel. Flugbild wie das der Schwarzkopf-Ruderente, durch den langen Schwanz aber gestreckter. Auch die Flugweise gleich, fliegt aber nur selten. In Spanien Hybriden mit der Schwarzkopf-Ruderente.
Stimme: Sehr schweigsam. Am ruffreudigsten während der Gruppenbalz. Dann sind vom ♂ ratternde und piepende Laute und vom ♀ ein weiches „gek" zu hören.
Vorkommen: Teiche und kleine Seen in steppenartig offener Landschaft. Bevorzugt auf Süßgewässern, toleriert aber auch einen höheren Salzgehalt. Im Winter auf größeren Seen und Küstenlagunen.

Greife: Accipitridae

Milane: Greife mit relativ kleinem Kopf, langen Flügeln und langem, beweglichem, gegabeltem Schwanz. Flug gleitend und segelnd mit flach ausgestreckten Flügeln. Oft an Aas anzutreffen. Baumbrüter. Geschlechter gleich.
Geier: Große bis sehr große Greife mit breiten Flügeln, nackten Köpfen und kurzen Schwänzen. Die Füße sind schwach und zum Grifftöten nicht geeignet. Gewöhnlich sind sie reine Aasfresser. Ausgezeichnete Segelflieger, die in Aufwindzonen kreisen. Nur gelegentlich werden einige schwerfällige Flügelschläge eingeschaltet. Fels- und Baumbrüter. Geschlechter gleich.
Weihen: Mittelgroße schlanke Greife mit eulenartigen Köpfen, langen Schwänzen und langen, schmalen Flügeln, die beim schwankenden Gleiten flach V-förmig angehoben werden.
Habicht und Sperber: Kleine bis große Greife mit runden Flügeln und langen, schmalen Schwänzen. ♀ deutlich größer als ♂. Flug reißend schnell und gewandt. Die Beute, zumeist Vögel, wird alle Deckung ausnutzend in niedrigem Flug angeflogen und mit spurtschnellem Überraschungsangriff geschlagen. Baumbrüter. Geschlechter verschieden.
Bussarde: Mittelgroße Greife mit breiten Flügeln und oft breit gefächertem Schwanz. Im Vergleich zu den Adlern sind die Köpfe klein und die Schnäbel schwach. Sie segeln kreisend. Auf ihre Beute stoßen sie vom Ansitz oder aus dem Rüttelflug. Sie ernähren sich zu einem wesentlichen Anteil von Aas. Zumeist Baum-, aber auch Felsbrüter. Geschlechter gleich.
Adler: Große bis sehr große Greife mit langen, breiten Flügeln, kräftigen Schnäbeln und Füßen. Majestätisch kreisender Segelflug. Jagdweise unterschiedlich, Beutefang aber allgemein häufiger aus dem Flug als vom Ansitz. Fels- und Baumbrüter. Geschlechter gleich.

Die spezialisierten Arten Wespenbussard, Gleitaar, Bartgeier, Schlangen-, Zwerg- und Habichtsadler sind jeweils Vertreter gesonderter Gattungen. (s. Texte).

Wespenbussard *Pernis apivorus* **Tafel 26, 27, Karte 67, BZ**

Kennzeichen: 52-59 cm. Das Flugbild unterscheidet sich von dem der „echten" Bussarde durch den kleinen „Taubenkopf", schlankeren Hals und den langen Schwanz, der beim Gleiten zumeist geschlossen gehalten wird. Beim Gleiten sind die Flügel leicht abwärts gebogen und ihr Hinterrand fast gerade. Segelt weniger anhaltend als der Mäusebussard und rüttelt nie. Die Färbung, von fast weiß bis sehr dunkel, und die Zeichnung des Gefieders sind recht variabel. Altvögel auf den Unterflügeldecken und den Schwingen zumeist kräftig gebändert. Die dunklen Spitzen der Schwingen bilden am Flügel von den gefingerten Handschwingen ausgehend eine durchgehend dunkle Hinterkante. Die dunklen „Fingerspitzen" bei den ♂ kürzer und klarer abgesetzt als bei den ♀. Der Schwanz trägt drei deutliche dunkle Querbänder, eins vor dem Ende und zwei an der Basis. ♂ haben gewöhnlich einen aschgrauen Kopf, eine gräulichbraune Oberseite und eine kräftig gebänderte Unterseite. ♀ sind an Kopf und Oberseite brauner. Beide können aber auf der Unterseite sehr dunkel oder seltener, auch nahezu weiß sein. Das Gefieder der Jungvögel ist ebenfalls unterschiedlich, sie sind aber im allgemeinen dunkler, brauner und bussardähnlicher als die Altvögel. Merkmale sind die langen, dunklen „Finger" der dunklen Armschwingen und der mehr gleichmäßig ge-

Flugbildtypen der Greife und Falken

bänderte Schwanz. Kein ausgeprägter Beutegreifer wie der Mäusebussard. Lebt von Wespen- und Bienenlarven, Jungvögeln, Eiern und gelegentlich einer Maus. Zugvogel, der in Afrika überwintert. Zieht in größeren Trupps. Im Brutgebiet wenig auffällig.
Stimme: Während der Brutzeit ein hohes und melancholisches Pfeifen wechselnd hell „dülilü" und gedehnt „düh". Manchmal auch schnell „kikiki".
Vorkommen: Lichtungen oder Waldränder. Nistet zumeist in alten Krähennestern, die mit grün belaubten Zweigen ausgelegt werden.

Gleitaar *Elanus caeruleus* **Tafel 24, A**
Kennzeichen: 31-36 cm. Ungefähr so groß wie ein Turmfalke, jedoch mit recht großem, weihenähnlichem Kopf, langen an der Basis breiten, dreieckigen Flügeln und kurzem, leicht eingekerbtem Schwanz. Gefieder möwenähnlich. Kopf weiß mit schwarz umrandeten roten Augen. Oberseite hell graublau, Kleine Oberflügeldecken und Unterseite der Handschwingen schwarz, Unterseite von Körper, Armschwingen und Schwanz weiß. Jungvögel stärker gezeichnet. Oberseite graubraun, durch helle Federsäume geschuppt. Kopf und Unterseite weiß, auf Scheitel und Brust mit rostfarbener Tönung. Der Flug erinnert an den der Weihen. Gleitflug mit V-förmig angehobenen Flügeln. Flügelschlag wie bei einer Eule tief ausholend. Rüttelt häufig. Nahrung vorwiegend kleine Nager und große Insekten. Oft dämmerungsaktiv.
Stimme: Lockruf sanft pfeifend „kjüii". Beunruhigt gezogen, knirschend „kreji".
Vorkommen: Standvogel in Portugal und Westspanien. Umherschweifend S-, W-, C- und E-Europa. Savannenartig offene Agrarlandschaften mit einzelnen Bäumen, Baumgruppen oder Kleingehölzen.

Schwarzmilan *Milvus migrans* **Tafel 24, 25, Karte 68, BZ**
Kennzeichen: 48-58 cm. Der in Europa häufigste Milan. Kürzer und weniger „elegant" als der Rotmilan. Kann mit einer dunklen Rohrweihe verwechselt werden. Bei guter Sicht leicht vom Rotmilan an dem nur schwach ausgeschnittenen Schwanz zu unterscheiden, der gefächert fast gerade „abgeschnitten" erscheint. Die Flügel sind etwas kürzer und relativ breiter. Die Färbung ist weitgehend einheitlich dunkelbraun. Auf der Oberseite wird sie durch ein helles Diagonalband über die Flügeldecken und auf der Unterseite, v. a. bei den Jungvögeln, durch aufgehellte Handschwingenbasen und hellere Bereiche am Bauch und Schwanz belebt. Flugweise und Ernährung weitgehend wie beim Rotmilan. Greift auch auf dem Wasser treibende, tote Fische. In Gegenden mit dichterem Vorkommen größere Ansammlung an Aas.
Ähnliche Art: Von ♀ und Jungvögeln der Rohrweihe an dem dunklen, nicht rahmfarbenen Kopf und den ebenfalls nicht rahmgelben „Schultern" zu unterscheiden. Beim Segeln werden zudem die Flügel waagerecht gestreckt und nicht V-förmig angehoben.
Stimme: Während der Brutzeit ruffreudig. Rufe vibrierend, gedehnt „wü-hiii". Bei Störung werden die Rufe härter und abgehackter. Daneben Schnattern und bussardartig „hüih".
Vorkommen: Im westlichen Verbreitungsgebiet gewöhnlich an Seen und Flüssen mit bewaldeten oder zumindest mit Baumgruppen bestandenen Ufern. Im S und E auch in trockeneren Gegenden und bei Ortschaften. Nistet, oft gesellig, auf Bäumen, gelegentlich in alten Krähennestern.

Rotmilan *Milvus milvus* **Tafel 24, 25, Karte 69, BZW**
Kennzeichen: 61-72 cm. Eleganter Greif mit langen Flügeln und tief gegabeltem Schwanz. Wirkt insgesamt weit heller als der Schwarzmilan. Bei guter Sicht zeigen die Altvögel einen weißlichen, dunkel gestreiften Kopf, eine rotbraune Ober- und eine schwarz gestreifte fuchsbraune Unterseite. Flügel von unten gesehen dreifarbig: Kleine Armdecken rostfarben, Große Decken und Armschwingen schwärzlich, Basis der Handschwingen weiß und die langen „Finger" wieder schwarz. Schwanz oberseits hell rostrot mit feiner Bänderung und schwarzen Spitzen der Gabelenden. Jungvögel insgesamt düsterer mit bräunlichem Kopf und kräftigerer Bänderung auf den Schwin-

gen. Flug leicht und gewandt mit gewinkelten, geraden oder schwach gebogenen Flügeln. Segelt anhaltend mit spähend gesenktem Kopf. Der Schwanz wird dabei steuernd geschwenkt. Flügelschläge tief ausholend und kräftig. Ernährt sich von Kleinsäugern, jungen Vögeln und zu einem erheblichen Anteil von Aas. Vom Schwarzmilan leicht an der Färbung, der schlankeren Gestalt und dem tief gegabelten Schwanz zu unterscheiden.
Stimme: Im Brutrevier gedehnt, klagend „djüh wiuwiu wiuu".
Vorkommen: Bevorzugt hügelige Landschaften mit Waldrändern, Baumgruppen und offenem Gelände, aber auch im Flachland. Nistet auf Bäumen, manchmal auch in alten Krähen- oder Bussardnestern.

Seeadler *Haliaeetus albicilla* **Tafel 28, 29, Karte 70, BJW**
Kennzeichen: 76-92 cm. Der größte, im Flugbild wuchtigste Adler Europas mit großem, kräftigem Schnabel, massigem Kopf, breiten, rechteckig wirkenden Flügeln, kurzem, keilförmigem Schwanz und unbefiederten Läufen. Gefieder vorwiegend graubraun. Bei den Altvögeln Schnabel blaßgelb, Kopf und Hals weißlich aufgehellt und Schwanz weiß. Schnabel der Jungvögel dunkel. Körpergefieder schwärzlich- bis rötlichbraun und dunkel gefleckt. Schwanz insgesamt dunkel und mehr gerundet. Segelt mit gerade ausgestreckten Flügeln. Beim Streckenflug wechseln flache Flügelschläge und Gleiten mit leicht gebogenen Flügeln. Greift Fische gewöhnlich im Flug dicht unter der Wasseroberfläche, stößt nur selten ins Wasser. Gejagt werden auch Vögel bis Eiderentengröße und Säugetiere bis Hasengröße. Gerne wird Aas angenommen. Vom Steinadler leicht an dem Flugbild und der Flugweise zu unterscheiden. Der Schwanz ist keilförmig und die Schwingenbasen nicht aufgehellt.
Stimme: Ruffreudig. Rufreihen ansteigend, gellend gestoßen „kjau..." oder „jahk...". Am Horst hölzern „klik" und tief, rauh „kra".
Vorkommen: Felsküsten oder große Seen und Teichgebiete im Binnenland. Nistet auf Felsklippen, großen Bäumen und gelegentlich auch auf dem Boden.

Bartgeier *Gypaetus barbatus* **Tafel 23, Karte 71, E**
Kennzeichen: 105-125 cm. Ein gewaltiger, majestätischer Vogel mit verhältnismäßig kleinem Schnabel, langen, recht schmalen, im Flug meist gewinkelten Flügeln und gestreckt keilförmigem Schwanz. Kopf der Altvögel rahmfarben mit schwarzem Augenfleck und schwarzem „Bocksbart". Die hell rostfarbene Unterseite kontrastiert mit den schwärzlichen Flügeln und dem dunklen Schwanz. Oberseite schwarzgrau. Kopf und Hals der Jungvögel schwärzlich und Unterseite düster grau getönt. Damit ein ähnlicher Kontrast wie bei der Nebelkrähe. Segelt im langsamen Suchflug einzeln oder paarweise die Felswände entlang. Lebt überwiegend von Aas. Läßt Knochen, um an das Mark zu kommen, aus der Höhe auf Felsen fallen.
Stimme: Zumeist stumm. Bei der Flugbalz pfeifend „fiijj", manchmal auch trillernd.
Vorkommen: Gebirge. Nistet in Höhlen an Steilhängen. In den Alpen an verschiedenen Stellen wieder angesiedelt.

Schmutzgeier *Neophron percnopterus* **Tafel 23, Karte 72, A**
Kennzeichen: 55-65 cm. Kleinster Geier Europas mit langem, schlankem Schnabel, nacktem Gesicht, langen, stumpf endenden Flügeln und keilförmigem Schwanz. Gesicht und Schnabelbasis der Altvögel hell orangegelb. Gefieder allgemein schmutzig weiß. Auf der Flügelunterseite die Schwungfedern und auf der Oberseite die Hinterkante und ein Band über die Großen Decken schwarz. Vor den Schultern ein brauner Fleck. Jungvögel zunächst gänzlich schwarzbraun, im Verlauf von vier Jahren zunehmend weißlich. Segelt zumeist mühelos dahin. Gelegentlich werden recht schnelle Flügelschläge eingeschaltet. Weniger gesellig als die großen Geier. An Aas oder Abfall können sich aber doch kleinere Gruppen sammeln. Weißstörche und Pelikane zeigen im Flug das gleiche Farbmuster. Man sollte also auf die Silhouette achten.
Stimme: Zumeist stumm. Erregt leises Miauen, Zischen und Grunzen.

Vorkommen: Weit verbreitet. Bevorzugt in Gebirgen mit Weidewirtschaft, aber auch im Flachland. Regelmäßig mit dem Schwarzmilan an Müllplätzen anzutreffen. Nistet auf Felsvorsprüngen oder in -höhlen, auch auf Bäumen.

Gänsegeier *Gyps fulvus* **Tafel 23, Karte 73, A**

Kennzeichen: 95-110 cm. Der häufigste der großen Geier mit hohem, kurzem Schnabel, relativ kleinem, rundem Kopf, der im Flug am gekrümmten Hals abwärts „hängt", langem Hals, der in Ruhestellung eingezogen wird, sehr großen, gelegentlich dreieckig wirkenden Flügeln, die in langen „Fingern" enden, und einem kurzen, gerundeten, manchmal leicht keilförmigen Schwanz. Die Altvögel haben an Kopf und Hals weißliche kurze Daunen und eine ebenfalls weißliche Halskrause. Die Oberseite und die Oberflügeldecken sind hell sandfarben. Die Unterseite ist bräunlich mit hellen Streifen über die Unterflügeldecken. Die Schwingen und der Schwanz sind schwarzbraun. Das Körpergefieder der Jungvögel ist, einschließlich der Halskrause, bräunlich. Hervorragender Segelflieger. Die Flügel werden beim Segeln leicht vorgeschoben und V-förmig angehoben. Die beim Gleiten gelegentlich eingeschalteten Flügelschläge sind zwar langsam, aber tief ausholend und kraftvoll. Am Aas sowie an den Ruhe- und Schlafplätzen gesellig.
Stimme: Im Flug stumm. Am Aas erregt fauchend, röhrend, schluchzend, keckernd und zeternd.
Vorkommen: In Europa in bergigen Gegenden, anderswo auch im Flachland. Nistet gesellig in Höhlen oder Felsnischen.

Mönchsgeier *Aegypius monachus* **Tafel 23, Karte 74**

Kennzeichen: 100-115 cm. In Größe und Flugbild dem Gänsegeier sehr ähnlich. Der dunkle Kopf mit dem längeren, klobigeren Schnabel wirkt auffälliger. Flügelhinterkante mehr gerade und durch spitz auslaufende Handschwingen „gezähnt". Schwanz gerundet bis keilförmig. Die Stirn steigt flach vom Schnabel zum Hinterkopf an. Altvögel mit hellgrauem Scheitel, schmutziggrauer Halskrause, dunklem Augenfleck und nahezu einfarbig schwarzbraunem Gefieder, das sie von weitem ganz schwarz aussehen läßt. Jungvögel auch an Kopf und Halskrause dunkelbraun. Segelt mit waagerecht gehaltenen, im Handgelenk leicht abwärtsgekrümmten Flügeln. Gleicht in Stimme und Verhalten weitgehend dem Gänsegeier, ist aber weit weniger gesellig.
Vorkommen: Abgelegene, bewaldete Gebirge. Nistet auf großen Bäumen.

Schlangenadler *Circaetus gallicus* **Tafel 27, Karte 75, A**

Kennzeichen: 62-69 cm. Wenig größer als ein Bussard mit großem, eulenähnlichen Kopf, kleinem Schnabel, recht langen und breiten Flügeln und langen, unbefiederten Läufen. Gefiedermuster erinnert an den Fischadler. Kopf, Hals, Vorderbrust und Oberseite gräulichbraun, Schwingen und Schwanz schwärzlich. Von weitem wirkt die Unterseite nahezu weiß. Aus der Nähe sind auf dem Unterkörper und den Unterflügeln Reihen dunkler Punkte zu erkennen, die aber am Flügelbug keinen dunklen Fleck bilden, wie das beim Fischadler und Wespenbussard der Fall ist. Der Schwanz zeigt drei, manchmal auch vier deutliche Bänder. Färbung variabel, einige unterseits fast weiß, andere kräftig gefleckt. Flügelschlag ausholend und kraftvoll. Beim Gleiten wird der Flügel gewinkelt, so daß der Flügelbug hervorragt. Handflügel dabei leicht abwärts- und „Finger" oft aufgebogen. Segelt mit gerader Flügelhaltung und rüttelt häufig mit herabhängenden Beinen. Ernährt sich vorwiegend von Schlangen, Eidechsen und Lurchen.
Stimme: Ruffreudig. Im Balzflug gereiht weich „gjü-gjü...". Weitere Rufe klagend „miji", rauh „ok" oder zusammengesetzt „mijok".
Vorkommen: Offene gebirgige oder auch flache Landschaften mit einzelnen Wäldern. Nistet auf Bäumen.

Rohrweihe *Circus aeruginosus* **Tafel 24, 25, Karte 76, BZ**
Kennzeichen: 43-55 cm. Von den anderen Weihen an der kräftigeren Gestalt, den breiteren Flügeln und dem dunklen, nicht weißen Bürzel zu unterscheiden. Gefieder variabel. Beim alten ♂ ist die dunkle Oberseite (Rücken, Armdecken, Handschwingen) von dem einfarbig blaugrauen Schwanz und den grauen Armschwingen abgehoben. Kopf, Nacken und Brust hell gelblichbraun und Unterseite kastanienbraun. ♀ und junge ♂ gewöhnlich ohne Grau, weitgehend einheitlich dunkel schokoladenbraun, nur am Kopf und auf den Vorderflügelkanten cremefarben. ♀ oft mit gelblichem Fleck auf der Brust. Einige sind aber auch gänzlich dunkel und erinnern so an den Schwarzmilan. Junge insgesamt dunkler als ♀, immer ohne hellen Brustfleck und oft auch ohne helle Flügelkante. Fliegt zumeist niedrig in gaukelndem Gleitflug mit flach V-förmig angestellten Flügeln. Gelegentlich werden einige Flügelschläge eingeschaltet. Jagt vorwiegend am Wasser über Röhricht. Stößt aus dem niedrigen Suchflug in den dichten Bewuchs.
Stimme: ♂ ruft beim Balzflug nasal, kiebitzartig „quiä" oder „kjäh", kann auch elsternartig keckern. ♀ bei Balz und Beuteübergabe verschiedene pfeifende und kichernde Laute.
Vorkommen: Fast ausschließlich Moore, Brüche, Sümpfe und Verlandungszonen mit ausgedehnten, dichten Röhrichtbeständen. Baut im Röhricht große, zumeist von Wasser umgebene Nester.

Kornweihe *Circus cyaneus* **Tafel 24, 25, Karte 77, BZW**
Kennzeichen: 42-55 cm. Größte der drei in Europa vorkommenden sehr ähnlichen „hellen Weihen", deren ♂ hell möwengrau sind und deren dunkle ♀ durch einen ausgeprägt weißen Bürzelfleck auffallen. Kräftiger gebaut als Wiesen- und Steppenweihe, mit vergleichsweise breiteren, an den „5-fingrigen" Spitzen mehr abgerundeten Flügeln. Das alte ♂ oberseits aschgrau mit schwarzen Handschwingen und dunklem Saum an der Hinterkante des Unterflügels, großem, weißem Bürzelfleck und weißlicher, ungezeichneter Unterseite. ♀ auf der Oberseite graubraun und auf der Unterseite bräunlichweiß mit undeutlichem eulenartigem „Gesichtsschleier", kräftiger Streifung an Hals, Brust und Flanken, großem, weißem Bürzelfleck (deutlich größer als bei Wiesen- und Steppenweihe) und kräftiger, dunkler Bänderung auf Unterflügeln und Schwanz. Jungvögel gleichen ♀, sind aber heller und unterseits mehr rötlichbraun getönt. Gewöhnlich ist die Unterseite gestreift. Einige sind aber auch, wie die amerikanische Unterart, *C. c. hudsonius*, die in Europa noch nicht nachgewiesen wurde, unterseits einheitlich rostfarben. Das Flugbild wird durch einen schlank gestreckten „Rumpf" mit relativ breiten Flügel bestimmt. Beim Gleiten werden die Flügel nur flach V-förmig aufgestellt. Der Flügelschlag ist kräftiger, weniger elastisch und fördernder als bei den anderen „hellen Weihen".
Stimme: ♂ beim Balzflug wiederholt pfeifend „piju" oder keckernd „kje-kje..". ♀ warnt schrill, buntspechtartig „tick-ick-ick...".
Vorkommen: Von den europäischen Weihen das am weitesten nach N reichende Verbreitungsgebiet. In offenen Landschaften. Nicht so eng wie Wiesen- und Steppenweihe an bestimmte Lebensräume gebunden. Nistet auf dem Boden in Mooren, Heiden, Marschen und Feldern.

Steppenweihe *Circus macrourus* **Tafel 24, Karte 78, A**
Kennzeichen: 40-50 cm. Annähernd so groß wie die Kornweihe, aber in Gestalt und Flugweise der Wiesenweihe ähnlicher. ♂ an Kopf und Brust grauweiß, auf der Unterseite weiß und auf der Oberseite hell blaugrau. Der weißliche Bürzelfleck ist nur undeutlich. Die schwarzen Handschwingen bilden am Flügelende einen scharf abgesetzten, dunklen Keil. Hinterkante des Flügels nicht dunkel (vgl. Kornweihen-♂). ♀ dem Wiesenweihen-♀ sehr ähnlich, aber durch das Armflügelmuster unterschieden. Oberseits sind die Armschwingen kaum gebändert. Auf der Unterseite sind sie und die

Großen Decken dunkel vom hellen Handflügel abgesetzt (s. neben Tafel 25). Jungvögel nicht so kräftig rostfarben wie die der Wiesenweihen und unterseits nicht gestreift. Um den Halsansatz ein weißlicher, ringartiger Kragen und daran anschließend ein breites, dunkles, vorne nicht geschlossenes „Halstuch". Flügelzeichnung wie bei den ♀. Flugbild, abgesehen von den etwas breiteren Flügeln, den kürzeren Handflügeln und dem schnelleren, „steifen" Flügelschlag, wie das der Wiesenweihe.
Stimme: Zumeist stumm. Am Brutplatz erregt „kiek", bei der Abwehr hell „gigigig-kirrr".
Vorkommen: Trockene offene Landschaften wie Steppen, offenes Hügelland mit spärlichem Baumbewuchs, Heiden und Wiesen.

Wiesenweihe *Circus pygargus* **Tafel 24, 25, Karte 79, BZ**

Kennzeichen: 39-50 cm. Die kleinste und eleganteste Weihe Europas. Gefieder des ♂ dunkler grau als das von Korn- und Steppenweihe mit blaß rostfarbenen Streifen auf Bauch und Schenkeln, verwaschen weißem Bürzelfleck und dunklen Binden auf dem Armflügel, oben eine, unten zwei. ♀ sehr ähnlich dem der Kornweihe, aber mit kleinerem, mehr V-förmigem Bürzelfleck. Auf der Flügeloberseite oft eine dunkle Binde und auf der -unterseite ein breites, helles Band über die Armschwingen sowie recht helle, nicht dunkel abgesetzte Unterflügeldecken (s. neben Tafel 25). Jungvögel denen der Steppenweihe sehr ähnlich, unterseits aber kräftiger rostfarben und ohne auffällige Halszeichnung (Kragenring und „Halstuch"). Die zugespitzt wirkenden, „4-fingrigen", relativ schmalen Flügel und der gaukelnde Flug ergeben einen seeschwalbenähnlichen Eindruck.
Stimme: Balzruf der ♂ hell keckernd „kjek-kjek-kjek", Bettelruf des ♀ pfeifend „psiii", Warnruf gellend, hart „tjeck-keck-keck...".
Vorkommen: Sümpfe, Moore, feuchtes Grasland, seltener auch trockenere Heiden und Getreidefelder. Nistet am Boden im dichten, nicht allzu hohen Bewuchs.

Habicht *Accipiter gentilis* **Tafel 26, 31, Karte 80, BJ**

Kennzeichen: ♀ 49-56 cm, ♂ 58-64 cm. Der größte „rundflügelige" Greif Europas. ♀ wesentlich größer als ♂. Kräftiger und kompakter als der Mäusebussard mit längerem Schwanz, aber kürzeren Flügeln. ♂ und die größten Sperber-♀ kommen sich in der Größe nahe. Der Kopf der Habichts-♂ ist jedoch relativ kleiner, die Brust ist höher, der Steiß buschiger, der Armflügel breiter, die Handschwingen vergleichsweise kürzer, mehr zugespitzt und der Schwanz kürzer. Das Gefieder beider Geschlechter gleicht dem des Sperber-♀, wenn auch die Oberseite grauer, die Unterseite dichter gebändert und der Steiß ausgeprägt weiß ist. Aus der Nähe fallen der weißliche Überaugenstreif und die dunklen Wangen auf. Jungvögel auf der Oberseite braun mit hellen Federsäumen und auf der Unterseite hell bräunlichgelb mit Längsreihen brauner Tropfenflecken. Läufe und Füße kräftig. Die Altvögel der nordrussischen Unterart, *A. g. buteoides*, sind oberseits heller bläulichgrau und unterseits nahezu weiß. Die Jungvögel sind insgesamt heller mit ausgeprägt hell gezeichneten Oberflügeln. Flugweise wuchtiger als die des Sperbers. Fliegt ausgesprochen geschickt und zumeist recht niedrig zwischen den Bäumen. Tauben und andere Beute werden im niedrigen Jagdflug angeflogen wobei jegliche Deckung ausgenutzt wird. Kreist segelnd weniger ausgiebig, stabil und hoch als der Sperber, manchmal aber auch in beachtlichen Höhen. Ecken des gefächerten Schwanzes abgerundet, beim Sperber eckig. Für die Unterscheidung vom Sperber ist auch ein Größenvergleich nützlich. Die auf den Habicht hassenden Krähen sind allgemein kleiner als Habichts-♂ und größer als Sperber-♀.
Stimme: Warnruf am Brutplatz durchdringend, gereiht „gik-gik-gik...", Lockruf bussardartig, aber weicher „piii-jä".
Vorkommen: Locker bewaldete Landschaften, Waldränder, Gelände mit Baumgruppen und Gehölzen. Baut im Wald große Baumnester oder übernimmt Nester anderer Vögel.

Sperber *Accipiter nisus* **Tafel 26, 31, Karte 81, BJZW**

Kennzeichen: ♂ 29-34 cm, ♀ 35-41 cm. ♀ weit größer als ♂, das noch kleiner als ein Turmfalke ist. Flügel recht kurz, breit und abgerundet, Körper schlank, Schwanz lang und am Ansatz verjüngt, Lauf und Zehen lang und dünn, Unterseite stets gebändert. ♂ oben schiefergrau mit rostfarbenen Wangen und eng rostbraun gebänderter Unterseite. Im schnellen Verfolgungsflug kann es an das Merlin-♂ erinnern. ♀ oberseits bräunlichgrau mit weißlichem Überaugenstreif und feiner, graubrauner Bänderung auf der Unterseite. Sehr große ♀ können mit Habichts-♂ verwechselt werden (s. dort). Jungvögel brauner als ♀, mit einer mehr unregelmäßig gebänderten Unterseite, aber nie wie junge Habichte längsgestreift. Flugbild nicht immer eindeutig. Wenn die Flügelform nicht erkennbar ist, sind Verwechslungen mit kleinen Falken möglich. Im Flug wechseln Serien schneller Flügelschläge mit längeren Gleitstrecken. Fliegt oft niedrig entlang von Hecken und Waldrändern oder zwischen dichterem Bewuchs. Segelt in recht engen Kreisen. Vgl. auch Kurzfangsperber.
Stimme: Am Brutplatz anhaltend, gereiht „gig-gig-gig...", ♂ beim Balzflug weicher, gezogen „gjü-gjü...".
Vorkommen: Reich gegliedertes Gelände mit Wechsel von offenen Flächen, Hecken und Gehölzen, auch Parks und Gärten. Nistet gern in Fichtenstangenholz und anderen Nadelbäumen. In Mischwäldern Nester auch in hohen Büschen und Dickichten.

Kurzfangsperber *Accipiter brevipes* **Tafel 26, Karte 82**

Kennzeichen: 30-37 cm. Größenunterschiede zwischen den Geschlechtern nicht so groß wie beim Sperber. Die längeren, spitzeren Flügel und der etwas kürzere Schwanz ergeben ein mehr falkenähnliches Aussehen. Altvögel mit rotbraunen, nicht, wie beim Sperber, gelben Augen, der Blick wirkt dadurch weniger stechend, und viel helleren, fast weißen Unterflügeln mit scharf abgesetzt schwärzlichen „Fingerspitzen". ♂ größer als Sperber-♂. Oberseite einschließlich Wangen deutlich heller und blauer, Unterseite schwächer gebändert, so daß manchmal der Eindruck einer gleichmäßigen, schwach rostgelblichen Färbung entsteht. ♀ oberseits grauer als Sperber-♀, mit braunen Kehlflecken. Jungvögel erinnern durch Reihen großer, tropfenförmiger Flecke auf der sehr hellen Unterseite an junge Habichte. Zehen kürzer als die der Sperber. Unternimmt weite Wanderungen. Dabei können sich in Aufwindzonen bis zu einige Hundert Vögel segelnd sammeln.
Stimme: Ruft „kiwick-wick-wick" ähnliche wie ein Waldkauz und von den Rufen des Sperbers deutlich verschieden.
Vorkommen: Bevorzugt trockenere und offenere Landschaften als der Sperber. Greift vorwiegend Eidechsen, kleine Nager, Heuschrecken u. a. große Insekten, aber nur selten Vögel.

Mäusebussard *Buteo buteo* **Tafel 26, 27, Karte 83, BJZW**

Kennzeichen: 46-58 cm. Der häufigste und am weitesten verbreitete Greif Europas. Groß mit klobigem Kopf, kurzem Hals, breiten Flügeln und gerundetem „Fächerschwanz". Gefieder sehr variabel von dunkel schwarzbraun bis fast weiß, was leicht zu Verwechslungen mit anderen Bussarden oder kleinen Adlern führen kann. Häufigste Färbung dunkelbraun mit einem aufgehellten Band über der unteren Brust, dunklen Binden auf den Flügeldecken und Schwingen und eng gebändertem Schwanz. Sitzt häufig anwartend auf Zaunpfählen oder Bäumen. Abflug von der Warte mit recht schnellen, steifen und flachen Flügelschlägen, die in ein Gleiten mit waagerecht gehaltenen Flügeln übergehen. Beim andauernden Segeln werden die Flügel leicht angehoben. Rüttelt gelegentlich und „steht" oft im Gegenwind. Stößt vom Ansitz oder aus geringer Höhe auf Mäuse und andere kleine Tiere, nimmt auch gern Aas. Gesellig, oft in kleineren. lockeren Trupps. Auf dem Zug auch größere Ansammlungen.
Ähnliche Arten: Die östliche Unterart, *B. b. vulpinus*, ist insgesamt mehr rostbraun, besonders am Schwanz. Verwechslungen mit dem Adlerbussard daher möglich. V. a. die sehr hellen, teilweise von unten nahezu weiß erscheinenden Mäusebussarde

bereiten Schwierigkeiten. Stets haben sie auf der Flügelunterseite vor dem Bug einen dunklen Fleck. Vgl. auch Zwerg-, Schlangen- und Fischadler sowie Rauhfußbussard.
Stimme: Häufigster Ruf miauend, nasal, mehr oder weniger gezogen „hiijäh“. Bei Beunruhigung dumpf, rauh „wok“ oder „wäk“.
Vorkommen: Wechsel von offenem Gelände mit Baumgruppen, Gehölzen, Wäldern, wie das für die Acker- und Weidelandschaften Europas von den Küsten bis in die Gebirge typisch ist. Brütet in Baumnestern, in Felsnischen und gelegentlich auch auf dem Boden.

Adlerbussard *Buteo rufinus* **Tafel 26, 27, A**

Kennzeichen: 50-61 cm. Größter Bussard Europas. Gefiederfärbung variabel, Überschneidungen v. a. mit der östlichen Unterart des Mäusebussards. Die am häufigsten vorkommende, rostfarbene Form hat folgende markante Merkmale: Kopf und Brust hell sandfarben, Bauch ungebändert rostbraun, Unterflügeldecken rostorange mit schwarzem Fleck am Flügelbug, Schwingen gräulichweiß, nur schwach gebändert mit dunklen Spitzen, Schwanz ungebändert, weißlichrostfarben. Daneben treten u. a. auch sehr dunkle, melanistische Individuen auf. Jungvögel im Feld von Mäusebussarden nur schwer zu unterscheiden. Flugbild und -weise erinnern an einen kleinen Adler. Beim Gleiten sind die Flügel leicht angehoben und gewinkelt, so daß der Bug hervorsteht.
Stimme: Wie Mäusebussard, aber weniger gezogen und klagend.
Vorkommen: Brutvogel in Griechenland und lokal auch in Bulgarien. Umherstreifend vereinzelt in S-, C-, N- und W-Europa. Trockene, offene Ebenen und Steppen, lokal im Gebirge. Nistet an Felsen, auf einzeln stehenden Bäumen, gelegentlich auch auf dem Boden.

Rauhfußbussard *Buteo lagopus* **Tafel 26, 27, Karte 84, W**

Kennzeichen: 49-59 cm. In der Größe zwischen Mäuse- und Adlerbussard, hat aber durch die ziemlich langen, schmalen Flügel und den längeren Schwanz andere Proportionen. Erinnert daher manchmal an einen kleinen Adler oder, aus anderem Blickwinkel, an eine Weihe. Läufe, im Unterschied zu den meisten anderen Bussarden, befiedert und Gefieder weniger variabel. Kennzeichnend ist die Kombination von hellem Kopf mit dunkler Brust, dunklen Flanken bzw. Schenkeln, ausgedehnt schwärzlichem Fleck am Bug des sonst bis auf die schwarzen Schwingenspitzen weißlichen Unterflügels und hellem Schwanz mit breiter, dunkler Endbinde. Bei den Jungvögeln sind die nur wenig gezeichneten, weißlichen Partien bräunlichgelb getönt und der Bauch durchgehend dunkel. Altvögel mit recht heller Unterseite und teilweise gebändertem Schwanz schwer von ähnlich gefärbten Mäusebussarden zu unterscheiden. Flügelschläge langsamer, weniger steif als beim Mäusebussard. Rüttelt häufiger und geschickter. Beim geradeaus gerichteten Gleiten werden die Armflügel schräg angehoben und die Handflügel in die Waagerechte abgeknickt. Fliegt auf der Jagd oft in niedrigem Gleitflug, was eine gewisse Ähnlichkeit mit Weihen ergibt.
Stimme: Im Winter schweigsam. Im Brutgebiet miauend-pfeifend „hiijü“, weniger gezogen klagend als der Mäusebussard.
Vorkommen: Offene Tundra vom Gebirge bis an die Küsten. Nistet auf Felsen, Bäumen, auch auf dem Boden. Im Winter bevorzugt in der freien Feldmark.

Schreiadler *Aquila pomarina* **Tafel 28, Karte 85, BZ**

Kennzeichen: 55-65 cm. Kleinster „echter Adler“ (*Aquila*) Europas. Schmächtiger, mit schmäleren Flügeln als der Schelladler, wodurch Kopf und Schwanz stärker zur Geltung kommen. Gesicht ziemlich flach, so daß die Augen nach vorne schauen. „Hosen“ nicht aufgebauscht, liegen den Unterschenkeln an. Altvögel allgemein sandfarben- bis dunkelbraun. Die helleren, fahlbraunen Flügeldecken der Ober- und Unterseite kontrastieren mit den schwärzlichen Schwingen. Oberseits an der Basis der inneren Handschwingen und am Schwanzansatz aufgehellt. Jungvögel etwas dunkler mit schmalem, hellem Saum an den dunklen Unterflügeldecken und heller Endbinde

am Schwanz. Oft im Nacken ein blaß rostfarbener Fleck. Die weißliche Fleckung beschränkt sich auf die Spitzen der Armschwingen und der Großen Oberflügeldecken. Flugweise umfaßt recht schnelle Flügelschläge, Segeln auf gerade gehaltenen oder im Handflügel leicht abgeknickten Flügeln und Gleiten mit schwach gebogenen Flügeln, deren Handflügel leicht abwärts „hängen".
Stimme: Im Brutgebiet ruffreudig kläffend „kjiip". ♂ beim Balzflug pfeifend „wiiik".
Vorkommen: Ausgedehnte Waldlandschaften mit Feuchtgebieten und angrenzenden offenen Flächen. Nahrung Kleinsäuger, Amphibien und seltener Vögel. Brütet auf Bäumen.

Schelladler *Aquila clanga* **Tafel 28, 29, Karte 86, A**

Kennzeichen: 59-69 cm. Insgesamt etwas größer als der Schreiadler. Das Flugbild wird durch die recht breiten, „eckigen", tief gefingerten Flügel und einen kurz wirkenden Schwanz gekennzeichnet. Aktiver Flug mit bussardähnlich schnellen, flachen Flügelschlägen. Der Handflügel hängt beim Gleiten und Segeln leicht abwärts. Unterflügeldecken, im Unterschied zum Schreiadler, gewöhnlich dunkler als die Schwingen. Hosen am Unterschenkel weit und struppig. Altvögel in der Mehrzahl dunkelbraun mit hellem Fleck am Grunde der Handschwingen und auf den Oberschwanzdecken (vgl. Schreiadler). Jungvögel im typischen Fall schwarzbraun mit Reihen großer, weißer Tropfenflecken auf allen Flügeldecken. Oft auf den Oberschwanzdecken ein V-förmiger, weißer Fleck. Helle Farbvarianten, (vorwiegend im Osten) mit hell sandfarbenem Kopf, Körper und Flügeldecken können mit dem Steppen- und dem jungen Kaiseradler verwechselt werden (s. dort). Beim Sitzen erinnert die gedrungene Gestalt ein wenig an den weit größeren Seeadler. Das Verhalten ist allgemein schwerfällig.
Stimme: Nur während der Brutzeit ruffreudig. Ruft wiederholt bellend „kjak", tiefer und rauher als der Schreiadler.
Vorkommen: Feuchte Wälder und Auen oft an größeren Gewässern. Brütet in Wäldern auf Bäumen.

Steppenadler *Aquila nipalensis* **Tafel 28, A**

Kennzeichen: 62-74 cm. In der Größe zwischen dem Schell- und dem Steinadler. Am ähnlichsten dem Kaiseradler. Flügel tief gefingert und oft, vorwiegend bei den Jungen, am Hinterrand durch die verkürzten inneren Handschwingen S-förmig geschwungen. Das mittel- bis dunkelbraune Gefieder durch Mauserzustand und Abnutzungsgrad recht variabel. Druchgängiges Merkmal die dichte dunkle Bänderung auf den Schwingen. Die schwarzen Schwingenspitzen bilden einen dunklen Flügelhinterrand. Schwanz undeutlicher gebändert, aber oft auch mit schmaler, dunkler Hinterkante. Altvögel zumeist mit goldbraunem Nackenfleck. Aus der Nähe fällt der bis hinter das Auge ziehende, gelbe Schnabelwinkel auf (beim Savannenadler nur bis zum Auge). Jungvögel erinnern an den größeren Kaiser- und den kleineren Schreiadler. Das im Flug gut sichtbare, breite, fast weiße Band entlang der Großen Unterflügeldecken ist aber ein markantes Unterscheidungsmerkmal. Im Verhalten weniger majestätisch als die Verwandten. Segelt mit gestreckten waagerecht gehaltenen oder im Handgelenk leicht abgeknickten Flügeln. Beim Gleiten sind die Flügel deutlich gebogen. Jagt oft am Boden nach Kleinsäugern und Insekten. Bevorzugt Aas oder betätigt sich als Nahrungsschmarotzer. Vgl. auch Savannenadler *Aquila rapax*. (Irrgäste).
Stimme: Zur Brutzeit ein tiefes, bellendes „kau kau...".
Vorkommen: Trockenes Gelände, Steppen und Savannen von der Ebene bis zum Fuß der Gebirge. Nest am Boden auf Erhebungen im Gelände. In Europa ein sehr seltener Irrgast aus Asien.

Kaiseradler *Aquila heliaca* **Tafel 28, Karte 87, A**

Kennzeichen: 70-83 cm. Nur wenig kleiner als der Steinadler und diesem am ähnlichsten. Im Flug Schwanz relativ kurz und Flügel breit mit zumeist weitgehend gerader Hinterkante. Altvögel dunkel braunschwarz mit hell goldgelbem Nacken und

Hinterkopf. Auf den Schultern ein weißer Fleck, der sich bei der spanischen Unterart, *A. h. adalberti*, auf dem Vorderrand des Armflügels fortsetzt. Schwanz mit hellgrauer eng gebänderter Basis und dunkler Endbinde. Die schwarzen Unterflügeldecken kontrastieren mit den graugebänderten Schwingen. Jungvögel, bis auf Schwingen und Schwanz, hell sandfarben braun. Auf den Flügeldecken, dem Mantel und der Brust grob dunkelbraun gestrichelt. Armschwingen und Oberflügeldecken dunkel mit weißen Spitzen, die eine helle Hinterkante und ein Band auf dem Flügel bilden. Die inneren Federn des Handflügels hell abgesetzt. Im JK dem Schreiadler, der hellen Farbvariante des Schelladlers und dem jungen Steppenadler ähnlich. Die Größe, die kräftige Zeichnung des Unterkörpers und das Fehlen eines hellen Bandes auf dem Unterflügel sind die besten Unterscheidungsmerkmale. Mit zunehmendem Alter weniger einheitlich hell, mehr dunkel gescheckt. Segelt gewöhnlich mit waagerecht gehaltenen Flügeln und gleitet oft mit leicht angehobenem Arm und gerader Hand. Flügelschlag tief ausholend schwerfällig aber wuchtig.
Stimme: Ruffreudiger als andere Adler. Rufe zumeist gereiht tief bellend „auk auk ..".
Vorkommen: Steppenartig offene oder locker bewaldete flache bis bergige Landschaften, aber nicht im Hochgebirge. Nest auf einzeln stehendem, großem Baum.

Steinadler *Aquila chrysaetos* **Tafel 28, 29, Karte 88, BJ**
Kennzeichen: 80-93 cm. Sehr großer, majestätischer Adler mit langen Flügeln und vergleichsweise langem Schwanz. Hinterkante der Flügel im Flug mehr oder weniger deutlich S-förmig geschwungen. Altvögel dunkelbraun mit gelblichem bis rötlichbraunem Nacken. Große Oberflügeldecken gewöhnlich aufgehellt. Schwingen und Schwanzfedern grau mit dunkler Bänderung. Schwanz mit breiter, nicht scharf abgesetzter dunkler Endbinde. Jungvögel insgesamt gleichmäßiger dunkelbraun mit Nackenfleck, aber ohne Aufhellung auf den Oberflügeldecken. Die weißen Basen der Handschwingen und äußeren Armschwingen bilden auf dem Unterflügel einen markanten weißen Fleck. Schwanz mit breiter weißer Basis und scharf abgesetzter, schwarzer Endbinde. Mit zunehmendem Alter auf Unterflügel und Schwanz immer dunkler. Segelt und gleitet im Unterschied zu den anderen Adlern mit flach V-förmig angehobenen Flügeln. Flügelschlag tief ausholend langsam. Jagt gleitend und segelnd im langsamen Suchflug und stößt, oft aus großer Höhe, im Sturzflug auf die Beute. Nahrung überwiegend Säugetiere bis Fuchsgröße auch Fallwild und Aas.
Stimme: Ruft selten. Ruf bussardähnlich, rauh, gedehnt „hijäh".
Vorkommen: Gebirge sowie im N und E des Brutgebietes auch bewaldetes Bergland und Wälder mit größeren Lichtungen in den Ebenen. Nest in einer Felsnische oder auf einem großen Baum.

Zwergadler *Hieraaetus pennatus* **Tafel 27, Karte 89, A**
Kennzeichen: 42-51 cm. Kleinster Adler Europas von der Größe eines Bussards. Flügel im Vergleich länger, weniger verjüngt und mit sechs gut sichtbaren „Fingern" (Bussard 5). Schwanz relativ lang fast gerade abgeschnitten mit scharfen Ecken. Flug mehr adlerartig mit längeren Gleitstrecken auf leicht vorgestellten Flügeln und reißendem Sturzflug. Steht leicht und elegant im Gegenwind, aber rüttelt nicht. Zwei Farbvarianten mit Variationen. Oberseite allgemein dunkler, graubraun bis braun mit hellem Band auf den Armflügeldecken und jeweils weißem Fleck („Positionslichtern") am Flügelansatz. Die häufigere helle Farbvariante auf der Unterseite weitgehend gräulichweiß mit schwarzen Punkten auf den Unterflügeldecken und dunkler Zeichnung an Kopfseiten und Hals. Die Schwarzen Schwingen kontrastreich abgesetzt. Die inneren, nicht gefingerten Handschwingen zumeist aufgehellt. Der Schwanz grau, an den Seiten heller. Dunkle Farbvariante unterseits dunkel- bis rotbraun. Schwingen heller und deutlicher gebändert, sonst aber, inklusive Schwanz, wie die helle Farbvariante.
Ähnliche Arten: Dunkle Greife wie Rohrweihe, Schwarzmilan und Mäusebussard.
Stimme: Während der Brutzeit recht stimmfreudig. Rufe gedehnt gellend „kjii kjii..." oder gereiht kurz „gjü gjü...".

Vorkommen: Wälder mit Lichtungen und angrenzendem offenem Gelände im Hügel- und Bergland. Nester auf Bäumen oder seltener in Felsnischen.

Habichtsadler *Hieraaetus fasciatus* **Tafel 27, Karte 90, A**

Kennzeichen: 55-65 cm. Adlergroß, aber mit mehr habichts- oder bussardähnlicher Gestalt und Haltung. Kopf wirkt im Flug recht klein. Flügel lang, breit und nur kurz „gefingert". Schwanz lang und wenig gerundet. Altvögel oberseits dunkelbraun mit einem markanten weißlichen Fleck auf dem Mantel. Auf der Unterseite kontrastieren der weißliche Körper und die weißlichen Kleinen Unterflügeldecken mit einem schwarzen Band über die Großen Unterflügeldecken, den grauen, an den Spitzen schwarzen Schwingen und dem grauen Schwanz mit schwarzer Endbinde. Die Jungvögel sind von den Alten deutlich verschieden. Auf der Unterseite sind Körper und Flügeldecken hell rostbraun. Die Schwingen sind hellgrau und dicht gebändert, nur an den Spitzen der Handschwingen schwarz. Der Schwanz ist ebenfalls grau ohne deutliche Endbinde. Die schwarzen Handdeckenspitzen deuten auf dem Unterflügel ein dunkles Band zunächst nur an. Mit zunehmendem Alter wird dieses Band immer ausgeprägter. Beim Gleiten wird der Flügelbug vorgestreckt, der Flügel ist dann vorne geknickt, hinten aber gerade. Das Flugbild erinnert an das des Wespenbussards die Flugweise mit schnellen, flachen Flügelschlägen und eingeschalteten Gleitphasen aber mehr an einen großen Falken. Ausgiebiges Segeln ist nur selten zu beobachten. Jagt im rasanten Flug Vögel und kleinere Säugetiere.

Stimme: Nur im Brutgebiet stimmfreudiger. Beim Balzflug schrill, gezogen „jiieh". Läßt auch an den Habicht erinnernde Rufreihen „kjii kjii kikiki.." hören.

Vorkommen: Felsiges Bergland mit steppenartigen oder locker bewaldeten Regionen. Nest in steilen Felswänden, nur selten auf einem Baum.

Fischadler: Pandionidae

Fischadler *Pandion haliaetus* **Tafel 29, Karte 91, BZ**

Kennzeichen: 52-60 cm. Gut bussardgroßer Greifvogel, der sich vorwiegend am Wasser aufhält und hier stoßtauchend Fische fängt. Flugbild unverkennbar. Die Flügel sind schlank mit langer, nur „4-fingriger" Hand. Der Schwanz ist kurz und gerade abgeschnitten. Färbung und Flugweise erinnern an eine große Möwe. Abgesehen von hellen Bussarden hat kein anderer Greifvogel der Region eine dunkelbraune Oberseite, die scharf mit der leuchtend weißen Unterseite kontrastiert. Aus der Nähe sind ein dunkler Streif vom Auge über die Kopfseiten, ein graubraunes Brustband, beim ♀ ausgeprägter als beim ♂, und eine etwas struppige Haube erkennbar. Die Flügel sind oben ganz dunkel. Auf der Unterseite sind die dunklen, gebänderten Schwingen von den weißen Flügeldecken abgesetzt. Am Flügelbug ein dunkler Fleck. Jungvögel unterscheiden sich von den Alten vorwiegend durch die hellen Federränder der Oberseite, die ihnen ein schuppiges Aussehen geben. Im Gleitflug wird der Flügelbug vorgeschoben und die Hand abgewinkelt. Rüttelt oft spähend auf der Stelle und stößt dann mit vorgestreckten Zehen ins Wasser. Sitzt gern in Gewässernähe auf einem toten Baum, Mast oder Felsen.

Stimme: ♂ beim Balzflug gedehnt klagend „djüiip djüiip..." Warnruf gereiht „kiu kiu...".

Vorkommen: Stets in der Nähe größerer Gewässer, an Seen, großen Flüssen und Küsten. Nistet auf Felsklippen, Bäumen, Masten, Gemäuern und gelegentlich auch am Boden. In einigen Gegenden bilden sich lockere Brutgemeinschaften.

Falken: Falconidae

Eine artenreiche Familie kleiner bis mittelgroßer Greifvögel, die wegen der zahlreichen Besonderheiten auch als eigene Ordnung angesehen werden. Die Flügel laufen spitz zu. Der Schwanz ist lang und schmal. Der Oberschnabel hat vor der Spitze an der Schneide einen zahnartigen Höcker, den sogenannten „Falkenzahn". Die Beute wird zumeist in der Luft gegriffen und mit einem Biß getötet. Sie bauen keine Nester, sondern übernehmen alte Nester anderer Vögel oder legen die Eier ohne Unterlage auf Felsen oder Boden.

Rötelfalke *Falco naumanni* **Tafel 30, 31, Karte 92, A**

Kennzeichen: 27-33 cm. Ein kleiner eleganter, schlanker „Turmfalke". Fliegt mit schnellem Flügelschlag. Gewöhnlich sind die mittleren Schwanzfedern etwas verlängert, der Schwanz endet dadurch keilförmig. Alte ♂ bunter als Turmfalken. Der Kopf ist rein graublau ohne dunklen Bartstreif. Die Oberseite ist leuchtend rostbraun ohne Fleckung. Auf der Flügeloberseite zwischen dem rotbraunen Vorderflügel und den schwarzen Schwingen ein graublaues Feld. Die nur schwach gefleckte Brust ist rostgelb getönt. ♀ und Jungvögel von Turmfalken nur schwer zu unterscheiden. Hier helfen die Flug- und die gesellige, lebhafte Lebensweise. In der Hand an den hellen, nicht wie beim Turmfalken dunklen Krallen zu erkennen. Gleitet häufig, aber rüttelt nur selten. Allgemein lebhafter und stimmfreudiger als der Turmfalke. Fängt, in der Luft und auch am Boden, vorwiegend größere Insekten.
Stimme: Kennzeichnender Kontaktruf hoch, heiser „tschech-tschech-", auch turmfalkenähnlich „kik-kik-kik-". In den Kolonien geht es recht geräuschvoll zu.
Vorkommen: Offenes Gelände in Ebenen, weiten Tälern und niedrigem Hügelland. Brütet gesellig in Nischen und Höhlungen an Gebäuden, Ruinen und Felsen, oft mit Tauben und Sperlingen vergesellschaftet.

Turmfalke *Falco tinnunculus* **Tafel 30, 31, Karte 93, BJZW**

Kennzeichen: 31-37 cm. Der häufigste Falke Europas mit dem größten Verbreitungsgebiet. Alte ♂ haben einen aschgrauen Kopf mit dunklem Bartstreif, eine rotbraune, schwarz gepunktete Ober- und eine hell beigebraune kräftig dunkel gefleckte Unterseite. Die ♀ und Jungen sind auch am Kopf braun und haben auf der rostbraunen Oberseite eine dunkle Querbänderung. Der Schwanz ist, anders als bei den ♂, nicht einheitlich grau mit dunkler Endbinde, sondern immer gebändert. Die Jungvögel sind allgemein mehr gelblich rotbraun und auf der Brust gröber gestrichelt. Im Unterschied zum Rötelfalken haben Turmfalken dunkle Krallen. Kennzeichnend ist der Rüttelflug mit schnell und flach schwingenden Flügeln und weit gefächertem, hängendem Schwanz. Oft so an Straßenrändern und -böschungen zu sehen. Flugbild typisch mit langen, vergleichsweise stumpf abgerundet endenden Flügeln und langem, schmalem Schwanz. Aktiver Flug mit stetigem, „lockerem" Flügelschlag und gelegentlichem Gleiten. Fängt zur Hauptsache Mäuse und große Insekten, die aus dem anwartenden Rüttelflug heraus am Boden gegriffen werden. Die meisten anderen kleinen Falken unserer Region jagen fliegende Vögel.
Stimme: Eine Serie schnell wiederholter, kurzer, scharfer Rufe „ki ki ki...". Bettelrufe von Jungen und ♀ vibrierend „wrhiii...".
Vorkommen: Lebt von der Ebene bis in die Gebirge in der offeneren Kulturlandschaft, auch auf Mooren und Heiden sowie in Dörfern und Städten. Er brütet bevorzugt in alten Krähen- und Elsternnestern und ebenso auch in Nischen und auf Simsen an hohen Gebäuden und Felsen.

Rotfußfalke *Falco vespertinus* **Tafel 30, 31, Karte 94, G**

Kennzeichen: 28-34 cm. Ein kleiner Falke, der im Flug an den Baumfalken und, wenn der lange Schwanz zu sehen ist, auch an den Turmfalken erinnert. Alte ♂ unverkennbar. Körper und Flügeldecken düster blaugrau, Unterschwanzdecken rostrot und

Schwingen silbergrau schimmernd. Das alte ♀ ist ebenfalls markant gefärbt. Oberkopf und Unterseite rostgelb, das weißliche Gesicht mit dunklem Bartstreif, die Oberseite schiefergrau mit schuppiger Zeichnung, Unterflügel und Schwanz dunkel gebändert. Schnabelbasis und Beine, wie auch beim ♂, rot. Die Jungvögel sind schwerer zu erkennen. Die gesamte Gefiederfärbung erinnert stark an die des jungen Baumfalken. Insgesamt sind die Rotfußfalken aber heller. Der Scheitel braun, das Gesicht fast weiß, die kräftig dunkel gestreifte Unterseite hell beige und die Unterschwanzdecken weiß. Im Flug zeigt sich am Hinterrand des Unterflügels ein dunkler Rand. Flugweise ähnlich locker wie die des Turmfalken, beim Jagdflug aber mit schnellem, steifem Flügelschlag und Gleiten auf angewinkelten Flügeln, mehr wie die des Baumfalken. Rüttelt häufig, wobei der Körper recht waagerecht gehalten wird, und verfolgt die Beute auch am Boden. Die Nahrung besteht vorwiegend aus Insekten, die gewöhnlich im Flug gegriffen und oft auch schon verspeist werden.
Stimme: Am Brutplatz ruffreudig. Ruf dann in schneller Folge „kikikiki..." vom ♂ höher, keifender als vom ♀. Flugruf des ♂, ähnlich wie beim Baumfalken, wimmernd „giu giu...".
Vorkommen: Offenes Kulturland, Steppen, Feuchtgebiete mit kleineren Gehölzen. Bildet während der Brutzeit kleine Kolonien. Brütet in alten Baumnestern von Saatkrähen, Elstern und anderen Vögeln.

Merlin *Falco columbarius* — **Tafel 30, 31, Karte 95, ZW**

Kennzeichen: 26-33 cm. Deutlicher Größenunterschied der Geschlechter. Das ♂ ist der kleinste Falke der Region. Das ♀ ist etwa so groß wie ein Turmfalken-♂. Das ♂ auf der Oberseite graublau, auf der Unterseite hell rostgelb mit feiner dunkler Strichelung, Schwanz mit breiter, schwarzer Endbinde. ♀ oberseits braungrau und auf der gelblichweißen Brust kräftig dunkel gestreift, Schwanz ist dicht gebändert, die Endbinde kaum breiter als die übrigen. Jungvögel gleichen weitgehend dem ♀ und sind von diesem im Freiland kaum zu unterscheiden. Ihre Handdecken sind hell rötlich gebändert und die Oberseite gewöhnlich brauner. Im Flugbild ein typischer Falke mit am Ansatz breiten, spitz auslaufenden Flügeln und langem, geradem Schwanz. Fliegt mit rasantem Flügelschlag oft dicht über dem Boden. Der flach wellenförmige Flug mit dem Wechsel von Schlagphasen und kurzen Pausen wirkt drosselähnlich. Jagt im pfeilschnellen Verfolgungsflug vorwiegend kleine Vögel und folgt auf dem Zug oft Singvogelschwärmen.
Ähnliche Arten: Eine Verwechslung des ♂ mit dem Sperber-♂ ist durchaus möglich. Die Flügel des Sperbers sind aber wesentlich kürzer und runder. Das ♀ unterscheidet sich vom Turmfalken-♀ wesentlich durch die Schwanzzeichnung (keine breite Endbinde) und die dunklere, kräftiger gestreifte Unterseite.
Stimme: Warnruf eine schnelle Serie ansteigender, scharfer Laute „ki ki kikiki...", beim ♀ rauher als beim ♂. Bettelruf, ähnlich dem des Baumfalken, gezogen „püh-eeh".
Vorkommen: Tundra sowie Moore und weite Lichtungen der Taiga von der Küste bis in das Gebirge. Auf dem Durchzug vorwiegend in der Küstenregion aber auch im Binnenland. Brütet auf Bäumen und Büschen in alten Nestern von Krähen usw., in baumlosen Zonen auch am Boden.

Baumfalke *Falco subbuteo* — **Tafel 30, 31, Karte 96, BZ**

Kennzeichen: 29-35 cm. Der eleganteste und rasanteste Flieger unter den kleineren Falken. Geschlechter gleich. Altvögel auf der Oberseite schiefergrau und unterseits auf hellbeigem Grund kräftig dunkel gestreift. Der dunkle Körper kontrastiert mit dem Weiß von Kehle und Kopfseiten. Der kräftige Bartstreif geht in die dunkle Kappe über. Aus der Nähe fallen die rostroten Hosen und Unterschwanzdecken auf. Jungvögel insgesamt bräunlicher, oberseits schuppiger gezeichnet und ohne rote Hosen (vgl. jungen Rotfußfalken und Eleonorenfalken). Das Flugbild mit den Spitzen „Sichelflügeln" und dem relativ kurzen, schmalen, gerade abgeschnittenen Schwanz erinnert an einen Mauersegler. Streckenflug mit flachen, steifen Flügelschlägen und Gleitphasen, ähn-

lich wie beim Wanderfalken. Jagdflug mit schnellem, kraftvollem Flügelschlag, zumeist mit angewinkelten Flügeln. Bei den rasend schnellen Sturzflügen werden die Flügel halb geschlossen. Segelt gelegentlich mit steif, waagerecht gehaltenen Flügeln und gespreiztem Schwanz. Rüttelt nur sehr selten. Jagt im Flug große Insekten, z. B. Libellen, und kleine Vögel, bevorzugt Schwalben und auch Mauersegler. Die Beute wird oft schon im Flug verzehrt.
Stimme: Ruf keifend „kju kju kju..." ähnlich wie der Wendehals, aber härter und schärfer. Bettelruf gezogen „püh eeh" ähnlich Merlin.
Vorkommen: Offenes Kulturland mit Feldgehölzen, kleinen Wäldern und Gewässern, Moore und Lichtungen der Taiga sowie lichte Bergwälder. Brütet in alten Nestern von Rabenvögeln.

Eleonorenfalke *Falco eleonorae* — Tafel 30, 31

Kennzeichen: 36-42 cm. Annähernd so groß wie ein Wanderfalke, aber im Aussehen weit mehr wie ein sehr großer Baumfalke mit schlankem Körper, langen, schmalen, spitzen Flügeln und langem Schwanz. Altvögel in zwei Farbvarianten, eine helle (ca. 75%) und eine dunkle (ca. 25%). Die dunklen Altvögel sind insgesamt dunkel schwärzlichbraun, manchmal auf der Brust leicht gestreift. Sie könnten mit Rotfußfalken-♂ verwechselt werden, sind aber weit größer ohne Rot am Steiß und mit durchgehend dunklen Unterflügeldecken, die sich von den aufgehellten Basen der Schwingen klar abheben. Die hellen Altvögel erinnern an Baumfalken oder junge Wanderfalken, haben jedoch das gleiche markante Unterflügelmuster wie die dunklen. Die Grundfarbe der gestreiften Unterseite ist Rostbraun, die Färbung wird von der Brust zu den Unterschwanzdecken immer intensiver, der Steiß ist aber nicht farblich abgesetzt. Jungvögel in Färbung und Zeichnung den jungen Baumfalken sehr ähnlich. Die Größe und das Flugbild sind die besten Unterscheidungsmerkmale. Im Flug fällt die breite weißliche Bänderung der Schwingenunterseite auf, die mit den braunen Decken und den dunklen Schwingenspitzen ein kennzeichnendes Muster bilden. Patrouilliert auf der Suche nach Beute mit bemerkenswert lockerem, flachem Flügelschlag, der an eine Raubmöwe erinnert, und ausgiebigem Gleiten auf gerade gehaltenen Flügeln. Beim Jagdflug rasend schnell und wendig. Jagen v. a. kleinere Vögel. Die Brutzeit beginnt daher erst im Spätsommer, wenn der Kleinvogelzug einsetzt.
Stimme: Rufe am Brutplatz nasal, kratzend „kjähr kjähr...". Bei Störungen hart „kek kek.." oder „kekekeke...".
Vorkommen: Brutkolonien in Nischen und auf Simsen steiler Klippen am Mittelmeer, v. a. auf kleinen Inseln. Sommervogel auf den griechischen Inseln, an der dalmatinischen Küste, auf den Liparischen Inseln, kleinen Inseln bei Sizilien, auf Sardinien und den Balearen. Streift vor der Brutzeit auch fernab der Brutinseln an den Küsten und im küstennahen Binnenland umher.

Lannerfalke *Falco biarmicus* — Tafel 30, Karte 97

Kennzeichen: 43-50 cm. Ein im Vergleich mit den etwa gleich großen Würg- und Wanderfalken ausgesprochen schlanker Falke mit schmalen Flügeln und langem Schwanz. Wirkt im Flug weniger kompakt und dynamisch als der Wanderfalke. Unterseite, bis auf die dunklen Flügelspitzen, im Flug sehr hell. Altvögel der SE-europäischen Unterart, *F. p. feldeggi*, gleichen mehr dem Wander- als dem Würgfalken, sind aber insgesamt bräunlicher und heller. Die Oberseite ist braungrau und dunkel gebändert. Die gelblich weiße Unterseite trägt Längsreihen schwarzer Punkte, die an den Flanken und Hosen größer werdend in eine dunkle Querstreifung übergehen. Der Vorderflügel ist ausgesprochen hell. Die schwarzen Spitzen der großen Decken bilden ein schmales dunkleres Band. Oberkopf und Nacken rotbraun. Oft ist ein dunkles Stirnband ausgebildet. Der dunkle Augenstreif setzt sich in einem schmalen Bartstreif fort. Jungvögel dem alten und jungen Würgfalken sehr ähnlich. Die Oberseite aber deutlich dunkler und die Hosen hell, zumeist nur wenig gezeichnet. Im Flug sind junge Lanner- und Würgfalken am besten an dem Flugbild auseinanderzu-

halten. Von jungen Wanderfalken durch den deutlichen Kontrast zwischen den dunklen Unterflügeldecken und hellen Schwingenbasen zu unterscheiden. Flügelschlag im Ruderflug langsam und flach. Beim Jagdflug aber durchaus kraftvoll, tiefer ausholend und im Sturzflug ausgesprochen rasant. Jagt überwiegend in der Luft, schlägt aber auch Beute am Boden. Nahrung überwiegend kleine bis taubengroße Vögel, daneben aber auch Kleinsäuger und Reptilien. Lannerfalken werden häufiger als Beizvögel gehalten. Bei Beobachtungen ist daher auf das „Geschüh" zu achten.
Stimme: Meist schweigsam. In Horstnähe gedehnt, unrein lahnend „kwiäh", daneben auch gereihte kurze, kratzende Rufe „kri-kri-".
Vorkommen: Trockene, felsige Hügel- und Bergregionen. Jagt über Halbwüsten, Steppen und Kulturland. Brütet auf Simsen und in Nischen und Höhlungen von Felswänden.

Würgfalke *Falco cherrug* **Tafel 30, Karte 98, A**

Kennzeichen: 47-55 cm. Zweitgrößter Falke Europas. Das Verbreitungsgebiet überschneidet sich aber nicht mit dem der größten Art, dem Gerfalken. Dagegen ist eine Verwechslung mit jungen Lanner- und bräunlichen Wanderfalken durchaus möglich. Altvögel auf der Oberseite sepiabraun, bei gutem Licht mit einer rotbraunen Tönung. Ähnlich wie beim Turmfalken, ist auf der Oberseite der dunkle Vorderflügel von dem braunen Hinterflügel abgesetzt. Unterseite hell weißlich mit kräftiger, dunkelbrauner Streifung, die an den Flanken und Hosen besonders dicht ist. Auf der Flügelunterseite bilden die großen Decken ein breites, dunkles Band. Der Kopf wirkt zumeist sehr hell. Ein Bartstreif ist nur mehr oder weniger undeutlich ausgebildet. Jungvögel sind dunkler und unterseits noch intensiver gestreift. Sie haben im Unterschied zum Lannerfalken dunkle Hosen und zeigen im Flug eine, abgesehen von den helleren Handschwingenbasen, ausgesprochen dunkle Unterseite. Flugbild ausgesprochen kompakt mit breiten, stumpf endenden Flügeln und langem, aber nicht schmalem Schwanz. Flügelschlag bemerkenswert langsam und locker. Verfolgt die Beute oft in niedrigem Flug und greift sie häufig am Boden. Nahrung kleinere Säugetiere bis Hasengröße und größere Vögel.
Stimme: Keckern und Lahnen ähnlich wie bei dem Wanderfalken, aber weniger heiser, mehr wimmernd.
Vorkommen: Steppen, offenes Grasland, weite Flußtäler und ausgedehnte Feuchtgebiete mit lockerem Baumbestand. Horst alte Nester anderer Greifvögel usw., zumeist auf Bäumen, oft im dichten Bestand, aber auch auf Felsen.

Gerfalke *Falco rusticolus* **Tafel 31, Karte 99, A**

Kennzeichen: 53-63 cm. Der größte und kräftigste Falke Europas, in den Ausmaßen mit dem Bussard oder Habichts-♀ vergleichbar. Vom Wanderfalken durch die erhebliche Größe, die breiteren, stumpferen Flügel und den längeren breiteren Schwanz unterschieden. Gefiederfärbung der Altvögel variabel von fast gänzlich weiß über grau und graubraun bis fast ganz düster. Dunkle Gerfalken können mit Wanderfalken verwechselt werden, die dunklen Wangen lassen aber kaum ein Bartstreif erkennen. Weiße Gerfalken mit einer dunkelgrau gefleckten Oberseite und gräulichen Handschwingen können entfernt an Schnee-Eulen erinnern. Jungvögel oberseits mehr bräunlich und unterseits sehr kräftig und dicht gestreift. Flugweise langsam und majestätisch. Fliegt beim gemächlichen Suchflug mit flach schwingendem Handflügel. Verfolgt die Beute aber, oft dicht über dem Boden dahinschießend, reißend schnell. Gestalt auf dem Ansitz untersetzt und aufgerichtet. Beute im Binnenland vorwiegend Schneehühner und Lemminge, an den Küsten überwiegend Seevögel.
Stimme: Allgemein weniger stimmfreudig als der Wanderfalke. Am Brutplatz rauhes Gackern „kää-eh kää-eh..." und ein ansteigendes gezogenes Lahnen „äähii".
Vorkommen: Offene bis locker bewaldete, von Tälern durchschnittene Tundra, Fjälls und felsige Steilküsten. Brütet zumeist unter einem Überhang am Felsen, selten auch in einem alten Baumnest vom Rauhfußbussard.

Wanderfalke *Falco peregrinus* **Tafel 30, 31, Karte 100, BJW**
Kennzeichen: ♂ 38-45 cm, ♀ 46-51 cm. Großer Falke mit nahezu weltweiter Verbreitung. Die Bestände aber durch Umweltgifte und Verfolgung sehr dezimiert. Dank intensiver Schutzmaßnahmen in C-Europa wieder eine leichte Erholung. ♀ deutlich größer als ♂. Ein großer, breitbrüstiger Falke mit breitem Arm- und spitz zulaufendem Handflügel sowie relativ kurzem, aber ausgeprägtem Schwanz. Altvögel haben eine ausgeprägte, schwarzgraue Kappe mit breitem Bartstreif, sind an Wangen und Kehle leuchtend weiß, haben eine schiefergraue Oberseite, die an Bürzel und Oberschwanzdecken aufgehellt ist, und eine weißliche Unterseite mit schmaler dunkler Bänderung. Von unten gesehen wirkt die ganze Unterseite, Körper, Flügel und Schwanz, hellgrau. Jungvögel auf der Oberseite mehr dunkelbraun mit hellen Spitzen der Großen Flügeldecken und auf der hell bräunlichen Unterseite kräftig schwarzbraun gestreift. Der Bartstreif ist deutlich ausgebildet (vgl. Gerfalke). Der Unterflügel wirkt von weitem einfarbig schmutzig grau (beim jungen Gerfalken dunklere Flügeldecken). Suchflug mit recht schnellen flachen Flügelschlägen, beim Verfolgen der fliegenden Beute tiefer ausholend mit hoher Geschwindigkeit. Stößt oft im rasanten Sturzflug von oben auf die Beute herab. Beute überwiegend Vögel von Drossel- bis Hühnergröße.
Stimme: Nur am Horst ausgesprochen stimmfreudig. Warn- und Kontaktruf ein klagendes, ansteigendes Lahnen „gääik-gääik...", auch kürzer und zweisilbig „kai-ziick". Bettelruf der Nestlinge vibrierend „jiiih jiiih...".
Vorkommen: Meidet große, geschlossene Wälder und das Hochgebirge. Sonst in allen europäischen Landschaften von den Küsten, v. a. felsige Steilküsten, bis zum Fuß der Gebirge. Bevorzugt werden locker bewaldete Hügel- und Berglandschaften mit Felswänden. Brütet in Nischen sowie auf Bändern und Simsen von Felsen und großen Gebäuden, im Flachland in alten großen Nestern auf Bäumen (in C-Europa Baumbrüterpopulation nahezu ausgestorben) und in der Tundra auch am Boden.

Rauhfußhühner: Tetraonidae

Mittelgroße bis große Hühnervögel, die vom Flachland bis in das Gebirge Wälder, Heiden und Moore bewohnen. Sie sind untersetzt und kurzschwänzig, haben befiederte („rauhe") Beine ohne Sporn und kurze, runde Flügel mit gebogenen Schwingen. Sie fliegen mit schnellem, deutlich „burrendem" Flügelschlag und eingeschalteten Gleitstrecken. Bei den ♂ schwillt die rote Haut über dem Auge während der Balzzeit an („Rosen").

Haselhuhn *Bonasa bonasia* **Tafel 32, Karte 101, BJ**
Kennzeichen: 34-39 cm. Kleiner und kompakter Waldvogel mit kurzer aufrichtbarer Haube, der sich zumeist auf dem schattigen Waldboden aufhält, aber auch geschickt in den Bäumen bewegt. Im Flug kennzeichnend der fahlgraue Bürzel und Schwanz, der in einer breiten schwarzen und feinen weißen Binde endet. Gefiederfärbung im N und NE der Verbreitung mehr grau und im SW mehr braun. Gefieder allgemein Tarnfarben, auf der Oberseite überwiegend grau bis braun, auf der Unterseite weißlich mit dunkel- und rötlichbrauner Fleckung. Von den Halsseiten zieht ein helles Band über die Schultern. Alte Hähne auf dem Rücken mehr grau mit deutlicher Haube und schwarzem, weiß umrandetem Kehlfleck. Die Hennen und Jungen sind mehr bräunlich mit kleiner Haube und fein gesprenkelter Kehle. Lebt sehr versteckt, fliegt gestört früh auf und verschwindet in niedrigem Flug zwischen den Baumkronen. Nahrung Knospen, Triebe, Früchte und auch Insekten.
Stimme: Gesang des ♂ ein sehr feines, hohes, wisperndes Pfeifen „tsissi tseri-tsi tsii tsii tsii", das noch am ehesten an ein Goldhähnchen erinnert. Bei Alarm „wit-wit-wit...".
Vorkommen: Geschlossene, alte, gemischte Nadelwälder mit viel Unterwuchs, v. a. in feuchteren Gegenden.

Moorschneehuhn *Lagopus lagopus* **Tafel 33, Karte 102**

Kennzeichen: 35-43 cm. Moor- und Alpenschneehuhn sind einander sehr ähnlich. Dort, wo sie in N-Europa nebeneinander vorkommen, am besten durch den Lebensraum unterschieden. Das Alpenschneehuhn bevorzugt die hohen, steinigen Gebirgslagen, während das Moorschneehuhn tiefer gelegene Heiden und Moore bewohnt. Beide sind gedrungen, relativ kurzschwänzig und haben, abgesehen vom Schottischen Moorschneehuhn, das ganze Jahr über weiße Flügel und einen weißen Bauch. Sie fliegen mit schnell schwirrendem Flügelschlag und gleiten dazwischen auf auffällig gebogenen Flügeln. Der Moorschneehahn trägt im Jahresverlauf drei Kleider mit den entsprechenden Übergängen. Im Winter ist es, bis auf den schwarzen Schwanz, ganz weiß. Im Frühjahr sind Kopf, Hals und Oberbrust einfarbig kastanienbraun und die Oberseite mehr oder weniger stark braun und weiß gescheckt. Im Sommer ist die Oberseite durchgehend graubraun. Kopf, Hals und Oberbrust erscheinen dunkel gebändert. Die Henne ist im Winter ebenfalls weiß und wird zum Sommer hin an Kopf, Brust und Oberseite tarnfarben gelblichbraun mit dunkler Bänderung und Schuppung. Die Jungen gleichen weitgehend den Hennen. Die in Nordengland, Schottland und Irland vorkommende Unterart, das Schottische Moorschneehuhn (*L. l. scoticus*), ist das ganze Jahr über einheitlich braun, die Hähne mehr dunkel rotbraun und die Hennen heller rostbraun. Nahrung Knospen, Blätter, Sprosse, Beeren und auch Insekten.

Stimme: Bodengesang des ♂ von niedriger Warte durchdringende, nasale bis zum Endtriller beschleunigte Laute „kau kau kau ka-ka-kakakrrrrr“, Fluggesang bellend „kau“ dann sich verlangsamend „kor-karr-ka wak war“. Bei der Landung und auch sonst häufiger „ko-wäh“.

Vorkommen: Locker bewaldete Tundra und Fjäll mit Birken, Weiden, Heide- und Beerkraut. Nistet im Gestrüpp. Das Schottische Moorschneehuhn lebt im Hochland auf Heiden und Mooren und kommt im Winter auch in tiefere Lagen auf abgeerntete Felder. Es nistet im dichten Heidekraut und hohem Gras.

Alpenschneehuhn *Lagopus mutus* **Tafel 33, Karte 103, BJ**

Kennzeichen: 31-35 cm. Allgemeine Merkmale s. Moorschneehuhn. Von diesem durch geringere Größe, schlankere Gestalt, kleineren Schnabel und insgesamt grauere Färbung unterschieden. Die Hähne sind im Frühjahr nur an Kopf, Hals und Oberbrust grau mit feiner weißlicher Bänderung. Die Oberseite ist grau und weiß gescheckt. Sie wird zum Sommer hin durchgehend grau mit einzelnen dunklen Flecken und feiner weißer Wellung. Die Hennen zeigen im Jahresverlauf einen ähnlichen „Kleiderwechsel“. Sie sind aber insgesamt mehr gelblichgrau. Im Winter sind die Hennen, bis auf den schwarzen, von den langen Oberschwanzdecken zumeist verborgenen Schwanz, gänzlich weiß. Die Hähne haben vom Auge zum Schnabel noch einen schwarzen Zügelstreif (s. neben Tafel 33). Fliegt im schnellen, schwirrenden Flug bergauf und gleitet auf gebogenen Flügeln bergab. Läuft geschickt mit schnell trippelnden Schritten über Felsen und Geröll.

Stimme: Weniger lärmend als das Moorschneehuhn. Ruf zumeist gedämpft knarrend mit typischem Rhythmus „arr orr ka-karrr“. Hähne im zeitigen Frühjahr beim Balzflug rauh „ahrr ka-ka-ka...“.

Vorkommen: Felsige Hänge im Hochgebirge und spärlich bewachsene, steinige Tundra. Im Winter auch in tieferen Lagen im Wald an der Baumgrenze. Nistet im Schutz von Pflanzenbüscheln oder Felsbrocken.

Birkhuhn *Tetrao tetrix* **Tafel 32, Karte 104, BJ**

Kennzeichen: ♂ 49-58 cm, ♀ 40-45 cm. Etwa hühnergroß. Hahn und Henne in Größe und Aussehen stark verschieden. Der eingekerbte Schwanz der Henne und der lange, gegabelte Schwanz des Hahns unterscheiden beide deutlich von dem weit größeren Auerhuhn. Der Hahn mit seinem schwarzen, blauviolett schimmernden Gefieder, dem leierförmigen Schwanz, den weißen Unterschwanzdecken, dem weißen Flügelstreif

und den weißen Unterflügeln ist unverkennbar. Die tarnfarbene Henne kann schon eher mit der Auerhenne und Schneehühnern verwechselt werden. Im Flug ist der leicht gegabelte Schwanz oft ganz gut zu sehen. Bei den ähnlichen Arten ist er abgerundet bis gerade. Von den Schneehühnern unterscheidet sich die Henne durch ein einheitlich braunes Gefieder ohne Weiß an Flügel und Bauch und von der um ein Drittel größeren Auerhenne durch den schmalen, weißen Flügelstreif und die gebänderte, nicht einheitlich rostrote Kehle. Im herbstlichen SK sehen die Hähne den Hennen ähnlich, sind aber dunkler, fleckiger, haben einen breiten weißen Flügelstreif und einen schwärzlichen Schwanz. Die Jungvögel sehen weitgehend wie die Hennen aus. Die Federn der Oberseite haben weißliche Schaftstriche. Die Hähne versammeln sich zu der gemeinsamen, geräuschvollen und lebhaften Balz auf traditionellen Balzplätzen. Mit breit gefächertem Schwanz trippeln sie umher und springen flatternd und fauchend in die Höhe. Fliegt mit schnellem, aber relativ leisem Flügelschlag und längerem Gleiten. Baumt leicht und häufig auf. Im Winter oft im Trupp auf Birken um die Knospen zu fressen.
Stimme: Bei der Balz ein weit tragendes, ab- und anschwellendes „Kullern". Dazwischen immer wieder burrende Flattersprünge, die oft von einem typischen Fauchen „tschuh-chäh" begleitet werden.
Vorkommen: Typischer Vogel der Waldgrenze mit lockerem Baumbestand im Hochgebirge, am Rande von Mooren und weiten Heiden. Brütet am Boden. Im Tiefland C-Europas inzwischen weitgehend ausgestorben.

Auerhuhn *Tetrao urogallus* **Tafel 32, Karte 105, BJ**
Kennzeichen: ♂ 74-90 cm, ♀ 54-63 cm. Sehr großes Waldhuhn. Die etwa truthahngroßen, blauschwarz und braunen Hähne mit weißen Abzeichen am Flügelbug, den Flanken und der Unterseite sind um ein Drittel größer als die tarnfarben rötlichbraunen Hennen. Von den ähnlichen, aber wesentlich kleineren Birkhennen unterscheiden sich die Auerhennen durch ein rötlicheres Gefieder, eine ungezeichnete rostrote Kehle und Oberbrust und den runden, rotbraunen, stark dunkel gebänderten Schwanz. Halten sich im Sommer vorwiegen auf dem Waldboden auf und im Winter überwiegend auf Bäumen. Flugstrecken gewöhnlich nur kurz. Schneller Flügelschlag und Gleiten wechseln miteinander ab. Aufgeschreckt fliegen sie mit lautem Poltern auf. Die Hähne balzen in den frühen Morgenstunden auf angestammten Balzplätzen zunächst auf einem Baum, dann am Boden. Dabei wird der Schwanz aufgestellt und breit gefächert. Nahrung im Sommer Knospen, Blätter, Beeren, im Winter viel Koniferennadeln.
Stimme: Der Balzgesang des Hahnes ist recht leise. Er besteht aus einer eigenartigen, immer schneller werdenden Folge von hölzern klingenden Doppellauten „te-lak tel ak...telaktelak" die mit einem „Pfropfenknall" enden. Dann folgt ein rhythmisches Wetzen. Bei Auseinandersetzungen auf dem Balzplatz lassen die Hähne ein lautes „Rülpsen" hören. Die Hennen rufen gackernd „grack...".
Vorkommen: Lebt im Gebirge und in der Ebene in großen, alten Nadelwäldern mit viel Beerkraut und Unterwuchs. Brütet am Boden.

Glattfußhühner (Feldhühner, Fasanen): Phasianidae

Beine unbefiedert und oft mit einem Sporn. Schnabel kurz und dick, der Oberschnabel überragt den Unterschnabel. Flügel kurz, breit und gerundet. Halten sich überwiegend am Boden auf.
Stein- und Rebhühner: Mittelgroße Hühner mit einem im Flug auffällig rotbraunen Schwanz. Geschlechter gleich. ♂ kaum größer als ♀. Steinhühner allgemein mit rotem Schnabel, roten Beinen und auffällig dunkel gebänderten Flanken. Rebhühner mehr tarnfarben braun. Fliegen mit schnell schwirrendem Flügelschlag, zumeist dicht über dem Boden und fallen nach kurzem Flug bald wieder ein.
Wachteln: Kleine rundliche Hühner mit kurzem Schwanz. Leben sehr verborgen. Ge-

Wachteln: Kleine rundliche Hühner mit kurzem Schwanz. Leben sehr verborgen. Gewöhnlich eher zu hören als zu sehen.
Fasanen: Hühner mit langem, spitz auslaufendem Schwanz. Geschlechter in Größe und Aussehen sehr verschieden. Hähne groß und bunt, Hennen kleiner und bräunlich tarnfarben. Alle Arten eingebürgert.

Chukarhuhn *Alectoris chukar* **Tafel 33**

Kennzeichen: 32-35 cm. Dem Steinhuhn sehr ähnlich. Die Verbreitungsgebiete überschneiden sich aber kaum. Wichtigstes Unterscheidungsmerkmal die Kopfzeichnung: Keine schwarzen Federn am Schnabelgrund, breiter, diffuser, heller Überaugenstreif, der nicht bis zur Stirn reicht, brauner Fleck hinter dem Auge, gelblicher „Latz“ dessen schwarzer Rand V-förmig spitz endet. Die Flankenbänderung hinten oft unregelmäßig unterbrochen. Verhalten wie das Steinhuhn.
Stimme: Lautäußerungen vom Steinhuhn deutlich verschieden, allgemein tiefer und rauher. Der Gesang heiser, rhythmisch „galoppierend“ beginnt mit kürzeren Elementen und steigert sich zu dem typischen gutturalen „tschuk tschuk ...tschuka...tschukarr-tschukarr“.
Vorkommen: Steinige Gebirgshänge auch in wüstenartigem, tieferem Gelände. In Europa ursprünglich nur in E-Griechenland, E-Bulgarien und auf den Ägäischen Inseln. In England, Frankreich und den Alpen als Jagdwild ausgesetzt. Hier Hybriden mit dem Rothuhn oder dem Steinhuhn.

Steinhuhn *Alectoris graeca* **Tafel 33, Karte 106, BJ**

Kennzeichen: 33-36 cm. Etwas größer als ein Rebhuhn mit schwarz umrandetem weißen Latz und kräftiger schwarzer Flankenstreifung auf weißlichem Grund. Aus der Nähe von dem sehr ähnlichen Chukarhuhn durch die Kopfzeichnung zu unterscheiden: Schwarzer Schnabelgrund, feiner weißer Überaugenstreif von der Stirn bis hinter das Auge, brauner Fleck hinter dem Auge nur angedeutet, rein weißer „Latz“ dessen schwarzer Rand U-förmig rund endet. Die Flankenbänderung ist feiner und regelmäßiger als beim Chukarhuhn. Läuft gewöhnlich bergauf und fliegt bergab. Der balzende Hahn steht erhöht auf einem Stein.
Stimme: Gesang höher, weniger rhythmisch und variabler als der des Chukarhuhnes. Beginnt mit Kurzelementen „tsik tsik...“, dann eine sich steigernde Folge zweisilbiger Laute „tri-wet tri-wet“, denen sich schrille, kichernde Krählaute anschließen.
Vorkommen: Geröllhalden, Hochkare, Bergwiesen zwischen der Baum- und Schneegrenze, bevorzugt in S-Exposition. Steigt im Winter in tiefere Lagen ab. Nest zwischen Felsbrocken.

Rothuhn *Alectoris rufa* **Tafel 33, Karte 107**

Kennzeichen: 32-35 cm. Wirkt dunkler als Stein- und Chukarhuhn und ist daher aus einiger Entfernung mit dem Rebhuhn zu verwechseln. Die Kopf- und Halszeichnung aber von der des Rebhuhns markant verschieden. Durch den hellgrauen Oberkopf, den weißen Überaugenstreif, die weißen Wangen und die weiße Kehle wirkt der Kopf sehr hell. Am Hals ein breites, schwarz geflecktes „Halstuch“. Oberseite auf dem Mantel braun und auf Bürzel wie Oberschwanzdecken grau. Jungvögel insgesamt bräunlich, die Zeichnungselemente der Alten nur angedeutet. Läuft schneller als das Rebhuhn und fliegt in weniger dichten Ketten.
Stimme: Der Gesang beginnt zögernd „tok tok...“, steigert sich im Tempo „tok-tok-tok-tok...“ und geht dann in krähende Elemente über „tok-korährähräh-korähkoräh...“, die am Ende verklingen.
Vorkommen: Offenes, trockenes, steiniges Flach- und Bergland, auch auf Brachen, Acker- und Grünland. Auf den Britischen Inseln eingebürgert.

Felsenhuhn *Alectoris barbara* **Tafel 33**

Kennzeichen: 32-35 cm. Insgesamt blasser und rötlicher als die anderen „Steinhühner“. Aus der Nähe gut an der weniger kontrastreichen Kopfzeichnung zu erken-

Steinhuhn Chukarhuhn

nen. Scheitel und Nacken rotbraun, hell bläulichgraue, breite Überaugenstreifen, die bis in den Nacken ziehen, Kehle und Wangen hellgrau, hinter dem Auge ein hellbrauner Fleck, „Halstuch“ rotbraun mit weißen Tupfen. Die Schulterfedern sind hell blaugrau und fahl rötlichbraun gemustert.
Stimme: Gesang lange Serien kurzer, unreiner Töne in trabendem Rhythmus mit „Stolperschritt“ „tre tre tre...tschäähtsche tre tre tre...“. Bezeichnender Imponier- oder Erregungsruf ein ansteigender, durchdringend schriller Schrei „tschruiih“.
Vorkommen: Lichte Wälder, felsige Abhänge, Ödland, trockenes Kulturland und Halbwüsten sofern eine Tränke vorhanden ist. In Europa Brutvogel nur auf Sardinien und Gibraltar.

Halsbandfrankolin *Francolinus francolinus* **Tafel 95**

Kennzeichen: 33-36 cm. Etwa so groß wie ein Rebhuhn, wirkt durch die aufrechte Haltung aber größer und ist deutlich dunkler. Hahn sehr düster überwiegend schwarz und dunkelbraun mit weißem Wangenfleck und rotbraunem Halsband. Henne, bis auf den hellen Kopf, auch recht dunkel mit rostbraunem Nackenfleck, grob schwarz gefleckter Unter- und dunkel geschuppter Oberseite. Scheuer, verborgen lebender Bodenvogel, der schnell davonrennt und im Dickicht verschwindet.
Stimme: Balzende Hähne lassen einen kennzeichnenden, konstant siebensilbigen, mechanisch klingenden Gesang hören „kjok, kiik ki-kik-ko ki-kiik“.
Vorkommen: Offene trockene Flächen mit hoher Vegetation, z. B. Felder, Brachen, Grasland, Dickichte. Frühere Vorkommen im westlichen Mittelmeerraum im 19 Jh. ausgestorben. Inzwischen wieder in Italien (Toskana) eingebürgert.

Rebhuhn *Perdix perdix* **Tafel 33, Karte 108, BJ**

Kennzeichen: 28-32 cm. Kleine, kompakte Bodenvögel mit kurzem Schwanz und rundem Kopf. Leben zumeist in Familienverbänden. Drücken sich bei Gefahr und „burren“ erst dicht vor den Füßen des „Störers“ aus der Deckung. Der Trupp stiebt dicht über dem Boden mit schwirrendem Flügelschlag davon, um nach kurzem Flug auf gebogenen Flügeln gleitend wieder einzufallen. Kennzeichnend ist dabei der rotbraune Schwanz. Der Hahn ist ein wenig kräftiger gefärbt als die Henne, sonst sind die Geschlechter nur wenig verschieden. Aus der Nähe fallen v. a. das orangebraune Gesicht, der schwarzbraune „Hufeisenfleck“ auf dem Bauch, der bei einigen Hennen nur angedeutet ist, und die rostbraune Flankenbänderung auf. Die Oberseite ist braun mit feiner Zeichnung. Die Jungvögel sind weit einheitlicher bräunlich gefärbt und daher mit jungen Fasanen und mit Wachteln zu verwechseln. Der kurze Schwanz unterscheidet sie von den Fasanenkücken und die Kompaktheit und Größe von den weit kleineren, schlankeren Wachteln. Nahrung Samen, Kräuter, Insekten.

Stimme: Aufgescheucht fliegen die Rebhühner mit einem scharfen „kerr-ititit..." davon. Revierruf von Hahn und Henne ein rauhes, kratzendes „kierr-ik", das v. a. vor Sonnenauf- und nach Sonnenuntergang zu hören ist.
Vorkommen: Felder, Wiesen, Brachland mit Gestrüpp und Hecken. Früher einer der häufigsten Vögel der Ackerlandschaften. Heute durch die intensive, „chemische" Landwirtschaft in weiten Bereichen Europas sehr selten geworden oder lokal ausgestorben. Nest am Boden in Hecken, hohem Kraut oder ähnlicher Deckung.

Wachtel *Coturnix coturnix* **Tafel 33, Karte 109, BZ**

Kennzeichen: 16-18 cm. Sehr kleiner, rundlicher, kurzschwänziger Bodenvogel, der nur selten zu sehen, dafür aber häufig zu hören ist. Wachteln versuchen gewöhnlich Störungen zu Fuß auszuweichen. Nur sehr selten fliegen sie auf. Im Flug wirken die Flügel länger und schmäler als bei anderen Hühnern. Die Grundfarbe des Gefieders ist sandbraun. Oberseite, Kopf und Brust sind dunkelbraun gezeichnet. Auf Rücken und Flanken verlaufen helle Längsstreifen. Der Kopf ist durch den dunklen Oberkopf mit hellem Scheitelstrich, helle Überaugenstreifen und dunkle Zügelstreifen auffälliger gezeichnet. Den Hahn erkennt man an der schwarzen Kehle. Bei einigen Hähnen sind Kehle und Kopfseiten einheitlich rotbraun. Zugvogel, der in Afrika überwintert.
Stimme: Beim Auffliegen weich, rollend „wrüh". Revierruf der bekannte, dreisilbige Wachtelschlag „pick wer-wick", der vielfach wiederholt wird.
Vorkommen: Bevorzugt offene Ackerlandschaften. Brütet in Getreidefeldern, Brachflächen und extensiv genutzten Wiesen. Liebt wärmere Lagen. In C-Europa sehr selten geworden.

Fasan *Phasianus colchicus* **Tafel 32, Karte 110, EBJ**

Kennzeichen: ♂ 70-90 cm (davon Schwanz 34-45 cm), ♀ 55-70 cm (davon Schwanz 20-25 cm). Zu Jagdzwecken eingebürgerter „Asiate", der eine Mischung verschiedener Unterarten darstellt und daher im Aussehen nicht einheitlich ist. Auffällig der lange, spitze Schwanz. Der Hahn wirkt bunt. Er hat einen schwarzgrün oder -violett schillernden Kopf mit großen roten Hautlappen auf den Seiten und kleinen „Federöhrchen". Der häufigste Typ hat einen weißen Halsring und grauen Bürzel. Daneben auch solche ohne Halsring mit goldbraunem Bürzel oder ganz dunkle und sehr helle Varianten. Die Henne ist viel schlichter. Ihr Schwanz ist ebenfalls lang. Sie ist aber insgesamt unscheinbar beigebraun mit dunkelbraunen Winkelflecken an den Flanken und dunklen, hell gerandeten Federn auf der Oberseite. Fasanen sind gut zu Fuß und versuchen oft rennend die schützende Deckung zu erreichen. Aufgeschreckt fliegen sie polternd auf, um nach kurzem, geradlinigem Flug wieder einzufallen.
Stimme: Beim Auffliegen laut, heiser und in langsamerer Folge ausklingend „tokeretok ko-tock ko-tock tok tok ...". Balzruf des Hahnes laut „rülpsend" „göö-kock" mit anschließendem Flügelburren.
Vorkommen: Bevorzugt in parkartigen Landschaften mit Äckern, Wiesen, Weiden, Gebüschen, Feldgehölzen und Röhricht. Bestände können sich in weniger geeigneten Lebensräumen nicht selbst erhalten und müssen ständig durch Aussetzen ergänzt werden. Nistet am Boden im Dickicht und hohen Kraut.

Goldfasan *Chrysolophus pictus* **Tafel 95**

Kennzeichen: ♂ 90-105 cm (davon Schwanz 60-70 cm), ♀ 60-80 cm (davon Schwanz 30-35 cm). Etwas kleiner und zierlicher als der Fasan. Hähne sehr bunt mit satt roter Unter- und vielfarbig schimmernder Oberseite. Der Kopf trägt eine goldgelbe Haube, die in einen rotgoldenen, schwarz gestreiften Nackenschleier übergeht. Der Schwanz ist breit und säbelartig geschwungen. Die Hennen sind ähnlich tarnfarben wie die Fasanenhennen. Ihr ganzer Körper erscheint fein und dicht schwarz gebändert. Die Bänderung auf dem Schwanz ist dagegen vergleichsweise grob. Lebt scheu und verborgen und ist daher trotz der Buntheit nicht leicht zu beobachten.
Stimme: Balzruf des Hahnes ähnlich rauh wie vom Fasan, aber höher „äh-ehk".

Vorkommen: Stammt aus dem Bergland Mittelchinas. Auf der Britischen Hauptinsel in verschiedenen Gegenden ausgesetzt. Lebt hier in lichten Wäldern mit Unterwuchs, Schonungen und Dickichten.

Diamantfasan *Chrysolophus amherstiae* **Tafel 95**
Kennzeichen: ♂ 105-120 cm (davon Schwanz 75-90 cm), ♀ 60-80 cm (davon Schwanz 25-30 cm). Gestalt ähnlich wie die des Goldfasans. Der Hahn vielfarbig mit starkem Kontrast zwischen dem leuchtend weißen Gefieder der Unterseite und den schwarzgrün schimmernden Partien an Kopf, Brust und Rücken. Der silbernweiße Nackenschleier ist durch blauglänzende Federränder schuppig gezeichnet. Der grauweiße Schwanz mit „Fischgrätenmuster" ist sehr lang. Die Henne ist schlicht rotbraun mit dichter dunkler Bänderung, die im Unterschied zur Goldfasanenhenne den Bauch frei läßt. Um das Auge eine hellgraue, nackte Hautpartie.
Stimme: Balzruf ähnlich dem des Goldfasans, aber mit doppeltem Nachschlag „äähk ek-ek".
Vorkommen: Stammt aus den Bergwäldern SW-Ostasiens. In S-England ausgesetzt. Lebt dort in Wäldern mit dichtem Unterwuchs. Gelegentlich Hybriden mit dem nahe verwandten Goldfasan.

Laufhühnchen: Turnicidae

Laufhühnchen *Turnix sylvatica* **Tafel 33**
Kennzeichen: 15-17 cm. Ein sehr kleiner, nahezu schwanzloser Bodenvogel, der an die Wachtel oder eine der kleinen Rallen erinnert. Die Färbung ist ähnlich wie die der Wachtel, unterscheidet sich aber durch die einfarbig rotbraune Brust und die grob schwarz gepunkteten Flanken. Das ♀ ist kräftiger gefärbt als das ♂, das auch die gesamte Brutpflege übernimmt. Fliegt nur höchst ungern auf. Verschwindet gewöhnlich wie eine Maus im Zick-Zack huschend in der Deckung. Macht beim Auffliegen mit den auffallend runden Flügeln ein typisch schwirrendes Geräusch. Beim Landen werden die Flügel kurz aufgereckt. Dabei ist der Kontrast zwischen den hellbraunen Oberflügeldecken und den schwärzlichen Schwingen gut zu erkennen. Lebt einzeln und sehr verborgen. Am ehesten noch durch die Stimme zu entdecken.
Stimme: Balzruf des ♀, der vorwiegend in der Dämmerung zu hören ist, ein tiefes ständig wiederholtes „Muhen" „huuuuu" „huuuuu...", das schwer zu orten ist.
Vorkommen: Trockene bebuschte Heiden, Zwergpalmendickichte u. ä. dichte Vegetation. Einziges kleines Verbreitungsgebiet der Art in Europa im S der Iberischen Halbinsel.

Rallen: Rallidae

Kleine bis hühnergroße Boden- und Wasservögel mit kurzen Schwänzen und langen Zehen. An Land und auf dem Wasser zeigen sie oft ruckhafte Bewegungen, v. a. ein typisches Kopfnicken und Schwanzzucken. Gewöhnlich versuchen sie laufend oder schwimmend einer Gefahr auszuweichen. Sie fliegen nur „widerwillig" auf. Die zumeist kurzen Flugstrecken werden geradlinig mit baumelnden Beinen zurückgelegt. Die Geschlechter sehen gleich aus. Sie leben in Feuchtgebieten und auf Gewässern mit dichter Vegetation.

Wasserralle *Rallus aquaticus* **Tafel 34, Karte 111, BJZW**
Kennzeichen: 23-26 cm (davon Schnabel 3-4 cm). Mittelgroße Ralle mit eigentümlicher Gestalt. Körper kurz, hoch und schmal, daran ein langer Hals und ein kleiner Kopf mit langem Schnabel. Dieser lange rote Schnabel ist das beste Unterscheidungsmerk-

mal gegenüber den verwandten Arten. Das Gefieder des Altvogels ist auf der Oberseite dunkel olivbraun und auf der Unterseite, wie auch an Hals und Kopf, dunkel blaugrau. Die Flanken sind schwarzweiß gebändert. Unter dem hochgestellten Schwanz leuchten die weißen Unterschwanzdecken wie ein „Rücklicht". Die Beine mit den langen Zehen sind matt bräunlichrot. Jungvogel insgesamt bräunlicher mit hellem, gezeichnetem Kopf sowie gräulichweißer Kehle und Bauchmitte. Am besten an dem langen Schnabel zu erkennen. „Stakst" ungestört mit langen, bedächtigen Schritten durch das Pflanzendickicht. Aufgeschreckt verschwindet die Wasserralle sehr flink und behend im schützenden Gewirr der Halme. Sie fliegt nur selten und dann nur kurze Strecken mit losem, schnellem Flügelschlag und baumelnden Beinen.
Stimme: Reviergesang des ♂, der vorwiegend bei Nacht zu hören ist, eine Folge von scharfen, kurzen Lauten, die sich im Tempo steigert, dabei in der Tonhöhe sinkt und schließlich wieder langsamer ausklingt „tjück tjück...tjücktjücktjück...tjück". Unverpaarte ♀ lassen ein ähnliches, höheres „piip piip...pii-ierrrr" hören. Die verschiedenen kreischenden, knurrenden und quiekenden Rufe klingen in der Dunkelheit geradezu unheimlich. Typisch ist ein „Schweinequieken", das so klingt, als würde ein Schwein abgestochen.
Vorkommen: Dichte Röhrichte aller Art sowohl an den Ufern großer Gewässer als auch kleiner, zugewachsener Teiche u. ä. überwucherte Feuchtgebiete. Nest aus Halmen geschichtet in dichten Seggen- oder Schilfbeständen.

Tüpfelsumpfhuhn *Porzana porzana* **Tafel 34, Karte 112, BZ**

Kennzeichen: 19-22 cm. Die verbreitetste Art der kleinen „Sumpfrallen". Nur selten und schwer zu beobachten, aber wie alle Rallen mit einer charakteristischen Stimme. Der schmale Körper wirkt von der Seite gesehen kompakt und bemerkenswert oval. Der kurze hochgestellte Schwanz zuckt bei Erregung. Von der größeren Wasserralle an dem kurzen orangerötlichen Schnabel, den beigegelben Unterschwanzdecken und den grünen Beinen zu unterscheiden. Aus der Nähe sind auf Hals, Brust und Oberseite viele feine weiße Tupfen zu sehen. Die schwarzweiß gebänderten Flanken heben sich von diesen getüpfelten Gefiederpartien nicht deutlich ab. Jungvögel insgesamt bräunlicher ohne blaugraue Färbung an Kopf und Hals. Beim flatternden Flug wird der weiße Vorderrand des Flügels sichtbar.
Stimme: Reviergesang des ♂ ein helles, peitschendes, in kurzen Abständen ständig wiederholtes „huitt huitt...", das in stillen Nächten sehr weit zu hören ist.
Vorkommen: Dichte, niedrigere Sumpfvegetation wie Seggenbestände oder überschwemmte Wiesen. Nest aus Halmen, Blättern an feuchten Stellen oder über Wasser im dichten Bewuchs.

Kleines Sumpfhuhn *Porzana parva* **Tafel 34, Karte 113, BZ**

Kennzeichen: 17-19 cm. Eine sehr kleine Ralle mit einer länglicheren, schlankeren Gestalt als das Tüpfelsumpfhuhn. Die Schwingenspitzen überragen die Schirmfedern weit. Die Beine sind grün. Das ♂ ist auf Kopfseiten, Hals und Unterkörper dunkel blaugrau. Scheitel, Hinterhals und Oberseite sind olivbraun. Dieses düstere Gefieder wird auf der Oberseite nur durch hellere Längsstreifen und eine feine weiße Strichelung des Mantels und der Schulterfedern belebt. Die schwarzweiße Bänderung beschränkt sich auf den Steiß und die Unterschwanzdecken. Der Schnabel ist gelb mit roter Basis. Das ♀ ist weit heller. Es hat eine weißliche Kehle und beigefarbene Unterseite. Auch die Jungvögel sind hell, aber an den Flanken deutlich gebändert. Von denen des Zwergsumpfhuhns sind sie am besten an den langen Flügelspitzen und den weitgehend ungezeichneten Flügeldecken zu unterscheiden. Fliegt wie das Tüpfelsumpfhuhn.
Stimme: Reviergesang des ♂ eine Reihe kurzer, bellender Laute die unter Beschleunigung in der Tonhöhe absinken und schließlich in loser Folge ausklingen „koak koak...koakkoakkoak...ko-ak ak ak". Das ♀ singt in ähnlicher Tonlage nur eine kurze Strophe „koak koak-koarrr".
Vorkommen: Feuchte Röhrichte, bevorzugt hohe Schilf-, Rohrkolben- oder Großseggenbestände.

Zwergsumpfhuhn *Porzana pusilla* **Tafel 34, Karte 114, A**

Kennzeichen: 16-18 cm. Kleinste Ralle Europas. Nicht größer als ein Star. Gestalt wie die des Kleinen Sumpfhuhns. Im Unterschied zu diesem überragen die Handschwingenspitzen die Schirmfedern nur wenig. ♂ und ♀ weitgehend gleich und im Aussehen dem ♂ des Kleinen Sumpfhuhnes sehr ähnlich. Aus der Nähe gut an dem völlig olivgrünen Schnabel, der warm rotbraunen Oberseite mit reichlicher weißer Sprenklung, der schwarzweißen Bänderung, die von den hinteren Flanken bis auf die Unterschwanzdecken reicht, und den matt gräulichrosa bis olivbraunen Beinen zu erkennen. Jungvögel von denen des Kleinen Sumpfhuhnes an der dichten weißen Zeichnung der Oberseite, an dem Längenverhältnis von Schirmfedern und Handschwingen (s. o.) sowie der ausgedehnteren, kräftigeren Bänderung der Unterseite zu unterscheiden. Lebt, wie die anderen „Sumpfrallen", sehr versteckt und heimlich in dichter Vegetation.

Stimme: Reviergesang des ♂ ein ständig wiederholtes oft an- und abschwellendes froschähnliches, schwirrendes Quarren „wirrrr wirrrr...".

Vorkommen: Bevorzugt niedrigeren und dichteren Bewuchs als das Kleine Sumpfhuhn z. B. nasse Seggenbestände, überschwemmte Wiesen und verlandete Teiche.

Wachtelkönig *Crex crex* **Tafel 34, Karte 115, BZ**

Kennzeichen: 22-25 cm. Eine etwa drosselgroße Ralle, die in der Färbung an ein junges Rebhuhn erinnert, aber einen weit schlankeren, schmäleren Körper besitzt. Lebt sehr verborgen und ist daher eher zu hören als zu sehen. Gefieder insgesamt tarnfarben gräulich gelbbraun mit reichlicher Zeichnung, die aber nur aus der Nähe zu erkennen ist. Ein breiter Überaugenstreif, Kehle und Brust matt blaugrau, die Oberseite durch dunkelbraune Federn mit beigegelbem Rand schuppig gezeichnet und die Flanken weiß gebändert. Beim schwankend, flatternden Flug mit baumelnden Beinen wird das leuchtend rostrote Feld auf dem Hinterflügel sichtbar. Für gewöhnlich fliegt der Wachtelkönig bei Störung nicht auf, sondern huscht äußerst schnell und geschickt durch die dicht stehenden Halme davon.

Stimme: Reviergesang des ♂, der v. a. in der Nacht zu hören ist, eine stetige Folge kurzer, rauh ratschender Doppellaute „rrep-rrep rrep-rrep.." (lautmalend der wiss. Name *Crex crex*).

Vorkommen: Nicht wie die anderen Rallen an das Wasser gebunden. Lebt in feuchten, artenreichen Wiesen, Brachflächen und extensiv bewirtschafteten Getreidefeldern. Durch die mechanisierte, chemische Landwirtschaft, Trockenlegungen und andere Lebensraumzerstörungen im westlichen C-Europa sehr selten geworden.

Teichhuhn *Gallinula chloropus* **Tafel 35, Karte 116, BJZW**

Kennzeichen: 27-31 cm. Eine weit verbreitete und häufige Ralle mit der Gestalt eines kleinen Huhnes. Der relativ lange, zumeist steil aufgerichtete Schwanz zuckt beim staksigen Gang auf den langzehigen Beinen, wobei die weißen Unterschwanzdecken „aufblitzen". Altvögel insgesamt dunkel rußgrau, auf der Oberseite mehr schwarzbraun. Kennzeichnende Merkmale die gelbe Schnabelspitze und das leuchtend rote Stirnschild, die olivgrünen Beine mit rotem „Strumpfband" über dem Laufgelenk, der weiße Flankenstreif sowie die außen leuchtend weißen und zentral schwarzen Unterschwanzdecken. Jungvögel heller als die Alten, insgesamt gräulichbraun, an Kinn und Kehle schmutzig weiß und ohne Stirnschild, aber gut an der hellen Flankenlinie und den weißen Unterschwanzdecken zu erkennen. Liegt beim Schwimmen hoch im Wasser und nickt dabei ständig mit dem Kopf. Fliegt weniger flatternd als die kleinen Verwandten mit hängenden oder weit nach hinten gestreckten Beinen. Oft im Familienverband.

Stimme: Sehr ruffreudig mit großem Rufrepertoire. Kennzeichnende Rufe ein kurzer, guttural gurgelnder Laut „kjürrck", wiederholt, scharf „ki-keck ki-keck..." und im Flug wie am Boden schnell gereiht „kreck-kreck-kreck".

Vorkommen: Teiche, Seen, Flüsse mit ausreichend dichter Randvegetation. Im allgemeinen heimlich, auf Parkgewässern aber sehr vertraut. Nest geschützt im Uferbewuchs im, am oder über dem Wasser, in Parks oft auch ganz offen auf Uferbefestigungen o. ä. erhöhten Unterlagen.

Purpurhuhn *Porphyrio porphyrio* **Tafel 35, A**

Kennzeichen: 45-50 cm. Die größte, etwa hühnergroße Ralle Europas mit hohem, klobigem, rotem Schnabel, rotem Stirnschild und kräftigen roten Beinen mit überdimensional langen Zehen. Gefieder der Altvögel satt blauviolett, an Kinn und Kehle heller, nur die Unterschwanzdecken leuchtend weiß. Jungvögel heller und grauer, v. a. auf der Unterseite, mit zunächst mehr graurosa Schnabel und Beinen. Der Gang, wohl wegen der überlangen Zehen, reiherähnlich schreitend. Frißt das Mark von Binsen und Rohrkolben und benutzt dabei die Zehen geschickt zum Halten. Klettert im Röhricht. Fliegt mit schnellem Flügelschlag und hängenden Beinen. Schwimmt selten. Als Zooflüchtlinge können auch Vögel der afrikanischen Unterart *P. p. madagascariensis* vorkommen, die eine grüne Oberseite haben.

Stimme: Sehr laut mit großem Rufrepertoire. Oft gedehnt nasal trompetende, kurze oder länger anhaltende Laute „naah naah...“, oft auch härter mehr schnarrend „prrrih prrrih...“. Kontaktlaut schmatzend „tschuck“.

Vorkommen: Lebt im Pflanzendickicht verlandender Seen, in Sümpfen u. ä. dicht überwucherten Feuchtgebieten. Brutvorkommen in S-Spanien, Portugal und auf Sardinien.

Bläßhuhn *Fulica atra* **Tafel 35, Karte 117, BJZW**

Kennzeichen: 36-42 cm. Ein insgesamt schwarzer, kompakter Wasservogel. Deutlich größer als das Teichhuhn mit kurzem Stummelschwanz. Kopf und Hals sind tief schwarz. Der ganze übrige Körper ist etwas heller schieferschwarz. Markant sind das große, weiße Stirnschild (Blässe) und der weiße Schnabel. Im Flug wirken die Schwingen heller als die Flügeldecken und an dem Hinterrand des Armflügels ist eine schmale, weiße Kante zu sehen. Die Jungvögel sind fahl schwärzlichbraun, also wesentlich heller als die Alten. An Kehle, Vorderhals und Brust sind sie grauweiß. Das dunkle Gefieder und das Stirnschild entwickeln sich erst im Verlauf des ersten Winters. Auf dem Wasser schwimmen die Bläßhühner mit entenähnlicher Leichtigkeit. Sie tauchen häufig und verschwinden im Wasser mit einem kleinen Sprung. Zum Auffliegen vom Wasser brauchen sie einen längeren, „platschenden“ Anlauf. Sie fliegen dann aber zügig mit wirbelnd schnellem Flügelschlag, die grüngrauen Beine mit den durch Schwimmlappen verbreiterten Zehen weit nach hinten gestreckt. An Land, wo sie oft im Trupp Gras rupfen, wirken sie mit dem gedrungenen Körper und den großen Füßen recht plump. Außerhalb der Brutzeit sehr gesellig und dann auf geeigneten Gewässern in sehr großen Scharen.

Stimme: Sehr stimmfreudig mit einem großen Lautrepertoire. Am häufigsten ein kurzes, einsilbiges, scharfes „krjäck“, das oft mehrfach wiederholt wird, und ein spitzes, metallisches, explosionshaftes „pix“. Der Flugruf klingt wie ein quäkender, gezogener Trompetenton „njääääh njääh-ääh“.

Vorkommen: Brütet auf allen größeren Gewässern mit dichter bewachsenen Ufern. Bevorzugt nährstoffreiche Gewässer mit größeren, offenen Wasserflächen. Im Winter oft in großen Scharen auf Seen, Staubecken, Lagunen und an flachen Küsten.

Kammbläßhuhn *Fulica cristata* **Tafel 35**

Kennzeichen: 39-44 cm. Etwas größer als das Bläßhuhn, ihm sonst aber so ähnlich, daß eine Unterscheidung nicht leicht fällt. Die Altvögel haben einen blaugrau getönten Schnabel und auf der Stirn über der Stirnblässe zwei kleine, dunkelrote Höcker, die aber nach der Brutzeit weitgehend zurückgebildet werden. Das wesentliche Unterscheidungsmerkmal ist nur aus der Nähe zu sehen. Bei dem Bläßhuhn läuft das schwarze Gefieder zwischen Stirnschild und Oberschnabel in einem spitzen Winkel aus, bei dem Kammbläßhuhn ist dieser Winkel flach abgerundet. Im Flug fehlt dem

Kammbläßhuhn die weiße Hinterkante am Armflügel. Beim Schwimmen wirkt der Rücken flach, nicht gerundet wie beim Bläßhuhn, mit leicht angehobenem Heck. Die Jungvögel sind weit dunkler als junge Bläßhühner. Nur die Kehle ist weißlich. Verhält sich wie das Bläßhuhn, ist aber scheuer und hält sich weniger auf dem offenen Wasser auf.
Stimme: Rufe vielfältig und von denen des Bläßhuhns markant verschieden u. a. kurz, wiederholt, ähnlich wie das kleine Sumpfhuhn „kräck kräck...", auch rauh knarrend „oarr oarr" oder heiser gedehnt „ka-hah".
Vorkommen: Ansprüche an den Lebensraum wie bei dem Bläßhuhn. Einziges kleines Vorkommen in Europa in SW-Spanien.

Kraniche: Gruidae

Große schlanke Bodenvögel mit sehr langen Beinen, langem Hals und im Vergleich zu Reihern und Störchen relativ kurzem, dolchförmigem Schnabel. Die zu einer „Schleppe" verlängerten Schirmfedern überdecken den kurzen Schwanz. Geschlechter gleich. Flügel lang und tief gefingert. Im Flug wird der Hals vor- und die Beine nach hinten gestreckt. Fliegen auf dem Zug in Keil- oder Linienformation. Schreiten bei der Nahrungssuche gemessen dahin. Rufe laut trompetend. Bodenbrüter.

Kranich *Grus grus* **Tafel 6, Karte 118, BZ**

Kennzeichen: 96-119 cm. Ein sehr großer, stattlicher, langbeiniger Vogel mit langem Hals, relativ kleinem Kopf und dolchartigem Schnabel. Die verlängerten, buschigen Schirmfedern hängen als Schleppe über den kurzen Schwanz. Das Gefieder der Altvögel ist insgesamt hellgrau, auf der Oberseite mehr bräunlich und an den Spitzen der Schleppe schwarz. Von dem Auge zieht ein weißes Band im Bogen auf den Hinterhals, das durch das Schwarz von Kopf, Kehle und Oberhals noch betont wird. Die nackte Haut auf dem Scheitel ist mehr oder weniger ausgedehnt rot. Im Flug heben sich die grauschwarzen Schwingen von den hellgrauen Flügeldecken ab. Die Flügel sind lang, „rechteckig" und tief gefingert. Jungvögel ohne die Kopfzeichnung der Alten mit bräunlichgelbem Kopf und fahl bräunlich gezeichneter Oberseite. Die Schleppe ist noch kurz und struppig. Flugbild langgestreckt, der vorgereckte Hals und die nach hinten gestreckten Beine hängen leicht abwärts unter die Körperachse. Flügelschlag kraftvoll mit schnellerem Auf- und langsamerem Abschlag. Der aktive Flug wird durch lange Gleitstrecken unterbrochen. Während des Zuges segeln die Trupps oft kreisend im Aufwind. Flugformation auf dem Zug Winkel, langgezogener Bogen oder Linie. Schreitet langsam und graziös, beunruhigt in hoch aufgerichteter Haltung. Im Frühling spektakuläre Gemeinschaftstänze ganzer Trupps mit tiefen Verbeugungen und hohen Sprüngen.
Stimme: Laute weittragende, trompetende Rufe. Flugruf und allgemeiner Kontaktlaut guttural, rauh „kirra", „kirro", ein vielstimmiges „Konzert" kündigt die ziehenden Trupps schon von weitem an. Das laute, gemeinschaftliche Trompeten balzender Paare, vom ♂ gezogener und höher, vom ♀ kürzer und tiefer, hallt weit durch morgendliche Stille.
Vorkommen: Brütet in Waldmooren, Sümpfen und Bruchwäldern mit größeren Freiflächen (Wiesen, Felder) in der Umgebung. Die intensiven Schutzbemühungen haben dazu geführt, daß die Kraniche ihr Brutgebiet im N und NO C-Europas wieder ausdehnen konnten. Auf dem Zug und im Winter in großen Scharen auf traditionellen Rast- und Überwinterungsplätzen.

Jungfernkranich *Anthropoides virgo* **Tafel 6, E**

Kennzeichen: 85-100 cm. Kleiner und zierlicher als der Kranich. In der Gefiederfärbung aber diesem sehr ähnlich und daher aus größerer Entfernung leicht zu verwechseln. Kennzeichnend ist die in einem weiten Bogen gleichmäßig abfallende

Rückenlinie (der Kranich hat eine buschig hochstehende Schleppe) und bei den Altvögeln die von dem Kopf bis auf die Brust reichende Schwarzfärbung am Vorderhals. Aus der Nähe fallen an dem Kopf der Altvögel die geschwungen herabhängenden, weißen Ohrbüschel, der in einem spitzen, abstehenden „Brustlatz" endende schwarze Vorderhals und die schmalen, spitz auslaufenden, zu einer Schleppe verlängerten Schirmfedern auf. Im Flug verjüngen sich die Flügel von der breiten Basis zu dem gefingerten Handflügel hin deutlich (die Flügel des Kranichs sind mehr „viereckig"). Der Farbkontrast zwischen den dunklen Handschwingen und den helleren Deckfedern ist nicht so scharf wie bei dem Kranich. Die Jungvögel sind fahl bräunlichgrau mit hellem Kopf und dunkelgrauer Färbung an Vorderhals und Brust. Flugweise und Gang wie beim Kranich.
Stimme: Lautrepertoire ähnlich wie das des Kranichs, Flugrufe, aber höher, härter und rauher „girrruh", „girrrah".
Vorkommen: Brütet in den Steppen SE-Europas und Mittelasiens. Bei den Jungfernkranichen, die gelegentlich in C-Europa beobachtet werden, handelt es sich überwiegend um Gefangenschaftsflüchtlinge.

Trappen: Otididae

Große bis sehr große Bodenvögel mit langen, kräftigen Beinen, langen Hälsen und relativ kleinen Köpfen. Geschlechter v. a. in der Größe deutlich verschieden. Flügel im Flug lang und breit mit auffälliger schwarzweißer Musterung. Bewohnen weit offenes Gelände wie Steppen oder baumlose Ackerlandschaften. Gang ein langsames Schreiten. Zumeist sehr scheu. Drücken sich bei Gefahr oder laufen schnell davon. Die Nahrung besteht überwiegend aus Pflanzen, aber auch aus Insekten u. a. Wirbellosen, die v. a. für die Aufzucht der Jungen notwendig sind. Außerhalb der Brutzeit gesellig. Alle Arten sind im Bestand stark gefährdet.

Zwergtrappe *Tetrax tetrax* **Tafel 36, Karte 119, A**
Kennzeichen: 40-45 cm. Ein hühnergroßer und auch hühnerartig wirkender Bodenvogel. Im Flug ein auffälliges schwarzweißes Muster der Flügeloberseite. Der Flügel ist zur Hauptsache weiß. Nur die Großen Handdecken, die „Finger" und ein Saum am Ende der inneren Handschwingen und äußeren Armschwingen sind schwarz. Das ♂ im PK mit grauem Kopf, schwarzem Hals, der unter der Kehle durch ein weißes, schmales V und vor der Brust durch ein breiteres, weißes Band belebt wird, und sandbrauner, fein dunkel gezeichneter Oberseite. Im SK fehlt dem ♂ die auffällige Halsfärbung. Dann sieht es einheitlich unscheinbar sandfarben wie das ♀ und der Jungvogel aus. Die Zeichnung der Oberseite ist bei dem ♀ gröber und dunkler, so daß es insgesamt dunkler als das ♂ wirkt. Fliegt hühnerartig mit burrendem Fluggeräusch auf. Der Flügelschlag ist schnell und flach. Der Flug zumeist niedrig mit Gleitstrecken, v. a. vor dem Landen. Das ♂ erzeugt im Flug mit der verkürzten 7. Handschwinge ein pfeifendes Geräusch. Balz des ♂ mit Schnarren, Trampeln und Luftsprüngen, bei denen die weißen Flügel aufscheinen. Gesellig, nach der Brutzeit im Herbst oft kleinere bis große Trupps.
Stimme: Allgemein schweigsam. Im Frühjahr lassen die ♂ ein weit tragendes, in kurzen Abständen wiederholtes, trockenes Schnarren hören „ärrrr ärrrr...". ♀ können erschreckt laut und hart Gackern.
Vorkommen: Steppenartig weites trockenes Gras- und Ackerland.

Kragentrappe *Chlamydotis undulata* **Tafel 36, A**
Kennzeichen: 55-65 cm. Etwa so groß wie eine Truthenne und von ähnlicher Gestalt. Der Hals ist auffällig lang, der Kopf klein und der Körper schlank in die Länge gezogen. Das markanteste Merkmal ist der schwarze Kragen, der bei dem ♂ auf den Halsseiten

vom Kopf bis auf die Brust reicht und bei dem ♀ weniger ausgeprägt und kürzer ist. Die Oberseite ist blaß rötlichbraun mit kräftiger brauner Querbänderung, der Vorderhals grau und die Unterseite weiß. Das ♂ ist größer als das ♀. Es hat einen kleinen weißen (*Ch. u. undulata* - N-Afrika) oder schwarzen (*Ch. u. maqueenii* - Naher Osten) Schopf und darunter einen hellen Überaugenstreif. Das ♀ ist auf der Oberseite weniger rötlich-, mehr graubraun. Dem Jungvogel fehlt der dunkle Kragen. Im Flug ist das Muster des Oberflügels kennzeichnend. Er ist insgesamt dunkler als bei den anderen Trappen. Ein weißer Fleck auf den Basen der äußeren Handschwingen hebt sich scharf von dem Schwarz der „Finger" und der übrigen Schwingen ab. Der Daumenfittich wirkt, von den hellen Flügeldecken umgeben, als isolierter, schwarzer Fleck. Über die Großen Armdecken verläuft ein aufgehelltes Band. Die Flügel sind lang und schmal und der Flügelschlag mit ruckhaftem Auf- und schwingendem Abschlag eulenartig. Gewöhnlich versucht die Kragentrappe aber schnell laufend der Gefahr zu entgehen.
Stimme: Weitgehend stumm. Selten sind tiefe bellende Laute zu hören.
Vorkommen: Offene oder bebuschte steinige und sandige Steppen und Halbwüsten. Auch auf trockenen Feldern. Seltener Gast in S- und C-Europa.

Großtrappe Otis tarda **Tafel 36, Karte 120, BJ**
Kennzeichen: ♂ 90-105 cm, ♀ 75-85 cm. Die ausgewachsenen ♂ sind die größten, imposantesten und schwersten (um 15 kg) Vögel Europas. Die ♀ sind wesentlich kleiner. Da die ♂ aber erst mit 6 Jahren ausgewachsen sind, ist eine Unterscheidung der Geschlechter allein nach der Größe nicht möglich. Alte ♂ haben einen blaugrauen Kopf und einen ebenso gefärbten, auffallend dicken Hals. Während der Brutzeit gehen vom Kinn lange weiße Borstenfedern aus. Der Halsansatz trägt einen rotbraunen „Kragen", der nach der Brutzeit weniger ausgeprägt ist. Die Oberseite ist rötlichbraun mit einem schwarzbraunen, quer verlaufenden Wellenmuster. Der rotbraune Schwanz hat einen schwarzweißen Rand. Auch der gefaltete Flügel zeigt gewöhnlich viel Weiß. Das ♀ wirkt weit schlanker, ohne den dicken Hals und die vorgewölbte Brust. Nur der Kopf ist grau. Der Hals oft mehr bräunlichgrau ohne „Kragen". Die Oberseite ist weniger rötlich mehr sandbraun. Am Boden ist an dem Flügel kaum Weiß zu sehen. Die Jungvögel gleichen weitgehend den ♀. Im Flug wirkt der Oberflügel sehr hell. Nur die Armschwingen, die Spitzen der Handschwingen und die Großen Handdecken sind dunkel schwarzbraun. Sonst sind, bis auf den braunen Vorderflügel, die Deckfedern weiß und die Basen der Handschwingen stark aufgehellt hellgrau. Das Flugbild ist gänseähnlich, der Kopf wird aber höher getragen. Die langen Flügel sind „eckig" und an den Enden tief gefingert. Der Flügelschlag ist langsam und kraftvoll. Der Gang, zumeist hoch aufgerichtet mit leicht nach hinten geneigtem Hals und Kopf, ist ein gemessenes Schreiten. Gesellig, nach der Brutzeit in mehr oder weniger großen Trupps, in denen die ♀ und Jungvögel vorherrschen.
Stimme: Zumeist stumm. ♂ lassen bei der Revierabgrenzung ein grunzendes Schnarren hören.
Vorkommen: Weite baumlose Grassteppen und ausgedehnte, extensiv bewirtschaftete Acker- und Weidelandschaften. Durch die intensive Landwirtschaft in C-Europa weitgehend der Lebensgrundlage beraubt. In Deutschland nur noch minimale Restbestände in Brandenburg.

Austernfischer: Haematopodidae

Austernfischer *Haematopus ostralegus* **Tafel 42, 50, Karte 121, BJZW**
Kennzeichen: 39-44 cm (davon Schnabel 6-8 cm). Etwa taubengroße kompakte, untersetzte Watvögel mit einer markanten schwarz-weiß-roten Färbung. Im PK sind Kopf, Hals und Oberseite schwarz, die Unterseite ist weiß, der lange, seitlich abge-

flachte Schnabel ist orangerot, die Beine sind rosa. Im SK mit schmalem, weißem „Kinnriemen", dunkler Schnabelspitze und graurosa Beinen. Geschlechter weitgehend gleich. Die Jungvögel sind oberseits matter, braunschwarz und haben gräuliche Beine. Im Flug werden auf dem Flügel ein breites weißes Band und an dem weißen Schwanz die schwarze Endbinde sichtbar. Flügelschlag entenähnlich flach und schnell. Nach der Brutzeit oft in großen, unregelmäßigen Schwärmen. Stochern am Strand nach Würmern und Muscheln.
Stimme: Rufe laut und gellend. Häufigster Ruf im Flug und auch am Boden durchdringend „quwii quwii..." auch zweisilbig „quwii-wii" oder hart „quwit quwit...". Bei dem gemeinsamen Trillerzeremoniell laufen benachbarte Paare mit niedergebeugtem Kopf nebeneinander her und lassen dabei ein langsam „kip kip..." beginnendes und sich dann furios steigerndes „kikikikiki..." Trillern hören.
Vorkommen: Fels-, Sand- und Marschküsten. Im Mündungsbereich großer Flüsse auch weiter im Binnenland. Nahrungssuche am Strand und im Watt. Hochwasserrastplätze auf Sandbänken und Felsinseln. Nest am Boden im niedrigen Gras oder auf kiesigem Sand.

Stelzenläufer und Säbelschnäbler: Recurvirostridae

Stelzenläufer *Himantopus himantopus* **Tafel 42, 50, Karte 122, G**
Kennzeichen: 33-36 cm (davon Schnabel 6 cm). Ein bemerkenswert schlanker, graziler Watvogel mit extrem langen roten Beinen und nadelartig feinem, schwarzem Schnabel. Der schwarze Mantel (bei dem ♀ mehr schwarzbraun) und die insgesamt schwarzen Flügel bilden mit dem leuchtenden Weiß von Kopf, Hals und Unterseite einen scharfen Kontrast. Die Kopffärbung ist variabel von rein weiß bis zur Ausbildung einer schwarzen, auf den Hinterhals reichenden Kappe. Der Kopf des ♀ ist gewöhnlich weniger kräftig gezeichnet. Die Kopffärbung ist aber kein sicheres Unterscheidungsmerkmal. Jungvögel auf der Oberseite schwarzbraun. Die dunklen Federn von Mantel und Flügeln haben feine helle Ränder. Oberkopf und Hinterhals sind immer gräulich dunkel gefärbt. Flugbild unverkennbar mit spitzen, schmal dreieckigen, schwarzen Flügeln und weit nach hinten ragenden, langen Beinen (überragen den Schwanz um etwa 18 cm). Waten bis an den Bauch im Wasser und picken dabei ständig nach Nahrung. Beunruhigt ruckhafte Kopfbewegungen.
Stimme: Im Brutgebiet laut und lärmend. Am häufigsten ist ein etwas hart quäkendes „küick küick..." zu hören. Erregt rauh, nasal „krit krit...".
Vorkommen: Süße, brackige und salzige Flachwasserzonen wie Lagunen, flache Seen und Salinen. Brütet in losen Kolonien. Nest am Boden nah am oder im Flachwasser, oft erhöht auf Grasbulten oder Schlammkegeln.

Säbelschnäbler *Recurvirostra avosetta* **Tafel 42, 50, Karte 123, BJZ**
Kennzeichen: 42-46 cm (davon 7 cm Schnabel). Im Aussehen so eigentümlich, daß er kaum mit einem anderen Vogel der Region verwechselt werden kann. Ein elegant schlanker weiß-schwarzer Vogel mit einem feinen aufwärtsgebogenen Schnabel und langen graublauen Beinen. Oberkopf, Hinterhals, Schultern, Große Armdecken und Flügelspitzen schwarz, sonst alles weiß. ♀ auf dem Kopf bräunlicher mit oft stärker gekrümmtem Schnabel. Bei dem Jungvogel weiße Partien der Oberseite teilweise „schmutzig" bräunlich und schwarze Partien dunkel schwarzbraun. Flugbild überwiegend weiß mit dunklen Flügelspitzen, feinem, langem Schnabel und weit über den Schwanz reichenden Beinen. Watet zumeist im flacheren Wasser, kann aber auch schwimmen und dabei nach Entenart gründeln. Bei der Nahrungssuche wird der Schnabel mit pendelnden Bewegungen durch das flache Wasser gezogen, manchmal wird die Beute aber auch nach kurzem Spurt gezielt gefaßt. Nahrung überwiegend Kleinkrebse.
Stimme: Kontakt- und wohl auch Warnruf in ständiger Wiederholung melodisch „püit

püit...". Bei Gefahr wird dieser Ruf immer heiserer bis er sich oft geradezu überschlägt.
Vorkommen: Flache Gezeitenküsten, Lagunen und Brackwasserseen. Brütet in losen Kolonien. Nest am Boden, oft recht frei im niedrigen Gras, auf Sand oder einer Schlickbank.

Triele: Burhinidae

Triel *Burhinus oedicnemus* **Tafel 36, 52, Karte 124, A**
Kennzeichen: 38-45 cm. Ein gut taubengroßer Bodenvogel mit großem durch helle Streifen über und unter dem Auge gezeichnetem Kopf, großen, gelben Augen, kräftigem schwarz-gelbem Schnabel, matt gelben stämmigen Beinen und recht langem Schwanz. Das Gefieder ist ausgesprochen tarnfarben sandbraun mit dunkelbrauner Längsstreifung. Auffällig ist das Muster des Oberflügels. Auch bei gefaltetem Flügel ist, beim ♂ ausgeprägter als bei dem ♀, ein schwarz eingefaßtes weißes Band auf den Mittleren Handdecken sichtbar. Ähnlich gebändert sind auch die Großen Handdecken. Die Schwingen sind schwarz mit einigen weißen, fensterartigen Flecken. Bei dem Jungvogel fehlt die Kopfzeichnung, und die Binde auf dem gefalteten Flügel ist kaum zu erkennen. Lebensweise verborgen und heimlich. Durch die perfekte Tarnung auf steinigem Grund kaum auszumachen. Läuft oft in waagerechter Haltung geduckt mit eingezogenem Kopf. Drückt sich bei Gefahr. Im Flug durch das auffällige Muster der Oberflügel, buckliges Profil und flachen Flügelschlag der steif gebogenen Flügel besser auszumachen.
Stimme: Verschiedene Rufe, die während der Brutzeit v. a. in der Dämmerung und Nacht zu hören sind. Häufig brachvogelähnlich flötend ein- oder zweisilbig „püii..", „püiiwiih". Erregt in schneller Folge „püit püit...". Balzgesang mit rauh trillernder erster und klar flötender zweiter Silbe „wirr-üiih wirr-üiih...". Die Rufe erinnern ganz allgemein an die großen Regenpfeifer und Wasserläufer.
Vorkommen: Brütet auf offenen, spärlich bewachsenen steinigen und sandigen Flächen wie Heiden, Kies- und Schotterbänken, Steppen und trockenem Brachland. In C-Europa sind die Brutvorkommen weitgehend erloschen.

Rennvögel und Brachschwalben: Glareolidae

Rennvogel *Cursorius cursor* **Tafel 39, A**
Kennzeichen: 24-27 cm. Ein schlanker, eleganter, an einen Regenpfeifer erinnernder Vogel mit einem feinen, leicht abwärts gebogenen Schnabel und langen, hellen Beinen. Das Gefieder am Boden unscheinbar fahl sandfarben. Bei dem Altvogel ist der Kopf gezeichnet. Scheitel und Nacken sind blaugrau, darunter ein weißer Überaugenstreif und ein schwarzer Augenstreif, die sich jeweils im Nacken treffen. Die Unterschwanzdecken sind weißlich. Im Flug mit der schwarzen Flügelunterseite und Handflügeloberseite auffälliger. Der Jungvögel ist bräunlicher und auf der Oberseite schuppig gefleckt. Die Kopfzeichnung ist nur angedeutet. Läuft in aufrechter Haltung und hält, wie die Regenpfeifer, immer wieder inne, pickt zu und läuft weiter. Bei Gefahr fliegt der Rennvogel nur ungern auf. Zunächst versucht er rennend das Weite zu suchen. Das Flugbild zeigt spitz zulaufende Flügel und über den Schwanz ragende Füße. Der langsame, ruckartige Flügelschlag erinnert an den Kiebitz. Der aktive Flug ist aber durchaus zügig und fördernd. Er wird immer wieder durch Gleitstrecken unterbrochen.
Stimme: Häufigster Ruf ein scharf flötender Pfiff „quiit quiit..." gelegentlich gefolgt von einem rauhen, krächzenden „hark hark...", das auch alleine geäußert wird.
Vorkommen: In N-Afrika und dem Vorderen Orient, sandige, steinige Halbwüsten, Wüsten und spärlich bewachsenes Kulturland. In Europa ein sehr seltener Gast.

Rotflügel-Brachschwalbe *Glareola pratincola* **Tafel 38, Karte 125, A**
Kennzeichen: 24-28 cm. Wirkt am Boden wie ein gestreckter, kurzbeiniger Regenpfeifer und in der Luft wie eine dunkle Seeschwalbe. Die schmalen, langen Flügel, der tief gegabelte „Schwalbenschwanz", die kurzen Beine und der gedrungene, leicht gekrümmte Schnabel kommen in dieser Kombination nur noch bei den nahe verwandten Arten vor. Gewöhnlich überragen beim Stehen die Schwanz- die Flügelspitzen. Gefieder auf der Oberseite sowie an Kopf, Hals und Brust matt olivbraun, Bürzelregion und die Unterseite weiß, Schwanzspieße und Handschwingen schwarz, Armschwingen mit weißen Spitzen, die an dem Hinterrand des Armflügels einen feinen weißen Saum bilden, Armdecken des Unterflügels kastanienbraun, wirken aber aus einiger Entfernung oder im Gegenlicht so dunkel wie die Handschwingen. Die Kopfzeichnung des PK ist nur aus der Nähe erkennbar. Der bis unter das Auge reichende Schnabelwinkel ist ausgedehnt rot. Die bräunlichgelbe Kehle wird durch ein schmales, von Auge zu Auge reichendes dunkles Halsband eingerahmt. Im SK ist diese Kopfzeichnung nur angedeutet. Der Jungvogel hat ein dunkel geflecktes Halsband und eine schuppig gezeichnete Oberseite. Der Flug erinnert an eine Seeschwalbe oder große, schnittige Schwalbe. Bei der Insektenjagd, oft hoch in der Luft, rasante Flugmanöver mit schnellen Wendungen und Sturzflügen. Gesellig in großen lärmenden Schwärmen. Oft dämmerungsaktiv.
Ähnliche Arten: Aus einiger Entfernung leicht mit der Schwarzflügel Brachschwalbe und der Orientbrachschwalbe zu verwechseln. Letztere hat ebenfalls rotbraune Unterflügeldecken aber keinen weißen Flügelrand und nur kurze Schwanzspieße.
Stimme: Rufe seeschwalbenähnlich kurz und hoch „kjück", „kjück-kerrick". Fluggesang mehrsilbig „kridlü-krikri-kit".
Vorkommen: Trockene, spärlich bewachsene Uferbereiche von Feuchtgebieten, ausgetrocknete Schlammbänke, karge Salzsteppen zumeist in Gewässernähe. Nistet am Boden in lockeren Kolonien.

Schwarzflügel-Brachschwalbe *Glareola nordmanni* **Tafel 38, A**
Kennzeichen: 24-28 cm. Im Aussehen und Verhalten wie die Rotflügel-Brachschwalbe, insgesamt aber dunkler. Der Schwanz wird beim Stehen immer durch die Flügel überragt. Die Beine sind vergleichsweise lang. Die Oberseite ist dunkel olivbraun. Auf der Flügeloberseite zwischen Flügeldecken und Schwingen nur ein geringer Kontrast. Die Flügelunterseite ist ganz schwarz ohne hellen Armflügelsaum. Die Schwanzspieße wirken auch im Flug weniger ausgezogen. Im PK an dem Schnabel nur wenig Rot, aber zumeist mit einem breiteren schwarzen Zügelstreif zwischen Schnabel und Auge.
Stimme: Rufe tiefer, härter und trockener als von der Rotflügel-Brachschwalbe „ketteck", „krett", Warnlaut rauh rollend „trrrt".
Vorkommen: Offene Randbereiche von Feuchtgebieten, Steppen in Gewässernähe, niedrig bewachsenes Kulturland. Lebt in den Steppengebieten SE-Europas. In C-Europa ein seltener Gast.

Regenpfeifer: Charadriidae

Kleine bis taubengroße rundköpfige, kurzhalsige und kurzschnäbelige Bodenvögel. Geschlechter zumeist gleich. Charakteristische Bewegungsweise bei der Nahrungssuche: „Rollend" schneller Lauf - ruckhafter Halt in aufgerichtet lauschender Haltung - Zupicken - Weiterlaufen. Außerhalb der Brutzeit gesellig. Kennzeichnende Gefiederfärbungen und Zeichnungen v. a. an Kopf und Hals.

Flußregenpfeifer *Charadrius dubius* **Tafel 38, 40, Karte 126, BZ**
Kennzeichen: 16-18 cm. Ein wenig kleiner und v. a. schlanker, zierlicher, hochbeiniger als der Sandregenpfeifer. Der schwarze Schnabel ist feiner und länger. Die dunkle

Gesichtsmaske unter dem Auge nicht abgerundet, sondern zu einem Zipfel ausgezogen. Um das Auge ein gelber Lidring. Auf dem Flügel nur eine sehr schmale helle Binde. Beine hellbraun bis graurosa. Altvogel im PK mit einem über die Stirn ziehenden weißen Überaugenstreif. Bei dem ♂ ist die Gesichtszeichnung tief schwarz, bei dem ♀ mehr schwarzbraun. Im SK ohne die schwarzweiße Kopfzeichnung mit graubrauner Maske, beigegelber Stirn und beigegelbem Überaugenstreif. Jungvogel ähnlich SK. Der Halsring ist zumeist vorne nicht geschlossen. Von dem jungen Sandregenpfeifer an der gelblichen Stirn, dem Fehlen eines deutlichen Überaugenstreifs, dem dünnen Schnabel und dem gelben Lidring zu unterscheiden. Flügelschlag schneller und flacher als beim Sandregenpfeifer. Die Bewegungen am Boden „hektischer“ und ruckhafter.
Stimme: Reviergesang, zumeist im flatternden „Fledermausflug“ vorgetragen, heiser kehlig „griä-griä-griä...“ oft durch kurzes, rauhes „gri gri...“ eingeleitet. Häufigster Ruf ein scharfer, absinkender Pfiff „pii-u“. Daneben vielfältige melodisch pfeifende und schnarrende Laute.
Vorkommen: Kies- und Sandflächen an Flachgewässern im Binnenland. Früher an Flußufern auf Schotterbänken usw. Heute einer der typischen Vögel von Kies- und Sandgruben sowie anderen Tagebaugebieten. Nest eine flache Mulde im Sand. Eier in der Färbung von Kieselsteinen kaum zu unterscheiden.

Sandregenpfeifer *Charadrius hiaticula* **Tafel 38, 40, Karte 127, BZ**

Kennzeichen: 17-19 cm. Lerchengroß, kompakt und rundlich mit großem, rundem Kopf und kurzem, kräftigem Schnabel. Im Flug recht lange schmale Flügel mit durchgehend breiter, weißer Binde. Beine orange bis gelblich. Altvogel im PK ohne durchgehenden Überaugenstreif, nur weißer Fleck über und hinter dem Auge. Der Schnabel an der Basis leuchtend orange, an der Spitze schwarz. Dunkle Kopfzeichnung beim ♀ bräunlicher als beim ♂. Im SK bräunlicher, ohne die markante schwarzweiße Zeichnung an Kopf und Hals mit weißer Stirn und weißem Überaugenstreif. Gesichtsmaske unter dem Auge gerundet. Schnabel schwarz. Jungvogel ähnlich SK. Gefieder auf der Oberseite schuppig gezeichnet. Halsring oft nicht ganz geschlossen. Beine matt orange bis gelblich. Flug mit lockerem, ausholendem Flügelschlag. Am Boden typisches Verhalten aller kleinen Regenpfeifer: Rollender Lauf, plötzlicher Halt, Zupicken, Weiterlaufen.
Stimme: Reviergesang, oft im fledermausartig gaukelnden, niedrigen Flug vorgetragen, flötend bis kehlig heiser „tjü-wi tjü-wi tjü-wirr...“. Häufigster Ruf ein melodisch reiner Pfiff „püji“.
Vorkommen: Sandige, kiesige Strände, seltener an entsprechenden Ufern von Brack- und Süßgewässern. Auf dem Zuge und im Winter auch auf Schlammflächen im Binnenland. Nistet am Boden auf Sand- oder Kiesflächen. Eier gut getarnt.

Keilschwanz-Regenpfeifer *Charadrius vociferus* **Tafel 38**

Kennzeichen: 24-26 cm. Größer und weit schlanker, gestreckter als der Sandregenpfeifer mit vergleichsweise weit längerem, feinerem Schnabel und viel längerem schmal keilförmigem Schwanz. Leicht an dem doppelten, schwarzen Brustband, an den rostorangen Federn von Bürzel und Oberschwanzdecken und an dem breiten, weißen Flügelstreif zu erkennen. Schnabel schwarz. Beine gelblichgrau. Flugbild durch den lang ausgezogenen Schwanz geprägt. Flugweise im Vergleich mit anderen kleinen Regenpfeifern recht gemächlich und schwankend.
Stimme: Rufe laut, schrill „kill-dii“, „kill-diiu“ (amerik. Name Killdeer), Warnrufe zusammengezogen manchmal überschlagend „dii dii dii-ii kill-dii dii-ii iii“.
Vorkommen: Seltener Gast aus N-Amerika. Winterbeobachtungen v. a. von den Britischen Inseln. Bevorzugt kurzrasige Wiesen und Sandstrände.

Seeregenpfeifer *Charadrius alexandrinus* **Tafel 38, 40, Karte 128, BZ**

Kennzeichen: 15-17 cm. Etwas kleiner als der Sandregenpfeifer mit großem, „flachem“ Kopf, vergleichsweise kurzem Schwanz, feinem, schwarzem Schnabel und rela-

tiv langen, zumeist schwärzlichen, selten auch mehr graubraunen bis gelblichen Beinen. Die Oberseite ist heller als bei den anderen kleinen Regenpfeifern, das Brustband vorne immer weit offen und die Kopfzeichnung nur angedeutet. Der weiße Flügelstreif ähnlich ausgedehnt wie bei dem Sandregenpfeifer. Der Schwanz mit breiten, weißen Kanten. ♂ und ♀ können im PK unterschieden werden. Das ♂ hat einen schwarzen Stirnfleck und Augenstreif, einen rotbraunen Nacken und schwarze „Halsringflecke". Das ♀ ist weit schlichter mit graubrauner statt schwarzer Kopfzeichnung, einer weißen Stirn und einem gelblichen Überaugenstreif. Altvögel im SK wie ♀, aber noch grauer. Jungvogel mit nur kleinen, hellen Flecken an den Brustseiten und einer fein schuppig gezeichneten Oberseite. Huschen auf dem Boden bemerkenswert rasch umher. Im Flug ausgesprochen schnell und wendig, schießen oft dicht über dem Boden dahin.
Stimme: Reviergesang im schmetterlingsartig flatternden Balzflug, ähnlich schnarrend wie der des Alpenstrandläufers, „dwit-drrriririr dwit-wirrr...", Rufe kurz, rauh „wirr wirr..." oder stimmhaft „puit".
Vorkommen: Weite sandige, kiesige Strände und Ufer an Flachküsten, Lagunen und salzigen Binnenseen. Nest eine flache Mulde im Sand.

Wüstenregenpfeifer *Charadrius leschenaultii* Tafel 38, A

Kennzeichen: 19-22 cm. Ein recht großer, entfernt kiebitzähnlicher Regenpfeifer mit gestrecktem Körper, einem kräftigen, relativ langen, schwarzen Schnabel und langen zumeist grünlichen Beinen. Oberflügel mit Flügelstreif und feinen hellen Rändern der Flügeldecken. Alle Gestaltsmerkmale ausgeprägter als bei dem kleineren Mongolenregenpfeifer (s. Irrgäste). Gefiederfärbung und -zeichnung im Schlicht- und JK ähnlich wie bei dem Seeregenpfeifer-♀. Das ♂ im PK aber auffällig gefärbt: Schwarze Maske mit kleinem, weißem Stirnfleck, rostroter Nacken, der sich an den Halsseiten in einem breiten Brustband fortsetzt, Oberseite rostrot getönt. Das ♀ viel matter und grauer gefärbt. Die Füße überragen, anders als bei dem Mongolenregenpfeifer, im Flug den Schwanz. Die Flugweise erinnert an den größeren, gedrungeneren Goldregenpfeifer.
Stimme: Für einen Regenpfeifer recht schweigsam. Häufigster Ruf, der auch im Flug zu hören ist, ein steinwälzerähnliches, rollendes „trrri trrri...". Von dem ähnlichen, kürzeren, härteren Ruf des Mongolenregenpfeifers nur schwer zu unterscheiden.
Vorkommen: Brutgebiet Zentralanatolien bis Mittelasien. Sandige, schlammige Uferzonen binnenländischer Salzseen und angrenzende Steppe. Auf dem Zug Sand- und Schlickstrände, Flußmündungen, Lagunen, Salinen. In C-Europa ein sehr seltener Gast.

Mornellregenpfeifer *Charadrius morinellus* Tafel 38, 40, Karte 129, Z

Kennzeichen: 21-24 cm. Kleiner als Gold- und Kiebitzregenpfeifer jedoch mit ähnlicher, etwas rundlicherer Gestalt, feinerem Schnabel und im Flug auffällig kurzem Schwanz. Immer mit markanten Überaugenstreifen, die sich im Nacken treffen, hellem Brustband, dunklen Flügeln, nur der Schaft der äußersten Handschwinge ist weiß, und grünlichen bis gelblichgrauen Beinen. ♀ kräftiger gefärbt und ein wenig größer als das ♂. Altvögel im PK mit fast schwarzem Scheitel, weißem Überaugenstreif, grauer Kehle, bei dem ♂ mehr „unsauber" bräunlich, weißem, oben fein schwarz gesäumtem Halsband, rostroter Brust, schwarzem Bauch und hell rotbraun gerandeten Flügeldecken. SK ohne rostrote Färbung mit beigegelbem Überaugenstreif und einfachem, weißem Brustband. Jungvogel auf der Oberseite schwarzbraun durch hell gelbliche Federsäume schuppig gezeichnet. Das ♀ balzt und verteidigt das Revier. Das ♂ brütet und führt die Jungen. Wirkt am Nest, da der Brut- den Fluchttrieb überwiegt, zahm. Sollte aber nicht gestört werden.
Stimme: Ruft auf dem Zuge, oft auch beim Auffliegen weich, rollend „wjürr wjürr...", Kontaktruf einfach, piepend „pjiip pjipp...", Reviergesang des ♀ im flatternden Balzflug gereiht „pjüt pjüt...".
Vorkommen: Brütet im Gebirge auf Geröllflächen oberhalb der Baumgrenze und in der

offenen Tundra. Rastet auf dem Zug nur an wenigen geeigneten Plätzen auf abgeernteten Äckern, Heiden und kurzrasigen Wiesen.

Pazifischer Goldregenpfeifer *Pluvialis fulva* **Tafel 37, A**

Kennzeichen: 21-25 cm. Etwas kleiner als der Amerikanische Goldregenpfeifer mit kürzeren Flügeln, die Handschwingen werden beim Stehen durch die Schirmfedern fast verdeckt, längerem Schnabel und längeren Beinen. Die Flügelunterseite wie bei dem Amerikanischen Goldregenpfeifer graubraun. Von diesem im PK durch die durchgehend weißen Flanken und die schwarzweiß gesprenkelten Unterschwanzdecken unterschieden. Die Oberseite des Jungvogels ist heller goldgelb. Überaugenstreif und Stirnfleck sind weniger ausgeprägt. Von dem jungen Goldregenpfeifer ist er kaum zu unterscheiden. SK ähnlich JK. Bewegungsweise und Verhalten wie beim Amerikanischen Regenpfeifer. S. auch Goldregenpfeifer.
Stimme: Häufigster Ruf zweisilbig, sehr ähnlich dem Ruf des Dunklen Wasserläufers „tschiu-witt“, während des Zuges auch wie der Goldregenpfeifer flötend „düh“.
Vorkommen: Brütet in der Tundra N-Sibiriens und W-Alaskas. In C-Europa, v. a. im Spätsommer und Herbst, ein seltener Gast.

Amerikanischer Goldregenpfeifer *Pluvialis dominica* **Tafel 37, A**

Kennzeichen: 24-27 cm. Etwa so groß wie der Goldregenpfeifer mit längerem Schnabel und den längsten, schmalsten Flügeln von allen großen Regenpfeifern. Beim Stehen Handschwingen deutlich länger als Schirmfedern. Die Flügelspitzen reichen bis zum Schwanzende oder etwas darüber hinaus. Der Scheitel wirkt flacher, weniger rund als bei dem Goldregenpfeifer und die Beine sind auffallend lang. Flügelunterseite bräunlichgrau, nicht hell wie bei dem Goldregenpfeifer. Von den drei „Goldregenpfeifern“ hat der Amerikanische das dunkelste, graueste Gefieder. Die gelben Flecke wirken im Freiland oft weißlich. ♂ im PK, abgesehen von dem leuchtend weißen, von der Stirn über das Auge bis auf die Brustseiten reichenden „Schal“, sehr dunkel, auf der Oberseite schwarz-gelb gefleckt und auf der Unterseite ganz schwarz. ♀ mit weißer Sprenkelung im Gesicht, an den Flanken und den Unterschwanzdecken. Der überwiegend graubraune Jungvogel erinnert an den Kiebitzregenpfeifer. Von dem Jungen Goldregenpfeifer durch ausgeprägteren, weißlichen Überaugenstreif, dunkleren Ohrfleck, kräftiger gefleckte Brust und ausgeprägtere Bänderung an Bauch und Flanken unterschieden. Bewegung am Boden und im Flug wie bei dem Goldregenpfeifer, gewinnt aber durch die „spindeldürren“ Beine und die schlanken, langen Flügel ein eigentümliches Aussehen. S. auch Goldregenpfeifer.
Stimme: Rufe allgemein schärfer, weniger melodisch als die des Goldregenpfeifers. Häufig zweisilbig „klü-ii“ mit Betonung auf der ersten Silbe oder kurz „kliep“, auch kiebitzartig klagend „klii-iet“.
Vorkommen: Brütet in der Tundra N-Amerikas. In Europa ein sehr seltener Gast.

Goldregenpfeifer *Pluvialis apricaria* **Tafel 37, 40, Karte 130, BZ**

Kennzeichen: 25-28 cm. Der in Europa heimische und daher hier häufigste der „Goldregenpfeifer“. Von dem kleineren, schmächtigeren Pazifischen- und Amerikanischen Goldregenpfeifer durch die weiße Flügelzeichnung und das intensiver goldgelb gefleckte Gefieder unterschieden. Merklich kleiner als der Kiebitzregenpfeifer und ohne die für diesen typischen, schwarzen Achselfedern. Im Flug zeigt der Goldregenpfeifer auf dem Flügel einen feinen aber deutlichen hellen Flügelstreif. Am Unterflügel sind die Achselfedern und hinteren Armdecken rein weiß. Altvögel im PK recht variabel. Von N nach S nimmt die Intensität der Schwarzfärbung auf der Unterseite ab. Die nördliche Form aus Island und dem arktischen Europa ist vom Gesicht bis zum weißen Steiß tief schwarz, die ♂ im allgemeinen ausgeprägter als die ♀. Die schwarze Unterseite wird von der „goldenen“ Oberseite durch ein von der Stirn bis auf die Flanken reichendes weißes Band scharf getrennt. Bei der südlichen Form, etwa ab Mittelskandinavien, ist die Trennung zwischen Ober- und Unterseite nicht so

deutlich. Das Gesicht ist oft gelblichgrau, und das Schwarz der Unterseite am Rande mit weißen Federn durchsetzt. Im Schlicht- und JK ohne Schwarz. Der Bauch beim Altvogel ausgedehnt weiß. Der Jungvogel an Bauch und Flanken fein graubraun gebändert. Wirkt im Flug recht kompakt mit dickem Kopf und spitz zulaufenden Flügeln. Flug schnell mit erstaunlicher Beschleunigung. Oft längeres Gleiten aus dem heraus im spektakulär taumelnden Sinkflug die Landung erfolgt. Auf dem Zug in großen dichten Schwärmen.
Stimme: Häufigster Ruf im Flug und auch am Boden melancholisch flötend „tüii". Reviergesang des ♂, im schmetterlingsartig flatternden Balzflug vorgetragen, zweisilbig „tüii-jii tüii-jii..." oft am Boden von einem leiernden Schwirren „dürrjiedürrjedürrjie..." gefolgt, das auch aus rastenden Schwärmen zu hören ist.
Vorkommen: Brütet in Europa in der Tundra, auf Mooren, kurzrasigen Bergwiesen und Heiden. In C-Europa nur noch minimale Restbestände. Auf dem Zug auf Wiesen, Weiden und umgepflügten Äckern. Selten an Stränden und auf Schlickflächen.

Kiebitzregenpfeifer *Pluvialis squatarola* **Tafel 37, 40, Karte 131, ZW**
Kennzeichen: 26-29 cm. Deutlich massiger als der Goldregenpfeifer mit kräftigerem, dickerem Schnabel, größerem Kopf, gewölbterem Rücken und vollerer Brust. In allen Kleidern gut an dem breiten weißen Flügelstreif, den schwarzen Achselfedern, dem weißlichen Bürzel und dem schwarzweiß gebänderten Schwanz zu erkennen. Altvögel im PK recht auffällig. Die Oberseite ist silberweiß mit intensiver schwarzer Fleckung. Von der Stirn bis an die Brustseiten trennt ein breites weißes Band die schwarze Unterseite von der „silbernen" Oberseite. Beim ♀ ist das Schwarz von weißen Federn durchsetzt. SK und JK insgesamt bräunlichgrau. Auch auf der Unterseite verwaschen gräulich, nicht rein weiß wie bei dem Goldregenpfeifer. Der Jungvogel wirkt durch die beigegelblichen Federränder der Oberseite nicht so düster grau wie der Altvogel, mehr bräunlich bis gelblich. Er kann daher mit matter gefärbten Goldregenpfeifern, v. a. dem jungen Amerikanischen Goldregenpfeifer, verwechselt werden. Läuft am Boden oft in einer etwas buckligen Haltung und wirkt bei der Nahrungssuche nicht so agil wie der Goldregenpfeifer, sondern mehr langsam und zögerlich. Selten im dichten Schwarm, oft nur wenige oder einzeln.
Stimme: Ruf, im Unterschied zu dem des Goldregenpfeifers, dreisilbig klagend „klüi-ijii". Reviergesang im Schauflug, ähnlich wie der Große Brachvogel, „kü-di-lüü".
Vorkommen: Brütet in der arktischen Tundra. Auf dem Zug vorwiegend an der Küste im Watt, im Vorland und auf Sandstränden, seltener an Ufern und auf Schlammflächen im Binnenland.

Spornkiebitz *Hoplopterus spinosus* **Tafel 39**
Kennzeichen: 25-28 cm. Schlanker, ein wenig kleiner und hochbeiniger als der Kiebitz mit stumpf endenden, aber nicht abgerundeten Flügeln. In allen Kleidern ein markanter Kontrast zwischen dem Weiß auf Kopf- und Halsseiten und dem Schwarz von Kappe, Brust und Flanken. Oberseite des Altvogels fahlbraun mit zugespitzten, herabhängenden Schulterfedern. Am Flügelbug ein kleiner, kaum sichtbarer Sporn (Name). Jungvogel durch hellbräunliche Federn auf dem Kopf und helle Federränder auf der Oberseite insgesamt matter, weniger kontrastreich gefärbt. Im Flug an dem Schwarzweißmuster des Körpers und der Flügel von den ähnlichen Kiebitzen zu unterscheiden. Hand- und Armschwingen sind schwarz. Die weißlichen Großen Decken bilden auf dem Flügel ein gebogenes, helles Band. Die Unterflügeldecken sind weiß. Die Flugweise und das Verhalten am Boden erinnern an den Kiebitz. Bei der Nahrungssuche oft in geduckter Haltung.
Stimme: Typischer Warnruf scharf „tick-tick-tick...". Revierruf kreischend „didi-duit" und seeschwalbenartig schnarrende und kratzende Laute.
Vorkommen: Ein afrikanischer Kiebitz, der auch in E-Griechenland und in Anatolien brütet. Offenes, schütter bewachsenes Gelände an Salz- und Süßwasserseen, Sümpfen, Lagunen und Salinen. In C-Europa ein sehr seltener Gast.

Steppenkiebitz *Chettusia gregaria* **Tafel 39, A**

Kennzeichen: 27-30 cm. Ein recht großer Kiebitz, kaum kleiner als der heimische Kiebitz, jedoch mit weniger gerundeten Flügeln und weit längeren dunklen Beinen. Aus einiger Entfernung wirkt der Vogel am Boden fast einheitlich düster graubraun. Nur der schwarzbraune Bauch ist noch dunkler. Im Flug leichter zu erkennen. Der schwarze Hand- und der helle Armflügel mit weißen Schwingen sind scharf gegeneinander abgesetzt. Vor der Schwanzspitze ein schwarzes Feld. Die markante Kopfzeichnung des Altvogels im PK mit schwarzem Scheitel, weißem, von einem schwarzen Augenstreif durchzogenem Gesicht und beigegelben Wangen ist nur aus größerer Nähe erkennbar. Im SK Kopfzeichnung ähnlich mit breitem, weißem Überaugenstreif und schmalem, schwarzem Augenstreif, sonst aber insgesamt heller und bräunlicher. Die Brust graubraun, die übrige Unterseite weiß. Jungvogel noch heller und auf der Oberseite deutlich geschuppt. Das Kopfmuster mit gelblichem Überaugenstreif erinnert an den Mornellregenpfeifer. Flügelschlag schneller und kraftvoller als der des Kiebitzes. Der Gang wirkt wegen der langen Beine ein wenig stelzend.
Stimme: Ruft rauh kreischend „kretsch“ oder im Fug auch gereiht, heiser „kretsch-etsch-etsch...“.
Vorkommen: Brütet in den Steppen Mittelasiens. Auf dem Zug auf gepflügten Äckern, trockenem Gras- und Ödland. In C-Europa ein seltener Gast. Gelegentlich in ziehenden Kiebitztrupps.

Weißschwanzkiebitz *Chettusia leucura* **Tafel 39, A**

Kennzeichen: 26-29 cm. Kleiner, eleganter als der Kiebitz mit vergleichsweise längerem, feinerem Schnabel, viel längeren Beinen und kürzerem Schwanz. Im Flug ein ähnliches Muster der Flügeloberseite wie bei dem Steppenkiebitz. Da die Spitzen der äußeren Armschwingen schwarz und die großen Handdecken weiß sind, ist das weiße Band zwischen Arm- und Handflügel durchgehend etwa gleich breit. Das wichtigste Merkmal im Flug ist aber der ganz weiße Schwanz, der von den nach hinten ausgestreckten Beinen weit überragt wird. Der Altvogel am Boden überwiegend fahl bräunlichgrau, nur am Bauch und Steiß weißlich. Aus der Nähe fallen das aufgehellte Gesicht, ein verwaschen dunkelgraues Band am Brustansatz und v. a. die langen, dünnen, gelben Beine auf. Die Flanken sind zart lachsfarben getönt. Flugweise ähnlich wie beim Kiebitz. Watet oft, dem Stelzenläufer vergleichbar, in recht tiefem Wasser.
Stimme: Nur am Brutplatz stimmfreudig. Typisch sind die kiebitzartigen Rufe u. a. ein hohes, quietschendes „pet-ii-wit pet-ii-wit...“ und ein klagendes „pii-wick“.
Vorkommen: Brutgebiet Wolgadelta, Mesopotamien, Steppen zwischen dem Aralsee und Kaspischen Meer. Flache Steppenseen, Sümpfe, seichte Flußufer. Gelegentlich stärkere Einflüge nach SE- und C-Europa.

Kiebitz *Vanellus vanellus* **Tafel 39, 40, Karte 132, BZ**

Kennzeichen: 28-31 cm. Ein taubengroßer Bodenvogel. Wirkt am Boden aus einiger Entfernung vorwiegend schwarzweiß mit einem langen, dünnen Schopf und rötlichen, relativ kurzen, stämmigen Beinen. Im Flug mit breiten, abgerundeten Flügeln. Die ganze Flügeloberseite ist, bis auf die weißlichen Spitzen der äußeren Handschwingen, schwarz. Altvogel im PK mit einem weißen, schwarz gezeichneten Gesicht, einem schwarzen Vorderhals, einer schwarzen grün und violett schimmernden Oberseite und rostfarbenen Unterschwanzdecken. Beim ♀ ist der Schopf etwas kürzer und das Schwarz am Schnabelansatz, an Kinn und Kehle von weißen Federn durchsetzt. Im SK an Kehle und Vorderhals weiß. Schmale beige Federränder ergeben auf der Oberseite ein feines Wellenmuster. Jungvogel auf der Oberseite noch stärker schuppig gezeichnet und mit nur kurzem Schopf. Flug mit lockerem, „lappigem“ Flügelschlag. Das Aufleuchten der weißen Armdecken auf der Flügelunterseite erzeugt bei den fliegenden Trupps ein weit sichtbares „Flackern“. Balzflug des ♂ über dem Brutrevier mit „wuchtelndem“ Flügelschlag und spektakulären Kapriolen. Auf dem Zug oft in großen, ausgezogen locker fliegenden Trupps.

Stimme: Sehr stimmfreudig mit größerem Lautrepertoire. Häufigster Ruf im Flug und am Boden heiser „kiär-rih“. Warnruf am Nest scharf, klagend „ääjir“ oder „ääjii“. ♂ beim Balzflug schrill jodelnd „kchiuwit-witwit-kichuiwitt...“.
Vorkommen: Feuchtere Wiesen und Weiden, Sumpfland und zunehmend auch Äcker, aber mit geringem Bruterfolg. Vor wenigen Jahrzehnten noch einer der häufigsten Vögel der europäischen Kulturlandschaft. Durch die industrialisierte Landwirtschaft in C-Europa dramatische Bestandsverluste.

Schnepfenvögel: Scolopacidae

Sperlings- bis gut krähengroße Watvögel mit zumeist kleineren Köpfen und längeren, dünneren Schnäbeln als die Regenpfeifer und vielfach auch längeren Beinen. Flügel relativ schmal und spitz „dreieckig“. Gefiederfärbung bei der Mehrzahl weniger kontrastreich als bei den Regenpfeifern, mehr bräunlich tarnfarben. Die Flügelzeichnung und das Muster von Bürzelregion und Schwanz sind oft wichtige Erkennungsmerkmale. Geschlechter überwiegend gleich. PK, SK und JK dafür oft recht verschieden. Nahrungssuche zur Hauptsache taktil stochernd und weniger optisch fangend. Brüten im offenen, feuchten Gelände und halten sich nach der Brutzeit überwiegend an den Küsten auf. Es lassen sich folgende größere Verwandtschaftsgruppen unterscheiden:
Strandläufer (*Calidris* u. a.): Etwa rotkehlchen- bis drosselgroße Watvögel mit gedrungem dicklichem Körper, recht kurzen Beinen und langen geraden bis leicht gebogenen Schnäbeln. Laufen trippelnd und dabei stochernd umher und fliegen oft in großen, dichten, wolkenartigen Schwärmen, die mit erstaunlicher Exaktheit gemeinsame Wendungen und Schwenks vollführen.
Schnepfen (*Gallinago*, *Scolopax* u. a.): Sperlings- bis taubengroße verborgen lebende Vögel mit relativ kurzen Beinen, sehr langen, geraden Schnäbeln und ausgesprochen tarnfarbenem Gefieder. Nahrungssuche nur stochernd.
Schlammläufer (*Limnodromus*): Langschnäblige aber auch hochbeinige Watvögel, die an Schnepfen und Wasserläufer erinnern. Seltene Gäste aus N-Amerika.
Limosen (*Limosa*): Etwa taubengroße sehr langschnäblige und langbeinige Watvögel. Nahrungssuche weit überwiegend stochernd.
Brachvögel (*Numenius*): Tauben- bis über krähengroße Watvögel, die leicht an dem sehr langen abwärtsgebogenen Schnabel zu erkennen sind. Das Gefieder ist, bis auf den weißen Rückenkeil, weitgehend einheitlich beige- bis graubraun.
Wasserläufer (*Tringa* u. a.): Sperlings- bis fast taubengroße Watvögel mit langen, spitzen Schnäbeln, recht langen Hälsen und langen Beinen. Wichtige Merkmale die Beinfärbung, die Form des Rückenkeils und die Schwanzzeichnung. Fangen ihre Beute im flachen Wasser watend mit gezieltem Zufassen. Stochern auch gelegentlich.
Wassertreter (*Phalaropus*): Kleine Watvögel die im Kreise schwimmend ihre Nahrung fangen. Brüten an Binnengewässern und Küsten und überwintern auf Hoher See.

Zu der Familie gehören noch mehrere nur durch eine oder wenige Arten vertretene Gattungen, die im Text beschrieben werden.

Knutt *Calidris canutus* **Tafel 43, 52, Karte 133, ZW**
Kennzeichen: 23-26 cm. Der größte, etwa drosselgroße Strandläufer der Region mit untersetzt dicklichem Körper, relativ kurzem, etwa kopflangem, weitgehend geradem Schnabel und kurzen Beinen. Im Flug ein schmaler weißer Flügelstreif und ein grau wirkender, fein gebänderter Bürzel. Altvögel im PK an Kopf und Unterseite kräftig rotbraun, bei dem ♀ etwas blasser als bei dem ♂. Im SK insgesamt sehr hell auf der Oberseite aschgrau und auf der Unterseite weißlich mit feiner, dunkler Strichelung an Brust und Flanken, weißem Überaugenstreif und graugrünen Beinen. Jungvogel an Hals und Brust mehr oder weniger intensiv beigebraun getönt und auf der Oberseite

durch helle und dunkle Federränder schuppig gezeichnet. Wirkt auch im Flug kurz und gedrungen mit recht langen, spitzen Flügeln. In den Rastgebieten in sehr großen Schwärmen, die auf den Hochwasserrastplätzen dichte „Teppiche“ bilden und sich bei ablaufendem Wasser wolkenartig erheben. Vergl. auch Anadyr-Knutt-Irrgäste.
Stimme: Auf dem Zug und in den Rastgebieten bei Störungen gedämpft „gjug“, Kontakt- bzw. Zugruf etwas quäkend „wäit wäit...“.
Vorkommen: Brütet in der hocharktischen Tundra. Kurz nach der Brutzeit wieder an den europäischen Küsten, v. a. im Wattenmeer. Bevorzugt dort mehr die festeren, sandigeren Flächen. Seltener auf ausgedehnten Schlammflächen im Binnenland.

Sanderling *Calidris alba* **Tafel 47, 52, Karte 134, ZW**

Kennzeichen: 18-21 cm. Ein etwa lerchengroßer, sehr lebhafter Strandläufer, der an sandigen Stränden mit den auf- und ablaufenden Wellen hin und her läuft und dabei ständig nach kleinen Tierchen pickt. An ruhigen Ufern, wie die anderen kleinen Strandläufer, sammelnd und stochernd. Insgesamt sehr hell mit recht kurzem, etwa kopflangem Schnabel und breiten weißen, schwarz eingefaßten Flügelstreifen. Die Unterseite ist immer leuchtend weiß. An den Beinen fehlt die Hinterzehe. Altvögel im PK zunächst an Kopf, Hals und Brust dicht schwarzbraun und zart rotbraun gefleckt. Federn der Oberseite schwarz und rostbraun mit hellen Rändern. Im Spätsommer werden Kopf, Hals und Brust zunehmend rotbraun mit feiner schwarzbrauner Fleckung. SK insgesamt sehr hell mit hellgrauer Ober- und weißer Unterseite. Von weitem wirken die Vögel nahezu ganz weiß. Die schwarzen Federn am Flügelbug sind meistens in den weißen Brustfedern verborgen. Jungvögel deutlich dunkler, auf der Oberseite schwarz und weiß gefleckt mit dunkel gestricheltem Scheitel und einer beigerosa Tönung an den Hals- und Brustseiten.
Ähnliche Arten: Die einzigen im SK vergleichbar hellen Watvögel sind die Wassertreter. Sie haben aber einen dunklen Scheitel und Augenstreif und ein völlig anderes Verhalten. Die kleineren Irrgäste unter den Strandläufern, etwa der Rotkehl- oder der Bairdstrandläufer, können v. a. in den Schlicht- und Jugendkleidern ähnlich aussehen.
Stimme: Rufe vielfältig zumeist kurz und scharf wie „tjick“ oder „tiwick“, erinnern entfernt an das Tschilpen von Sperlingen. Im Trupp ein vielstimmiges „Geschwätz“.
Vorkommen: Brütet in der hocharktischen Tundra. Kurz nach der Brutzeit wieder auf den weiten Sandstränden europäischer Küsten. Nur selten im Binnenland.

Sandstrandläufer *Calidris pusilla* **Tafel 49, A**

Kennzeichen: 13-15 cm. Ein kleiner, in Färbung und Zeichnung recht uniformer und daher schwer bestimmbarer Strandläufer. Der Schnabel ist relativ kurz, zumeist gerade und an der Spitze leicht verdickt. Zwischen den Zehen kleine, nur schwer sichtbare Spannhäute. Der schmale, weiße Flügelstreif reicht bis auf die Handschwingen. In allen Kleidern ohne größere Farbkontraste oder auffällige Zeichnung. Noch am besten an der Stimme erkennbar. Altvögel im PK auf der Oberseite graubraun, durch schwarze, hellgerandete Schulterfedern gefleckt. Brust und Vorderflanken dunkel gestrichelt. Im SK so unscheinbar graubraun wie andere kleine Strandläufer. Beste Merkmale die Schnabelform und die Stimme. JK auf der Oberseite wie auch an Kopf und Hinterhals mit gelbbräunlicher Tönung, bei einigen auch ins rotbräunliche gehend. Die Schulterfedern mit dunklen Zentren und hellen Rändern. Dennoch weniger „bunt“ als der junge Zwergstrandläufer und ohne deutliche V-Zeichnung auf dem Rücken. Scheitel dicht dunkel gestrichelt. Darunter ein deutlicher, heller Überaugenstreif und recht dunkle Ohrdecken. Halsseiten diffus gestrichelt. Verhalten wie das anderer kleiner Strandläufer. Sammelt mehr als das er stochert.
Ähnliche Arten: Zur Unterscheidung vom Rotkehl-, Zwerg- und Bergstrandläufer im SK und JK sind die Rufe entscheidend. V. a. die langschnäbligeren Sandstrandläufer aus E-Kanada können dem Bergstrandläufer sehr ähnlich sehen.
Stimme: Typischer Flugruf ein kurzes, tiefes „tschrrüp“, manchmal aber auch kurz hoch „püit“, ähnlich wie der Zwergstrandläufer.

Vorkommen: Brütet im arktischen N-Amerika. Nach der Brutzeit an sandigen, schlickigen Küsten und Binnengewässern. In Europa ein sehr seltener Gast.

Zwergstrandläufer *Calidris minuta* **Tafel 48, 52, Karte 135, Z**

Kennzeichen: 14-16 cm. Der häufigste der kleinen Strandläufer. Wesentlich kleiner als der Alpenstrandläufer mit feinem, geradem, relativ kurzem Schnabel und recht kurzen schwarzen Beinchen. Kinn, Kehle und Unterseite immer rein weiß. Im Flug ein feiner heller Streif auf den Armschwingen und graue äußere Schwanzfedern. Altvögel im PK an Kopf, Brustseiten und Oberseite rostbraun. Schirm- und Schulterfedern mit schwarzbraunen Zentren. Die gelblichen Federränder bilden auf Schulter und Mantel ein mehr oder weniger deutlich ausgebildetes V. Der Scheitel und die Brustseiten sind dunkel gestrichelt. SK oben aschgrau, die Schirmfedern durch dunkle Schäfte etwas lebhafter gezeichnet. Die Unterseite weiß, oft mit dunkel gestricheltem, grauem Brustband. Jungvogel ähnlich PK, durch die weißen bzw. rostroten Ränder der schwarzbraunen Schirm- und Schulterfedern noch lebhafter gezeichnet. Das weiße V auf Mantel und Schultern ist immer deutlich ausgebildet. Von der weißen Stirn geht ein gegabelter weißer Überaugenstreif aus. Die ganze Unterseite ist, bis auf die bräunlichen Brustseiten, rein weiß. Wegen der erheblichen Variationsbreite der verschiedenen Übergangskleider sind Verwechslungen mit anderen kleinen, schwarzbeinigen Strandläufern durchaus möglich. Verhalten am Boden flink und hastig mit hoher Pickfrequenz. Flug sehr rasch und wendig. Oft recht vertraut.
Stimme: Flugruf einzeln oder wiederholt scharf und hoch „titt“. Bei der Flugbalz steht das ♂ rüttelnd über dem Revier und läßt ein anhaltend schwirrendes „tititititi...“ hören.
Vorkommen: Brütet in der hocharktischen, küstennahen Tundra. Auf dem Zug an flachen Gezeitenküsten und auf Schlammflächen im Binnenland.

Temminckstrandläufer *Calidris temminckii* **Tafel 48, 52, Karte 136, Z**

Kennzeichen: 14-15 cm. Ein heimlicher, kleiner Strandläufer mit einem langgestreckten Körper (der Schwanz überragt die Flügel deutlich), dünnem, leicht abwärtsgebogenem Schnabel und kurzen Beinchen. Die weißen äußeren Schwanzfedern (beim Zwergstrandläufer grau) und weißen Bürzelseiten bilden zu beiden Seiten der dunklen zentralen Bürzel- und Schwanzfedern breite weiße Kanten. Der feine weiße Flügelstreif ist, wie bei dem Zwergstrandläufer, auf den Armflügel beschränkt. Auf der Brust immer ein geschlossenes, breites, braungraues Brustband. Der Kopf stets fast einfarbig ohne dunklere Kappe oder hellen Überaugenstreif. Die Beine sind nicht schwarz, sondern grünlichgelb bis gräulichgelb. Färbung und Zeichnung in allen Kleidern unauffällig bräunlichgrau. Altvögel im PK auf der Oberseite variabel hell rostbraun getönt und schwarzbraun gefleckt. Die farbigsten Altvögel können an blassere Zwergstrandläufer erinnern. Im SK kontrastiert die einfarbig graubraune Oberseite und Brust mit der weißen Unterseite. Oft einzeln oder in kleinen Trupps auf dichter bewachsenen Schlammflächen. Scheint auf den kurzen Beinchen zu „kriechen“ oder wie eine Maus zu huschen. „Himmelt“ beim Auffliegen wie eine Bekassine und wirkt im Flug länglicher, weniger kompakt als andere kleine Strandläufer.
Stimme: Flugruf ein lauter, harscher Triller „tirrr-tirrr-tirrr...“. Reviergesang des ♂ im lerchenartig schwirrenden Singflug oder von einer Warte ständig wiederholt piepend und wie ein Schwirl sirrend „pii pii pii sirirrir...“.
Vorkommen: Brütet in der Küsten- und Fjällregion Skandinaviens und in der arktischen Tundra. Auf dem Zug überwiegend im Binnenland in Sümpfen und auf bewachsenen schlammigen Ufern von Seen, Teichen und Flüssen . Nur selten an der Küste oder an brackigen bzw. salzigen Gewässern.

Wiesenstrandläufer *Calidris minutilla* **Tafel 49, A**

Kennzeichen: 13-14 cm. Der kleinste Strandläufer mit nadelfeinem, an der Spitze leicht abwärtsgebogenem Schnabel, kurzem, gedrungenem Körper, relativ kurzen Flügeln (die Schirmfedern reichen fast bis zu den Schwingenspitzen) und recht langen Zehen. Wegen der dunklen Federzentren wirkt das Gefieder der Oberseite recht dun-

kel und von der weißen Unterseite deutlich abgehoben. Die graubraune Brust ist kräftig dunkel gestrichelt. Die Beine sind hell gelblich bis grünlich. Die Altvögel sind im PK oben je nach Abnutzung der rotbraunen Federränder mehr oder weniger „rostig" getönt. Unter der dunkleren Kappe verläuft ein diffuser, aber gut sichtbarer, aufgehellter Überaugenstreif. Im SK sind sie oben fahl graubraun, durch die dunkleren Federzentren leicht schuppig gezeichnet. Das JK ist dem des Zwergstrandläufers sehr ähnlich. Das weiße Rücken-V ist schmäler und weniger auffällig. Das beste Unterscheidungsmerkmal sind die blaß olivgelben Beine. Läuft auf den Schlammflächen oft in geduckter Haltung, watet aber auch aufgerichtet in tieferem Wasser. Flug schnell und wendig. Steigt aufgescheucht oft steil auf.
Ähnliche Art: Von dem Langzehen-Strandläufer (s. Irrgäste) nur bei genauester Beobachtung und eingehender Kenntnis beider Arten zu unterscheiden.
Stimme: Häufigster Ruf beim Auffliegen eine kurze Serie dünner, ansteigender „kriiep...", daneben auch tiefer, trillernd „tschirrp".
Vorkommen: Nordamerikanische Tundra und sumpfige Taiga. Auf dem Zug an Küsten und in Feuchtgebieten des Binnenlandes. Sehr seltener Gast aus N-Amerika.

Weißbürzel-Strandläufer *Calidris fuscicollis* Tafel 49, A

Kennzeichen: 16-18 cm. Ein wenig kleiner als der Alpenstrandläufer mit auffallend langgestrecktem Körper. Die Flügel sind lang. Die Schwingenspitzen überragen den Schwanz deutlich. Die Beine sind dagegen recht kurz. Der Schnabel ist etwa kopflang, an der Basis hoch, an der Spitze leicht abwärtsgeknickt und am Ansatz des Unterschnabels gelblich aufgehellt. Im Flug erinnert der weiße, in der Mitte nicht dunkel durchtrennte Bürzel an den Sichelstrandläufer, die Flügel aber mit nur sehr feinem, auf den Armflügel beschränktem Flügelstreif. Altvögel im PK auf dem Scheitel und an den Wangen rotbraun getönt. Deutlicher weißlicher Überaugenstreif. Brust und Flanken markant schwarzbraun gestrichelt und gepunktet. Auf der Oberseite dunkle Federzentren mit rost- bis gelblichbraunen Säumen. Auch im SK mit deutlichem Überaugenstreif und dunkel gestrichelter Brust, sonst aber auf der Oberseite insgesamt einheitlich bräunlichgrau. JK „bunter" als das der Alten. Am rostbraun getönten Kopf ein deutlicher, weißer Überaugenstreif. Die schwarzbraunen Mantel-, Schulter- und Schirmfedern mit rotbraunen Säumen. Auf Mantel und Schultern ein weißes V (vgl. Zwergstrandläufer). Im Flug deutlich langflügliger als die meisten Verwandten. Verhalten am Boden wie das der anderen kleinen Strandläufer.
Stimme: Hoch und dünn mäuseartig piepsend „tsiiit".
Vorkommen: Brütet in der hocharktischen nordamerikanischen Tundra. Auf dem Zug an Küsten und in Feuchtgebieten des Binnenlandes. In Europa ein sehr seltener Gast.

Bairdstrandläufer *Calidris bairdii* Tafel 49, A

Kennzeichen: 14-17 cm. In Größe und schlankem, gestrecktem Körperbau dem Weißbürzel-Strandläufer sehr ähnlich. Im Querprofil hat der Rumpf die Form eines flachen Ovals. Die langen Flügelspitzen überragen den Schwanz deutlich. Der Schnabel ist gerade und vergleichsweise dünn. Im Flug sind Hinterrücken, Bürzel und mittlere Oberschwanzdecken schwarz. Dieser schwarze Streifen wirkt breiter als bei den meisten anderen Strandläufern. Der weiße Flügelstreif ist dünn und unscheinbar. PK der Altvögel und JK ähnlich, auf der Oberseite durch die Federsäume beigebraun getönt mit dunklen Federzentren auf Schultern und Flügeln. Brust beigebraun mit feiner dunkler Strichelung. Jugendkleid durch nahezu weiße Federränder mehr schuppig gezeichnet. SK auf der Oberseite je nach Mauserzustand mehr oder weniger einheitlich matt braungrau. Unterseite in allen Kleidern weiß ohne Flankenzeichnung. Flugbild und Verhalten wie beim Weißbürzel-Strandläufer.
Stimme: Flugruf ein kurzer, sanft rollender Triller „prrrit".
Vorkommen: Brütet in der hocharktischen ostsibirischen und nordamerikanischen Tundra. Auf dem Zug überwiegend in Feuchtgebieten des Binnenlandes, bevorzugt trockenere, bewachsene Bereiche. In Europa ein sehr seltener Gast.

Graubrust-Strandläufer *Calidris melanotus* **Tafel 46, 52, A**

Kennzeichen: 19-23 cm. Ein mittelgroßer Strandläufer der wegen seines kleinen Kopfes, kurzen, geraden Schnabels, relativ langen Halses und der recht langen Beine, v. a. in aufgerichteter Haltung, an einen kleinen Kampfläufer erinnert. In allen Kleidern ist die vom Weiß der Unterseite scharf abgegrenzte dunkle Brust ein kennzeichnendes Merkmal. Am Kopf ein deutlicher, weißlicher Überaugenstreif. Die Beine sind gelblich bis gelbgrün getönt. Die fein beige gesäumten dunklen Federn auf Schultern und Flügeln ergeben im PK auf der Oberseite der Altvögel ein, je nach Abnutzungsgrad, mehr oder weniger deutliches Schuppenmuster. Hals und Brust sind dunkel gezeichnet, beim ♀ mehr gestrichelt, beim ♂ kräftig marmoriert. Federränder im JK mehr beigebraun bis rotbraun. Die Schuppung wird dadurch noch deutlicher. Auf Mantel und Schultern ein weißes V (vgl. Zwergstrandläufer). Im SK, das in Europa aber kaum jemals zu sehen ist, mehr unscheinbar graubraun. Die langen, relativ schmalen Flügel mit einem undeutlichen Flügelstreif wirken im Flug recht dunkel. Das Flugbild erinnert an das des Kampfläufers. Neigen aufgescheucht dazu hoch aufzusteigen.
Stimme: Ruft beim Auffliegen rauh rollend „krrrt“ ähnlich Sichelstrandläufer, aber tiefer.
Vorkommen: Brütet in der Tundra NO-Sibiriens und N-Amerikas. Außerhalb der Brutzeit auf grasbestandenen Ufern von Seen und Teichen, auf kurzrasigem, feuchtem Grünland, seltener an der Küste. Im Herbst und Frühjahr regelmäßig in geringer Zahl in Europa.

Spitzschwanz-Strandläufer *Calidris acuminata* **Tafel 46**

Kennzeichen: 17-21 cm. In Größe, Gestalt und Verhalten dem Graubrust-Strandläufer recht ähnlich, Schnabel und Beine aber kürzer. Besonderes Kennzeichen der Altvögel im PK die dunkle Winkelzeichnung an der unteren Brust, an den Flanken und den Unterschwanzdecken. Auf dem Kopf eine rotbraune Kappe. Die beigebraune Brust kräftig gestrichelt. Die Beine graugrün. Im SK oberseits grauer, jedoch mit brauner Kappe und deutlicher Flankenzeichnung. JK insgesamt wärmer rotbraun. Brust intensiv orangebeige. Die Strichelung beschränkt sich auf ein schmales „Halsband“. Kappe kräftig rotbraun. Markanter weißer Überaugenstreif, v. a. hinter dem Auge. Zeichnung der Oberseite noch etwas kräftiger und farbiger als bei dem Graubrust-Strandläufer und der dünne, weiße Flügelstreif auffälliger.
Stimme: Flugruf etwas dünner und weicher als der des Graubrust-Strandläufers „plipp“, daneben rauchschwalbenähnlich zwitschernd „prrt-wiip-wiip“.
Vorkommen: Brütet in der hocharktischen Tundra Ostsibiriens. Auf dem Zug mehr in Feuchtgebieten des Binnenlandes. In Europa ein sehr seltener Gast.

Sichelstrandläufer *Calidris ferruginea* **Tafel 52, Z**

Kennzeichen: 19-22 cm. Etwa so groß wie der Alpenstrandläufer, wirkt aber mit dem schlankeren Körper, dem langen abwärtsgeschwungenen Schnabel, den über den Schwanz reichenden Flügeln und den relativ langen Beinen größer und eleganter. Im Flug durch die einmalige Kombination von rein weißem Bürzel und kräftigen, über den ganzen Flügel ziehenden weißen Flügelstreifen gut zu erkennen. Altvögel im Brutkleid an Kopf, Hals und Unterseite dunkel ziegelrot. Schulterfedern schuppig schwarz und weiß gefleckt und Flügeldecken fahl grau. Aus der Nähe ist die weißliche Färbung an Kinn und Schnabelansatz zu sehen. Im SK, in C-Europa kaum zu sehen, auf der Oberseite hell schiefergrau mit hellem Kopf und deutlichem, weißem Überaugenstreif. Jungvogel auf der Oberseite dunkelbraun, durch die feinen weißen und hellbeigen Federsäume deutlich geschuppt, Vorderhals und Brust gelblichbeige getönt und über dem Auge ein markanter, heller Streif. Nahrungssuche auf Schlammflächen und im Flachwasser durch Sammeln oder Stochern. Zumeist in kleineren Trupps als der Alpenstrandläufer oder mit diesem vergesellschaftet.
Stimme: Flugruf weniger schnarrend als beim Alpenstrandläufer mehr weich zwitschernd „tirrip“.
Vorkommen: Brütet in der Tundra Mittelsibiriens. Rastgebiete auf dem Zug durch

Europa überwiegend an der Küste auf Wattflächen, in Lagunen u. a. Flachwasserbereichen. Seltener auf Schlammflächen im Binnenland.

Meerstrandläufer *Calidris maritima* **Tafel 48, 52, Karte 137, ZW**

Kennzeichen: 19-22 cm. Nur wenig größer als der Alpenstrandläufer, jedoch mit weit kompakterer, „vollschlanker" Gestalt. Der Schwanz überragt die Flügelspitzen. Der Schnabel ist recht lang und vor der Spitze leicht nach unten geknickt. Die orangegelben (SK, JK) bis gelbgrauen (PK) Beine sind kurz. Das Laufgelenk zumeist im Bauchgefieder verborgen. In allen Kleidern recht dunkel mit feinem, aber deutlichem, weißem Flügelstreif. Unterflügel im Unterschied zum Alpenstrandläufer nur am Armflügel weiß, Handflügel düster grau. Altvogel im PK auf Brust und Flanken kräftig schwarzbraun gestreift und gefleckt. Schulter- und Mantelfedern weißlich und beigebraun gemustert. SK auf der Oberseite fast einfarbig düster grau. Auffällig die gelbliche Schnabelbasis und die gelben Beine. JK ähnlich dem PK. Durch helle Federränder auf Flügel und Mantel ein deutliches Schuppenmuster. Auf Scheitel und Mantel rostbraun getönt. Auch in diesem Kleid an dem gelblichen Schnabelansatz und den gelben Beinen gut zu erkennen. Bevorzugt an steinigen Küsten. Klettert im Felswatt auf den Steinen umher. Flug direkt und geradlinig, oft dicht über dem Wasser. Gewöhnlich nur kleinere Trupps.
Stimme: Flugruf kurz, verhalten „wiit" oder „wiit-iit". Reviergesang des ♂ im schwirrenden und gleitenden Singflug abwechselnd rauh flötend und schnell kichernd „dwürr dwürr...kjekjekjekjek...dwürr...".
Vorkommen: Brütet in felsigen Küstenregionen der Tundra. Überwintert an steinigen, felsigen Küsten, auch an Steinaufschüttungen, Molen und anderen festen Küstenschutzbauten.

Alpenstrandläufer *Calidris alpina* **Tafel 47, 52, Karte 138, BZW**

Kennzeichen: 17-21 cm. Der häufigste Strandläufer der Region. Außerhalb der Brutzeit wolkenartige Schwärme, die wie auf Kommando rasante Flugmanöver ausführen. Da dabei wechselnd einmal die Ober-, dann wieder die Unterseite zu sehen ist, leuchtet der Schwarm je hell auf, um kurz darauf wieder nahezu mit dem dunklen Hintergrund zu verschmelzen. Der Körper ist gedrungen. Flügel und Schwanz sind etwa gleich lang. Der Schnabel ist mittellang bis lang und zumeist vor der Spitze etwas abwärtsgebogen. Im Flug deutliche weiße Flügelstreifen und ganz hell weißliche Unterflügel. Altvogel im PK auf Scheitel, Mantel und Schultern rostbraun, an Gesicht, Hals und Brust fein schwarzweiß gestreift und auf dem Bauch ein großer schwarzer Fleck. Die nördliche Unterart *C. a. alpina* ist am kräftigsten gefärbt. Die in S-Skandinavien und W-Europa brütende Unterart *C. a. schinzii* hat einen im Mittel kürzeren Schnabel und ist auf der Oberseite weniger intensiv rotbraun. Da im allgemeinen aber die ♀ weniger kräftig gefärbt sind als die ♂, dafür aber längere Schnäbel haben, ist die Unterscheidung der Unterarten im Freiland kaum möglich. SK auf der Oberseite weitgehend einheitlich matt graubraun, ohne deutlichen Überaugenstreif, aber mit einem fein grau gestreiften Brustband, das auf den Brustseiten breiter und dunkler ist. JK an Kopf, Brust und Oberseite rötlich beigebraun. Die Schultern und Flügeldecken durch helle Federränder geschuppt und auf Mantel wie Rücken oft ein gut erkennbares feines, helles V (vgl. Zwergstrandläufer). Brust und Bauch variabel aber immer kräftig schwarzbraun gestreift und gefleckt. Die Flanken bleiben weiß. Läuft bei der Nahrungssuche in etwas geduckter Haltung emsig umher und stochert dabei ständig im Untergrund.
Ähnliche Arten: Besonders kurzschnäblige und kleine Alpenstrandläufer sehen, v. a. im JK, anderen kleineren Strandläufern wie Baird- oder Weißbürzel-Strandläufer durchaus ähnlich.
Stimme: Der sehr häufig zu hörende Flugruf ein reibender, nasaler, kurzer Triller „trirrr", im Trupp mehr zwitschernd „prip-irp-irp...". Reviergesang im niedrigen, auf der Stelle rüttelnden Balzflug ein langgezogener wie ein kleiner, „eiernder" Wecker klingender

Triller, der zum Schluß hin leiser wird und abfällt. Dieser Triller wird oft durch ein kürzeres, tönendes „drrüh drrüh..." eingeleitet.
Vorkommen: Brütet vom Flachland bis in höhere Lagen auf Feuchtwiesen, Mooren und mooriger Tundra. Außerhalb der Brutzeit hauptsächlich an flachen schlickigen bis sandigen Gezeitenküsten. Nur selten auch auf Schlammflächen im Binnenland. In C- und W-Europa in riesigen Schwärmen im Wattenmeer.

Sumpfläufer *Limicola falcinellus* **Tafel 48, Karte 139, Z**

Kennzeichen: 15-18 cm. Etwas kleiner als der Alpenstrandläufer mit einer rundlich untersetzten Gestalt. Der lange, klobige Schnabel ist vor der Spitze deutlich abwärts geknickt. Die hellen Linien an Kopf und Oberseite ergeben ein schnepfenähnliches Muster. Das Gefieder ist aber im allgemeinen oben viel dunkler und unten leuchtend weiß. Im Flug ähnlich Alpenstrandläufer mit nur schwach ausgebildetem Flügelstreif, aber markant dunkler Flügelvorderkante. Altvögel im PK mit dunkel schwarzbrauner Oberseite, das abgetragene PK noch dunkler als das frische. Am Rand von Schultern und Mantel eine rahmweiße V-Linie. Schulterfedern und Flügeldecken mit weißlichen bis beigebraunen Säumen. Brust dunkel gestreift, Flanken mit pfeilförmigen, schwarzen Flecken. An den Kopfseiten ein heller Überaugen- und darüber ein Scheitelseitenstreif. Beide helle Streifen treffen sich an der Stirn. Der Scheitelseitenstreif teilt die dunkle Kappe. SK oben düster grau. Die dunklen Schaftstriche auf Schultern und Flügeldecken ergeben ein etwas lebhafteres Muster. Kopf mit dunklem Scheitel und angedeutetem, hellem Streifenmuster. JK ähnlich PK: Brust kräftig gestrichelt bis gestreift, Flanken weitgehend ungezeichnet, Kopfstreifung an der Stirn deutlich gegabelt. Wirkt am Boden nicht so emsig wie der Alpenstrandläufer, sondern mehr verhalten und träge.
Stimme: Flugruf ein scharf trillernder Pfiff „wjirrr". Reviergesang eine stete Folge rauh schwirrender Laute, die an den Gesang einer großen Zikade erinnern „birrr-birrr-birrr-wirrwirrrirrrirrrirr...".
Vorkommen: Brütet in skandinavischen Seggensümpfen und Mooren. Überwintert hauptsächlich in S-Asien. Zieht daher nur in geringer Zahl durch C-Europa. Hier vorwiegend an Flachküsten, aber auch auf Schlammflächen im Binnenland.

Bindenstrandläufer *Micropalama himantopus* **Tafel 45, A**

Kennzeichen: 18-23 cm. Etwa so groß wie der Graubrust-Strandläufer, jedoch mit wesentlich längerem, leicht abwärtsgebogenem Schnabel, langem Hals und langen, dünnen gelblichen bis mattgrünen Beinen. Im Flug weißer Bürzel wie beim Sichelstrandläufer, aber kein breiter, weißer Flügelstreif und weit längere, den Schwanz überragende Beine. Altvogel im PK unverkennbar mit einer schwarzweißen, breitstreifig quergebänderten Unterseite und einem rotbraunen Wangenfleck unter einem ausgeprägten, weißen Überaugenstreif. SK oberseits bräunlichgrau, vom Gesicht über Hals und Oberbrust dicht dunkel gestreift. An den Flanken löst sich die Streifung in eine Strichelung auf. Das JK ist auf der Oberseite durch helle Federränder schuppig gezeichnet. Der Hals und die Brust sind beigebraun getönt mit brauner zarter Streifung, die nur wenig auf die Flanken übergreift. Ein deutlicher heller Überaugenstreif verläuft unter einer dunkleren Kappe. Bei der Nahrungssuche schnell nähmaschinenartig stochernd, wie die Schlammläufer.
Ähnliche Arten: Im SK Ähnlichkeit mit dem Kleinen Gelbschenkel und dem Wilsonwassertreter - s. dort.
Stimme: Flugruf relativ leise, weich rollend „dirrr", ähnlich wie Sichelstrandläufer.
Vorkommen: Brütet in der arktischen Tundra N-Amerikas. Auf dem Zug in Seichtwassergebieten der Küste und des Binnenlandes. In Europa ein sehr seltener Gast.

Grasläufer *Tryngites subruficollis* **Tafel 46, A**

Kennzeichen: 18-20 cm. In Gestalt, Haltung und Zeichnung wie ein kleiner junger Kampfläufer. ♂ größer als ♀. Kleiner, runder Kopf mit dünnem, kurzem, geradem

Schnabel, länglicher Hals und mittellange, beigegelbe, hoch ausschreitende Beine. Gesicht und Unterseite rein ockergelb, zum Steiß hin zunehmend weiß. Scheitel dunkel gestrichelt. Um das Auge ein weißer Ring. Brustseiten dunkel gepunktet. Oberseite geschuppt, beim Jungvogel deutlicher als beim Altvogel. Unterflügel weiß mit dunklem „Halbmond" auf den Großen Handdecken. Flugbild relativ kurz und gedrungen. Die Beine überragen den Schwanz nicht. Flug wendig und schnell wie bei den kleineren Wasserläufern. Oft recht vertraut.
Stimme: Zumeist schweigsam. Erregt gelegentlich ein kurzes, rollendes „prrrit".
Vorkommen: Brütet in der arktischen Tundra N-Amerikas. Auf dem Zug bevorzugt er kurzrasiges Grünland und andere trockene kurz bewachsene, offene Flächen. Wenige werden alljährlich auf den Britischen Inseln beobachtet. Im übrigen Europa ist er ein seltener Gast.

Kampfläufer *Philomachus pugnax* **Tafel 46, 52, Karte 140, BZ**
Kennzeichen: ♂ 29-32 cm, ♀ 22-26 cm. Der erhebliche Größenunterschied zwischen ♂ und ♀ und die Variabilität der Färbung von Gefieder (weißlich hell bis schwärzlich dunkel) und Beinen (orangerot bis grünlichbraun) ergeben gewisse Ähnlichkeiten mit einigen Strand- und Wasserläufern. Die oft hoch aufgerichtete Haltung, der relativ kleine Kopf mit dem mittellangen leicht abwärtsgebogenen Schnabel, die lockeren Mantel- und Schulterfedern, die bei der Nahrungssuche einen buckligen Eindruck ergeben und vom Wind oft hochgeweht werden, die grob geschuppt wirkende Oberseite und die emsig pickende Nahrungssuche ergeben gemeinsam ein typisches Erscheinungsbild. Der Flug ist locker mit tief ausholenden Flügelschlägen. Die Trupps fliegen oft dicht über dem Boden mit kurzem Gleiten vor der Landung. Der auf den Armflügel beschränkte Flügelstreif ist wenig auffällig. Markant sind dagegen die langovalen weißen Oberschwanzdecken zu beiden Seiten des sonst dunklen Schwanzes.
♂ im vielfarbigen PK unverkennbar mit großer zweiflügliger Haube und breiter Halskrause. Auf traditionellen Balzplätzen präsentieren sie sich geduckt und gespreizt, in Sprüngen flatternd und Scheinkämpfe austragend den ♀. ♀ im PK weit schlichter mit dunkel geschuppter und gebänderter Oberseite und variabel dunkel gefleckter Brust. Im SK ♀ und ♂, bis auf den Größenunterschied, weitgehend gleich, auf der Oberseite matt braungrau durch die hellen Federsäume markant geschuppt. Kopf, Hals und Unterseite wirken oft sehr hell. JK ähnlich dem SK an Kopf, Hals, Brust und Bauch aber immer einfarbig bräunlichbeige und mit noch auffälligerer Schuppung der Oberseite. Beine des Jungvogels immer grünlich.
Stimme: Zumeist stumm. Warnlaut Junge führender ♀ gequetscht quäkend „ääk ääk äkäk...".
Vorkommen: Brütet in Feuchtwiesen, Sümpfen und Mooren. In C-Europa nur noch wenige Brutvorkommen. Auf dem Zug auf feuchtem Grün- und Ackerland, Überschwemmungsflächen sowie flachen Ufern von Seen und Teichen.

Zwergschnepfe *Lymnocryptes minimus* **Tafel 43, 51, Karte 141, ZW**
Kennzeichen: 18-20 cm (davon Schnabel 4 cm). Die kleinste der Schnepfen mit relativ kurzem, klobigem Schnabel, schmalem Armflügel und kurz keilförmigem Schwanz. Kennzeichnendes Kopfmuster mit dunklem Scheitel ohne hellen Mittelstreif, gegabeltem Überaugenstreif, dunklem Zügelfleck und dunklem Bogen unter dem Auge. Oberseite mit gelben Längsstreifen und grünschwarz schimmernden Federn auf Mantel und Schultern. Flanken gestrichelt, nicht gebändert. Fliegt erst auf, wenn man fast auf sie tritt. Fliegt geradlinig dicht über dem Boden davon um nach kurzem Flug wieder einzufallen.
Stimme: Beim Auffliegen zumeist stumm, manchmal heiser, gedämpft „ätsch". Reviergesang des ♂ recht eigentümlich dumpf klappernd „loggeditok loggeditok...", erinnert an ein in der Ferne galoppierendes Pferd.
Vorkommen: Brütet in Sümpfen und nassen Mooren der Taiga. Auf dem Zug zumeist einzeln an sumpfigen Ufern, in Sümpfen und Feuchtwiesen.

Bekassine *Gallinago gallinago* **Tafel 43, 51, Karte 142, BZ**
Kennzeichen: 23-28 cm (davon Schnabel ca. 7 cm). Etwa drosselgroße Schnepfe mit relativ kleinem Kopf, aber gewaltig langem, geradem Schnabel, gedrungenem Körper und recht kurzen Beinen. Zumeist in der Sumpfvegetation verborgen. Wenn gut sichtbar, an der hellen Streifung von Kopf und Oberseite leicht zu erkennen. Gefieder intensiv schwarzbraun und rostbeige gemustert. Dunkle Kappe mit hellem Scheitelstreif. Auf der Oberseite vier hellgelbe Längsstreifen. Die Flanken dunkel gebändert, der Bauch davon deutlich weiß abgesetzt. Armflügel mit weißem Hinterrand. Schwanz mit feinem, weißem Saum. Die grauen Unterflügel mit zwei hellen Längsbändern. Stochert in geduckter Haltung im feuchten Schlamm oder flachen Wasser. Fliegt aufgescheucht im Zick-Zack davon und steigt dann steil „himmelnd" auf. Nach der Brutzeit oft in kleineren, lockeren Trupps.
Stimme: Beim Auffliegen ein ganz typisches, rätschendes „ätsch", oft mehrfach wiederholt. Der Reviergesang, der vom Boden oder von einer Warte (Koppelpfahl) vorgetragen wird, ist ein ausdauerndes „pi-cka pi-cka...". Beim Revierflug erzeugen die abgespreizten äußeren Schwanzfedern im Sturzflug ein wummerndes Meckern (Himmelsziege).
Vorkommen: Brütet in Sümpfen, nassen, extensiv genutzten Wiesen und Weiden, Mooren und feuchten Heiden. Nest auf feuchtem Untergrund in Gras, Zwergsträuchern usw. gut versteckt. Auf dem Zug in Feuchtgebieten mit Flachwasserzonen und dichterer Sumpfvegetation, auch an flachen Küsten.

Doppelschnepfe *Gallinago media* **Tafel 43, 51, Karte 143, A**
Kennzeichen: 26-30 cm (davon Schnabel ca. 6,5 cm). Deutlich größer und kompakter als die Bekassine mit „breiter" Brust und vergleichsweise kürzerem Schnabel. Gefieder in Färbung und Zeichnung dem der Bekassine sehr ähnlich. An einigen Merkmalen aber doch gut zu unterscheiden: Die ganze Unterseite ist grob gebändert, also kein weißer Bauch. An dem gefalteten Flügel drei weiße, gewellte Binden. Im Flug auf dem Armflügel ein schwarzer, von feinen weißen Säumen eingefaßter Mittelstreif. Der schwach weißliche Hinterrand des Armflügels ist unauffällig. Die ganze Flügelunterseite ist einfarbig grau ohne helle Binden. Die äußeren Schwanzfedern sind weiß, was v. a. beim Auffliegen auffällt (im JK weniger ausgeprägt). Fliegt aufgescheucht schwerfälliger, geradliniger und weniger weit als die Bekassine. Beim Auffliegen ist ein schwach burrendes Flügelgeräusch zu hören. Gewöhnlich einzeln.
Stimme: Zumeist stumm. Beim Auffliegen selten ein gedämpft rätschendes „ätsch ätsch...". Balzgesang der ♂ auf der gemeinsamen Balzarena ein seltsamer Chor schnell zwitschernder, bibbernder und klappernder Laute.
Vorkommen: Brütet auf feuchten Wiesen, bültenreichen Mooren und sumpfigen Waldlichtungen. Auf dem Zug oft in trockeneren Bereichen als die Bekassine, auf feuchten Äckern, Wiesen, Weiden und in sumpfigem Gelände. Früher auch Bruten in C-Europa. Heute ein sehr seltener Durchzügler.

Großer Schlammläufer *Limnodromus scolopaceus* **Tafel 43, A**
Kennzeichen: 27-30 cm (davon Schnabel ca. 7 cm). Etwa so groß wie eine Bekassine, gleicht im Aussehen aber eher einer kleinen Limose. Kopf relativ klein mit ausgeprägtem Überaugenstreif, Schnabel sehr lang, vor der leicht verdickten Spitze geringfügig abwärts gebogen, Hals lang, Körper schlank und Beine mittellang. Im Flug Flügel mit weißem Hinterrand und auf der Rückenmitte, ähnlich wie bei dem Dunklen Wasserläufer, ein langovales, weißes Feld. Altvogel im PK auf Gesicht, Hals und Unterseite rostbraun, Vorderhals und Brust dicht dunkel gefleckt, Oberseite schwarzbraun mit feiner rotbrauner und weißer Zeichnung, Flanken, Bürzel, Schwanzdecken und Schwanz kräftig gebändert, die schwarzen Bänder auf dem Schwanz breiter als die hellen. SK an Hals und Brust einfarbig grau, Flanken grau meliert, Bauch weiß, Federn der Oberseite, auch die Schirmfedern, einheitlich dunkelgrau mit weißlichen Säumen. JK mit grauem Kopf, rostbeiger Tönung auf Hals, Brust und Unterseite, schwarzbraunen,

rotbraun gezeichneten Schultern und grauen, nur hell umrandeten, aber nicht in sich gemusterten Schirmfedern. Flugbild durch den langen Schnabel und Hals und den kurzen Schwanz etwas vorderlastig. Flugweise eher wie die eines Wasserläufers als wie die einer Schnepfe. Nahrungssuche mit „nähmaschinenartig" schnellen Stocherbewegungen.
Ähnliche Art: Der Kleine Schlammläufer ist im Freiland nur sehr schwer von dem Großen zu unterscheiden. Die Größen überschneiden sich weitgehend. Wichtigstes Merkmal ist die Stimme. Gefiedermerkmale sind die Schwanzbänderung sowie die Musterung der Oberflügeldecken und Schirmfedern - s. Irrgäste.
Stimme: Typischer Flug- und Kontaktruf einsilbig, scharf „klipp", das an ähnlichen Ruf des Austernfischers erinnert. In Erregung wird dieser Ruf auch schnell wiederholt oder gereiht.
Vorkommen: Brütet in der Tundra E-Sibiriens und Alaskas. Außerhalb der Brutzeit in Flachwassergebieten der Küsten und des Binnenlandes. Meidet, im Unterschied zum Kleinen Schlammläufer, Gebiete mit hohem Salzgehalt. In Europa ein sehr seltener Gast.

Waldschnepfe *Scolopax rusticola* **Tafel 43, 51, Karte 144, BJZW**
Kennzeichen: 33-38 cm (davon Schnabel ca. 7 cm). Eine etwa taubengroße, rundlich gedrungene Schnepfe mit kräftigem, langem Schnabel, merkwürdig hoch am Kopf sitzenden, großen Augen, breiten, stumpfen Flügeln und rund endendem Schwanz. Gefieder auf dem Kopf breit quergebändert, die rotbraune Oberseite erstaunlich tarnfarben wie trockenes Laub, gefleckt und gebändert, Unterseite beigebraun mit graubrauner Bänderung, der dunkle Schwanz mit grauweißer Endbinde. Hält sich gewöhnlich schwer sichtbar auf dem Waldboden auf. Verschwindet aufgescheucht mit burrendem Flügelschlag geschickt um die Bäume kurvend zwischen den Baumwipfeln. Streckenflug eulenartig mit tief ausholendem Flügelschlag. Typisch der gaukelnde Balzflug in der Dämmerung entlang von Waldrändern und Schneisen.
Stimme: Gewöhnlich stumm. Beim Auffliegen manchmal verhalten „dsched". ♂ beim Balzflug charakteristisches, dumpfes „Quorren" „quorr-quorr-woworr" und anschließendes schrilles „Puitzen" „pitzi".
Vorkommen: Brütet in Laub- und Mischwäldern mit feuchteren Bereichen, Lichtungen und Schneisen. Nest eine flache Mulde am Boden in der Nähe von Waldrand, Schneise usw. oft am Fuß eines Baumes.

Uferschnepfe *Limosa limosa* **Tafel 42, 50, Karte 145, BZ**
Kennzeichen: 37-42 cm (davon Schnabel 8-11 cm). Ein großer, schlanker Watvogel mit sehr langem, nahezu geradem Schnabel, langem Hals und langen, dünnen Beinen. ♀ größer als ♂ mit relativ längerem Schnabel und matter gefärbtem PK. Von der ähnlichen Pfuhlschnepfe leicht an dem breiten, weißen Flügelstreif, dem dunkel eingefaßten weißen Unterflügel, dem großen weißen Bürzelfleck und der breiten schwarzen Endbinde am Schwanz zu unterscheiden. Im Flug wirken der Vorderabschnitt mit Hals, Kopf und Schnabel und der Hinterabschnitt mit dem Schwanz und den weit überstehenden Beinen etwa gleich lang. Das Flugbild erhält so eine ausgeglichene Kreuzform. Altvogel im PK an Kopf, Hals und Brust rostbraun, Brust und Flanken dunkelgrau gebändert, Bauch und Unterschwanzdecken weißlich, Oberseite graubraun mit schwarzer und rotbrauner Fleckung. Die isländische Unterart *L. l. islandica* ist insgesamt ausgedehnter, intensiver und dunkler rotbraun gefärbt. SK nahezu einheitlich grau mit kurzem, nur vom Schnabel bis zum Auge reichendem Überaugenstreif, weißem Bauch und breit schwarzem Schwanzende. JK an Kopf, Hals und Brust orangebeige getönt und auf der Oberseite grob dunkel gefleckt. Gang langsam mit kurzen, hohen Schritten. Nahrungssuche überwiegend stochernd, steht dabei oft bis zum Bauch im Wasser.
Stimme: Am Brutplatz stimmfreudig mit großem Lautrepertoire. Flugruf nasal „jäkjäkjäk" oder kiebizartig „quih-it". Reviergesang des ♂ beim hohen taumelnden Balzflug laut „jodelnd" „dju-udüit dju-udüit...üitüit...".

Vorkommen: Brütet auf hochgrasigen, feuchten Wiesen und extensiv genutzten feuchten Weiden, vorwiegend im Bereich der Küsten- und Flußmarschen. Nest am Boden in einer kleinen, ausgescharrten Mulde mit wenigen Halmen ausgelegt. Nach der Brut in Schlamm- und Seichtwasserzonen von Süß- und Brackwasserseen, überschwemmten Wiesen u. ä. Feuchtgebieten.

Pfuhlschnepfe *Limosa lapponica* **Tafel 42, 50, Karte 146, Z**
Kennzeichen: 33-41 cm (davon Schnabel 7-11 cm). Ein wenig kleiner als die Uferschnepfe und deutlich kompakter mit leicht aufwärts gebogenem, langem Schnabel, gedrungenem Körper und kürzeren Beinen. Durch folgende Merkmale leicht von der Uferschnepfe zu unterscheiden: Flügeloberseite ohne hellen Flügelstreif, Flügelunterseite weiß, weißer, langgezogener Keil, der vom Bürzel auf den Rücken zieht, gebänderter Schwanz, Beine überragen den Schwanz im Flug nur wenig. ♂ im PK vom Kopf und Mantel über die ganze Unterseite dunkel ziegelrot. Keine Bänderung wie bei der Uferschnepfe. ♀ größer als ♂ mit längerem Schnabel, im PK an Hals und Brust mehr oder weniger kräftig orange getönt mit feiner, dunkler Strichelung. Schnabel bei ♂ und ♀ im PK weitgehend schwarz. SK auf der Oberseite hell graubraun. Die schwarzen Schaftstriche der Schulter- und Deckfedern ergeben eine belebende Strichelung. Unterseite weiß mit nur leichter Strichelung an den Brustseiten. Schnabel im oberen Drittel rosa. JK insgesamt mehr beigegrau, auf der Brust gestrichelt und auf der Oberseite dunkel mit hellbeigen Fleckenreihen an den Rändern der Schulter- und Schirmfedern. Schnabel oft bis zur Hälfte rosa. Wirkt im Flug kürzer und gerungener als die Uferschnepfe. Außerhalb der Brutzeit oft in sehr großen, kompakten Schwärmen. Nahrungssuche stochernd.
Stimme: Flugruf nasal und in kurzer Folge „jäk-jäkjäkjäk", auch einzeln „kwäik. Reviergesang des ♂ im Balzflug lang gereiht „ä-wik ä-wik..." im Tonfall ähnlich Austernfischer.
Vorkommen: Brütet in der arktischen Tundra von Skandinavien ostwärts bis Alaska. Auf dem Zug vorwiegend an den Wattenküsten.

Regenbrachvogel *Numenius phaeopus* **Tafel 42, 50, Karte 147, Z**
Kennzeichen: 37-45 cm (davon Schnabel 6-9 cm). Deutlich kleiner als der Große Brachvogel mit relativ kürzerem, gebogenem Schnabel. Sicherstes Unterscheidungsmerkmal die Kopfzeichnung. Die dunkelbraune Kappe wird durch einen hellen Scheitelstreif geteilt. Unter der Kappe ein ausgeprägter Überaugenstreif. Vom Schnabel zum Auge ein dunkler Zügelstreif. Gefieder allgemein graubraun, auf der Oberseite dunkel gefleckt, an Hals und Brust gestreift und an den Flanken schwach gebändert. Bei der europäischen Unterart *N. p. phaeopus* auf der Rückenmitte ein langgezogener, weißer Keil, bei der gelegentlich in W-Europa beobachteten amerikanischen Unterart *N. p. hudsonicus* ist der ganze Rücken dunkel. Flügelschlag schneller, weniger möwenähnlich als beim Großen Brachvogel. Nahrungssuche, oft auch auf trockeneren Flächen, stochernd und sammelnd.
Stimme: Der Flugruf ist eine schnell „bibbernde" Reihe von 6 bis 8 Flötentönen „düdüdüdüdüdüdü". Der Reviergesang beginnt ähnlich melancholisch flötend wie beim Großen Brachvogel, geht dann aber in einen langgezogenen, harten, traurig klingenden Triller über.
Vorkommen: Brütet in Mooren und Sumpfgebieten N-Europas, E-Sibiriens und N-Amerikas. Außerhalb der Brutzeit in kleineren bis mittelgroßen Trupps an Flachküsten, in küstennahen Feuchtgebieten und oft auch auf trockeneren Wiesen und Heiden.

Dünnschnabel-Brachvogel *Numenius tenuirostris* **Tafel 42**
Kennzeichen: 36-41 cm (davon Schnabel ca. 8 cm). So groß wie ein Regenbrachvogel, aber im Aussehen mehr wie der Große Brachvogel. Gestalt zierlicher als von beiden, Schnabel zur Spitze stark verjüngt und Beine dünner. Gefieder ähnlich dem des Großen Brachvogels, Kopfzeichnung aber mehr wie beim Regenbrachvogel mit dunkler Kappe ohne Scheitelstreif, hellem Überaugenstreif und dunklem Zügelfleck.

Kopfseiten, Vorderhals und Brust hell weißlich. Die dunkle Streifung, die sich an den Flanken zu Reihen herz- bis pfeilspitzenartiger Flecken auflöst, fällt dadurch besonders auf. Im Flug kontrastieren die nahezu Schwarzen Handschwingen mit den weiß gefleckten äußeren Armschwingen und den weiß gerandeten Großen Armdecken. Die Unterflügeldecken sind, im Unterschied zu denen der beiden anderen Brachvögel, ganz weiß ohne dunkle Streifung. Durch die geringe Zeichnung von Schwanz und Oberschwanzdecken ist die ganze hintere Partie vom Rücken bis zur Schwanzspitze sehr hell, nahezu weiß. Flug mit schnellem Flügelschlag wie beim Regenbrachvogel. Man beachte: Im ersten SK können kleine, helle Große Brachvögel durchaus zu Verwechslungen führen.
Stimme: Ruf etwas weicher und heller als der des Großen Brachvogels „ku-lii". Warnruf hart, kurz „ku-i".
Vorkommen: Einer der seltensten und gefährdetsten Vögel der Region. Genaue Lage des derzeitigen Brutgebietes in Mittelsibirien unbekannt. Zog vor wenigen Jahrzehnten noch in größerer Zahl durch E- und SE-Europa zum Überwintern nach N-Afrika. Heute nur noch ganz wenige Beobachtungen.

Großer Brachvogel *Numenius arquata* **Tafel 42, 50, Karte 148, BZW**

Kennzeichen: 48-57 cm (davon Schnabel 9-15 cm). Der größte Watvogel der Region mit einem sehr langen (beim größeren ♀ deutlich länger als beim ♂ und beim Jungvogel zunächst noch recht kurz), an der Basis hohen, abwärtsgebogenen Schnabel und stämmigen, langen Beinen. Gefieder gräulich beigebraun, bis auf den weißen Steiß, schwarzbraun gestreift und gebändert. Kopf ohne besondere Zeichnung. Scheitel oft etwas dunkler. Im Flug ein weißer Rückenkeil und dunkle äußere Handschwingen. Flug mit recht langsamem, möwenartigem Flügelschlag und häufigerem Gleiten, v. a. vor der Landung. Die Trupps fliegen oft zu Linien oder Winkeln geordnet. Ruhehaltung etwas bucklig mit tief auf die Schulter gezogenem Kopf. Nahrungssuche stochernd und sammelnd.
Ähnliche Arten: Die Unterscheidung der kleinen, kurzschnäbligen Jungvögel vom Regen- und Dünnschnabelbrachvogel kann Probleme bereiten - s. dort.
Stimme: Macht durch die charakteristischen Rufe schon von weitem auf sich aufmerksam. Flugruf weich, wehmütig flötend „düh-düih", Warnruf heiser, mehr keifend „quü-jäi quü-jäi..." und Reviergesang beim Balzflug eine Folge tiefer, in sich etwas „rollender" Flötentöne, die v. a. vor der Landung, in einen sich steigernden Triller übergehen „dührr dührr...dürrdürr..irrirr..".
Vorkommen: Brütet auf Feuchtwiesen, Marschland, auf weiten, offenen Mooren und feuchten Heideflächen. Außerhalb der Brutzeit vorwiegend im Wattenmeer sowie auf Küsten- und Flußmarschen.

Prärieläufer *Bartramia longicauda* **Tafel 46**

Kennzeichen: 28-32 cm. Etwa so groß wie ein Kampfläufer, Gestalt aber recht eigentümlich. Kopf klein, „dreieckig" mit großen, schwarzen Augen im hellen Gesicht und einem dünnen, fast geraden, mittellangen Schnabel. Hals, v. a. in steil aufgerichteter Haltung, dünn und lang. Körper durch den langen Schwanz betont schlank. Beine relativ kurz. Das Gefieder erinnert an einen Brachvogel, aus der Nähe ist aber eine charakteristische Musterung erkennbar. Kopf mit hellem Scheitelstreif. Mantel und Schultern wirken durch die beigegelben Ränder der dunkelbraunen Federn geschuppt. Flügeldecken, Schirmfedern und Schwanz rostbeige und dunkelbraun quergebändert. Auf Brust und Flanken pfeilspitzenförmige, dunkle Flecke. Unterschnabel und Beine schmutziggelb. Die ganze Oberseite im Flug sehr dunkel. Bürzel, Oberschwanzdecken und Schwingen schwarz. Unterflügel dicht dunkel gebändert. Fliegt mit zurückgezogenem Kopf. Der lange Schwanz überragt die Beine weit. Fliegt häufig mit schwirrend schnellem Flügelschlag ähnlich Flußuferläufer und gleitet dicht über dem Boden dahin. Nach dem Landen werden oft die Flügel hochgereckt. Sitzt gern erhöht auf Pfosten und Masten. Das Verhalten am Boden erinnert an einen großen Regenpfeifer.
Stimme: Flugruf ein klarer Triller „kip-ip-ip...", der an den Zwergtaucher erinnert.

Vorkommen: Brütet auf Grasland in der Prärieregion N-Amerikas. Auf dem Zug bevorzugt auf kurzrasigem Grünland und abgeernteten Feldern. In W-Europa ein seltener Gast.

Dunkler Wasserläufer *Tringa erythropus* **Tafel 44, 51, Karte 149, Z**

Kennzeichen: 29-33 cm. Ein sehr eleganter, größerer Wasserläufer. Schnabel, Hals und Beine deutlich länger als beim Rotschenkel. Im Flug Oberflügel insgesamt dunkel, nur Armschwingen aufgehellt, Unterflügel weiß und auf dem Rücken ein langovales, weißes Feld. PK rußschwarz mit feiner weißer Zeichnung auf den Armschwingen und Oberflügeldecken sowie schwarzweiß gebändertem Schwanz. Unterschnabelbasis rot und Beine schwarzrot. SK mehr wie das des Rotschenkels mit roten Beinen, aber insgesamt heller grau mit ungemusterter, weißer Unterseite und markantem Überaugen- wie Zügelstreif. JK weit dunkler als SK an Kopf und Hals dicht graubraun gestreift. Unterseite, v. a. die Flanken, kräftig gebändert. Oberseite dunkler mit feiner, weißlicher Zeichnung. Beine rot. Flugbild schnittiger als vom Rotschenkel mit weit über den Schwanz ragenden Beinen. Flugweise rasant mit schnellem Flügelschlag. Watet bei der Nahrungssuche oft bis zum Bauch im Wasser und gründelt dabei nach „Entenart“.
Stimme: Flugruf sehr typisch, auf der zweiten Silbe betont „djü-wit“. Reviergesang im Balzflug eine leiernde Folge rollender Laute „derrüä-derrüä-...“.
Vorkommen: Brütet in der Taiga und Waldtundra auf Moorlichtungen. Auf dem Zug an der Wattenküste sowie in Sümpfen und Flachwassergebieten des Binnenlandes.

Rotschenkel *Tringa totanus* **Tafel 44, 51, Karte 150, BZW**

Kennzeichen: 24-27 cm. Der häufigste und bekannteste Wasserläufer. Im Aussehen ein kleiner, „grauer Storch“ mit recht langem, zumindest an der Basis rotem Schnabel und roten langen Beinen. Im Flug bilden die weißen Enden der inneren Handschwingen und die weißen Armschwingen auf dem Flügelhinterrand ein großes weißes Feld. Im Kontrast dazu sind die vorderen Handschwingen schwarz. Auf dem Rücken ein langgezogenes, weißes Dreieck. PK insgesamt graubraun mit weißlichem Bauch. Überaugenstreif oft nur angedeutet. Kopf, Hals und Brust dicht dunkel gestreift, Oberseite unregelmäßig dunkel gefleckt und Schwanz gebändert. SK blasser und weniger gezeichnet. Brust und Flanken diffus gefleckt. JK auf der Oberseite durch beigegelbe Federränder geschuppt und an Hals und Brust auf beige getöntem Grund graubraun gestreift. Beine gelborange und Schnabel gelblichgrau. Flugbild, trotz des langen Schnabels und der überragenden Beine, recht kompakt. Flug schnell und wendig, schwenkt beim Gleiten oft von einer Seite zur anderen. Nahrungssuche im flachen Wasser pickend und gelegentlich stochernd. Steht gern erhöht auf Zaunpfählen o. ä. Warten.
Stimme: Häufigster Ruf klangvoll weich flötend „djüh“, „djüh-dü-dü“, erregt hart keifend „gjipp-gjipp-gjipp...“, Reviergesang im schwirrenden und gleitenden Balzflug melodisch jodelnd „deljü deljü...jü jü...deljü...“.
Vorkommen: Brütet auf Feucht- und Marschwiesen sowie auf Sumpfland mit niedrigerer Vegetation. Nest am Boden im Gras versteckt. Außerhalb der Brutzeit vorwiegend an der Küste in Watten und Marschen.

Teichwasserläufer *Tringa stagnatilis* **Tafel 45, Karte 151, Z**

Kennzeichen: 22-25 cm. Kaum größer als ein Bruchwasserläufer. Mit ausgesprochen graziler Gestalt, kleinem Kopf, nadelfeinem Schnabel, langem, dünnem Hals und sehr langen, dürren Beinen. Die Gefiederfärbung erinnert stark an den Grünschenkel. Der Überaugenstreif ist deutlicher und die Befiederung am Schnabelansatz immer hell weißlich. Im Flug ein schmaler, langgezogener, weißer Rückenkeil und weit über den Schwanz ragende Zehen. PK auf der Oberseite fahl bräunlichgrau, intensiv schwarzbraun gefleckt. Beine matt gelb. SK auf der Oberseite weitgehend einheitlich grau und auf der Unterseite weiß. Gesicht sehr hell weißlich mit ausgeprägtem Überaugenstreif. Beine matt olivgrün. Im JK Gefieder der Oberseite dunkler und bräunlicher mit deutli-

chen, hellbeigen Federrändern. Vorderhals und Brustmitte weiß, nicht wie bei dem jungen Grünschenkel gestrichelt. Beine graugrün. Watet bei der Nahrungssuche lebhaft umher und pickt die Beute vorwiegend von der Wasseroberfläche.
Stimme: Flugruf kurz „kjü“ oder gereiht „djü-djü-djü...“ ähnlich Grünschenkel. Der jodelnde Reviergesang erinnert an den Rotschenkel.
Vorkommen: Das Brutgebiet erstreckt sich von der Ukraine bis nach Zentralasien. Brütet in Sümpfen, an Ufern von Steppenseen und in nassen Wiesen. Außerhalb der Brutzeit an seichten Süß- und Brackwasserseen, Lagunen und Flachküsten. In E-, S- und C-Europa ein seltener, aber zunehmend regelmäßiger Durchzügler.

Grünschenkel *Tringa nebularia* — Tafel 44, 51, Karte 152, Z

Kennzeichen: 30-34 cm. Ein großer (deutlich größer als der Rotschenkel), recht kräftiger, aber doch eleganter Wasserläufer mit einem starken, leicht aufgebogenen, grünlichgrauen Schnabel und langen, graugrünen bis gelblichgrünen Beinen. Im Flug ein weißer, schwach gebänderter Schwanz von dem ein langgestreckter, weißer Keil bis auf den Rücken zieht. Flügeloberseite dunkel schwärzlichbraun, Flügelunterseite weitgehend weiß. PK auf der Oberseite bräunlichgrau mit unregelmäßiger, variabler dunkler Fleckung. Kopf, Hals, Brust und Flanken kräftig schwarzbraun gestreift und gefleckt. Bauch und Steiß weiß. SK oberseits hellgrau mit schmalen, hellen Federrändern. Vorderhals und Brustmitte Weiß. JK mit dunkel graubrauner, fein hell gestreifter Oberseite und gleichmäßiger schwarzbrauner Streifung an Kopf, Hals und Brust. Flugbild gestreckter als das des Rotschenkels und Flügelschlag langsamer und tiefer ausholend. Nahrungssuche im flachen Wasser. Jagt oft rennend hinter schwimmender Beute her oder seiht, ähnlich wie der Säbelschnäbler, mit pendelnden Bewegungen den Schlamm durch.
Stimme: Häufigster Ruf vorwiegend im Flug, aber auch am Boden ein hart lachendes, zumeist viersilbiges „kjück-jück-jück-jück“. Reviergesang des ♂ im Gleitflug oder von einer Warte anhaltend leiernd „de-wü de-wü de-wü...“.
Vorkommen: Brütet im lichten nordischen Wald nahe bei Mooren, Seen, Flüssen und Sümpfen. Außerhalb der Brutzeit im Watt und an flachen, oft auch recht kleinen Binnengewässern.

Großer Gelbschenkel *Tringa melanoleuca* — Tafel 44

Kennzeichen: 29-33 cm. Größter „fremder“ Wasserläufer. Etwa um ein Drittel größer als der Kleine Gelbschenkel mit deutlicher aufgebogenem, kräftigem Schnabel und stämmigeren Beinen. Von dem etwa gleichgroßen ähnlichen Grünschenkel durch folgende Merkmale zu unterscheiden: Lange gelbe bis orangegelbe Beine, Oberseite warm graubraun, gleichmäßig und dicht hellbeige gepunktet, kein weißer Rückenkeil, sondern nur ein weißer „rechteckiger“ Bürzelfleck. PK an Kopf und Hals dicht schwarzbraun gestreift. An Brust und Flanken löst sich die Streifung in Reihen grober Flecke auf. SK oberseits heller und grauer. Brust und Flanken dunkel gestrichelt. JK Oberseite dunkelbraun mit feiner beigegelber Musterung. Die kräftige braune Streifung auf der Brust bildet gewöhnlich ein gut erkennbares Brustband. Flugweise und Nahrungsverhalten weitgehend wie bei dem Grünschenkel.
Stimme: Flugruf sehr ähnlich Grünschenkel zumeist dreisilbig „kjü-kjü-kjü“, gewöhnlich lauter und heller als vom Kleinen Gelbschenkel.
Vorkommen: Brütet in Feuchtgebieten der nördlichen Waldregion N-Amerikas. Auf dem Zug an flachen Küsten und Binnengewässern. In Europa ein sehr seltener Gast.

Kleiner Gelbschenkel *Tringa flavipes* — Tafel 44, A

Kennzeichen: 23-25 cm. Größer als der Bruchwasserläufer mit relativ längerem, dünnerem Schnabel und viel längeren Beinen. Im Flug aber durch das weiße Bürzelfeld durchaus zu verwechseln. Flugbild weit schlanker mit weit überragenden Beinen. Deutlich kleiner als der Große Gelbschenkel. Kopf klein, Schnabel dünn und stets dunkel, Hals lang, Gestalt schlank, wirkt durch den langen Schwanz gestreckt, Beine dürr,

lang und immer leuchtend gelb. Gefiederfärbung weitgehend wie bei dem Großen Gelbschenkel. PK an den Flanken nicht oder nur schwach gefleckt. SK wie beim Großen Gelbschenkel. JK an der Brust graubraun getönt mit nur schwacher dunkler Streifung. Watet bei der Nahrungssuche mit zierlich hohen Schritten und pickt die Beute vorwiegend von der Wasseroberfläche.
Stimme: Flugruf hell, klar „kju", oft auch in der gleichen Tonlage zwei- bis viersilbig.
Vorkommen: Brütet in Feuchtgebieten der nördlichen Wald- und Waldtundraregion N-Amerikas. Auf dem Zug an flachen Küsten und Binnengewässern. In Europa ein seltener Gast.

Einsiedelwasserläufer *Tringa solitaria* Tafel 45

Kennzeichen: 18-21 cm. In Größe, Gestalt und Gefieder dem Waldwasserläufer sehr ähnlich, jedoch mit schmaleren, längeren Flügeln, die beim Stehen ein wenig über das Schwanzende ragen, und schwach abwärtsgebogenem Schnabel. Im Flug leicht an dem völlig dunklen Bürzel und dem in der Mitte schwarzen, an den Seiten durchgehend schwarzweiß gebänderten Schwanz zu erkennen. Die weiße „Brille" mit Augenring und, v. a. vor dem Auge, deutlichem Überaugenstreif ist auffälliger als bei dem Waldwasserläufer. Die Brust ist weniger kräftig gezeichnet. Flugweise und Verhalten weitgehend wie beim Waldwasserläufer.
Stimme: Ruf ähnlich, aber nicht so scharf wie der des Waldwasserläufers „tüwitt-witt".
Vorkommen: Brütet in der nördlichen Wald- und Waldtundraregion N-Amerikas. Auf dem Zug überwiegend an Binnengewässern, auch kleinen Teichen und Tümpeln. In Europa ein sehr seltener Gast.

Waldwasserläufer *Tringa ochropus* Tafel 45, 51, Karte 153, BZW

Kennzeichen: 20-24 cm. Ein wenig größer und länglicher als der Bruchwasserläufer. Im Flug gut an den nahezu einheitlich schwarzen Flügeln, dem schwarzen Mantel und Rücken und dem scharf davon abgesetzten weißen Bürzel zu unterscheiden. Auch der Unterkörper ist leuchtend weiß und gegen die dunkle Brust klar abgegrenzt (vgl. Bruchwasserläufer). Der Schwanz hat vor dem Ende nur wenige breite schwarze Binden, so daß das Schwanzende aus einiger Entfernung völlig schwarz wirkt. Die feine weiße Sprenklung auf der schwarzbraunen Oberseite des PK sowie der weiße Augenring und der nur bis über das Auge reichende Überaugenstreif sind nur aus der Nähe zu erkennen. SK weitgehend wie das PK, die feine Sprenklung der Oberseite nur mehr beigegelb getönt. JK weitgehend wie SK, die Sprenklung aber dichter und auffälliger, daher dem Bruchwasserläufer ähnlicher. Das Flugbild zeichnet sich durch breite Flügel und recht kurzen Schwanz aus, der aber von den Zehen kaum überragt wird. Fliegt zumeist überraschend aus Gräben oder Tümpeln auf und „himmelt" dabei wie eine Bekassine. Wippt am Boden, ähnlich wie der Flußuferläufer, mit dem Hinterkörper.
Stimme: Charakteristischer Flugruf, v. a. beim Auffliegen, klar und hoch pfeifend, gewöhnlich drei- bis viersilbig „tlüit-it-it-it". Warnruf scharf „tick-tick...". Reviergesang im Singflug oder von einer Warte eine variable Folge oft leiernd oder jodelnd klingender Rufe wie „wit wit wit dädäwit dädäwit kjuwiit kjuwiit..." o. ä.
Vorkommen: Brütet in sumpfigen Wäldern oder auf locker bewaldeten Mooren und Sümpfen. Nest gewöhnlich ein altes Drosselnest hoch im Baum. Außerhalb der Brut zumeist einzeln oder in kleinen Trupps in überwucherten Gräben, Teichen und Tümpeln.

Bruchwasserläufer *Tringa glareola* Tafel 45, 51, Karte 154, Z

Kennzeichen: 19-21 cm. Ein etwa starengroßer zierlicher, hochbeiniger Wasserläufer. Unterscheidet sich von dem ein wenig größeren und kurzbeinigeren Waldwasserläufer durch die insgesamt hellere mehr bräunliche Oberseite ohne scharfe Grenze zu den weißen Partien auf Bürzel und Unterseite. Am Kopf ein deutlicher, heller Überaugenstreif, der bis hinter das Auge reicht. Hals und Brust sind fein gebändert und gestrichelt. Die Beine sind gelbgrün. Zeigt im Flug helle Unterflügel, nicht schwarz wie beim

Waldwasserläufer, und ein schmal schwarzweiß gebändertes Schwanzende, das von den Zehen überragt wird. Im PK auf der schwärzlichbraunen Oberseite grob weißlich und gelblich gefleckt und an den Flanken verwaschen gebändert. Im SK auf der graubraunen Oberseite fein weißlich gesprenkelt und an der Brust fahl graubraun getönt. Das JK ist auf der braunen Oberseite dicht beigegelb gefleckt und an der Brust fein graubraun gestreift. Flug schnell und wendig. Außerhalb der Brutzeit gesellig. Wippt beim emsigen Hin- und Herlaufen häufig mit dem Hinterkörper (vgl. Waldwasserläufer und Flußuferläufer).

Stimme: Flugruf beim Auffliegen, aber auch im fliegenden Trupp, in schneller Folge, hoch und ein wenig keifend „djip-djip-djip...". Warnruf scharf, hämmernd „gipp-gipp...". Reviergesang im hohen Singflug etwas rauh jodelnd „tridlü-tridlü..", oft von Pfiffen und knäternden Trillern unterbrochen.

Vorkommen: Brütet in locker bewaldeten Mooren und Sümpfen der nördlichen Nadelwaldzone und Tundra . Nistet zumeist am Boden, manchmal aber auch in einem alten Baumnest. Außerhalb der Brutzeit auf überschwemmten Wiesen, in Sümpfen, an flachen Ufern und auf Schlammflächen von Binnengewässern, auch kleineren Teichen und Tümpeln. Nur selten an der Küste.

Terekwasserläufer *Xenus cinereus* — Tafel 51, A

Kennzeichen: 22-25 cm. Etwa so groß wie der Waldwasserläufer, in Gestalt und Verhalten aber mehr mit dem Flußuferläufer zu vergleichen. Leicht an dem langen, an der Basis gelblichen, leicht aufgebogenen Schnabel und den gräulichgelben bis orangegelben Beinen zu erkennen. Im Flug an den Arm- und hinteren Handschwingen ein weißer Hinterrand, weniger breit und auffällig als beim Rotschenkel. Flügelbug dunkel. PK auf der Oberseite hell graubraun mit schwarzen Längsstreifen auf den Schulterfedern. SK Oberseite insgesamt einheitlicher graubraun ohne Schulterzeichnung. JK auf der Oberseite dunkler und brauner als PK, Schulterzeichnung nur schwach ausgebildet. Hastet etwas hektisch und leicht vorwärtsgebeugt durch das flache Wasser und pickt mit schnellen Bewegungen nach Insekten. Wippt mit dem Körper wie der Flußuferläufer.

Stimme: Flugruf eine schnell trillernde Folge flötender Laute „düdüdüdü...", ähnlich Regenbrachvogel. Reviergesang eine wiederholte oft dreisilbige rollende Lautfolge „ka klü-rrii ka klü-rrii...".

Vorkommen: Brütet von Finnland bis E-Sibirien an Flüssen und Seen. Auf dem Zug an der Küste und an Binnengewässern auf schlammigen und sandigen Ufern. Im westlichen Europa ein seltener Gast.

Flußuferläufer *Actitis hypoleucos* — Tafel 47, 52, Karte 155, BZ

Kennzeichen: 18-20 cm. Ein kleiner, kurzbeiniger Wasserläufer mit langem, die Flügel weit überragendem Schwanz. Oberseite fast einheitlich olivbraun. Die feine Zeichnung ist nur aus unmittelbarer Nähe erkennbar. Unterseite weiß, zwischen Flügelbug und dunklen Brustseiten keilförmig nach oben „gezogen". Beine grauoliv bis gelblich. Im Flug auf dem Flügel ein breiter weißer Streif. Der Unterflügel weiß mit weitgehend schwarzen Schwingen und zwei dunklen Streifen auf den Decken. Bürzel und Schwanz dunkel, nur die Schwanzkanten weiß mit schwacher dunkler Bänderung. PK oben schwach glänzend grünlichbraun mit leichter dunkler Zeichnung. Brustseiten kräftig graubraun, bilden fast ein geschlossenes Brustband. SK auf der Oberseite matter und brauner, Brustseiten verwaschen bräunlich. JK auf Mantel und Schultern durch feine hellbeige Federsäume dezent geschuppt und auf den Flügeldecken zart beige und dunkelbraun gebändert. Charakteristischer Flug. Fliegt zumeist ganz dicht über dem Wasser mit schnell schwirrendem Flügelschlag und eingeschaltetem Gleiten auf nach unten gebogenen Flügeln. Trippelt am Boden in geduckter Haltung umher und wippt immer wieder ausgiebig mit dem Hinterkörper.

Stimme: Flugruf eine leicht abfallende schnelle Folge feiner, hoher Pfeiftöne „hi-di-di-di di". Bei Störungen gedehnt, durchdringend „jiip". Reviergesang im schwirrenden

Singflug oder von einer Warte ähnlich Flugruf, die Betonung aber auf der ersten und letzten Silbe, so daß ein leiernder Eindruck entsteht „hiip-didi- diip...".
Vorkommen: Brütet bevorzugt im Waldland an steinigen, kiesigen Ufern von Flüssen und Seen. Auf dem Zug überwiegend in Feuchtgebieten des Binnenlandes an sandigen oder schlammigen Ufern.

Drosseluferläufer *Actitis macularia* Tafel 47, A

Kennzeichen: 18-20 cm. Naher Verwandter des Flußuferläufers. In Aussehen und Verhalten diesem sehr ähnlich. Bestes Unterscheidungsmerkmal am Boden der kürzere Schwanz, der die Flügelspitzen kaum überragt und im Flug der nur schwach ausgebildete, weitgehend auf den Handflügel beschränkte weiße Oberflügelstreif. Schwanzkanten dichter gebändert und daher weniger weiß. PK, zumindest aus der Nähe, durch die grobe schwarze Fleckung der Unterseite unverkennbar. Schnabelbasis und Beine rötlich. SK und JK auf der Unterseite ungefleckt und dem Flußuferläufer weit ähnlicher. SK unauffällig und wenig gezeichnet. Schnabelbasis rötlichgelb und Beine gelb. JK dem JK des Flußuferläufers am ähnlichsten, Schirmfedern aber ungezeichnet, beim Flußuferläufer am Rande fein hell und dunkel gezähnt, und auf den Flügeldecken kräftiger und auffälliger gebändert. Schnabel und Beine wie im SK.
Stimme: Weniger ruffreudig als der Flußuferläufer. Flugrufe ähnlich hoch pfeifend und gereiht wie bei dem Flußuferläufer, aber mit ansteigender, nicht abfallender Tonfolge. Häufig nur kurze, scharfe Einzelrufe „piit" auch zweisilbig „piit-wiit", ähnlich Waldwasserläufer.
Vorkommen: Brütet in N-Amerika in den gleichen Lebensräumen wie der Flußuferläufer. In W-Europa ein in geringer Zahl alljährlich beobachteter Gast.

Steinwälzer *Arenaria interpres* Tafel 39, 40, Karte 156, BZW

Kennzeichen: 21-24 cm. Ein etwa drosselgroßer, robust wirkender, untersetzter Watvogel mit kurzem, keilförmigem, ganz leicht aufgebogenem Schnabel und kurzen, stämmigen, orangeroten Beinen. Im Flug durch das einmalige weiße und dunkle, in allen Kleidern gleiche Oberseitenmuster (s. Tafel 40) unverkennbar. Im PK an Kopf Hals und Brust markant schwarz und weiß gezeichnet. Auf Schultern und Flügeln breit orange- bis rostbraun (beim ♀ matter als beim ♂) und schwarz gestreift und gefleckt. Im SK nur an den Schultern auf dunklem Grund leicht rostfarben getönt, sonst auf der Oberseite und am Kopf düster graubraun. Der schwarze Brustlatz hat von vorne gesehen die Form eines Ankers. Die Brustseitenbögen schließen helle Felder ein. JK ähnlich SK in der Färbung insgesamt matter und bräunlicher und auf der Oberseite durch helle Federsäume geschuppt. Wendet am Strand mit dem Schnabel Steine und Tang um und pickt die freigelegten Kleinkrebse und Insekten auf.
Stimme: Flugruf ein leicht nasales, etwas knäterndes, aber melodisches „tük-tük-i-tüktük", das auch in einen langsamen Triller übergehen kann. Im Schwarm vereinen sich die kurzen „kjük" und „gik" zu einem vielstimmigen Schwätzen. Reviergesang ein nasaler, harter Triller, der von weicheren Lauten eingeleitet wird „tiwit-tiwit tititi...".
Vorkommen: Brütet vorwiegend in der Tundrenzone an steinigen Küsten. Bevorzugt außerhalb der Brutzeit ebenfalls felsige, steinige Strände, ist aber auch im Sand- und Schlickwatt zu finden.

Wilsonwassertreter *Phalaropus tricolor* Tafel 41, A

Kennzeichen: 22-24 cm. Der größte Wassertreter. Das ♀, wie bei allen Wassertretern, größer und bunter als das ♂. Die Gestalt mit kleinem Kopf, nadelfeinem Schnabel, recht langem Hals und mittellangen Beinen erinnert mehr an einen kleineren Wasserläufer. Im Flug mit weißem Bürzelfleck, dunklen Flügeln und über den Schwanz ragenden Zehen. ♀ im PK ausgesprochen bunt mit hellgrau-schwarz-weißem Kopf, orangegelbem Vorderhals und kastanienroten Streifen auf der grauen Oberseite. ♂ insgesamt düsterer und auf der Oberseite mehr schuppig gezeichnet. SK sehr hell, am Kopf nur ein unklar grauer Augenstreif und auf der Oberseite hell aschgrau. Beine gelb. JK auf

Schwimmendes Odinshühnchen

der Oberseite dunkelbraun mit breiten, beigegelben Federsäumen, im 1. Winter zunehmend mit grauen Federn durchsetzt. Beine gelb.
Schwimmt selten, sondern sucht die Nahrung im flachen Wasser watend. Die Kleinkrebse und Insekten werden mit seltsam schaukelnden Bewegungen des ganzen Körpers aufgepickt.
Ähnliche Arten: Das SK erinnert an den Kleinen Gelbschenkel oder, wenn die Beine nicht zu sehen sind, an einen Stelzenläufer.
Stimme: Recht schweigsam. Im Flug gelegentlich ein nasales „aang".
Vorkommen: Brütet in N-Amerika an Sümpfen, seichten Teichen und Seen. Auch außerhalb der Brutzeit überwiegend an Flachgewässern des Binnenlandes. In Europa ein seltener Gast.

Odinshühnchen *Phalaropus lobatus* Tafel 41, 52, Karte 157, Z

Kennzeichen: 17-19 cm. Kleinster und häufigster der Wassertreter mit nadelfeinem Schnabel und Schwimmlappen an den Zehen. Im Flug schmale weiße Streifen auf den Oberflügeln und seitlich auffallend weiße Oberschwanzdecken. Das ♀ größer als das ♂. PK insgesamt grau, auf der Oberseite dunkler als an den melierten Flanken und der weißlichen Unterseite. Kehle und ein Fleck über dem Auge weiß. An den Halsseiten ein orangerotes „Halstuch" und auf Schultern und Flügeldecken orangebeige Streifen und Federränder. Das ♂ weit blasser und schwächer gezeichnet als das ♀. Im SK am grauweißen Kopf ein schwarzer, gebogener Augenstreif und am Mantelrand der hell bleigrauen Oberseite eine weiße V-Zeichnung. JK zunächst viel brauner als das SK mit ockergelber Streifung der braunen Oberseite und kräftiger rotbrauner Tönung an Hals und Brust. Diese Färbung wird im Verlauf des Winters heller und dem SK ähnlicher. Schwimmt korkleicht, oft hastig in engen Kreisen und pickt dabei die Nahrung von der Wasseroberfläche. Vgl. Thorshühnchen.
Stimme: Rufe kurz, rauh, oft gereiht knäternd „tschäck", „tscherrp" oder stimmhafter „tschick".
Vorkommen: Zirkumpolare Verbreitung. Brütet in der Tundra und auf dem Fjäll an Seen, Teichen und Tümpeln. Überwintert auf hoher See im Persischen Golf. Auf dem Durchzug auf flachen Küstengewässern und küstennahen Seen und Teichen, seltener im Binnenland.

Thorshühnchen *Phalaropus fulicarius* Tafel 41, 52, Karte 158, A

Kennzeichen: 20-22 cm. Etwas größer und deutlich untersetzter als das Odinshühnchen mit dickem Schnabel. Im Flug weiße, auf den Armflügeln breite, auf den Handflügeln dünne Flügelstreifen und wenig Weiß an den Bürzelseiten. Das ♀

größer als das ♂. Im PK unverkennbar mit leuchtend weißem Gesicht und kastanienroter Unterseite. Färbung des ♂ weniger intensiv und etwas „schäbig". Im SK, bis auf die Kopfzeichnung, sehr hell und einfarbig, auf der Oberseite weißlich blaugrau ohne Zeichnung und auf der Unterseite weiß. Kopf mit dunklem Hinterscheitel und kurzem, kaum gebogenem, schwarzem Augenstreif. JK ähnlich Odinshühnchen. Der Augenstreif aber nur angedeutet, die Oberseite weniger intensiv gestreift und die Brustseiten nur schwach gelbbraun getönt. Im Verlauf des 1. Winters werden die dunklen Oberseitenfedern, an den Schultern beginnend, durch graue ersetzt. Schwimmt korkleicht, oft in engen Kreisen und pickt dabei die Nahrung von der Wasseroberfläche, wirkt aber immer dicklicher und robuster als das zierliche Odinshühnchen. Kann im SK schwimmend mit einer kleinen Möwe und im Flug mit dem Sanderling verwechselt werden. Vgl. auch Odinshühnchen.
Stimme: Flugruf hell, metallisch „kitt". Balzgesang des ♀ im kreisenden Singflug hell surrend „brrrip...".
Vorkommen: Brütet an Tümpeln der küstennahen arktischen Tundra. Überwintert auf dem Atlantik und wird manchmal, vorwiegend im Herbst, durch Stürme an die W-europäischen Küsten, selten auch bis ins Binnenland verdriftet.

Raubmöwen: Stercorariidae

Möwengroße Seevögel, mit kräftigen, an der Spitze hakenartig gebogenen Schnäbeln und spitzen, gekrümmten Krallen an den Schwimmfüßen. Das Gefieder ist gewöhnlich weitgehend dunkelbraun. Gemeinsam ist allen ein weißes Feld am Grunde der Handschwingen. In der Gattung Stercorarius sind bei den Altvögeln die mittleren Schwanzfedern verlängert (Schwanzspieße). Es treten hier dunkle, helle und intermediäre Farbvarianten auf. Die Geschlechter sehen allgemein gleich aus. Die Jungvögel sind, je nach Alter, mehr oder weniger hell-dunkel gebändert und gefleckt. Die etwa gleichgroßen Arten sind daher im JK nur sehr schwer auseinanderzuhalten. Der Flug mit recht schnellen, kraftvollen, flachen Flügelschlägen unterscheidet sich von dem langsamen, gleitenden Flug der Möwen deutlich. Andere Seevögel werden in der Luft rasant verfolgt und ihnen die Beute abgejagt. In den Brutgebieten werden auch Kleinsäuger und Vögel erbeutet. Außerhalb der Brutzeit auf der hohen See.

Spatelraubmöwe *Stercorarius pomarinus* **Tafel 53, Z**

Kennzeichen: 42-50 cm (dazu 6-11 cm Schwanzspieße). Eine etwa sturmmöwengroße Raubmöwe, die im Flug aber größer wirkt. Am Boden kompakt mit kräftigem Schnabel und ausladender Brust. Beim Altvogel sind die Schwanzspieße am Ende spatelartig verbreitert und in die Senkrechte gedreht. Der Armflügel ist breit und der Handflügel ausgezogen spitz. Das weiße Feld auf dem Handschwingenansatz ist ähnlich ausgeprägt wie bei der Skua. Die häufigere helle Farbvariante hat im PK eine bis an den Schnabelansatz ziehende schwarze Kappe, gelbliche Wangen, ein dunkelfleckiges Brustband (kann beim ♂ fehlen) und kräftig dunkel gebänderte Flanken. Die seltenere dunkle Variante ist, bis auf das weiße Flügelfeld, gänzlich dunkelbraun. Im JK, je nach Färbungstyp, beigebraun bis braun mit kräftiger dunkelbrauner Bänderung, v. a. am Körper und auf dem Unterflügel. Schwanzspieße noch kaum ausgebildet. Erst im 3. Kalenderjahr weitgehend wie der Altvogel. Von der jungen Schmarotzerraubmöwe am besten an der hellbläulichen Schnabelbasis, dem breiten Handflügel und der ruhigeren Flugweise zu unterscheiden. Flugweise ausgeglichen mit stetigem, gleichmäßigem Flügelschlag, weniger ruckhaft als die der Schmarotzerraubmöwe.
Stimme: Abseits des Brutplatzes schweigsam. Warnruf rauh „keck". Am Brutplatz nasal durchdringend „gwärr...".
Vorkommen: Brütet zirkumpolar in der arktischen Tundra und überwintert an tropischen Küsten von Atlantik und Indischem Ozean. Fliegt auf dem Zug über N-, C- und W-Europa und kann gelegentlich an den Küsten beobachtet werden.

Schmarotzerraubmöwe *Stercorarius parasiticus* **Tafel 53, Karte 159, Z**
Kennzeichen: 37-44 cm (dazu 5-9 cm Schwanzspieße). Die in Europa häufigste Raubmöwe. Etwas kleiner als eine Sturmmöwe. Kopf klein und Schnabel relativ dünn und lang. Körper schlank mit wenig ausladender Brust. Im Flug Armflügel recht schmal und Handflügel spitz. Das helle Feld auf dem Oberflügel weniger ausgeprägt als auf dem Unterflügel. Die Schwanzspieße kurz und spitz. Bei der im N häufigeren hellen Farbvariante sind im PK die Kontraste zwischen den braunen und weißlichen Partien nicht so scharf wie bei der Spatelraubmöwe. Die dunkelbraune Kappe reicht nur bis über das Auge. Gefieder am Ansatz des Oberschnabels immer hell. Ein dunkles Brustband ist, wenn überhaupt, nur schwach und verwaschen ausgebildet. Die Flanken sind nicht gebändert. Die mehr im S vorkommende dunkle Variante ist, bis auf das weiße Flügelfeld, gänzlich dunkelbraun. Es gibt aber vielfache Zwischenformen. JK, je nach Färbungstyp, licht- bis dunkelbraun mit kräftiger Bänderung auf Körper und den Flügeldecken. Von der jungen Spatelraubmöwe am besten an dem schlanken Schnabel, den schmalen Armflügeln und den leicht verlängerten mittleren Schwanzfedern zu unterscheiden (s. auch Spatelraubmöwe). Kann beim schnellen, kraftvollen Flug mit etwas ruckhaftem Flügelschlag und gewinkelten Flügeln falkenähnlich wirken. Ausgesprochener „Pirat", belästigt andere Seevögel im Flug so lange, bis sie die Beute auswürgen oder fallen lassen, die dann in der Luft aufgeschnappt wird.
Stimme: Häufigster Ruf nasal miauend „äh-jouu", der bei der Balz vielfach wiederholt wird. Warnlaut, kurz „pjiu".
Vorkommen: Brütet zirkumpolar in der küstennahen Tundra, auf Inseln, Heiden und Mooren. Überwintert im Südatlantik und Indischen Ozean. Kann auf dem Zug regelmäßig an den Küsten C- und W-Europas beobachtet werden.

Falkenraubmöwe *Stercorarius longicaudus* **Tafel 53, Karte 160, Z**
Kennzeichen: 35-41 cm (dazu 12-24 cm Schwanzspieße). Die kleinste und seltenste Raubmöwe. Etwa so groß wie eine Lachmöwe mit schlankem Körper und schmalen, langen Flügeln. Das markanteste Merkmal sind im PK die sehr langen, spitzen Schwanzspieße, die im Flug wellenförmig flattern. Im allgemeinen wie eine helle Schmarotzerraubmöwe gefärbt. Eine dunkle Farbvariante ist nicht bekannt. Die schwarzbraune Kappe ist schärfer begrenzt, Rücken, Mantel und Flügeldecken sind heller graubraun und die dunklen Schwingen davon farblich abgehoben. Am Grunde der Handschwingen kein weißes Feld. Die Brust ist weiß ohne Brustband. Der Bauch und der Steiß sind grau. Die Färbung der Jungvögel ist sehr variabel. Die hellen Formen sind im Grundton mehr graubraun, die dunklen dunkelbraun wie die jungen Schmarotzerraubmöwen und von diesen nur an der Gestalt und Flugweise zu unterscheiden. Der Flug ist seeschwalbenähnlich locker. Kann beim gaukelnden Gleiten über die Wellenkämme auch wie ein Sturmtaucher aussehen. Auf dem Meer nur selten ein „Pirat", der anderen Vögeln die Nahrung abjagt. Sammelt im Flug mehr von der Wasseroberfläche. Schwimmt leicht mit angehobenem Schwanz. Lebt im Brutgebiet überwiegend von Lemmingen.
Stimme: Auf See wenig stimmfreudig. Warnruf im Brutgebiet scharf „kriäk" oder „kraak" und bei der Balz schrill, gereiht „ki-jäh...".
Vorkommen: Verbreitung zirkumpolar. Brütet in der küstennahen trockenen Tundra und auf Heiden im Fjäll. Überwintert im S-Atlantik. Außerhalb der Brutzeit ausgesprochen pelagisch und nur selten an der Küste. Kann auf dem Zug gelegentlich an den Küsten C- und W-Europas beobachtet werden.

Skua *Catharacta skua* **Tafel 53, ZW**
Kennzeichen: 50-58 cm. Die größte Raubmöwe, etwa so groß wie eine Silbermöwe. Wirkt massig und gedrungen. An dem großen Kopf ein wuchtiger Schnabel mit Hakenspitze. Der Körper am Boden mit breit ausladender Brust und im Flug dick, „tonnenförmig". Die breiten Flügel enden stumpf, am Grunde der Handschwingen ein großes, auffälliges weißes Feld, das bei jedem Flügelschlag aufleuchtet. Der Schwanz

kurz und breit ohne verlängerte Federn. Das PK in der Grundtönung variabel von hell- bis dunkelbraun, an Kopf, Hals und Oberseite gelbbraun gestrichelt. Die Unterseite oft mehr rötlichbraun mit unklarer dunkler Fleckung. Das JK auf der Unterseite einfarbig rotbraun, das weiße Handflügelfeld auf dem Oberflügel schwächer ausgebildet als bei den Alten. Fliegt, ähnlich wie eine Großmöwe, mit langsamem, behäbigem Flügelschlag, aber beim Verfolgen anderer Vögel, um ihnen die Nahrung abzujagen oder sie zu erbeuten, ausgesprochen rasant und wendig. Segelt häufiger als andere Raubmöwen und kann dann wie ein Greifvogel aussehen. Liegt schwimmend hoch im Wasser.
Ähnliche Arten: Verwechslungsgefahr besteht vor allem mit dunklen jungen Großmöwen (kein weißes Flügelfeld) und jungen Spatelraubmöwen (Bänderung der Flügeldecken und der Unterseite).
Stimme: Warnruf im Brutgebiet wiederholt kurz, nasal „ähk", „oak", beim Angriff auf einen Eindringling fauchend „skierrr".
Vorkommen: Verbreitung in Europa: Island, Färöer, Shetland- und Orkney Inseln, Äußere Hebriden, N-Schottland und N-Norwegen. Brütet einzeln oder in lockeren Kolonien auf küstennahen Mooren und Heiden. Überwintert im N- und S-Atlantik. Außerhalb der Brutzeit regelmäßig an den Küsten C- und W-Europas.

Möwen: Laridae

Die Möwen sind inzwischen, zumindest außerhalb der Brutzeit, zu allgemein bekannten Mitbewohnern vieler Städte geworden. Sie brüten vorwiegend an den Küsten, einige aber auch an Binnengewässern. Sie fliegen mit langsamem, flachem Flügelschlag und segeln elegant im Wind. Sie schwimmen und sind an Land gut zu Fuß. Langflüglige, kleinere, grazile bis große, kompakte, überwiegend weiße Vögel mit hellgrauer bis schwarzer Oberseite. Jungvögel, zunächst dunkel gezeichnet, erreichen erst nach einigen Jahren das Aussehen der Alten. Zumeist auch deutlich verschiedene PK und SK. Die Geschlechter sehen gleich aus.

Fischmöwe *Larus ichthyaetus* **Tafel 56, A**

Kennzeichen: 58-67 cm. Deutlich größer als eine Silbermöwe mit langen, schmalen Flügeln. Typische Kopfform mit flach in den Schnabel übergehender Stirn. In allen Kleidern weiße „Klammer" über und unter dem Auge. Im PK die einzige Großmöwe mit schwarzer Kapuze. Der lange, klobige, gelbe Schnabel zur Spitze hin rot mit schwarzer Binde. Beine gelb. Im Flug Handflügel oben weitgehend weiß mit schwarzem Querband vor der Flügelspitze. Im SK dunkle Färbung am Kopf weitgehend auf eine Maske um Augen und Hinterkopf beschränkt. Im JK Kopf mit Maske, Oberseite braun gefleckt, Brustseiten braun getönt, Unterseite weiß. Schnabel fahlgelb mit schwarzer Spitze. Beine gräulich fleischfarben. Im Flug mit hellgrauem bis weißlichem Feld auf den Großen Armdecken, weitgehend weißen Unterflügeln und breiter schwarzer Endbinde am weißen Schwanz. Im Verlauf des 1. Winters auf der Oberseite zunehmend grau. Nach 3 Jahren im Alterskleid. Flugbild allgemein durch den langen Schnabel und Kopf, die volle Brust und die langen schmalen Flügel geprägt. Fliegt mit langsamem, stetigem Flügelschlag und oft stark gewinkelten Flügeln.
Stimme: Außerhalb der Brutzeit zumeist stumm, gelegentlich rauh „kräh-äh". Im Brutgebiet verschiedene jauchzende, jaulende und krächzende Laute.
Vorkommen: Brütet vom Schwarzen Meer bis nach Zentralasien an Lagunen, Süß- und Brackwasserseen. Überwintert vorwiegend an Küsten. In C-Europa ein sehr seltener Gast.

Schwarzkopfmöwe *Larus melanocephalus* **Tafel 54, Karte 161, BZ**

Kennzeichen: 37-40 cm. Etwas größer und deutlich stämmiger als die Lachmöwe mit kürzerem, dickerem, stumpferem Schnabel, voller Brust, längeren Beinen und etwas

kürzeren, stumpferen Flügeln. Altvögel haben im PK einen roten Schnabel mit gelbschwarzer Spitze, eine ausgedehnt schwarze Kapuze mit unterbrochen weißem Augenring, eine hell perlgraue Oberseite, gänzlich weiße Schwingen und rote Beine. Im SK um Augen und Hinterkopf eine schwärzliche Maske. Junge und Jugendliche ähneln Sturmmöwen. Der schwarze bis schwarzrote Schnabel ist aber kräftiger. Die Flügeloberseite ist stärker gemustert. Die Vorderkante ist dunkel, die Hand- und inneren Armschwingen schwarz, auf den Großen Armdecken ein grauweißes Feld, das auf die inneren Handschwingen übergreift. Der Unterflügel ist ungefleckt weiß. Am Schwanz eine nur schmale, schwarze Endbinde. Im 2. Winter weitgehend wie die Alten, aber auf den Handschwingen vor der weißen Flügelspitze noch eine Reihe schwarzer Flecke. Fliegt mit schnellerem, steiferem Flügelschlag als die Sturmmöwe.
Stimme: Rufe in typischer Lautfärbung nasal quäkend „angh“, „ähah“ oder guttural „küau“.
Vorkommen: Brütet in W- und S-Europa an Küsten und Seen, zumeist zwischen Lach- oder Sturmmöwen. In C-Europa nur verstreute, einzelne Brutvorkommen. Kann das ganze Jahr über einzeln oder in kleinen Gruppen an der Küste, seltener im Binnenland beobachtet werden.

Aztekenmöwe *Larus atricilla* **Karte 56, A**
Kennzeichen: 36-41 cm. Eine mittelgroße Möwe mit langem, leicht abwärts weisendem Schnabel, flach geneigter Stirn, langem Hals, langen, spitzen Flügeln, die beim Stehen hinter den Schirmfedern einen langausgezogenen, spitzen Keil bilden und dem Flugbild ein schnittiges Aussehen verleihen. Im PK mit schwarzrotem Schnabel, schwarzer Kapuze, weißen „Augenklammern“, ausgeprägt dunkelgrauer Oberseite, weißer Flügelhinterkante, dreieckigen, schwarzen Flügelspitzen und schwarzroten Beinen. Im SK mit verwaschen graubraun melierter Haube. JK im 1. Winter mit verwaschen dunkler Haube, grauer, graubraun gefleckter Oberseite und graubrauner Tönung an Brust und Flanken. Die Flügel sind insgesamt dunkel mit feiner, weißer Hinterkante. Handflügel und Armschwingen sind schwärzlich und die Flügeldecken düster graubraun. Auf dem Unterflügel bilden die dunklen Enden der Kleinen Decken und der Achselfedern einen graubraunen Streif. Die weißen Oberschwanzdecken kontrastieren mit dem grauen Schwanz und der breiten schwarzen Endbinde. Flugweise ausgesprochen ruhig mit tief ausholendem Flügelschlag und gewandtem Gleiten und Segeln.
Stimme: Häufigster Ruf im Flug etwas pfeifend „khau“, lauter und klangreiner als von der Lachmöwe. Das Jauchzen klingt wie ein lachendes Miauen „kauh kauh hä-hä-hääh-häääh-hääääh“.
Vorkommen: Brütet an der Ostküste N- und Mittelamerikas. In Europa ein seltener Gast.

Präriemöwe *Larus pipixcan* **Tafel 56, A**
Kennzeichen: 32-36 cm. Am ehesten mit der Aztekenmöwe zu verwechseln, aber kleiner, kompakter, auf der Oberseite heller grau mit kurzem Schnabel und vergleichsweise stumpfen Flügeln. Im PK ein markantes Oberflügelmuster. Hinter der weiß-schwarzen Flügelspitze ein weißes quer über den Handflügel ziehendes Band und an der Flügelhinterkante ein breiter, weißer Saum. Die Mitte des Schwanzes ist hellgrau. Im SK mit klar begrenzter schwarzbrauner Haube. Die Haube ist auch im JK ausgeprägt dunkel, die Unterseite und die Unterflügel sind weiß ohne graue Tönung oder Zeichnung und der weiße Schwanz hat eine sauber abgesetzte, schwarze Endbinde. Fliegt mit ähnlich lockerem, schnellem Flügelschlag wie die Zwergmöwe. Im Verhalten weitgehend wie die Lachmöwe.
Stimme: Häufigster Laut im Brutgebiet ein weiches „krruk“, bei der Nahrungssuche gelegentlich schrill „käk käk...“.
Vorkommen: Brütet in Feuchtgebieten der Prärieregion N-Amerikas. Überwintert an der Küste. In Europa ein seltener Gast.

Zwergmöwe *Larus minutus* **Tafel 54, 55, Karte 162, Z**

Kennzeichen: 24-28 cm. Die kleinste Möwe der Welt mit einem feinen Schnäbelchen, stumpfen, relativ kurzen Flügeln und weitgehend geradem Schwanzende. Altvögel haben im PK eine ausgedehnt schwarze Kapuze, eine hellblau-graue Oberseite, einen nahezu schwarzen Schnabel und rote Beine. Der Oberflügel ist hellgrau und der Unterflügel dunkel schwarzgrau. Von den Schirmfedern bis auf die Flügelspitze zieht entlang der Flügelhinterkante ein schmaler, weißer Saum. Im SK bleibt von der Kapuze nur ein dunkler Scheitel- und Ohrfleck. Im JK auf Kopf, Mantel und Rücken schwarzbraun gemustert. Auf dem Oberflügel entlang der Großen Armdecken bis auf die äußeren Handschwingen ein breites dunkles Zickzackband. Am Schwanzende eine breite, schwarze Binde. Im 1. Winter weitgehend wie im SK, auf dem Flügel aber weiterhin das dunkle Zickzackband und damit der jungen Dreizehen- und Rosenmöwe sehr ähnlich (s. dort). Im 3. Jahr wie die Altvögel. Die Flugweise mit tief ausholendem, langsamem Flügelschlag und oft hin und her schwankendem Flug erinnert an eine Binnen-Seeschwalbe (*Chlidonias*). Wie diese fängt die Zwergmöwe Insekten in der Luft oder pickt sie im Bogenflug von der Wasseroberfläche auf.

Stimme: Häufigster Ruf hart, kurz, ein wenig nasal „käck käck...“. Bei der Balz lange Serien schnell „pendelnder“ Rufe „ki-kä-ki-kä-ki-kä...“.

Vorkommen: Brütet in kleineren Kolonien an Seen und in Sümpfen, oft mit anderen Möwen oder Seeschwalben vergesellschaftet. Zieht zum Überwintern an die Küsten W- und S-Europas und kann dabei regelmäßig in C-Europa an der Küste, seltener auch an Binnengewässern, beobachtet werden.

Schwalbenmöwe *Larus sabini* **Tafel 54, 55, A**

Kennzeichen: 30-36 cm. Größe zwischen Zwerg- und Lachmöwe mit schlankem Körper und kennzeichnend eingekerbtem Schwanz. In allen Kleidern dreifarbige Flügel. Die grauen (Altvögel) oder graubraunen (Jungvögel) Armdecken kontrastieren mit den weißen Arm- und hinteren Handschwingen sowie den schwarzen bzw. schwarzbraunen Handdecken und äußeren Handschwingen. Altvögel haben im PK einen schwarzen Schnabel mit gelber Spitze, eine schwarzbraune, am Hals schwarz gesäumte Kapuze und graurosa Beine. Im SK Hinterkopf und Nacken schwarzbraun. JK auf dem Kopf, dem Hinterhals und den Brustseiten gräulichbraun, auf der Oberseite braungrau und hellbeige geschuppt, auf den Großen Decken des Unterflügels ein graubraunes Band und am Schwanzende ein schwarzes Band, das die Gabelung betont. Der tief ausholende Flügelschlag mit den langen, spitzen Flügeln wirkt seeschwalbenartig locker und elegant. Nahrungserwerb im Flug von der Wasseroberfläche oder stoßtauchend nach Art der Seeschwalben und auch schwimmend wie die Wassertreter.

Ähnliche Arten: Bei jungen Dreizehen- und Zwergmöwen sieht das Flügelmuster sehr ähnlich aus, man achte auf die Kopffärbung und die Schwanzform.

Stimme: Außerhalb des Brutgebietes weitgehend stumm, gelegentlich rauhe, seeschwalbenähnliche Rufe.

Vorkommen: Brütet in der Hocharktis N-Amerikas und E-Sibiriens. Überwintert auf hoher See vor W-Afrika. Bei dem Zug über den Atlantik werden alljährlich Einzelne an die W- und SW-europäischen Küsten verdriftet.

Bonapartemöwe *Larus philadelphia* **Tafel 56, A**

Kennzeichen: 31-34 cm. Deutlich kleiner und eleganter als die Lachmöwe mit kleinem, feinem Schnabel, kompakter Gestalt und kurzen Beinen. In allen Kleidern ein hellgrauer, auf den äußeren Handschwingen weißer Unterflügel mit schwarzen Handschwingenspitzen. Außer im JK auf dem vorderen Handflügel der gleiche weiße Keil wie bei der Lachmöwe. Im PK mit schwarzem Schnabel, schwarzer Kapuze, grauer Oberseite, leicht rosa getönter Unterseite und orangeroten Beinen. Die dunkle Kopffärbung im SK auf einen großen Ohrfleck und grauen Hinterkopf reduziert. Die Beine matt rosa. Im JK und 1. Winter der jungen Lachmöwe sehr ähnlich. Unterschiede

sind der kleine Schnabel, der große Ohrfleck, der graue Hinterhals und Nacken und das Oberflügelmuster. Die dunkle Zeichnung auf dem Flügel ist schwarz, nicht braun wie bei der Lachmöwe. Die inneren Großen Handdecken sind weiß, die äußeren schwarz gezeichnet und das schwarze Band auf dem Hinterrand des Flügels durchgehend gleich breit. Flugweise leichter, eleganter, seeschwalbenähnlicher als bei der Lachmöwe. Rüttelt häufig, um Nahrung von der Wasseroberfläche aufzupicken.
Stimme: Recht schweigsam. Rufe von denen der Lachmöwe deutlich verschieden. Häufiger ein seeschwalbenähnliches, nasales „tschirr".
Vorkommen: Brütet in Feuchtgebieten der nördlichen Nadelwaldregion N-Amerikas auf Bäumen und überwintert an der Küste. In W- und C-Europa ein seltener Gast.

Lachmöwe *Larus ridibundus* **Tafel 54, 55, Karte 163, BJZW**

Kennzeichen: 35-39 cm. Die häufigste und am weitesten verbreitete der kleineren, schwarzköpfigen Möwen mit recht langem, spitzem Schnabel, langen, spitz zulaufenden Flügeln, die dem stehenden Vogel eine schlanke, nach hinten verjüngte Gestalt verleihen, und schwach gerundetem Schwanz. In allen Kleidern auf dem vorderen Handflügel ein langer weißer Keil und auf der Flügelunterseite düstergraue, innere Handschwingen. Altvögel haben im PK einen dunkelroten Schnabel, dunkelrote Beine, eine dunkel schokoladenbraune Kapuze, die nicht bis in den Nacken reicht, einen weißen Augenring, eine hellgraue Oberseite und schwarze äußere Handflügelspitzen. Im SK mit einem schwarzgrauen Ohrfleck, roten oder braunroten Beinen und einem roten Schnabel mit dunkler Spitze. Die Jungvögel sind recht „bunt". Oberkopf, Hinterhals, Mantel, Schultern und Mittlere Handflügeldecken sind ocker- und dunkelrotbraun gefärbt und gefleckt. Entlang der Flügelhinterkante ein dunkles Band. Der Schwanz mit schwarzer Endbinde. Schnabel gelblichbraun mit dunkler Spitze. Beine orangebraun. Im 1. Winter Flügelzeichnung und Schwanzbinde wie im JK, sonst wie im SK. Im 2. Jahr wie die Altvögel. Sehr anpassungsfähig. Hat sich inzwischen alle mögliche Nahrungsquellen der Kulturlandschaft erschlossen. Bevölkert außerhalb der Brutzeit vielerorts die Innenstädte.
Stimme: Laut und lärmend. Rufe schnarrend und quarrend. Häufigste Rufe in vielen Variationen schrill „kirrärrr", „kijarrr". In großen Brutkolonien, auch nachts, ein ohrenbetäubender Lärm.
Vorkommen: Brutkolonien in der Sumpfvegetation der Ufer und Inseln von Seen, Teichen und Sümpfen sowie in ähnlichen Lebensräumen an der Küste. Außerhalb der Brutzeit zumeist in Gewässernähe überall dort, wo auf Müllplätzen, in Städten, auf Feldern, an Stränden usw. ausreichend Nahrung zur Verfügung steht.

Dünnschnabelmöwe *Larus genei* **Tafel 54, Karte 164, A**

Kennzeichen: 37-42 cm. Nur wenig größer als die Lachmöwe. Der lange Schnabel und die flache Stirn ergeben ein typisches Kopfprofil. Der lange Hals und die langen Beine lassen sie deutlich größer und schlanker als die Lachmöwe erscheinen. Die gelbliche bis weiße Iris verleiht dem Auge einen „stechenden" Blick. Der gestreckte Kopf und der lange Hals ergeben im Flug ein buckliges Rückenprofil. In allen Kleidern ein sehr ähnliches Flügelmuster wie bei der Lachmöwe. Der weiße Keil auf dem vorderen Handflügel ist aber breiter. Im PK mit weißem Kopf, rosa getönter Unterseite, schwarzrotem Schnabel und dunkelroten Beinen. Das SK sieht weitgehend wie das PK aus. Schnabel und Beine sind aber blasser und bräunlicher, die Unterseite ist weiß und oft ist ein unscheinbarer, hellgrauer Ohrfleck vorhanden. Die braune Färbung des JK ist matter und weniger intensiv als bei der Lachmöwe. Im 1. Winter nur ein kleiner, bräunlicher Ohrfleck und eine schwächere, braune Zeichnung auf den Armdecken und -schwingen, am Schwanz aber, wie bei der Lachmöwe, eine breite, schwarze Endbinde. Im 2. Jahr wie die Altvögel. Flugweise und Verhalten erinnern an die Lachmöwe.
Stimme: Rufe ähnlich quarrend wie die der Lachmöwe aber allgemein tiefer, rauher, rollender „kjarrr", „ahrrrr".

Vorkommen: Brütet in kleinen Kolonien, oft zwischen Seeschwalben, auf Inseln in Lagunen, an Seen und sumpfigen Flußufern. Außerhalb der Brutzeit überwiegend an der Küste.

Korallenmöwe *Larus audouinii* **Tafel 54, Karte 165, A**
Kennzeichen: 44-52 cm. Kleiner und graziler als die im gleichen Lebensraum vorkommende Weißkopfmöwe mit einem kürzeren stumpferen Schnabel, flacherer Stirn (die Stirnbefiederung zieht bis zum Nasenloch), schmaleren, langen Flügeln und stets dunklen Beinen. Altvögel haben im PK einen roten Schnabel mit gelb-schwarzer Spitze, der aber aus einiger Entfernung ganz dunkel wirkt, dunkle Augen, keine scharfe Grenze zwischen dem grauen Mantel und dem weißen Hals, eine lichtgraue Oberseite und graugrüne Beine. Das schwarze Flügelende wird nur durch die Reihe der weißen Handschwingenspitzen und einen kleinen, weißen Fleck vor der Flügelspitze belebt. Das JK ist dem der Weißkopfmöwe sehr ähnlich. Insgesamt wirkt es düsterer, mehr wie das der Heringsmöwe. Im Flug ein deutlich gezeichneter Unterflügel mit dunkler Bänderung auf den Decken, einem hellen Mittelfeld und schwarzbraunen Schwingen. Der Schwanz ist schwarz mit einem weißen Saum. Auch der Bürzel ist dunkel. Die weißen Oberschwanzdecken bilden dazwischen ein auffälliges „Hufeisen". Der Schnabel ist grau mit schwarzer Spitze. Die Beine sind dunkelgrau. Im 1. Winter auf Mantel und Schultern schon graue Federn. Flug eleganter und wendiger als der der Weißkopf- und Silbermöwe mit tiefer ausholendem Flügelschlag und ausdauerndem Gleiten.
Stimme: Häufigster ständig wiederholter Ruf rauh, etwas nasal „ährrr", „jarrr".
Vorkommen: Eine seltene Möwe. Brütet einzeln oder in Kolonien auf kleinen Felseninseln. Außerhalb der Brutzeit an Felsküsten, Buchten und Flußmündungen des Mittelmeeres.

Ringschnabelmöwe *Larus delawarensis* **Tafel 56, A**
Kennzeichen: 41-49 cm. Der Sturmmöwe durchaus ähnlich, aber größer, kompakter mit höherem Schnabel. Altvögel mit gelben, Jungvögel mit dunklen Augen. Im PK unterscheiden sich die Altvögel von der Sturmmöwe durch eine breite, klar abgesetzte schwarze Binde am gelben Schnabel, eine hellere Oberseite, einen nur schmalen, weißen Saum an den Schirmfederenden und einen nur kleinen, weißen Fleck („Spiegel") vor der schwarzen Flügelspitze. Auch die Jungvögel entsprechen im 1. Winter weitgehend den gleichalten Sturmmöwen. Die hellgrauen Schultern sind aber verstreut graubraun gefleckt. Die dunklen Schirmfedern haben nur schmale helle Ränder. Im Flug mit einem hellgrauen, mittleren Feld auf dem Flügel und einer zum Körper hin unscharf begrenzten schwarzen Endbinde am weißen Schwanz. Erinnert beim kraftvollen Flug mehr an die größere Silbermöwe. Hält sich am Boden aufrecht und läuft viel hin und her.
Stimme: Lautrepertoire ähnlich wie bei der Silbermöwe, aber höher und mehr nasal.
Vorkommen: Brutvogel im mittleren N-Amerika. Lebensraum ähnlich wie der der Sturmmöwe. In W-Europa alljährlich mehrere Beobachtungen.

Sturmmöwe *Larus canus* **Tafel 54, 55, Karte 166, BJZW**
Kennzeichen: 40-46 cm. In Größe und Gestalt zwischen der Lach- und der Silbermöwe. Färbung und Zeichnung ähnlich wie bei der Silbermöwe, der Schnabel ist aber kleiner und feiner, der Kopf ist runder, die Augen sind dunkel, der Körper ist schlanker und die Flügel sind schmaler. Im PK von der Silbermöwe durch den grünlichgelben Schnabel, die gelbgrünen Beine, die dunkler graue Oberseite und den breiten, weißen Saum an den Schirmfederenden unterschieden. Im Flug am Flügel eine breite, weiße Hinterkante und ein recht großer „Spiegel" (s. Ringschnabelmöwe). Der Kopf ist im SK grau gestrichelt. Vor der Spitze des mattgrünen Schnabels eine mehr oder weniger ausgeprägte schwarze Binde. Im JK sind Kopf und Brust graubraun und die Oberseite braun geschuppt. Kopf und Körper sind im 1. Winter wie im SK gefärbt, die Flügel aber wie im JK. Das mittlere Armflügelfeld ist düster graubraun, aber ohne

Bänderung wie sie die Silbermöwe zeigt. Der Schwanz endet mit einer klar begrenzten, schwarzen Binde. Im 3. Jahr wie die Altvögel. Fliegt leichter und eleganter als die Silbermöwe mit kräftigem, tief ausholendem Flügelschlag. Geht am Boden oft mit hohen Schritten. Neben der Lach- und Silbermöwe die dritthäufigste Möwe C- und N-Europas.
Ähnliche Arten: Im PK Ringschnabel- und Dreizehenmöwe, im JK und 1. Winter auch die Schwarzkopfmöwe - s. dort.
Stimme: Rufe allgemein höher und schriller als die der Silbermöwe. Im Flug langgezogen „kliiä“ oder nasal „kiau“, erregt „gäg-gäg...“, das Jauchzen klingt schrill sich überschlagend „ä-ä-iii-ä...“.
Vorkommen: Brütet an sandigen, auch steinigen Küsten, bevorzugt auf Inseln und Halbinseln, aber auch im Binnenland an teilweise recht kleinen Süßgewässern. Im Winter an den Küsten oder im küstennahen Binnenland, oft mit Lachmöwen vergesellschaftet auf Äckern und in Städten.

Heringsmöwe *Larus fuscus* — Tafel 54, 55, Karte 167, BZW

Kennzeichen: 48-56 cm. Ein wenig kleiner als die Silbermöwe mit schlankerer Gestalt, kleinerem Schnabel und längeren Flügeln. Altvögel wegen der dunklen Oberseite am ehesten mit der weit größeren Mantelmöwe zu verwechseln. Im PK mit gelben Beinen, relativ kleinem, weißem „Spiegel“ vor der Flügelspitze und weißem Flügelhinterrand, der an den äußeren Handschwingen schmal ausläuft. Die Färbung der Oberseite ist regional unterschiedlich. Die Vögel W-Europas und Islands (*L. f. graellsii*) sind oberseits schiefergrau mit schwarzen Flügelspitzen. Die Oberseite der Heringsmöwen SW-Skandinaviens und C-Europas (*L. f. intermedius*) ist grauschwarz bis fast schwarz und die der N-skandinavischen und N-russischen Unterart (*L. f. fuscus*) schwarz ohne Kontrast zu den Flügelspitzen. Je dunkler die Oberseite im PK, um so schwächer ist die dunkle Strichelung des Kopfes im SK. Verglichen mit jungen Silbermöwen haben die Jungvögel einen dunkleren Mantel und Rücken, einen nahezu weißen Bürzel und weißen Schwanz mit breiter schwarzer Endbinde, einen einheitlich schwärzlichen Handflügel und dunkle Unterflügeldecken. Im 4. Jahr wie die Altvögel. Flugweise und Verhalten weitgehend wie die der Silbermöwe.
Stimme: Lautäußerungen wie die der Silbermöwe, aber nasaler und tiefer.
Vorkommen: Brütet in Kolonien an sandigen und steinigen Küsten auch im küstennahen Binnenland auf Mooren und in Sümpfen. Außerhalb der Brutzeit überwiegend am Meer, aber auch an größeren Seen des Binnenlandes.

Silbermöwe *Larus argentatus* — Tafel 54, 55, Karte 168, BJZW

Kennzeichen: 54-60 cm. Die häufigste Großmöwe N-, C- und W-Europas. Die Oberseitenfärbung der Altvögel in W-Europa hell graublau, in N- und NE-Europa dunkler, mehr schiefergrau. Der weiße „Spiegel“ vor der Flügelspitze bei der hellen Form vergleichsweise klein, bei der dunklen manchmal fast die ganze Flügelspitze weiß. Der Schnabel ist gelb mit einem roten Punkt auf dem Unterschnabelwinkel. Die Beinfärbung allgemein fleischfarben rosa, im nordöstlichen Baltikum lokal aber auch gelb. Kopf, Hinterhals und Brustseiten im SK graubraun gestrichelt. Im JK insgesamt graubraun mit bräunlichem Kopf und schwärzlichbraun gefleckter Oberseite. Die inneren Handschwingen im Flug heller als die äußeren. Oberschwanzdecken dunkel gefleckt, dadurch kein scharfer Kontrast zur dunkeln Endbinde. Mantel und Rücken werden im 2. Winter grau. Im 4. Jahr wie die Altvögel. Flug kraftvoll mit relativ flachem Flügelschlag. Segelt und gleitet ausgiebig in den Hangaufwinden von Klippen, Deichen und Schiffen. Außerhalb der Brutzeit überall dort, wo es Nahrung gibt in Häfen, auf Müllplätzen und hinter Touristenschiffen.
Ähnliche Arten: Am Ähnlichsten ist die Weißkopfmöwe - s. dort. Die jungen und dunkleren Silbermöwen können auch mit Heringsmöwen verwechselt werden. Die Mantelmöwe ist so viel größer, daß bei der Möglichkeit eines Größenvergleichs die Verwechslungsgefahr gering ist.

S. auch Sturmmöwe und Korallenmöwe. Mischlinge zwischen Silber- und Heringsmöwe kommen gelegentlich vor. Sie gleichen weitgehend Weißkopfmöwen.
Stimme: Häufigster Ruf durchdringend, laut „kiau“, Alarmruf klar „ga-ga-gak“, der jauchzende Balzruf laut schallend „kiija-kiija-kjaa-kjau...“.
Vorkommen: Brütet an der Küste, gelegentlich weiter im Binnenland, in Kolonien auf ebenem Grund, auch auf Felsen oder Gebäuden. Außerhalb der Brutzeit häufig fernab der Küste auf Feldern und in Städten.

Weißkopfmöwe *Larus cachinnans* **Karte 168, BZW**

Kennzeichen: 52-58 cm. Die Weißkopfmöwe wurde früher als eine südliche Unterart der Silbermöwe angesehen. Sie wird heute allgemein als eigenständige Art betrachtet. Mehrere Unterarten. Im Mittelmeerraum die „Mittelmeer-Weißkopfmöwe“ *L. c. michahellis*. Die wesentlichsten Unterschiede zur Silbermöwe sind bei den Altvögeln die gelben Beine und im SK der fast weiße Kopf. Die Flügel sind etwas länger, die Handschwingenspitzen weniger weiß, der Lidring ist rotorange und nicht gelborange und die Oberseite dunkler, weniger bläulich. Bei den Jungvögeln sind der Kopf und die Unterseite allgemein heller, die inneren Handschwingen, ähnlich wie bei der Heringsmöwe, dunkel und die Oberschwanzdecken weitgehend weiß, so daß die schwarze Endbinde klar abgesetzt erscheint. Im 4. Jahr wie die Altvögel. Flugweise und Verhalten wie bei der Silbermöwe.
Stimme: Die Lautäußerungen erinnern mehr an die der Heringsmöwe. Alle Rufe sind tiefer und rauher als bei der Silbermöwe.
Vorkommen: Verbreitung überwiegend an den Küsten von Atlantik und Mittelmeer etwa südlich einer Linie von der Bretagne zur Krim. Die Lebensraumansprüche entsprechen denen der Silbermöwe mit noch engerer Bindung der Brutgebiete an das Meer.

Polarmöwe *Larus glaucoides* **Tafel 54, A**

Kennzeichen: 52-60 cm. Etwa so groß wie die Silbermöwe, jedoch mit einem „freundlicheren“, taubenähnlichen Aussehen, das durch den feineren Schnabel, den rundlichen Kopf, den gedrungenen Körper und die kürzeren Beinen bestimmt wird. Die Flügel sind recht lang. Sie überragen beim Stehen den Schwanz deutlich. Altvögel auf Mantel, Rücken und Flügeldecken blaßgrau, sonst weiß. Der Lidring ist rot. Die Beine sind rosa. Im SK an Kopf und Hinterhals graubraun gestrichelt. Junge im 1. Winter hell milchkaffeebraun, auf der Oberseite fein gefleckt und gebändert. Der von der graurosa Basis zur Spitze hin zunehmend schwarze Schnabel erscheint insgesamt dunkel. Im 4. Jahr wie die Altvögel. Die Flügel wirken beim schnellen, wendigen Flug lang und schmal. Die häufiger in W-Europa vorkommende amerikanische Unterart *L. g. kumlieni* hat grau gefleckte äußere Handschwingenspitzen. Die sehr selten beobachtete Unterart aus NW-Kanada *L. g. thayeri* ist oberseits insgesamt dunkler mit größeren dunklen Markierungen auf den Flügelspitzen. Sie erinnert mehr an eine sehr helle Silbermöwe. Vgl. auch Eismöwe.
Stimme: Rufe wie die der Silbermöwe, zumeist aber etwas höher.
Vorkommen: Brütet an den Küsten Grönlands und N-Kanadas. Überwintert in der subarktischen Region vorwiegend um Island und die Färöer. Kommt im Winter regelmäßig auf die Britischen Inseln und häufiger auch in die nördliche Nordsee.

Eismöwe *Larus hyperboreus* **Tafel 54, 55, Karte 169, A**

Kennzeichen: 63-68 cm. Größer als die Silbermöwe, beinahe so groß wie die Mantelmöwe mit ähnlich langem, kräftigem Schnabel, aber vergleichsweise kompakterem, kürzerem Körper und breiteren Flügeln. In allen Kleidern mit völlig weißen Flügelspitzen. Die Unterschiede zur Polarmöwe sind gering, aber bei genauer Beobachtung durchaus erkennbar. Der Schnabel ist größer und klobiger. Der Kopf ist „eckiger“ mit flach ansteigender Stirn und „finsterem“ Ausdruck. Die Flügel überragen beim Stehen den Schwanz nur wenig. Die Beine sind lang und lassen die gesamte

Gestalt noch größer erscheinen. Altvögel auf Mantel, Rücken und Flügeldecken blaßgrau, sonst weiß. Der Lidring ist gelb. Die Beine sind rosa. Im SK an Kopf und Hals kräftig graubraun gestrichelt. Junge im 1. Winter hell ocker- bis milchkaffeebraun, auf der Oberseite diffus gefleckt und gebändert. Der Schnabel ist rosa mit klar abgesetzter, schwarzer Spitze (vgl. Polarmöwe). Mit zunehmendem Alter heller und fleckiger. Im 4. Jahr wie die Altvögel. Fliegt mit wuchtig ruderndem Flügelschlag ähnlich „schwerfällig" wie die Mantelmöwe, weniger lebhaft und wendig als die Polarmöwe.
Stimme: Rufe wie die der Silbermöwe, zumeist aber etwas schriller und rauher.
Vorkommen: Brütet auf Klippen und grasigen Hängen nordatlantischer Inseln und überwintert an den Küsten Skandinaviens, der Britischen Inseln und seltener der nördlichen Nordsee. Oft gemeinsam mit anderen Großmöwen in Häfen, auf Müllplätzen usw.

Mantelmöwe *Larus marinus* **Tafel 54, 55, Karte 170, JZW**

Kennzeichen: 61-74 cm. Die größte Möwe Europas mit kräftigem, hohem Schnabel, dickem Hals, massigem Körper und langen, breiten Flügeln. Im PK auf der Oberseite nahezu schwarz, genau so dunkel wie die nordöstliche Unterart der Heringsmöwe. Von dieser durch die Größe, den großen weißen „Spiegel" vor der Flügelspitze, den durchgehend weißen Flügelhinterrand und die graurosa Beine unterschieden. Die graue Strichelung am Kopf ist im SK nur schwach ausgebildet. Im JK am Körper dunkel graubraun gezeichnet und auf den Schultern und Schirmfedern klar schwarzbraun geschuppt. Die schwarze Endbinde am Schwanz ist schmal und weißfleckig. Die dunkle Zeichnung der Oberseite wird bis in den 2. Winter beibehalten. Die schwarzen Federn erscheinen erst im 3. Winter. Im 4. Jahr wie die Altvögel. Wirkt im Flug groß, wuchtig und kraftvoll, aber etwas schwerfällig. Der aggressivste „Räuber" unter den Möwen. Fängt flügge Jungvögel und jagt anderen Meeresvögeln die Nahrung ab.
Stimme: Lautäußerungen ähnlich Silber- und Heringsmöwe, aber tiefer und rauher.
Vorkommen: Brütet einzeln oder in kleineren Kolonien auf Inseln und Klippen, in Dünen und auf Sandbänken. Gelegentlich auch weiter im Binnenland an Seen und auf Mooren. Außerhalb der Brutzeit überwiegend in Küstennähe und, wie die Silbermöwe, auch in Häfen, auf Müllhalden usw.

Rosenmöwe *Rhodostethia rosea* **Tafel 56, A**

Kennzeichen: 29-32 cm. Eine kleine, zierliche, taubenähnliche Möwe. Nur wenig größer als die Zwergmöwe mit längeren, spitzeren Flügeln und einem recht langen, keilförmig zugespitzten Schwanz. Altvögel im PK mit schmalem, schwarzem Halsring, hell bläulichgrauer Oberseite und zartrosa getönter Unterseite. Im Flug am Hinterrand der Flügel von den Schirmfedern bis auf die inneren Handschwingen ein breiter, flach keilförmiger, weißer Saum, eine schmale, schwarze Außenkante an der äußeren Handschwinge und graue Unterflügel. Im SK ohne Halsring mit einem schwärzlichen Fleck vor dem Auge, der das Auge größer erscheinen läßt, einem grauen Ohrfleck und hellgrauer Tönung auf Scheitel, Hals und Brustseiten. Junge haben im 1. Winter auf den Flügeln ein dunkles Zickzackband. Die Handschwingen sind aber in der Mitte durchgehend weiß und die Armschwingen völlig weiß, so daß ein großer, weißer Flügelkeil entsteht. Der Mantel ist einfarbig hellgrau und der hintere Rücken dunkel gezeichnet. Die Schwanzspitze ist schwarz. Im 2. Jahr wie die Altvögel. Der Flug wirkt ausgesprochen leicht. Die Flugweise erinnert beim zügigen Flug an eine Taube, beim Picken von der Wasseroberfläche aber mehr an eine Seeschwalbe. Sucht auch im flachen Wasser schwimmend, ähnlich wie ein Wassertreter, oder watend, ähnlich wie ein Strandläufer, nach Nahrung.
Ähnliche Arten: Die jungen Zwerg- und Dreizehenmöwen haben auf dem Flügel ebenfalls ein dunkles Zickzackband. Auch die Oberflügelzeichnung der Schwalbenmöwe ist ähnlich - s. dort.
Stimme: Gelegentlich ein weiches, hohes „kliau", sonst außerhalb des Brutgebietes zumeist stumm.

Vorkommen: Brütet in der küstennahen, arktischen Tundra E-Sibiriens, Spitzbergens und N-Kanadas. Überwintert überwiegend auf See an der Packeisgrenze. An den N-, C- und W-europäischen Küsten ein seltener Gast.

Dreizehenmöwe *Rissa tridactyla* **Tafel 54, 55, Karte 171, BJZW**

Kennzeichen: 37-42 cm. Eine anmutige Möwe der steilen Klippen und der offenen See. Etwas größer als die Lachmöwe mit leicht eingekerbtem Schwanz und kurzen Beinen. Im PK mit grünlichgelbem Schnabel, schwärzlichen Beinen und hellgrauer Oberseite. Im Flug wirkt der Flügel dreifarbig. Die Spitze ist, wie in Tinte getaucht, schwarz, der Handflügel sonst hell weißlichgrau und der Armflügel überwiegend dunkler grau. Im SK ist der Hinterkopf grau. Hinter dem Auge ein schwärzlicher, halbmondförmiger Ohrfleck. Junge im 1. Winter mit schwarzem Zickzackband auf den Flügeln, schwarzem Nackenband und schwarzem Schwanzende. Mantel und Rücken sind einfarbig grau und der Kopf, wie im SK, mit dunklem Ohrfleck. Im Vergleich zur jungen Zwergmöwe wirkt der große, helle Flügelkeil weitgehend einheitlich weiß, also ohne dunkle Zeichnung auf den Armschwingen. Im 3. Jahr wie die Altvögel. Fliegt mit schnellem, etwas steifem Flügelschlag und segelt ausgiebig und elegant im starken Wind.
Stimme: Am Brutplatz ausgesprochen stimmfreudig und laut. Häufigster Ruf nasal und schrill „kitt-i-wäik“, im Flug auch kurz einzeln oder wiederholt „gak“.
Vorkommen: Brütet an steilen Klippen, lokal auch an am Ufer stehenden Gebäuden. Außerhalb der Brutzeit fast ausschließlich auf dem offenen Meer, bevorzugt hinter Fischtrawlern.

Elfenbeinmöwe *Pagophila eburnea* **Tafel 54, A**

Kennzeichen: 41-47 cm. Etwa so groß wie eine Sturmmöwe mit breiteren Flügeln und längerem Schwanz. Wirkt am Boden mit dem runden Kopf, dem kleinen Schnabel, dem kurzen, dicken Hals, dem gedrungenen Körper und den kurzen Beinen erstaunlich taubenähnlich. Die Altvögel sind im rein weißen PK unverkennbar. Ihr blaugrauer Schnabel hat eine gelbe Spitze. Ihre Beine sind schwarz. Das Gesicht der Jungvögel ist schmutzig grau. Die grauschwarzen Enden der Schulterfedern, der Kleinen- und v. a. der Großen Decken, der Hand- und äußeren Armschwingen sowie der Schwanzfedern bilden auf der Oberseite dezente Reihen dunkler Punkte. Die Flugweise ist leicht und elegant.
Ähnliche Arten: Man beachte, daß gelegentlich auch ganz weiße, albinotische Individuen anderer Arten z. B. der Sturm-, Dreizehen- und Schwarzkopfmöwe auftreten. Die Schnabel- und Beinfärbung sollte also im Zweifelsfall genau kontrolliert werden. Die anderen weißflügligen Möwen sind sehr viel größer.
Stimme: Häufigster Ruf im Flug ein rauhes, seeschwalbenähnliches „krriä“.
Vorkommen: Brütet in kleinen Kolonien an den Klippen und auf den Stränden hocharktischer Inseln. Hält sich außerhalb der Brutzeit vorwiegend am Rande des Packeises auf und kann daher nur äußerst selten auch an den Küsten C- und W-Europas beobachtet werden.

Seeschwalben: Sternidae

Die meisten Seeschwalben gleichen kleinen, schlanken, zierlichen Möwen mit langen, schmalen Flügeln, die beim gaukelnden Flug gewinkelt werden. Ihr Schwanz ist mehr oder weniger tief gegabelt. Der dolchartig gestreckte Schnabel weist beim Suchflug über dem Wasser in der Regel nach unten. Mit ihren kurzen Beinen sind sie am Boden nur mäßig zu Fuß. Die Geschlechter sind gleich. Wie bei den Möwen treten Pracht-, Schlicht- und Jugendkleider auf. Die „Meer-Seeschwalben“ (*Sterna* u. a.) sind in der Mehrzahl oben grau und unten weiß. Sie haben gewöhnlich schwarze Kappen. Die typische Art des Beutefangs ist das Stoßtauchen aus dem Rüttelflug. Die „Binnen-

Seeschwalben" (*Chlidonias*) sind im PK überwiegend schwarz oder grau. Sie fliegen etwas unstet gaukelnd hin und her und picken niederstoßend Insekten von der Wasseroberfläche.

Lachseeschwalbe *Gelochelidon nilotica* **Tafel 57, 59, Karte 172, BZ**
Kennzeichen: 35-42 cm. Ebenso groß wie die Brandseeschwalbe, aber mit deutlich anderen Körperproportionen. Der Schnabel ist kürzer und dicker, der Körper gedrungener, weniger schlank gestreckt, der Schwanz ist weniger tief gegabelt, die Beine sind länger und die Flügel breiter. Das PK ist dem der Brandseeschwalbe ähnlich. Der dicke Schnabel ist aber ganz schwarz. Die tiefschwarze, glatte Haube zieht bis in den Nacken. Die ganze Oberseite, einschließlich Bürzel und Schwanz, ist hellgrau. Im Flug über die Enden der äußeren Handschwingen ein klar abgesetztes, dunkles Band. Im SK ist der Kopf weiß und hat vor und hinter dem Auge einen dunklen Fleck bzw. Streif. Das JK ist allgemein heller und weniger stark gezeichnet als bei anderen Seeschwalben. Der Kopf auf dem Scheitel bräunlich getönt und, wie im SK, mit dunklem Augenstreif. Die Oberseite grau, auf Schultern und Schirmfedern eine mehr oder weniger deutliche, graubraune Zeichnung. Im Flug Flügeloberseite nur schwach gezeichnet. Fängt Insekten in der Luft und pickt im eleganten Bogenflug Nahrung von der Wasseroberfläche. Stoßtauchen kann nur selten beobachtet werden.
Stimme: Flugruf tief, nasal, ansteigend „kä-wick, Alarmruf zeternd „äg-äg-äg".
Vorkommen: Brutkolonien weitgehend im flachen, offenen Binnenland an Süß- und Brackwasserseen aber auch auf sandigen Stränden und Strandwiesen an der Küste. Überwintert in Afrika südlich der Sahara.

Raubseeschwalbe *Sterna caspia* **Tafel 57, 59, Karte 173, Z**
Kennzeichen: 48-55 cm. Die größte Seeschwalbe Europas. Fast so groß wie eine Silbermöwe mit mächtigem, lang dolchförmigem, rotem Schnabel. Die Unterseite der Handschwingen ist im Flug ausgedehnt schwärzlich. Im PK Schnabel leuchtend rot mit dunklem Ring vor der Spitze, schwarzer, am Hinterkopf leicht struppiger, über das Auge reichender Kappe und schwarzen Beinen. Die Kappe reicht auch im SK bis auf die Stirn, ist aber stark weiß gesprenkelt und zeigt einen verdunkelten Augenstreif. Im JK ist der Schnabel mehr orangerot. Die schwarze, hell gesprenkelte Kappe reicht im Unterschied zu den meisten anderen jungen Seeschwalben bis zum Schnabelansatz. Die Oberseite ist durch braune Federsäume locker schuppig gemustert und der weiße Schwanz graubraun gestreift. Wirkt im Flug durch den großen Kopf und Schnabel vorderlastig. Fliegt schwerfälliger, möwenähnlicher als die kleineren Seeschwalben mit langsamerem, tief ausholendem Flügelschlag. Kann mit der Königsseeschwalbe verwechselt werden - s. Irrgäste.
Stimme: Rufe rauh raspelnd oder keckernd, erinnern an Elster oder auch Reiher. Flugruf laut, sägend „kerre-ähk". Jungvögel rufen in Begleitung der Alten hoch piepsend „psrië".
Vorkommen: Brütet vorwiegend auf sandigen Inseln oder Sandbänken vor der Küste, aber auch an Lagunen und brackigen Binnenseen. Außerhalb der Brutzeit an geschützten Buchten und Flußmündungen. In C-Europa häufiger an der Ost- als an der Nordsee. Überwintert in Afrika.

Rüppellseeschwalbe *Sterna bengalensis* **Tafel 60, A**
Kennzeichen: 33-40 cm. Fast so groß wie die Brandseeschwalbe mit ähnlichem Aussehen, aber einem leuchtend orangefarbenen, leicht abwärtsgebogenen Schnabel, durchgehend grauer Oberseite, einschließlich Bürzel und Schwanz, und silbrigweißen, nur fein dunkel gesäumten Handschwingen. Im PK mit durchgehend schwarzer, an Hinterkopf und Nacken struppiger Kappe. Im SK ist der Schnabel blasser, die Stirn weiß und die Oberseite oft dunkler. Die Jungvögel unterscheiden sich von jungen Brandseeschwalben durch zwei dunkle Bänder auf dem Armflügel, eines entlang der großen Decken und das zweite auf den Armschwingen, und einen gräulichgelben

Schnabel. Das Flugbild ist durch die in der Körpermitte ansetzenden Flügel und den fast horizontal gehaltenen Schnabel geprägt. Der Flug ist leicht und anmutig.
Stimme: Flugruf hoch, kratzend „kerriik“, ähnliche wie von der Brandseeschwalbe, aber weniger stimmhaft und kaum zweisilbig.
Vorkommen: Brütet an der N-afrikanischen Mittelmeerküste und an den S-asiatischen Küsten. In S-Europa gelegentliche Bruten. Sonst ein sehr seltener Gast.

Brandseeschwalbe *Sterna sandvicensis* **Tafel 57, 59, Karte 174, BZ**

Kennzeichen: 37-43 cm. Eine recht große, langschnäblige Seeschwalbe mit relativ kurzem Schwanz. Altvögel wirken durch ihre hellgraue Oberseite, die weiße Unterseite und die weißen Hinterränder der Flügel sehr hell, aus einiger Entfernung nahezu weiß. Kennzeichnend ist der lange, gleichmäßig spitz zulaufende, schwarze Schnabel mit gelber Spitze. Im PK mit einer bis auf die Stirn reichenden, bei Erregung am Hinterkopf struppig aufgestellten, schwarzen Haube. Die schwärzlichgrauen vorderen Handschwingen bilden am Handflügel einen dunklen Keil. Im SK ist die Stirn weiß und die Resthaube weiß gesprenkelt. Die flüggen Jungvögel sind zunächst deutlich kleiner und kurzschwänziger als die Alten. Sie haben einen durchgehend dunklen Schnabel, eine gänzlich dunkle Kappe und sind auf der Oberseite, v. a. auf den Schultern, kräftig graubraun geschuppt. Im 1. Winter weitgehend wie im SK, nur noch auf den Flügeldecken dunkel gezeichnet. Wirkt im Flug, mit den Küsten- und Flußseeschwalben verglichen, kurzschwänzig und vorderlastig. Flügelschlag gleichmäßig und kräftig mit schmalen, leicht gewinkelten Flügel. Fliegt mit gesenktem Schnabel spähend umher und stürzt aus größerer Höhe als die Verwandten senkrecht ins Wasser.
Stimme: In den Kolonien und auf der Jagd ausgesprochen ruffreudig. Häufigster Ruf laut kratzend „kärr-rick“. Die Jungen betteln bis in den Winter hinein dünn und piepsend „srii-sri“.
Vorkommen: Eng an das Meer gebunden. Brütet in sehr dichten Kolonien auf flachen, sandigen Inseln und Halbinseln. Außerhalb der Brutzeit bevorzugt an flachen, sandigen Küsten und Flußmündungen. Im Binnenland nur sehr selten anzutreffen.

Rosenseeschwalbe *Sterna dougallii* **Tafel 57, 59, A**

Kennzeichen: 33-36 cm. In Größe und Aussehen mit der Flußseeschwalbe vergleichbar. Von dieser durch einen längeren, leicht abwärts gerichteten Schnabel, kürzere Flügel, einen schlanken Körper und sehr lange, im Flug wippende Schwanzspieße unterschieden. Im PK ist das Gefieder, wie bei der Brandseeschwalbe, sehr hell, nahezu weiß. Der Schnabel ist schwarz oder nur an der Basis rot. Die Unterseite ist leicht rosa getönt. Die Flügel sind durchscheinend perlweiß, nur die äußersten Handschwingen sind grau. An dem gefalteten Flügel ist daher, im Unterschied zu der Fluß- und Küstenseeschwalbe, nur eine kurze, schwärzliche Spitze zu sehen. Die Beine sind rot. Im SK ist die Stirn weiß und die Unterseite nicht oder kaum rosa. Die gemauserten Schwanzspieße sind kurz und die äußeren Handschwingen auf der Oberseite schwärzlichgrau. Der Schnabel ist schwarz. Die Beine sind braunorange. Der Jungvogel hat, wie die junge Brandseeschwalbe, eine über den ganzen Kopf reichende, schwarze Kappe. Die Oberseite, v. a. der Mantel und die Schultern, ist kräftig graubraun geschuppt. Der relativ kurze Schnabel und die Beine sind schwarz. Im Flug eine schmale, durchgehend weiße Kante am Flügelhinterrand. Fliegt geradliniger mit schnelleren, flacheren Flügelschlägen als die Fluß- und Küstenseeschwalbe. Rüttelt selten und stürzt sich mit gewinkelten Flügeln aus größerer Höhe senkrecht ins Wasser.
Stimme: Ruft ähnlich zweisilbig „tschrü-wit“ wie der Dunkle Wasserläufer, aber rauher. Warnruf rauh raspelnd „aarrak“.
Vorkommen: Verbreitung in Europa Britische Inseln und Bretagne. Brütet in kleinen Kolonien, oft mit der Fluß- und Küstenseeschwalbe vergesellschaftet auf Sandinseln und geschützten Stränden. Außerhalb der Brutzeit fast ausschließlich an der Küste, bevorzugt an flachen Buchten und Flußmündungen.

Flußseeschwalbe *Sterna hirundo* **Tafel 57, 59, Karte 175, BZ**
Kennzeichen: 34-37 cm. Die in Europa häufigste und am weitesten verbreitete Seeschwalbe. In Größe und Aussehen der Küstenseeschwalbe sehr ähnlich. An einigen Merkmalen von dieser aber doch sicher zu unterscheiden. Der Schnabel ist länger, etwa so lang wie der Kopf und ganz leicht nach unten gebogen. Die Beine sind vergleichsweise lang, die Vögel scheinen beim Laufen nicht über den Boden zu rutschen. Beim Stehen sind die Flügelspitzen gleichlang oder etwas länger als die Schwanzspieße. Im Flug Schnabel und Kopf lang und Flügel etwa in der Körpermitte. Der Schnabel ist im PK orangerot und hat gewöhnlich eine schwarze Spitze. Die Unterseite ist hell weißlichgrau fast ohne Kontrast zu den weißen Wangen. Die äußeren 4 bis 6 grauen Handschwingen bilden auf dem Flügel einen dunkleren Keil. Von unten gesehen wirken die inneren Handschwingen durchscheinend hell. Im SK ist der Schnabel schwarz und die Stirn weiß. Die Beine sind, wie im PK, rot, wenn auch matter. Über die Vorderkante des Handflügels zieht ein dunkler Streif. Das JK hat zunächst an der Stirn und auf der Oberseite eine hell zimtbraune Tönung, die aber schnell ausbleicht. Dann ist die Oberseite fein braun geschuppt. Die Handschwingenoberseite ist weitgehend einheitlich schwärzlichgrau. Die Vorderkante des Armflügels ist nahezu schwarz und über die Armschwingen zieht ein grauer Streif. Die Schnabelbasis ist, v. a. am Unterschnabel, rotorange. Fliegt mit tief ausholendem, relativ langsamem Flügelschlag. Rüttelt zumeist nur kurz und stößt dann im Sturzflug in das Wasser.
Stimme: In den Brutkolonien lärmend. Auch im Flug oft gut an dem Ruf zu erkennen. Häufigster Ruf rauh und hart, fast zweisilbig „kjärrräh" oder „kjärrrih". Der Warnruf noch härter „kärrr tk-tk-tk kärrr...".
Vorkommen: Brütet auf flachen, küstennahen Inseln, Sandbänken und ruhigen Stränden, auch im Binnenland an Flüssen und Seen mit Inseln und kiesigen, sandigen Ufern. Auf dem Zug hauptsächlich an flachen Küsten, seltener an Binnenseen.

Küstenseeschwalbe *Sterna paradisaea* **Tafel 57, 59, Karte 176, BZ**
Kennzeichen: 33-39 cm. Unterscheidet sich von der Flußseeschwalbe durch kürzeren Schnabel (etwa halbe Kopflänge), kleineren Kopf, ausgesprochen kurze Beine und längere Schwanzspieße, die die Flügelspitzen beim Stehen deutlich überragen. Im Flug Schnabel und Kopf kurz und die Flügel merklich vor der Körpermitte. Das PK ist insgesamt dunkler als das der Flußseeschwalbe. Die Oberseite ist etwas satter grau und die Unterseite aschgrau, so daß die weißen Wangen unter der schwarzen Kappe hell abgehoben erscheinen. Schnabel und Beine sind dunkelrot. Selten kann die Schnabelspitze etwas dunkler sein. Der Oberflügel ist durchgehend grau. Über die Enden der äußeren Handschwingen ein schmaler, scharf begrenzter schwarzer Saum (bei der Flußseeschwalbe breit und diffus). Von unten gesehen wirken alle Schwungfedern transparent. Im SK Stirn bis auf die Scheitelmitte weiß und Beine schwarz, sonst wie im PK. Das SK wird in der Regel erst im Winterquartier ausgebildet. Das JK ist zuerst weniger bräunlich, mehr gelblich. Die Stirn ist weiß, der Schnabel schwarz und die Oberseite fein graubraun gewellt. Der Oberflügel ist heller und weniger gezeichnet als bei der jungen Flußseeschwalbe. Die Vorderkante des Armflügels ist diffus dunkler und über die Enden der äußeren Handschwingen zieht ein schmaler schwarzer Streif. Die Armschwingen sind rein weiß. Der Flug ist elastischer und eleganter als der der Flußseeschwalbe. Rüttelt bei der Nahrungssuche oft in Stufen absinkend mehrmals hintereinander um schließlich im Sturzflug abzutauchen. Pickt auch, wie die „Binnen-Seeschwalben", Nahrung von der Wasseroberfläche.
Stimme: So ruffreudig wie die Flußseeschwalbe. Rufe höher und schärfer mehr klirrend z. B. „krüirr", „ki ki ki kjerri" oder bei allgemeiner Erregung kurz und hart „kji kji...".
Vorkommen: Brütet auf flachen, küstennahen Inseln und an Stränden der Fels- und Flachküsten, im N auch weiter im Binnenland an Gewässern der Tundra. Zieht entlang der Küste bis in antarktische Gewässer, also im Extremfall fast von Pol zu Pol.

Forsterseeschwalbe *Sterna forsteri* **Tafel 60**
Kennzeichen: 33-36 cm. Etwas kräftiger gebaut als die Flußseeschwalbe mit dickerem Schnabel, größerem Kopf und längeren Beinen. Beim Stehen überragen die Schwanzspieße die Flügelspitzen beträchtlich. Das PK unterscheidet sich von dem der Flußseeschwalbe durch einen mehr orangeroten Schnabel, einen auf der Oberseite einheitlich perlgrauen Oberflügel (bei der Flußseeschwalbe schwärzlichgraue vordere Handschwingen), graue mittlere Schwanzfedern und eine reinweiße Unterseite. Im SK ist der Schnabel schwarz und der Kopf weitgehend weiß mit einer schwarzen Maske vom Auge bis auf die Ohrdecken. Der Nacken ist grau. Die Jungen sind im 1. Winter weit weniger gezeichnet als die jungen Flußseeschwalben. Mit der schwarzen Maske auf den Kopfseiten gleichen sie weitgehend dem SK. Der Schwanz ist kürzer und weniger tief gegabelt als bei den Alten. Die Schwanzfedern der „Innengabel" haben dunkle Enden. Die Spitzen der Handschwingen sind nur wenig dunkler als der übrige Flügel. Die insgesamt sehr hellen Jungvögel können mit jungen Brandseeschwalben verwechselt werden. Diese sind aber wesentlich größer, haben dunklere Handflügel und eine bis in den Nacken reichende schwarze Maske. Der Flügelschlag ist schneller und flacher als bei der Flußseeschwalbe.
Stimme: Ruf nasal rollend, ähnlich Lachmöwe „küarr", tiefer und rauher als der entsprechende Ruf der Flußseeschwalbe.
Vorkommen: Brütet im mittleren N-Amerika sowohl an Binnengewässer als auch an der Küste. In W-Europa ein sehr seltener Gast.

Rußseeschwalbe *Sterna fuscata* **Tafel 60, A**
Kennzeichen: 42-45 cm. Eine etwa brandseeschwalbengroße am Boden schmal langgestreckte Seeschwalbe mit tief gegabeltem Schwanz. Keine andere in Europa vorkommende „Meer-Seeschwalbe" ist oberseits, abgesehen von der großen weißen Stirn, gänzlich schwarz und auf der Unterseite weiß. Die Jungvögel sind fast vollständig rußgrau. Auf der Oberseite bilden die weißen Federenden eine fein punktierte Bänderung. Die einzige ähnliche Seeschwalbe der Region ist die Zügelseeschwalbe - s. Irrgäste. Außerhalb der Brutzeit ständig auf der hohen See. Kein Sturztaucher. Dicht unter der Wasseroberfläche schwimmende Fische werden im schwungvollen Bogenflug gegriffen.
Stimme: Auf dem Meer zumeist stumm. Gelegentlich ist aber der charakteristische Ruf „ker-wäcki-wäck" zu hören.
Vorkommen: Brütet auf Inseln tropischer Meere. In W-Europa ein sehr seltener Gast.

Zwergseeschwalbe *Sterna albifrons* **Tafel 58, 59, Karte 177, BZ**
Kennzeichen: 21-25 cm. Sehr klein, etwa halb so groß wie Fluß- und Küstenseeschwalbe mit kurzem Schwanz und ausgesprochen schmalen Flügeln. Hat auch im PK

Rußseeschwalbe

eine weiße Stirn, die seitlich von schwarzen Zügeln begrenzt wird. Der feine Schnabel ist gelb mit einer schwarzen Spitze. Die Beine sind orange. Die 2 bis 3 äußeren Handschwingen sind oben schwarz und bilden am Handflügel eine dunkle Vorderkante. Das SK weitgehend wie das PK, aber ohne schwarzen Zügel. Der Schnabel ist im JK dunkel, die Oberseite schwarzgrau geschuppt und die Vorderkante des Oberflügels schwärzlich. Der kurze dicklich spindelförmige Körper und die schmalen Flügel ergeben ein typisches Flugbild. Der Flügelschlag ist auffallend schnell. Rüttelt oft ausdauernd und niedrig über dem Wasser und schießt dann senkrecht hinab.
Stimme: Rufe heiser „wäd“, scharf, kratzend, oft mehrfach wiederholt „kerrit“, bei der Balz etwas leiernd „kärre-kik kärre-kik...“.
Vorkommen: Brütet in kleineren, lockeren Kolonien auf sandigen, kiesigen oder mit Muschelschill bedeckten Stränden und im Binnenland auf flachen unbewachsenen oder kurzrasigen Ufern von Seen und großen Flüssen. Überwintert in Afrika.

Weißbart-Seeschwalbe *Chlidonias hybridus* **Tafel 58, 59, Karte 178, G**

Kennzeichen: 24-28 cm. Die größte und im PK hellste der drei „Binnen-Seeschwalben“ mit dem kräftigsten Schnabel und den längsten Beinen. Im PK Oberseite, Brust und Bauch dunkelgrau. Die oben von der schwarzen Kappe und unten vom grauen Hals begrenzten weißen Kopfseiten deutlich abgehoben. Schnabel und Beine rot. Im Flug sind die weißen Unterflügel und weißen Unterschwanzdecken auffällig. Kann aus einiger Entfernung recht hell wirken und dann mit der Küsten- oder Flußseeschwalbe verwechselt werden. Der Schwanz ist aber weit schwächer gegabelt und das Verhalten bei der Nahrungssuche deutlich verschieden. Das SK unterscheidet sich von dem der Trauerseeschwalbe durch eine hellere Oberseite, das Fehlen von dunklen Brustseitenflecken und eine nur hinter dem Auge schwarze, sonst stark weiß gestrichelte Kappe. Von der Weißflügel-Seeschwalbe durch einheitlich hellgrauen Flügel und dunkleren Nacken unterschieden. Der Schnabel ist im SK wie auch im JK dunkel. Das JK zeigt den stärksten Kontrast zwischen dem gelbbraunen, schwarz geschuppten „Sattel“ (Mantel und Rücken) und den hellen Flügeln. Im Unterschied zu der jungen Trauerseeschwalbe sind die Brustseiten ungezeichnet weiß und die Flügel sowie Bürzel und Schwanz hellgrau. Die junge Weißflügel-Seeschwalbe hat einen weißen Bürzel und auf dem Flügel einen dunklen Bugstreif. Fliegt steifer, nicht so locker gaukelnd wie die beiden anderen „Binnen-Seeschwalben“. Pickt aber wie diese im Flug Insekten von der Wasseroberfläche.
Stimme: Häufigster Ruf rauh, knirschend „tscherk“ oder „krsche“, erinnert stark an den Ruf des Wachtelkönigs.
Vorkommen: Nest auf Wasserpflanzen in Seen, Teichen und Sümpfen. Außerhalb der Brutzeit auch an offeneren, weniger bewachsenen Binnengewässern und lokal an Lagunen und flachen Meeresbuchten.

Trauerseeschwalbe *Chlidonias niger* **Tafel 58, 59, Karte 179, BZ**

Kennzeichen: 22-26 cm. Die im PK dunkelste der drei „Binnen-Seeschwalben“. Kopf und Unterseite sind rußschwarz und die Oberseite ist dunkelgrau. Nur der Steiß, die Schwanzunterseite und die Unterflügel sind hellgrau bis weißlich. Auch der Schnabel und die Beine sind dunkel. Die äußeren Handschwingen vom grauen Oberflügel dunkel abgesetzt. Die Mauser in das SK setzt schon im Sommer ein. Dann sehen die Altvögel zunehmend weiß gefleckt aus. Im SK mit weißer Stirn, weißer Unterseite und grauer Oberseite. Die kleine Kappe mit den „Ohrenklappen“ ist im Unterschied zu den verwandten Arten ganz schwarz. Auf den Brustseiten ein vom Mantel herabziehender schmaler Bogenfleck. Die Jungvögel haben, wie die Alten im SK, eine schwarze Kappe und ausgeprägte Brustseitenflecke. Die graue Oberseite ist dunkel gewellt. Auf dem grauen Flügel vorne ein dunkler Bugstreif und hinten ein dunkler Armschwingenrand. Vgl. auch Weißbart- und Weißflügel-Seeschwalbe. Fliegt unstet und gaukelnd über dem Wasser hin und her und pickt nach kurzem Rütteln im Bogenflug Insekten von der Wasseroberfläche.

Stimme: Ruft im Flug kurz „kiek" oder rauher „kerrjik", beim Balzflug mehrsilbig „krie-e-rickrick" und erregt am Nest schrill „jä-kjä-kjä...".
Vorkommen: Brütet auf vegetationsreichen Seen, Teichen und Sümpfen. Nest auf Schwimmpflanzen oder niedergedrücktem Röhricht. Außerhalb der Brutzeit an offenen Seen, Flußmündungen und Lagunen. Auf dem Zug auch an der Küste.

Weißflügel-Seeschwalbe *Chlidonias leucopterus* **Tafel 58, Karte 180, G**
Kennzeichen: 20-24 cm. Von der Trauerseeschwalbe durch kürzeren Schnabel, stets rötliche Beine und kaum eingekerbten Schwanz unterschieden. Im PK unverkennbar. Bei dem stehenden Vogel ein scharfer Kontrast zwischen dem schwarzen bis schwarzgrauen Körper und dem weißen Vorderflügel. Schwanz und Bürzel hellgrau bzw. weiß. Im Flug schwarze Unterflügeldecken. Das SK unterscheidet sich von dem der Trauerseeschwalbe durch die stark weiß gestrichelte Kappe, das Fehlen der Brustseitenflecke, den weißen Bürzel und die hellgrauen Oberflügel. Die Weißbart-Seeschwalbe hat im SK einen angedeuteten Brustseitenfleck und einen grauen Bürzel. Die Jungvögel haben einen ausgesprochen dunklen „Sattel", keine Brustseitenflecke und einen rein weißen Bürzel. Flug und Verhalten wie bei den verwandten Arten.
Stimme: Rufe lauter und rauher als die der Trauerseeschwalbe, hölzern „krrrit" oder heiser „ährk".
Vorkommen: Lebensraumansprüche wie die der Trauerseeschwalbe. Mit dieser oft vergesellschaftet.

Alken: Alcidae

Schwarzweiße Seevögel, die an Land hoch aufgerichtet sitzen oder watscheln. Sie sind Tauchjäger, die unter Wasser mit den kurzen Flügeln schwimmen. Sie fliegen schnell und geradlinig mit schwirrendem Flügelschlag, zumeist niedrig über dem Wasser. Die nach hinten gestreckten Schwimmfüße können beim Fliegen als Steuerruder eingesetzt werden. Die Geschlechter sind gleich. Die Stimmen sind rauh knarrend oder quorrend. Sie brüten an steilen Klippen oder in Nischen und Höhlen. Außerhalb der Brutzeit leben sie auf der hohen See.

Trottellumme *Uria aalge* **Tafel 61, Karte 181, BJW**
Kennzeichen: 38-46 cm. Der häufigste Alk des NE-Atlantiks mit langem, spitz kegelförmigem Schnabel, der dem ganzen Kopf ein gestrecktes Aussehen verleiht, vergleichsweise dünnem Hals und relativ schlankem Körper. Beim Schwimmen wirkt die Rückenlinie gerader, weniger bucklig als bei den ähnlichen Arten. Im PK sind Kopf, Hals und Oberseite dunkel graubraun (südliche Unterart *U. a. albionis*) bis tief schwarzbraun (nördliche Unterart *U. a. aalge*), nur durch den weißen Streif der Armschwingenspitzen belebt. Die Unterseite ist weiß und an den Flanken mehr oder weniger kräftig dunkel gestrichelt. Im Flug sind auch die Achselfedern und die Unterflügeldecken variabel dunkel gezeichnet. Die „Ringellumme", eine im N häufigere Variante, hat eine brillenartige Kopfzeichnung aus weißen Augenringen mit nach hinten weisenden „Bügeln". Im SK sind auch Gesicht und Vorderhals weiß. Vom Auge zieht ein dünner schwarzer Streif auf die hintere Wange. Das Flugbild wird durch den lang kegelförmigen Schnabel und Kopf, den leicht bucklig gewölbten Rücken und die nach hinten ragenden Füße bestimmt. Der Flügelschlag ist wirbelnd schnell. Die Lummen fliegen zumeist dicht über dem Wasser in langen Reihen hintereinander. Ein längs im Schnabel getragener Fisch kann eine weiße Linie vortäuschen, wie sie für den Schnabel der Dickschnabellumme kennzeichnend ist.
Stimme: Rufe der Altvögel tief, rauh schnarrend „arrr" oder „uarrr". Die Jungen pfeifen hoch „pie-wih".
Vorkommen: Bebrüten dicht gedrängt ohne Nest ihr einziges Ei auf den Bändern steiler Klippen. Außerhalb der Brutzeit auf der hohen See.

Dickschnabellumme *Uria lomvia* **Tafel 61, A**

Kennzeichen: 40-44 cm. Ungefähr ebenso groß wie die Trottellumme mit sehr ähnlicher Gestalt und Färbung. Der Schnabel ist kürzer und kräftiger, der Kopf dicker, oft mit einer leichten „Beule“ auf der Stirn, und der Körper gedrungener. Wirkt im Flug noch „buckliger“ als die Trottellumme. Die Oberseite ist, wie bei der nördlichen Trottellumme, nahezu schwarz. Am Oberschnabel zieht vom Schnabelwinkel bis zur Schnabelmitte ein feiner, weißer Strich. Die Flanken und die Achseln sind ungezeichnet weiß. Am Bürzel ist die schwarze Mitte durch die weißen Seiten eingeschnürt (bei der Trottellumme parallele Ränder der dunklen Mitte). Im PK zieht die weiße Färbung am Vorderhals im spitzen Winkel weit nach oben (bei der Trottellumme runder Abschluß). Der Kopf hat im SK eine bis über die Augen reichende, schwarze Kappe. Nur die Wangen und die Kehle sind weiß. Die Kehle kann auch dunkel gestrichelt sein. Im SK am ehesten mit einem jungen Tordalk zu verwechseln. Dieser ist aber kleiner. Seine Ohrdecken sind hinter dem Auge zumeist weißlich aufgehellt. Flugweise und Verhalten wie bei der Trottellumme.

Stimme: Rufe ähnlich denen der Trottellumme.

Vorkommen: Brüten dicht gedrängt auf den Felsbändern steiler Klippen. Oft mit Trottellummen vergesellschaftet. Brutvorkommen der Region in N-Norwegen und auf Island. Auch außerhalb der Brutzeit im arktischen N-Atlantik. Selten weiter südlich als Mittelnorwegen.

Tordalk *Alca torda* **Tafel 61, Karte 182, BJW**

Kennzeichen: 38-43 cm. Allgemeine Gestalt und Färbung wie bei den Lummen, der seitlich abgeflachte, hohe, eckig wirkende Schnabel aber weit kürzer, der Kopf größer, der Hals dicker und der spitze, beim Schwimmen zumeist aufgerichtete Schwanz länger. Beim Fliegen werden die nach hinten gestreckten Beine gewöhnlich durch den Schwanz überdeckt. Im PK Kopf, Hals und Oberseite schwarz. An dem klobigen Schnabel zwei weiße Linien, die eine senkrecht in der Schnabelmitte und die andere waagerecht vom Auge zum Oberschnabelfirst. Ähnlich wie bei der Trottellumme sind der Vorderhals und die Kopfseiten im SK weiß. Der senkrechte Streif am Schnabel zumeist erhalten, der waagerechte oft nur angedeutet. Der Schnabel der Jungvögel ist kurz und gedrungen, aber nicht hoch und abgeflacht wie bei den Alten. Ihre Färbung entspricht sonst weitgehend dem SK. Von jungen Dickschnabellummen am besten an den zumindest teilweise weißen Ohrdecken und dem spitzen Schwanz zu unterscheiden. Das Flugbild wird durch den großen, eckigen Schnabel, den dicken Kopf und das spitz auslaufende Hinterende geprägt. Wirkt im Flug, mit den Lummen verglichen, kopflastiger aber weniger bucklig. Fliegt mit sehr schnellem, wirbelndem Flügelschlag.

Stimme: Am Brutplatz gelegentlich tief knarrend „uarrr“ oder „orrr“ in verschiedenen Kombinationen. Sonst gewöhnlich stumm.

Vorkommen: Brütet an Felsküsten einzeln oder in kleinen Gruppen auf breiten Felsbändern, in Nischen oder zwischen Felsblöcken.

Gryllteiste *Cepphus grylle* **Tafel 62, Karte 183, W**

Kennzeichen: 32-38 cm. Deutlich kleiner als die Lummen, sonst aber von ähnlicher Gestalt. Der Schnabel ist fein und spitz und der Kopf, im Verhältnis zum plumpen, dickbäuchig birnenförmigen Körper, recht klein. Das PK ist, bis auf die großen, leuchtend weißen Flecke auf den Oberflügeldecken und die überwiegend weißen Unterflügel, gänzlich tief schwarz. Die Beine sind leuchtend rot. Das SK ist vom PK stark verschieden. Nur die schwarzweißen Flügel und der schwarze Schwanz bleiben unverändert. Die ganze Unterseite und die Bürzelregion sind weiß. Die von weitem grau wirkende Oberseite ist auf weißem Grund grauschwarz gebändert. Das JK gleicht weitgehend dem SK. Die weißen Flecke auf den Flügeln sind aber bis in den 1. Sommer hinein dunkel gefleckt. Kann im SK mit einem Lappentaucher verwechselt werden. Ist aber an den großen, ovalen, weißen Flecken auf den schwarzen Flügeln und dem schwirrend schnellen Flügelschlag gut zu erkennen.

Stimme: Ruf ein hohes, feines, oft etwas schwirrendes „siiiüh“ oder „siirih“ dabei wird der Schnabel geöffnet, so daß der leuchtend rote Rachen zu sehen ist.
Vorkommen: Brütet einzeln oder in kleinen, verstreuten Gruppen in Felsspalten, unter Felsblöcken oder in Erdhöhlen. Bevorzugt flache, felsige Küsten und bleibt, soweit die Eislage es zuläßt, auch außerhalb der Brutzeit in der Nähe der Brutplätze.

Krabbentaucher *Alle alle* **Tafel 62, W**

Kennzeichen: 19-21 cm. Der kleinste im NE-Atlantik und in der Nordsee vorkommende Alk. Nur wenig größer als ein Star mit „stubsnasiger“, „halsloser“, kurz rundlicher Gestalt. Im PK Kopf, Hals, Brust und Oberseite schwarz mit weißen Rändern an den Schulterfedern und weißem Handflügelsaum. Im Unterschied zu allen anderen Alken der Region, Unterflügel dunkel schwärzlichgrau (beim Papageitaucher grau). Brust, Vorderhals, Kehle und Ohrdecken sind im SK weiß, an den Halsseiten und Ohrdecken mehr oder weniger grau meliert. Junge im 1. Winter wie Alte im SK, nur bräunlicher. Kann wegen der ebenfalls düsteren Unterflügel mit jungem Papageitaucher verwechselt werden. Dieser aber doppelt so groß, mit dunklem Brustband und ganz schwarzen Oberflügeln. Flug mit sehr schnellem, schwirrendem Flügelschlag weit weniger schwerfällig als der der größeren Arten. Können ohne Anlauf aus dem Wasser starten. Bilden, ähnlich wie Strandläufer oder Stare, große, wolkenartige, hin und her schwenkende Schwärme.
Stimme: In den Kolonien schnarrende und gackernde Laute „jirrr äk äk ak ak..“, die aus Tausenden Kehlen zu einem gewaltigen Chor anschwellen können. Auf See zumeist stumm.
Vorkommen: Brutvorkommen auf Spitzbergen und anderen Inseln des N-Atlantiks. Brütet in riesigen Kolonien auf steilen Geröllhalden von oft recht weit landeinwärts gelegenen Bergen. Außerhalb der Brutzeit vorwiegend am Packeisrand. Zieht aber auch weiter südlich bis in die Nordsee. Wird durch starke Stürme gelegentlich an die Küsten und bis ins Binnenland verdriftet.

Papageitaucher *Fratercula arctica* **Tafel 62, Karte 184, A**

Kennzeichen: 28-34 cm. Ein kleinerer untersetzter Alk mit unverkennbaren Proportionen. Das auffälligste ist der sehr große seitlich abgeflachte, breit blattförmige Schnabel an einem großen, runden Kopf. Der Körper ist kurz und kompakt. Im PK sind Scheitel, Hals und Oberseite schwarz. Die Unterseite ist weiß. Die Kopfseiten sind silbergrau. Die vordere Schnabelhälfte ist leuchtend rot, die hintere blaugrau, dazwischen gelbe Querstreifen. Im SK ist der Schnabel kleiner und weniger intensiv gefärbt. Die Kopfseiten sind schwärzlichgrau und lassen den Vogel ein wenig „betrübt“ erscheinen. Im JK, das sonst weitgehend dem SK gleicht, ist der Schnabel noch kleiner und insgesamt dunkel. Die recht kleinen Jungen können daher durchaus mit dem Krabbentaucher verwechselt werden. Watschelt an Land aufgerichtet und dickbäuchig daher und liegt beim Schwimmen hoch im Wasser. Das Flugbild wird durch den riesigen Schnabel, dicken Kopf und die kleinen, abgerundeten, auf der Unterseite recht dunklen Flügel bestimmt. Fliegt oft etwas schräg aufgerichtet und wirkt daher etwas hecklastig.
Stimme: Rufe vor und in den Bruthöhlen langgezogen, etwas nasal brummend „aaarr“.
Vorkommen: Brütet in großen, lockeren Kolonien an steilen, grasbewachsenen, zur Küste geneigten Hängen. Gräbt dort Bruthöhlen. Überwintert auf der hohen See.

Flughühner: Pteroclididae

Bodenvögel der Wüsten und Halbwüsten. Gleichen am Boden kleinen, untersetzten Hühnern mit oft langen, spitzen Schwänzen. Im Flug wirken sie mehr wie gedrungene Papageien oder langschwänzige Tauben. Der Kopf ist klein. Hals und Beine sind kurz.

Läufe und Zehen sind auf der Vorderseite befiedert. Der Gang ist ein taubenähnliches Trippeln mit leicht watschelnden, kurzen Schritten. Der Flug ist schnell und geradlinig. Fliegen am Morgen und Abend in großen, lärmenden Trupps zu den Wasserstellen.

Sandflughuhn *Pterocles orientalis* Tafel 36

Kennzeichen: 30-35 cm. Das größte und kräftigste Flughuhn der Region mit breiten Flügeln, kurzem Schwanz und ganz schwarzem Bauch. Im Flug ein scharfer Kontrast zwischen den schwarzen Schwingen und den weißen Unterflügeldecken. Kopf und Hals des ♂ sind blaßgrau. Die in der Mitte schwarze Kehle ist orangebraun. Die sandfarbene Brust wird durch ein schmales, schwarzes Band vom grauen Hals getrennt. Die graue Oberseite ist dicht rostgelb gefleckt. Das ♀ ist insgesamt bräunlich, auf Hals und Oberseite fein und dicht dunkel gestreift und gefleckt. Wirkt im Flug, durch die schwarze Unterseite betont, ausgesprochen bauchig.
Stimme: Flugruf ein scharf schnaubendes Schnurren „djärrrr-rärrrr-rärrr...“, das aus einiger Entfernung wie das Schnauben eines Pferdes klingt.
Vorkommen: Brütet am Boden in flachen bis hügeligen Trockensteppen und Halbwüsten mit spärlicher, niedriger Vegetation. In Europa Brutvogel in Spanien und Portugal.

Spießflughuhn *Pterocles alchata* Tafel 36

Kennzeichen: 28-32 cm (davon Schwanz 2-10 cm). Kleiner und zierlicher als das Sandflughuhn mit langen, nadelspitzen mittleren Schwanzfedern und ganz weißem Bauch. Im Flug scharfer Kontrast zwischen den schneeweißen Unterflügeldecken und den schwarzen Schwingen. ♂ auf Scheitel, Nacken und Hals olivgrün, an den Kopfseiten orangebraun und an der Kehle schwarz. Das rotbraune Brustschild ist oben und unten durch je eine schwarze Binde begrenzt. Mantel, Schultern und Flügeldecken goldenolivgrün. Auf Mantel und Schultern runde, grünlichgelbe Flecke und auf den Flügeldecken schmale, schwarze Bänder. Das ♀ hat eine weiße Kehle und über dem blasseren Brustschild zwei schwarze Bänder. Die ganze Oberseite, vom Scheitel bis zum Schwanz, ist fahl graubraun mit dichter, kräftiger, schwarzer Bänderung. Auf den Flügeldecken ist die Grundfärbung mehr weißlich. Das Flugbild und die Flugweise erinnern an eine Taube oder einen Regenpfeifer. Die gleichmäßigen, tief ausholenden Flügelschläge erzeugen, wie auch bei den anderen Flughühnern, ein leise pfeifendes Geräusch. Sehr gesellig, an den Wasserstellen können sich allmorgendlich mehrere Tausend zusammenfinden.
Stimme: Flugrufe nasal quarrend „ärrr äarrr gä-gä-gä äarrr...“, erinnern an Möwen oder Krähen.
Vorkommen: Brütet am Boden in flachen sandigen oder steinigen Steppen, in Halbwüsten und auf weiten, ausgetrockneten Schlammflächen. In Europa Brutvogel in Spanien und Südfrankreich.

Steppenflughuhn *Syrrhaptes paradoxus* Tafel 36, A

Kennzeichen: 27-32 cm (davon Schwanz 4-11 cm). Mittlere „Schwanzspieße“ wie beim Spießflughuhn lang ausgezogen, ist aber schlanker, hat einen kleineren Kopf und, v. a. das ♂, nadelspitz zulaufende Handflügel. Auffällig ist die schwarze Bauchbinde, die mit dem hellen Unterkörper und den durchgehend hellen (nicht wie beim Spießflughuhn schwarzweißen) Unterflügeln kontrastiert. Mit dem orangebraunen Gesicht und Vorderhals, dem grauen Hals, der grauen Brust und der beigebraunen, schwarz gewellten Oberseite erinnern ♂ wie ♀ am Boden stark an das Rebhuhn. Das ♂ hat ein weißes, unterbrochen schwarz gebändertes Brustband. Das ♀ ist an dem feinen schwarzen Kehlband und den kräftig gefleckten Flügeldecken zu erkennen. Flügel im Flug, ähnlich wie beim Rebhuhn, abwärtsgebogen. Der Flügelschlag erzeugt ein pfeifendes Geräusch.
Stimme: Typische Flugrufe ein tiefes, weit hörbares Glucksen „puk-purr-purr“ oder auch „kökerik kökerik“, daneben scharf „tschep“ oder „kwet“.

Vorkommen: Einziges Flughuhn, das in Europa auch nördlich des Mittelmeerraumes auftreten kann. Brütet in den zentralasiatischen Trockensteppen. Unternimmt gelegentlich invasionsartige Vorstöße bis W-Europa. Letzte große Invasion 1908.

Tauben: Columbidae

Mittelgroße Landvögel mit kleinem Kopf und weicher Wachshaut an der Basis des Oberschnabels. Geschlechter gleich. Saugen beim Trinken das Wasser ein. Füttern ihre Jungen in den ersten Tagen mit einer im Kropf erzeugten „Milch". Bewegung am Boden ein trippelndes Laufen. Fliegen oft mit klatschendem Flügelgeräusch auf. Baum-, Fels- und Gebäudebrüter. Stimmen monoton gurrend.

Felsen-, Straßentaube *Columba livia (f. domestica)* **Tafel 63, Karte 185, BJ**

Kennzeichen: 29-35 cm. Die Felsentaube ist die wilde Stammform aller Haustauben, also auch der in Städten und Dörfern lebenden Straßentauben. Sie unterscheidet sich von der ähnlichen Hohltaube und der weit größeren Ringeltaube durch den weißen hinteren Rücken, zwei breite, schwarze Bänder über den gefalteten Flügeln, die abgehoben hellgraue Oberseite, weißliche Unterflügel und einen grauen Schwanz mit weißen Kanten und einer relativ schmalen, schwarzen Endbinde. Bei den Jungen ist der große grün und lila schillernde Halsfleck noch nicht ausgebildet. Viele der wild lebenden Straßentauben gleichen weitgehend der Wildform. Daneben gibt es aber auch vielfache Farbvarianten z. B. solche ohne weißen Rücken, fast schwarze, auf der Oberseite dunkel gefleckte, rötlichbraune, weiß gescheckte oder ganz weiße. Läuft trippelnd mit nickendem Kopf. Fliegt kraftvoll und schnell. Beim Balzflug werden die Flügel V-förmig hochgestellt.

Stimme: Balzend gurren die Täuber rhythmisch gegliedert „wang-guu-guru-guh", Nestruf ein langgezogenes, heulendes, in Abständen wiederholtes „ruh".

Vorkommen: Die Felsentaube brütet in W-Europa vorwiegend an Küstenklippen, in S- und SE-Europa auch im Binnenland in Höhlen und Nischen steiler Felsen. Die Straßentauben bewohnen bevorzugt größere menschliche Siedlungen, wo sie in Nischen, auf Simsen usw. von Gebäuden, Brücken u. a. Bauwerken nisten. Sie sind hier fast ausschließlich von dem durch die Menschen gestellten Nahrungsangebot abhängig.

Hohltaube *Columba oenas* **Tafel 63, Karte 186, BZ**

Kennzeichen: 28-32 cm. Deutlich kleiner und kurzschwänziger als die Ringeltaube und von dieser auch durch das Fehlen der weißen Flügelbänder und der weißen Halsflecke unterschieden. Auf dem Flügel zwischen den schwarzen Schwingen und den blaugrauen Kleinen Armdecken ein hellgraues, gestrecktes Feld. Das Gefieder ist sonst recht einheitlich blaugrau, nur Rücken und Bürzel sind heller grau. Die zwei schwarzen Bänder auf dem gefalteten Flügel sind unvollständig kurz und schmal. Die Altvögel haben am weinrot getönten Hals einen grün schimmernden Halsfleck. Die Jungen sind insgesamt etwas blasser und ohne Halsfleck. Der kurze Hals, die relativ breiten, runden Flügel und der kurze Schwanz ergeben ein kompakt, gedrungenes Flugbild. Der Flügelschlag ist, verglichen mit der Ringeltaube, schnell und „energisch". Beim Balzflug fliegt der Täuber zunächst mit langsamen, tief ausholenden Flügelschlägen und gleitet dann mit leicht angehobenen Flügeln.

Stimme: Der Balzgesang, eine Reihe ständig wiederholter, dumpfer Doppellaute „huhhup...", ist recht leise und schwer zu orten.

Vorkommen: Brütet in Baumhöhlen, Nistkästen, Fels- und Mauerspalten sowie Erdhöhlen. Bevorzugt eine ruhige, parkartige Landschaft, lebt aber auch im Hochwald und in weit offenem Gelände z. B. Dünen.

Ringeltaube *Columba palumbus* **Tafel 63, Karte 187, BJZW**
Kennzeichen: 38-43 cm. Die größte und häufigste Wildtaube Europas. Mit der Straßentaube verglichen sind die Flügel groß, ist der Kopf klein, die Brust breit und voll, der Körper gestreckt und der Schwanz lang. Im Flug quer über den Flügel ein auffälliges, breites, weißes Band. Altvögel mit grünviolett schillerndem Nacken und weißen Halsseitenflecken. Die Jungen zunächst noch matter, bräunlicher gefärbt und ohne die weißen Flecke an den Halsseiten. Das Flugbild ist im Vergleich mit den verwandten Arten ausgesprochen massig und langgestreckt. Der Flug ist zwar kraftvoll, der Flügelschlag aber vergleichsweise ruhig. Typisch ist die Flugkurve beim Balzflug. Der Täuber steigt zunächst steil an, klatscht im Scheitelpunkt laut mit den Flügeln und gleitet mit steif gehaltenen Flügeln und gespreiztem Schwanz wieder abwärts. Dieses Flugmanöver kann sich mehrfach wiederholen. Erschreckte Ringeltauben klatschen beim Auffliegen ebenfalls laut mit den Flügeln. Sehr gesellig. Im Herbst und Winter können sich gewaltige Schwärme bilden.
Stimme: Reviergesang des Täubers ein vier- bis fünfsilbiges dumpfes Gurren mit Betonung auf der zweiten Silbe „hu huh huch-huch hu". Daneben noch andere heiser, knurrende Laute.
Vorkommen: Überall anzutreffen, sowohl in der offenen Ackerlandschaft als auch im Wald und ebenso in Dörfern und Städten. Meidet eigentlich nur die baumlose Tundra und wüstenartige Gegenden. Das einfache Reisignest wird zumeist in hohen Bäumen gebaut, aber auch in Hecken oder an Gebäuden.

Türkentaube *Streptopelia decaocto* **Tafel 63, Karte 188, BJ**
Kennzeichen: 31-34 cm. Eine kleinere, gestreckt schlanke, elegante Taube. Hat von allen Tauben Europas das unauffälligste und einheitlichste Gefieder. Die Grundfärbung ist ein fahles Beigegrau. Die Oberseite ist mehr bräunlich getönt. Die Großen Flügeldecken sind matt blaugrau und die Schwingen, v. a. die äußeren Handschwingen, schwärzlich. Die Schwanzfedern haben breite weiße Spitzen, so daß die basale Schwanzhälfte von unten gesehen schwärzlich dunkel und der breite äußere Rand weiß erscheint. Die Altvögel sind am schmalen schwarzen, weiß eingefaßten Nackenring zu erkennen, der den Jungen fehlt. Beim schnellen Streckenflug wechseln 2 bis 3 kräftige Flügelschläge mit längeren Gleitstrecken ab. Balzflug, ähnlich wie bei der Ringeltaube, mit steilem Anstieg, Flügelklatschen und gespreiztem Niederschweben.
Ähnliche Art: Entflogene Lachtauben (*„S. risoria"*), die domestizierte Form der afrikanischen Lachtaube, *S. roseogrisea*, sind nicht selten. Sie sind der Türkentaube zwar ähnlich, aber kleiner, viel blasser und haben weitgehend einheitlich helle Flügel.
Stimme: Vor der Landung und bei Auseinandersetzungen oft ein durchdringendes, nasales, gezogenes Quäken „äääänh". Balzgesang der Täuber in ständiger Wiederholung monoton dreisilbig „gu-guh guk" mit Betonung auf der zweiten Silbe.
Vorkommen: Ist vor ca. 50 Jahren aus dem SE nach Europa eingewandert. Hier fast ausschließlich in menschlichen Siedlungen oder deren unmittelbarer Nähe. Brütet bevorzugt in Nadelbäumen.

Turteltaube *Streptopelia turtur* **Tafel 63, Karte 189, BZ**
Kennzeichen: 25-27 cm. Eine kleine, schlanke Taube. Gefieder auf Schultern und Kleinen Flügeldecken satt rostgelb mit schwarzen Zentren. Die blaugrauen Großen Flügeldecken bilden auf der Flügelmitte ein helleres Feld. Der schwarze Schwanz hat einen breiten, weißen Saum. Der hellgraue Kopf, die helle, rötlich getönte Brust und der weiße Bauch kontrastieren mit den düstergrauen Unterflügeln. Die Altvögel haben einen schwarzweiß gestreiften Halsfleck, der den blasseren Jungen fehlt. Das Flugbild wird durch die grazile Gestalt, die langen, spitz zulaufenden Flügel und den oft breit gefächerten Schwanz geprägt. Im Flug wechseln ruckhafte Serien schneller Flügelschläge mit Gleitstrecken ab. Der Flug wirkt, v. a. vor der Landung, unstet und schwankend. Gesellig, nach der Brutzeit und auf dem Zug größere Schwärme. Die Türken-

und die Orientturteltaube sind deutlich größer. Die Palmtaube ist kleiner und zierlicher. **Stimme**: Revierrufe des Täubers ein kennzeichnendes Schnurren „turrr turrr turrr...“. **Vorkommen**: Brütet in offenen Park- und Heckenlandschaften, in lichten Laubwäldern und Obstplantagen. Zugvogel, der in Afrika südlich der Sahara überwintert.

Orientturteltaube *Streptopelia orientalis* **Tafel 63, A**
Kennzeichen: 30-35 cm. Deutlich größer und untersetzter als die Turteltaube. Das Gefieder dem der Turteltaube ähnlich, aber insgesamt dunkler. Die Altvögel zeigen aus der Nähe einen bräunlichen Nacken und Hinterhals (bei der Turteltaube hellgrau), einen unauffällig rötlichen Lidring (bei der Turteltaube kräftig rot), einen größeren grau und schwarz gestreiften Halsfleck (bei der Turteltaube schwarzweiß) und eine braunrosa Brust (bei der Turteltaube hell rötlichgrau). Die rotbraunen Ränder der schwarzen Kleinen Flügeldecken sind nur schmal. Die Mittleren und Großen Flügeldecken haben weißliche Säume, die beim Flug auf dem Armflügel zwei helle Bänder ergeben. Die ostasiatische Unterart *S. o. orientalis* hat einen grauen Bauch und am schwarzen Schwanz eine graue Endbinde. Bei der westasiatischen Unterart *S. o. meena* ist, ähnlich wie bei der Turteltaube, der Bauch weißlich und die Endbinde des Schwanzes weiß. Die Jungen sind insgesamt blasser, aber doch deutlich dunkler als die jungen Turteltauben. Ihnen fehlt der Halsfleck. Der Flug ist nicht so leicht und unstet wie bei der Turteltaube, sondern schwerfälliger und geradliniger. Er erinnert mehr an die Flugweise der Ringeltaube.
Stimme: Revierruf ein ringeltaubenähnliches, dumpfes Gurren.
Vorkommen: Brütet von Mittel- bis Ostasien in lichten Wäldern. In Europa ein sehr seltener Gast.

Palmtaube *Streptopelia senegalensis* **Tafel 63**
Kennzeichen: 23-26 cm. Die kleinste bis nach Europa vordringende Taube. Ausgesprochen schlank und langschwänzig mit relativ kurzen, breiten Flügeln. Gefieder auf der Oberseite allgemein rotbraun und auf der Unterseite beigeweiß mit bräunlichrosa getöntem Kopf, breitem kupferrotem, schwarz gezeichnetem Brustband, blaugrauen Mittleren und Großen Armflügeldecken, die im Flug markant „aufleuchten“, blaugrauem Hinterrücken und graubrauner Färbung auf Bürzel und Oberschwanzdecken. Der schwärzliche Schwanz hat eine sehr breite weiße Endbinde. Von unten wirken Bauch, Steiß und Schwanz insgesamt weiß. Den Jungen fehlt das Brustband. Flugweise ruhiger als die der Turteltaube, eher wie die der Türkentaube. Oft recht vertraut.
Stimme: Revierruf auf und ab „pumpend“ „uh-kuu-kuu-uu-uu“.
Vorkommen: In Dörfern, Städten, Obstplantagen und Oasen Afrikas und SW-Asiens häufig. Brütet in Bäumen (Palmen), Büschen und auch an Gebäuden. Brutvorkommen im europäischen Gebiet der Türkei. In S-Europa ein sehr seltener Gast.

Papageien: Psittacidae

Halsbandsittich *Psittacula krameri* **Tafel 95, EBJ**
Kennzeichen: ♂ 39-43 cm (davon 22-26 cm Schwanz), ♀ 27-36 cm. Die Gestalt mit dem runden Kopf, dem relativ kleinen Schnabel und dem langen, spitzen Schwanz erinnert an einen großen Wellensittich. Bis auf die unterseits dunkelgrauen Schwungfedern, ist das Gefieder weitgehend einheitlich smaragdgrün. Der typische Papageienschnabel ist leuchtend orangerot. Die gelblichweißen Augen sind von einem gelbroten Lidring umgeben. Das ♂ hat ein schmales, im Nacken rosa und von den Halsseiten an schwarzes Halsband, das in einen kleinen schwarzen „Latz“ übergeht. Kopf und Hals des ♀ sind ganz grün. Flug direkt, „reißend“ mit schnellem Flügelschlag.
Stimme: Rufe laut kreischend „kjiak kjik kjiek...“. Im Schwarm laut und lärmend.
Vorkommen: Aus dem tropischen Asien und dem mittleren Afrika in Europa eingebür-

gert. Brütet in Parks und Gärten und seltener im lichten Wald. In kälteren Gegenden auf die Winterfütterung durch den Menschen angewiesen. Brutvorkommen in England, Holland, Belgien, Deutschland, Spanien und Griechenland.

Kuckucke: Cuculidae

Mittelgroße, schlanke, schmalflüglige Baumvögel mit langen, gestuften Schwänzen, bei denen zwei Zehen nach vorne und zwei nach hinten gerichtet sind. Die Geschlechter sind weitgehend gleich. Die *Clamator*- und die *Cuculus*-Arten sind Brutschmarotzer.

Häherkuckuck *Clamator glandarius* **Tafel 67, A**

Kennzeichen: 35-39 cm. Etwas größer als der Kuckuck mit breiteren, stumpferen Flügeln und längerem, schmalerem, gestuftem Schwanz. Am Hinterkopf ein kurzer Schopf und an den Schenkeln eine hosenartig, lockere Befiederung. Altvögel an Scheitel und Ohrdecken hellgrau, Oberseite und Oberflügel dunkel graubraun, auf den Schultern und den Flügeldecken Reihen weißer Punkte, Schirmfedern, Armschwingen und Schwanzfedern mit weißen Enden, Unterseite rahmweiß, an Kinn, Kehle und Vorderhals gelblich. Jungvögel insgesamt dunkler. Oberkopf und Oberseite schwarzbraun, die weiße Fleckung wie bei den Alten, aber feiner, Kehle und Brust ockergelb, wichtigstes Merkmal leuchtend rostrote Handschwingen mit schwarzen Enden. Das Flugbild wird durch den sehr langen Schwanz geprägt. Die Flugweise mit schnellem Flügelschlag und kurzen Gleitstrecken erinnert an den Kuckuck. Hüpft am Boden und auf den Zweigen mit leicht hochgestelltem Schwanz.
Stimme: Ruffreudig und lärmend. Rufreihen allgemein rauh schnarrend, krächzend oder zeternd wie „tjerr-tjerr-tje-tje..." oder „kiä-kiä-kirrä-kirrä.." und auch krähenähnlich „krräh".
Vorkommen: Lebt in savannenartigen Landschaften mit lockerem Busch- und Baumbestand, in lichten Korkeichen- und Pinienwäldern sowie Olivenhainen. Das ♀ legt zumeist mehrere Eier in die Nester von Krähenvögeln, bevorzugt von Elstern. Sommervogel in Portugal, Spanien, Südfrankreich, Italien, Griechenland und der Türkei. Irrgäste gelegentlich auch in C- und W-Europa.

Kuckuck *Cuculus canorus* **Tafel 67, Karte 190, BZ**

Kennzeichen: 32-36 cm. Ein schlanker, gestreckter Vogel, der mit seinen schmalen, spitzen Flügeln und dem langen, gestuften Schwanz entfernt an einen kleineren Falken erinnert. Kopf, Hals, Brust und Oberseite der ♂ bläulichgrau, Schwingen und Schwanz mehr dunkel graubraun, Schwanzfedern mit weißen Enden, Unterseite und Unterflügel auf weißlichem Grund auffällig dunkelgrau gebändert („gesperbert"). Die meisten ♀ gleichen den ♂, sind aber auf der Brust mehr oder weniger rostgelb getönt. Weit seltener treten auch ♀ auf, die an Kopf, Brust und Oberseite durchgehend rotbraun gefärbt sind, und bei denen die dunkle Bänderung über den ganzen Körper verläuft. Die Jungen sind auf der Oberseite schiefergrau mit rotbrauner Fleckung und weißlichen Federrändern. Ihr markantestes Merkmal ist der weiße Nackenfleck. Das Flugbild sieht dem eines kleineren Greifvogels (Falke, Sperber) ähnlich. Typisch sind jedoch die Flughaltung mit leicht angehobenem Kopf und „hohlem Kreuz" sowie die Flugweise, bei der die Flügel nur bis zur Horizontalen angehoben, dann aber weit nach unten geschlagen werden. Ungesellig und zumeist einzeln.
Stimme: Der Revierruf „gu-guh" des ♂ ist allgemein bekannt, er kann gelegentlich auch dreisilbig werden. ♂ und ♀ fauchen bei Erregung heiser, fast tonlos „hach" oder „goch". Der Ruf des ♀ ist ein brodelnder, ansteigender Triller.
Vorkommen: Von der Küste bis in das Gebirge in offenen oder locker bewaldeten Landschaften. Brutparasit ohne Paarbindung. Die ♀ sind auf bestimmte Wirtsvögel spezialisiert, in deren Nester sie jeweils ein Ei legen.

Schwarzschnabelkuckuck *Coccyzus erythrophthalamus* **Tafel 67, A**

Kennzeichen: 28-31 cm. Von ähnlicher Gestalt wie der Kuckuck. Etwas kleiner als der Gelbschnabelkuckuck.Die Handschwingen sind beigebraun, ohne rostfarbenes Feld. Die Schwanzunterseite ist kontrastarm grau und hat schmale, weißliche Spitzen. Altvögel mit schwarzem Schnabel und rotem Lidring.

Stimme: Ruf schnell, rhythmisch, drei- bis fünfmal wiederholt „ku-ku-ku...", manchmal auch lange, schnelle Serien von „kuck-Lauten", die nicht, wie beim Gelbschnabelkuckuck, langsamer werden. Auf dem Zug stumm.

Vorkommen: Brütet in Laubwäldern und Dickichten des östlichen N-Amerika. In Europa ein sehr seltener Gast.

Gelbschnabelkuckuck *Coccyzus americanus* **Tafel 67**

Kennzeichen: 29-32 cm. Von ähnlicher Gestalt wie der Kuckuck, aber kleiner, schlanker und unscheinbarer. Auf der Oberseite weitgehend einheitlich mattbraun und auf der Unterseite weißlich. Markante Merkmale sind der gelbe Unterschnabel, das im Flug auffällige, rotbraune Feld auf den Handschwingen und die breiten weißen Enden der schwärzlichen Schwanzfedern. Vgl. auch den selteneren Schwarzschnabelkuckuck.

Stimme: Typische Rufreihe schnell, kehlig „kä-kä-kä-kä-kä-kau-kau-kaup-kaup-kaup", die zum Schluß hin langsamer wird. Auf dem Zug stumm.

Vorkommen: Brütet in Wald- und Buschland der gesamten USA. In W-Europa ein sehr seltener Gast.

Schleiereulen: Tytonidae

Schleiereule *Tyto alba* **Tafel 64, Karte 191, BJ**

Kennzeichen: 33-39 cm. Eine mittelgroße, fahlbraune Eule mit einem kennzeichnend herzförmigen Gesichtsgefieder („Schleier"), schmalem Körper und langen, voll sichtbaren Beinen. Oberseite blaugrau überreift mit sehr feiner weißer Punktierung, Schleier weißlich, Augen schwarz. Färbung regional verschieden. In S- und W-Europa Oberseite hell goldbraun und Unterseite rein weiß (*T. a. alba*), in C-, E- und N-Europa insgesamt dunkler, auf der Oberseite ockerbraun und auf der Unterseite rostgelb mit dunklen Punkten (*T. a. guttata*). Das Flugbild zeigt ein flaches Gesicht, einen großen Kopf und oft baumelnde Beine. Fliegt auf der Jagd niedrig, langsam und schwankend mit lockerem Flügelschlag. Steht aufrecht und leicht x-beinig. Nahrung überwiegend Mäuse. Jagt vorwiegend bei Nacht, im Winter bei knapper Nahrung auch am Tage.

Stimme: Revierruf des ♂ ein schauerliches, gedehntes, heiseres Kreischen „schrrrriii". Daneben von ♀ und ♂ schnurrende, fauchende und zischende Laute. Bettelruf der Jungen ein keuchendes Schnarchen.

Vorkommen: Lebt bevorzugt in Dörfern und Städten und im umgebenden Kulturland mit Gärten, Hecken und Gehölzen. Brütet gerne in Scheunen und den hier oft angebrachten, speziellen Nistkästen. Nistet aber auch in Mauernischen, Baumhöhlen und seltener in Felsspalten.

Eulen: Strigidae

Die Eulen sind überwiegend nachtaktive Jäger. Sie haben einen großen und runden Kopf mit großen nach vorne gerichteten Augen. Das Gesicht ist von einem Federkranz, „Schleier", umgeben, in dem der kurze Hakenschnabel gewöhnlich teilweise verborgen ist. Ihr Flug ist geräuschlos mit langen, gerundeten Flügeln. Sie stehen in aufrechter Haltung. Ihre Beine sind zumeist teilweise oder ganz befiedert und die Zehen haben spitze, gekrümmten Krallen. Einige Arten haben aufrichtbare „Federohren". Die

Geschlechter sehen gewöhnlich gleich aus. Die Eulen Brüten in Höhlen, verlassenen Nestern anderer Vögel oder am Boden. Ihre Nahrung besteht zu Hauptsache aus kleinen Säugetieren.

Zwergohreule *Otus scops* **Tafel 64, Karte 192, A**

Kennzeichen: 19-21 cm. Eine kleine Eule mit relativ großem Kopf und recht langen, schmalen Flügeln. Gefieder grau- bis rotbraun mit feiner Fleckung und Strichelung, die eine rindenartige Tarnfärbung ergibt. Federohren in entspannter Haltung kaum sichtbar. Bei Erregung hochgestellt, wirken sie wie kleine Hörner. Körperhaltung beim Stehen aufrecht. In Tarnstellung hoch aufgerichtet mit angelegtem Gefieder und so nur schwer zu entdecken. Weitgehend nachtaktiv. Flugbahn geradlinig, nicht wellenförmig wie bei anderen kleinen Eulen. Nahrung vorwiegend größere Insekten.
Stimme: Revierruf des ♂ ein kurzes, ständig wiederholtes Flöten „djuh djuh...". Ruf des ♀ höher, weicher „djüt". Oft rufen beide im Duett. Rufe leicht mit denen der Geburtshelferkröte zu verwechseln. Diese aber melodischer und weniger mechanisch.
Vorkommen: Bewohnt Gärten, Parks, Alleen, Obstplantagen und lichte Wälder. Brütet in Baumhöhlen, Gebäudenischen und Felsspalten.

Uhu *Bubo bubo* **Tafel 64, Karte 193, BJ**

Kennzeichen: 59-73 cm. Größte Eule Europas, etwa so groß wie ein kleinerer Adler, mit einem großen runden Kopf, großen, stechend orangeroten Augen, wohl ausgebildeten Federohren und einem wuchtigen, „tonnenförmigen" Körper. Gefieder auf der Oberseite beigebraun mit kräftiger, dunkelbrauner Zeichnung und auf der Unterseite heller, mehr gelblichbraun mit breiter dunkler Längsstreifung (am dichtesten auf der Brust) und feiner, brauner Querstrichelung. Die kräftige und zügige Flugweise mit recht flachem Flügelschlag und geraden Gleitstrecken erinnert an die eines Bussards. Hält sich beim Stehen aufrecht. Jagt vorwiegen in der Dämmerung. Beute bis Fasanen- und Hasengröße.
Stimme: Revierruf des ♂ dumpf „uu-hu", die zweite Silbe leiser und abfallend. Rufe des ♀ hart bellend „kjähw" oder „rääw". Bettelruf der Jungen heiser zischend, fast tonlos „tzschwesch".
Vorkommen: Bewohnt bevorzugt bewaldete Gebirge mit steilen Felsen, kommt aber zunehmend auch im locker bewaldeten Flachland vor. Rastet am Tage gerne in dichten Nadelbäumen, Höhlen und Spalten. Nistet in Felsnischen, alten Nestern größerer Greifvögel und auch am Boden.

Schnee-Eule *Nyctea scandiaca* **Tafel 64, Karte 194, A**

Kennzeichen: 53-65 cm. Eine sehr große, überwiegend weiße, rundköpfige Eule mit gelben Augen im „Katzengesicht". Die alten ♂ sind, bis auf wenige dunkle Flecke auf den Flügel- und Schwanzdecken, ganz weiß. Die ♀ sind auf der Oberseite schwärzlich gefleckt und auf der Unterseite dunkel gebändert. Die Jungvögel gleichen weitgehend den ♀, sind aber noch dichter und kräftiger gezeichnet. Der Handflügel ist relativ länger und zugespitzter als bei anderen Eulen und die Flugweise entsprechend wuchtig und greifvogelähnlich. Kann über längere Strecken elegant gleiten, aber auch im rasanten Jagdflug größere Beute wie Schneehasen oder Eiderenten verfolgen. Sitzt auf einem Stein oder einer anderen Warte aufrecht, am Boden aber oft niedergekauert und erinnert dann stark an eine weiße Katze. Im üblichen Lebensraum nur mit einem weißen Gerfalken zu verwechseln, an der langsameren Flugweise und der typischen Eulengestalt aber leicht zu erkennen.
Stimme: Revierruf des ♂ voll und rauh bellend, mehrfach wiederholt „chruh". Erregungsrufe teilweise entenähnlich quakend „änk oder „quärk", vom ♂ tiefer als vom ♀. Das ♀ ruft auch schrill kreischend „pjiür". Bettelruf der Jungen quietschend „chsiij".
Vorkommen: Bewohnt die arktische Tundra oder Hochplateaus oberhalb der Baumgrenze. Im Winter auch weiter südlich bis C- und W-Europa in offenen Landschaften. Brütet in einer ausgescharrten Bodenmulde. Lebt überwiegend von Lemmingen u. a. Kleinsäugern.

Sperbereule *Surnia ulula* **Tafel 65, Karte 195, A**
Kennzeichen: 35-43 cm. Eine mittelgroße Eule mit langem Schwanz, relativ schmalen, stumpf endenden Flügeln und einer insgesamt ausgesprochen habichtsähnlichen Gestalt. Das weiße Gesicht mit den gelben Augen ist schwarz eingerahmt. Die schrägen „Augenbrauen" ergeben einen ernsten Gesichtsausdruck. Zwei helle Nackenflecke täuschen am Hinterkopf ein zweites Gesicht vor. Auf der dunkelbraunen Oberseite bilden weißliche Schulterfedern ein breites, helles V. Die gräulichweiße Unterseite ist bis auf den weißen „Latz" dünn schwarzbraun gebändert („gesperbert"). Flug schnell und wendig. Wenige schnelle, kräftige Flügelschläge und längere Gleitstrecken wechseln miteinander ab. Sitzt bevorzugt auf hoher Warte, einer Baumspitze, einem Mast usw., auf die sie sich aus niedrigem Flug steil ansteigend aufschwingt. Hebt den Schwanz oft ruckhaft in die Höhe und läßt ihn dann wieder langsam sinken. Jagt auch am Tage. Kann, wenn größere Junge im Nest sind, ausgesprochen aggressiv werden und auch Menschen angreifen.
Stimme: Nächtlicher Reviergesang des ♂ ein stimmhaft blubbernder Triller „bu-bu bubububububu". Ruf des ♀ heiser quietschend „ksii-lip". Alarmrufe schrill „kji kji kikikikiki", ähnlich wie vom Merlin-♀. Bettelruf der Jungen heiser zischend „pssss-sit".
Vorkommen: Lebt in den Nadel- und Birkenwäldern der subarktischen Taiga, gern in der Nähe von Mooren, Rodungen o. a. offenen Flächen. Brütet in abgebrochenen, ausgefaulten Baumstämmen, hohlen Bäumen und seltener auch in alten Krähen- oder Greifvogelnestern. In schlechten Mäusejahren kann es zum invasionsartigen Ausweichen in südlichere Gegenden kommen.

Sperlingskauz *Glaucidium passerinum* **Tafel 65, Karte 196, BJ**
Kennzeichen: 15-19 cm. Eine sehr kleine, kaum starengroße Eule, die mit ihrem „boshaften" Gesicht wie ein kleiner Gnom aussieht. Der runde Kopf ohne ausgeprägten Schleier ist relativ klein. Die gelben Augen stehen eng zusammen und schauen unter den kurzen, weißen „Augenbrauen" ausgesprochen böse. Der kurze, gedrungene Körper ist auf der Oberseite graubraun mit feiner, weißer Sprenklung und auf der Unterseite weißlich mit brauner Streifung, die an der Brust sehr dicht ist und zum Steiß hin immer lockerer wird. Das Schwänzchen ist recht lang. Es kann, ähnlich wie bei einem Fliegenschnäpper, aufgestellt oder auch zuckend bewegt werden. Fliegt bei der Vogeljagd reißend schnell und wendig mit rasantem Flügelschlag und auf längere Strecken im spechtartigen Wellenflug. Für die geringe Größe ausgesprochen kräftig. Kann Beute bis zu Drosselgröße überwältigen. Dämmerungsaktiv.
Stimme: Reviergesang des ♂ ein in Sekundenabstand wiederholtes weiches, an einen Gimpel erinnerndes, kurzes Flöten „dü dü..." oder auch dü düdüdü dü düdüdü...". Ruf des ♀ durchdringend und hoch „psiiiii". Herbstruf eine ansteigende Tonleiter immer schärfer werdender Laute „tschu tschä tschü tschiii".
Vorkommen: Lebt bevorzugt im Bergland in alten Fichten- und Tannenbeständen aber auch im Mischwald. Brütet in Baumhöhlen, oft in alten Spechthöhlen.

Steinkauz *Athene noctua* **Tafel 65, Karte 197, BJ**
Kennzeichen: 23-27 cm. Eine recht kleine, kompakte Eule mit großem, flachem Kopf, gedrungenem Körper, kurzem Schwanz und recht langen, beim Stehen gut sichtbaren Beinen. Oberseite dunkelbraun mit weißlichen Flecken, v. a. auf den Schultern und den Flügeldecken, und bräunlichweißer Bänderung auf Schwingen und Schwanzfedern. Unterseite gräulichweiß mit dichter brauner Fleckung und Streifung. Die gelben Augen sind von einem bräunlichen Schleier umgeben. Die kurzen, weißen „Augenbrauen" lassen den Gesichtsausdruck eindringlich ernst erscheinen. Im Flug wechseln schnelle Flügelschläge und Gleitstrecken mit angelegten Flügeln (Bolzenflug) miteinander ab. Es entsteht so ein spechtähnlicher, auf- und absteigender Wellenflug. Sitzt oft recht offen auf einer erhöhten Warte. Knickst bei Erregung, wiegt mit dem Kopf und schlägt den Schwanz seitlich hin und her. Jagt vorwiegend in der Dämmerung, ist aber auch am Tage zu sehen und zu hören. Hauptbeute Mäuse und größere Insekten. Der

Rauhfußkauz ist etwa gleich groß. Er hat aber ein deutlich anderes Gesicht und ist ein ausgesprochener Waldvogel.
Stimme: Reviergesang des ♂ ein tiefes, nasales, ansteigendes, in kurzen Abständen wiederholtes „guuuuuhg“. Häufig scharf bellende Rufe wie „wiau“, quiu o. ä. Alarmruf gellend, oft wiederholt „kjäk“ oder gereiht „kijau kji kji..“.
Vorkommen: Bewohnt offenes Kultur- und Ödland mit Gehölzen, Hecken, Felsen und Gebäuden. Brütet in Baumhöhlen, Felsspalten und Gebäudenischen.

Waldkauz *Strix aluco* **Tafel 65, Karte 198, BJ**
Kennzeichen: 37-43 cm. Die in Europa häufigste und am weitesten verbreitete Eule und die einzige, die regelmäßig in Dörfern und Städten anzutreffen ist. Mittelgroß mit rundem Kopf, „tonnenförmigem“ Körper und bemerkenswert breiten, runden Flügeln. Die schwarzen, von runden, einfarbig braunen Schleiern umgebenen Augen blicken recht freundlich. Die Färbung des Körpergefieders ist insgesamt einheitlich mit dunkelbrauner Fleckung, Streifung und Strichelung auf graubraunem bis rotbraunem Grund. Auffällig sind die weißlichen Streifen auf der Stirn, am Rande der Schultern und auf den großen Flügeldecken. Flug geradlinig mit recht schnellen, kraftvollen Flügelschlägen und längeren Gleitstrecken auf waagerecht gestreckt gehaltenen Flügeln. Vorwiegend nachtaktiv. Hauptnahrung Mäuse. Unterscheidet sich von anderen gleichgroßen Eulen durch die stabile Flugweise und die einheitliche Gefiederfärbung (kein helles Feld auf dem Flügel).
Stimme: Reviergesang des ♂ unheimlich gedehnt heulend „huúu“ mit anschließendem Roller „hu-uuuu“. Das ♀ ruft ähnlich, aber krächzender. Häufigster Ruf des ♀ als Antwort auf das singende ♂ scharf „kju-wick“. Dieser Ruf ist auch vom ♂ zu hören. Der zunächst heiser zischende Bettelruf der Jungen „pschii-ip“, paßt sich im Laufe der Zeit immer mehr dem Ruf der Alten an.
Vorkommen: Bewohnt Wälder, Parks und Gärten mit großen Laubbäumen. Brütet in Baumhöhlen, Gebäudenischen und seltener in alten Krähen- oder Greifvogelnestern.

Habichtskauz *Strix uralensis* **Tafel 65, Karte 199, A**
Kennzeichen: 50-59 cm. Eine große, rundköpfige, durch den langen Schwanz gestreckt wirkende Eule. Die relativ kleinen, schwarzen Augen sind von einem runden, einfarbig gelbbraunen Schleier umgeben. Der Gesichtsausdruck ist freundlich. Das hell graubraune Gefieder ist, ähnlich wie beim Waldkauz, auf der Ober- und Unterseite dicht dunkelbraun gezeichnet. Die runden, einheitlich gefärbten Flügel und der leicht keilförmige Schwanz sind gleichmäßig dunkel gebändert. Der ruhige, geradlinige Flug erinnert an einen Bussard. Am Nest, v. a. wenn die Jungen kurz vor dem Ausfliegen sind, ausgesprochen aggressiv. Vgl. auch Bartkauz und Sumpfohreule.
Stimme: Reviergesang des ♂ eine konstante Reihe dumpf hupender Laute, die mit einem tiefen „wuh-hu“ beginnt, dem nach etwa 4 Sekunden ein mehrsilbiges „wuhu wauhuhu“ folgt. Das ♀ ruft rauh krächzend „kri-wät“. Alarmruf nasal kläffend „wak“.
Vorkommen: Bewohnt nordische Nadelwälder und im S Bergwälder mit Mooren, Wasserflächen und Lichtungen. Brütet in den Höhlungen abgebrochener Bäume und seltener auch in alten Nestern größerer Vögel.

Bartkauz *Strix nebulosa* **Tafel 65**
Kennzeichen: 59-68 cm. Nur wenig kleiner aber deutlich schlanker als der Uhu mit überproportional großem, rundem Kopf, länglichem Körper, langen, breiten, runden Flügeln und langem, gerundetem Schwanz. Gesicht mit großem, konzentrisch gebändertem Schleier, kurzen, weißen Augenbrauen, die seitlich vom gelben Schnabel in einen „Schnauzbart“ übergehen, weißem „Backenbart“ und schwarzem „Kinnbart“. Die gelben Augen sind relativ klein. Gesichtsausdruck ernst und würdevoll. Grundfärbung des Gefieders düster graubraun, auf der Oberseite dunkel gefleckt und auf der helleren Unterseite grob gestreift. Am Schulterrand ein hellgraues Band („Hosenträger“). Die gebänderten Flügel an den Handschwingenbasen gelblichbraun aufgehellt. Der

Schwanz mit einer breiten, dunklen Endbinde. Fliegt mit reiherähnlich langsam schwingenden Flügelschlägen und ausgiebigem Gleiten. Der Uhu hat ein warm braunes Gefieder, ein ganz anders gestaltetes Gesicht und längere, einheitlich gefärbte Flügel.
Stimme: Reviergesang des ♂ eine gemessen pumpende Folge einfacher, sehr dumpfer Laute „bwo bwo...“. Das ♀ ruft heiser und hoch „tschie-ep“. Warnruf tief grollend „grrrrrrrok“ und hart grunzend „grrhuk grruhk...“.
Vorkommen: Bewohnt nordische Nadelwälder, bevorzugt in der Nähe von Mooren und Lichtungen. Brütet in alten Greifvogelnestern oder ausgefaulten, abgebrochenen Bäumen. Europäische Brutvorkommen im nördlichen Schweden, Finnland und Rußland. Kann auch weiter südlich bis Ostpolen vorkommen.

Waldohreule *Asio otus* — Tafel 64, Karte 200, BJZW

Kennzeichen: 31-37 cm. Eine mittelgroße Eule mit langen Federohren, die in entspannter Haltung aber so weit angelegt werden können, daß sie kaum zu sehen sind. Die von einem orangebraunen Schleier umgebenen orangeroten Augen blicken durchdringend, aber nicht unfreundlich. Gefieder auf der Oberseite rötlichbraun mit dunkler Zeichnung und auf der Unterseite heller beigebraun mit dunkelbrauner Längsstreifung und Querstrichelung, die bis auf den Bauch reicht. Oberflügel mit großem, hell rostfarbenem Feld auf den Basen der Handschwingen, dunklem Bugfleck und gleichmäßiger Bänderung auf den Schwingenenden. Schwanz fein gebändert. Flugweise langsam und gaukelnd mit wenigen rudernden Flügelschlägen und längeren Gleitstrecken. Dämmerungs- und nachtaktiv. Ruht am Tage im Dunkel dicht belaubter Bäume oder auch recht frei in hoch aufgerichteter Tarnstellung auf einem Ast dicht am Stamm. Im Winter bilden sich größere Schlafgemeinschaften. Nahrung überwiegend Mäuse. Vgl. auch Sumpfohreule.
Stimme: Außer im Frühling bei der Balz recht schweigsam. Reviergesang des ♂ im Abstand von einigen Sekunden ständig wiederholt, einsilbig und dumpf, wie auf einer Flasche geblasen „huh huh...“. Entsprechende Rufreihe des ♀ unrein gequetscht, nasal „miä“. Bei der gemeinsamen Flugbalz schnarrende und miauende Laute sowie weit hörbares Flügelklatschen. Bettelruf der Jungen ein hohes, gezogenes Fiepen „jiih-ih“.
Vorkommen: Lebt in Nadelwäldern aber auch in Misch- und Laubwäldern, sowie in Feldgehölzen und Parks. Brütet in alten Nestern, bevorzugt in Krähennestern.

Sumpfohreule *Asio flammeus* — Tafel 64, Karte 201, BZW

Kennzeichen: 33-40 cm. Die schlankste der mittelgroßen Eulen mit einem relativ kleinen Kopf, kaum sichtbaren, kleinen Federöhrchen und langen, schmalen, recht spitzen Flügeln. Der runde Gesichtsschleier ist einfarbig beigebraun. Um die gelben Augen schwarze „Lidschatten“, die den Gesichtsausdruck verdüstern. Das Gefieder ist auf der Oberseite hell sandbraun mit kräftiger dunkelbrauner Fleckung und auf der Unterseite, zum Bauch hin immer heller werdend, beigeweiß mit dichter dunkler Streifung auf der Brust. Oberflügel mit großem, beigegelbem Feld auf den Basen der Handschwingen, schwarzem Bugfleck, nahezu schwarzen Flügelspitzen und einem weißen Saum an den breit dunkel gebänderten Arm- und den inneren Handschwingen. Schwanz grob gebändert. Flug unstet gaukelnd mit sehr langsamen, etwas ruckhaften, tief ausholenden Flügelschlägen und elegantem Gleiten mit leicht V-förmig angehobenen Flügeln. Sitz häufig am Boden oder niedrig auf einem Grasbulten oder Maulwurfshaufen. Weitgehend tagaktiv. Hauptnahrung Wühlmäuse.
Ähnliche Art: Von der Waldohreule durch das Gesicht, die Färbung und Zeichnung der Oberflügel und die vom weißen Bauch dunkel abgesetzte Brust unterschieden.
Stimme: Reviergesang des ♂ im Balzflug eine Reihe von 6 bis 10 schnell wiederholten, dumpfen Lauten „hup-hup-hup...“ und dazwischen mehrfaches Flügelklatschen. Ruf des ♀ schleifend „tschjää-opp“. Weitere Rufe glucksend, bellend, schnarchend. Bettelruf der Jungen ähnlich wie der Ruf des ♀, aber tonloser zischend.
Vorkommen: Lebt in der offenen Landschaft in Mooren, Heiden und Dünen sowie auf

Feuchtwiesen, großen Waldlichtungen und Brachland. Nest eine im Schutz von Heidekraut, Grasbulten oder Röhricht ausgescharrte Mulde.

Rauhfußkauz *Aegolius funereus* **Tafel 65, Karte 202, BJ**
Kennzeichen: 22-27 cm. Wenig größer als der Steinkauz mit großem, etwas eckigem Kopf, hoher Stirn, rundem, bräunlichweißem, schwarz eingefaßtem Schleier, dicken, weißen, hochstehenden „Augenbrauen“, gelben Augen und einem erstaunt freundlichen Gesichtsausdruck. Oberseite dunkel schokoladenbraun mit weißen Flecken und Unterseite weißlichgrau mit groben, verwaschen dunkelbraunen Tupfen. Flügel auf der Unterseite deutlich gebändert, auf der Oberseite aber nahezu einheitlich dunkel, nur mit Reihen kleiner, weißer Punkte. Junge fast gänzlich dunkelbraun mit dunklem Schleier und weißen „Augenbrauen“. Flugweise recht geradlinig. Serien schneller Flügelschläge wechseln mit kurzen, geraden Gleitstrecken ab. Sitzt aufrecht. Ausschließlich nachtaktiv. Nahrung kleine Nagetiere.
Stimme: Reviergesang des ♂ eine sich in der Lautstärke steigernde Reihe etwas vibrierend, hohl flötender Laute „hu hu..“, die bei Erregung zu einem Roller beschleunigt werden kann. Rufe nasal „kjäck“ oder „kjuwitt“ und auch scharf, peitschend „tschiäck“. Bettelruf der Jungen kurz „tsip“.
Vorkommen: Bevorzugt hochstämmigen, von Laubbäumen durchsetzten Nadelwald mit Lichtungen. Brütet vorwiegend in alten Schwarzspechthöhlen, auch in Nistkästen.

Nachtschwalben: Caprimulgidae

Schlanke, lang- und spitzflüglige Vögel, die bei Nacht im Flug Insekten jagen, mit großen Augen, breitem, weit aufsperrbarem Rachen, kleinen Schnäbeln, kurzen Beinchen und langen Schwänzen. Ruhen am Tage auf dem Boden oder in Längsrichtung auf einem Ast. Gefieder tarnfarben mit waldboden- bzw. rindenartiger Färbung und Zeichnung. Geschlechter weitgehend gleich. Bodenbrüter.

Ziegenmelker *Caprimulgus europaeus* **Tafel 68, Karte 203, BZ**
Kennzeichen: 24-28 cm. Ein etwa drosselgroßer, schlanker Vogel mit sehr kleinem Schnabel, flachem Kopf, langen, schmalen Flügeln und langem Schwanz. Das Gefieder ist auf eine Weise braun, grau, bräunlichweiß und schwarz gemustert, daß der Waldboden oder mit Flechten bewachsene Borke farblich täuschend nachgeahmt werden. Die alten ♂ haben auf den äußeren Handschwingen, den seitlichen Schwanzecken und an den Kehlseiten weiße, auch in der Dämmerung gut sichtbare Flecke, v. a. dann, wenn die Flügel beim Balzflug hochgereckt werden. Die ♀ und Jungen haben keine weißen Abzeichen. Ruhen am Tage bewegungslos auf dem Waldboden oder in Längsrichtung auf einem Ast und sind auch aus großer Nähe kaum zu entdecken. Fliegen bei der nächtlichen Flugjagd auf Nachtschmetterlinge u. a. größere Insekten lautlos, langsam und schaukelnd mit raschen Wendungen, kurzem Rütteln und längeren Gleitstrecken auf steif gehaltenen Flügeln.
Stimme: Der in der späten Dämmerung weit hörbare, eigentümlich schnurrende, an- und abschwellende Reviergesang „errrrörrrrerrrrrörrrr...“ des ♂ verrät wohl am besten die Anwesenheit dieser Vögel. Bei der Flugbalz scharfe „kuik“-Rufe und mehrfaches Flügelklatschen.
Vorkommen: Bewohnt lockere, trockene Nadel- und Mischwälder auf Sandboden mit Heideflächen, Kahlschlägen, breiten Schneisen, Brandflächen und Mooren. Brütet die zwei tarnfarbenen Eier ohne Nest auf dem Waldboden aus.

Rothals-Ziegenmelker *Caprimulgus ruficollis* **Tafel 68**
Kennzeichen: 30-34 cm. Größer und massiger als der Ziegenmelker. Gefieder ähnlich tarnfarben, jedoch mit hell rostbrauner Färbung an Kehle und Halsband. Alle

Flügeldecken mit breiten, hellen Spitzen (Ziegenmelker nur eine helle Flügelbinde). ♂ und ♀ haben auf den Handschwingen, am Schwanzende und an den Kehlseiten weiße Flecke. Flug und Verhalten wie beim Ziegenmelker.
Stimme: Reviergesang des ♂ eine „galoppierende“ Folge zweisilbiger, stimmhaft klopfender Laute „djidock djidock...“. ♀ rufen heiser fauchend „tsche-tsche...“.
Vorkommen: Brütet im lockeren Pinienwald oder auf sandigen Heideflächen mit Baumgruppen und Büschen. In Spanien und Portugal Sommervogel.

Pharaonenziegenmelker *Caprimulgus aegyptius* **Tafel 68**
Kennzeichen: 24-27 cm. Etwa so groß wie der Ziegenmelker, wirkt aber durch die langen, schmalen Flügel und den langen Schwanz schmächtiger. Gefieder hell sandfarben grau mit dezenter schwarzer Zeichnung. Im Flug Kontrast zwischen dem dunklen Hand- und dem hellen Armflügel. Weiße Binde auf den Handschwingen nur schwach angedeutet. ♂ mit weißen Schwanzecken.
Stimme: Reviergesang des ♂ lange Folgen, schnell wiederholter, kurzer Schnarrtöne „korr korr...“, die von Ferne wie das Tuckern eines Diesels klingen.
Vorkommen: Brütet in N-Afrika und im Mittleren Osten in Wüsten und Halbwüsten mit Gestrüpp und einzelnen Bäumen, bevorzugt in der Nähe von Wasserläufen oder Oasen. In C- und W-Europa ein sehr seltener Gast.

Segler: Apodidae

Die besten Flieger unter den Vögeln. Stromlinienförmig mit langen, sensenförmigen Flügeln und kurzen Schwänzen. Die kurzen Beinchen sind zum Laufen kaum geeignet. Außerhalb der Brutzeit ständig in der Luft. Jagen fliegende Insekten. Brüten in Höhlungen, Nischen und Spalten von Gebäuden, Bäumen und Felsen. Geschlechter gleich.

Mauersegler *Apus apus* **Tafel 71, Karte 204, BZ**
Kennzeichen: 17-19 cm. Einzige in ganz Europa verbreitete Seglerart mit langen, sensenförmigen Flügeln (Handflügel weit länger als der Armflügel), kurzem, gegabeltem Schwanz und, von Weitem gesehen, nahezu ganz schwarzem Gefieder. Aus der Nähe ist die weißliche Kehle zu erkennen. Bei den Jungen ist auch die Stirn weiß überreift. Der Flug ist äußerst rasant. Nimmt mit schnellen, tiefen Flügelschlägen Anlauf und schießt dann auf steif gehaltenen Flügeln in weiten Kurven pfeilschnell dahin. Zumeist hoch in der Luft, bei schlechtem Wetter aber auch dicht über dem Boden. Gesellig und oft in großen, lärmenden Schwärmen. Von den ähnlichen Schwalben durch die Größe, einheitlich dunkle Färbung, Flügelform und Flugweise unterschieden.
Stimme: Im Flug unverkennbar schrille, gezogene, hohe Rufe „sriiihrr“, die an Sommerabenden von den über den Dächern herumkurvenden Trupps zu einem durchdringend lauten Chor anschwellen.
Vorkommen: Brütet in Städten und Dörfern, bevorzugt an hohen Gebäuden unter Dachpfannen am Trauf, in Mauerlöchern und Fensternischen, seltener auch in Baumhöhlen und Felsspalten.

Fahlsegler *Apus pallidus* **Tafel 71, Karte 205**
Kennzeichen: 16-18 cm. Größe und Gestalt wie die des Mauerseglers, die Flügelspitzen aber runder, der Kopf flacher und breiter, der Körper gedrungener und die Spitzen der Schwanzgabel stumpfer. Gefieder insgesamt fahl schwarzbraun, kann so dunkel wie vom Mauersegler wirken, bei diffusem Licht können sehr blasse Vögel aber auch nahezu milchkaffeebraun aussehen. Aus der Nähe sind die gräuliche Stirn, der dunkle Augenfleck, die auffällig weiße Kehle (heller als beim Mauersegler), der dunkle „Sattel“ auf Mantel und Rücken sowie die durch helle Federränder fein schuppenartig gemusterte Unterseite zu erkennen. Im Flug am Unterflügel ein deutlicher Kontrast

zwischen den fahlbraunen Arm- und inneren Handschwingen und den nahezu schwarzen äußeren Handschwingen und Kleinen Flügeldecken. Flügelschlag langsamer, nicht so hektisch wie beim Mauersegler, Flugweise sonst ähnlich. Gesellig, aber weit seltener als der Mauersegler. Man beachte, daß junge Mauersegler an Stirn und Kehle auch recht hell sein können und ein fein hell gesäumtes Gefieder haben.
Stimme: Ruft ähnlich wie der Mauersegler, aber tiefer, abfallend und hart „wriii-e".
Vorkommen: Brütet in Löchern und Spalten von Gebäuden und Felsen.

Alpensegler *Apus melba* **Tafel 71, Karte 206, BZ**

Kennzeichen: 20-23 cm. Spannweite 51-58 cm. Ein eindrucksvoll großer Segler mit untersetztem Körper und relativ kurzem, gegabelten Schwanz. Gefieder umbrabraun mit auffällig weißem Bauch und weißer Kehle, die durch ein schmales dunkles Brustband voneinander getrennt werden. So massig, daß das Flugbild und die Flugweise an einen kleinen Falken, z. B. Baumfalken, erinnern. Flügelschlag langsamer und wuchtiger als bei dem Mauersegler, kann aber sehr stark beschleunigen. Segelt oft mit leicht abwärtsgebogenen Flügeln.
Stimme: Typischer Ruf ein langgezogener Triller, der oft zum Schluß hin leiser, tiefer wird und langsam verklingt „titititititi ti ti ti tü tü".
Vorkommen: Lebt überwiegend in felsigem Bergland, aber auch in Städten mit hohen Gebäuden. Baut in Felsspalten, -höhlungen und -löchern, aber auch in Gebäudenischen und unter Dachsparren aus Speichel und im Fluge aufgeschnapptem Nistmaterial napfförmige Nester. Nistet gewöhnlich in Kolonien.

Kaffernsegler *Apus caffer* **Tafel 71**

Kennzeichen: 14-16 cm. Ein recht kleiner, schlanker Segler mit einem vergleichsweise langen Hinterkörper und einem tiefer gegabelten Schwanz als bei den anderen Seglern. Gefieder blauschwarz, wirkt aber aus einiger Entfernung tief pechschwarz, das durch ein graubraunes Gesicht, eine weiße Kehle, helle Armflügelhinterränder und einen schmalen, weißen Bürzelfleck belebt wird. Fliegt sehr wendig und elegant mit schnellen, etwas flatternden Flügelschlägen. Die große Wendigkeit erlaubt es auch tiefer gelegene Brutplätze anzufliegen. Oft mit der Rötelschwalbe und dem Haussegler vergesellschaftet.
Stimme: Typischer Flugruf eine stotternd beginnende und in einem Triller endende, stakkatohafte Rufreihe „tjüt tjüt-tjüt-tjüt-ürrrrrrrr", die nicht so schrill wie bei den anderen Seglern klingt.
Vorkommen: Brütet überwiegend an Felswänden in Tälern und Schluchten der Gebirge. Übernimmt Nester von Schwalben, v. a. der Rötelschwalbe. Hauptvorkommen in Afrika südlich der Sahara. In S-Spanien eine kleine Population von Sommervögeln.

Haussegler *Apus affinis* **Tafel 71**

Kennzeichen: 12-14 cm. Ein kleiner, auffällig gedrungener Segler mit breiten, am Hinterrand der mittleren Armschwingen leicht vorgewölbten Flügeln und einem gerade abgeschnittenen, kurzen Schwanz. Gefieder allgemein rußschwarz mit weißlicher Stirn, weißer Kehle und großem, bis auf die Flanken reichendem, weißem Bürzelfleck, der im Flug oft auch von unten zu sehen ist. Fliegt weniger elegant als die anderen Segler, oft fledermausartig flatternd und mit nur kurzen Gleitphasen.
Stimme: Flugruf ein helles, rauhes, leicht pulsierendes Zwitschern und bei Verfolgungsflügen ein insektenartig feines Zirpen „siksiksik...".
Vorkommen: Hauptvorkommen in Afrika und S-Asien. Angrenzende Populationen in N-Afrika und im Nahen Osten. Brütet in Dörfern und Städten in Mauerlöchern und alten Mehlschwalbennestern, aber auch außerhalb der Ortschaften an Felswänden. In S- und SE-Europa ein seltener Gast.

Eisvögel: Alcedinidae

Eisvogel *Alcedo atthis* **Tafel 66, Karte 207, BJZW**
Kennzeichen: 17-19 cm (davon ca. 4 cm Schnabel). Ein kleiner, in Gestalt und Färbung unverkennbarer Fischfänger. Beim sitzenden Vogel wirkt der Kopf mit dem langen, dolchförmigen Schnabel im Verhältnis zum kleinen, kurzen, gedrungenen Körper und den kurzen Beinchen überproportional groß. Im Flug ist der ganze Vogel ein dahinschießender, schillernder Bolzen. Scheitel und Flügel blau mit grünem Glanz, die ganze Oberseite, vom Mantel bis zum Schwanz, je nach Lichteinfall, schimmernd türkis- bis kobaldblau, Unterseite und Wangen orange rotbraun, Kehle und Halsseitenflecke rein weiß. Der Schnabel des ♂ ist schwarz. Das ♀ hat eine rote Unterschnabelbasis. Die Beine sind rot. Sitzt oft still auf einem über das Wasser ragenden Ast und späht nach kleinen Fischen oder großen Wasserinsekten. Stürzt sich von der Warte, manchmal nach einem kurzen Rüttelflug, senkrecht ins Wasser und taucht mit der Beute im Schnabel wieder auf. Fliegt, zumeist dicht über dem Wasser, mit sehr schnellem, schwirrendem Flügelschlag pfeilschnell und gerade.
Stimme: Häufigster Ruf ein scharfer, hoher, ein- bis zweisilbiger Pfiff „tjii“ oder „tjii-tii“. Der Balzgesang des ♂ ist eine etwas stammelnd, trillernde Folge dieser und ähnlicher Laute.
Vorkommen: Brütet an klaren Bächen und Flüssen, manchmal auch an Seen und Teichen in deren Steilufer er seine Bruthöhle gräbt. Auf dem Zug und im Winter an Gewässern aller Art, auch an der Küste.

Spinte: Meropidae

Blauwangenspint *Merops persicus* **Tafel 66, A**
Kennzeichen: 28-32 cm (davon 4-8 cm Schwanzspieße). Gestalt wie die des Bienenfressers, hat aber einen längeren Schnabel, einen größeren Kopf und viel längere Schwanzspieße. Gefieder fast einheitlich smaragdgrün, belebt durch eine bräunlichrote, direkt unter dem Schnabel gelbe Kehle und blaugrüne, durch einen schwarzen Augenstreif geteilte Kopfseiten. Im Flug eine auffällig rostrote Flügelunterseite. Junge matt grün mit gänzlich rotbrauner Kehle und ohne blaue Wangen. Flugweise und Verhalten wie beim Bienenfresser.
Stimme: Rufe ähnlich wie die des Bienenfressers, aber allgemein höher und heiserer. Häufigster Ruf wiederholt, trocken „priip...“ oder „dripp...“.
Vorkommen: Verbreitung N-Afrika sowie Vorder- bis Zentralasien. Brütet in trockener, offener Landschaft, gern in Gewässernähe. In Europa ein seltener Gast.

Bienenfresser *Merops apiaster* **Tafel 66, Karte 208, BZG**
Kennzeichen: 25-29 cm (davon ca. 3 cm Schwanzspieße). Unverkennbar durch die langgezogene Gestalt, die langen, spitzen Flügel und den langen, „eckigen“ Schwanz, der von einem relativ kurzen, mittleren Schwanzspieß überragt wird. Das Gefieder ist ausgesprochen bunt: Kehle hellgelb, Schultern weißlichgelb, Scheitel, Mantel, Rücken und Armdecken rotbraun, Handflügeloberseite und Schwanz blaugrün und Unterseite blau. Im Flug Flügelunterseite hell isabellfarbenbraun mit breitem, schwarzem Hinterrand. Junge insgesamt matter gefärbt und auf der ganzen Oberseite grün getönt. Jagt fliegende Insekten im anmutig elastischen, wendigen Segel- bzw. Gleitflug, unterbrochen von schnellen, weit ausholenden Flügelschlagserien. Gesellig. Die Gruppen sitzen gern frei auf Leitungsdrähten o. a. Warten.
Stimme: Rufe weich, etwas rollend, ständig wiederholt „brüit...“, das im Chor von fliegenden Trupps zu einem melodischen Dauerton zusammenfließt.

Vorkommen: Bevorzugt trockene, offene Landschaften mit Büschen und Bäumen. Brütet kolonieweise an sandigen Steilufern, Kiesgruben und gelegentlich auch in flachem Grund in selbst gegrabenen Röhren.

Racken: Coraciidae

Blauracke *Coracias garrulus* **Tafel 66, Karte 209, A**
Kennzeichen: 29-32 cm. Ein rabenvogel- oder würgerähnlicher, etwa dohlengroßer Vogel mit einem „Krähenschnabel“. Gefieder überwiegend türkisblau, auf Schultern und Mantel rötlichbraun. Im Flug deutlicher Kontrast zwischen den schwarzen Schwingen und den blauen Flügeldecken. Die mittleren Schwanzfedern olivgrau, der Schwanz sonst grünlich azurblau mit kleinen schwarzen Ecken. Junge matter und mehr grünlichgrau. Die geradlinige Flugweise mit ruhigem, kräftigem Flügelschlag und Gleitstrecken erinnert an die einer Krähe oder Taube. Sitzt gern auf erhöhter Warte, bevorzugt einer Leitung am Straßenrand, und lauert dort auf größere Insekten. Stürzt sich von oben auf die Beute herab und kehrt mit ihr zum Sitzplatz zurück.
Stimme: Rufe rauh und hart krächzend „krrrak“ oder „krra-ak“. Beim taumelnden, gaukelnden Balzflug krähenartig rauh, rhythmisch wiederholt „kera-grahra-grahra...“.
Vorkommen: Bewohnt warme, trockene, offene Landschaften mit einzelnen großen Bäumen, Gehölzen und lichten Wäldern. Brütet in Baumhöhlen.

Wiedehopfe: Upupidae

Wiedehopf *Upupa epops* **Tafel 66, Karte 210, BZ**
Kennzeichen: 25-29 cm (davon 4-5 cm Schnabel). Ein in Aussehen und Färbung unverwechselbarer, drosselgroßer Vogel mit einer großen Federhaube, die zu einem breiten Fächer aufgerichtet werden kann, einem dünnen, langen, spitzen leicht abwärts gebogenen Schnabel, breiten, runden Flügeln und einem langen Fächerschwanz. Gefieder fahl orangebraun mit dunklen Spitzen an den Haubenfedern, schwarzweiß gebänderten Flügeln und schwarzem Schwanz mit breiter, weißer Querbinde. Wenn der Vogel die Flügel zum Flug ausbreitet verändert sich seine zunächst länglich, schmale Gestalt abrupt in einen großen, schwarzweißen „Schmetterling“, der mit langsamem Flügelschlag unstet in kurzen Schwenks und Bögen niedrig davonfliegt.
Stimme: Reviergesang des ♂ ein dumpf und hohl klingendes, mehrfach wiederholtes „hub hub hub“. Alarmruf rauh kreischend „järrrr“.
Vorkommen: Bewohnt offene Landschaften mit Viehweiden, locker bewachsenem Brachland, alten Bäumen und lichten Wäldern sowie Obstplantagen, Weinberge, Parks und Gärten. Brütet in Baumhöhlen, Mauer- und Erdlöchern.

Spechte: Picidae

An das Baumleben angepaßte Klettervögel mit zumeist festem, kantigem Meißelschnabel, weit vorstreckbarer Zunge, kräftigen Kletterfüßen und einem versteiften Stützschwanz. Die Nahrung sind Insekten, die unter der Rinde oder aus dem Holz herausgemeißelt werden, aber auch Nadelbaumsamen und Nüsse. Die meisten brüten in selbst gezimmerten Baumhöhlen. Ihr Flug ist wellenförmig. Zur Revierabgrenzung trommeln die ♂ und zumeist auch die ♀ wirbelnd auf tote Äste mit guter Resonanz.

Wendehals *Jynx torquilla* **Tafel 69, Karte 211, BZ**
Kennzeichen: 16-18 cm. Ein singvogelähnlicher Spechtverwandter mit spitzem, an der Basis kräftigem Schnabel und rindenartig tarnfarbenem Gefieder. Oberseite überwiegend grau, braun und schwarz marmoriert. Unterseite an Kehle, Hals und Brust hellbeige, sonst weißlich, mit dunkler Querbänderung. Der schwarzbraune Augenstreif zieht bis auf die Halsseiten. Weitere dunkle Streifen vom Scheitel bis auf den Rücken und auch auf den Schultern. Langer grau und schwarz gebänderter Schwanz. Klettert an Bäumen wie ein großer Baumläufer. Sitzt aber, im Unterschied zu den Spechten, häufig quer auf einem Ast. Hält sich viel auf dem Boden auf und hüpft dort mit aufgestelltem Schwanz umher. Pendelt und dreht zur Abwehr mit langgestrecktem Hals den Kopf schlangenartig hin und her (Wendehals) und zischt dabei. Fliegt schnell in flachen Bögen. Hauptnahrung sind Ameisen, die mit der langen, klebrigen Zunge aus ihren Löchern geholt werden.
Stimme: Rufreihen, von ♂ und ♀ auch im Duett vorgetragen, schallend, etwas nasal, zum Ende hin ansteigend „kjä-kjä-kjä...“, ähnlich, aber nicht so schrill wie vom Kleinspecht, mehr wie vom Turmfalken.
Vorkommen: Bewohnt lichte Laub- und Mischwälder, Parks, Obstplantagen und Gärten. Nistet in Baumhöhlen und Nistkästen.

Grauspecht *Picus canus* **Tafel 69, Karte 212, BJ**
Kennzeichen: 27-32 cm. Etwas kleiner als der Grünspecht mit kleinerem Kopf und kürzerem, schwächerem Schnabel. Das Kopfmuster ist unauffällig.Der Kopf und der Hals sind grau mit schwarzem, schmalem Zügel- und Bartstreif. Das ♂ hat eine karminrote Stirn. Die Oberseite und die Armflügel sind moosgrün, der Bürzel ist gelb und die Unterseite einfarbig grau mit grünlichem Ton. Die Färbung der Jungen ist insgesamt matter mit diffus gebänderten Flanken. Flug und Verhalten gleichen weitgehend denen des Grünspechts. Fliegt mit etwas schnellerem Flügelschlag. Man beachte, daß die spanische Unterart des Grünspechts *P. v. sharpei* ebenfalls an Kopf, Hals und Brust grau ist.
Stimme: Rufreihe nicht so lachend wie vom Grünspecht mehr melancholisch, zum Ende hin langsamer und abfallend „kjikjikji-kjü-kjü-kjü kjö“. Trommelt im Frühling häufig in schnellen, lauten Serien.
Vorkommen: Brütet in Laub- und Mischwäldern mit Lichtungen sowie in großen Parks, oft am Waldrand oder in Gewässernähe. Steigt im Gebirge bis zur Baumgrenze auf.

Grünspecht *Picus viridis* **Tafel 69, Karte 213, BJ**
Kennzeichen: 30-36 cm. Ein großer, überwiegend grüner Specht mit kräftigem Schnabel und rotem Scheitel. Kopf mit schwarzer Maske und schwarzem, beim ♂ im Zentrum rotem Bartstreif. Oberseite und Armflügel satt gelblichgrün, Bürzel gelb und Unterseite hell gräulicholiv. Junge ohne schwarze Gesichtsmaske mit insgesamt matterem Gefieder, auf der Oberseite hell und am Kopf wie auf der Unterseite dicht schwarz gefleckt und gebändert. Flugbild massig. Fliegt in langgezogenen Bögen. Kräftig flatternde Schlagserien und Strecken im Bolzenflug mit angelegten Flügeln wechseln miteinander ab. Hält sich bei der Suche nach Ameisen viel auf dem Boden auf. Die spanische Unterart *P. v. sharpei* ist, wie der Grauspecht, an Kopf, Hals und Brust grau, hat aber einen roten Scheitel. Ähnlich gefärbt ist auch das viel kleinere Pirol-♀.
Stimme: Der Flugruf, durch den man zumeist erst auf den Grünspecht aufmerksam wird, klingt gellend „kjükjük-jück“. Der Gesang ist eine grob lachende Rufreihe, die zum Ende hin schneller wird und etwas abfällt „kjü-kjü-kjü...“. Trommelt selten mit „schlappem“ Wirbel.
Vorkommen: Brütet am Rande von Laub- und Mischwäldern, in Feldgehölzen, Streuobstwiesen, Parks und großen Gärten. Hält sich oft auch weitab von Baumbeständen auf.

Schwarzspecht *Dryocopus martius* **Tafel 69, Karte 214, BJ**

Kennzeichen: 40-46 cm. Ein mächtiger, krähengroßer, schwarzer Specht mit einem wuchtigen, hell hornfarbenen Schnabel. ♂ auf dem Kopf mit einer leuchtend roten, am Hinterkopf etwas struppigen Kappe. Das ♀ hat am Hinterkopf nur eine kleine rote Haube. Gefieder der Jungen matter und grauer, die rote Kopfzeichnung wie bei den Alten, aber oft durch schwarze Federn weitgehend verdeckt. Flug häherähnlich flatternd und etwas unstet mit hochgehaltenem Kopf und gerader Flugbahn.
Stimme: Flugrufe abgehackt, melodisch „krück krück...". Im Sitzen, oft nach der Landung am Baum, gezogen flötend „kliiiööö". Lacht im Frühling ähnlich wie der Grünspecht, aber heller, metallischer, in gleicher Höhe „klüh klü klü-klü...". Trommelwirbel laut, relativ langsam und anhaltend.
Vorkommen: Brütet im Hochwald, bevorzugt im Mischwald, aber auch in reinen Buchen- und Kiefernbeständen. Die zumeist hoch am Stamm gelegenen Eingänge der Baumhöhlen sind groß und hochoval.

Buntspecht *Picoides major* **Tafel 69, Karte 215, BJ**

Kennzeichen: 23-26 cm. Der häufigste und am weitesten verbreitete Specht der Region. Das Gefieder ist, ausgenommen der rote Steiß und die weißlichen Unterseite, schwarzweiß. Auch die Flanken sind ungezeichnet weiß. Die Unterseite der C- und S-europäischen Buntspechte ist mehr beigegrau, die der N-europäischen weiß. An den Kopfseiten, von dem Bartstreif ausgehend, ein Verbindungsstreif zum Nacken. Die weiße Augen- und Wangenpartie ist dadurch schwarz eingefaßt. Auf der schwarzen Oberseite zwei große, weiße, ovale Schulterflecke. Die äußeren Schwanzfedern sind breit schwarzweiß gebändert. Das ♂ hat einen roten Nackenfleck. Oberkopf und Nacken des ♀ sind ganz schwarz. Bei den Jungen ist der Scheitel rot und die Verbindung zwischen dem Bartstreif und dem Nacken oft noch undeutlich. Von dem ähnlichen Mittelspecht durch den bis zum Schnabel ziehenden Bartstreif, die großen Weißen Schulterflecke und die weitgehend ungezeichneten Flanken unterschieden. Flugbild durch die relativ großen, breiten Flügel geprägt. Flugbahn wellenförmig. Schlagserien und Gleitstrecken wechseln miteinander ab. Klettert an Baumstämmen und dickeren Ästen. Selten auf dem Boden.
Stimme: Häufigster Ruf ein helles, scharfes „kix", das bei Erregung auch mehrfach wiederholt werden kann. Der zirpende Bettelruf der Jungen in den Höhlen ist recht weit zu hören. Der Trommelwirbel ist kurz (ca. 0,6 s) und schnell mit betontem Anfang und abruptem Ende.
Vorkommen: Bewohnt dichte Wälder, aber auch parkartige Landschaften mit Feldgehölzen, Alleen usw. sowie Parks und große Gärten. Hauptnahrung Holzinsekten und Nadelbaumsamen, die aus den Zapfen gehackt werden. Höhleneingang rund.

Blutspecht *Picoides syriacus* **Tafel 69, Karte 216, A**

Kennzeichen: 23-25 cm. In Größe, Gestalt und Verhalten wie der Buntspecht. Im Unterschied zu diesem kein Verbindungsstreif zwischen Bartstreif und Nacken, leicht gestrichelte Flanken, mattroter Steiß und nur wenig Weiß auf den äußeren Schwanzfedern. Junge dem Mittelspecht recht ähnlich. Der rote Scheitel aber seitlich schwarz eingefaßt, der Bartstreif reicht bis zum Schnabel und auf der Brust ein rötliches Band.
Stimme: Häufigster Ruf „kjük", weicher als beim Buntspecht. Bei Erregung Rufreihen „kik kik kik tischirr". Trommelwirbel ähnlich schnell wie vom Buntspecht, aber länger (ca. 1 s) und zum Ende zu leiser.
Vorkommen: Brütet in der offenen Kulturlandschaft mit Baumgruppen, in Obstplantagen, Parks und Gärten.

Mittelspecht *Picoides medius* **Tafel 69, Karte 217, BJ**

Kennzeichen: 19-22 cm. Etwas kleiner als der Buntspecht mit kurzem, schwachem Schnabel und kleinem, rundem, sehr hellem Kopf. Gefiedermuster ähnlich wie bei dem Bunt- und Blutspecht. ♂ und ♀ nur wenig verschieden. Auch die Altvögel haben einen

durchgehend karminroten Scheitel ohne schwarze, seitliche Begrenzung. Ein ausgeprägter Halsseitenstreif ist vorhanden, aber kein voll ausgebildeter Bartstreif (reicht nicht bis zum Schnabel) und auch kein Verbindungsstreif zum Nacken. Flanken gelblichweiß mit feiner Längsstrichelung. Zwischen der blaßroten Färbung am Steiß und der gelbbraunen Tönung am Bauch keine scharfe Grenze. Die ovalen, weißen Schulterflecke relativ klein. Flugbild und -weise ähnlich wie beim Buntspecht. Hält sich mehr in den Baumkronen auf und sitzt, im Unterschied zu den anderen Spechten, oft quer auf einem Ast.
Stimme: Schwache und leise Einzelrufe „kück" recht selten, häufiger Rufreihen „kick kück-kück-kück...", die mit einem höheren Einzellaut beginnen und dann in eine gleichmäßige Folge tieferer Töne übergehen. Der Reviergesang eine Reihe nasal quäkender Rufe „quää quää quää...". Trommelt nur sehr selten, wahrscheinlich nicht zur Revierabgrenzung.
Vorkommen: Brütet nur in hochstämmigem Laubwald mit alten Eichen, Hainbuchen und Erlen und ist daher selten. Nisthöhle oft in morschem Stamm oder dickem Ast.

Weißrückenspecht *Picoides leucotos* — Tafel 69, Karte 218, BJ

Kennzeichen: 25-28 cm. Der größte der schwarzweißen Spechte mit einem langen, kräftigen Schnabel und recht langem Hals. Im Unterschied zu Bunt-, Blut- und Mittelspecht keine weißen Schulterflecke. Hinterrücken und Bürzel sind bei der C- und N-europäischen Unterart, *P. l. leucotos*, weiß und bei der S-europäischen, insgesamt dunkleren Unterart, *P. l. lilfordi*, schmal schwarzweiß gebändert. Wenn die Flügel den weißen Rücken überdecken sieht bei dem am Stamm kletternden Vogel die Oberseite schwarzweiß gebändert aus. Das oberste weiße Band auf den Mittleren Flügeldecken ist breit und besonders auffällig. Die blaßrote Färbung der Unterschwanzdecken geht allmählich in die rosabräunliche Färbung des Bauchgefieders über. Die Flanken sind dunkelgrau gestrichelt. Die Zeichnung der Kopfseiten ist ähnlich wie beim Blutspecht, das schwarze Halsseitenband reicht aber nicht bis zum Nacken. Das ♂ und die Jungen haben eine rote Kappe. Der Scheitel des ♀ ist schwarz. Wirkt im Flug wuchtiger als der Buntspecht und fliegt mit langsamerem, kraftvollerem Flügelschlag.
Stimme: Der typisch kixende Spechtruf „kjük" ist tiefer und leiser als vom Buntspecht. Bei Erregung eine unregelmäßige Rufreihe „kjück kjü-kjück...".Der Trommelwirbel beginnt mit langsamen, lauten Schlägen und wird dann immer schneller und leiser, so wie von einem hüpfenden Tischtennisball.
Vorkommen: Laub- und Mischwälder mit vielen morschen Bäumen und reichlich Totholz. Eingang der Nisthöhle hochoval.

Kleinspecht *Picoides minor* — Tafel 69, Karte 219, BJ

Kennzeichen: 14-16 cm. Der kleinste europäische Specht, nicht viel größer als ein Kleiber mit rundem Kopf, kurzem, spitzem Schnabel und „molliger" Statur. Der Halsseitenstreif reicht, ähnlich wie beim Weißrückenspecht, nicht bis zum Nacken. Die schwarze Oberseite ist auf Flügeln und Rücken weiß quergebändert. Kein roter Steiß. Flanken und Unterschwanzdecken grau gestrichelt. Das ♂ hat eine rote, hinten schwarz eingefaßte Kappe. Beim ♀ und den Jungen ist die Stirn bräunlichweiß und der Scheitel schwarz. Fliegt in tiefen Bögen. Die Flugweise erinnert an einen Finkenvogel. Hält sich viel in den höchsten Zweigen auf und ist daher mehr zu hören als zu sehen.
Stimme: Ruft ähnlich wie der Buntspecht kurz und hart „kik", aber leiser und weicher. Revierabgrenzung mit Rufreihen und Trommeln. Gesang hoch und hell „kji-kji-kji...", erinnert an einen Turmfalken. Trommelwirbel recht lang (ca. 1,5 s), leise und mit konstantem Tempo. Die Trommelwirbel folgen oft so rasch hintereinander, daß sie ineinander übergehen.
Vorkommen: Brütet im Laubwald mit altem Baumbestand, in Auwäldern, Parks und großen Gärten. Im Winter auch im Schilf, um die in den Halmen steckenden Insektenlarven und -puppen herauszuhacken.

Dreizehenspecht *Picoides tridactylus* **Tafel 69, Karte 220, BJ**

Kennzeichen: 22-24 cm. Wenig kleiner als der Buntspecht und insgesamt viel dunkler mit großem, rundem Kopf und relativ kurzem Schnabel. Gefieder schwarzweiß, aber ohne auffällige Scheckung oder breite Bänderung. Kopfseiten durch den großen, schwarzen Wangenstreif recht dunkel. Die weiße Bänderung auf den Flügeln nur schwach ausgebildet. Bei der nördlichen Unterart, *P. t. tridactylus*, auf der Mitte der Oberseite vom Nacken bis zum Bürzel ein breiter, weißer Streif und bei der südlichen Unterart, *P. t. alpinus*, (Alpen und SE-europäische Gebirge) eine schwarzweiße Bänderung. Die Flanken sind dicht dunkelgrau quergebändert. Der Scheitel des ♂ ist hell goldgelb, der des ♀ schwarz mit weißer Strichelung. Die Jungen sind ähnlich wie das ♂ gefärbt, aber allgemein matter und bräunlicher. Bei der Nahrungssuche oft bedächtig und wenig aktiv. Hackt Reihen von Löchern in die Baumrinde („ringelt"), die häufig wieder aufsucht werden um den austretenden Baumsaft aufzulecken.

Stimme: Wenig ruffreudig. Ruf weich „gük". Trommelwirbel laut, kräftig, mit relativ langsamer, ratternder Schlagfolge, zum Ende hin oft etwas beschleunigt.

Vorkommen: Brütet in Nadel- und Mischwald mit altem Fichtenbestand und vielen toten Bäumen. Im südlichen C- und E-Europa nur im Gebirge.

Seetaucher

Große Tauchvögel mit gestrecktem Körper und dolchförmigem Schnabel. Tauchen aus dem Schwimmen aktiv ab oder lassen sich sinken. Zum Start vom Wasser nehmen sie rennend und mit den Flügeln schlagend Anlauf. An Land eigentlich nur am Nest. Geschlechter gleich. Jungvögel oben stärker schuppig gezeichnet als die Alten im SK.

Sterntaucher
Karte 1, S. 30

Gestalt schlanker als die der anderen Seetaucher. Kopf mit Schnabel oft schräg aufgerichtet. Schnabel wirkt leicht aufgebogen.
PK: Grauer Kopf, ungezeichnete Oberseite, braunroter Vorderhals.
SK: Helles Gesicht, geringer Kontrast zwischen Vorder- und Hinterhals, fein gepunktete (gestirnte) Oberseite.

Prachttaucher
Karte 2, S. 30

Runder Scheitel, Kopfhaltung waagerecht, gerader, schlanker Schnabel.
PK: Grauer Oberkopf, dunkles Gesicht, auf den Schultern „Fensterreihen".
SK: Oben sehr dunkel, unten weiß mit auffallendem, weißem Flankenfleck.

Eistaucher
Karte 3, S. 31

Groß und massig, der kräftige, dolchförmige Schnabel wird waagerecht getragen.
PK: Schwarzer Kopf, schwarzgrauer Schnabel, Oberseite „gefenstert".
SK: Farbgrenze auf den Halsseiten unterbrochen, Schnabel hellgrau, Oberseite dunkel, im 1. Winter leicht geschuppt.

Gelbschnabeltaucher
S. 32

Größter Seetaucher, Kopf mit dem wuchtigen, leicht aufgebogen wirkenden Schnabel oft aufgerichtet.
PK: Wie Eistaucher, Schnabel aber gelblichweiß, „Fenster" auf der Oberseite größer.
SK: Oberseite heller als beim Eistaucher, v. a. an den Halsseiten, im 1. Winter helles Schuppenmuster auffällig.

Flugbild der Seetaucher bucklig mit leicht hängendem Hals und über den kurzen Schwanz ragenden Füßen.

SK
1. Winter
PK
STERNTAUCHER
1. Winter
PK
PRACHTTAUCHER
1. Winter
PK
EISTAUCHER
SK
1. Winter
PK
GELBSCHNABELTAUCHER

Tafel 2 Lappentaucher

Lappentaucher sind entfernt entenähnliche Tauchvögel mit durch Schwimmlappen verbreiterten Zehen, spitzem Schnabel, dünnem Hals und schwanzlos wirkendem, gestrecktem Körper. Die meisten zeigen im Flug weiße Flügelfelder. Geschlechter gleich. Tauchen oft mit einem kleinen „Sprung". Flug etwas mühsam mit leicht durchhängendem Hals.

Zwergtaucher Karte 4, S. 33

PK: Klein, rundlich, hohes Heck, heller Fleck am Schnabelgrund.
SK: Hinten hell, kennzeichnend kleine, kurze Gestalt, kleiner Schnabel.

Ohrentaucher Karte 7. S. 34

PK: Goldgelbe Kopfbüschel, kastanienbrauner Hals.
SK: Oben dunkelgrau, unten weiß, schwarze Kappe reicht bis an das Auge, gerader, dunkler Schnabel.

Schwarzhalstaucher Karte 8, S. 34

PK: Goldgelbe Ohrbüschel, schwarzer Hals.
SK: Ähnlich Ohrentaucher, Hals aber grauer, schwarze Kappe reicht bis über das Auge, Schnabel leicht aufgebogen.

Rothalstaucher Karte 6, S. 33

PK: Wangen und Kehle weiß, Hals rostrot.
SK: Grauer Hals, über dem Auge kein Weiß, gelbe Schnabelbasis.

Haubentaucher Karte 5, S. 33

PK: Schwarze „Hörnchen", rostfarbene Halskrause, weißer Hals.
SK: Unterseite seidenweiß, über dem Auge weiß, rosa Schnabel.

Bindentaucher S. 32

Bei Lappentauchern sonst unüblicher, dicker „Hühnerschnabel", bräunlichweißes „Heck". Im Flug kein helles Flügelfeld. Im PK mit schwarzer Kehle und dunklem Schnabelring.

Bindentaucher

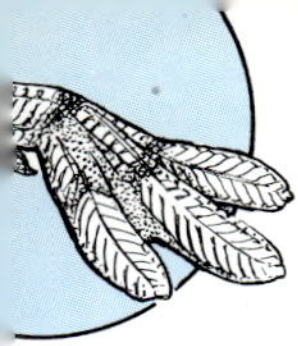

Fuß der Lappentaucher

ZWERGTAUCHER

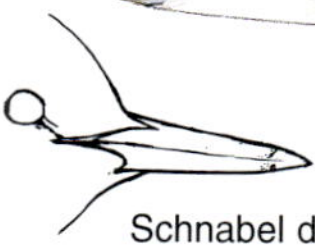

Schnabel des Ohrentaucher

OHRENTAUCHER

nabel des warzhalstaucher

SCHWARZHALSTAUCHER

ROTHALSTAUCHER

HAUBENTAUCHER

Tafel 3 Sturmschwalben und Sturmvögel

Sturmschwalben sind kleine, dunkle Seevögel mit weißem Bürzelfleck. Gewöhnlich sieht man sie gleitend und mit „baumelnden“ Beinen flatternd dicht über den Wellen. **Sturmvögel** sind bis zu möwengroße, zumeist dunkle Seevögel, die mit steifen, schwach gewinkelten Flügeln in eleganten Schwüngen über die Wellen gleiten.

Wellenläufer Karte 14, S. 39

Schwanz eingekerbt, diagonale, graue Binde auf dem Oberflügel, geteilter, weißer Bürzelfleck. Tänzelnder Flug mit gewinkelten Flügeln.

Buntfuß-Sturmschwalbe S. 38

Gerade endender Schwanz, Füße ragen im Flug über den Schwanz. Weißer Bürzel seitlich mit weißem Steiß verbunden. Fledermausflug mit gewinkelten Flügeln.

Sturmschwalbe Karte 13, S. 38

Klein, gerade endender Schwanz, weißliche Binde am Unterflügel. Flatternder Flug mit weitgehend geraden Flügeln.

Schwarzschnabel-Sturmtaucher Karte 11, S. 37

Oben ganz schwarz, Schwingen dunkler als beim Kleinen Sturmtaucher. Flug mit flachen Flügelschlägen und langen Gleitstrecken auf leicht abwärtsgebogenen Flügeln.

Mittelmeer-Sturmtaucher Karte 12, S. 37

Dem Schwarzschnabel-Sturmtaucher ähnlich, aber brauner, v. a. die westmediterrane Unterart, die mit dem Dunklen Sturmtaucher verwechselt werden kann.

Kleiner Sturmtaucher S. 38

Kleiner und kompakter als der Schwarzschnabel-Sturmtaucher, die dunkle Kappe reicht nicht bis über das Auge, Unterflügel bis zu den dunklen Schwingenspitzen weiß. Erinnert im manchmal flatternden Flug an den Papageitaucher.

Gelbschnabel-Sturmtaucher Karte 10, S. 36

Kein klares Kopfmuster, gelblicher Schnabel, ganz weiße Unterseite, Schwanzansatz manchmal weißlich. Fliegt wie der Eissturmvogel, aber gewöhnlich lockerer mit abwärtsgebogenem Handflügel.

Großer Sturmtaucher S. 36

Scharf abgesetzte dunkle Kappe, am Schwanzansatz ein weißer Bogen, weiße Unterseite, am Unterflügel und auf dem Bauch schmutzig grau. Flug ähnlich Schwarzschnabel-Sturmtaucher, aber kraftvoller.

Eissturmvogel Karte 9, S. 35

Gedrungen und „stiernackig“, klobiger Schnabel. Fliegt mit steifen Flügeln. Helle Variante: Weißer Kopf, weißer Fleck auf der Basis der inneren Handschwingen. Dunkle Variante: Kopf und Körper bräunlich- bis rauchgrau, Unterflügel deutlich dunkler.

Dunkler Sturmtaucher S. 36

Bis auf die aufgehellten vorderen Unterflügel ganz dunkel. Fliegt wie der Schwarzschnabel-Sturmtaucher, jedoch mit kräftigem, mechanischem Flügelschlag.

Madeira-Wellenläufer (links), Wellenläufer (Mitte) und Swinhoe-Wellenläufer mit eingekerbten Schwänzen. Der Madeira-Wellenläufer hat den größten weißen Bürzelfleck und die breiteste Flügelbinde. Der Wellenläufer hat den am tiefsten eingekerbten Schwanz und einen in der Mitte dunkel geteilten Bürzelfleck. Der Swinhoe-Wellenläufer ist leicht an der ganz dunklen Oberseite zu erkennen.

WELLEN-
LÄUFER
BUNTFUSS-
STURMSCHWALBE
STURM-
SCHWALBE
oben
unten
HWARZ-
HNABEL-
IRM-
ICHER
KLEINER
STURMTAUCHER
unten
unten
MITTEL-
MEER-
STURMTAUCHER
LB-
HNABEL-
URM-
UCHER
unten
oben
oben
unten
GROSSER
STURMTAUCHER
helle
Variante
dunkle
Variante
oben
unten
EISSTURMVOGEL
DUNKLER
STURMTAUCHER

Kormorane

Kormorane sind große, dunkle Wasservögel, von der Zwergscharbe abgesehen, alle größer als jede Ente. Im Flug heben sie den Hals etwas über die Körperachse. Sie fliegen wie Gänse in V-Formation. Sie stehen aufrecht mit leicht S-förmig gebogenem Hals und spreizen dabei oft die Flügel, um sie zu trocknen. Sie liegen wie die Seetaucher beim Schwimmen tief im Wasser, aber mit höher aufgerecktem Hals und angehobenem Kopf, so daß der an der Spitze hakige Schnabel schräg nach oben weist. Geschlechter gleich.

Kormoran Karte 16, S. 40

Groß mit wuchtigem Schnabel weißem Kinn und weißen Wangen. Im PK am Schenkel ein weißer Fleck. Kontinentale Vögel im PK mit weiß gestricheltem Hals. Jungvögel können von jungen Krähenscharben an der Größe, dem kompakteren Körperbau und an der weitgehend hellen Unterseite unterschieden werden.

Krähenscharbe Karte 17, S. 40

Kleiner als der Kormoran, Schnabel schlanker. Altvögel ohne weiße Wangen, im PK aber mit kurzem, aufrichtbarem Schopf auf der Scheitelmitte. Die meisten Jungvögel sind auf der Unterseite viel dunkler als junge Kormorane.

Zwergscharbe Karte 18, S. 41

Kleiner, kurzhalsiger und kurzschnäbliger als die Krähenscharbe. Schwanz deutlich länger.

PK
atlantische Form
KORMORAN
PK
Jungvogel
KORMORAN
PK
kontinentale Form
PK
KRÄHEN-
SCHARBE
PK
Jungvogel
KRÄHEN-
SCHARBE
ZWERG-
SCHARBE
PK
PK
KRÄHEN-
SCHARBE

Tafel 5

Große langflüglige Wasservögel
Albatros, Tölpel, Pelikane

Schwarzbrauenalbatros S.

Spannweite über 2 m. Kann mit einem jugendlichen Baßtölpel oder einer Mantelmöwe verwechselt werden. Gestalt aber wie die eines riesigen Eissturmvogels. Kennzeichnend das schwarz-weiß-schwarze Unterflügelmuster und der dunkle Schwanz. Das mühelos elegante Segeln und Gleiten erinnert an den Eissturmvogel oder Gelbschnabel-Sturmtaucher.

Baßtölpel Karte 15, S. 39

Stoßtaucher, fängt Fische indem er im Sturzflug ins Wasser taucht.
Altvogel: Weiß, spitzer Schwanz, goldgelber Nacken, tiefschwarze Handschwingen.
Jungvogel: Dunkelbraun mit feinem, weißem Fleckenmuster.
Jugendliche: Zunehmend weiß mit abnehmender dunkler Fleckung.

Rosapelikan S. 41

Sehr groß, gewaltige Spannweite, mächtiger, flacher Schnabel mit großem Kehlsack, rötliche Beine. Kennzeichnend sind die auch am Unterflügel ganz schwarzen Schwingen. Fliegen in Reihen, oft in großer Höhe.

Krauskopfpelikan Karte 19, S. 42

Sehr groß. Vom Rosapelikan durch das mehr gräulichweiße Gefieder und die weitgehend hellen Unterflügel unterschieden. Beine schwärzlich.

ROSAPELIKAN
KRAUSKOPF-
PELIKAN
oben
SCHWARZBRAUEN-
ALBATROS
unten
Altvogel
BASSTÖLPEL
Jungvogel
Jugendlicher

Tafel 6

Langbeinige Sumpfvögel
Dommeln, Reiher, Kraniche

Die Dommeln und Reiher fliegen mit eingezogenem Hals, so daß der Kopf zwischen den Schultern liegt. Die Kraniche und alle anderen langbeinigen Sumpfvögel fliegen mit vorgestrecktem Hals.

Rohrdommel Karte 20, S. 42
Gelbbraun mit brauner Bänderung, Streifung und Fleckung. Der Schnabel zeigt beim Stehen oft nach oben.

Amerikanische Rohrdommel S. 42
Kleiner als die Rohrdommel, mehr längsgestreift als quergebändert, ohne abgesetzt schwarzen Scheitel, aber mit auffälligem, schwarzem Halsseitenfleck und viel dunkleren Schwingen.

Zwergdommel Karte 21, S. 43
Sehr klein, großes rahmfarbenes Flügelfeld.
♂: Ungestreift, schwarzer Rücken.
♀: Unten gestreift, brauner Rücken.
JK: Insgesamt bräunlich, Unterseite und Flügel gestreift, oben gefleckt.

Nachtreiher Karte 22, S. 43
Altvogel: Brust weißlich, Rücken schwarz, schwarze Kappe mit zwei langen, weißen Schmuckfedern
JK: Braun mit hellen Punkten auf Oberseite und Flügeln.

Graureiher Karte 27, S. 45
Groß, hellgrau, dunkle Schwingen.

Purpurreiher Karte 28, S. 45
Schlanker als der Graureiher. Die „hängende" Halsschlinge und die längeren Beine sind im Flug auffällig.
Altvogel: Dunkler als der Graureiher mit rostbraunem Hals.
JK: Insgesamt mehr sandfarben braun.

Kranich Karte 118, S. 93
Sehr groß, vorwiegend grau, schwarzer Hals mit weißem Wangenstreif, verlängerte Schirmfedern bilden „Schwanzhaube".

Jungfernkranich S. 93
Kleiner als der Kranich, an Vorderhals und Brust schwarz, weiße „Ohrbüschel".

ROHRDOMMEL
NORDAMERIKANISCHE ROHRDOMMEL
NACHT-
REIHER
JK
ZWERGDOMMEL
JK
Altvogel
Altvogel
Altvogel
JK
Altvogel
GRAU-
REIHER
PURPUR-
REIHER
Altvogel
Altvogel
KRANICH
JUNGFERN-
KRANICH

Tafel 7

Langbeinige Sumpfvögel
Reiher, Ibisse, Flamingo, Störche

Seidenreiher Karte 25, S. 44
Klein, weiß, schwarze Läufe, gelbe Zehen, schlanker, schwarzer Schnabel.

Silberreiher Karte 26, S. 44
Groß, weiß, schwärzliche Läufe und Zehen, gelbe Schnabelbasis.

Kuhreiher Karte 24, S. 44
Klein, allgemein weiß, dicke Kehle. Im PK orangegelbe Schmuckfedern, rötlicher Schnabel und rötliche Beine. SK weiß ohne Schmuckfedern, Schnabel gelblich, Beine gräulich.

Rallenreiher Karte 23, S. 43
Altvogel: Am Boden sandbraun, im Flug mit weißen Flügeln. Im PK Beine rosa, im SK grünlichgelb.
JK: Auf der Brust gestreift.

Löffler Karte 32, S. 46
Mittelgroß, langer, löffelförmiger Schnabel.
Altvogel: Weiß, schwarzer Schnabel, im PK mit Nackenschopf.
JK: Rosa Schnabel, schwarze Flügelspitzen.

Braunsichler Karte 31, S. 46
Gefieder glänzend dunkelbraun, langer abwärtsgebogener Schnabel.

Flamingo S. 47
Leuchtend lachsrote Flügel, sehr langer Hals, geknickter Schnabel.

Weißstorch Karte 30, S. 46
Weiß mit schwarzen Schwingen.

Schwarzstorch Karte 29, S. 46
Schwarz mit weißem Bauch.

Weißstorch

Flamingo

Schwarzstorch

PK
SEIDENREIHER
PK
SILBERREIHER
PK
PK
SK
SK
JK
KUH-
REIHER
Altvögel
RALLENREIHER
LÖFFLER
JK
Altvogel
BRAUNSICHLER
FLAMINGO
WEISSTORCH
SCHWARZSTORCH

Tafel 8

Schwäne und Gänse

(s. auch Tafel 9)

Zwergschwan Karte 34, S. 49

Der kleinste Schwan, mit relativ kurzem, dickem Hals und rundem Kopf.
Altvogel: Gelber Fleck an der Schnabelbasis abgerundet und in der Ausdehnung variabel.
Jungvogel: Schnabel rosagrau, an der Basis hell fleischfarben.

Singschwan Karte 35, S. 49

Deutlich größer und schwerfälliger als der Zwergschwan mit flacherem Scheitel und längerem Schnabel.
Altvogel: Gelb an der Schnabelwurzel ausgedehnter und an den Seiten spitz ausgezogen.
Jungvogel: Größer als Zwergschwan, längerer Hals.

Höckerschwan Karte 33, S. 48

Größter Schwan. Hals zumeist gekrümmt, Schwanz lang und beweglich, „trompetet“ nicht.
Altvogel: Orangeroter Schnabel mit schwarzem Höcker.
Jungvogel: Dunkler grau als Zwerg- und Singschwan. Schnabel fleischfarben mit schwarzer, höckerloser Basis.

Schneegans S. 51

Kleinere Gans, die in zwei Farbvarianten vorkommt.
Altvogel: Weiß mit schwarzen Schwingen oder dunkel schwärzlichgrau mit weißem Kopf und Oberhals.
Jungvogel: „Schmutzig“ gräulichweiß oder dunkel mit gräulichem Kopf.

Nonnengans Karte 42, S. 52

Vom Schwarz an Brust, Hals und Scheitel scharf abgesetztes, weißes Gesicht.

Kanadagans Karte 41, S. 52

Größte Gans. Brust hell, Hals Schwarz, Kopf schwarz mit weißen Wangen.

Ringelgans Karte 43, S. 53

Kleinere, kurzschnäblige, dunkle Gans. Der weiße Halsseitenfleck ist oft schwer erkennbar und fehlt im JK.
Dunkelbäuchige Unterart: Wirkt ganz dunkel. Überwintert vorwiegend an der Nordseeküste.
Hellbäuchige Unterart: Kontrast zwischen schwarzer Brust und heller Unterseite. Überwintert auf den Britischen Inseln.

Rothalsgans S. 53

Breiter, weißer Flankenstreif, „Harlekinmuster“ am Kopf und rostrote Brust.

jung
alt
ZWERG-
jung
alt
SING-
jung
alt
HÖCKER-
HÖCKERSCHWAN
SING-
SCHWAN
ZWERGSCHWAN
SCHNEE-
GANS
dunkle
Variante
Altvogel
SCHNEE-
GANS
weiße
Variante
KANADAGANS
NNENGANS
JK
ROTHALSGANS
NGELGANS
Hell-
bäuchige
Form
Dunkel-
bäuchige
Form

Tafel 9

Schwäne und Gänse im Flug

(S. auch Tafel 8)

Die meisten Schwäne und Gänse fliegen in Reihen oder in Keilformation.

Ringelgans Karte 43, S. 53

Kleinste, entenähnlichste Gans, Kopf, Hals und Brust schwarz, dunkler Oberflügel.
Hellbäuchige Unterart: Heller, weißlicher Unterkörper.
Dunkelbäuchige Unterart: Dunkler Unterkörper, der aus einiger Entfernung ebenso dunkel wie die Brust wirkt.

Nonnengans Karte 42, S. 52

Hellgrauer Oberflügel, weißes Gesicht, Hals und Brust schwarz.

Kanadagans Karte 41, S. 52

Größte ausgesprochen langhalsige Gans. Scharfer Kontrast zwischen schwarzem Hals und weißlicher Brust.

Zwergschwan Karte 34, S. 49

Kleinster, gänseähnlichster Schwan, Hals im Vergleich zum Singschwan kurz, kein Fluggeräusch.

Singschwan Karte 35, S. 49

Gestreckter Kopf, sehr langer Hals, kein Fluggeräusch.

Höckerschwan Karte 33, S.48

Größter Schwan mit langem, im Flug leicht schwingendem Hals, pfeifendes Fluggeräusch.

Schneegans S. 51

Kleinere, gedrungene Gans.
Weiße Variante: Weiß mit schwarzen Schwingen.
Dunkle Variante: Dunkel mit weißem Kopf und Oberhals.

Hellbäuchige
RINGELGANS
Dunkelbäuchige
oben
unten
NONNEN-
GANS
oben
KANADAGANS
ZWERGSCHWAN
Altvögel
SINGSCHWAN
weiße
Variante
Altvögel
HNEEGANS
dunkle
Variante
Altvogel
HÖCKERSCHWAN

Tafel 10

Graue Gänse

(S. auch Tafel 11)

Graue Gänse mit orangefarbenen Beinen

Bläßgans
Karte 38, S. 50

Altvögel mit Weiß um den Schnabelgrund und variablen, schwarzen Bauchflecken. Beide Merkmale fehlen den Jungvögeln.
Kontinentale Unterart: Rosa Schnabel, graubraune Oberseite.
Grönländische Unterart: Orangegelber Schnabel, olivbraune Oberseite. Überwintert in W-Schottland und Irland.

Zwerggans
Karte, 39, S. 50

Kleiner, agiler als die Bläßgans. Flügelspitzen überragen den Schwanz. Kleiner, gedrungener Schnabel, weiße Blesse zieht bis über das Auge, gelber Augenring, auch bei den Jungvögeln.

Saatgans
Karte 36, S. 49

Dunkelste der grauen Gänse mit abgesetzt dunklem Kopf und Hals. Orangefarbener Schnabel mit variabler schwarzer Zeichnung.

Graue Gänse mit rosa Beinen

Kurzschnabelgans
Karte 37, S. 50

Kleiner und zierlicher als Saat- und Graugans. Kleiner, dunkler Kopf und recht kurzer, dunkler Hals, Schnabel rosa mit schwarzer Basis und Spitze.

Graugans
Karte 40, S. 51

Größte und hellste Graue Gans. Auf dem Bauch fein schwarz gefleckt.
Westliche Unterart: Orangegelber Schnabel.
Östliche Unterart: Rosa Schnabel. Die breiten, hellen Federränder ergeben auf der Oberseite eine deutliche Bänderung.

ng
alt
ÄSSGANS
grönländische
Form
ZWERGGANS
SAATGANS
Altvogel
Jungvogel
GRÖNLÄNDISCHE
BLÄSSGANS
BLÄSSGANS
Jungvogel
AATGANS
Altvogel
ZWERGGANS
östliche
Form
RZSCHNABEL-
NS
westliche
Form
GRAUGANS
westlich
östlich
KURZSCHNABELGANS
GRAUGANS

Tafel 11

Graue Gänse im Flug

(S. auch Tafel 10)

Die Grauen Gänse sehen im Flug sehr ähnlich aus. Es erfordert einige Übung und Erfahrung, um sie von weitem richtig anzusprechen. Ihre typischen Rufe (unten) sind eine gute Bestimmungshilfe. Bläß- und Kurzschnabelgans wirken im Flug und v. a. bei der Landung wendiger als Saat- und Graugans.

Bläßgans Karte 38, S. 50

Vorderflügel bräunlich. Aus der Nähe sind die weiße Blesse und der schwarz gefleckte Bauch zu erkennen. Die grönländische Unterart wirkt allgemein dunkler, der Eindruck ist aber von der Beleuchtung abhängig.
Stimme: Rufe klingender und höher als von Saat- und Graugans, gewöhnlich zweisilbig „kjü-jü" oder auch dreisilbig „kjo-jo-jo".

Saatgans Karte 36, S.49

Vorderflügel dunkel, Hals und Kopf dunkler als Unterkörper.
Stimme: Rufe nasal, fagottartig trompetend, zumeist zweisilbig „ang-ank". Wenig stimmfreudig.

Kurzschnabelgans Karte 37, S. 50

Sehr heller Vorderflügel, helle Brust, dunkler Kopf und relativ kurzer, dunkler Hals.
Stimme: Rufe klingend „ang-ank", höher als von der Saatgans, manchmal auch mehrfach wiederholt „uink-uink-uink-". Sehr stimmfreudig.

Graugans Karte 40, S. 51

Recht groß, heller Kopf und auffallen heller Vorderflügel.
Stimme: Rufe laut, nasal „kiah-ga-ga" oder rauh „ang-ang ang", ganz ähnlich wie von der Hausgans.

Rothalsgans S. 53

Kleinste, dunkelste Gans mit dem wendigsten Flug. Die weißen Flankenstreifen heben sich vom schwarzen Bauch ab. Aus der Nähe ist auch der rostrote Hals erkennbar.

BLÄSSGANS
Jungvogel
unten
unten
Altvögel
oben
SAATGANS
unten
oben
RZSCHNABELGANS
unten
oben
unten
oben
unten
GRAUGANS
ROTHALSGANS

Tafel 12

Gründelenten

(**Enten der Seen, Teiche und Sümpfe -** s. auch Tafel 19 und 21)

Diese Enten starten von der Wasseroberfläche wie mit einem „Sprung".

Stockente Karte 49, S. 57
♂: Grüner Kopf, weißer Halsring, kastanienbraune Brust.
♀: Orangefärbung am Schnabel, weißliche Schwanzkanten.

Spießente Karte 50, S. 58
Schlanke Ente mit langem Hals und Schwanz.
♂: Kopf dunkel, Hals und Brust weiß, „Schwanzspieß".
♀: Grauer Schnabel, schlanker, spitzer Schwanz

Schnatterente Karte 47, S. 56
Relativ kürzerer Kopf als die Stockente, im Flug innerer Flügelspiegel weiß.
♂: Grauer Körper, schwarzes „Heck", helle Schirmfedern.
♀: Schnabelseiten gelblich, im Flug weißer Spiegel.

Pfeifente Karte 46, S. 55
Kleiner Schnabel, runder Kopf.
♂: Rotbrauner Kopf mit rahmgelbem Scheitel, grauer Körper, weinrote Brust.
♀: Kurzer blaugrauer Schnabel.

Löffelente Karte 52, S. 59
Überlanger Schnabel, gedrungener Körper
♂: Grüner Kopf, weiße Brust, rotbraune Flanken.
♀: Hellblaue „Schultern", beim Schwimmen oft nicht gut zu sehen.

Mandarinente S. 54
Großer Kopf, langer Schwanz, weißer Steiß.
♂: Orangerote „Koteletten" und „Segel".
♀: Weiße „Brille", weißes Kinn.

Krickente Karte 48, S. 56
Kleinste und gedrungenste Gründelente
♂: Dunkler Kopf, grauer Körper, weißer Längsstreif über der Flanke.
♀: Grüner Spiegel, weißer Streif entlang der Schwanzbasis.

Knäkente Karte 51, S. 58
Schnabel länger als bei der Krickente-
♂: Weißer Streif am dunklen Kopf, hellgraue Flanken.
♀: Kopfseiten mit Augen- und Kinnstreif stärker gezeichnet als bei der Krickente, grauere Flügel mit blassem, wenig auffälligem Spiegel.

Marmelente S. 59
Getüpfeltes Gefieder, struppiger Kopf, dunkler Augenfleck, weißlicher Schwanz.

STOCKENTE
SPIESSENTE
SCHNATTERENTE
graue Form
PFEIFENTE
rostbraune Form
LÖFFELENTE
MANDARINENTE
KRICKENTE
KNÄKENTE
MARMELENTE

Tafel 13

Tauchenten

(**Tauchenten der Binnengewässer** - s. auch Tafel 20 und 22)

Tauchenten (Enten der offenen Gewässer und des Meeres) laufen beim Auffliegen platschend über die Wasseroberfläche. Gründelenten (Tafel 12) erheben sich unmittelbar in die Luft.

Schellente Karte 62, S. 65

Untersetzt, „dreieckiger" Kopf, flach abfallende Rückenlinie.
♂: Am schwarzgrünen Kopf vor dem Auge ein runder, weißer Fleck.
♀: Brauner Kopf, weißer Halsring, grauer Körper, Weiß am Flügel beim Schwimmen sichtbar.

Spatelente S. 65

Etwas größer mit „eckigerem", dickerem Kopf als die Schellente.
♂: Violettschwarzer Kopf mit weißem Halbmondfleck vor dem Auge, Oberseite ausgedehnter schwarz als beim Schellenten-♂.
♀: Dem Schellenten-♀ sehr ähnlich (s. Text).

Moorente Karte 55, S. 61

Längerer Schnabel und kleinerer, weniger runder Kopf als bei der Reiherente.
♂: Tief mahagonibraun, weißer Steiß.
♀: Wie ♂, aber insgesamt matter.

Bergente Karte 57, S. 61

Breiter Schnabel, großer, runder Kopf, hoher, massiger Körper.
♂: Schnabel blaugrau, schwarzer „Bug", heller Rumpf, schwarzes „Heck".
♀: Scharf begrenzter weißer „Ring" um den Schnabelgrund.

Reiherente Karte 56, S. 61

Relativ kurzer Schnabel, runder Kopf, gedrungener Körper.
♂: Schwarz mit weißen Flanken, über den Nacken herabhängender Schopf.
♀: Angedeuteter Schopf, nur wenig oder kein Weiß am Schnabelgrund, manchmal helle Unterschwanzdecken.

Tafelente Karte 54, S. 60

Recht langer Schnabel, ovaler Kopf, gewölbte Brust.
♂: Kopf rotbraun, schwarze Brust, hellgrauer Rumpf.
♀: Braungelbe Zeichnung um das Auge und am Schnabelgrund, hellblaue Schnabelbinde.

Kolbenente Karte 53, S. 60

Langer Schnabel, hoher, runder Kopf, recht langer Hals.
♂: Roter Schnabel, orangebrauner Kopf, weiße Flanken.
♀: Dunkler Scheitel, helle Wangen. Vom Trauerenten-♀ durch heller braunes Gefieder, weißen Flügelfleck und rosa Schnabelspitze unterschieden.

SCHELLENTE
SPATELENTE
MOORENTE
BERGENTE
SK
PK
REIHERENTE
TAFELENTE
KOLBENENTE

Tafel 14

Meerestauchenten

(**Schwarze Meerestauchenten** - s. auch Tafel 20 und 22)

Die „Schwarzen Meerestauchenten“ sind untersetzte, robuste Enten mit überwiegend sehr dunklem Gefieder. Auf dem Wasser und im Flug bilden sie kompakte Schwärme, die gewöhnlich in langen Reihen dicht über dem Wasser fliegen.

Samtente

Karte 61, S. 64

Größte der „Schwarzen Meerestauchenten“, die auch beim Schwimmen sichtbaren weißen Armschwingen bilden im Flug auffällige Flügelspiegel.

♂: Schwarz, weißer Augen- und Flügelfleck, Schnabel vorwiegend gelborange.

♀: Heller Fleck vor und hinter dem Auge.

Brillenente

S. 64

Größe zwischen Samt- und Trauerente, eiderentenähnlicher Schnabel.

♂: Schwarz mit weißer Stirn und weißem Nacken, weißliche Schnabelseite an der Basis mit großem, schwarzem Punkt.

♀: Heller Fleck vor und hinter dem Auge und oft auch im Nacken.

Trauerente

Karte 60, S. 64

Kleinste der „Schwarzen Meeresenten“.

♂: Ganz schwarz, Schnabel mit schwarzem Höcker und gelborangem First.

♀: Dunkler Scheitel, helle Wangen, dunkler Körper.

Meerestauchenten fliegen in Reihen
oder V-Formation

Tafel 15

Meerestauchenten

(**Eiderente** - s. auch Tafel 20 und 22)

Die Eiderenten sind die größten Meerestauchenten. Das Gefieder der ♂ hat seltsame Farbverteilungen und -muster. Kennzeichnend sind die Schnabel- und Kopfform.

Eiderente

Karte 58, S. 62

♂: Oben weiß, Scheitel und Unterseite schwarz.
♀: Braun mit kräftiger, dunkler Bänderung. Schnabel s. Abb. unten.

Prachteiderente

S. 62

♂: Kopf und Vorderkörper weißlich hell, Rumpf überwiegend schwarz, am kurzen Schnabel ein großer, runder, orangeroter Schild.
♀: Gefieder mit Winkelzeichnung, keine klare Bänderung wie bei der Eiderente. Schnabel s. Abb. unten.

Scheckente

S. 63

Weit kleiner als die Eiderente mit kürzerem Schnabel.
♂: Weißer Kopf, rostbraune Unterseite, schwarzer Punkt auf der Brustseite.
♀: Weitgehend einfarbig dunkelbraun. Schnabel s. Abb. unten.

Plüschkopfente

S. 434

♂: Große, weiße „Brille" am blaßgrünen Kopf, weiße Oberseite, schwarze Unterseite.
♀: Braun mit hellbrauner „Brille".

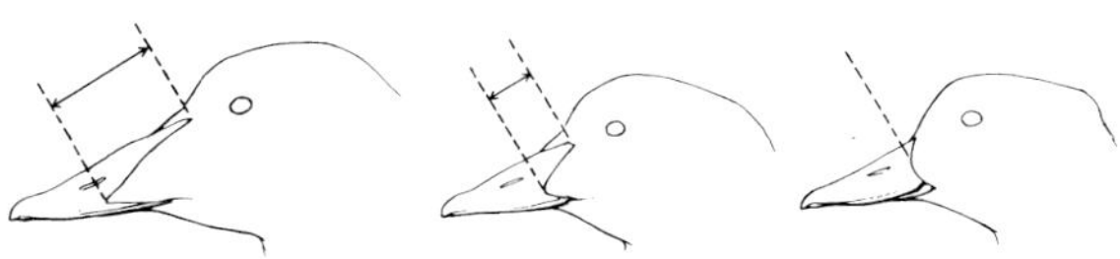

Eiderente Prachteiderente Scheckente

Die Eiderenten-♀ können an ihren Schnäbeln erkannt werden. Bei der Eiderente ist der Schnabel lang und geht ohne Absatz in die Stirn über. Der seitlich auf den Schnabel ziehende, befiederte Winkel ist lang. Die Prachteiderente hat eine höhere Stirn und einen kurzen befiederten Winkel. Die Kopfform der Scheckente gleicht der einer Gründelente. Ein seitlicher, befiederter Winkel ist nicht ausgebildet.

EIDERENTE

PRACHTEIDERENTE

SCHECKENTE

PLÜSCHKOPFENTE

Tafel 16

Halbgänse

(S. auch Tafel 19, 20, 21 und 22)

Brandgans Karte 45, S. 54

Gestalt gänseähnlich, Schnabel aber entenähnlich. Schwarzgrün und weiß mit rostrotem Brustband. Schnabel rot, beim ♂ mit Höcker.

Rostgans Karte 44, S. 54

Orangebraunes Körpergefieder, blasser Kopf. ♂ mit schmalem, schwarzem Halsring.

Meerestauchenten

(Kleinere Arten)

Eisente Karte 59, S. 63

Spitzer Schwanz, Flügel und Schwanz dunkel.
♂ Sommer: Kopf, Hals und Oberseite dunkel, heller Kopfseitenfleck.
♂ Winter: Weißer Kopf und Hals mit dunklem Kopfseitenfleck, schwarz-weißes Körpergefieder.
♀ Sommer: Dunkler Kopf, heller Halsring, dunkle Oberseite.
♀ Winter: Weißer Kopf und Hals mit dunklem Scheitel und Ohrfleck.

Kragenente S. 63

♂: Dunkel schiefergrau mit weißem Muster und rotbraunen Flanken.
♀: Dunkelbraun mit drei hellen Flecken an den Kopfseiten.

Büffelkopfente S. 434

Ähnlich Schellente, aber viel kleiner.
♂: Dunkler, runder Kopf mit großem, weißem „Dreieck“ vom Auge zum Hinterkopf.
♀: Weiß nur auf den Ohrdecken.

♂
♀
BRANDGANS
♀
ROSTGANS

♀
Sommer
♀
Winter
♂
Sommer
EISENTE
♂ Winter
♀
♂
KRAGENENTE
♀
BÜFFELKOPFENTE

Tafel 17

Säger

(S. auch Tafel 19 und 20)

Säger sind stromlinienförmige, fischfressende Tauchenten mit schlanken, sägeartig „gezähnten“ Schnäbeln. Sie liegen schwimmend tief im Wasser.

Gänsesäger Karte 65, S. 66

Größter Säger, seltener auf dem Meer.
♂: Langer, weißer Körper, schwarze Oberseite, schwarzgrüner Kopf, roter Schnabel.
♀: Rostbrauner Kopf mit struppiger Haube, scharfe Farbgrenze an Kinn und Hals.

Mittelsäger Karte 64, S. 66

Schnittigster und am stärksten an das Meer gebundener Säger.
♂: Schwarzgrüner, struppiger Kopf, weißes Halsband, rotbraunes Brustband.
♀: Rostbrauner Kopf mit struppiger Haube, Farbgrenze an Kinn und Hals fließend.

Zwergsäger Karte 63, S. 65

Klein und insgesamt recht hell. Kurzer Schnabel. Selten auf dem Meer.
♂: Weiß mit schwarzer Zeichnung, weißer Scheitelschopf.
♀: Grau mit rotbrauner Kappe und weißen Wangen.

Kappensäger S. 434

Klein und dunkel.
♂: Fächerförmiger schwarzer und in der Mitte weißer Schopf, der gefächert und zusammengelegt werden kann. Vor den rotbraunen Flanken zwei schwarze Streifen.
♀: Graubraun mit großer, gelbbrauner Haube.

Ruderenten

Ruderenten sind kleine gedrungene Enten mit „geschwollen“ dicken Schnäbeln und langen, spitzen, oft steil aufgerichteten Schwänzen.

Weißkopf-Ruderente Karte 66, S. 67

♂: Weißer Kopf mit schwarzem „Käppchen“, brauner Körper.
♀: Dunkle Kappe bis über das Auge, dunkler Streifen über die hellen Wangen.

Schwarzkopf-Ruderente S. 66

♂ PK: Dicklich mit rotbraunem Körper, weißen Wangen, schwarzer Kappe und blauem Schnabel.
♂ SK: Graubraun mit weißen Wangen, schwarzer Kappe und grauem Schnabel.
♀: Wie ♂ im SK, aber mit dunklem Streifen über die Wange.

GÄNSESÄGER

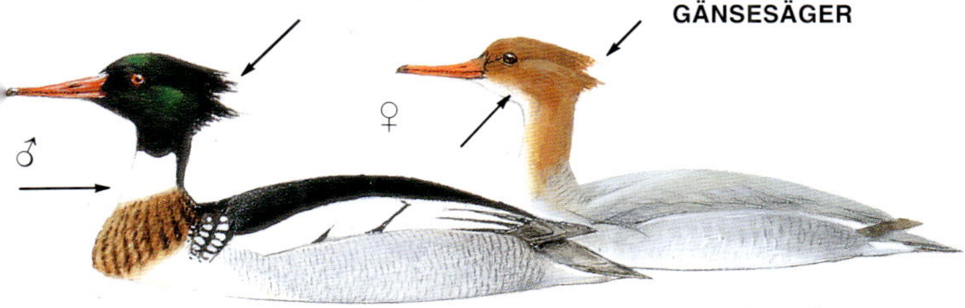

MITTELSÄGER

ZWERGSÄGER

KAPPENSÄGER

WEISSKOPF-RUDERENTE

SCHWARZKOPF-RUDERENTE

Tafel 18

Irrgäste und aus Gefangenschaft entflogene Enten

(Die meisten stammen aus N-Amerika)

Die Flugbilder zeigen nur ♂.

Dunkelente S. 57

Düster graubraun mit hellerem Kopf, violett glänzender Flügelspiegel, Unterflügeldecken im Flug aufleuchtend weiß. Geschlechter gleich.

Schwarzkopf-Ruderente (s. auch Tafel 17) S. 66

♂ PK: Dicklich mit rotbraunem Körper, weißen Wangen, schwarzer Kappe und blauem Schnabel.
♂ SK: Graubraun mit weißen Wangen, schwarzer Kappe und grauem Schnabel.
♀: Wie ♂ im SK, aber mit dunklem Streifen über die Wange.

Halsringente S. 60

♂: „Aufgebeulter" Scheitel, vor der Schnabelspitze ein weißer Ring, vor den grauen Flanken ein senkrechtes, weißes Band, oberer Flankenrand S-förmig.
♀: Undeutliche, helle Gesichtszeichnung, weißer Schnabelring und weißer Augenring.

Blauflügelente S. 58

♂: Zwischen Schnabel und Auge weißer „Halbmond", weiß-schwarzes „Heck".
♀: Heller Fleck seitlich vor dem Schnabelansatz, Schnabel länger und Kopfseiten weniger gezeichnet als bei dem Knäkenten-♀.

Gluckente S. 56

♂: Auffallende, gebogene, gelbweiße und schwarzgrüne Kopfzeichnung.
♀: Runder, weißer Fleck seitlich vor dem Schnabelansatz, heller Augenstreif, Andeutung der Kopfzeichnung des ♂.

Nordamerikanische Pfeifente S. 55

♂: Körper rosagraubraun, grauer Kopf mit dunkelgrüner Maske und weißem Scheitel.
♀: Vom Pfeifenten-♀ durch graueren, stärker gestrichelten Kopf und oft auch breitere, weiße Ränder der Schirmfedern unterschieden.

DUNKELENTE
SCHWARZKOPF-RUDERENTE
HALSRINGENTE
BLAUFLÜGELENTE
GLUCKENTE
NORDAMERIKANISCHE PFEIFENTE

Tafel 19

Enten im Flug von oben

(S. auch Tafel 12,16, 17, und 21)

Folgend werden nur die ♂ beschrieben. Die ♀ siehe im Text.

Brandgans Karte 45, S. 54
Weiß mit schwarzen Partien und rostrotem Brustband

Rostgans Karte 44, S. 54
Zimtbraun mit großem, weißem Vorderflügel.

Stockente Karte 49, S. 57
Dunkler Kopf, weißer Halsring, dunkle Brust, durch zwei weiße Säume eingefaßter blauer Flügelspiegel.

Dunkelente S. 57
Schwärzlich mit blasserem Kopf, Spiegel ohne weiße Säume.

Spießente Karte 50, S. 58
Vorne und hinten langgestreckt, langer Schwanzspieß, dunkler Kopf, grüner Spiegel mit weißer Hinterkante.

Pfeifente Karte 46, S. 55
Große, weiße Flügelfelder, grauer Rücken.

Löffelente Karte 52, S. 59
Langer Schnabel, weiße Oberseite mit dunkler Mitte, blaue Vorderflügel.

Schnatterente Karte 47, S. 56
Graubraun, innerer Flügelspiegel weiß.

Knäkente Karte 51, S. 58
Klein, weißer Kopfseitenstreif, bläuliche Vorderflügel.

Krickente Karte 48, S. 56
Klein, dunkler Kopf, grüner Flügelspiegel mit breitem, weißem Innensaum.

Zwergsäger Karte 63, S. 65
Weißer Kopf, weitgehend weißer Armflügel und schwarzer Handflügel.

Gänsesäger Karte 65, S. 66
Gestreckte Gestalt, dunkler Kopf, weiße Schultern und weißer Armflügel.

Mittelsäger Karte 64, S. 66
Nicht so massig wie der Gänsesäger, Kopf und Brustband dunkel, dunkle Oberseite und weiße Armflügel.

Im Flug bilden bei den Sägern (Zwerg-, Gänse- und Mittelsäger) Schnabel, Kopf, Hals und Körperachse eine horizontale Linie.

ROSTGANS
BRANDGANS
STOCKENTE
DUNKEL-
ENTE
SPIESSENTE
PFEIFENTE
LÖFFELENTE
KNÄKENTE
KRICKENTE
SCHNATTERENTE
GÄNSESÄGER
ZWERGSÄGER
MITTELSÄGER

Tafel 20

Enten im Flug von oben

(S. auch Tafel 13,14, 15, 16 und 22)

Folgend werden nur die ♂ beschrieben. Einige ♀ haben ähnliche Flügelmuster - s. Text.

Reiherente Karte 56, S. 61
Ganz schwarz, weißer Streif am Flügelhinterrand.

Bergente Karte 57, S. 61
Hellgrauer Rücken, weißer Flügelstreif.

Moorente Karte 55, S. 61
Mahagonibraun, weißer Flügelstreif.

Tafelente Karte 54. S. 60
Rotbrauner Kopf, grauer Rücken, breiter, grauer Flügelstreif.

Kolbenente Karte, 53, S. 60
Orangeroter Kopf, der breite, weiße Flügelstreif reicht fast über den ganzen Flügel.

Schellente Karte 62, S. 65
Großes, weißes „Viereck" auf dem Armflügel, dunkler Kopf, kurzer Hals, pfeifendes Fluggeräusch.

Eisente (Winter) Karte 59, S. 63
Ganz dunkle Flügel, Kopf, Hals und Körper weitgehend weiß.

Kragenente S. 63
Untersetzt mit kurzem Schnabel, dunkel blaugrau mit weißer Zeichnung.

Prachteiderente S. 62
Schwarze Oberseite, weitgehend weißer Vorderkörper, weiße Vorderflügel.

Eiderente Karte 58, S. 62
Weiße Oberseite und weißer Vorderflügel, schwarzer Bauch.

Samtente Karte 61, S. 64
Schwarz mit abgehoben weißen Armschwingen.

Brillenente S. 64
Schwarz mit weißem Stirn- und Nackenfleck.

Trauerente Karte 60, S. 64
Ganz schwarz.

REIHERENTE
BERGENTE
MOORENTE
KOLBENENTE
TAFELENTE
SCHELLENTE
EISENTE
AGENENTE
PRACHTEIDERENTE
EIDERENTE
SAMTENTE
BRILLENENTE
TRAUERENTE

Tafel 21

Enten im Flug von unten

(S. auch Tafel 12,16, 17, und 19)

Folgend werden nur die ♂ beschrieben. Die ♀ siehe im Text.

Brandgans Karte 45, S. 54
Rostrotes Brustband, schwarzer Mittelstreif auf dem weißen Unterkörper.

Rostgans Karte 44, S. 54
Zimtbrauner Körper, weiße Vorderflügel.

Stockente Karte 49, S. 57
Dunkler Kopf, weißer Halsring, dunkle Brust, heller Bauch.

Dunkelente S. 57
Weiße Vorderflügel in scharfem Kontrast zum dunklen Körper.

Spießente Karte 50, S. 58
Kleiner, dunkler Kopf, langer Hals, weiße Unterseite, Schwanzspieß.

Pfeifente Karte 46, S. 55
Abgesetzt weißer Bauch, graue Flanken, dunkler, spitzer Schwanz..

Löffelente Karte 52, S. 59
Langer Löffelschnabel, dunkler Kopf, weiße Brust, dunkler Bauch.

Schnatterente Karte 47, S. 56
Abgesetzt weißer Bauch, weißer innerer Flügelspiegel.

Knäkente Karte 51, S. 58
Klein, dunkler Vorderkörper, weißer Kopfseitenstreif, heller Bauch, schwärzliche Flügelvorderkante.

Krickente Karte 48, S. 56
Klein, dunkler Kopf, abgesetzt weißer Bauch.

Zwergsäger Karte 63, S. 65
Bis auf die dunklen Schwingen und den dunklen Schwanz, von unten ganz weiß.

Gänsesäger Karte 65, S. 66
Gestreckte Gestalt, dunkler Kopf, weißer Körper, weiße Vorderflügel.
Beim ♀ scharfe Farbgrenze zwischen Kopf und Hals.

Mittelsäger Karte 64, S. 66
Nicht so massig wie der Gänsesäger mit dunklem Brustband.
Beim ♀ geht die Färbung von Kopf und Hals ineinander über.

BRANDGANS
ROSTGANS
♂
♂
♂
♀
STOCKENTE
♂
DUNKEL-
ENTE
♂
♀
SPIESSENTE
♂
PFEIFENTE
♂
♀
LÖFFELENTE
♂
♀
KNÄKENTE
♂
♀
KRICKENTE
♂
SCHNATTER-
ENTE
♂
♀
♂
♂
♀
♀
ZWERGSÄGER
GÄNSESÄGER
MITTELSÄGER

Tafel 22

Enten im Flug von unten

(S. auch Tafel 13,14, 15, 16 und 20)

Folgend werden nur die ♂ beschrieben. Die ♀ siehe im Text.

Reiherente Karte 56, S. 61
Kopf, Hals und Brust schwarz, Bauch und Flanken weiß, aufgehellt weißer Flügelstreif.

Bergente Karte 57, S. 61
Ähnlich Reiherente, aber massiger mit graueren Flanken.

Moorente Karte 55, S. 61
Der weiße Bauch und die weißen Unterschwanzdecken vom mahagonibraunen Körper abgehoben, breiter weißer Flügelstreif.

Tafelente Karte 54. S. 60
Der rotbraune Kopf und die schwarze Brust kontrastieren mit dem hellen Bauch.

Kolbenente Karte, 53, S. 60
Orangebrauner Kopf, schwarze Unterseite mit ausgedehnten, weißen Flankenflecken.

Schellente Karte 62, S. 65
Die schwarzen Vorderflügel kontrastieren mit den weißen Armschwingen und dem weißen Unterkörper.

Eisente (Winter) Karte 59, S. 63
Ganz dunkle Flügel, zwischen dem hellen Kopf und dem weißen Unterkörper ein dunkles Brustband.

Kragenente S. 63
Ganz dunkle Flügel, rostrote Flanken, weiße Kopfzeichnung.

Prachteiderente S. 62
Weiße Brust, schwarzer Bauch, dicker Kopf.

Eiderente Karte 58, S. 62
Weiße Brust, schwarzer Bauch, schlanker Kopf.

Samtente Karte 61, S. 64
Schwarz mit abgehoben weißen Armschwingen.

Brillenente S. 64
Schwarz mit Weiß an Schnabel und Kopf, aufgehellte Schwingen.

Trauerente Karte 60, S. 64
Schwarzer Körper, dunkel silbergraue Schwingen.

REIHERENTE
BERGENTE
MOORENTE
KOLBENENTE
TAFELENTE
SCHELLENTE
EISENTE
AGENENTE
PRACHTEIDERENTE
EIDERENTE
BRILLENENTE
SAMTENTE
TRAUERENTE

Tafel 23

Geier

Gänsegeier Karte 73, S. 71
Lange, breite Flügel, nahezu gerade endender, dunkler Schwanz, helle Halskrause, helle Längsstreifen auf den Armdecken des Unterflügels.

Mönchsgeier Karte 74, S. 71
So groß wie der Gänsegeier, aber mit kräftigerem Schnabel, dunkler Halskrause und leicht keilförmig gerundet endendem Schwanz. Wirkt insgesamt sehr dunkel.

Bartgeier Karte 71, S. 70
Lange, schmale, spitz zulaufende, oft gewinkelte Flügel und langer, keilförmig endender Schwanz. Körper hellbeige bis rostorange. Kopf beigegelb mit schwarzem „Bocksbart".

Schmutzgeier Karte 72, S. 72
Kleiner als andere Geier. Lange schwarz-weiße Flügel, langer, keilförmiger, weißer Schwanz. Schnabel relativ lang und dünn. Gelbes, nacktes Gesicht. Jungvögel ganz dunkel.

GÄNSEGEIER
MÖNCHSGEIER
BARTGEIER
SCHMUTZGEIER
BARTGEIER
GÄNSEGEIER
MÖNCHSGEIER

Tafel 24 Weihen, Milane, Gleitaar

(S. auch Tafel 25)

Weihen haben kleine Köpfe, schlank gestreckte Körper, lange Flügel und lange Schwänze.

Rohrweihe Karte 76, S. 72

Größte Weihe mit den breitesten Flügeln.
♂: Grau nur auf Flügeln und Schwanz. Unterseite rostbraun mit dunklen Steifen.
♀: Dunkelbraun, Scheitel und Kehle gelblichweiß, Bürzel dunkel.
Jungvogel: Dem ♀ ähnlich, Scheitel und Kehle aber goldgelb, selten auch mit fast ganz dunklem Kopf.

Wiesenweihe Karte 79, S. 73

Kleinste und zierlichste Weihe.
♂: Oberseite düster grau, Bürzel heller als Rücken. Schwarze Flügelbinden. Unterseite rotbraun gestreift.
♀: Kopfseitenzeichnung heller und weißer Bürzelfleck schmaler als bei dem Kornweihen-♀.
Jungvogel: Unterseite satt rotbraun.

Kornweihe Karte 77, S. 72

Größte der drei Weihen mit hellem Bürzel
♂: Grau mit deutlichem, weißem Bürzelfleck, auf dem Flügel keine schwarze Binde.
♀ und Jungvogel: Braun und gestreift, gebänderter Schwanz, großer, weißer Bürzelfleck.

Steppenweihe Karte 78, S. 72

♂: Oben hellgrau, unten von der Kehle bis zum Steiß weiß, kein deutlicher Bürzelfleck, keine schwarze Flügelbinde.
♀: Von dem sehr ähnlichen Wiesenweihen-♀ an der dunklen Unterseite der Handschwingen und an der noch ausgeprägteren Kopfseitenzeichnung zu unterscheiden.
Jungvogel: Unterseite blasser rotbraun als bei der Wiesenweihe, dunkler Hals mit hellem Kragen („Boa").

Die Gestalt der Milane ist der der Weihen ähnlich, ihr Schwanz ist aber eingekerbt oder gegabelt.

Schwarzmilan Karte 68, S. 69

Dunkelbraun, Schwanz nur eingekerbt.

Rotmilan Karte 69, S. 69

Rotbraun, unten dunkel gestreift, heller Kopf, tief gegabelter Schwanz.

Gleitaar S. 69

Schwarze „Schultern", weißer Schwanz.

Jungvogel
♀
♂
ROHRWEIHE
♀
Jungvogel
♂
WIESENWEIHE
♀
♂
Jungvogel
♀
RNWEIHE
STEPPENWEIHE

ROTMILAN
GLEITAAR
CHWARZMILAN

Tafel 25 Weihen und Milane im Flug

(S. auch Tafel 24)

Weihen haben lange Flügel, lange Schwänze und gestreckte Körper. Die Flügel enden gefingert und nicht geschlossen spitz wie bei den Falken. Ihr Flug ist langsam und locker. Sie gleiten oft dicht über dem Boden mit leicht V-förmig aufgestellten Flügeln.

Rohrweihe Karte 76, S. 72

♂: Der graue Schwanz und die grauen Schwingen kontrastieren mit der dunklen Oberseite und den dunklen Vorderflügeln.

♀: Dunkelbraun, nur Scheitel, Kehle und Vorderkante des Armflügels gelblichweiß.

Wiesenweihe Karte 79, S. 73

♂: Schwarzer Streif über die Armschwingen, hellgrauer Bürzel.

♀: Unterscheidet sich vom Kornweihen-♀ durch zierlichere Gestalt, kleineren Bürzelfleck und breites, helles Band über die Handschwingenunterseite.

Kornweihe Karte 77, S. 72

♂: Weißer Bürzelfleck, die schwarzen Armschwingenspitzen bilden auf der Flügelunterseite eine deutliche, dunkle Hinterkante.

♀: Braun gestreift, großer, weißer Bürzelfleck, Unterseite der inneren Armschwingen dunkler als die äußeren.

Steppenweihe Karte 78, S. 72

♂: Noch heller als das Kornweihen-♂, Unterflügel ohne dunkle Hinterkante.

♀: Unterscheidet sich vom Wiesenweihen-♀ durch recht dunkle Unterseite des Handflügels - s. Abb.

Unterflügelmuster des Wiesenweihen-♀ (oben) und des Steppenweihen-♀ (unten). Der Armflügel der Steppenweihe ist dunkler und die Bänderung der Armschwingen ist weniger deutlich.

Das Flugbild der Milane ist dem der Weihen recht ähnlich, sie haben aber einen eingekerbten bis gegabelten Schwanz. Sie gleiten und segeln elegant und drehen dabei steuernd ihren beweglichen Schwanz. Beim Gleiten werden die Flügel gewöhnlich waagerecht gehalten.

Rotmilan Karte 69, S. 69

Rostbraun, tief gegabelter Schwanz, markantes Muster des Unterflügels mit großem, weißem Handschwingenfeld.

Schwarzmilan Karte 68, S. 69

Dunkelbraun, schwach eingekerbter Schwanz, Unterflügel fast einfarbig dunkel. Kann mit ganz dunklen Jungvögeln der Rohrweihe verwechselt werden.

♀
♂
ROHRWEIHE
ROHRWEIHE
♀
♂
WIESENWEIHE
WIESENWEIHE
♀
♂
KORNWEIHE

ROTMILAN
SCHWARZMILAN

Tafel 26 Bussarde, Wespenbussard, Habichte

(S. auch Tafel 27 und 31)

Bussarde haben massige Körper und einen kurzen, breiten Schwanz. Der Wespenbussard ist schlanker und hat einen kleinen Kopf.

Rauhfußbussard Karte 84, S. 75

Dunkler Bauch, weißlicher Schwanz mit dunkler Endbinde. Steht oft wuchtig rüttelnd in der Luft.

Mäusebussard Karte 83, S. 74

Gefiederfärbung sehr variabel, meist dunkel mit gefleckter oder gebänderter Unterseite. Oft mit aufgehelltem Brustband. Schwanz gewöhnlich gebändert, beim „Falkenbussard" (*B. b. vulpinus*) auch einfarbig rostbraun.

Wespenbussard Karte 67, S. 68

Kopf kleiner und weiter vorstehend als beim Mäusebussard. Die breiten dunklen Binden sind am langen Schwanz ungleichmäßig angeordnet - zwei an der Schwanzbasis und eine Endbinde.

Adlerbussard S. 75

Schwanz gewöhnlich hell zimtfarben, zumeist ungebändert, an der Basis zuweilen weißlich.

Habichte und Sperber haben kleine Köpfe, kurze Flügel und lange Schwänze.

Sperber Karte 81, S. 74

♂: Klein, Unterseite eng rotbraun gebändert.
♀: Deutlich größer als ♂, Unterseite eng grau gebändert („gesperbert").

Habicht Karte 80, S. 73

Altvogel: Wie ein sehr großes Sperber-♀. ♀ größer als ♂, in der Färbung und Zeichnung aber gleich. Auffällig dunkle Wangen, weißer Überaugenstreif, Unterseite gesperbert, weiße Unterschwanzdecken.
Jungvogel: Unterseite braun längsgestreift, deutlicher Überaugenstreif.

Kurzfangsperber Karte 82, S. 74

Noch kleiner als das Sperber-♂. Die Abb. zeigt die Unterschiede der Kopffärbung von Sperber (links) und Kurzfangsperber (rechts).

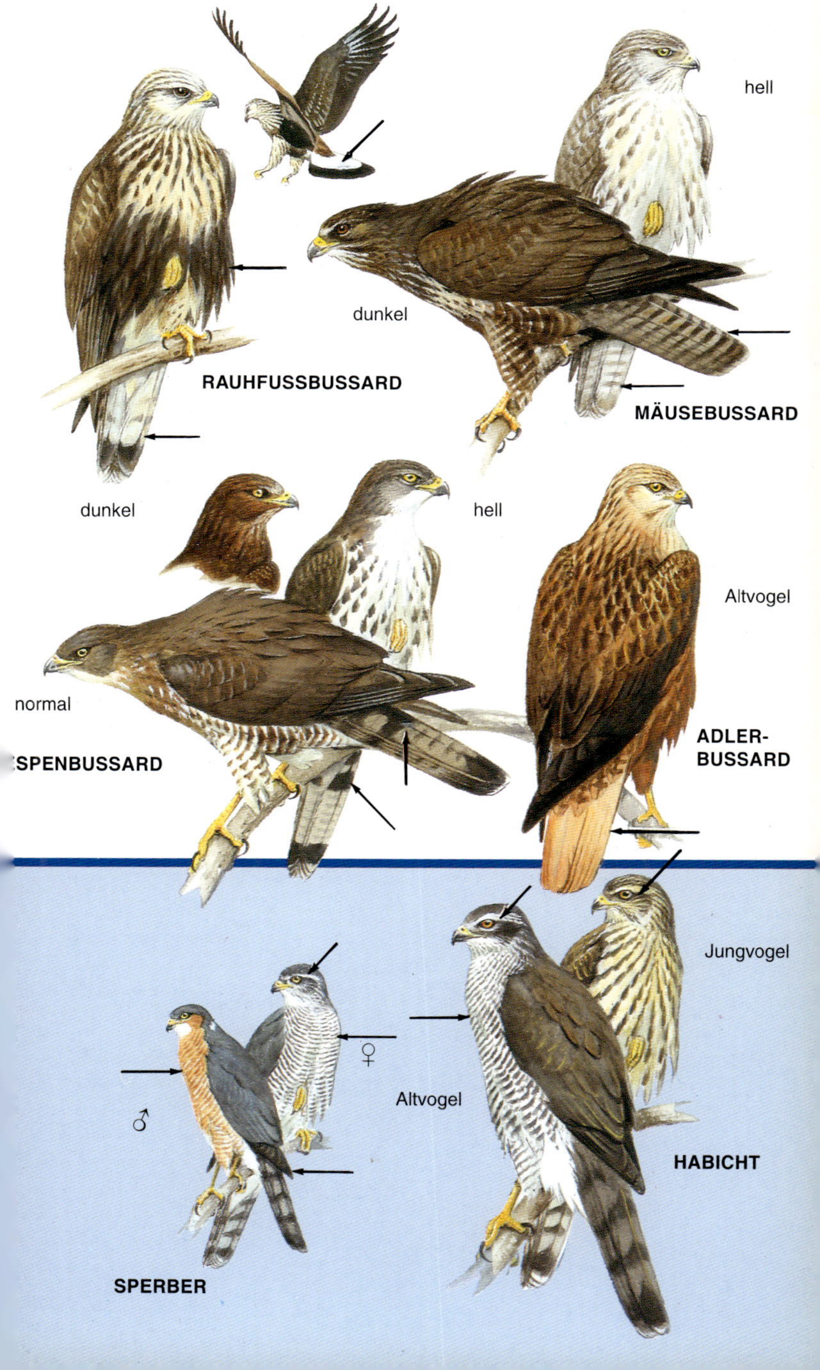
hell
dunkel
RAUHFUSSBUSSARD
MÄUSEBUSSARD
dunkel
hell
Altvogel
normal
ADLER-
BUSSARD
SPENBUSSARD
Jungvogel
♀
Altvogel
♂
HABICHT
SPERBER

Tafel 27

Bussardähnliche Greife im Flug

(S. auch Tafel 26)

Bussarde wirken im Flug breitflächig und massig. Sie haben breite Flügel und einen breiten „Fächerschwanz“. Sie segeln oft kreisend hoch am Himmel. Das Flugbild einiger Adler ist ähnlich, für gewöhnlich sind ihre Flügel aber proportional länger.

Mäusebussard Karte 83, S. 74

Variabel von fast schwarz bis nahezu weiß, kurzer Hals, Armschwingen und Schwanz gewöhnlich dicht gebändert.

Rauhfußbussard Karte 84, S. 75

Dunkler Bauch, weißlicher Schwanz mit breiter, schwarzer Endbinde, schwarze Bugflecke auf dem hellen Unterflügel.

Wespenbussard Karte 67, S. 68

Kopf weiter vorgestreckt und Schwanz länger als bei den Bussarden. Schwanz mit breiten schwarzen Binden vor der Basis und am Ende, alle Schwingen gebändert.

Adlerbussard S. 75

Schwanz hell zimtfarben und gewöhnlich ungebändert, rotbrauner Vorderflügel.

Habichtsadler Karte 90, S. 78

Viel größer als ein Bussard mit längerem Schwanz.
Altvogel: Seidenweiße Unterseite, dunkles Band über die Flügeldecken, schwarze Endbinde am Schwanz.
Jungvogel: Hinten schwarz gerandeter, rotbrauner Vorderflügel, gebänderter Schwanz.

Zwergadler Karte 89, S. 77

Bussardgroß mit relativ langem Schwanz.
Helle Variante: Weißer Vorderflügel, dunkle Schwingen.
Dunkle Variante: Dunkel mit hellen Handschwingenbasen und weitgehend hellem Schwanz.

Schlangenadler Karte 75, S. 71

Groß mit langen Flügeln. Der dunkle „Kehllatz“ gewöhnlich deutlich von der hellen Unterseite abgehoben, selten auch ohne „Latz“.

MÄUSEBUSSARD
RAUHFUSSBUSSARD
WESPENBUSSARD
ADLERBUSSARD
HABICHTSADLER
HABICHTSADLER
Jungvogel
ZWERGADLER
hell
ZWERGADLER
dunkel
SCHLANGENADLER

Tafel 28

Adler

(S. auch Tafel 29)

Adler sind beeindruckend große Greife mit langen, breiten, tief gefingerten Flügeln und weiten Schwänzen. Wie die Bussarde gleiten und segeln sie im freien Luftraum, zeigen bei der Jagd aber auch rasante Flugmanöver.

Steinadler Karte 88, S. 77

Viel größer als der Mäusebussard mit wuchtigem Schnabel. Altvogel dunkelbraun mit goldbraunen Federn an Genick und Hinterhals. S. auch Flugbild von Alt- und Jungvogel auf Tafel 29.

Seeadler Karte 70, S. 70

Altvogel: Wuchtiger als der Steinadler, ganzer Kopf hell, Schnabel gelb, Schwanz weiß. S. auch Flugbild von Alt- und Jungvogel auf Tafel 29.

Steppenadler S. 76

Kleiner als der Steinadler.
Altvogel: Nahezu einfarbig dunkelbraun, oft mit rostgelbem Nackenfleck, Schnabelwinkel reicht bis an den Augenhinterrand.

Kaiseradler Karte 87, S. 76

In Größe und Gestalt dem Steinadler sehr ähnlich, aber Hinterkopf und Nacken bei einigen sehr hell, fast weißlich. Auf den Schultern gewöhnlich einige weiße Federn. Die spanische Unterart mit auffällig weißem Flügelbug.

Schreiadler Karte 85, S. 75

Kleinste *Aquila*-Art Europas. Dem Schelladler sehr ähnlich, aber weniger kräftig gebaut mit schmaleren Flügeln. Jungvögel weniger hell gefleckt als junge Schelladler.

Schelladler Karte 86, S. 76

Mittelgroß.
Altvogel: Insgesamt sehr dunkel, Weiß gewöhnlich nur auf den Oberschwanzdecken.
Jungvogel: Reihen weißer Flecke bilden auf den Flügeln helle Bänder, an der Schwanzbasis eine breite, weiße V-Zeichnung.

Anmerkung: Die Silhouetten zeigen die Flügelhaltung beim Gleiten direkt von vorne gesehen.

SEEADLER
STEINADLER
alt
alt
alt
STEPPENADLER
Altvögel
alt
spanische Form
alt
östliche Form
KAISERADLER
alt
alt
jung
CHREIADLER
ng
SCHELLADLER

Tafel 29

Steinadler, Seeadler und Fischadler im Flug

(S. auch Tafel 28)

Steinadler Karte 88, S. 77

Viel größer als ein Bussard mit vorgestrecktem Kopf, langen, „gefingerten“ Flügeln und großem Schwanz.
Jungvogel: Schwanz weiß mit breiter, schwarzer Endbinde, auf der Basis der Handschwingen und der äußeren Armschwingen ein gestrecktes, weißes Feld.
Altvogel: Fast einheitlich dunkel. Von oben gesehen sind der „goldene“ Kopf und die hellen Flügeldecken kennzeichnend.

Seeadler Karte 70, S. 70

Unterscheidet sich vom Steinadler durch den kurzen, keilförmigen Schwanz, den gewaltigen Schnabel und die geierähnliche Flügelform.
Altvogel: Heller Kopf, weißer Schwanz.
Jungvogel: Heller als der Steinadler und auf der Unterseite gewöhnlich mit heller Streifung.

Fischadler Karte 91, S. 78

Weißer Kopf, weißer Bauch, lange, schmale Flügel mit schwarzen Bugflecken.

Jungvogel des Schelladlers (nach P. J. Hayman)

Anmerkung: Alle Silhouetten zeigen, direkt von vorne gesehen, die Flügelhaltung beim Gleiten und nicht beim Segeln.

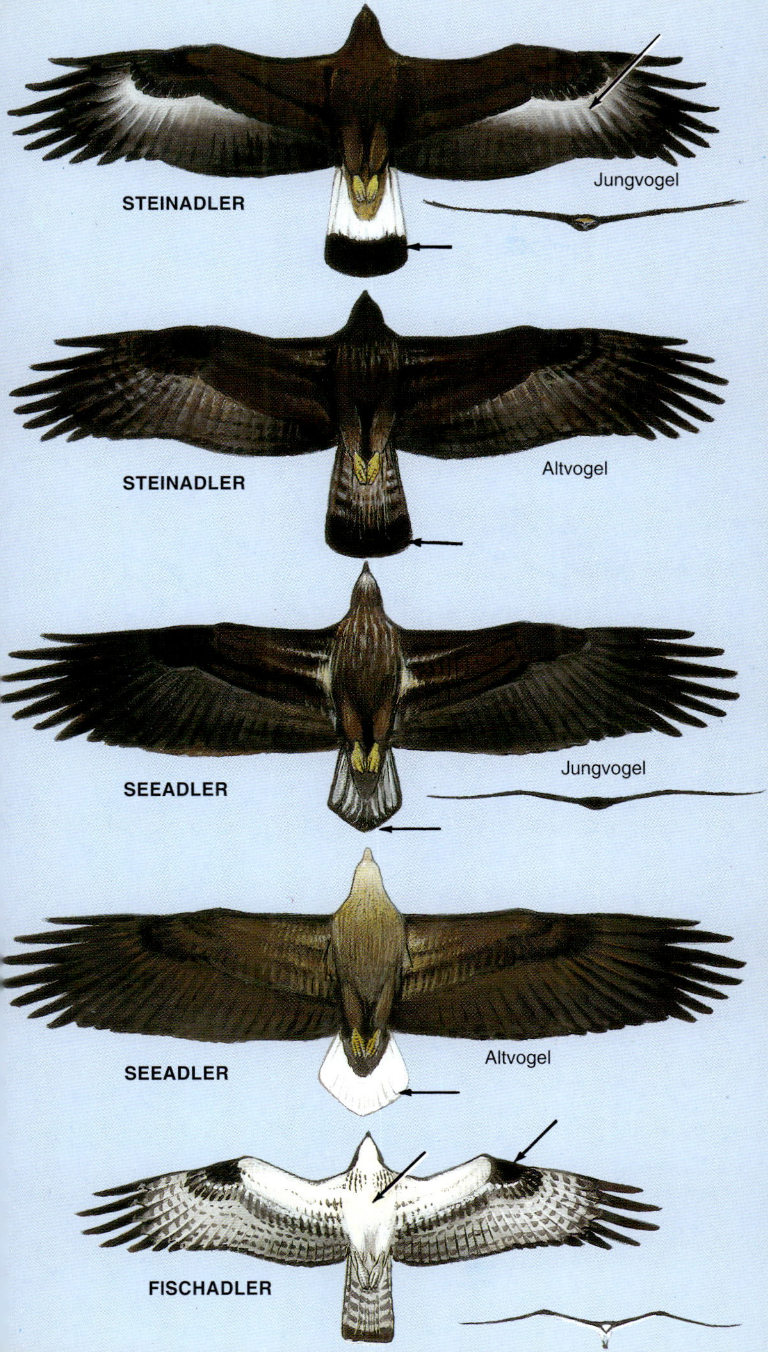
STEINADLER
Jungvogel
STEINADLER
Altvogel
SEEADLER
Jungvogel
SEEADLER
Altvogel
FISCHADLER

Tafel 30

Falken

(S. auch Tafel 31)

Die Falken haben recht große Köpfe, „breite Schultern“, lange, spitze Flügel und ziemlich schmale, lange Schwänze.

Turmfalke Karte 93, S. 79

♂: Rotbraune, schwarz gefleckte Oberseite, grauer Schwanz mit schwarzer Endbinde.
♀: Oberseite und Schwanz rotbraun und dunkel gebändert.

Rötelfalke Karte 92, S. 79

Kleiner und geselliger als der Turmfalke.
♂: Oberseite ungefleckt, blaugraue Flügeldecken, heller Unterflügel.
♀: Weitgehend wie Turmfalken-♀.

Merlin Karte 95, S. 80

♂: Kleinster Falke. Dunkel blaugraue Oberseite, rostbraune, dunkel gestreifte Unterseite.
♀: Fast so groß wie ein Turmfalke. Oben dunkelbraun, breit gebänderter Schwanz.

Wanderfalke Karte 100, S. 83

Altvogel: Schiefergraue Oberseite, weißliche Brust, breite, schwarze Bartstreifen.
Jungvogel: Unterseite braun längsgestreift, breiter Bartstreif.

Lannerfalke Karte 97, S. 81

Sandgelbe Kappe, dunkelbraune Oberseite.

Würgfalke Karte 98, S. 82

Weißlich heller Kopf, Oberseite und Flügel warm braun.

Baumfalke Karte 96, S. 80

Gleicht einem kleinen, schlanken Wanderfalken. Unterseite längsgestreift, „Hosen“ und Steiß rostrot, weißer Halsseitenfleck.

Eleonorenfalke S. 81

Flügel und Schwanz länger als bei den anderen Falken. Langsamer Flug.
Dunkle Variante: Schwarz mit gelben Beinen.
Helle Variante: Erinnert an einen kleinen, jungen Wanderfalken oder großen, jungen Baumfalken, hat aber einen schmaleren Bartstreif und eine stärker rotbraun getönte Unterseite.

Rotfußfalke S. 79

♂: Dunkel schiefergrau mit silbergrauen Handschwingen, roten Beinen und rostrotem Steiß.
♀: Kappe und Unterseite rostgelb, graue, dunkel gebänderte Oberseite.
Jungvogel: Wie der Baumfalke, Oberseite aber brauner (s. Text).

♀
♂
RMFALKE
♂
RÖTELFALKE
♀
♂
MERLIN
jung
alt
WANDERFALKE
LANNERFALKE
WÜRGFALKE
jung
lt
BAUMFALKE
alt
hell
alt
dunkel
ELEONORENFALKE
Jungvogel
♀
alt
♂
ROTFUSSFALKE

Tafel 31

Falken, Sperber und Habicht im Flug

(S. auch Tafeln 26 und 30)

Falken haben lange, spitze Flügel und lange, schmale Schwänze. Ihr Flügelschlag ist kräftig und schnell, aber flach.

Gerfalke Karte 99, S. 82

Graue Variante: Größer als der Wanderfalke, Flügel am Ansatz breiter und an den Spitzen leicht gefingert, Kopfmuster weniger kontrastreich.
Weiße Variante: Kann so weiß wie eine Schnee-Eule aussehen.

Merlin Karte 95, S. 80

Kleiner, dunkler und gedrungener als der Turmfalke, Flug reißend schnell.

Wanderfalke Karte 100, S. 83

Falkengestalt, kräftige Gesichtszeichnung, fast so groß wie eine Krähe.

Baumfalke Karte 96, S. 80

Wie ein kleiner, zierlicher Wanderfalke, Schwanz aber relativ kürzer und Flügel seglerähnlich.

Rotfußfalke S. 94, S. 79

Die Gestalt sowohl dem Turmfalken als auch dem Baumfalken ähnlich.
♂: Sehr dunkel, rote Beine, rostrote Unterschwanzdecken.
♀: Vorderflügel und Unterseite rostgelb, gebänderter Schwanz.

Turmfalke Karte 93, S. 79

Rüttelt häufig. Klein, schlank, schwarze Binde vor dem Schwanzende.

Eleonorenfalke S. 81

Helle Variante: Rotbraune, gestreifte Unterseite, ganz dunkle Flügel.
Dunkle Variante: Ganz dunkel mit hellen Beinen.

Rötelfalke Karte 92, S. 79

Rüttelt selten. Schwanzende leicht keilförmig, helle Unterflügel.

Sperber und Habicht haben kurze, runde Flügel und lange Schwänze. Im Flug wechseln mehrere schnelle Flügelschläge mit kurzen Gleitphasen. Sie können auch kreisend segeln.

Habicht Karte 80, S. 73

Sehr groß mit weiter vorstehendem Kopf, breiterer Brust und stärker gebogener Armflügelhinterkante als beim Sperber. Unterseite grau gebändert, auffallend weiße Unterschwanzdecken. Jungvogel auf der Unterseite längsgestreift.

Sperber Karte 81, S. 74

♂: Unterseite rotbraun gebändert. ♀: Unterseite grau gebändert.

Kurzfangsperber Karte 82, S. 74

Helle Unterflügel mit abgesetzt schwarzen Spitzen.

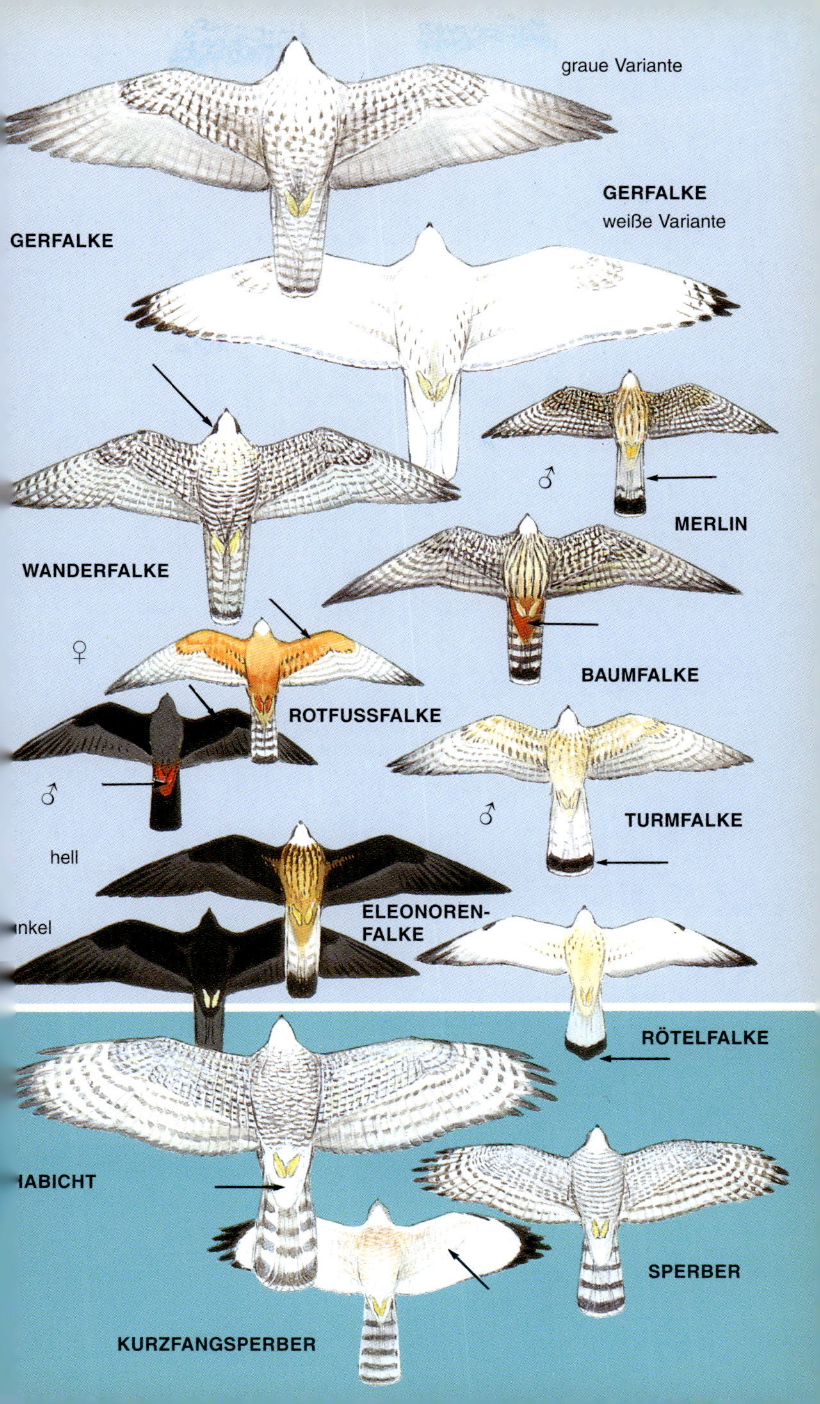

graue Variante
GERFALKE
weiße Variante
GERFALKE
♂
MERLIN
WANDERFALKE
BAUMFALKE
♀
ROTFUSSFALKE
♂
♂
TURMFALKE
hell
ELEONOREN-
FALKE
nkel
RÖTELFALKE
HABICHT
SPERBER
KURZFANGSPERBER

Tafel 32

Hühnervögel

(S. auch Tafel 33)

Fasan Karte 110, S. 88

Sehr langer, spitzer Schwanz.
♂: Sehr bunt, zumeist mit weißem Halsring.
♀: Tarnfarben braun mit spitzem Schwanz.

Birkhuhn Karte 104, S. 84

Leierförmiger (♂) oder eingekerbter (♀) Schwanz.
♂: Glänzend schwarz mit weißer Flügelbinde und weißen Unterschwanzdecken.
♀: Rötlich graubraun mit dunkler Bänderung, auch auf der Brust.

Auerhuhn Karte 105, S. 85

Sehr groß, ♂ weit größer als ♀.
♂: Dunkelgrau mit braunen Flügeln und breitem Fächerschwanz.
♀: Tarnfarben braun mit rotbrauner, ungezeichneter Brust und gerundetem Schwanz.

Haselhuhn Karte 101, S. 83

Rebhuhngroß, Fächerschwanz mit breiter, schwarzer Endbinde. Gefieder sehr variabel von rotbraun (vorwiegend im S der Verbreitung) bis grau (mehr im N der Verbreitung).

Fasan Birkhahn Auerhahn

Die Balzhaltung der Hähne ist verschieden.

S. auch weitere Hühnervögel auf Tafel 33.

FASAN
♀
FASAN
♂
BIRKHENNE
♀
BIRKHAHN
♂
AUERHENNE
♀
HASELHUHN
AUERHAHN
♂

Tafel 33

Hühnervögel und Laufhühnchen

(S. auch Tafel 32)

Schottisches Moorschneehuhn Karte 102, S. 84
Dunkel rotbraunes Gefieder, Flügel und Schwanz dunkel, ♀ weniger rotbraun, mehr gebändert.

Alpenschneehuhn Karte 103, S. 84
Winter: Weiß mit schwarzem Schwanz.
Sommer: Weiße Flügel, grauer oder brauner Körper, schwarzer Schwanz.

Moorschneehuhn Karte 102, S. 84
Winter: Unterschiede der ♂ von Moor- und Alpenschneehuhn s. Abb. unten.
Sommer: Rotbraun mit weißen Flügeln und schwarzem Schwanz.
In tieferen Lagen als das Alpenschneehuhn.

Rebhuhn Karte 108, S. 87
Orangebrauner Kopf, fein gefleckte Oberseite, rotbrauner Schwanz, auf der Brust ein hufeisenförmiger, dunkler Schild, der beim ♀ fehlen kann.

Wachtel Karte 109, S. 88
Klein, sandbraun, gestreifter Kopf.

Laufhühnchen S. 89
Wachtelähnlich, leuchtend rostbrauner Brustfleck, auffallende, dunkle Fleckung an den Brustseiten.

Die drei folgenden *Alectoris*-Arten sind durch eine einfarbige Oberseite und einen rotbraunen Schwanz (nur im Flug gut sichtbar) gekennzeichnet. Sie sind am besten an ihrer Halszeichnung zu unterscheiden.

Rothuhn Karte 107, S. 86
Der schwarze Kehllatz geht nach unten in Fleckenreihen über. In England häufig Mischlinge Rot- x Chukarhuhn.

Steinhuhn Karte 106, S. 86
Klar begrenzter, schwarzer Kehllatz. S. auch Chukarhuhn Abb. unten und Text.

Felsenhuhn S. 86
Kehllatz rotbraun mit weißen Punkten, graues Gesicht.

Moor- und Alpenschneehuhn-♂ im Winter

Chukarhuhn

Alpenschneehuhn-♂ haben im Winter einen schwarzen Augenstreif. Er fehlt dem ♀ und beiden Geschlechtern des Moorschneehuhns, das einen dickeren Schnabel hat.

HOTTISCHES
ORSCHNEE-
HN
♂
♀
♂
ALPEN-
SCHNEEHUHN
Winter
♂
Sommer
♀
Sommer
ROTHUHN
♂
Sommer
MOORSCHNEEHUHN
REBHUHN
WACHTEL
LAUF-
HÜHNCHEN

STEINHUHN
ROTHUHN
FELSENHUHN

Tafel 34

Rallen („Sumpfrallen“)
(Kleinere, hühnerähnliche Sumpfvögel)

Wasserralle Karte 111, S. 89
Altvogel: Langer, roter Schnabel, gebänderte Flanken, cremeweiße Unterschwanzdecken.
Jungvogel: Bräunliche, verwaschen gebänderte Unterseite.

Wachtelkönig Karte 115, S. 91
Rostbraune Flügel, gelblicher Schnabel, Kopf und Brust gräulich, Unterseite beigebraun, Oberseite dunkel gefleckt.

Kleines Sumpfhuhn Karte 113, S. 90
♂: Blaugraue Unterseite, Flanken ungebändert, grüne Beine, rote Schnabelbasis.
♀: Unterseite hell beigebraun, grünliche Beine, roter Fleck an der Schnabelbasis.

Tüpfelsumpfhuhn Karte 112, S. 90
Gleicht einer kurzschnäbligen Wasserralle. Beigegelbe Unterschwanzdecken, grünliche Beine, rote Schnabelbasis.

Zwergsumpfhuhn Karte 114, S. 91
Blaugraue Unterseite, kräftig gebänderte Flanken, gräulichrosa Beine, einfarbig olivgrüner Schnabel, weiß gesprenkelte, dunkle Oberseite.

Carolinasumpfhuhn S. 436
Altvogel: Gesicht und Kehle schwarz, weiße Unterschwanzdecken.
Jungvogel: Beigebraun, schwarzbrauner Scheitelstreif.

WASSERRALLE
Altvogel
Jungvogel
CAROLINASUMPFHUHN
alt
1. Herbst
♂
♀
WACHTELKÖNIG
♂
KLEINES SUMPFHUHN
TÜPFELSUMPFHUHN
♂
ZWERGSUMPFHUHN

Tafel 35

Rallen („Wasserhühner“)
(Hühnerähnliche Schwimmvögel)

Bläßhuhn Karte 117, S. 92

Altvogel: Schieferschwarz, mit weißem Schnabel und Stirnschild.
Jungvogel: Unterscheidet sich vom Teichhuhn durch die Größe und ganz dunkle Unterschwanzdecken.
Küken: Orangeroter Kopf.

Kammbläßhuhn S. 92

Wie das Bläßhuhn, Schnabel und Stirnschild bläulichweiß, die roten Höcker auf der Stirn nur zur Brutzeit gut sichtbar.

Purpurhuhn S. 92

Satt blauviolettes Gefieder, klobiger, roter Schnabel, roter Stirnschild, rote Beine mit langen Zehen.

Bronzesultanshuhn S. 436

Altvogel: Oben bronzegrün, unten violettblau, blauer Stirnschild, roter Schnabel, rote Beine.
Jungvogel: Kleiner und bräunlicher als das junge Teichhuhn mit rötlichen Beinen.

Teichhuhn Karte 116, S. 91

Altvogel: Roter Schnabel und Stirnschild, weißer Flankenstreif, weiße Unterschwanzdecken.
Jungvogel: Graubraun mit gelblichgrünem Schnabel.
Küken: Roter Schnabel, bläulicher Kopf.

Bläßhühner starten mit Anlauf
Fuß vom Bläßhuhn mit Schwimmlappen
Jungvogel
Altvogel
Altvogel
BLÄSSHUHN
Küken
AMMBLÄSSHUHN
Altvogel
Altvogel
PURPURHUHN
Jungvogel
BRONZE-
SULTANSHUHN
Altvögel
Jungvogel
TEICHHUHN
Küken

Tafel 36

Trappen, Flughühner und Triel

Trappen sind sehr große, massige und hochbeinige Vögel der freien, weiten Ebenen.

Großtrappe Karte 120, S. 95

♂: Sehr groß, Kopf und Hals hellgrau (ohne Schwarz), rostrotes Brustband, auf den Flügeln viel Weiß.
♀: Kleiner, kein Brustband.

Zwergtrappe Karte 119, S. 94

♂: Schwarzweiße Halszeichnung, im Flug schwarzweiße Flügel.
♀: Brauner, dunkel gestrichelter Hals und Kopf.

Kragentrappe S. 94

Die Gestalt erinnert entfernt an eine Truthenne. ♂ und ♀ haben seitlich am Hals einen Kragen aus herabhängenden, schwarzen Federn. Im Flug am Flügel weniger Weiß als bei anderen Trappen.

Flughühner sind gedrungene, kurzbeinige, taubenähnliche Wüstenvögel mit spitzem Schwanz. Die Abbildungen zeigen nur ♂. Die ♀ s. im Text.

Sandflughuhn S. 141

Schwarzer Bauch und schwarze Schwingen, mittlere Schwanzfedern weniger verlängert als bei anderen Flughühnern.

Spießflughuhn S. 141

Weißer Bauch und weitgehend weiße Unterflügel, mittlere Schwanzfedern lang und nadelspitz.

Steppenflughuhn S. 141

Schwarze „Bauchbinde“, weißliche Unterflügel, lange, nadelspitze mittlere Schwanzfedern.

Der Triel ist ein größerer, kräftig gebauter Watvogel der weiten, trockenen und steinigen Flächen.

Triel Karte 124, S. 97

Geduckte Haltung, große, gelbe Augen, breite schwarz-weiß-schwarze Flügelbinde.

GROSSTRAPPE
ZWERGTRAPPE
♀
Balz
♂
♂
SANDFLUGHUHN
♂
♂
KRAGEN-
TRAPPE
SPIESSFLUGHUHN
♂
TRIEL
STEPPENFLUGHUHN

Tafel 37

Große Regenpfeifer

Die Regenpfeifer sind allgemein kompakter gebaut als andere Watvögel. Sie haben recht große, runde Köpfe, große Augen und relativ kurze Schnäbel. Typisch ist die Bewegungsweise bei der Nahrungssuche. Kurze Laufstrecken und plötzliche Stopps wechseln miteinander ab. Geschlechter gleich.

Kiebitzregenpfeifer

Karte 131. S. 102

Zeigt im Flug breite weiße Flügelstreifen und am Unterflügel kennzeichnend schwarze Achselfedern.
PK: Unterseite schwarz, Oberseite silbergrau mit dunkler Fleckung, Bürzel weiß, Schwanz gebändert.
SK: Gedrungene Gestalt, Oberseite grau, unten weißlich.

Goldregenpfeifer

Karte 130, S. 101

Im Flug kein deutlicher Flügelstreif, kennzeichnend die hell weißlichen unteren Flügeldecken.
PK: Unten schwarz, Oberseite goldgelb mit dunkler Fleckung, breiter, weißer Flankenstreif. Im Süden der Verbreitung auf der Unterseite weniger Schwarz.
SK: Schlanker als der Kiebitzregenpfeifer, Oberseite bräunlich goldgelb, dunkler Bürzel, helle Unterschwanzdecken.

Amerikanischer Goldregenpfeifer

S. 101

Kleiner als der Goldregenpfeifer, im Flug Vorderflügel hell bräunlichgrau.
PK: Unterseite schwarz, nur ein weißer „Schal", kein weißer Flankenstreif.
SK: Oberseite weniger gelb, mehr gräulichbraun. Jungvogel auf der ganzen Unterseite gezeichnet. Ruf auch kiebitzartig klagend „klii-iet".

Pazifischer Goldregenpfeifer

S. 101

Kleinster der „goldenen" Regenpfeifer mit den relativ längsten Beinen. Vorderflügel im Flug wie beim Amerikanischen Goldregenpfeifer hell gräulichbraun.
PK: Wie ein kleiner, zierlicher Goldregenpfeifer, aber mit dunklen Unterschwanzdecken.
SK: Oberseite gelblicher als beim Amerikanischen Goldregenpfeifer, im Flug ragen die Zehen über den Schwanz. Ruf ähnlich dem des Dunklen Wasserläufers „tschiu-witt".

SK
JK
PK
KIEBITZREGENPFEIFER
südlicher
SK
nördlicher
PK
OLDREGENPFEIFER
JK
PK
JK
PAZIFISCHER GOLDREGENPFEIFER
K
AMERIKANISCHER GOLDREGENPFEIFER

Tafel 38

Kleine Regenpfeifer und Brachschwalben

Sandregenpfeifer Karte 127, S. 99
Starengroß, ein schwarzes Brustband, Beine gelborange, Schnabelbasis orange, langer, weißer Flügelstreif.

Flußregenpfeifer Karte 126, S. 98
Kleiner als der Sandregenpfeifer, Beine bräunlichrosa, weiße Linie über dem Schwarz der Stirn, gelber Augenring, kein Flügelstreif.

Seeregenpfeifer Karte 128, S. 99
Kleiner und heller als der Sandregenpfeifer, nur an den Brustseiten schwarz, schwärzliche Beine, durchgehender Überaugenstreif, weißer Flügelstreif.

Keilschwanz-Regenpfeifer S. 99
Größer als der Sandregenpfeifer, zwei schwarze Brustbänder, Bürzel und Oberschwanzdecken orange, Schwanzende keilförmig, langer, weißer Flügelstreif.

Wermutregenpfeifer S. 436
Größer als der Sandregenpfeifer mit langen Flügeln und Beinen. ♂ mit rostrotem, unten schwarz gesäumtem Brustband. Kleiner als der Wüstenregenpfeifer.

Wüstenregenpfeifer S. 100
Größer als der Sand- und Wermutregenpfeifer mit langen Beinen und relativ langem Schnabel, ♂ mit schwarzer Maske und rotbrauner Brust.

Mornellregenpfeifer Karte 129, S. 100
Weißer Überaugenstreif, schwarzweißer Bruststreif, rotbraune Flanken, schwarzer Bauch, kein Flügelstreif.

Rotflügel-Brachschwalbe Karte 125, S. 98
Recht seeschwalbenähnlich, gegabelter Schwanz, bräunlichgelbe Kehle. Im Flug weißer Bürzel, rostrote Unterflügeldecken, weißer Flügelhinterrand.

Schwarzflügel-Brachschwalbe S. 98
Wie die Rotflügel-Brachschwalbe, aber mit schwarzen Unterflügeln ohne helle Hinterkante.

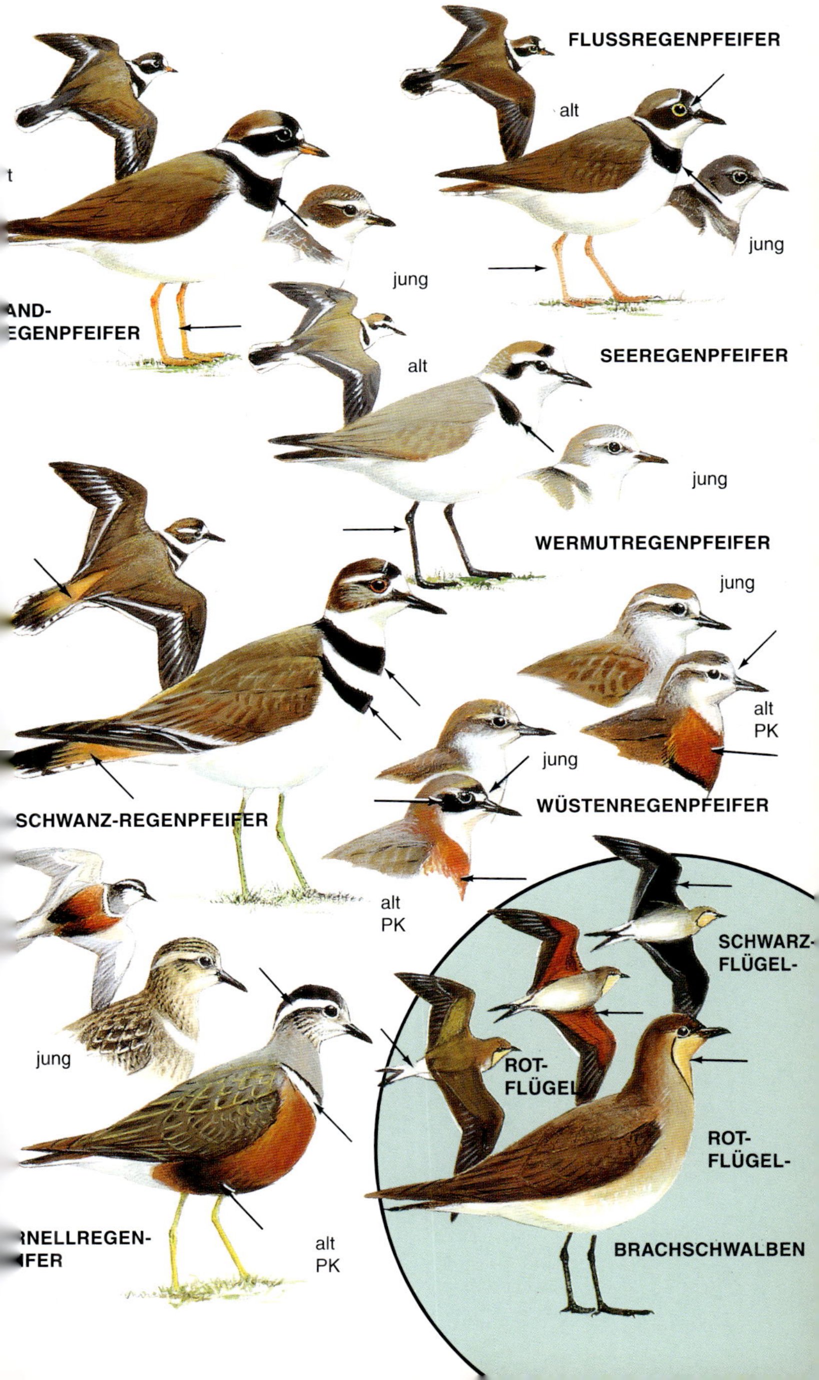

FLUSSREGENPFEIFER
alt
jung
t
jung
AND-
EGENPFEIFER
alt
SEEREGENPFEIFER
jung
WERMUTREGENPFEIFER
jung
alt
PK
jung
WÜSTENREGENPFEIFER
SCHWANZ-REGENPFEIFER
alt
PK
SCHWARZ-
FLÜGEL-
jung
ROT-
FLÜGEL
ROT-
FLÜGEL-
RNELLREGEN-
IFER
alt
PK
BRACHSCHWALBEN

Tafel 39

Kiebitze, Rennvogel und Steinwälzer

Steppenkiebitz S. 103
Schwarzer Scheitel, die weißen Überaugenstreifen treffen sich V-förmig im Nacken, dunkler Bauchfleck, Kontrast zwischen den schwarzen Hand- und den weißen Armschwingen, weißer Bürzel.

Spornkiebitz S. 102
Bis auf die graubraune Oberseite und die graubraunen Flügeldecken kontrastreich schwarz und weiß.

Weißschwanzkiebitz S. 103
Weißer Schwanz, bräunlichgraue Brust, auffällige schwarzweiße Flügelzeichnung.

Kiebitz Karte 132, S. 103
Lange, strähnige Haube, schwarze Brust, schwarze, grün schimmernde Oberseite, schwarze Flügel mit hellen Spitzen und weißem Vorderflügel.

Rennvogel S. 97
Sandfarben, markanter Überaugen- und Augenstreif, hell gelbliche Beine, kennzeichnend dunkle Unterflügel.

Steinwälzer Karte 156, S. 120
Kennzeichnend ist das komplexe Oberseitenmuster im Flug.
PK: Rostrote, schwarz gestreifte Oberseite, schwarzweiße Zeichnung an Kopf und Brust.
SK: Kopf, Oberseite und Brust dunkel graubraun, Beine orange.

alt
PK
TEPPENKIEBITZ
alt
SPORNKIEBITZ
alt
WEISSCHWANZ-
KIEBITZ
jung
alt
KIEBITZ
Altvogel
SK
alt
PK
STEINWÄLZER
RENNVOGEL

Tafel 40

Regenpfeifer, Kiebitz und Steinwälzer im Flug

(S. auch Tafeln 37, 38, 39)

Sandregenpfeifer Karte 127, S. 99
Deutlicher, weißer Flügelstreif, dunkler Schwanz mit weißen Säumen.

Flußregenpfeifer Karte 126, S. 98
Vom Sandregenpfeifer an der Stimme und am Fehlen des Flügelstreifs unterschieden.

Seeregenpfeifer Karte 128, S. 99
Oberseite sandbraun, weißer Flügelstreif und weiße Schwanzseiten.

Kiebitzregenpfeifer Karte 131, S. 102
PK: Unten schwarz, weißer Flügelstreif und weißer Bürzel.
SK: Unterseite hell, schwarze Achselfedern, weißer Flügelstreif und weißer Bürzel.

Goldregenpfeifer Karte 130, S. 101
PK: Unterseite schwarz, Bürzel dunkel, feiner, heller Flügelstreif.
SK: Unterseite hell, Oberseite einheitlich dunkel, weiße Achselfedern und weißer Vorderflügel.

Mornellregenpfeifer Karte 129, S. 100
Weißes Gesicht, dunkle Unterseite, graue Unterflügel. Im SK unten hell.

Kiebitz Karte 132, S. 103
Schwarz und weiß mit sehr breiten, gerundeten Flügeln.

Steinwälzer Karte 156, S. 120
PK: Wie ein Harlekin gemustert.

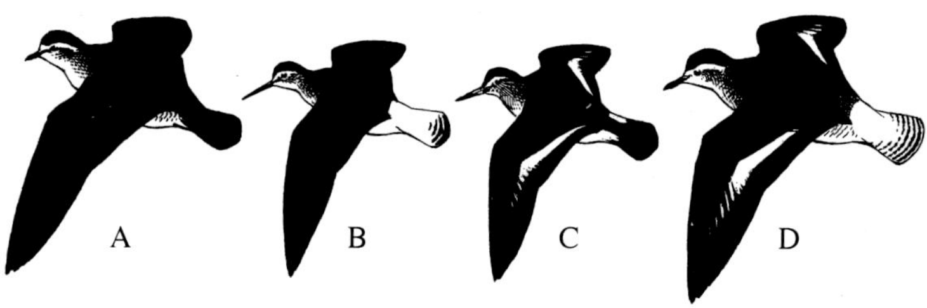

Typische Flugmuster

A Kein Flügelstreif, keine Schwanzzeichnung, z. B. Mornellregenpfeifer.
B Kein Flügelstreif, Bürzel und Schwanz weiß, z. B. Waldwasserläufer.
C Flügelstreif, Bürzel und Schwanz dunkel, z. B. Flußuferläufer.
D Flügelstreif, Bürzel und Schwanz weiß, z. B. Kiebitzregenpfeifer.

SANDREGEN-
PFEIFER
FLUSS-
REGENPFEIFER
SEE-
REGENPFEIFER
PK
KIEBITZREGENPFEIFER
PK
GOLD-
REGENPFEIFER
nördliche Form
SK
oben
SK
oben
SK
unten
GOLD-
REGENPFEIFER
SK
unten
PK
NELL-
ENPFEIFER
STEINWÄLZER
PK
KIEBITZ

Tafel 41

Wassertreter

Strandläuferähnliche Watvögel mit Schwimmlappen an den Zehen. Sie waten und schwimmen. Bei der Nahrungssuche schwimmen sie oft in engen Kreisen und picken dabei ständig in das aufgewirbelte Wasser. Odins- und Thorshühnchen halten sich außerhalb der Brutzeit auf dem Meer auf.

Odinshühnchen

Karte 157, S. 121

PK: Weiße Kehle und rostroter Hals von der grauen Brust abgehoben. ♂ weniger farbig als ♀.
SK: Schwarzer, gebogener Augenstreif, auf der hell bleigrauen Oberseite eine weiße V-Zeichnung.

Thorshühnchen

Karte 158, S. 121

PK: Unterseite rotbraun, weiße Wangen. ♂ weniger farbig als ♀.
SK: Bis auf die Kopfzeichnung sehr hell und einfarbig, auf der Oberseite weißlich blaugrau ohne Zeichnung.

Wilsonwassertreter

S. 120

PK: Langer Schnabel, hellgrau-schwarz-weißer Kopf, orangegelber Vorderhals, schwarzer Halsseitenstreif, der in die rotbraune Streifung auf der grauen Oberseite übergeht.
SK: Von den anderen Wassertretern durch den weißen Bürzel und das Fehlen eines Flügelstreifs unterschieden.

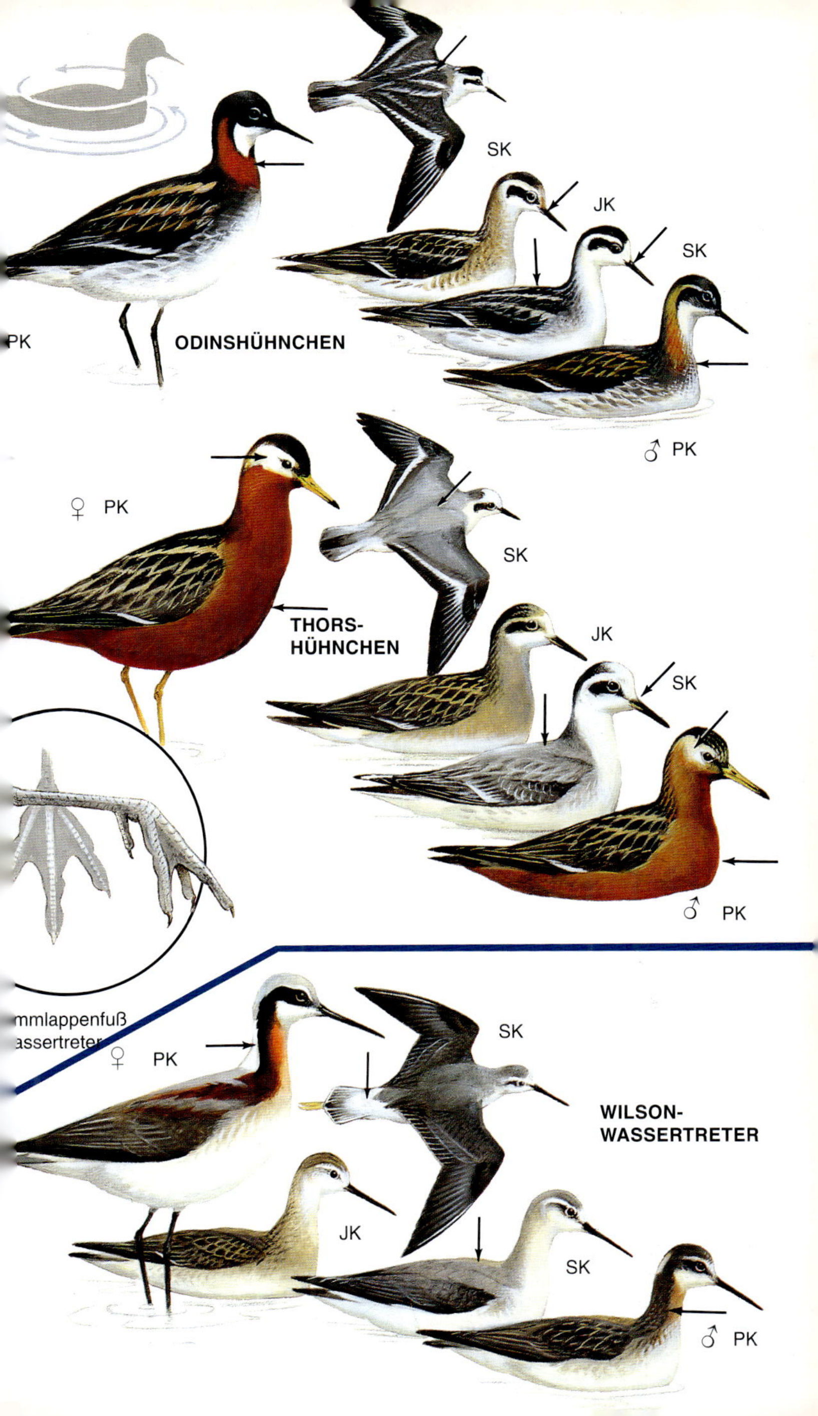
SK
JK
SK
PK
ODINSHÜHNCHEN
♂ PK
♀ PK
SK
THORS-
HÜHNCHEN
JK
SK
♂ PK
mmlappenfuß
assertreter
♀ PK
SK
WILSON-
WASSERTRETER
JK
SK
♂ PK

Tafel 42

Verschiedene, vorwiegend große Watvögel

(S. auch Tafeln 50, 51, und 52)

Säbelschnäbler Karte 123, S. 96

Weiß mit schwarzer Zeichnung, langer, aufgebogener Schnabel, lange blaugraue Beine.

Austernfischer Karte 121, S. 95

Taubengroß, Kopf, Brust und Oberseite Schwarz, unten weiß, langer orangeroter Schnabel, rosarote Beine.

Stelzenläufer Karte 122, S. 96

Oben schwarz, unten weiß, feiner, langer, dunkler Schnabel, sehr lange rosarote Beine. Der Kopf kann bei ♂ und ♀ auch ganz weiß sein.

Uferschnepfe Karte 145, S. 113

Hochbeinig mit sehr langem, geradem Schnabel.
PK: Hals und Brust rostbraun, Flanken gebändert, Schwanz weiß mit schwarzer Endbinde.
SK: Graubraun, Schwanz weiß mit schwarzer Endbinde.

Pfuhlschnepfe Karte 146, S. 114

Kleiner und gedrungener als die Pfuhlschnepfe mit kürzeren Beinen und leicht aufgebogenem, langem Schnabel.
PK: Kopf, Hals und ganze Unterseite rostrot, Schwanz gebändert.
SK: Graubraun, Schwanz gebändert.

Terekwasserläufer S. 119

Leicht aufgebogener Schnabel, kurze, gelbe Beine, schwarz gezeichnete Schultern (im SK ohne Schwarz). Wippt mit dem Hinterkörper.

Sichelstrandläufer S. 108

PK: Dunkel ziegelrot, langer, abwärtsgebogener Schnabel, weißer Bürzel.
SK und JK: Grau bzw. graubraun, abwärtsgebogener Schnabel, weißer Bürzel.

Großer Brachvogel Karte 148, S. 115

Sehr langer abwärtsgebogener Schnabel, Scheitel nicht gestreift.

Regenbrachvogel Karte 147, S. 114

Kleiner als der Brachvogel, relativ kürzerer Schnabel, gestreifter Scheitel, gebänderte Flanken.

Dünnschnabel-Brachvogel S. 114

So groß wie der Regenbrachvogel, im Aussehen aber mehr wie der Große Brachvogel. Scheitel dunkel, heller Überaugenstreif, herzförmige Flecke auf den Flanken.

AUSTERNFISCHER
SÄBELSCHNÄBLER
STELZEN-
LÄUFER
SK
PFUHL-
SCHNEPFE
SK
ER-
HNEPFE
PK
PK
DÜNN-
SCHNABEL-
BRACH-
VOGEL
EK-
SSER-
FER
GROSSER
BRACHVOGEL
JK
PK
REGENBRACHVOGEL
SICHELSTRANDLÄUFER

Tafel 43

Schnepfen, Schlammläufer und Knutt

(S. auch Tafel 51)

Waldschnepfe Karte 144, S. 113

Gedrungene Gestalt, langer Schnabel, Quergebänderter Scheitel, gebänderte Unterseite.

Bekassine Karte 142, S. 112

Langer, gerader Schnabel, längsgestreifter Scheitel, helle Streifen über Mantel und Rücken, gebänderte Flanken, weißer Bauch.

Doppelschnepfe Karte 143, S. 112

Größer als Bekassine mit relativ kürzerem Schnabel, ganze Unterseite gebändert.

Zwergschnepfe Karte 141, S. 111

Kleiner als die Bekassine mit kürzerem Schnabel, Scheitelmitte dunkel, Mantel und Rücken schwarzgrün glänzend mit beigegelben Streifen, Brust und Flanken gestrichelt.

Schwänze der Schnepfen

Bekassine Doppelschnepfe Zwergschnepfe

Schwanzseiten der jungen Doppelschnepfe nicht weiß, sondern dunkel gezeichnet.

Schlammläufer zeigen im Flug einen langgestreckten, schmalen, weißen Rückenkeil, sie haben einen langen, schnepfenähnlichen Schnabel und recht kurze Beine. Beide Arten sind sehr ähnlich und am besten an der Stimme zu unterscheiden. In Europa ist am ehesten der Große Schlammläufer zu erwarten.

Großer Schlammläufer S. 112

JK: Graubraun, Federn der Oberseite hell gerandet, aber in sich nicht gemustert, schwarze Schwanzbänder breiter als die weißen.
SK: Grau, dicht schwarz gebänderter Schwanz.
Stimme: Typischer Flug- und Kontaktruf einsilbig, scharf „klipp".

Kleiner Schlammläufer S. 112 und S. 437

Die Schnabellängen überschneiden sich mit denen des Großen Schlammläufers.
JK: Graubraun, Federn der Oberseite hell gerandet und in sich gemustert, schwarze Schwanzbänder schmaler als die weißen.
SK: Grau, locker schwarz gebänderter Schwanz.
Stimme: Typischer Flugruf weich, melodisch, zumeist dreisilbig „tjü-tjü-tjü".

Knutt Karte 133, S. 104

Großer Strandläufer, untersetzte Gestalt, recht kurzer Schnabel, kurze Beine. Im Flug langer, weißer Flügelstreif und gebänderter Bürzel.
PK: Rotbraune Unterseite.
SK: Hellgraue, leicht geschuppt wirkende Oberseite.
JK: An Hals und Brust beigebraun getönt und auf der Oberseite durch helle und dunkle Federränder schuppig gezeichnet.

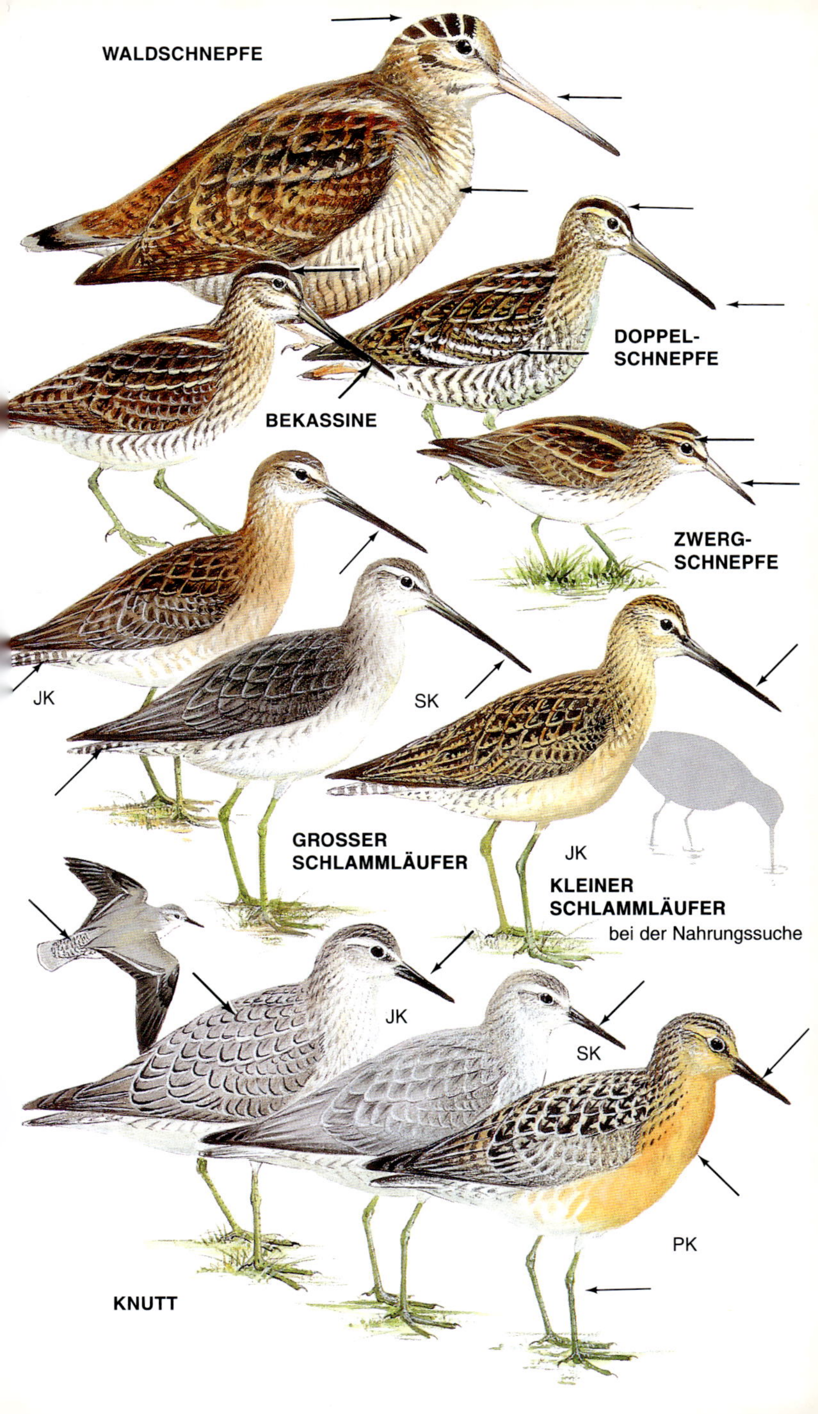
WALDSCHNEPFE
DOPPEL-
SCHNEPFE
BEKASSINE
ZWERG-
SCHNEPFE
JK
SK
GROSSER
SCHLAMMLÄUFER
JK
KLEINER
SCHLAMMLÄUFER
bei der Nahrungssuche
JK
SK
PK
KNUTT

Tafel 44

Große Wasserläufer

Dunkler Wasserläufer Karte 149, S. 116
Schnabel, Hals und Beine deutlich länger als beim Rotschenkel, weißer Rückenkeil, ganz dunkle Flügel.
PK: Insgesamt rußschwarz, Unterschnabelbasis rot, Beine schwarzrot.
SK: Viel heller und grauer als der Rotschenkel, leuchtend rote Beine.

Rotschenkel Karte 150, S. 116
Großes, weißes Flügelfeld auf den Arm- und inneren Handschwingen, Schnabel weitgehend rot, recht lange orangerote Beine.

Grünschenkel Karte 152, S. 117
Leicht aufgebogener, grünlichgrauer Schnabel, lange, grünliche Beine, langer, weißer Rückenkeil.

Großer Gelbschenkel S. 117
Aussehen ähnlich Grünschenkel, Beine aber gelb bis orangegelb. Größer als der Kleine Gelbschenkel, Schnabel länger und leicht aufgebogen, stämmigere Beine.
Stimme: Flugruf sehr ähnlich Grünschenkel zumeist dreisilbig „kjü-kjü-kjü“.

Kleiner Gelbschenkel S. 117
Leuchtend gelbe, dünne Beine, weißer Bürzel. Kleiner als der Große Gelbschenkel mit feinerem, geradem Schnabel.
Stimme: Flugruf sehr hell und klar „kju“ oder „kju-kju“, allgemein leiser und gedämpfter als vom Großen Gelbschenkel.

SK
PK
DUNKLER
WASSERLÄUFER
ROTSCHENKEL
GRÜNSCHENKEL
GROSSER
GELBSCHENKEL
KLEINER
GELBSCHENKEL

Tafel 45

Kleinere Wasserläufer

Bruchwasserläufer Karte 154, S. 118

Schlank, etwas heller und brauner als der Waldwasserläufer, Beine heller, mehr gelbgrün, Unterflügel hell.

Waldwasserläufer Karte 153, S. 118

Oben dunkel, scharf abgesetzter, weißer Bürzel, Beine grünlichgrau, Unterflügel ganz dunkel.

Einsiedelwasserläufer S. 118

Ähnlich Waldwasserläufer mit ebenso dunklen Unterflügeln, aber mit dunklem (nicht weißem) Bürzel und dunkler Schwanzmitte, die weiße „Brille" (Augenring und Überaugenstreif) ist deutlicher als beim Waldwasserläufer.

Teichwasserläufer Karte 151, S. 116

Ähnlich wie ein kleiner, zierlicher Grünschenkel, mit sehr schlanken Beinen, nadelfeinem Schnabel und langem, weißem Rückenkeil.

Bindenstrandläufer S. 110

Hat die Gestalt eines sehr kleinen Grünschenkels, der recht kräftige Schnabel ist vor der Spitze leicht abwärts gebogen, weißer Bürzel, aber kein weißer Rückenkeil. Im PK unten kräftig gebändert und mit rotbraunem Wangenfleck.

UCHWASSERLÄUFER
WALD-
WASSERLÄUFER

NSIEDELWASSERLÄUFER
SK
PK
TEICHWASSERLÄUFER
SK
PK
BINDEN-
STRANDLÄUFER

Tafel 46

Kampfläufer und ähnliche nordamerikanische Watvögel

Kampfläufer Karte 140, S. 111

♂ wesentlich größer als ♀. Beide mit schuppiger Oberseite und auffallend weißen, seitlichen Oberschwanzdecken.
♂ PK: Verschiedenfarbige Ohrbüschel und Halskrausen, jedes ♂ sieht anders aus.
♂ SK: Geschuppte, bräunliche Oberseite, oft mit hellem Kopf und heller Brust.
♀: Weitgehend wie das ♂ im SK, aber stets mit bräunlichem Kopf und bräunlicher Brust.

Prärieläufer S. 115

Recht kurzer Schnabel, kleiner Kopf, langer, dünner Hals und recht langer, rostbeiger Schwanz.

Grasläufer S. 110

Unterseite ockergelb, kleiner Kopf, gelbe Beine. Könnte mit jungem Kampfläufer verwechselt werden. Im Flug Kontrast zwischen ockergelber Unterseite und weißlichen Flügeln.

Graubrust-Strandläufer S. 108

Erinnert im Flug an ein kleines Kampfläufer-♀, sieht am Boden aber mehr wie ein Strandläufer aus. Scharfe Grenze zwischen der bräunlichgrauen, dunkel gestreiften Brust und dem weißen Bauch.

Spitzschwanz-Strandläufer S. 108

Dem Graubrust-Strandläufer ähnlich, im PK aber fließender Übergang zwischen der bräunlichen Brust und dem weißlichen Bauch. Auf der unteren Brust, den Flanken und Unterschwanzdecken eine dunkle Winkelzeichnung. JK insgesamt wärmer rotbraun, Brust intensiv orangebeige, die Strichelung beschränkt sich auf ein „Halsband“.

KAMPFLÄUFER
♂ SK
öpfe von
PK
♀
GRASLÄUFER
PRÄRIELÄUFER
JK
GRAUBRUST-
STRANDLÄUFER
SPITZSCHWANZ-
STRANDLÄUFER
PK

Tafel 47

Uferläufer und Strandläufer

Flußuferläufer Karte 155, S. 119

Charakteristisch sind das ständige Wippen mit dem Hinterkörper und der ruckhaft schwirrende Flug. Unterseite weiß, zwischen Flügelbug und dunklen Brustseiten keilförmig nach oben „gezogen“, weißer Flügelstreif.

Drosseluferläufer S. 120

Wippt wie der Flußuferläufer, hat aber einen kürzeren Schwanz.
PK: Drosselähnliche Flecke auf der Unterseite, rötliche Schnabelbasis.
SK: Weitgehend wie der Flußuferläufer, Brustmitte ungezeichnet weiß. Schnabelbasis rötlichgelb, Beine gelb.

Alpenstrandläufer Karte 138, S. 109

Recht langer, vor der Spitze leicht abwärtsgekrümmter Schnabel.
PK: Oberseite rostbraun, auf dem Bauch ein großer schwarzer Fleck.
SK: Kopf und Oberseite weitgehend einheitlich matt graubraun, fein grau gestreiftes Brustband.
JK: Kopf, Brust und Oberseite rötlich beigebraun, Brust und Bauch, im Unterschied zu den anderen Strandläufern, variabel, aber immer kräftig schwarzbraun gestreift und gefleckt.

Sanderling Karte 134, S. 105

Läuft an sandigen Stränden mit den auf- und ablaufenden Wellen hin und her und pickt dabei ständig nach kleinen Tierchen. Vergleichsweise kurzer Schnabel.
PK: Kopf, Brust und Oberseite rotbraun, Weißer Bauch.
SK: Sehr hell, Oberseite hellgrau, unten weiß.
JK: Oberseite durch schwarze Federn mit weißlichen Rändern stark gezeichnet.

ROSSELUFERLÄUFER
1. Winter
FLUSSUFERLÄUFER
wippend
SK
JK
ALPENSTRANDLÄUFER
PK
PK
Altvögel
SK
SANDERLING

Tafel 48

Strandläufer

(S. auch Tafel 52)

Die kleinen Strandläufer sind schwer auseinanderzuhalten. Beachte die Beinfärbung. Schwarz sind die Beine vom Zwergstrandläufer, Sumpfläufer und Rotkehl-Strandläufer. Der Temminck- und der Langzehen-Strandläufer haben helle bis gelbliche Beine.

Zwergstrandläufer Karte 135, S. 106

Kleinster der häufigeren Strandläufer, manchmal im Herbst in größeren Trupps. Recht kurzer, feiner, gerader Schnabel, schwärzliche Beine, äußere Schwanzfedern grau.
JK: Auf der Oberseite rotbraun mit weißer V-Zeichnung auf dem Mantel.
SK: Oben aschgrau, die Schirmfedern durch dunkle Schäfte etwas lebhafter gezeichnet, Unterseite weiß, oft mit dunkel gestricheltem, grauem Brustband.
PK: Kopf, Brustseiten und Oberseite rostbraun, Schirm- und Schulterfedern mit schwarzbraunen Zentren, auf dem Mantel eine gelbliche V-Zeichnung.

Temminckstrandläufer Karte 136, S. 106

Beine kürzer und Körper länger als beim Zwergstrandläufer, keine V-Zeichnung auf dem Mantel, äußere Schwanzfedern weiß, Beine grünlichgelb bis gräulichgelb. Im PK oben grauoliv und auf Mantel und Schultern durch variablen Anteil schwarzbrauner Federn mit hell rostbraunen Rändern scheckig gefleckt.

Sumpfläufer Karte 139, S. 110

Langer, etwas klobiger, vor der Spitze deutlich abwärts geknickter Schnabel, der doppelte Überaugenstreif und die V-Zeichnung auf der Oberseite ergeben ein schnepfenähnliches Muster.

Langzehen-Strandläufer S. 437

Dem Wiesenstrandläufer sehr ähnlich, hat aber längere Zehen (Mittelzehe länger als der Schnabel) und einen langsameren Gang. Dunkler Kopf mit hellem Überaugenstreif. Im JK auf dem Mantel weiße V-Zeichnung, ähnlich wie beim Zwergstrandläufer.

Rotkehl-Strandläufer S. 437

Dem Zwergstrandläufer recht ähnlich, Körper aber länger und Beine kürzer.
JK: Gleicht einem matt gefärbten Zwergstrandläufer, V-Zeichnung aber nur schwach ausgeprägt und Flügeldecken sowie Schirmfederränder grauer.
SK: Vom Zwergstrandläufer am besten an der Gestalt und an der Stimme zu unterscheiden.
PK: Kopf und Hals variabel orangebraun, dunkle, rotbraun gesäumte Schulterfedern, dunkelgraue Flügeldecken.

Meerstrandläufer Karte 137, S. 109

Bevorzugt steinige Strände, immer untersetzt und dunkel.
SK: Schiefergrau mit gelblicher Schnabelbasis und gelblichen Beinen.
PK: Kopf hell, Brust und Flanken dunkel gestreift und gefleckt, dunkle Mantel- und Schulterfedern mit weißlichen und gelbbraunen Säumen.

K
SK
PK
ZWERGSTRANDLÄUFER
JK
PK
TEMMINCKSTRANDLÄUFER
JK
PK
hnabel
n oben
SUMPFLÄUFER
JK
PK
SK
LANGZEHEN-STRANDLÄUFER
JK
K
PK-Variante
PK
ROTKEHL-STRANDLÄUFER
MEERSTRANDLÄUFER
SK
PK

Tafel 49

Nordamerikanische Strandläufer

Alle haben dunkelgraue bis schwärzliche Beinen, ausgenommen der Wiesenstrandläufer mit seinen typisch gelblichen Beinen.

Weißbürzel-Strandläufer S. 107
Größer als der Zwergstrandläufer. Flügelspitzen überragen den Schwanz, Schnabel an der Spitze leicht abwärtsgeknickt, weißer Bürzel.
Stimme: Hoch und dünn mäuseartig piepsend „tsiiit".

Bairdstrandläufer S. 107
In Größe und Gestalt dem Weißbürzel-Strandläufer ähnlich, der Schnabel aber ganz gerade, Bürzelmitte dunkel, Oberseite hell beigebraun getönt mit variabler, dunkler Fleckung.

Wiesenstrandläufer S. 106
Der kleinste Strandläufer mit nadelfeinem Schnabel und kurzen Flügeln (die Schirmfedern reichen fast bis zu den Schwingenspitzen), Oberseite, Wangen und Brust recht dunkel, gelbliche Beine. Das weiße V auf dem Mantel des Jungvogels dünn und unauffällig. Zur Unterscheidung vom sehr ähnlichen Langzehen-Strandläufer s. Text.

Sandstrandläufer S. 105
Graubraun, Schnabel relativ kurz, gerade und an der Spitze verdickt, sonst keine besonderen Merkmale. Zur Unterscheidung von den anderen Strandläufern s. Text.
Stimme: Typischer Flugruf kurz, tief „tschrrüp".

Bergstrandläufer S. 437
Der größte der dunkelbeinigen, kleinen Strandläufer mit einem vergleichsweise langen vor der Spitze leicht abwärtsgebogenen Schnabel. Im PK oben kräftig rotbraun. Im SK grau. Jungvögel im Herbst mit noch recht kurzem Schnabel und daher vom Sandstrandläufer nicht zu unterscheiden.

SK
PK
WEISSBÜRZEL-
STRANDLÄUFER
JK
PK
BAIRD-
STRANDLÄUFER
SK
JK
PK
WIESEN-
STRANDLÄUFER
SK
JK
PK
WIESEN-
STRANDLÄUFER
♂
unges
♀
SK
JK
♀ PK
BERG-
STRANDLÄUFER

Tafel 50

Große Watvögel im Flug

(S, auch Tafel 42)

Säbelschnäbler Karte 123, S. 96
Weiß mit schwarz gezeichneter Oberseite, dünner, aufgebogener Schnabel, weit über den Schwanz ragende blaugraue Beine.

Stelzenläufer Karte 122, S. 96
Flügel oben und unten schwarz, Unterkörper ganz weiß, sehr weit über den Schwanz ragende, rote Beine.

Austernfischer Karte 121, S. 95
Oberseite schwarz, davon die breiten, weißen Flügelstreifen und die weiße Bürzel-Schwanzregion markant abgehoben, Schnabel leuchtend orangerot.

Regenbrachvogel Karte 147, S. 114
Beide, der Regen- und der Große Brachvogel sind braun und haben einen Weißen Bürzel. Der Regenbrachvogel ist aber kleiner und zierlicher. Der Schnabel ist erst im vorderen Drittel abwärtsgebogen. Breit gestreifter Scheitel, gebänderte Flanken.
Stimme: Flugruf eine schnell „bibbernde“ Reihe von Flötentönen „düdüdüdüdüdü“.

Großer Brachvogel Karte 148, S. 115
Sehr langer abwärtsgebogener Schnabel, ungestreifter Scheitel.
Stimme: Flugruf weich, wehmütig flötend „düh-düih“.

Pfuhlschnepfe Karte 146, S. 114
Weißer Bürzel und Rückenkeil, gebänderter Schwanz, langer, leicht aufgebogener Schnabel.

Uferschnepfe Karte 145, S. 113
Breiter, weißer Flügelstreif, weißer Bürzel, Schwanz mit breiter, schwarzer Endbinde, sehr langer, gerader Schnabel.

Austernfischer

SÄBELSCHNÄBLER
STELZENLÄUFER
AUSTERNFISCHER
REGEN-
RACHVOGEL
GROSSER-
BRACHVOGEL
PFUHLSCHNEPFE
UFERSCHNEPFE

Tafel 51

Schnepfen, Schlammläufer, Wasserläufer und Rennvogel im Flug

(S. auch Tafel 43)

Bekassine Karte 142, S. 112
Der lange Schnabel ist gewöhnlich abwärts gerichtet, spitze Flügel mit weißer Hinterkante, fliegt aufgescheucht mit „rätschendem“ Ruf im Zickzackflug davon.

Doppelschnepfe Karte 143, S. 112
Etwas kompakter als die Bekassine, der kürzere Schnabel wird mehr waagerecht gehalten, auf der Flügelmitte ein schwarzer, weiß gesäumter Streif, Schwanzseiten weitgehend weiß. Fliegt aufgescheucht zumeist stumm, geradliniger und weniger weit als die Bekassine.

Zwergschnepfe Karte 141, S. 111
Kleiner als die Bekassine mit deutlich kürzerem Schnabel, am zugespitzten Schwanz kein Weiß, fliegt aufgescheucht stumm auf und fällt nach kurzem, geradem Flug wieder ein.

Waldschnepfe Karte 144, S. 113
Massig, langer Schnabel, gerundete Flügel, Gefieder tarnfarben wie Fallaub, fliegt aufgescheucht niedrig zwischen den Baumstämmen des Waldes davon.

Schlammläufer (beide Arten) S. 112 und S. 437
Schnepfenähnlich langer Schnabel, langer, schmaler, weißer Rückenkeil, weißer Flügelhinterrand. Am besten am Ruf zu erkennen.

Rotschenkel Karte 150, S. 116
Breiter, weißer Streif am Flügelhinterrand, weißer Bürzel.

Grünschenkel Karte 152, S. 117
Langer, bis zu den Schultern reichender, weißer Rückenkeil, kein weißer Flügelstreif.

Dunkler Wasserläufer Karte 149, S. 116
Im SK ähnlich Grünschenkel, die inneren Schwingen aber deutlicher gebändert. Die roten Beine ragen weit über den Schwanz.

Waldwasserläufer Karte 153, S. 118
Oberseite sehr dunkel, weißer Bürzel, weitgehend weißer, nur am Ende grob gebänderter Schwanz, schwärzliche Unterflügel.

Bruchwasserläufer Karte 154, S. 118
Unterscheidet sich vom Waldwasserläufer durch hellere Oberseite, schmal gebänderten Schwanz und helle Unterflügel.

Terekwasserläufer S. 119
Der breite, weiße Rand der Arm- und inneren Handschwingen erinnert an den Rotschenkel, Rücken und Bürzel sind aber einheitlich grau.

Rennvogel S. 97
Körper hell sandfarben, Handflügeloberseite und ganze Flügelunterseite schwarz, Zehen überragen den Schwanz.

EKASSINE
DOPPELSCHNEPFE
ZWERGSCHNEPFE
ALDSCHNEPFE
SCHLAMMLÄUFER
ROTSCHENKEL
ÜNSCHENKEL
SK
DUNKLER WASSERLÄUFER
WALD- WASSERLÄUFER
BRUCH- WASSERLÄUFER
RENNVOGEL
TEREKWASSERLÄUFER

Tafel 52

Strandläufer und andere Watvögel im Flug

Alpenstrandläufer Karte 138, S. 109
SK: Bräunlichgrau, Schnabel recht lang und dünn, Flügelstreif deutlich, aber schmal.

Meerstrandläufer Karte 137, S. 109
SK: Düster grau, deutlicher, weißer Flügelstreif, der von den Armschwingen bis auf die inneren Handschwingen reicht, weiße, leicht gemusterte äußere Oberschwanzdecken.

Knutt Karte 133, S. 104
SK: Dicklich, aber mit langen Flügeln, Oberseite grau, Bürzel hellgrau und fein gebändert, Schwanz grau.

Sichelstrandläufer S. 108
SK: Sieht wie ein grauer Alpenstrandläufer aus, der Bürzel ist aber ganz weiß.

Sanderling Karte 134, S. 105
SK: Oberseite hellgrau, breiter, weißer, schwarz begrenzter Flügelstreif.

Flußuferläufer Karte 155, S. 119
Fliegt niedrig mit schnell schwirrendem Flügelschlag und gleitet dazwischen auf steif abwärtsgebogenen Flügeln. Deutlicher, weißer Flügelstreif.

Zwergstrandläufer Karte 135, S. 106
JK: Sehr klein, schmaler Flügelstreif, helles Mantel-V, graue Schwanzseiten.

Temminckstrandläufer Karte, 136, S. 106
Unterscheidet sich vom Zwergstrandläufer durch die grauere Oberseite und weiße Schwanzseiten.

Odinshühnchen Karte 157, S. 121
JK: Gestreifte Oberseite, deutlicher, weißer Flügelstreif, tiefschwarze Bürzelmitte.

Thorshühnchen Karte 158, S. 121
SK: Ähnlich hell wie der Sanderling, aber kleiner und dicklicher mit etwas weniger abstechendem Flügelstreif.

Graubrust-Strandläufer S. 108
Dunkelbraun mit nur angedeutetem Flügelstreif, Schwanzzeichnung zwischen Alpenstrandläufer und Kampfläufer.

Triel Karte 124, S. 97
Langgestreckter Körper und lange, schmale Flügel, breiter, doppelter, weißer Flügelstreif.

Kampfläufer Karte 140, S. 111
Flügelstreif nur schmal, langovale, weiße, seitliche Oberschwanzdecken zu beiden Seiten der sonst dunklen Schwanzbasis. ♂ sehen im PK durch die angelegte Halskrause breitbrüstig aus. Sie können dunkel oder auch recht hell wirken.

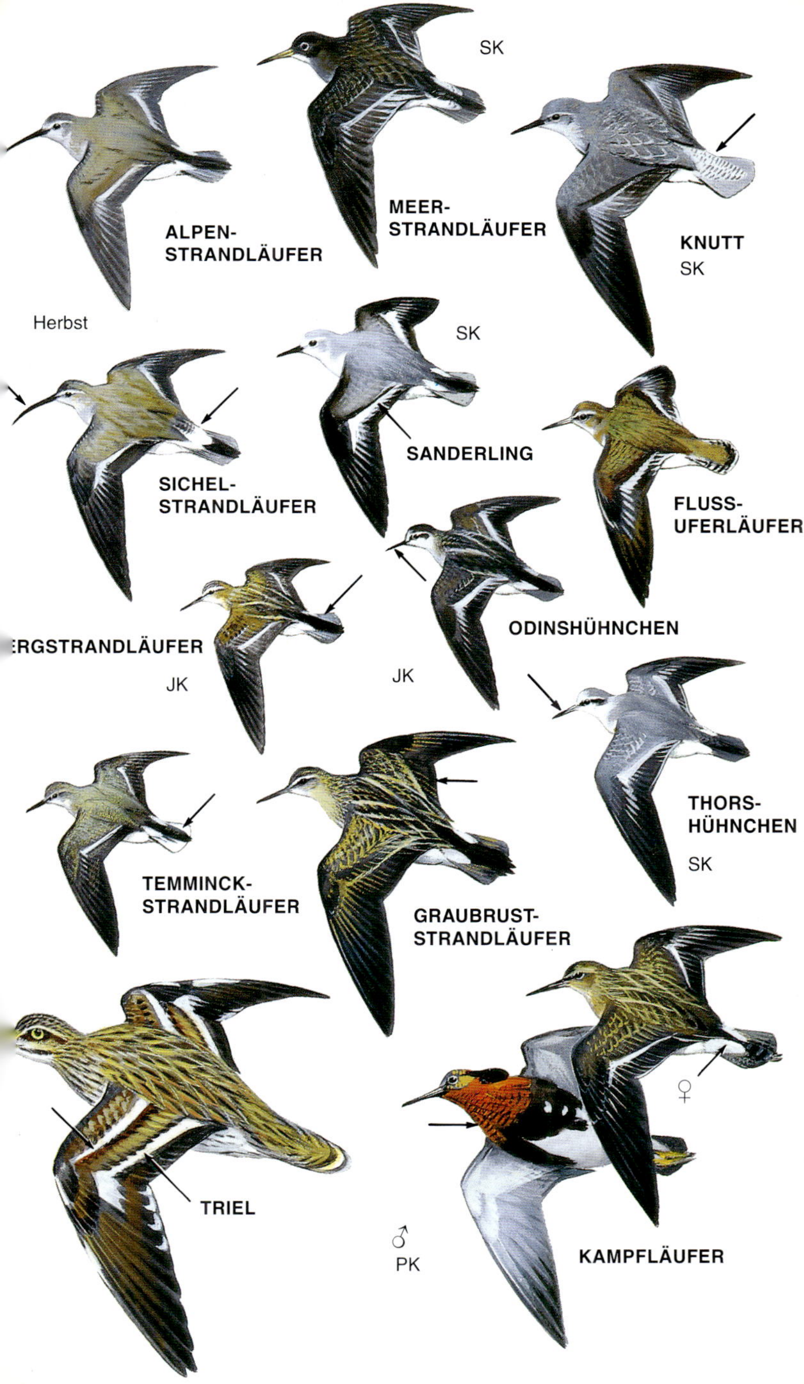
SK
ALPEN-
STRANDLÄUFER
MEER-
STRANDLÄUFER
KNUTT
SK
Herbst
SK
SANDERLING
SICHEL-
STRANDLÄUFER
FLUSS-
UFERLÄUFER
ODINSHÜHNCHEN
ERGSTRANDLÄUFER
JK
JK
THORS-
HÜHNCHEN
SK
TEMMINCK-
STRANDLÄUFER
GRAUBRUST-
STRANDLÄUFER
♀
TRIEL
♂
PK
KAMPFLÄUFER

Tafel 53

Raubmöwen

Raubmöwen sind dunkle, greifvogelähnliche Seevögel, die nach Piratenart anderen Vögeln die Beute abjagen oder auch selber Vögel und kleine Säugetiere fangen. Alle haben im JK weiß aufleuchtende Flügelfelder. Im PK haben die drei kleineren Arten verlängerte, mittlere Schwanzfedern (s. Abb. unten), deren Spitzen aber nicht selten abgebrochen sind. Die Schmarotzer- und Spatelraubmöwen treten in hellen und dunklen Farbvarianten auf, die Schmarotzerraubmöwe auch in verschiedenen Zwischenformen. Bei den Jungvögeln sind die mittleren Schwanzfedern noch kurz. Sie sind allgemein nur schwer zu unterscheiden.

Skua S. 123
Groß, gedrungen und massig, hell- bis dunkelbraun, große weiße Flügelfelder, stumpfer Schwanz.

Schmarotzerraubmöwe Karte 159, S. 123
Mittelgroß, in der Gefiederfärbung am variabelsten, spitze mittlere Schwanzfedern.

Spatelraubmöwe S. 122
Zweitgrößte Raubmöwe, Gestalt recht möwenähnlich, Armflügel breit, gebänderte Flanken (helle Variante), stumpfe, verdrehte mittlere Schwanzfedern.

Falkenraubmöwe Karte 160, S. 123
Kleinste und hellste Raubmöwe, schmale Flügel, kein dunkles Brustband, Altvogel ohne Weiß am Flügel, sehr lange, spitze, biegsame mittlere Schwanzfedern.

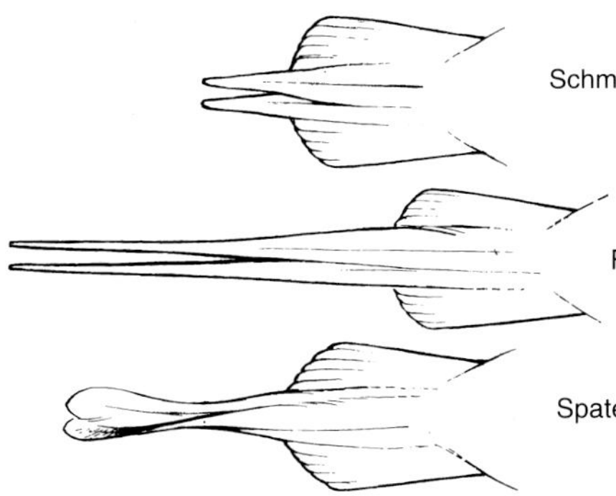

Schwänze erwachsener Raubmöwen

SKUA
SCHMAROTZER-
RAUBMÖWE
helle Variante
SCHMAROTZERRAUBMÖWE
dunkle Variante
mittlere Variante
SCHMAROTZER-
RAUBMÖWE
Jungvogel
Jungvogel
dunkel
PK
hell
SPATEL-
RAUBMÖWE
LKEN-
AUBMÖWE
Jungvogel

Tafel 54 Alte Möwen

Bei der Bestimmung der Möwen ist v. a. auf das Flügelmuster und die Beinfärbung zu achten. Alle hier abgebildeten Möwen sind voll ausgefärbt. Die im PK dunkelköpfigen Arten haben im SK helle Köpfe.

Mantelmöwe Karte 170, S. 131
Sehr groß, Flügel und „Rücken" schwarz, fleischfarbene Beine.

Heringsmöwe Karte 167, S. 129
So groß wie die Silbermöwe, Beine gewöhnlich gelb oder orange.
Nördliche Unterarten: Dunkel, auf Flügeln und „Rücken" schwärzlich oder schwarz.
Südliche Unterart: Heller, Handflügelspitzen schwarz, von der schiefergrauen Oberseite abgehoben.

Eismöwe Karte 169, S. 130
Größe der Mantelmöwe, weiße Handschwingen, „eckiger" Kopf, kräftiger Schnabel.

Polarmöwe S. 130
Größe der Silbermöwe, „runder" Kopf, kleiner Schnabel, weiße Handschwingen.

Elfenbeinmöwe S. 132
So groß wie die Sturmmöwe, ganz weiß mit schwarzen Beinen.

Silbermöwe Karte 168, S. 129
Häufigste Großmöwe, Flügel und „Rücken" grau, schwarzweiße Flügelspitzen, Beine fleischfarben, bei der sehr ähnlichen Weißkopfmöwe aber gelb.

Sturmmöwe Karte 166, S. 128
Kleiner als die Silbermöwe, runder Kopf, Schnabel und Beine grünlichgelb.

Dreizehenmöwe Karte 171, S. 132
Kleiner als die Sturmmöwe, Flügelenden wie in Tinte getaucht schwarz, schwarze Beine.

Korallenmöwe Karte 165, S. 128
Größe zwischen der Sturm- und Silbermöwe, roter Schnabel mit schwarzer Binde, olivfarbene Beine, die schwarzen äußeren Handschwingen vom sonst hellgrauen Flügel abgehoben.

Zwergmöwe* Karte 162, S. 126
Kleinste Möwe, die an der Spitze gerundeten Flügel sind auf der Unterseite schwärzlich, im PK ausgedehnt schwarze Kapuze.

Schwalbenmöwe* S. 126
Kleiner als die Dreizehenmöwe, schwarze äußere Handschwingen, dreieckiges, weißes Flügelfeld, gegabelter Schwanz, Kopf im PK mit schwarzbrauner Kapuze.

Lachmöwe* Karte 163, S. 127
Häufigste der kleineren Möwen, langer, weißer Keil auf den äußeren Handschwingen, Handflügelunterseite schwärzlich, Schnabel und Beine rot. Im PK mit schokoladenbrauner Kapuze.

Schwarzkopfmöwe* Karte 161, S. 124
Nahezu weiße Flügel. Im PK mit ausgedehnt schwarzer Kapuze.

Dünnschnabelmöwe Karte 164, S. 127
Handflügel mit weißem Keil wie bei der Lachmöwe, Kopf aber weiß, Schnabel lang und Stirn flach.

* Im SK weißer Kopf mit dunklem Fleck auf den Ohrdecken.

MANTELMÖWE
EISMÖWE
POLARMÖWE
HERINGSMÖWE
ELFENBEINMÖWE
SILBER-
MÖWE
DREIZEHEN-
MÖWE
RMMÖWE
unten
SK
SCHWAL-
BENMÖWE
oben
SK
ZWERGMÖWE
RALLEN-
ÖWE
PK
DÜNNSCHNA-
BELMÖWE
SK
PK
LACHMÖWE
SCHWARZKOPFMÖWE

Tafel 55

Junge Möwen

Bei der Bestimmung junger Möwen bedarf es besonderer Sorgfalt. Erst nach zwei bis fünf Jahren ist das Gefieder des Altvogels voll ausgebildet. Die einzelnen Übergangskleider gleichen sich immer mehr dem Kleid der Altvögel an (s. Text).

Mantelmöwe Karte 170, S. 131

Sehr groß, die dunkel gemusterte Oberseite hebt sich von der helleren Unterseite stärker ab als bei der jungen Heringsmöwe.

Heringsmöwe Karte 167, S. 129

Im ersten Kleid von der jungen Silbermöwe schwer zu unterscheiden, dunklerer Mantel und Rücken, nahezu weißer Bürzel, weißer Schwanz mit breiter schwarzer Endbinde, einheitlich schwärzlicher Handflügel und dunkle Unterflügeldecken. Ab dem 2. Winter wird die Unterscheidung leichter (s. Text).

Eismöwe Karte 169, S. 130

1. Winter: Hell milchkaffeebraun mit weißlichen Handschwingen und auffallend schwarzer Schnabelspitze.
2. Winter: weitgehend weiß.
Polarmöwe mit gleicher Kleiderfolge, Zeichnung aber mehr fleckig als „gewellt“.

Silbermöwe Karte 168, S. 129

1. Winter: Insgesamt graubraun mit bräunlichem Kopf und schwärzlichbraun gefleckter Oberseite, innere Handschwingen heller als die äußeren, Oberschwanzdecken dunkel gefleckt, dadurch kein scharfer Kontrast zur dunkeln Endbinde,
2. Winter: Mantel und Rücken werden grau, Schwanz mit breiter, dunkler Endbinde.

Sturmmöwe Karte 166, S. 128

Von der Silbermöwe im 2. Winter durch scharf abgesetztes, schwarzes Endband am Schwanz, geringere Größe und schwächeren, kürzeren Schnabel unterschieden.

Dreizehenmöwe Karte 171, S. 132

Dunkles Zickzackband über die Flügel, schwarzer „Kragen“.

Lachmöwe Karte 163, S. 127

Weißes Feld auf den äußeren Handschwingen, schmales, schwarzes Endband am Schwanz.

Schwalbenmöwe S. 126

Flügelzeichnung mit schwarzen äußeren Handschwingen und weißem „Dreieck“ wie beim Altvogel, gegabelter Schwanz mit schwarzer Endbinde.

Schwarzkopfmöwe Karte 161, S. 124

Von der Lachmöwe durch dunkleren Wangenfleck und schwärzliche, nicht weiße, äußere Handschwingen und von der Sturmmöwe durch schmaleres Endband am Schwanz und helleres Feld auf der Flügelmitte unterschieden.

Zwergmöwe Karte 162, S. 126

Wie bei der jungen Dreizehenmöwe auf dem Flügel ein Zickzackmuster, aber deutlich kleiner, ohne „Kragen“, mit gerundeten Flügelspitzen und dunkler Kappe.

Die unteren 6 Arten im 1. Winter

Tafel 56

Seltene Möwen

Fischmöwe S. 124
Groß, kräftiger, gelber Schnabel mit schwarz-roter Spitze, langgezogene, flache Stirn, Handflügel weiß mit schwarzem Querband vor der Flügelspitze.

Aztekenmöwe S. 125
Das Dunkelgrau von „Rücken“ und Flügeln geht an den Flügelspitzen in Schwarz über. Im SK ohne schwarze Kappe.
1. Winter: Dunkel mit abstechend weißem Bürzel und weißem Flügelhinterrand.

Bonapartemöwe S. 126
Handflügelunterseite in allen Kleidern weiß mit schwarzem Hinterrand.
PK: Wie eine kleine Lachmöwe, aber mit dünnerem, schwarzem Schnabel.
1. Winter: Flügel mit dunklem Diagonalband und dunkler Hinterkante.

Rosenmöwe S. 131
In allen Kleidern langer, keilförmig endender Schwanz.
PK: Unterseite rosa getönt, schmales, schwarzes Halsband, graue untere Flügeldecken, feiner, schwarzer Schnabel, Flügelspitzen ohne Schwarz.
SK: Unten kaum rosa und ohne Halsband.
1. Winter: Zickzackband auf dem Flügel wie bei der jungen Dreizehenmöwe, aber ohne „Kragen“.

Ringschnabelmöwe S. 128
Größe zwischen der Sturm- und Silbermöwe, aber mit recht kräftigem Schnabel.
Altvogel: Gelbliche bis blaß grünliche Beine, schwarze Binde vor der Spitze des gelben Schnabels.
1. Winter: Weitgehend wie die junge Sturmmöwe, die hellgrauen Schultern aber verstreut graubraun gefleckt, hellgraues, mittleres Feld auf dem Flügel, unscharf begrenzte schwarze Endbinde am Schwanz.

Präriemöwe S. 125
Kleiner und gedrungener als die Aztekenmöwe. Kann mit der jungen Schwarzkopfmöwe verwechselt werden.
Altvogel: Hinter der weißschwarzen Flügelspitze ein weißes quer über den Handflügel ziehendes Band und an der Flügelhinterkante ein breiter, weißer Saum. Im SK ohne schwarze Kapuze.
1. Winter: Schwarzbraune Kappe, Unterseite und Unterflügel weiß ohne graue Tönung oder Zeichnung, weißer Schwanz mit sauber abgesetzter, schwarzer Endbinde.

FISCHMÖWE
SK
1. Winter
PK
AZTEKENMÖWE
SK
1. Winter
1. Winter
ONAPARTE-
ÖWE
ROSENMÖWE
SK
PK
1. Winter
RINGSCHNABEL-
MÖWE
PK
1. Winter
PK
PRÄRIEMÖWE

Tafel 57 Seeschwalben
(„Meer-Seeschwalben")

Seeschwalben sind schlanker als Möwen. Sie haben schmalere Flügel und einen anmutigeren Flug. Ihre dünneren, spitzeren Schnäbel sind im Flug gewöhnlich abwärts zum Wasser gerichtet. Ihre Schwänze sind in der Regel gegabelt. Die meisten Seeschwalben sind oben grau, unten weiß und haben zumindest im PK schwarze Kappen. S. auch Tafel 59.

Lachseeschwalbe Karte 172, S. 133

Gedrungener, möwenartiger, schwarzer Schnabel, glatte Kappe, Bürzel und Schwanz wie die ganze Oberseite hellgrau, nicht sonderlich tief gegabelter Schwanz.

Brandseeschwalbe Karte 174, S. 134

Hellste der häufigeren Seeschwalben mit struppiger Haube und langem schwarzem Schnabel mit gelber Spitze.

Raubseeschwalbe Karte 173, S. 133

Größte Seeschwalbe, kräftiger, karminroter Schnabel, möwenähnlicher Flug, Unterseite der Handschwingen schwärzlich, Kappe in der meisten Zeit des Jahres weiß gesprenkelt.

Flußseeschwalbe Karte 175, S. 135

PK: Schnabel orangerot mit schwarzer Spitze, Oberflügel mit Kontrast zwischen den dunklen äußeren Handschwingen und sonst hellem Flügel, am Unterflügel die durchscheinend hellen inneren Handschwingen von den dunkleren äußeren abgehoben.
JK: Weiße Stirn, Armflügelvorderkante dunkel.

Rosenseeschwalbe S. 134

So hell wie die Brandseeschwalbe mit ähnlichem, aber zierlicherem Flugbild.
PK: Recht kurze Flügel, sehr lange Schwanzspieße, nahezu schwarzer Schnabel.
JK: Oberseite fleckiger als bei der Flußseeschwalbe, Flügelvorderkante heller.

Küstenseeschwalbe Karte 176, S. 135

Schnabel und Kopf kürzer als bei der Flußseeschwalbe und Schwanzspieße länger. Dadurch Flügel deutlich vor der Körpermitte.
PK: Unterseite grauer als bei der Flußseeschwalbe, Schnabel bis zur Spitze rot, Oberflügel ohne scharfen Kontrast zwischen äußeren Handschwingen und dem übrigen Flügel, am Unterflügel alle Schwingen durchscheinend hell mit schwarzem Saum am Handflügel (vgl. Flußseeschwalbe).
JK: Oberflügel heller, weniger gezeichnet als bei der Flußseeschwalbe, Vorderkante des Armflügels nur diffus dunkler, über die Enden der äußeren Handschwingen ein schmaler, schwarzer Saum, Armschwingen rein weiß.

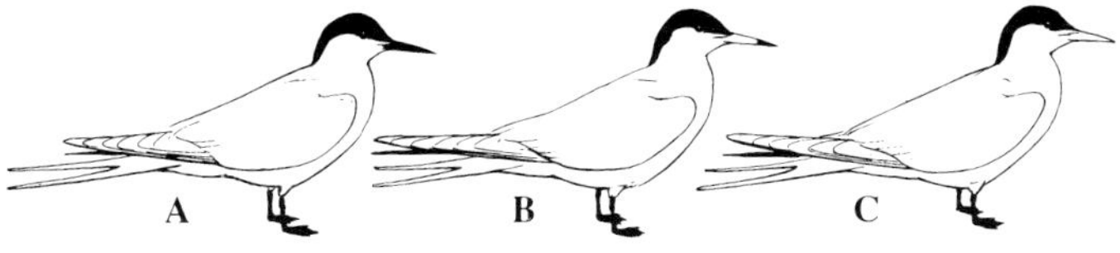

A Rosenseeschwalbe: Am hellsten, der Schwanz ragt weit über die kurzen Flügel.
B Flußseeschwalbe: Der Schwanz ragt nicht über die Flügelspitzen.
C Küstenseeschwalbe: Grauer als die Flußseeschwalbe, mit einem deutlich längeren Schwanz und kürzeren Beinen.

K
LACHSEE-
SCHWALBE
SK
PK
BRANDSEE-
SCHWALBE
SK
RAUBSEESCHWALBE
SK
PK
FLUSSEESCHWALBE
JK
USSEESCHWALBE
PK
KÜSTEN-
SEESCHWAL-
BE
PK
JK
PK
SENSEESCHWALBE
KÜSTENSEESCHWALBE

Tafel 58

Seeschwalben

(Mit Ausnahme der Zwergseeschwalbe - „Binnen-Seeschwalben“)

Zwergseeschwalbe

Karte 177, S. 136

Kleinste Seeschwalbe Europas mit dem schnellsten Flügelschlag.
PK: Gelber Schnabel mit schwarzer Spitze, weiße Stirn mit „Augenbrauen“, schwarze äußere Handschwingen.
JK: Schwarze Flügelvorderkante.

Weißbart-Seeschwalbe

Karte 178, S. 137

PK: Graue Unterseite, weiße Kopfseiten.
SK: Größer und heller als die Trauerseeschwalbe mit weniger Schwarz im Nacken. Mantel, Rücken, Bürzel und Schwanz nahezu einfarbig hellgrau. JK: S. Text.

Trauerseeschwalbe

Karte 179, S. 137

PK: Kopf und Körper schwarz, Flügel und Schwanz grau, weiße untere Flügeldecken.
SK: Schwarze Kappe, dunkler Brustseitenfleck, Mantel, Rücken, Bürzel und Schwanz nahezu einfarbig grau.
JK: Schwarze Kappe, ausgeprägte Brustseitenflecke, graue Oberseite, auf dem grauen Flügel vorne eine dunkle Kante und hinten ein dunkler Armschwingenrand.

Weißflügel-Seeschwalbe

Karte 180, S. 138

PK: Kopf und Körper schwarz, Oberflügeldecken, Bürzel und Schwanz weiß, schwarze Unterflügeldecken.
SK: Kontrast zwischen dem weißen Bürzel und der sonst grauen Oberseite, keine Brustseitenflecke (vgl. Weißbart- und Trauerseeschwalbe).
JK: Ausgesprochen dunkler „Sattel“, keine Brustseitenflecke, rein weißer Bürzel.

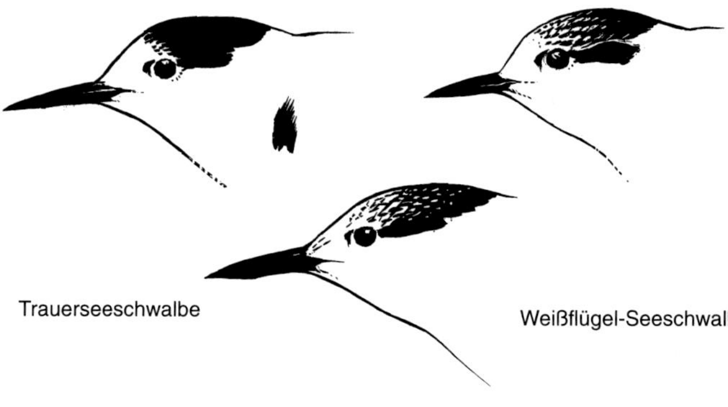

Trauerseeschwalbe

Weißflügel-Seeschwalbe

Weißbart-Seeschwalbe

Köpfe der „Binnen-Seeschwalben“ im SK

WEISSBART-SEESCHWALBE
SK
JK
PK
PK
PK
ZWERG-
SEESCHWALBE
mausernd
JK
SK
PK
SK
PK
TRAUERSEESCHWALBE
SK
mausernd
JK
PK
SK
PK
WEISSFLÜGEL-SEESCHWALBE

Tafel 59

Köpfe von Seeschwalben

Zeichnung und Färbung von Schnabel und Kopf sind bei den Seeschwalben wichtige Bestimmungsmerkmale. Im PK haben alle Seeschwalben schwarze Kappen. Im Spätsommer beginnt die Weißfärbung der Stirn, die für das SK bezeichnend ist.

Trauerseeschwalbe Karte 179, S. 137
PK: Schnabel und Kopf schwarz.
SK: Weiße Stirn, ausgedehnt schwarze Kappe.
Weißflügel-Seeschwalbe (keine Abb.): Ähnlich Trauerseeschwalbe, Kappe aber nur schwach entwickelt und weiß gestrichelt (s. Tafel 58 und Text).

Weißbart-Seeschwalbe Karte 178, S. 137
PK: Roter Schnabel, weiße Kopfseiten, Kehle und Brust grau.
SK: Schnabel dunkel, Kappe nur hinter dem Auge dunkel, sonst weiß gestrichelt.

Zwergseeschwalbe Karte 177, S. 136
PK: Schnabel gelb mit schwarzer Spitze, Stirn und „Augenbrauen" weiß.
JK: Schnabel dunkler, Kappe weiß gesprenkelt dunkelgrau.

Flußseeschwalbe Karte 175, S. 135
PK: Schnabel orangerot mit dunkler Spitze.
SK: Schnabel dunkler, Schwarz vom Auge bis zum Nacken.

Küstenseeschwalbe Karte 176, S. 135
PK: Ganz roter Schnabel, Stirn höher, Scheitel runder als bei der Flußseeschwalbe.
SK: Gleicht der Flußseeschwalbe.

Rosenseeschwalbe S. 134
PK: Dünner, weitgehend schwarzer, manchmal an der Basis auch ausgedehnt roter Schnabel.
SK: Dünnerer, längerer Schnabel als bei der Flußseeschwalbe.

Lachseeschwalbe Karte 172, S. 133
PK: Gedrungener, schwarzer Schnabel.
SK: Schwarzer, breiter Augenstreif, schwarzweiß gestrichelter Nacken.
JK: Wie SK, Augenstreif aber oft weitgehend auf einen Ohrdeckenfleck reduziert, daher möwenähnlich.

Brandseeschwalbe Karte 174, S. 134
PK: Struppige Haube, schwarzer Schnabel mit gelber Spitze.
SK: Weiße Stirn, sonst wie PK.

Raubseeschwalbe Karte 173, S. 133
PK: Sehr großer, dolchförmiger, roter Schnabel, Hinterkopf etwas struppig.
SK: Schnabelspitze dunkel, Stirn und Scheitel weiß gestrichelt.

SK
PK
TRAUERSEESCHWALBE
SK
PK
WEISSBART-SEESCHWALBE
JK
PK
ZWERGSEESCHWALBE
SK
PK
FLUSSEESCHWALBE
SK
PK
KÜSTENSEESCHWALBE
SK
PK
ROSENSEESCHWALBE
JK
SK
PK
LACHSEESCHWALBE
SK
PK
BRANDSEESCHWALBE
SK
PK
RAUBSEESCHWALBE

Tafel 60

Seltene Seeschwalben

(Irrgäste aus dem westlichen Atlantik oder von den Küsten N- und W-Afrikas)

Forsterseeschwalbe S. 136

Weißere Handflügel als bei der Flußseeschwalbe, Schnabel mehr orange, Schwanzmitte grau, Im SK und JK mit breitem, schwarzem Augenstreif (Maske), der nicht bis in den Nacken reicht.

Königsseeschwalbe S. 438

Groß, aber schlanker und am Hinterkopf struppiger als die Raubseeschwalbe mit schwächerem, mehr orangefarbenem Schnabel. In der meisten Zeit des Jahres ist die Stirn rein weiß und nicht, wie bei der Raubseeschwalbe im SK, nur weiß gestrichelt.

Rüppellseeschwalbe S. 133

Etwa so groß wie die Brandseeschwalbe, aber mit orangegelbem Schnabel und tiefer gegabeltem Schwanz.

Rußseeschwalbe S. 136

Altvogel: Oben schwarz mit weißer Stirn, unten weiß.
JK: Dunkelbraune, weiß gepunktete Oberseite.

Zügelseeschwalbe S. 439

Auf der Oberseite grauer als die Rußseeschwalbe, oft ein helles Nackenband, weitgehend weißer Schwanz.

PK
SK
PK
SK
FORSTERSEESCHWALBE
SK meiste Zeit des Jahres
SK
PK
KÖNIGSSEESCHWALBE
ÜPPELLSEESCHWALBE
PK
JK
ZÜGEL-
SEESCHWALBE
PK
RUSSEESCHWALBE

Tafel 61

Alken

Alken sind untersetzte, schwarzweiße Seevögel die an Land aufgerichtet sitzen, mit schwirrendem Flügelschlag fliegen und beim Landen die Beine gespreizt vorstrecken.

Tordalk

Karte 182, S. 139

Langer, spitzer Schwanz, ungefleckt weiße Flanken.
Altvogel: Klobiger Kopf, hoher Schnabel mit weißer Zeichnung.
Jungvogel: Kleinerer Schnabel mit gebogenem First.

Dickschnabellumme

S. 139

Schnabel dicker als bei der Trottellumme, Flanken ungezeichnet weiß.
PK: Am Schnabel ein heller Längsstreif.
SK: Die schwarze Kappe reicht bis über die Augen, über die Wangen kein dunkler Streif.

Trottellumme

Karte 181, S. 138

Dünnerer Schnabel als die Dickschnabellumme und der Tordalk, gestrichelte Flanken.
PK: Dunkler Kopf, einige mit weißer „Brille".
SK: Dunkler Streif vom Auge über die Wangen.

Riesenalk

Der flugunfähige Riesenalk war der größte Alk des Nordatlantiks. Das letzte Paar wurde 1844 auf einer Insel vor Island erschlagen.

Jungvogel
PK
TORDALK
SK
SK
DICKSCHNABELLUMME
PK
SK
TROTTELLUMME
PK
TROTTELLUMME
NGEL-
MME
DICKSCHNABELLUMME
PK
TORDALK
PK
RIESENALK

Tafel 62

Alken

Die Alken lassen sich an Land gut an der Körperhaltung und Gestalt erkennen (s. auch Tafel 61).

Papageitaucher

Tordalk

Trottellumme

Gryllteiste

Krabbentaucher
S. 140

Etwa starengroß, kurzer Schnabel, gedrungene, „halslose" Gestalt, dunkle Unterflügel, schneller Flügelschlag, der an einen kleineren Watvogel erinnert.

Gryllteiste
Karte 183, S. 139

Kleiner und plumper als die größeren Alken mit relativ kleinem Kopf.
PK: Spitzer Schnabel, schwarzer Körper, großes, weißes Flügelfeld, Beine und Innenseite des Schnabels leuchtend rot.
SK: Schwarzweiß gebänderte Oberseite, der weiße Flügelfleck weniger abgehoben.

Papageitaucher
Karte 184, S. 140

Kleiner und gedrungener als die größeren Alken mit hohem, dreieckigem Schnabel am großen, runden Kopf.
PK: Bunter Schnabel, weiße Kopfseiten.
SK: Schnabel kleiner und weniger bunt, Kopfseiten grau.
JK: Schnabel dick, aber nicht hoch dreieckig, dunkelgraue Kopfseiten.

SK
PK
SK
PK
SK
KRABBENTAUCHER
SK
PK
SK
PK
GRYLLTEISTE
JK
PK
SK
PAPAGEITAUCHER
PK
GRYLLTEISTE
PK
PK
KRABBEN-
TAUCHER
PK

Tafel 63

Tauben

Mittelgroße Landvögel mit kleinem Kopf und weicher Wachshaut an der Basis des Oberschnabels. Geschlechter gleich. Laufen am Boden mit trippelnden Schritten. Fliegen oft mit klatschendem Flügelgeräusch auf. Stimmen monoton gurrend.

Ringeltaube Karte 187, S. 143
Größte Taube der Region, Altvogel mit weißem Halsfleck, quer über den Flügel ein weißes Band, Schwanzunterseite mit breitem hellgrauem und schwarzem Band.

Felsentaube Karte 185, S. 142
Weißer Bürzel, zwei breite, schwarze Flügelbinden, weiße Unterflügel. Die „Stadttauben" und Haustauben sind Abkömmlinge der Felsentaube und ihr oft in Gestalt und Färbung sehr ähnlich.

Hohltaube Karte 186, S. 142
Kleiner und gedrungener als die Ringeltaube, zwei kurze, schwarze Flügelbinden auf den inneren Armschwingen, auf dem Flügel ein hellgraues, gestrecktes Feld, Rücken und Bürzel hellgrau, graue Unterflügel.

Turteltaube Karte 189, S. 143
Kleinste der europäischen Tauben, Schultern und Kleine Flügeldecken satt rostgelb mit schwarzen Zentren, langer, schwarzer, gerundeter Schwanz mit breitem, weißem Saum.

Orientturteltaube S. 144
Größer als die Turteltaube, fast so groß wie die Türkentaube, bräunlicher Nacken und Hinterhals (bei der Turteltaube hellgrau), braunrosa Brust, im Flug auf dem Armflügel zwei helle Bänder, Schwanzzeichnung variabel (s. Text).

Palmtaube S. 144
Kleiner als die Turteltaube mit relativ längerem Schwanz, kupferrotes, schwarz gezeichnetes Brustband, blaugraue Mittlere und Große Armflügeldecken. Auf den SE-Balkan und die Türkei beschränkt.

Türkentaube S. 143
Größer als die Turteltaube, mit längerem, weniger gerundetem Schwanz, schmaler, schwarzer, weiß eingefaßter Nackenring, äußere Hälfte der Schwanzunterseite weiß.

Stadttauben: Neben Vögeln mit Felsentaubengefieder gibt es verschiedene andere Färbungsvarianten.

RINGELTAUBE
FELSENTAUBE
HOHLTAUBE
ORIENT-
TURTEL-
TAUBE
TURTEL-
TAUBE
LMTAUBE
TÜRKENTAUBE

Tafel 64

Eulen

(S. auch Tafel 65)

Überwiegend nachtaktive Raubvögel mit fast geräuschlosem Flug. Sie haben große, runde Köpfe und große, nach vorne gerichtete Augen, die von einem „Schleier" (Kranz kurzer Federn) umgeben sind.

Schleiereule
Karte 191, S. 146

Herzförmiger „Gesichtsschleier", dunkle Augen, ungestreifte Brust. Leichter Flug, häufiges Rütteln mit flachem Flügelschlag.
Helle Unterart: Unterseite weiß.
Dunkle Unterart: Unterseite ockerbraun.

Sumpfohreule
Karte 201, S. 150

Oberseite hell sandbraun mit kräftiger dunkelbrauner Fleckung, Unterseite, zum Bauch hin immer heller werdend, beigeweiß mit dichter dunkler Streifung auf der Brust, schwarze „Lidschatten" betonen die gelben Augen. Die langen, schmalen Flügel werden beim Gleiten leicht V-förmig angehoben.

Zwergohreule
Karte 192, S. 147

Sehr klein, Gefieder variabel, zumeist bräunlichgrau oder rostbraun, kleine „Federohren", die bei Erregung aufgestellt werden, lange Flügel, geradliniger Flug.

Waldohreule
Karte 200, S. 150

Wenig kleiner als die Sumpfohreule. Im Brutgebiet ausgesprochen nachtaktiv. Unterseite beigebraun mit dunkelbrauner Längsstreifung und Querstrichelung, die bis auf den Bauch reicht, orangerote Augen, lange, bei Erregung aufgerichtete „Federohren". Flug gaukelnd mit wenigen rudernden Flügelschlägen und längeren Gleitstrecken.

Schnee-Eule
Karte 194, S. 147

Groß, ♀ weiß mit dunkler Bänderung, ♂ fast ganz weiß, große, gelbe Augen, langsamer, gleitender Flug.

Uhu
Karte 193, S. 147

Sehr groß, Unterseite längsgestreift und quergestrichelt, große, orangerote Augen, markante „Federohren", zügiger Flug mit flachen Flügelschlägen.

SUMPFOHREULE
dunkle Form
helle Form
SCHLEIEREULE
WERGOHREULE
WALD-
OHREULE
SCHNEE-EULE
UHU

Tafel 65

Eulen

(S. auch Tafel 64)

Die meisten Eulen haben eine nächtliche Lebensweise und sind daher selten zu sehen, es sei denn, man entdeckt die Plätze, wo sie am Tage ruhen. Da die Eulen weitgehend „unsichtbar“ sind, ist die Kenntnis ihrer Stimmen besonders wichtig. Ergänzend zu den Umschreibungen im Text sollte man Tonaufzeichnungen zu Rate ziehen. Keine der hier dargestellten Arten hat „Federohren“.

Steinkauz Karte 197, S. 148

Klein, kompakt, mit großem, flachem Kopf, gedrungenem Körper, kurzem Schwanz und recht langen Beinen, Oberseite dunkelbraun mit weißlichen Flecken, Unterseite gräulichweiß mit dichter brauner Fleckung und Streifung, gelbe Augen, kurze, weiße „Augenbrauen“. Spechtähnlicher Wellenflug. Jagt vorwiegend in der Dämmerung.

Rauhfußkauz Karte 202, S. 151

Wenig größer als der Steinkauz, großer, etwas eckiger Kopf mit hoher Stirn, rundem, bräunlichweißem „Schleier“, dicken, weißen, „Augenbrauen“ und gelben Augen. Junge dunkelbraun mit dunklem Schleier und weißen „Augenbrauen“. Flugweise geradlinig. Streng nachtaktiv.

Waldkauz Karte 198, S. 149

Massiger Körper, große, schwarze Augen, Gefieder rotbraun oder graubraun, Brust gestreift und gestrichelt, auffällig die weißlichen Streifen auf der Stirn, am Rande der Schultern und auf den großen Flügeldecken. Flug geradlinig.

Sperbereule Karte 195, S. 148

Mittelgroß mit habichtsähnlicher Gestalt, langer Schwanz, schmale Flügel, weißes, schwarz eingerahmtes Gesicht mit gelben Augen, gräulichweiße, schwarzbraun gebänderte („gesperberte“) Unterseite.

Sperlingskauz Karte 196, S. 148

Kaum starengroß, kleiner, runder Kopf ohne ausgeprägten Schleier, gelbe Augen, kurzer, gedrungener Körper, Oberseite graubraun mit feiner, weißer Sprenklung, Unterseite weißlich mit brauner Streifung, recht langer Schwanz, der oft aufgestellt oder auch zuckend bewegt wird. Fliegt im spechtartigen Wellenflug.

Habichtskauz Karte 199, S. 149

Groß, rundköpfig, kleine, schwarze, von einem runden, gelbbraunen Schleier umgebene Augen, hell graubraunes, auf Ober- und Unterseite gestreiftes Gefieder, langer, leicht keilförmiger Schwanz. Ruhiger, geradliniger Flug, der an einen Bussard erinnert.

Bartkauz S. 149

Nur wenig kleiner als der Uhu, großer, runder Kopf, Gesicht mit großem, konzentrisch gebändertem Schleier, gelben, recht kleinen Augen, kurzen, weißen Augenbrauen, die seitlich vom gelben Schnabel in einen „Schnauzbart“ übergehen, weißem „Backenbart“ und schwarzem „Kinnbart“. Fliegt mit reiherähnlich langsam schwingenden Flügelschlägen und ausgiebigem Gleiten.

Jungvogel
graue
Form
Altvogel
TEINKAUZ
RAUHFUSSKAUZ
SPERLINGSKAUZ
rotbraune
Form
WALDKAUZ
ERBEREULE
HABICHTSKAUZ
BARTKAUZ

Tafel 66

Wiedehopf, Blauracke, Bienenfresser, Eisvögel

Wiedehopf Karte 210, S. 155

Flügel und Schwanz breit schwarzweiß gebändert, fächerförmig aufrichtbare Haube, erinnert im Flug an einen großen Schmetterling.

Blauracke Karte 209, S. 155

Kopf und Unterseite türkisblau, Mantel und Schultern rotbraun, im Flug Kontrast zwischen den blauen Flügeldecken und den schwarzen Schwingen. Sitzt gern auf Leitungen am Straßenrand.

Blauwangenspint S. 154

Langer, grüner Körper, lange Schwanzspieße, Kehle gelb und rostrot, blaugrüne, durch einen schwarzen Augenstreif geteilte Kopfseiten, rostrote Flügelunterseite.

Bienenfresser Karte 208, S. 154

Langgezogene Gestalt, lange, spitze Flügel, langer Schwanz mit kurzen Schwanzspießen. Bunt: Kehle hellgelb, Oberseite rotbraun und weißlichgelb, Handflügeloberseite und Schwanz blaugrün, Unterseite blau, Unterflügel hell isabellfarbenbraun.

Graufischer S. 441

Kopf, Oberseite, Flügel und Schwanz schwarzweiß gestreift und gefleckt, schwarzes Brustband (beim ♀ einfach, beim ♂ doppelt), Unterseite weiß.

Gürtelfischer S. 441

Groß mit kräftigem Schnabel und struppiger Haube, blaugraues Brustband und beim ♀ darunter noch ein zweites rostbraunes.

Eisvogel Karte 207, S. 154

Klein und gedrungen, schillernd blaugrüne Oberseite, orange rotbraune Unterseite.

WIEDEHOPF
BLAURACKE
BLAU-
WANGENSPINT
BIENENFRESSER
GRAUFISCHER
♂
GÜRTELFISCHER
EISVOGEL

Tafel 67

Kuckucke

Kuckuck
Karte 190, S. 145

Oberseite Kopf und Brust bläulichgrau, Unterseite gebändert („gesperbert"). Seltener auch ♀, die an Kopf, Brust und Oberseite durchgehend rotbraun gefärbt sind, und bei denen die dunkle Bänderung über den ganzen Körper verläuft.

Häherkuckuck
S. 145

Mit Schopf und sehr langem Schwanz, Oberflügel dunkel graubraun, auf den Schultern und den Flügeldecken Reihen gelblichweißer Flecke, Schirmfedern, Armschwingen und Schwanzfedern mit weißen Enden, Unterseite rahmweiß, an Kinn, Kehle und Vorderhals gelblich.
Jungvögel dunkler, Oberkopf und Oberseite schwarzbraun, Kehle und Brust ockergelb, leuchtend rostrote Handschwingen mit schwarzen Enden.

Gelbschnabelkuckuck
S. 146

Gelber Unterschnabel, ausgedehnt weiße Schwanzfederenden, auf den Handschwingen ein rotbraunes Feld.

Schwarzschnabelkuckuck
S. 146

Schnabel ganz schwarz, weiße Endflecke an den Schwanzfedern klein, Handschwingen einheitlich beigebraun.

rotbraune Form
nur
KUCKUCK
Altvogel
Jungvogel
HERKUCKUCK

GELBSCHNABELKUCKUCK
SCHWARZSCHNABELKUCKUCK
Unterschwanzmuster

Tafel 68

Nachtschwalben

Alle Nachtschwalben haben im Flug ein falkenähnliches Aussehen. Sie sind gewöhnlich nur in der Dämmerung zu sehen. Ihr lautloser Flug zeichnet sich durch den Wechsel von ausholendem Flügelschlag und wendigem Gleiten aus. Wegen ihrer Tarnfarbe sind sie am Boden nur schwer zu entdecken.

Ziegenmelker Karte 203, S. 151

Oberseite tarnfarben wie trockenes Laub oder Rinde, Unterseite dicht gebändert.
Stimme: In der Dämmerung eigentümlich schnurrender, an- und abschwellender Reviergesang „errrrrörrrrerrrrrörrrr...", bei der Flugbalz scharfe „kuik"-Rufe und mehrfaches Flügelklatschen.

Rothals-Ziegenmelker S. 151

Größer, langschwänziger als der Ziegenmelker mit mehr rostbrauner Färbung v. a. auf dem Nacken und Halsband, alle Flügeldecken mit breiten, hellen Spitzen.
Stimme: Reviergesang des ♂ eine „galoppierende" Folge zweisilbiger, stimmhaft klopfender Laute „djidock djidock...".

Pharaonenziegenmelker S. 152

Etwa so groß, aber schmächtiger, heller und mehr sandfarben als der Ziegenmelker, weiße Binde auf den Handschwingen nur angedeutet. ♂ mit weißen Schwanzecken.
Stimme: Reviergesang des ♂ lange Folgen, schnell wiederholter, kurzer Schnarrtöne „korr korr...", die wie das ferne Tuckern eines Diesels klingen.

Nachtfalke S. 440

Kleiner, dunkler und grauer als der Ziegenmelker, quer über den langen, spitzen Flügel eine breite, weiße Binde, langer, leicht eingekerbter Schwanz. Das Flugbild erinnert an einen Falken und die Flugweise an einen großen Segler.

ZIEGENMELKER

ROTHALS-ZIEGENMELKER

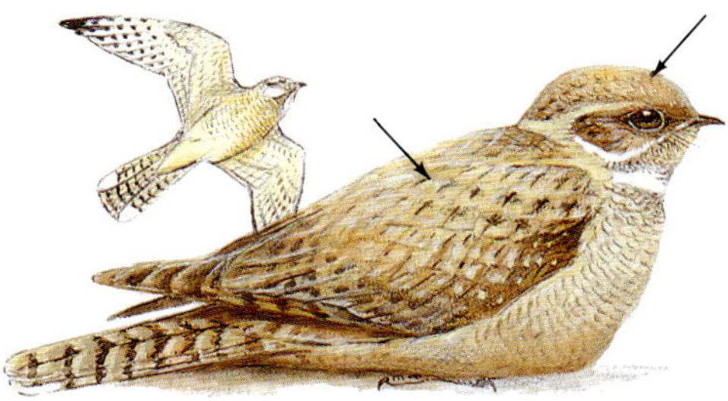

PHARAONEN-
ZIEGENMELKER

NACHTFALKE

Tafel 69 Spechte und Wendehals

Bei der Bestimmung dieser „Baumkletterer“ ist besonders auf die Färbung und Zeichnung von Kopf und Rücken zu achten. Neben den typischen Stimmen sind von den meisten Arten im Frühjahr auch charakteristische Trommelwirbel zu hören.

Buntspecht Karte 215, S. 157

Der häufigste Specht. Große weiße Schulterflecke, schwarzer Scheitel und Verbindungsstreif vom Bartstreif zum Nacken, roter Steiß, ungezeichnete Unterseite. Im JK mit roter Kappe. Trommelwirbel kurz, schnell mit betontem Anfang und abruptem Ende.

Blutspecht Karte 216, S. 157

Wie der Buntspecht, aber ohne Verbindungsstreif zum Nacken. Trommelwirbel länger.

Mittelspecht Karte 217, S. 157

Dem jungen Buntspecht ähnlich, kein voll ausgebildeter Bartstreif und auch kein durchgehender Verbindungsstreif zu Nacken, rote Kappe (♂ und ♀) ohne schwarze Ränder, blaßrosa Steiß, gestrichelte Flanken. Trommelt selten und leise.

Kleinspecht Karte 219, S. 158

Kleibergroß, gebänderte Oberseite, kein Rot am Steiß, Flanken und Unterschwanzdecken grau gestrichelt. Trommelwirbel recht lang, leise und mit konstantem Tempo.

Weißrückenspecht Karte 218, S. 158

Größter der schwarzweißen Spechte, keine weißen Schulterflecke, weißer Rücken, schwarzweiß gebänderte Flügel, blaßroter Bürzel, gestrichelte Flanken. Trommeln beginnt mit langsamen, lauten Schlägen und wird dann immer schneller und leiser.

Dreizehenspecht Karte 220, S. 159

Auf der Mitte von Mantel und Rücken ein weißer Streif oder eine schwarzweiße Bänderung, gebänderte Flanken, weitgehend schwarze Kopfseiten, ♂ mit goldgelber Kappe. Trommelwirbel laut, kräftig mit langsamer, ratternder Schlagfolge.

Schwarzspecht Karte 214, S. 157

Krähengroß, schwarz, ♂ rote Kappe, ♀ roter Nackenfleck. Trommelt lang und kräftig.

Grauspecht Karte 212, S. 156

Grauer Kopf mit schmalem, schwarzem Bartstreif, moosgrüne Oberseite, gelblicher Bürzel, ♂ mit roter Kappe. Jungvogel wie ♀, aber matter. Rufreihe nicht lachend wie vom Grünspecht mehr melancholisch, zum Ende hin langsamer und abfallend. Trommelt in schnellen, lauten Serien.

Grünspecht Karte 213, S. 156

Rote Kappe, schwarze Maske mit Bartstreif (beim ♂ mit roter Mitte), Oberseite satt gelblichgrün, Bürzel gelb. Jungvogel an Kopf und Unterseite dicht schwarz gefleckt und gebändert. Grob lachende Rufreihe, die zum Ende hin schneller wird. Trommelt selten mit „schlappem“ Wirbel.

Wendehals Karte 211, S. 156

Rindenartiges Gefieder, langer, gebänderter Schwanz. Turmfalkenähnliche Rufreihen.

Kleinspecht Mittelspecht Buntspecht Weißrückenspecht

BUNTSPECHT
MITTELSPECHT
KLEINSPECHT
BLUTSPECHT
EISSRÜCKENSPECHT
SCHWARZSPECHT
DREIZEHENSPECHT
GRAUSPECHT
GRÜNSPECHT
WENDEHALS

Tafel 70

Lerchen

Braungestreifte Bodenvögel, die beim Fliegen singen. Mit ihren weißen äußeren Schwanzfedern ähneln sie den Piepern (Tafel 72), sind aber untersetzter und haben breitere Flügel und kürzere Schwänze.

Feldlerche Karte 225, S. 355
Häufigste Lerche. Angedeutete Haube, weißlicher Armschwingensaum, recht langer Schwanz mit weißer Kante.

Heidelerche Karte 224, S. 354
Im Unterschied zur Feldlerche kurzer Schwanz mit weißen Ecken, die Überaugenstreifen treffen sich im Nacken, schwarzweiße Zeichnung am Flügelbug.

Haubenlerche Karte 223, S. 354
Lange, spitze Haube, kurzer Schwanz mit gelblichbraunen Kanten, Unterflügeldecken hell rostfarben.

Ohrenlerche Karte 226, S. 355
Altvögel mit kleinen „Hörnchen“, schwarze Wangen und schwarzes Brustband, gelbe Kehle. Im JK matter, ohne „Hörnchen“, aber mit ähnlichem Kopfmuster.

Theklalerche S. 354
Der Haubenlerche sehr ähnlich. Haube nicht so spitz, Hals und Brust kräftiger gestreift, graue Unterflügeldecken.

Kalanderlerche Karte 221, S. 352
Größte Lerche Europas. Dicker, kräftiger Schnabel, schwarze Halsseitenflecke, Unterflügel schwarz mit weißem Hinterrand.

Kurzzehenlerche Karte 222, S. 353
Klein, Oberseite hell graubraun, Unterseite ungezeichnet weißlich, dunkler Fleck an der Halsseite, sehr lange Schirmfedern, die die Handschwingenspitzen nahezu überragen.

Stummellerche S. 353
Noch kleiner als die Kurzzehenlerche. Graubraun, Brust fein gestreift, Handschwingen überragen die Schirmfedern deutlich.

Weißflügellerche S. 352
Rotbrauner Scheitel (♂), große, weiße Flügelfelder (vgl. Schneeammer).

Mohrenlerche S. 353
♂ im PK schwarz, im SK weiß geschuppt. ♀ kleiner, der Kalanderlerche recht ähnlich, aber ohne weißen Flügelhinterrand.

Dupontlerche S. 352
Dünner, gekrümmter Schnabel, lange Beine, aufrechte Haltung, deutlicher Überaugenstreif, Flügel ohne Weiß.

ELD-
ERCHE
HEIDELERCHE
HAUBENLERCHE
♂ PK
OHRENLERCHE
THEKLALERCHE
LANDER-
RCHE
KURZZEHENLERCHE
STUMMELLERCHE
JK
EISSFLÜGELLERCHE
MOHRENLERCHE
♂ SK
DUPONTLERCHE

Tafel 71 Segler und Schwalben

Segler und Schwalben sind einander ähnlich, aber nicht näher miteinander verwandt. Die Segler haben flache Köpfe, sehr kurze Beine, an denen alle vier Zehen nach vorne gerichtet sind, und sehr lange „Sensenflügel", auf denen sie rasant segelnd gleiten.

Mauersegler Karte 204, S. 152
Bis auf die weißliche Kehle, ganz schwärzlich, kurzer Gabelschwanz.

Fahlsegler Karte 205, S. 152
Gedrungener und heller als der Mauersegler, äußere Handschwingen und Kleine Flügeldecken unten schwarz, Kehle weiß, dunkler Augenfleck. Flügelschlag langsamer.

Alpensegler Karte 206, S. 153
Recht groß, dunkles Brustband zwischen weißer Kehle und weißem Bauch. Flugbild und Flugweise erinnern an einen kleinen Falken.

Kaffernsegler S. 153
Viel kleiner und schlanker als der Mauersegler, längere Schwanzspieße, schmaler, weißer Bürzel. Brütet nur in S-Spanien. Abb. in kleinerem Maßstab.

Haussegler S. 153
Kleinster und gedrungenster der Segler, gerade „abgeschnittener" Schwanz, auf die Flanken reichender, weißer Bürzelfleck. Abb. in kleinerem Maßstab.

Schwalben sind sperlingsgroße Vögel mit stromlinienförmigem Körper, recht langen, spitzen Flügeln, zumeist gegabeltem Schwanz, kurzen Schnäbeln mit weitem Rachen und kurzen Beinen.

Mehlschwalbe Karte 231, S. 357
Samtschwarze Oberseite mit leuchtend weißem Bürzel, weiße Unterseite.

Rauchschwalbe Karte 229, S. 356
Tief gegabelter Schwanz mit dünnen „Spießen", Stirn, und Kehle bräunlichrot, dunkles Brustband, Unterseite mit Unterschwanzdecken cremeweiß.

Rötelschwalbe Karte 230, S. 357
Schwanzspieße kürzer und dicker als bei der Rauchschwalbe, rostroter Nacken, blaß rostroter Bürzel, Unterseite hell ohne Brustband, schwarze Unterschwanzdecken.

Uferschwalbe Karte 227, S. 356
Oberseite einheitlich graubraun, breites dunkles Brustband über die weiße Unterseite.

Felsenschwalbe Karte 228, S. 356
Graubraune Oberseite, Unterseite schmutzig bräunlichweiß ohne Brustband, nahezu gerade endender Schwanz mit einer Reihe weißer „Fenster".

Rauchschwalbe Mehlschwalbe Rötelschwalbe Uferschwalbe

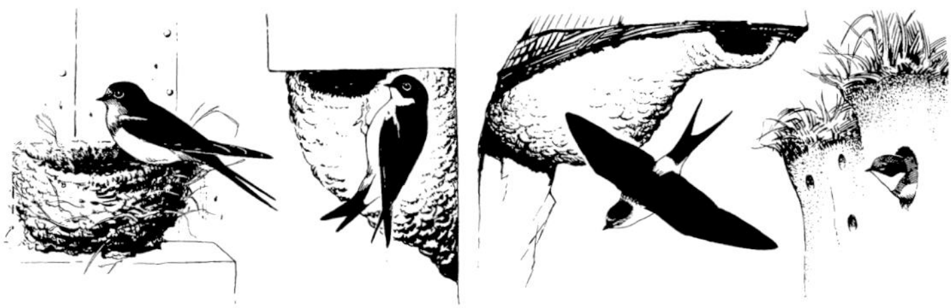

FAHLSEGLER
MAUERSEGLER
KAFFERNSEGLER
USSEGLER
ALPENSEGLER
MEHLSCHWALBE
RAUCHSCHWALBE
RÖTELSCHWALBE
FERSCHWALBE
FELSENSCHWALBE

Tafel 72

Pieper

Pieper sind braune, gestreifte Bodenvögel mit weißen oder weißlichen Schwanzkanten und meist langen Krallen an den Hinterzehen. Sie ähneln den Lerchen (Tafel 70), sind aber schlanker und haben längere Schwänze. Die Rufe und Gesänge sind zur Bestimmung wichtig.

Wiesenpieper Karte 234, S. 359
Oberseite olivbraun, oben und unten kräftig dunkel gestreift, lange Hinterzehenkralle. Kontaktruf kurz und spitz „ist-ist..." oder „psiip".

Baumpieper Karte 233, S. 358
Etwas größer als der Wiesenpieper, Oberseite brauner, Flanken nur schwach gestrichelt, Beine rosa, kurze Hinterzehenkralle. Kontaktruf unrein, absinkend „psië".

Strandpieper Karte 236, S. 360
Nur während des Zuges auch abseits der Küste. Dunkle Beine, äußere Schwanzfedern hellgrau, Überaugenstreif kurz und undeutlich, Oberseite dunkel olivgraubraun. Kontaktruf scharf, hoch „piisst", gedehnter als vom Wiesenpieper.

Bergpieper Karte 237, S. 360
Brütet im Gebirge, kommt im Winter in die Ebene. Dunkle Beine, weiße Schwanzkanten.
PK: Rosa getönte, ungezeichnete Brust, graue Oberseite.
SK: Heller Überaugenstreif, gestreifte, weißliche Brust. Kontaktruf wie der des Strandpiepers.

Brachpieper Karte 232, S. 358
Schlank mit langem Schwanz und recht langen Beinen.
Altvogel: Sandbraun mit weitgehend ungezeichneter Unterseite.
Jungvogel: Dunkler mit gestreifter Oberseite und gefleckter Brust.
Rufe schafstelzenähnlich „tswip" oder sperlingsähnlich „tschälp".

Spornpieper S. 357
Groß, mit stämmigen Beinen und sehr langer Hinterzehenkralle, Brust und Oberseite kräftig gestreift. Rüttelt oft vor der Landung. Ruf laut, kratzend „pschie" oder „pschrirp".

Rotkehlpieper Karte 235, S. 360
Vom Wiesen- und Baumpieper am besten an der durchgängig (auch Bürzel) gesteiften Oberseite und dem langgezogenen, scharfen, hohen Kontaktruf „psiiëh" zu unterscheiden.
PK: Variable ziegelrote Färbung an Kehle, Hals und Brust.
SK: Gefieder gewöhnlich „rostiger" als beim Wiesenpieper mit schwarzbrauner, kräftiger Streifung.

Petschorapieper S. 359
Mit vergleichsweise kurzem Schwanz, Auf dem Mantel zwei gelblichweiße Längsstreifen und auf dem Flügel zwei weiße Binden. Erinnert an den jungen Rotkehlpieper. Kontaktruf zwei- oder dreisilbig „tsi-witt" oder „zi-ze-litt".

Waldpieper S. 358
Ähnlich Baumpieper, aber mit bräunlich olivgrauer, nur schwach gestreifter Oberseite, weißer Überaugenstreif und heller Fleck hinter den Ohrdecken. Kontaktruf, sehr ähnlich dem des Baumpiepers.

WIESENPIEPER
BAUMPIEPER
SK
STRANDPIEPER
PK
BERGPIEPER
SPORNPIEPER
Jungvogel
Altvogel
BRACHPIEPER
SK
ROTKEHLPIEPER
PK
PETSCHORAPIEPER
WALDPIEPER

Tafel 73

Stelzen

Stelzen sind auffällig gezeichnete Bodenvögel, schlanker und langschwänziger als die Pieper. Sie wippen alle mit dem Hinterkörper. Zur Unterscheidung der Arten und Unterarten s. auch Tafel 74.

Schafstelze
Karte 238, S. 361

Alle Altvögel haben eine gelbe Unter- und eine olivgrüne Oberseite. Jungvogel unten gelblichgrau mit schmalem Brustband.
C-europäische Unterart: ♂ blaugrauer Kopf mit deutlichem, weißem Überaugenstreif, ♀ Kopf bräunlich olivgrün mit hellem Überaugenstreif.
Englische Unterart: Bei ♂ und ♀ Scheitel ebenso gelblich olivgrün wie Mantel und Rücken.
Flugruf einsilbig, scharf „tswiep“.

Bachstelze
Karte 240, S. 362

Gefieder ohne Gelb.
Trauerbachstelze: Mantel, Rücken und Bürzel schwarz, schwarze Kappe seitlich mit schwarzem Latz verbunden.
Bachstelze: Mantel, Rücken und Bürzel grau, Kappe und Latz nicht verbunden.
Kontaktruf zumeist mehrsilbig „zi-liip“, „zi-ze-liip“.

Gebirgsstelze
Karte 239, S. 361

In allen Kleidern grauer Rücken und gelbe Unterschwanzdecken, Schwanz länger als bei den anderen Stelzen.
PK: ♂ mit schwarzer Kehle, beim ♀ ist die weiße Kehle unterschiedlich stark schwarz gesprenkelt.
SK und JK: Blasser als das PK, Kehle weiß, Brust mehr oder weniger blaßgelb.
Kontaktruf spitz und scharf „ziit ziit zitit“.

Zitronenstelze
S. 361

Altvogel ähnlich Schafstelze, Jungvogel auch der jungen Bachstelze ähnlich.
♂: Gelber Kopf, schwarzes Nackenband, grauer Rücken.
♀: Oben brauner und matter als das ♂, ohne schwarzen „Kragen“.
Jungvogel: Der jungen Schafstelze sehr ähnlich, Oberseite aber immer grau ohne Olivton (s. Text).
Flugruf ein typisches, hartes, rauhes, oft mehrfach wiederholtes „tsrrip“.

♂ PK
♀
♂SK
TRAUERBACHSTELZE
Jungvogel
SK
♂ PK
BACHSTELZE
Jungvogel
GEBIRGSSTELZE
♀
♂ PK
♂
Jungvogel
♂ PK
ENGLISCHE SCHAFSTELZE
PK
MITTELEUROPÄISCHE SCHAFSTELZE
1. Winter
♂ PK
♀
ZITRONENSTELZE

Tafel 74

Europäische Stelzen und ihre Unterarten

Bachstelze *Motacilla alba* Karte 240, S. 362
Weiß-schwarz-graues Gefieder ohne Gelb.

Trauerbachstelze *M. a. yarrellii*
Mantel, Rücken und Bürzel schwarz (♂) oder schwärzlichgrau (♀), schwarze Kappe und schwarzer Latz an den Halsseiten verbunden. Brutgebiet: Britische Inseln und angrenzende Küsten.

Bachstelze *M. a. alba*
Mantel, Rücken und Bürzel grau (♂) oder schwärzlichgrau (♀), schwarze Kappe und schwarzer Latz an den Halsseiten nicht verbunden. Brutgebiet: Europäischer Kontinent.

Gebirgsstelze *Motacilla cinerea* Karte 239, S. 361
Gelbe Unterseite, grauer Kopf und graue Oberseite, breiter, weißer Flügelstreif, der auf die Flügelunterseite durchscheint, ♂ im PK mit schwarzer Kehle, ♀ im PK mit weißlicher bis schwärzlicher Kehle, ♂ und ♀ im SK mit weißer Kehle.

Schafstelze *Motacilla flava* Karte 238, S. 361
Olivgrüne Oberseite, gelbe Unterseite

Englische Schafstelze *M. f. flavissima*
Gelber oder gelblicholivfarbener Kopf. Brutgebiet: Britische Inseln und lokal auch angrenzende Küsten.

Mitteleuropäische Schafstelze *M. f. flava*
♂ PK: grauer Kopf mit durchgehend weißem Überaugenstreif und gelber Kehle. Brutgebiet: C-Europa.

Spanische Schafstelze *M. f. iberiae*
♂ PK: Überaugenstreif kurz, nur hinter dem Auge, Wangen schwarz, Kehle weiß. Brutgebiet: Iberische Halbinsel, SW-Frankreich.

Aschköpfige Schafstelze *M. f. cinereocapilla*
♂ PK: Grauer Oberkopf, dunkelgraue Wangen, gewöhnlich kein Überaugenstreif, weiße Kehle. Brutgebiet: Italien, Korsika, Sardinien, Albanien.

Nordische Schafstelze *M. f. thunbergi*
♂ PK: Grauer Oberkopf, schwärzliche Wangen, kein Überaugenstreif, gelbe Kehle. Brutgebiet: Mittel- und N-Skandinavien.

Maskenstelze *M. f. feldegg*
Schwarze Kapuze, kein Überaugenstreif, gelbe Kehle. Brutgebiet: Balkan, Schwarzmeerregion.

Anmerkung: Die systematischen Verhältnisse der Schafstelzen sind komplex. Einige Vogelkundler halten bestimmte Unterarten für gesonderte Arten. Dort, wo sich die Areale der Unterarten überschneiden, kommt es aber zu Mischzonen. In manchen Populationen treten auch Mutanten auf, die anderen Unterarten gleichen. So finden sich unter den englischen Brutvögeln solche, die wie die russische hellgrauköpfige Schafstelze *M. f. beema* aussehen.

♂PK
TRAUERBACH-
STELZE
♀
SK
ungvogel
♂ PK
SK
BACHSTELZE
PK
♀PK
SK
GEBIRGSSTELZE
ungvogel
♂PK
SK
ENGLISCHE SCHAFSTELZE
PK
♂PK
SK
NISCHE SCHAFSTELZE
MITTELEUROPÄISCHE SCHAFSTELZE
HKÖPFIGE
AFSTELZE
♂ PK
NORDISCHE
SCHAFSTELZE
♂PK
MASKENSTELZE

Schmätzer

Schmätzer sind Bodenvögel der offenen Landschaft. Oft stehen sie auf erhöhten Warten und zeigen dabei ihre charakteristischen Schwanzmuster (s. gesonderte Abb.). Alle haben weiße Bürzel.

Steinschmätzer Karte 255, S. 369

Der in Europa häufigste Schmätzer, der auf dem Durchzug überall angetroffen werden kann.
♂ PK: Grauer Rücken, schwarze Ohrdecken.
♀ und SK: Oben braun, unten hellbeige.

Mittelmeer-Steinschmätzer Karte 256, S. 371

♂ PK: Oberseite weißlichbeige oder sandfarben, Schultern und Flügel schwarz, Kopfzeichnung verschieden.
♀ und SK: Insgesamt matter und bräunlicher, Schwarz an Kopf und Flügeln durch bräunliche Federränder aufgehellt, orangebraunes Brustband.

Wüstensteinschmätzer S. 371

Ähnlich Mittelmeer-Steinschmätzer, Schultern wie die Oberseite matt beigebraun, Schwanz fast ganz schwarz, beim ♂ geht das Schwarz der Kehle seitlich in die schwarzen Flügel über.

Isabellsteinschmätzer S. 368

Oberseite hell sandgrau, Flügel durch beigefarbene Federsäume hell, Schwanz mit sehr breiter, schwarzer Endbinde, lange Beine, an denen in aufgereckter Haltung die Unterschenkel zu sehen sind, helle Unterflügel. Helle Individuen des grönländischen Steinschmätzers können zu Verwechslungen Anlaß geben.

Nonnensteinschmätzer S. 370

♂ PK: Scheitel und Nacken grauweiß, Kehle, Kopfseiten, Oberseite und Flügel tiefschwarz.
♀ und SK: Dunkler als der Mittelmeer-Steinschmätzer, Kopf und Oberseite dunkel erdbraun und durch helle Federränder gesprenkelt und geschuppt.

Trauersteinschmätzer Karte 257, S. 371

Größter Steinschmätzer der Region, Gefieder schwarz, nur Bürzel, Schwanzseiten und Steiß weiß.

SK
♂
PK
STEINSCHMÄTZER
♂
♂
weißkehlige
Form
MITTELMEER-STEINSCHMÄTZER
♀
♂
WÜSTENSTEINSCHMÄTZER
ISABELLSTEINSCHMÄTZER
♂
PK
wanz mit
igsten
iß
NONNENSTEINSCHMÄTZER
♂
TRAUERSTEINSCHMÄTZER

Tafel 76

„Kehlchen“ und Nachtigallen

Rot-, Schwarz- und Braunkehlchen zeigen sich oft außerhalb der Deckung und sind daher recht leicht zu beobachten. Blaukehlchen, Nachtigall und Sprosser leben versteckt im dichten Bewuchs. Bei ihnen sind die Stimmen wichtig.

Rotkehlchen Karte 247, S. 365

Der bekannteste und beliebteste kleine Drosselvogel.
Altvogel: Gesicht und Brust orangerot.
Jungvogel: Gefieder braun, an Kopf, Brust und Oberseite dicht hellbeige gefleckt und gestrichelt.

Schwarzkehlchen Karte 254, S. 368

♂ PK: Schwarzer Kopf, weißer „Halbkragen“ über rostroter Brust, weißer Bürzel.
♀: ♀ ähnlich ♂, aber insgesamt matter und blasser, Kopf und Kehle beige gesprenkelt, Brust und Flanken bräunlichorange.
Östliche Unterart s. Text.

Braunkehlchen Karte 253, S. 367

Die dunklen Wangen werden vom hellen Überaugen- und Bartstreif eingefaßt, Seiten der Schwanzbasis weiß, ♂ an Kehle und Brust warm orangebeige, ♀ und Jungvogel insgesamt bräunlicher und an Kehle und Brust blasser.

Blaukehlchen Karte 250, S. 366

Weißer Überaugenstreif und rotbraune Schwanzfederbasen.
♂ PK: Blaue Kehle mit weißem oder rotem Punkt.
♀: Weiße, seitlich schwarz eingefaßte Kehle und ein mehr oder weniger fleckig aufgelöstes, dunkles Brustband.

Nachtigall Karte 249, S. 366

Oberseite warm braun, Bürzel und Schwanz rotbraun, Unterseite einheitlich bräunlichweiß.

Sprosser Karte 248, S. 365

Oberseite erdbraun, Bürzel und Schwanz dunkel rotbraun, Brust und Flanken diffus grau gewölkt.

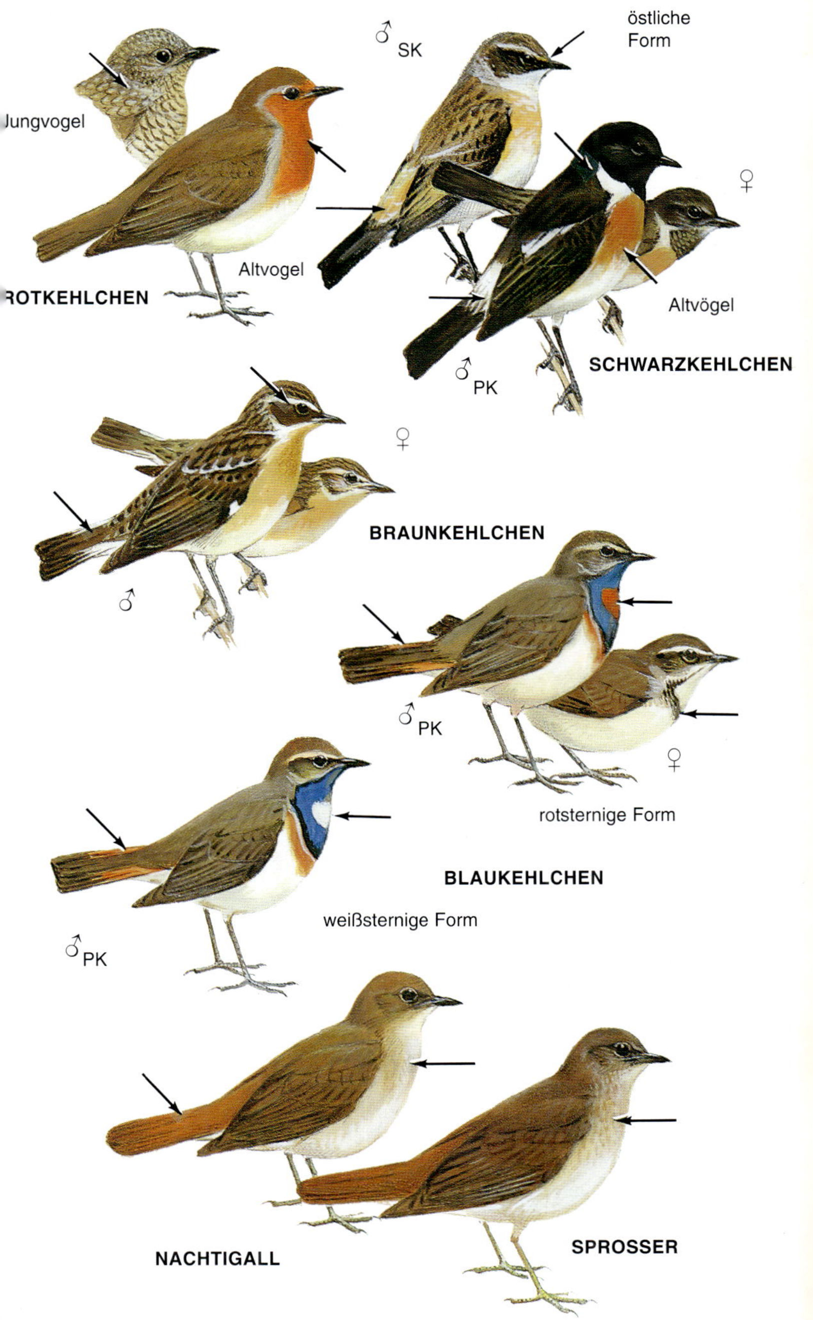
Jungvogel
Altvogel
ROTKEHLCHEN
♂ SK
östliche Form
♀
Altvögel
♂ PK
SCHWARZKEHLCHEN
♀
♂
BRAUNKEHLCHEN
♂ PK
♀
rotsternige Form
BLAUKEHLCHEN
weißsternige Form
♂ PK
NACHTIGALL
SPROSSER

Tafel 77

Rotschwänze, Blauschwanz, Steinrötel, Blaumerle

Die Rotschwänze und der Steinrötel haben rostrote Bürzel und Schwänze. Wie auch die Blaumerle, sitzen sie gern auf einer freien, erhöhten Warte. Der Blauschwanz hält sich mehr im Dickicht auf, hat aber einen kennzeichnenden Ruf.

Hausrotschwanz Karte 251, S. 367
♂: Schwarz mit weißem Flügelfeld.
♀: Düster braungrau mit dunkleren Flügeln.

Gartenrotschwanz Karte 252, S. 367
♂: Scheitel und Oberseite grau, weißer „Stirnreif", schwarzes „Gesicht", orangerote Brust.
♀: Oberseite gräulichbraun, Unterseite beigeweiß mit einer mehr oder weniger kräftigen orangefarbenen Tönung.

Blauschwanz S. 366
♂: Ganze Oberseite blau, Flanken orange, Unterseite weißlich.
♀: Oberseite düster olivgrau, Unterseite schmutzigweiß, weiße Augenringe, weiße, von der grauen Brust abgehobene Kehle, rostrote Flanken, blauer Schwanz.

Steinrötel Karte 258, S. 372
♂: Kopf, Hals und Mantel blau, weißer Rücken, rostrote Unterseite.
♀: Oberseite dunkelbraun mit heller Schuppung, Unterseite rotbraun mit dunkler, gewellter Querbänderung, Schwanz und Bürzel wie beim ♂ leuchtend rostrot.

Blaumerle Karte 259, S. 372
♂: Dunkelblau mit schwarzen Flügeln und schwarzem Schwanz.
♀: Oberseite einheitlich dunkelbraun, Unterseite beigebraun mit dichter dunkelbrauner Bänderung.

HAUSROTSCHWANZ
♂
♀
GARTENROTSCHWANZ
♂
♀
BLAUSCHWANZ
♂
♀
STEINRÖTEL
♂
♀
PK
BLAUMERLE
♀
♂

Tafel 78

Drosseln

Amsel Karte 261, S. 374

♂: Ganz schwarz mit gelbem Schnabel und Lidring.
♀: Dunkelbraun mit hell gestreifter Kehle.

Ringdrossel Karte 260, S. 373

Schwarz mit ganz weißem (♂) oder braun geflecktem (♀) Brustschild, auf dem Flügel ein helles Feld.

Wacholderdrossel Karte 262, S. 375

Grauer Kopf und Bürzel, rotbrauner Mantel und Rücken, streifige Fleckung auf Brust und Flanken.

Singdrossel Karte 263, S. 376

Braun mit gefleckter Unterseite, rostgelbe Unterflügeldecken.

Misteldrossel Karte 265, S. 376

Größer und grauer als die Singdrossel, Unterseite grob gepunktet, weiße Schwanzecken und Unterflügeldecken.

Rotdrossel Karte 264, S. 376

Rostrote Flanken und Unterflügeldecken, gelblichweißer Überaugen- und Wangenstreif.

Erddrossel S. 372

Oben und unten mit Schuppenmuster, schwarz-weiß-schwarze Unterflügel.

Naumanndrossel mit den Unterarten Rostflügel- und Rotschwanzdrossel.

Rostflügeldrossel S. 374

Schwarzes Brustband, weißer Überaugenstreif, dunkle Wangen, rostrote Flügel.

Rotschwanzdrossel S. 375

Brust und Flanken dicht rostrot gefleckt, Bürzel und Schwanz einheitlich rostfarben.

Bechsteindrossel mit den Unterarten Schwarzkehl- und Rotkehldrossel.

Schwarzkehldrossel S. 375

Schwanz graubraun, beim ♂ Kehle und Brust schwarz, beim ♀ Kehle und Brust dicht schwarzbraun gefleckt.

Rotkehldrossel S. 375

Äußere Schwanzfedern rostrot, ♂ mit rotbrauner Kehle und Brust, beim ♀ Kehlseiten dunkelbraun gestreift und Brust rötlichbraun gefleckt.

Schieferdrossel S. 373

♂ oben rußschwarz und unten schiefergrau mit auffallend weißem Überaugenstreif.
♀ oben olivbraun, Brust und Flanken kräftig schuppig gebändert, beigeweißer Überaugenstreif.

Wanderdrossel S. 377

Brust ziegelrot, Oberseite dunkelgrau, gestreifte Kehle, unterbrochener, weißer Augenring, gelber Schnabel.

Weißbrauendrossel S. 374

Langer, heller Überaugenstreif, blaugrauer Kopf und Hals, Brust und Flanken einheitlich orangebeige.

AMSEL
♂
♀
RINGDROSSEL
♂
WACHOLDER-
DROSSEL
SINGDROSSEL
MISTEL-
DROSSEL
ROTDROSSEL
ROSTFLÜGELDROSSEL
SCHWARZKEHL-
♂
♂
BECHSTEIN-
DROSSEL
NAUMANN-
DROSSEL
♀
SCHIEFERDROSSEL
1. Winter
♂
♂
ROTSCHWANZ-
ROTKEHL-
WEISSBRAUENDROSSEL

Tafel 79 Rohrsänger

Oberseite ungestreift

Kennzeichen und Vorkommen	Gesänge
Teichrohrsänger Oben braun, unten bräunlichweiß, Überaugenstreif undeutlich. Röhricht.	Karte 275, S. 383 Motive 2-3fach wiederholt „tri tri tri tier tier zäck zäck...“.
Drosselrohrsänger Groß, deutlicher Überaugenstreif, kräftiger Schnabel. Röhricht.	Karte 276, S. 383 Rauhe, mehrfach wiederholte Motive „karre karre görk görk...“.
Sumpfrohrsänger Oben mehr oliv und unten heller als der Teichrohrsänger mit kürzerem Schnabel und heller „Brille“. Dickichte, hohes Kraut an feuchten Standorten.	Karte 274, S. 382 Rhythmische Aneinanderreihung von Imitationen, untermischt mit arteigenen Schnalzlauten „bii-tzäh bii-tzäh“.
Seidensänger Oben dunkel rotbraun, Unterseite grauweiß, heller Überaugenstreif. Pflanzendickichte an feuchten Standorten.	Karte 266, S. 377 Plötzlicher lauter Einsatz, dann mehrfach wiederholte, gleichartige Motive „ziit-ziit zitda-zitda-zitda-zit“.
Rohrschwirl Wie ein großer Teichrohrsänger, Schwanz aber länger und gestuft. Röhrichte.	Karte 270, S. 379 Einige hart tickenden Laute, dann ein metallisches Surren, tiefer, monotoner als vom Feldschwirl.
Schlagschwirl Oben oliv getönt, Brust fein gestreift. Dickichte an feuchten Standorten.	Karte 269, S. 379 Maschinenartiges Wetzen mit kurzen Unterbrechungen „dze-dze-dze-“.

Oberseite gestreift

Kennzeichen und Vorkommen	Gesänge
Schilfrohrsänger Gelblichweißer Überaugenstreif, Bürzel beigebraun. Röhrichte und feuchtes Dickicht.	Karte 273, S. 381 Schwätzen, Schnalzen mit Trillern, Pfiffen und Imitationen.
Mariskensänger Unterschiede vom Schilfrohrsänger: Schwarzer Scheitel, weißer Überaugenstreif, rotbraune Oberseite. Röhrichte.	Karte 271, S. 380 Ähnlich Teichrohrsänger, aber melodischer, schneller mit flötenden und trillernden Motiven.
Feldschwirl Gefleckte, olivbraune Oberseite, undeutlicher Überaugenstreif. Feuchte Dickichte, hohes Kraut.	Karte 268, S. 379 Lang anhaltendes, monotones, hohes, insektenartiges Schwirren.
Seggenrohrsänger Goldbrauner Scheitel- und Überaugenstreif. Feuchte Seggenbestände.	Karte 272, S. 380 Monotoner als Schilfrohrsänger. Schnarren, dem mehrere Pfeiftöne folgen.
Cistensänger Oben kräftig gestreift, ungezeichnete Kopfseiten, kurzer Schwanz mit Endbinde. Sümpfe, Getreidefelder.	Karte 267, S. 378 Gleichartig, konstant „dzip dzip dzip...“ im wellenförmigen Singflug.

DROSSELROHRSÄNGER
TEICHROHRSÄNGER
SUMPFROHRSÄNGER
SEIDENSÄNGER
ROHRSCHWIRL
SCHLAGSCHWIRL
SCHILFROHRSÄNGER
MARISKENSÄNGER
FELDSCHWIRL
dzip··dzip··dzip··dzip··dzip··dzip··
GGENROHRSÄNGER
CISTENSÄNGER

Tafel 80 Grasmücken und Heckensänger

Kennzeichen und Vorkommen	Gesänge
Mönchsgrasmücke bis zum Auge reichende Kappe, schwarz (♂) oder rotbraun (♀). Bäume mit Unterholz und Gebüsch.	Karte 290, S. 389 Leiser Vorgesang, dann klar flötend mit kurzen Pausen.
Orpheusgrasmücke Schwarzgraue Kapuze, hellgelbe Augen. Wälder, Obstgärten, Haine.	Karte 285, S. 388 Weich und drosselartig, jedes Motiv 4- bis 5mal wiederholt.
Samtkopfgrasmücke Schwarze Kapuze, roter Lidring, graue Flanken, zuckt mit Flügeln und Schwanz. Trockenes Gestrüpp.	Karte 284, S. 387 Folge von knarrenden, knirschenden und auch fein pfeifenden Lauten.
Dorngrasmücke Weiße Kehle, rostrotes Flügelfeld, rötlichbraune Beine. Dorniges Gebüsch und Gestrüpp.	Karte 288, S. 389 Ein kurzes, eiliges Zwitschern oft im kurzen Balzflug.
Klappergrasmücke Schiefergraue Kapuze, weiße Kehle, graubraune Flügel, dunkle Beine. Hecken, Gebüsche.	Karte 287, S. 388 Unmelodisches Klappern auf einem Ton, oft von hoher Warte.
Maskengrasmücke ♂ mit schwarzer Maske und Kehle getrennt durch weißen Bartstreif. Gestrüpp auf Felshängen, S-Ägäis.	S. 387 Einförmig hart „trr trr tschit tit trr..." mit Stakkatolauten und girlitzähnlichen Trillern.
Brillengrasmücke Gleicht einer kleinen Dorngrasmücke mit kürzerem Schwanz, weißem Lidring und rosa getönter Brust. Trockenheiden, Quellerbestände, Mittelmeergebiet.	Karte 282, S. 386 Singt, zumeist im Flug, kurze, schnelle Strophen mit klingenden Pfiffen und knirschendem Kratzen.
Weißbartgrasmücke Rostrote Kehle und Brust, weißer Bartstreif, ♂ mit rotem Lidring. Gebüsch, Waldränder, Lichtungen.	Karte 283, S. 386 Anhaltend schwätzend, in der Tonlage hänflingsähnlich, der Samtkopfgrasmücke sehr ähnlich.
Provencegrasmücke Brust und Flanken weinrot, aufgestellter Schwanz. Ginster, niedriges Gebüsch.	Karte 281, S. 386 Kurze, eilige, kratzende Strophen mit klappernden Tönen und feinen Pfiffen.
Sardengrasmücke ♂ an Brust und Flanken schiefergrau. Nieriges Gestrüpp, W-Mittelmeergebiet.	S. 385 Heller und weniger hart als von der Provencegrasmücke.
Sperbergrasmücke Gebänderte Unterseite, in allen Kleidern Flügelbinden. Dornendickichte, Büsche.	Karte 286, S. 388 Wie von der Gartengrasmücke, aber tiefer mit dem typisch schnarrenden Ruf.
Heckensänger Oben beige- bis graubraun, deutlicher Überaugenstreif, langer Fächerschwanz. Gärten, Haine, Mittelmeergebiet.	Karte 246, S. 365 Kurze Phrasen wechseln mit kurzen Pausen, einige Phrasen drosselartig flötend, andere lerchenartig trillernd.

MÖNCHS-GRASMÜCKE
ORPHEUS-GRASMÜCKE
SAMTKOPF-GRASMÜCKE
RNGRASMÜCKE
KLAPPERGRASMÜCKE
MASKEN-GRASMÜCKE
BRILLEN-GRASMÜCKE
WEISSBART-GRASMÜCKE
SARDEN-GRASMÜCKE
PROVENCE-GRASMÜCKE
braunrückige Form
vogel
rotbraune Form
HECKENSÄNGER
SPERBER-GRASMÜCKE
Jungvogel

Tafel 81 Laubsänger

Kennzeichen und Vorkommen	Stimme
Fitis Gefieder „sauberer" als beim Zilpzalp, auffälligerer Überaugenstreif, lange Flügel, meist helle Beine. Wälder, Parks.	Karte 296, S. 393 Ruf weich, zweisilbig „hü-it". Gesang abfallende, melodische Tonfolge, die mit „absterbendem" Schnörkel ausklingt.
Zilpzalp „Schmutziger" als Fitis, klarer Augenring, Schnabel dunkel, dunkle Beine. Östliche heller, oft mit Flügelbinde wie Grünlaubsänger. Wälder, Anlagen, Gärten.	Karte 295, S. 393 Ruf einsilbig, weich „hüid". Gesang einfache Folge wiederholter Silben „zilp zalp zalp zilp zilp zalp...".
Wanderlaubsänger Kräftiger Schnabel, langer Überaugenstreif, Flügelbinde, helle Beine. Arktische Wälder.	Karte 292, S. 390 Ruf scharf, spitz „tzri". Gesang ein monotoner, langsamer Triller auf einem Ton.
Grünlaubsänger Schwacher Schnabel, langer Überaugenstreif, kurze Flügelbinde, dunkle Beine. Wälder, Dickichte.	Karte 291, S. 390 Ruf „hu-ihd", gedehnter als vom Fitis. Gesang kurzer, schneller Triller „tjitjitji...".
Gelbbrauen-Laubsänger Langer Überaugenstreif, zwei Flügelbinden, die untere durch einen dunklen Saum betont. Nadel- und Mischwälder.	S. 391 Ruf hell, lispelnd „tsüiiht", erinnert an Tannenmeise.
Berglaubsänger Fahl ohne Kopfzeichnung, grünliche Flügel, gelber Bürzel. Hochstämmige Wälder (Kiefer, Korkeiche).	Karte 293, S. 392 Ruf gedehnt „hu-ihd". Gesang klingender, kurzer Triller „dwi-dwi-dwi-" auf einem Ton.
Waldlaubsänger Langer Überaugenstreif, Kehle und Brust gelb, weißer Bauch. Hochstämmige Laub- und Mischwälder.	Karte 294, S. 393 Ruf scharf „sib". Gesang eine schneller werdende Serie von Rufen, die sich zu einem Schwirren steigern.

Spötter, Gartengrasmücke

Kennzeichen und Vorkommen	Stimme
Gelbspötter Gelbes Flügelfeld, lange Flügel, blaugraue Beine. Laubwälder, Parks, Gärten. NE- und C-Europa.	Karte 279, S. 385 Melodischer Ruf. Gesang mehrfach wiederholte Imitationen, häufig nasal „giiäh giiah...".
Orpheusspötter Kein helles Flügelfeld, kurze Flügel, bräunliche Beine. Wälder, Gebüsch. SW-Europa.	Karte 280, S. 385 Ruf sperlingsartig. Gesang schnell plauderndes Schwätzen mit Doppelmotiven „trü-wäd...".
Olivenspötter Großer Schnabel, helles Flügelfeld. Unterholzreicher Wald, Olivenhaine.	Karte 278, S. 384 Gesang ähnlich Drosselrohrsänger, aber schneller, weniger rhythmisch.
Blaßspötter Langer Schnabel, kurze Flügel, mausgrau. Buschwald, Olivenhaine, Gärten.	Karte 277, S. 383 Gesang monotones, kehliges Schwätzen, Motive werden wiederholt.
Gartengrasmücke Gräulichbraun ohne besondere Merkmale. Wälder, Dickichte.	Karte 289, S. 389 Gesang kontinuierliche Reihung kurzer flötender und schwätzender Motive.

FITIS
ZILPZALP
WANDERLAUBSÄNGER
SIBIRISCHER ZILPZALP
GELBBRAUEN-LAUBSÄNGER
GRÜNLAUBSÄNGER
WALDLAUBSÄNGER
BERGLAUBSÄNGER
GELBSPÖTTER
ORPHEUSSPÖTTER
OLIVENSPÖTTER
BLASSSPÖTTER
GARTENGRASMÜCKE

Tafel 82

Seltene Zweigsänger

Die meisten sind Irrgäste aus Asien

Strichelschwirl S. 378
Der kleinste Schwirl. Oberseite, Brust und Flanken kräftig gestreift.

Streifenschwirl S. 378
Ähnlich Seggenrohrsänger. Heller Überaugenstreif, kräftig gestreifte Oberseite, rotbrauner Bürzel, Schwanz wird nach hinten zu dunkler und hat weiße Spitzen. Jungvögel auf der Unterseite hell rötlichbeige mit schwacher Fleckung auf der Brust.

Buschrohrsänger S. 381
Oben im Unterschied zum Teichrohrsänger mehr olivgrau. Feiner Schnabel, heller, v. a. vor dem Auge deutlicher Überaugenstreif 320
(„Brille"). Schnalzender Ruf, typischer Gesang (s. Text).

Buschspötter S. 384
Kleinster Spötter. Kurze Flügel, kurzer, feiner Schnabel, heller Überaugenstreif mit dunkler Oberkante.

Bartlaubsänger S. 392
Größer und mehr oliv getönt als der Fitis. Kräftiger Schnabel, langer, auffälliger Überaugenstreif, rahmweißliche, am Steiß ockergelbe Unterseite, Beine hell rosabraun.

Dunkellaubsänger S. 392
Kleiner als der Bartlaubsänger. Gefieder mehr graubraun, Schnabel dünner, beigebrauner Überaugenstreif. Zuckt oft mit beiden Flügeln. Ruf hart schnalzend.

Feldrohrsänger S. 381
Kurzflüglig und langschwänzig, blasser und oben mehr rötlich beigebraun als der Teichrohrsänger, kurzer, feiner Schnabel, heller Überaugenstreif, oben durch einen dunklen Scheitelseiten- und unten durch einen Augenstreif begrenzt. Schnalzender Ruf.

Wüstengrasmücke S. 387
Fahl sandfarben, Schnabelbasis, Augen und Beine hellgelb, weiße Unterschwanzdecken. Hüpft huschend auf dem Boden umher.

Goldhähnchen-Laubsänger S. 391
Der gestreifte Oberkopf erinnert an ein Goldhähnchen, das Gefiedermuster gleicht aber, abgesehen vom gelben Bürzelfleck, mehr dem des Gelbbrauen-Laubsängers. Ruf weicher als der des Gelbbrauen-Laubsängers.

ICHELSCHWIRL

STREIFENSCHWIRL

BUSCHROHRSÄNGER

BUSCHSPÖTTER

BARTLAUBSÄNGER

DUNKELLAUBSÄNGER

FELDROHRSÄNGER

WÜSTENGRASMÜCKE

GOLDHÄHNCHEN-LAUBSÄNGER

Tafel 83

Goldhähnchen, Wasseramsel, Zaunkönig, Baumläufer und Kleiber

Wintergoldhähnchen Karte 297, S. 394
Winzig, schwarz gesäumter orangefarbener oder gelber Scheitelstreif, um das Auge ein diffus heller Ring.

Sommergoldhähnchen Karte 298, S. 394
Unterscheidet sich vom Wintergoldhähnchen durch weißen Überaugen- und schwarzen Augenstreif, auf der Halsseite ein bronzefarbener, großer Fleck.

Wasseramsel Karte 242, S. 363
Dunkel mit weißem Latz, kurzer hochgestellter Schwanz. Knickst ständig, zuckt mit den Flügeln und taucht mit einem Sprung ins Wasser.

Zaunkönig Karte 243, S. 363
Sehr klein, rötlichbraun. Der kurze Schwanz wird gewöhnlich hochgestellt.

Waldbaumläufer Karte 316, S. 402
Schlank mit dünnem, gebogenem Schnabel, oben braun gestreift, Bürzel rotbraun, Unterseite seidenweiß. Rufe unrein, hoch und fein.

Gartenbaumläufer Karte 317, S. 403
Von dem Waldbaumläufer kaum zu unterscheiden. Überaugenstreif mehr diffus, Flanken bräunlich getönt. Rufe laut, klar, gereiht, tannenmeisenähnlich.

Mauerläufer Karte 315, S. 402
Runde Flügel mit karminroten Flügeldecken. Erinnert im Flug an einen Schmetterling.

Kleiber Karte 313, S. 401
Untersetzt, spitzer Schnabel, oben blaugrau, unten orangebeige. Skandinavische Unterart unten weiß mit rotbraunen Flanken. Kann, wie alle Kleiber, kopfüber und kopfunter klettern.

Türkenkleiber S. 401
Großer, rostroter Brustfleck. Ägäische Inseln, Türkei.

Korsenkleiber S. 401
Klein, weißer Überaugenstreif, ♂ mit schwarzer, ♀ mit schiefergrauer Kappe. Korsika.

Felsenkleiber Karte 314, S. 402
Größer und heller als der Kleiber. Langer Schnabel, lange Beine, aufrechte Haltung, Schwanz ganz grau. Balkan.

♀
♂
WINTERGOLDHÄHNCHEN
♀
♂
SOMMERGOLDHÄHNCHEN
ltvogel
WASSERAMSEL
Jungvogel
ZAUNKÖNIG
SK
unten
.D-
MLÄUFER
GARTEN-
BAUMLÄUFER
TÜRKENKLEIBER
MAUERLÄUFER
skandinawische
Form
KORSENKLEIBER
KLEIBER
FELSENKLEIBER

Tafel 84

Fliegenschnäpper und Seidenschwanz

Fliegenschnäpper sind lebhafte kleine Vögel, die von einer Warte aus im Flug Insekten schnappen. Sie zucken häufig mit Flügeln und Schwanz.

Trauerschnäpper Karte 302, S. 396
♂ PK: Schwarz oder dunkelgrau und weiß, großes, weißes Flügelfeld. Im SK ♂ und ♀ gleich.
♀: Oben graubraun, Flügelfeld wie beim ♂.

Halbringschnäpper S. 396
♂ PK: Unterscheidet sich vom Trauerschnäpper-♂ durch eine obere, weiße Flügelbinde und einen bis zur Halsmitte reichenden „Kragen".

Halsbandschnäpper Karte 301, S. 396
♂ PK: Durchgehend weißes Halsband, weißlicher Bürzel, großes, weißes Flügelfeld, das über den ganzen Flügel zieht.

Grauschnäpper Karte 299, S. 395
Oben graubraun, gestrichelte Brust, die Flügelzeichnung beschränkt sich auf schmale, helle Säume der großen Federn.

Zwergschnäpper Karte 300, S. 395
Weißer Augenring, auffallend weiße seitliche Schwanzbasis.
♂: Rotorangefarbene Kehle, graue Wangen.
♀: Kehle und Brust beigeweißlich.

Seidenschwänze sind starengroße braune Vögel mit einer Haube. Sie treten gewöhnlich in kleineren Schwärmen auf.

Seidenschwanz Karte 241, S. 362
Lange, schopfartige Haube, am Ende der Armschwingen leuchtend rote „Plättchen". Schwarzer Schwanz mit gelber Endbinde.

♀
♂ PK
♂ PK
TRAUERSCHNÄPPER
HALBRINGSCHNÄPPER
♂ PK
HALSBANDSCHNÄPPER
GRAUSCHNÄPPER
SEIDENSCHWANZ
♀
♂
ZWERGSCHNÄPPER

Tafel 85

Würger

Würger sind im Aussehen und Verhalten greifvogelähnliche Singvögel. Sie fangen große Insekten, Mäuse und kleine Vögel. Die Altvögel haben schwarze Masken.

Neuntöter
Karte 320, S. 404

♂: Grauer Oberkopf und Nacken, rotbraune Oberseite, grauer Bürzel.
♀: Rötlichbraune Oberseite, wellenförmig quergebänderte Unterseite.

Rotkopfwürger
Karte 323, S. 406

Altvogel: Große, weiße Schulterflecke, rotbrauner Scheitel und Nacken, weißer Bürzel.
Jungvogel: Oben und unten dicht gebändert, angedeuteter Schulterfleck.

Schwarzstirnwürger
Karte 321, S. 405

Schwarze Stirn, Schnabel gedrungener als beim Raubwürger, lachsrosa Tönung auf Brust und Bauch, lange Flügel. Aufrechte Haltung.

Raubwürger
Karte 322, S. 405

Graue Stirn, weißer Überaugenstreif, weißer Schulterrand, Schnabel länger als beim Schwarzstirnwürger, langer Schwanz, relativ kurze Flügel.

Maskenwürger
S. 406

Weißer Schulterfleck wie beim Rotkopfwürger, aber weiße Stirn, schwarzer Scheitel und schwarzer Bürzel.

Isabellwürger
S. 404

Oberseite beigebraun, rostroter Bürzel und Schwanz, Unterseite beigeweiß, weißer Fleck am Grunde der Handschwingen.

♂
♂
NEUNTÖTER
Jungvogel
Altvogel
Geschlechter
gleich
ROTKOPFWÜRGER
ng-
gel
CHWARZ-
TIRN-
VÜRGER
Geschlechter
gleich
Geschlech-
ter gleich
Jung-
vogel
RAUBWÜRGER
MASKEN-
WÜRGER
ISABELLWÜRGER

Tafel 86

Meisen sowie Bart-, Schwanz- und Beutelmeise

Kleine lebhafte und bewegliche Vögel mit kurzem Schnäbelchen. Hängen bei der Nahrungssuche oft mit dem Rücken nach unten an den Zweigen. Die meisten echten Meisen (Gattung *Parus*) haben einen schwarzen Kehllatz und eine schwarze Kappe. Die Geschlechter sind gleich.

Kohlmeise Karte 312, S. 400

Dreieckige, weiße Wangen, schwarzer Latz, der sich in einem Bauchstreif fortsetzt, weiße Schwanzkanten.

Tannenmeise Karte 310, S. 399

Weißer Nackenfleck, doppelte weiße Flügelbinde.

Blaumeise Karte 311, S. 400

Blaue Kappe, gelbe Unterseite ohne Bauchstreif.

Sumpfmeise Karte 305, S. 398

Glänzend schwarze Kappe, kleiner Kehllatz, Flügel ohne helles Feld.
Gesang eine Wiederholung gleicher, kurzer, energisch scharfer Töne.

Weidenmeise Karte 307, S. 398

Stumpf schwarze Kappe, auf dem gefalteten Flügel ein helles Feld, das von den weißlichen Kanten der Armschwingen gebildet wird, langgestreckte, weiße Wangen. Die skandinavischen Weidenmeisen sind weit heller und haben eine graue Oberseite. Gesang eine Reihe klarer, etwas wehmütiger, gedehnt abfallender Laute.

Lasurmeise S. 400

Weißer Oberkopf, weiße Unterseite, viel Weiß am Flügel.

Trauermeise Karte 306, S. 398

Eine große Meise. Graubraune Oberseite, zwischen der schwarzen Kappe und dem großen, schwarzen Kehllatz gestreckt „dreieckige“, weiße Wangen.

Lapplandmeise Karte 308, S. 399

Kappe dunkel graubraun, schwarzer, großer Latz, Mantel und Rücken rötlichbraun, Flanken kräftig rostbraun getönt.

Haubenmeise Karte 309, S. 399

Aufrichtbare Haube, Kopf schwarzweiß gezeichnet, Oberseite warm graubraun, Unterseite beigeweiß mit „rostigen“ Flanken.

Bartmeise Karte 303, S. 397

Langer, gestufter Schwanz.
♂: Langer, schwarzer „Backenbart“, blaugrauer Kopf, schwarze Unterschwanzdecken.
♀: Beigebräunlicher Kopf ohne „Backenbart“, beigegelbe Unterschwanzdecken.

Schwanzmeise Karte 304, S. 397

Kleiner, kugeliger Körper mit sehr langem, dünnem Schwanz. Weißer oder schwarzweiß gestreifter Scheitel, rosa Schultern, rosa getönte Unterseite.

Beutelmeise Karte 318, S. 403

Kleiner als die Blaumeise. Schwarze Gesichtsmaske, satt rotbraune Oberseite, beigeweiße Unterseite, recht langer schmaler Schwanz.

KOHLMEISE
TANNENMEISE
BLAUMEISE
SUMPFMEISE
nördliche Form
WEIDENMEISE
LASURMEISE
TRAUERMEISE
LAPPLANDMEISE
HAUBENMEISE
BARTMEISE
♀
nördliche Form
SCHWANZMEISE
BEUTELMEISE

Tafel 87

Kleinere Rabenvögel, Pirol und Stare

Elster Karte 326, S. 408
Schwarzweißes Gefieder, langer Schwanz.

Tannenhäher Karte 327, S. 408
Dunkelbraun mit weißen Punkten, weiße Unterschwanzdecken, schwarzer Schwanz mit weißen Spitzen.

Blauelster S. 407
Graublaue Flügel, schwarze Kapuze. Spanien, Portugal.

Alpenkrähe Karte 329, S. 409
Gebogener, roter Schnabel, rote Beine (s. auch Tafel 88).

Alpendohle Karte 328, S. 408
Kürzerer, gelber Schnabel, rote Beine (s. auch Tafel 88).

Eichelhäher Tafel 324, S. 407
Gefieder rosabraun, großer weißer, vom schwarzen Schwanz scharf abgehobener Bürzelfleck, Handdecken blau mit schwarzer Bänderung.

Unglückshäher Karte 325, S. 407
Düster graubraun mit rostroten Federn auf Handschwingen, Unterflügeldecken, Ober- und Unterschwanzdecken sowie Schwanzseiten.

Pirol Karte 319, S. 404
♂: Leuchtend gelb mit schwarzen Flügeln und schwarzem Schwanz.
♀: Oben gelblichgrün, weißliche, fein gestrichelte Unterseite, schwarzgraue Flügel, schwarzgrauer Schwanz.

Einfarbstar S. 411
Im PK ganz schwarz, im SK nur feine, helle Flecke. Iberische Halbinsel, Korsika, Sardinien, Sizilien.

Star Karte 335, S. 411
Altvogel: Schillernd schwarz, im PK nur feine, helle Flecke auf der Oberseite, im SK auch große weiße Punkte auf der Unterseite.
Jungvogel: Graubraun ohne auffällige Zeichnung.

Rosenstar S. 411
Altvogel: Weit kürzerer Schnabel als der Star, glänzend schwarzer Kopf mit langem Nackenschopf, schwarze Flügel, schwarzer Schwanz, Körper sonst zart rosa.
Jungvogel: Weit heller als junge Stare, oben sandbraun, Flügelfedern dunkelbraun mit hellen Säumen, unten weißlich, Schnabel gelblich.

ELSTER
TANNENHÄHER
AUELSTER
ALPENDOHLE
ALPENKRÄHE
EICHEL-
HÄHER
PIROL
♀
♂
GLÜCKS-
HER
♂ PK
JK
JK
PK
EINFARB-
STAR
SK
STAR
Alt-
vogel
PK
ROSEN-
STAR

Tafel 88

Schwarze Rabenvögel

Alpenkrähe Karte 329, S. 409
Dünner, gebogener, roter Schnabel, tief gefingerte Flügel.

Alpendohle Karte 328, S. 408
Kürzerer, gelber Schnabel, Flügel schmaler und weniger tief gefingert (vgl. Alpenkrähe).

Nebelkrähe Karte 333, S. 410
Körpergefieder grau mit leichter beigebrauner Tönung, nur Kopf, Brustlatz, Flügel und Schwanz schwarz.

Rabenkrähe Karte 332, S. 410
Ganz schwarz, kräftiger Schnabel. Größere Schwärme im Unterschied zur Saatkrähe erst im Herbst nach der Brutzeit.

Dohle Karte 330, S. 409
Klein, kurzer Schnabel, grauer Nacken, hellgraue Augen, gesellig.

Saatkrähe Karte 331, S. 409
Altvogel: Nackter, grauweißer Schnabelgrund, hosenartig abstehendes Bauchgefieder. Das ganze Jahr über gesellig.
Jungvogel: Ähnlich Rabenkrähe, aber mit längerem, schlankerem Schnabel.

Kolkrabe Karte 334, S. 410
Sehr groß, mächtiger Schnabel, struppige Kehlbefiederung, keilförmiger Schwanz.

ALPENDOHLE
ALPEN-
KRÄHE
BEN-
ÄHE
NEBEL-
KRÄHE
SAAT-
KRÄHE
DOHLE
SAATKRÄHE
Jungvogel
KOLKRABE

Tafel 89

Finken

(Bunte und gelbgrüne Arten)

Finken haben kegelförmige Schnäbel, die zum Aufbeißen hartschaliger Samen geeignet sind. Es gibt, wenn auch mit Übergängen, drei Schnabeltypen: 1. den klobigen, hohen, im Querschnitt runden Schnabel von Kernbeißer, Gimpel und Hakengimpel, 2. den kanarienartigen Schnabel der meisten Finken und 3. den an der Spitze gekreuzten Schnabel der Kreuzschnäbel.

Kernbeißer Karte 356, S. 421
Großer, klobiger Schnabel, großer Kopf, weißes Flügelfeld, kurzer Schwanz.

Buchfink Karte 341, S. 415
Doppelte weiße Flügelbinde, langer Schwanz mit weißen Kanten. ♂ mit blaugrauem Scheitel und bräunlichweinroter Unterseite.

Bergfink Karte 342, S. 415
Langovaler, weißer Bürzelfleck, relativ kurzer, schwarzer Schwanz, Brust und Schultern orange. ♀ matter gefärbt als ♂. ♂ im PK mit schwarzem Kopf und Mantel.

Stieglitz Karte 346, S. 416
Bunt, rot-weiß-schwarzer Kopf, breite, gelbe Flügelbinde

Grünling Karte 345, S. 416
♂: Grün, große, leuchtend gelbe Partien an Flügeln und Schwanz.
♀: Grau- bis gräulichgrün, gelbe Gefiederpartien weniger leuchtend.

Zitronengirlitz 344, S. 416
Unterseite ungestreift, grauer Nacken, zwei gelbgrüne Flügelbinden.

Erlenzeisig Karte 347, S. 417
♂: Scheitel und Kinn schwarz, gelbe Flügelbinden und Schwanzseiten, gelber Bürzel.
♀: ♀ Unten gelblichweiß, auf Brust und Flanken gestrichelt und gestreift.

Girlitz Karte 343, S. 415
Klein, untersetzt, kurzes Schnäbelchen, gelber Bürzel.
♂: oben olivgrün mit dunkler Streifung auf Mantel und Flanken, Kehle und Brust gelb.
♀: an Kopf und Oberseite brauner, an Kehle und Brust mehr gräulichgelb.

Wüstengimpel S. 420
Kurzer roter (♂) oder gelber (♀) Kegelschnabel, graurosa Gefieder. Stimme u. a. quäkend wie eine Kindertrompete.

♂
KERNBEISSER
♂
♀
BUCHFINK
♂PK
♂ SK
♀
BERGFINK
hlech-
eich
STIEGLITZ
♂
♀
GRÜNLING
Geschlechter
gleich
ZITRONENGIRLITZ
♂
ERLENZEISIG
♂
♀
GIRLITZ

Tafel 90

Finken

(Braune und rote Arten)

Bluthänfling, Berghänfling und Birkenzeisig sehen einander recht ähnlich, ihre Rufe sind aber charakteristisch verschieden. Der Bluthänfling ist die häufigste und am weitesten verbreitete Art.

Gimpel Karte 355, S. 421
Schwarze Kappe, kurzer, dicker Kegelschnabel, weißer Bürzel über einem schwarzen Schwanz.
♂: Leuchtend rote Unterseite, bläulichgraue Oberseite.
♀: Oben bräunlichgrau, unten rosabraungrau.

Bluthänfling Karte 348, S. 417
♂: Rote Stirn und Brust, rotbraune Oberseite, kein Schwarz am Kinn.
♀: Grauer, gestreifter Kopf, braune, gestreifte Oberseite.
Rufe nasal, gedehnt „djüe" oder trocken, nasal „djek-djek-".

Birkenzeisig Karte 350, S. 418
Rote Stirn, schwarzes Kinn. Flügelbinden im S und SW der Verbreitung unscheinbar bräunlich im N deutlicher und weißlich. ♂ im PK mit rosaroter Brust.
Rufe nasal, hochgezogen „wäid" oder metallisch „tschett-tschett-".

Polarbirkenzeisig Karte 351, S. 418
Unterscheidet sich vom Birkenzeisig durch kürzeren Schnabel, lockeres, „überreiftes" Gefieder, rein weißen Bürzel und weiße Flügelbinden. Rufe gleich.

Berghänfling Karte 349, S. 418
Satt ockerbraun mit schwarzer Streifung, helle Flügelbinde. Schnabel im PK grau und im SK gelb. ♂ im PK mit mattrosa Bürzel.
Rufe nasal quäkend „wäo" oder dreisilbig „tjep-ep-ep".

Karmingimpel Karte 353, S. 420
♂: Kopf, Brust und Bürzel rosarot, Mantel und Flügeldecken zimtbraun.
♀: Oben gräulich- bis olivbraun, unten beigeweiß mit feiner, dunkler Streifung, helle Flügelbinden.

Hakengimpel Karte 354, S. 420
Drosselgroß, klobiger, schwarzer Schnabel, schwarze Flügel mit zwei weißen Binden.
♂: Kopf, Bürzel und Brust satt rosarot, Steiß grau, Mantel, Rücken und Oberschwanzdecken dunkel gefleckt.
♀: Gelborange und grau.

Fichtenkreuzschnabel Karte 352, S. 419
Gekreuzte Schnabelspitze, keine Flügelbinden.
♂: Gewöhnlich ziegelrot, aber auch gelborange oder gelbich graugrün mit schwarzbraunen Flügeln und schwarzem Schwanz.
♀: Oben graugrün, Bürzel mehr gelbgrün, Unterseite matt gelblichgrün.

Kiefernkreuzschnabel S. 420
Sehr ähnlich Fichtenkreuzschnabel, aber mit weit kräftigerem Schnabel (s. Text).

Bindenkreuzschnabel S. 419
Dünner. gekreuzter Schnabel, zwei weiße Flügelbinden.
♂: Karminrot, schwärzlich gefleckter Mantel, schwarze Flügel und schwarzer Schwanz.
♀: Gelblicholivgrün mit dunkel geflecktem Mantel und gestreifter Unterseite.

♂
GIMPEL
♂
♀
BLUTHÄNFLING
nördliche Form
♂
♀
BIRKENZEISIG
♂
POLARBIRKENZEISIG
BERGHÄNFLING
♀
♂
KARMINGIMPEL
♂
HAKENGIMPEL
KIEFERNKREUZ-
SCHNABEL
♂
♂
FICHTENKREUZ-
SCHNABEL
♀
♂
BINDENKREUZ-
SCHNABEL

Tafel 91

Sperlinge, Braunellen und Ammern

Haussperling Karte 336, S. 412
♂: Grauer Scheitel, schwarzer Latz.
♀: Einfarbig graue Brust, fahler Überaugenstreif.

Italiensperling S. 412
♂: Kastanienbrauner Scheitel, ungezeichnete Flanken.
♀: Ähnlich Haussperling-♀.

Weidensperling Karte 337, S. 412
♂: Kastanienbrauner Scheitel, schwarz gestreifte Flanken.
♀: Ähnlich Haussperling-♀, aber mit schwach gestreiften Flanken.

Feldsperling Karte 338, S. 413
Schwarzer Wangenfleck, kastanienbrauner Scheitel.

Steinsperling Karte 339, S. 413
Fahl braun, gestreifter Scheitel, weiße Flecke am Schwanzende, unauffälliger, gelber Kehlfleck.

Schneefink Karte 340, S. 413
Unterscheidet sich von der Schneeammer durch grauen Kopf und schwarzen Kehlfleck. Nur im Gebirge.

Heckenbraunelle Karte 244, S. 364
Braune, dunkel gestreifte Oberseite, Gesicht und Brust grau, feiner Schnabel.

Alpenbraunelle Karte 245, S. 364
Dunkel gefleckte, weiße Kehle, rostrot gestreifte Flanken, schwarzweiße Flügelbinden.

Waldammer Karte 363, S. 427
♂ PK: Kopf schwarzweiß, Nacken und Brustband rotbraun.
SK: Insgesamt brauner, Kopfzeichnung und Brustband nur angedeutet.
Rufe kurz und scharf „tzitt" oder weicher, gedehnter „tsiih".

Schneeammer Karte 358, S. 424
Große, weiße Flügelfelder, Kopf verwaschen beigebraun. ♂ im PK mit weißem Kopf und schwarzer Oberseite.

Spornammer Karte 357, S. 423
♂ PK: Kopf, Brust und Flanken schwarz, weißer Zickzack-Streif vom Auge um den rotbraunen Nacken.
♀ und ♂ SK: Rotbrauner Nacken.
♀ SK und JK: Gelblichgrauer Scheitelstreif.
Flugruf hart rollend „prrrrt" oder „tjüh-prrrrt".

Rohrammer Karte 364, S. 428
♂ PK: Schwarzer Kopf und Latz, weißer Bartstreif und Kragen.
♀: Dunkle Umrandung der Wangen, Kinnstreif reicht bis zum Schnabel, Überaugen- und Bartstreif hellbeige.
Ruf, saugend, leicht abfallend „tsiü".

♂
HAUS-
SPERLING
♀
FELDSPERLING
Geschlechter
gleich
♂
♂
ITALIENSPERLING
WEIDENSPERLING
Geschlechter
gleich
STEIN-
SPERLING
Geschlechter
gleich
HECKEN-
BRAUNELLE
Geschlechter gleich
ALPEN-
BRAUNELLE
PK
WALD-
AMMER
♀
♂
SCHNEEAMMER
Geschlechter
gleich
SCHNEEFINK
JK
SPORNAMMER
♂ PK
♂ PK
♀
ROHRAMMER

Tafel 92

Ammern

Grauammer Karte 366, S. 429
Groß, kurzer, derber Schnabel, erdbraun mit dunkler Streifung, Schwanz ohne Weiß.

Zwergammer S. 427
♂ PK: Rostroter Scheitelstreif, schwarze Scheitelseitenstreifen, aufgehellter Überaugenstreif, rostrote Wangen mit dunkler Umrandung, weißlicher Augenring.

Zippammer Karte 361, S. 425
♂ PK: Grauer Kopf mit schwarzer Streifung, Flanken und Bauch rostorange, rostbrauner Bürzel, weiße Schwanzkanten.

Ortolan Karte 362, S. 426
♂ PK: Kopf und Brust olivgrau, Augenring, Bartstreif und Kehle gelb.
JK: Braun, Unterseite gestreift, rosagrauer Schnabel, helle Augenringe, leicht gestreifter Bürzel.

Grauortolan S. 426
Unterscheidet sich vom Ortolan durch blaugrauen Kopf und rostrote Kehle.
JK: Sehr ähnlich JK vom Ortolan, aber wärmer rötlichbraun.

Goldammer Karte 359, S. 424
Gefieder in allen Kleidern weitgehend gelb mit einfarbig rotbraunem Bürzel.

Zaunammer Karte 360, S. 425
♂ PK: Olivgrauer Scheitel, gelber Überaugenstreif, schwarzer Augenstreif, gelber Wangenstreif, schwarze Kehle und gelbes Halsband.
♀: Ähnlich Goldammer-♀, olivbrauner Bürzel.

Kappenammer Karte 365, S. 428
♂ PK: Schwarze Kapuze, Unterseite gelb, rotbraune Oberseite.
♀: Unterseite ungestreift, gelbe Unterschwanzdecken, kräftiger Schnabel.

Weidenammer S. 428
♂ PK: Dunkelrotbrauner Scheitel, schwarzer Kopf, rotbraunes Brustband, über die gelbe Unterseite, breite, weiße Binde auf den Kleinen Armdecken.
♀: Kräftig gestreifter Kopf, fein gestrichelte Flanken.

Braunkopfammer S. 452
♂ PK: Kopf und Oberbrust rostbraun, Nacken und Mantel olivgrün, Halsseiten, Bürzel und Unterseite zitronengelb.

Fichtenammer S. 424
♂ PK: Scheitel und Ohrdecken weiß, Kehle und Überaugenstreif satt rotbraun.

Wiesenammer S. 453
♂ PK: Scheitel, Ohrdecken und Brustband dunkel rotbraun, weißer Überaugenstreif, schwarzer Bartstreif. In der Region nicht sicher nachgewiesen.

Maskenammer S. 451
♂ PK: Kopf und Brust olivgrau, Unterseite beigegelb.

Türkenammer S. 426
♂: Gelblichgrauer Kopf, gelbe Kehle, bräunlichgraue Oberseite, düster graue Unterseite.

ZWERGAMMER
ZIPPAMMER
AUAMMER
Geschlechter gleich
Geschlechter gleich
♂
ORTOLAN
GRAUORTOLAN
JK
♂ PK
♂
GOLDAMMER
ZAUNAMMER
♀
♂
♀
♂
KAPPENAMMER
WEIDENAMMER
♀
♂ PK
♀
♂ PK
♂
♂
♂
♂
BRAUNKOPF-
FICHTEN-
WIESEN-
MASKEN-
TÜRKEN-

Tafel 93

Waldsänger
(Irrgäste aus N- Amerika)

Mit den Grasmücken und Laubsängern der Alten Welt nicht verwandt. Es werden nur die am häufigsten nachgewiesenen Arten abgebildet. Weitere nur ein- bis dreimal in Europa gesehene Arten werden bei den Irrgästen aufgeführt.

Streifenwaldsänger S. 422
♂ PK: Schwarze Kappe, weiße Wangen, schwarzgraue Streifung.
SK: Oben oliv, unten beigegelb mit feiner Streifung, zwei weiße Flügelbinden. Beine gewöhnlich matt gelb.

Kletterwaldsänger S. 448
Schwarzweiß längsgestreifter Kopf und schwarzweiß gestreifte Oberseite. Klettert wie ein Kleiber an Stämmen und Ästen.

Kronwaldsänger S. 422
Leuchtend gelber Bürzel, gelber Scheitel und gelber Flankenfleck.

Schnäpperwaldsänger S. 448
♂: Schwarz mit großen, orangefarbenen Flecken auf Flügel und Schwanz.
♀: Olivbraun mit gelben Flecken auf Flügeln und Schwanz.

Meisenwaldsänger S. 422
Bläulichgrau mit gelber Brust und gelbgrünem Mantel ♂ mit grau-rotem Brustband.

Uferwaldsänger S. 450
Drosselähnlich, beigegelber Überaugenstreif, schwarz gestreifte Unterseite. Läuft mit dem Körper wippend an Ufern entlang.

Rotaugenvireo S. 414
Vireos sind eine neuweltliche Vogelfamilie. Ihr kräftiger Schnabel hat einen gebogenen First und eine leicht hakige Spitze. Der Rotaugenvireo ist die am ehesten in Europa (Herbst) zu erwartene Art.
Grauer Scheitel, schwarz eingefaßter, weißer Überaugenstreif, Augen beim Altvogel dunkelrot, beim Jungvogel braun.

Rotaugenvireo

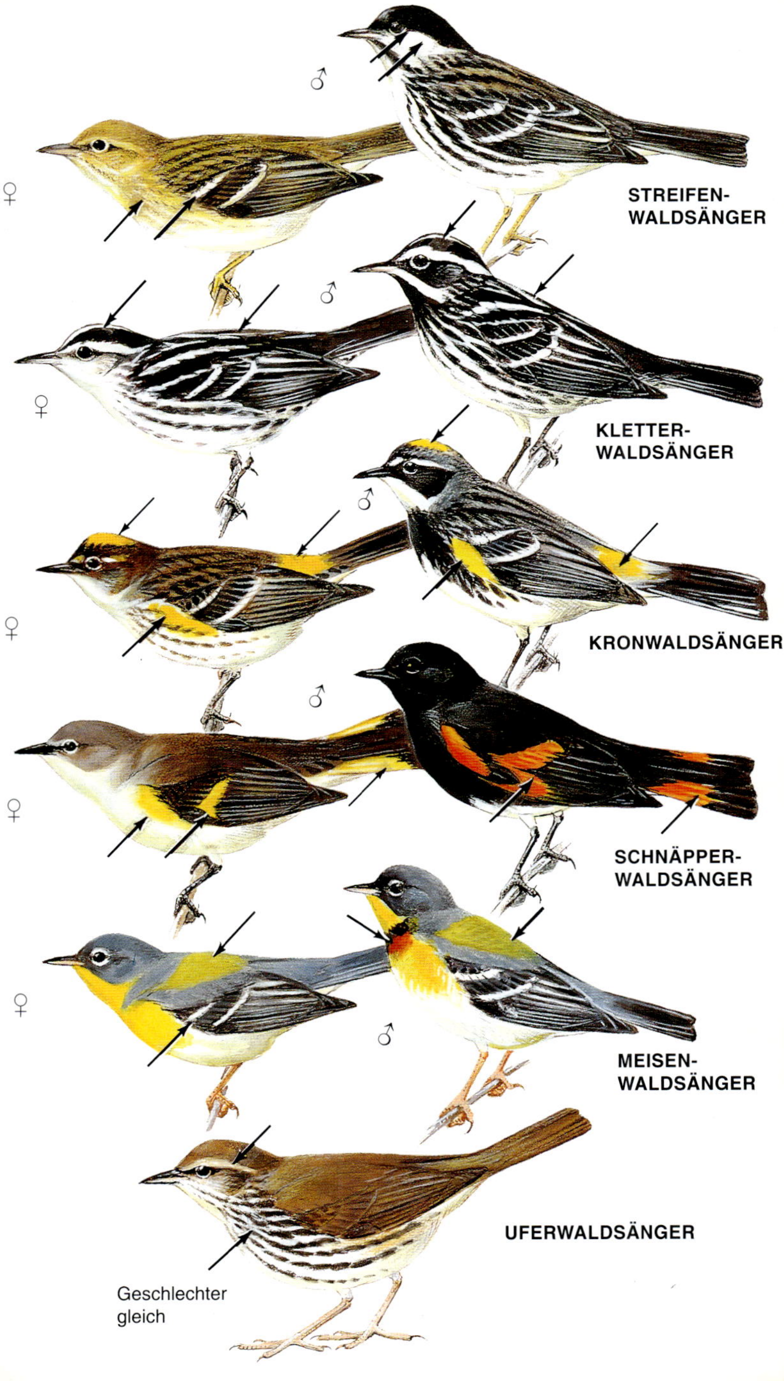
♂
♀
STREIFEN-
WALDSÄNGER
♂
♀
KLETTER-
WALDSÄNGER
♂
♀
KRONWALDSÄNGER
♂
♀
SCHNÄPPER-
WALDSÄNGER
♀
♂
MEISEN-
WALDSÄNGER
UFERWALDSÄNGER
Geschlechter
gleich

Tafel 94 Singvogelirrgäste aus N-Amerika

Die hier abgebildeten zehn mehrfach nachgewiesenen Arten gehören in verschiedene Vogelfamilien (Stärlinge, Tangaren, Drosseln, Ammern). Abbildungen zu den anderen bei den Irrgästen aufgeführten Arten finden sich in entsprechenden Bestimmungsbüchern der Vögel N-Amerikas und auch in Heinzel, Fitter, Parslow: Pareys Vogelbuch.

Baltimoretrupial S. 430
♂ PK: Kopf, Kehle und Oberseite schwarz, Bürzel und Unterseite satt orange.
♂ SK: Schwarz durch orangefarbene Federsäume verdeckt, weißliche Kehle.
♀ und JK: Kopf und Oberseite olivbraun, Unterseite bräunlichorange, zwei auffällig breite, weißliche Flügelbinden.

Scharlachtangare S. 450
♂ PK: Scharlachrot mit schwarzen Flügeln und schwarzem Schwanz.
♂ SK: Oben gelboliv, unten grünlichgelb, Flügel und Schwanz schwärzlich.
♀: Wie ♂ im SK , Flügel und Schwanz aber mehr schwarzbraun.

Grauwangendrossel S. 373
Ähnlich Zwergdrossel, Oberseite aber dunkler oliv graubraun, Gesicht einheitlich grau mit nur dünnem, weißlichem Augenring.

Zwergdrossel S. 373
Oberseite matt olivbraun, Kopfseiten beige getönt, ausgeprägter, beigegelber Augenring, Brust dunkel gefleckt.

Bobolink S. 453
♂ SK, ♀, JK: Ähnlich einer großen fahlbraunen Ammer mit kräftiger, dunkler Kopfstreifung und hellen „Hosenträgern" am Mantelrand.

Wanderdrossel S. 377
Brust ziegelrot, Oberseite dunkelgrau, gestreifte Kehle, unterbrochener, weißer Augenring, gelber Schnabel.

Singammer S. 451
Ähnlich Rohrammer-♀, Scheitel- und Überaugenstreif beigegrau, dunkler Kehlstreif, Streifung der Brust zu dunklem Fleck verdichtet.

Fuchsammer S. 451
Größer als ein Sperling, rostbraun und grau mit rotbraunem Schwanz.

Junko S. 451
Kopf, Brust und Oberseite dunkel schiefergrau (♂) oder dunkel braungrau (♀, JK), Unterseite und auffällige Schwanzkanten weiß.

Weißkehlammer S. 423
Deutlich abgesetzte, weiße Kehle, breit gestreifter Scheitel. Scheitel- und Überaugenstreif gewöhnlich weiß, aber auch beige.

Dachsammer S. 451
Von der Weißkehlammer durch den gelblichrosa Schnabel, die hellgraue Kehle und den ganz weißen Überaugenstreif unterschieden.

Indigofink S. 452
♂: Im PK ganz blau, im SK Blau durch braune Federsäume verdeckt.
♀ und JK: Oben braun, unten hellbraun, Brust und Flanken fein gestrichelt.

Rosenbrust-Kernknacker S. 429
Unterflügeldecken beim ♂ rosarot, beim ♀ gelb.
♂: Im PK schwarzer Kopf, rosarote Brust, im SK wie das ♀.
♀: Klobiger Kernbeißerschnabel, gestreifter Scheitel, dunkle Wangen.

BALTIMORETRUPIAL
JK
♀ PK
♂ PK
SCHARLACHTANGARE
♂ PK
♀
♂ SK
GRAU-
WANGEN-
DROSSEL
ZWERG-
DROSSEL
WANDER-
DROSSEL
FUCHS-
AMMER
NGAMMER
e
reift
alt
Herbst
BOBOLINK
WEIßKEHL-
AMMER
JUNKO
ACHS-
MMER
♂
mausernd
♀ SK
♂ PK
INDIGOFINK
♀
♂
♂ Herbst
ROSENBRUST-KERNKNACKER

Tafel 95

Einige eingebürgerte Vogelarten

(S. auch Tafel 96)

Von den vielen in Europa entflogenen oder ausgesetzten „exotischen“ Arten haben nur wenige freilebende Brutbestände bilden können. Einige werden hier und auf der folgenden Tafel abgebildet.

Halsbandsittich S. 144

Schlanker, langschwänziger, grüner Papagei mit rotem Schnabel. ♂ mit schmalem, im Nacken rosa und von den Halsseiten an schwarzem Halsband.

Halsbandfrankolin S. 87

♂: Überwiegend schwarz und dunkelbraun mit weißem Wangenfleck und rotbraunem Halsband.

♀: Heller Kopf, rostbrauner Nackenfleck, grob schwarz gefleckte Unter- und dunkel geschuppte Oberseite.

Fasan Karte 110, S. 88

S. Tafel 32 und Text.

Goldfasan S. 88

♂: Unverwechselbar bunt, sattrote Unterseite, Kopf mit goldgelber Haube, rotgoldener, schwarzgestreifter Nackenschleier.

♀: Ähnlich tarnfarben wie die Fasanenhennen, Körper fein und dicht gebändert, grob gebänderter, gebogener Schwanz.

Diamantfasan S. 89

♂: Unverkennbar mit schwarzweiß gebändertem Nackenschleier, rotem Schopf, weißem Unterkörper und weißem, dunkel gebändertem Schwanz.

♀: Dem ♀ des Goldfasans sehr ähnlich, Bauch ungebändert (s. Text).

Anmerkung: Die Vögel auf dieser Tafel wurden in unterschiedlichem Maßstab abgebildet. S. Maße unter Kennzeichen im Text.

HALSBANDSITTICH
HALSBAND-
FRANKOLIN
FASAN
GOLDFASAN
GOLDFASAN
DIAMANT-
FASAN
DIAMANTFASAN

Tafel 96

Weitere eingebürgerte Vogelarten

Tigerfink S. 414
♂: Rot mit weißen Punkten.
♀: Roter Schnabel, Oberseite graubraun, Unterseite beigeweiß, Bürzelregion rot.

Wellenastrild S. 414
Altvogel: Ober- und Unterseite, Flügel und Schwanz fein dunkelbraun quergebändert, Wangen und Kehle weißlich, Bauchmitte rötlich, Schnabel und langovaler Augenstreif leuchtend rot.
Jungvogel: Insgesamt dunkler mit schwarzem Schnabel.

Brautente S. 55
♂ PK: Unverkennbares Kopfprofil und -muster, große, über den Nacken hängende Haube, weiß „gezackte" Kehle, schimmernd glänzende Oberseite.
♀: Grünlichgrauer Hinterkopf, breite, weiße „Brille", schmale, weiße Linie rings um den Schnabelgrund (vgl. Mandarinenten-♀).

Kanadagans Karte 41, S. 52
S. Tafeln 8, 9 und Text.

Nilgans S. 53
Gänseähnlich, dunkelbrauner Fleck rings um das Auge, brauner Fleck auf der unteren Brust.

Streifengans S. 52
Weißer Kopf mit zwei schwarzen Streifen am Hinterkopf, blaßgrauer Körper.

♂
♀
TIGERFINK
WELLENASTRILD
♀
♂
♂
♂ SK
Herbst
BRAUTENTE
KANADAGANS
NILGANS
STREIFENGANS

Lerchen: Alaudidae

Bodenvögel der offenen Landschaft mit erd- oder sandbraunem Gefieder, das dem Untergrund vorzüglich angepaßt ist. Die Geschlechter sehen gewöhnlich gleich aus. Die Schnäbel sind entsprechend der gemischten Kost aus Insekten und kleinen Sämereien meistens schlank und spitz. Die ♂ der meisten Arten singen im Flug. Sie steigen dazu steil auf oder fliegen kreisend umher. Auf dem Boden laufen die Lerchen mit schnellen, trippelnden Schritten. Das Nest wird in Gras und Kraut versteckt am Boden gebaut.

Dupontlerche *Chersophilus duponti* **Tafel 70**

Kennzeichen: 17-18 cm. Eine schlanke Lerche mit langem, leicht abwärts gebogenem Schnabel, langem Hals, v. a. in aufrechter Erregungshaltung, und relativ langen Beinen. Über den dunklen Scheitel verläuft ein dünner, heller Streif. Von den Schnabelwinkeln gehen feine, dunkle Kinnstreifen aus. Das Gefieder, ähnlich wie das der Feldlerche, mit brauner, dunkel gefleckter Oberseite, gestrichelter Brust und weißen Schwanzseiten. Lebt scheu und versteckt. Fliegt nur widerwillig auf. Am besten beim Balzflug auszumachen. Der Vogel steigt mit langsamen Flügelschlägen hoch auf, „steht“ dort eine Weile und läßt sich wie ein Stein zu Boden fallen. Am Boden rennt er etwas ruckartig ins nächste Versteck. Steht oft hoch aufgereckt.
Stimme: Gesang im Singflug eine hänflingsähnliche, melancholische Strophe, die mit einigen flötenden Tönen beginnt und mit einem nasal gezogenen Schnarren endet „dudii-trschriiih“. Ruf ein charakteristischer, etwas blecherner Doppelpfiff „tju-tjüh“.
Vorkommen: Lebt in trockenem, steppenartigem Gelände mit nacktem, steinigem oder sandigem Boden, einzelnen Grasbulten und Wermutsträuchern. Außerhalb der Brutzeit auch auf abgeernteten Feldern. Brütet in S-, C- und NE-Spanien. Vorwiegend Standvogel.

Kalanderlerche *Melanocorypha calandra* **Tafel 70, Karte 221, A**

Kennzeichen: 17-20 cm. Eine große, massige Lerche ohne Haube mit einem dicken, kegelförmigen, horngelben Schnabel und großen „dreieckigen“ Flügeln. Gefieder auf der Oberseite fahl graubraun mit brauner Längsstreifung und auf der Unterseite bräunlichweiß. An den Halsseiten markante, schwarze Flecke, deren Größe aber variiert. Brust nur schwach gestrichelt. Unterflügel nahezu schwarz mit auffälligem, weißem Hinterrand. Schwanzseiten weiß. Junge auf der Oberseite gesprenkelt. Der Brustseitenfleck ist bei ihnen noch weitgehend verdeckt. Steht beim typischen Singflug mit steifen Flügeln und zeitlupenartigem Flügelschlag hoch in der Luft. Vgl. auch die gattungsverwandten Arten.
Stimme: Ruf charakteristisch trocken, fast klirrend „tschrrrip“. Gesang feldlerchenartig mit Imitationen. Der eigene harsch tschirpende Ruf wird immer wieder eingeflochten. Singt im Singflug und manchmal auch am Boden.
Vorkommen: Bewohnt steiniges Ödland, Steppen und Kulturland. Im Winter oft in großen Trupps.

Weißflügellerche *Melanocorypha leucoptera* **Tafel 70, A**

Kennzeichen: 17-19 cm. In Größe und Gestalt zwischen der Feld- und Kalanderlerche. Auffälligstes Merkmal der dreifarbige Oberflügel mit rotbraunen Decken, schwarzen Handschwingen und weitgehend weißen Armschwingen, die auch am gefalteten Flügel als weißes Feld erkennbar sind. Der Unterflügel ist überwiegend hell, nur die Handschwingen und die Basen der Armschwingen sind schwarz. Gegen den hellen Himmel ist die breite, weiße Hinterkante oft kaum sichtbar. Der Flügel kann dann von unten gesehen sehr schmal wirken. Oberseite gelblich graubraun mit dunkler Längsstreifung, Unterseite weißlich, Brustseiten und Flanken dunkel gestrichelt. Äußere Schwanzfedern weiß. Beim ♂ sind Scheitel und Ohrdecken rotbraun, beim ♀ sind sie graubraun mit feiner rötlichbrauner Strichelung. Flug und Verhalten ähnlich Feldlerche.

Stimme: Ruf trocken und hart „drrit-drrit“. Gesang im Singflug oder am Boden weitgehend wie der der Feldlerche, aber härter, trockener mit schwankenden Lauten.
Vorkommen: Brütet in der Grassteppe, auf trockenen Heiden und auch auf Feldern. Verbreitung vom Schwarzen Meer bis C-Asien. In C-Europa ein sehr seltener Gast.

Mohrenlerche *Melanocorypha yeltoniensis* **Tafel 70, A**
Kennzeichen: 18-20 cm. Die größte Lerche Europas mit untersetzter Gestalt und kräftigem, aber relativ kurzem Schnabel. Geschlechter stark verschieden. ♂ im PK nahezu ganz schwarz mit hornfarbenem Schnabel. Im frischen Gefieder (Herbst) auf dem Kopf, der Oberseite und den Flanken helle Federränder, die das Schwarz weitgehend verdecken. ♀ auf der Oberseite fahl graubraun und auf der Unterseite weißlich. Schwingen, Große- und Mittlere Flügeldecken sowie Schirmfedern schwärzlichgrau, die Decken und Schirmfedern mit hellen Rändern. Unterflügeldecken nahezu schwarz, deutlich dunkler als die Schwingen. Brust und Flanken dunkel gefleckt. Fleckung an den Brustseiten oft zu einem dunklen Fleck verdichtet. Im Unterschied zur Kalanderlerche kein weißer Flügelhinterrand und keine weißen Schwanzkanten. Auffälliger, niedriger Balzflug mit sehr langsam, steif und hoch schlagenden Flügeln sowie taumelnder Landung.
Stimme: Gesang ähnlich dem der Feldlerche mit schnell schwirrenden Tonfolgen und Imitationen.
Vorkommen: Bewohnt die Gras- und Buschsteppe, oft in Gewässernähe. Im Winter auch auf Ackerland, Straßenböschungen und Brachland. Verbreitung vom Schwarzen Meer bis C-Asien. In C-Europa ein sehr seltener Gast.

Kurzzehenlerche *Calandrella brachydactyla* **Tafel 70, Karte 222, A**
Kennzeichen: 14-16 cm. Eine kleine, helle, unscheinbare Lerche. Oberseite hell graubraun und Unterseite nahezu ungezeichnet weißlich. Auffälligstes Merkmal ein dunkler Fleck oder kurzer Streif am Übergang von Hals- zu Brustseite (kann im frischen Gefieder durch braune Federränder überdeckt sein und ist bei den Jungen noch nicht ausgebildet) sowie sehr lange Schirmfedern, die die Handschwingenspitzen nahezu überragen. Gesicht mit breitem bräunlichweißem Überaugenstreif und ungezeichnet graubraunen, hell umrandeten Wangen. Mittlere Armdecken dunkel mit hellen Spitzen, bilden auf dem Flügel ein dunkles, hell eingefaßtes Band. In Spanien haben viele eine rötlichbraune Kappe und sind auch insgesamt wärmer, bräunlicher getönt. Nach E zu werden die Vögel immer grauer. Balzflug wellenförmig hüpfend. Wechsel von flatterndem Aufstieg, senkrechtem Fallenlassen, kurzem Gleiten und Wiederanstieg. Gesellig, im Winter oft in großen Schwärmen.
Stimme: Rufe trocken „tschirr“ oder „dritt“, ähnlich dem kurzen Ruf der Mehlschwalbe. Der Gesang besteht aus einer Folge kurzer trillernder oder melodisch zwitschernder Strophen mit eingeschalteten Imitationen.
Vorkommen: Bewohnt Steppen, trockenes Öd- und Ackerland. In C-Europa ein seltener Gast.

Stummellerche *Calandrella rufescens* **Tafel 70, A**
Kennzeichen: 13-15 cm. Der Kurzzehenlerche sehr ähnlich, aber etwas kleiner, zumeist dunkler und grauer mit rundem Kopf und kurzem Kegelschnabel. Beste Unterscheidungsmerkmale die Streifung und Strichelung auf Brust und Flanken sowie die kürzeren Schirmfedern, die 1 bis 1,5 cm vor der Flügelspitze enden. Der Überaugenstreif ist zumeist undeutlich. Auffälliger ist ein heller Ring um das Auge. Die Wangen sind fein dunkel gestrichelt. Erhebliche geographische Variation der Grundfärbung und Brustzeichnung. In Spanien (*C. r. apetzii*) klein, graubraun mit kräftiger Strichelung auf Brust und Flanken. Vom Wolgadelta an ostwärts (*C. r. heinei*) groß, grau mit diffus gestrichelter Brust. Balzflug niedrig kreisend oder umherdriftend mit flatterndem Flügelschlag, nicht so hüpfend wie bei der Kurzzehenlerche.
Stimme: Typischer Ruf kurz, trocken surrend „drrrrd“. Gesang schneller, hektischer als

der der Kurzzehenlerche mit schnarrend trillernden und flötenden Elementen sowie vielen Imitationen, auch anderer Lerchen, was das Erkennen erschweren kann.
Vorkommen: Brütet auf trockenen, ebenen Flächen wie ausgetrockneten Ufern von Salzpfannen und Lagunen, in Steppen und auf Ackerland. Brutpopulation in S- und E-Spanien. Hier Standvogel. In C-Europa ein sehr seltener Gast.

Haubenlerche *Galerida cristata* **Tafel 70, Karte 223, BJ**

Kennzeichen: 17-19 cm. Etwas größer als die Feldlerche mit recht langem, leicht gebogenem Schnabel, langer, spitzer, hoch aufrichtbarer Haube und relativ kurzem Schwanz. Gefiederfärbung recht einheitlich auf der Oberseite graubraun und auf der Unterseite hell beigebraun. Die Brust ist dunkel gestreift. Äußere Schwanzfedern gelblichbraun. Unterflügeldecken hell rostfarben. Junge auf der Oberseite hell gesprenkelt. Flugbild durch die breiten, runden Flügel und den gerade abgeschnittenen Schwanz geprägt. Flug auf kurzen Strecken flatternd mit ungleichmäßigen Flügelschlägen. Läuft am Boden schnell mit trippelnden Schritten und aufgerichteter Haube. Stochert bei der Nahrungssuche in geduckter Haltung und mit angelegter Haube.
Stimme: Rufe melodisch, aber etwas schrill flötend „dü-djü-drüli-dii" o. ä., wobei einzelne Silben wehmütig langgezogen werden. Gesang im hoch kreisenden Singflug, oft aber auch vom Boden eine Folge flötend-zwitschernder Strophen, in die sehr viele Imitationen anderer Vogelgesänge und auch andere Laute aus der Umgebung eingeflochten sein können.
Vorkommen: Brütet auf trockenem Öd- und Brachland, auf Industriebrachen, Trümmerfeldern und Flachdächern, überall dort, wo genügend Wildkrautsamen zu finden sind. Vor wenigen Jahren noch ein Charaktervogel der innerstädtischen, unbefestigten Parkplätze und der wüsten Hinterhöfe. Heute aus den Städten fast ganz verschwunden.

Theklalerche *Galerida theklae* **Tafel 70**

Kennzeichen: 15-17 cm. Der Haubenlerche sehr ähnlich und von dieser nur aus der Nähe und bei guter Sicht zu unterscheiden. Der Schnabel ist kürzer und mehr kegelförmig gerade. Die aufgerichtete Haube gleicht mehr einem Fächer. Die Gestalt ist schlanker und die Beine sind etwas länger. Das Gefieder ist kräftiger gezeichnet als bei der Haubenlerche. Der Mantel ist stärker gestreift. Auf der hellen Brust wirkt die Streifung kräftiger und dunkler. Die Oberschwanzdecken sind orangebraun getönt, ebenso auch die Schwanzkanten. Zeigt im Flug einen hellen, bräunlichgrauen Unterflügel, der sogar silbrig wirken kann. Steht häufiger als die Haubenlerche auf Büschen und Bäumen.
Stimme: Rufe ähnlich flötend wie die der Haubenlerche, aber reiner, weniger melancholisch und zumeist mit betonter letzter Silbe. Gesang, zumeist im hohen Kreisflug vorgetragen, eine Folge unterschiedlich langer schwätzender und pfeifender Strophen mit Imitationen.
Vorkommen: Brütet im allgemeinen in höheren Lagen als die Haubenlerche auf felsigen Berghängen mit einzelnen Büschen und Bäumen, steinigen Äckern und steppenartigem Ödland. Selten in oder nahe bei Siedlungen. Brutpopulation auf der Iberischen Halbinsel (ausgenommen der äußerste W und NW), auf den Balearen und im SW der S-französischen Mittelmeerregion.

Heidelerche *Lullula arborea* **Tafel 70, Karte 224, BJZ**

Kennzeichen: 13-15 cm. Eine kleine, gedrungene Lerche mit feinem, spitzem Schnabel, glattem Scheitel, breiten, runden Flügeln und kurzem, gerade endendem Schwanz. Die breiten cremefarbenen Überaugenstreifen treffen sich V-förmig im Nacken. Wangen rötlichbraun. Die beigebraune Oberseite ist dunkel gezeichnet. Unterseite bräunlichweiß mit kräftiger, schwarzbrauner Streifung auf der Brust. Die schwarzen Handdecken mit gelblichweißen Spitzen ergeben am Flügelbug ein markantes, schwarzweißes Muster. Flugbild stumpfflüglig und kurzschwänzig. Im Flug auf

dem Flügel am Rande der schwarzen Handdecken eine weiße Binde und weiße Schwanzecken, aber kein weißer Flügelhinterrand und auch keine weißen Schwanzkanten (vgl. Feldlerche). Flugweise recht langsam und wellenförmig. Serien schnell flatternder Flügelschläge wechseln mit Gleitstrecken auf angelegten Flügeln. Läuft zur Nahrungssuche am Boden umher, hält sich aber viel und gern in Bäumen auf.
Stimme: Rufe variabel, mehrsilbig und sehr melodisch wie „tütli-üit" o. ä. Gesang von einer Baumspitze oder anderer hoher Warte, auch im kreisenden Singflug eine wohlklingend „lullende" Reihe melancholisch absinkender Silben wie „di-di-di-dlü-dlü...".
Vorkommen: Bewohnt Lichtungen und Ränder trockener Kiefern- und Mischwälder, Heideflächen mit Büschen und Bäumen und sonnige, locker bewaldete Hänge. Im Winter, oft mit Feldlerchen vergesellschaftet, auch auf Feldern.

Feldlerche *Alauda arvensis* **Tafel 70, Karte 225, BJZW**
Kennzeichen: 16-18 cm. Die häufigste und bekannteste Lerche der Region. Auf dem Kopf eine kurze, bei Erregung aufgerichtete, struppige Haube. Der Schwanz im Vergleich zu anderen Lerchen lang. Auf der Oberseite erdfarben graubraun mit dunkler Zeichnung. Brust gelblichweiß mit klarer schwarzbrauner Streifung, die gegen die sonst weiße Unterseite scharf abgesetzt ist. Der weißliche Saum der Armschwingen und die weißen äußeren Schwanzfedern sind am besten zu erkennen, wenn die Lerche aufgeschreckt niedrig abstreicht. Junge auf der Oberseite durch helle Federränder schuppig gezeichnet. Singt gelegentlich von einer Warte, im allgemeinen aber im typischen Singflug. Das Lerchen-♂ steigt schnell flatternd in größere Höhen auf (50-150 m), bleibt dort oben im schwirrenden Rüttelflug eine Weile stehen und läßt sich, immer weiter flatternd und singend, langsam nach unten sinken. Erst dicht über dem Boden „plumpst" es mit angelegten Flügeln stumm herab.
Stimme: Rufe variabel, aber alle kurz hart schnarrend oder rollend. Flugruf hart schmatzend „tschri" oder „tschrr", aufgescheucht melodischer „trri-tu" oder „tschritju". Der Gesang ist ein langanhaltendes Tirilieren. Er besteht aus trillernden, flötenden und zirpenden Tonfolgen mit eingeflochtenen Imitationen, die in schnellem Tempo hintereinandergereiht vorgetragen werden.
Vorkommen: Der Charaktervogel der landwirtschaftlich genutzten Kulturlandschaft. Brütet auf Feldern, Wiesen, Brachland und Heiden. Früher überall sehr häufig. Heute durch die mechanisierte und chemisierte Landwirtschaft weitgehend der Lebensgrundlage beraubt.

Ohrenlerche *Eremophila alpestris* **Tafel 70, Karte 226, W**
Kennzeichen: 16-19 cm. Eine mittelgroße, elegante Lerche mit der Gestalt der Feldlerche, aber mit kleinerem Schnabel und noch längerem Schwanz. Altvögel im PK mit zwei kleinen, aufrichtbaren Federhörnchen, die vom schwarzen Stirnband ausgehen. Die „Hörnchen" bei den ♂ länger als bei den ♀. Das gelbe Gesicht wird durch einen großen schwarzen Wangenfleck und ein schwarzes Brustband betont. Gefieder der Oberseite fahl rötlichbraun mit schwacher brauner Zeichnung, Unterseite weiß. Schwanz schwarz mit weißen Kanten. Im SK ohne Federhörnchen mit matterer Gesichtszeichnung und dunklerer Oberseite. Junge auf der Oberseite schwarzweiß gesprenkelt mit nur angedeuteter Gesichtszeichnung. Flugbild langgestreckt und spitzflüglig. Flug pieperartig hastig. Die Flügel werden nach jedem Schlag angelegt. Die Flugbahn ist aber nicht wellenförmig wie bei anderen Lerchen. Läuft schnell, geschickt und etwas geduckt mit eingezogenem Kopf.
Stimme: Rufe zumeist kurze, hoch fiepende Laute wie „iiih", iih-dii" oder „iih-diidü". Gesang von einer Warte oder im Singflug in schneller Folge vorgetragene kurze, verhalten zwitschernde, etwas nasale Strophen.
Vorkommen: Brütet im Gebirge auf trockenem, steinigem heideartigem Gelände oberhalb der Baumgrenze und in der nördlichen Tundra. Überwintert an der Küste auf Salzwiesen, Stränden, Dünen und auch auf Stoppelfeldern.

Schwalben: Hirundinidae

Stromlinienförmig schlanke, an die Insektenjagd in der Luft angepaßte Vögel mit langen, spitzen Flügeln, gegabelten Schwänzen, kleinen, weit aufsperrbaren Schnäbeln und kurzen Beinen. Gefieder im allgemeinen auf der Oberseite dunkel und auf der Unterseite hell. Geschlechter gleich. Brüten in kunstvoll aus Schlamm gemauerten Nestern oder in selbst gegrabenen Röhren.

Uferschwalbe *Riparia riparia* **Tafel 71, Karte 227, BZ**

Kennzeichen: 12-13 cm. Die kleinste, zierlichste Schwalbe Europas mit deutlich, aber nicht tief gegabeltem Schwanz. Kappe, Oberseite und Brustband graubraun, Kehle und Unterseite weiß. Am Unterflügel Kontrast zwischen den dunkel schwarzbraunen Decken und den heller graubraunen Schwingen. Jungvögel auf der Oberseite mit hell rostfarbenen bis weißlichen Federsäumen. Fliegt zügig und leicht. Gleitet nur wenig. Beim Beschleunigen wirken die nach hinten schlagenden Flügel schmal. Weit enger als andere Schwalben an bestimmte Lebensräume gebunden. Jagt vorwiegend über dem Wasser. Die Felsenschwalbe ist größer und hat ein anderes Unterseiten- und Schwanzmuster.
Stimme: Kontaktruf rauh, scheuernd „tschrrd". Der Gesang ist eine schwätzende Reihung von Kontakt- und ähnlichen Rufen.
Vorkommen: Offenes Gelände mit Seen, Teichen, Flüssen und Küsten. Gesellig in größeren Brutkolonien. Gräbt die Brutröhren in sandige oder lehmige Steilufer sowie in die Steilhänge von Kies- und Sandgruben.

Felsenschwalbe *Ptyonoprogne rupestris* **Tafel 71, Karte 228, BZ**

Kennzeichen: 14-15 cm. Eine große, dickliche Schwalbe mit einem relativ kurzen, nur leicht eingekerbten, gefächert fast gerade abgeschnittenen Schwanz und breiten, spitz zulaufenden Flügeln. Gefieder auf der Oberseite düster braungrau und auf der Unterseite schmutzig bräunlichweiß, von der hellen Brust zum braunen Steiß immer dunkler werdend. Im Flug auffälliger Kontrast zwischen den rußschwarzen Unterflügeldecken und den hell graubraunen Schwingen. Auf dem gespreizten Schwanz eine Reihe weißer „Fenster". Fliegt kraftvoll und wendig. Gleitet viel mit waagerecht gehaltenen Flügeln. Vollführt abrupte Wendungen und rasante Sturzflüge. Flug allgemein mehr segler- als schwalbenartig.
Stimme: Rufe leise, kurz und hell „pi-pit oder „pritit". Gesang eine Folge schnell zwitschernder Strophen.
Vorkommen: Brütet von der Küste bis ins Hochgebirge in Spalten und Höhlen von steilen Felswänden. Seltener auch in Löchern und Nischen von Gemäuern und Gebäuden.

Rauchschwalbe *Hirundo rustica* **Tafel 71, Karte 229, BZ**

Kennzeichen: 17-21 cm (davon ca. 5 cm Schwanzspieße). Die häufigste und bekannteste Schwalbe Europas mit den längsten und dünnsten Schwanzspießen und langen, spitzen Flügeln. Stirn, Kinn und Kehle dunkel bräunlichrot, Kopf, Oberseite und ein breites Brustband glänzend blauschwarz, die ganze Unterseite cremeweiß. Wird der Schwanz gespreizt, werden die weißen „Fenster" auf den Schwanzfedern sichtbar. Die Jungen haben kürzere Schwanzspieße, ihr Gesicht ist blaß rötlichbraun und ihre Oberseite matt blauschwarz. Der Flug ist kraftvoll, schnell und reißend mit lockerem, kräftig ausholendem Flügelschlag. Fliegt oft sehr niedrig, v. a. über Wasser, und gleitet weniger ausgiebig als die Mehlschwalbe. Gesellig. Größere Ansammlungen auf Leitungsdrähten.
Stimme: Sehr ruffreudig. Zwitschern ständig im Flug „tswit" oder in einer plaudernden Folge „tswit-wit-wit-tswit...". Der Warnruf klingt schärfer „tsink tsink...". Gesang ein schnelles, melodisches Zwitschern mit eingeschobenem, gezogenem, hellem Schnarren.
Vorkommen: Lebt im offenen Kulturland in Dörfern und auf Einzelhöfen. Das aus

Schlamm und Halmen bestehende, halbschalenförmige Nest wird bevorzugt im Innern von Ställen u. a. landwirtschaftlichen Gebäuden auf Lampen, Tragbalken usw. gebaut.

Rötelschwalbe *Hirundo daurica* **Tafel 71, Karte 230, A**

Kennzeichen: 14-19 cm (davon ca. 4 cm Schwanzspieße). In Größe und Gestalt der Rauchschwalbe ähnlich. Die Flügel sind aber stumpfer und die Schwanzspieße dicker, nicht so fein ausgezogen. Die blauschwarze Oberseite wird durch das rostrote Nackenband und den zum Schwanz hin blasser werdenden rostroten Bürzel in markanter Weise belebt. Die Kopfseiten, das Gesicht und die Unterseite sind bräunlichweiß mit einer feinen blaßbraunen Streifung. Von dieser hellen Unterseite sind die schwarzen Unterschwanzdecken und der schwarze Schwanz scharf abgesetzt. Der Schwanz hat keine „Fenster" (s. Rauchschwalbe). Junge mit kürzeren Schwanzspießen sowie nahezu weißem Bürzel und Nackenband (vgl. Mehlschwalbe).

Stimme: Flugruf nasal, gequetscht, sperlingsähnlich tschilpend „djiwit". Gesang ein unrein klingendes, tiefes Zwitschern mit schnarrenden und knirschenden Lauten.

Vorkommen: Brütet in Höhlen und Nischen von Klippen und Felswänden sowie in Mauerlöchern und unter Brücken. Das napfförmige Nest mit Eingangsröhre wird unter die Decke der Höhlungen geklebt.

Mehlschwalbe *Delichon urbica* **Tafel 71, Karte 231, BZ**

Kennzeichen: 13-15 cm. Eine kleine, kompakte Schwalbe mit tief gegabeltem Schwanz, aber ohne Schwanzspieße. Auffälligstes Merkmal der blendend weiße Bürzel auf der sonst durchgehend blauschwarzen Oberseite. Auch die ganze Körperunterseite von der Kehle bis zu den Unterschwanzdecken, die befiederten Beinchen eingeschlossen, ist leuchtend weiß. Junge auf der Oberseite matter und auf der Unterseite mehr schmutzigweiß. Flug nicht so reißend schnell wie der der Rauchschwalbe mit mehr flatterndem Flügelschlag und langem Gleiten in weiten Bögen. Sehr gesellig. Außerhalb der Brutzeit rasten die Schwärme auf Leitungsdrähten und übernachten auf Bäumen.

Stimme: Flugruf häufig wiederholt „pr-prt" oder „tschirrp", klingt so, als würden Kieselsteine in den hohlen Händen geschüttelt. Gesang ein schwätzendes, etwas klanglos kneterndes Zwitschern.

Vorkommen: In der offenen Kulturlandschaft eng an menschliche Siedlungen gebunden. Das halbkugelförmige Nest mit dem Eingangsloch an der vorderen Oberkante wird unter Dachüberstände u. a. Gebäudevorsprünge geklebt. Brüten in Kolonien, oft ein Nest neben dem anderen. Nistet in felsigen Gegenden auch in Höhlen und unter Felsbändern.

Pieper und Stelzen: Motacillidae

Schlanke, langschwänzige, insektenfressende Bodenvögel, die flink und geschickt umherlaufen. Das braune gestreifte Gefieder der Pieper erinnert an die Lerchen. Die äußeren Schwanzfedern sind weiß oder sehr hell. Der Gesang wird im typischen Singflug vorgetragen. Die Geschlechter sind gleich. Bodenbrüter. Die Stelzen sind ausgesprochen schlank und haben sehr lange, wippende Schwänze. Das Gefieder ist mehrfarbig und kontrastreich. Die Geschlechter sind verschieden. Boden- und Nischenbrüter.

Spornpieper *Anthus richardi* **Tafel 72, A**

Kennzeichen: 17-20 cm. Ein großer, stattlicher, langschwänziger, ausgesprochen langbeiniger Pieper mit sehr langen Krallen an den Hinterzehen. Die Gefiederfärbung erinnert an die der Feldlerche. Die Oberseite ist erdbraun mit dunkler Streifung. Brust und Flanken warm rötlichbeige getönt. Die Unterseite ist weiß. Die dunkle Strichelung der

Brust verdichtet sich am Ende des dunklen Kinnseitenstreifs zu einem dreieckigen, schwarzen Fleck. Die einheitlich bräunlichen Ohrdecken werden durch den hellen Zügel und Überaugenstreif eingefaßt. Fliegt kraftvoll in langen Bögen und rüttelt oft, ähnlich wie die Feldlerche, vor der Landung. Der Gang wirkt stolzierend und das Laufen „trabend", wobei die Füße auffällig hoch gehoben werden. Vgl. auch junge Brachpieper und Steppenpieper (Irrgast).
Stimme: Typischer Ruf beim Auffliegen und auf dem Zug laut, kratzend „pschie" oder „pschrirp", das an rauhes Tschilpen eines Haussperlings erinnert. Gesang, im tiefbogigen Singflug vorgetragen, eine Folge rauh klingender Laute „tschriü-tschriü-tschriü...".
Vorkommen: Brutgebiet E-Asien. Einzelne alljährlich im Herbst in W- und C-Europa, vorwiegend an den Küsten.

Brachpieper *Anthus campestris* **Tafel 72, Karte 232, BZ**
Kennzeichen: 16-18 cm. Ein großer, schlanker, stelzenähnlicher, heller Pieper mit relativ kurzen Krallen an den Hinterzehen. Altvögel auf Scheitel und Oberseite fast einheitlich fahl sandfarben und auf der Unterseite cremeweiß mit weit weniger Zeichnungsmerkmalen als andere große Pieper. An der Kopfseite ein deutlicher, heller Überaugenstreif, ein dünner, aber stets gut erkennbarer, dunkler Zügelstreif, ein kurzer Wangenstreif, der sich vor dem Auge mit dem Zügel trifft, und ein feiner, unauffälliger Kinnstreif. Die Brustseiten können leicht gestrichelt sein. Auf dem gefalteten Flügel bilden die dunklen, hell gesäumten Mittleren Handdecken ein hervortretendes Band. Jungvögel weit dunkler als die Alten mit gestreifter Oberseite und gefleckter Brust. Im Unterschied zu dem sehr ähnlichen Spornpieper mit einem ausgeprägten, dunklen Zügelstreif, kurzer Hinterkralle, schwächerem Schnabel und anderen Rufen. Flug, Gang und Verhalten, z. B. Schwanzwippen, stelzenähnlich.
Stimme: Rufe vielfältig u. a. schafstelzenähnlich „tswip" oder sperlingsähnlich „tschälp" und „tschirrap". Gesang von einer Warte oder im in Bögen aufsteigenden und steil abstürzenden Singflug monotone Lautfolgen wie „tschriih...", „zriiu..." o. ä.
Vorkommen: Bewohnt offenes, trockenes Gelände mit geringem und niedrigem Pflanzenwuchs wie sandige Heiden, Dünen und durch Tagebau verwüstete Landschaften. Nach der Brutzeit und auf dem Zuge auch auf trockenem Gras- und Ackerland.

Waldpieper *Anthus hodgsoni* **Tafel 72, A**
Kennzeichen: 14-16 cm. In Größe, Gestalt und Aussehen dem Baumpieper sehr ähnlich, jedoch mit scheinbar „fliehendem Kinn" und gewölbter Brust. Kopfseiten deutlich gezeichnet. Der vor dem Auge hell rostfarbene, hinter dem Auge weißliche Überaugenstreif wird oben durch einen schwarzen Scheitelseitenstreif begrenzt. Hinter den Ohrdecken ein heller und darunter ein dunkler Fleck. Scheitel und Oberseite bräunlich olivgrau mit nur schwacher Streifung auf Mantel und Rücken. Brust und Flanken kräftig schwarz gefleckt. Bauch und Steiß weiß. Flug und Verhalten am Boden ähnlich wie bei dem Baumpieper. Wippt beim Umherlaufen mit dem Schwanz. Erregt, heftiges Wippen mit dem ganzen Körper.
Stimme: Kontaktruf, sehr ähnlich dem des Baumpiepers, scharf, etwas rauh und hell „psit". Warnruf fein, spitz „sitt". Gesang wie der des Baumpiepers, aber mit kürzeren, weicheren Strophen und höherem, gleichmäßigem Tempo.
Vorkommen: Verbreitung vom äußersten NE Europas über das ganze nicht arktische Sibirien. Brütet in lichten Wäldern. In C- und W-Europa ein alljährlicher, aber seltener Gast.

Baumpieper *Anthus trivialis* **Tafel 72, Karte 233, BZ**
Kennzeichen: 14-16 cm. Recht klein, elegant und dem Wiesenpieper sehr ähnlich. Von diesem, zumindest während der Brutzeit, am besten durch das Verhalten und die Stimme zu unterscheiden. Der Schnabel ist stärker und die Kopfzeichnung ausgeprägter als bei dem Wiesenpieper. Überaugenstreif deutlich, Bartstreif hell und breit,

ein dunkler Augenstreif ist zumindest angedeutet. Auf der Unterseite ein schärferer Kontrast zwischen beigefarbener Brust und dem weißen Bauch. Bruststreifung kräftig, Flanken nur fein gestrichelt, dunkle Streifung der braunen Oberseite gewöhnlich weniger deutlich abgehoben. Krallen der Hinterzehen, ein im Freiland leider schwer erkennbares Merkmal, kurz und gekrümmt. Sucht die Nahrung am Boden, hält sich aber viel auf Bäumen auf. „Pumpt" beim Stehen oft mit dem Schwanz. Typischer Singflug: Stummer, flatternder Aufstieg aus einem Baum, kurz vor Erreichen des höchsten Punktes Gesangsbeginn, dann, ständig singend, senkrechtes Herabgleiten mit angehobenem Schwanz und fallschirmartig ausgebreiteten Flügeln, schließlich Landung auf demselben oder einem anderen Baum.
Stimme: Kontaktruf ein unreines, absinkendes „psië". Warnruf ständig wiederholt klar „sütt". Gesang von einem Baum, gewöhnlich aber im Singflug, ein anhaltendes, melodisches Trillern und Schmettern, das mit einer Reihe gezogener Töne „siëh siëh..." endet.
Vorkommen: Ein typischer Vogel der lockeren Waldränder und Lichtungen. Auch in parkähnlichem Gelände mit Wäldchen und Baumgruppen. Nest, in Gras und Kraut versteckt, am Boden.

Petschorapieper *Anthus gustavi* **Tafel 72**

Kennzeichen: 14-15 cm. Ein kleiner, recht kompakter, aber doch schlanker Pieper mit feinem, an der Basis rosa Schnabel und relativ kurzem Schwanz. Das Gefieder ist insgesamt stark gestreift. Grundfärbung der Oberseite erdbraun, die der Brust hell beige und die der Unterseite weiß. Mantel, Rücken, Bürzel, Brust und Flanken schwarzbraun gestreift und gefleckt. Auf dem Mantel zwei breite gelblichweiße Längsstreifen und auf dem gefalteten Flügel zwei deutliche, weiße Binden. Überaugen- und Kinnstreif sind nur angedeutet. Färbung und Zeichnung erinnern stark an den jungen Rotkehlpieper (s. dort). Huscht wie eine Maus in die Deckung, drückt sich und läßt sich nur sehr schwer aufscheuchen.
Stimme: Typischer Kontaktruf zwei- oder dreisilbig „tsi-witt" oder „zi-ze-litt". Gesang eine unauffällige Folge von kurzen Zwitscher-Strophen.
Vorkommen: Bewohnt in Sibirien die Übergangszone zwischen Tundra und Taiga. In C- und W-Europa ein sehr seltener Gast

Wiesenpieper *Anthus pratensis* **Tafel 72, Karte 234, BZW**

Kennzeichen: 14-16 cm. Ein recht kleiner, unscheinbarer Pieper, der dem Baumpieper recht ähnlich ist. Hält sich, im Unterschied zu diesem, vorwiegend in der offenen Landschaft am Boden auf. Der Kopf ist nur wenig gezeichnet. Der Überaugenstreif ist kurz und diffus. Der schmale gelbliche Bartstreif fällt wenig auf. Oberseite olivbraun mit kräftiger dunkler Streifung, Unterseite gräulichweiß mit gleichmäßig großen, schwarzen Fleckenreihen auf Brust und Flanken. Im Herbst ist das frisch gemauserte Gefieder insgesamt wärmer, mehr beigebraun getönt. Die Krallen der Hinterzehen weit länger als die des Baumpiepers, ein im Freiland nur schwer erkennbares Merkmal. Typischer Singflug: Das ♂ steigt vom Boden oder einer niedrigen Warte (Koppelpfahl o. ä.) mit schwirrendem Flügelschlag recht steil auf und schwebt dann mit ausgebreiteten Flügeln wieder zum Boden herab. Dabei wird die ganze Zeit gesungen. Der Flug ist unregelmäßig ruckhaft hüpfend.
Stimme: Kontaktruf, v. a. beim Auffliegen, kurz und spitz „ist-ist..." oder „psiip". Der Gesang ist eine Folge einfacher feiner Töne mit mehrfachem Motivwechsel wie „tschip tschip...zi zi zi swiswiswi...", die mit einem kurzen Schnarren und leisem, tonlosem „si si si..." endet.
Vorkommen: Brütet von der Küste bis an das Gebirge auf Wiesen und Weiden sowie auf Mooren und Heiden. Außerhalb der Brutzeit und auf dem Zug bevorzugt in den Fluß- und Küstenmarschen, aber auch auf Feldern und Brachland.

Rotkehlpieper *Anthus cervinus* **Tafel 72, Karte 235, Z**

Kennzeichen: 14-15 cm. Ein recht kleiner, stark gezeichneter Pieper. Die Altvögel sind leicht an der ziegelroten Färbung von Kopf und Brust zu erkennen. Die Ausdehnung und Intensität dieser Färbung ist variabel. Bei den alten ♂ im PK ist sie am intensivsten und erstreckt sich auf den Überaugenstreif, die Kehle, den Vorderhals und die Brust. Bei den meisten ♀ und beiden Geschlechtern im SK ist sie mehr oder weniger blaß und im wesentlichen auf die Kehle beschränkt. Die ganze braune Oberseite, einschließlich Bürzel und Oberschwanzdecken, ist dunkel gesteift und gestrichelt. Über den Mantel verlaufen zwei weißliche Längsstreifen. Die Flanken der weißen Unterseite sind kräftig schwarz gefleckt. Bei den Jungvögeln ist die Kehle beigeweiß. Ein feiner, aber deutlicher Kinnstreif mündet in einen schwarzen Halsseitenfleck. Die ganze Unterseite ist gelblichweiß ohne Kontrast zwischen Brust- und Bauchfärbung (s. Petschorapieper). Flug und Verhalten ähnlich Wiesenpieper.

Stimme: Typischer Kontaktruf ein langgezogenes, scharfes, hohes „psiiëh. Gesang im Singflug beim Herabgleiten ähnliche Motivfolgen wie beim Wiesenpieper. Beginn „ziü ziü...“, dann Trillern, Rattern, gedehnt zweistimmiges Pfeifen und Schnarren.

Vorkommen: Brütet in der feuchten Tundra mit Kriechweiden und Birkengestrüpp. Auf dem Zug auf kurzrasigen, feuchten Wiesen, auf Acker- und Brachland sowie am Rande von Feuchtgebieten.

Strandpieper *Anthus petrosus* **Tafel 72, Karte 236, W**

Kennzeichen: 16-17 cm. Ein großer, robuster Pieper mit vorwiegend düsterem Gefieder. Der auffällig lange Schnabel ist dunkel und auch die kräftigen Beine sind dunkelbraun bis schwärzlich. Bis auf den Bergpieper haben alle anderen Verwandten rosa bis gelbliche Beine. Das SK der beiden europäischen Unterarten (*A. p. petrosus* - Britische Inseln, W-Frankreich, *A. p. littoralis* - Skandinavien, NW-Rußland) ist weitgehend gleich. Der Überaugenstreif ist kurz und undeutlich. Um das Auge ein schmaler, weißer Ring. Oberseite dunkel olivgraubraun mit schwacher dunkler Streifung auf dem Mantel, Unterseite gräulichweiß mit bräunlicher Tönung und sehr kräftiger dunkler Streifung auf Brust und Flanken. Die äußeren Schwanzfedern sind nicht rein weiß wie bei den meisten anderen Piepern, sondern hellgrau. Das PK der westlichen Unterart (*petrosus*) unterscheidet sich nicht vom SK. Das PK der skandinavischen Strandpieper (*littoralis*) gleicht mehr dem der Bergpieper mit einer nur schwach gestreiften, auf der Brust rosa getönten Unterseite und einer helleren, mehr braungrauen Oberseite. Flug geradlinig, nicht so hüpfend wie beim Wiesenpieper.

Stimme: Kontaktruf scharf, hoch „piisst“, gedehnter als der entsprechende Ruf des Wiesenpiepers. Gesang im schwirrenden Singflug eine Folge von verschiedenen, jeweils mehrfach wiederholten, pfeifenden, schnarrenden und flötenden Lauten. Gesangsstruktur und Motivwechsel ähnlich wie beim Wiesenpieper, der Gesang klingt aber hektischer und rauher.

Vorkommen: Brütet nur an Felsküsten und auf Felseninseln. Im Winter auch an sandigen Stränden sowie auf Salzwiesen und Marschland.

Bergpieper *Anthus spinoletta* **Tafel 72, Karte 237, BW**

Kennzeichen: 16-17 cm. In Größe und Gestalt wie der Strandpieper mit langem, an der Basis oft gelblichem Schnabel und dunklen Beinen. Das SK ist dem des Strandpiepers ähnlich, aber insgesamt heller und nicht so düster. Oben ist es erdbraun und unten schmutzigweiß. Die dunkle Streifung tritt dadurch stärker hervor. Der helle Überaugenstreif und die weißlichen Flügelbinden sind deutlicher erkennbar. Die äußeren Schwanzfedern sind weiß. Das PK ist unter den Piepern das bunteste. Kopf und Nacken bläulichgrau, Mantel braun, Brust rosa getönt, Bauch und Steiß weiß. Die Streifung der Unterseite beschränkt sich auf eine feine Strichelung auf Brustseiten und Flanken. Steht im Unterschied zum Strandpieper häufiger erhöht auf einem Busch oder Baum.

Stimme: Kontaktruf ähnlich wie der des Strandpiepers, „psiet“, tiefer und unreiner als

der Ruf des Wiesenpiepers. Gesang, wie beim Strandpieper im schwirrenden Singflug, ein Folge verschiedener, jeweils wiederholter Motive, kräftiger, melodischer und andauernder als der Gesang des Wiesenpiepers.
Vorkommen: Brütet im Hochgebirge oberhalb der Baumgrenze auf Almwiesen, mit Gras bewachsenen Geröllhalden und Bergrücken. Kommt im Winter in die Täler und Ebenen und hält sich hier an Fluß- und Seeufern sowie auf feuchten Wiesen auf.

Schafstelze *Motacilla flava* **Tafel 73, 74, Karte 238, BZ**

Kennzeichen: 15-16 cm. Eine kleine, zierliche Stelze mit vergleichsweise kurzem Schwanz und langen, schwarzen Beinen. Die Gefiederfärbung ist sowohl bei ♂ und ♀ als auch im PK, SK und JK verschieden. Zusätzlich lassen sich in der Region an Hand des PK der ♂ sechs Unterarten unterscheiden (s. Tafel 74). Die ♂ haben im PK allgemein eine olivgrüne Oberseite und eine satt gelbe Unterseite. Die Flügel sind weitgehend schwarz mit zwei hellen Binden. Die äußern Schwanzfedern des schwarzen Schwanzes sind weiß. Der Kopf der C-europäischen Form (*M. f. flava*) ist blaugrau mit einem deutlichen, weißen Überaugenstreif. Zwischen den dunkelgrauen Ohrdecken und dem gelben Kinn verläuft ein weißer Bartstreif. Die in N-Skandinavien brütende und regelmäßig durch C-Europa ziehende Unterart (*M. f. thunbergi*) hat einen dunkel blaugrauen Kopf, schwärzliche Ohrdecken und keinen Überaugenstreif. Bei der in W-Europa lebenden Unterart (*M. f. flavissima*) ist der Scheitel ebenso gelblich olivgrün wie Mantel und Rücken. Zwischen den Unterarten kann es in den Grenzgebieten auch Mischformen geben, die in der Färbung „exotischen" Unterarten gleichen können. Bei allen Unterarten sind die ♀ und die ♂ im SK matter und heller gefärbt. Kopf und Oberseite sind bräunlich olivgrün. Die Unterseite ist weißlichgelb. Das JK ist noch unscheinbarer und grauer. Die dunklen Kinnstreifen und das verbindende Brustband verschwinden im Verlauf des 1. Winters. Wippt relativ wenig mit dem Schwanz, fliegt ähnlich sprunghaft wie die Pieper und läuft im hohen Bewuchs geschickt umher.
Stimme: Flugruf ein einsilbiges, scharfes „tswiep". Gesang eine anspruchslose Folge von kurzen, zumeist zweisilbigen, dünnen Strophen „zrii-zriiht", die gewöhnlich von niedriger Warte, seltener im auf- und absteigenden Singflug vorgetragen wird.
Vorkommen: Brütet im Tiefland auf Mooren und feuchten Wiesen sowie auf Feldern und Brachland. Nest am Boden unter dichtem Gras oder hohem Kraut.

Zitronenstelze *Motacilla citreola* **Tafel 73, A**

Kennzeichen: 16-17 cm. Der Schafstelze ähnlich, aber mit deutlich längerem Schwanz. Gefieder auf der Oberseite bläulich- oder schiefergrau und auf den Flügeln zwei breite, weiße Binden. Das ♂ ist im PK an der zitronengelben Färbung von Kopf und Unterseite, belebt durch einen schwarzen „Kragen", leicht zu erkennen. Das ♀ und das ♂ im SK sind weit unauffälliger. Von dunkleren Schafstelzen unterscheiden sie sich durch den gelben Überaugenstreif und die gelbe Kehle, die Flügelbinden und den weißen, nicht gelben Steiß. Das JK ist dem der Schafstelze noch ähnlicher. Die Färbung der Oberseite ist aber immer grau ohne Olivton. An den Kopfseiten ein heller Zügel und hell umrandete Ohrdecken. Die weißen Flügelbinden ebenso breit und auffällig wie bei den Alten und stets weiße Unterschwanzdecken. Geht mit langen Schritten und wippt ausholend, aber weniger hektisch als andere Stelzen.
Stimme: Flugruf ein typisches, hartes, rauhes, oft mehrfach wiederholtes „tsrrip". Gesang eine einfache Folge schwätzender und rauh zwitschernder Laute.
Vorkommen: Das Brutgebiet reicht von NE-Europa bis nach E-Asien. Brütet auf Mooren, feuchtem Grasland, in der Strauchtundra und in Flußniederungen. Dehnt das Brutgebiet weiter nach W aus. In C- und W-Europa ein seltener Gast.

Gebirgsstelze *Motacilla cinerea* **Tafel 73, 74, Karte 239, BJ**

Kennzeichen: 17-20 cm. Die größte Stelze der Region mit dem längsten Schwanz und den relativ kürzesten Beinen. In allen Kleidern ein deutlicher, weißer Überaugenstreif, ein hell blaugrauer Mantel und Rücken, ein gelbgrüner Bürzel und ein zitronengelber

Steiß. Die Beine sind, im Unterschied zu den anderen Stelzen, nicht schwarz, sondern braunrosa. Das ♂ hat im PK einen weißen Bartstreif, einen schwarzen „Latz" und eine satt gelbe Unterseite. Beim ♀ ist die weiße Kehle unterschiedlich stark schwarz gesprenkelt. Einige können auch nahezu wie ♂ aussehen. Das JK und SK der Altvögel ist blasser als das PK. Die Kehle ist weiß und die Brust mehr oder weniger blaßgelb. Wippt ständig mit dem ganzen Hinterkörper. Der Flug ist ausgeprägt wellenförmig wobei der lange weiß gerandete Schwanz und ein breites weißes Band auf dem Armflügel besonders auffallen.
Stimme: Kontaktruf spitz und scharf „ziit ziit zitit". Gesang zumeist von einer niedrigen Warte, aber auch im schwebenden Singflug eine Folge von kurzen, aus spitzen Tönen zusammengesetzten Strophen wie „zi-zi-zi-zürit ziss-ziss-ziss-zisit..." mit mehrfachem Wechsel der Grundmotive. Bei der Werbung kann der Gesang auch melodischer, flötender und mit Imitationen durchsetzt sein.
Vorkommen: Brutvorkommen eng an schnell fließende Bäche und kleine Flüsse gebunden. Brütet bevorzugt dort, wo die Ufer bewaldet oder doch wenigstens mit Bäumen bestanden sind. Nest zwischen ausgespültem Wurzelwerk, unter Brücken, in Felsnischen usw. Im Winter auch an den Ufern von Seen und großen Flüssen sowie an der Küste.

Bachstelze *Motacilla alba* — Tafel 73, 74, Karte 240, BZ

Kennzeichen: 17-19 cm. Die bekannteste und häufigste Stelze. Ein schlanker, grazi-ler, munter beweglicher, schwarz-weiß-grauer Vogel mit langem, ständig wippendem Schwanz. In allen Kleidern mit einem dunklen „Latz" und einem schwarzen Schwanz mit weißen Kanten. Das ♂ im PK mit hoher weißer Stirn und weißen Kopfseiten, schwarzem Scheitel und Nacken, der scharf gegen den aschgrauen Mantel abgesetzt ist, schwarzem, bis auf die Brust reichendem Latz und zwei weißen Flügelbinden. Das ♀ sieht im PK sehr ähnlich aus. Bei ihm geht aber am Nacken das Schwarz des Scheitels diffus in das Grau des Mantel über bzw. Scheitel und Nacken sind ganz grau. Im SK bleibt nur das Brustband schwarz. Die Kehle ist weiß oder gelblichweiß und die ganze Oberseite, bis auf die weißliche Stirn, grau. Das JK ist insgesamt mehr bräunlichgrau mit einer dunklen Stirn, einem blaß gräulichen Überaugenstreif, dunklen Kopfseiten und einem dunkelgrauen Brustband. Die Beschreibung bezieht sich auf die kontinentaleuropäische Unterart *M. a. alba*. Das ♂ der auf den Britischen Inseln und lokal an der französischen Küste vorkommenden „Trauerbachstelze" *M. a. yarrellii* ist im PK auf der ganzen Oberseite tief schwarz. Bei dem ♀ ist die Oberseite dunkel rußgrau mit schwarzem Bürzel. Auch im SK sind diese Vögel oberseits ausgesprochen dunkel. Der Flug ist ausgeprägt wellenförmig. Läuft am Boden mit dem Kopf nickend und mit dem Schwanz wippend behende umher. Rennt hinter Insekten her oder erhascht sie auch im Flattersprung aus der Luft.
Stimme: Kontaktruf im Flug und am Boden kurz „ziit" zumeist aber mehrsilbig „zi-liip", „zi-ze-liip". Gesang eine unauffällige, kaum als Gesang erkennbare, lose Abfolge zwitschernder Töne.
Vorkommen: Bewohnt die offene Landschaft mit Feuchtgebieten. Lebt gern in der Nähe des Menschen in Dörfern und Städten. Bevorzugt zur Nahrungssuche kurzen Rasen, unbewachsene Ufer, unbefestigte Wege u. a. vegetationsarme Flächen. Brütet bevorzugt an Gebäuden, in Löchern, Nischen und Spalten.

Seidenschwänze: Bombycillidae

Seidenschwanz *Bombycilla garrulus* — Tafel 84, Karte 241, W

Kennzeichen: 18-21 cm. Ein dicklicher, starengroßer Vogel mit einer großen, spitz auslaufenden Haube und einem kurzen Schwanz. Das Gefieder der Oberseite ist matt rötlich beigebraun und das der Unterseite etwas heller, mehr bräunlichrosa. Bürzel und

Oberschwanzdecken grau, Unterschwanzdecken rotbraun, Schwanz schwarz mit gelber Endbinde. Ein schwarzer Augenstreif und Latz beleben den Kopf. Die schwarzen Handschwingen des ♂ haben außen gelbe und innen weiße Kanten und an den weißen Spitzen der Armschwingen leuchten rote Plättchen. Beim ♀ ist die Flügelzeichnung weniger ausgeprägt, der schwarze Latz nicht scharf gegen die braune Brust abgegrenzt und die gelbe Endbinde des Schwanzes schmal. Die Jungen sind auf der Unterseite leicht gestreift. Im 1. Winter gleichen sie aber weitgehend den ♀. Fliegt in ähnlich dichten Schwärmen wie die Stare, wirkt aber im Flug viel kompakter. Gewöhnlich sehr zutraulich.
Stimme: Kontaktruf hoch schwirrend „sirrr". Gesang eine Reihe von rufartigen Tönen mit rauhen, harten Lauten untermischt.
Vorkommen: Bewohnt die lichten Nadel- und Birkenwälder der nördlichen Taiga. Weicht im Winter weiter nach S aus und kommt häufiger invasionsartig bis nach C- und W-Europa. Dann in Wäldern, Parks und Gärten auf beerentragenden Bäumen und Sträuchern.

Wasseramseln: Cinclidae

Wasseramsel *Cinclus cinclus* **Tafel 83, Karte 242, BJW**

Kennzeichen: 17-20 cm. Ein korpulent wirkender Vogel mit kurzem Schwanz und kräftigen Beinen. Von dem sonst dunklen Gefieder ist der große Brustlatz strahlendweiß abgehoben. Die in Europa beheimateten Unterarten unterscheiden sich in der Färbung von Kopf und Bauch. Am dunkelsten sind die Wasseramseln in N-Europa (*C. c. cinclus*). Bis auf den dunkelbraunen Kopf und den weißen Latz ist das Gefieder einheitlich schwarzbraun. Bei den Vögeln C- und W-Europas (*C. c. aquaticus, C. c. gularis*) ist der Kopf braun und der Bauch rotbraun. Die Jungvögel aller Unterarten haben ein fahl dunkelgraues oben und unten gebändertes Gefieder mit weißer Kehle und aufgehellter Brust. Knickst ständig, zuckt mit den Flügeln und „stelzt" den Schwanz. Verschwindet mit einem Sprung im Wasser, taucht, mit den gefalteten Flügeln und den Beinen rudernd, auf den Grund und „läuft" dort auf der Suche nach Wasserinsekten umher. Fliegt mit sehr schnellem, schwirrendem Flügelschlag, zumeist dicht über dem Wasser.
Stimme: Kontaktruf kurz und durchdringend scharf „ziitt". Gesang, der auch mitten im Winter zu hören ist, ein anhaltendes Schwätzen mit Zwitschern, Trillern und rauhen, unrein klingenden Lauten.
Vorkommen: Hält sich fast ausschließlich an schnell fließenden Gewässern auf und ist hier bevorzugt in der Nähe von Stromschnellen, Wasserfällen oder Wehren zu finden. Baut in Höhlungen der Uferböschung, unter Brücken und auch in Nistkästen ein überdachtes Moosnest.

Zaunkönige: Troglodytidae

Zaunkönig *Troglodytes troglodytes* **Tafel 83, Karte 243, BJZW**

Kennzeichen: 9-10 cm. Ein winziger, pummeliger, extrem lebhafter und beweglicher Vogel mit einem dünnen, ganz leicht abwärtsgekrümmten Schnabel, kurzen, runden Flügeln und kurzem, oft steil aufgerichtetem Schwanz. Das Gefieder ist insgesamt rötlichbraun mit dichter dunkelbrauner Bänderung auf den Flügeln und Flanken. Über dem Auge ein langer heller Streif. Fliegt mit sehr schnellem, schwirrendem Flügelschlag und wirkt im Flug wie eine dahinschießende, kleine Kugel. Huscht auf der Suche nach Insekten wie eine kleine Maus auf dem Boden und wie ein Laubsänger im Geäst der Büsche und Bäume umher.

Stimme: Typischer Ruf hart, schmatzend und häufiger wiederholt „tjeck“, bei Beunruhigung auch schnarrend „zerrr“. Gesang eine Folge von schmetternden Trillern, die für einen so kleinen Vogel erstaunlich laut sind
Vorkommen: Hält sich gern im dichten Bewuchs in Bodennähe auf. Ist daher fast überall, vom Gebirge bis an die Küste, vom einsamen Moor bis in die Vorgärten der Städte, dort anzutreffen, wo Gebüsch die geeignete Deckung bietet. Baut sein Kugelnest in dichtem Strauchwerk, in Baumhöhlen sowie in Nischen und Spalten an Gebäuden.

Braunellen: Prunellidae

Recht unauffällige Singvögel mit sperlingsähnlichem Aussehen aber feinem Insektenfängerschnabel. Sie halten sich bevorzugt im dichten Bewuchs am Boden auf. Hier hüpfen sie gewöhnlich umher, können aber auch trippelnd laufen. Gestört, verschwinden sie mäuseähnlich huschend im Dickicht. Geschlechter gleich. In allen Kleidern sehr ähnlich. Nest niedrig in dichtem Gesträuch oder in einer Felsspalte.

Heckenbraunelle *Prunella modularis* — Tafel 91, Karte 244, BJZW

Kennzeichen: 13-15 cm. Ein unscheinbar brauner, rotkehlchengroßer Vogel, dessen Gefieder an einen Haussperling erinnert. Der dunkle Schnabel ist aber fein, spitz und an der Basis leicht verbreitert. Kopf und Brust bleigrau (beim ♀ oft etwas matter als beim ♂) mit bräunlicher Tönung auf Scheitel und Ohrdecken, Oberseite braun mit schwarzbrauner Längsstreifung, Unterseite düster weißlichgrau mit dunkel rotbrauner Flankenstreifung. Der Flug wirkt etwas ruckartig und sprunghaft. Singt oft freistehend von einer niedrigen Baumspitze. Hüpft und huscht bei der Nahrungssuche emsig umher und zuckt dabei mit den Flügeln und ruckt mit dem Schwanz.
Stimme: Der scharfe, hohe, etwas heisere Warnruf „zieh“ macht oft erst auf den heimlichen Vogel aufmerksam. Gesang, zumeist von freier Warte vorgetragen, eine helle, etwas leiernde, eilige, gleichbleibend wiederholte Strophe, die schon im zeitigen Frühjahr zu hören ist.
Vorkommen: Bewohnt buschiges Gelände wie unterholzreiche Wälder, Parks und Gärten. Nest in dichtem Buschwerk, immergrünen Gehölzen, Buschhaufen usw.

Alpenbraunelle *Prunella collaris* — Tafel 91, Karte 245, BJ

Kennzeichen: 15-18 cm. Etwa lerchengroßer, robuster Verwandter der Heckenbraunelle. Gefiederfärbung ähnlich, aber etwas bunter. Kehle zart schwarzweiß gesprenkelt. Die schwarzbraunen Großen Flügeldecken bilden auf dem Flügel ein dunkles, fein weiß gesäumtes Feld. Flanken dicht rotbraun gefleckt, Schwanzfedern mit beigeweißen Spitzen. Beine korallenrot. Fliegt lerchenartig in weiten Bögen. Gesellig, auch während der Brutzeit oft zu mehreren beieinander.
Stimme: Ruft beim Auffliegen und oft auch im Flug mehrfach wiederholt, gedämpft, lerchenartig „drürr“ oder mehr tschilpend „tschirr“. Gesang melodischer als der der Heckenbraunelle. Erinnert mit seinen etwas schnarrend zwitschernden Motiven an den der Feldlerche.
Vorkommen: Lebt im Gebirge oberhalb der Baumgrenze auf felsigen Hängen mit niedrigem Bewuchs. Im Winter in tieferen Lagen. Dann gerne bei Berghütten. Nest in Felsspalten oder unter dichten Alpenrosen u. a. Gesträuch.

Drosselvögel: Turdidae

Eine große Familie kleiner bis mittelgroßer Singvögel, die neben Nachtigallen, Schmätzern, „Kehlchen“ und „Schwänzchen“ auch die eigentlichen Drosseln umfaßt. Die meisten sind gute Sänger. Suchen ihre Nahrung vorwiegend am Boden. Die

Altvögel, v. a. die ♂, oft auffällig bunt. Die Jungvögel dagegen zumeist auf ähnliche Weise unscheinbar gefleckt. Freibrüter, die in Büschen, Bäumen und Spalten napfförmige Nester bauen.

Heckensänger *Cercotrichas galactotes* **Tafel 80, Karte 246, A**
Kennzeichen: 15-17 cm. Ein schlanker, langbeiniger Vogel der entfernt an eine Nachtigall erinnert. Leicht an dem langen rotbraunen Schwanz zu erkennen, dessen seitliche Federn mit schwarzweißen Spitzen enden. Die Kopfseiten werden durch lange, weiße Überaugenstreifen und dünne, schwarze Augenstreifen belebt. Bei der westlichen (Spanien) Unterart *C. g. galactotes* ist die Oberseite warm fuchsbraun und bei der östlichen (SE-Europa, Türkei) *C. g. syriacus*, bis auf den rotbraunen Bürzel, graubraun. Die Unterseite ist bei beiden Unterarten bräunlichweiß. Steht oft frei auf Büschen und Stauden und hält sich viel auf dem Boden auf. Der Schwanz wird in typischer Weise gefächert ruckartig nach oben geschlagen und dann wieder zusammengelegt langsam gesenkt.
Stimme: Häufige Rufe leise zischend „tsiet“ oder hart „teck-teck...“. Gesang melodisch und variabel. Kurze Gesangsphrasen wechseln mit kurzen Pausen. Die einzelnen Phrasen können drosselartig flötend oder lerchenartig trillernd sein. Der Gesang wird von einer Warte oder im gespreizt schwebenden Singflug vorgetragen.
Vorkommen: Lebt in trockenen, offenen Landschaften mit Gebüschen, Hecken und Gehölzen wie Tamariskendickichten oder Feigenkaktushecken.

Rotkehlchen *Erithacus rubecula* **Tafel 76, Karte 247, BJZW**
Kennzeichen: 13-14 cm. Einer der bekanntesten und beliebtesten kleinen Singvögel, der aufgeplustert mit seinem runden Kopf und der halslosen, molligen Gestalt ausgesprochen niedlich wirkt. Die Altvögel sind auf der Oberseite olivbraun und auf der Unterseite bräunlichweiß. Das auffälligste ist die orangerote Färbung von Gesicht und Brust. Das braune Gefieder der Jungen ist an Kopf, Brust und Oberseite dicht hellbeige gefleckt und gestrichelt. Von jungen Rotschwänzen durch den dunkel-, nicht rotbraunen Schwanz unterschieden. Hüpft auf seinen langen, dünnen Beinen mit hängenden Flügeln, hin und wieder knicksend auf dem Boden umher. Bleibt eine Weile ruhig stehen, hüpft plötzlich weiter und macht dabei einen etwas hektisch emsigen Eindruck. Oft recht zutraulich.
Stimme: Rufe charakteristisch tickend „tick-ick-ick...“. Gesang eine feine, etwas melancholisch dahinperlende Tonfolge mit Tempo- und Höhensprüngen. Fast ganzjährig zu hören.
Vorkommen: Brütet in Wäldern, Kulturland mit Hecken und Gehölzen, Parks und Gärten. Wichtig sind Unterholz und Gebüsch, die genügend Deckung bieten. Nest in bodennahen Höhlungen und dichtem Laubwerk wie Baumhöhlen, Mauerspalten, Efeugerank usw.

Sprosser *Luscinia luscinia* **Tafel 76, Karte 248, BZ**
Kennzeichen: 15-17 cm. Gestalt und Verhalten wie die der Nachtigall, das Gefieder aber insgesamt dunkler. Die Oberseite stumpfer erdbraun, Kehle, Brust und Flanken diffus grau gewölkt, Bürzel und Schwanz dunkel rotbraun.
Stimme: Rufe nicht ansteigend „hiid“ oder „sih“, bei Beunruhigung hart knarrend „karrr“. Gesang ähnlich strukturiert wie der der Nachtigall, aber gewöhnlich lauter, abgehackt rhythmischer und ohne das gedehnt schluchzende Crescendo. Manchmal besteht der Gesang auch nur aus einer Reihung schnalzender, glucksender und schnarrender Strophen.
Vorkommen: Brütet allgemein in feuchteren Lebensräumen als die Nachtigall. Bewohnt feuchte Laubwälder, Auwälder, Bruchwälder und auch Parks und Gärten mit dichtem Gebüsch und großen Laubbäumen.

Nachtigall *Luscinia megarhynchos* **Tafel 76, Karte 249, BZ**

Kennzeichen: 15-16 cm. Ein unscheinbarer, mittelgroßer Drosselvogel mit recht langem Schwanz. Auf der Oberseite warm braun, Bürzel und Schwanz rotbraun, was v. a. im Flug auffällt, und auf der Unterseite bräunlichweiß. Junge ähnlich gefleckt wie die jungen Rotkehlchen, aber größer mit hellerer Unterseite und rotbraunem Schwanz. Junge Rotschwänze sind kleiner und haben einen in der Mitte dunklen, ständig zitternden Schwanz. Verhalten ähnlich dem des Rotkehlchens. Hält sich bevorzugt im dichten Gebüsch auf und ist daher nur selten zu sehen.

Stimme: Rufe klagend, ansteigend „hüid“, bei Störung auch rauh knarrend „kärrr“. Singt sowohl am Tage als auch in der Nacht verborgen im dichten Strauchwerk. Der Gesang ist eine klar rhythmisch gegliederte Folge von flötenden, schlagenden und auch knarrenden Strophen mit einem schluchzend ansteigenden Crescendo gezogener Flötentöne. Singt schneller, variabler und melodischer als der Sprosser. In Überschneidungsgebieten der Verbreitung treten auch Mischsänger auf.

Vorkommen: Bewohnt Laubwälder mit dichtem Unterholz, v. a. am Waldrand, Hecken und Gebüsch in Parks und Gärten. Gerne in Gewässernähe, aber auch in trockener Umgebung. Nest niedrig über dem Boden versteckt in Brombeergerank, Brennesseln usw.

Blaukehlchen *Luscinia svecica* **Tafel 76, Karte 250, BZ**

Kennzeichen: 13-14 cm. In Größe und Gestalt wie ein Rotschwanz, jedoch mit relativ kürzerem häufig gespreiztem und zuckendem Schwanz. In allen Kleidern mit rotbraunen Basen der Schwanzfedern, die v. a. im Flug gut erkennbar sind, und, die Jungen ausgenommen, auffälligem, weißem Überaugenstreif. Das ♂ hat im PK eine leuchtend blaue Kehle, die nach unten durch ein schmales schwarzweißes und breites rostrotes Brustband begrenzt wird. Bei der nördlichen Unterart *L. s. svecica* (Skandinavien, Alpen) im Zentrum des blauen Latzes ein roter und bei der südlichen *L. s. cyanecula* (C- und S-Europa) ein weißer Fleck („Stern“). Im SK wird die auffällige Färbung der Kehle teilweise durch weißliche Federn überdeckt. Die ♀ und Jungen im 1. Winter sehen bei beiden Unterarten gleich aus. Sie haben eine weiße, seitlich schwarz eingefaßte Kehle und ein mehr oder weniger fleckig aufgelöstes, dunkles Brustband. Alte ♀ können auch wie ♂ im SK aussehen. Die Jungen sind ähnlich hell gefleckt wie die jungen Rotkehlchen, haben aber den charakteristischen dunklen Schwanz mit der rotbraunen Basis. Sucht die Nahrung vorwiegend am Boden und verhält sich dabei ähnlich wie Rotkehlchen und Nachtigall.

Stimme: Rufe leise klatschend „tschi-tschak-tschak“ und auch pfeifend „hüit“. Singt von einer Warte oder im aufsteigenden und herabgleitenden Singflug. Der Gesang ist ein anhaltendes, hektisches Geplauder, das zumeist mit sich beschleunigendem „djip djip...“ beginnt und sich zu schnell trillerndem „tri-tri...“, klingendem „ting ting...“ u. ä. Tonfolgen steigert, in die oft verschiedene Imitationen anderer Vogelstimmen eingeflochten sind.

Vorkommen: Brütet im Flachland an Ufern und Grabenrändern mit Büschen und Schilf und zunehmend auch am Rande von Rapsfeldern sowie im Gebirge und in der Tundra in Kriechweiden- und Birkendickichten. Nest gut versteckt dicht über dem Boden.

Blauschwanz *Tarsiger cyanurus* **Tafel 77, A**

Kennzeichen: 13-14 cm. Ein recht kleiner Drosselvogel, der in Gestalt und Verhalten sowohl an einen Rotschwanz als auch an das Rotkehlchen erinnert. Das ♂ hat im PK eine graublaue auf dem Bürzel, Flügelbug und Scheitel kobaltblaue Oberseite, eine weiße Kehle, eine grauweiße Unterseite und rostrote Flanken. Der weißliche Überaugenstreif ist v. a. vor dem Auge deutlich. Die ♀ und die jungen ♂ im 1. Winter sind auf der Oberseite düster olivgrau und auf der Unterseite schmutzigweiß. Auffälligere Kennzeichen sind die weißen Augenringe, die weiße, von der grauen Brust abgehobene Kehle, die rostroten Flanken und der blaue Schwanz. Die Jungen gleichen jungen Rotkehlchen, haben aber einen blauen Schwanz. Zuckt oft mit Flügeln und Schwanz.

Stimme: Warnruf ähnlich dem des Hausrotschwanzes „fih fih...dag dag". Gesang recht konstante, hoch gepfiffene, laute Strophen „tit-trilih-tjütitirr..." mit rollender bzw. schwingender Schlußkadenz.
Vorkommen: Brütet im feuchten Fichten-Birkenwald der sibirischen Taiga zumeist in bergigen, hochgelegenen Bereichen. Langsame Ausbreitung nach W. In Ostfinnland inzwischen ein wohl konstanter kleiner Brutbestand. In N-, C- und W-Europa ein seltener Gast.

Hausrotschwanz *Phoenicurus ochruros* **Tafel 77, Karte 251, BZ**
Kennzeichen: 13-14 cm. Ein kleiner, zierlicher in allen Kleidern recht düster wirkender Drosselvogel mit einem rostroten Bürzel und Schwanz, dessen mittlere Federn dunkel sind und der ständig zitternd bewegt wird. An den PK der ♂ lassen sich mehrere Unterarten unterscheiden. Die ♂ der in fast ganz Europa vorkommenden Unterart *Ph. o. gibraltariensis* sind auf der Oberseite schiefergrau. Gesicht, Brust und Bauch sind schwarz. Die weißen Außenfahnen der inneren Schwingen bilden auf dem Flügel ein weißes Feld. Die ♂ der östlichen Unterarten sind auch auf dem Bauch mehr oder weniger ausgedehnt rostrot und haben kein weißes Flügelfeld. Das ♀ und die Jungen sind düster braungrau mit rostrotem Schwanz. Sie sind immer deutlich dunkler als die Gartenrotschwanz-♀. Steht oft offen und weit sichtbar auf Hausgiebeln, Schornsteinen, Fernsehantennen und Felsspitzen.
Stimme: Der häufigste Ruf hart „fid-tk-tk". Der Gesang beginnt mit einer stakkatohaft klingenden Einleitung „jirr-titititi..." gefolgt von einem tonlos knirschenden Nachklang.
Vorkommen: Brütet im Bergland an Felsen und Steilhängen und im Flachland an Gebäuden und technischen Bauwerken aller Art, die hier die Felsen ersetzen. Nest in Höhlen, Nischen und Spalten sowie in Halbhöhlen-Nistkästen. Einer der wenigen Vögel, die außerhalb ihres natürlichen Lebensraums eng an menschliche Siedlungen gebunden sind.

Gartenrotschwanz *Phoenicurus phoenicurus* **Tafel 77, Karte 252, BZ**
Kennzeichen: 13-14 cm. In Gestalt und Bewegungen dem Hausrotschwanz sehr ähnlich. Ebenfalls mit einem rostroten, in der Mitte dunklen, ständig zitternden Schwanz, aber insgesamt heller. Das ♂ hat im PK ein schwarzes, durch eine weiße Stirn betontes Gesicht, einen blaugrauen Scheitel, Mantel und Rücken und eine orangerote Brust. Nach der Herbstmauser im SK sind die schwarzen und roten Partien durch helle Federsäume teilweise verdeckt. Die ♀ sind auf der Oberseite gräulichbraun und auf der Unterseite beigeweiß mit einer mehr oder weniger kräftigen orangefarbenen Tönung. Sie sind immer deutlich heller als die Hausrotschwanz-♀ und haben einen deutlicheren weißen Augenring. Die Jungen sind ähnlich fleckig wie junge Rotkehlchen mit der typischen Schwanzfärbung der Rotschwänze. Die ♂ der von der Krim bis in die S-Türkei vorkommenden Unterart *Ph. ph. samamisicus*, die gelegentlich auch auf dem Balkan vorkommen können, haben, ebenso wie der europäische Hausrotschwanz, auf den inneren Handschwingen ein weißes Feld. Hält sich vorwiegend in Büschen und Bäumen auf und ist im Unterschied zum Hausrotschwanz ausgesprochen scheu.
Stimme: Ruf fitisartig „hüit", oft mit harten Lauten zu „hüit-tick-tick" verbunden. Gesangsstrophe zweiteilig mit einer recht konstanten Einleitung „jüh jih jah jah" gefolgt von einem variablen, kurzen schnalzenden, schnarrenden und flötenden Zwitschern, das verschiedene Imitationen anderer Vogelstimmen enthalten kann.
Vorkommen: Brütet in lichten Laub- und Mischwäldern, in N-Europa auch alten Kiefernwäldern, in Parks und in Gärten. Nest in Baumhöhlen, Nischen und Spalten an Gebäuden und in Nistkästen mit weitem Eingang.

Braunkehlchen *Saxicola rubetra* **Tafel 76, Karte 253, BZ**
Kennzeichen: 12-14 cm. Ein kleiner, kompakter, kurzschwänziger Drosselvogel mit einem gelbbraunen, stark dunkel gefleckten Bürzel und weißen Basen der äußeren Schwanzfedern, die sich im Flug gut vom schwarzen Schwanzende abheben. In allen

Kleidern ein ausgeprägter, heller Überaugenstreif. Das ♂ ist im PK recht auffällig gefärbt. Die schwarzbraunen Kopfseiten sind oben durch einen langen, weißen Überaugenstreif und unten durch einen weißen Bartstreif eingefaßt. Scheitel und Mantel sind schwarzbraun und durch zimtbraune Federsäume streifig gezeichnet. Am gefalteten Flügel unterhalb des Bugs ein weißer Fleck und im Flug ein markanter, weißer Schulterfleck. Kehle und Brust warm orangebeige. Im SK sieht das ♂ weitgehend wie das ♀ aus. Bei dem ♀ ist die Färbung insgesamt einheitlicher und brauner. Überaugenstreif beigeweiß, Kopfseiten braun, Kehle und Brust blaß orangebeige, Flügelfleck nicht oder nur schwach ausgebildet. Steht gern frei und aufrecht auf Koppeldraht oder Buschspitze. Knickst vor dem Abfliegen und zuckt bei Erregung mit Flügeln und Schwanz. Verhalten allgemein weniger hektisch als das des Schwarzkehlchens. Auf dem Zug gesellig.
Stimme: Warnruf im Wechsel weich flötend und hart schnalzend „djüh deck-deck". Der Gesang besteht aus einer Folge variabler, lauter, in schnellem Tempo vorgetragener Kurzstrophen, wobei hart schnarrende, zwitschernde, trillernde und weich flötende Phrasen miteinander abwechseln. Der Beginn ist oft etwas stotternd und das Ende abrupt.
Vorkommen: Brütet in feuchten Wiesen und Weiden, in Niedermooren und Verlandungszonen größerer Gewässer, gelegentlich auch auf trockeneren Heide- und Ödlandflächen mit niedrigen Büschen und hohem Kraut. Nest gut versteckt am Boden unter einem Grasbulten, dichtem, kleinem Busch, hoher Staude o. ä. Deckung.

Schwarzkehlchen *Saxicola torquata* **Tafel 76, Karte 254, BZ**
Kennzeichen: 12-13 cm. Ein kleiner, untersetzter Drosselvogel mit rundem Kopf und kurzem Schwanz. Bei den ♂ der in Europa beheimateten Unterarten (*S. t. rubicola* - C-, S-, SE-Europa, *S. t. hibernans* - W-Europa) sind Kopf und Kehle kennzeichnend schwarz und an den Seiten durch große, weiße, kragenartige Halsflecken begrenzt. Oberseite und Schwanz schwarzbraun. Bürzel braun mit dunklen und im ausgebleichten Zustand auch weißlichen Flecken. Die weißen inneren Großen Armdecken erscheinen auf dem gefalteten Flügel als weißer Streif. Brust und Flanken dunkel orange. Im SK ist das Schwarz des Kopfes durch helle Federränder teilweise verdeckt. ♀ ähnlich gefärbt, aber insgesamt matter und blasser. Kopf und Kehle mehr oder weniger stark beige gesprenkelt, Brust und Flanken bräunlichorange. Die Jungen sind anfangs hell gefleckt und im 1. Winter an Kopf und Oberseite ähnlich einheitlich braun wie Braunkehlchen-♀, aber ohne Überaugenstreif. ♂ der sibirischen Unterart *S. t. maura* mit größerem, weißem „Kragen", orangefarbenem Fleck auf der Brustmitte und weißem Bürzel. Das ♀ hat eine helle Kehle und einen undeutlichen, hellen Überaugenstreif, ist aber stets an dem ungefleckt hell rostorangen Bürzel von Braunkehlchen-♀ zu unterscheiden. Flug niedrig und schwirrend. Zuckt erregt heftig mit Flügeln und Schwanz.
Stimme: Warnruf hart schnalzend „track track" oder „fit track-track". Der Gesang, der von einer Buschspitze o. a. erhöhter Warte und auch im tänzelnden Singflug vorgetragen wird, besteht aus kurzen Strophen mit pfeifenden, zwitschernden und gequetscht ratternden Tonfolgen.
Vorkommen: Brütet vom Tiefland bis an die Baumgrenze im Gebirge auf offenem Gelände mit niedrigem Bewuchs und einzelnen Büschen und Bäumen wie Heiden, Hochmooren, Böschungen, Rainen, Brach- und Ödland. Nest versteckt am Boden.

Isabellsteinschmätzer *Oenanthe isabellina* **Tafel 75**
Kennzeichen: 15-17 cm. Ein einheitlich fahler, heller, recht großer, langbeiniger Steinschmätzer mit gestrecktem Kopf und recht kurzem Schwanz. Färbung ähnlich einem hellen Steinschmätzer-♀ im SK. Kenntlich an dem schwarzen, bei ♀ auch hell gesprenkelten, Zügel, den blaß gelbbraunen Ohrdecken, den insgesamt hellen Flügeln mit breiten hell beigefarbenen Säumen der Armschwingen und Decken, von denen sich der Daumenfittich dunkel abhebt, und der breiten, schwarzen Endbinde am Schwanz

Steinschmätzer im Flug

(über die Hälfte der Schwanzlänge) mit einem nur kurzen vertikalen „T-Balken“ (s. Steinschmätzer). Das Flugbild zeigt breite Flügel und einen großen, aber relativ kurzen Schwanz. Hält sich beim Laufen und Stehen ausgesprochen aufrecht und reckt sich erregt so auf, daß die Unterschenkel zu sehen sind. Wippt mit dem Schwanz.
Stimme: Rufe scharf pfeifend „tchiep“ oder abfallend „tjüb“, auch schnalzend „tschak“. Der Gesang, der von einer Warte oder im Singflug vorgetragen wird, ist, anders als sonst bei den Steinschmätzern, lerchenähnlich klangvoll trillernd und schwätzend mit vielen Imitationen.
Vorkommen: Verbreitung vom östlichsten Balkan (E-Griechenland und europäische Türkei) über die Steppengebiete C-Asiens. Brütet in Steppen und Halbwüsten, auf vegetationsarmen, steinigen Berghängen und kurzrasigem, trockenem Weideland.

Steinschmätzer *Oenanthe oenanthe* **Tafel 75, Karte 255, BZ**

Kennzeichen: 14-16 cm. Die in Europa am weitesten verbreitete und häufigste Steinschmätzerart. Auffälligstes Merkmal im Flug und, wenn der Schwanz gespreizt wird, auch am Boden die weißschwarze Zeichnung von Bürzel und Schwanz. Die breite schwarze Endbinde und die mittleren schwarzen Federn bilden am sonst weißen Schwanz ein großes umgekehrtes T. In allen Kleidern mit deutlichem Überaugenstreif. ♂ im PK auf Scheitel, Nacken, Mantel und Rücken blaugrau, Flügel schwarz, unter dem weißen Überaugenstreif ein breiter, schwarzer Augenstreif, Unterseite weiß und auf Kehle und Brust zart gelborange getönt. Das PK des ♀ ist schlichter ohne schwarze „Maske“, auf der Oberseite mehr bräunlichgrau und auf Kehle und Brust hellbeige. Im SK sind ♂ und ♀ noch heller blaßbraun mit breiten hellen Rändern an Flügeldecken und Armschwingen. Einige ♀ können dann so hell wie Isabellsteinschmätzer wirken. Junge, zunächst hell gefleckt, gleichen im 1. Winter den Alten im SK. Die auf Grönland und Island lebende Unterart *Oe. oe. leucorrhoa*, die durch W-Europa zieht, ist groß gewachsen und allgemein dunkler rostbeige gefärbt. Eine sichere Bestimmung nach der Färbung ist aber nicht möglich. Steht gern erhöht auf Steinen und Mauern und zuckt dabei mit Flügeln und Schwanz. Hüpft am Boden mit schnellen Sprüngen oder rennt mit trippelnden Schritten. Bleibt plötzlich aufgerichtet stehen und wippt mit dem Schwanz.
Stimme: Häufigster Ruf hart, hölzern „tck“ und dazwischen immer wieder scharf „iit“ z. B. „iit tck-tck“. Gesang, von einer Warte oder im Singflug vorgetragen, eine Folge kurzer schnell schwätzender Strophen, die oft harsch knirschend beginnen und mehr zwit-

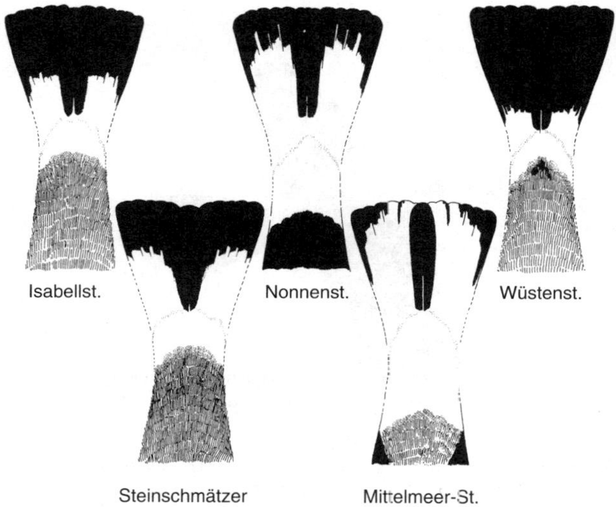

Bürzel- und Schwanzmuster von Steinschmätzer-Arten

schernd und flötend enden. Jedes ♂ verfügt über verschiedene Gesangsvarianten.
Vorkommen: Brütet in offenem steinigem oder sandigem Gelände wie Küsten- und Bergtundra, Hängen mit Blocksteinen, Kulturland mit Legsteinmauern und Lesesteinhaufen, Heiden, Mooren und Dünen. Nest in Erdhöhle, Felsspalte, Mauerritze oder Höhlung in einem Steinhaufen. Auf dem Zug überall in kurzrasigem oder vegetationsarmem Gelände.

Nonnensteinschmätzer *Oenanthe pleschanka* **Tafel 75, A**

Kennzeichen: 14-16 cm. Wirkt langschwänziger und kurzbeiniger als der Steinschmätzer. ♂ im PK vorherrschend schwarzweiß. Scheitel und Nacken grauweiß, Bürzel und Schwanzseiten weiß, Unterseite cremeweiß. Kehle Kopfseiten, Oberseite, Flügel und „Schwanz-T“ (s. Abb.) im scharfen Kontrast dazu tief schwarz. Im SK Kopf und Oberseite dunkel erdbraun und durch helle Federränder gesprenkelt und geschuppt. ♀ und Jungvogel unterscheiden sich nur wenig von denen des östlichen Mittelmeer-Steinschmätzers. Sie sind allgemein an Kopf und Oberseite mehr düster graubraun ohne warm rötlichbraune Tönung. Die dunkle Färbung der Kehle geht ohne Kontrast in die der Brust über. Die graubraune Farbe der Brust verläuft sich ohne scharfe Grenze im schmutzigen Weiß der Unterseite. Im Herbst ist das frisch gemauserte Gefieder auf der Oberseite durch helle Federsäume geschuppt. Steht auf der Ansitzwarte oft in waagerechter Haltung und fängt Insekten aus der Luft.
Stimme: Rufe schnalzend „dsched“ und pfeifend „djüi“. Gesang eine Folge kurzer, rauh schnarrender, zwitschernder und flötender Strophen mit deutlichen Pausen zwischen den einzelnen Elementen. Gelegentlich auch längeres Schwätzen mit Imitationen.
Vorkommen: Verbreitung von der westlichen Schwarzmeerküste (Bulgarien, Rumänien) ostwärts durch C-Asien. Brütet auf offenem, vegetationsarmem Gelände wie felsigen Berghängen, steinigen Matten, mageren Weiden und kargen Äckern. In C- und W-Europa ein seltener Gast.

Mittelmeer-Steinschmätzer *Oenanthe hispanica* **Tafel 75, Karte 256, A**
Kennzeichen: 13-15 cm. Kleiner, schlanker, rundköpfiger, langschwänziger und kurzbeiniger als der Steinschmätzer mit zur Mitte hin verschmälerter oder unvollständiger Schwanzendbinde (s. Abb.). Bei ♂ und ♀ zwei Varianten der Kopfzeichnung, entweder mit einer dunklen „Augenmaske" und hellen Kehle oder mit einer dunklen „Vollmaske" über Kopfseiten und Kehle. Die westliche Unterart *Oe. h. hispanica* (Iberische Halbinsel bis Italien) hat eine warm ockerbraun getönte Oberseite und oft eine unterbrochene Schwanzbinde. Beim ♂ sind Maske, Schultern (der gefaltete Flügel wirkt dadurch breit) und Flügel tief schwarz und Scheitel, Mantel sowie Brust sandgelb. Färbung des ♀ ähnlich, aber insgesamt matter und bräunlicher. Das Schwarz am Kopf und auf den Flügeln ist durch bräunliche Federränder aufgehellt und das orangebraune Brustband gegen die sonst beigeweiße Unterseite klar abgegrenzt. Das ♂ der östlichen Unterart *Oe. h. melanoleuca* ist an Scheitel, Mantel und Brust weit heller, manchmal nahezu rein weiß. Die schwarze Kopfzeichnung ist weiter ausgedehnt. Das ♀ ist mehr düster gefärbt, auf der Oberseite graubraun mit einem mehr orangebraunen Brustband. Junge ♂ und ♀ sehen im 1. Winter weitgehend wie alte ♀ aus (vgl. Nonnenschmätzer). Hält sich mehr im Gebüsch als am Boden auf und steht in weniger aufgerichteter, mehr horizontaler Haltung.
Stimme: Rufe harsch raspelnd „schrrä" oder im Wechsel pfeifend und hart schnalzend „hüit tscheck hüit tscheck-tscheck...". Gesang, von einer Felsspitze o. a. Warte, auch im kreisenden Singflug, eine Folge klirrend schmetternder, lauter Strophen schnell zwitschernder und trillernder Laute, oft mit kurzen Imitationen durchsetzt.
Vorkommen: Brütet sowohl in der Ebene als auch im Bergland im offenen, steinigen Gelände mit Büschen und Bäumen. Nistet in Höhlen unter Felsen, in Mauerspalten usw.

Wüstensteinschmätzer *Oenanthe deserti* **Tafel 75, A**
Kennzeichen: 15-16 cm. Ein kleiner, recht hell beige graubrauner Steinschmätzer mit einem nahezu ganz schwarzen Schwanz (nur die Enden der Oberschwanzdecken und die Schwanzbasis sind weiß s. Abb.). Das ♂ erinnert stark an ein Mittelmeer-Steinschmätzer-♂ mit voller, schwarzer Maske. Scheitel, Mantel und auch die Schultern (der gefaltete, schwarze Flügel wirkt dadurch viel schmaler) sind aber matt beigebraun. Die sandbraune Tönung auf der Brust ist nur schwach und geht in die beigeweiße Färbung der Unterseite über. Das ♀ und die Jungvögel sind ähnlich farblos blaß wie die Isabellsteinschmätzer, aber weit kleiner, auf der Oberseite grauer mit schwarzen, durch helle Federränder gestreiften Flügeln und dem kennzeichnenden, weitgehend schwarzen Schwanz.
Stimme: Rufe gezogen pfeifend „tjiüh" oder trocken knatternd „tck-tck...". Gesang recht konstant, monoton wehmütig, etwas zitternd pfeifend „drü-djierrüh".
Vorkommen: Verbreitung N-Afrika und C-Asien. Brütet in steinigen Steppen und Halbwüsten mit verstreut niedriger Vegetation und einzelnen Büschen und Bäumen. In Europa ein sehr seltener Gast.

Trauersteinschmätzer *Oenanthe leucura* **Tafel 75, Karte 257**
Kennzeichen: 16-18 cm. Der größte Steinschmätzer der Region mit kräftigem Schnabel, großem Kopf und breiter Brust. Leicht an dem ganz schwarzen Gefieder zu erkennen. Nur der Bürzel, der Steiß und der Schwanz mit seinem wohl ausgebildeten, schwarzen T sind weiß. Das Schwarz des ♀ und Jungvogels ist matter als das des ♂, mehr dunkel rußbraun. Fliegt kraftvoll und gleitet oft mit ausgebreiteten Flügeln und gespreiztem Schwanz von Felsen herab. Schlägt langsam mit dem Schwanz. Junge Saharasteinschmätzer (s. Irrgäste) sind auch ganz schwarz, ihnen fehlt aber am Schwanz die schwarze Endbinde.
Stimme: Rufe abfallend, pfeifend „pijüp pijüp..." und hart schnalzend „tschett-tschett...". Gesang etwas drosselähnliche, aber weniger melodische, mehr harsch zwitschernde Strophen, die von einer Warte oder im abwärtsgleitenden Singflug vorgetragen werden.

Vorkommen: Brütet von den Küstenklippen bis ins Hochgebirge an Felsen, in Schluchten und an steinigen Hängen mit einzelnen Büschen und Bäumen. Nest in einer Felsspalte. Als Unterbau werden kleine Steinchen aufgeschichtet, die sich auch vor dem Höhleneingang ansammeln können.

Steinrötel *Monticola saxatilis* — Tafel 77, Karte 258, A

Kennzeichen: 17-20 cm. Hat die Gestalt einer kleineren, recht langschnäbligen und auffallend kurzschwänzigen Drossel. Das ♂ ist im blau-weiß-schwarz-roten PK kaum mit einem anderen Vogel zu verwechseln. Bestimmende Kennzeichen sind am Boden die rostrote Unterseite und im Flug der weiße Rücken und der rote, in der Mitte dunkle Schwanz. Im SK werden die leuchtenden Farben weitgehend durch helle und dunkle Federränder verdeckt. Das ♂ gleicht dadurch weitgehend dem ♀ und den Jungen. Diese sind auf der Oberseite dunkelbraun mit heller Schuppung und auf der Unterseite rotbraun mit dunkler, gewellter Querbänderung. Schwanz und Bürzel sind aber wie beim ♂ leuchtend rostrot. Fliegt wie eine Drossel. Die langen Flügel lassen den Schwanz noch kürzer erscheinen. Zittert oft wie ein Rotschwanz mit dem Schwanz. Zumeist einzeln und recht scheu.
Stimme: Rufe weich flötend „hüit" oder bei Erregung auch hart „schack schack...". Gesang, oft im bogenförmig aufsteigenden und gespreizt herabschwebenden Singfug, amselähnlich melodisch flötend und gepreßt zwitschernd.
Vorkommen: Brütet an sonnigen Steilhängen, auf Geröllhalden, auf steinigen Bergrücken, in Schluchten, in Steinbrüchen und auch an Ruinen. Gewöhnlich in Höhen zwischen 500 und 2500 m. Im Winter in tieferen Lagen.

Blaumerle *Monticola solitarius* — Tafel 77, Karte 259, A

Kennzeichen: 21-23 cm. Gleicht in Gestalt und Größe einer kleineren Drossel. Hält sich weniger aufrecht als der Steinrötel und hat einen langen Schnabel und einen relativ längeren Schwanz. Aus einiger Entfernung gesehen, erinnert das dunkle Gefieder an eine Amsel. ♂ dunkelblau mit schwarzen Flügeln und schwarzem Schwanz. ♀ und Junge auf der Oberseite einheitlich dunkelbraun und auf der Unterseite beigebraun mit dichter dunkelbrauner Bänderung. Aus der Nähe zeigen einige alte ♀ auf der Oberseite einen blauen Schimmer. Steht oft frei auf Felsblöcken oder -graten. Ist aber recht scheu und verschwindet mit weich federndem Flügelschlag hinter dem nächsten Bergkamm.
Stimme: Rufe hoch pfeifend „jieh" oder tiefer mit schackernden Lauten kombiniert „hüit schack schak...". Gesang eine Folge kurzer Strophen mit rein flötenden, amselähnlich schwätzenden, lerchenähnlich trillernden und auch knarrenden und schnarrenden Motiven. Der Gesang wird gewöhnlich von einer Warte, gelegentlich auch im schwebenden Singflug vorgetragen.
Vorkommen: Brütet an Steilhängen, in Schluchten, an Felsküsten, in Steinbrüchen, an Ruinen und Gebäuden. Wärmeliebender und allgemein in tieferen Lagen als der Steinrötel.

Erddrossel *Zoothera dauma* — Tafel 78, A

Kennzeichen: 27-31 cm. Eine große, an die Misteldrossel erinnernde Drossel mit großem Kopf, kräftigem Schnabel und relativ kurzem Schwanz. Wirkt entfernt nahezu einheitlich olivbraun, zeigt aus der Nähe aber auf beigegelbem Grund ein eindrucksvolles Muster dunkler Halbmondflecke, die nahezu über den ganzen Körper eine schuppige Bänderung ergeben. Im Flug fallen die ausgeprägte, breite, schwarzweiße Bänderung der Unterflügel und das leuchtende Weiß der Unterschwanzdecken auf. Flug kraftvoll und in weiten Bögen, ähnlich Grünspecht. Scheu, hält sich gewöhnlich am Boden im dichten Bewuchs auf.
Stimme: Allgemein schweigsam. Rufe schnarrend ähnlich Misteldrossel und gedehnt, hoch „zieh". Gesang ein eigentümlicher, in Abständen wiederholter, hoher, langgezogener, ersterbender Pfeifton.

Vorkommen: Lebt in der Taiga Sibiriens und Ostasiens. Brütet in dichten, feuchten Mischwäldern mit viel Unterwuchs. In Europa ein seltener Gast.

Schieferdrossel *Zoothera sibirica* **Tafel 78, A**
Kennzeichen: 20-22 cm. Gleicht in Gestalt und Größe der Singdrossel. Hat in allen Kleidern einen deutlichen Überaugenstreif (♂ weiß, ♀ beigeweiß), auf den weißen Decken des Unterflügels ein breites, dunkles Längsband (♂ schwarz, ♀ grau) und weiße Schwanzecken. ♂ insgesamt dunkel, auf Kopf, Oberseite, Schwanz und Flügeln rußschwarz und unten schiefergrau mit weißlicher Schuppung auf den hinteren Flanken und dem Steiß. ♀ und der Jungvogel auf der Oberseite olivbraun. Die beigeweiße Unterseite ist auf Brust und Flanken kräftig schuppig gebändert. Hält sich wie die Erddrossel gern im dichten Unterholz am Boden auf. Flug und Verhalten wie bei den heimischen Drosseln.
Stimme: Flugruf fein, unrein „tsiih", Kontaktruf singdrosselartig, aber weicher „zitt".
Vorkommen: Bewohnt dichte, feuchte Fichten- und Mischwälder in der Taiga Ostsibiriens. In Europa ein sehr seltener Gast.

Zwergdrossel *Catharus ustulatus* **Tafel 94, A**
Kennzeichen: 16-18 cm. Einer Singdrossel recht ähnlich, aber viel kleiner. Oberseite matt olivbraun mit leichter rotbrauner Tönung, Kopfseiten beige getönt, um das Auge ein ausgeprägter, beigegelber Augenring und vor dem Auge ein deutlicher Überaugenstreif. Die beigegelbe Brust dunkel gefleckt (bei der Singdrossel zieht die Fleckung über die Flanken und bis auf den Bauch). Unterseite grauweiß. Das Unterflügelmuster ist bei den *Zoothera*- und *Catharus*-Arten gleich. Über die hellen Unterflügeldecken zieht ein breites, dunkles Längsband. Der Flügel wirkt dadurch hell-dunkel-hell gestreift. Der Flug ist mehr flatternd als bei der Singdrossel. Stellt gelegentlich den Schwanz auf und läßt ihn wieder langsam sinken. Verhält sich scheu und heimlich. Vgl. auch Grauwangendrossel.
Stimme: Flugruf hell, weich, aufsteigend „quüi", Erregungsruf scharf „tjipp".
Vorkommen: Brütet v. a. in den Nadelwäldern N-Amerikas. In Europa ein sehr seltener Gast.

Grauwangendrossel *Catharus minimus* **Tafel 94, A**
Kennzeichen: 15-17 cm. Ein wenig massiger und langbeiniger als die Zwergdrossel mit sehr ähnlicher Gefiederfärbung. Oberseite dunkler, mehr oliv graubraun, Zeichnung der Kopfseiten unauffällig, Gesicht einheitlich grau. Der weißliche Augenring ist nur dünn, ein Überaugenstreif fehlt, dafür ist aber der dunkle Kinnstreif besser erkennbar. Brust und Flanken sind, wie auch die ganze Unterseite, grauweiß. Wie bei der Zwergdrossel ist die Fleckung auf die Brust beschränkt. Stellt, soweit bekannt, den Schwanz nicht auf.
Stimme: Flugruf gedehnt, leicht nasal „wiühr", ähnlich Wilsondrossel (s. Irrgäste), aber höher.
Vorkommen: Brutgebiet noch weiter nördlich als das der Zwergdrossel in Alaska und N-Kanada. Daher bisher auch nur in W- und N-Europa nachgewiesen und hier auch nur ein sehr seltener Gast.

Ringdrossel *Turdus torquatus* **Tafel 78, Karte 260, BZ**
Kennzeichen: 24-27 cm. Gleicht in Gestalt und Größe weitgehend der Amsel, wirkt aber eleganter und schlanker und hat schmalere, etwas längere Flügel. Das ♂ ist rußschwarz und hat ein breites, weißes, halbmondförmiges Brustschild. Die weißen Säume der Schwingen erscheinen auf dem gefalteten Flügel als helles Feld. Im Flug wirken die Flügel weit heller als bei der Amsel. Der Schnabel ist zur Brutzeit gelb mit schwarzer Spitze. Im Herbst und Winter haben die weißen Federn des Brustschildes bräunliche Ränder. Das ♂ gleicht dann mehr dem ♀, dessen Gefieder braunschwarz und durch feine helle Federränder schuppig gezeichnet ist. Die Jungvögel sind noch

stärker geschuppt. Der Brustschild ist, v. a. bei den ♀, noch weitgehend durch dunkle Federsäume verdeckt. Die ♂ der C- und S-europäischen Unterart *T. t. alpestris* haben auf den Schultern und auf der Unterseite ein helles Schuppenmuster und an den Schwingen breite weiße Säume. Die ♂ der N-europäischen Unterart *T. t. torquatus* sind fast ungezeichnet schwarz mit nur schmalen weißen Säumen an den Schwingen. Recht scheu. Verschwindet aufgescheucht mit lautem, hartem Schackern hinter dem nächsten Felsengrat.
Stimme: Kontakt- und Erregungsruf hart klickend so, wie wenn Kieselsteine aufeinander geschlagen werden, „tck tck tck...". Das Schackern kann in ein ratterndes Zetern übergehen. Gesang amselähnlich, aber mit kürzeren weniger melodischen, flötenden und auch unrein schnarrenden Motiven, die oft zwei- bis dreimal wiederholt werden.
Vorkommen: Brütet in C- und S-Europa im Gebirge in lichten Bergwäldern bis hinauf zur Latschenzone und auf dem skandinavischen Fjäll in schütteren Kiefern- und Birkenwäldern, hier aber an Felsküsten auch bis herab auf Meereshöhe.

Amsel *Turdus merula* — Tafel 78, Karte 261, BJZW

Kennzeichen: 24-29 cm. Die bekannteste und häufigste Drossel Europas. Das ♂ ist ganz schwarz und hat einen gelben Schnabel und einen gelben Lidring. Im 1. Winter mehr rußschwarz mit dunklem Schnabel. Gelegentlich treten auch weiß gescheckte Individuen auf. Das ♀ ist oberseits düster graubraun und an Kehle und Brust auf aufgehelltem Grund dunkel gefleckt. Die Jungen sind mehr rötlichbraun mit beigegelben Schaftstrichen auf der Oberseite und gelbbraunen Flecken auf der Unterseite. Stellt, v. a. nach der Landung, den Schwanz auf, fächert ihn und läßt in langsam wieder sinken. Hält sich viel auf dem Boden auf. Hüpft, läuft und hält dabei oft mit schräg gehaltenem Kopf inne um nach Bodentieren zu lauschen.
Stimme: Häufige Rufe anhaltend „tschink tschink...", v. a. am Abend vor dem Flug zum Schlafplatz, oder warnend „tjack tjack...", das sich in Erregung zu einem lauten Zetern steigern kann. Gesang getragen, feierlich flötend mit angehängtem, gepreßtem Zwitschern, wobei die einzelnen Motive betont und nicht gleichmäßig leiernd, wie bei der Misteldrossel, oder mehrfach wiederholt, wie bei der Singdrossel, vorgetragen werden.
Vorkommen: Brütet an Waldrändern, in Gehölzen, in Hecken, in Parks und in Gärten. In Europa überall in Dörfern und Städten. Nest in Büschen und Bäumen, im Efeu an Häuserwänden, in Mauernischen, auf Fenstersimsen, in Balkonkästen usw.

Weißbrauendrossel *Turdus obscurus* — Tafel 78, A

Kennzeichen: 21-23 cm. Eine kleine, schlanke Drossel, die, wie die etwas kleinere Rotdrossel, einen auffälligen, langen Überaugenstreif besitzt. Das ♂ hat einen blaugrauen Kopf und Hals, einen oben und unten weiß eingefaßten, schwarzen Zügel, auf Brust und Flanken eine einheitlich orangebeige Färbung und einen weißen Bauch. Beim ♀ ist der Kopf, wie die ganze Oberseite, olivbraun und an den Kopfseiten fein weißlich gefleckt. Die Färbung von Brust und Flanken ist matter als beim ♂. Das Verhalten ähnelt dem der Rotdrossel.
Stimme: Rufe u. a. ein pieperähnliches „zip-zip...", ein weiches „tschak" und ein gezogener Flugruf „tsiih".
Vorkommen: Brütet in der sibirischen Taiga. In Europa ein sehr seltener Gast.

Naumanndrossel *Turdus naumanni* — Tafel 78, A

Kennzeichen: 20-23 cm. Hat durch den ausgeprägten Überaugenstreif sowie die rotbraune Färbung am Flügel und teilweise auch an den Flanken eine gewisse Ähnlichkeit mit der Rotdrossel. Von dieser aber durch den rotbraunen Bürzel und Schwanz, den weißen, ungefleckten Bauch und v. a. durch die im Flug gut sichtbaren, gänzlich rostfarbenen Unterflügel unterschieden. Zwei deutlich verschiedene Unterarten:
Rostflügeldrossel *T. n. eunomus* - Das ♂ hat eine kontrastreiche schwarzweiße

Kopfzeichnung und ein schwarzes Brustband. Die Flügel sind abgehoben rostrot. Der Bürzel ist heller und der Schwanz dunkel rostbraun. Der Mantel ist auf dunklem und die Flanken wie auch die Brust auf hellem Untergrund dicht mit schwarzen, pfeilspitzenförmigen Flecken besetzt. Das ♀ ist matter gefärbt und hat nur ein angedeutetes Brustband. **Rotschwanzdrossel** *T. n. naumanni* - Das ♂ hat einen rostgelben Überaugenstreif und ist auf Brust und Flanken dicht rostrot gefleckt. Der Bürzel und der Schwanz sind weitgehend einheitlich rostfarben. Die Flügel sind dagegen mehr bräunlich. Die Färbung des ♀ ist insgesamt matter. Mischlinge zwischen beiden Unterarten kommen vor, sind aber selten.
Stimme: Flugruf hoch und schrill „spirr", erinnert an den Ruf eines Stars. Beim Auffliegen laut, nasal, jammernd „kwi-wih". Das Schackern klingt schnalzend „tjock tjock...".
Vorkommen: Die Rotflügeldrossel brütet im nördlichen Zentralsibirien und die Rotschwanzdrossel weiter südlich in SE-Sibirien. Die Rotflügeldrossel erscheint daher eher in N- und die Rotschwanzdrossel eher in C- und W-Europa. Beide sind in Europa seltene Gäste.

Bechsteindrossel *Turdus ruficollis* — Tafel 78, A

Kennzeichen: 23-26 cm. In Gestalt und Größe der Wacholderdrossel ähnlich. Zwei deutlich verschiedene Unterarten. Gemeinsame Merkmale die rostfarbenen Unterflügeldecken, die einheitlich braungraue Oberseite und der Kotrast zwischen der dunklen Brust und dem gräulichweißen Bauch. **Schwarzkehldrossel** *T. r. atrogularis* - ♂ und ♀ haben einen schwarzbraunen Schwanz. Beim ♂ sind Kehle und Brust schwarz. Beim ♀ ist die Oberseite mehr olivgraubraun. Kehle, Brust und Flanken sind schwarzbraun gefleckt und gestreift. Auf der Brust verdichten sich die Flecke zu einem dunklen Latz. **Rotkehldrossel** *T. r. ruficollis* - Die äußeren Schwanzfedern von ♂ und ♀ sind rostrot. Das ♂ hat eine rotbraune Kehle und Brust. Beim ♀ sind die Kehlseiten dunkelbraun gestreift. Die Brust ist rötlichbraun gefleckt. Fliegt auf längeren Strecken ähnlich wie die Wacholderdrossel. Hält sich am Boden recht aufrecht und hüpft in weiten Sprüngen.
Stimme: Ruft zumeist weich „tschek", Flugruf dünn, gezogen „ziih", Schackern ähnlich stimmhaft und gereiht wie von der Wacholderdrossel „tschak tschak...".
Vorkommen: Die Schwarzkehldrossel brütet im nördlichen Zentralsibirien westlich bis zum Ural. Sie ist in N- und C-Europa ein seltener Gast. Die Rotkehldrossel brütet im südöstlichen Zentralsibirien und ist in Europa nur ein sehr seltener Gast.

Wacholderdrossel *Turdus pilaris* — Tafel 78, Karte 262, BJZW

Kennzeichen: 22-27 cm. Eine große, langschwänzige, elegante aber auch robuste Drossel. Von allen anderen Drosseln der Region durch die Farbkombination von blaugrauem Kopf und Bürzel (gut von hinten zu sehen) mit rotbraunem Mantel und rotbraunen Flügeldecken unterschieden. Die rostgelbe Brust und die bräunlichweißen Flanken sind mit Reihen pfeilspitzenförmiger, dunkler Flecke besetzt. Der Schwanz ist grauschwarz. Im Flug fallen die weißen Unterflügeldecken auf. Die Jungvögel sind insgesamt matter gefärbt. Nur der Bürzel ist rein grau. Die Oberseite und die Flügeldecken sind durch helle Schaftstriche gezeichnet. Der Überaugenstreif ist nicht weiß, sondern undeutlich beigeweiß. Flug kraftvoll, aber etwas schwerfällig. Flugbahn weniger wellenförmig als bei der Misteldrossel. Sehr gesellig, außerhalb der Brutzeit oft große Schwärme. Nahrungssuche bevorzugt auf weit offenen Flächen, aber auch auf und unter Büschen und Bäumen.
Stimme: Ausgesprochen ruffreudig. Kennzeichnend ist das laute, stimmhafte, gereihte Schackern „tschack tschak...". Krähen, Elstern und andere Eindringlinge werden aus dem Nistbereich mit einem hart schnarrenden „trrrtrrrt..." vertrieben. Der einfache Gesang ist ein hartes, schrilles, schnelles Schwätzen. Er wird vorwiegend im geradlinigen Flug vorgetragen.
Vorkommen: Brütet in lichten Laub- und Mischwäldern, Feldgehölzen, Alleen, Parks

und Gärten. Nistet in lockeren Kolonien auf großen Bäumen. Potentielle Nesträuber werden gemeinsam angegriffen und vertrieben. Im Winter oft mitten in der Stadt in Gärten und auf Rasenflächen.

Singdrossel *Turdus philomelos* **Tafel 78, Karte 263, BZ**

Kennzeichen: 20-22 cm. Eine kleine, gedrungene, ziemlich kurzschwänzige Drossel mit einheitlich gräulichbrauner Oberseite und gelblichweißer Unterseite, die auf Brust, Flanken und Oberbauch dicht mit schwarzen Flecken besetzt ist. Die Grundfärbung von Brust und Flanken ist allgemein dunkler, mehr beigegelb als die von Bauch und Steiß. Im Flug werden die rostgelben Unterflügeldecken sichtbar. Die gelblichen Schaftstriche auf der Oberseite der Jungvögel ergeben eine helle Zeichnung. Die Wacholderdrossel ist viel bunter. Die Misteldrossel ist deutlich größer und auf der gleichmäßig hellen Unterseite noch ausgiebiger gefleckt. Die Rotdrossel hat einen markanten Überaugenstreif und rostrote Flanken. Der kurze Schwanz und die relativ breiten Flügel ergeben ein gedrungenes Flugbild. Der Flug mit gleichmäßigem, schnellem Flügelschlag ist geradliniger als bei den anderen Drosseln. Hüpft und läuft am Boden umher und horcht oft mit „schiefem" Kopf nach Regenwürmern und anderen Bodentieren. Zerschlägt Schneckenhäuser an Steinen.

Stimme: Ruft im Flug kurz, spitz „zipp" oder „tick" und schimpft erregt „schick schick...", das sich zu einem hohen Zetern steigern kann. Der Gesang ist eine Folge von lautstark vorgetragenen, zumeist klangrein flötenden Motiven, die jeweils zwei- bis viermal wiederholt werden.

Vorkommen: Brütet in unterholzreichen, lichten Laub- und Mischwäldern, Feldgehölzen, Parks und Gärten. Das tiefmuldige, napfförmige Nest wird in dichten Büschen und Hecken und bevorzugt in jungen Nadelbäumen gebaut.

Rotdrossel *Turdus iliacus* **Tafel 78, Karte 264, Z**

Kennzeichen: 19-23 cm. Die kleinste der europäischen Drosseln mit großem Kopf, gedrungenem Körper und kurzem Schwanz. Die Gefiederfärbung ist kontrastreicher als die der Singdrossel. Die Oberseite ist dunkelbraun. Die Grundfärbung der Unterseite ist weiß. Der ausgeprägte, gelblichweiße Überaugenstreif und der weiße Wangenstreif ergeben ein kennzeichnendes Kopfseitenmuster. An Brust und Flanken laufen die dunklen Flecke zu Streifen zusammen. Die rostroten Flanken und Unterflügeldecken sind im Flug gut sichtbar. Gleicht mit dem gedrungenen Flugbild und der schnellen, geradlinigen Flugweise von allen Drosseln am ehesten dem Star. Auf dem Zug oft in großen, hoch fliegenden Schwärmen. Kann wegen des ausgeprägten Überaugenstreifs mit der Weißbrauen- und Naumanndrossel verwechselt werden (s. dort).

Stimme: Flugruf hoch, gedehnt „ziih", oft beim nächtlichen Zug zu hören. Warnt mit hart schnarrendem Zetern „tret-tret-...". Der Gesang ist sehr variabel, jedes ♂ singt aber eine Folge konstanter Strophen, die aus vier bis sechs laut flötenden Tönen und einem schwätzenden Nachgesang bestehen. Im Frühjahr machen die rastenden Schwärme durch ein vielstimmiges hektisches Zwitschern auf sich aufmerksam.

Vorkommen: Brütet in lichten Nadel- und Birkenwäldern, in offenem Gelände mit Büschen und Bäumen und in Skandinavien sowie auf Island auch in Parks und Gärten. Auf dem Durchzug häufig in offenem Gelände auf Wiesen, Weiden und frisch gepflügten Äckern.

Misteldrossel *Turdus viscivorus* **Tafel 78, Karte 265, BJZ**

Kennzeichen: 26-29 cm. Eine große Drossel mit langgestreckter, kräftiger Gestalt. In der Gefiederfärbung der Singdrossel ähnlich. Die Oberseite ist aber heller oliv graubraun. Die Unterseite ist weitgehend einheitlich gelblichweiß und mit großen, runden, schwarzbraunen Punkten übersät. Der recht lange Schwanz hat weiße Ecken. Die Schwingen haben helle Säume. Im Flug leuchten die weißen Unterflügeldecken. Die Jungvögel sind auf dem Kopf und auf der Oberseite kräftig weißlich gefleckt und gestreift. Das Flugbild ist von allen häufigeren Drosseln das gestreckteste. Der massige Körper läuft nach hinten stark verjüngt im langen, schmalen Schwanz aus. Der Wechsel von kraftvollen Flügelschlägen und Gleitstrecken mit angelegten Flügeln ergibt eine langwellige Flugbahn. Weniger gesellig als die anderen gefleckten Drosseln.

Stimme: Der typische Flugruf klingt rauh, schnarrend „trrrrr“, wie wenn eine grober Kamm über einen Holzscheit streicht. Der von hoher Warte vorgetragene Gesang besteht aus kurzen, amselähnlichen Strophen, die ohne größere Tonschwankungen etwas monoton und leiernd klingen. Die einzelnen Motive können mehrfach wiederholt werden.

Vorkommen: Brütet in lichten, hochstämmigen Wäldern, in parkartigen Landschaften mit Gehölzen, Alleen und Hecken, in Parks, auf Friedhöfen und in Gärten. Im S vorwiegend im Gebirge. In C- und W-Europa zunehmend in Ortschaften. Nest hoch im Baum in einer Astgabel.

Wanderdrossel *Turdus migratorius* — Tafel 78, A

Kennzeichen: 22-25 cm. In Größe, Gestalt und Verhalten mit der Amsel vergleichbar. Das Gefieder der Oberseite ist dunkel schwarzgrau und das von Brust, Flanken und Oberbauch rostrot. Der Unterbauch ist weiß. Über dem Auge ein in der Mitte unterbrochener, weißer Überaugenstreif und unter dem Auge ein halber, weißer Augenring. Kinn und Kehle sind fein schwarzweiß gestreift. Der Schwanz hat weiße Ecken. Die Flugweise erinnert an die der Wacholderdrossel.

Stimme: Rufe amselähnlich schackernd, etwas schnalzend „tjock-tjock-tjock“, im Flug auch ähnlich wie die Rotdrossel „ziih-ih“.

Vorkommen: Häufigste Drossel N-Amerikas, die dort in Dörfern und Städten die Rolle unserer Amsel einnimmt. In Europa ein sehr seltener Gast.

Zweigsänger: Sylviidae

Die Zweigsänger sind kleine Singvögel mit feinen, spitzen Insektenfängerschnäbeln. Sie sind allgemein unscheinbar gefärbt. Vielfach fehlen besondere Färbungs- und Zeichnungsmerkmale. Auch die Rufe sind zumeist sehr ähnlich. Dagegen ist aber der Gesang oft das wichtigste Erkennungsmerkmal. Die Geschlechter sehen bei den meisten Arten gleich aus und die Jungvögel gleichen weitgehend den Alten. Sie leben im dichten, schützenden Bewuchs wie Bäumen, Büschen und Röhricht und bewegen sich hier lebhaft, schnell und etwas hektisch von Zweig zu Zweig und Halm zu Halm. Ihr Nest bauen sie gewöhnlich höher im Bewuchs aber auch dicht über bzw. auf dem Boden. Zur besseren Übersicht lassen sich nach den bevorzugten Lebensräumen vier Gruppen unterscheiden: Die Röhrichtbewohner mit den Gattungen *Cettia*, *Cisticola*, *Locustella* (Schwirle) und *Acrocephalus* (Rohrsänger), die Baumbewohner der Gattung *Hippolais* (Spötter), die Buschbewohner der Gattung *Sylvia* (Grasmücken) und die im Laubwerk von Bäumen und Büschen lebenden Gattungen *Phylloscopus* (Laubsänger) und *Regulus* (Goldhähnchen).

Seidensänger *Cettia cetti* — Tafel 79, Karte 266, A

Kennzeichen: 13-14 cm. Ein größerer, kompakter Zweigsänger mit kurzen, runden Flügeln und vollem, gerundetem Schwanz. Die Kopfseitenzeichnung mit einem schmalen, hellgrauen Überaugenstreif und sehr feinem, dunklem Zügel- und Augenstreif ist unauffällig. Die Oberseite ist einfarbig rotbraun und die Unterseite grauweiß mit bräunlicher Tönung auf Flanken und Bauch. Die recht kurzen, braunen Unterschwanzdecken haben helle Säume. Im Unterschied zu dem ähnlichen Teichrohrsänger und Rohrschwirl wird der Schwanz oft aufgerichtet. Klettert sehr lebhaft im Geäst und rennt auch auf dem Boden umher, wobei er häufig mit Flügeln und Schwanz zuckt.

Stimme: Ruf kurz, metallisch „pitt" bei Erregung zu einem Triller „pitt tititititit" gesteigert. Der Gesang setzt plötzlich mit einem bis drei lauten Tönen ein, auf die nach einer kurzen Pause eine Reihe mehrfach wiederholter, gleichartiger Motive folgt „ziit-ziit zitda-zitda-zitda-zit". In der längeren Pause nach dieser kurzen Strophe wechselt der Vogel gewöhnlich im Busch seinen Singplatz.
Vorkommen: Bewohnt dichtes Buschwerk, Gestrüpp und trockeneres Röhricht an Ufern von Seen, Teichen, Flüssen, Kanälen und Gräben.

Cistensänger *Cisticola juncidis* **Tafel 79, Karte 267, A**

Kennzeichen: 10-11 cm. Ein niedlicher, kleiner Zweigsänger mit großem Kopf und kurzem Schwanz. Bis auf den weißlichen Augenring sind die Kopfseiten ungezeichnet. Die Oberseite ist sandbraun mit kräftiger schwarzbrauner Streifung auf Scheitel, Mantel und Schultern. Der Bürzel ist rostbraun mit schwarzen Flecken. Die Unterseite ist gräulichweiß, an den Flanken beigebraun getönt. Im Flug sind die kurzen, runden Flügel und auf der Schwanzunterseite das schwarzweiße Endband kennzeichnend.
Ähnliche Arten: Auch Schilf- und Seggenrohrsänger sind auf der Oberseite gestreift, sie sind aber weit größer und haben markante Überaugenstreifen.
Stimme: Ruf kurz und scharf „tziip". Der Gesang ist eine Reihe gleichartiger, in konstantem Abstand vorgetragener Laute „dzip dzip dzip...". Gesungen wird gewöhnlich im wellenförmigen Singflug, wobei jeder „dzip-Laut" auf einen aufsteigenden Bogen fällt.
Vorkommen: Brütet im offenen, baumlosen Gelände mit hohen Gras-, Seggen- oder Binsenbeständen, auch in Kornfeldern und auf Brachen mit Getreide und hohem Kraut.

Streifenschwirl *Locustella certhiola* **Tafel 82, A**

Kennzeichen: 13-14 cm. Größer, aber ähnlich gezeichnet wie der Feldschwirl. Der helle Überaugenstreif ist deutlicher, die Oberseite ist mehr rötlichbraun und die dunkle Streifung auf Scheitel, Mantel und Oberschwanzdecken kräftiger. Der Bürzel ist rotbraun und oft schwach oder, wie beim Schilfrohrsänger, nicht gezeichnet. Die Unterseite ist ungezeichnet schmutzigweiß mit schwacher Beigetönung auf Brust und Flanken. Besondere Merkmale sind die dunkelbraunen Schirmfedern, deren Außenfahnen hellbraune Säume und deren Innenfahnen kurz vor der Spitze einen weißen Rand haben, und die nach hinten zu immer dunkler werdenden Schwanzfedern mit weißen Spitzen. Die Jungvögel sind auf der Unterseite hell gelb- bis rötlichbeige mit schwacher Fleckung auf der Brust. Flugbild und Verhalten wie bei den anderen Schwirlen (s. Feldschwirl).
Stimme: Verschiedene Lock- und Erregungsrufe wie scharf, zweisilbig schnalzend „tschir-tschirr" oder trocken rollend „trrrrt". Der Gesang ist kein Schwirren wie bei den anderen Schwirlen, sondern klingt mehr nach einem Rohrsänger.
Vorkommen: Verbreitung in C- und E-Asien. Brütet hier in feuchten Wiesen, an Flußufern und Moorrändern mit hohem Gras, dichtem Kraut und Gebüsch. Überwintert in Reisfeldern, in Röhrichten und Sümpfen. In Europa ein sehr seltener Gast.

Strichelschwirl *Locustella lanceolata* **Tafel 82, A**

Kennzeichen: 12-13 cm. Kleiner, kurzhalsiger und kurzschwänziger als Feld- und Streifenschwirl. Die Gefiederfärbung ist der des Feldschwirls sehr ähnlich. Die Kopfseiten sind ungezeichnet. Die Oberseite ist matt olivbraun und die Unterseite bräunlichweiß mit beigebrauner Färbung auf Brust und Flanken. Die dunkle Streifung der Oberseite ist etwas kräftiger als beim Feldschwirl und die Strichelung der Unterseite gewöhnlich deutlich, dichter und ausgedehnter. Brust, Flanken und Unterschwanzdecken sind im typischen Fall ausgiebig streifig gestrichelt und gefleckt. Die schwarzen Schirmfedern haben beidseitig gleich breite, schmale braunweiße Säume. Wenn der kleine Strichelschwirl aufgescheucht niedrig davonschwirrt, gleicht er einem langschwänzigen Zaunkönig. Verbirgt sich gewöhnlich unter dichtem Bewuchs, wo er wie eine kleine Maus umherhuscht.

Stimme: Ruft schnalzend „tschik". Der schwirrende Gesang klingt sehr ähnlich wie der des Feldschwirls, ist jedoch in der Tonlage etwas höher und in der Tonfolge schneller.
Vorkommen: Verbreitung in der Taigaregion vom NE des europäischen Rußlands bis zur ostsibirischen Küste. Brütet in feuchten, lichten, unterwuchsreichen Wäldern, auf Lichtungen und in Sümpfen mit Büschen und hohem Kraut. In Europa ein sehr seltener Gast.

Feldschwirl *Locustella naevia* **Tafel 79, Karte 268, BZ**
Kennzeichen: 13-14 cm. Der in Europa häufigste Schwirl mit der weitesten Verbreitung. Etwa so groß wie ein Schilfrohrsänger. Der Schwanz ist, wie bei allen Schwirlen, stark gestuft (die Federn werden nach außen zu immer kürzer) und die Unterschwanzdecken sind lang. Ein Überaugenstreif ist nur angedeutet. Die gräulich olivbraune Oberseite auf Scheitel, Mantel, Schultern und Bürzel unauffällig schwarzbraun gestreift und gefleckt. Die breiten, braunen Säume der dunklen Schirmfedern sind zur Federmitte hin nur unscharf begrenzt. Unterseite gräulich- bis beigeweiß und auf Kehle, Oberbrust und Flanken schwach gestreift und gestrichelt. Diese Zeichnung kann fast so deutlich wie beim Strichelschwirl sein oder auch weitgehend fehlen. Unterschwanzdecken weißlich mit diffusen, länglichen, grauen Flecken. Beine rosa. Lebt sehr verborgen im hohen Gras und Kraut oder dichten Gebüsch. Bewegt sich hier schnell und behende im Gewirr der Halme und Zweige und huscht auch hüpfend und laufend flink wie eine kleine Maus auf dem Boden umher. Dabei wird der Schwanz oft hochgestellt und gefächert. Aufgescheucht fliegt er niedrig nur wenige Meter um gleich wieder im Bewuchs zu verschwinden. Beim Fliegen wirken Bürzel und Schwanz breiter als bei anderen Zweigsängern.
Stimme: Ruft hart und scharf „stitt". Der Gesang ist ein lang anhaltendes, monotones, hohes, insektenartiges Schwirren, das, da der Vogel beim Singen den Kopf hin und her wendet, bald lauter und bald leiser klingt.
Vorkommen: Brütet auf feuchten Wiesen mit hohem Gras und Kraut und einzelnen, dichten Büschen, am Rande von Verlandungszonen mit hoher aber lückiger Vegetation, auf verkrauteten Kahlschlägen und Schonungen, auf Brach- und Ruderalflächen sowie in Raps- und Getreidefeldern.

Schlagschwirl *Locustella fluviatilis* **Tafel 79, Karte 269, BZ**
Kennzeichen: 14-16 cm. Gleicht in Größe und Gestalt dem Feldschwirl, ist aber gedrungener und hat einen relativ kurzen, breiten Schwanz. Der beigeweiße Überaugenstreif ist schmal und kurz. Er ist mit einem gleichgefärbten Augenring verbunden. Oberseite ungezeichnet matt braun mit einem Olivton. Unterseite bräunlichweiß und an Kehle und Brust mit mehr oder weniger ausgeprägten diffus graubraunen Längsstreifen. Die braunen Unterschwanzdecken mit weißlichen Spitzen reichen bis kurz vor das Schwanzende. Das Verhalten ist ähnlich dem des Feldschwirls. Er lebt aber nicht ganz so verborgen.
Stimme: Rufe wenig kennzeichnend „brrid" oder schnalzend „tschick". Gesang ein sehr typisches maschinenartiges Wetzen mit kurzen Unterbrechungen „dze-dze-dze-". Singt gewöhnlich im Unterholz von der Spitze eines Busches.
Vorkommen: Brütet im dichten Unterholz von Bruch- und Auwäldern, auch in Gebüschen an Waldrändern und in Parks mit Büschen und Hecken unter hohen Bäumen.

Rohrschwirl *Locustella luscinioides* **Tafel 79, Karte 270, BZ**
Kennzeichen: 13-15 cm. Ein recht großer Schwirl, der sich in Gestalt und unauffälliger Färbung nur wenig vom Teichrohrsänger unterscheidet. Für einen Schwirl typisch sind der breite, gerundete Schwanz, die langen, voluminösen Unterschwanzdecken und die leicht gebogene Außenkante des gefalteten Flügels. Das Gefieder ist auf der Oberseite ungezeichnet rötlichgraubraun und auf der Unterseite bräunlichweiß mit dunklerer, mehr rötlicher Tönung auf Brust und Flanken. Die rötlichbraunen Unterschwanzdecken haben diffus aufgehellte Spitzen. Der Schwanz ist auf der Oberseite, wie bei den mei-

sten Schwirlen, undeutlich dunkel quergebändert, was aber nur aus nächster Nähe zu sehen ist. Die Beine sind rosabraun. Gleicht in Lebensweise und Verhalten dem Feldschwirl mit den durch den anderen Lebensraum bedingten Besonderheiten.
Stimme: Ruf scharf, metallisch, oft gereiht „pwit-pwit-“. Der Gesang beginnt mit einigen rufähnlichen hart tickenden Lauten und geht dann in ein metallisches Surren über „pit pit pit-pit-sirrrrrr...“, das häufiger durch kurze Pausen unterbrochen wird. Dieses Surren ist tiefer und monotoner als das Schwirren des Feldschwirls. Es kann mit dem Zirpen einer Maulwurfsgrille verwechselt werden. Der Vogel singt gewöhnlich von der Spitze eines Schilfhalms.
Vorkommen: Brütet in ausgedehnten, hohen Röhrichtbeständen v. a. im Schilf. Zur Anlage des Nestes werden dichte Seggenbulten o. ä. Unterwuchs bevorzugt.

Mariskensänger *Acrocephalus melanopogon* Tafel 79, Karte 271, A

Kennzeichen: 12-13 cm. Ein recht kleiner, zartschnäbliger Rohrsänger, der mit seinem oft leicht angehobenen, gerundeten Schwanz an einen langbeinigen Zaunkönig erinnert. In Färbung und Zeichnung dem Schilfrohrsänger sehr ähnlich. Aus der Nähe an dem nahezu schwarzen Scheitel, dem stets weißen breiten, hinter dem Auge verbreiterten und gerade abgeschnittenen Überaugenstreif und der rostbraunen, auf dem Mantel dunkel gestreiften Oberseite zu erkennen. Die Ohrdecken sind dunkel. Die weiße Kehle ist klar von der rostfarbenen Brust abgesetzt. Das Flugbild unterscheidet sich von dem des Schilfrohrsängers durch die kürzeren, runderen Flügel und den breiteren, gerundeten Schwanz. Hält sich, außer beim Singen, recht verborgen und hüpft häufig mit dem angehobenen Schwanz zuckend auf dem Boden umher.
Stimme: Ruft gedämpft schnalzend „tchet“ und zuckt dabei mit dem Schwanz. Erregungsruf schnell tickend „tk-tk-tk-“ oder mehr rollend „trrrt-trrrt-“. Der Gesang erinnert an den des Teichrohrsängers, ist aber weicher, melodischer und schneller mit flötenden und trillernden Motiven und einem nachtigallenähnlichen, ansteigenden Crescendo „düh-dü-dü-“.
Vorkommen: Brütet in dichten, mit Rohrkolben durchsetzten Schilfbeständen mit eingestreuten freien Wasserflächen. Nest über flachem Wasser im Schilf oder in niedrigen Büschen.

Seggenrohrsänger *Acrocephalus paludicola* Tafel 79, Karte 272, BZ

Kennzeichen: 12-13 cm. So groß wie der Schilfrohrsänger, aber von schlankerer Gestalt mit stärker gestuftem (s. Feldschwirl), zugespitztem Schwanz. Die Gefiederzeichnung ähnelt der des Schilfrohrsängers. Die Grundfärbung ist aber heller, nahezu goldbraun und ergibt mit den kräftigen schwarzbraunen Linien eine markante „Tigerstreifung“ mit einem deutlichen, hellen Scheitelstreif und breiten Überaugenstreifen, zwei beigegelben, schwarz eingefaßten Streifen auf den Mantelseiten und kräftiger, dunkler Strichelung auf Rücken, Bürzel, Oberschwanz- und Flügeldecken. Bei den Alten sind die Brustseiten und Flanken gewöhnlich zart gestrichelt. Die Unterseite der Jungvögel ist dagegen ungezeichnet. Die Ohrdecken sind immer hell. Die Beine sind orangegelb (beim Schilfrohrsänger graubraun). Lebt weit verborgener als der Schilfrohrsänger und sucht seine Nahrung oft am Boden.
Ähnliche Art: Junge Schilfrohrsänger haben oft einen gut erkennbaren Scheitelstreif und weniger braune, mehr mattrosa Beine, was häufig zu Verwechslungen mit dem Seggenrohrsänger führt.
Stimme: Rufe schnalzend „tjeck“ und bei Erregung trocken, schnarrend „errr“. Der Gesang, der gelegentlich auch im kurz aufsteigender Singflug zu hören ist, ist monotoner als der des Schilfrohrsängers. Die Strophen bestehen in der Regel aus einem kurzen Schnarren, dem mehrere Pfeiftöne folgen wie „errr dididi...“ oder „trtrtr jüjüjü...“.
Vorkommen: Brütet in großflächigen, feuchten Seggenbeständen und seggendurchsetzten Süßgraswiesen. Er ist, da es derartige Seggenwiesen im westlichen C-Europa kaum mehr gibt, hier sehr selten geworden.

Schilfrohrsänger *Acrocephalus schoenobaenus* **Tafel 79, Karte 273, BZ**

Kennzeichen: 12-13 cm. Der häufigste gestreifte Rohrsänger. Altvögel auf der Oberseite graubraun. Vom Teichrohrsänger, mit dem er oft gemeinsam vorkommt, durch den dunklen, in der Mitte diffus hell gestrichelten, an den Seiten nahezu schwarzen Scheitel, die breiten gelblichweißen Überaugenstreifen und die undeutliche, dunkle Streifung der Oberseite unterschieden. Der Bürzel und die Oberschwanzdecken sind wärmer beigebraun und ungezeichnet. Die gelblichweiße Unterseite ist auf der Brust und den Flanken rötlichbeige getönt. Die Beine sind graubraun. Die Jungvögel sind allgemein wärmer beigebraun, haben einen diffusen, hellbraunen Scheitelstreif, eine fein dunkel gefleckte Brust und mattrosa Beine. Die Ohrdecken sind immer dunkel und geben dem Vogel, im Unterschied zum sanft blickenden Seggenrohrsänger, einen etwas finsteren Ausdruck. Wirkt im Flug gedrungener und kurzschwänziger als die Grasmücken und Laubsänger. Schlüpft hüpfend nah am Boden im dichten Gewirr der Halme umher und klettert gelegentlich um Ausschau zu halten oder zum Singen nach oben unter die Halmspitze.

Stimme: Warnt schnalzend „tjäck“ und ruft erregt trocken, rollend „errr“. Der Gesang, bei dem der Sänger oft kurz aus dem Schilf auffliegt, ist eine langanhaltende Folge aus schwätzenden und schnalzenden Lauten, in die immer wieder trillernde und klar pfeifende Tonfolgen sowie Imitationen anderer Vogelstimmen z. B. von Schwalben, Watvögeln, Drosseln usw. eingestreut werden. Der Gesang klingt dadurch weit variabler und melodischer als der gleichmäßig hart rhythmische Gesang des Teichrohrsängers.

Vorkommen: Brütet bevorzugt in verlandenden Schilfbeständen mit einzelnen Büschen, auch in feuchtem Ufergebüsch oder in hohem, mit Schilf durchsetztem Kraut an Grabenböschungen. Das Nest wird nicht zwischen Halme, sondern dicht über dem Boden in Seggenbulten, Grashorsten o. ä. dichte Vegetation gebaut.

Feldrohrsänger *Acrocephalus agricola* **Tafel 82, A**

Kennzeichen: 12-13 cm. Etwas kleiner als der Teichrohrsänger mit kürzerem, feinerem Schnabel, relativ kürzeren, mehr abgerundeten Flügeln und längerem Schwanz. Die Gefiederfärbung ist, je nach Abnutzungsgrad, verschieden. Im frischen Gefieder ist die Oberseite beigebraun mit rötlichem Ton und im abgetragenen mehr graubraun. Die Färbung der Unterseite variiert entsprechend von hellsandfarben bis weißlich. Im Unterschied zu allen anderen ungestreiften Verwandten ist der lange, helle Überaugenstreif oben durch einen zarten, dunklen Scheitelseitenstreif und unten durch einen deutlichen, dunklen Augenstreif begrenzt. Flugweise und Verhalten wie die des Teichrohrsängers, wippt aber häufig mit dem Schwanz und trägt ihn oft leicht angehoben.

Stimme: Rufe unterschiedlich schnalzend „tscheck, „tzack“ oder bei Erregung schnarrend „tscherrr“. Der Gesang besteht, wie bei dem Sumpfrohrsänger, aus einer Aneinanderreihung von Imitationen, die mit konstantem Tempo in schneller Folge vorgetragen werden, bei denen aber die heiser rätschenden Motive fehlen.

Vorkommen: Verbreitung vom NW des Schwarzen Meeres (Rumänien, Bulgarien, Ukraine) bis C-Asien. Brütet wie der Teichrohrsänger im Röhricht. In C- und W-Europa ein seltener Gast.

Buschrohrsänger *Acrocephalus dumetorum* **Tafel 82, A**

Kennzeichen: 13-14 cm. So groß wie der Teichrohrsänger mit ähnlich langem Schnabel und flacher Stirn. Die Flügel sind kürzer und runder und der Schwanz relativ länger. Das oben grauolivbraune Gefieder hat von allen Verwandten die stumpfeste Tönung. Der kurz bis hinter das Auge reichende, helle Überaugenstreif ist vor dem Auge besonders deutlich. Die Flügel, v. a. die sonst kontrastreicheren Schirmfedern, sind einheitlich gefärbt. Die Flanken der allgemein weißlichen Unterseite sind bräunlicholiv getönt. Die Jungvögel sind mehr rostbraun und gleichen damit weitgehend den jungen Sumpf- und Teichrohrsängern. Sie haben aber den typischen Überaugenstreif und, wie die Altvögel, recht dunkle, graubraune Beine. Hält sich vorwiegend im

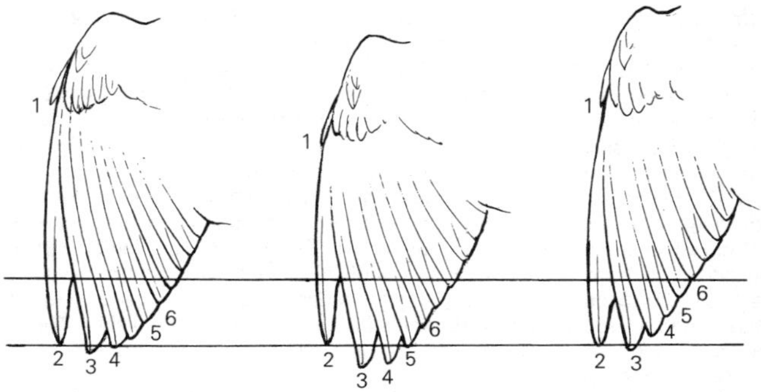

Vergleiche die Längen der 2. Handschwingen und die Ausdehnung der Verschmälerungen an der Spitze ihrer Innenfahnen

Gebüsch auf. Flugweise und Verhalten sonst ähnlich Teichrohrsänger. Fliegt mit mehr schwirrendem Flügelschlag.
Stimme: Rufe schnalzend „zäck zäck..." oder schnarrend „zrrrrt". Singt fast stets aus einem Busch oder niedrigem Baum. Der typische Gesang ist das sicherste Bestimmungsmerkmal. Er besteht aus einer in gemächlichem Tempo vorgetragenen Folge von jeweils mehrfach (drei- bis maximal zehnmal) wiederholten, klangreinen Motiven, die zur Hauptsache aus ausgezeichnet wiedergegebenen Imitationen anderer Vogelstimmen bestehen, zwischen die immer wieder melodisch jodelnde Tonreihen „lo-li-lü-la" eingestreut sind.
Vorkommen: Brütet in offenen Landschaften mit dichtem Gebüsch und hohem Kraut wie Waldlichtungen oder trockeneren Fluß- und Seeufern. Kommt in S-Finnland, den Baltischen Staaten und in der Taigaregion Rußlands vor. In C- und W-Europa ein seltener Gast.

Sumpfrohrsänger *Acrocephalus palustris* **Tafel 79, Karte 274, BZ**

Kennzeichen: 13-15 cm. So groß wie der Teichrohrsänger mit etwas kürzerem Schnabel, runderem Kopf, massigerem Körper und längeren Flügeln. Im frischen Gefieder auf der Oberseite recht hell graubraun mit einem grünlichen Schimmer. Der feine Überaugenstreif reicht nur vom Schnabel bis zum Auge und ergibt mit dem etwas ausgeprägteren, hellen Augenring eine undeutliche „Brille". Die weiße Kehle ist von der schwach bräunlichgelb getönten Brust abgehoben. Die Unterseite ist sonst hell cremefarben. Die weißen Handschwingenspitzen betonen die langen Handflügel. Die Jungvögel sind auf der Oberseite wärmer braun mit rostgelb getöntem Bürzel. Sie gleichen weitgehend den jungen Teich- und Buschrohrsängern. Die Beine sind aber hell gelbrosa und nicht dunkel graubraun. Hält sich vorwiegend im hohen Kraut auf. Flugweise und Verhalten weitgehend wie beim Teichrohrsänger.
Stimme: Warnt knätschend und mehrfach wiederholt „tschäk tschäk..". Der Gesang besteht überwiegend aus einer schnell, und hektisch vorgetragenen rhythmischen Aneinanderreihung von Imitationen anderer Vogelstimmen, untermischt mit arteigenen Schnalzlauten „bii-tzäh bii-tzäh". Neben den Stimmen einheimischer Vögel können in dem Gesang auch die afrikanischer Arten vorkommen, die im Winterquartier übernommen wurden.
Vorkommen: Brütet an Ufern, Grabenrändern u. ä. feuchteren Standorten mit hohem dichtem Kraut wie Brennesseln, Wasserdost, Mädesüß, Blutweiderich usw. Die napfförmigen Nester werden niedrig zwischen einige Stengel gehängt.

Teichrohrsänger *Acrocephalus scirpaceus* **Tafel 79, Karte 275, BZ**
Kennzeichen: 13-14 cm. Der häufigste der ungestreiften Rohrsänger mit recht langem, flachem Schnabel und flacher Stirn. Wirklich auffällige Gefiedermerkmale fehlen. Das frische Gefieder ist oberseits braun mit wärmer rotbraunem Bürzel und unterseits beigeweiß mit schwach rostgelber Tönung auf den Flanken und den Unterschwanzdecken. Das abgetragene Gefieder ist insgesamt matter gefärbt, oben mehr graubraun und unten weißlich. Der undeutliche, helle Überaugenstreif reicht nur bis zum Auge und geht in einen nur schwach ausgeprägten Augenring über. Das Gefieder der Jungvögel ist insgesamt farbiger, auf der Oberseite warm rostbraun und auf den Flanken satt beige. Klettert bei der Nahrungssuche behende an den Schilfhalmen auf und ab und hüpft flatternd von Halm zu Halm. Lebt zwar recht versteckt, ist aber lebhaft und wenig scheu.
Ähnliche Arten: Insbesondere die Vögel der mehr stumpf graubraunen östlichen Unterart *A. s. fuscus* können leicht mit Sumpf- und Buschrohrsängern verwechselt werden. Im farbigeren JK besteht auch die Gefahr der Verwechslung mit dem Feldrohrsänger. Am ehesten sind die vier ungestreiften Rohrsänger an den Stimmen, der Kopfzeichnung und der Beinfärbung zu unterscheiden, wobei der unterschiedliche Lebensraum durchaus hilfreich sein kann.
Stimme: Ruft tief „krech“ oder „kche“ und erregt grob knarrend „kerrrr“ oder zweisilbig „krr-rr“. Das beste Erkennungsmerkmal ist der in gemessenem Tempo vorgetragene, recht monotone, schnarrende und wetzende Gesang mit zwei- bis dreifacher Wiederholung der Motive „tri tri tri tier tier zäck zäck...“ ohne melodisches Flöten oder klingende Triller.
Vorkommen: Brütet im dichten, hohen Schilf, bevorzugt in Beständen, die im flachen Wasser stehen, und auch in anderer dichter, hoher Röhricht- und Krautvegetation. Oft lockere, kolonieähnliche Ansammlungen von Brutpaaren. Das Nest wird recht hoch zwischen einige Halme gehängt.

Drosselrohrsänger *Acrocephalus arundinaceus* **Tafel 79, Karte 276, BZ**
Kennzeichen: 16-20 cm. Ein großer, robuster Rohrsänger mit klobigem „Drosselschnabel“, großem Kopf, breitem, leicht gerundetem Schwanz und kräftigen Beinen. Nach der Gefiederfärbung die größere Ausgabe des Teichrohrsängers. Der cremeweiße Überaugenstreif ist gewöhnlich gut erkennbar und durch einen dunklen Zügelstreif sowie die weiße Kehle betont. Wirkt im Flug lang und massig, v. a. wenn er mit weit gefächertem Schwanz zur Landung ansetzt. Klettert, hüpft und flattert wie der Teichrohrsänger im Schilf. Haltung am Boden drosselähnlich.
Stimme: Kontaktruf rauh schnalzend „tschak“ und bei Erregung knarrend „krrrrr“. Diese Rufe sind aber nur selten zu hören. Der Gesang gleicht im rhythmischen Aufbau dem des Teichrohrsängers, ist aber weit lauter, härter und gröber. Rauh knarrende und schnarrende Motive wechseln mit quietschenden Lauten, die alle jeweils mehrfach wiederholt werden „karre karre trr trr trr kriek kriek görk görk görk...“.
Vorkommen: Brütet in ausgedehnten Schilfbeständen zumeist am Rande von freien Flächen oder offenem Wasser. Das napfförmige Nest wird zwischen Schilfhalme gehängt.

Blaßspötter *Hippolais pallida* **Tafel 81, Karte 277, A**
Kennzeichen: 12-14 cm. Ein recht dickbäuchiger Spötter mit langem Schnabel, flachem oder, bei gesträubten Federn, spitzem Scheitel und relativ kurzen Flügeln, deren Handflügelspitze am gefalteten Flügel etwa die Hälfte der Schirmfederlänge ausmacht. Das Gefieder ist auf der Oberseite fahl oliv graubraun und auf der Unterseite schmutzigweiß mit einem etwas dunkleren, bräunlicheren Anflug von den Brustseiten über die Flanken zum Steiß. Die Schirmfedern und inneren Armschwingen haben aufgehellt beigeweiße Säume bilden aber kein helles Flügelfeld. Der blaß weißliche, dünne Überaugenstreif reicht knapp bis hinter das Auge und ist mit einem feinen, hellen Augenring verbunden. Die blassen Ohrdecken lassen das Gesicht ausdruckslos erscheinen. Die

Schnabellänge wird durch die strohgelbe Färbung des Unterschnabels betont. Die iberische Unterart *H. p. opaca* ist größer und stärker olivfarben als die kleinen, graubräunlichen, östlichen Unterarten. Zeigt im Flug runde Flügel. Fliegt etwas schwerfällig und flatternd. Hüpft bei der Nahrungssuche im Gebüsch umher und schlägt dabei wippend den Schwanz nach unten.
Ähnliche Arten: Sumpf- und Teichrohrsänger sind allgemein brauner. Die Gartengrasmücke hat einen kürzeren, dunklen Schnabel und völlig ungezeichnete Kopfseiten. Der Buschspötter ist kleiner, hat einen kürzeren, feineren Schnabel und am hellen Überaugenstreif ein düstere Oberkante. Der Orpheusspötter ist ebenfalls kleiner und kurzschnäbliger. Das Gefieder ist gewöhnlich grün und gelb, abgetragen im Herbst aber auch mehr fahl grau.
Stimme: Ruft hart schnalzend „tjeck" und bei Erregung ratternd „tset-tset..." oder schnarrend „trerrrr". Der Gesang ist ein recht monotones hartes, kehliges Schwätzen ohne Imitationen, bei dem die Motive mehrfach wiederholt werden.
Vorkommen: Brütet im Buschwald, in Olivenhainen, Obstgärten, Parks und Gärten mit dichtem Gebüsch. In C- und W-Europa ein sehr seltener Gast.

Buschspötter *Hippolais caligata* — Tafel 82, A

Kennzeichen: 11-13 cm. Der kleinste und am schwersten erkennbare, kurzflüglige Spötter mit vergleichsweise kurzem, feinem Schnabel, rundem Kopf und kaum gerundetem Schwanz. Erinnert mehr an einen Laubsänger oder eine kleine Grasmücke als an einen Spötter. Die Gefiederfärbung gleicht weitgehend der des Blaßspötters. Das frische Gefieder ist oben beigebraun, im abgetragenen Zustand aber mehr grau getönt. Die Unterseite ist weiß mit beige getönten Flanken. Der helle Überaugenstreif wird durch eine dunkle Oberkante betont. Der dunkle Zügelstreif ist zumeist deutlich ausgebildet. Die äußeren Schwanzfedern haben schmale, weißliche Kanten. Wie das Aussehen erinnern auch Flugbild und -bewegung an einen Laubsänger. Hält sich bevorzugt im niedrigen Gestrüpp auf.
Stimme: Ruft kurz, hart klickend „tseck tseck..." und bei Beunruhigung trocken schnarrend „zerrrr". Der Gesang ist ein hastiges, nasal zwitscherndes und trillerndes Geschwätz ohne Wiederholungen und Imitationen.
Vorkommen: Verbreitung vom westlichen Rußland über Mittelasien. Brütet in trokkenem mit Gestrüpp, niedrigem Gebüsch oder hohem Kraut bestandenem Gelände. In C- und W-Europa ein seltener Gast.

Olivenspötter *Hippolais olivetorum* — Tafel 81, Karte 278

Kennzeichen: 16-18 cm. Der größte Spötter mit einem auffallend großen, dolchförmigen Schnabel, langen Flügeln und kräftigen Beinen. Die Oberseite ist bräunlichgrau, stets dunkler als bei den anderen europäischen Spöttern. Die Handschwingen sind grauschwarz. Die weißlichen Kanten der inneren Armschwingen und Schirmfedern bilden auf dem Flügel ein helles Feld, das im abgetragenen Gefieder nur noch schwach zu sehen ist. Die Kopfzeichnung ist schwach. Der helle, undeutliche Überaugenstreif reicht nur bis zum Auge und geht in einen schmalen Augenring über. Die Unterseite ist schmutzigweiß mit grauem Anflug auf Brust, Flanken und Steiß. Die Beine sind dunkel braungrau bis schiefergrau. Das Flugbild wirkt ähnlich massig wie das des Drosselrohrsängers, an den auch die Bewegungen erinnern. Hält sich zumeist in der Deckung auf und ist nur schwer zu beobachten.
Stimme: Ruft kurz, schnalzend „tjäck" und warnt zeternd „kerrekekek...". Der Gesang erinnert an den des Drosselrohrsängers, ist aber schneller und weniger abgehackt rhythmisch. Die zyklisch wiederholten einfachen Strophen bestehen aus rufähnlich schackernden und schrill schwätzenden Lauten.
Vorkommen: Brütet im lichten, unterholzreichen Wald, auf verbuschten Waldlichtungen, in der Macchia, in Olivenhainen und in Weingärten.

Gelbspötter *Hippolais icterina* **Tafel 81, Karte 279, BZ**

Kennzeichen: 12-13 cm. Der häufigste und am weitesten verbreitete Spötter Europas. Der Schnabel ist kräftig und recht lang. Der Kopf ist groß. Die Flügel sind lang. Am gefalteten Flügel ist die Handflügelspitze etwa so lang wie die Schirmfedern und reicht bis zum Ende der Oberschwanzdecken. Die Oberseite ist olivgraugrün und die Unterseite zitronengelb. Die hellgelben Ränder der inneren Armschwingen und Schirmfedern bilden auf dem Flügel ein helles Feld. Der gelbe Zügel geht vor dem Auge in den gelblichweißen, kurzen Überaugenstreif über und ist mit dem hellen Augenring verbunden. Die blassen Ohrdecken lassen das Gesicht ausdruckslos erscheinen. Die Beine sind grau bis blaugrau. Die Jungvögel und die Altvögel im abgetragenen Gefieder haben eine mehr graue Oberseite mit nur angedeutetem, hellem Flügelfeld und eine mehr gelblichweiße Unterseite. Bei Erregung werden die Scheitelfedern gesträubt. Hält sich gewöhnlich in den Baumkronen auf und bewegt sich dort emsig durchs Gezweig. Beim Flug von Baum zu Baum erinnern die langen Flügel, der kräftige Flügelschlag und die leicht wellenförmige Flugbahn entfernt an den Grauschnäpper.

Stimme: Der typische, melodische, dreisilbige Kontaktruf „tett-tä-üit" wird auch in den Gesang eingebaut. Der laute, anhaltende Gesang besteht, ähnlich wie bei dem Sumpfrohrsänger, aus einer schnellen Aneinanderreihung von Imitationen. Die einzelnen Motive werden mehrfach wiederholt. Kennzeichnend sind die häufige Wiederkehr nasal miauender Laute „giiäh giiah..." und die eingestreuten Kontaktrufe. Singt gewöhnlich hoch aus einem Baum.

Vorkommen: Brütet in unterholzreichen, lichten Laubwäldern, an Waldrändern, in Feldgehölzen, Parks und Gärten. Das napfförmige Nest wird in einem Baum oder hohen Strauch in eine Astgabel gehängt.

Orpheusspötter *Hippolais polyglotta* **Tafel 81, Karte 280, BZ**

Kennzeichen: 12-13 cm. Das etwas kleinere SW-europäische Ebenbild des Gelbspötters. Unterscheidet sich von diesem durch einen etwas kleineren Schnabel, ein runderen Kopf und deutlich kürzere, rundere Flügel. Am gefalteten Flügel ist die Handflügelspitze etwa nur halb so lang wie die Schirmfedern und reicht nicht bis zum Ende der Oberschwanzdecken. Die Gefiederfärbung gleicht weitgehend der des Gelbspötters. Die Oberseite ist aber brauner und die Unterseite hellgelb mit beigebraunem Anflug. Die Flügel wirken einfarbig, ohne ein ausgeprägt helles Flügelfeld. Die Beine sind graubraun. Die Jungvögel sind unterseits weit heller als die Alten. Das Gelb ist oft bis auf einen gelblichen Anflug reduziert. Zeigt im Flug kurze, runde Flügel und einen etwas flatternden Flügelschlag. Verhalten sonst wie das des Gelbspötters.

Ähnliche Arten: Altvögel können im abgetragenen, ausgeblichenen Gefieder mit Blaß- und Buschspöttern verwechselt werden. Bei oberseits sehr braunen Jungvögeln besteht die Verwechslungsgefahr mit ungestreiften Rohrsängern.

Stimme: Warnrufe metallisch klickend „pick pick..." oder sperlingsartig zeternd „üit üit te-terterter-tet". Der Gesang ist ein anhaltendes schnell plauderndes Schwätzen, in das langsamere Folgen von Doppelmotiven „trü-wäd trü-wäd...", Sperlingszetern und kurze Imitationen eingestreut sind.

Vorkommen: Ähnliche Lebensraumansprüche wie die des Gelbspötters, ist aber nicht so stark wie dieser auf hohe Bäume angewiesen. Brütet also auch in niedrigerem Gebüsch wie Tamarisken, Baumheide oder Steineichen mit einzelnen höheren Bäumen.

Sardengrasmücke *Sylvia sarda* **Tafel 80**

Kennzeichen: 13-14 cm. Größe und Gestalt wie die der Provencegrasmücke, jedoch mit etwas kürzerem Schwanz. Wirkt aus der Entfernung einfarbig grau. Das ♂ ist auf der Oberseite schiefergrau mit schwarzer Stirn- und Zügelregion, dunklen Schwingen und dunklem Schwanz. Die Unterseite ist etwas heller, mehr bleigrau. Die Schnabelbasis ist orangerot und der Lidring leuchtend rot. Das ♀ ist auf der Oberseite etwas

matter und bräunlicher. Die Jungvögel sind oberseits noch brauner. Sie haben eine aufgehellte Kehle und keinen roten Lidring. Verhalten wie das der Provencegrasmücke.
Stimme: Alarmruf kehlig „djeck djeck...". Der Gesang besteht aus kurzen Strophen, in denen auf schnell zwitschernde, etwas knirschende Laute ein klarer Triller folgt. Er klingt heller und weniger hart als der der Provencegrasmücke.
Vorkommen: Bewohnt einige Inseln im westlichen Mittelmeer (Balearen außer Menorca, Korsika, Sardinien). Brütet an Hängen mit niedriger Macchia sowie an Felsküsten mit dichtem Buschwerk.

Provencegrasmücke *Sylvia undata* **Tafel 80, Karte 281, A**

Kennzeichen: 13-14 cm. Eine kleine, lebhafte Grasmücke mit langem, schmalem, häufig zuckendem Schwanz, der oft aufgestellt wird. Sieht aus einiger Entfernung völlig dunkel aus. Das ♂ ist auf der Oberseite schiefergrau mit leicht bräunlicher Tönung auf Mantel, Flügeln und Rücken. Die Unterseite ist, bis auf den weißlichen Bauch, bräunlichweinrot. Kinn und Kehle sind fein weiß gepunktet. Die Schnabelbasis ist gelb und der Lidring rot. Das ♀ ist ähnlich, aber insgesamt matter gefärbt, auf der Oberseite mehr bräunlich und auf der Unterseite gräulichweinrot. Die Jungvögel sind noch brauner als das ♀ mit bräunlichweißer Kehle, beigegrauer Unterseite und ohne roten Lidring. Sträubt oft die Scheitelfedern. Der Flug ist etwas ruckartig mit flatterndem Auf und Ab des Schwanzes. Hüpft und schlüpft durch das dichte Gebüsch.
Stimme: Kontaktruf nasal gezogen „djäärrr", Warnruf rauh schnarrend „trtrtr..." oder „djärrtititi...". Der Gesang, der von einer Warte oder im flatternden Singflug vorgetragen wird, besteht aus kurzen, eiligen, kratzenden Strophen mit klappernden Tönen und feinen Pfiffen.
Vorkommen: Brütet in Heiden mit dichtem Ginstergebüsch, in der Macchia auf Berghängen und in anderem buschreichem, trockenem Gelände.

Brillengrasmücke *Sylvia conspicillata* **Tafel 80, Karte 282, A**

Kennzeichen: 12-13 cm. Gleicht in Gestalt und Gefiederfärbung weitgehend der Dorngrasmücke, ist aber deutlich kleiner und hat einen relativ kürzeren Schwanz. Das ♂ hat einen grauen Kopf und Nacken, eine nahezu schwarze Zügelregion und einen auffallend weißen Augenring. Mantel und Rücken sind ockerbraun. Die gefalteten Flügel sind lebhaft rostbraun mit schwarzem Daumenfittich und schmalen schwarzen Zentren der Schirmfedern. Bürzel und Schwanz sind graubraun, letzterer mit weißen Unterschwanzdecken. Die Kehle ist weiß. Brust und Flanken sind braunrosa. Der Bauch ist beigeweiß. Die Schnabelbasis und die Beine sind orangegelb. Die ♀ und Jungvögel sind insgesamt blasser und bräunlicher ohne grauen Kopf. Von dem Dorngrasmücken-♀ sind sie nur an der geringeren Größe und den kürzeren und intensiver rostbraunen Flügeln zu unterscheiden. Hüpft oft mit angehobenem Schwanz umher. Vgl. auch Weißbartgrasmücke.
Stimme: Der typische Ruf ist ein lang anhaltendes, rasselndes „trrrrrr...". Singt zumeist im Flug kurze, schnelle Strophen mit klingenden Pfiffen und knirschendem Kratzen.
Vorkommen: Brütet auf trockenen Flächen mit niedrigem, lockerem Gebüsch, in Küstenniederungen und auf Salzsteppen in Quellerbeständen, in Trockenheiden und auf bebuschten Brachflächen.

Weißbartgrasmücke *Sylvia cantillans* **Tafel 80, Karte 283, A**

Kennzeichen: 12-13 cm. In Größe und Gestalt der Klappergrasmücke ähnlich. Die Färbung des ♂ erinnert aber mehr an die Provencegrasmücke. Kopf und Oberseite sind blaugrau und die Flügel dunkler schwarzgrau. Der Schwanz hat schmale, weiße Kanten. Ein markanter, weißer Bartstreif trennt die rostrote Kehle und Brust vom Grau der Kopfseiten. Um das Auge zieht ein roter Lidring. Die Beine sind braunrosa. Das ♀ ist ähnlich, aber weit matter gefärbt. Die Unterseite ist beigeweiß mit braunrosa Tönung auf Kehle und Brust. Der weiße Bartstreif ist nur wenig abgehoben. Der rote Lidring ist von einem weißen Augenring umgeben. Die Jungvögel sind oben braungrau und unten beigeweiß. Der weiße Bartstreif ist kaum erkennbar. Von der jungen Brillengrasmücke am besten an den stumpf graubraunen, nicht rostbraunen Flügeln zu unterscheiden. Flug und Verhalten ähnlich denen der Klappergrasmücke. Hüpft oft mit hochgestelltem Schwanz. Hat die Angewohnheit, bevor sie im Gebüsch verschwindet, noch einmal nach hinten über die Schulter zu schaun.

Stimme: Ruft hart, schnalzend „tek“ oder „trrrt“ oft schnell gereiht „tektektek...“ , wobei es in den einzelnen Verbreitungsregionen typische Dialekte gibt. Der anhaltend schwätzende, in der Tonlage entfernt hänflingsähnliche Gesang ist dem der Samtkopfgrasmücke sehr ähnlich. Er besteht aus rauh kratzenden, aber auch hell zwitschernden oder gar jodelnden Lauten und wird gewöhnlich von einer Warte vorgetragen.

Vorkommen: Brütet in niedrigem Gebüsch und in Dickichten mit einzelnen Bäumen, auf unterholzreichen Waldlichtungen und in dichtem Buschwerk an Gewässern.

Samtkopfgrasmücke *Sylvia melanocephala* **Tafel 80, Karte 284, A**

Kennzeichen: 13-14 cm. Die häufigste Grasmücke des Mittelmeerraums. Etwas größer als die Klappergrasmücke, schlank und mit recht langem, gestuftem Schwanz. Die rote Iris und der rotbraune Lidring machen den Gesichtsausdruck „feurig“. Das ♂ hat eine schwarze Kapuze, von der sich die weiße Kehle scharf abhebt, eine dunkelgraue Oberseite und ebenfalls graue Brustseiten und Flanken. Die schwarzen Schwanzfedern haben weiße Spitzen. Die Kapuze des matter gefärbten ♀ ist grau. Seine Oberseite ist braun, Brustseiten und Flanken sind graubraun. Die Jungvögel sind noch brauner als das ♀ und haben einen braunen Lidring. Der Flug wirkt hüpfend. Zuckt mit Flügeln und Schwanz. Schlüpft in geduckter Haltung mit gesenktem Kopf durchs Gebüsch.

Stimme: Kennzeichnender Ruf ein lautes, hartes, maschinenartiges Rattern, das oft etwas stotternd beginnt „tjeret tjeret tret-tert-tret...“. Der Gesang, der von einer Warte oder im gaukelnden Singflug vorgetragen wird, ist eine Folge von knarrenden, knirschenden und auch fein pfeifenden Lauten.

Vorkommen: Brütet in der Macchia u. a. höherem Gebüsch, im gebüschreichen Niederwald, in Olivenhainen, Parks und Gärten. Nest sehr niedrig im dichten Gestrüpp.

Maskengrasmücke *Sylvia rueppelli* **Tafel 80**

Kennzeichen: 12-13 cm. Gleicht in Größe und Gestalt der Dorngrasmücke. Das ♂ ist mit seiner schwarzen, durch einen weißen Bartstreif geteilten Maske unverkennbar. Die Oberseite ist grau mit beigeweißen Rändern an den dunkleren Schirmfedern, Armschwingen und Großen Armdecken. Die Unterseite ist weißlichgrau mit einem rosa Anflug. Der Lidring und die Beine sind rötlichbraun. Das hellere, bräunlichere ♀ hat eine graue Kappe und eine mehr oder weniger dunkel gefleckte Kehle. Entsprechend tritt der weiße Bartstreif verschieden deutlich hervor. Die Kehle der matt braunen Jungvögel ist immer hell. Ihre Schirmfedern und Flügeldecken haben beigebraune Säume. Bewegungen und Verhalten wie die der Klappergrasmücke.

Stimme: Die Rufe sind hart rasselnd „tscher-r-r-r- „ oder sperlingsartig tschilpend „plit plit..“. Der Gesang, von einer Warte oder im flatternden Singflug vorgetragen, klingt etwas einförmig hart „trr trr tschit tit trr...“. Er kann auch Stakkatolaute und girlitzähnliche Triller enthalten.

Vorkommen: Verbreitung rings um die südliche Ägäis. Brütet im dichten immergrünen oder dornigen Gestrüpp an felsigen Hängen, in der Macchia und im lockeren, unterwuchsreichen Wald.

Wüstengrasmücke *Sylvia nana* **Tafel 82, A**

Kennzeichen: 11-12 cm. Eine kleine fahl sandfarbene Grasmücke mit dünnem, am Unterschnabel gelbem und auf dem First dunklem Schnabel, gelben, von weißen Ringen umgebenen Augen und gelben Beinen. Die Oberseite ist blaß graubraun (*S. n. nana*) oder beigegelb (*S. n. deserti*) mit rostbeigen Rändern an den Schirmfedern und

großen Armdecken. Bürzel und Schwanz sind rostbraun. Die mittleren Schwanzfedern haben dunkle Schaftstriche, die äußeren sind weiß. Die Unterseite ist weiß mit beige getönten Flanken. Hält sich viel auf dem Boden auf und huscht hier wie eine kleine Maus zwischen den verstreuten Büschen und Grashorsten umher.
Stimme: Der Kontaktruf ist ein weicher, nasal schnurrender Triller „djerr-r-r-". Der Gesang besteht aus schwätzenden und trillernden Strophen, die bemerkenswert klar und rein klingen.
Vorkommen: Verbreitung in den Steppen und Wüsten C-Asiens (*S. n. nana*) und in der Sahara (*S. n. deserti*). Brütet in spärlich mit Büschen, Gras und Kräutern bewachsenen Trockensteppen und Halbwüsten. In C- und W-Europa ein sehr seltener Gast.

Orpheusgrasmücke *Sylvia hortensis* — Tafel 80, Karte 285, A

Kennzeichen: 15-16 cm. Wenig größer als die Mönchsgrasmücke mit längerem Schnabel und größerem Kopf. Das ♂ hat eine schwarzgraue Kapuze, die auf dem Zügel und den Ohrdecken nahezu schwarz ist und am Nacken fließend in das Grau der Oberseite übergeht. Die Augen sind hellgelb. Die Flanken sind bräunlich. Der schwarze Schwanz hat weiße Kanten. Der Kopf des ♀ ist zumeist nur auf dem Zügel und den Ohrdecken schwärzlich. Ihre Oberseite ist bräunlichgrau. Es wirkt daher wie eine sehr große Klappergrasmücke. Die Jungvögel gleichen dem ♀, haben aber keine verdunkelten Kopfseiten und dunkle Augen. Sucht, im Unterschied zu den meisten kleineren Grasmücken, nicht nur im niedrigen Gebüsch, sondern auch auf Bäumen nach Nahrung. Wirkt in den Bewegungen wie eine kleine Drossel.
Stimme: Rufe tief schnalzend „tschak" oder surrend „trrrr". In SW-Europa (*S. h. hortensis*) besteht der Gesang aus einfachen, drei- bis vierfachen Wiederholungen von klaren Motiven. In SE-Europa (*S. h. crassirostris*) ist der Gesang viel melodischer, abwechslungsreicher und erinnert an den der Nachtigall.
Vorkommen: Brütet im Laubwald, im Buschwald mit einzelnen großen Bäumen, in Obstgärten und Olivenhainen. Nest gewöhnlich recht niedrig in Busch oder Baum.

Sperbergrasmücke *Sylvia nisoria* — Tafel 80, Karte 286, BZ

Kennzeichen: 16-17 cm. Eine große, robuste Grasmücke mit starkem, spitzem Schnabel, langem, breitem Schwanz und kräftigen Beinen. Die weißen bzw. beigegrauen Spitzen der Flügeldecken und Schirmfedern bilden auf dem Flügel helle Binden. Der Schwanz hat weiße Ecken. Die alten ♂ haben leuchtend gelbe Augen, eine schiefergraue Oberseite und eine dicht dunkelgrau quergebänderte (gesperberte) Unterseite. Das ♀ ist oben mehr braungrau und auf der Unterseite nur unvollständig gesperbert, zumeist mehr geschuppt. Die Jungen sind, ähnlich wie die Gartengrasmücken, kaum gezeichnet. Sie haben dunkle Augen, sind oben matt braun und unten ungesperbert hell beigebraun. Ihre Flügelbinden sind beigegrau. Fliegt und bewegt sich ähnlich wie ein Würger. Zuckt oft mit dem Schwanz. Lebt allgemein verborgen im dichten Gestrüpp.
Stimme: Kontakt- und Erregungsruf charakteristisch laut ratternd „ärck ärck äckrrrr-ärck", Warnruf heiser, gedämpft „tschärr". Der Gesang, der von einer Buschspitze oder im schmetterlingsartigen Singflug vorgetragen wird, ist ähnlich schnell schwätzend und flötend wie der der Gartengrasmücke, er klingt aber allgemein tiefer. Die Strophen beginnen oder enden oft mit dem typisch schnarrenden Ruf.
Vorkommen: Brütet in der offenen Landschaft mit dichten Gebüschkomplexen, Feldhecken und einzelnen großen Bäumen, auf gebüschreichen Waldlichtungen und im lichten Wald mit dichtem Unterholz. Bevorzugt zum Nisten dorniges Gestrüpp wie Schlehen, Weißdorn oder Wildrosen.

Klappergrasmücke *Sylvia curruca* — Tafel 80, Karte 287, BZ

Kennzeichen: 11-13 cm. Eine kleine, aber kompakte Grasmücke mit zierlichem Schnabel und recht kurzem Schwanz. Mehrere Unterarten. In Europa *S. c. curruca* mit grauer, auf den Ohrdecken mehr schiefergrauer Kapuze, braungrauer Oberseite, grau-

em Schwanz, abgehoben weißer Kehle und bräunlichweißer, an den Flanken mehr bräunlicher Unterseite. Die Beine sind dunkelgrau. Manche Vögel haben, v. a. im frischen Gefieder, einen angedeuteten, hellen Überaugenstreif. Die sibirische Unterart *S. c. blythi* ist größer und einige mehr südöstlich vorkommende Unterarten sind kleiner, teils dunkler, teils heller. Sie wurden bisher in Europa nicht nachgewiesen. Lebt sehr versteckt, sucht die Nahrung aber weniger in Bodennähe sondern mehr im Kronenbereich von hohen Büschen und Bäumen. Unterscheidet sich im Flug von der Dorngrasmücke durch den kürzeren, schmäleren Schwanz und die mehr flatternde Bewegung.
Stimme: Ruft schnalzend „tjäck". Der Gesang klingt eintönig, hölzern klappernd „dededede..." und wird gewöhnlich mit einem leise schwätzenden Vorgesang eingeleitet.
Vorkommen: Brütet in gebüschreichen, halboffenen Landschaften wie Lichtungen, Waldrändern, Parks, Friedhöfen und Gärten. Nest in dichtem Busch oder jungem Nadelbaum.

Dorngrasmücke *Sylvia communis* Tafel 80, Karte 288, BZ

Kennzeichen: 13-15 cm. Eine mittelgroße, recht langschwänzige Grasmücke, die mit gesträubten Scheitelfedern und hochgestelltem Schwanz einen recht unternehmungslustigen Eindruck macht. Das ♂ hat weiße Augenringe, eine blaßgraue Kapuze und eine davon abgehobene weiße Kehle. Mantel und Rücken sind mattbraun. Die breiten rostroten Ränder an den Schirmfedern und Armflügeldecken bilden ein auffallendes Flügelfeld (vgl. Brillengrasmücke). Brust und Flanken sind rosa getönt. Die Schwanzkanten sind gräulichweiß. Das ♀ und das ♂ im SK sind auf Kopf und Oberseite mehr bräunlichgrau, auf der Kehle schmutzigweiß und auf der Unterseite beigeweiß. Die Jungvögel gleichen dem ♀, sind aber auf der Oberseite noch wärmer braun. Alle haben rötlichbraune Beine. Wirkt im Flug recht langgestreckt, oft mit locker schwingendem Schwanz. Fliegt etwas sprunghaft. Hüpft rastlos im Gebüsch herum, erscheint immer wieder kurz außen auf einem Zweig und verschwindet wieder im dunklen Laub.
Stimme: Ruft heiser, etwas nasal „wääd wääd..." und warnt mit einem gedehnt heiseren „dschärr". Der Gesang wird von einer Buschspitze oder im aufsteigenden Singflug vorgetragen. Er besteht aus kurzen, oft wiederholten, rauh schwätzenden Strophen, untermischt mit mehr leiernden Motiven.
Vorkommen: Brütet in offenen Landschaften mit dichtem Gebüsch und Hecken wie Knicks, Feldgehölzen, bebuschten Straßen- und Bahndämmen und gebüschreichen Ödflächen. Nest niedrig in einem Dornbusch.

Gartengrasmücke *Sylvia borin* Tafel 81, Karte 289, BZ

Kennzeichen: 13-14 cm. Eine unscheinbare, merkmalsarme, gräulichbraune Grasmücke mit kurzem, etwas klobigem, stumpfem Schnabel, rundem Kopf, einem angedeuteten hellen Ring um das dunkle Auge und einem noch undeutlicheren Überaugenstreif. Die Oberseite ist graubraun mit einem leichten Olivton. Auf den Halsseiten oft ein rein grauer, matter Fleck. Die Unterseite ist beigeweiß. Beine hellgrau. Die Jungvögel sehen wie die Alten aus, haben aber an den Schirmfedern und Schwingen helle Spitzen. Hält sich zur Nahrungssuche hauptsächlich im dichten Laubwerk auf. Wirkt im Flug recht gedrungen und fliegt weniger wendig als die Mönchsgrasmücke.
Stimme: Typischer Ruf ein etwas schnalzendes „Hennengackern" „jäck jäck-jäck jäck...". Der Gesang ist eine kontinuierlich dahinplätschernde Aneinanderreihung kurzer Strophen mit melodisch flötenden und rauher schwätzenden Anteilen.
Vorkommen: Brütet in lichten, unterholzreichen Wäldern, an Waldrändern, in Feldgehölzen, in Feldhecken, in Parks und Gärten. Nest niedrig in einem dichten Busch, Dornendickicht oder Staudengewirr.

Mönchsgrasmücke *Sylvia atricapilla* Tafel 80, Karte 290, BZ

Kennzeichen: 13-15 cm. Eine häufige, recht robust wirkende Grasmücke mit düstergrauer Ober- und hell olivgrauer Unterseite. Kennzeichnendes Merkmal ist das

„Mönchskäppchen", das bei dem ♂ schwarz und bei dem ♀ wie auch bei den Jungvögeln rotbraun ist. Die Unterseite des ♀ ist etwas brauner als die des ♂. Die Jungen sind oben leicht rostbraun getönt und haben auf der Unterseite einen gelblichen Anflug. Kann mit den runden Flügeln sehr geschickt und wendig durch den dichten Bewuchs fliegen. Lebt weniger verborgen als die Gartengrasmücke und hüpft bei der Nahrungssuche auch außen auf Büschen und Bäumen umher.
Stimme: Typischer Ruf hart schnalzend „täck täck...". Der Gesang ist langsamer, melodischer und stärker durch Pausen gegliedert als der der Gartengrasmücke. Die Strophen bestehen aus einem leise schwätzenden Vorgesang, dem ein getragener, rein flötender Motivteil folgt. Kann bei Erregung auch zusammenhängend hastig wie die Gartengrasmücke singen.
Vorkommen: Brütet in Wäldern mit dichterem Unterwuchs, in Feldhecken mit einzelnen hohen Bäumen, in Parks und in Gärten. Nest niedrig in dichtem Gebüsch.

Grünlaubsänger *Phylloscopus trochiloides* **Tafel 81, Karte 291, A**

Kennzeichen: 9-10 cm. In Größe und Aussehen dem Zilpzalp sehr ähnlich mit relativ großem Kopf, runder Stirn und feinem, spitzem, an der Basis orangerosa Schnabel. Oberseite grüngrau und Unterseite schmutzigweiß mit schwach gelblicher Tönung auf Kehle und Brust. An der Kopfseite ein langer, weißlicher Überaugenstreif und ein diffus brauner Augenstreif. Auf dem Flügel am Rande der Großen Armdecken eine schmale weiße Binde und im frischen Gefieder oft auch noch eine kurze zweite am Ende der Mittleren Decken. Beine dunkel graubraun. Zuckt oft mit Flügeln und Schwanz und sträubt die Scheitelfedern häufiger als andere Laubsänger. Der oben grünere und unten weißere Middendorflaubsänger *Ph. t. plumbeitarsus* (sehr seltener Gast aus E-Sibirien) hat immer zwei deutliche Flügelbinden. Die zweite Unterart, der Wacholderlaubsänger, wird hier als gesonderte Art geführt - s. Irrgäste.
Ähnlich Arten: Asiatische Unterarten des Zilpzalp können für Grünlaubsänger gehalten werden. Ihre Überaugenstreifen sind aber immer kürzer und die Flügelbinden länger, jedoch weniger deutlich. Der Wanderlaubsänger ist größer, hat gelblichbraune Beine, eine andere Schwingenformel (s. Abb.) und eine andere Stimme.
Stimme: Der deutlich zweisilbige Ruf „hu-ihd" klingt gedehnter als beim Fitis. Der Gesang besteht aus einem unauffälligen, kurzen, schnellen Triller „tjitjitji...", der an den Triller des Grünlings oder den Gesang der Zaunammer erinnert.
Vorkommen: Brütet im hochstämmigen Laub- Misch- und Nadelwald (bevorzugt Fichten-) mit einzelnen Laubbäumen, auch in Parks, großen Gärten und niedrigeren Gehölzen.

Wanderlaubsänger *Phylloscopus borealis* **Tafel 81, Karte 292, A**

Kennzeichen: 12-13 cm. In Gestalt und Größe mit dem Fitis und in Färbung und Zeichnung mehr mit dem Grünlaubsänger vergleichbar. Der Schnabel ist keilförmig und der Scheitel flach, was dem Kopf eine gestreckte Form verleiht. Die Flügel sind lang und der Schwanz relativ kurz. Oberseite ist grüngrau und Unterseite schmutzigweiß. Auffällig ist die Kopfzeichnung. Der lange gelblichweiße Überaugenstreif wird unten von einem deutlichen, dunklen Zügel- und Augenstreif begrenzt. Die Ohrdecken sind gewöhnlich zart dunkel gefleckt. Auf dem Flügel eine schmale, helle Binde, im frischen Gefieder oft auch noch eine kurze zweite. Die Spitze des orangegelben Unterschnabels ist schwarz. Beine braunrosa. Zuckt mit Flügeln und Schwanz. Flug zumeist zügig und schwungvoll. Der Grünlaubsänger ist rundköpfiger und zierlicher, hat dunkle Beine und eine andere Stimme.
Stimme: Der typische Ruf klingt scharf und spitz „tzri", daneben auch tiefer rasselnde Rufe wie „drrrt". Der Gesang ist ein monotoner, langsamer Triller auf einem Ton, der oft durch einen hart knarrenden, rufartigen Laut „tzirrk" eingeleitet wird.
Vorkommen: Verbreitung von N-Skandinavien bis N-Alaska. Brütet am Rande der Tundra und in der nördlichen Taiga in Birkendickichten und lichten Nadelwäldern mit vielen Birken und Weiden.

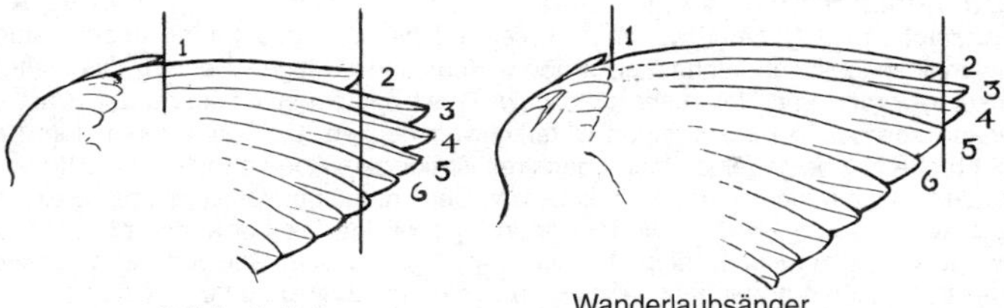

Grünlaubsänger Wanderlaubsänger

Schwingenformeln: Die 1. Handschwinge des Grünlaubsängers ist länger und die 2. kürzer als beim Wanderlaubsänger

Goldhähnchen-Laubsänger *Phylloscopus proregulus* **Tafel 82, A**

Kennzeichen: 9-10 cm. Ein winziger Laubsänger, der in Größe, Aussehen und Verhalten sowohl an den Gelbbrauen-Laubsänger als auch an ein Goldhähnchen erinnert. Von ersterem durch eine kräftigere, klare Kopfzeichnung mit deutlichem, gelbem Scheitelstreif, dunkel olivgrünen Scheitelseiten, langem orangegelbem Überaugenstreif und schwarzem Augenstreif unterschieden. Flügelzeichnung wie bei dem Gelbbrauen-Laubsänger. Der charakteristische, hellgelbe Bürzelfleck wird nur sichtbar, wenn der Vogel zuckend mit den Flügeln schlägt oder im Rüttelflug vor einem Zweig steht. Klettert und schwirrt, ähnlich lebhaft und behende wie ein Goldhähnchen, in den Zweigen umher.
Stimme: Ruft hoch und fein „hiiht" oder angedeutet zweisilbig „hüiiht". Der für so einen kleinen Vogel ungewöhnlich laute Gesang klingt teilweise kanarienvogelartig trillernd.
Vorkommen: Lebt in der sibirischen Taiga. Brütet in Misch- und Nadelwäldern. In Europa ein seltener Gast.

Gelbbrauen-Laubsänger *Phylloscopus inornatus* **Tafel 81, A**

Kennzeichen: 9-11 cm. Ein sehr kleiner mit seinem kurzen Schwanz goldhähnchenähnlicher Vogel, der sich aber in Gestalt und Verhalten als typischer Laubsänger erweist. Die Oberseite ist graugrün und die Unterseite gräulichweiß. Die Kopfseiten werden durch einen langen hellgelben Überaugen- und einen schmalen dunklen Augenstreif belebt. Über die Großen Armdecken zieht eine breite, lange und über die Mittleren eine kurze weißlichgelbe Binde. Die Schirmfedern, v. a. die beiden inneren, haben gelbweiße Säume. Der nur schwach ausgeprägte, blaß grüne Scheitelstreif ist niemals auch nur annähernd so deutlich wie bei dem Goldhähnchen-Laubsänger. Ein sehr lebhafter, ständig mit den Flügeln zuckender Baumbewohner, der sich gern anderen Laubsänger- oder Golhähnchentrupps anschließt.
Ähnliche Arten: Die kräftigere Kopfzeichnung des Goldhähnchen-Laubsängers ist oft erstaunlich schwer erkennbar. Bei kleinen Laubsängern mit markantem Überaugenstreif muß also schon genau hingeschaut werden. Der Tienschan-Laubsänger *Ph. (i.) humei* aus Zentralasien, der als Unterart oder gesonderte Art betrachtet werden kann, erscheint in Europa ebenfalls als sehr seltener Gast. Er ist grauer und hat eine nur schwach ausgebildete vordere Flügelbinde. Eine sichere Unterscheidung ist aber nur bei genauer Kenntnis auch der Stimmen möglich.
Stimme: Ruf hell, gedehnt lispelnd, ansteigend „tsüiiht", erinnert an den tieferen, gleichmäßigeren Ruf der Tannenmeise. Ruf des Tienschan-Laubsängers dagegen absinkend „tsiilü". Gesang eine eilige Folge sehr feiner, hoher Töne, ähnlich wie vom Haselhuhn.
Vorkommen: Brütet in den Wäldern der sibirischen Taiga und überwintert in S-Asien. In Europa ein seltener aber doch regelmäßiger Gast.

Bartlaubsänger *Phylloscopus schwarzi* **Tafel 82, A**

Kennzeichen: 12-13 cm. Etwa so groß wie der Fitis, aber robuster mit kurzem, stumpfem, meisenähnlichem Schnabel, großem Kopf und kräftigen Beinen. Oberseite ist dunkel olivbraun und Unterseite gräulichweiß mit beigegelber Tönung auf Brust und Flanken sowie warm ockergelben Unterschwanzdecken. Der lange, über dem Auge recht breite hell beigegelbe Überaugenstreif ist vor dem Auge dunkler und diffuser. Er wird durch einen dunklen Augenstreif betont. Der Unterschnabel ist gelblich. Beine hell rosabraun. Der Flug wirkt schwerfälliger und geradliniger als der anderer Laubsänger. Bewegt sich allgemein weniger hektisch, mehr bedächtig. Bei der Nahrungssuche zumeist im dichten bodennahen Gestrüpp und daher schwer zu beobachten.
Ähnliche Art: Der sehr ähnliche Dunkellaubsänger ist kleiner, grauer und hat dunklere Beine (s. dort).
Stimme: Rufe leise, nasal schnalzend „tschrip" auch zweisilbig „twit-twit".
Vorkommen: Brütet in der sibirischen Taiga auf Waldlichtungen und an Flußufern mit dichtem Bewuchs. In Europa ein seltener Gast.

Dunkellaubsänger *Phylloscopus fuscatus* **Tafel 82, A**

Kennzeichen: 11-12 cm. Etwas größer als der Zilpzalp mit dünnem, spitzem Schnabel. Die Oberseite ist dunkel graubraun und die Unterseite schmutzigweiß mit hell rostbrauner Tönung auf Brust, Flanken und Steiß. Der lange, vor dem Auge weißliche, hinter dem Auge mehr beigebraune Überaugenstreif wird unten durch einen breiten, dunkelbraunen Augenstreif begrenzt. Die Schnabelbasis ist rötlichbraun. Die schlanken Beine sind rotbraun. Huscht geduckt und etwas bucklig, ähnlich wie ein Zaunkönig durchs Gestrüpp. Zuckt oft mit beiden Flügeln und hält den Schwanz leicht angehoben. Hält sich auch im Kronenbereich der Bäume auf.
Ähnliche Arten: Der sehr ähnliche Bartlaubsänger ist größer, oliv getönt und hat hellere Beine (s. dort). Dunkle Zilpzalpe, v. a. der sibirischen Unterart *Ph. c. tristis*, sind oft ähnlich grau und haben einen deutlichen Überaugenstreif, aber stets einen schwarzen Schnabel und schwarze Beine.
Stimme: Rufe grasmückenartig hart schnalzend „täck" oder stakkatohaft „tschek-tschek-".
Vorkommen: Brütet in Sibirien auf Mooren und im Sumpfland in Weiden- und Birkendickichten. In Europa ein sehr seltener Gast.

Berglaubsänger *Phylloscopus bonelli* **Tafel 81, Karte 293, BZ**

Kennzeichen: 10-12 cm. Ein blaß wirkender, etwa fitisgroßer, kurzschnäbliger Laubsänger ohne auffälligere Kopfseitenzeichnung. Der helle Überaugenstreif ist nur schwach angedeutet. Ein Augenstreif fehlt. Die hellgrauen Ohrdecken sind farblich nicht abgehoben. Die Oberseite ist blaß grünlichgrau. Nur die, zumeist aber von den Flügeln verdeckte, Bürzelregion ist etwas lebhafter grüngelb getönt. Auffällig sind die grüngelben Ränder der Schwingen und Großen Decken, die auf dem geschlossenen Flügel ein „grüngoldenes" Feld bilden. Die Säume der Schirmfedern sind mehr weißlichgelb. Auch die Schwanzfedern haben grüngelbe Kanten. Die Unterseite ist rein seidenweiß ohne gelbliche oder bräunliche Tönung. Die Vögel der auf dem Balkan lebenden Unterart *Ph. b. orientalis* (wird auch als gesonderte Art angesehen) sind grauer, fast ohne gelblichen Bürzel und mit blasseren Säumen der Flügelfedern.
Lebt bevorzugt in den Baumkronen. Sehr agil, rüttelt häufig im Schwirrflug vor den Zweigen oder fängt Insekten im kurzen Jagdflug in der Luft.
Stimme: Der typische, pfeifende Ruf „hu-ihd" ist deutlicher zweisilbig und gedehnter als beim Fitis. Der Gesang ist ein klingender, kurzer Triller „dwi-dwi-dwi-", der an einen hellen Grünlingstriller oder den Gesang der Zaunammer erinnert.
Vorkommen: Brütet in hochstämmigen Wäldern (Eiche, Kiefer, Pinie, Korkeiche) mit dichterem Unterholz. Im N des Verbreitungsgebietes zumeist in tieferen, im S in höheren Lagen an Berghängen. Nest am Boden unter dichtem Gras oder Kraut.

Waldlaubsänger *Phylloscopus sibilatrix* **Tafel 81, Karte 294, BZ**
Kennzeichen: 11-13 cm. In Gestalt und Größe mit dem Fitis vergleichbar, aber mit längeren Flügeln (die Handflügelspitze reicht bis zum Ende der Oberschwanzdecken) und relativ kurzem Schwanz. Gewöhnlich weit lebhafter als Fitis und Zilpzalp gefärbt. Oberseite und der Augenstreif moosgrün, der lange Überaugenstreif, die Ohrdecken, die Kehle und die Brust zitronengelb. Die Schirmfedern haben gelblichweiße und die Schwingen sowie Großen Armdecken gelbgrüne Ränder. Unterseite rein seidenweiß. Schnabelbasis ist gelblich. Beine gelblich- bis graubraun. Blassere, grauere Individuen ohne die typische Gelbfärbung sind an dem Augenstreif und an den langen Flügeln zu erkennen. Sucht seine Nahrung im Kronenbereich und auch im freien Stammraum hochstämmiger Wälder.
Stimme: Kontaktruf scharf „sib", bei Erregung mehr gedämpft flötend „düh". Der Gesang besteht aus einer sich beschleunigenden Serie rufartiger Laute, die sich zu einem Schwirren steigern „sib sib-sib-sibsibsibsirrrrrr". Die sib-Laute werden zumeist beim Bogen- oder Schleifenflug zwischen den Stämmen gesungen. Zum Schwirren landet der Vogel gewöhnlich auf einem niedrigen Ast. Zwischen die Schwirrstrophen werden gedehnt flötende Lautfolgen „düh düh düh-düh-" eingeschoben.
Vorkommen: Brütet in hochstämmigen, unterholzarmen Laub- und Mischwäldern mit geschlossenem Kronendach. Ein typischer Vogel der „Buchendome", aber auch in alten Kiefernbeständen mit einzelnen Birken o. a. Laubbäumen. Nest am Boden unter altem Laub, zwischen Baumwurzeln, in Grashorsten usw.

Zilpzalp *Phylloscopus collybita* **Tafel 81, Karte 295, BZ**
Kennzeichen: 10-12 cm. Dem Fitis sehr ähnlich, jedoch mit runderem Kopf und kürzeren Flügeln (Handflügelspitze am gefalteten Flügel etwa halb so lang wie die Schirmfedern, s. auch Abb.). Mehrere Unterarten. *Ph. c. collybita* (C- und W-Europa) ist oben gräulich olivbraun und unten schmutzigweiß mit unterschiedlich intensiver (im frischen Herbstgefieder am kräftigsten) beigegelber bis beigebräunlicher Tönung auf Kehle, Brust und Flanken. Der aufgehellte Überaugenstreif ist kurz und undeutlich. Der dunkle Augenstreif teilt den feinen, weißen Augenring. Der Schnabel ist gewöhnlich dunkel. Die Beine sind dunkelbraun bis nahezu schwarz. *Ph. c. abietinus* (N-, NE-Europa) ist auf der Oberseite grauer und auf der Unterseite heller mit oft deutlicherem Überaugenstreif. *Ph. c. tristis* (Sibirien) ist oben graubraun und unten weißlich mit rostbeiger Tönung an Hals und Brustseiten. Der deutlichere Überaugenstreif ist beigeweiß. Die Schwingen und Schwanzfedern haben schmale grüne Säume. Jungvögel können eine schwach ausgeprägte helle Flügelbinde haben (vgl. auch Grünlaubsänger). Bewegt sich recht geschäftig und flink durchs Laubwerk. Zuckt mit den Flügeln und schlägt den Schwanz ständig nach unten.
Stimme: Kontaktruf einsilbig, weich flötend „hüid". Der Gesang besteht aus einer einfachen Folge unregelmäßig wiederholter Silben „zilp zalp zalp zilp zilp zalp...". Zwischen den einzelnen Strophen ist oft ein leises „tr-tr-" zu hören. Der deutsche Name ist diesem Gesang lautmalerisch nachgebildet.
Vorkommen: Brütet in Laub- und Mischwäldern, Feldgehölzen, Feldhecken mit größeren Bäumen, Parks und Gärten. Bevorzugt, im Unterschied zum Fitis, mehr die Lebensräume mit hohen Bäumen, ist aber in seinen Ansprüchen nicht wählerisch. Nest am oder dicht über dem Boden in Brommbeerdickicht, Efeu u. a. guter Deckung. Der einzige Laubsänger, der gelegentlich auch im Winter anzutreffen ist.

Fitis *Phylloscopus trochilus* **Tafel 81, Karte 296, BZ**
Kennzeichen: 11-13 cm. Ein zierlicher, schlanker Laubsänger mit dünnen Beinen und feinem, spitzem Schnabel. Der Kopf wirkt flacher und die Flügel sind länger (Handflügelspitze am gefalteten Flügel etwa drei Viertel so lang wie die Schirmfedern, s. auch Abb.) als beim sehr ähnlichen Zilpzalp. Die Gefiederfärbung ist nicht so variabel wie beim Zilpzalp. Die Oberseite ist wärmer oliv graubraun, im Bürzelbereich oft heller und grüner. Der weißlichgelbe Überaugenstreif ist deutlicher. Kehle und Brust

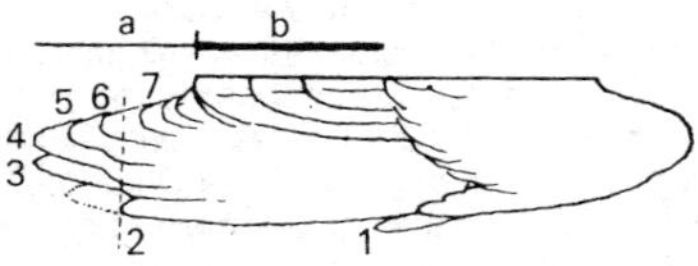

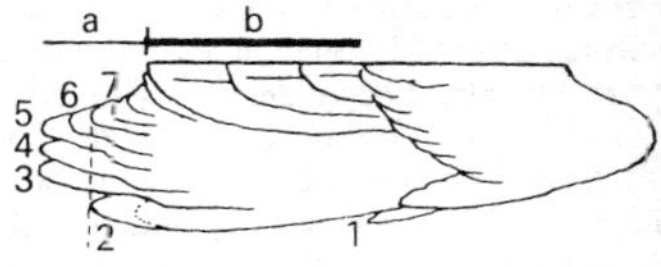

Schwingenformel: Fitis - 2. Handschwinge länger als 7. Zilpzalp - 2. Handschwinge ebenso lang oder kürzer als 7. Beachte das Längenverhältnis von Handschwingen (a) zu Schirmfedern (b). Die punktierte Linie ermöglicht den Längenvergleich zwischen der 2. und den anderen Handschwingen.

sind hellgelb. Die Unterseite ist sauber weiß. Unterschnabel gelbrosa. Beine gewöhnlich braunrosa, also heller als beim Zilpzalp. Die Jungvögel sind auf der gesamten Unterseite hellgelb und erinnern damit an den Gelbspötter (s. dort). Die Vögel aus N-Europa und W-Sibirien (*Ph. t. acredula*) sind oben grauer und unten heller, fast ohne grüne oder gelbe Tönung. Fliegt leicht und etwas hüpfend. Zeigt nach der Landung ein einmaliges Schwanzwippen, schlägt aber mit dem Schwanz nicht ständig nach unten wie der Zilpzalp. Verhalten beider Arten sonst sehr ähnlich.
Stimme: Ruft weich und deutlich zweisilbig „hü-t". Der melodische Gesang ist eine abfallende Tonfolge, die im Rhythmus entfernt dem Buchfinkenschlag gleicht, aber zum Ende zu nicht schneller, sondern langsamer wird und in einem „absterbenden" Schnörkel ausklingt.
Vorkommen: Brütet in lichten Wäldern, in Schonungen, an Waldrändern, in verbuschten Mooren und Feuchtgebieten, in Parks und großen Gärten. Ist weniger als der Zilpzalp auf hohe Bäume angewiesen. Nest am Boden in dichter Vegetation.

Wintergoldhähnchen *Regulus regulus* **Tafel 83, Karte 297, BJZW**

Kennzeichen: 8-9 cm. Der kleinste Vogel Europas. Entspricht mit seinem winzigen Schnäbelchen, dem relativ großen, halslosen Kopf, dem gedrungen rundlichen Körper und dem kleinen Schwänzchen ideal dem „Kindchenschema". Auffällig ist die Kopfzeichnung. Über den Kopf zieht ein beim ♀ gelber, beim ♂ ein mehr orangegelber, breiter Scheitelstreif, der zu beiden Seiten durch schwarze Seitenstreifen eingefaßt wird. Die von einem hellgrauen Ring umgebenen schwarzen Augen wirken besonders groß. Oberseite matt olivgrün und Unterseite bräunlichweiß. Über die schwarzen Flügel ziehen zwei weiße Binden. Die Armschwingen haben gelbe und die Schirmfedern weißliche Säume. Beine rötlichbraun. Den Jungvögeln fehlt zunächst die markante Kopfzeichnung, im Spätsommer sehen sie aber schon so wie die Alten aus. Klettert, hüpft und flattert emsig durchs Geäst. Steht oft im schwirrenden Rüttelflug vor einem Zweig. Im Winter oft mit Meisen vergesellschaftet. Recht zutraulich. Vgl. auch Sommergoldhähnchen.
Stimme: Die Rufe, durch die man gewöhnlich erst auf die Vögelchen aufmerksam wird, klingen sehr hoch und fein, zumeist dreisilbig „siih-siih-siih". Der Gesang ist ein sehr hohes auf- und absteigendes Wispern mit kurzem Endschnörkel „zih sisisisiü-sih sisisisiü-sih siss zietüit".
Vorkommen: Brütet in Nadel- und Mischwäldern und hält sich dort zumeist in den Baumkronen auf. Das Nest wird in die herabhängenden Seitenzweige großer Fichten eingewoben.

Sommergoldhähnchen *Regulus ignicapillus* **Tafel 83, Karte 298, BZ**

Kennzeichen: 9-10 cm. Etwas größer als das Wintergoldhähnchen, sonst in Gestalt, Verhalten und Bewegungen gleich. An der Färbung und Zeichnung aber leicht vom weniger auffälligen Verwandten zu unterscheiden. Die orangegoldene Färbung des

Scheitelstreifs ist beim ♂ weit ausgeprägter. Die schwarzen Scheitelseitenstreifen laufen auf der Stirn zusammen. Unter ihnen zieht ein breiter weißer Überaugenstreif, der über der Schnabelbasis eine goldgelbe Färbung annimmt. Die Wangen sind grau. Auf den Halsseiten je ein bronzefarbener, großer Fleck. Die Oberseite ist reiner moosgrün und die Unterseite heller beigeweiß. Bei den Jungvögeln ist die Kopfzeichnung zunächst nur angedeutet. Am deutlichsten ist der helle Überaugenstreif.
Stimme: Rufe schärfer und ein wenig tiefer als die des Wintergoldhähnchens „sü sisisi". Der Gesang ist eine immer schneller werdende, ansteigende Folge sehr hoher, feiner Töne „si-si-sisisisitt".
Vorkommen: Brütet im Nadel- und Mischwald, auch in Parks und Gärten mit großen Nadelbäumen. Neststand wie beim Wintergoldhähnchen.

Fliegenschnäpper: Muscicapidae

Die Fliegenschnäpper sind kleinere, agile Singvögel, die mit ihren an der Basis breiten und flachen Schnäbeln von einem freien Ansitz aus im kurzen, rasanten Jagdflug fliegende Insekten aus der Luft schnappen. Geschlechter zumeist verschieden. Nest in Höhlen oder Halbhöhlen.

Grauschnäpper *Muscicapa striata* **Tafel 84, Karte, 299, BZ**

Kennzeichen: 14-15 cm. Ein schlichter, aber eleganter, größerer Schnäpper mit recht langem, kräftigem Schnabel, großem, rundem Kopf und schlankem, langgestrecktem Körper. Oberseite matt bräunlichgrau und Unterseite gräulichweiß mit feiner dunkler Strichelung auf Scheitel, Stirn, Kehle und Brust. Im frischen Gefieder haben die Armschwingen schmale, helle Ränder, die auf dem gefalteten Flügel ein diffus helles Feld bilden. Die Jungvögel sind oben hell gefleckt und unten dunkel meliert. Steht oft frei und aufrecht auf einem vorspringenden, kahlen Ast, von dem er zu seinen sehr wendigen, rasanten Jagdflügen startet. Die Insekten werden hörbar klappend in der Luft geschnappt. Zuckt auf dem Ansitz oft mit dem Schwanz.
Stimme: Lockruf kurz, scharf „zri". Der Warnruf ist typischer und zumeist dreisilbig „zi-tk-tk". Der Gesang ist eine sehr unauffällige Folge hastiger, hoher Töne wie „zizi-sri-zrü-tsr".
Vorkommen: Brütet in lichten Laubwäldern, an Waldrändern, in Parks und Gärten. Nest in Baum- oder Mauernischen, im Efeu o. a. Kletterpflanzen, auf Balken unter Dachüberständen und in Halbhöhlen-Nistkästen.

Zwergschnäpper *Ficedula parva* **Tafel 84, Karte 300, BZ**

Kennzeichen: 11-12 cm. Der kleinste Schnäpper der Region. Etwa fitisgroß mit teilweise recht ähnlichem Verhalten. Die kennzeichnende, schwarzweiße, an das T des Steinschmätzers erinnernde Schwanzzeichnung wird sichtbar, wenn der Schwanz gefächert hochgestellt wird oder der Vogel im schwirrenden Flug Insekten fängt. Die Oberseite ist allgemein braun und die Unterseite beigeweiß. Das alte ♂ erinnert mit seinem grauen Kopf und der rotorangen Kehle an ein kleines Rotkehlchen. Seine Oberschwanzdecken sind schwarz. Das ♀ und die Jungvögel sind schlichter. Ihre Kehle ist weißlich und die Oberschwanzdecken sind braun. Hält sich bevorzugt in hohen Bäumen auf. Hüpft und flattert bei der Nahrungssuche oft wie ein Laubsänger durchs Geäst. Die kurzen Jagdflüge nach fliegenden Insekten finden zumeist innerhalb der Baumkronen statt. Zuckt auf dem Ansitz immer wieder mit den Flügeln und stellt den gefächerten Schwanz auf.
Stimme: Ruft beunruhigt sanft „düli", warnt zaunkönigartig schnurrend „tzrrr" und ruft auch scharf und hoch „ziit". Der helle, wohlklingende Gesang ist zumeist zweiteilig. Er beginnt mit einem baumpieperartigen Auftakt „zit zit..." und geht in einen fitisähnlich abwärtstrudelnden Abgesang „diü-twi-diü-twi...diü diü" über.

Vorkommen: Brütet in hochstämmigen Laub- und Mischwäldern, gern in der Nähe von Gewässern. Nest in Baumnischen, tiefen Astgabeln oder Baumhöhlen.

Halbringschnäpper *Ficedula semitorquata* **Tafel 84**
Kennzeichen: 12-13 cm. Eine „Zwischenform" zwischen Trauer- und Halsbandschnäpper. In Größe, Gestalt und Verhalten wie diese. Das ♂ hat im PK ein halbes, also nur über den Nacken bis zur Halsmitte reichendes, weißes Halsband. Die weißen Spitzen der Mittleren Armdecken ergeben eine kurze Binde, die aber auch mit dem großen weißen Flügelfeld verschmelzen kann. Der weiße Fleck auf den Handschwingenbasen ist deutlich, aber doch kleiner als bei dem Halsbandschnäpper. Die Basis der äußeren Schwanzfedern ist noch ausgeprägter weiß als beim Trauerschnäpper. Das ♂ im SK und das ♀ sind im Freiland von dem Halsbandschnäpper-♀ kaum zu unterscheiden. Sie haben am Ende der Mittleren Armdecken eine feine weiße Binde. Der weiße Fleck auf den Handschwingenbasen ist weniger ausgeprägt.
Stimme: Ruf klar, hell „tüip", etwas tiefer als der des Halsbandschnäppers. Der Gesang mit den rhythmischen Wiederholungen gleicht im Aufbau mehr dem des Trauerschnäppers, ist aber so getragen wie beim Halsbandschnäpper.
Vorkommen: Die Verbreitung ist auf den SE-Balkan, die Türkei und die Kaukasusregion beschränkt. Brütet in Laub- und Mischwäldern bis hinauf in mittlere Gebirgslagen.

Halsbandschnäpper *Ficedula albicollis* **Tafel 84, Karte 301, BZ**
Kennzeichen: 12-13 cm. In Größe, Gestalt und Verhalten wie der Trauerschnäpper. Das ♂ hat im PK einen großen, weißen Stirnfleck, ein durchgehend weißes Halsband, ein großes, weißes Feld auf den Schirmfedern, einen ausgeprägt weißen Fleck auf den Basen der Handschwingen (bzw. bei ausgebreitetem Flügel eine weiße Binde über die Arm- und Handschwingenbasen), einen zumeist weitgehend weißen Bürzel und einen ganz schwarzen Schwanz. Das ♂ im SK und das ♀ sind auf der Oberseite etwas heller und grauer als das Trauerschnäpper-♀ und haben eine ausgeprägteren weißen Fleck auf den Handschwingenbasen.
Stimme: Kontaktruf gezogen einsaugend „hiiip", daneben leise schnalzend „tett". Der Gesang klingt ganz anders als der des Trauerschnäppers. Er ist weniger rhythmisch, viel langsamer mit großen Tonsprüngen. Die kurzen Strophen bestehen aus wenigen gequetscht unreinen Lauten und einem reineren auf und ab leiernden Hauptteil „tzrli tschli trüh-ziit trüh-ziit".
Vorkommen: Wie Trauerschnäpper.

Trauerschnäpper *Ficedula hypoleuca* **Tafel 84, Karte 302, BZ**
Kennzeichen: 12-13 cm. Ein gedrungener, relativ kurzschwänziger Fliegenschnäpper mit dunkler (braungrauer oder schwarzer) Oberseite, weißem Feld auf den Schirmfedern und Armschwingenbasen, schmalen weißen Schwanzkanten und weißlicher Unterseite. Die ♂ haben im PK stets einen weißen Stirnfleck und einen dunklen Nacken, also weder ein halbes noch ein ganzes, weißes Halsband. Sie sind entweder rein schwarzweiß oder auf der Oberseite, ähnlich wie das ♀, graubraun (in C- und E-Europa häufig). Das weiße Flügelfeld ist immer größer als beim ♀ und die Schwanzoberseite dunkler schwarz. Im SK sehen alle ♂ weitgehend wie ♀ aus, haben aber oft einen aufgehellten Stirnfleck. Das ♀ und die Jungvögel im 1. Winter sind auf der Oberseite graubraun. Die weißen Armschwingenbasen bilden am gefalteten Flügel eine feine Binde, die in das schmale, weiße Feld der Schirmfederränder übergeht. Unterseite bräunlichweiß. Von den sehr ähnlichen Halsband- und Halbringschnäpper-♀ sind sie eigentlich nur am schwach angedeuteten oder fehlenden weißen Fleck auf den Handschwingenbasen zu unterscheiden. Verhält sich bei der Jagd auf fliegende Insekten ähnlich wie der Grauschnäpper, wählt aber oft weniger freie Sitzwarten und kehrt nur selten nach dem Jagdflug auf die selbe Warte zurück. Zuckt beim Rufen auffällig und im Takt mit Flügeln und Schwanz.

Stimme: Alarmrufe entweder wiederholt scharf, hoch „wiep wiep..." oder mit schnalzenden Lauten „wiep tseck tseck". Der Gesang besteht aus kurzen rhythmisch aufgebauten Strophen mit Wiederholungen und im Takt- wie in der Tonhöhe wechselnden Motiven „psi tschu-tschi tschu-tschi tsi tsi tjü-wi tjü-wi" o. ä.
Vorkommen: Brütet in lichten Laub- und Mischwäldern mit großen, alten, höhlenreichen Bäumen, auf Streuobstwiesen, in Parks und in Gärten. Nest in Baumhöhlen und Nistkästen.

Timalien: Timaliidae

Eine artenreiche vorwiegend südasiatische Vogelfamilie. In der Region nur eine Art, die Bartmeise.

Bartmeise *Panurus biarmicus* **Tafel 86, Karte 303, BJZW**

Kennzeichen: 14-16 cm. Ein meisenähnlicher, kleiner Vogel mit langem „Fasanenschwanz". Das Gefieder ist überwiegend beigegelb wie altes Schilf, auf der Oberseite wärmer, „rostiger" und auf der Unterseite weißlicher. Die Flügel sind schwarz und weiß gezeichnet. Das ♂ ist mit seinem blaugrauen Kopf, dem langen, schwarzen „Backenbart" und den schwarzen Unterschwanzdecken unverkennbar. Das schlichtere ♀ hat einen beigebräunlichen Kopf und beigegelbe Unterschwanzdecken. Bei den alten ♂ und ♀ sind Augen und Schnabel gelb. Die Jungen sind heller als die Alten, mehr strohgelb. Auf Mantel und Rücken haben sie ein schwarzes Feld und am Schwanz schwarze Kanten. Ihre Augen sind hellgrau. Das junge ♂ hat einen schwarzen Zügel und einen gelben Schnabel. Der Schnabel des ♀ ist schwarz. Im Herbst sehen beide weitgehend wie die Alten aus. Sehr gesellig. Fliegen mit schnell schwirrendem Flügelschlag etwas hüpfend in flachen Bögen. Klettern geschickt auf und zwischen den Schilfhalmen. Nahrungssuche auch am Boden, wo sie aufgerichtet mit dem angehobenen Schwanz zuckend umherhüpfen.
Stimme: Die Trupps machen zumeist durch das vielstimmige, merkwürdige Geschwätz aus nasalen („tsching") und gedehnt schnarrenden („tjirrr") Lock- und Kontaktrufen auf sich aufmerksam. Der einfache Gesang besteht aus drei bis vier unrein knirschenden Tönen.
Vorkommen: Brütet in losen Kolonien in großen Schilfbeständen mit reichlich Altschilf. Nest am Grunde der Schilfhalme.

Schwanzmeisen: Aegithalidae

Kleine meisenähnliche, rundliche Vögel mit kurzen Schnäbelchen und langem Schwanz.

Schwanzmeise *Aegithalos caudatus* **Tafel 86, Karte 304, BJZW**

Kennzeichen: 13-15 cm. (davon 7-9 cm Schwanz). Ein kleines, bei aufgeplustertem Gefieder nahezu „kugelrundes" Vögelchen mit rundem Kopf, winzigem Schnabel und langem, dünnem Schwanz. Das Gefieder der Oberseite ist allgemein schwarz und auf den Schultern dunkelrosa. Die Unterseite ist weiß mit mehr oder weniger kräftigem rosabraunem Anflug auf Flanken und Bauch. Der gestufte Schwanz ist schwarz mit weißen Kanten. Die Kopfzeichnung ändert sich mit der geographischen Verbreitung. Im N und NE des Brutgebietes ist er rein weiß. In W- und S-Europa ziehen breite, schwarze Scheitelseitenstreifen über das Auge bis in den schwarzen Nacken. In C-Europa kommen beide Formen nebeneinander vor, oft in gemischten Paaren. Fliegt hüpfend und in flachen Bögen. Hangelt akrobatisch kopfüber und kopfunter an den

äußersten, dünnen Zweigen. Allgemein gesellig, zumeist in lebhaften kleinen Trupps.
Stimme: Der auffälligste Ruf, durch den man gleich auf die Vögelchen aufmerksam wird, ist ein sirrendes „tsirrrr". Der Lockruf, der vorwiegend im Flug zu hören ist, klingt scharf „tsri-tsri-tsri". Bei Beunruhigung erklingen gezogene, helle Triller. Der selten zu hörende Gesang ist ein leises, etwas rohrsängerähnliches Schwätzen.
Vorkommen: Brütet in Wäldern mit dichtem Unterholz, in Dickichten, Hecken, Parks und Gärten. Baut in guter Deckung (Nadelbaum, Dornendickicht usw.) aus Moos und Flechten ein hochovales geschlossenes Nest mit seitlichem Einflug.

Meisen: Paridae

Kleine, lebhafte, in den Zweigen akrobatisch umherturnende, kurzschnäblige Vögelchen. Nach der Brutzeit in lockeren, gemischten Trupps. Fast alle mit einer dunklen Kappe. Geschlechter gleich. Nest zumeist in Baumhöhlen und Nistkästen.

Sumpfmeise *Parus palustris* — **Tafel 86, Karte 305, BJ**

Kennzeichen: 12-13 cm. Der nahe verwandten Weidenmeise sehr ähnlich (s. dort). Bei gefaltetem Flügel kein helleres Feld auf den Armschwingen. Die schwarze Kopfplatte ist nicht stumpf, sondern glänzend, die weißen Kopfseiten sind etwas „schmutziger", der schwarze Kinnfleck ist etwas kleiner. Alle diese Merkmale sind aber im Freiland wenig brauchbar. Das beste Unterscheidungsmerkmal ist die Stimme.
Stimme: Rufe niesend „pitschü", mehr pfeifend „tschiü-tschiü-" oder schnarrend „pitsche-tsche-tsche-". Gesang variabel, aber immer eine Wiederholung gleicher, kurzer, energisch scharfer Töne wie „tjipp tjipp...", schneller „wita-wita-" o. ä.
Vorkommen: Da die Sumpfmeise durchaus auch in trockenen Lebensräumen vorkommt, ist der Name irreführend. Brütet in Laub- und Mischwald mit viel Totholz und Unterwuchs, in Parks und Gärten mit dichtem Gebüsch und großen, alten Laubbäumen. Kommt häufiger an Winterfütterungen als die Weidenmeise.

Trauermeise *Parus lugubris* — **Tafel 86, Karte 306**

Kennzeichen: 13-14 cm. Etwa so groß wie eine Kohlmeise, sonst aber der Sumpf- und Weidenmeise ähnlich. Die Oberseite ist graubraun. Die schwarzbraune Kappe ist ausgedehnt und der schwarze Kehllatz groß, so daß zwischen beiden nur ein langgestreckt dreieckiges Wangenfeld weiß bleibt. Die hellen Armschwingenränder bilden, wie bei der Weidenmeise, auf dem gefalteten Flügel ein helles Feld.
Ähnliche Arten: Sumpf- und Weidenmeise sind deutlich kleiner. Von der Lapplandmeise ist die Trauermeise geographisch weit getrennt.
Stimme: Lautäußerungen variabel, teilweise wie von der Kohl- oder der Blaumeise. Rufe schnarrend „tsi ti tjerrerrerr", schneidend „tzih ti ti" oder sperlingsähnlich „tschärrrr". Der Gesang ist eine einfache Reihe gedämpfter, etwas unreiner Laute „tschriw-tschriw-tschriw-".
Vorkommen: Brütet in offenem Laubwald an Berghängen und in felsigem Gelände, aber auch im Kulturland mit Bäumen und Büschen.

Weidenmeise *Parus montanus* — **Tafel 86, Karte 307, BJ**

Kennzeichen: 12-13 cm. Eine kleine Meise mit großem Kopf und dickem Hals. Auf der Oberseite graubraun und auf der Unterseite schmutzig weißlichbeige mit kräftiger beigebraun getönten Flanken. Auf dem Kopf von der Stirn bis in den Nacken eine tiefschwarze Kappe. Auf dem Kinn ein schwarzer Fleck. Von der sehr ähnlichen Sumpfmeise an dem hellen Feld auf dem gefalteten Flügel, das von den weißlichen Kanten der Armschwingen gebildet wird (im abgenutzten Gefieder oft nicht mehr zu erkennen), an der stumpf schwarzen, nicht glänzenden Kappe, dem größeren Kinnfleck und den langgestreckten weißen Wangen zu unterscheiden. Das beste Unterscheidungsmerk-

mal ist aber die Stimme. Die Färbung ändert sich mit der geographischen Verbreitung. In N-Europa sind die Weidenmeisen auf der Oberseite grau und auf der Unterseite nahezu weiß. In SW-Europa ist die Färbung dunkler, oben matt braun und unten hell beigebraun. Die Vögel C-Europas nehmen eine Zwischenstellung ein.
Stimme: Typische Rufe hoch, spitz „zii" oder „zi-zi-zi" und nasal gezogen „dääh dääh..." , oft aus beiden zusammengesetzt „zii zii dääh dääh". Der Gesang ist regional verschieden. Gewöhnlich besteht er aus einer Reihe klarer, etwas wehmütiger, gedehnt abfallender Laute „ziü ziü..." In den Alpen und in E-Europa bleiben die Töne auf gleicher Höhe „zie zie...". Gelegentlich ist auch ein leise schwätzender Gesang zu hören.
Vorkommen: Brütet in feuchteren Wäldern mit viel Weichholz (Erle, Weide, Birke) und auch im Bergwald bis hinauf zur Latschenregion. Hackt die Bruthöhlen in morsche Laubbäume.

Lapplandmeise *Parus cinctus* **Tafel 86, Karte 308**

Kennzeichen: 13-14 cm. Im Aussehen ähnlich wie die Weidenmeise, aber etwas größer, dunkler (nördliche Weidenmeisen sind hell) und flauschiger. Die Kappe ist schwarz- bis dunkel graubraun, der schwarze Latz ist vergleichsweise groß und reicht bis auf die Brust, die weißen Wangen sind langgezogen, Mantel und Rücken sind rötlichbraun, die Flanken sind kräftig rostbraun getönt, Brust und Bauch sind grauweiß. Erinnert in Flugweise und Verhalten an die Kohlmeise.
Stimme: Rufe ähnlich wie die der Weidenmeise, etwas heiserer und tiefer „pjii pjii.." und nasal gedehnt „dnää dnää..." bzw. zusammengesetzt „pjii dnää dnää". Der Gesang ist eine Folge heiser, sirrender Laute „djirr djirr djirr...", daneben auch melodischer „dideli dideli zirr..." o. ä.
Vorkommen: Brütet in unberührten Nadelwäldern der Taiga und im polaren Birkenwald.

Haubenmeise *Parus cristatus* **Tafel 86, Karte 309, BJ**

Kennzeichen: 11-12 cm. Einzige Meise mit einer immer sichtbaren, hoch aufrichtbaren Haube. Der Kopf ist hübsch schwarzweiß gezeichnet. Die Haube ist schwarzweiß gefleckt, der dunkle Überaugenstreif bildet auf den Ohrdecken einen Haken, vom großen, schwarzen Latz geht ein schmales, schwarzes Halsband aus. Die Oberseite ist warm graubraun und die Unterseite beigeweiß mit „rostigen" Flanken. Nahrungssuche in den Baumwipfeln, aber auch recht häufig auf niedrigen Ästen oder am Boden. Sehr standorttreu und wenig gesellig. Kommt nur selten an Futterhäuser.
Stimme: Der charakteristische Ruf ist ein rollender, klingender Triller „gürrrrrl", der oft mehrfach wiederholt wird. Daneben auch leise wispernde Laute „sit sit...". Der unauffällige Gesang besteht aus einer schnellen Folge dieser Rufe.
Vorkommen: Brütet bevorzugt in Nadelwäldern (Fichte, Kiefer), gelegentlich auch im Mischwald und im Laubwald (S-Europa). Hackt die Bruthöhle in morsche Stämme oder Baumstümpfe.

Tannenmeise *Parus ater* **Tafel 86, Karte 310, BJW**

Kennzeichen: 10-12 cm. Die kleinste Meise Europas mit großem Kopf und „Stiernacken". Auffälligste Merkmale der große, weiße Nackenfleck und die doppelte weiße Flügelbinde. Die obere Binde entlang der Mittleren Flügeldecken gleicht einer kurzen Perlschnur. Die weißen Wangen kontrastieren mit der schwarzen Kappe und dem bis auf die Brust reichenden, schwarzen Latz. Mantel und Rücken sind blaugrau, bei den Vögeln im SW der Verbreitung mehr olivgrau. Die Unterseite ist weißlich beigegrau mit rotbraunem Anflug auf den Flanken. Bei den irischen Vögel sind, wie auch allgemein bei den Jungvögeln, die weißen Partien gelblich. Sucht die Nahrung hüpfend, flatternd, rüttelnd und schlüpfend vorwiegend auf dicht benadelten Zweigen. Im Winter oft in gemischten Trupps mit anderen Meisen, mit Kleibern und Goldhähnchen. Kommt regelmäßig an Futterhäuser.

Stimme: Rufe fein wispernd, goldhähnchenähnlich „si si si" oder energischer „psitsitsit", auch klar flötend „tüüh" oder hell „tih tüe". Der Gesang ähnelt dem der Kohlmeise, ist aber weicher und weniger variabel. Typisch sind Serien von auf- und absteigenden Lauten „zi-tüi zi-tüi...", „wii-zee wii-zee..." o. ä.
Vorkommen: Brütet vorwiegend in alten, hohen Fichtenbeständen, lokal auch in Kiefern seltener in Misch- und Laubwald, Parks und Gärten (Britische Inseln). Nest in Baumhöhlen, Wurzelspalten, Erdlöchern und Nistkästen.

Blaumeise *Parus caeruleus* **Tafel 86, Karte 311, BJZW**

Kennzeichen: 11-12 cm. Eine lebhafte, kleine, häufige und weit verbreitete Meise. Hat wie die weit größere Kohlmeise eine teils grüne, teils blaue Oberseite und eine gelbe Unterseite mit schwarzem Längsstrich auf der Bauchmitte. Von dieser aber leicht an der Färbung und Zeichnung des relativ kleinen Kopfes zu unterscheiden. „Trägt" auf dem weißen Kopf ein blaues Käppchen. Durch das Auge zieht ein schmaler, schwarzer Augenstreif. Der kleine schwarze Latz ist mit einem dunkelblauen, im Nacken breiten Halsring verbunden. Die Jungen sind matter gefärbt, haben eine grünlichgraue Kappe und gelbliche Wangen. Fliegt selten über freie Flächen, sondern von Baum zu Baum. Nahrungssuche, oft kopfunter hangelnd, an den äußeren Zweigenden.
Ähnliche Art: Die Lasurmeise ist größer, hat einen weißen Scheitel und einen weißen Bauch.
Stimme: Verfügt über vielfältige, zumeist leise, feine und helle Rufe wie wispernd „sisisi", leise „ptsi tsi dididi" oder bei Erregung auch schnarrend „tjerr err-err-err". Der Gesang klingt silberhell mit einigen hohen, reinen Eingangslauten und anschließendem Triller „ti titi tirrrr", „zi zii tütütü" o. ä.
Vorkommen: Brütet überall, wo einige höhere Laubbäume stehen und geeignete Nisthöhlen vorhanden sind. Nest in Baumhöhlen, Mauerlöchern und Nistkästen.

Lasurmeise *Parus cyanus* **Tafel 86, A**

Kennzeichen: 12-13 cm. Eine größere, langschwänzige, sehr helle Meise. Der Kopf ist, bis auf den schwarzen Augenstreif, weiß. Die Oberseite ist blau und die Unterseite weiß. Über den Flügel zieht eine breite, weiße Binde und auch die Schwingenenden sind weitgehend weiß. Der Schwanz hat breite weiße Kanten. Die Jungvögel sind insgesamt grauer als die Alten. Wirkt im Flug durch den langen Schwanz langgestreckt. Verhält sich sonst ähnlich wie die Blaumeise.
Stimme: Die Rufe wie trillernd „tirr", „tscherrink" oder aus verschieden Lauten zusammengesetzt „zi-zi-zi dschät-dschät" o. ä. erinnern an die Rufe der Blaumeise. Auch der variable Gesang klingt ähnlich wie bei der Blaumeise, ist aber gewöhnlich härter und weniger melodisch.
Vorkommen: Verbreitung vom mittleren Rußland über ganz Zentralasien. Brütet an Ufern und in Feuchtgebieten in Weichholzbeständen (Weiden, Erlen usw.). In C- und W-Europa ein sehr seltener Gast.

Kohlmeise *Parus major* **Tafel 86, Karte 312, BJZW**

Kennzeichen: 14-15 cm. Die größte der häufigen Meisen. Hat wie die Blaumeise eine gelbe Unterseite. Ist aber an der bedeutenderen Größe, dem schwarzen Kopf mit den dreieckigen, weißen Wangen, dem Schwarzen Latz, der sich in einem über die Mitte des Unterkörpers ziehenden Streifen fortsetzt und den weißen Schwanzkanten leicht von dieser zu unterscheiden. Die Jungen sind, v. a. auf dem Kopf, matter gefärbt und haben gelbliche Wangen. Der Flug ist weniger unstet und flatternd als der kleinerer Meisen und erinnert an einen Zweigsänger.
Stimme: Die Rufe sind sehr variabel. Typisch ist ein buchfinkenähnliches „ping ping...". Der Gesang besteht gewöhnlich aus kurzen, laut pfeifenden Strophen mit sich wiederholenden Motiven wie „dschi dschi...", „zü-ti zü-ti..." oder zizi-bä zizi-bä...".
Vorkommen: Brütet in Wäldern, Gehölzen, Parks und Gärten. Nest in Baumhöhlen, Mauerlöchern, Briefkästen o. ä. Hohlräumen und Nistkästen. Häufigste Meise an den Winterfütterungen.

Kleiber: Sittidae

Die Kleiber erinnern an kleine Spechte. Sie haben kräftige, pfriemförmige Schnäbel und große Füße mit denen sie an Bäumen und Felsen sowohl mit dem Kopf nach oben als auch kopfabwärts klettern können, ohne den kurzen Schwanz als Stütze zu benutzen. Ihre klingenden Stimmen sind weit zu hören. Die Geschlechter sehen allgemein gleich aus. Sie brüten in Höhlen.

Türkenkleiber *Sitta krueperi* **Tafel 83**

Kennzeichen: 12-13 cm. Der kleinste der in SE-Europa vorkommenden Kleiber. Das Gefieder ist oben blaugrau und unten schmutzigweiß mit einem großen rostroten Brustfleck und rostrotem, weiß geflecktem Steiß. Das recht helle Gesicht wird durch die bis zur Scheitelmitte schwarze Stirn, einen weißen Überaugenstreif sowie einen schwarzen Zügel- und Augenstreif belebt.
Stimme: Rufe rauh, nasal grünfinkähnlich „düie-düie-düie...", spechtartig weich „pwit" und rauh, häherartig kratzend „tschier". Der Gesang ist eine schnelle bis trillernde Folge von zumeist abwechselnd hohen und tieferen Tönen „wiete-wiete-wiete-". Er kann aber auch auf einem Ton gesungen wie „ti-ti-ti-" klingen.
Vorkommen: Verbreitung Ägäische Inseln, Türkei und Kaukasusregion. Brütet im Gebirge in Kiefern- und Fichtenwäldern.

Korsenkleiber *Sitta whiteheadi* **Tafel 83**

Kennzeichen: 11-12 cm. Der kleinste europäische Kleiber. Das Vorkommen ist auf Korsika beschränkt, wo er der einzige Vertreter der Familie ist. Das Gefieder ist auf der Oberseite blaugrau und auf der Unterseite ganz weißlich graubeige. Der auffallend längsgestreifte Kopf des ♂ hat einen schwarzen Scheitel, einen weißen Überaugenstreif und einen schwarzen Zügel- und Augenstreif. Bei dem ♀ ist der Scheitel blaugrau und der Zügel- und Augenstreif schwärzlichgrau. Beide rahmen den auffallend langen, weißen Überaugenstreif ein.
Stimme: Ruft erregt häherartig rätschend „wjääh wjääh...". Der Kontaktlaut klingt leise und rein „püid". Der Gesang ist eine trillernde Reihe gleichbleibend flötender Laute „düidüidüi..." oder „didididi...".
Vorkommen: Brütet in Höhen über 800 m in den Gebirgswäldern mit Korsischen Schwarzkiefern. Kommt im Winter in tiefere Lagen. Hackt die Bruthöhlen in morsche Bäume.

Kleiber *Sitta europaea* **Tafel 83, Karte 313, BJ**

Kennzeichen: 12-15 cm. Ein agiler, baumkletternder Singvogel mit spitzem, pfriemförmigem Schnabel und auffallend kurzem Schwanz, der nicht als Stütze geeignet ist. Wirkt recht bunt. Die blaugraue Oberseite wird durch einen langen, schwarzen, bis auf den Hals reichenden Zügel- und Augenstreif und weiße Flecke am Schwanzende belebt. Bei den Kleibern C- und W-Europas ist die Unterseite orangebeige und wird zum Flankenende hin zunehmend rostrot. Die N- und NE-europäischen Vögel sind unterseits weißlich und nur an den hinteren Flanken und am Steiß rostrot. Wirkt im Flug recht gedrungen mit relativ großen, runden Flügeln. Der Flügelschlag ist ein schnelles Flattern. Bei kurzen Strecken ist die Flugbahn „pfeilgerade". Sonst fliegt er in weiten Bögen. Klettert in geduckter Haltung kopfüber und kopfunter an den Baumstämmen und auf wie auch unter den dickeren Ästen umher. Sammelt Insekten und hämmert in Rindenspalten geklemmte Samen und Nüsse auf.
Stimme: Das Rufrepertoire ist reichhaltig. Es umfaßt klar flötende Laute wie „tüit", nasale Töne „güt", scharf pfeifende Motive „sitt sitt sitt..." und schnarrende Rufe „tsirrüp". Der Gesang ist eine gereihte bis trillernde Folge lauter, durchdringender Pfiffe „piü piü piü..." oder „wiwiwi...".
Vorkommen: Lebt in Wäldern, Parks und Gärten auf großen, alten Laubbäumen. Nest in Baumhöhlen und manchmal auch in Mauerlöchern, Nistkästen usw. Zu weite Höhleneingänge werden mit Lehm oder Schlamm verengt.

Felsenkleiber *Sitta neumayer* **Tafel 83, Karte 314**
Kennzeichen: 14-16 cm. Ein großer Kleiber, der seine besondere Statur einem relativ langen Schnabel, langen Beinen und der aufrechteren Körperhaltung verdankt. Die Gefiederfärbung und Zeichnung gleicht der eines N-europäischen Kleibers. Bis auf den schwarzen Überaugenstreif sind aber alle Farben blasser. Der Steiß und die hinteren Flanken sind nicht rosarot, sondern hell rostbeige getönt. Der Schwanz ist rein grau ohne weiße oder schwarze Abzeichen. Hüpft zumeist aufgerichtet von Fels zu Fels.
Stimme: Sehr ruffreudig. Verpaarte Vögel sind miteinander in ständigem Rufkontakt. Die vielfältigen Rufe klingen gedehnt „piät“, rätschend „wääd wääd...“, hart „pit“ oder schnarrend „tirr-pitpitpit“. Der Gesang ist laut und klar. Er beginnt mit schnellem, hohem, waldlaubsängerartigem „it-it-it-“ und geht dann in absinkende Pfiffe „tuit tuit...“ über, denen ein rollender Triller folgt. Den Ausklang bildet eine baumpieperartige Tonfolge.
Vorkommen: Brütet in Schluchten, an steilen Felshängen und an Klippen mit einzelnen Büschen und Bäumen. Baut in Felsspalten aus Lehm ein geschlossenes Nest mit einer kurzen Eingangsröhre.

Mauerläufer: Tichodromadidae

Mauerläufer *Tichodroma muraria* **Tafel 83, Karte 315, BJ**
Kennzeichen: 16-17 cm. Ein ungewöhnlich aussehender Felsenvogel mit einem langen abwärtsgebogenen Schnabel. Die Deckfedern und die Schwingenbasen der breiten, runden Flügel sind karminrot. Im Kontrast dazu sind die Schwingenenden schwarzgrau, belebt durch zwei Reihen weißer Punkte auf den äußeren Handschwingen. Der Schwanz ist schwarz mit einem hellgrauen, auf den äußersten Federn weißlichen Endband. Das übrige Gefieder ist grauschwarz. Im PK sind Kehle und Brust des ♂ nahezu tief schwarz. Das ♀ hat im PK auf der Kehle einen dunklen Fleck, seine Brust ist aber grauweiß. Im SK sind Kehle und Brust von ♂ und ♀ hell weißlichgrau. Die Jungvögel sehen wie die Alten im SK aus, sind aber auf der gesamten Unterseite einheitlich hellgrau. Fliegt mit den großen bunten Flügeln im unregelmäßigen Wellenflug wie ein großer Schmetterling. Nimmt beim hüpfenden Aufwärtsklettern an den steilen Felswänden flatternd die Flügel zur Hilfe und zuckt auch sonst immer wieder mit den Flügeln, wobei das Rot aufleuchtet.
Stimme: Kontaktruf kurz, leise, tschilpend „zui“. Der Gesang besteht aus langgezogenen, teilweise unrein klingen Pfiffen in wechselnder Tonhöhe und kürzeren, schwätzenden Lauten „drüüüüüh diiiih kiwit-di-dü...“.
Vorkommen: Brütet im Gebirge in Höhen zwischen 1000 und 3000 m an steilen Felswänden mit wenig Bewuchs. Kommt im Winter in tiefere Lagen und kann dann auch an Gebäuden und in Steinbrüchen beobachtet werden. Nest in Felsspalten.

Baumläufer: Certhiidae

Kleine unscheinbare, in ihrer rastlosen Beweglichkeit mauseähnliche Vögel mit langen, dünnen, leicht abwärtsgebogenen Schnäbeln, tarnfarbenem Gefieder und steifem Stützschwanz. Gewöhnlich nur dann zu sehen, wenn sie flink, etwas ruckhaft und in Spiralen an Baumstämmen aufwärts klettern.

Waldbaumläufer *Certhia familiaris* **Tafel 83, Karte 316, BJ**
Kennzeichen: 13-14 cm. Ein kleiner, schlanker, an eine flinke Maus erinnernder Vögel mit einem dünnen, leicht abwärtsgebogenen Schnabel und gestuftem, steifem Schwanz, der beim Klettern als Stütze eingesetzt wird. Die braune, fein weiß und beige

gestrichelte Oberseite wird durch die durchgehend weißen, etwas diffusen Überaugenstreifen und jeweils zwei beigeweiße Flügelbinden (die untere ist auch im Flug zu sehen) belebt. Die Unterseite ist bei der N-europäischen Unterart *C. f. familiaris* rein seidenweiß, bei den C-, W- und S-europäischen Unterarten, *C. f. macrodactyla* u. a., aber an den hinteren Flanken und am Steiß schwach bräunlich getönt. Aus nächster Nähe ist die lange Hinterkralle manchmal erkennbar. Im Freiland ist sie aber ein nur bedingt taugliches Merkmal. Fliegt niedrig und bolzengerade mit wenigen Flügelschlägen von Baum zu Baum. Klettert ruckhaft huschend den Stamm aufwärts und läßt sich oben angekommen fast senkrecht fallen um in kurzem Schwung am Fuße des nächsten Baumes zu landen. Im Winter oft mit Meisen vergesellschaftet. Von dem sehr ähnlichen Gartenbaumläufer (s. dort) am besten an der Stimme zu unterscheiden.
Stimme: Ruft hoch, fein und gezogen „tsrieh". Der Gesang besteht aus einer kurzen, sehr hohen, feinen, zunehmend beschleunigten Strophe mit Endschnörkel „zi-zi zrisiri zrisirirr", die in kurzen Abständen wiederholt wird.
Vorkommen: Brütet bevorzugt in hochstämmigen Nadel- und Mischwäldern v. a. im Gebirge. Auf den Britischen Inseln auch in Laubwäldern, Parks und Gärten. Nest hinter loser Borke, in Baumspalten, im Efeu usw.

Gartenbaumläufer *Certhia brachydactyla* — Tafel 83, Karte 317, BJ

Kennzeichen: 12-14 cm. Das Aussehen ist kaum von dem des Waldbaumläufers verschieden. Nur der Schnabel ist ein wenig länger und die Krallen der Hinterzehen sind kürzer. Bei guter Sicht und sorgfältiger Beobachtung lassen sich am Gefieder einige Unterschiede ausmachen. Die Oberseite ist weniger rötlich-, mehr gedeckt braun und auf dem Kopf wie auf der Oberseite unregelmäßiger gestrichelt. Der kurze, vorwiegend hinter dem Auge erkennbare Überaugenstreif ist verwaschen hell bräunlich. Der Bürzel ist matt braun und nicht rostbraun wie bei dem Waldbaumläufer. Die inneren Handschwingen haben weiße Spitzen. Die Unterseite ist „schmutziger" und an den hinteren Flanken wie am Steiß intensiv bräunlich getönt. Flugweise und Verhalten wie beim Waldbaumläufer. Von diesem am besten an der Stimme zu unterscheiden.
Stimme: Kontaktruf laut, klar, gereiht, tannenmeisenähnlich „tüi tüi..." und seltener, mehr wie vom Waldbaumläufer hoch „srieh". Der Gesang besteht aus kurzen, hoch und fein gepfiffenen, am Ende hochgezogenen Strophen „tütitü tirüsiri".
Vorkommen: Brütet bevorzugt in lichten Laub- und Mischwäldern mit großen, grobborkigen Laubbäumen, auch auf Streuobstwiesen, in Alleen, Feldgehölzen, Parks und Gärten mit großen Laubbäumen. Nest wie beim Waldbaumläufer.

Beutelmeisen: Remizidae

Beutelmeise *Remiz pendulinus* — Tafel 86, Karte 318, BZ

Kennzeichen: 10-12 cm. Ein kleiner, meisenähnlicher Vogel mit kurzem, feinem, spitzem Schnabel und dünnem Schwanz. Weit unauffälliger als die echten Meisen. Die Altvögel sind aber doch gut an dem blaß grauweißen Kopf mit der schwarzen Augenmaske, der satt rotbraunen Oberseite und der beigeweißen Unterseite zu erkennen. Das ♂ hat eine rotbraun gefleckte Brust. Seine Maske ist breiter als die des ♀. Die Jungen sind oben matt gräulichbraun, auf dem Mantel etwas rötlicher als auf dem Kopf, und unten gelblichweiß. Sie haben keine dunkle Maske. Fliegt etwas hüpfend und hangelt, ähnlich wie die Blaumeise, oft kopfunter an dünnen Zweigen.
Stimme: Der Lockruf klingt fein saugend „tsii" oder „tsiüh", auch dreisilbig „tsi-tsi-tsi". Der Gesang besteht aus leisen Variationen der Lockrufe und hellen Trillern.
Vorkommen: Brütet an sumpfigen Ufern und in Feuchtgebieten mit Büschen und Bäumen (Weiden, Erlen, Pappeln, Birken). Hängt das kunstvolle, geschlossen beutelförmige Nest mit seitlicher Eingangsröhre an das Ende eines herabhängenden Zweiges.

Pirole: Oriolidae

Pirol *Oriolus oriolus* **Tafel 87, Karte 319, BZ**
Kennzeichen: 22-25 cm. Ein recht großer, entfernt drosselähnlicher Vogel mit langen Flügeln und länglichem Schwanz. Das leuchtend gelbe ♂ mit schwarzen Flügeln und einem schwarzen, an den äußeren Ecken gelben Schwanz ist unverkennbar. Das ♀ und die Jungvögel sind auf der Oberseite gelblichgrün mit schwarzgrauen Flügeln und schwarzgrauem Schwanz. Ihre fein gestrichelte Unterseite ist gräulichweiß mit gelblicher bzw. grünlicher Tönung auf Flanken und Bauch. Fliegt auf längeren Strecken in weiten Bögen, innerhalb der Baumkronen aber schnell und gerade. Landet beim niedrigen Anflug mit charakteristischem Aufwärtsschwung im Baum. Lebt zumeist versteckt im dichten Blätterdach. Verrät sich aber durch die Stimme.
Ähnliche Art: Der Grünspecht erinnert in der Färbung an das ♀. Er ist aber viel kompakter und hat größere gerundete Flügel.
Stimme: Rufe rauh rätschend „chräa" und im Flug scharf „jik jik...". Die kennzeichnende, rein und melodisch flötende Gesangsstrophe mit den typischen Tonsprüngen „dü-lio-liu" ist leicht nachzupfeifen.
Vorkommen: Brütet in lichten Beständen hoher, alter Laubbäume gern in Gewässernähe. Ist also in Wäldern, Feldgehölzen, Alleen, Streuobstwiesen, Parks und großen Gärten zu erwarten. Das Nest wird hoch im Baum in eine waagerechte Astgabel gehängt.

Würger: Laniidae

Im Aussehen und Verhalten greifvogelähnliche Singvögel. Sie haben hakig gebogene Schnabelspitzen und Greiffüße mit spitzen Krallen. Sitzen nach Beute spähend offen auf erhöhten Warten wie Buschspitze usw., von wo aus sie Jagd auf Insekten und kleine Wirbeltiere machen. Die Beute wird oft auf Dornen oder Stacheldrahtspitzen gespießt. Der Flug ist flach wellenförmig. Die Rufe sind rauh, der Gesang aber erstaunlich melodisch. Nest in dichten Büschen.

Isabellwürger *Lanius isabellinus* **Tafel 85, A**
Kennzeichen: 16-18 cm. Gleicht in Größe und Gestalt dem Neuntöter, hat aber einen etwas längeren Schwanz. In der Region können zwei Unterarten auftreten *L. i. phoenicuroides* aus dem W C-Asiens und *L. i. isabellinus* aus E-Asien. Beide sind dem Neuntöter so ähnlich, daß bei der Bestimmung größte Sorgfalt nötig ist. ♂ und ♀ sehen weitgehend gleich aus. Die Altvögel sind wesentlich heller als die Neuntöter. Oberseite beigebraun mit rostroter Schwanzoberseite und rostfarbenem Bürzel, Unterseite beigeweiß. Über das Auge zieht eine schwarze, bei dem ♀ mehr dunkelbraune Maske. Am Grunde der Handschwingen ist ein kleiner weißer Fleck. Auch die Jungvögel sind denen des Neuntöters sehr ähnlich, auf der helleren Oberseite aber kaum gebändert und auch auf der Unterseite schwächer gezeichnet. Beim ♂ von *L. i. phoenicuroides*, der in Europa häufiger auftretenden Form, ist der Scheitel rostbraun und der Mantel hell graubraun. Das ♀ ist oft an Brust und Flanken schwach quergebändert.
Stimme: Die rauhen Rufe gleichen denen des Neuntöters.
Vorkommen: Bewohnt offenes Steppenland mit Gestrüpp. In Europa ein sehr seltener Gast.

Neuntöter *Lanius collurio* **Tafel 85, Karte 320, BZ**
Kennzeichen: 16-18 cm. Der häufigste Würger der Region mit einem kräftigen, an der Spitze leicht hakig gebogenen Schnabel und breitem, gerundetem Schwanz. Das ♂ ist farbig und prägnant gezeichnet. Scheitel und Bürzel sind hell blaugrau. Oberseite warm rotbraun. Die breite, schwarze Maske kontrastiert mit der weißen Kehle, der rosaweißlichen Unterseite und dem schwarzen, an der Basis der äußeren Federn weißen

Schwanz. Das unscheinbarere ♀ hat einen braungrauen Kopf mit brauner Maske, eine rötlichbraune Oberseite, einen schwarzbraunen Schwanz mit geringerem Weißanteil als beim ♂ und eine gelblichweiße, fein und dicht wellenförmig quergebänderte Unterseite. Die Jungvögel gleichen dem ♀, sind aber zumeist noch matter gefärbt und auch auf der ganzen Oberseite dunkel quergebändert. Steht auf der Warte in aufgerichteter Haltung. Der Flug ist schnell und direkt. Kann, wenn er bei der Jagd die Hecken entlangfliegt, gleiten oder kurz rütteln, fängt die Beute aber gewöhnlich in einem kurzen Jagdflug vom Ansitz aus. Die Beute, größere Insekten und kleine Wirbeltiere, wird häufiger als bei anderen Würgern auf Dornen gespießt. Braunschwänzige Altvögel und v. a. die Jungvögel können mit Isabellwürgern verwechselt werden, s. dort.
Stimme: Rufe rauh, nasal „dschä", hart, schnarrend „trrrtr-trt" und rätschend „dschrää". Der variable, leise Gesang besteht aus einem teilweise rauh knirschenden Schwätzen vermischt mit Imitationen anderer Vogelstimmen.
Vorkommen: Brütet in der offenen Kulturlandschaft mit Hecken und Gebüschen. Nest bevorzugt in dornigen Büschen wie Weißdorn, Schlehe, Heckenrose, Brombeere.

Schwarzstirnwürger *Lanius minor* **Tafel 85, Karte 321, A**

Kennzeichen: 19-21 cm. Kleiner als der Raubwürger, mit relativ gedrungenerem Schnabel, weit längerem Handflügel (die Flügelspitzen reichen über die Oberschwanzdecken) und kürzerem Schwanz. Die Gefiederfärbung unterscheidet sich von der des Raubwürgers durch die hoch über die Stirn ziehende schwarze Maske (beim ♂ an der Stirn tief schwarz, beim ♀ mehr dunkelgrau), das Fehlen eines Überaugenstreifs und hellen Schulterrandes, die größeren, weißen Flecke an der Handschwingenbasis und die lachsrosa Tönung auf Brust und Bauch. Jungvögel im 1. Winter ohne schwarze Stirn. Das JK ist insgesamt gräulichbeige getönt und auf Scheitel und Mantel fein dunkel gebändert. Flügel und Schwanz sind nicht schwarz, sondern matt schwarzbraun. Wirkt im Flug weniger langgestreckt als der Raubwürger und fliegt geradliniger, weniger in Bögen, rüttelt häufiger und steht auf der Warte höher aufgerichtet.
Ähnliche Art: Da einige Unterarten des Raubwürgers eine rosa Unterseite oder eine ansatzweise schwarze Stirn haben, sind die Strukturmerkmale wie Schnabel-, Flügel- und Schwanzlänge für die Unterscheidung besonders wichtig.
Stimme: Rufe heiser zeternd „gäägää..." oder schackernd „tschek...". Bei der Reviermarkierung im Schauflug kreischend „kerrib kerrib...". Unverpaarte ♂ singen auch rauh schwätzend eine Aneinanderreihung von Imitationen anderer Vogelstimmen.
Vorkommen: Brütet, oft in losen, kleinen Kolonien, im offenen Kulturland mit Hecken, Gebüschen, Baumreihen und Gehölzen. Nest häufig hoch in einem Baum.

Raubwürger *Lanius excubitor* **Tafel 85, Karte 322, BJW**

Kennzeichen: 22-26 cm. Der auffälligste und größte Würger der Region mit relativ kurzen Flügeln (die Flügelspitzen reichen nicht über die Oberschwanzdecken - vgl. Schwarzstirnwürger) und einem ausgesprochen langen Schwanz. Die C-, W- und N-europäische Unterart *L. e. excubitor* unterscheidet sich vom Schwarzstirnwürger in allen Kleidern durch einen längeren, weniger gedrungenen Schnabel, einen durchgehend grauen Oberkopf, einen feinen, weißen Überaugenstreif über der schwarzen Maske, einen weißen Schulterrand, eine auf den Handschwingen breite, auf den Armschwingen schmale, weiße Flügelbinde, die am gefalteten Flügel gewinkelt erscheint, und breitere, weiße Säume an den Schirmfedern sowie Schwanzseiten. Die ♀ haben gewöhnlich eine schwache Brustbänderung. JK auf der Oberseite schmutziggrau und auf der Unterseite gräulichweiß mit dichter, wellenförmiger, grauer Querbänderung. Die S-europäische Unterart *L. e. meridionalis*, die auch als gesonderte Art geführt wird, ist oben dunkler grau mit nur kurzer, auf die Handschwingen beschränkter Flügelbinde und unten hell rötlichgrau. Die mittelasiatische Form *L. e. pallidirostris* wirkt fahl und „ausgebleicht" mit hellem Schnabel und unvollständiger

Maske. Steht gern hoch auf einer Baumspitze o. a. exponierter Warte, wobei der lange Schwanz ständig bewegt und gefächert wird. Fliegt in weiten Bögen mit schnellem etwas unregelmäßigem Flügelschlag. Die Warte wird niedrig angeflogen. Kurz davor steigt dann der Vogel mit ausgebreiteten Flügeln steil an. Die Beute, bevorzugt Mäuse und kleine Vögel, wird vom Ansitz aus oder auch aus dem Rüttelflug gefangen.
Stimme: Der Alarmruf klingt rauh und schrill „wääh wääh...", daneben ist oft ein heiseres Kreischen und ein elsternähnliches Schackern zu hören. Der Gesang besteht aus kurzen, einfachen Strophen metallisch scharfer Laute in wechselnden Tonhöhen, die oft mehrfach wiederholt werden, kleinen Trillern und gelegentlich schwätzenden Imitationen.
Vorkommen: Weniger als andere Würger auf offene Landschaften angewiesen. Brütet im N in lückigen Birkenwäldern, auf Kahlschlägen und verbuschten Mooren, in C-Europa auf Moor- und Heideflächen sowie extensiv genutztem Kulturland mit Busch- und Baumbestand und in S-Europa in der trockenen, offenen Landschaft mit Baumgruppen und Gebüsch. Nest gewöhnlich in einem Dornbusch. Vögel der nördlichsten Populationen überwintern in C- und W-Europa.

Rotkopfwürger *Lanius senator* — Tafel 85, Karte 323, BZ

Kennzeichen: 17-19 cm. Ein wenig größer als der Neuntöter mit einem recht großen Kopf. Die überwiegend schwarzweißen Altvögel sind leicht an dem rotbraunen Scheitel und Nacken zu erkennen. Die weißen Schulterfedern trennen die schwarzen Flügel mit weißem Handbasisfleck von der schwarzen Oberseite. Der Bürzel ist weiß. Das ♀ ist insgesamt bleicher und grauer als das ♂ und an den Flanken manchmal leicht dunkel gebändert. Das JK gleicht dem junger Raubwürgerr, ist aber auf der Oberseite nicht rotbraun, sondern matt rötlichbraun und hat hell gefleckte Schultern, einen cremefarbenen Fleck auf den Handschwingenbasen und einen hell gewölkten Bürzel. Die Unterart der Mittelmeerinseln *L. s. badius* ohne weißen Fleck auf der Handbasis. Bewegungen und Verhalten wie beim Schwarzstirnwürger.
Stimme: Erregungsrufe heiser, kreischend „dschää dschää..." oder hart schnarrend „tschrrrr". Der recht laute kontinuierliche Gesang besteht aus schnalzenden und knirschenden Lauten sowie den verschiedensten, ebenfalls in gequetscht rauher Tonlage vorgetragenen Imitationen, die oft mehrfach wiederholt werden.
Vorkommen: Brütet in offenen Parklandschaften mit Hecken, Gehölzen und Alleen, in Olivenhainen, Obstgärten, in der Macchia und seltener in lichten Wäldern.

Maskenwürger *Lanius nubicus* — Tafel 85

Kennzeichen: 17-18 cm. Ein ausgesprochen schlanker Würger mit einem langen, schmalen Schwanz. Die Oberseite und die Flügel sind schwarzweiß und die Flanken orange getönt. Vom Rotkopfwürger durch das weiße Stirnband sowie den schwarzen Scheitel und Bürzel unterschieden. Das ♀ ist grauer als das ♂ und hat nur schwach getönte Flanken. Das JK ist grau ohne rotbraune Tönung und auf der Oberseite kräftig dunkel gebändert. Das helle Stirnband und die hellen Schultern sind im 1. Winter schon gut zu erkennen. Fliegt ähnlich wie der Neuntöter, ist aber noch wendiger. Hält sich mehr in der Deckung auf und steht nur selten frei auf einer Warte.
Stimme: Erregungsrufe ein bekassinenartiges Rätschen „tschäähr" und ein trockenes Schnarren. Der Gesang ist ein fortlaufendes kehliges, sonores, angedeutet rhythmisch gegliedertes Schwätzen ohne Imitationen, das mit seinen vielen kratzenden Doppelmotiven an den Gesang des Teichrohrsängers erinnert.
Vorkommen: Verbreitung E-Balkan und Türkei. Brütet in schütteren Wäldern mit größeren Lichtungen und dichtem Buschwerk, in Olivenhainen sowie auf Kulturland mit Gebüsch und lockerem Baumbestand.

Rabenvögel: Corvidae

Die größten Singvögel mit kräftigen, gestreckten Schnäbeln. Das Gefieder ist entweder überwiegend schwarz oder recht bunt. Die Stimmen sind allgemein rauh und krächzend. Geschlechter gleich. Intelligente, anpassungsfähige Vögel mit einem weiten Nahrungsspektrum.

Eichelhäher *Garrulus glandarius* **Tafel 87, Karte 324, BJZW**

Kennzeichen: 32-35 cm. Ein breitflügliger, bunter Rabenvogel, den man oft schon hört, bevor man ihn sieht. Auf dem runden Kopf ein beigeweißer, schwarz gestrichelter Scheitel, dessen Federn bei Erregung gesträubt werden. Die weiße Kehle, der schwarze Bartstreif und die bläulichweißen Augen geben dem Gesicht einen typischen Ausdruck. Das Gefieder ist allgemein rosabraun, auf Mantel und Rücken mehr gräulich rotbraun. Der große weiße, vom schwarzen Schwanz scharf abgehobene Bürzelfleck ist v. a. im Flug auffällig. Die Flügel sind charakteristisch gezeichnet. Handdecken blau mit schwarzer Bänderung, Handschwingen grauschwarz, auf den schwarzen Armschwingen bilden die weißen Basen einen markanten Fleck. Flug über längere Strecken unstet flatternd, über kurze im tief schwingenden Bogenflug. Zumeist einzeln oder paarweise. Außerhalb der Brutzeit auch in kleineren, lockeren, lärmenden Trupps. Nüsse und Eicheln werden als Wintervorrat vergraben oder unter Fallaub usw. versteckt.
Stimme: Der typische heiser rätschende Warnruf kann sich zu einem lauten Kreischen steigern. Weitere Rufe ein bussardähnliches „hiiäh“ u. a. krächzende und blubbernde Laute. Der leise, bauchrednerisch schwätzende Gesang mit rauhen aber auch stimmhaften Lauten ist gewöhnlich nur in „entspannter“ Situation zu hören.
Vorkommen: Lebt in Laub-, Misch- und seltener auch in reinen Nadelwäldern, in Gehölzen, Allen sowie zunehmend in Parks und Gärten.

Unglückshäher *Perisoreus infaustus* **Tafel 87, Karte 325**

Kennzeichen: 26-29 cm. Ein kleiner, etwa drosselgroßer Krähenvogel mit locker flauschigem Gefieder, einem kleinen Schnabel und recht langem Schwanz. Die rostroten Federpartien auf dem Handschwingenansatz, den Unterflügeldecken, den Ober- und Unterschwanzdecken sowie den Schwanzseiten heben sich im Flug kennzeichnend von dem graubraunen bis mausgrauen Gefieder ab. Streckenflug mit raschen, leisen Flügelschlägen und eingeschalteten Gleitstrecken. Hüpft am Boden und durch das Gezweig. Hängt bei der Nahrungssuche gelegentlich auch wie eine Meise kopfunter an einem Ast. Lebt allgemein unauffällig im Geäst der Nadelbäume, ist aber wenig scheu und dort, wo er an Menschen gewöhnt ist, ausgesprochen neugierig und zutraulich. Die Familienverbände bleiben bis zur nächsten Brutzeit zusammen.
Stimme: Allgemein recht schweigsam. Erschreckt ein schrilles eichelhäherartiges Rätschen, daneben leise gackernde „djak djak..“ und kreischende „dschii dschii..“ Laute. Der sehr leise Gesang ist eine Aneinanderreihung zwitschernder, pfeifender und trillernder Motive mit Imitationen vom Rauhfußbussard usw.
Vorkommen: Brütet in alten, flechtenbehangenen, nordischen Nadelwäldern. Kommt im Winter oft in Holzfällerlager und Siedlungen.

Blauelster *Cyanopica cyana* **Tafel 87**

Kennzeichen: 31-35 cm (davon 16-20 cm Schwanz). Ein ausgesprochen langgestreckter, schlanker Rabenvogel mit breiten, runden Flügeln und einem langen, gestuften Schwanz. Leicht an der glänzend schwarzen Kapuze, den hellblauen Flügeln mit grauschwarzen Innenfahnen der Handschwingen und dem hellblauen Schwanz zu erkennen. Mantel, Rücken und Bürzel sind gräulichbraun. Unterseite, bis auf die weiße Kehle, bräunlichweiß. Die Bewegungen erinnern an die der Elster. Der Flug ist aber weniger unstet, leichter und geradliniger mit längeren, schwebenden Gleitphasen. Ausgesprochen gesellig. Das ganze Jahr über in lärmenden Trupps. Brüten in losen Kolonien.

Stimme: Typischer Ruf ein gezogenes, helles Schnarren „quirrrrrrr", daneben kreischende und rätschende Laute.
Vorkommen: Verbreitung in der Mitte und im S der Iberischen Halbinsel. Brütet in lichten Pinien-, Kork- und Steineichenwäldern, in Olivenhainen, Eukalyptus- und Obstplantagen.

Elster *Pica pica* **Tafel 87, Karte 326, BJ**

Kennzeichen: 40-51 cm (davon 20-30 cm Schwanz). Einer der bekanntesten und mit dem schwarzweißen Gefieder sowie dem sehr langen Schwanz auch markantesten Rabenvögel. Bis auf den weißen Bauch, die weißen Schultern und die schwarz eingerahmten weißen Handschwingen ist das Gefieder schwarz mit einem, v. a. auf dem Schwanz, ausgeprägten grünen bis violetten Glanz. Fliegt geradlinig mit unregelmäßigem, etwas ruckhaftem Flügelschlag und mit kurzen Gleitstrecken. Nach der Brutzeit in Familienverbänden. Im Winter auch in größeren, lockeren Trupps, v. a. an den gemeinsamen Schlafplätzen. Nest eine geschlossene Kugel aus Zweigen, zumeist hoch oben in einer Baumkrone.
Stimme: Rufe recht vielfältig. Neben dem schackernden Warnruf „tschäck tschäck..." auch nasal gedehnt „gräh-gä-" und hoch „kjak", „kik" o. ä. Der nur selten zu hörende Gesang ist ein anhaltendes, heiseres Schwätzen mit gelegentlich auch fein zwitschernden Lauten.
Vorkommen: Brütet in der offenen Kulturlandschaft mit Gehölzen, Alleen und Hecken. Da in der intensiv genutzten Ackerlandschaft nicht mehr genug Nahrung zu finden ist, konzentrieren sich die Brutvorkommen zunehmend auf die Dörfer und Städte, womit ein hoher Bestand vorgetäuscht wird.

Tannenhäher *Nucifraga caryocatactes* **Tafel 87, Karte 327, BJZW**

Kennzeichen: 32-35 cm. Ungefähr so groß wie der Eichelhäher, jedoch mit weit längerem, klobigerem Schnabel und deutlich kürzerem Schwanz. Bis auf die dunkelbraune Kappe, die schwarzen Flügel, den schwarzen Schwanz mit weißen Ecken und den weißen Steiß ist das gesamte Gefieder dunkel schokoladenbraun und dicht mit weißen Punkten übersät. Im Flug wirkt der Vogel von unten gesehen charakteristisch „zweigeteilt" und vorderlastig. Der lange Schnabel, die dunklen Flügel und der dunkle Körper haben gegenüber dem scharf abgesetzten weißen Steiß und dem kurzen schwarzweißen Schwanz ein deutliches „Übergewicht". Fliegt ähnlich wie der Eichelhäher mit lockerem Flügelschlag, aber geradliniger und weniger unstet. Außerhalb der Brutzeit oft in kleinen Trupps. Sitzt gern hoch oben auf der Spitze eines Nadelbaums.
Stimme: Typischer Ruf ein mechanisch „sägendes", recht hohes Schnarren „äärrrrr", das gewöhnlich mehrfach wiederholt wird, daneben auch dohlenartige Rufe wie „jäk" oder „kja". Der Gesang ist eine leise Folge schwätzender und schnalzender Laute.
Vorkommen: Brütet in Nadelwäldern, vorwiegend Fichtenwäldern, mit Arven oder Haselnuß, deren Samen die bevorzugte Winternahrung darstellen. Kommt in C-Europa nur im Bergland vor. Bei invasionsartigen Einflügen von sibirischen Tannenhähern auch überall im Tiefland. Diese eingewanderten Vögel verhalten sich gewöhnlich äußerst vertraut.

Alpendohle *Pyrrhocorax graculus* **Tafel 87, 88, Karte 328, BJ**

Kennzeichen: 36-39 cm. In Größe und Gestalt der Alpenkrähe sehr ähnlich, aber mit weit kürzerem, geraderem, stets gelbem Schnabel, weniger tief gefingerten Handflügeln, geschwungenem Flügelhinterrand und relativ längerem (länger als die Flügelbreite), gerundetem Schwanz. Gefieder schwarz mit schwachem blauviolettem Glanz. Ausgezeichneter Segelflieger, der im Flug akrobatische Schwünge und Kapriolen vollführt.
Stimme: Rufe höher und spitzer als die der Alpenkrähe. Typischer Ruf, der oft von fliegenden Trupps zu hören ist, metallisch trillernd „jirrrr" und dazwischen oft scharf ansteigend „pijä" sowie verschiedene andere pfeifende und zirpende Laute.

Vorkommen: Brütet nur im Hochgebirge an steilen Felswänden. Ausgesprochen gesellig, oft in großen Schwärmen, die sich an Berghütten und Liftstationen füttern lassen und dort sehr vertraut sind.

Alpenkrähe *Pyrrhocorax pyrrhocorax* **Tafel 87, 88, Karte 329, A**
Kennzeichen: 37-41 cm. Deutlich größer als die Dohle mit einem langen, dünnen, abwärtsgebogenen Schnabel und recht greifvogelähnlichem Flugbild, das durch die tief gefingerten Handflügel, die breiten Flügel mit weitgehend geraden Kanten und den relativ kurzen (kürzer als die Flügelbreite), wenig gerundeten Schwanz bestimmt wird. Das Gefieder ist schwarz mit einem metallisch blauen Glanz. Bei den Altvögeln ist der Schnabel leuchtend rot und bei den Jungvögeln bräunlichgelb. Ausgezeichneter Gleit- und Segelflieger, der in der Luft akrobatische Flugmanöver mit sausenden Sturzflügen und steil aufsteigenden Schwüngen vollführt.
Stimme: Typischer Ruf dohlenähnlich, aber höher, gedehnter und schnarrender „djäärr", „djaarr", daneben auch möwenartig „kiau" oder kurz „kjak".
Vorkommen: Brütet im Hochgebirge mit Steilwänden und Schluchten, aber auch an steilen Küstenklippen. Nest auf Felssimsen, in -nischen und -spalten.

Dohle *Corvus monedula* **Tafel 88, Karte 330, BJZW**
Kennzeichen: 30-34 cm. Der kleinste der krähenverwandten Rabenvögel mit kurzem, spitzem Schnabel, gedrungen, dicklicher Gestalt und lebhaft keckem Wesen. Gefieder nicht einheitlich schwarz, sondern mit grauem Nacken (bei den Dohlen N- und NE-Europas heller und an den Halsseiten nahezu silbernweiß) und schwarzgrauer Unterseite. Die gräulichweißen Augen blicken etwas stechend. Gang ein wenig watschelnd in aufrechter, „selbstbewußter" Haltung. Fliegt taubenähnlich mit schnelleren, tieferen Flügelschlägen als die größeren Verwandten und führt akrobatische Flugmanöver aus. Sehr gesellig, oft mit Krähen in gemischten, großen Schwärmen.
Stimme: Sehr ruffreudig. Ruft ständig, auch im Flug, kurz, metallisch „kja", schnarrend „kjarr", gereiht „kjerr kjerr..." u. ä. Die Lautstärke und die Tonlage der Rufe sind stimmungsabhängig. V. a. an den großen Gemeinschaftsschlafplätzen ein vielstimmiger, lärmender Chor heller „kjä-Rufe".
Vorkommen: Lebt vorwiegend in Städten und Dörfern, aber auch in der offenen, parkartigen Landschaft mit großen, alten, höhlenreichen Bäumen. Brütet kolonieweise in Höhlungen und Nischen an hohen Gebäuden und auch in Baumhöhlen, Nistkästen oder Felsspalten.

Saatkrähe *Corvus frugilegus* **Tafel 88, Karte 331, BJZW**
Kennzeichen: 41-49 cm. Eine große, schwarze Krähe mit langem, sich zur Spitze hin gleichmäßig verjüngendem Schnabel, nacktem, grauweißem Schnabelgrund (nur Altvögel), steiler Stirn und „spitzem" Scheitel sowie lockerem, hosenartig abstehendem Bauchgefieder. Das gesamte Gefieder ist schwarz mit starkem, im Sonnenlicht schimmerndem, violettem Glanz. Der Schnabelgrund der Jungvögel ist bis zum Ende des ersten Winters ebenso wie bei der Rabenkrähe voll befiedert, der Schnabel hat aber die typische, gestreckte Form. Das Flugbild unterscheidet sich von dem der Rabenkrähe durch längere Handflügel, einen schmaleren Flügelansatz und ein stärker gerundetes, nahezu keilförmiges Schwanzende. Der Flug ist lockerer und eleganter mit schnellerem, tiefer ausholendem Flügelschlag und häufigem Gleiten bzw. Segeln. Das ganze Jahr über sehr gesellig und immer in Trupps oder großen bis sehr großen Schwärmen.
Stimme: Die krächzenden Rufe „gäääh", „kraah" o. ä. klingen heiserer und nasaler als die der Rabenkrähe.
Vorkommen: Bewohnt die offene Acker- und Wiesenlandschaft mit Alleen, Feldgehölzen und kleinen Wäldern. Die Brutkolonien, gewöhnlich in Gruppen hoher Laubbäume, werden auch oft in Parks oder am Rande von Dörfern und Städten angelegt. Große Reisignester, zumeist mehrere in einer Baumkrone.

Flugbilder des Kolkraben und der Raben- bzw. Nebelkrähe

Aaskrähe *Corvus corone* **Tafel 88, Karten 332, 333, BJZW**
Zwei deutlich verschiedene Unterarten **Rabenkrähe** *C. c. corone* und **Nebelkrähe** *C. c. cornix* mit getrennter Verbreitung (s. Karten) sowie Mischpopulationen an den gemeinsamen Verbreitungsgrenzen.
Kennzeichen: 44-51 cm. Die häufigsten Krähen der Region. Unterscheiden sich von der ähnlichen Saatkrähe durch einen kürzeren, kompakteren, an der Spitze gebogenen Schnabel, einen stets befiederten Schnabelgrund, eine flache Stirn und enger anliegendes Bauchgefieder. Im Flug an den etwas kürzeren, weitgehend gleichmäßig breiten Flügeln und dem schwächer gerundeten, nie keilförmigen Schwanzende zu erkennen. Die Rabenkrähen sind ganz schwarz mit einem schwachen grünen und blauvioletten Glanz. Das Körpergefieder der Nebelkrähe ist grau mit leichter beigebrauner Tönung, nur der Kopf, ein etwas „ausgefranster" Brustlatz, die Flügel und der Schwanz sind schwarz. Die etwas kleineren und heller grauen Nebelkrähen S-Europas werden als eine gesonderte Unterart, *C. c. sardonius*, angesehen. Die Flugweise mit flachen, gleichmäßigen Flügelschlägen wirkt behäbiger als die der Saatkrähe. Die Paare sind zur Brutzeit streng territorial. Nach der Brutzeit bilden sich größere Schwärme die sich oft mit Saatkrähen und Dohlen an gemeinsamen Schlafplätzen sammeln.
Stimme: Rufe rauh krächzend „krra krra..." o. ä., manchmal aber auch weniger rollend, ähnlich wie die Saatkrähe „gaa gaa..." und schnarrend „krrr krrr...".
Vorkommen: Außer in großen, zusammenhängenden Wäldern fast überall dort anzutreffen, wo größere Bäume zum Nisten vorhanden sind. Nester einzeln in hohen Baumkronen, in Siedlungen, v. a. in Großstädten, aber auch auf Gebäuden, Leitungsmasten, Gerüsten usw.

Kolkrabe *Corvus corax* **Tafel 88, Karte 334, BJ**
Kennzeichen: 54-67 cm. Der größte und wuchtigste Rabenvogel. Größer als ein Bussard mit einem „klotzigen" Schnabel, struppiger Kehle und ganz schwarzem, leicht grün- und blauviolett glänzendem Gefieder. Das typische Flugbild ist durch lange Flügel mit verschmälerten Handflügeln und den ausgeprägt keilförmigen Schwanz gekennzeichnet. Fliegt kraftvoll mit langsamen, aber fördernden Flügelschlägen, segelt wie ein großer Greifvogel und kann bei der Balz akrobatische Flugkunststücke vollführen. Sehr scheu und wachsam. Zumeist einzeln oder paarweise. Nach der Brutzeit auch Familienverbände oder kleinere Trupps.
Stimme: Rufe tief, rauh und gurgelnd „krroap", „krrahk" oder „grrog", in Balzstimmung aber auch hoch und metallisch „klong" und leise glucksende, schnalzende und schwätzende Laute.

Vorkommen: Bevorzugt locker bewaldete Landschaften, lebt aber auch auf weiten, wenig bewaldeten Heiden, an Steilküsten und im Gebirge. Großes Nest aus Ästen und Zweigen in Baumkronen und in Felsnischen.

Stare: Sturnidae

Mittelgroße, untersetzte Singvögel mit langen, spitzen Schnäbeln, spitz zulaufenden Flügeln und kurzen Schwänzen. Laufen am Boden mit schnellen, trippelnden Schritten. Der Flug ist geradlinig und schnell mit längeren Gleitphasen. Die Geschlechter sehen gleich aus. Lebhaft, „geschwätzig“ und sehr gesellig. Außerhalb der Brutzeit oft in riesigen, wolkenartigen Schwärmen. Höhlenbrüter.

Star *Sturnus vulgaris* — **Tafel 87, Karte 335, BJZ**

Kennzeichen: 19-22 cm. Einer der häufigsten Vögel Europas. Kleiner, gedrungener, kurzbeiniger und kurzschwänziger als die Amsel. Gefieder im PK schwarz mit grün und violett schimmerndem Glanz. Beine bräunlichrot und Schnabel gelb, beim ♂ an der Basis hell blaugrau. ♀ auf der Unterseite mit einigen hellen Flecken. Im SK ist das gesamte Gefieder dicht mit gelblichweißen Punkten übersät und der Schnabel dunkel. JK zunächst weitgehend einheitlich hell graubraun nur an der Kehle weißlich. Das graue Gefieder wird im Verlauf des 1. Winters zunehmend durch schwarze, weiß gepunktete Federpartien ersetzt. Die Jungvögel wirken dann seltsam gescheckt. Typisches Flugbild mit lang vorgestrecktem, spitzem Schnabel, kurzem, gedrungenem Körper, dreieckig spitzen Flügeln und kurzem Schwanz. Flug schnell in flachen, weiten Bögen. Im Herbst und Winter vielfach riesige lärmende Schwärme, die zum Schlafen auf Gebäuden, in Bäumen und bevorzugt im Schilf einfallen.
Stimme: Rufe rauh und heiser „ärr-wrr“, Kontaktlaute krächzend „squar“. Die Jungen kreischen, anhaltend und durchdringend „tschrr tschrr...“. Der Gesang, der mit weit geöffnetem Schnabel und flatternden Flügeln vorgetragen wird, ist sehr variabel und klingt teilweise „mehrstimmig“. Er ist eine schwätzende Aneinanderreihung von knirschenden, knackenden, schnalzenden und pfeifenden Lauten untermischt mit den verschiedensten, erstaunlich getreuen Imitationen.
Vorkommen: Bewohnt Dörfer, Städte und die offene Kulturlandschaft. Brütet in Baumhöhlen, Fels- und Mauerritzen und v. a. in Nistkästen.

Einfarbstar *Sturnus unicolor* — **Tafel 87**

Kennzeichen: 19-22 cm. In Aussehen, Verhalten und Bewegungen wie der Star. Im PK aus einiger Entfernung vom Star kaum zu unterscheiden. Aus der Nähe durch das fleckenlose, gänzlich schwarze, violett schimmernde Gefieder und die rosaroten Beine zu erkennen. Das ♀ ist etwas matter schwarz als das ♂. Im SK mit feinen, hellen Flecken auf Rücken, Bauch und Unterschwanzdecken. Scheitel und Nacken bleiben, im Unterschied zum Star, gewöhnlich ungefleckt. Im JK nicht hell graubraun, sondern dunkel schwärzlichbraun.
Stimme: Rufe bei Störungen rauh schnarrend „jirrr“, „jährrr“. Der Gesang klingt ähnlich wie beim Star, ist aber einfacher. Typisch ist ein zweiteiliger hoher Pfiff „dwiih-wii“, der immer wieder in schwätzende, flötende und knirschende Laute eingeflochten wird.
Vorkommen: Verbreitung auf der Iberischen Halbinsel, Sardinien, Korsika und Sizilien. Bewohnt die offene Ackerlandschaft, Olivenhaine, Dörfer und Städte. Brütet gewöhnlich in kleinen Kolonien in Felsspalten, Mauerlöchern und Baumhöhlen.

Rosenstar *Sturnus roseus* — **Tafel 87, A**

Kennzeichen: 19-22 cm. Gleicht in Gestalt und Aussehen dem Star, hat aber einen weit kürzeren Schnabel. Bis auf den violett glänzenden, schwarzen Kopf mit langem Nackenschopf, die grün schimmernden, schwarzen Flügel und den schwarzen

Schwanz ist bei den Altvögeln im PK der ganze Körper zart rosa. Der Schnabel ist im Sommer orangegelb und im Winter braun. Die Beine sind rosa. Im SK matter schwarz und durch bräunliche Federsäume „schmutzigrosa". Das JK ist weit heller als das junger Stare. Oberseite fahl sandbraun, die dunkelbraunen Flügelfedern haben helle Säume, Schwanz dunkel, Unterseite weißlich hell, Schnabel gelblich, Beine matt rosa. Zeigt im Flug einen hellen Bürzel und einen auffallend hellen Bauch. Sehr gesellig, auch während der Brutzeit. Oft gemeinsam mit Staren auf der Nahrungssuche zwischen grasendem Vieh. Man beachte, daß einzelne Jungstare auch sehr hell sein können.
Stimme: Ruf im Flug klar „ki-ki-ki-", sonst starenartig schnarrend und rätschend. Der Gesang ist ein anhaltendes, hastiges, rauhes, teilweise kreischendes Schwätzen.
Vorkommen: Verbreitung vom Schwarzen Meer bis Zentralasien. Offene Kulturlandschaft, felsige Regionen, steppenartiges Gelände. Brütet am Boden in Höhlen zwischen Geröll, in Erdlöchern, Mauerritzen und Felsspalten. Gelegentlich invasionsartige Einflüge nach SE-Europa.

Sperlinge: Passeridae

Kompakte, zumeist unscheinbar gefärbte Singvögel mit kurzem Kegelschnabel. Im Unterschied zu den meisten Finken ist der Schwanz nicht eingekerbt. Gesänge bzw. Rufe recht einfach. Große, unordentliche Nester oft in Höhlen, Spalten, Ritzen von Bäumen, Mauern oder Felsen.

Haussperling *Passer domesticus* **Tafel 91, Karte 336, BJ**

Kennzeichen: 14-16 cm. Der wohl bekannteste Vogel in Dorf und Stadt. Das ♂ ist leicht an dem grauen Scheitel mit breiten, kastanienbraunen Scheitelseitenstreifen, an dem schwarzen Latz, den weißlichen Halsseiten, den grauen Wangen und den weißen Flügelbinden zu erkennen. Das ♀ und die Jungen sind auf der Oberseite unscheinbar graubraun mit dunklen Streifen und auf der Unterseite „schmutzig" weißlichgrau. Sie haben hellbeige Überaugenstreifen und beigefarbene Flügelbinden. Hüpft oft mit aufgeplustertem Gefieder. Fliegt etwas schwerfällig mit schnell schwirrendem Flügelschlag. Sehr gesellig. Brütet in kolonieartigen Gemeinschaften.
Stimme: Rufe weich „wäd", zeternd „tschet-tschet-", im Flug „tschiup" u. a. tschilpende Laute. Gesang ständig wiederholt „tschilp tschilp...".
Vorkommen: Immer in der Nähe des Menschen. Überall in Dörfern und Städten, in jüngster Zeit aber vielfach beträchtlicher Bestandsrückgang. Nest in Mauernischen, unter Dachziegeln, in Efeu o. a. Mauerbewuchs, in Nistkästen und Baumhöhlen. Manchmal auch freistehende Kugelnester in einem Baum.

Weidensperling *Passer hispaniolensis* **Tafel 91, Karte 337**

Kennzeichen: 14-16 cm. Naher Verwandter des Haussperlings. Scheitel des ♂ intensiv kastanienbraun, über dem Auge ein schmaler weißer Streif, Wangen weiß, von der tief schwarzen Brust ziehen schwarze Fleckenreihen auf Flanken und Schultern. Das ♀ und die Jungen sehen wie Haussperlings-♀ aus, ihre Oberseite ist aber oft stärker gestreift und die Flanken zeigen vielfach eine schwache Streifung. Der „**Italiensperling**", die italienische Unterart des Weidensperlings, *P. h. italiae*, wurde, da es an den gemeinsamen Verbreitungsgrenzen von Haus- und Weidensperling zu Hybridisierungen kommt, auch als Mischpopulation angesehen. Das ♂ hat ebenfalls einen kastanienbraunen Scheitel und weiße Wangen, aber, ebenso wie das Haussperlings-♂, nur einen kleinen, schwarzen Latz. Bewegungen und Verhalten wie beim Haussperling, hält sich aber mehr in der freien Feldmark auf.
Stimme: Rufe ähnlich denen des Haussperlings, aber allgemein höher und klangvoller. Der tschilpende Gesang „tschip-tschip-" klingt gleichmäßiger und rhythmischer.

Vorkommen: Ist weniger als der Haussperling an menschliche Siedlungen gebunden, sondern brütet auch in dichtem Gebüsch, in Gehölzen, Alleen und unterholzreichen Waldrändern. Baut Kugelnester aus Halmen und Zweigen in Bäumen, in die Spalten und Ritzen von Storchen- und Greifvogelnestern, in verlassene Schwalbennester usw.

Feldsperling *Passer montanus* **Tafel 91, Karte 338, BJ**

Kennzeichen: 13-14 cm. Der kleinste und gedrungenste Sperling. ♂ und ♀ sehen gleich aus. Ähnlich wie ein Haussperlings-♂, aber leicht an der warm rotbraunen Kappe, dem typischen schwarzen Fleck auf den weißen Wangen und dem nahezu durchgängig weißen Kragen zu erkennen. Die seltenen Mischlinge mit dem Haussperling können einen grauen Scheitel und schmutzigweiße Wangen mit nur angedeutetem dunklem Ohrfleck haben. Scheuer als der Haussperling. Nach der Brutzeit oft größere Schwärme in Getreidefeldern.
Stimme: Ruft beim Abfliegen hart „tek-tek-", weitere Rufe weich „tsüwit" oder gereiht „dschäd dschäd...". Gesang ein gereihtes Tschilpen „tsche tsche...", das etwas hölzerner als vom Haussperling klingt.
Vorkommen: Brütet in Gehölzen, Obstgärten, Alleen und Gärten in der Nähe von landwirtschaftlichen Nutzflächen oder Siedlungen. Nest in Baumhöhlen, Nistkästen oder Mauernischen.

Steinsperling *Petronia petronia* **Tafel 91, Karte 339**

Kennzeichen: 15-17 cm. Ein recht großer, robuster Sperling mit einem kennzeichnenden Kopfmuster. Die graubraune Scheitelmitte ist von dunkelbraunen Seitenstreifen eingefaßt. Unter diesen ziehen breite cremegelbe Überaugenstreifen bis in den Nacken. Die Ohrdecken sind dunkel umrandet. Die breiten, weißen Spitzen der äußeren Schwanzfedern sind v. a. im Flug auffällig. Die weißliche Unterseite ist markant graubraun längsgestreift. Der kleine gelbe Kehlfleck ist am besten erkennbar, wenn der Vogel den Kopf hebt. Den Jungen fehlt dieser Kehlfleck. Flug kraftvoll mit tief ausholendem Flügelschlag.
Stimme: Typischer Ruf nasal, hochgezogen, mehrfach wiederholt „bäii" oder mehr metallisch „bäi-je", sonst haussperlingsähnlich schnarrende und tschilpende Rufe. Der Gesang besteht aus einer Aneinanderreihung von Variationen der nasalen Rufe wie „bäidilid" o. ä.
Vorkommen: Brütet in offenen und gewöhnlich auch trockenen Landschaften mit Felsen, Schluchten, Steinbrüchen und Ruinen. Gesellig, außerhalb der Brutzeit oft in größeren Schwärmen. Nest in Felsspalten und Mauerritzen.

Schneefink *Montifringilla nivalis* **Tafel 91, Karte 340, BJ**

Kennzeichen: 17-19 cm. Ein finkenähnlicher „Gebirgssperling". Flügel- und Schwanzmuster mit ausgedehnten, weißen Partien, ähnlich wie bei der Schneeammer. Bei genauerer Beobachtung aber leicht an dem grauen Kopf, dem schwarzen Kinnfleck, der matt erdbraunen Oberseite und der gelblichgrauen Tönung der Unterseite zu erkennen. Der Schnabel ist im PK schwarz und im SK gelb. Das ♀ ist etwas blasser und bräunlicher als das ♂ mit weniger Weiß auf Flügeln und Schwanz. Im SK ist bei beiden der schwarze Kinnfleck durch helle Federränder überdeckt. Die Jungen sind noch matter gefärbt als das ♀. Fliegt schnell und kraftvoll in langgezogenen Wellen. Größere Schwärme im „tanzenden" Flug erinnern an wirbelnde Schneeflocken.
Stimme: Rufe beim Auffliegen kurz, unrein „pschie" oder rauh „ziiih" und erregt, rollend „pchrrrr". Der Gesang, der entweder von einem Felsblock oder im kreisenden Singflug vorgetragen wird, besteht aus einer etwas stotternden Folge trocken flötender und schnarrender Motive „tjü-tjü-ti tirrr...".
Vorkommen: Bewohnt felsige Hochgebirgsregionen in Höhen zwischen 1.500 und 3.000 m. Kommt im Winter herab in tiefere Lagen und sucht dann oft bei Skihütten, Seilbahnstationen usw. nach Nahrung. Dort oft recht vertraut.

Prachtfinken: Estrildidae

Kleine, tropische, finkenähnliche Vögel mit kurzen, konischen Schnäbeln und schmalen Schwänzen. Leben bevorzugt in Steppen und Savannen von Grassamen. Oft gesellig in großen Schwärmen. Die Vorkommen in Europa gehen auf entflogene Käfigvögel zurück.

Wellenastrild *Estrilda astrild* **Tafel 96**

Kennzeichen: 11-12 cm. Ein kleiner, zierlicher, finkenähnlicher Vogel mit einem kurzen Kegelschnabel und einem langen, zugespitzt gestuften Schwanz. In allen Kleidern auf der Ober- und Unterseite sowie auf Flügeln und Schwanz fein dunkelbraun quergebändert. Untere Wangenpartie und Kehle weißlich, Bauchmitte rötlich, Schnabel und langovaler Augenstreif leuchtend rot. Bei den insgesamt etwas mehr düsterer gefärbten Jungvögeln ist der Schnabel schwarz. Dicht gedrängte Schwärme, die sich gewöhnlich im hohen Gras, Schilf oder Getreide aufhalten. Gestrecktes Flugbild mit kurzen, runden Flügeln und schmalem, langem Schwanz. Flug zügig mit schwirrendem Flügelschlag.
Stimme: Häufigster Ruf ein scharfes, oft mehrfach wiederholtes „tzip". Von den Schwärmen ist ständig ein fein schwätzendes Zwitschern zu hören.
Vorkommen: Verbreitung Afrika südlich der Sahara. In Portugal und Spanien eingebürgert. Brütet hier bevorzugt in Schilf-, Binsen- und Seggenbeständen.

Tigerfink *Amandava amandava* **Tafel 96**

Kennzeichen: 10-11 cm. Ein sehr kleiner, kurzschwänziger Prachtfink. Das ♂ ist im PK, bis auf die braunen Flügel, den schwarzen Schwanz und verstreute weiße Punkte, gänzlich karminrot. Das ♀ ist auf der Oberseite graubraun und auf der Unterseite beigeweiß. Nur die Bürzelregion ist rot. Die weißen Spitzen der Flügeldecken bilden helle Punktreihen. Die Jungen sind noch unscheinbarer graubraun ohne jegliche rote Färbung, aber mit zwei beigegelben Flügelbinden. Die Schnäbel der Alten sind korallenrot, die der Jungen zunächst schwärzlichbraun. Flug und Verhalten wie beim Wellenastrild.
Stimme: Häufigste Rufe ein hohes Zirpen und kurzes, rauhes Quietschen. Der Gesang ist ein anhaltendes, hohes, feines Zwitschern.
Vorkommen: Verbreitung S-Asien. Beliebter Käfigvogel, der aus Indien kommend in Mittelspanien und im Podelta eingebürgert wurde.

Vireos: Vireonidae

Rotaugenvireo *Vireo olivaceus* **Tafel 93, A**

Kennzeichen: 13-14 cm. In Größe und Gestalt einem Spötter ähnlich, jedoch mit weit klobigerem, an der Spitze hakigem Schnabel, kräftigeren, blaugrauen Beinen und relativ kurzem Schwanz. Die Altvögel sind auf der Oberseite gräulich olivgrün, auf Flügeln und Schwanz dunkler graubraun und auf der Unterseite weißlich. Sie haben einen blaugrauen Scheitel, breite, weiße, dunkel eingefaßte Überaugenstreifen und rote Augen. Bei den Jungvögeln ist der Scheitel wie die Oberseite gefärbt, die Überaugenstreifen sind weniger markant und die Augen braun. Erinnert im Flug an eine Grasmücke, hat aber eine gedrungenere Gestalt. Die Bewegungsweise wirkt oft etwas träge und schwerfällig, kann sich aber auch flink durch das Astwerk bewegen. Hält sich zumeist recht unauffällig im dichten Bewuchs versteckt.
Stimme: Ruf der Gastvögel bemerkenswert nasal wimmernd „tschäiij".
Vorkommen: Verbreitung N-Amerika. Auf den Britischen Inseln ein alljährlicher Gast und auch mehrfach in C-Europa nachgewiesen.

Finken: Fringillidae

Kleinere, gesellige Singvögel mit gestreckt kegelförmigen Schnäbeln, die an das Öffnen hartschaliger Samen angepaßt sind. Der Flug ist eigenartig wellenförmig hüpfend. ♂ und ♀ sind vielfach deutlich verschieden. Die Jungvögel gleichen weitgehend den ♀. Viele sind recht ansprechende Sänger. Die meisten bauen ihre napfförmigen Nester in Büschen und Bäumen. Zur besseren Übersicht lassen sich drei Gruppen unterscheiden: 1. die großen Finken mit den Gattungen *Fringilla*, *Carpodacus*, *Pyrrhula*; 2. die kleinen Finken mit *Serinus*, *Carudelis* und 3. die Kreuzschnäbel *Loxia*. Dazu kommen noch einige spezialisierte Arten bzw. Gattungen.

Buchfink *Fringilla coelebs* — **Tafel 89, Karte 341, BJZW**

Kennzeichen: 14-16 cm. Der häufigste und am weitesten verbreitete Fink der Region mit einem recht langen Schwanz. In allen Kleidern an den zwei weißen Flügelbinden, die obere deutlich breiter als die untere, und den weißen Schwanzkanten zu erkennen. Das bunte ♂ hat einen blaugrauen Kopf und Nacken, einen kastanienbraunen Mantel, einen olivgrünen Bürzel und eine bräunlichweinrote Unterseite. Das ♀ und die Jungvögel sind oben grünlich braungrau und unten weißlichgrau. Flugbild gestreckt. Flug locker. Der Wechsel von schnellen Flügelschlägen und „Bolzenflug“ mit angelegten Flügeln ergibt eine wellenförmig hüpfende Flugbahn. Außer zur Brutzeit recht gesellig. Oft in Gemeinschaft mit anderen Finken. Die Geschlechter bilden gelegentlich kleine gesonderte Schwärme.
Stimme: Rufe laut „pink pink...“, wiederholt pfeifend „wrüt“ oder „huit“ und im Flug weich, verhalten „djüb“. Der Gesang, der allgemein bekannte „Finkenschlag“, ist eine schmetternd abfallende Strophe mit einem Endschnörkel. Bei dem Gesang gibt es vielfache regionale und individuelle Variationen.
Vorkommen: Brütet in Wäldern, bevorzugt lichten Laub- und Mischwäldern, in Parks und Gärten. Nest ein festgefügter, außen mit Moos oder Flechten verkleideter Napf. Neststand oft recht niedrig in Astgabeln von Büschen und Bäumen.

Bergfink *Fringilla montifringilla* — **Tafel 89, Karte 342, ZW**

Kennzeichen: 14-16 cm. Dem Buchfinken recht ähnlich, aber immer an dem langovalen, weißen Bürzelfleck und dem relativ kurzen, fast ganz dunklen, tief eingekerbten Schwanz zu erkennen. Gefieder allgemein ähnlich dem des Buchfinks, aber immer lebhafter und wärmer gefärbt. Die Flügelbinden sind schmaler und, zumindest die untere, orangefarben oder beige getönt. Das ♂ hat im PK einen blauschwarzen Kopf und Mantel sowie eine satt orange Brust und ebenso gefärbte Schultern. Im SK sind Kopf und Mantel durch bräunliche Federränder aufgehellt. Scheitel und Mantel bei ♀ und Jungvogel graubraun mit dunklen Flecken, Kopfseiten und ein mittlerer Nackenfleck heller beigegrau, Brust, Schultern und Flügelbinden rostorange. Wirkt im Flug kürzer und gedrungener als der Buchfink und fliegt noch lockerer und sprunghafter. Außer zur Brutzeit sehr gesellig. Im Winter oft riesige Schwärme in Buchen- und Hainbuchenwäldern. Der Gimpel hat zwar auch einen weißen Bürzel, ist aber weit größer und massiger.
Stimme: Typische Rufe nasal, gequetscht „ääitsch“ und im Flug kurz, etwas quäkend „jäck jäck...“. Der einfache Gesang ist die stetige Wiederholung eines gedehnt unreinen Schnarrens „njäärrrrr“, das ähnlich wie der Schnarrer des Grünfinks klingt.
Vorkommen: Brütet in lichten, nordischen Nadel- und Birkenwäldern. Überwintert in C- und S-Europa, bevorzugt in fruchtenden Buchenwäldern.

Girlitz *Serinus serinus* — **Tafel 89, Karte 343, BZ**

Kennzeichen: 11-12 cm. Der kleinste Fink der Region mit einem recht großen, runden Kopf und einem winzigen Kegelschnäbelchen. Die Altvögel haben einen gelben Bürzel und einen dunklen Schwanz (vgl. Erlenzeisig). Das ♂ ist auf der Oberseite olivgrün mit kräftiger, dunkler Streifung auf Mantel und Flanken. Von der Stirn zieht über die Augen

und um die Wangen bis zur Kehle ein gelbes Band. Auch die Kehle, die Brust, ein Fleck auf den dunklen Wangen und die beiden schmalen Flügelbinden sind gelb. Das ♀ ist an Kopf und Oberseite brauner und an Kehle und Brust mehr gräulichgelb. Dem JK fehlt fast jegliche gelbe Tönung. Es ist oben graubraun und unten beigeweiß mit kräftiger, dunkler Streifung. Im Flug klein und kompakt mit hektisch hüpfender Bewegung.
Stimme: Rufe hoch, nasal „schwid", erregt breit „dschäi" und im Flug ein kurzer, hoher Triller „girrr" oder „psitirr". Gesang von einer hohen Warte oder im steifflügeligen Flatterflug ein anhaltend schwirrendes bzw. hoch klirrendes Zwitschern.
Vorkommen: Brütet an Waldrändern, auf Friedhöfen, in Parks und Gärten, bevorzugt mit einzelnen hohen Nadelbäumen. Nest recht hoch in Nadel- oder immergrünen Bäumen.

Zitronengirlitz *Serinus citrinella* **Tafel 89, Karte 344, BJ**
Kennzeichen: 12-13 cm. Ein kleiner Fink mit grauem Halsring und ungestreifter Unterseite. Das ♂ hat einen olivgrünen, nur ganz schwach gestreiften Mantel. Sein Gesicht, die Unterseite, der Bürzel und zwei Flügelbinden sind gelbgrün. Das ♀ ist matter gefärbt mit nur wenig Gelb im Gesicht, graugelber Unterseite und einem dunkler graugrünen, gestreiften Mantel. Der Jungvogel ist noch dunkler und brauner mit rostbeigen Flügelbinden und deutlicher Streifung auf der Ober- und Unterseite. Die Unterart von Korsika und Sardinien, *S. c. corsicana*, hat einen braunen, gestreiften Mantel und eine rein gelbe Unterseite. Sieht im Flug mehr wie ein unscheinbar gefärbter Erlenzeisig (s. dort) als wie der kurze, gedrungene Girlitz aus. Der Flug ist leicht und hüpfend wie bei den anderen kleinen Finken.
Stimme: Rufe etwas melancholisch unrein, zweisilbig „pjit-äh" oder kurz „dä" bzw. schnell gereiht „dädädädä". Der Gesang erinnert an den des Erlenzeisigs oder Bluthänflings mit schnell zwitschernden, trillernden und flötenden Passagen.
Vorkommen: Brütet in Bergwäldern ab etwa 1.000 m bis zur Baumgrenze. Bevorzugt werden lockere Fichtenbestände am Rande von Geröllfeldern und Bergwiesen. Kommt im Winter in tiefere Lagen. Auf Korsika und Sardinien auch in der Macchia bis auf Meereshöhe.

Grünling *Carduelis chloris* **Tafel 89, Karte 345, BJZW**
Kennzeichen: 14-16 cm. Ein untersetzter, massiger Fink mit großem Kopf und klobigem, hornfarbenem Schnabel. Kennzeichnend sind die gelben Handschwingenbasen, die am gefalteten Flügel ein gelbes Feld bilden, und die gelben Flecke auf den Schwanzseiten. Das ♂ hat eine graugrüne Oberseite, gräuliche Kopfseiten, eine gelbgrüne Unterseite und ein hellgraues Flügelfeld. Das ♀ ist grauer und auf dem Mantel bräunlicher mit weniger leuchtendem Gelb am Flügel und auf den Schwanzseiten. Die braunen bis beigebraunen oben und unten kräftig gestreiften Jungvögel haben am Flügel und Schwanz fast überhaupt kein Gelb. Sie sollten nicht mit den noch dunkleren Karmingimpel-♀ verwechselt werden (s. dort). Außerhalb der Brutzeit oft in kleineren Schwärmen zusammen mit anderen Finken. Häufig an Winterfütterungen.
Stimme: Lockruf weich, gezogen „dschwuid", im Flug klingende, harte Triller „gigigi...". Der Gesang wird von einer hohen Warte oder im gaukelnden Singflug vorgetragen. Das anhaltende, melodische, kanarienvogelähnliche Trillern und Zwitschern wird immer wieder durch ein gedehntes Schnarren oder „Knätschen" „dijäiiiiih" unterbrochen.
Vorkommen: Brütet an Waldrändern, im offenen Kulturland mit Feldgehölzen, Hecken, Alleen und Einzelbäumen, in Parks und in Gärten. Einer der häufigen Vögel in Dörfern und Städten. Nest in Bäumen, Büschen (bevorzugt Koniferen) und Kletterpflanzen.

Stieglitz *Carduelis carduelis* **Tafel 89, Karte 346, BJZW**
Kennzeichen: 12-13 cm. Ein kleiner, in seiner Buntheit und mit seinem recht langen, spitzen, elfenbeinweißen Schnabel unverkennbarer Fink. Die Altvögel haben einen rotweiß-schwarzen Kopf, schwarze Flügel mit einem großen, goldgelben Flügelfeld, einen

weißen Bürzel und einen schwarzen, am Ende weiß gezeichneten Schwanz. Kopf, Oberseite und Flanken der Jungvögel sind gräulichbeige mit dunkler Streifung. Die Flügel sehen aber weitgehend wie bei den Alten aus. Fliegt wie die anderen kleinen Finken in „tanzenden" Bögen. Recht gesellig, oft im Familienverband oder in kleinen Trupps in reifen Distelbeständen.
Stimme: Die typischen, auch im Flug ständig zu hörenden Rufe bestehen aus einer schnellen Folge klingender, unterschiedlich hoher Töne wie „dudidelit", „didudide" o. ä. Die eilig schwätzenden Gesangsstrophen setzen sich aus einer rufähnlichen Einleitung, schnellen Trillern und einem nasal knätschenden Ausklang zusammen.
Vorkommen: Brütet in lichten Laub- und Mischwäldern, in Feldgehölzen, Obstplantagen, Alleen, Parks und Gärten. Nest gewöhnlich zwischen den dünnen, äußeren Ästen der Baumkronen oder seltener auch in Büschen.

Erlenzeisig *Carduelis spinus* — Tafel 89, Karte 347, BJZW

Kennzeichen: 11-13 cm. Ein kleiner, untersetzter Fink mit einer goldgelben Binde auf dem weitgehend schwarzen Flügel, grünlichgelbem Bürzel und einem schwarzen Schwanz mit ausgedehnt gelben Seiten. Das ♂ hat einen schwarzen Scheitel und ein schwarzes Kinn, einen breiten, gelben, um die dunklen Wangen ziehenden Überaugenstreif, einen leicht gestreiften, olivgrünen Mantel und eine grüngelbe Tönung auf Brust und Flanken, die fließend in das Weiß von Bauch und Steiß übergeht. Die Flanken und die Unterschwanzdecken sind kräftig schwarz gestreift. Das ♀ ist auf der Oberseite grauer und auf der Unterseite weißer, hat keinen schwarzen Scheitel und ist auf Brust und Flanken dichter gestrichelt und gestreift. JK noch brauner als das ♀ mit noch kräftigerer Streifung auf der Ober- und Unterseite. Wirkt im Flug gedrungener als der Birkenzeisig. Flugweise schnell und tänzelnd. Bei der Nahrungssuche hängen die Zeisige oft nach Meisenart kopfunter an Erlen- oder Birkenzweigen um die Samen aus den Zapfen oder Kätzchen zu holen. Nach der Brutzeit und im Winter in größeren, „zwitschernden" Schwärmen. Oft mit Birkenzeisigen vergesellschaftet.
Ähnliche Arten: Der Girlitz ist weit kleiner, hat ein kleines Schnäbelchen und trillernde Rufe. Der Zitronengirlitz ist etwas größer, hat einen längeren Schwanz und eine ungestreifte Unterseite (Altvögel).
Stimme: Rufe wehmütig, rein „tüli" und im Flug kurz und trocken „tet-tet-". Gesang von einer Baumspitze oder im schmetterlingsartigen Singflug, im Frühling auch gemeinsam im Schwarm, ein anhaltendes, schnelles Zwitschern und Schwätzen mit Imitationen, das immer wieder von einem gezogen, nasalen „Knätschen" unterbrochen wird.
Vorkommen: Brütet in Nadel- (bevorzugt Fichten-) und Mischwäldern. Nest gewöhnlich hoch in einer alten Fichte am äußern Ende eines Astes. Im Winter bei der Nahrungssuche v. a. auf Erlen und Birken.

Bluthänfling *Carduelis cannabina* — Tafel 90, Karte 348, BJZW

Kennzeichen: 13-14 cm. Ein weit verbreiteter, kleiner Fink mit grauem Schnabel, braunen Beinen, weißen Säumen an den Handschwingen, die ein diffuses, weißes Flügelfeld bilden, und weißen Schwanzkanten. Im PK hat das ♂ einen grauen Kopf mit einer ausgedehnt roten Stirn und einer weißlichen, dunkel gefleckten Kehle. Mantel und Flügeldecken kastanienbraun, Brust und Flanken karmin- bis bräunlichrot. Im SK ist das Rot auf Stirn und Brust durch zimtbraune Federsäume verdeckt. Das ♀ hat kein Rot im Gefieder. Das Federkleid ist insgesamt matter und bräunlicher gefärbt. Scheitel, Oberseite, Brust und Flanken sind leicht gestreift. Der Mantel der noch stärker gestreiften Jungvögel ist nicht kastanien-, sondern mehr erdbraun. Im Flug deutlich langschwänziger als der Birkenzeisig. Oft in gemischten kleineren Schwärmen, die, bevor sie zur Nahrungssuche im hohen Kraut einfallen, dicht über dem Boden „tanzend" umherfliegen. Vgl. auch Berghänfling und Birkenzeisig.
Stimme: Ruft erregt nasal, gedehnt „djüe", Flugruf ähnlich dem des Grünlings trocken, nasal „djek-djek-". Der Gesang besteht aus einer schnellen Folge von Trillern, gezogenen Lauten und Pfiffen. Er klingt gewöhnlich etwas gequetscht, nasal und unrein.

Vorkommen: Brütet in offenen Landschaften mit Hecken, Gebüschen und Baumgruppen, auf mit Wacholder und Ginster bestandenen Heiden, in Parks und Gärten. Im Winter in kleinen Schwärmen auf Ackerland, Brachflächen und Wiesen.

Berghänfling *Carduelis flavirostris* — Tafel 90, Karte 349, W

Kennzeichen: 13-14 cm. Erinnert in Größe, Gestalt und Färbung an einen jungen Bluthänfling. Hat aber einen längeren, tiefer gegabelten Schwanz, einen kleineren Kopf, ein kräftiger und gleichmäßiger gestreiftes, warm ockerbraunes Gefieder, schwächer ausgeprägte, weiße Handschwingensäume und eine deutlichere, helle Flügelbinde. Im PK ist der Schnabel grau und im SK gelb. Die Beine der Alten sind schwarz und die der Jungen fleischfarben. Das ♂ hat im PK einen mattrosa Bürzel. Suchen im Schwarm am Boden nach Nahrung, wo sie geduckt, mäuseähnlich umherhuschen.
Stimme: Rufe nasal quäkend „wäo“ oder „twäid“, Flugruf dreisilbig „tjep-ep-ep“. Gesang ein gequetschtes Zwitschern und Flöten mit eingestreuten, gedehnt schnarrenden Lauten.
Vorkommen: Brütet in Mooren, auf Heiden und Ödland. Überwintert vorwiegend an den flachen Küsten von Nord- und Ostsee. Schlafplätze der oft sehr großen Schwärme lokal mitten in großen Städten auf den Simsen von Gebäuden.

Birkenzeisig *Carduelis flammea* — Tafel 90, Karte 350, BJZW

Kennzeichen: 12-14 cm. Ein kleiner, etwas „pummelig“ wirkender Fink mit einem kurzen, spitzen, gelben, auf dem First dunklen Kegelschnabel, einem überwiegend graubraunen, schwarzgestreiften Gefieder, schwarzen Federn am Kinn und um den Schnabelgrund sowie zwei hellen Flügelbinden, aber ohne weiße Handschwingensäume. Ab dem 1. Winter alle mit einer mehr oder weniger ausgedehnt roten Stirn. Das ♂ im PK mit rosaroter Brust und rötlichem Bürzel. Größe und Färbungsintensität sind je nach Herkunft verschieden. Die Unterart *C. f. cabaret* aus W- und C-Europa ist am kleinsten und am intensivsten braun gefärbt mit nur schwach ausgebildeten Flügelbinden. *C. f. flammea* aus N-Europa ist größer und grauer mit einem grauweißen Bürzel und deutlichen, hellen Flügelbinden. *C. f. rostrata*, ein regelmäßiger Wintergast aus Grönland, ist am größten und dunkelsten. Er hat einen relativ großen Schnabel, ausgeprägte Flügelbinden und stark gestreifte Flanken. Verhalten sehr ähnlich wie das von Erlenzeisigen, mit denen sie im Winter oft in gemischten Schwärmen in Baumkronen von Birken und Erlen nach Nahrung suchen.
Stimme: Ruft nasal, hochgezogen „wäid“, Flugruf ständig wiederholt hart, metallisch, nachhallend „tschett-tschett-“. Der Gesang, der von einer Warte oder im kreisenden Singflug vorgetragen wird, ist eine lockere Folge rufartiger, schwirrender Lautreihen wie „tsched-tschirr-tsched-sirrrrr“.
Vorkommen: Brütet in nordischen Birken- und Nadelwäldern, im alpinen Bergwald bis hinauf zur Baumgrenze und zunehmend auch im Tiefland C-Europas in Parkanlagen, Gärten und lockeren Nadelwäldern.

Polarbirkenzeisig *Carduelis hornemanni* — Tafel 90, Karte 351, A

Kennzeichen: 12-14 cm. In Gestalt, Größe und Färbungsmuster wie der nordische Birkenzeisig, jedoch mit noch kleinerem Schnabel, etwas längerem Schwanz, stets mehr oder weniger aufgeplustertem Gefieder und, außer im JK, nahezu ganz weißem Bürzel. Das Federkleid ist ausgesprochen hell, wie mit Mehl bepudert. Die dunkle Streifung auf der hellen Oberseite sowie die weißen Flügelbinden, Schirmfedersäume und Schwanzkanten treten deutlich hervor. Die Unterseite ist nahezu einheitlich weiß mit schwacher Streifung auf Brust und Flanken. Die Unterschwanzdecken sind ganz weiß. Das ♂ auf Brust und Bürzel nur mit leichtem rosa Anflug. Das ♀ und die Jungvögel sind ein wenig dunkler als das ♂ und etwas stärker gestreift. Sie sind oft kaum von hellen nordischen Birkenzeisigen zu unterscheiden. Bewegungen und Verhalten wie bei den Birkenzeisigen. Halten sich aber häufiger als diese am Boden auf.
Stimme: Die Rufe weicher und die Rufreihen langsamer als bei dem Birkenzeisig.

Gesang von dem des Birkenzeisigs kaum zu unterscheiden, im Klang etwas härter.
Vorkommen: Im hohen Norden überschneiden sich die Brutgebiete von Birken- und Polarbirkenzeisig. Der Polarbirkenzeisig brütet aber mehr im Birken- und Weidengebüsch der offenen Tundra oder der Bergheiden.

Bindenkreuzschnabel *Loxia leucoptera* **Tafel 90, A**

Kennzeichen: 15-16 cm. Unterscheidet sich vom Fichtenkreuzschnabel durch einen dünneren Schnabel und schlankeren Körper. In allen Kleidern mit zwei auffallend weißen Flügelbinden, ausgedehnt weißen Schirmfederspitzen und weißen, schwarz gefleckten Unterschwanzdecken. Das ♂ ist satt karminrot mit schwärzlich geflecktem Mantel, schwarzen Flügeln und schwarzem Schwanz. Das ♀ ist gelblich olivgrün mit dunkel geflecktem Mantel und gestreifter Unterseite. Die Flügelbinden der bräunlichen, dicht gestreiften Jungvögel sind schmal, aber doch deutlich zu erkennen. Flug und Verhalten wie beim Fichtenkreuzschnabel. Man beachte, daß einige Fichtenkreuzschnäbel angedeutete, helle Flügelbinden haben können.
Stimme: Flugrufe dünner und höher als vom Fichtenkreuzschnabel, ähnlich wie vom Birkenzeisig „tjett tjett...". Der Kontaktruf klingt nasal tutend „ääap", ähnlich wie eine Kindertrompete. Der Gesang ist eine Reihung kanarienartiger, trillernder und schnarrender Tonfolgen.
Vorkommen: Verbreitung von Nordrußland bis Ostasien und im N N-Amerikas. Brütet in großen, zusammenhängenden Nadelwäldern. Einzelne Brutvorkommen in Finnland, Norwegen und Schweden. Überwintert in Skandinavien und in den nördlichen Baltischen Staaten.

Fichtenkreuzschnabel *Loxia curvirostra* **Tafel 90, Karte 352, BJZW**

Kennzeichen: 15-17 cm. Ein massiger, etwas papageiähnlicher Finkenvogel, bei dem sich die Spitzen des klobigen Schnabels, wie bei allen Kreuzschnäbeln, überkreuzen. Das Gefieder der Altvögel ist recht einheitlich gefärbt. Die Jungen sind dagegen kräftig längsgestreift und haben schwach ausgeprägte Flügelbinden. Die ♂ sind gewöhnlich ziegelrot mit schwarzbraunen Flügeln und schwarzem Schwanz. Die Grundfärbung ist aber recht variabel. Einige alte ♂ können auch orange bis gelblich sein. Jüngere ♂ haben oft noch im 2. Jahr weibchenähnlich grüne Federn. Das Federkleid der ♀ ist graugrün, auf dem Bürzel mehr gelbgrün und auf der ungestreiften Unterseite matt gelblichgrün. Bei den olivgrauen, kräftig gestreiften Jungvögeln ist die Schnabelspitze zunächst noch kaum gekreuzt. Wirken durch den großen Schnabel und Kopf im sprunghaft, wellenförmigen Flug plump und vorderlastig. Hangeln bei der Nahrungssuche wie kleine Papageien im Geäst der Nadelbäume. Mit den gekreuzten Schnabelspitzen werden die Schuppen der Zapfen abgespreizt, um mit der Zunge die Samen herauszuholen. Vgl. auch die anderen Kreuzschnäbel.
Stimme: Typischer Kontakt- und Flugruf metallisch „gip gip...". Der Gesang, oft von einer Fichtenspitze vorgetragen, besteht aus einem grünlingsähnlichen, hastigen Zwitschern mit eingestreuten harten Lauten und Rufreihen.
Vorkommen: Brütet in Nadel- bevorzugt Fichtenwäldern. Gelegentlich invasionsartige Wanderungen in sonst nicht besiedelte Regionen, wo es dann zu meistens nur kurzfristigen Ansiedlungen kommen kann.

Schottischer Kreuzschnabel *Loxia scotica* **Tafel 90**

Kennzeichen: 16-17 cm. Gleicht im Gefieder dem Kiefern- und dem Fichtenkreuzschnabel. In Gestalt, Größe und Schnabelstruktur zwischen diesen beiden. Wurde früher als Unterart des Fichtenkreuzschnabels angesehen, wird jetzt aber als gesonderte Art geführt.
Vorkommen: Nur in den Kiefernwäldern Nordschottlands. Nahrung vorwiegend Kiefernsamen. Eine sichere Unterscheidung von den dort gelegentlich auch auftretenden Fichtenkreuzschnäbeln ist nicht möglich, auch wenn der Schnabel etwas klobiger ist. Keine gesonderte Abbildung.

Kiefernkreuzschnabel *Loxia pytyopsittacus* **Tafel 90, A**

Kennzeichen: 16-18 cm. Der größte Kreuzschnabel mit dem klobigsten, papageiähnlichsten Schnabel, großem Kopf und „Stiernacken“. Der Schnabel ist etwa so hoch wie lang. Durch eine deutliche Aufwölbung vor der Schnabelspitze ist die Unterkante des Unterschnabels S-förmig gebogen. Gefiederfärbung wie beim Fichtenkreuzschnabel, Flügel und Schwanz aber etwas heller, mehr dunkel- als schwarzbraun. Einige ♂ mit gelborangen oder graugrünen Federpartien.
Stimme: Der Flugruf „küpp küpp...“ ist dem des Fichtenkreuzschnabels sehr ähnlich, gewöhnlich aber härter, metallischer und lauter. Der Gesang ist eine Folge von gezogenem Trillern, weichem Zwitschern und schnellen Rufreihen.
Vorkommen: Brütet in den nordischen Kiefernwäldern von S-Skandinavien bis N-Rußland. Gelegentliche Einflüge in das nördliche C- und W-Europa.

Wüstengimpel *Bucanetes githagineus* **Tafel 89**

Kennzeichen: 12-13 cm. Ein untersetzter Fink mit einem kurzen, dicken Kegelschnabel. Altvögel allgemein fahl beigegrau mit rosa Tönung, dunklen, hell gesäumten Handschwingen und dunklem Schwanzende. Im PK ist das Rosa beim grauköpfigen ♂ ausgeprägter als beim blaß graurosa ♀. Seine Stirn, die Brust, der Bürzel, die Schwingensäume und die Schwanzseiten sind schön rosa getönt und sein Schnabel ist leuchtend rot. Im SK gleicht das ♂ dem ♀ und hat wie dieses einen bräunlichgelben Schnabel. Dem Federkleid der fahl beigegraubraunen Jungvögel fehlt jegliches Rosa. Halten sich fast ständig am Boden auf. Gesellig und oft an Wasserstellen. Nicht sonderlich scheu.
Stimme: Ruf kurz, nasal quäkend „aahp“, oft in verschiedener Tonhöhe wiederholt. Der Gesang setzt sich aus dem typischen, gezogen nasal unrein hupenden bzw. trompetenden „äääääähp“ und zwitschernden Lauten zusammen.
Vorkommen: Verbreitung in N-Afrika und Vorderasien. In Europa Brutvogel nur in SE-Spanien. Brütet in steinigen Wüsten und Halbwüsten, zumeist in der Nähe von Wasserstellen. Nest am Boden in Felsspalten oder unter Geröll.

Karmingimpel *Carpodacus erythrinus* **Tafel 90, Karte 353, BZ**

Kennzeichen: 14-15 cm. Ein in den kontrastlos bräunlichen Kleidern sperlingsähnlicher Fink, der sich aber durch den kurzen, kräftigen Kegelschnabel, das Fehlen jeglicher Gesichtszeichnung und den langen, gegabelten Schwanz deutlich von diesen unterscheidet. ♂ an Kopf, Brust und Bürzel rosarot, Mantel und die Flügeldecken zimtbraun, die zwei Flügelbinden an den Enden der Mittleren und Großen Decken oft rosa getönt. ♀ und Jungvogel weit unscheinbarer mit einer gräulich- bis olivbraunen Oberseite und beigeweißen Unterseite. Die feine, dunkle Streifung ist v. a. auf der Brust und auf den Flanken auffällig. Die hellen Flügelbinden sind beim Jungvogel ausgeprägter als beim ♀. Die im 1. Sommer noch braungrauen ♂ können schon singen und Junge aufziehen. Lebt gewöhnlich recht versteckt im dichten Gebüsch. Der junge Grünling könnte mit dem ♀ und Jungvogel verwechselt werden, er hat aber keine Flügelbinden und gelbe Schwanzkanten. Vgl. auch den Rosengimpel - Irrgäste.
Stimme: Rufe grünlingsartig gepreßt ansteigend „düei“, „chäri“ und auch kurz „zit“. Der Gesang besteht aus rein flötenden, zumeist dreisilbigen Strophen wie „widje-widje-wjü“ o. ä.
Vorkommen: Brütet bevorzugt im dichten Ufergebüsch oder in Hecken und Dickichten auf feuchtem Untergrund. Ist dabei, sein Brutgebiet von E-Europa aus weiter nach C-Europa auszudehnen, und kann daher durchaus auch dort erscheinen, wo er bisher nicht bekannt war. Einer der wenigen unserer Zugvögel, die nicht in Afrika, sondern in S-Asien überwintern.

Hakengimpel *Pinicola enucleator* **Tafel 90, Karte 354, A**

Kennzeichen: 19-22 cm. Ein drosselgroßer, massiger, „halsloser“, langschwänziger Fink. Der First des klobigen, kurzen Schnabels ist stark gebogen. Auf den schwarzen

Flügeln zwei weiße Binden und weiße Schirmfederkanten. ♂ an Kopf, Bürzel, Brust und unteren Flanken satt rosarot, obere Flankenpartie und der flauschige Steiß grau, Mantel, Rücken und Oberschwanzdecken dunkel gefleckt. Die beim ♂ roten Federpartien sind beim ♀ gelborange. Jungvogel matter und grauer gefärbt als das ♀ mit beigefarbenen Flügelbinden. Erinnert im Flug an eine sehr große Ammer oder eine langschwänzige Drossel. Der eingekerbte Schwanz und der Wellenflug lassen aber doch den Fink erkennen. Im Winter gesellig und recht vertraut.
Stimme: Typischer Ruf ein „gewundener" Pfiff „tjüliwiü" oder auch nur kurz „püi". Die Gesangsstrophe ist aus drei bis vier Flötenmotiven zusammengesetzt „tjüli-tjüli-chrrüi-tjüi" o. ä.
Vorkommen: Brütet in nordischen, beerenreichen Nadel- und Mischwäldern. Gelegentlich invasionsartige Wanderungen bis S-Skandinavien. In C-Europa ein sehr seltener Gast.

Gimpel *Pyrrhula pyrrhula* **Tafel 90, Karte 355, BJZW**

Kennzeichen: 15-17 cm. Ein großer, massiger, dickköpfiger, halslos „stiernackiger" Fink mit kurzem, dickem Kegelschnabel, schwarzer Kappe, grauer Oberseite, weißem Bürzel, schwarzem, gerade abgeschnittenem Schwanz und breiter, weißer Binde auf dem schwarzen Flügel. Das ♂ hat eine leuchtend rote Unterseite und eine bläulichgraue Oberseite. Das ♀ ist unscheinbarer und einheitlicher gefärbt. Oben ist es bräunlichgrau und unten rosa braungrau. Jungvogel bis zum Herbst braungrau wie das ♀, aber ohne schwarze Kappe. Die N-europäische Unterart *P. p. pyrrhula* ist deutlich größer und dickschnäbeliger als die C- und W-europäischen Unterarten *P. p. europaea* (C-Europa) und *P. p. pileata* (Britische Inseln). Das Flugbild ist durch einen dicken Kopf, massigen Körper und recht langen Schwanz geprägt. Fliegt in flachen Bögen. Im Sommer recht heimlich. Im Winter oft in kleinen Trupps und gerne an Futterhäusern.
Stimme: Typischer Ruf ein wehmütig weiches, kurzes Flöten „djüh", Kontaktrufe, oft beim Auffliegen zu hören, leise, dumpf „düt düt...". Der einfache Gesang besteht aus kontinuierlich vorgetragenen etwas heiseren, nasal gequetscht klingenden, aber auch klangreinen Pfiffen und Trillern.
Vorkommen: Brütet an Waldrändern, in Hecken und Gebüschen der Kulturlandschaft, in Parks und Gärten. Nest oft in einem Nadelbaum, aber auch in dichten Hecken und Büschen.

Kernbeißer *Coccothraustes coccothraustes* **Tafel 89, Karte 356, BJZW**

Kennzeichen: 17-18 cm. Ein großer untersetzter Fink mit einem großen, wuchtigen Kegelschnabel, großem Kopf, „Stiernacken" und kurzem Schwanz. Der Kopf ist rötlichbeige mit schwarzem Zügel und Kinn, die den ohnehin schon markanten, im PK blauschwarzen, im SK hornfarbenen Schnabel noch mehr betonen. Der graue Nacken kontrastiert mit der braunen Oberseite. Die Schwingen sind metallisch glänzend blauschwarz. Die weißen Handschwingenbasen und die innen rötlichbeigen, außen weißen Großen Armdecken bilden auf dem gefalteten Flügel ein großes helles Feld und im Flug eine gebrochene, breite, weißliche Flügelbinde. Der schwarze Schwanz endet mit einer breiten, weißen Binde. Die Unterseite ist rosa graubraun. Beim insgesamt matter, mehr bräunlich als rotbraun getönten ♀ sind die Außenkanten der Armschwingen grau, beim farbigeren ♂ dagegen schimmernd blauschwarz. Der Jungvogel hat ein mehr gelblichbraunes Gefieder mit kräftiger dunkelbrauner Fleckung auf Brust und Flanken. Wirkt im Flug durch den wuchtigen Schnabel, die recht langen Flügel und den kurzen Schwanz ein wenig kopflastig. Fliegt kraftvoll in weiten Bögen, wobei die weißen Flügelabzeichen gut zu sehen sind. Lebt zumeist heimlich in den Baumkronen. Außerhalb der Brutzeit in kleinen Trupps, die auch am Boden nach Nahrung suchen. Kommt im Winter an Futterhäuser und „beherrscht" dort gewöhnlich die anderen Arten.
Stimme: Macht sich oft erst durch den charakteristischen, hart metallisch knackenden Ruf „pix" bemerkbar. Beim einfachen, leisen Gesang wechseln in unregelmäßiger Folge harte „pix-Laute" mit feinen, hohen Pfiffen.

Vorkommen: Brütet in Laub- und Mischwäldern mit großen, alten, fruchttragenden Laubbäumen (Buche, Hainbuche, Esche, Ahorn), deren harte Samen, Knospen und Triebe seine bevorzugte Nahrung sind. Kommt auch in Obstplantagen (v. a. Kernobst), Parks und großen Gärten vor. Nest hoch in einem Baum in einer Astgabel nahe am Stamm. Nisten oft in losen, kleinen Kolonien.

Waldsänger: Parulidae

Eine große, in Gestalt und Lebensweise laubsängerähnliche, rein neuweltliche Familie kleiner Singvögel. In den oft bunten und stark gezeichneten PK sind die ♂ und viele ♀ gut zu unterscheiden. In den SK und JK, in denen sie am ehesten nach Europa verschlagen werden, sind sie aber oft so ähnlich, daß sie nur schwer auseinanderzuhalten sind. Auch die oft scharf klickenden Rufe sind wenig typisch. S. auch Irrgäste.

Meisenwaldsänger *Parula americana* **Tafel 93, A**

Kennzeichen: 11-12 cm. Klein und kurzschwänzig. Erinnert in Gestalt und Größe an ein Goldhähnchen. Die Altvögel bemerkenswert bunt. Kopf, Flügel und Oberseite überwiegend blaugrau mit weißem, unterbrochenem Augenring, bronzegrünem Mantel, doppelter, weißer Flügelbinde, gelber Kehle und Brust und weißem Bauch. Das ♂ hat ein oben graues, unten rostrotes Kehlband. Jungvögel wie ♀, aber insgesamt matter und oben bräunlicher. Klettert, oft hangelnd und schwirrend, wie ein Goldhähnchen im Geäst umher.
Stimme: Ruf kurz „schick". In Europa meist stumm.
Vorkommen: Verbreitet in den Laub- und Mischwäldern des südöstlichen N-Amerika. In C-Europa ein sehr seltener Gast.

Kronwaldsänger *Dendroica coronata* **Tafel 93**

Kennzeichen: 13-14 cm. Etwas größer und langschwänziger als ein Fitis. In allen Kleidern mit hellem Augenring, weißlicher Kehle, gelbem Flankenfleck, gelbem Bürzel, zwei hellen Flügelbinden und weißer Zeichnung auf den äußeren Schwanzfedern. Der typische gelbe Scheitel kann im SK und JK durch dunkle Federn verdeckt sein. ♂ im PK mit blaugrauem, schwarz gezeichnetem Mantel und schwarzer Brust. ♂ im SK und ♀ mit graubrauner Ober- und weißlicher, stark dunkel gestreifter Unterseite. JK auf dem Kopf und der Oberseite noch brauner und auf der Unterseite bräunlich beigeweiß mit starker Streifung, schmutzigweißer Kehle und oft nur angedeutetem gelblichorangefarbenem Flankenfleck.
Stimme: Ruf, für den kleinen Vogel erstaunlich laut, hart „tschick".
Vorkommen: Verbreitet in den Nadelwäldern des nördlichen N-Amerika. In N- und W-Europa ein sehr seltener Gast.

Streifenwaldsänger *Dendroica striata* **Tafel 93**

Kennzeichen: 12-13 cm. Größe und Gestalt erinnern an einen Waldlaubsänger, der Schwanz ist aber relativ länger. Bisher nur im entfernt pieperähnlichen SK oder JK in Europa nachgewiesen. Scheitel und Mantel bräunlicholivgrün mit feiner brauner Streifung, Kopfseiten mit gelblicholivfarbenem Überaugenstreif, Kehle und Brust gelblich, Bauch gräulichweiß, Unterschwanzdecken weiß, Brust und Flanken verwaschen gräulich gestreift, dunkel olivbraune Flügel mit zwei schmalen, weißen Flügelbinden und weißen Schirmfedersäumen, schwarzer Schwanz mit weißen Flecken auf den inneren Schwanzfedern. Jungvogel bräunlicher als die mehr grünlichen Altvögel (♂, SK, ♀).
Stimme: Ruft schnalzend „tsück".
Vorkommen: Verbreitet in den Nadelwäldern des nördlichen N-Amerika. In W-Europa ein seltener Gast. In C-Europa nicht nachgewiesen.

Ammern: Emberizidae

Kleine, körnerfressende, finkenähnliche Singvögel mit kurzem, an der Basis dickem Schnabel. Die Schneidekanten des Schnabels sind zumeist geschwungen. Die Wangenpartie ist oft umrandet und abgesetzt. Der Kopf wirkt im Vergleich mit den Finken klein. Der nur schwach eingekerbte Schwanz ist recht lang. Der Flug ist hüpfend und ziemlich schnell. Die artkennzeichnenden Gesänge bestehen gewöhnlich aus kurzen, schlichten Strophen. Neben den altweltlichen Ammern gehören zu dieser Familie auch mehrere neuweltliche Gattungen wie die artenreiche Gruppe der Scharrammern (amerikanisch Sparrows).

Weißkehlammer *Zonotrichia albicollis* **Tafel 94, A**

Kennzeichen: 15-17 cm. Ein sperlingsähnlicher N-amerikanischer „Sparrow". Etwa so groß wie eine Goldammer, aber mit mehr braunellenähnlichem Aussehen und Verhalten. In Färbung und Zeichnung des Körper- und Flügelgefieders wie ein Haussperling, aber mit deutlich verschiedenem Kopfmuster. Schnabel dunkel, Kehle scharf abgesetzt weiß, in der Scheitelmitte ein heller Streif, dunkle Scheitelseitenstreifen, breite helle, vor dem Auge gelbliche Überaugenstreifen, schwarze Augenstreifen, einfarbig graue Wangen. Im PK ist die Kopfzeichnung des ♂ im typischen Fall kontrastreich schwarzweiß mit einem markanten, gelben Fleck vor dem Auge. Im SK sind die weißen Streifen beigeweiß und der gelbe Fleck nur schwach erkennbar. Das ♀ und die Jungvögel haben einen beige und dunkelbraun gestreiften Kopf, die Jungen dazu noch eine braune Streifung auf Brust und Flanken. Fliegt wie eine Ammer. Nahrungssuche oft am Boden. Verschwindet bei Beunruhigung im dichten Gebüsch. Vgl. auch Dachsammer - Irrgäste.
Stimme: Ruft hart „tschink" und unrein gezogen „tsiet".
Vorkommen: Verbreitet im nördlichen N-Amerika. Bevorzugt Dickichte und dichtes Gebüsch. In Europa ein sehr seltener Gast.

Spornammer *Calcarius lapponicus* **Tafel 91, Karte 357, ZW**

Kennzeichen: 14-16 cm. Eine recht kräftig gebaute Ammer mit gelbem, an der Spitze dunklem Schnabel und langen Flügeln. Im PK sind beim ♂ Kopf und Brust schwarz. Der weiße Überaugenstreif zieht als geschwungenes Band um die Wange bis auf die vordere Flanke. Nacken satt rotbraun, Oberseite kräftig hell-dunkel gestreift, Schwanz dunkelbraun mit weißen Kanten, Bauch weiß. Das hellere ♀ hat im PK ebenfalls einen rotbraunen Nacken, dazu dunkel eingefaßte Ohrdecken und einen diffus grauweißen Fleck auf der Vorderbrust. Im SK sind beim ♂ die schwarzen Federn weitgehend durch helle Säume verdeckt. Kehle, Brust und Flanken wirken dadurch marmoriert. Sonst sind das SK von ♂ und ♀ und das JK weitgehend gleich. Auffälligstes Kennzeichen ist das rotbraune, oben und unten durch schmale, beigeweiße Binden begrenzte Flügelfeld auf den Großen Armdecken. Weitere wichtige Merkmale sind ein deutlicher, gelblichgrauer, schmaler Scheitelstreif, breite hell beigebraune Überaugenstreifen, die die Augenumgebung aufhellen, der strohgelbe Schnabel und der graubraune, stark gestreifte Bürzel. Fliegt wie eine Lerche, aber mit mehr flatterndem Flügelschlag. Nahrungssuche im offenen Gelände am Boden. Durchzügler oft mit Schneeammern vergesellschaftet. Kann dann mit jungen Schneeammern verwechselt werden und ruft auch ähnlich.
Stimme: Flugruf, v. a. beim Auffliegen, hart rollend „prrrrt" oder „tjüh-prrrrt" auch nur kurze Pfiffe „tju". Der Gesang, der von einer niedrigen Warte oder im Singflug vorgetragen wird, besteht aus kurzen, ein wenig schrillen und schnarrenden Trillerstrophen, die an eine Feldlerche erinnern.
Vorkommen: Brütet auf dem Fjäll und in der Tundra auf feuchten Heiden und Mooren mit Kriechweiden und Birkengebüsch. Auf dem Durchzug und im Winter auf küstennahen Wiesen und Feldern.

Schneeammer *Plectrophenax nivalis* **Tafel 91, Karte 358, W**
Kennzeichen: 16-18 cm. Eine recht große, „mollige", rundköpfige Ammer. Die Altvögel sind leicht an dem weitgehend weißen Arm- und schwarzen Handflügel zu erkennen. Bis auf den schwarzen Mantel und Rücken, die schwarzen Handschwingen und die schwarzen mittleren Schwanzfedern ist das ♂ im PK ganz weiß. Das ♀ hat im PK eine cremeweiße Unterseite, ist auf dem Scheitel und den Ohrdecken fein graubraun gefleckt, hat eine bräunliche, dunkel gefleckte Oberseite, zart beigebraune Flecke auf den Brustseiten und dünne beigeweiße Überaugenstreifen. Im SK sind sich ♂ und ♀ weit ähnlicher. Scheitel, Nacken, Ohrdecken und Brustseiten (♂) bzw. Brustband (♀) sind blaß rostfarben. Die Mantelfedern sind dunkelbraun mit hellen Säumen, beim ♂ heller als beim ♀. Die Jungen sind zunächst insgesamt düster grau mit kräftiger Streifung auf der Ober- und verwaschen zarter Streifung auf der helleren Unterseite. Im 1. Winter sehen sie aber schon weitgehend wie die Alten aus, haben nur weit weniger Weiß am Flügel. Ein dichter Schwarm im tanzenden Flug wirkt mit den weiß aufleuchtenden Flügeln wie ein kleines Schneegestöber (vgl. Schneefink). Auf dem Zug und im Winterquartier sehr gesellig. Nahrungssuche im offenen Gelände am Boden, zumeist im dicht „wuselnden" Schwarm. V. a. Einzelvögel sind oft sehr vertraut.
Ähnliche Arten: Die Gefahr der Verwechslung mit dem ähnliche Schneefink besteht kaum, da beide Arten in völlig unterschiedlichen Lebensräumen vorkommen. Zwischen Spornammern im SK (s. dort) und jungen Schneeammern gibt es eine entfernte farbliche Ähnlichkeit.
Stimme: Flugruf hell, haubenmeisenähnlich trillernd „perrrrrit", oft aus fliegenden Schwärmen zu hören. Einzelvögel rufen auch pfeifend „tiü" oder mehr raspelnd „trrrü". Der Gesang, der von einem Stein oder im Singflug vorgetragen wird, besteht aus kurzen, hell trillernden, leiernd auf- und absteigenden Strophen.
Vorkommen: Brütet in der kahlen Tundra und im Fjäll auf Geröllfeldern oberhalb der Baumgrenze. Überwintert an der Nord- und Ostsee in Dünen, auf Salzwiesen und auf küstennahen Wiesen und Feldern.

Fichtenammer *Emberiza leucocephalos* **Tafel 92, A**
Kennzeichen: 16-17 cm. In Größe und Gestalt wie die sehr nahe verwandte Goldammer und wie diese mit rotbraunem Bürzel. Das ♂ hat im PK eine unverkennbare Kopfzeichnung mit einem weißen, schwarz eingefaßten Scheitel und ebenfalls schwarz umrandeten, weißen Ohrdecken. Die Kehle und die Überaugenstreifen sind satt rotbraun. Die weiße Unterseite ist auf der Brust und den Flanken rostrot gefleckt. Im SK ist die Kopfzeichnung weniger klar, mehr verwaschen bräunlich. Das ♀ und die Jungvögel sehen Goldammer-♀ sehr ähnlich. Die Grundfärbung der Unterseite ist aber weiß, nicht gelblich, mit graubrauner bis rotbrauner Flankenstreifung, der Mantel ist blaß graubraun ohne olivgrüne Tönung und den bräunlichweißen Überaugenstreifen fehlt jegliches Gelb. In W-Sibirien überschneiden sich die Verbreitungsgebiete von Fichten- und Goldammer. Hier kann es zu schwer erkennbaren Mischlingen kommen. Verhalten wie das der Goldammer.
Stimme: Rufe und Gesang von denen der Goldammer kaum bzw. nicht zu unterscheiden.
Vorkommen: Verbreitung vom Ural über ganz Mittelsibirien. Lebt in ähnlichen Lebensräumen wie die Goldammer, ist aber stärker an den Wald gebunden. In C- und W-Europa ein seltener Gast.

Goldammer *Emberiza citrinella* **Tafel 92, Karte 359, BJZW**
Kennzeichen: 16-17 cm. Die häufigste Ammer Europas. Recht groß, mit einem kleinen Schnabel, gestrecktem Körper und langem Schwanz. Das Gefieder in allen Kleidern mit gelben Farbtönen, einfarbig rotbraunem Bürzel, olivbraunem, stark gestreiftem Mantel und weißen, äußeren Schwanzfedern, die besonders beim Auffliegen auffallen. Das ♂ hat einen leuchtend gelben, wenig gezeichneten Kopf. Die Brust und die Flanken der gelben Unterseite sind olivrotbraun getönt und rotbraun gestrichelt. Der

Kopf des ♀ und Jungvogels ist weit weniger gelb mit einem ausgeprägteren Kopfseitenmuster. Kehle und Brust sind deutlich gestreift. Der etwas ruckartige Flug verläuft in weiten Wellen. Gesellig, nach der Brutzeit in teilweise sehr großen Schwärmen.
Ähnliche Arten: Die schlichteren Kleider der Fichtenammer sind sehr ähnlich, aber ohne Gelb (s. dort). Von der Zaunammer am besten an dem rotbraunen Bürzel und der Stimme zu unterscheiden.
Stimme: Ruft aufgescheucht kurz, trocken „tsick", der Lockruf klingt gedehnter, unreiner „tschrüt". Der bekannte, eingängige Gesang besteht aus einer Folge von fünf bis acht kurzen Lauten und einem abschließenden, gezogenen Ton „zi-zi-zi-zi-zi-zi düüh" oder auch mit einer vorletzten, gedehnt höheren und letzten, tieferen Silbe „...zi ziih düüh".
Vorkommen: Brütet im offenen, meist trockenen Gelände mit Hecken, Büschen und Gehölzen. Nest gewöhnlich am Boden in dichter Vegetation an Böschungen, am Rande von Hecken, unter kleinen Büschen.

Zaunammer *Emberiza cirlus* **Tafel 92, Karte 360, BJZ**

Kennzeichen: 15-16 cm. Ein wenig kleiner als die Goldammer mit relativ größerem Schnabel und kürzerem Schwanz. Von der Goldammer in allen Kleidern durch den olivbraunen Bürzel unterschieden. Kopfmuster des ♂ im PK unverkennbar: Olivgrauer Scheitel, gelber Überaugenstreif, schwarzer Augenstreif, gelber Wangenstreif, schwarze Kehle und gelbes Halsband. Im SK ist das Schwarz durch helle Federränder teilweise überdeckt. Die Unterseite des ♂ ist, bis auf eine leichte Strichelung der Flanken, ungezeichnet, aber durch ein breites olivgraues Brustband und rostbraune Brustseiten markant gefärbt. Das ♀ und der Jungvogel sind denen der Goldammer sehr ähnlich. Scheitel einfarbig olivbraun ohne aufgehellten Mittelstreif, Zeichnung auf den helleren Kopfseiten deutlicher und mehr streifig, Schulterfedern rotbraun und Große Armdecken einfarbiger braun, Unterseite weniger gelb, mehr beigegelb. Lebt allgemein recht unauffällig in dichtem Gesträuch oder hohem Kraut, sitzt aber auch gern frei auf einer erhöhten Warte. Im Winter in kleinen Trupps im offenen Gelände.
Stimme: Rufe hoch und fein „ziih" oder dünn, scharf „zit" und im Flug klickend „zitt itt". Der einfache, klappernde Gesang „tsi tsi tsi tsi..." gleicht dem der Klappergrasmücke. Jedes ♂ verfügt über mehrere Strophentypen. Der Klang kann mehr stumpf hölzern oder stimmhaft flötend und das Tempo recht unterschiedlich sein.
Vorkommen: Brütet bevorzugt im hügeligen, offenen Gelände auf sonnigen Hängen mit Hecken, Büschen und einzelnen Bäumen. Nest niedrig in Sträuchern oder am Boden im dichten Bewuchs.

Zippammer *Emberiza cia* **Tafel 92, Karte 361, BJZ**

Kennzeichen: 15-16 cm. Eine recht kurzflüglige, langschwänzige Ammer. ♂ und ♀ sehen annähernd gleich aus. Schnabel grau, oben dunkler, unten heller, Kopf, Kehle und Brust grau, schwarze Kopfzeichnung aus Scheitelseiten-, Augen- und bis zum Schnabel ziehendem Wangenstreif, Kleine Armdecken grau, eine deutliche, helle, zumeist weiße Binde am Ende der Mittleren und eine weniger ausgeprägte über die Spitzen der Großen Decken, Bauch und Flanken rostbraun, Schwanzkanten weiß. Beim ♂ ist die Färbung kontrastreich. Kopf und Brust hell aschgrau und die Streifung tief schwarz. Die satt rostroten Flanken sind ungestreift. Die Färbung der ♀ ist stumpfer und düsterer. Der Scheitel und die Flanken sind schwach gestreift. Die Jungen sind zunächst mehr einheitlich braun, oben wie unten kräftig gestreift und ohne die kennzeichnende Kopfzeichnung. Im Herbst sehen sie aber weitgehend wie die Alten aus. Bei Nahrungssuche am Boden wird der lange Schwanz oft schnell gefächert und geschlossen. Dabei, wie auch beim Auffliegen, leuchten die weißen Schwanzkanten auf. Nach der Brutzeit einzeln oder in kleinen Trupps. Fast nie mit anderen Ammern vergesellschaftet.
Gesang: Ruf kurz, scharf „tsi" oder leicht abfallend „tsiü", beim Auffliegen „tjitt witt". Die Gesangstrophen „sütt zit-zit swü tja-tja-ziterit tüatüt" o. ä. sind klar und recht melodisch

mit deutlichen Wechseln der Tonhöhe, die an den Gesang der Heckenbraunelle erinnern, aber rauher klingen.
Vorkommen: Brütet in größeren Höhen auf felsigen mit Gras, Gestrüpp und einzelnen Bäumen bewachsenen Berghängen, an felsigen Küsten manchmal auch bis hinab auf Meereshöhe. Kommt im Winter in tiefere Lagen.

Türkenammer *Emberiza cineracea* **Tafel 92**

Kennzeichen: 16-17 cm. In Größe und Gestalt etwa wie der Ortolan, aber mit etwas längerem Schwanz. In allen Kleidern mit einförmig blassem, recht wenig gestreiftem Gefieder, schmalem, hellem Augenring, hellgrauem Schnabel, zwei hellen Flügelbinden und weißen Schwanzkanten. Das ♂ hat einen gelblichgrauen Kopf mit gelber Kehle, eine bräunlichgraue Oberseite mit schwacher Streifung auf dem Mantel und eine düster graue, zum Bauch hin aufgehellte Unterseite. Das ♀ ist bräunlicher mit graubraunem Kopf, beigeweißer Kehle, düster graubrauner, gestreifter Oberseite und graubrauner, fein gestrichelter Brust. Die Jungen sind zunächst auf dem Kopf und der Oberseite recht einfarbig gräulichbraun und auf der Unterseite hell bräunlichweiß. Mantel, Brust und Flanken sind kräftig gestreift. Im 1. Winter gleichen sie weitgehend den ♀. Flug und Verhalten wie beim Ortolan.
Stimme: Ruft metallisch, scharf „kjipp“ oder tönender „kjülp“, oft beide Rufe im Wechsel. Der Gesang ist eine einfache Strophe aus mehreren schnell gesungenen Silben, wobei die beiden letzten dicht aufeinanderfolgen und in der Tonhöhe wechseln „tji tji tji djüh-dwi“.
Vorkommen: Verbreitung recht begrenzt und lokal nur in der W- und SE-Türkei sowie auf einigen ägäischen Inseln. Brütet an trockenen, steinigen Hängen mit niedrigem Bewuchs.

Ortolan *Emberiza hortulana* **Tafel 92, Karte 362, BZ**

Kennzeichen: 15-16 cm. Kleiner als die Goldammer mit kürzerem Schwanz und feinerem, beigerosa Schnabel und graubraunem Bürzel. Der Kopf des ♂ ist bis hinunter auf den Nacken und die obere Brust olivgrau mit gelbweißen Augenringen, gelber Kehle und gelben, geschwungenen Bartstreifen. Oberseite olivrötlichbraun mit dunkler Streifung auf dem Mantel und heller Binde über die Spitzen der Mittleren Flügeldecken, Schwanz dunkelbraun mit weißen Kanten, Unterseite tief orangebraun. Beim ♀ und dem ♂ im SK ist die Färbung weniger intensiv. Kopf und Brustband sind mehr bräunlichgrau, die Kehle und der Bartstreif hellgelb und die Unterseite blasser. Brust und Flanken sind leicht gestrichelt und gefleckt. Der Jungvogel ist noch brauner und auf der Unterseite noch stärker gestreift mit rosagrauem Schnabel, hellen Augenringen und leicht gestreiftem Bürzel. Wirkt im Flug kompakter als die Goldammer. Die Flugweise ist recht pieperähnlich.
Stimme: Rufe im Wechsel energisch „djü“ und scharf, kurz „tzi“, im Flug klickend „plitt“. Der Gesang hat einen eigentümlich obertonreichen, schrillen Klang. Die sehr variablen Strophen bestehen entweder aus mehren kurzen Lauten und einer tieferen, gezogenen Endsilbe „dri dri dri dri wrü“ (S-Europa) oder mehren gleichlangen Silben mit einem Tonhöhenwechsel in der Strophenmitte „zri zri zri wrü wrü wrü“ (C-, E-Europa).
Vorkommen: Bevorzugt offenes, sandiges oder steiniges Gelände mit Hecken, Alleen und Gehölzen. Brütet an Waldrändern, auf parkartigem Kulturland, in Weinbergen und Gärten. Der Brutbestand hat in NW- und C-Europa in erschreckendem Maße abgenommen.

Grauortolan *Emberiza caesia* **Tafel 92, A**

Kennzeichen: 14-16 cm. Etwas kleiner als der Ortolan, aber im Farbmuster sehr ähnlich. Von diesem am deutlichsten durch die rostrote bis beigeweiße (JK) Färbung der Kehle und den rotbraunen Bürzel unterschieden. Kopf, Nacken und Brustband sind beim ♂ blaugrau und Kehle sowie Bartstreif satt rostrot. Beim matter gefärbten ♀ sind

Kehle und Bartstreif blaß rostfarben und im wärmer rötlichbraunen JK hell beigebraun. Flug und Verhalten wie beim Ortolan.
Stimme: Rufe variabel, allgemein schärfer und rauher als vom Ortolan hart tschilpend „tjipp“ oder etwas knirschend „tschrip“. Der Gesang ist ähnlich wie der des Ortolans, besteht aber immer aus zwei bis drei kurzen Tönen und einem gezogeneren Endlaut „wid wid wiih“ o. ä. Der Klang ist weniger schrill als beim Ortolan, jedoch oft recht rauh.
Vorkommen: Verbreitung Griechenland, W- und S-Türkei sowie entlang des östlichen Mittelmeeres. Brütet auf sonnigen, trockenen, steinigen mit wenig Gestrüpp bewachsenen Berghängen.

Waldammer *Emberiza rustica* **Tafel 91, Karte 363, A**

Kennzeichen: 13-15 cm. Eine kleinere, rohrammerähnliche Ammer mit relativ kurzem Schwanz, zu einer kleinen Haube aufrichtbaren Scheitelfedern, geradem, oben grauem, unten rosa Schnabel, rotbraunem Bürzel, zwei weißen Flügelbinden, weißem Bauch und rotbrauner Färbung bzw. Zeichnung auf Brust und Flanken. Das ♂ hat im PK einen schwarzen Kopf mit weißem Überaugen- und Bartstreif sowie weißem Fleck auf dem Nacken und den hinteren Ohrdecken. Der untere Nacken, ein Brustband und die Flankenfleckung sind rotbraun, ebenso auch der gestreifte Mantel und die Kleinen Flügeldecken. Der dunkle Schwanz mit weißen Kanten ist klar vom rotbraunen Bürzel abgesetzt. Beim ♀ sind im PK der Scheitel und die Ohrdecken fleckig braun, der Überaugenstreif schmutzig weiß und der Nacken weniger ausgedehnt rotbraun. Die SK von ♂ und ♀ und das JK sehen weitgehend gleich aus. Die im PK weißen Partien sind hell beigebraun, der Überaugenstreif immer am hellsten. Die Kopfseitenzeichnung gleicht sonst weitgehend der der Rohr- und Zwergammer (s. dort). Wie bei letzterer auf den hinteren Ohrdecken ein kleiner weißer Fleck. Nahrungssuche am Boden, meist unauffällig und in Deckungsnähe. Sträubt in Erregung die Scheitelfedern und zuckt oft wie die Heckenbraunelle mit Flügeln und Schwanz.
Stimme: Rufe kurz und scharf „tzitt“ oder weicher, gedehnter „tsiih“. Der rein flötende, leiernde Gesang erinnert an den der Heckenbraunelle.
Vorkommen: Brütet in sumpfigen Nadel- und Mischwäldern mit dichtem Unterholz und in Gebüschen an Flußufern und Moorrändern.

Zwergammer *Emberiza pusilla* **Tafel 92, A**

Kennzeichen: 12-14 cm. Eine kleine, unscheinbare Ammer, kaum länger als ein Hänfling mit einem kleinen, auf dem First geraden Schnabel, rotbraunen Wangen und weißlichen Augenringen. Das ♂ hat im PK rostrote Kopfseiten. Schwarze Scheitelseitenstreifen begrenzen oben den rotbraunen Scheitelstreif und unten die hinten aufgehellten, rostroten Überaugenstreifen. Die Umrandung der Wangen beginnt hinter dem Auge und reicht nicht bis zum Schnabel. Hintere Ohrdecken mit einem kleinen hellen Fleck. Die Flügel mit zwei schmalen, weißlichen Binden. Die Oberseite mehr beigeals rötlichbraun mit kräftiger, dunkler Streifung. Dunkelbrauner Schwanz mit weißen Kanten. Die Beine sind rosabraun. ♂ im SK, ♀ und JK etwas matter aber sonst gleich gefärbt und gezeichnet. Flug finkenähnlich. Bei Erregung nervöses Flügel- und Schwanzzucken.
Ähnliche Arten: Leicht mit den ♀ der Rohrammer, Pallasammer (Irrgäste) und Gelbbrauenammer (Irrgäste) zu verwechseln - s. dort.
Stimme: Ruf kurz, metallisch klickend „tsick“. Gesang wohlklingend, aber etwas unrein flötend und trillernd.
Vorkommen: Verbreitung von N-Norwegen an ostwärts über die ganze Nadelwaldregion Sibiriens. Brütet in der Taiga an Flußufern und auf feuchten Lichtungen mit dichterem Birken- und Weidengebüsch. In C- und W-Europa ein regelmäßiger, aber nicht häufiger Durchzügler und Wintergast. Oft mit anderen Ammern oder Finken vergesellschaftet.

Weidenammer *Emberiza aureola* **Tafel 92, A**

Kennzeichen: 14-16 cm. Kleiner und kompakter als die Goldammer mit rosa Unterschnabel und gelber bis beigegelber, auf den Flanken fein gestrichelter Unterseite. Das ♂ ist im PK mit dem schwarzen, auf dem Scheitel satt rotbraunen Kopf, der rotbraunen Oberseite, dem schmalen, dunkel rotbraunen Brustband, den weißen Kleinen Armdecken und der chromgelben, auf den Flanken schwarz gestrichelten Unterseite unverkennbar. Das ♀ erinnert an das Goldammer-♀, ist aber heller und deutlicher gezeichnet. Die schmalen, schwarzbraunen Scheitelseitenstreifen begrenzen einen beigebraunen Scheitelstreif und breite beigeweiße Überaugenstreifen. Die dunkle Umrandung der hell gelblichbraunen Ohrdecken ist schmal aber scharf gezeichnet. Die matt gelbe Unterseite ist auf der Brust kaum und auf den Flanken nur fein gestrichelt. Der Jungvogel ist am Kopf und auf der Unterseite weniger gelblich- mehr hell beigebraun mit kräftigerer Streifung auf Brust und Flanken. Mit seinen weißen Flügelfeldern wirkt das ♂ im Flug wie ein kleiner Buchfink.
Stimme: Ruf scharf klickend „zick“. Der Gesang klingt ähnlich obertonreich wie beim Ortolan. Er besteht aus einer Folge aufsteigender und zum Schluß wieder abfallender Silben „düo düo dieä dieä zizirä didiä“ o. ä.
Vorkommen: Verbreitung von S-Finnland an ostwärts über ganz Sibirien. Brütet im offenen gebüschreichen Gelände oft an Fluß- und Seeufern, auf kultivierten Mooren und Sümpfen und am Rande der Steppe. In C- und W-Europa ein seltener Gast.

Rohrammer *Emberiza schoeniclus* **Tafel 91, Karte 364, BZW**

Kennzeichen: 14-16 cm. Eine lokal häufige, mittelgroße, braune, dunkel gestreifte Ammer mit kleinem (in S-Europa größerem), dunklem Schnabel, rotbraunen Kleinen Armdecken, graubraunem Bürzel und weißen Schwanzkanten. Im PK ist das ♂ leicht zu erkennen. Sein Kopf und seine Kehle sind tief schwarz, durch einen weißen Bartstreif und „Kragen“ betont. Oberseite rostbraun und schwarz gestreift, Flügeldecken und Schirmfedern mit warm rostbraunen Säumen, Unterseite schmutzigweiß mit feiner Strichelung auf den Flanken. Im Flug leuchten die weißen Kanten des dunkelbraunen Schwanzes auf. Im SK ist das Schwarz am Kopf weitgehend durch helle Federränder verdeckt, Kopf und Kehle sind aber doch deutlich dunkler und einheitlicher gefärbt als beim ♀. Das ♀ und der Jungvogel haben eine lebhaftere Kopfzeichnung mit graubraunem Scheitel, hellbeigem Überaugen- und Bartstreif, graubraunen, verwaschen dunkel eingefaßten Wangen, dunklem, zum Schnabel ziehendem Kinnstreif, der in die lockere Streifung von Brust und Flanken übergeht, und beigeweißlicher Kehle. Flug über längere Strecken ruhig in weiten Bögen, auf kurze Strecken aber unruhig hüpfend. Bei Erregung oft ein kurzes Schwanzzucken und -spreizen.
Ähnliche Arten: Die Pallasammer (Irrgäste) hat graue Kleine Armdecken, einen blasseren Kopf, eine hellere Rückenstreifung, hellere Säume an den Flügelfedern, einen weißlichen Bürzel und einen zweisilbigen Ruf. Die Waldammer hat eine weiße, rotbraun gestreifte Unterseite, einen rotbraunen Bürzel und einen kurzen, scharfen Ruf. Die Zwergammer hat einen hellen Augenring, rotbraune Wangen, deren schwarze Einfassung unten nicht bis zum Schnabel reicht, einen relativ kurzen Schwanz und einen metallisch klickenden Ruf.
Stimme: Typischer Ruf, saugend, leicht abfallend „tsiü“, im Herbst auch rauher, nasal „tschrü“ und erregt kurz, scharf „zi zi...“. Gesang sperlingsähnlich tschilpend (Rohrspatz), oft mit schwirrendem Schluß „djip djip djippip tiö tetet“.
Vorkommen: Brütet am Rande von Schilf- u. a. Röhrichtbeständen, in Ufergebüschen und seltener auch weitab vom Wasser in Rapsfeldern o. ä. hoher, dichter Vegetation. Nest gut im Bewuchs verborgen am oder dicht über dem Boden. Im Winter in kleinen Trupps im offenen Gelände, oft mit Lerchen oder Finken vergesellschaftet.

Kappenammer *Emberiza melanocephala* **Tafel 92, Karte 365, A**

Kennzeichen: 16-17 cm. Eine große Ammer mit langem, ganz dunklem Schwanz. Im PK ist das ♂ mit der schwarzen Kapuze, der ungestreift rotbraunen Oberseite, den

schwärzlichen Flügeln mit hellen Binden und der kanariengelben, ungezeichneten Unterseite unverkennbar. Das ♀ hat die gleiche Farbverteilung, wirkt aber wie ausgeblichen. Die Kapuze ist grau, die Oberseite matt rötlichbraun, am Bürzel mehr rotbraun, und die Unterseite blaß beigegelb mit intensiver gelben Unterschwanzdecken. Das JK ist noch etwas matter und auf dem Kopf sowie der Oberseite leicht gestreift. Wirkt im Flug langgestreckt und fliegt kraftvoller als die Goldammer. Vgl. auch Braunkopfammer - Irrgäste.
Stimme: Rufe vielfältig sanft „tschrüp", kurz, laut „zrip", scharf „tsit" und klickende Rufreihen „prititit...". Die kurze Gesangsstrophe wird mit einigen leisen, rauhen Schnalzern eingeleitet, denen ein wohlklingender, etwas rauh blecherner Schnörkel folgt „dsrt dsrt zia zia zerlü-zi-zerlülit".
Vorkommen: Brütet in der offenen, trockenen Landschaft mit Büschen und Baumgruppen, an Waldrändern, in Weinbergen, Olivenhainen und Gärten.

Grauammer *Miliaria calandra* Tafel 92, Karte 366, BJZW

Kennzeichen: 16-19 cm. Die größte Ammer der Region mit klobigem Schnabel, rundem Kopf und untersetzt rundlichem Körper. Das Gefieder ist oben fahl erdbraun, unten bräunlichweiß und, den Bauch und Steiß ausgenommen, kräftig, dunkel gestreift. Aus der Nähe fallen der helle Überaugenstreif, die helle Umrandung der Wangen, der dunkle Kinnstreif und die zu schwarzen Flecken verdichte Streifung der Brust auf. Der dunkelbraune Schwanz hat keine weißen Kanten. Fliegt etwas schwerfällig und lerchenähnlich, aber mit schnelleren, kräftigeren Flügelschlägen. Steht gern frei auf Leitungen, Koppelpfählen oder Buschspitzen.
Stimme: Rufe metallisch schrill „tsirrr" oder „srriii" und, v. a. beim Abfliegen, gereiht hart tickend „tick tick...". Der typische Gesang von einer freistehenden Warte oder im flatternden Singflug mit baumelnden Beinen ist ein zunächst tickendes, dann klirrendes Schwirren, so, als ob ein Schlüsselbund immer schneller geschüttelt würde „tik tik-tik trilililiririlililie".
Vorkommen: Brütet in der offenen Feldmark mit einzelnen Hecken, Büschen und Bäumen. Im S auch auf Ödland und trockenen, wenig bewachsenen Berghängen. Nest am Boden in Gras und Kraut. In C-Europa als Folge der industrialisierten Landwirtschaft sehr starke Bestandsrückgänge.

Rosenbrust-Kernknacker *Pheucticus ludovicianus* Tafel 94

Kennzeichen: 18-20 cm. Ein zu der Unterfamilie Carduilinea (Kardinäle) gehörender, großer, untersetzt massiger Ammernverwandter mit einem kernbeißerähnlich klobigen Schnabel. Das auf Kopf und Oberseite schwarzweiße ♂ ist im PK mit seiner rosaroten Brust und dem weißen Bauch unverkennbar. In diesem Kleid sind die Vögel aber noch nie in Europa gesehen worden. Weit wichtiger ist daher die Kenntnis der viel schlichteren, vorwiegend braunen, kräftig gestreiften SK und JK. Am Auffälligsten ist die Zeichnung von Kopf und Flügeln. Über die Mitte des dunkelbraunen bis schwärzlichen Scheitels verläuft ein schmaler, heller Streif. Die braunen Ohrdecken werden oben durch breite, weiße, bis zum Nacken ziehende Überaugenstreifen und unten durch die weißlichen Halsseiten eingefaßt. Unter dem Auge ein heller Halbring und auf den hinteren Ohrdecken ein diffus weißlicher, kleiner Fleck. Zwei weiße Binden an den Enden der Mittleren und Großen Decken und weiße Handschwingenbasen beleben die schwarzbraunen Flügel. Beim ♀ sind die vorderen Unterflügel gelb und beim ♂ rosarot. Auch im 1. Winter hat das junge ♂ schon eine leichte rote Tönung auf der Brust. Hält sich zumeist unauffällig in Baumkronen oder dichtem Gebüsch auf. Flug kraftvoll und geradlinig, über kürzere Strecken aber in Bögen.
Stimme: Ruf laut, scharf, metallisch „pick" oder „tzick".
Vorkommen: Verbreitung NE-USA und Mittelkanada. Bewohnt Laub- und Mischwälder sowie Dickichte. Auf den Britischen Inseln ein seltener Gast.

Stärlinge: Icteridae

Baltimoretrupial *Icterus galbula* **Tafel 94**

Kennzeichen: 17-19 cm. Etwa so groß wie ein Star, aber mit längerem Schwanz und langgezogen spitzem Schnabel. Das ♂ ist im PK durch den lebhaften Kontrast zwischen dem schwarzen Kopf, der schwarzen Kehle und der schwarzen Oberseite sowie der satten Orangefärbung auf Bürzel und Unterseite unverkennbar. Im SK ist das Schwarz weitgehend durch orangefarbene Federsäume verdeckt, dagegen treten die beiden weißen Flügelbinden schärfer hervor. Das ♀ und der Jungvogel sind auf dem Kopf und der Oberseite olivbraun und auf der Unterseite bräunlichorange. Sie haben zwei auffällig breite, weißliche Flügelbinden. Hält sich gewöhnlich hoch in Bäumen auf.
Stimme: Ruf ein klares, flötendes „hju-li".
Vorkommen: Verbreitung östliche bis mittlere USA. Bewohnt Wälder und Dickichte. Auf den Britischen Inseln ein seltener Gast.

Irrgäste

Die folgenden Beschreibungen geben die augenfälligsten Merkmale der Ausnahmeerscheinungen wieder. Die Arten, die in Europa etwa 20- bis 25mal nachgewiesen wurden, werden im Haupttext behandelt. Für jede Art werden das Herkunftsgebiet und die europäische Region angegeben, in der sie zumindest einmal gesichert beobachtet wurde. Wenn die Art in Europa am ehesten im Winter- oder Jugendkleid zu sehen sein wird, werden auch diese Kleider beschrieben.

Wanderalbartros *Diomedea exulans*
Einer der größten Seevögel. Spannweite über 3 m. Füße ragen im Flug über den Schwanz (vgl. Schwarzbrauenalbatros). Altvögel mit rosa Schnabel und weißem Gefieder, nur Flügelspitze und -hinterrand dunkel. Jungvögel zunächst dunkelbraun mit weißem Gesicht und weißem Unterflügel. In den folgenden Jahren zunehmend fleckig und weißer. Meere der Südhalbkugel. W- und S-Europa.

Weichfeder-Sturmvogel *Pterodroma mollis*
Etwa so groß wie der Schwarzschnabel-Sturmtaucher. Kurzschnäblig, dunkle Gesichtsmaske und Haube, Oberseite graubraun mit dunklerem Zick-Zack-Band auf den Flügeln (vgl. junge Dreizehenmöwe), dunkles, geschlossenes oder nur angedeutetes (nördliche Population) Brustband, weiße Unterseite, dunkle Unterflügel mit aufgehellten Basen der inneren Handschwingen und der Armschwingen. Nächster Brutort Desertas bei Madeira. W-Europa.

Teufelssturmvogel *Pterodroma hasitata*
Größe zwischen Dunklem und Schwarzschnabel-Sturmtaucher. Gefieder dem des Großen Sturmtauchers sehr ähnlich. Unterschiede: Kürzerer Schnabel, weiße Stirn, breiteres weißes Halsband, zumeist weit größerer weißer Bürzelfleck, weißere Unterseite. Flug ein unstetes Auf und Ab. Karibik. W-Europa.

Bulwersturmvogel *Bulweria bulwerii*
Klein, nicht viel größer als der Wellenläufer, schlank, lange schmale Flügel, langer, wenn gespreizt, keilförmiger Schwanz. Gefieder schwarzbraun, helleres, graubraunes Diagonalband über die Großen Oberflügeldecken. Flug unruhig, schwungvolle Bögen oder schnelle, abrupte Wendungen. Kapverden, Kanaren, Azoren. W- und S-Europa.

Fregattensturmschwalbe *Pelagodroma marina*
Etwa so groß wie der Wellenläufer, Gestalt aber mehr wie die der Sturmschwalbe. Unterseite von Schwanz und Schwingen dunkelgrau, sonst unten weiß, weiße Stirn, schwarzer Kopfseitenfleck, Kontrast zwischen hellgrauem Bürzel und schwarzem Schwanz. Lange Beine, Füße ragen im Flug über den Schwanz. Flug sprunghaft tänzelnd und pendelnd, unruhiger als der anderer Sturmschwalben. Kapverden, Kanaren. W- und C-Europa.

Swinhoe-Wellenläufer *Oceanodroma monorhis*
In Größe und Gestalt wie der Wellenläufer. Unterschiede: Ganz dunkel ohne weißen Bürzel, helles Diagonalband auf dem Flügel schmaler und undeutlicher. Bulwersturmvogel etwa um ein Drittel größer mit spitzem, nicht gegabeltem Schwanz. W-Pazifik und möglicherweise auch SE-Atlantik. SW- und W-Europa.

Rotschnabel-Tropikvogel *Phaeton aethereus*
Gestalt erinnert an eine große Seeschwalbe, mit diesen aber nicht verwandt. Überwiegend weiß, roter (Altvogel) oder gelber (Jungvogel) Schnabel, schwarzer Augenstreif, Rücken schwarz gebändert, vordere Handschwingen schwarz, Schwanz keilförmig, mittlere Schwanzfedern weiß und sehr lang (bei Jungen kurz), wippen im Flug. Flug taubenartig kraftvoll. Sturztaucher. Tropischer Atlantik. W-Europa.

Rotfußtölpel *Sula sula*
In Größe und Gestalt wie der Weißbauchtölpel. Kann in den verschiedensten Kleidern auftreten. Helle Variante: Vorwiegend weiß, Kopf und Hals gelblich, schwarze Schwingen, schwarzer Fleck auf dem Handgelenk am Unterflügel. Dunkle Variante: Einheitlich graubraun. Intermediäre Varianten: Zumindest auf Flügeln und Rücken braun. Jungvögel immer ganz dunkel. Konstant der blaugraue, an der Basis rosa Schnabel und die großen, roten Füße. Tropischer Atlantik. W-Europa.

Maskentölpel *Sula dactylatra*
Deutlich kleiner als Baßtölpel. Altvogel weiß, gelber Schnabel, schwarze Gesichtshaut, ganz schwarze Schwingen, schwarze Schirmfederenden, schwarzer Schwanz. Auch die noch nicht ganz erwachsenen Baßtölpel und Kaptölpel haben eine schwarze Flügelhinterkante. Da ihre Schirmfedern weiß sind, reicht sie aber nicht bis zum Körper. Altvogel auch durch ganz weißen, nicht gelben Kopf vom Kaptölpel unterschieden. Jungvögel ähnlich dunkel wie Weißbauchtölpel, aber mit weißem Kragen und weißer Brust. Karibik und S-Atlantik. SW-Europa.

Weißbauchtölpel *Sula leucogaster*
Deutlich kleiner als der Baßtölpel mit relativ kürzerem Schnabel und längerem Schwanz. In allen Kleidern Kopf, Brust und Oberseite dunkel schwarzbraun, Bauch, Steiß und Unterflügelmitte Weiß. Bei den Jungvögeln ist das Weiß braun gesprenkelt. Schnabel und Beine beim Altvogel gelb, beim Jungvogel grau. Kapverden und tropischer Atlantik. SW-Europa.

Ohrenscharbe *Phalacrocorax auritus*
Kleiner als der Kormoran. Schnabel relativ schlanker und Kopf kleiner. Nackte Gesichts- und Kehlhaut auffällig gelborange. Altvogel im PK schwarz mit grünviolettem Glanz, auf jeder Kopfseite ein kleiner Schopf. Im SK Gefieder stumpfer, brauner und ohne Schöpfe. JK auf Wangen, Vorderhals und oft auch Brust grauweiß. Flugbild wie vom Kormoran, Flug wirkt leichter. N-Amerika. W-Europa.

Prachtfregattvogel *Fregata magnificens*
Großer, ungewöhnlich schlanker Seevogel. Schmaler, langgestreckter, vorne hakiger Schnabel, schmale, lange (Spannweite über 2 m), im Flug meist gewinkelte Flügel, tief gegabelter, langer Schwanz. Altes ♂ glänzend schwarz mit roter zu einem Sack aufblasbarer Kehlhaut. ♀ mit weißer Brust und weißem Kragen. Im JK auch der Kopf und Bauch weiß. Eleganter Segler. Jagt anderen Vögeln im rasanten Verfolgungsflug die Beute ab. Schwimmt nie. Karibik und tropischer Atlantik. W-Europa.

Amerikanische Zwergdommel *Ixobrychus exilis*
Kleiner und dunkler als die Zwergdommel. Gefieder an den Kopfseiten, dem Hinterhals, den Schultern und Flügeldecken kräftiger rotbraun. Bei den Altvögeln auf den Schultern schmale, helle „Hosenträger". N-Amerika. W-Europa.

Mandschurendommel *Ixobrychus eurhythmus*
So groß wie die Zwergdommel. Das ♂ unterscheidet sich vom Zwergdommel-♂ durch dunkel kastanienbraune Färbung auf Kopfseiten, Hinterhals, Mantel und Schultern, dunklere, gräulichbeigefarbenen Flügeldecken sowie bleigraue Schwingen. Von der Kehle zieht ein schmaler, dunkler Streif zur Brust. Beine grün, nicht gelblich. ♀ und Jungvogel oben rötlichbraun mit hellbeiger Fleckung, unten bräunlichweiß mit kräftiger brauner Streifung. E-Asien. S- und C-Europa.

Grünreiher *Butorides virescens*
Der Zwergdommel ähnlich, aber größer mit längerem Schnabel und dickerem Hals. Altvögel mit schwarzem Scheitel, blaugrüner Oberseite, kastanienbraunen Kopf- und Halsseiten, schwarzen Schwingen und Schwanzfedern, grauem Bauch und gelben

Beinen. Junge brauner, auf der Unterseite kräftig gestreift und auf den Flügeln weißlich gefleckt. Fliegt wie eine Krähe. Sträubt bei Erregung die Nackenfedern und stellt den Schwanz auf. N-Amerika. W-Europa v. a. Britische Inseln.

Bacchusreiher *Ardeola bacchus*
In Größe und Gestalt wie der Rallenreiher. Altvögel im PK dreifarbig auf Kopf, Hals und Brust dunkel rotbraun, Oberseite schiefergrau, Flügel, Schwanz und Unterseite weiß. Altvögel im SK und Junge sehr ähnlich Rallenreiher, Oberseite aber dunkler braun und Kopf, Hals und Brust kräftiger gestreift. E-Asien. W-Europa, wahrscheinlich aus Gefangenschaft.

Schmuckreiher *Egretta thula*
Dem nah verwandten Seidenreiher sehr ähnlich. Im Unterschied zu diesem im PK mit hellgelbem Zügelbereich und kurzem, struppigem Schmuckfederschopf (Seidenreiher nur wenige lange Federn). Die gelbe Zehenfärbung zieht auf der Laufhinterseite bis zum Unterschenkelgelenk. Im SK und JK ohne Schmuckfedern, mit schwarzem Ober- und hellerem Unterschnabel und auf der Rückseite gelben Beinen. Man beachte, daß Seidenreiher auch ähnlich gelbliche Beine haben können. N-Amerika. Azoren, Island.

Küstenreiher *Egretta gularis*
In Größe und Gestalt dem Seidenreiher sehr ähnlich. Kommt in einer rein weißen und einer dunklen, schiefergrauen bis schwärzlichen Variante mit weißer Kehle vor. Die weiße Form der westlichen Unterart *E. g. gularis* (W-Afrika) nur an dem bräunlichen, nicht schwarzen Schnabel vom Seidenreiher zu unterscheiden. Hält sich aber, im Unterschied zu diesem, gewöhnlich an Küstengewässern auf. Bei der östlichen Unterart *E. g. schistacea* (Rotes Meer, Persischer Golf) hat die weiße Form einen orangegelben Schnabel und hellere Beine. Herkunft s. o. S- und C-Europa.

Kanadareiher *Ardea herodias*
Ähnlich, aber deutlich größer als der Graureiher. Altvögel unterscheiden sich durch den graurosa Hals, die rotbraunen Randdecken am Flügel und die rotbraunen Schenkelfedern. Junge den jungen Graureihern sehr ähnlich, gewöhnlich aber insgesamt bräunlicher. „Schultern" und Schenkel sind wie bei den Alten rotbraun. N-Amerika. Spanien.

Waldrapp *Geronticus eremita*
Weit größer als der Sichler. Langer, abwärtsgebogener, roter Schnabel, nackter, weitgehend rosaroter Kopf, struppige Halskrause, schwarzes grünviolett schillerndes Gefieder, rote Beine. Junge ohne Halskrause mit graurosa Schnabel und grauen Beinen. Marokko, Türkei. Brutvorkommen weitgehend erloschen. Früher gelegentlich in S-Europa.

Afrikanischer Löffler *Platalea alba*
Von dem sonst gleich aussehenden Löffler durch die nackte, rote Gesichtshaut, die rosa Beine und im PK auch durch das Fehlen der Gelbfärbung am Hals zu unterscheiden. Afrika. S-, W- und C-Europa. Wahrscheinlich vorwiegend aus Gefangenschaft.

Zwergflamingo *Phoenicopterus minor*
Wesentlich kleiner als der Flamingo. Gesichtshaut dunkelrot, Schnabel kurz, dunkelrot mit schwarzer Spitze, im hinteren Drittel scharf nach unten geknickt, relativ dickerer Hals, Gefieder allgemein intensiv rosa, Beine tief rosa. Wirkt im Flug kompakter als der Flamingo. NW-Afrika. S-Europa.

Gelbbrustpfeifgans *Dendrocygna bicolor*
Kleinere Ente mit langem Hals und langen Beinen. Steht und geht in aufgerichteter Haltung. Kopf, Hals und Unterseite rötlich gelbbraun, cremeweiße und schwarze Flankenstreifung, cremeweißer Steiß, Oberseite schwarzbraun, rostbraun quergebän-

dert. Im Flug lange, breite, dunkle Flügel, weißes Band über die dunklen Oberschwanzdecken, über den Schwanz ragende Füße. Dünn pfeifender Ruf. Tropisches Afrika. SW-Europa.

Sichelente *Anas falcata*
Etwa so groß wie die Schnatterente. Runder Scheitel, massiger Körper, kurzer Schwanz. ♂ im PK mit purpurgrünem, durch eine auf den Rücken hängende „Mähne“ vergrößerten Kopf, weißem und schwarzem Halsring, grau meliertem Körper und langen, sichelförmigen Schulterfedern, die über das schwarzgelbe „Heck“ hängen. ♀ und Junge ähnlich Schnatterenten-♀, Kopf aber weniger gezeichnet und dicker mit angedeuteter „Mähne. Schnabel kürzer und grau. Kein weißer Flügelspiegel. Im Flug massig mit dickem Kopf, v. a. das ♂. E-Asien. E-, C- und W-Europa. Wohl zur Hauptsache aus Gefangenschaft.

Vallisneriaente *Aythya valisineria*
Der Tafelente sehr ähnlich, aber größer mit längerem, ganz schwarzem, ohne Absatz in die Stirn übergehendem Schnabel und „zugespitzt“ wirkendem Scheitel. Gesicht des ♂ dunkler und Körpergefieder heller. Flügelmuster im Flug weitgehend wie bei der Tafelente, heller Streif über die Schwingen aber noch undeutlicher. N-Amerika. Island.

Veilchenente *Aythya affinis*
Färbung und Zeichnung wie bei der Bergente, Größe und Gestalt aber eher wie von der Reiherente mit angedeutetem Schopf am Hinterkopf und kürzerem Schnabel. Das weiße Band auf dem Flügel auf die Armschwingen beschränkt. Schwarz von Kopf, Hals und Brust beim ♂ mit purpurnem, nicht grünem Glanz und Oberseite durch kräftige Querwellung recht dunkel. ♀ und Junge wie die der Bergente, nur an dem kürzeren Flügelstreif zu unterscheiden. Mischlinge Reiher- x Tafelente können zum Verwechseln ähnlich aussehen. N-Amerika. W-Europa v. a. Britische Inseln.

Plüschkopfente *Somateria fischeri*
Von anderen Eiderenten leicht an der runden „Brille“ um das Auge (♂ weiß, ♀ hellbraun) zu unterscheiden. Beim ♂ sind Stirn und Hinterkopf hellgrün, die Oberseite gelblichweiß und die Unterseite sowie das „Heck“ schwarz. Das ♀ ist beigebraun mit schwarzbrauner Bänderung, an Kopf und Hals heller als auf dem Körper. Ostsibirien, Alaska. N-Europa. **Tafel 15**.

Büffelkopfente *Bucephala albeola*
Klein, nicht größer als die Krickente. Gestalt ähnlich Schellente. ♂ mit weißem, vom Auge zum Hinterkopf reichendem Dreieck am großen, runden, schwarzgrünen Kopf. Rücken schwarz, Hals, Unterseite und Schulterfedern weiß. Im Flug, wie beim Schellenten-♂, Armflügel weiß, die schwarze Vorderkante ausgenommen. ♀ und Junge ähnlich Schellenten-♀, aber mit großem, weißem Fleck auf den Wangen und ohne weißen Halsring. Flug leicht. Können vom Wasser „im Sprung“ auffliegen. N-Amerika. N-, C- und W-Europa. Zumeist wohl aus Gefangenschaft entflogen. **Tafel 16.**

Kappensäger *Merganser cucullatus*
Etwas größer als der Zwergsäger. Typischer, dünner, vorne hakiger Sägerschnabel. Gestreckt schlankes Flugbild. Wirkt insgesamt dunkel. ♂ mit großer, fächerförmig aufrichtbarer, weißer, schwarz umrandeter Haube. Auf der Brust eine schwarz-weiß-schwarze Binde. Flanken rostbraun. ♀ dem Gänse- und Mittelsäger-♀ ähnlich, aber dunkler und brauner mit dunkelrotbrauner fächerförmig glatter Haube. N-Amerika. N-, C- und W-Europa. Auch aus Gefangenschaft. **Tafel 17**.

Bindenseeadler *Haliaeetus leucoryphus*
Kleiner als der Seeadler mit schwächerem, blaugrauem Schnabel und grauen Beinen. Altvogel dunkelbraun mit hell beigebraunem Kopf und breiter weißer Binde vor dem Ende des schwarzen Schwanzes (vgl. jungen Steinadler). Junge dunkelbraun mit ganz

dunklem Schwanz. Im Flug auffallend helle Mittlere Unterflügeldecken und Handschwingenbasen. C- und S-Asien. C- und W-Europa.

Ohrengeier *Torgos tracheliotus*
So groß und dunkel wie der Mönchsgeier mit noch klobigerem Schnabel. Kopf nackt, vorwiegend rosa mit lappigen Falten am Hinterkopf. Kopf der Jungvögel fahl blaugrau ohne Lappen. Im Flug weißes Band über die Mittleren Unterflügeldecken und cremefarbene Schenkel. Afrika, SW-Asien. S-Europa.

Graubürzel-Singhabicht *Melierax metabates*
Kleiner und langbeiniger als der Habicht. Grau mit feiner, dichter Bänderung auf Bauch, Steiß und Bürzel. Breit dunkel gebänderter Schwanz. Schnabelbasis und die langen Beine orangerot. Kennzeichnend im Flug die breiten, hellgrauen Flügel mit schwarzen Spitzen und die einfarbig graue Brust. Jungvogel braun mit breiter, klarer, brauner Bänderung auf Unterseite, Bürzel, Unterflügeln und Schwanz. NW-Afrika. S-Europa.

Präriebussard *Buteo swainsoni*
In Größe, Gestalt und Flugweise wie der Mäusebussard. Flügel im Flug schmaler und spitzer. Am häufigsten die helle Variante mit recht einfarbig hellen Unterflügeldecken, düster graubraunen Schwingen und einem braunen Latz, von dem sich die weißliche Kehle abhebt. Dunkle Varianten wirken von unten gesehen fast einfarbig dunkelbraun. N-Amerika. N-Europa.

Savannenadler *Aquila rapax*
Kleiner und weniger wuchtig als Stein- und Kaiseradler. Färbung sehr variabel von hell sandfarben bis dunkelbraun mit aufgehelltem Bürzel, dunkelgrauen bis schwärzlichen Schwingen und dunklem, gebändertem Schwanz. Der gelbe Schnabelwinkel zieht bis vor das Auge und nicht, wie beim Steppenadler, zum Augenhinterrand. Junge und Jugendliche wie beim Steppenadler, aber ohne das helle Band über den Unterflügel. N-Afrika. Spanien, Sardinien.

Buntfalke *Falco sparverius*
Deutlich kleiner, als der Turmfalke mit relativ kürzeren Flügeln und kürzerem, kennzeichnend rotbraunem Schwanz. Markant die Kopfzeichnung mit grauem, in der Mitte rostfarbenem Scheitel, schwarzem Bartstreif, schwarzem Streif hinter den Ohrdecken und je einem dunklen Fleck auf den Nackenseiten. Das ♂ hat blaugraue Oberflügeldecken. Das ♀ ähnelt im Gefieder dem Turmfalken-♀. N-Afrika. S-, W- und C-Europa.

Schieferfalke *Falco concolor*
Kleiner als der ähnliche Eleonorenfalke. Durch die verlängerten mittleren Federn wirkt der Schwanz zugespitzt. Altvögel hell bis dunkel schiefergrau mit schwarzgrauen Handschwingen. Junge heller und grauer als junge Eleonorenfalken. Fliegt so elegant wie der Eleonorenfalke, aber gewöhnlich mit stärker gewinkelten Flügeln. Stimme erinnert an den Turmfalken. N-Afrika, SW-Asien. S-Europa.

Wüstenfalke *Falco pelegrinoides*
Kleiner, weniger kompakt als der Wanderfalke mit schmaleren Flügeln und relativ längerem, runderem Schwanz. Altvogel ähnlich Wanderfalke, von diesem durch rostfarbenen Nacken mit grauem Nackenband, hellere Oberseite und schwächer gebänderte, hellere, bräunlichere Unterseite unterschieden. Im Flug mit auffallend hellen Unterflügeldecken. Nackenfärbung beim Jungvogel wie bei den Alten. Gefieder insgesamt heller und auf der Unterseite schwächer gestreift als beim jungen Wanderfalken. Vgl. auch Lannerfalke. N-Afrika, Naher Osten. S-Europa.

Carolinasumpfhuhn *Porzana carolina*
In Größe und Gestalt wie das Tüpfelsumpfhuhn mit längerem, kräftigerem, gelbem Schnabel, längerem Hals und kürzeren Flügeln. In allen Kleidern ein kleiner, weißer Fleck hinter dem Auge. Gefieder kaum weiß gepunktet. Altvögel mit schwarzem Scheitelstreif, grauen Halsseiten, schwarzem Gesicht und schwarzem Vorderhals, hellgrauer Unterseite und deutlich gebänderten Flanken. Junge recht einheitlich beigebraun ohne weiße Tüpfel, aber mit schwarzbraunem Scheitelstreif und ganz grünlichgelbem Schnabel. N-Amerika. W- und N-Europa. **Tafel 34**.

Bronzesultanshuhn *Porphyrula alleni*
Kleiner als das Teichhuhn. Gefieder schwarz, auf der Oberseite mit bronzegrünem und auf der Unterseite mit violettblauem Glanz. Schnabel und Beine leuchtend rot. Stirnschild dunkelblau bis blaugrau. Junge rötlichsandbraun mit auffallend dunklen Federzentren auf Mantel, Rücken und Schultern und hell beigebraunen Unterschwanzdecken. Vgl. Zwergsultanshuhn. W-Afrika. S-, C- und W-Europa. **Tafel 35**.

Zwergsultanshuhn *Porphyrula martinica*
In Größe und Gestalt wie das Teichhuhn, jedoch mit viel längeren, gelben Beinen. Oberseite schimmernd bronzegrün, Kopf, Hals und Unterseite dunkel purpurblau, Unterschwanzdecken leuchtend weiß, der rote Schnabel mit gelber Spitze, Stirnschild hellblau. Junge wie junge Teichhühner, aber mit völlig weißen Unterschwanzdecken und ohne weißen Flankenstreif. N-Amerika. N- und C-Europa.

Indianerbläßhuhn *Fulica americana*
In allen Kleidern vom Bläßhuhn und Kammbläßhuhn durch teilweise weiße Unterschwanzdecken unterschieden. Altvögel mit rotem Fleck am oberen Ende des Stirnschilds und braunroter Binde vor der Schnabelspitze. N-Amerika. W-Europa.

Kanadakranich *Grus canadensis*
Wesentlich kleiner als der Kranich, aber mit ähnlicher Gestalt und ebenso lockerer „Schwanzhaube". Altvogel hellgrau mit intensiv ockerbrauner Tönung auf den Großen Flügeldecken, weißen Wangen und roter „Stirnkappe". Junge insgesamt sandbraun ohne die grauen Flügel des jungen Kranichs. N-Amerika. W-Europa.

Rotbrust-Brachschwalbe *Glareola maldivarum*
Kleiner als die Rotflügel-Brachschwalbe mit kürzerem, weniger tief gegabeltem Schwanz. Flügel oben dunkel, unten, wie bei der Rotflügel-Brachschwalbe, mit rotbraunen Decken, aber ohne weiße Hinterkante. C- und S-Asien. Britische Inseln.

Ringregenpfeifer *Charadrius semipalmatus*
Dem Sandregenpfeifer sehr ähnlich. Unterschiede: Kürzerer, feinerer Schnabel, kürzerer, diffuser Überaugenstreif, heller gesäumte Flügeldecken, schmaleres, schwarzes Brustband. Im Flug kürzere, weiße Flügelbinde. Spannhäute in den Zehenwinkeln. Rufe schärfer als vom Sandregenpfeifer, ansteigend „tschii-wii". N-Amerika. W-Europa.

Mongolenregenpfeifer *Charadrius mongolus*
Dem Wüstenregenpfeifer sehr ähnlich, aber kleiner. Unterschiede: Schnabel kürzer, runderer Kopf mit steilerer Stirn, Beine dunkler grau, im Flug weiße Flügelbinde schmaler. ♂ im PK intensiver gefärbt mit tiefschwarzer Maske und satt rotbrauner Brust. Im SK deutlich größer, langschwänziger und auf der Oberseite dunkler als der Seeregenpfeifer. C-Asien. N-, C- und W-Europa.

Wermutregenpfeifer *Charadrius asiaticus*
Größer und hochbeiniger als der Sandregenpfeifer. Altvögel mit weißem Überaugenstreif, vom graubraunen Nacken ausgehendem Augenstreif, weißen Wangen und weißer Kehle. Oberseite graubraun, Unterseite weiß. Oberflügelbinde undeutlich und

kurz, Unterflügel grau, Schwanz nahezu ganz grau. ♂ im PK mit rostrotem, unten schwarz gesäumtem Brustband. ♀ und ♂ im SK mit rötlich graubraunem Brustband. Die Jungen sind im Gesicht hell beigebraun und auf der Oberseite durch helle Federränder geschuppt. Flugruf hart, laut „tschipp", oft mehrfach wiederholt. Westliches C-Asien. E-, S-, C- und W-Europa. **Tafel 38**.

Anadyr-Knutt *Calidris tenuirostris*
Weniger gedrungen und etwas größer als der Knutt mit relativ längerem Schnabel und längeren Flügeln (Flügelspitzen überragen den Schwanz deutlich). Im PK kräftig schwarz gefleckt. Rostrot beschränkt sich auf die Schulterfedern. Im SK wie der Knutt mit weniger deutlichem Überaugenstreif und oft kräftiger dunkel gefleckter Brust. Junge haben ein helles Gesicht und auffallend dunkle, hell gesäumte Federn auf Mantel, Rücken und Schultern. Flügelbinde im Flug weniger ausgeprägt als beim Knutt, der Bürzel aber nahezu ganz weiß und schärfer vom dunklen Schwanz abgehoben. E-Asien. C-, W- und N-Europa.

Bergstrandläufer *Calidris mauri*
Der größte der dunkelbeinigen, kleinen Strandläufer. Ähnlich Sandstrandläufer und wie dieser mit kleinen Spannhäuten zwischen den Zehen. Unterschiede: Schnabel länger, feiner, an der Spitze leicht gebogen, hochbeiniger, etwas kürzere Flügel. Im SK einheitlicher grau mit zartgrauem Brustband. Im JK blasserer Scheitel, längerer Überaugenstreif, rostfarbene Schulterfederränder. Typischer Ruf gedehnt „tjii-ip". N-Amerika. W-, N- und C-Europa. **Tafel 49**.

Rotkehl-Strandläufer *Calidris ruficollis*
Dem Zwergstrandläufer ähnlich, aber mit flacherem Rücken, gestreckterem Hinterkörper, vollerem Steiß und recht kurzen Beinen. Zwischen den Zehen sind keine Spannhäute (vgl. Sand- und Bergstrandläufer). Im JK vom Zwergstrandläufer durch den ungegabelten Überaugenstreif, die gräulichen Ohrdecken, das Fehlen einer deutlichen V-Zeichnung am Mantelrand, die blasseren, gräulichbraunen Flügeldecken und die matten Schirmfederränder unterschieden. Im PK sind die Alten an Kopf und Hals orangebraun und haben dunkle, rotbraun gesäumte Schulterfedern, die sich von den einheitlicher dunkelgrauen Flügeldecken abheben. Der hohe und etwas rauhe Ruf „tschrit", klingt ähnlich rollend wie vom Zwergstrandläufer. E-Asien. C-, N- und W-Europa. **Tafel 48**.

Langzehen-Strandläufer *Calidris subminuta*
Nur wenig größer als der Wiesenstrandläufer und wie dieser mit dunkel geschupptem Gefieder und gelblichen Beinen. Hochbeinig mit langen Zehen und relativ langem Hals. Im JK reicht die dunkle Scheitelbefiederung bis zum Schnabelansatz. Kopfseiten mit ausgeprägtem, weißem Überaugenstreif und braungrauem Fleck auf den Ohrdecken, weißes V am Mantelrand, Schulterfedern mit rostbraunen und Flügeldecken mit weißen Säumen. Ruf sperlingsähnlich rollend „tschirrüp". E-Asien. N- und W-Europa. **Tafel 48**.

Kleiner Schlammläufer *Limnodromus griseus*
Dem Großen Schlammläufer sehr ähnlich, aber gewöhnlich etwas kleiner und kurzschnäbliger. Schwarze Binden am Schwanz breiter als oder zumindest gleich breit wie weiße Binden. Im JK zeigen die Schulterfedern und Großen Armdecken auch in den Zentren auffallende rotbraune Querbänder, Streifen und Flecke. Brust warm gelbbraun getönt. Typischer Flugruf weich, melodisch, zumeist dreisilbig „tjü-tjü-tjü". N-Amerika. W-, N- und C-Europa. **Tafel 43**.

Hudsonschnepfe *Limosa haemastica*
In Gestalt und Färbung ähnlich Uferschnepfe, aber etwas kleiner und gedrungener. Im Flug erstreckt sich die weiße Flügelbinde nur auf die Oberflügelmitte. Der vordere

Unterflügel ist schwarz. Die Schwingen sind weitgehend grau mit einem nur schmalen, weißen Feld in der Flügelmitte. Der weiße Bürzelfleck ist vergleichsweise schmal und der schwarze Schwanz hell bereift. Im PK mit grauem, vom dunkel rotbraunen Unterkörper abgehobenem Kopf. N-Amerika. W- und C-Europa.

Zwergbrachvogel *Numenius minutus*
Wesentlich kleiner als der Regenbrachvogel. Etwa so groß wie ein Grünschenkel, jedoch mit typischer Brachvogelgestalt. Der Schnabel ist relativ dünn, kurz und wenig gebogen. Scheitelzeichnung wie beim Regenbrachvogel. Oberseite, inklusive Bürzel und Schwanz, dunkel graubraun mit hellen Federrändern (ebenso auch N-amerikanische Regenbrachvögel). Unterflügel wie auch Kopf, Hals und Brust hell beigebraun mit dichter, dunkler Streifung und Bänderung. Flugruf zumeist dreisilbig, weich lachend „küi-küi-küi“ und als Warnruf schärfer „kuit-kuit-“. Nördliches Zentralsibirien. N- und W-Europa.

Eskimobrachvogel *Numenius borealis*
Etwas größer als der Zwergbrachvogel mit längeren, spitzeren Flügeln (Flügelspitzen ragen über den Schwanz) und kürzeren Beinen. Gefieder von Unterseite und Unterflügel insgesamt dunkler, weniger beige- mehr rötlich zimtbraun und kräftiger dunkel gezeichnet, v. a. auf den Flanken. N-Amerika. Wahrscheinlich ausgestorben. Früher einzelne Nachweise in W- und N-Europa.

Graubürzel-Wasserläufer *Heteroscelus brevipes*
Etwa so groß wie ein Rotschenkel, jedoch mit kürzeren, gelblichen Beinen und blaß gelber Schnabelbasis. Oberseite, Brust und Unterflügel ungezeichnet grau. Kopfseiten hell mit weißem Überaugenstreif und dunklem Zügel. Bauch und Steiß weiß. Im JK an den Federrändern der Oberseite fein weiß gepunktet. Wippt mit dem Körper wie ein Uferläufer. Flugruf regenpfeiferähnlich, ansteigend „piüiie-piüiie“. NE-Sibirien. W-Europa.

Schlammtreter *Catoptrophorus semipalmatus*
Großer, wasserläuferähnlicher Watvogel mit mittellangem, geradem, etwas klobigen Schnabel, dickem Hals und strammen, blaugrauen Beinen. Die ganze Gestalt wirkt ein wenig plump. Sieht am Boden, v. a. im SK, einfarbig grau aus. Zeigt im Flug aber mit dem weißen Bürzel und der breiten, weißen Binde auf dem schwarzen Unterflügel sowie dem grau-weiß-schwarzen Oberflügel ein sehr auffälliges Muster. Flugruf rauh „wrie-wrie-wrie“, Alarmrufe kurz, hart „kip kip...“ N-Amerika. N- und W-Europa.

Weißaugenmöwe *Larus leucophthalmus*
Etwas größer und schmalflügliger als die Sturmmöwe. Schnabel rot, sehr lang und schlank mit schwarzer Spitze. Beine gelb. Oberseite rußgrau, schwärzliche Schwingen und Flügelunterseiten, Kopf und Vorderhals schwarz, auffallend weißer, geteilter Augenring, weißer Kragen, Flügel mit weißer Hinterkante. Jungvögel, abgesehen vom weißen Bauch, düster graubraun mit schwarzem Schnabel. Rotes Meer. S-Europa.

Graukopfmöwe *Larus cirrocephalus*
Etwas größer als die Lachmöwe. Im PK leicht an dem hellgrauen Kopf, den blaß gelben, schmal rot umrandeten Augen und den dunklen Unterflügeln zu erkennen. Schnabel und Beine rot. Brust manchmal leicht pfirsichfarben getönt. Im SK von der Lachmöwe durch die dunklen Unterflügel, den zartgrauen (nicht schwärzlichen) Ohrfleck und die gelben Augen unterschieden. Die äußeren Handschwingen der Altvögel haben vor der schwarzen Spitze ein kurzes weißes Band. Die Handflügelkante ist also nicht durchgehend schwarz. Afrika. S-Europa.

Königsseeschwalbe *Sterna maxima*
Wirkt im Flug sehr hell, wie eine große Brandseeschwalbe. Unterscheidet sich von der größeren, wuchtigeren Raubseeschwalbe durch die nur an den Handschwingenspitzen

dunklen Flügel. Am Boden leicht an dem schlankeren orangefarbenen Schnabel, der struppigeren Haube, der heller grauen Oberseite und dem längeren, tiefer gegabelten Schwanz zu erkennen. Schon gegen Ende der Brutzeit wird die Stirn weiß. Die Armflügel der Jungvögel sind kräftiger und komplizierter gemustert als die junger Raubseeschwalben. Rufe weniger kratzend rauh als die der Raubseeschwalbe, u. a. trillernd „kirrr“ oder rollend „krrjäk“. Mittelamerika und W-Afrika. S-, W- und N-Europa. **Tafel 60**.

Schmuckseeschwalbe *Sterna elegans*
Gestalt und Größe zwischen Königs- und Rüppelseeschwalbe. Von beiden durch den längeren, dünneren, leicht abwärtsgebogenen Schnabel und den struppigeren Schopf unterschieden. Das Gefieder gleicht weitgehend dem der Rüppelseeschwalbe, die Handflügelunterseite ist aber weit dunkler. Der Schnabel ist orange und hat oft eine blaßgelbe Spitze. Mittelamerika. W-Europa.

Aleutenseeschwalbe *Sterna aleutica*
Etwas gedrungener und kurzschwänziger als die Küstenseeschwalbe. Auch im PK mit weißer Stirn, deren seitliche Winkel bis über das Auge ziehen. Mantel und Oberflügel bleigrau. Die weißen inneren Handschwingen bilden auf dem Flügel ein helles „Fenster“. Am Armflügel ein dunkler Hinterrand. Schnabel und Beine schwarz. Typischer weicher, dreisilbiger watvogelähnlicher Flugruf. Vgl. auch Zügelseeschwalbe. Küsten des Bering-Meers. W-Europa.

Weißwangenseeschwalbe *Sterna repressa*
Insgesamt dunkler und grauer als die Flußseeschwalbe, so daß die weißen Wangen markant hervortreten. Schnabel rot mit dunkler Spitze. Im Flug silberweiße Handschwingenbasen und grauer Hinterrand am Unterflügel. Jungvögel ebenfalls auf der Oberseite grauer als Flußseeschwalben mit dunklerer Flügelzeichnung. Rotes Meer. W-Europa.

Zügelseeschwalbe *Sterna anaethetus*
Kleiner als die Rußseeschwalbe mit hellgrauem Nackenband und dunkel graubrauner Oberseite, von der sich die schwarzen Schwingen abheben. Von der schmalen, weißen Stirn ziehen dünne, seitliche Winkel bis hinter das Auge. Afrika und Karibik. W- und C-Europa.

Kleinseeschwalbe *Sterna antillarum*
Noch etwas kleiner als die Zwergseeschwalbe mit relativ längeren Schwanzspießen. Oberseite, Bürzel und Schwanz eingeschlossen, in allen Kleidern grau. Typisch ist der schrille, an den Austernfischer erinnernde Flugruf. Südliches N- bis nordöstliches S-Amerika. Britische Inseln.

Noddiseeschwalbe *Anous stolidus*
Abgesehen von der jungen Rußseeschwalbe die einzige rußbraune Seeschwalbe, die in der Region vorkommen kann. Leicht an dem keilförmigen bis schwach eingeschnittenen Schwanz zu erkennen. Im PK auf dem Scheitel und Nacken grau. Der langsame Flug erinnert an den einer nahrungssuchenden Möwe. Kann mit kleinen, jungen Raubmöwen verwechselt werden. Tropische Meere. W-, C- und N-Europa.

Silberalk *Synthliboramphus antiquus*
Deutlich größer als der ähnliche Krabbentaucher mit kurzem, spitzem, vorne gelbem Schnabel. Im PK am schwarzen Kopf eine weißer Schmuckfederstreif vom Auge zum Nacken, ein weißlich gesprenkelter „Kragen“ und eine grauschwarze Oberseite. Im SK und JK ohne die weiße Zeichnung. N-Pazifik, Bering-Meer. Britische Inseln.

Schopfalk *Aethia cristatella*
Etwas größer als der Krabbentaucher. Ober- und Unterseite dunkel schiefergrau. Kurzer, klobiger Schnabel. Auf der Stirn ein nach vorne gebogener Schopf. Im PK mit rotem Schnabel und weißem Strich vom Auge zum Nacken. Im SK und JK Schnabel gelblichbraun, Schopf kurz bzw. fehlend. Bering-Meer. Island.

Rotschnabelalk *Cyclorrhynchus psittacula*
Größer als der Krabbentaucher mit kurzem, dickem, aufgebogen wirkendem Schnabel. Kopf, Hals und Oberseite im PK grauschwarz, Unterseite weiß. Hinter dem weißen Auge ein feiner, weißer auf die Halsseite ziehender Schmuckfederstreif. Schnabel leuchtend rot. Im SK und JK Kehle weißlich, Schmuckfedern undeutlich, Schnabel rötlichbraun. Bering-Meer. N-Europa.

Tropfenflughuhn *Pterocles senegallus*
In Größe und Gestalt wie das Spießflughuhn. Wirkt aus einiger Entfernung einheitlich fahl sandbraun. Kennzeichnende Unterflügelzeichnung mit hellem Vorderflügel, schwarzen Armschwingen und diffus schwärzlichen Handschwingen. ♂ auf Scheitel, Hals und Brust hell blaugrau, auf Wangen und Kehle orange und auf den Schultern sowie Flügeldecken grau gefleckt. Auf der Bauchmitte ein dunkler Streif. ♀ an Wangen und Kehle blaßorange und auf Hals, Oberseite sowie Flügeldecken mit groben, schwarzen Punkten. Typischer, weicher Doppelruf „quitu-quitu". N-Afrika, Mittlerer Osten. S-Europa.

Carolinataube *Zenaida macroura*
Kleiner als die Turteltaube mit langem, spitz zulaufendem Schwanz und kraftvollerem, pfeifendem Flügelschlag. Das Gefieder erinnert an das der Türkentaube, ist aber dunkler, v. a. auf den grauen Flügeln. Der gestufte Schwanz ist graubraun mit schwarzweißen Spitzen an den seitlichen Federn. Aus der Nähe sind auf den Wangen, den Schultern und den Schirmfedern schwarze Punkte zu erkennen. N-Amerika. Britische Inseln.

Kapohreule *Asio capensis*
Gleicht einer kleinen, dunklen Sumpfohreule, hat aber schwarze Augen, einen helleren Gesichtsschleier und ist auf der Oberseite, den Flügeldecken und der Brust einheitlich braun. Der Bauch ist hell gefleckt und die Armflügelunterseite deutlich gebändert. NW-Afrika. S-Europa.

Nachtfalke *Chordeiles minor*
Kleiner, dunkler und grauer als der Ziegenmelker. V. a. in der Dämmerung, aber auch am Tage aktiv. Quer über den langen, spitzen Flügel verläuft eine breite, weiße Binde. Der lange Schwanz ist leicht ausgeschnitten. Das Flugbild erinnert an einen Falken und die Flugweise an einen großen Segler. N-Amerika. W-Europa.

Stachelschwanzsegler *Hirundapus caudacutus*
Ein großer Segler mit gedrungenem Körper, relativ kurzen Flügeln und sehr kurzem, gerade abgeschnittenem Schwanz. Das schwarze Gefieder von Scheitel, Flügeln und Schwanz schimmert grün. Auf dem Mantel und Rücken ein blaß graubrauner Fleck. Stirn, Kehle und großer V-förmiger Steißfleck leuchtend weiß. Die Schwanzstacheln sind nur aus der Nähe zu sehen. E-Asien. E-, N-, S- und W-Europa.

Schornsteinsegler *Chaetura pelagica*
Ein sehr kleiner Segler mit sehr kurzem, geradem Schwanz. Nicht größer als der Haussegler und weniger kompakt mit schmaleren Flügeln. Gefieder dunkel rußbraun mit hellbraunem Überaugenstreif, aufgehellter Kehle und Brust und grauer Schwingenunterseite. Der unruhige Flug erinnert an eine Schwalbe. Kann aber auch mit gewinkelten Flügel segeln. N-Amerika. W-Europa.

Pazifiksegler *Apus pacificus*
Etwas größer und gestreckter als der Mauersegler mit noch tiefer gegabeltem Schwanz. Rußbraun mit großem, weißem Bürzelfleck und davon abgehoben schwarzem Schwanz. Die weißliche Kehle ist gut zu erkennen. Die weißlichen Säume der Bauchfedern und Unterschwanzdecken sind nur aus der Nähe zu sehen. Fliegt noch eleganter als der Mauersegler. E-Asien. W-Europa.

Braunliest *Halcyon smyrnensis*
Ein großer Eisvogel mit einem gewaltigen, roten Schnabel. Auf Kopf, Flügeldecken, Flanken und Bauch kastanienbraun, Kehle und Brustmitte weiß, Oberseite, Schwanz und Armschwingen schimmernd blau, Handschwingen hellblau, alle Schwingen mit schwarzen Enden. Erinnert im Flug an einen Specht. Ruf ein lautes, hohes Lachen. Naher Osten. S- und E-Europa.

Graufischer *Ceryle rudis*
Ein großer Eisvogel mit einem struppigen Schopf. Am Kopf, der Oberseite, den Flügeln und dem Schwanz unverkennbar schwarzweiß gestreift und gefleckt. Abgesehen vom doppelten, schwarzen Brustband beim ♂ und dem in der Mitte offenen, einfachen beim ♀, ist die ganze Unterseite weiß. Rüttelt oft. Naher Osten. S-, E- und C-Europa. **Tafel 66**.

Gürtelfischer *Ceryle alcyon*
Der größte in der Region vorkommende Eisvogel mit einem langen, dolchförmigen, schwarzen Schnabel. Der Kopf mit der struppigen Haube, die Oberseite und ein Brustband sind satt blaugrau. Der Halsring und die Unterseite sind weiß. Das ♀ hat unterhalb des blauen ein zweites rostbraunes Brustband und davon ausgehend rostbraune Flanken. Ruf ein lautes, mechanisch rauhes Schackern. N-Amerika. W- und C-Europa. **Tafel 66**.

Goldspecht *Colaptes auratus*
In Aussehen und Verhalten dem Grünspecht ähnlich, aber deutlich kleiner. Gefieder auf dem Kopf und Nacken grau mit rotem Nackenfleck, auf der Oberseite goldbraun und schwarz gebändert und auf dem Bürzel rein weiß. Kopfseiten und Vorderhals beige, Unterseite cremegelb, auf der Brust ein schwarzes Schild und auf Bauch und Flanken große, schwarze Punkte. Unterflügel und Schwanzunterseite goldgelb. ♂ mit breitem, schwarzem Bartstreif. N-Amerika. W-Europa.

Gelbbauch-Saftlecker *Sphyrapicus varius*
Etwa so groß wie der Mittelspecht. Erinnert im Gefieder entfernt an den Dreizehenspecht. Die Kopfseiten sind schwarz und weiß gestreift, auf den Flügeldecken ein schmales, weißes Feld, Oberseite, Flanken und Schwanz dicht schwarzweiß gebändert, Bauch hellgelb. ♂ auf dem Scheitel und an der Kehle rot. ♀ mit weißer Kehle. „Ringelt" die Zweige um den austretenden Saft aufzulecken. N-Amerika. Britische Inseln, Island.

Phoebe *Sayornis phoebe*
Ein fliegenschnäpperähnlicher, großer, langschwänziger Tyrann. Altvogel mit dunklem Schnabel, gewölbtem, schwärzlichgrauem Kopf, der sich von der heller grauen Oberseite abhebt, hellen Schirmfederrändern und weißlicher, auf den Brustseiten grau getönter Unterseite. Jungvogel mit zwei bräunlichweißen Flügelbinden und gelblicher Unterseite. Sitzt aufrecht und wippt häufig mit dem Schwanz. N-Amerika. W-Europa.

Buchentyrann *Empidonax virescens*
Etwa so groß wie der Trauerschnäpper, aber mit relativ größerem Schnabel. Kopf und Oberseite matt grünlichgrau mit auffallendem, hellem Augenring und zwei weißlichen Flügelbinden. Unterseite heller mit einem gelblichgrauen Anflug auf Brust und Flanken.

Von den nordamerikanischen Gattungsverwandten durch die Kombination von weißer Kehle mit grünlich bzw. gelblich getöntem Gefieder unterschieden. Durchdringend scharfer Ruf „wie-sie“. N-Amerika. Island.

Sandlerche *Ammomanes cincturus*
Eine kleine unscheinbar sandfarbene Lerche mit rundem Kopf und kleinem Schnabel. Oberseite weitgehend einheitlich gräulich- bis rostbeige und Unterseite blaß rostfarben bis gelblichweiß. Handschwingen und Schwanzfedern bräunlichorange mit dunklen Spitzen, die am Schwanzende ein angedeutetes, verkehrt T-förmiges Muster ergeben. N-Afrika oder Mittlerer Osten. S-Europa.

Wüstenläuferlerche *Alaemon alaudipes*
Eine große, schlanke Lerche mit langem, leicht abwärts gebogenem Schnabel und langen Beinen. Am Boden mehr pieperähnlich, erinnert sie im Flug an den Wiedehopf. Oberseite hell sandgrau mit weißlichem Überaugenstreif, dunklem Augen- und Bartstreif. Unterseite schmutzigweiß mit dunkel gepunkteter Brust. Je eine breite, weiße Binde am Ende und an der Basis der schwarzen Armschwingen ergeben im Flug ein auffallendes Oberflügelmuster. Schwanz weitgehend schwarz mit weißen Kanten. N-Afrika oder Mittlerer Osten. S-Europa.

Bergkalanderlerche *Melanocorypha bimaculata*
Deutlich kleiner als die sonst sehr ähnliche Kalanderlerche mit relativ längeren Flügeln und kürzerem Schwanz. Der dunkle Halsseitenfleck ist länger und schmaler, Schwingen heller mehr dunkelbraun als schwärzlich mit unauffälliger, bräunlicher Hinterkante. Schwanz mit hellbräunlichen Kanten und schmaler, weißer Endbinde. Vorder- und Zentralasien. S-, W- und N-Europa.

Hornlerche *Eremophila bilopha*
Kleiner, heller und weniger gezeichnet als die ähnliche Ohrenlerche und, wie diese, mit kleinen „Federohren“. Oberseite beigebraun, Unterseite weißlich. Gesicht und Kehle nicht schwarz und gelb, sondern schwarz und weiß. Wüstenbewohner. N-Afrika. S-Europa.

Fahlstirnschwalbe *Hirundo pyrrhonota*
Die Gestalt ist ähnlich der der Mehlschwalbe, der Schwanz aber kaum eingekerbt. Die Gefiederfärbung mit cremeweißer Stirn, schwarzblauer Kappe auf dem sonst rostroten Kopf, dunklem Kehlfleck, beigebrauner Färbung an Brust und Flanken, weiß gestricheltem blauschwarzen Mantel und Rücken und orangefarbenem Bürzel gleicht mehr der der Rötelschwalbe. Gleitet und segelt mehr als andere Schwalben. N-Amerika. Britische Inseln, Island.

Steppenpieper *Anthus godlewskii*
In Größe und Gestalt wie der Spornpieper, aber mit relativ kürzerem, feinerem Schnabel, kleinerem Kopf, etwas kürzerem Schwanz, kürzeren Beinen und kürzeren Hinterzehenkrallen. Die längste Schirmfeder überdeckt die Flügelspitze. Gefiederfärbung wie bei einem blassen Sporn- oder einem jungen Brachpieper. Die Unterseite ist zumeist weniger weiß, mehr einheitlich beige, v. a. an den Flanken. Mittlere Armdecken mit eckigen, dunklen Zentren und breiter ockerfarbener Spitze. Weiß an den äußeren Schwanzfedern mehr auf den Spitzenabschnitt beschränkt. Diese feinen Merkmale sind aber nur aus größter Nähe bzw. in der Hand zu erkennen. Ruf rauh „pschiiu“. S-, C-Asien. W- und N-Europa.

Pazifischer Wasserpieper *Anthus rubescens*
Dem Bergpieper sehr ähnlich. Die äußeren Schwanzfedern sind nahezu ganz weiß. Die Unterseite ist beige getönt, am intensivsten auf Brust und Flanken, und hier auch fein schwarz gesteift. Recht markantes Kopfseitenmuster mit gelblichbraunem Überaugenstreif, hellem Zügel und weißer Kehle. N-Amerika. W-, C- und S-Europa.

Zedernseidenschwanz *Bombycilla cedrorum*
Deutlich kleiner als der Seidenschwanz, aber in allen Kleidern mit recht ähnlichem Gefiedermuster. Flügel ohne weiße und gelbe Abzeichen, Steiß nicht rotbraun, sondern weiß, untere Flanken und Bauch gelb getönt. Ruf feiner und trillernder als der des Seidenschwanzes. N-Amerika. Britische Inseln.

Spottdrossel *Mimus polyglottos*
So groß wie eine Drossel mit entfernt ähnlicher Gestalt, jedoch mit viel längerem Schwanz, der oft hin und her geschwenkt wird. Der Flügelschlag ist seltsam langsam. Das Gefiedermuster erinnert an den Raubwürger. Oberseite einfarbig beigegrau. Unterseite gräulichweiß. Flügel grauschwarz, am Grunde der Handschwingen ein großes, weißes Feld und auf dem Armflügel zwei schmale, weiße Binden. Der schwarze, gestufte Schwanz hat weiße Ecken. Von grauen Würgern aber leicht am Fehlen der schwarzen Maske, am dünnen, leicht gebogenen Schnabel und an den gelben Augen im hellen Gesicht zu unterscheiden. Häufigster Ruf laut „tschäck". Gesang mit vielen Imitationen. N-Amerika. W- und C-Europa.

Rotrücken-Spottdrossel *Toxostoma rufum*
Erinnert in der Größe und im Gefiedermuster an eine Drossel, verhält sich aber eher wie ein Häher oder ein Droßling. Hüpft am Boden umher, stellt den Schwanz auf und schwenkt ihn hin und her. Schnabel recht lang und leicht abwärts gebogen, Kopfseiten grau, Augen gelb, Oberseite und Schwanz rotbraun, Flügel mit zwei schwarzweißen Binden, Unterseite weißlich mit kräftigen, schwarzen Fleckenreihen. N-Amerika. W-Europa.

Katzendrossel *Dumetella carolinensis*
Starengroß, jedoch schlank mit langem Schwanz. Scheitel und Schwanz schwarz, Unterschwanzdecken rostrot, sonst einfarbig grau. Typischer Ruf miauend, nasal „miju". N-Amerika. W- und N-Europa.

Bergbraunelle *Prunella montanella*
In Größe und Gestalt, Oberseite, Flankenzeichnung und Flügeln wie die Heckenbraunelle. Die Kopfzeichnung erinnert an das Braunkehlchen. Scheitel, Zügel und Ohrdecken sind schwarzbraun und kontrastieren mit dem gelbbeigen Überaugenstreif und der bräunlichgelben Kehle und Brust. N-Sibirien. W-Europa.

Schwarzkehlbraunelle *Prunella atrogularis*
Etwas größer als die Bergbraunelle. Leicht an dem schwarzen Kehllatz und der kräftiger gezeichneten Oberseite zu erkennen. Ural. N-Europa.

Rubinkehlchen *Luscinia calliope*
Erinnert im allgemeinen Aussehen an das Blaukehlchen und stellt wie dieses oft den Schwanz auf, ist aber deutlich größer. Oberseite graubraun, Brust und Flanken beigebraun und Bauch weiß. ♂ mit rubinroter Kehle, weißem Überaugen- und Bartstreif, die die dunklen Ohrdecken einfassen. ♂ im SK, ♀ und Jungvogel haben keine rote Kehle, aber das gleiche, auffällige Kopfmuster. Nadelwaldzone N-Asiens. S-, C- und W-Europa.

Blaunachtigall *Luscinia cyane*
In Gestalt und Verhalten wie das Rotkehlchen, hat aber einen relativ kürzeren Schwanz und längere, kräftigere, helle Beine. Kann am Boden an eine kleine Ralle erinnern. ♂ mit tiefblauer Oberseite, schwarzen Kopf- und Halsseiten und seidenweißer Unterseite. Das unscheinbare ♀ ist auf der Oberseite olivbraun, hat oft einen bläulichen Bürzel und Schwanz sowie eine weißliche, auf der Brust und den Flanken bräunlich gewölkte Unterseite. Sibirien. W- und N-Europa.

Weißkehlsänger *Irania gutturalis*
Gestalt und Flugweise wie die der Nachtigall. Das ♂ hat ein schwarzes, durch weiße Überaugenstreifen und weiße Kehle gezeichnetes Gesicht, eine schiefergraue Oberseite, einen schwarzen, oft aufgestellten Schwanz und eine lebhaft orangerote Unterseite. Das unauffällige ♀ ist auf dem Kopf und der Oberseite olivbraun, hat weiße Augenringe, einen schwärzlichen Schwanz, eine grau gewölkte Brust und hellorange getönte Flanken. Der zwitschernde, pfeifende und knirschende Gesang erinnert an den Hausrotschwanz. SW-Asien. N-, C- und W-Europa.

Diademrotschwanz *Phoenicurus moussieri*
Hat wie das Schwarzkehlchen einen kurzen gedrungenen Körper und verhält sich auch ähnlich. Der rostrote, im Zentrum braune Schwanz gleicht aber ganz dem der anderen Rotschwänzchen. ♂ an Kopf und Oberseite schwarz mit leuchtend weißem, von der Stirn über die Augen zum Nacken ziehendem Band und weißen Flügelfeldern. Unterseite, Bürzel und Schwanz sind rostrot. Das ♀ ist auf der Oberseite graubraun und auf der Unterseite bräunlich rostrot. N-Afrika. S- und W-Europa.

Riesenrotschwanz *Phoenicurus erythrogaster*
Um ein Drittel größer als der Hausrotschwanz mit relativ längeren Flügeln und kürzerem Schwanz. Das ♂ erinnert an eine der südlichen oder östlichen Unterarten des Hausrotschwanzes, ist aber leicht an der weißen, bis in den Nacken reichenden Kappe, dem weißen Flügelfeld und der dunkel rostroten Unterseite zu erkennen. Das ♀ und die Jungvögel sehen wie große Gartenrotschwanz-♀ aus, das Gefieder ist aber einheitlicher beigegrau mit hellgräulichen Schwingenrändern und bräunlichroter Färbung auf Bürzel und Schwanz. Kaukasus. E-Europa.

Saharasteinschmätzer *Oenanthe leucopyga*
Dem Trauersteinschmätzer sehr ähnlich, beide Geschlechter haben aber gewöhnlich ein blau schimmerndes, schwarzes Gefieder. Die schwarze Schwanzzeichnung beschränkt sich auf die mittleren und die Spitzen der äußeren Federn, so daß Bürzel und Schwanz völlig weiß erscheinen können. Den kennzeichnenden, weißen Scheitel haben nur die älteren Vögel. Im ersten Lebensjahr ist der Scheitel noch ganz schwarz. N-Afrika, Naher Osten. S- und W-Europa.

Halsbanddrossel *Zoothera naevia*
Eine große Drossel mit typischem Gefiedermuster, das in den Grundzügen dem der amerikanischen Wanderdrossel gleicht, aber durch einen rostroten Hinteraugenstreif, rostrote Flügelbinden und Schirmfedersäume sowie ein schwarzes Brustband reicher gezeichnet ist. Über die Flügelunterseite zieht eine breite, weiße Binde. Der einzige bisher in Europa (Britischen Inseln) nachgewiesene Vogel gehörte zur seltenen, blaßgrauen und weißlichen Variante. N-Amerika. Britische Inseln.

Walddrossel *Hylocichla mustelina*
Größte der kleinen amerikanischen Drosseln, aber doch deutlich kleiner als die Singdrossel. Kenntlich an der rostbraunen Färbung von Scheitel, Mantel und Flügeln sowie der mit groben, runden, schwarzen Flecken dicht besetzten Unterseite. Bürzel und Schwanz olivbraun. Breiter, weißlicher Augenring. Flug leicht und schnell. Hüpft und läuft. N-Amerika. W-Europa.

Einsiedlerdrossel *Catharus guttatus*
Ebenso groß wie die Wilsondrossel. von dieser aber durch den rostroten Bürzel und Schwanz unterschieden. Stellt den Schwanz oft hoch und senkt ihn dann langsam wieder ab. Ruf tief „küök". N-Amerika. W-, N- und C-Europa.

Wilsondrossel *Catharus fuscescens*
Kaum größer als die Nachtigall und dieser auch im Gefieder ähnlich. Oberseite warm rötlichbraun, rostbrauner Schwanz und auf der oberen Brust verwaschen graubraune

Flecke. Die hellen Spitzen der Großen Decken bilden eine deutlichere Flügelbinde als bei den verwandten Arten. Ruf etwas klagend, gedehnt „wiiär". N-Amerika. W-Europa.

Einfarbdrossel *Turdus unicolor*
Etwa so groß wie die Rotdrossel. Das ♂ ist überwiegend bläulichgrau mit weißlichem Bauch und Steiß. Das ♀ und die Jungvögel sind oben und auf der Brust olivbraun mit dunkel gesprenkelten Kehlseiten, braun gewölkter Brust, mehr gelblichbraunen Flanken und weißem Unterkörper. Die Unterflügeldecken sind bräunlichorange. Westlicher Himalaya. C-Europa.

Riesenschwirl *Locustella fasciolata*
So groß wie der Drosselrohrsänger, aber gestaltlich ein typischer Schwirl. Das Gefieder erinnert an den Schlagschwirl oder einen matter gefärbten Rohrschwirl, die Unterschwanzdecken sind aber kennzeichnend warm rostgelb. E-Asien. C- und W-Europa.

Dickschnabelsänger *Acrocephalus aedon*
So groß wie der Drosselrohrsänger aber strukturell deutlich verschieden. Kurzer dicker Schnabel, runder Kopf, kurze, gerundete Flügel und langer, sich verjüngender Schwanz. Der braune Kopf und Rücken und die braunen Flügel kontrastieren mit dem rötlichbraunen Bürzel und Schwanz. Ein Überaugenstreif fehlt, das Auge wird aber durch die grauen Ohrdecken und den cremefarbenen Augenring betont. Beine bläulichgrau. E-Asien. W-Europa.

Atlasgrasmücke *Sylvia deserticola*
In Erscheinung und Gestalt zwischen der Provence-, Brillen- und Weißbartgrasmücke. ♂ gekennzeichnet durch die Kombination von weißem Augenring, rotbraunen Säumen an den Flügelfedern, dunkel rostroter Brust und rostroten Flanken sowie weißen Schwanzkanten. ♀ und Jungvögel schwer von der Weißbartgrasmücke zu unterscheiden. Allgemein heller und bräunlicher mit rotbraun gesäumten Flügelfedern. Ruf kurz, stumpf „tick-itt". Atlasgebirge NW-Afrika. S-Europa.

Tamariskengrasmücke *Sylvia mystacea*
In Größe und Aussehen zwischen der Samtkopf- und der Weißbartgrasmücke. Das ♂ erinnert mehr an die erstere, unterscheidet sich aber durch eine grauere, nicht bis in den Nacken reichende Kapuze, eine heller graue Oberseite mit nur schwach gezeichneten Schirmfedern und eine mehr oder weniger intensive rosa Tönung an Kehle, Brust und Flanken. Das ♀ und der Jungvogel gleichen einem blassen Weißbartgrasmücken-♀, haben aber hellbeige, nicht orange gefärbte Flanken, weit schwächer rötlichbraun getönte Flügel mit kaum gezeichneten Schirmfedern und einen schiefergrauen Schwanz, der sich vom hell beigegrauen Bürzel abhebt. Bewegt häufig den Schwanz. Naher Osten. Portugal.

Kronenlaubsänger *Phylloscopus coronatus*
So groß wie der Zilpzalp, das Gefieder vereinigt aber Merkmale des Grün- und des Goldhähnchen-Laubsängers. Kennzeichnend sind die gelben Unterschwanzdecken, die sich vom sonst weißlichen Unterkörper abheben. Am Kopf ein deutlicher, dunkler Augenstreif, ein langer gelblichweißer Überaugenstreif und auf dem olivgrünen Scheitel ein feiner gelblicher Mittelstreif, der am besten von hinten zu sehen ist. Am Ende der Großen Decken eine weißliche Flügelbinde und im frischen Gefieder eine zweite, kurze auf den Mittleren Decken. E-Asien. Deutschland.

Wacholderlaubsänger *Phylloscopus (trochiloides) nitidus*
Wird auch als Unterart des Grünlaubsängers angesehen. Auf der Oberseite noch grüner mit gewöhnlich, aber nicht immer, intensiver gelben Überaugenstreifen, gelber Tönung auf den Flügelbinden (eine abgetragenes Gefieder, zwei frisches Gefieder) und auf der gesamten Unterseite. Weniger intensiv gefärbte Vögel sind vom Grünlaubsänger nicht zu unterscheiden. Kaukasus. W-Europa.

Rubingoldhähnchen *Regulus calendula*
Etwas größer als das Wintergoldhähnchen, aber im Aussehen eher wie ein Jungvogel dieser Art, also ohne Scheitelseitenstreifen. Aus der Nähe gut an dem vor und hinter dem Auge verbreiterten, weißen Augenring zu erkennen. Das ♂ hat einen wenig auffälligen, rubinroten Scheitelstreif. N-Amerika. Island.

Braunschnäpper *Muscicapa dauurica*
Etwas größer als der Zwergschnäpper mit einheitlich graubrauner Oberseite, einschließlich Schwanz, und schmutzigweißer Unterseite. Aus der Nähe ist der recht lange, am Ansatz breite Schnabel mit gelblich oder rosa getönter Unterschnabelbasis zu erkennen. Ein heller Zügel und Augenring betonen das dunkle Auge. Jungvögel mit weißlicher Flügelbinde und hellen Schirmfederrändern. E-Asien. N-, C- und W-Europa.

Mugimakischnäpper *Ficedula mugimaki*
Etwas größer als der Zwergschnäpper. Das ♂ hat eine schwarze Oberseite mit einem weißen Hinteraugenstreif, ein weißes Flügelfeld, weiße Schirmfedersäume und weiße Flecke an der Basis der äußeren Schwanzfedern. Kehle, Brust und Flanken sind orangebraun. Der Bauch ist weiß. Das ♀ und der Jungvogel gleichen Zwergschnäppern, haben aber stets eine gelblichrotbraune Kehle und Brust, zwei mattweiße Flügelbinden und keine weißen Schwanzflecke. Junge ♂ haben im 1. Jahr sowohl weiße Flecke am Schwanz als auch weiße Flügelbinden. Ruf trocken, kratzend „tschirr". E-Asien. Britische Inseln.

Kanadakleiber *Sitta canadensis*
Gestalt und Gefiederzeichnung wie beim Korsenkleiber, der Unterkörper aber beim ♂ von der Kehle bis zum Steiß intensiv rostrot, beim ♀ etwas blasser. N-Amerika. Britische Inseln.

Braunwürger *Lanius cristatus*
Gleicht in Größe und Gestalt weitgehend dem Isabellwürger, hat aber einen kräftigeren Schnabel, einen größeren Kopf und einen längeren, stärker gestuften Schwanz. Gefiederfärbung ähnlich wie bei einem dunklen Isabellwürger, unterscheidet sich aber durch eine weiße Stirn und weiße Überaugenstreifen, eine größere, schwarze Gesichtsmaske und einen weniger intensiv rotbraunen Bürzel und Schwanz. E-Asien. C- und W-Europa.

Schachwürger *Lanius schach*
In Größe und Gestalt dem Raubwürger ähnlich, das Kopfmuster der Altvögel gleicht aber mehr dem des Schwarzstirnwürgers. Von beiden leicht an der bräunlichorangefarbenen Färbung auf Rücken, Bürzel und Schultern, den mattschwarzen Flügeln mit kleinem, weißem Fleck an den Handschwingenbasen und dem schwarzen, orange gerandeten Schwanz zu unterscheiden. Jungvögel bräunlicher mit dunkler Bänderung auf der Ober- und Unterseite und nur schmaler, schwarzbrauner Maske. Das kennzeichnende Schwanzmuster ist aber schon ausgebildet. C-, S-Asien. E- und C-Europa.

Elsterndohle *Corvus dauuricus*
Größe, Gestalt und Verhalten wie bei der Dohle, jedoch immer mit dunklen Augen. Die unverkennbaren schwarzweißen Altvögel erinnern an kleine Nebelkrähen, der Nacken und die Unterseite sind aber nahezu weiß. Aus einiger Entfernung sind die ganz dunklen Jungvögel von Dohlen kaum zu unterscheiden, sie haben aber hinter dem Auge auf den Ohrdecken nur einen grauen Fleck, der nicht über den Nacken zieht. E-Asien. N- und E-Europa.

Daurischer Star *Sturnus sturninus*
Kleiner und deutlich kurzschnäbliger als der Star. Kopf Brust und Flanken sind aschgrau. Der Bauch ist weißlich. Mantel, Rücken und Flügel sind schwarz und glänzen

intensiv purpurn und grün. Die Flügel sind durch eine schmale, beigeweiße Binde an der Basis der Schwingen und eine breite, gewellte, weiße Binde auf den Mittleren Armdecken markant gezeichnet. Der Bürzel ist oft beigeweiß. Die schimmernd schwarzen Federpartien sind bei den Jungvögeln braun und ihre Schwingen ganz dunkel. E-Asien. N- und W-Europa.

Moabsperling *Passer moabiticus*
Wesentlich kleiner als der Haussperling. Das ♂ hat im PK einen langen vor dem Auge weißlichen, hinter dem Auge beigeweißen Überaugenstreif, dunkelgraue Ohrdecken, einen weißgelben Bartstreif, der in die gelblichen Halsseiten übergeht, und einen schmalen, schwarzen Kinnfleck. Im SK ist die Kopfzeichnung matter und weniger deutlich. Das ♀ und der Jungvogel gleichen Haussperlings-♀, haben aber einen deutlicher gelb getönten Überaugenstreif. Ruft heller, rhythmischer als der Haussperling „tri-rip". Naher Osten. S-Europa.

Gelbkehlvireo *Vireo flavifrons*
Etwa so groß wie ein Trauerschnäpper mit einem auffallend hübschen Gefieder. Der breite Augenring, die Kehle und die Brust sind leuchtend gelb. Kopf und Oberseite sind olivgrün. Über die schwarzgrauen Flügeln ziehen zwei breite, weiße Binden. Die Kanten der Schirmfedern, der Bauch und die Unterschwanzdecken sind ebenfalls weiß. Das Gefiedermuster ähnelt dem des Kiefernwaldsängers *Dendroica pinus*. Dieser hat aber weiße Schwanzflecke und ist bisher in Europa noch nicht nachgewiesen worden. N-Amerika. W-Europa.

Schlichtvireo *Vireo philadelphicus*
Etwa so groß wie ein Laubsänger, aber mit dem typischen kurzen, gedrungenen Vireoschnabel. Die Oberseite ist olivgrau und die Unterseite, bis auf den weißen Bauch, mattgelb, wodurch er sich von dem Rotaugenvireo unterscheidet. Junge, auf der Unterseite gelbe Laubsänger können ähnlich aussehen. Der diffus weißliche Überaugenstreif wird durch einen dunklen Augenstreif betont. N-Amerika. Britische Inseln.

Rotstirngirlitz *Serinus pusillus*
In Größe und Gestalt wie der Girlitz, aber weit dunkler und intensiver gefärbt. Beim Altvogel sind Kopf, Hals und Brust schwarz. Auf der Stirn prangt ein blutroter Fleck. Ober- und Unterseite sind kräftig dunkel gezeichnet. Der Bürzel ist abgesetzt beigegelb. Jungvogel dem Girlitz ähnlicher, aber mit zimtbraun getöntem Gesicht und kräftiger, schwarzbrauner Streifung auf Oberseite, Brust und Flanken. Ruf ein langer, schwirrender Triller „twirrrrr". Naher Osten. S-Europa.

Rosengimpel *Carpodacus roseus*
Hat einen etwas längeren Schwanz als der Karmingimpel und einen hell hornfarbenen Schnabel. Das ♂ wirkt insgesamt rosarot. Kopf und Kehle weiß gestrichelt, Mantel dunkel gestreift, über die braunen Flügel ziehen zwei rosaweiße Binden. Das braune, dunkel gestreifte ♀ hat eine rosa getönte Stirn und einen rosa Bürzel. Jungvogel auf der Unterseite weit kräftiger gestreift als der junge Karmingimpel. Ruf ein gedämpft summender Pfeifton. E-Asien. C- und W-Europa. Wahrscheinlich aus Gefangenschaft.

Meisengimpel *Uragus sibiricus*
Ein etwa zeisiggroßer Fink mit einem kleinen, dicken Kegelschnabel und einem ungewöhnlich langen Schwanz, der ihm das Aussehen einer großen Schwanzmeise gibt. Das ♂ ist hellrosa mit weißer Sprenklung auf Kopf, Nacken und Unterseite. Der Mantel ist dunkel gestreift. Die weißen Federsäume lassen den gefalteten Flügel fast ganz weiß erscheinen. Das ♀ ist vorwiegend hellgrau mit weiß gezeichnetem Flügel und orangebraunem Bürzel. E-Asien. N-Europa. Wahrscheinlich aus Gefangenschaft.

Abendkernbeißer *Hesperiphona vespertina*
Ebenso groß, aber nicht so klobig wie der Kernbeißer mit einem wuchtigen, gelblich hornfarbenen Schnabel und einem recht kurzen, leicht eingekerbten Schwanz. Seltsames Flügelmuster: Flügel allgemein schwarz, Schirmfedern und hintere Armschwingen aber leuchtend weiß. Beim ♀ auch Weiß auf den Handschwingenbasen. Der schwarze Schwanz hat beim ♀ weiße Spitzen. Beim ♂ sind Kopf, Brust und Mantel gelblich graubraun mit schwefelgelbem, bis hinter die Augen ziehendem Stirnband. Rücken, Bürzel und Bauch sind gelb. Das ♀ ist auf Kopf und Oberseite grau mit gelbem Nackenband, schmalem, schwarzem Bartstreif und hell beigefarbener Unterseite. Wellenflug. Ruf sperlingsähnlich „tschirp". N-Amerika. W-Europa.

Kletterwaldsänger *Mniotilta varia*
Klettert an den Bäumen kopfüber und kopfunter wie ein Kleiber. Auffallend schwarzweiß gestreiftes Gefieder. Das ♂ hat eine schwarze Kehle und schwarze Wangen. ♀ und Jungvogel auf Kehle und Wangen weiß und mit beige getönten Flanken. Ruf rotkehlchenartig scharf „tick" oder „ziit". N-Amerika. Britische Inseln. **Tafel 93**.

Goldflügel-Waldsänger *Vermivora chrysoptera*
Klein und meisenähnlich mit grünlichgrauer Ober- und weißlichgrauer Unterseite. Beim ♂ Stirnkappe und Flügeldecken gelb, Überaugen- und Bartstreif weiß, Zügel, Ohrdecken und Kehle schwarz. Beim ♀ ist die Kopfzeichnung grau und weiß und die Stirn nur matt gelb. Ruf kurz und weich „tschip". N-Amerika. Britische Inseln, Island.

Brauenwaldsänger *Vermivora peregrina*
Etwas kleiner und gedrungener als der Fitis. ♂ im PK mit grauem Scheitel, weißem Überaugenstreif und gelbem Augenring. Die olivgrüne Oberseite ist auf dem Bürzel am hellsten. ♂ im SK und ♀ oben matt olivgelb, unten weißlichgelb mit ganz weißen Unterschwanzdecken. Jungvögel noch gelber mit schwachem Überaugenstreif und feiner Flügelbinde. Verwechslung mit dem ähnlichen Wanderlaubsänger möglich, die dunklen Beine, der gelbgrüne Bürzel und die weißen Unterschwanzdecken sind aber kennzeichnende Merkmale. Ruf durchdringend hoch „zit-zit", ähnlich Goldhähnchen. N-Amerika. Britische Inseln, Island.

Goldwaldsänger *Dendroica petechia*
Ein kleiner, gedrungener Waldsänger, der aus einiger Entfernung ganz gelb erscheint. ♂ im PK mit rostbrauner Streifung auf der Unterseite. Im SK, ♀ und Junge ohne Streifen mehr grünlichgelb mit zwei gelben Flügelbinden und gelben Innenfahnen an den dunklen Schwanzfedern. Ruf weich und klar „tsiip". N-Amerika. Britische Inseln.

Gelbscheitel-Waldsänger *Dendroica pensylvanica*
Klein und zierlich mit langem, oft aufgestelltem Schwanz und leuchtend weißer Unterseite. Altvogel im PK mit grüngelber Kappe, schwarzweißen Kopfseiten und rostroten Flanken. Die gelblichgrüne Oberseite ist dunkel gestreift. Die schwarzbraunen Flügel haben zwei gelbweiße Binden. Schwanzfedern an der Basis weiß gesäumt. Im SK und JK unscheinbar, an Kopf und Oberseite ungestreift gelblich olivgrün und unten weißlich. Flügel mit zwei gelblichweißen Binden und weiß gezeichneter Schwanz. Ruf recht laut „tsick". N-Amerika. Britische Inseln.

Blaurücken-Waldsänger *Dendroica caerulescens*
Klein mit recht langem Schwanz und kennzeichnendem weißen Fleck auf den Handschwingenbasen. ♂ auf Scheitel, Oberseite und Flügeldecken dunkelblau, an Kopfseiten, Kehle und Flanken schwarz und auf dem Unterkörper weiß. ♀ und Jungvogel ganz anders mit dunkel olivbrauner Ober- und grünlichgelber Unterseite. Am Kopf ein schmaler, heller Überaugenstreif. Ruft gedämpft „sep" und scharf „dit". N-Amerika. Island.

Grünwaldsänger *Dendroica virens*
Kleiner als der Streifenwaldsänger mit blaß goldgelben Kopfseiten, schwarzer Kehle und Brust, schwarz gesteiften Flanken (beim ♀ weniger intensiv, mehr schwarzgrau), olivgrüner Oberseite und weißem Bauch. Auf den schwarzgrauen Flügeln zwei weiße Binden. Jungvögel ohne Schwarz an Kehle und Brust, aber mit deutlich gestreiften Flanken. Kennzeichnend sind die hellen Wangen. Ruf hoch, dünn „sit sit...". N-Amerika. Island, Deutschland.

Fichtenwaldsänger *Dendroica fusca*
Kleiner als der Streifenwaldsänger. ♂ im PK mit komplizierter orangegelber und schwarzer Kopfzeichnung: Stirn-, Überaugen-, Halsseitenstreif, Kinn und Kehle orange, Scheitel und Ohrdecken schwarz. Von den Ohrdecken eine Verbindung zu der dunklen Flankenstreifung auf der weißen Unterseite. Oberseite schwärzlichbraun mit weißem Streif an den Mantelrändern. Flügeldecken fast ganz weiß. ♀ am Kopf statt orange, gelb und statt schwarz, grauoliv wie auch auf der ganzen Oberseite. Am Flügel zwei weiße Binden. Jungvogel an Kopf und Oberseite matter und grünlicher, sonst wie ♀. Ruf volltönend „tschip". N-Amerika. Britische Inseln, Island.

Tigerwaldsänger *Dendroica tigrina*
Fast so groß wie der Streifenwaldsänger. Hat wie der Kron- und Hemlockwaldsänger einen gelben Bürzel, ist aber auf der Oberseite sonst dunkel- oder grauoliv. Im SK und JK keine deutlichen Flügelbinden und hinter den Ohrdecken ein gelber bzw. gelblicher Fleck. ♂ im PK leicht an dem gelben Gesicht mit rostroten Ohrdecken zu erkennen. Die gelbe Unterseite ist schwarz gestreift und auf den Flügeldecken ist ein großes, weißes Feld. Das ♀ ist matter gefärbt ohne rotbraune Wangen und hat am Flügel weniger Weiß. Der Jungvogel unterscheidet sich von den Alten durch den fast ungestreiften Mantel und vom Kron- und Hemlockwaldsänger durch die grauere, dichter und kräftiger gestreifte Unterseite. Ruf dünn und sehr hoch „tsip". N-Amerika. Britische Inseln.

Hemlockwaldsänger *Dendroica magnolia*
Kleiner Waldsänger mit recht langem, vollem Schwanz. Über die Mitte des schwarzen Schwanzes ein breites, weißes Band, unterbrochen durch die dunklen mittleren Federn. Unterseite und Bürzel in allen Kleidern gelb. ♂ im PK mit blaugrauem Scheitel, weißem Hinteraugenstreif, schwarzer Maske, schwarzem Mantel und schwarzen, auf den Decken weißen Flügeln sowie schwarzer Streifung auf Brust und Flanken. ♀ und Jungvogel auf Kopf und Oberseite grauoliv mit weißer „Brille". Die Unterseite ist nur schwach gestreift zeigt aber, v. a. bei den Jungen, ein graues Brustband. Ruf hoch, scharf „tzip" oder „tlep". N-Amerika. Britische Inseln.

Schnäpperwaldsänger *Setophaga ruticilla*
Ein kleiner Waldsänger mit fliegenschnäpperähnlichem Verhalten. Fächert oft den Schwanz und läßt die Flügel hängen. Das ♂ ist im PK oben schwarz mit großflächigen, orangeroten Flecken und Binden auf Flügeln und Schwanz sowie weißer Unterseite. Nur im SK, JK oder ♀-Kleid in Europa nachgewiesen. Der Schwanz ist, bis auf eine breite schwarze Endbinde und schwarze Mittelfedern, gelb. Der Kopf ist blaugrau, die Oberseite graugrün, auf den Schwingenbasen eine breite, gelbe Binde, die Brustseiten sind orange (♂) oder gelb (♀). Häufigste Rufe dünn, klar „tzit" oder hart, klickend „tsip". N-Amerika. W-Europa. **Tafel 93**.

Pieperwaldsänger *Seiurus aurocapillus*
Ein piepergroßer, bodenlebender Waldsänger mit recht drosselähnlicher Gestalt und Gefiederfärbung. Oberseite ungezeichnet olivbraun, Unterseite weiß mit schwarzem Kinnstreif und schwarzer, fleckiger Streifung auf Brust und Flanken. Auf dem Kopf ein rotoranger, seitlich schwarz eingefaßter Scheitelstreif. Der Überaugenstreif ist nur undeutlich, der weiße Augenring dagegen ausgeprägt. Beim Jungvogel ist der Scheitelstreif bräunlich. Beine rosa. Hebt den Schwanz und läßt dabei die Flügel hängen. Ruf laut „tzick" oder weicher „tsiet". N-Amerika. W-Europa.

Uferwaldsänger *Seiurus noveboracensis*
In Größe und Gestalt dem Pieperwaldsänger sehr ähnlich, in der Erscheinung aber noch pieperähnlicher. Erinnert im Verhalten an den Uferläufer. Läuft bei der Nahrungssuche in waagerechter Haltung und ständig mit dem Körper wippend am Wasserrand entlang. Oberseite düster olivbraun, Unterseite gelblichweiß. Langer, gelblichweißer Überaugenstreif, aber kein Augenring. Kehle, Brust und Flanken sind ausgiebig dunkel gestreift. Ruf scharf, „explosiv", metallisch „tschinck". N-Amerika. W-Europa. **Tafel 93.**

Weidengelbkehlchen *Geothlypis trichas*
Ein kleiner, wie ein Zaunkönig mit hochgestelltem Schwanz durch den Unterwuchs schlüpfender Waldsänger. Oberseite, Flügel und Schwanz grünlichbraun, Kehle, Brust, Flanken und Unterschwanzdecken beigegelb, Bauch weißlich. ♂ im PK mit großer, schwarzer, hinten hellgrau gesäumter Gesichtsmaske. Im SK und bei den jungen ♂ ist die Maske durch helle Federränder weitgehend verdeckt. Das ♀ hat keine Maske. Kinn und Kehle sind gelb und kontrastieren mit der mehr beigebräunlichen Färbung auf Brust und Flanken. Beine rosaorange. Ruf scharf, kehlig „tschep". N-Amerika. W-Europa.

Kapuzenwaldsänger *Wilsonia citrina*
Größer als der Gold- und Mönchswaldsänger, aber wie diese auf der Unterseite intensiv gelb. Im Unterschied zu diesen äußere Schwanzfedern weitgehend weiß. ♂ im PK mit gelben Kopfseiten und schwarzer „Kapuze". ♀ und Jungvögel ohne Kapuze. Scheitel und Oberseite olivbraun, Kopfseiten und ganze Unterseite gelb. Ruf metallisch „tschink". N-Amerika. W-Europa.

Mönchswaldsänger *Wilsonia pusilla*
Klein und zierlich mit gelblichgrüner Ober- und ganz gelber Unterseite. Schwanz einheitlich dunkel. ♂ mit schwarzem „Käppchen". Beim ♀ und Jungvogel Scheitel und Ohrdecken grünlich, Überaugenstreif und Augenring gelb. Sehr lebhaft. Ruf kurz „tschip" oder rauher „tschat". N-Amerika. W-Europa.

Kanadawaldsänger *Wilsonia canadensis*
Die größte der drei in Europa nachgewiesenen *Wilsonia*-Arten mit grauer (♂) oder grünlichgrauer (♀, Jungvogel) Oberseite, gelblichweißer „Brille" und schwarz (♂) bzw. grau geflecktem (♀, Jungvogel) Brustband auf der sonst ganz gelben Unterseite. Ruf „tschip" oder „scheck" ähnlich Haussperling. N-Amerika. Island.

Sommertangare *Piranga rubra*
Etwas größer als die Scharlachtangare mit kräftigerem Schnabel. Flügel und Schwanz sind kaum vom übrigen Gefieder abgesetzt. Unterflügeldecken gelb. Das alte ♂ ist immer tief rosarot. Das ♀ und der Jungvogel sind oben bräunlicholiv und unten beigegelb. Ruf tief „schickdukduk". N-Amerika. Britische Inseln.

Scharlachtangare *Piranga olivacea*
Kreuzschnabelgroß mit gedrungenem, spitzem, hornfarbenem Schnabel, schwarzen (♂) oder schwarzbraunen (♀) Flügeln und ebenso gefärbtem Schwanz. ♂ im PK scharlachrot. ♂ im SK, ♀ und JK grünlichgelb ähnlich Grünfink mit weißen Unterflügeldecken. Ruf kennzeichnend weich, etwas heiser „tjip-bürr". N-Amerika. W-Europa.

Rötelgrundammer *Pipilo erythrophthalamus*
Groß, Gestalt sperlingsähnlich mit langem, vollem, oft aufgestelltem Schwanz. ♂ auf Kopf, Oberseite und Brust schwarz mit auffällig rostroten Flanken und weißem Bauch. Äußere Schwanzfedern mit weißen Spitzen und Flügel mit weißen Abzeichen. Die beim ♂ schwarzen Gefiederpartien sind beim ♀ und Jungvogel braun. Ruf ansteigend, fra-

gend „tau-wie“ und daneben weich „hju“ oder scharf, metallisch „sit“. N-Amerika. Britische Inseln.

Rainammer *Chondestes grammacus*
Eine recht kleine Scharrammer mit kennzeichnendem Kopfmuster: Scheitel und Ohrdecken rostbraun, Scheitelstreif, Überaugenstreif, unterer Augenring und Bartstreif weiß bis gelblichweiß, Zügel, Kinnstreif und Brustfleck schwarz. Zeigt im Flug einen fächerförmigen Schwanz mit weißen Kanten und Ecken. N-Amerika. Britische Inseln.

Grasammer *Ammodramus sandwichensis*
Eine recht kleine Scharrammer mit kurzem, leicht eingekerbtem Schwanz. Grundfärbung des Gefieders bräunlichweiß auf der Oberseite kräftiger und auf Brust und Flanken locker gesteift. Kopf mit weißlichem Scheitelstreif, gelblichem Überaugenstreif und ammerntypischer, dunkler Wangenzeichnung. Sowohl die dunklere, kleinere Unterart *A. s. sandwichensis* (Kontinent) als auch die größere, hellere *A. s. princeps* (Nova Scotia) nachgewiesen. Ruf dünn „tsi“ oder härter „tsep“. N-Amerika. Britische Inseln.

Fuchsammer *Passerella iliaca*
Viel größer als ein Sperling mit ammernähnlicher Gestalt und auffallend rostbraun gefärbtem Schwanz, Bürzel und Flügel. Brust und Flanken mit kräftiger rotbrauner Fleckung und Streifung, die auf der Brustmitte zu einem Fleck verdichtet ist. Rufe „tschik“ oder leise „tsie-iet“. N-Amerika. W-, C- und S-Europa. **Tafel 94**.

Singammer *Melospiza melodia*
In Größe und Färbung einem Rohrammer-♀ ähnlich. Beim Fliegen wird der gerundete Schwanz in typischer Weise gespreizt und „pumpend“ bewegt. Scheitelstreif, Überaugenstreif und Hals beigegrau, Flügel rotbraun und Schwanz dunkelbraun, Mantel, Rücken, Brust und Flanken kräftig dunkel gestreift. Auf der Brust Streifung zu einem dunkeln Fleck verdichtet, bei den Jungvögeln nur angedeutet. Rufe hoch, nasal „tschäp“ und hoch „tsii“. N-Amerika. W-Europa. **Tafel 94**.

Dachsammer *Zonotrichia leucophrys*
Sehr ähnlich Weißkehlammer, aber etwas größer und langhalsiger. Kenntlich an dem gelblichrosa Schnabel, der nur schwach weißlichen Kehle, dem erst hinter dem Auge beginnenden, ganz weißen Überaugenstreif und der blasseren Mantelstreifung. Rufe recht scharf „pzit“ oder „tssiep“. N-Amerika. W- und C-Europa. **Tafel 94**.

Junko *Junco hyemalis*
Recht klein mit ammernartiger Gestalt. Gefieder auf Kopf, Brust und gesamter Oberseite dunkel schiefergrau (♂) oder dunkel braungrau (♀, Jungvogel), Unterseite und Schwanzkanten, die im Flug recht auffällig sind, weiß. Schnabel rosaweiß. Ruf ein klickendes Zwitschern oder recht flüssiges „tscheck“. N-Amerika. W-, C- und S-Europa. **Tafel 94**.

Maskenammer *Emberiza spodocephala*
So groß wie die Weidenammer mit gleichem Oberseitenmuster, aber hellerer Unterseite. ♂ an Kopf und Brust olivgrau mit nahezu schwarzem Schnabelgrund. Der Kopf des ♀ ist blasser bräunlichgrau mit ammerntypischer Kopfseitenzeichnung und hellgelber Kehle. Brust und Flanken der beigegelblichen Unterseite sind locker dunkelbraun gestreift. Ruf weich „tik-tik“. Sibirien. C- und N-Europa. **Tafel 92**.

Gelbbrauenammer *Emberiza chrysophrys*
Erinnert an die Zwergammer, ist aber größer und hat einen relativ stärkeren Schnabel. ♂ im PK mit streifiger, bis auf den gelben Überaugenstreif, schwarzweißer Kopfzeichnung. Auffällig der weiße Scheitelstreif und der weiße Punkt am Ende der

schwarzen Ohrdecken. Auch die ♀ und Jungvögel haben einen weißen Scheitel- und gelblichen Überaugenstreif. Auf Brust und Flanken sind sie, mit anderen braunen Ammern verglichen, nur fein gestrichelt. Rufe ähnlich Zwergammer und ein weicher, aber schriller Pfiff. E-Asien. C- und W-Europa.

Rötelammer *Emberiza rutila*
Eine recht kurze, großköpfige Ammer. ♂ im PK unverkennbar auf Kopf, Brust und Oberseite rostrot und auf der Unterseite gelb mit dunkler Streifung auf den Flanken. Das ♀ und der Jungvogel erinnern an die Weidenammer, sind aber an den Kopfseiten nur schwach gezeichnet, haben einen rotbraunen Bürzel und nur schwach ausgeprägte Flügelbinden. Die ähnliche Braunkopfammer ist wesentlich größer. Ruf weich „tiktik“. E-Asien. C-, S- und W-Europa.

Grauschulterammer *Emberiza pallasi*
Gleicht einer kleinen Rohrammer. Hat einen relativ langen Schwanz, der, wie bei der Rohrammer, oft ruckartig gehoben oder gespreizt wird. Gefieder blasser, grauer, oben weniger rostfarben und unten weit schwächer gestreift als bei der Rohrammer. Kleine Flügeldecken beim ♂ im PK nicht rotbraun, sondern grau, ebenso auch der Bürzel. Unterseite fast rein weiß. ♀ und Jungvogel mit graubraunen Kleinen Armdecken, recht hellen, einheitlich gefärbten Ohrdecken, nur schwacher Strichelung auf Oberbrust und Flanken und deutlichen, hellen Flügelbinden. Rufe u. a. zweisilbig „psie-up“ und energisch „tschirp“. E-Asien. W-Europa.

Braunkopfammer *Emberiza bruniceps*
Etwas kürzer als die Kappenammer, aber mit ebenfalls ganz dunklem Schwanz. ♂ im PK an Kopf und Oberbrust rostbraun. Nacken und Mantel olivgrün mit dunkler Streifung. Halsseiten, Bürzel und Unterseite zitronengelb. Das ♀ und der Jungvogel nur schwer von denen der Kappenammer zu unterscheiden, auf der Oberseite aber mehr graugrün und oft mit gelblichem Bürzel. Rufe u. a. weich „twiet“, kurz „tschip“ oder zart „ziff“. W-, C-Asien. In C- und W-Europa wahrscheinlich nur aus Gefangenschaft.

Dickzissel *Spiza americana*
So groß wie ein Haussperling, aber mit spitzerem Schnabel und recht kurzem Schwanz. Das ♂ hat einen grauen, auf dem Scheitel gestrichelten Kopf, der durch einen langen, gelblichen Überaugenstreif, einen weißen Augenring, einen weißen Bartstreif und ein weißes Kinn gezeichnet ist. Der schwarze Kinnstreif steht mit dem schwarzen Brustschild in Verbindung. Mantel braun mit schwarzen Streifen, Kleine Flügeldecken rotbraun, Unterseite um den Brustschild gelb, dann gräulich. ♀ und Jungvogel brauner und matter gefärbt. Beim ♀ ein angedeuteter Brustschild. Beim Jungvogel gestreifte Brust und Flanken. Flugruf tief, rauh „dssrrt“, erinnert an die Schwanzmeise. N-Amerika. N-Europa.

Azurbischof *Guiraca caerulea*
Kleiner und kurzschwänziger als der Rosenbrust-Kernknacker mit zwei rostroten Flügelbinden. Das ♂ ist im PK fast ganz dunkel violettblau mit rostroter Flügelzeichnung und einem stahlgrauen Schnabel. Im SK ist das Blau teilweise durch rotbraune Federsäume verdeckt. Das ♀ und der Jungvogel sind insgesamt beigebraun mit leichter, brauner Streifung auf Mantel, Brust und Flanken. Zuckt gelegentlich mit dem Schwanz. Ruf scharf „tschink“. N-Amerika. N-Europa.

Indigofink *Passerina cyanea*
Viel kleiner als der Azurbischof. Im PK ist das ♂ fast ganz dunkelblau mit schwarzblauen Flügeln und nahezu schwarzem Schwanz. Im SK ist das Blau weitgehend durch braune Federsäume verdeckt. Das ♀ und der Jungvogel sind oben einheitlich braun. Beim Jungvogel bilden die helleren Deckensäume diffuse Flügelbinden. Unterseite hellbraun bis bräunlichweiß mit feiner Strichelung auf Brust und Flanken. Alte ♀ kön-

nen auf den Schultern und dem Schwanz blau getönt sein. Rufe scharf, dünn „spit“ und laut, manchmal gereiht „pwit...“. N-Amerika. W- und N-Europa. **Tafel 94**.

Lazulifink *Passerina amoena*
Deutlich kleiner als der Buchfink. Im PK hat das ♂ einen blauen Kopf und blauen Bürzel. Mantel und Flügeldecken dunkelblau, Schwingen und Schwanz schwarz, auf dem Flügel zwei kennzeichnend weiße Binden, Brust und Flanken orange, Bauch weiß. ♂ im SK, ♀ und Jungvogel ähnlich wie beim Indigofink, aber oben grauer und unten ungestreift. In allen Kleidern mit deutlichen Flügelbinden. N-Amerika. W-Europa.

Bobolink *Dolichonyx oryzivorus*
Kräftig und gedrungen wie eine Grauammer mit spitz auslaufenden Schwanzfedern. ♂ im PK an Kopf, Unterseite, Mantel, Flügeln und Schwanz schwarz mit gelbem Nacken, weißen „Hosenträgern“ und weißem Bürzel. ♂ im SK, ♀ und Jungvogel ähnlich einer großen fahlbraunen Ammer mit kräftiger, dunkler Kopfstreifung und hellen „Hosenträgern“ am Mantelrand. Ruf metallisch „pink“. N-Amerika. N- und W-Europa.

Kuhstärling *Molothrus ater*
Kleiner als der Star mit einem kurzen Kegelschnabel. Hält beim Gehen den Schwanz aufgerichtet. ♂ mit dunkel rotbraunem Kopf und schwarzbraunem Gefieder. ♀ fahl graubraun wie ein Jungstar mit aufgehellter Kehle. Jungvogel bräunlicher, durch helle Federsäume auf der Oberseite und dunkle Streifung auf der Unterseite reicher gezeichnet. Ruf „tschack“, im Flug hoch, pfeifend „wiiiih-titi“. N-Amerika. N-Europa.

Purpurgrackel *Quiscalus quiscula*
Im Aussehen ein Zwischending zwischen Star und Elster mit langem, spitzem Schnabel, langem, dachförmigem Schwanz und lebhaften Bewegungen. Gefieder schwarz mit wechselnd grünem, blauem oder violettem Glanz. Augen gelb. ♀ kleiner als ♂ mit stumpferem Gefieder. Ruf laut, heiser „tschäck“ oder „tschack“. N-Amerika. C-Europa.

Brillenstärling *Xanthocephalus xanthocephalus*
So groß wie eine Amsel mit kräftigem, spitzem Schnabel. ♂ unverkennbar an Kopf, Hals und Brust orangegelb und auf dem übrigen Gefieder schwarz mit weißen Handschwingenbasen, die im Flug auf dem schwarzen Flügel markant hervortreten. Das ♀ ist kleiner und brauner. Die matte Gelbfärbung beschränkt sich auf die Umgebung der dunklen Ohrdecken, die Kehle und Oberbrust. Die untere Brust ist hell gestrichelt. Die Flügel haben keine weißen Abzeichen. Ruf tief „krak“ oder „käck“. N-Amerika. N- und C-Europa.

Da sich die Beobachtungen nicht bestätigt haben, wurden die folgenden in der englischen Ausgabe behandelten Arten nicht mehr berücksichtigt:
Riesensturmvogel *Macronectes spec.*, Steppenschlammläufer *Limnodromus semipalmatus*, Sumpfschwalbe *Tachycineta bicolor*, Spiegelrotschwanz *Phoenicurus auroreus*, Fahldrossel *Turdus pallidus*, Wiesenammer *Emberiza cioides*.Tafel 92.

Die Verbreitungskarten

Die roten Bereiche kennzeichnen die **Brutgebiete**. Das Gebiet unterhalb der gestrichelten Linie oder die von ihr eingeschlossene Zone ist das **Winterquartier**. Das bedeutet natürlich nicht, daß ein Vogel überall innerhalb dieser Grenzen vorkommt, sondern nur, daß er dort in geeigneten Lebensräumen zu erwarten ist. Zusätzliche kurze Angaben zur Verbreitung, der Hinweis auf die Tafel, auf der der Vogel abgebildet ist, und die Seitenangabe der Beschreibung finden sich in dem Text zwischen den Karten. Wenn z. B. das Winterquartier eines Vogels mit dem Brutgebiet identisch ist, oder wenn er im Winter die Region vollständig verläßt, eine gestrichelte Linie also nicht notwendig ist, wird das im Text erwähnt. Die dort gebrauchten Begriffe bedeuten:

Jahresvogel:	Der Vogel ist das ganze Jahr über im Brutgebiet.
Zugvogel:	Alle Individuen der Art verlassen zum Winter ihr Brutgebiet, überwintern aber zumindest teilweise in der Region.
Teilzieher:	Viele, aber nicht alle Individuen der Art verlassen zum Winter v. a. die nördlichen Bereiche des Brutgebietes.
Sommervogel:	Der Vogel ist nur im Sommer im (europäischen) Brutgebiet, überwintert aber außerhalb Europas.
Wintergast:	Der Vogel brütet außerhalb Europas und zieht zum Überwintern in die Region.

Abkürzungen: T. = Tafel, S. = Seite

Die Gebiete, die auf dem Zugweg zwischen dem europäischen Brutgebiet und dem außereuropäischen Winterquartier liegen, werden in den Karten nicht berücksichtigt. In den wenigen Fällen, wo Karten ungeeignet erschienen, wird die Verbreitung unter „Vorkommen“ im Text behandelt.

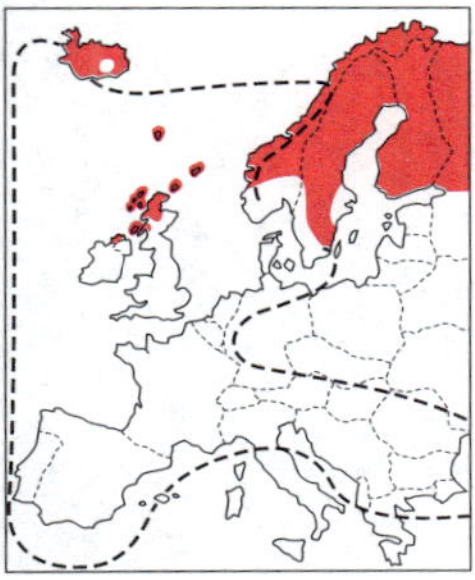

1 Sterntaucher
Teilzieher. Umherstreifend südwärts bis ins Mittelmeer. T. 1, S. 30

2 Prachttaucher
Vorwiegend Zugvogel. Hat in Polen gebrütet. Umherstreifend Färöer. T. 1, S. 30

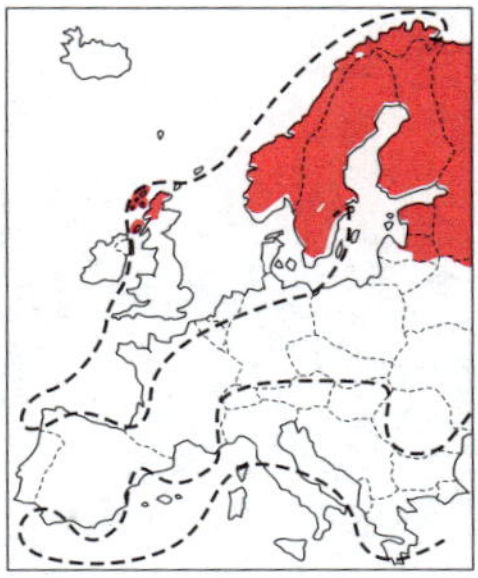

3 Eistaucher
Vorwiegend Zugvogel. Hat in Schottland gebrütet. Umherstreifend C-, E- und S-Europa. T. 1, S. 31

4 Zwergtaucher
Teilzieher. Umherstreifend bis Färöer. T. 2, S. 33

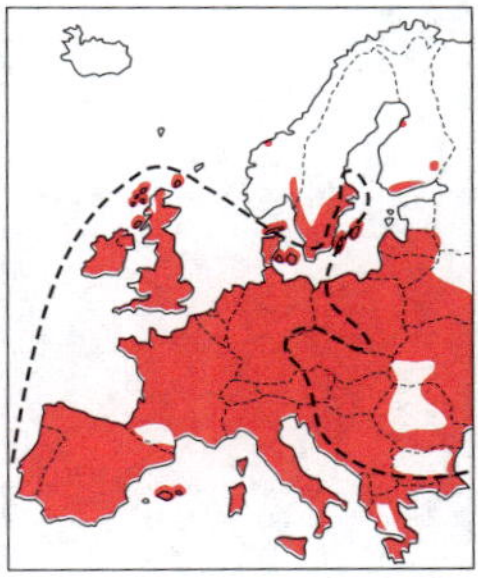

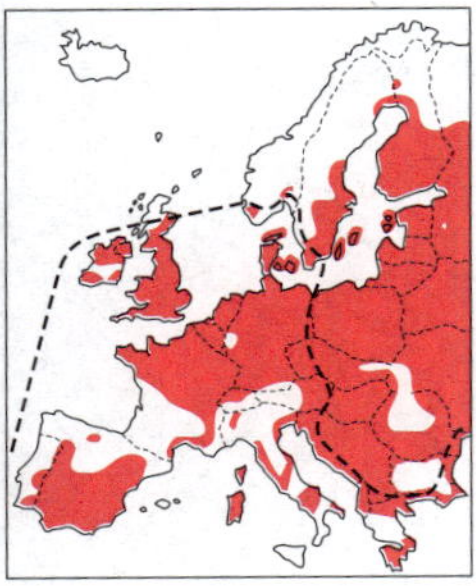

5 Haubentaucher
Teilzieher. Hat auf Sizilien gebrütet. Umherstreifend bis Island. T. 2, S. 33

6 Rothalstaucher
Teilzieher. Hat in Holland und Frankreich gebrütet. Umherstreifend Island, Irland, Spanien. T. 2, S. 33

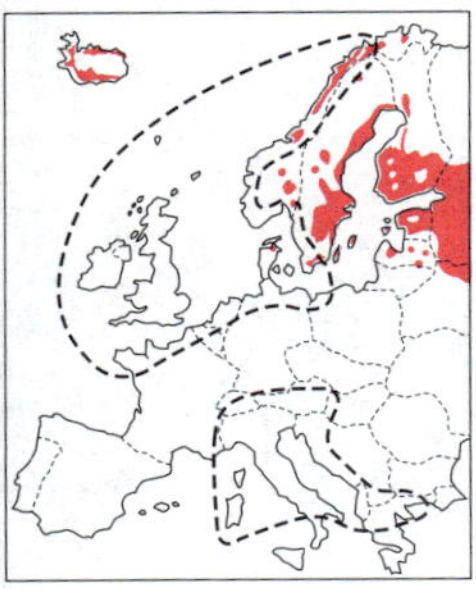

7 Ohrentaucher
Teilzieher. Hat in Polen gebrütet. Umherstreifend C- und SW-Europa. T. 2, S. 34

8 Schwarzhalstaucher
Teilzieher. Hat in Finnland, Irland, Italien gebrütet. Das Brutgebiet hat sich oft verschoben. T. 2, S. 34

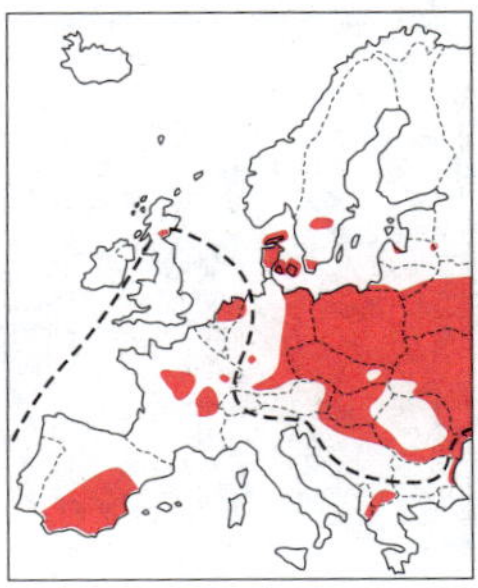

9 Eissturmvogel
Teilzieher. Brütet auf Helgoland. Umherstreifend C- und S-Europa.
T. 3, S. 35

10 Gelbschnabel-Sturmtaucher
Brütet südwärts der Linie. An der Atlantikküste selten. Umherstreifend C-Europa. T. 3, S. 36

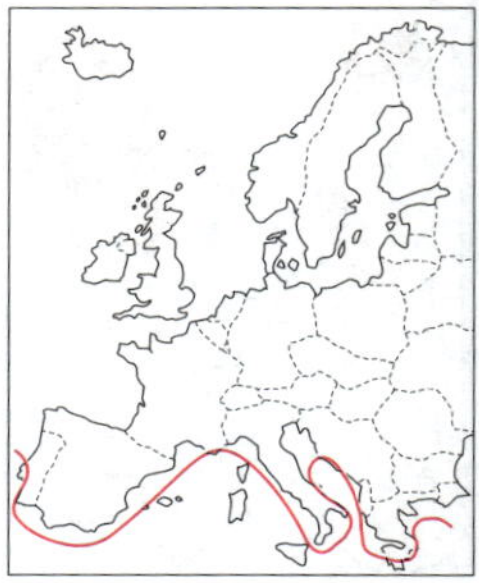

11 Schwarzschnabel-Sturmtaucher
Teilzieher. Die Linie umgrenzt die Brutkolonien. Verdriftet manchmal ins Binnenland. T. 3, S. 37

12 Mittelmeer-Sturmtaucher
Teilzieher. Brütet südlich der Linie. Im Herbst auf der Nordsee bis Skandinavien, auch auf dem Schwarzen Meer. T. 3, S. 37

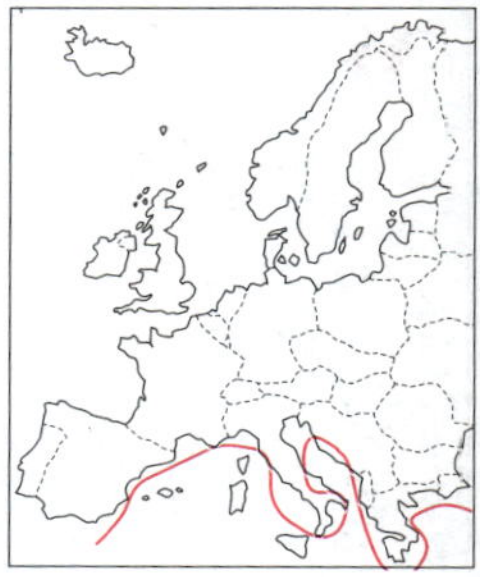

13 Sturmschwalbe
Teilzieher. Die Linien umgrenzen die Brutgebiete. Verdriftet ins Binnenland. T. 3, S. 38

14 Wellenläufer
Die Linie umgrenzt die wichtigsten Kolonien. Umherstreifend bis S-Europa. Verdriftet ins Binnenland. T. 3, S. 39

15 Baßtölpel
Teilzieher. Linie umgrenzt die wichtigsten Kolonien. Brütet auf Helgoland. Umherstreifend Ostsee und bis ins Mittelmeer.
T. 5, S. 39

16 Kormoran
Teilzieher. Weitet sein Brutgebiet in C-Europa aus. T. 4, S. 40

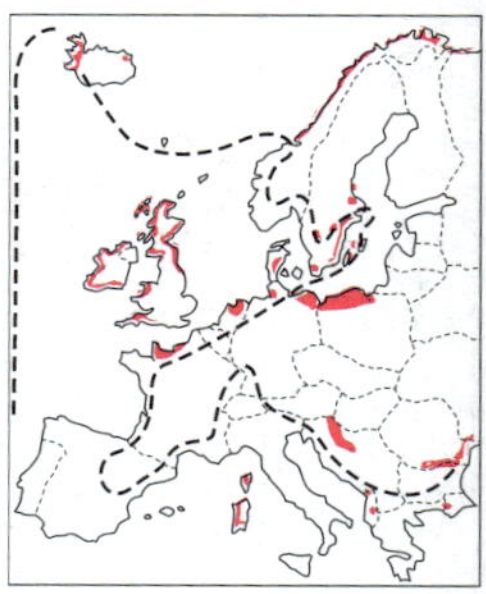

17 Krähenscharbe
Überwintert auch an der Nordsee. Umherstreifend Ostsee und auch im Binnenland N- und C-Europas. T. 4, S. 40

18 Zwergscharbe
Teilzieher. Hat in Italien und Ungarn gebrütet. Umherstreifend N-, C- und W-Europa. T. 4, S. 41

19 Krauskopfpelikan
Teilzieher. Umherstreifend Italien, C-Europa.
T. 5, S. 42

20 Rohrdommel
Teilzieher. Hat in Griechenland gebrütet. Umherstreifend bis Island.
T. 6, S. 42

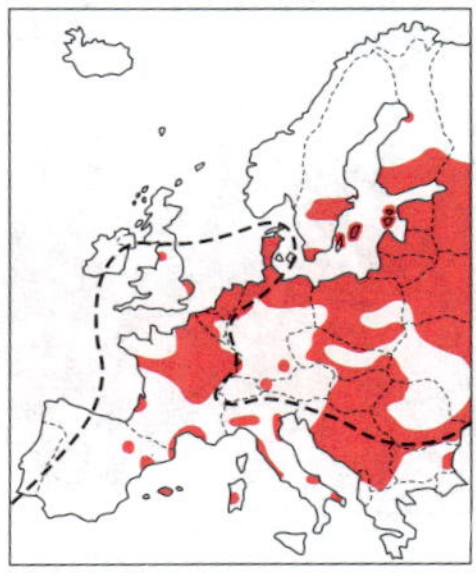

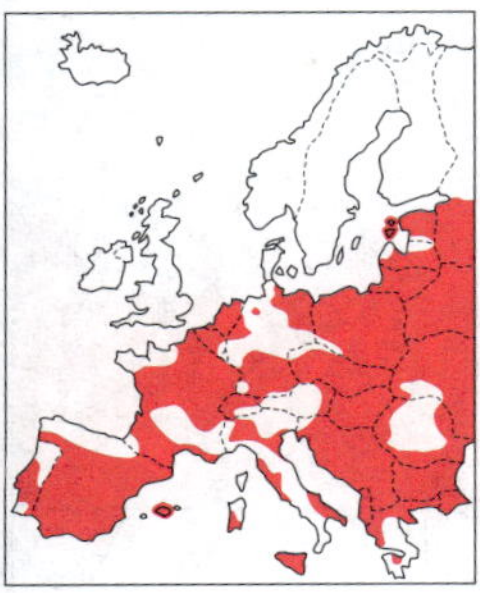

21 Zwergdommel
Sommervogel gelegentl. überwinternd. Umherstreifend Britische Inseln, N-Europa, Island. T. 6, S. 43

22 Nachtreiher
Sommervogel. Umherstreifend Britische Inseln, N-Europa. T. 6, S. 43

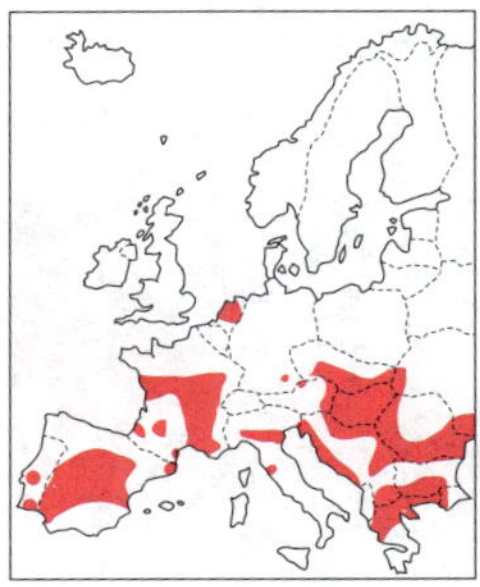

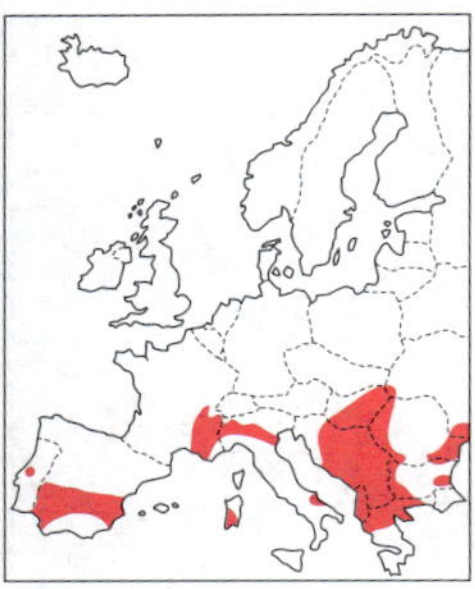

23 Rallenreiher
Sommervogel. Hat in Tschechien gebrütet. Umherstreifend Britische Inseln, C- und N-Europa.
T. 7, S. 43

24 Kuhreiher
Teilzieher (ausgen. Jungvögel). Breitet sein Brutgebiet aus. Hat in Italien gebrütet. Umherstreifend England, C-, N- und E-Europa. T. 7, S. 44

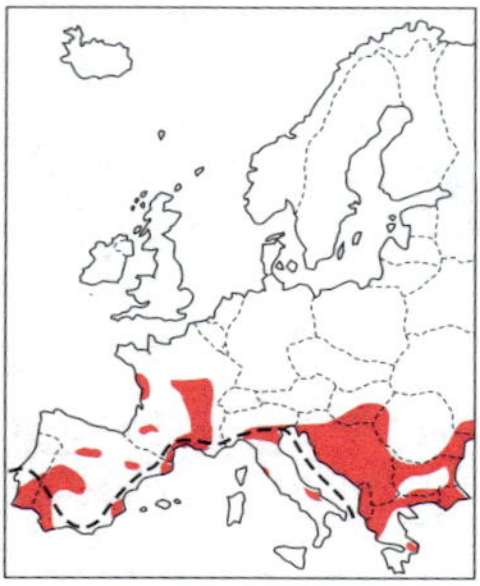

25 Seidenreiher
Teilzieher. Hat in Tschechien, Holland gebrütet und auf den Britischen Inseln überwintert. Umherstreifend C- und N-Europa. T. 7, S. 44

26 Silberreiher
Teilzieher. Hat in der Schweiz gebrütet. Umherstreifend W- und N-Europa. T. 7, S. 44

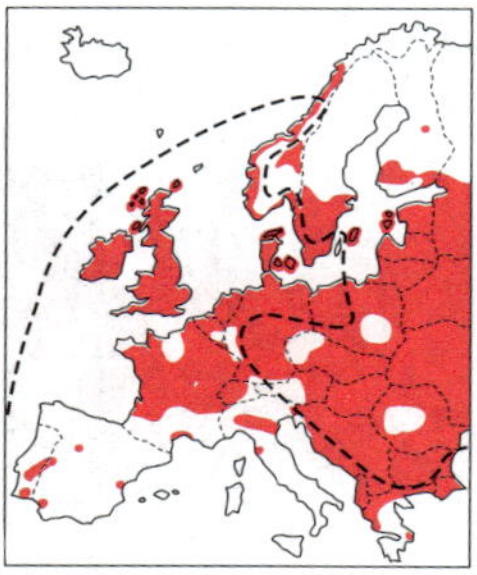

27 Graureiher
Teilzieher. Umherstreifend bis Island. T. 6, S. 45

28 Purpurreiher
Sommervogel. Umherstreifend Britische Inseln, N-Europa. T. 6, S. 45

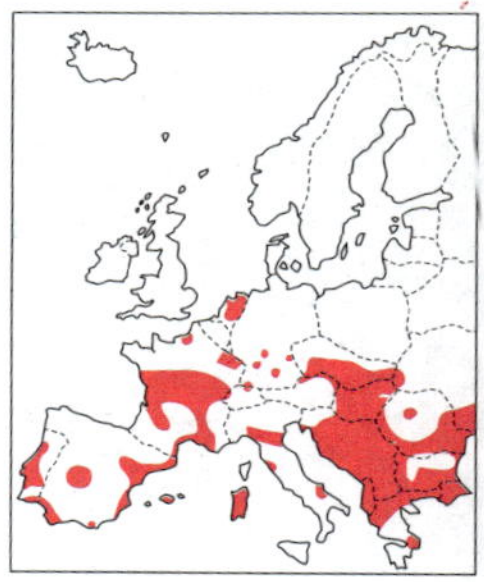

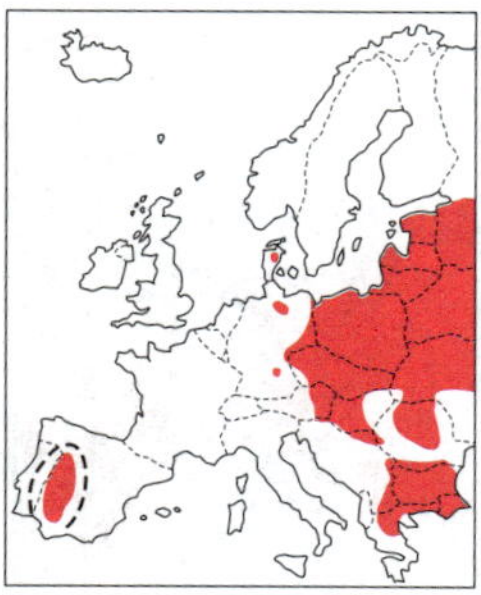

29 Schwarzstorch
Sommervogel. Einige überwintern in Spanien. Weitet sein Brutgebiet in C-Europa aus. Umherstreifend Britische Inseln, N-Europa. T. 7, S. 46

30 Weißstorch
Sommervogel. Einige überwintern in Spanien. Starker Bestandsrückgang in C-Europa. Umherstreifend Britische Inseln, N-Europa. T. 7, S. 46

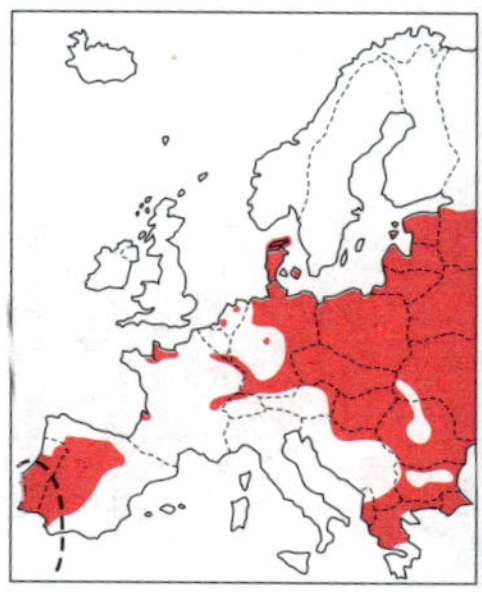

31 Braunsichler
Sommervogel. Hat in Italien, Frankreich und Ungarn gebrütet. Umherstreifend Britische Inseln, N- und E-Europa. T. 7, S. 46

32 Löffler
Sommervogel. Hat in Portugal, Italien, Dänemark gebrütet. Brutversuch Lettland. Umherstreifend C- und N-Europa. T. 7, S. 46

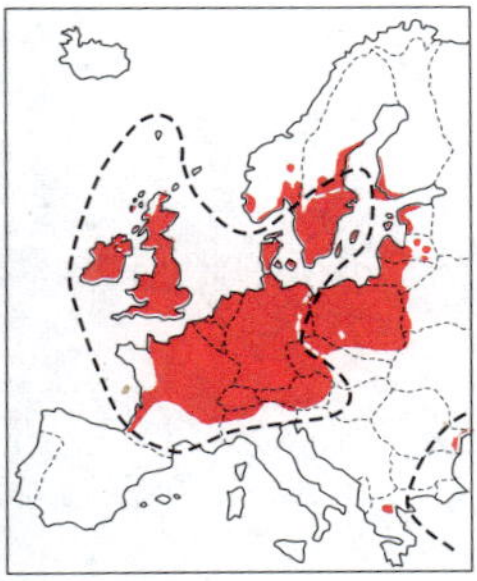

33 Höckerschwan
Teilzieher. Umherstreifend S-Europa. T. 8, S. 48

34 Zwergschwan
Wintergast aus N-Rußland und Sibirien. Umherstreifend bis S-Europa. T. 8, S. 49

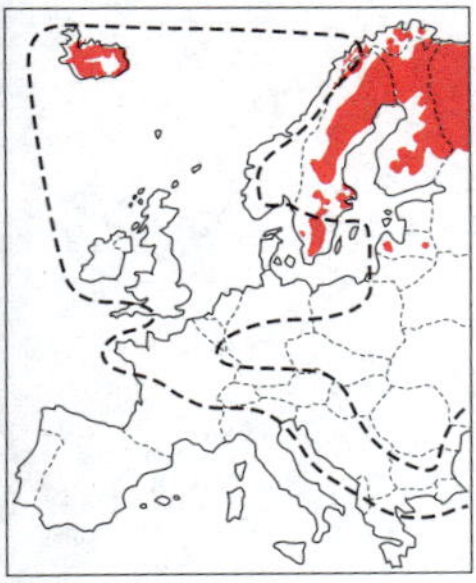

35 Singschwan
Vorwiegend Zugvogel. Weitet das Brutgebiet nach S aus. Umherstreifend bis SW-Europa. T. 8, S. 49

36 Saatgans
Zugvogel. Umherstreifend bis Island, Irland und Griechenland. T. 10, S. 49

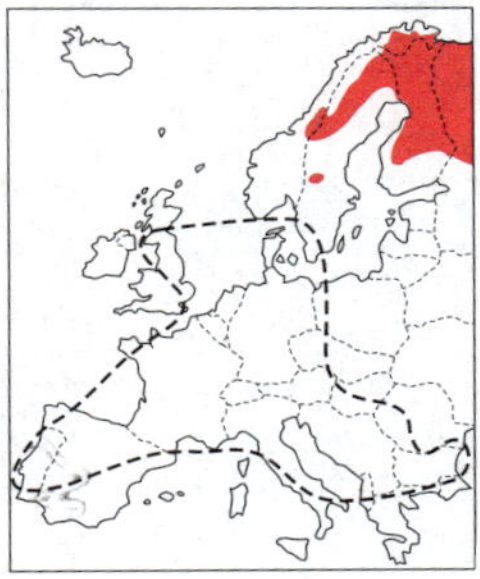

37 Kurzschnabelgans
Zugvogel. Umherstreifend E-, C- und S-Europa. T. 10, S. 50

38 Bläßgans
Wintergast aus N-Rußland, Sibirien und Grönland. Umherstreifend SW-Europa. T. 10, S. 50

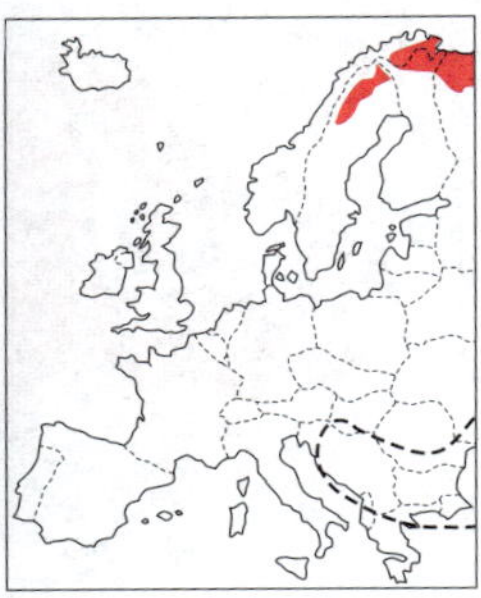

39 Zwerggans
Zugvogel. Durchzug NE- und E-Europa. Umherstreifend C-, W- und S-Europa. T. 10, S. 50

40 Graugans
Teilzieher. T. 10, S. 51

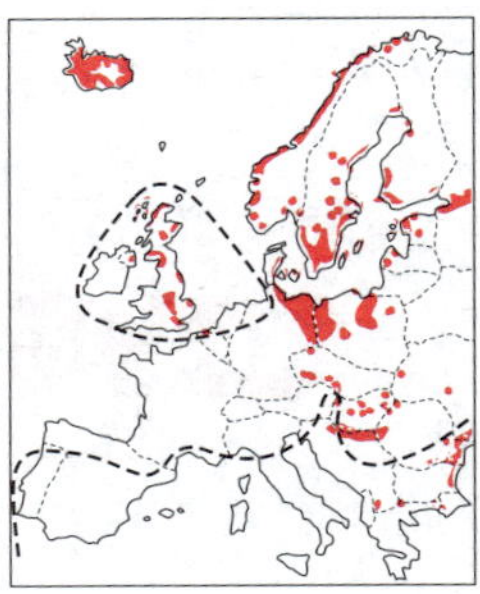

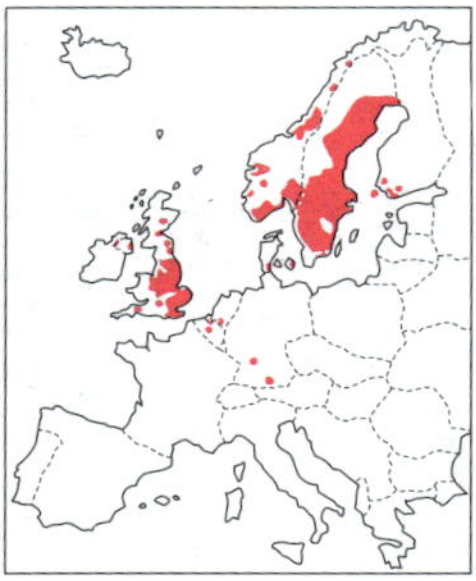

41 Kanadagans
Teilzieher. Weitet das Brutgebiet im N C-Europas aus. Umherstreifend Island und südlich bis Spanien. T. 8, S. 52

42 Nonnengans
Wintergast aus der Arktis. Zunehmende Brutvorkommen im Bereich der mittleren Ostsee und auf Island. Zug über die Ostsee und über Island. Umherstreifend E- und S-Europa. T. 8, S. 52

43 Ringelgans
Wintergast aus der Arktis. Überwintert vorwiegend an der Nordseeküste und auf den Britischen Inseln. Umherstreifend bis zum Mittelmeer. T. 8. S. 53

44 Rostgans
Teilzieher. Umherstreifend in fast ganz Europa eingeschlossen die Britischen Inseln und Island. T. 16. S. 54

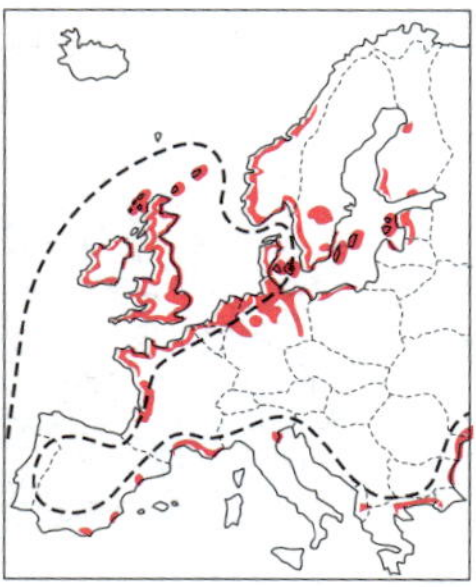

45 Brandgans
Teilzieher. Umherstreifend bis Island und im Binnenland C-Europas. T. 16, S. 54

46 Pfeifente
Teilzieher. Gelegentliche Bruten in Irland, C-, E- und S-Europa. T. 12, S. 55

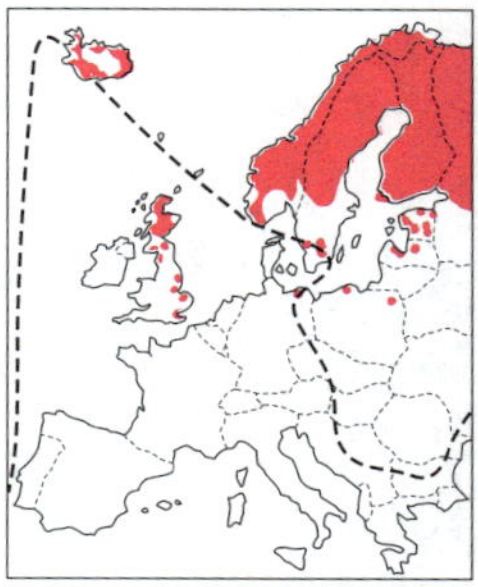

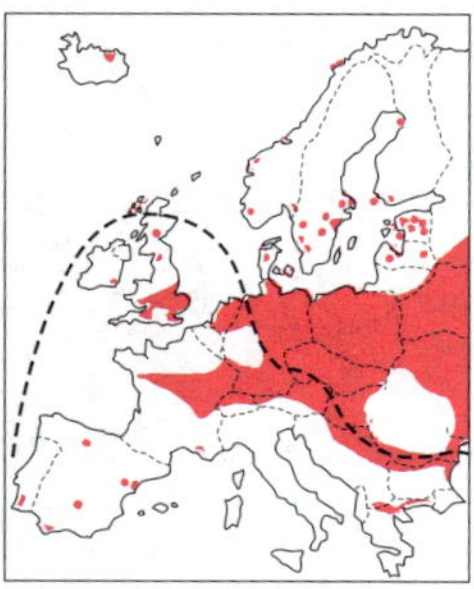

47 Schnatterente
Teilzieher. Gelegentliche Bruten in Norwegen und Italien. T. 12, S. 56

48 Krickente
Teilzieher. Gelegentliche Bruten auch anderswo in S-Europa. T. 12. S. 56

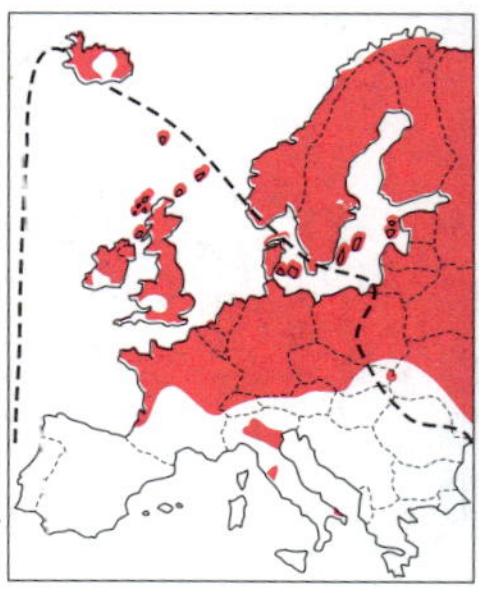

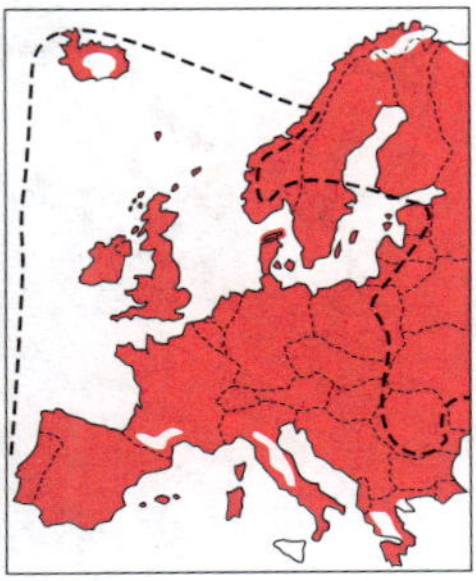

49 Stockente
Teilzieher. Brütet gelegentlich auch auf Sizilien. T. 12, S. 57

50 Spießente
Vorwiegend Zugvogel. Gelegentliche Bruten auch weiter südlich in C- und S-Europa. T. 12. S. 58

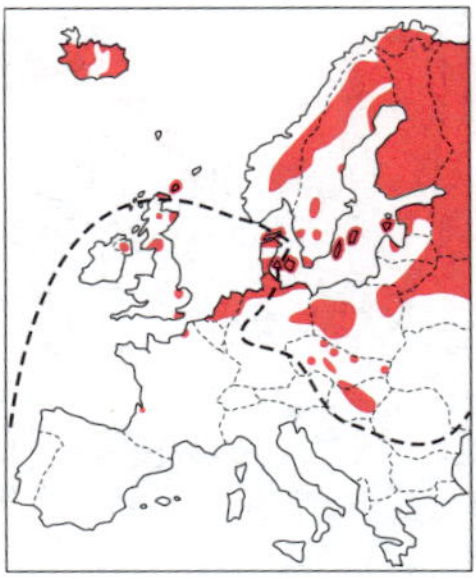

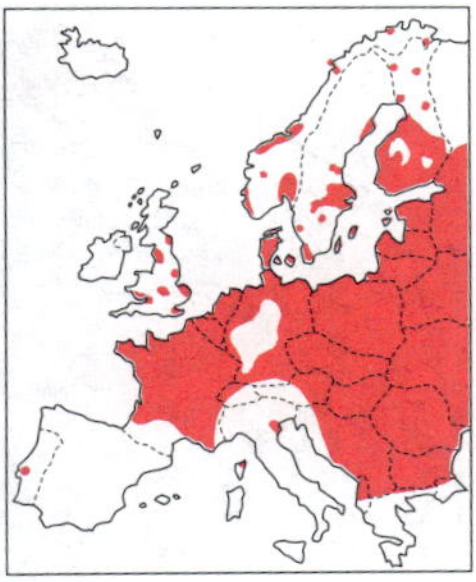

51 Knäkente
Sommervogel. Hat in Norwegen und Irland gebrütet. T. 12, S. 58

52 Löffelente
Teilzieher. Brütet gelegentlich in Portugal. T. 12, S. 59

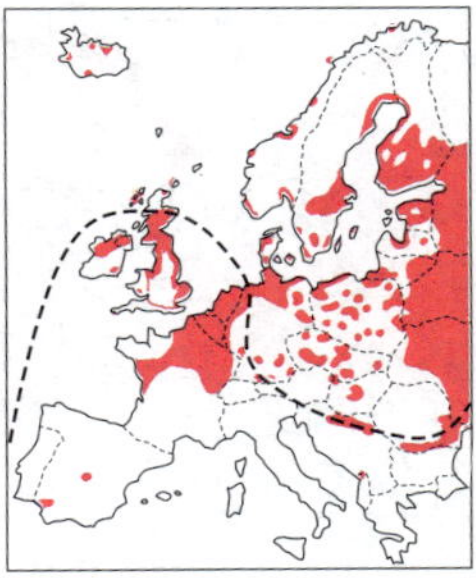

53 Kolbenente
Teilzieher. Hat in Italien und Griechenland gebrütet. Umherstreifend Britische inseln, N-Europa. T. 13, S. 60

54 Tafelente
Teilzieher. Umherstreifend bis zu den Färöer. T. 13, S. 60

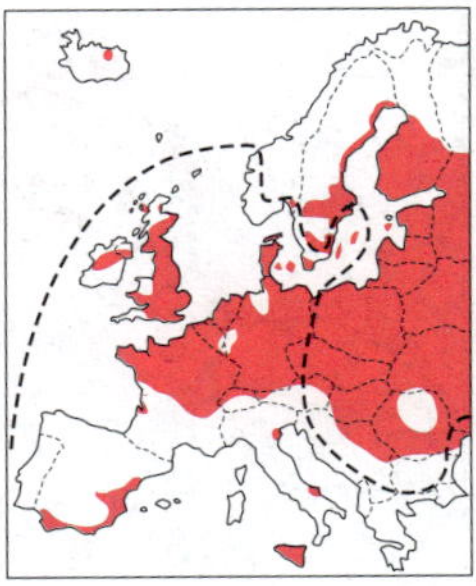

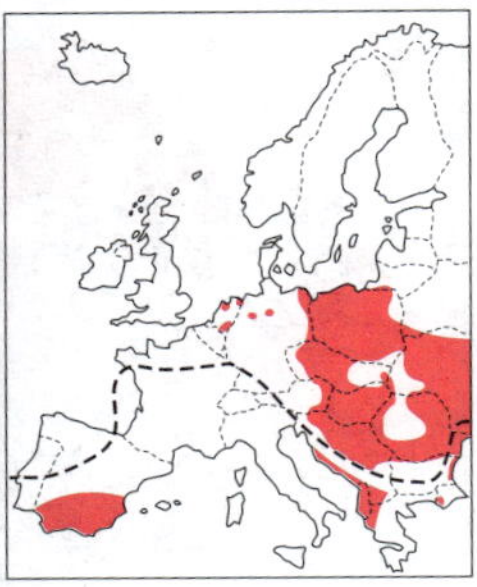

55 Moorente
Teilzieher. Hat in Lettland und Italien gebrütet. T. 13. S. 61

56 Reiherente
Teilzieher. Hat in Spanien gebrütet. T. 13, S. 61

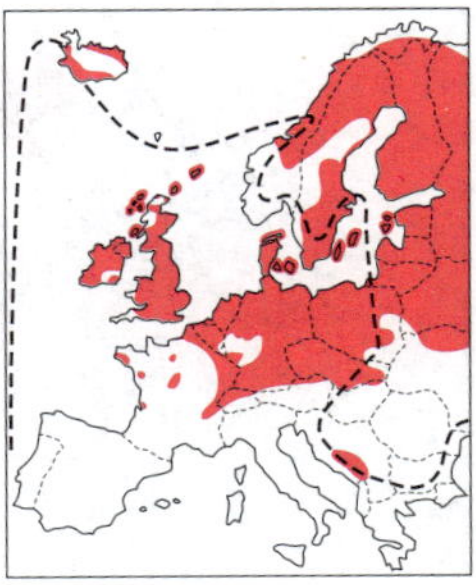

57 Bergente
Vorwiegend Zugvogel. Hat in Schottland und Dänemark gebrütet. Umherstreifend in fast ganz S-Europa. T. 13, S. 61

58 Eiderente
Teilzieher. Umherstreifend C-. S- und E-Europa. T.15, S. 62

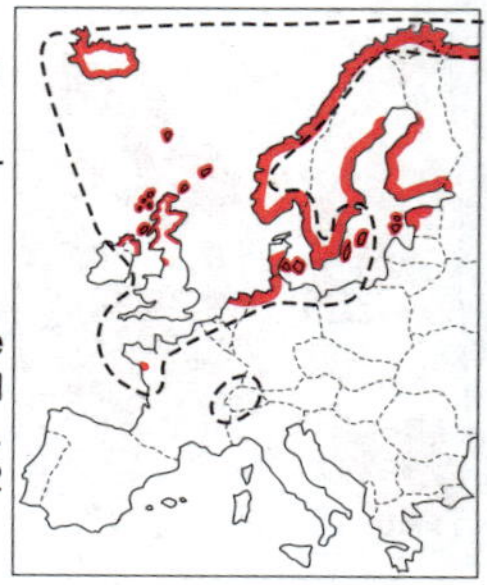

59 Eisente
Vorwiegend Zugvogel. Umherstreifend C- und S-Europa. T. 16., S. 63

60 Trauerente
Vorwiegend Zugvogel. Jungvögel übersommern auf der Nordsee. Umherstreifend C- und SE-Europa. T. 14, S. 64

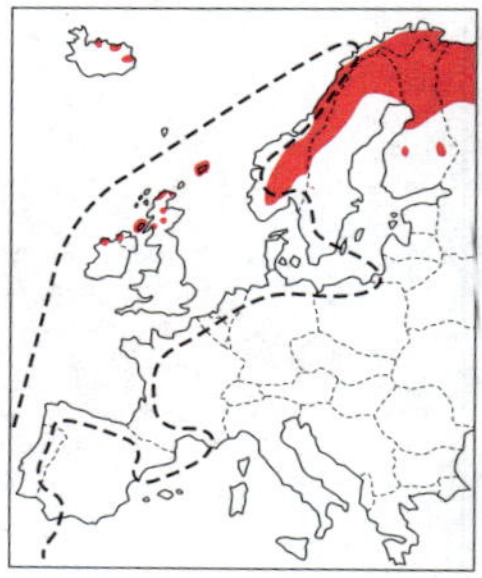

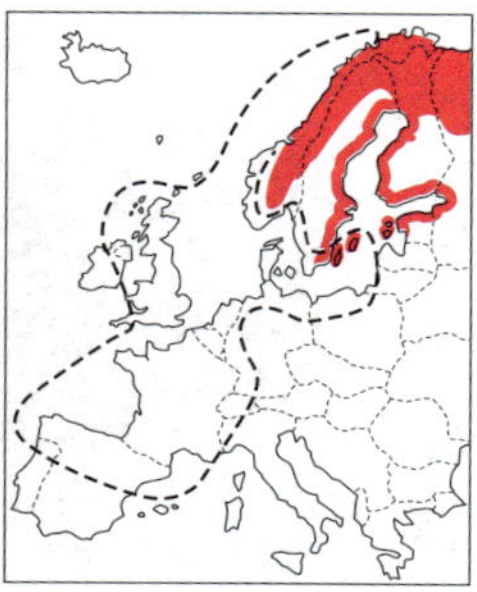

61 Samtente
Zugvogel. Viele mausern im Sommer an der dänischen Küste. Umherstreifend Island, SE-Europa. T. 14, S. 64

62 Schellente
Vorwiegend Zugvogel. T. 13, S. 65

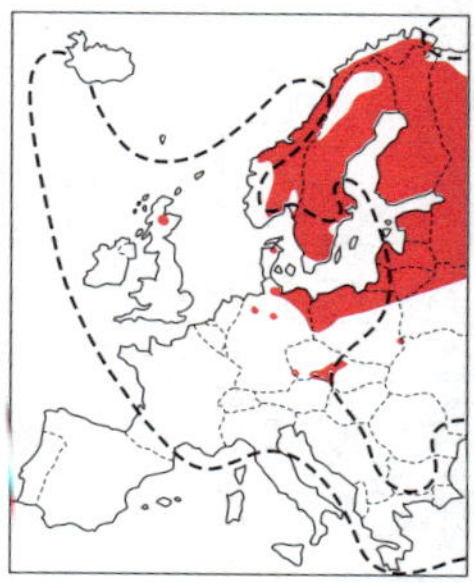

63 Zwergsäger
Zugvogel. Wahrscheinlich alljährlich auf Island. Umherstreifend SW-Europa. T. 17, S. 65

64 Mittelsäger
Teilzieher. T. 17, S. 66

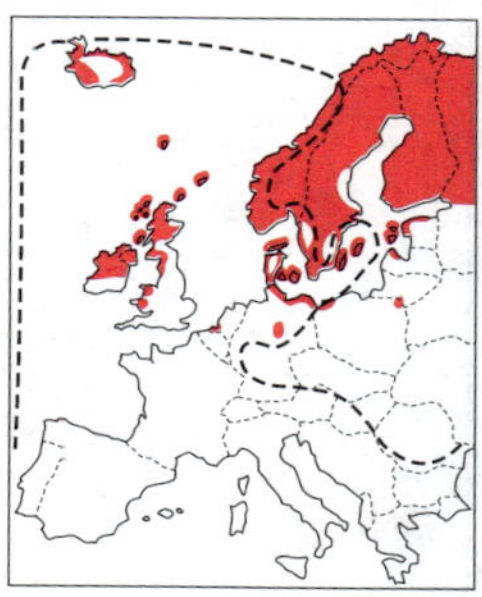

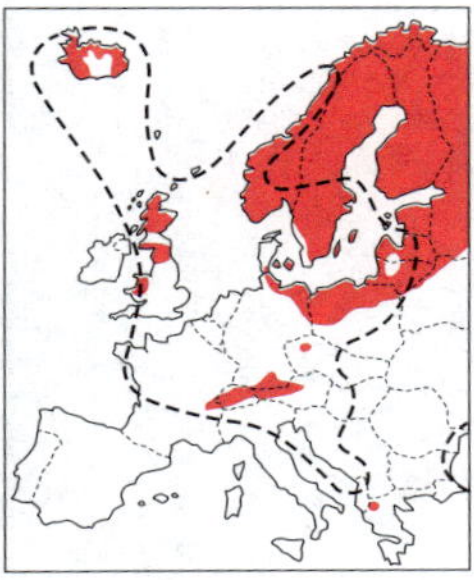

65 Gänsesäger
Teilzieher. Hat auf Island und in SE-Europa gebrütet. Umherstreifend SW-Europa. T. 17, S. 66

66 Weißkopf-Ruderente
Teilzieher. Gelegentliche Bruten auch anderswo in S-Europa. Umherstreifend C-Europa. T. 17, S. 67

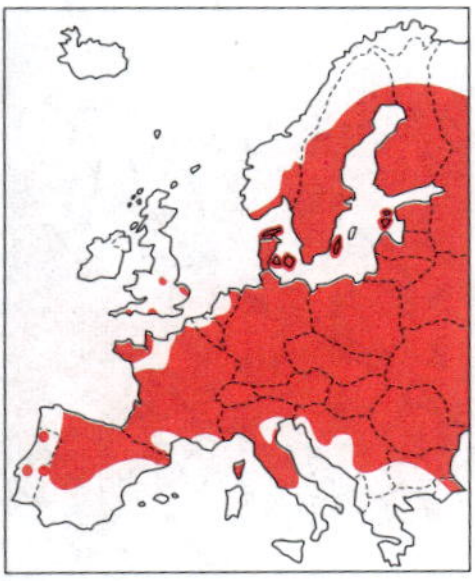

67 Wespenbussard
Sommervogel. Umherstreifend Irland, Island. T. 26, S. 68

68 Schwarzmilan
Sommervogel. Hat in Skandinavien gebrütet. Umherstreifend Britische Inseln. T. 24, S. 69

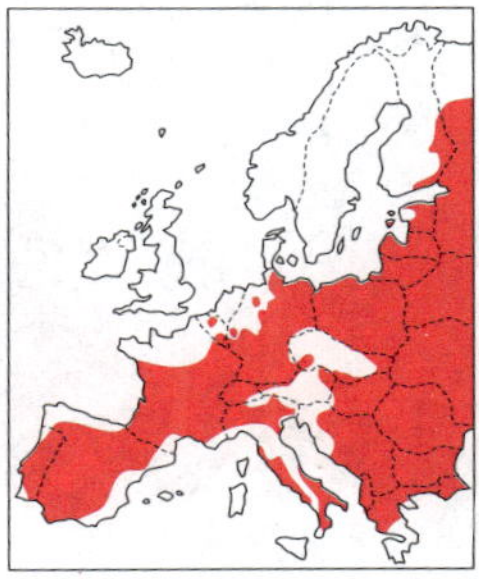

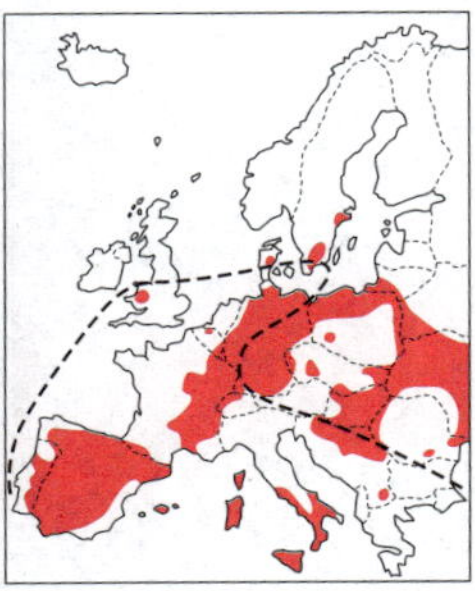

69 Rotmilan
Teilzieher. Brütet auch in Lettland. Umherstreifend Irland, Finnland. T. 24, S. 69

70 Seeadler
Vorwiegend Jahresvogel. In Schottland wieder eingebürgert. Weitet sein Brutgebiet im NW C-Europas langsam aus. Umherstreifend C- und W-Europa. T. 28, S. 70

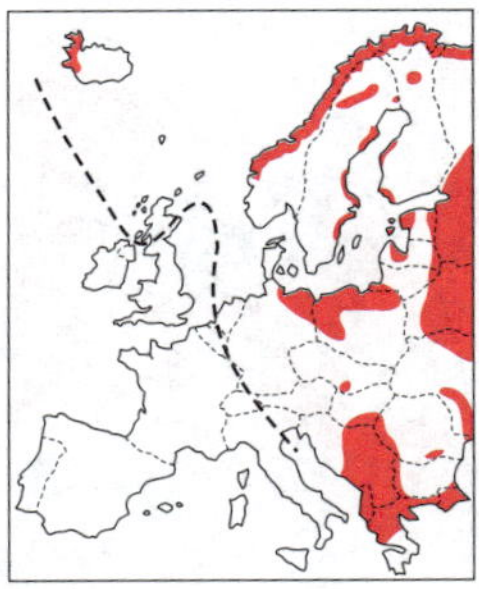

71 Bartgeier
Jahresvogel. In den Alpen wieder eingebürgert. T. 23, S. 70

72 Schmutzgeier
Vorwiegend Zugvogel, einige überwintern aber auch in S-Europa. Umherstreifend W-, C- und N-Europa. T. 23, S. 70

73 Gänsegeier
Teilzieher. Umherstreifend in ganz Europa.
T. 23, S. 71

74 Mönchsgeier
Jahresvogel. Umherstreifend C-Europa.
T. 23, S. 71

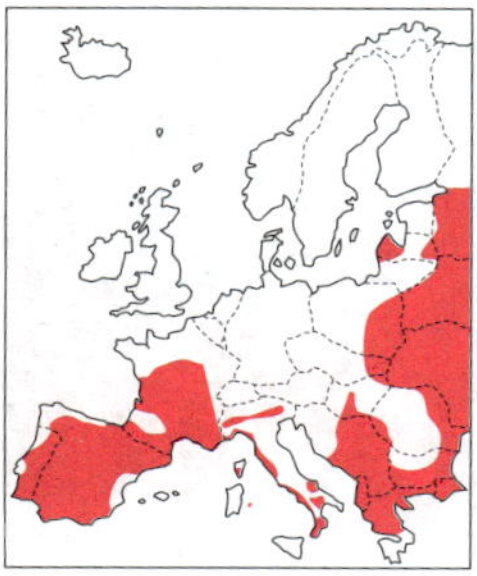

75 Schlangenadler
Sommervogel. Umherstreifend bis N-Europa.
T. 27, S. 71

76 Rohrweihe
Teilzieher. Hat in Norwegen gebrütet. Umherstreifend Irland, Färöer.
T. 24, S. 72

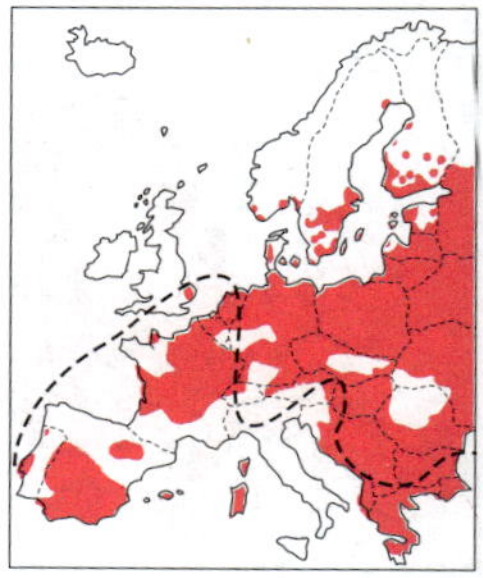

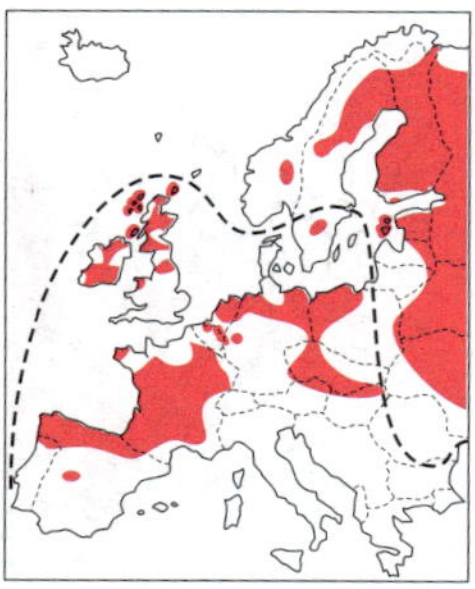

77 Kornweihe
Teilzieher. Hat in Dänemark und Italien gebrütet. Umherstreifend bis Island.
T. 24, S. 72

78 Steppenweihe
Sommervogel. Hat in Schweden und Deutschland gebrütet. Umherstreifend S-, C- und W-Europa. T. 24, S. 72

79 Wiesenweihe
Sommervogel. Brütet gelegentlich in England. Hat in Irland und Griechenland gebrütet.
T. 24, S. 73

80 Habicht
Vorwiegend Jahresvogel. Umherstreifend Irland.
T. 26, S. 73

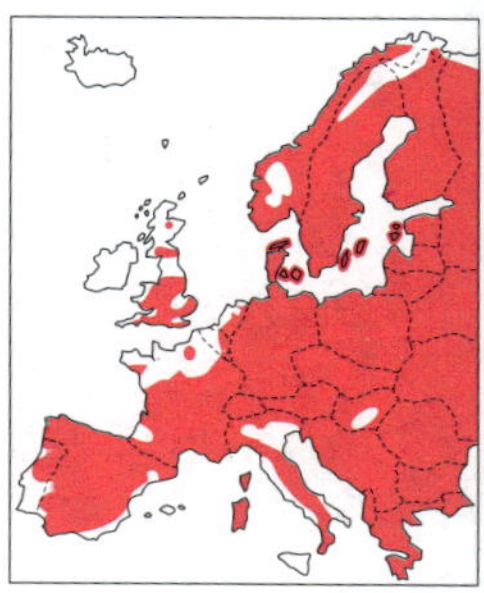

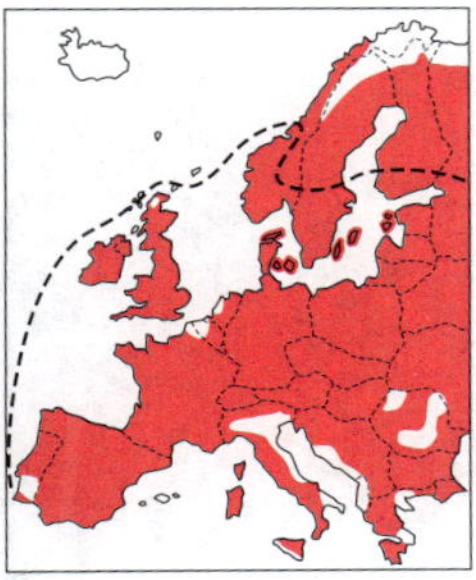

81 Sperber
Teilzieher. Umherstreifend bis Island. T. 26, S. 74

82 Kurzfangsperber
Sommervogel. Hat in Ungarn gebrütet. Umherstreifend nördlich und westlich um das Brutgebiet. T. 26, S. 74

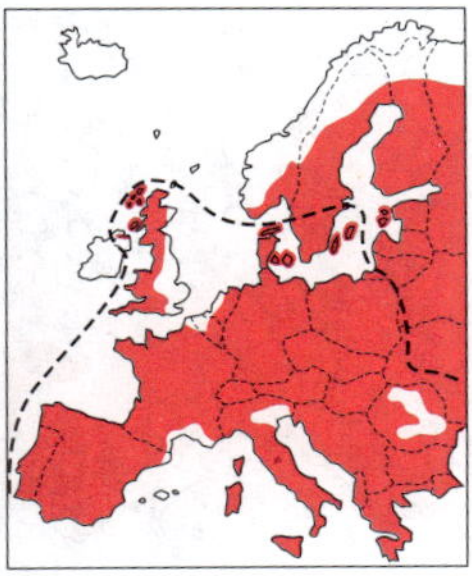

83 Mäusebussard
Teilzieher. T. 26, S. 74

84 Rauhfußbussard
Zugvogel. Umherstreifend bis Island, Irland und SW-Europa. T. 26, S. 75

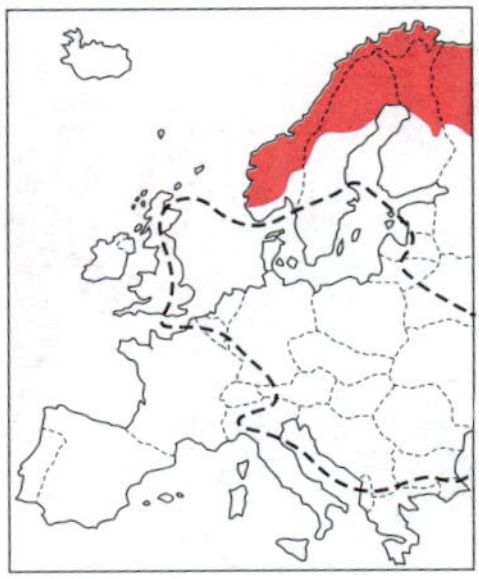

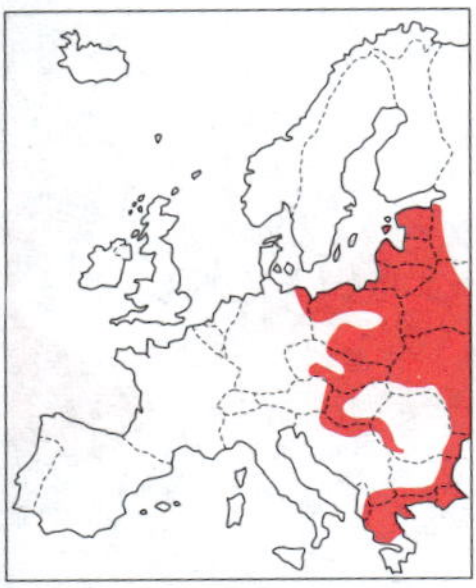

85 Schreiadler
Sommervogel. Umherstreifend N-, W- und S-Europa. T. 28, S. 75

86 Schelladler
Zugvogel. Einige überwintern gelegentlich auch in W-Europa. Umherstreifend westwärts bis zu den Britischen Inseln und Portugal. T. 28, S. 76

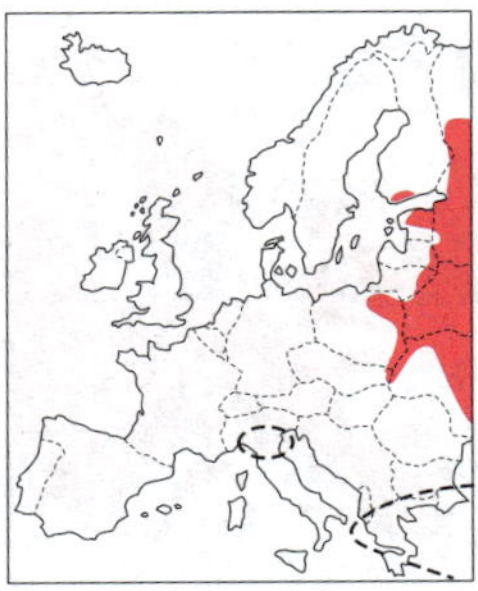

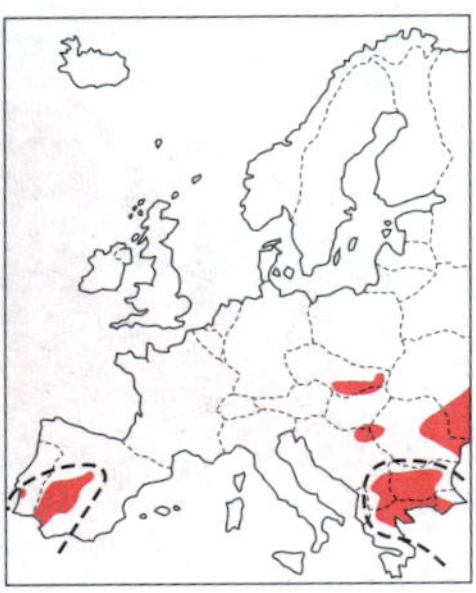

87 Kaiseradler
Teilzieher. Umherstreifend N-, C- und W-Europa.
T. 28, S. 76

88 Steinadler
Vorwiegend Jahresvogel. In E-Europa im Winter auch außerhalb des Brutgebietes. Hat in Irland gebrütet. Umherstreifend in C-Europa bis in die Niederlande. T. 28, S. 77

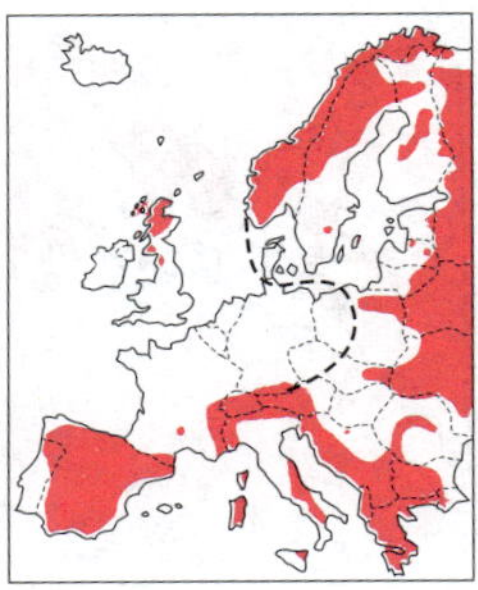

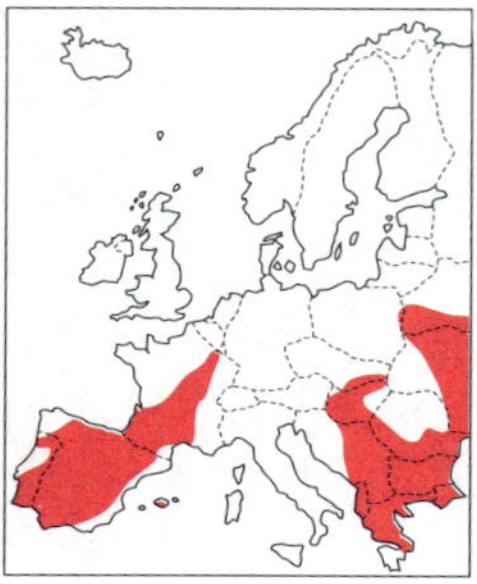

89 Zwergadler
Sommervogel. Überwintert gelegentlich auch in S-Europa. Umherstreifend C- und N-Europa. T. 27, S. 77

90 Habichtsadler
Vorwiegend Jahresvogel. Umherstreifend C-, E- und N-Europa. T. 27, S. 78

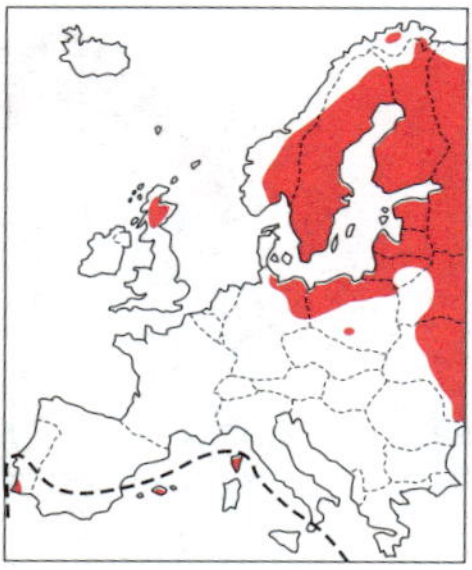

91 Fischadler
Vorwiegend Sommervogel. Weitet sein Brutgebiet in C-Europa langsam aus. Umherstreifend bis Island. T. 29, S. 78

92 Rötelfalke
Vorwiegend Sommervogel. Umherstreifend W-, C- und N-Europa. T. 30, S. 79

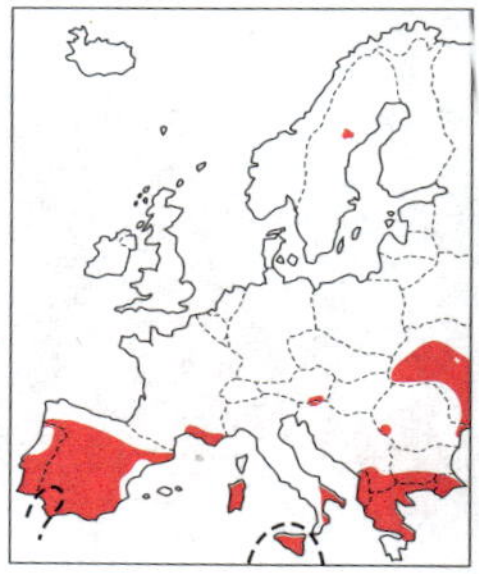

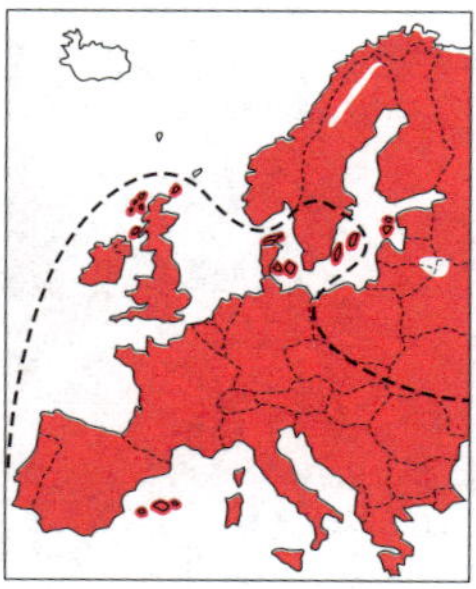

93 Turmfalke
Teilzieher. Umherstreifend bis Island. T. 30, S. 79

94 Rotfußfalke
Sommervogel. Brütet unregelmäßig auch westlich des Brutgebietes. Gelegentlich invasionsartige Einflüge ins westliche C-Europa. T. 30, S. 79

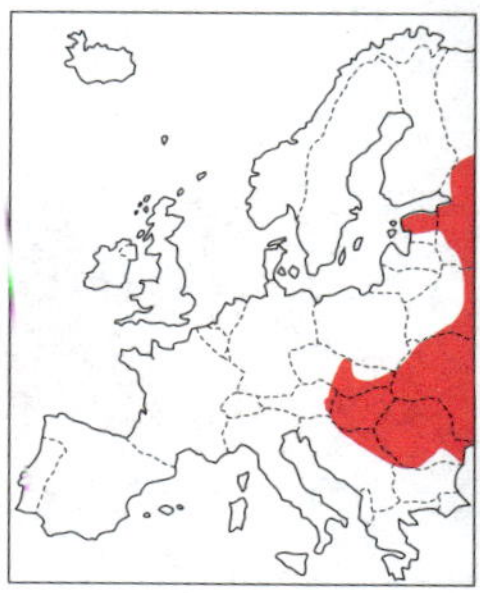

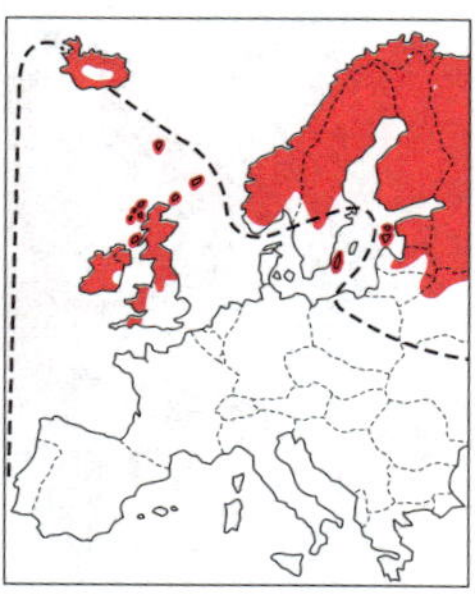

95 Merlin
Teilzieher. Umherstreifend bis Malta. T. 30, S. 80

96 Baumfalke
Sommervogel. Umherstreifend Irland und bis Island. T. 30, S. 80

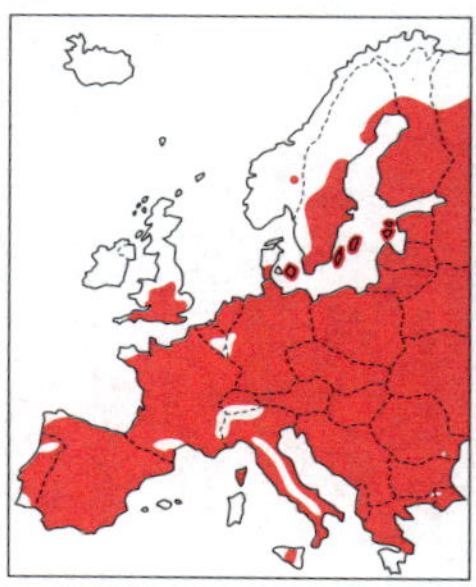

97 Lannerfalke
Vorwiegend Jahresvogel. Umherstreifend E-, C- und SW-Europa. T. 30, S. 81

98 Würgfalke
Teilzieher. Umherstreifend C- und N-Europa. T. 30, S. 82

99 Gerfalke
Vorwiegend Jahresvogel. Im Winter umherstreifend bis W-, C- und S-Europa. T. 31, S. 82

100 Wanderfalke
Teilzieher. In C-Europa nach starkem Rückgang wieder langsame Zunahme und Ausbreitung. Umherstreifend bis Island. T. 30, S. 83

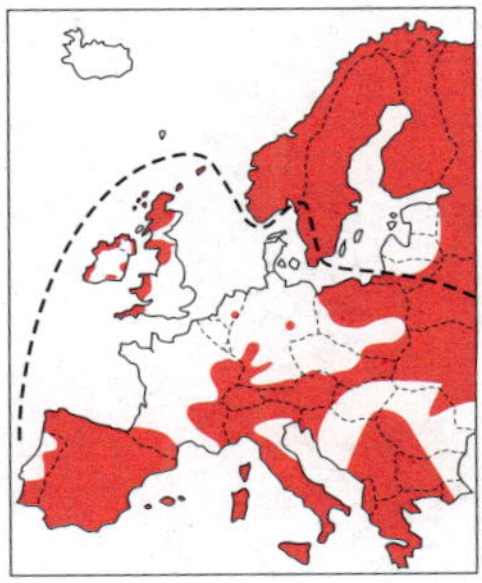

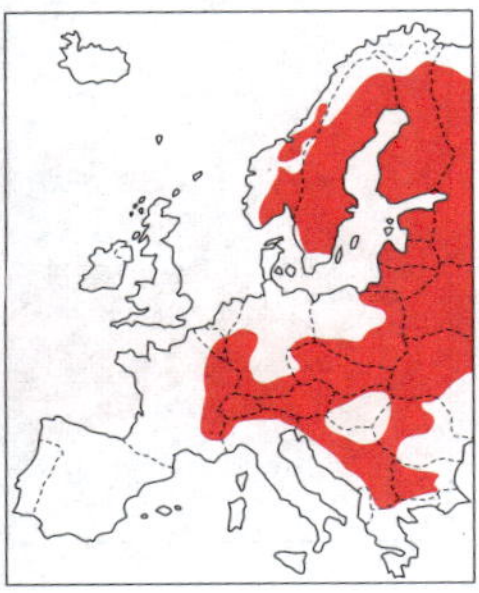

101 Haselhuhn
Jahresvogel. In C-Europa selten geworden. T. 32, S. 83

102 Moorschneehuhn
A Schottisches Moorschn. Jahresvogel Irland, Britanien. B Moorschneehuhn Jahresvogel N-Europa. T. 33, S. 84

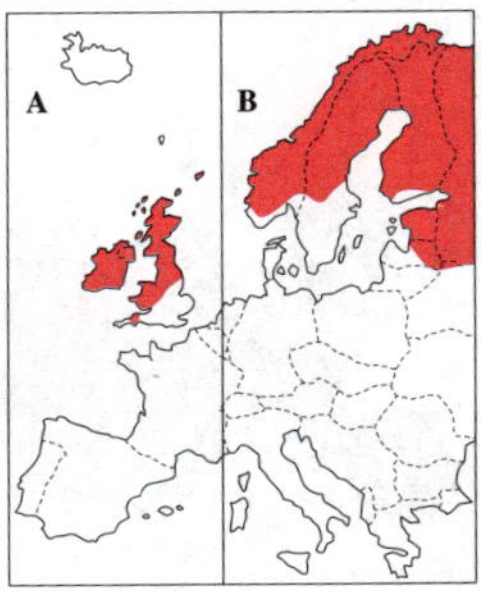

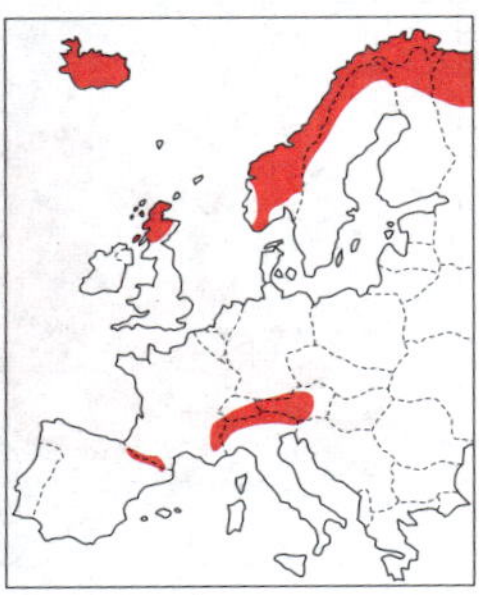

103 Alpenschneehuhn
Jahresvogel. T. 33, S. 84

104 Birkhuhn
Jahresvogel. Im Flachland C-Europas nur noch sehr kleine Bestände. T. 32, S. 84

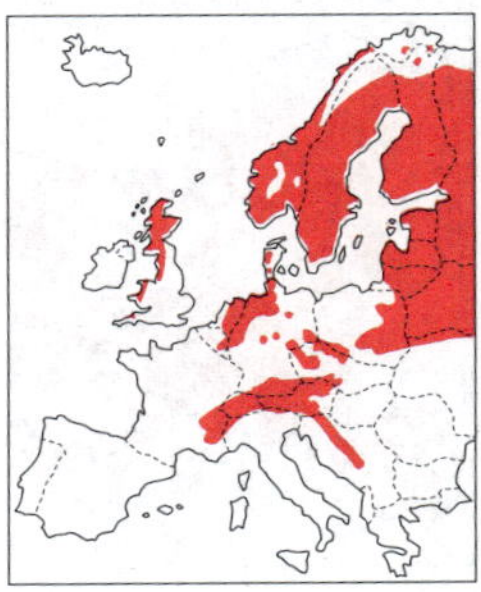

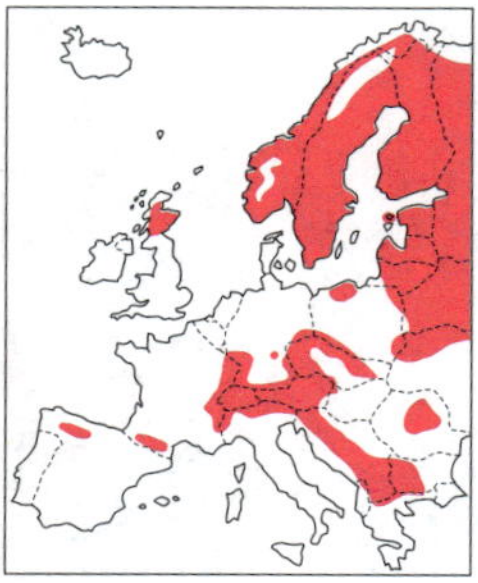

105 Auerhuhn
Jahresvogel. In C-Europa nur noch kleinere Bestände. T. 32, S. 85

106 Steinhuhn
Jahresvogel. T. 33, S. 86

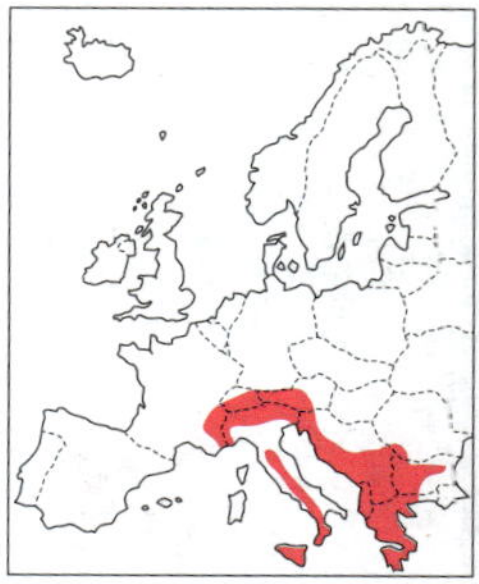

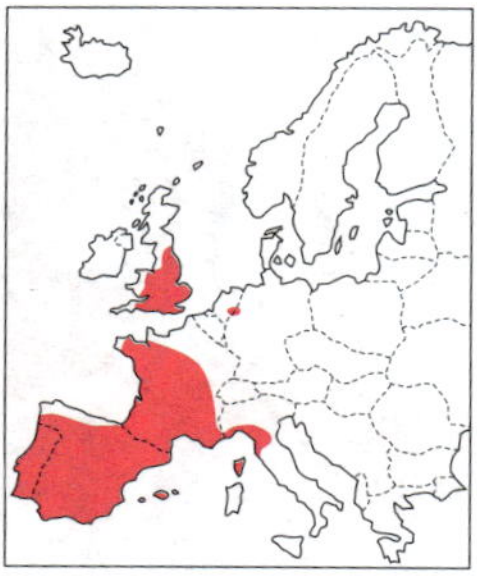

107 Rothuhn
Jahresvogel. T. 33, S. 86

108 Rebhuhn
Jahresvogel. In C-Europa starke Bestandsrückgänge. T. 33, S. 87

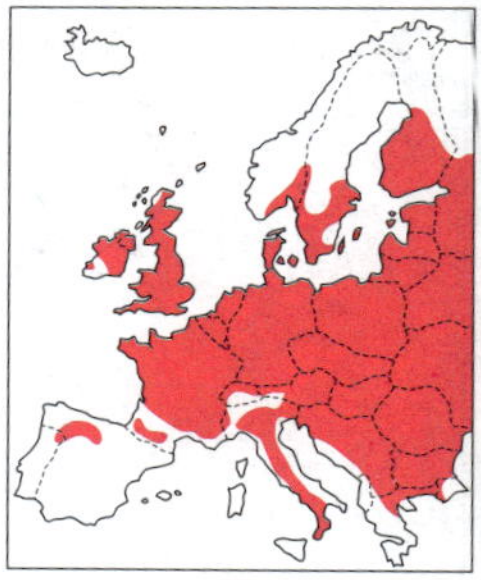

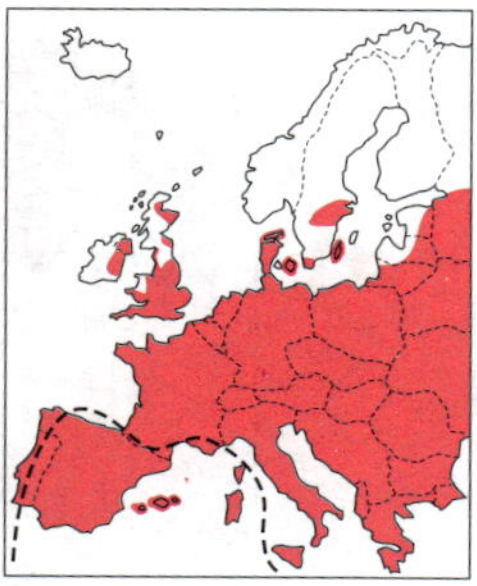

109 Wachtel
Teilzieher. Der Bestand schwankt, am N-Rande der Verbreitung aber allgemeine Abnahme. Überwintert gelegentlich nordwärts bis Britische Inseln und Deutschland. T. 33, S. 88

110 Fasan
Jahresvogel. T. 32, S. 88

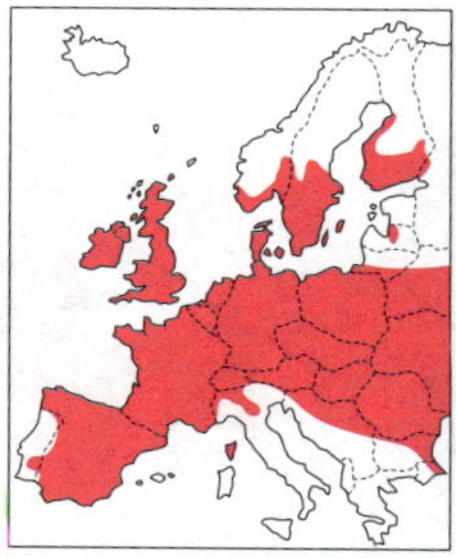

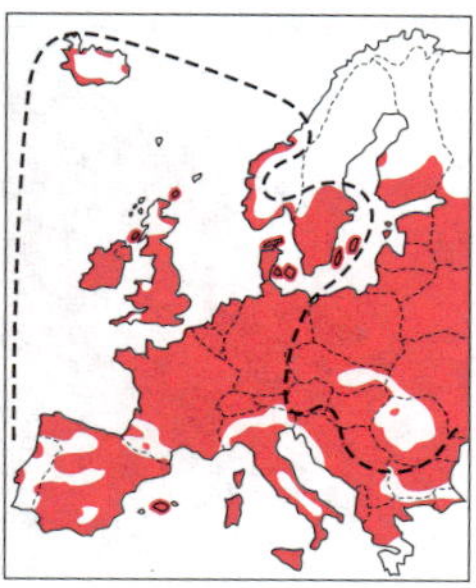

111 Wasserralle
Teilzieher. T. 34, S. 89

112 Tüpfelsumpfhuhn
Vorwiegend Sommervogel. Überwintert gelegentlich in W-Europa. Umherstreifend Irland und Island. T. 34, S. 90

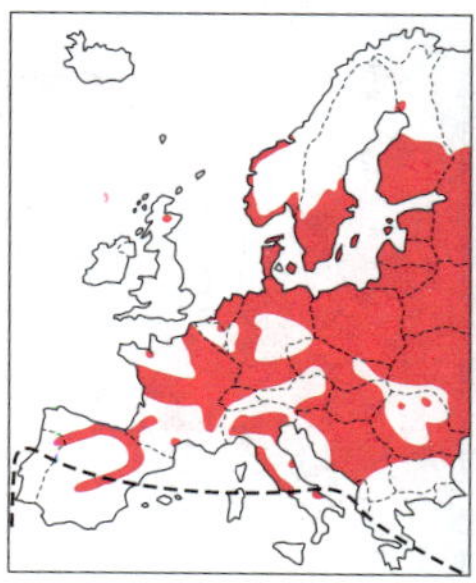

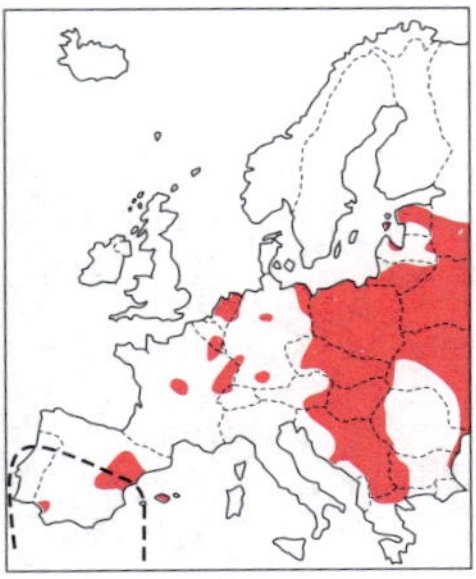

113 Kleines Sumpfhuhn
Vorwiegend Sommervogel. Alljährlich Nachweise in Schweden und Finnland. Umherstreifend W-Europa. T. 34, S. 90

114 Zwergsumpfhuhn
Vorwiegend Sommervogel. Vorkommen oft nur sporadisch. Umherstreifend nordwärts Finnland. T. 34, S. 91

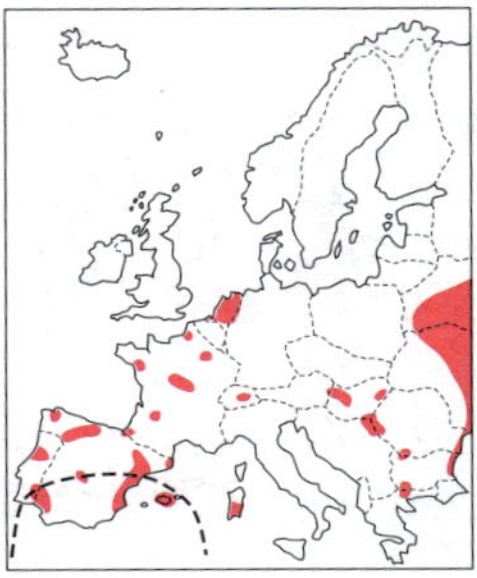

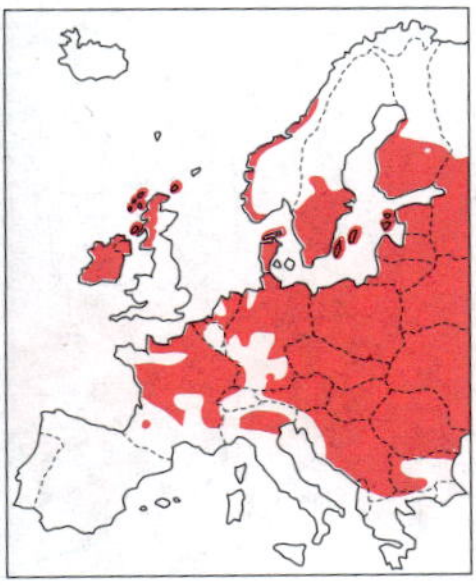

115 Wachtelkönig
Sommervogel. Im westlichen C-Europa starker Bestandsrückgang. Umherstreifend bis Island. T. 34, S. 91

116 Teichhuhn
Teilzieher. Umherstreifend bis Island. T. 35, S. 91

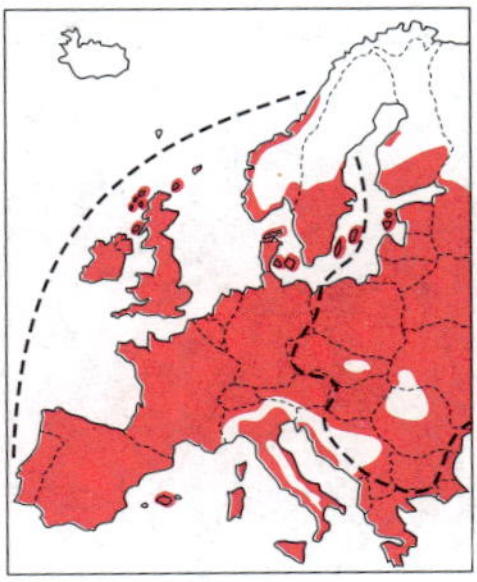

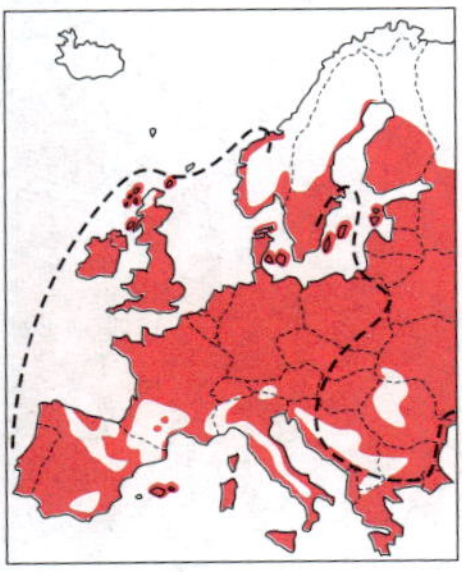

117 Bläßhuhn
Teilzieher, Umherstreifend bis Island. T. 35, S. 92

118 Kranich
Zugvogel. Zunahme der Überwinterungen in Frankreich und gelegentlich im Winter auch in C-Europa. T. 6, S. 93

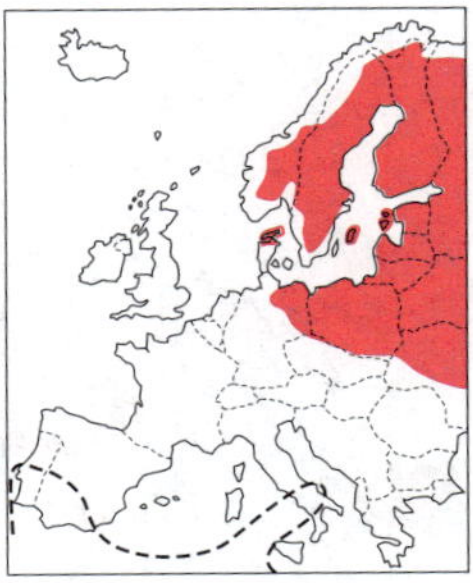

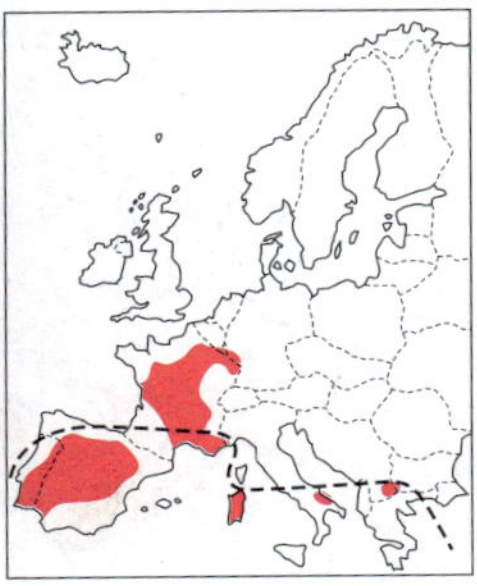

119 Zwergtrappe
Teilzieher. Umherstreifend Britische Inseln, C- und N-Europa. T. 36, S. 94

120 Großtrappe
Jahresvogel. Im Winter gelegentlich auch außerhalb der Brutgebiete. In C-Europa nur noch kleine Restbestände. T. 36, S. 95

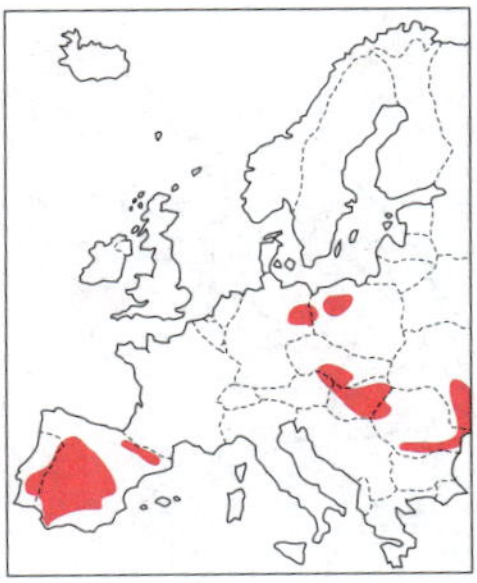

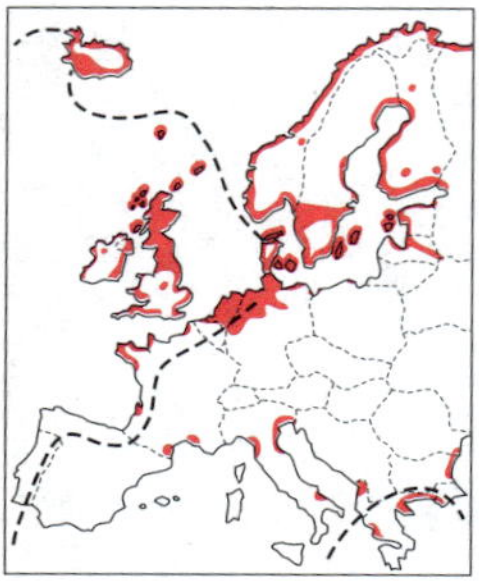

121 Austernfischer
Teilzieher. Hat in Spanien gebrütet. Umherstreifend oder auf dem Durchzug in ganz C- und S-Europa.
T. 42, S. 95

122 Stelzenläufer
Vorwiegend Sommervogel. Gelegentliche Bruten nordwärts bis N-Deutschland. Umherstreichen C- und N-Europa. T. 42, S. 96

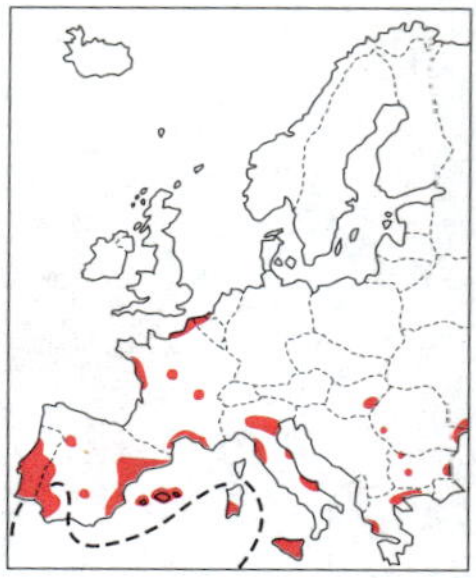

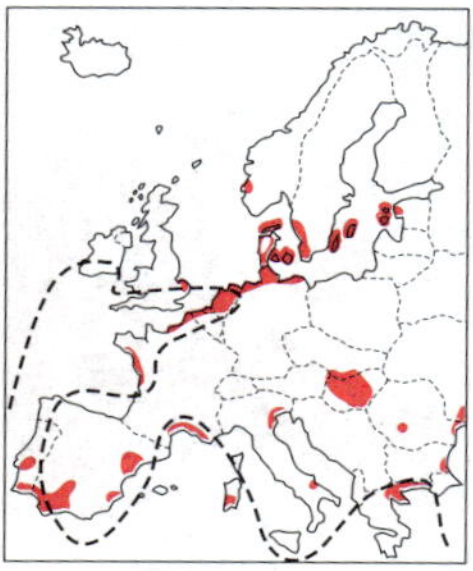

123 Säbelschnäbler
Teilzieher. Umherstreifend bis Island und Finnland.
T. 42, S. 96

124 Triel
Teilzieher. Brutbestände in C-Europa weitgehend erloschen. Umherstreifend N-Europa und bis Island.
T. 36, S. 97

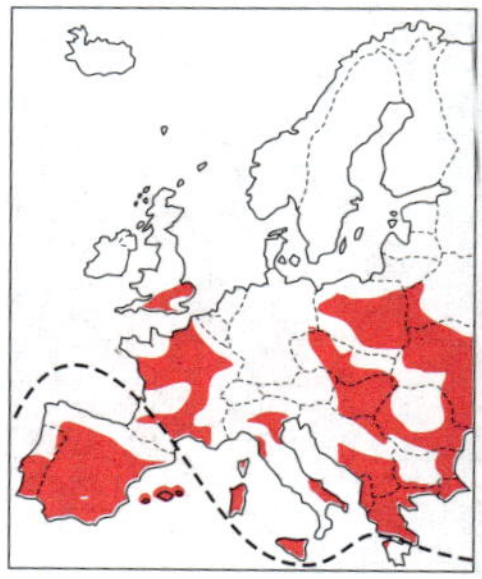

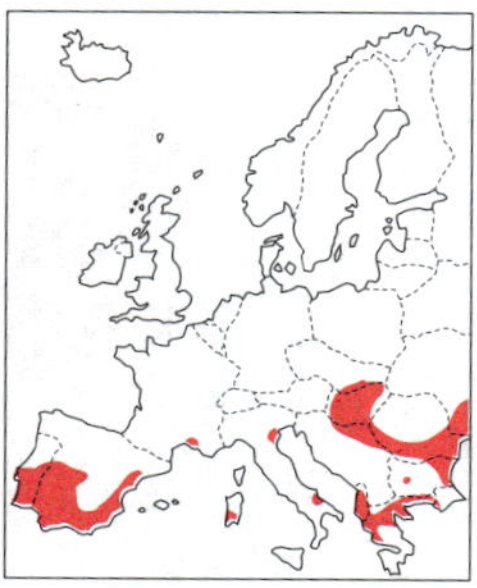

125 Rotflügel-Brachschwalbe
Sommervogel. Umherstreifend Britische Inseln, C- und N-Europa. T. 38, S. 98

126 Flußregenpfeifer
Sommervogel. Umherstreifend Irland. T. 38, S. 98

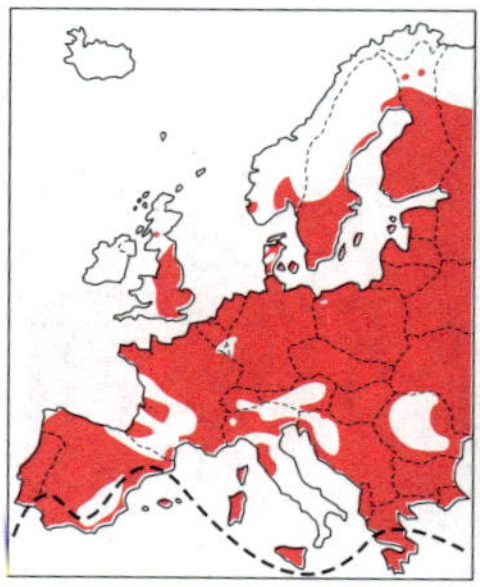

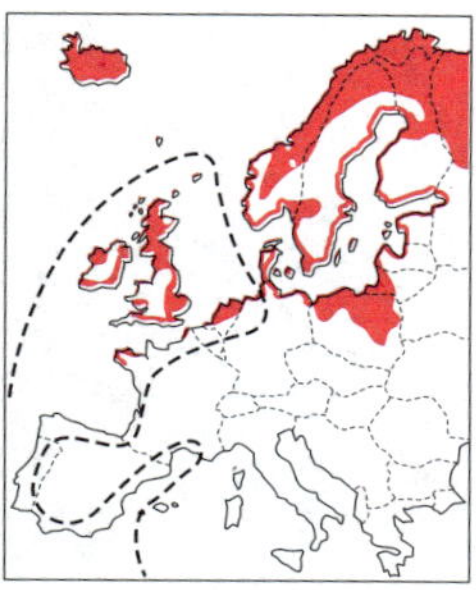

127 Sandregenpfeifer
Teilzieher. Hat in Spanien gebrütet. Überwintert gelegentlich in SE-Europa. Auf dem Durchzug in S- und E-Europa. T. 38, S. 99

128 Seeregenpfeifer
Teilzieher. Hat in England gebrütet. Umherstreifend Irland und südliche Ostsee. T. 38, S. 99

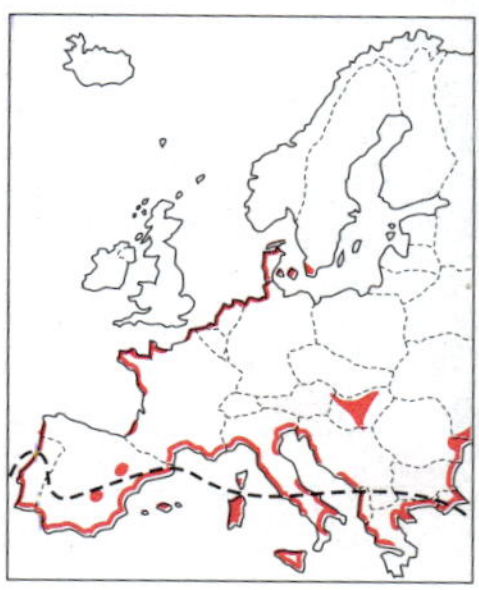

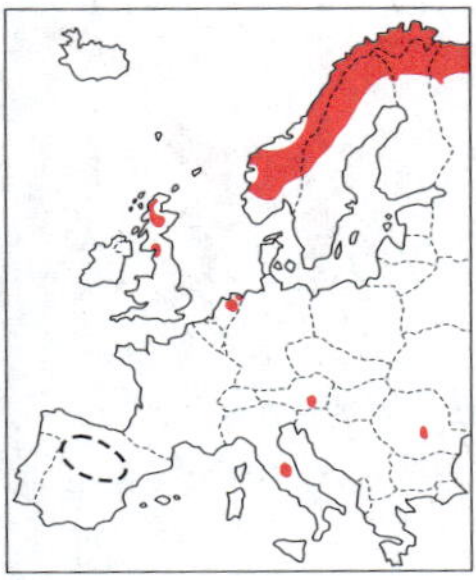

129 Mornellregenpfeifer
Sommervogel. Die kleinen Brutvorkommen in C-Europa inzwischen weitgehend erloschen. Umherstreifend bis Island. T. 38, S. 100

130 Goldregenpfeifer
Teilzieher. In N-Deutschland nur noch ein minimaler Restbestand. T. 37, S. 101

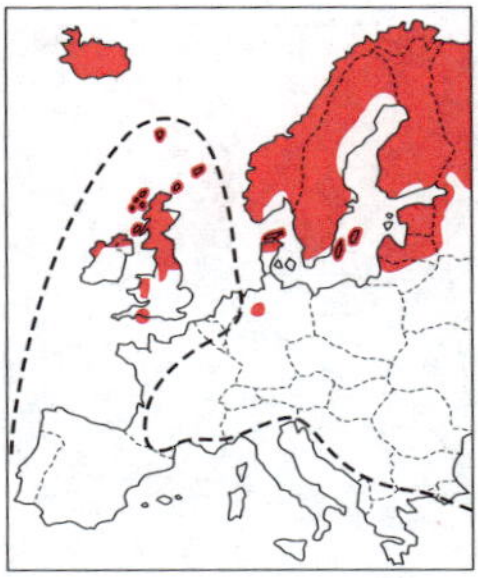

131 Kiebitzregenpfeifer
Wintergast aus der arktischen Tundra. Jungvögel übersommern auch im Winterquartier. Auf dem Durchzug in C-Europa. T. 37, S. 102

132 Kiebitz
Teilzieher. Brütet gelegentlich auf Island. T. 39, S. 103

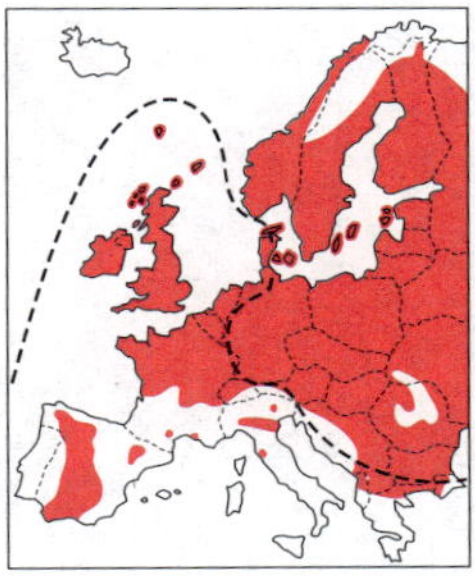

133 Knutt
Wintergast. Nichtbrüter im Sommer auch an den Küsten C- und W-Europas. Umherstreifend E-Europa. T. 43, S. 104

134 Sanderling
Wintergast. Nichtbrüter im Sommer auch an den Küsten C- und W-Europas. Auf dem Durchzug in fast ganz Europa. T. 47, S. 105

135 Zwergstrandläufer
Sommervogel. Auf dem Durchzug in fast ganz Europa. Wenige überwintern nordwärts bis zu den Britischen Inseln. T. 48, S. 106

136 Temminckstrandläufer
Sommervogel. Auf dem Durchzug in fast ganz Europa. Umherstreifend bis Irland und Portugal. T. 48, S. 106

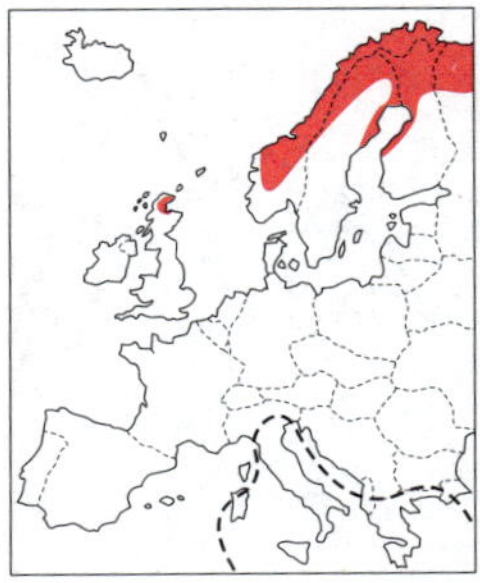

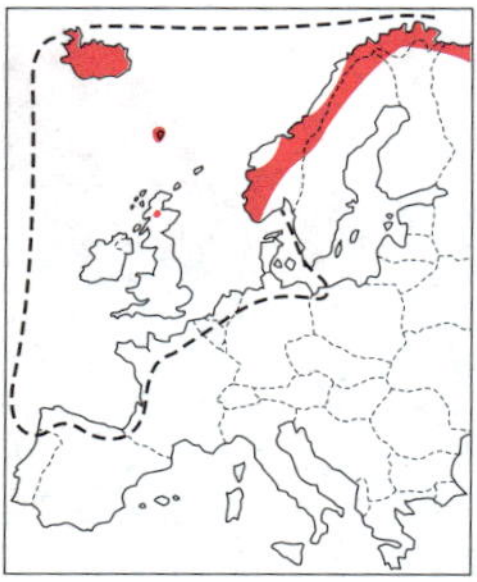

137 Meerstrandläufer
Teilzieher. Nichtbrüter auch im Sommer an den Küsten C- und W-Europas. Umherstreifend C-, E- und S-Europa.
T. 48, S. 109

138 Alpenstrandläufer
Teilzieher. Nichtbrüter auch im Sommer im Winterquartier. Brutbestand N-Deutschlands weitgehend erloschen. T. 47, S. 109

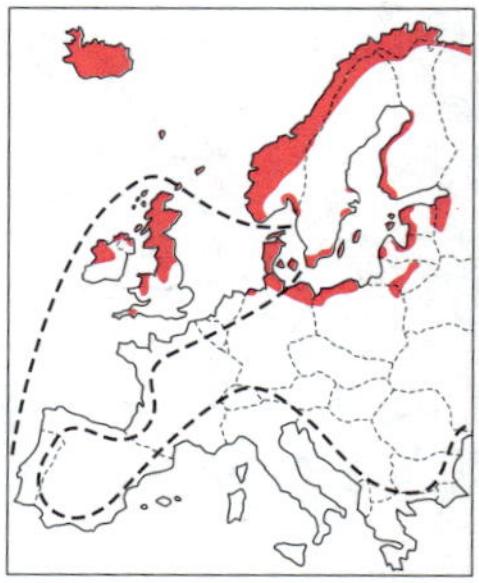

139 Sumpfläufer
Sommervogel. Durchzug vorwiegend ostwärts einer Linie Dänemark - Italien. Umherstreifend W-Europa. T. 48, S. 110

140 Kampfläufer
Vorwiegend Sommervogel. In N-Deutschland nur noch Restbestände. Umherstreifend bis Island.
T. 46, S. 111

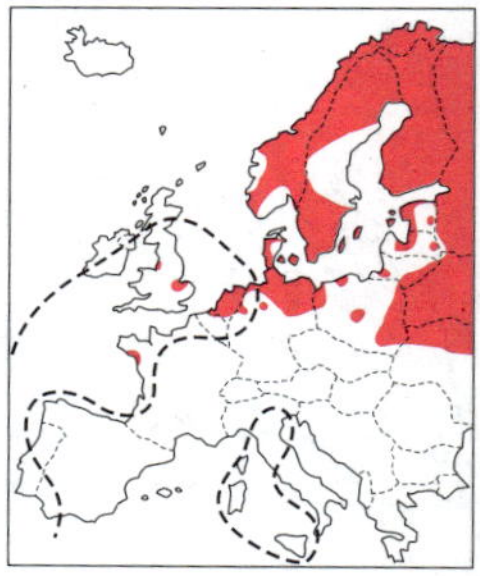

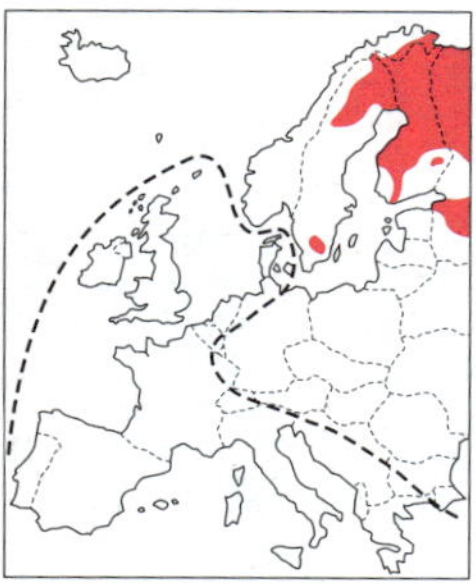

141 Zwergschnepfe
Zugvogel. Umherstreifend bis Island. T. 43, S. 111

142 Bekassine
Teilzieher. Hat in SE-Europa gebrütet.
T. 43, S. 112

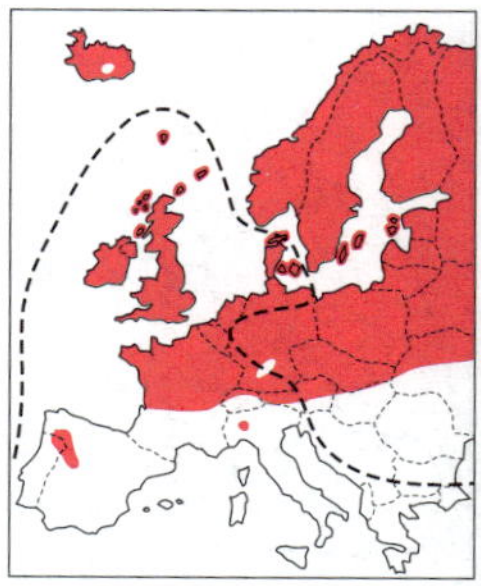

143 Doppelschnepfe
Sommervogel. Auf dem Durchzug im östlichen C- und in E-Europa. Umherstreifend W-Europa.
T. 43, S. 112

144 Waldschnepfe
Teilzieher. Wahrscheinlich alljährlich auf Island.
T. 43, S. 113

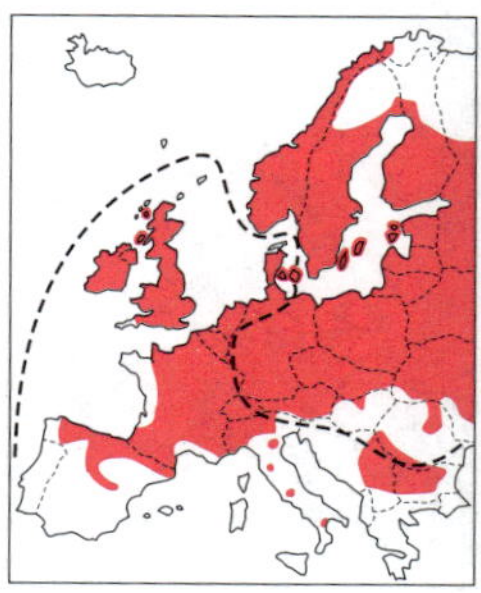

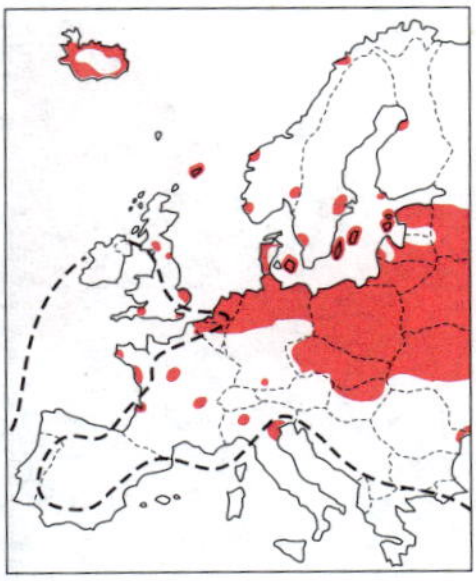

145 Uferschnepfe
Vorwiegend Zugvogel. Hat auf den Färöer und in Spanien gebrütet.
T. 42, S. 113

146 Pfuhlschnepfe
Zugvogel. Nichtbrüter übersommern an den Küsten W- und C-Europas. Auf dem Zug nur selten im Binnenland.
T. 42, S. 114

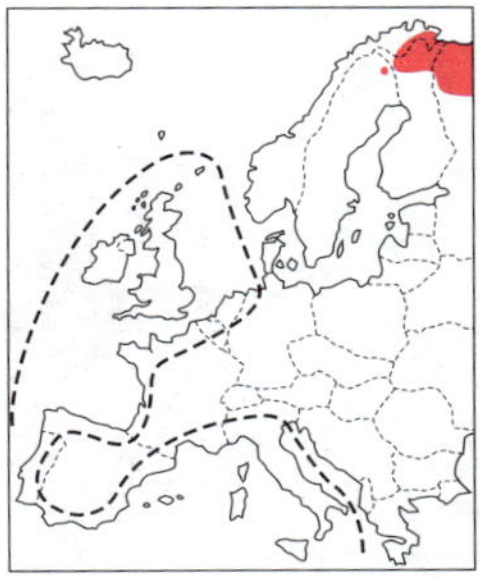

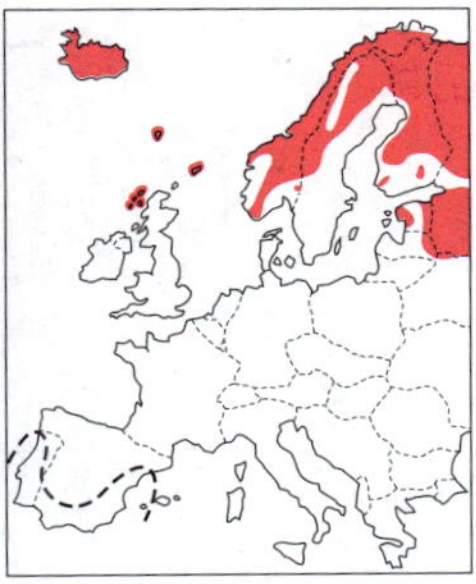

147 Regenbrachvogel
Vorwiegend Sommervogel. Nichtbrüter übersommern auch an den Küsten W- und C-Europas. Im Winter wenige nordwärts bis zu den Britischen Inseln.
T. 42, S. 114

148 Großer Brachvogel
Teilzieher. Nichtbrüter übersommern an den Küsten südwärts bis zum Mittelmeer. T. 42, S. 115

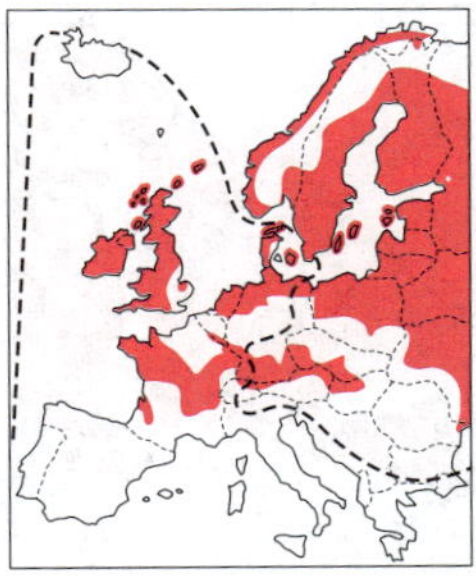

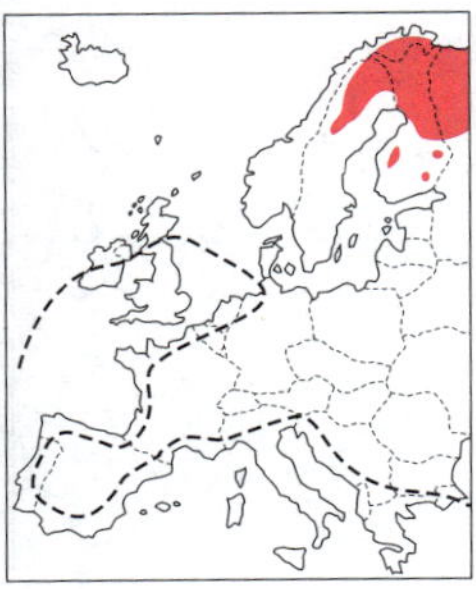

149 Dunkler Wasserläufer
Zugvogel. Nichtbrüter übersommern an den Küsten südwärts bis zum Mittelmeer. T. 44, S. 116

150 Rotschenkel
Teilzieher. T. 44, S. 116

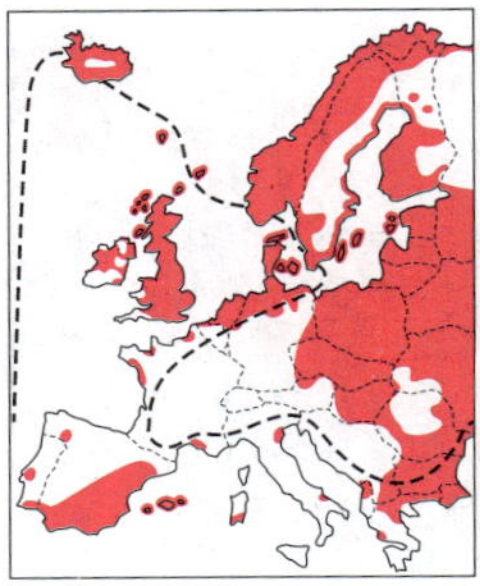

151 Teichwasserläufer
Sommervogel. Hat in Spanien überwintert. Umherstreifend C- und W-Europa. T. 45, S. 116

152 Grünschenkel
Zugvogel. Nichtbrüter übersommern an den Küsten südwärts bis zum Mittelmeer. T. 44, S. 117

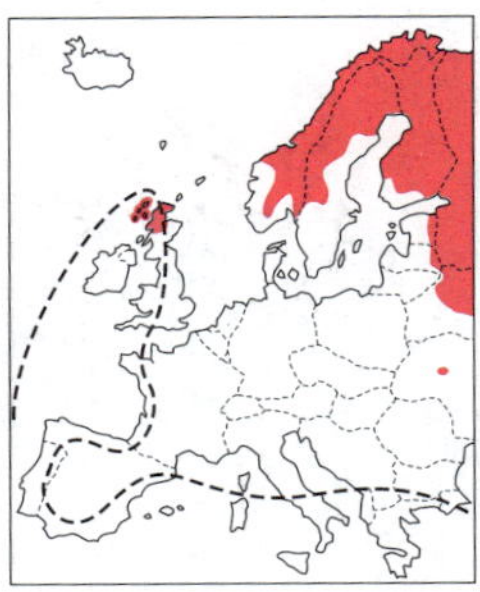

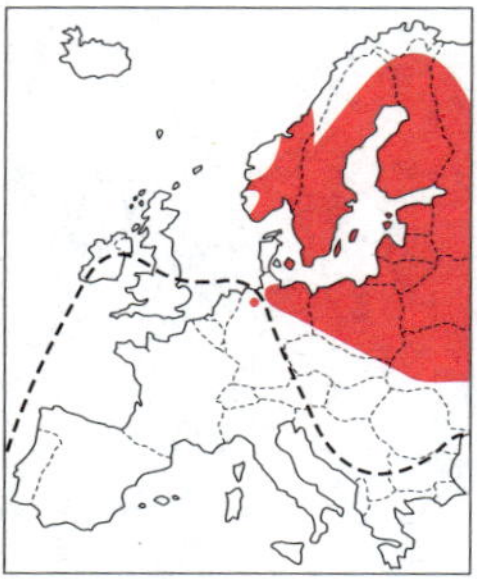

153 Waldwasserläufer
Zugvogel. Brütet gelegentlich auch weiter im W und S C-Europas. T. 45, S. 118

154 Bruchwasserläufer
Sommervogel. Auf dem Zug westwärts bis Irland. Umherstreifend Portugal. T. 45, S. 118

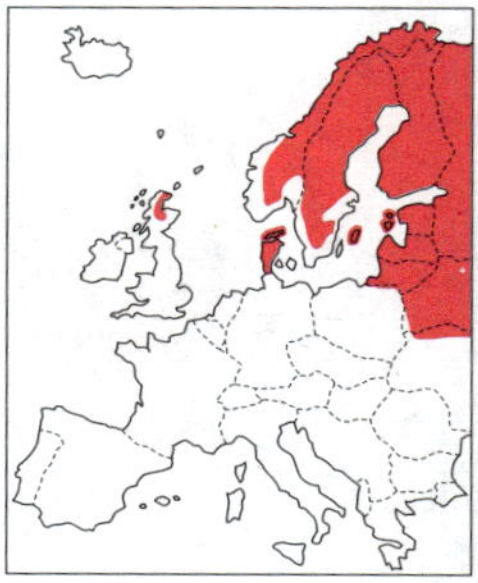

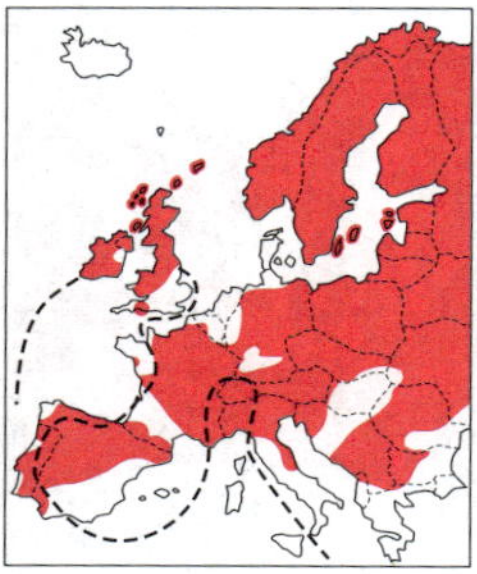

155 Flußuferläufer
Vorwiegend Sommervogel. Umherstreifend bis Island. T. 47, S. 119

156 Steinwälzer
Zugvogel. Nichtbrüter übersommern im Winterquartier. Nur spärlicher Zug durch das Binnenland. T. 39, S. 120

157 Odinshühnchen
Sommervogel. Auf dem Durchzug umherstreifend in fast ganz Europa. T. 41, S. 121

158 Thorshühnchen
Sommervogel. Wenige im Herbst oder Winter an den Küsten W-Europas. Manchmal ins Binnenland verdriftet. T. 41, S. 121

159 Schmarotzerraubmöwe
Vorwiegend Sommervogel. Einige überwintern auf der Nordsee. Wenige ziehen über C-Europa und das Mittelmeer. T. 53, S. 123

160 Falkenraubmöwe
Sommervogel. Auf dem Zug über die Britischen Inseln. Einzelne umherstreifend C-, E- und S-Europa. T. 53, S. 123

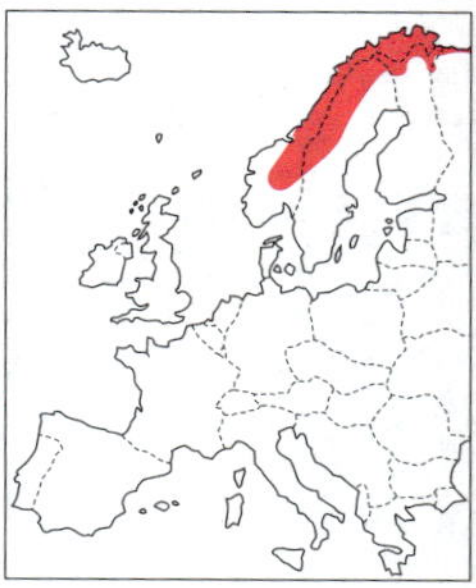

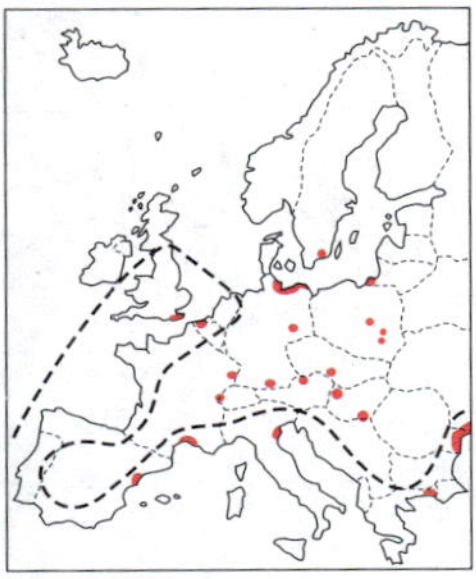

161 Schwarzkopfmöwe
Teilzieher. Die Punkte zeigen teilweise nur sporadisch besetzte Brutgebiete an. Umherstreifend Irland, N-Europa. T. 54, S. 124

162 Zwergmöwe
Vorwiegend Zugvogel. Hat in Britannien, Norwegen, Deutschland, Rumänien gebrütet. Umherstreifend bis Island. T. 54, S. 126

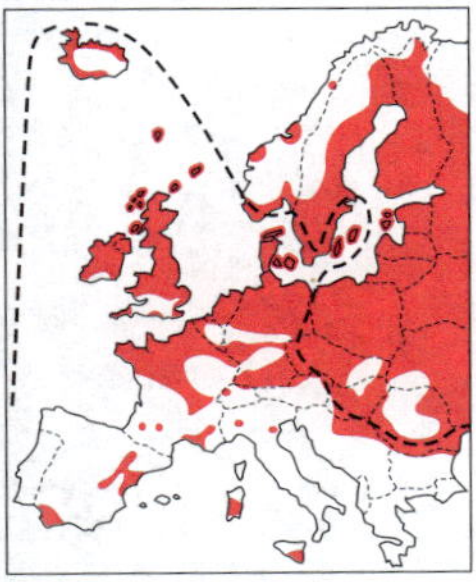

163 Lachmöwe
Teilzieher. Hat in Griechenland gebrütet.
T. 54, S. 127

164 Dünnschnabelmöwe
Teilzieher. Umherstreifend bis Portugal, Britische Inseln, C- und N-Europa.
T. 54, S. 127

165 Korallenmöwe
Im Winter vielerorts am Mittelmeer. Umherstreifend Portugal und C-Europa. T. 54, S. 128

166 Sturmmöwe
Teilzieher. Hat in Tschechien und Ungarn gebrütet.
T. 54, S. 128

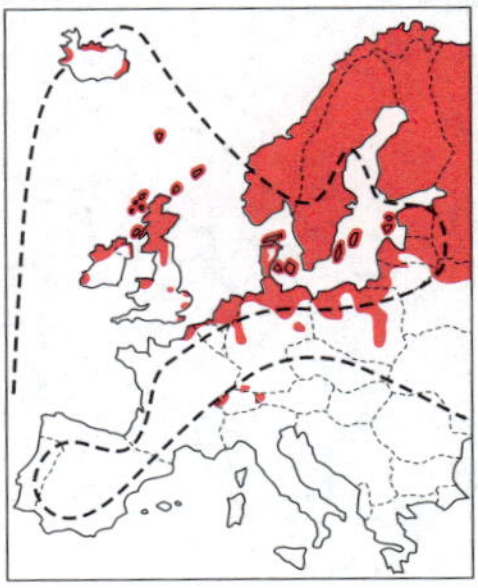

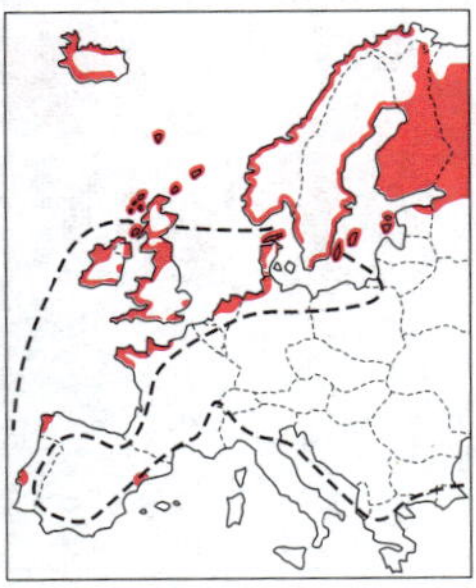

167 Heringsmöwe
Teilzieher. Hat in E-Deutschland und Polen gebrütet. Einige übersommern am Mittelmeer.
T. 54, S. 129

168 Silbermöwe
Teilzieher. Überwintert an den Küsten, wenige auch im Binnenland.
T. 54, S. 129

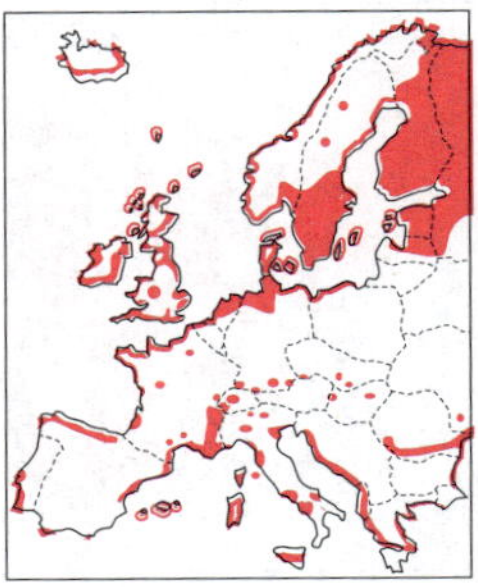

169 Eismöwe
Teilzieher. Umherstreifend C-, S- und E-Europa.
T. 54, S. 130

170 Mantelmöwe
Teilzieher. Jungvögel übersommern zumeist außerhalb des Brutgebietes. Umherstreifend SE-Europa. T. 54, S. 131

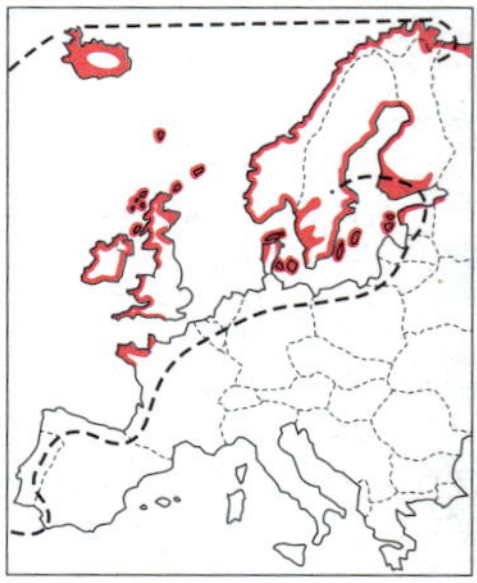

171 Dreizehenmöwe
Teilzieher. An der Küste und auf See, nur selten im Binnenland. Umherstreifend SE-Europa und bis in die Ostsee. T. 54, S. 132

172 Lachseeschwalbe
Vorwiegend Sommervogel. Hat in England gebrütet. Umherstreifend Irland, C- und N-Europa.
T. 57, S. 133

173 Raubseeschwalbe
Vorwiegend Sommervogel. Brütet gelegentlich an der Nordsee und am Mittelmeer. Umherstreifend in fast ganz Europa.
T. 57, S. 133

174 Brandseeschwalbe
Teilzieher. Hat in Polen gebrütet. Umherstreifend Norwegen und C-Europa.
T. 57, S. 134

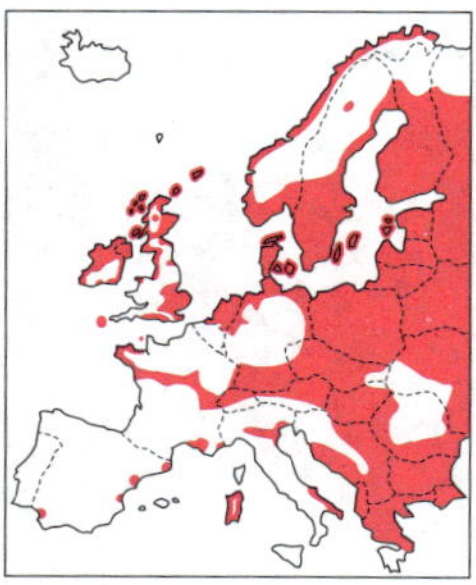

175 Flußseeschwalbe
Vorwiegend Sommervogel. Kann im Winter an den Küsten von Italien und Sizilien auftreten.
T. 57, S. 135

176 Küstenseeschwalbe
Sommervogel. Umherstreifend C- und S-Europa.
T. 57, S. 135

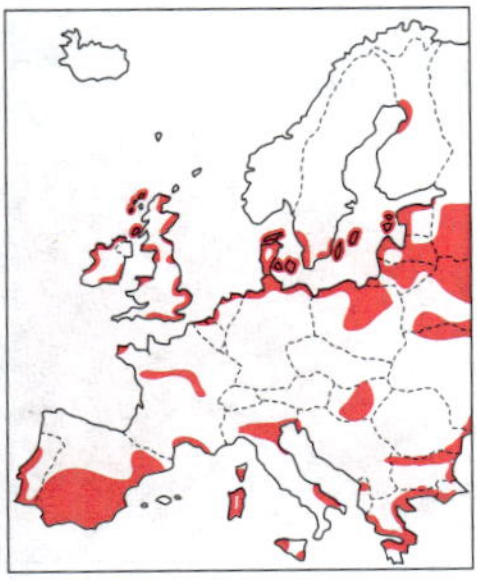

177 Zwergseeschwalbe
Sommervogel. Umherstreifend Norwegen.
T. 58, S. 136

178 Weißbart-Seeschwalbe
Sommervogel. Hat in C-Europa gebrütet. Umherstreifend Britische Inseln und N-Europa.
T. 58, S. 137

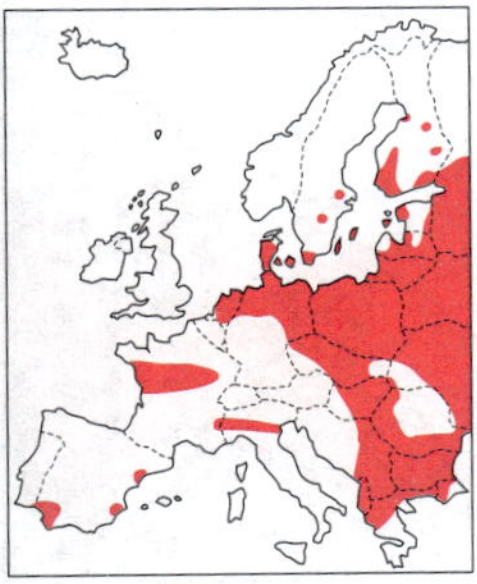

179 Trauerseeschwalbe
Sommervogel. Gelegentliche Bruten Britische Inseln. Umherstreifend Norwegen. T. 58, S. 137

180 Weißflügel-Seeschwalbe
Sommervogel. Auf dem Zug bis Spanien. Umherstreifend C-, N- und W-Europa. T. 58, S. 138

181 Trottellumme
Teilzieher. Überwintert auf See südwärts bis Spanien. Umherstreifend C-, E-Europa und Mittelmeer.
T. 61, S. 138

182 Tordalk
Teilzieher. Hat in Estland gebrütet. Überwintert auf See südwärts bis zur Linie. Umherstreifend C-Europa. T. 61, S. 139

183 Gryllteiste
Vorwiegend Jahresvogel. Überwintert auf See südwärts bis zur Linie. Umherstreifend C-Europa, Frankreich. T. 62, S. 139

184 Papageitaucher
Sommervogel an den Brutplätzen. Umherstreifend ostwärts bis in die Adria. T. 62, S. 140

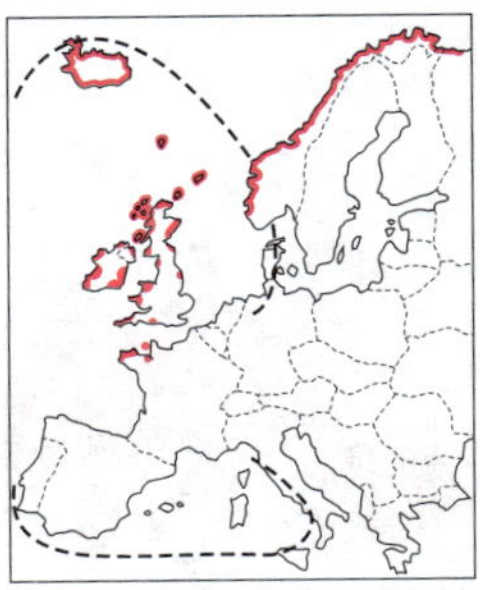

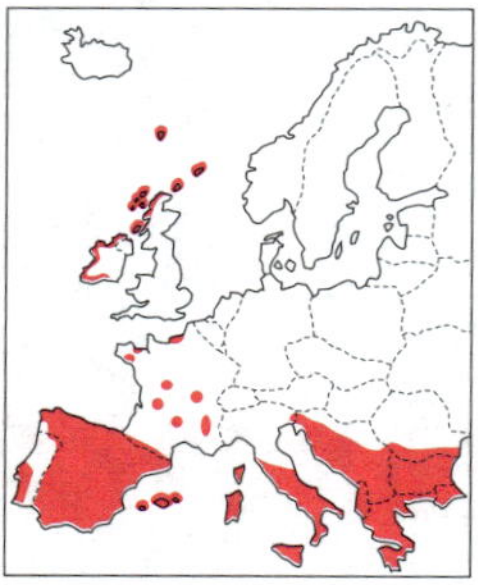

185 Felsentaube
Jahresvogel. „Stadttauben“ nordwärts bis zum Polarkreis. T. 63, S. 142

186 Hohltaube
Teilzieher. T. 63, S. 142

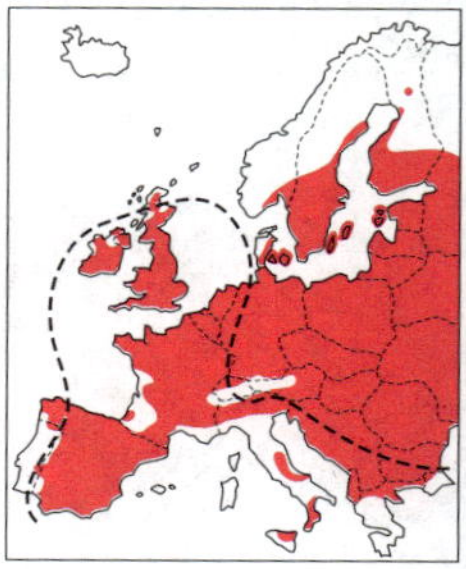

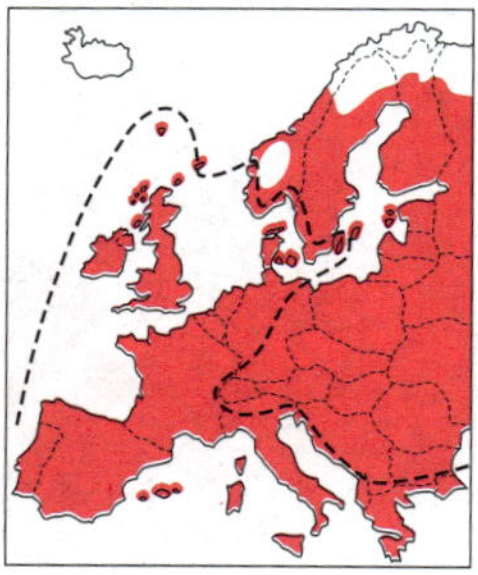

187 Ringeltaube
Teilzieher. Hat auf Island gebrütet. T. 63, S. 143

188 Türkentaube
Überwiegend Jahresvogel. Hat auf Island gebrütet. T. 63, S. 143

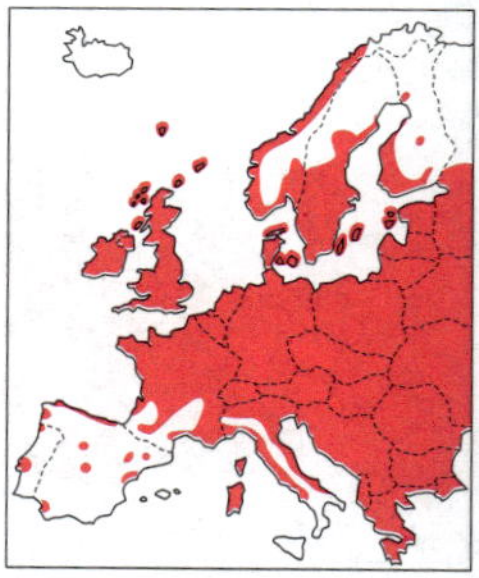

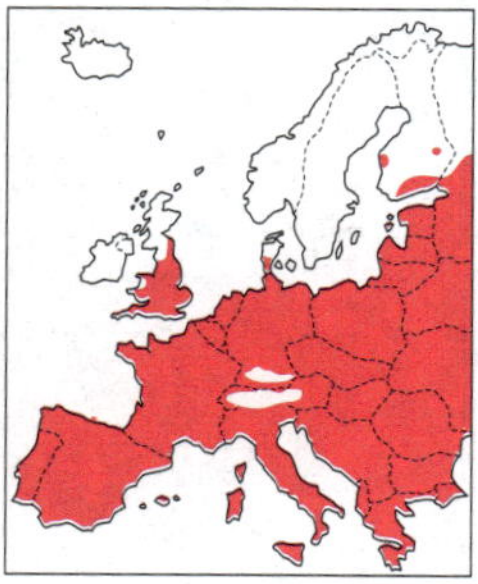

189 Turteltaube
Sommervogel. Brütet gelegentlich in Irland. T. 63, S. 143

190 Kuckuck
Sommervogel. Umherstreifend bis Island. T. 67, S. 145

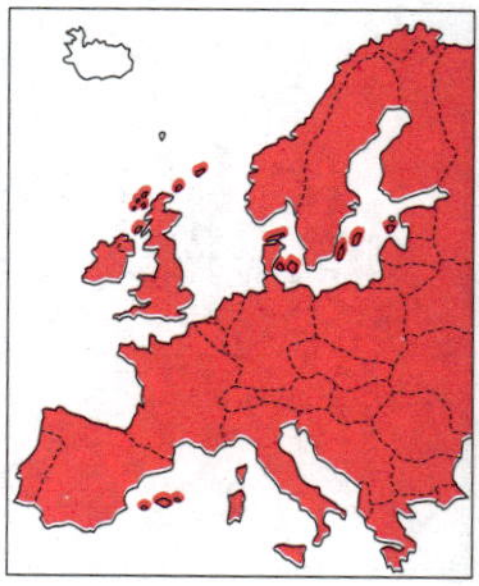

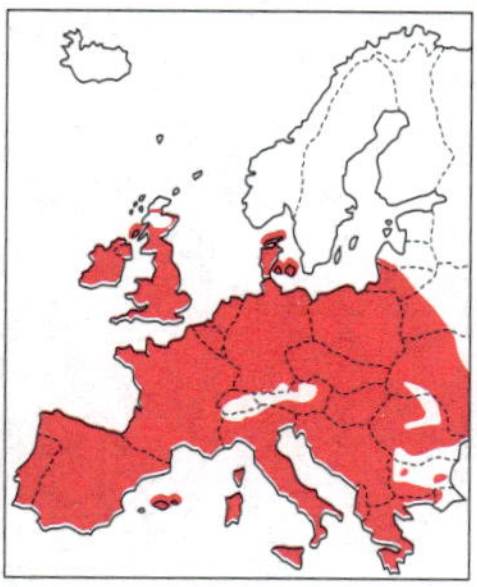

191 Schleiereule
Vorwiegend Jahresvogel. Umherstreifend nordwärts bis Finnland. T. 64, S. 146

192 Zwergohreule
Teilzieher. Umherstreifend Britische Inseln, C- und N-Europa. T. 64, S. 147

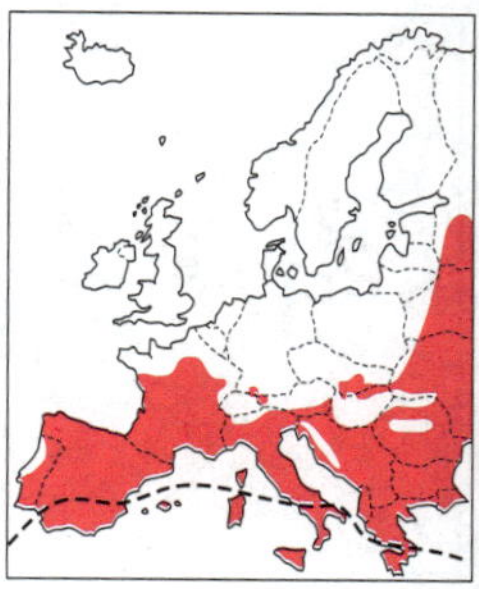

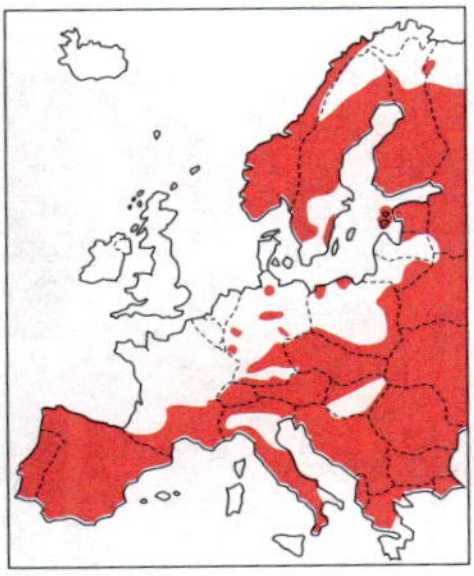

193 Uhu
Jahresvogel. Hat in Belgien gebrütet. Umherstreifend bis Dänemark, Niederlande und England. T. 64, S. 147

194 Schnee-Eule
Teilzieher. Brutgebiet variabel. Hat in Schottland gebrütet. Umherstreifend südwärts bis Frankreich und SE-Europa. T. 64, S. 147

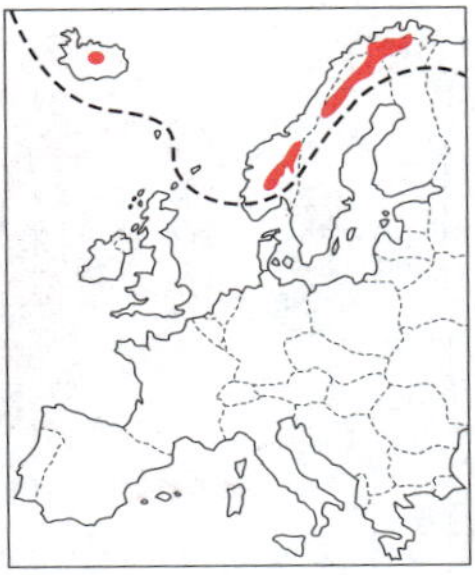

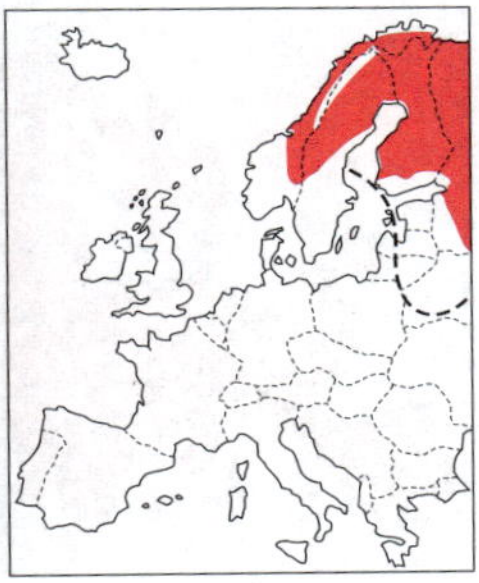

195 Sperbereule
Teilzieher. Fast alljährlich in Polen. Umherstreifend bis W- und SE-Europa. T. 65, S. 148

196 Sperlingskauz
Vorwiegend Jahresvogel. Umherstreifend Dänemark, Holland und Belgien. T. 65, S. 148

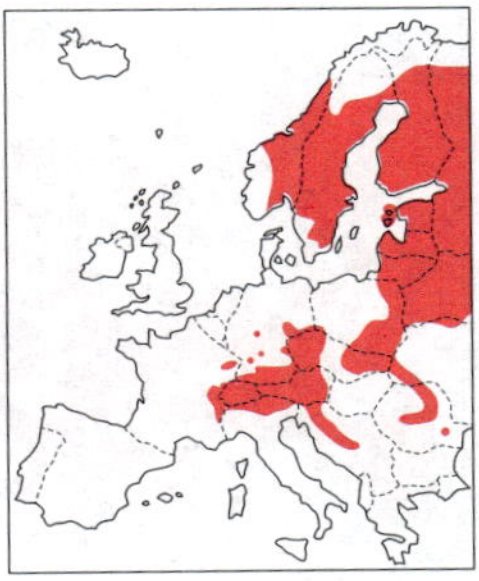

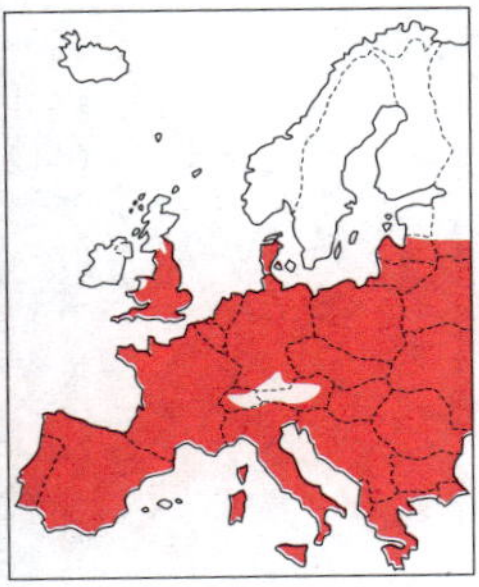

197 Steinkauz
Jahresvogel. Umherstreifend Irland und Schweden. T. 65, S. 148

198 Waldkauz
Jahresvogel. T. 65, S. 149

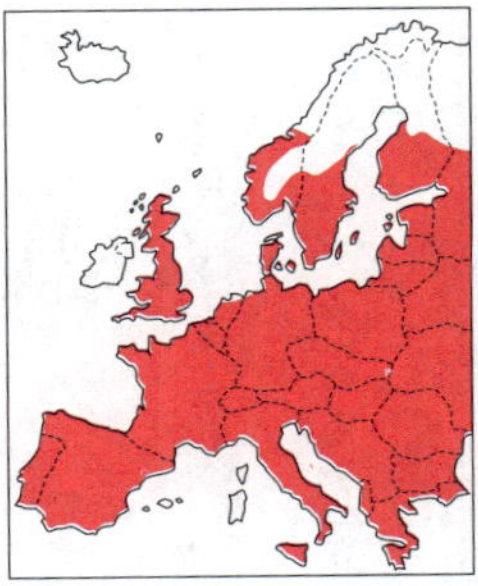

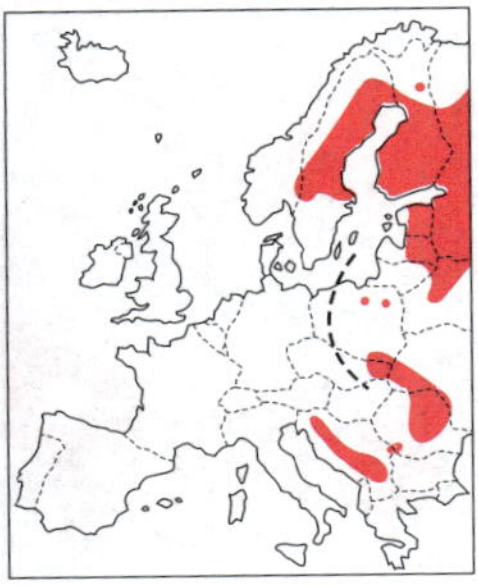

199 Habichtskauz
Vorwiegend Jahresvogel. Umherstreifend südwärts bis Italien. T. 65, S. 149

200 Waldohreule
Teilzieher. In Skandinavien in Lemmingjahren auch weiter nordwärts. Alljährlich auf den Färöern und Island. T. 64, S. 150

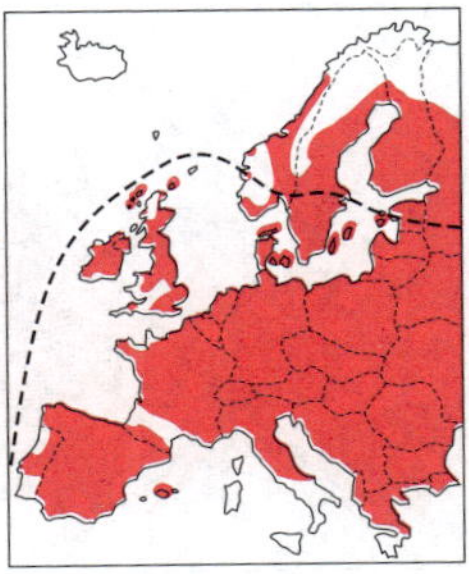

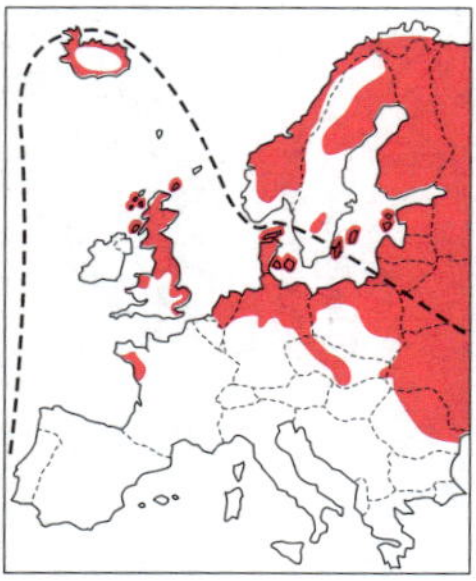

201 Sumpfohreule
Teilzieher. Hat in Irland, Italien und Bulgarien gebrütet. T. 64, S. 150

202 Rauhfußkauz
Vorwiegend Jahresvogel. Hat in Dänemark und Belgien gebrütet. Umherstreifend Britannien und SW-Europa. T. 65, S. 151

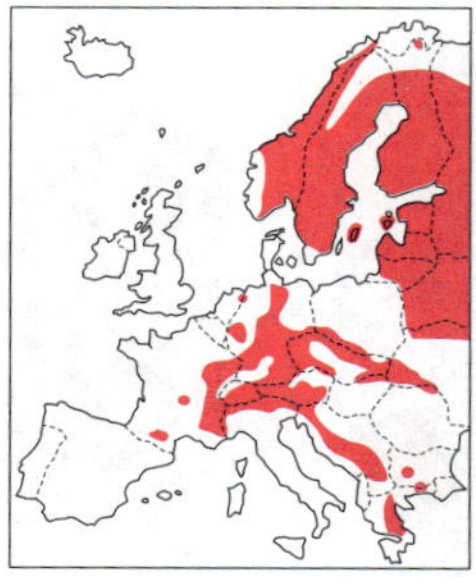

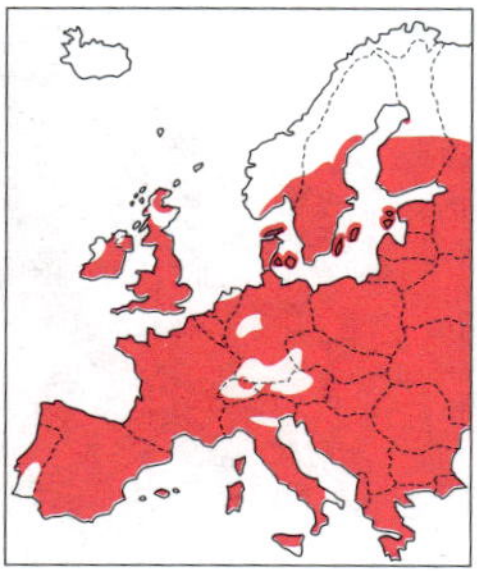

203 Ziegenmelker
Sommervogel. Umherstreifend bis Island. T. 68, S. 151

204 Mauersegler
Sommervogel. Umherstreifend bis Island. T. 71, S. 152

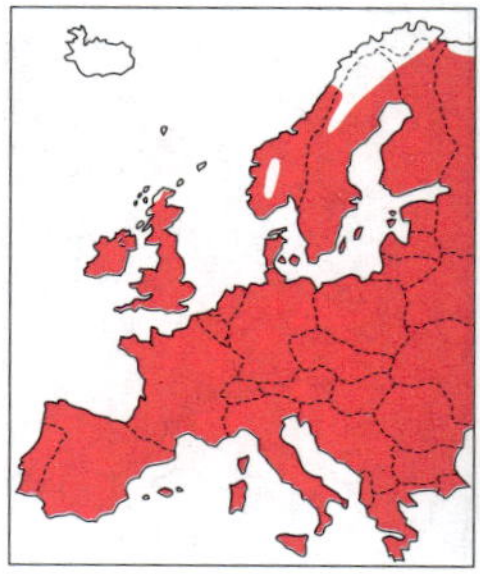

205 Fahlsegler
Sommervogel. Umherstreifend Britannien, C- und N-Europa. T. 71, S. 152

206 Alpensegler
Sommervogel. Umherstreifend Britische Inseln, C- und N-Europa. T. 71, S. 153

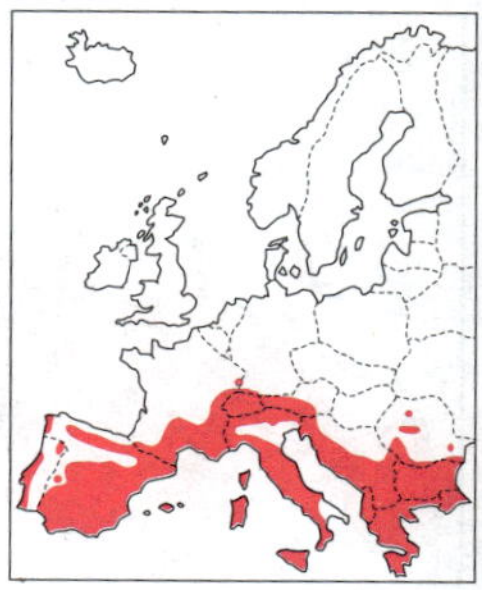

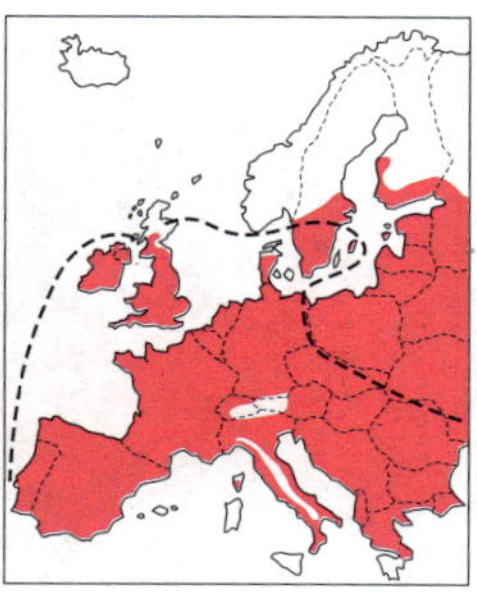

207 Eisvogel
Teilzieher. Umherstreifend bis Norwegen. T. 66, S. 154

208 Bienenfresser
Sommervogel. Brütet gelegentlich in C-Europa nordwärts bis Schweden. Umherstreifend Irland, Finnland. T. 66, S. 154

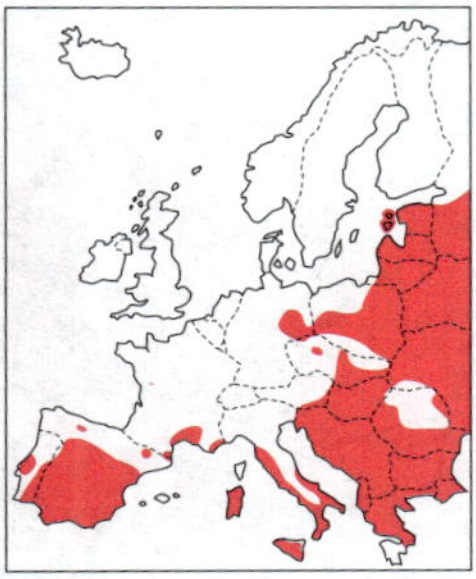

209 Blauracke
Sommervogel. Regelmäßig in Finnland. Umherstreifend Britische Inseln, westliches C-Europa, Island.
T. 66, S. 155

210 Wiedehopf
Vorwiegend Sommervogel. Brütet gelegentlich in England und N-Europa. Alljährlich in Irland. Umherstreifend bis Island.
T. 66, S. 155

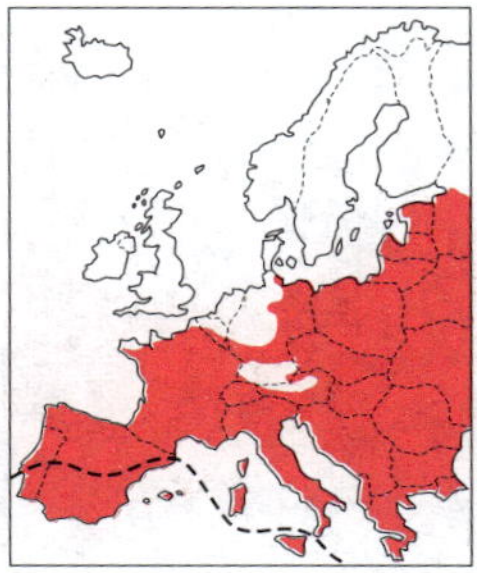

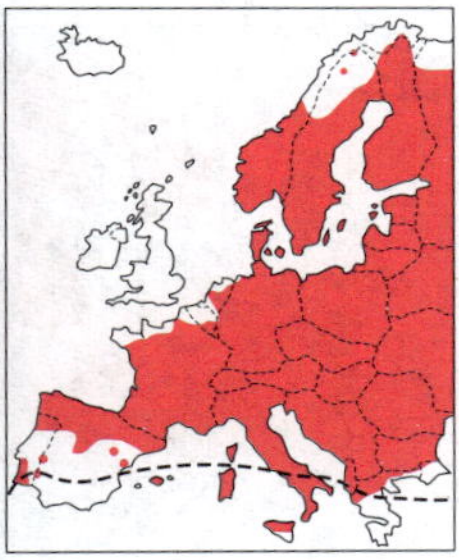

211 Wendehals
Vorwiegend Sommervogel. Umherstreifend Irland, Island.
T. 69, S. 156

212 Grauspecht
Jahresvogel. Umherstreifend bis Lappland.
T. 69, S. 156

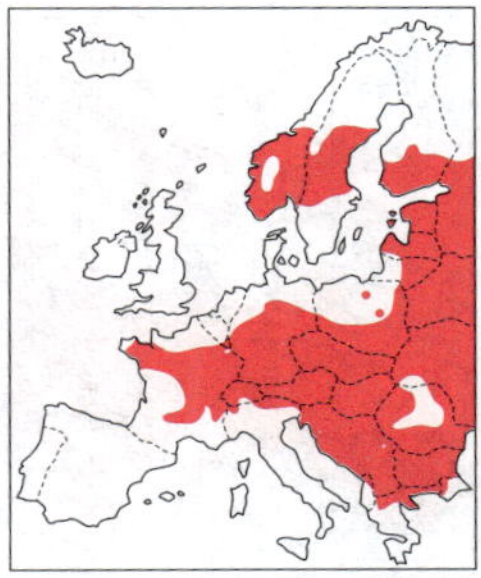

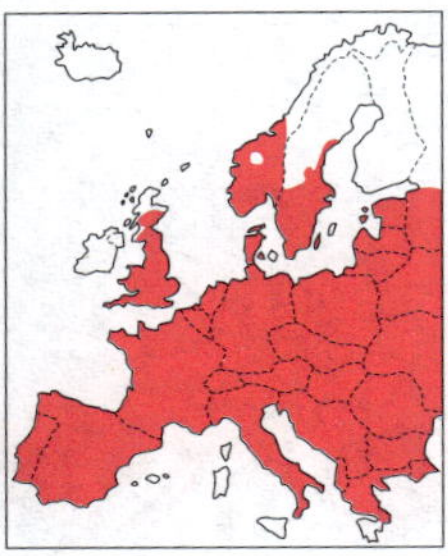

213 Grünspecht
Jahresvogel. Umherstreifend Irland, Finnland.
T. 69, S. 156

214 Schwarzspecht
Vorwiegend Jahresvogel.
T. 69, S. 157

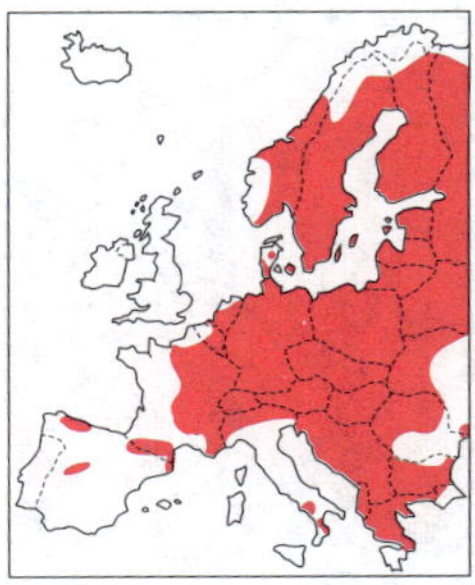

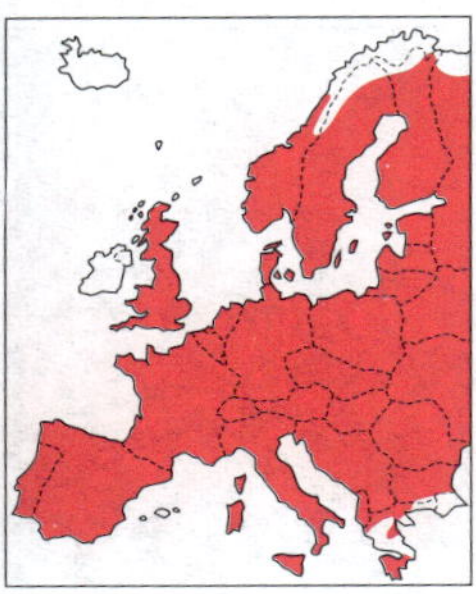

215 Buntspecht
Vorwiegend Jahresvogel. Umherstreifend Irland, Island. T. 69, S. 157

216 Blutspecht
Vorwiegend Jahresvogel.
T. 69, S. 157

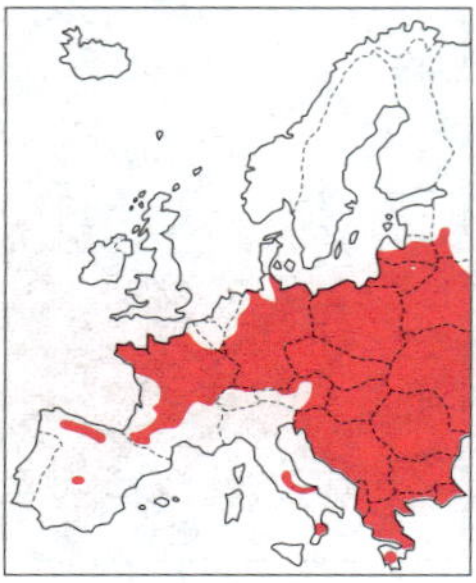

217 Mittelspecht
Vorwiegend Jahresvogel. Hat in Holland und Lettland gebrütet. Umherstreifend Schweden, Portugal. T. 69, S. 157

218 Weißrückenspecht
Jahresvogel. T. 69, S. 158

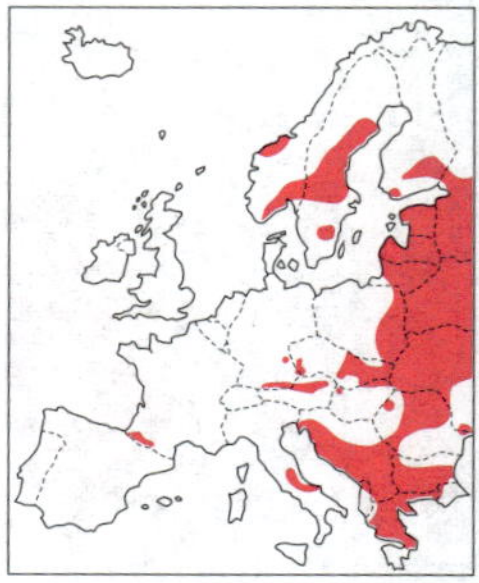

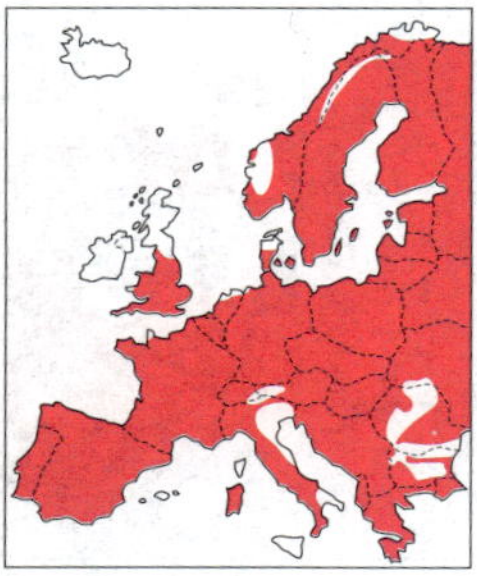

219 Kleinspecht
Jahresvogel. T. 69, S. 158

220 Dreizehenspecht
Jahresvogel. Umherstreifend bis Dänemark. T. 69, S. 159

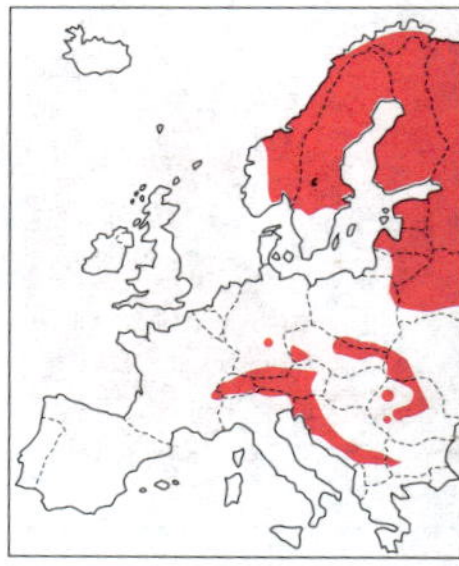

221 Kalanderlerche
Vorwiegend Jahresvogel. Umherstreifend W-, C- und N-Europa. T. 70, S. 352

222 Kurzzehenlerche
Sommervogel. Umherstreifend Britische Inseln, C- und N-Europa, Island. T. 70, S. 353

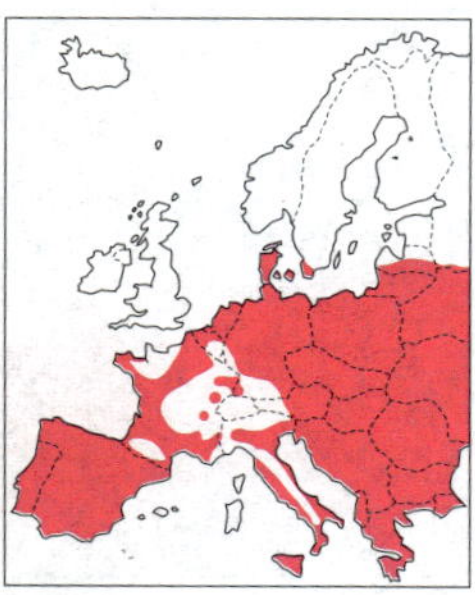

223 Haubenlerche
Vorwiegend Jahresvogel. Umherstreifend England, Finnland. T. 70, S. 354

224 Heidelerche
Teilzieher. Umherstreifend Irland, Schottland. T. 70, S. 354

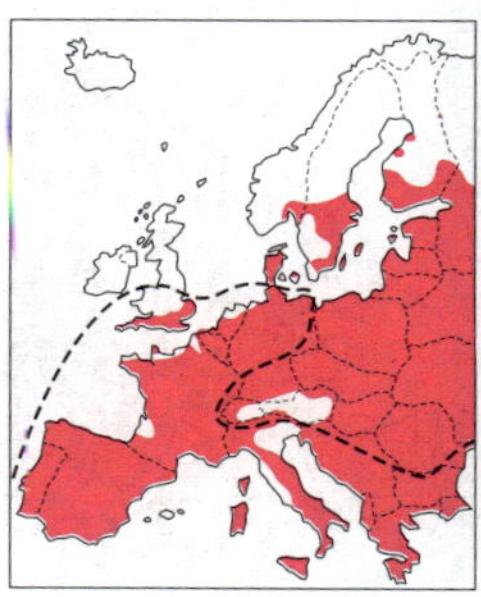

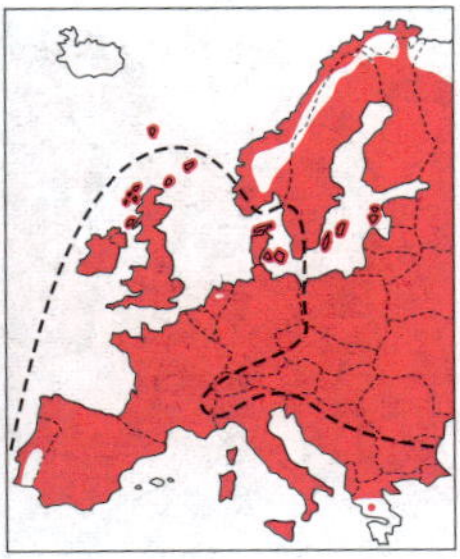

225 Feldlerche
Teilzieher. Umherstreifend bis Island. T. 70, S. 355

226 Ohrenlerche
Überwiegend Zugvogel. Hat in Schottland gebrütet. In Europa weit umherstreifend. T. 70, S. 355

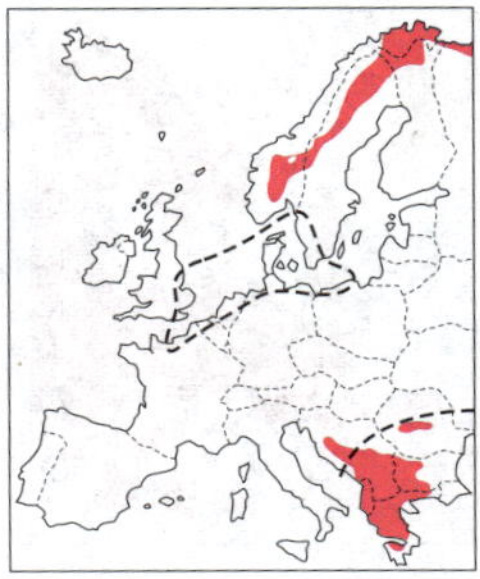

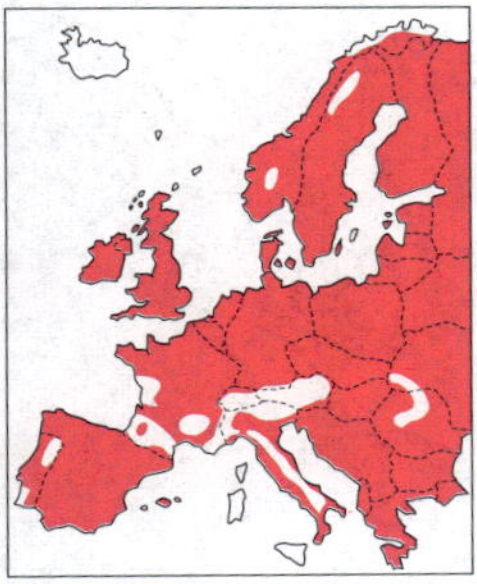

227 Uferschwalbe
Sommervogel. Umherstreifend bis zu den Färöer. T. 71, S. 356

228 Felsenschwalbe
Teilzieher. Viele überwintern in SE-Europa. Umherstreifend England, Finnland. T. 71, S. 356

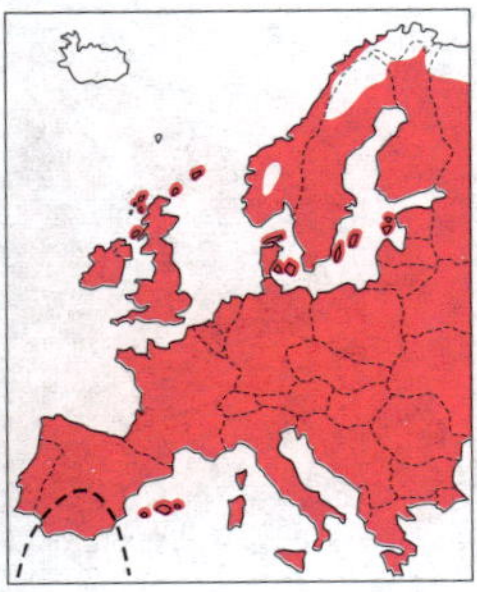

229 Rauchschwalbe
Sommervogel. Hat auf Island und den Färöer gebrütet. T. 71, S. 356

230 Rötelschwalbe
Sommervogel. Umherstreifend Britische Inseln, C-, E- und N-Europa. T. 71, S. 357

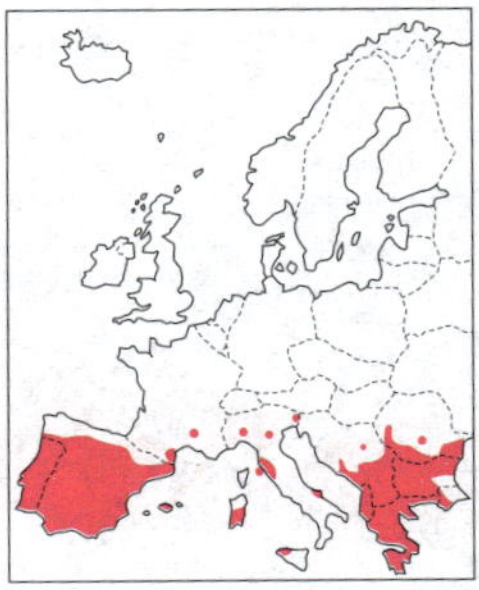

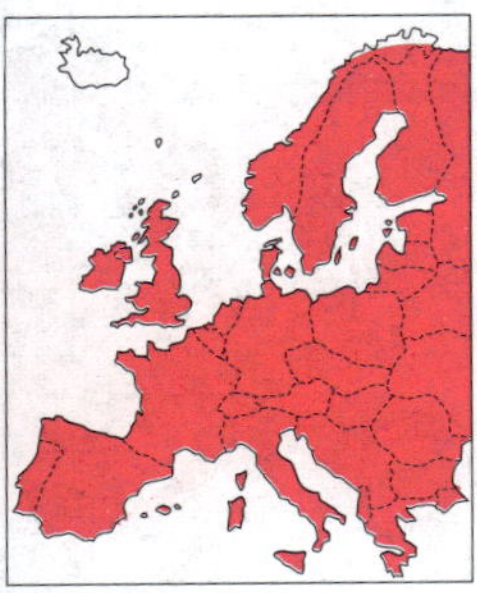

231 Mehlschwalbe
Sommervogel. Umherstreifend bis Island. T. 71, S. 357

232 Brachpieper
Sommervogel. Hat in der Schweiz gebrütet. Alljährlich in England. Umherstreifend bis Island. T. 72, S. 358

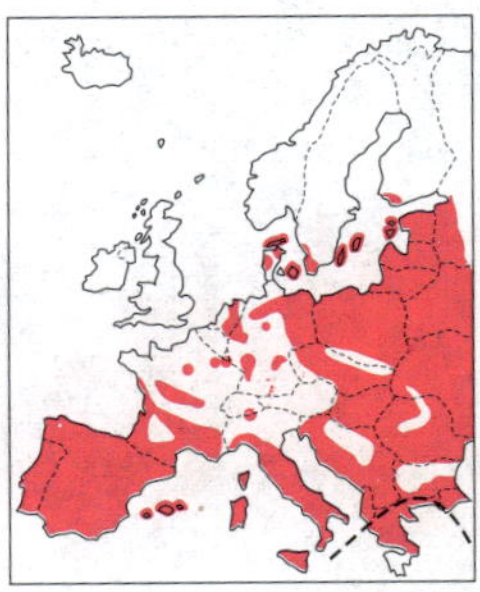

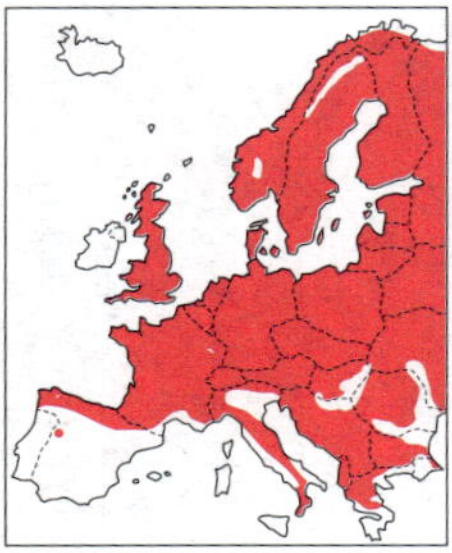

233 Baumpieper
Sommervogel. Alljährlich in Irland. Umherstreifend bis Island. T. 72, S. 358

234 Wiesenpieper
Teilzieher. T. 72, S. 359

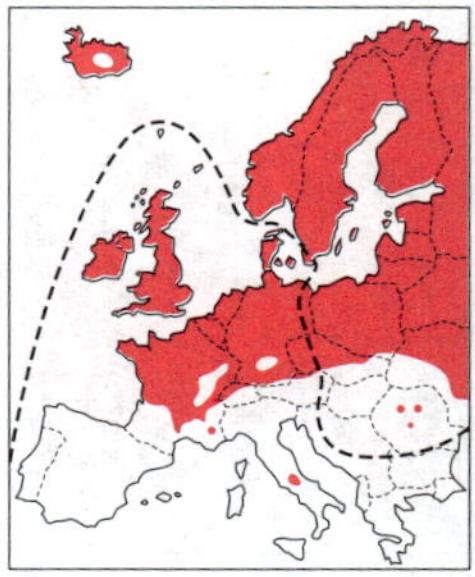

235 Rotkehlpieper
Sommervogel. Durchzug westwärts bis etwa E-Deutschland - Italien. Umherstreifend westliches C- und W-Europa.
T. 72, S. 360

236 Strandpieper
Teilzieher. Hat auf Island gebrütet. T. 72, S. 360

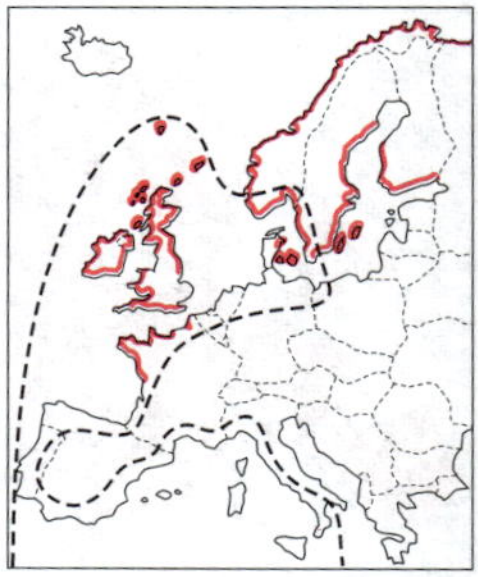

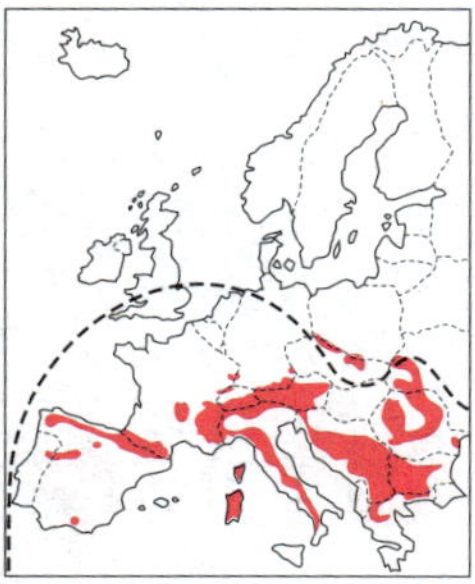

237 Bergpieper
Teilzieher. Zieht teilweise nordwärts an die Küsten. Umherstreifend bis Dänemark. T. 72, S. 360

238 Schafstelze
Sommervogel. Hat in Irland gebrütet. Umherstreifend bis Island.
T. 73, S. 361

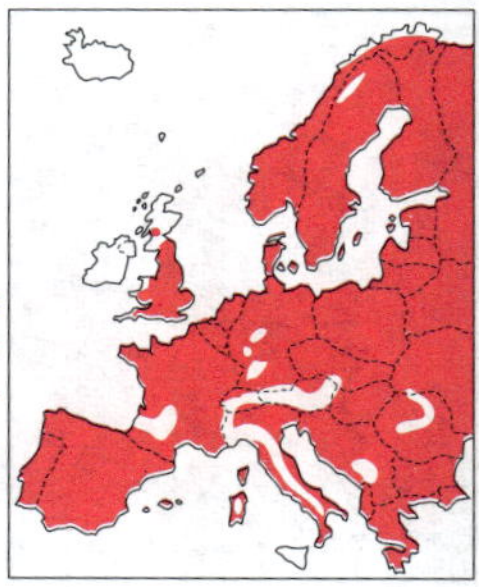

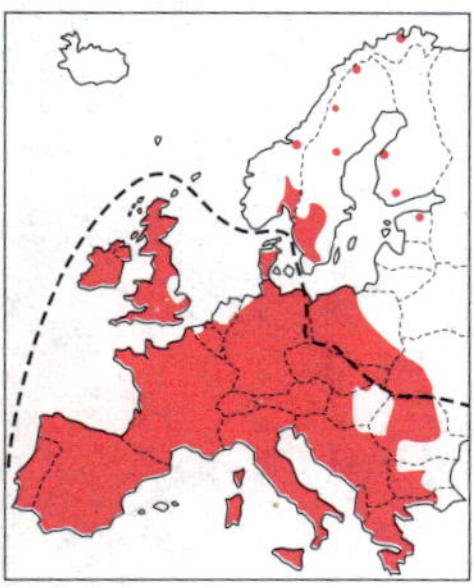

239 Gebirgsstelze
Teilzieher. Umherstreifend bis Island. T. 73, S. 361

240 Bachstelze
Teilzieher. T. 73, S. 361

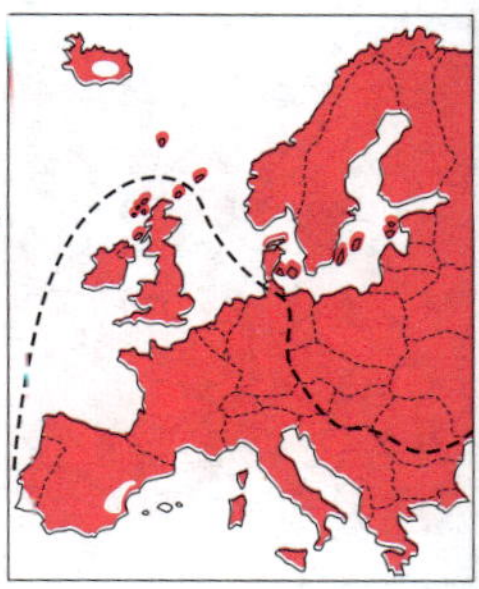

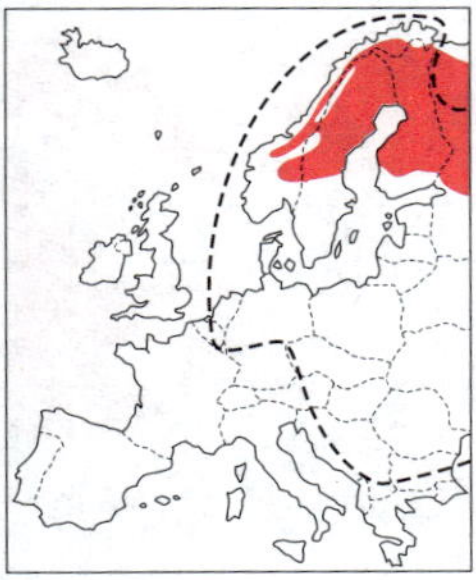

241 Seidenschwanz
Teilzieher. Zieht im Winter oft über die angegebene Grenze hinaus. Invasionsartige Einflüge nach C-Europa. Umherstreifend Island, Irland, Spanien. T. 84, S. 362

242 Wasseramsel
Vorwiegend Jahresvogel. Im Winter in C-Europa auch außerhalb des Brutgebietes. T. 83, S. 363

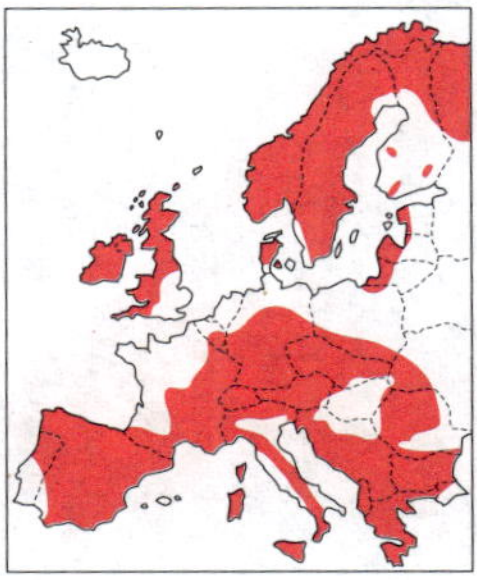

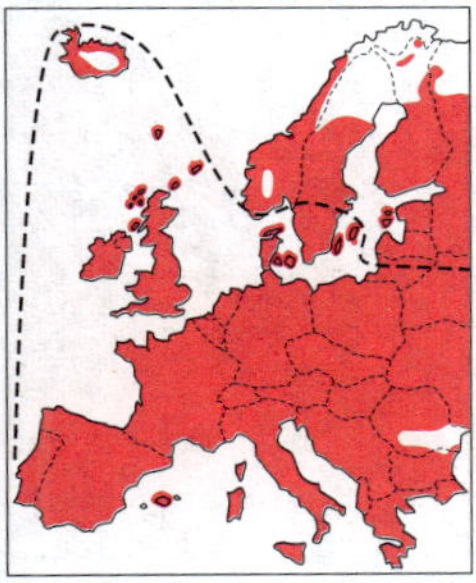

243 Zaunkönig
Teilzieher. T. 83, S. 363

244 Heckenbraunelle
Teilzieher. Umherstreifend bis Island. T. 91, S. 364

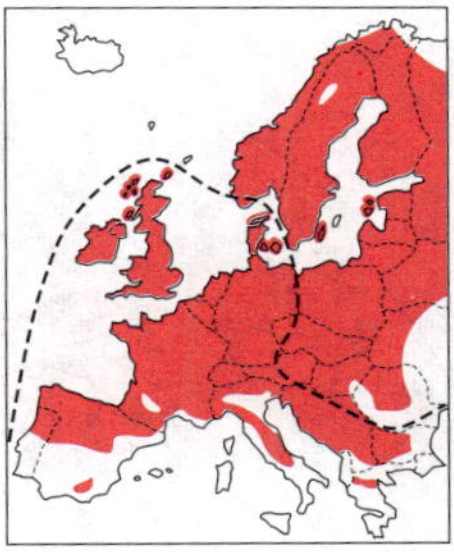

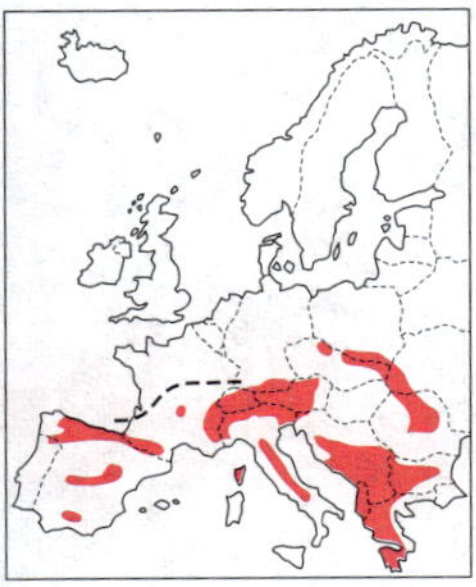

245 Alpenbraunelle
Teilzieher. Im Winter in tieferen Lagen. Umherstreifend bis N-Europa. T. 91, S. 364

246 Heckensänger
Sommervogel. Unregelmäßig in S-Frankreich. Umherstreifend Italien, E-C- und W-Europa. T. 80, S. 365

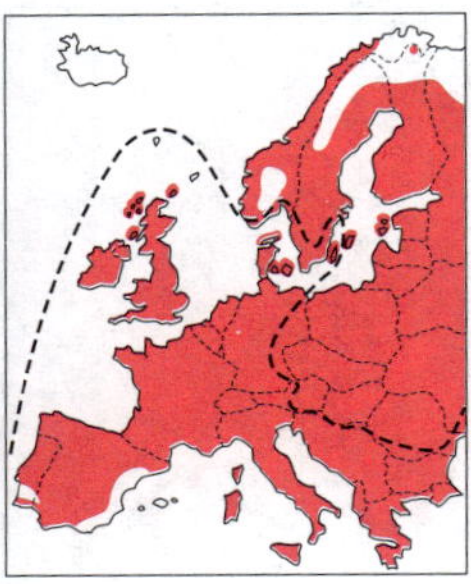

247 Rotkehlchen
Teilzieher. Alljährlich auf Island. T. 76, S. 365

248 Sprosser
Sommervogel. Umherstreifend England, Frankreich, Italien. T. 76, S. 365

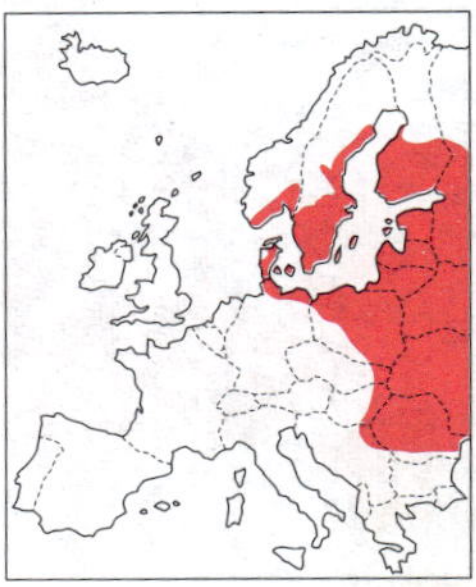

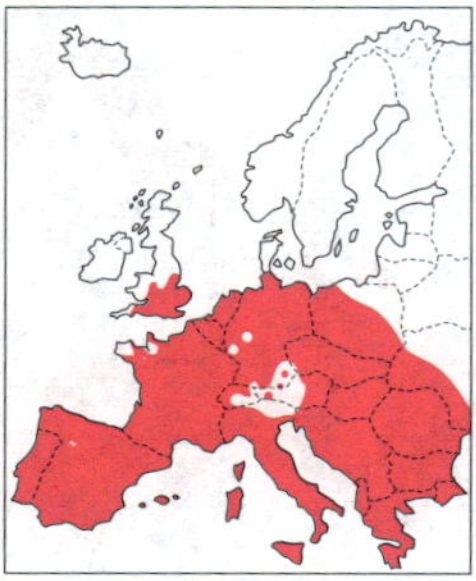

249 Nachtigall
Sommervogel. Umherstreifend Schottland, Irland, N-Europa. T. 76, S. 366

250 Blaukehlchen
Sommervogel. Hat im Alpenraum gebrütet. Weitet das Brutgebiet in verschiedenen Regionen C-Europas nach starkem Rückgang wieder aus. Umherstreifend bis Island. T. 76, S. 366

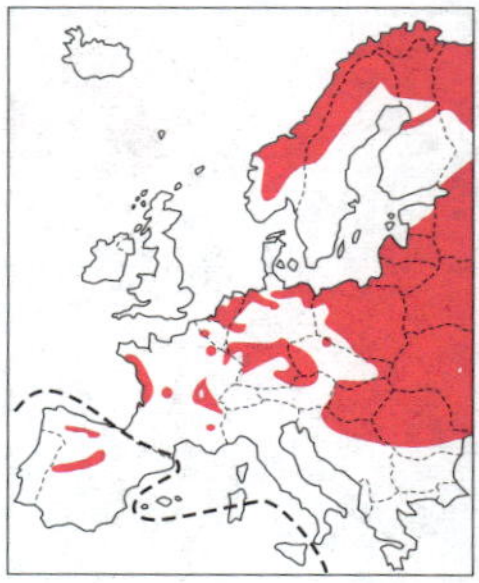

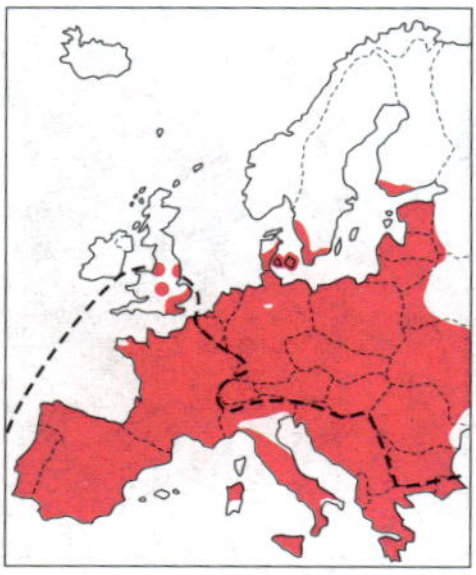

251 Hausrotschwanz
Teilzieher. Hat in Schottland und Norwegen gebrütet. Umherstreifend bis Island. T. 77, S. 367

252 Gartenrotschwanz
Sommervogel. Umherstreifend bis Island. T. 77, S. 367

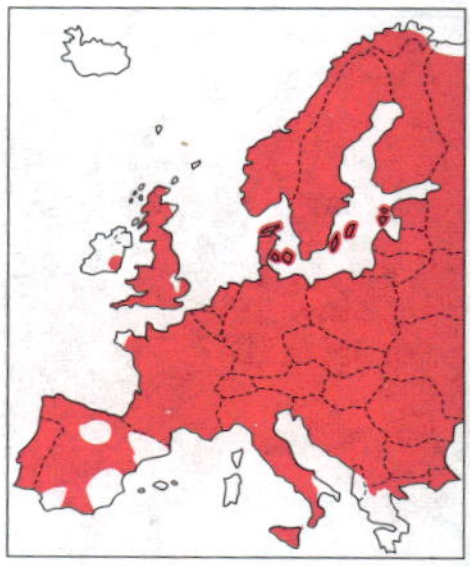

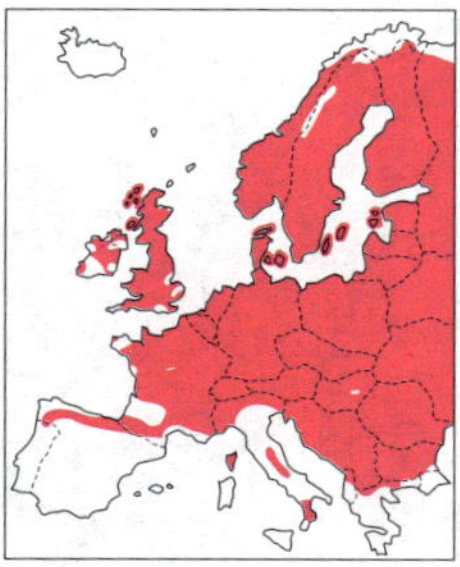

253 Braunkehlchen
Sommervogel. Umher streifend bis Island. T. 76, S. 367

254 Schwarzkehlchen
Teilzieher. Hat in Finnland gebrütet. Umherstreifend im südlichen N-Europa. T. 76, S. 368

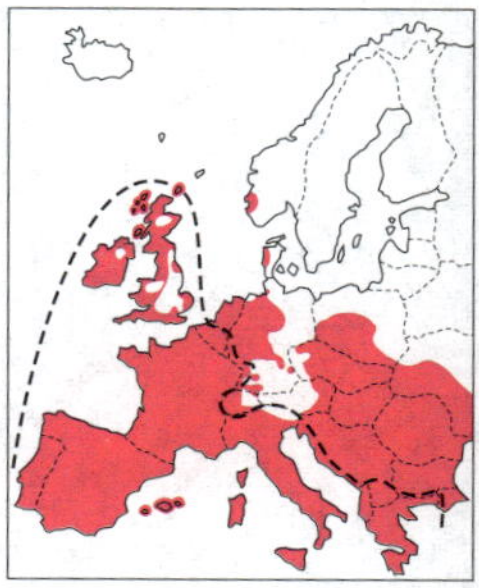

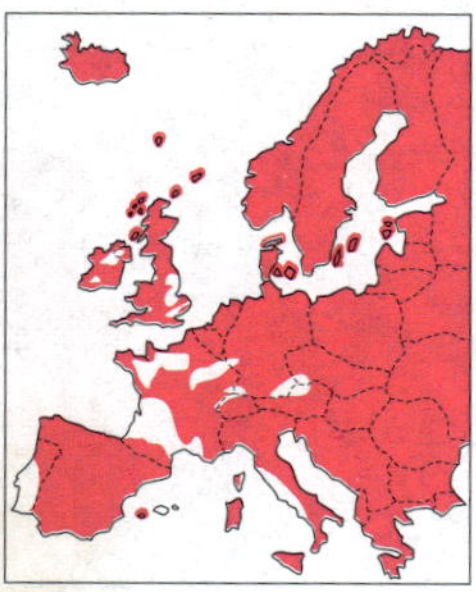

255 Steinschmätzer
Sommervogel. T. 75, S. 369

256 Mittelmeer-Steinschmätzer
Sommervogel. Umherstreifend Britische Inseln, C- und N-Europa. T. 75, S. 371

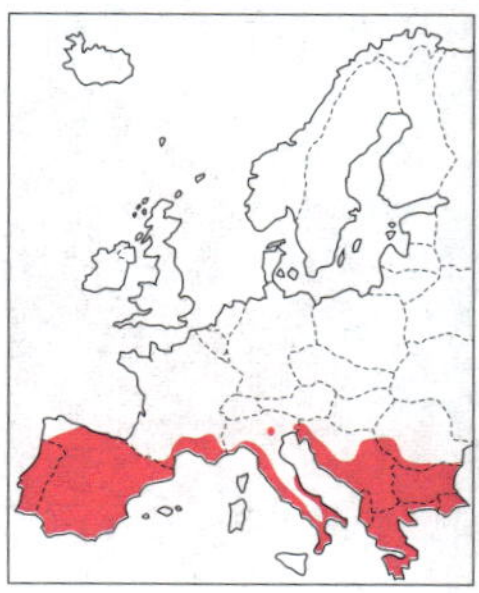

257 Trauersteinschmätzer
Jahresvogel. Umherstreifend Britische Inseln, C-, SE- und N-Europa. T. 75, S. 371

258 Steinrötel
Sommervogel. Umherstreifend England, C- und N-Europa. T. 77, S. 372

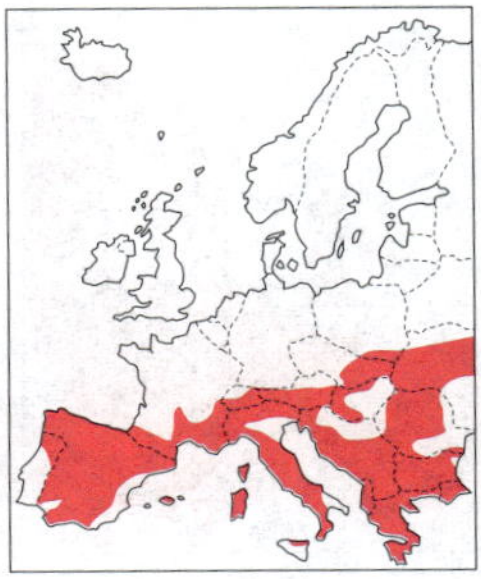

259 Blaumerle
Vorwiegend Jahresvogel. Umherstreifend C- und N-Europa. T. 77, S. 372

260 Ringdrossel
Teilzieher. Hat in Dänemark und auf den Färöern gebrütet. Umherstreifend bis Island. T. 78, S .373

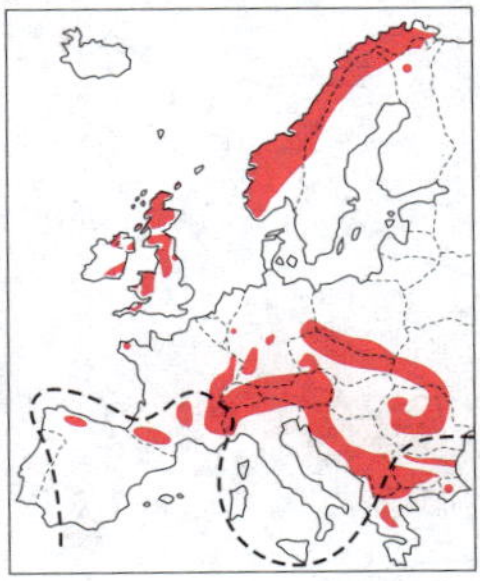

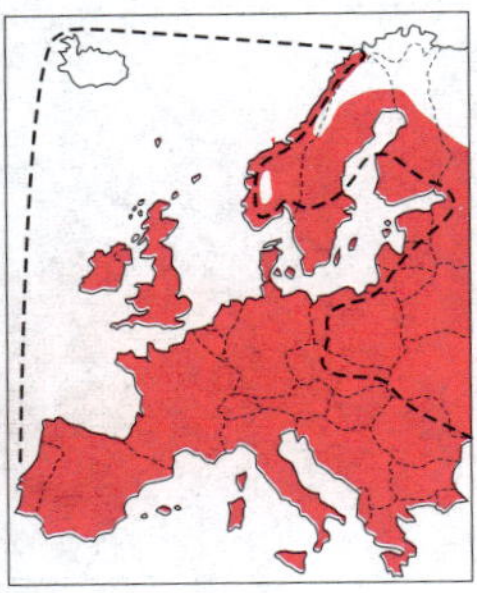

261 Amsel
Teilzieher. Hat auf Island gebrütet. T. 78, S. 374

262 Wacholderdrossel
Teilzieher. Brütet unregelmäßig in Britanien, hat auf Island gebrütet. T. 78, S. 375

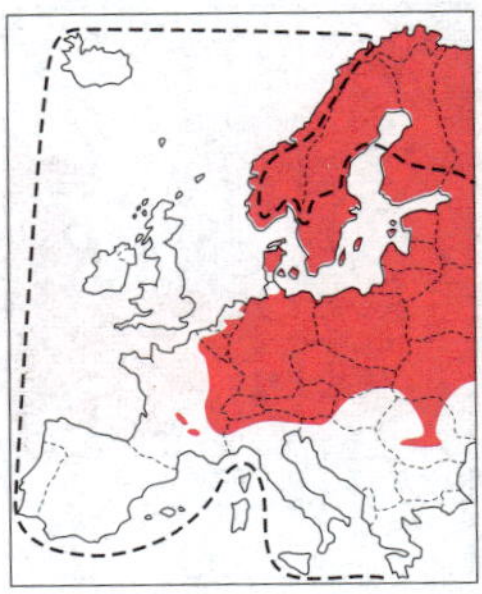

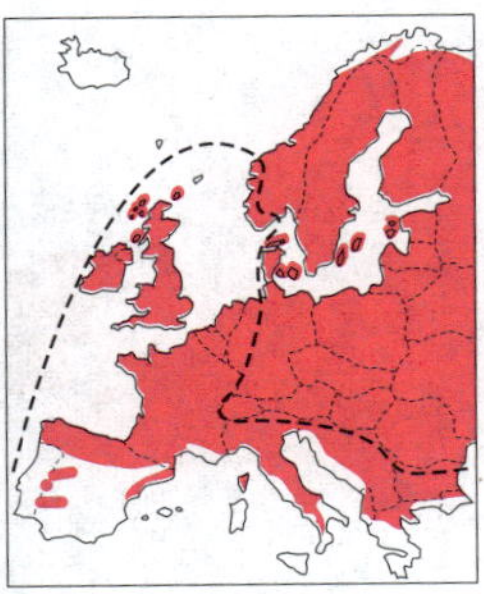

263 Singdrossel
Teilzieher. Umherstreifend bis Island. T. 78, S. 376

264 Rotdrossel
Vorwiegend Zugvogel. Brütet in Tschechien und weniger regelmäßig in Österreich und Deutschland. T. 78, S. 376

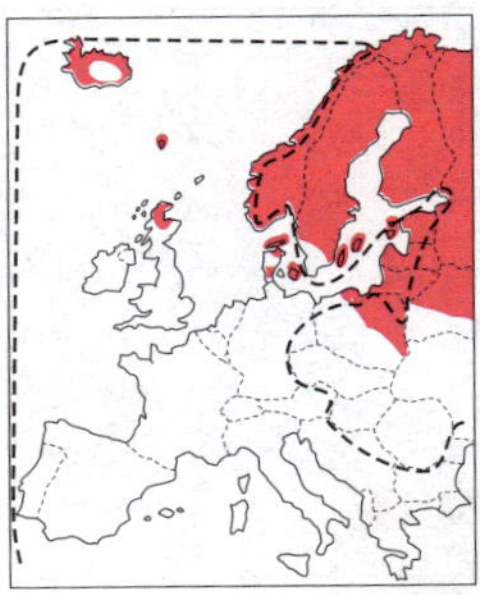

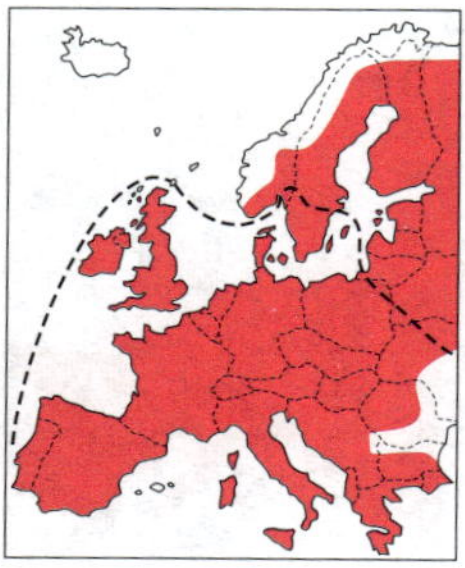

265 Misteldrossel
Teilzieher. Umherstreifend bis Island. T. 78, S. 376

266 Seidensänger
Vorwiegend Jahresvogel. Nach mehreren milden Wintern Arealausweitung nach E und NE. Nach kalten Wintern erlöschen diese Brutvorkommen wieder. T. 79, S. 377

267 Cistensänger
Vorwiegend Jahresvogel. Arealausweitung bzw. Verengung stark von milden bzw. kalten Wintern abhängig. T. 79, S. 378

268 Feldschwirl
Sommervogel. Umherstreifend bis Island. T. 79, S. 379

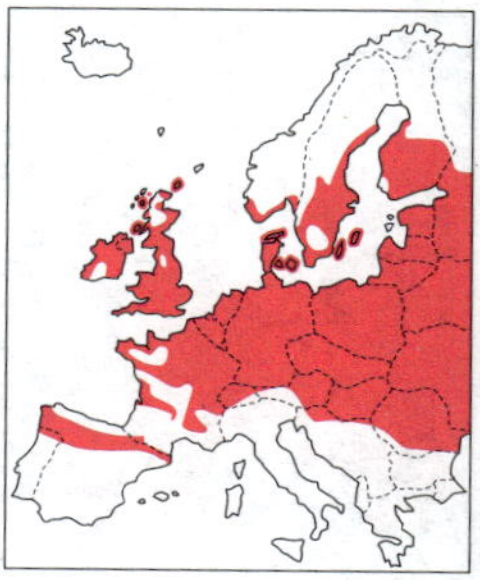

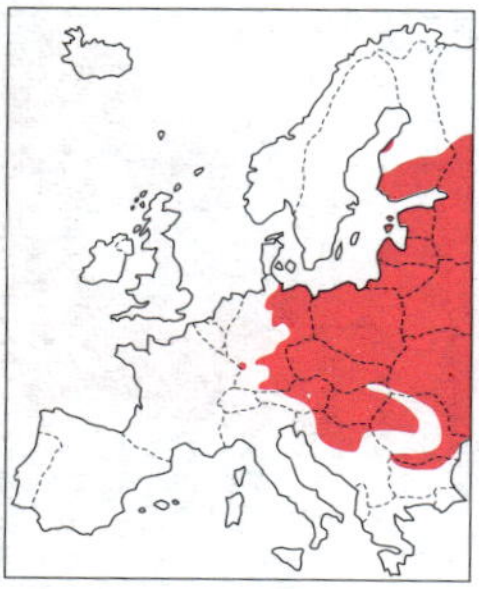

269 Schlagschwirl
Sommervogel. Alljährlich in Schweden. Umherstreifend westwärts bis Britische Inseln. T. 79, S. 379

270 Rohrschwirl
Sommervogel. Hat in Schweden gebrütet. Umherstreifend Schottland, Irland, N-Europa. T. 79, S. 379

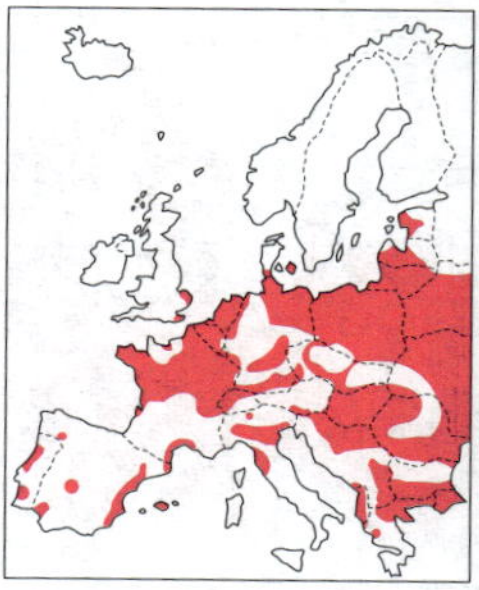

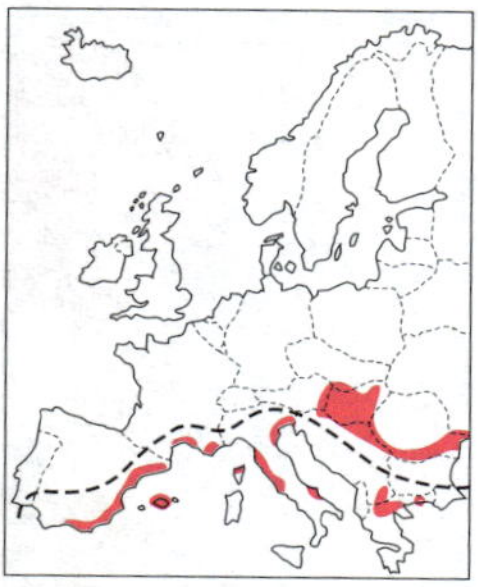

271 Mariskensänger
Teilzieher. Umherstreifend W- und C-Europa. T. 79, S. 380

272 Seggenrohrsänger
Sommervogel. Hat in Frankreich gebrütet. Zieht westwärts über die Iberische Halbinsel. Alljährlich in England. Umherstreifend bis N-Europa. T. 79, S. 380

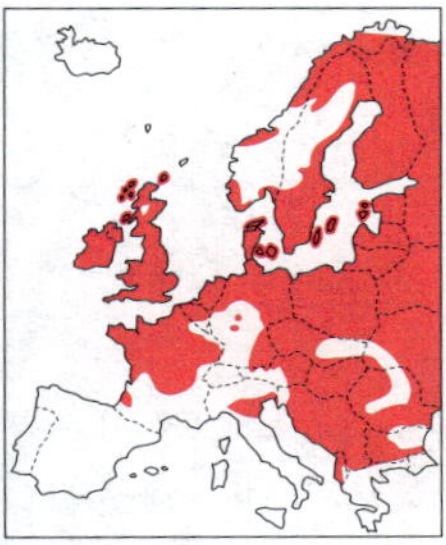

273 Schilfrohrsänger
Sommervogel. Umherstreifend bis Island.
T. 79, S. 381

274 Sumpfrohrsänger
Sommervogel. Hat in Spanien gebrütet. Umherstreifend Schottland, Färöer. T. 79, S. 382

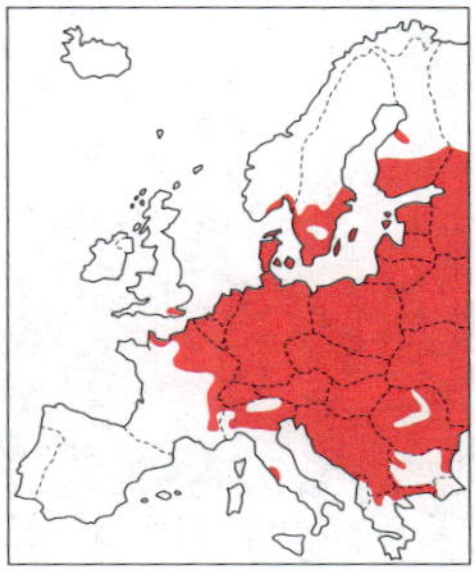

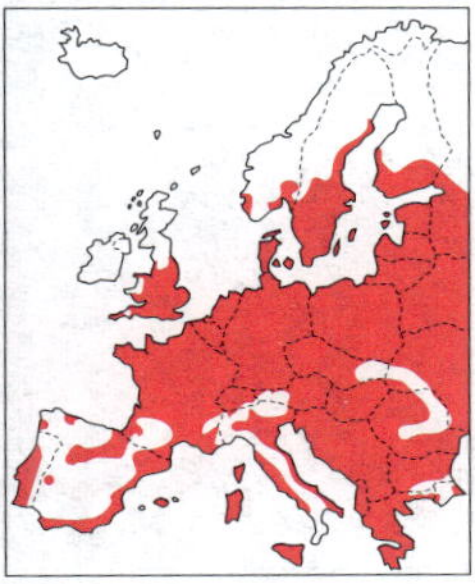

275 Teichrohrsänger
Sommervogel. Brütet in S-Irland. Hat in Schottland gebrütet. Umherstreifend bis Island. T. 79, S. 383

276 Drosselrohrsänger
Sommervogel. Alljährlich in Britannien. Umherstreifend Irland, Norwegen.
T. 79, S. 383

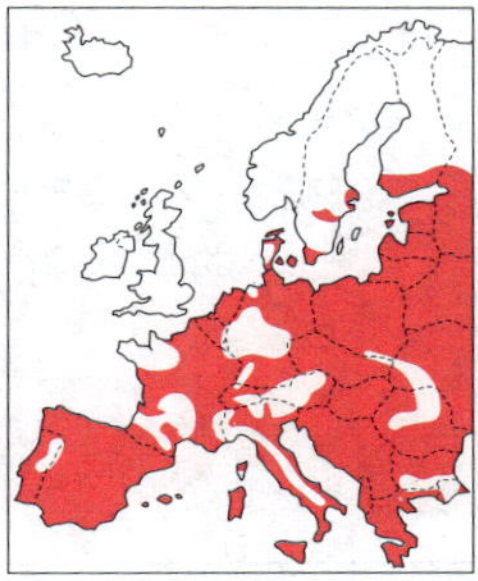

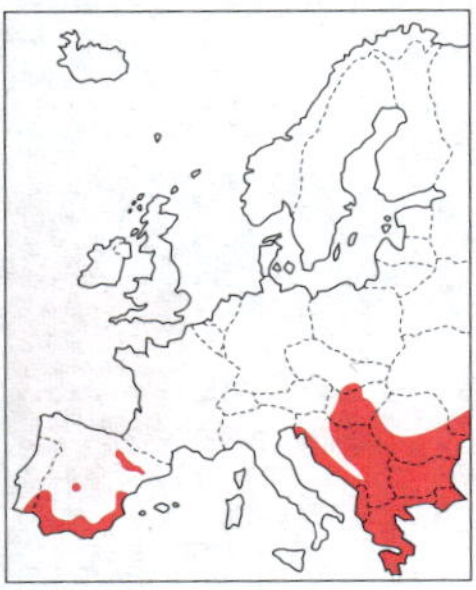

277 Blaßspötter
Sommervogel. Umherstreifend C-Europa, Britische Inseln. T. 81, S. 383

278 Olivenspötter
Sommervogel. Umherstreifend Italien, Rumänien. T. 81, S. 384

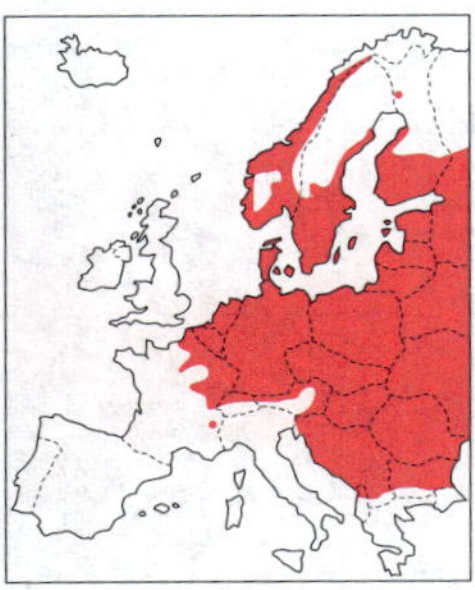

279 Gelbspötter
Sommervogel. Alljährlich auf den Britischen Inseln. Umherstreifend bis zu den Färöern. T. 81, S. 385

280 Orpheusspötter
Sommervogel. Alljährlich auf den Britischen Inseln. Umherstreifend C- und N-Europa. T. 81, S. 385

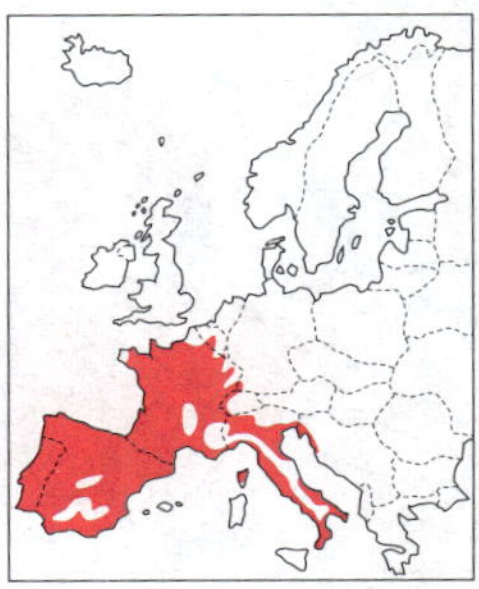

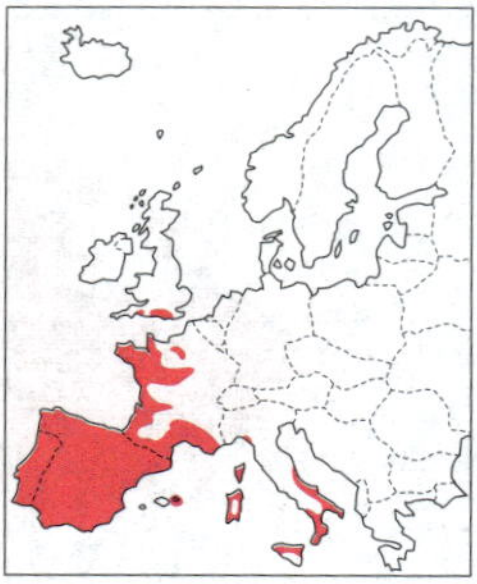

281 Provence-grasmücke
Vorwiegend Jahresvogel. Umherstreifend Irland, C- und E-Europa.
T. 80, S. 386

282 Brillengrasmücke
Vorwiegend Sommervogel. Auf Malta Jahresvogel. T. 80, S. 386

283 Weißbartgrasmücke
Vorwiegend Sommervogel. Umherstreifend Britische Inseln, C-, N- und E-Europa.
T. 80, S. 386

284 Samtkopf-grasmücke
Vorwiegend Sommervogel. Umherstreifend Britische Inseln, C-, N- und E-Europa.
T. 80, S. 387

285 Orpheusgrasmücke
Sommervogel. Umherstreifend England, C-Europa. T. 80, S. 388

286 Sperbergrasmücke
Sommervogel. In E-England seltener Durchzügler. Umherstreifend Irland, Island. T. 80, S. 388

287 Klappergrasmücke
Sommervogel. Hat in Irland gebrütet. Umherstreifend Island, Spanien.
T. 80, S. 388

288 Dorngrasmücke
Sommervogel. Umherstreifend bis Island.
T. 80, S. 389

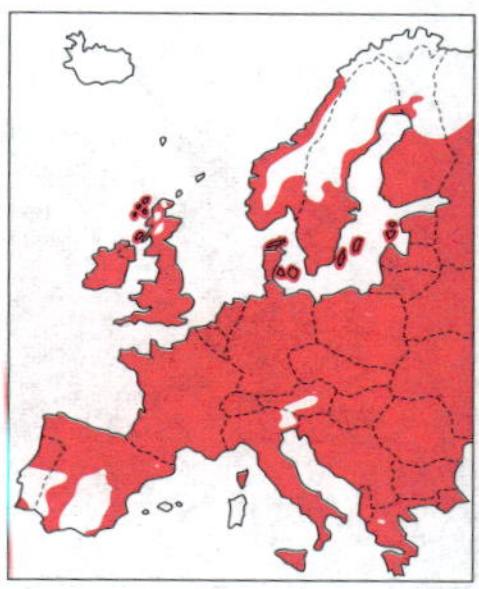

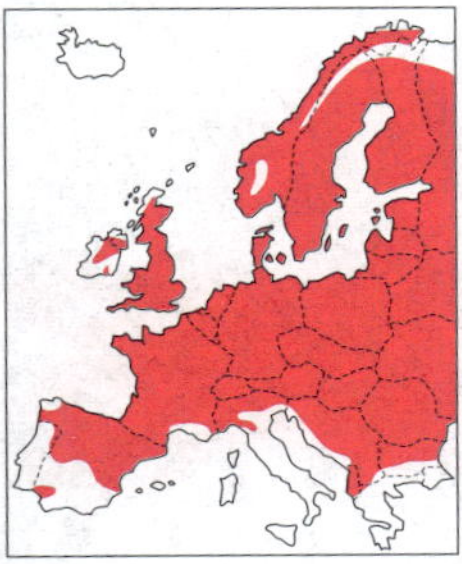

289 Gartengrasmücke
Sommervogel. Umherstreifend bis Island.
T. 81, S. 389

290 Mönchsgrasmücke
Teilzieher. Umherstreifend Färöer, Island.
T. 80, S. 389

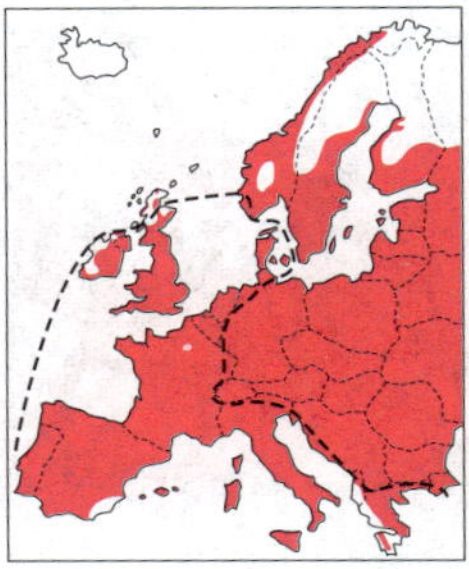

291 Grünlaubsänger
Sommervogel. Hat in Dänemark gebrütet. Zieht über E-Europa. Umherstreifend C-Europa, Britische Inseln T. 81, S. 390

292 Wanderlaubsänger
Sommervogel. Zieht über E-Europa. Umherstreifend C- und S-Europa, Britische Inseln. T. 81, S. 390

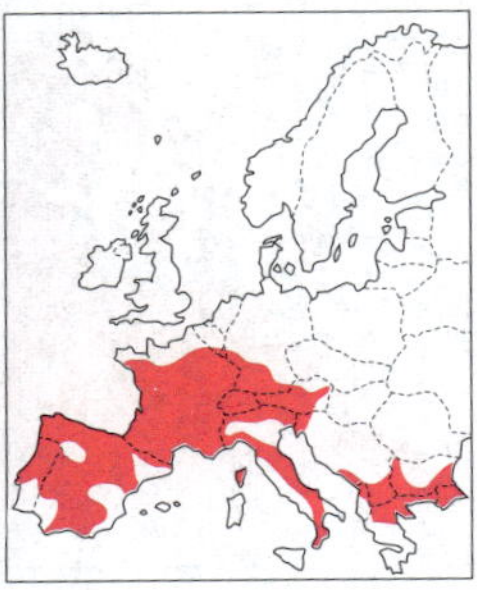

293 Berglaubsänger
Sommervogel. Umherstreifend Britische Inseln, N-Europa. T. 81, S. 392

294 Waldlaubsänger
Sommervogel. Umherstreifend bis Island.
T. 81, S. 393

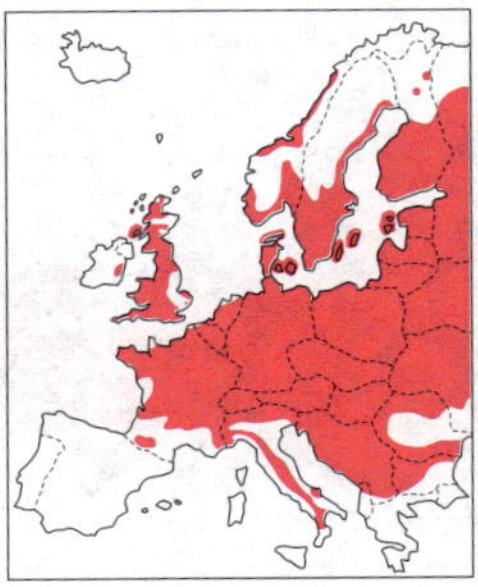

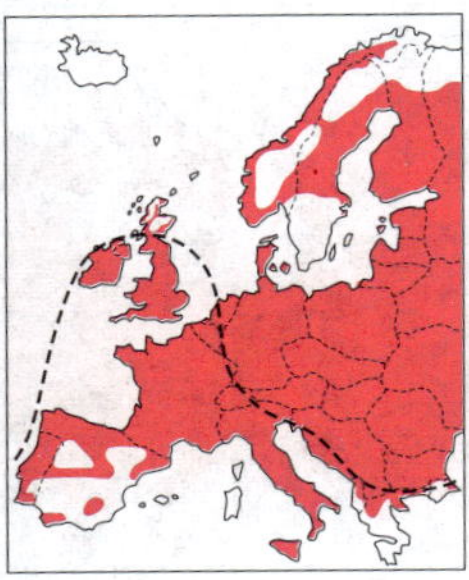

295 Zilpzalp
Teilzieher. Verdriftet auf dem Zug gelegentlich nach Island. T. 81, S. 393

296 Fitis
Sommervogel. Verdriftet auf dem Zug gelegentlich nach Island. T. 81, S. 393

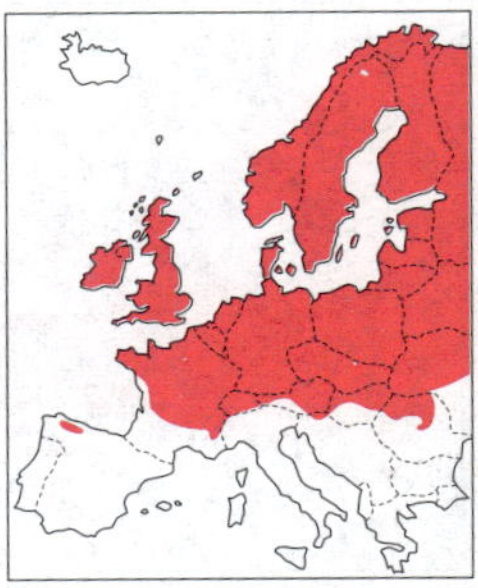

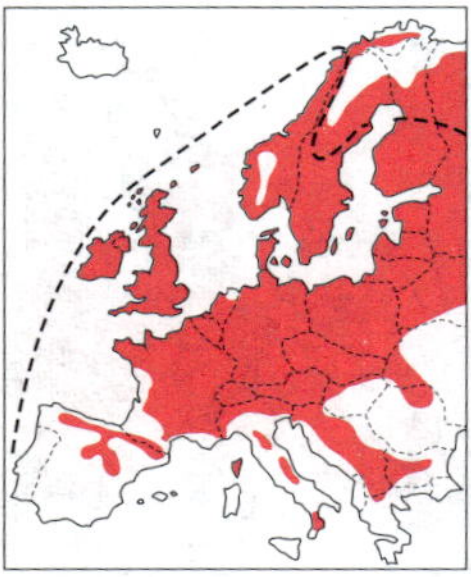

297 Wintergoldhähnchen
Teilzieher. Hat auf den Färöern gebrütet. Umherstreifend bis Island.
T. 83, S. 394

298 Sommergoldhähnchen
Teilzieher. Hat in Schweden gebrütet. Alljährlich in Irland. Umherstreifend N-Europa. T. 83, S. 394

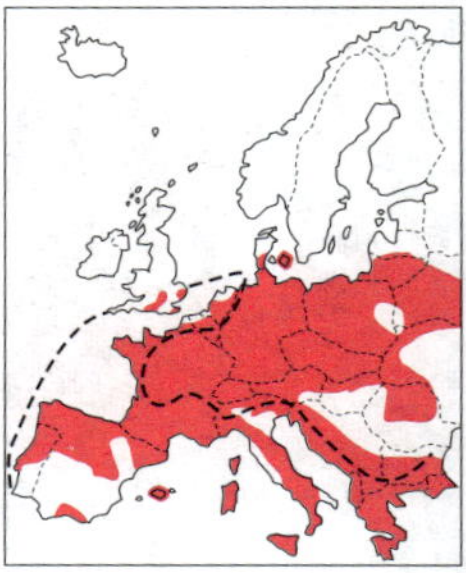

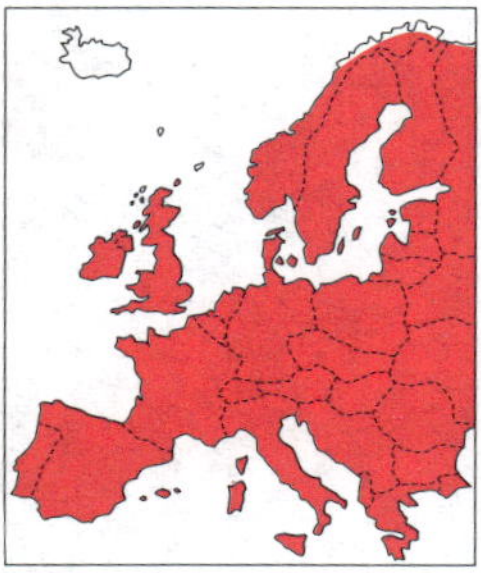

299 Grauschnäpper
Sommervogel. Umherstreifend bis Island.
T. 84, S. 395

300 Zwergschnäpper
Sommervogel. Hat in Norwegen gebrütet. Auf dem Zug selten durch England, Frankreich, Italien. Umherstreifend westwärts bis Irland, und Spanien. T. 84, S. 395

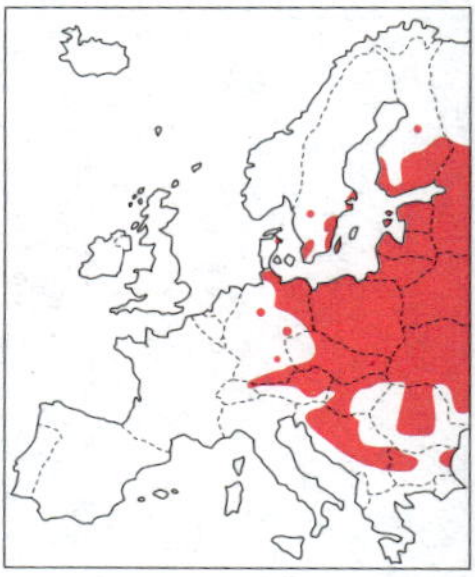

301 Halsbandschnäpper
Sommervogel. Brütet unregelmäßig in Griechenland. Umherstreifend W- und N-Europa.
T. 84, S. 396

302 Trauerschnäpper
Sommervogel. Auf dem Zug gelegentlich über Irland. Umherstreifend bis Island. T. 84, S. 396

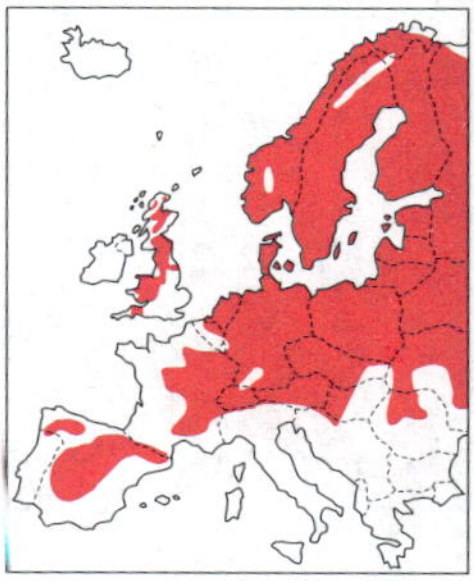

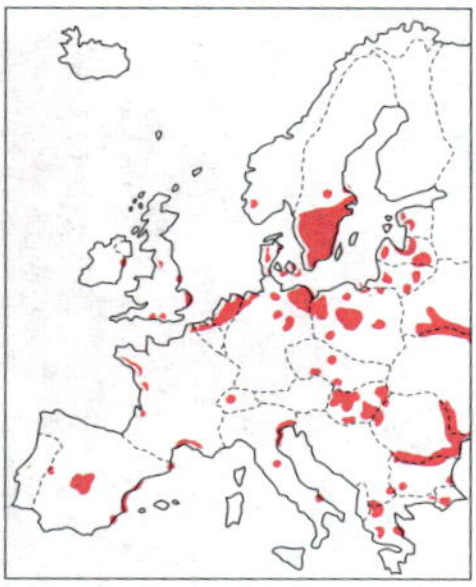

303 Bartmeise
Wandert im Winter umher. Hat in Finnland gebrütet. Umherstreifend bis Schottland. T. 86, S. 397

304 Schwanzmeise
Teilzieher. T. 86, S. 397

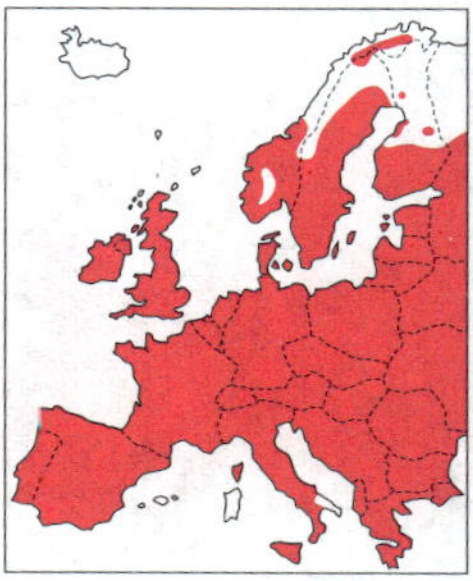

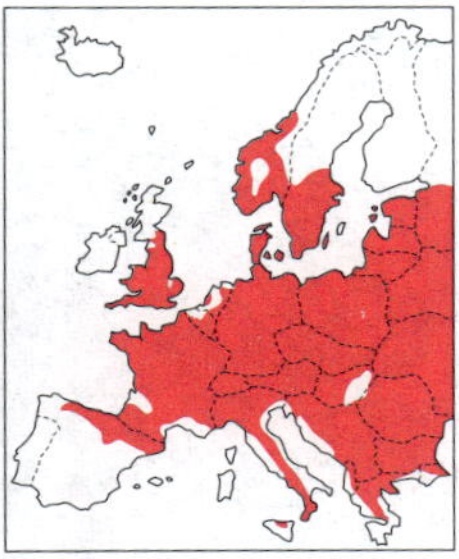

305 Sumpfmeise
Vorwiegend Jahresvogel. Umherstreifend Irland. T. 86, S. 398

306 Trauermeise
Jahresvogel. Umherstreifend Italien. T. 86, S. 398

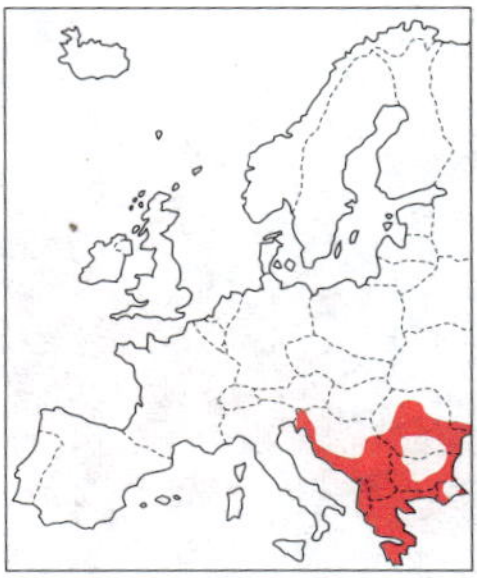

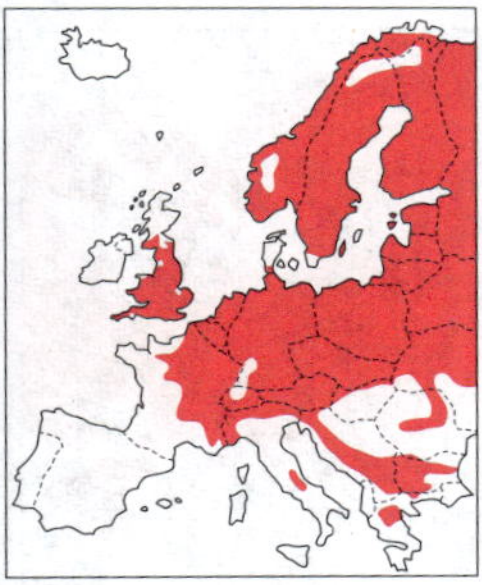

307 Weidenmeise
Vorwiegend Jahresvogel. T. 86, S. 398

308 Lapplandmeise
Vorwiegend Jahresvogel. Umherstreifend Estland. T. 86, S. 399

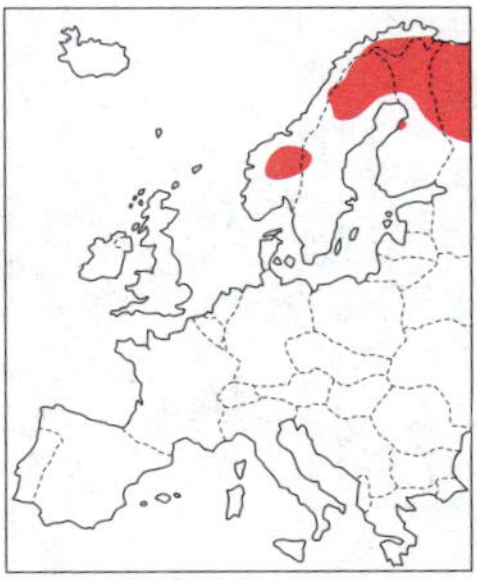

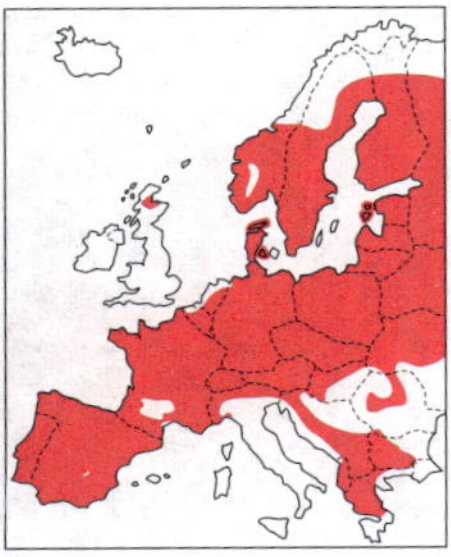

309 Haubenmeise
Vorwiegend Jahresvogel. T. 86, S. 399

310 Tannenmeise
Im N des Brutgebietes Teilzieher. T. 86. S. 399

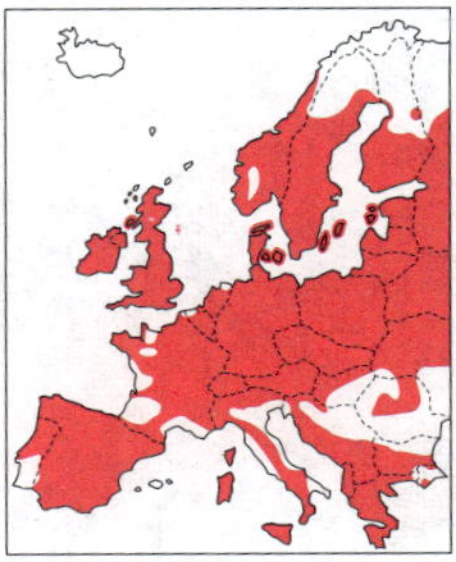

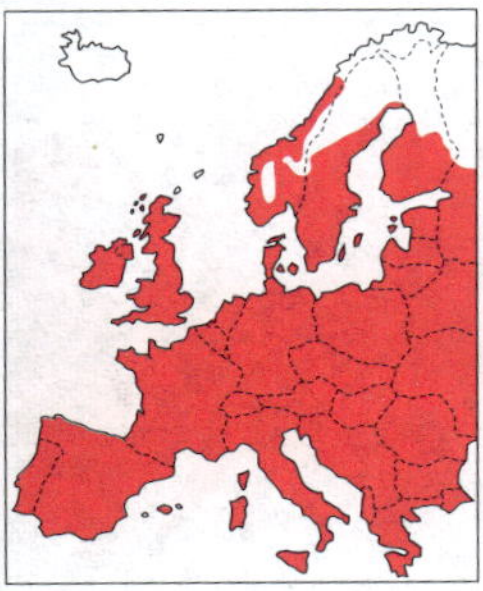

311 Blaumeise
Im N des Brutgebietes Teilzieher. T. 86. S. 400

312 Kohlmeise
Im N des Brutgebietes Teilzieher. Umherstreifend bis Island. T. 86. S. 400

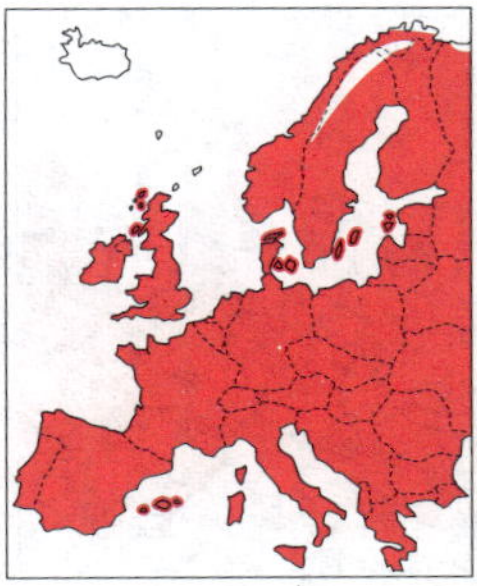

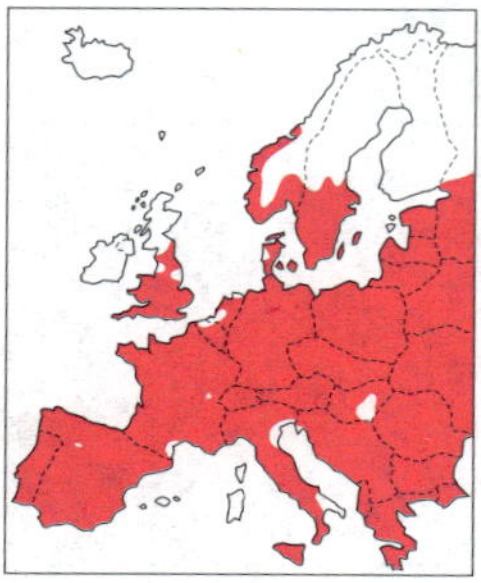

313 Kleiber
Jahresvogel. Brütet nach Invasionen gelegentlich in Finnland. T. 83, S. 401

314 Felsenkleiber
Jahresvogel. T. 83, S. 402

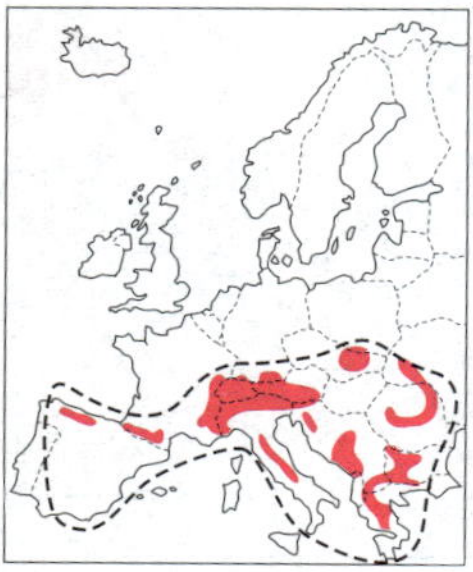

315 Mauerläufer
Im Winter weiter umherstreifend, selten bis England, N-Deutschland, Malta. T. 83, S. 402

316 Waldbaumläufer
Vorwiegend Jahresvogel. Umherstreifend bis zu den Färöern. T. 83, S. 402

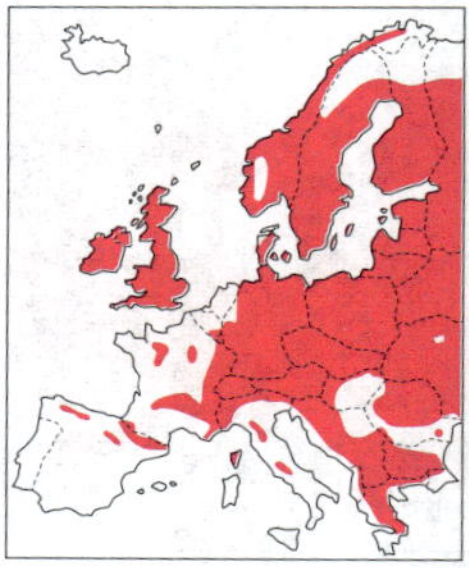

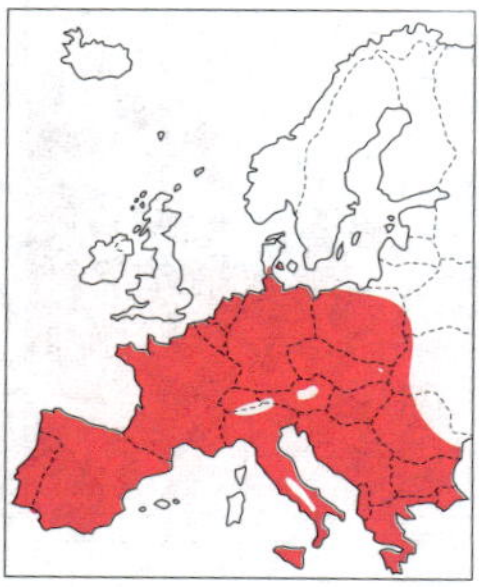

317 Gartenbaumläufer
Vorwiegend Jahresvogel. Umherstreifend England, N-Europa. T. 83, S. 403

318 Beutelmeise
Ziehen zum Winter aus dem N und NE des Brutgebietes nach SW-Europa. Stetige Arealausweitung nach NW. T. 86, S. 403

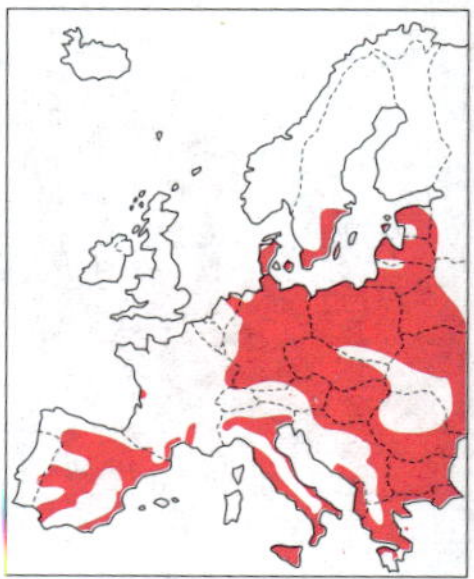

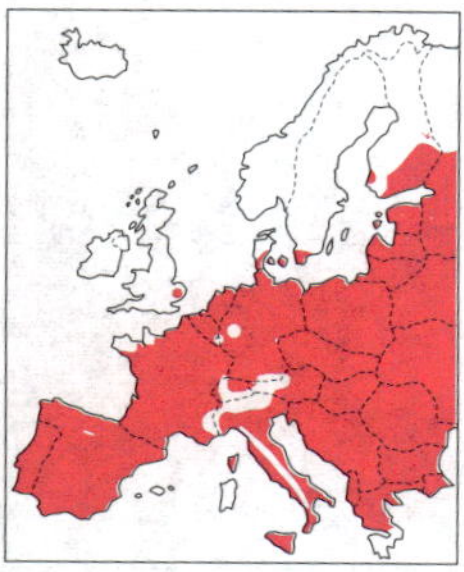

319 Pirol
Sommervogel. Hat in Schottland und Norwegen gebrütet. Umherstreifend Irland, Island. T. 87, S. 404

320 Neuntöter
Sommervogel. Brütet unregelmäßig in Schottland. Umherstreifend Irland, Island. T. 85, S. 404

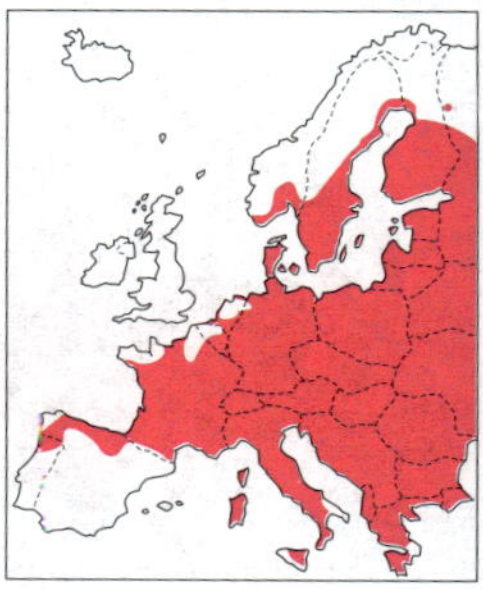

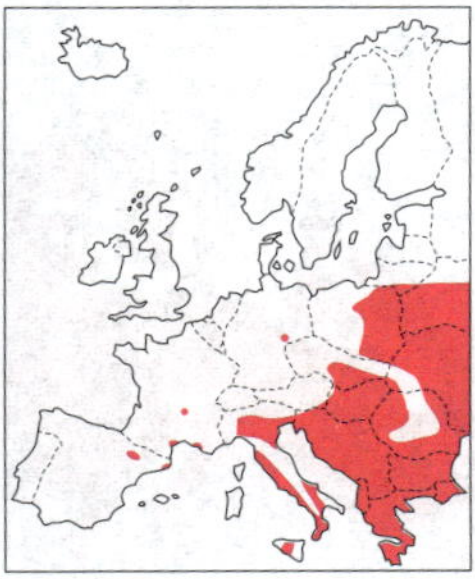

321 Schwarzstirnwürger
Sommervogel. Umherstreifend W- und N-Europa. T. 85, S. 405

322 Raubwürger
Sommervogel. Umherstreifend Irland, Färöer. T. 85, S. 405

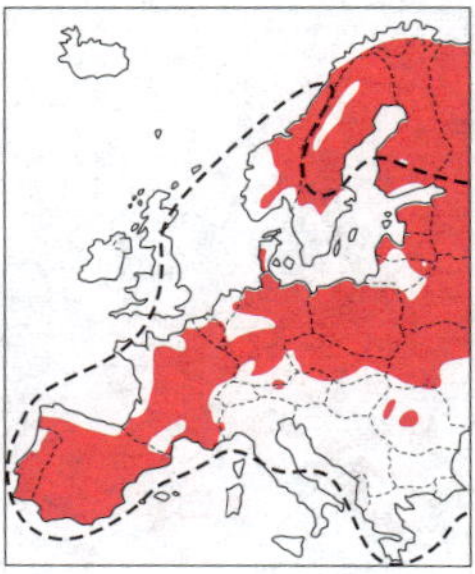

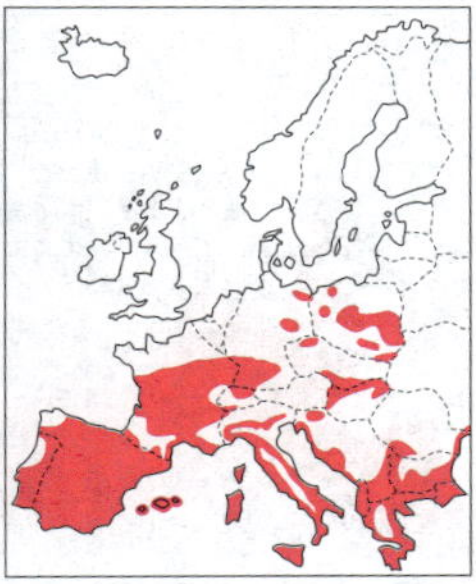

323 Rotkopfwürger
Sommervogel. Umherstreifend Britische Inseln, N-Europa. T. 85, S. 406

324 Eichelhäher
Im N des Brutgebietes Teilzieher. T. 87, S. 407

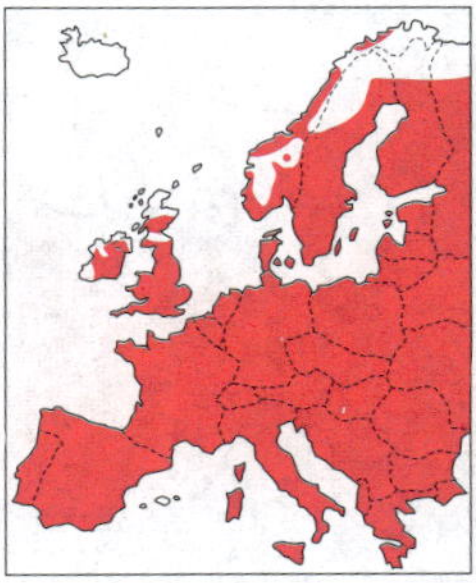

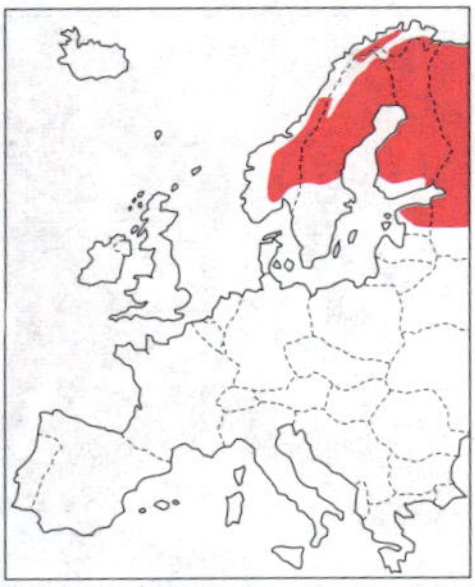

325 Unglückshäher
Vorwiegend Jahresvogel. Umherstreifend bis C-Europa. T. 87, S. 407

326 Elster
Jahresvogel. T. 87, S. 408

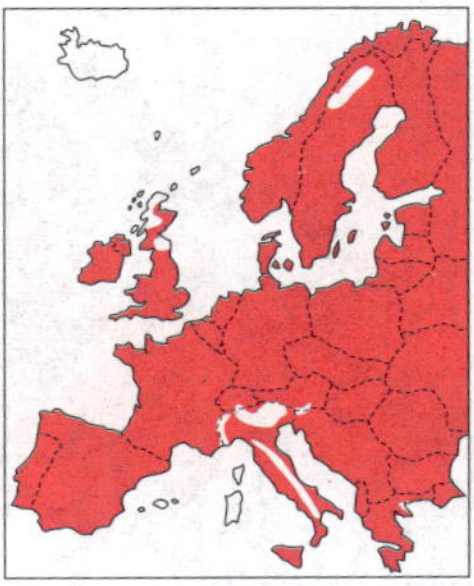

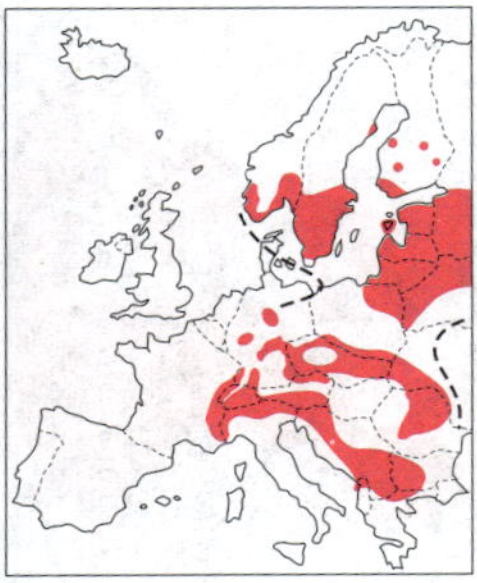

327 Tannenhäher
Vorwiegend Jahresvogel. Brütet unregelmäßig in Dänemark. Die sibirische Unterart fliegt gelegentlich invasionsartig nach C- und W-Europa ein. Dann hier auch Bruten. T. 87, S. 408

328 Alpendohle
Jahresvogel. In S-Spanien beobachtet. Umherstreifend Tschechien, Slowakien. T. 87, S. 408

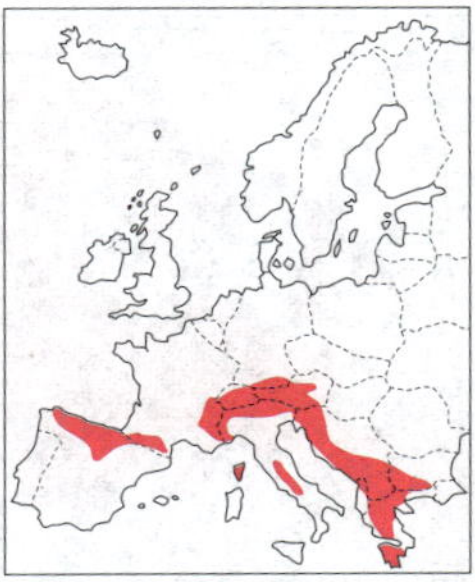

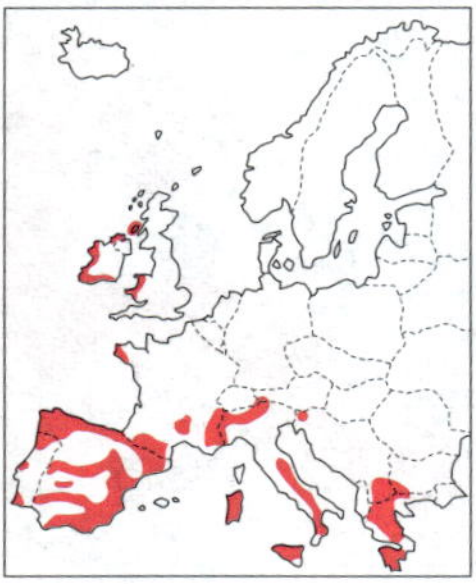

329 Alpenkrähe
Jahresvogel. T. 87, S. 409

330 Dohle
Teilzieher. Umherstreifend bis Island. T. 88, S. 409

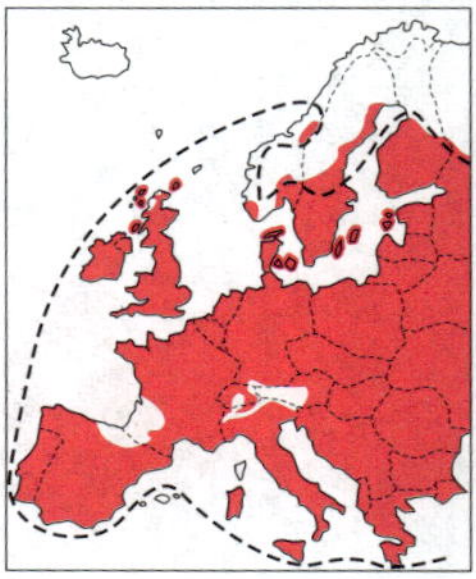

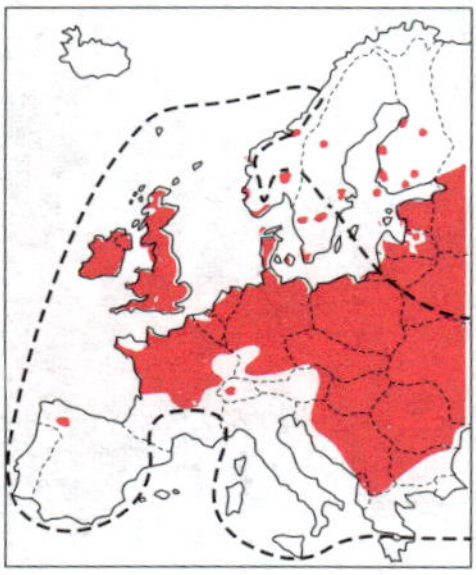

331 Saatkrähe
Teilzieher. Umherstreifend bis Island. T. 88, S. 409

332 Rabenkrähe
Vorwiegend Jahresvogel. Umherstreifend N-Europa, Polen. T. 88, S. 410

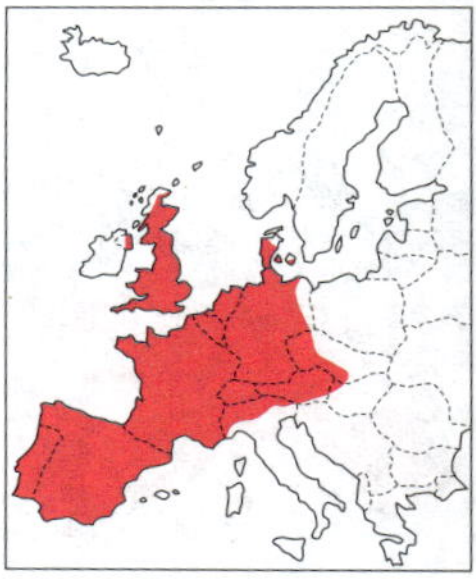

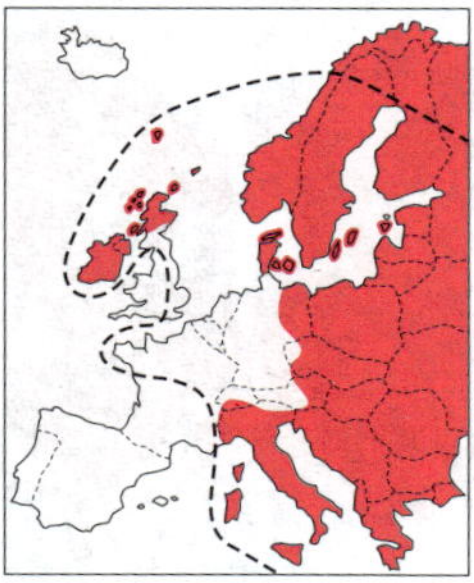

333 Nebelkrähe
Teilzieher. Umherstreifend SW-Europa und bis Island. T. 88, S. 410

334 Kolkrabe
Vorwiegend Jahresvogel. T. 88, S. 410

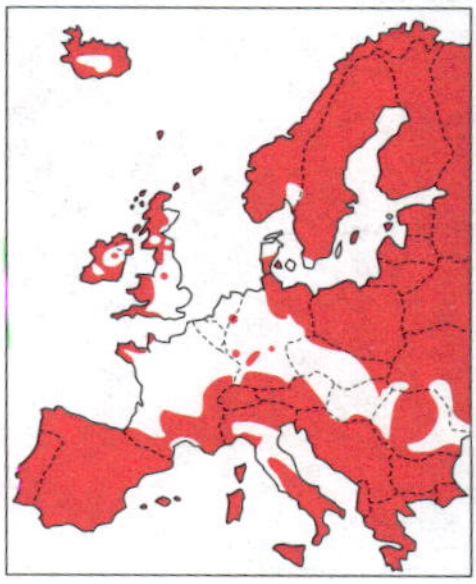

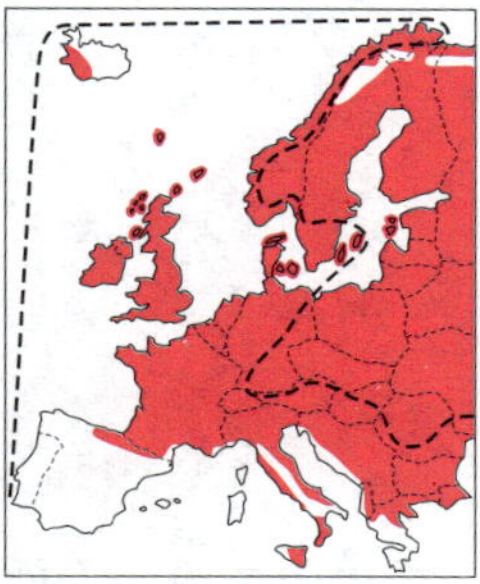

335 Star
Teilzieher. T. 87, S. 411

336 Haussperling
Vorwiegend Jahresvogel. Hat auf Island gebrütet. Die Linie umgibt das Brutgebiet des **Italiensperlings**. T. 91, S. 412

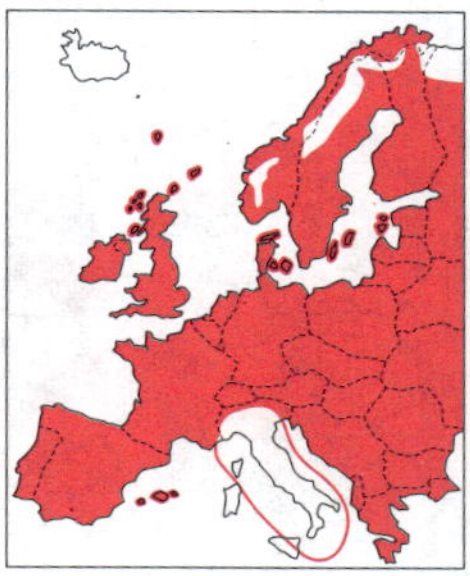

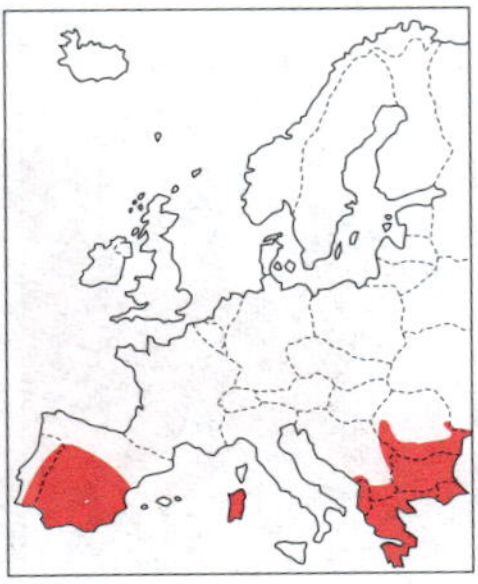

337 Weidensperling
Vorwiegend Jahresvogel. Umherstreifend S-Frankreich und bis England. T. 91, S. 412

338 Feldsperling
Teilzieher. Hat auf den Färöern gebrütet. Umherstreifend bis Island. T. 91, S. 413

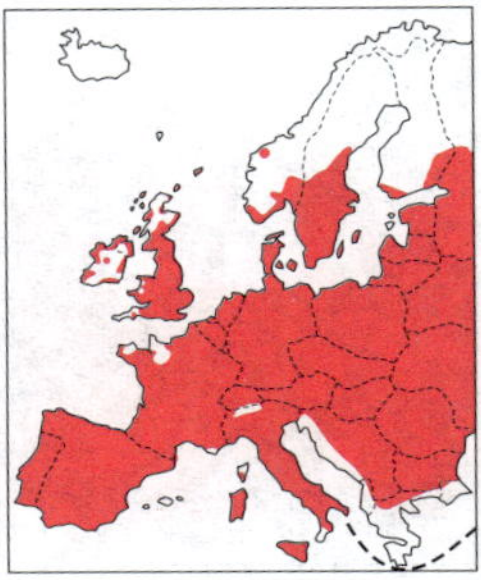

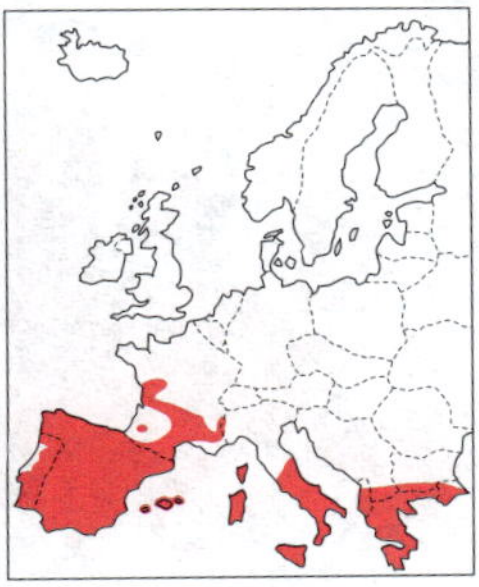

339 Steinsperling
Jahresvogel. Umherstreifend Britische Inseln, C-Europa. T. 91, S. 413

340 Schneefink
Jahresvogel. Bleibt auch im Winter im hochalpinen Bereich. Umherstreifend C-Europa, Balearen. T. 91, S. 413

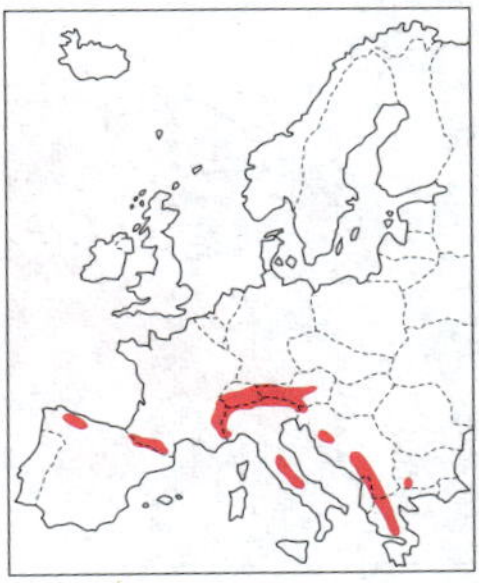

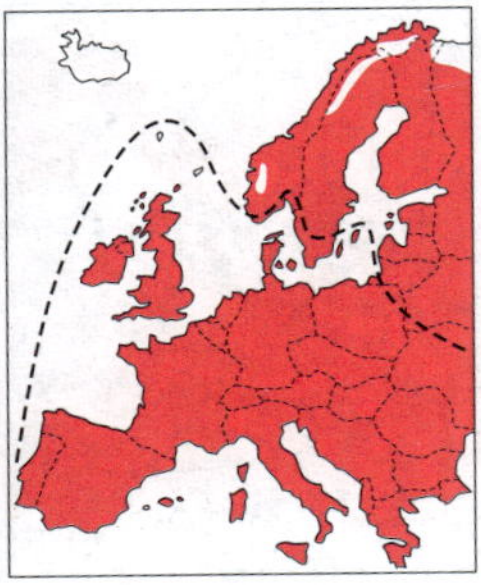

341 Buchfink
Teilzieher. Alljährlich auf Island. T. 89, S. 415

342 Bergfink
Zugvogel. In C-Europa zunehmend Übersommerer, Brutversuche oder Bruten. Alljährlich auf Island. T. 89, S. 415

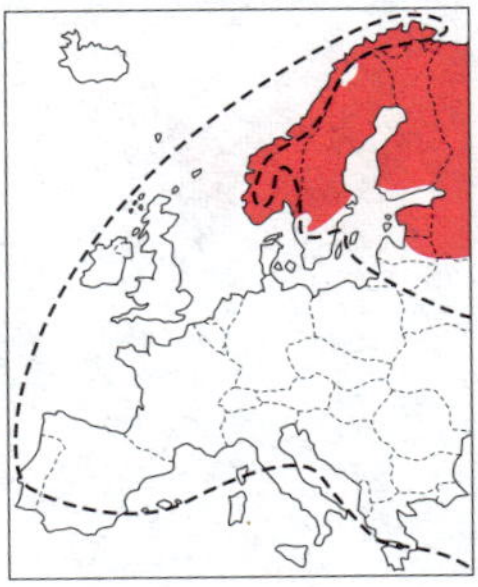

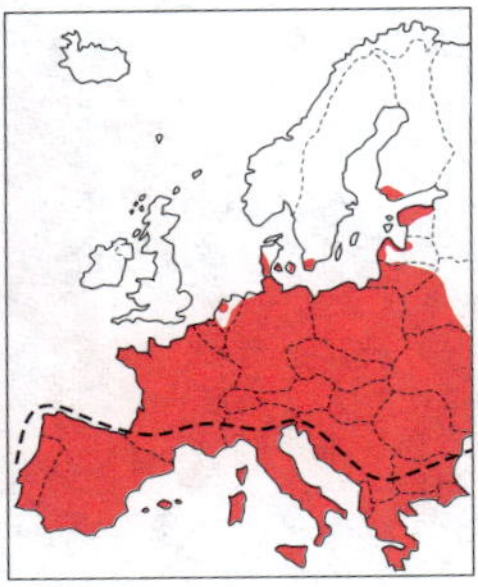

343 Girlitz
Teilzieher. Hat in England gebrütet. Umherstreifend Irland, Finnland. T. 89, S. 415

344 Zitronengirlitz
Vorwiegen Jahresvogel. Im Winter auch außerhalb des engeren Brutgebietes. Hat auf den Balearen gebrütet. Umherstreifend Britische Inseln, C-Europa. T. 89, S. 416

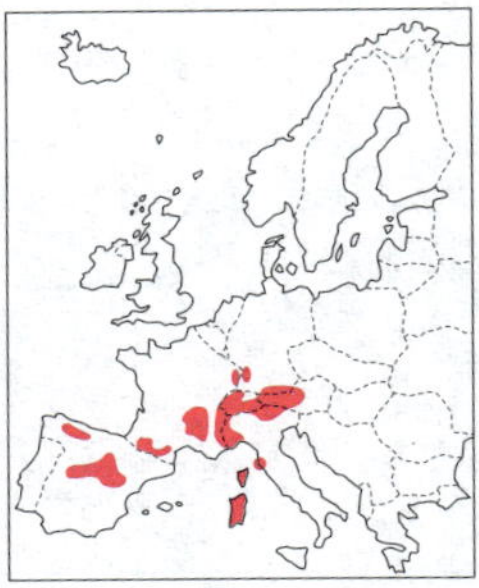

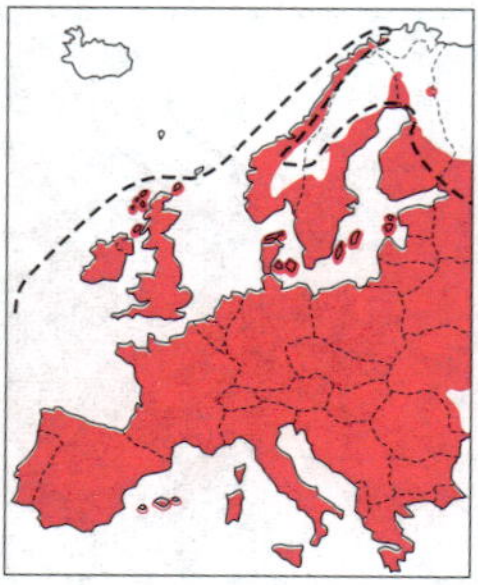

345 Grünling
Teilzieher. Umherstreifend bis Island. T. 89, S. 416

346 Stieglitz
Teilzieher. T. 89, S. 416

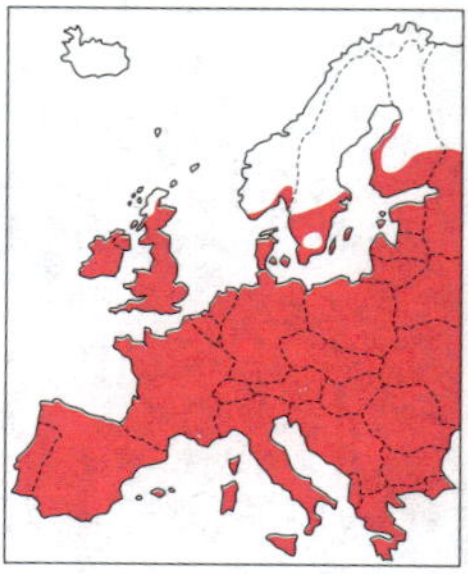

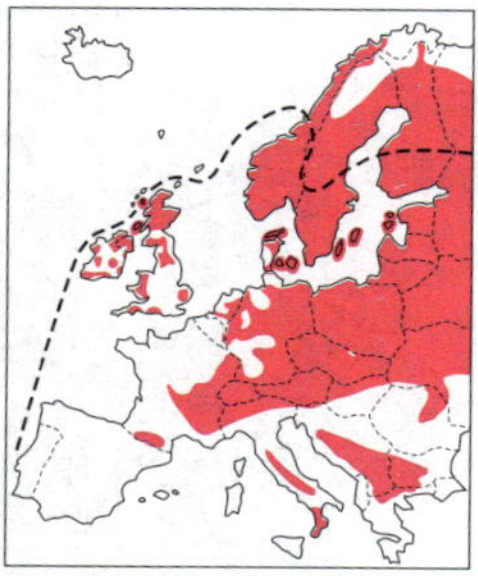

347 Erlenzeisig
Teilzieher. Hat auf den Färöern gebrütet. Umherstreifend bis Island.
T. 89, S. 417

348 Bluthänfling
Teilzieher. Umherstreifend bis zu den Färöern.
T. 90, S. 417

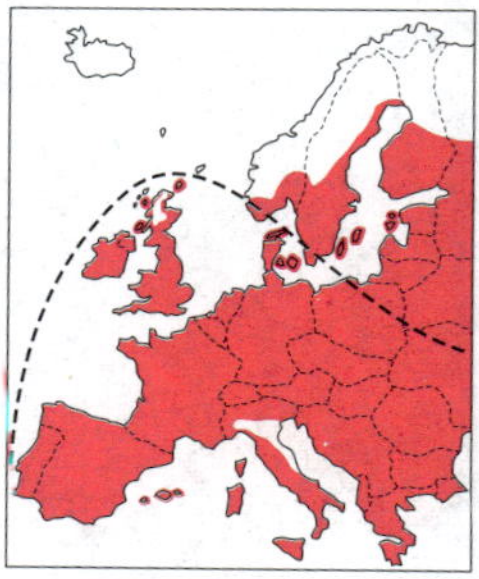

349 Berghänfling
Teilzieher. Umherstreifend bis S-Europa.
T. 90, S. 418

350 Birkenzeisig
Teilzieher. Hat in Estland gebrütet. T. 90, S. 418

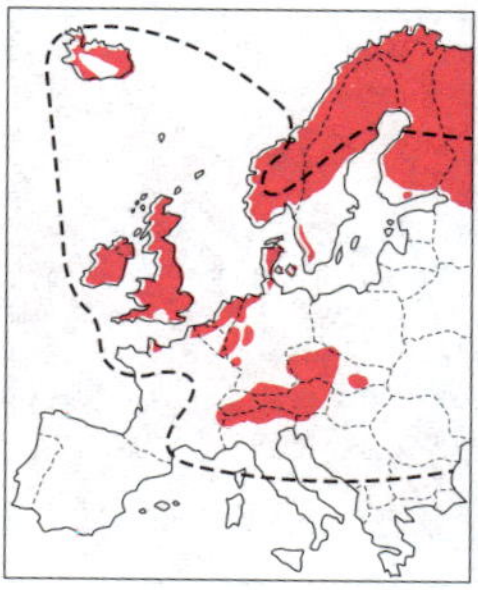

351 Polarbirkenzeisig
Vorwiegend Zugvogel. Umherstreifend C- und E-Europa, Britische Inseln.
T. 90, S. 418

352 Fichtenkreuzschnabel
Vorwiegend Jahresvogel. Nach in unregelmäßigen Zeitabständen erfolgenden Arealausweitungen, Bruten auch außerhalb des engeren Brutgebietes. T. 90, S. 419

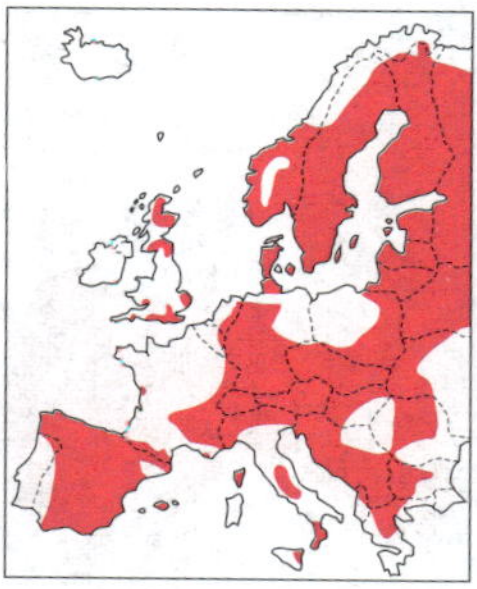

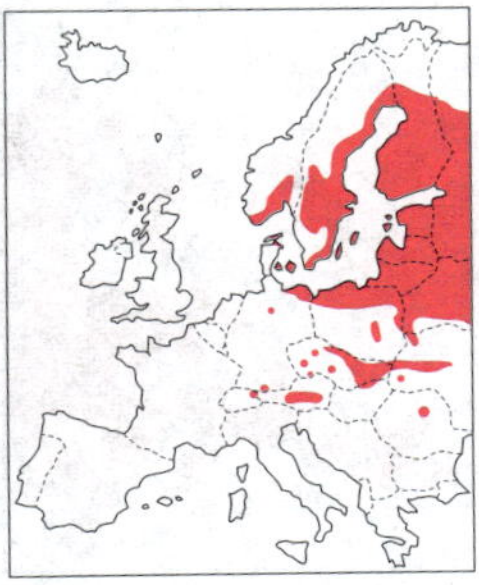

353 Karmingimpel
Sommervogel. Weitet sein Brutgebiet nach W aus. Brütet in N-Deutschland und den Niederlanden. Umherstreifend W- und S-Europa. T. 90, S. 420

354 Hakengimpel
Teilzieher. Umherstreifend C-, W- und S-Europa. T. 90, S. 420

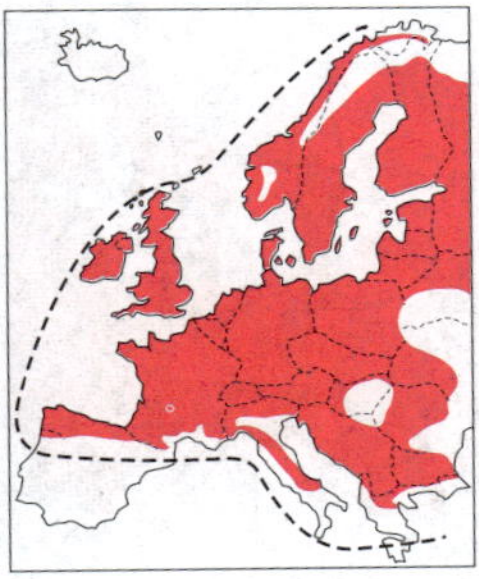

355 Gimpel
Vorwiegend Jahresvogel. Umherstreifend bis Island. T. 90, S. 421

356 Kernbeißer
Teilzieher. Im Winter auch auf den Balearen. Umherstreifend Irland, Färöer. T. 89, S. 421

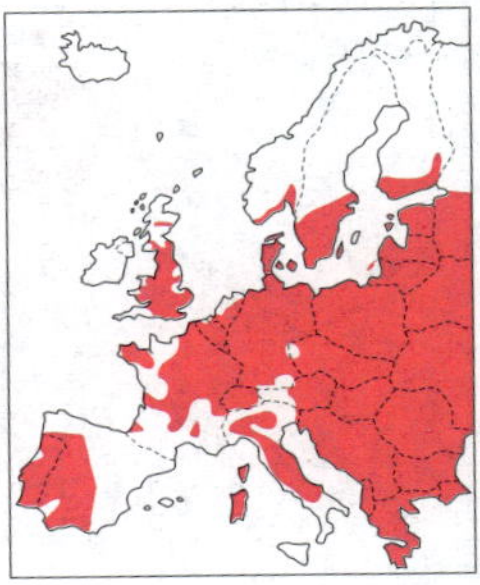

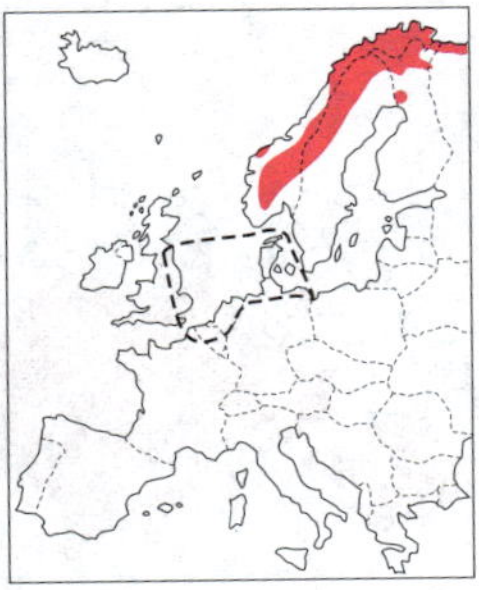

357 Spornammer
Zugvogel. Hat in Schottland gebrütet. In Irland alljährlich Durchzug. Umherstreifend bis Island und im S bis Portugal und Italien. T. 91, S. 423

358 Schneeammer
Teilzieher. Umherstreifend in den meisten Ländern S-Europas. T. 91, S. 424

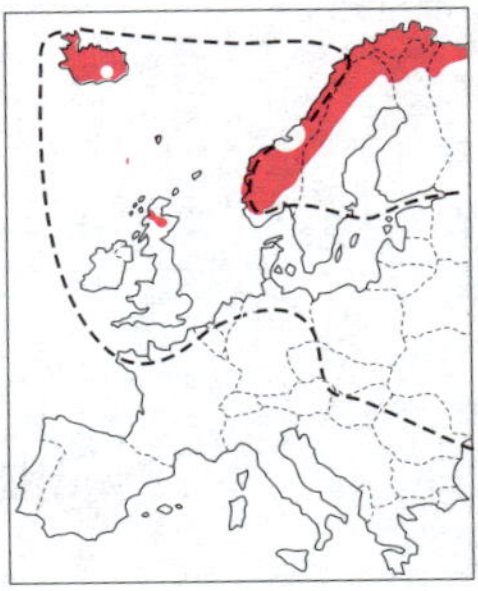

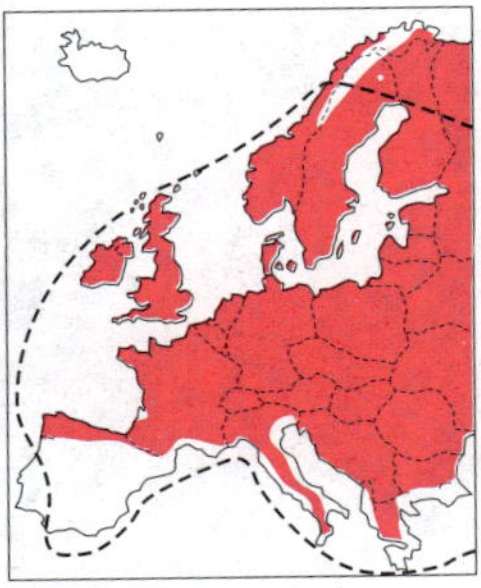

359 Goldammer
Teilzieher. Umherstreifend bis Island und Sizilien. T. 92, S. 424

360 Zaunammer
Vorwiegend Jahresvogel. Hat in Ungarn gebrütet. Umherstreifend Irland, C-Europa. T. 92, S. 425

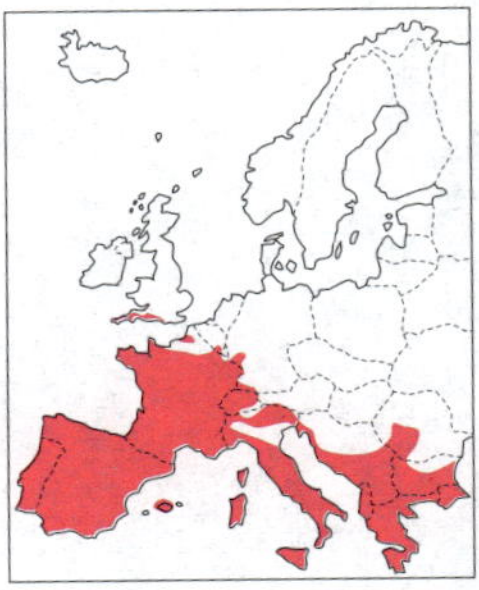

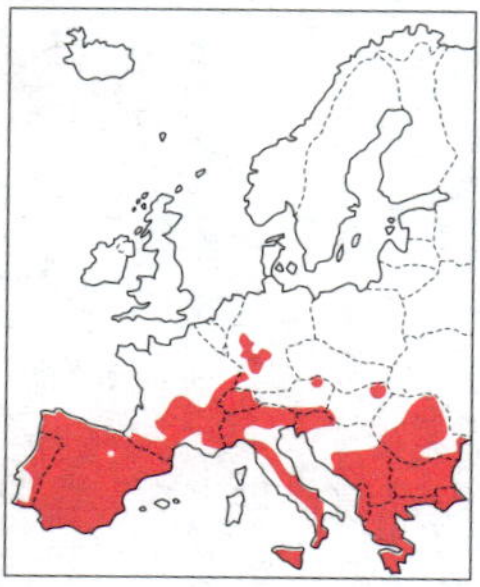

361 Zippammer
Vorwiegend Jahresvogel. Im Winter geringe Arealerweiterung. Umherstreifend Britannien, Polen.
T. 92, S. 425

362 Ortolan
Sommervogel. In E-England schwacher Durchzug. Umherstreifend Irland, Island. T. 92, S. 426

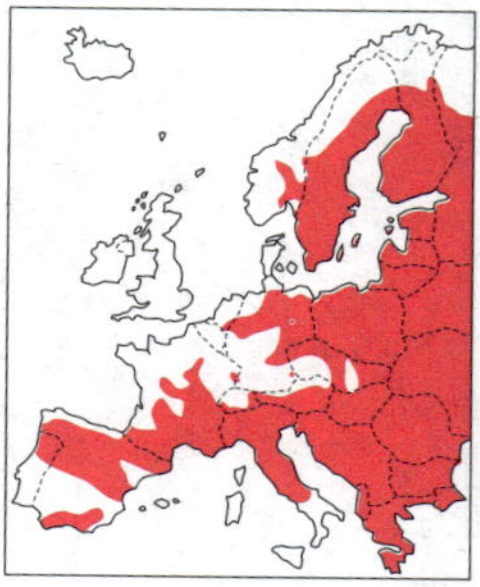

363 Waldammer
Sommervogel. Hat in Estland und Lettland gebrütet. Umherstreifend C-, W- und S-Europa.
T. 91, S. 427

364 Rohrammer
Teilzieher. Umherstreifend bis Island. T. 91, S. 428

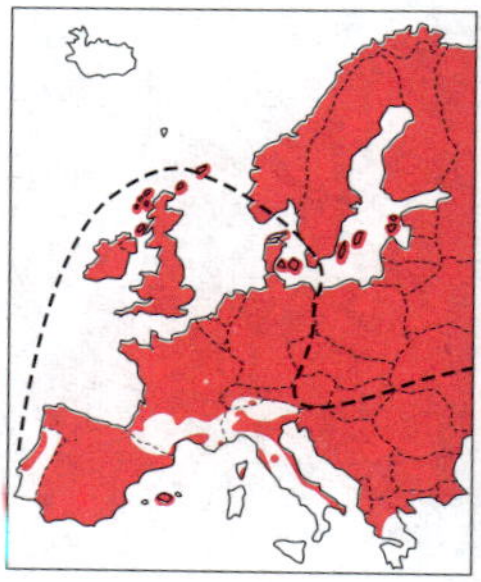

365 Kappenammer
Sommervogel. Umherstreifend C-, W- und N-Europa. T. 92, S. 428

366 Grauammer
Vorwiegend Jahresvogel. Brutvorkommen in vielen Gebieten C-Europas weitgehend erloschen.
T. 92, S. 429

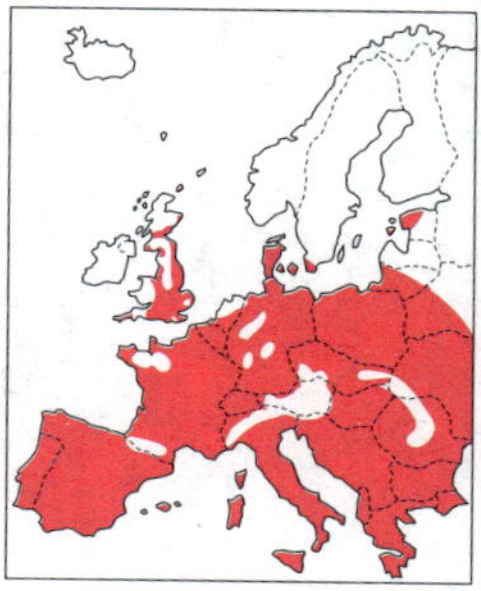

Ergänzende und vertiefende Literatur

Barthel, P. H. (1993): Artenliste der Vögel Deutschlands. J. Ornithol. 134, 113-135.

Bauer, H.-G. & P. Berthold (1996): Die Brutvögel Europas: Bestand und Gefährdung. Wiesbaden.

Beaman, M. & S. Madge (1998): Handbuch der Vogelbestimmung. Stuttgart.

Bergmann, H.-H. & H.-W. Helb (1982): Stimmen der Vögel Europas, München.

Bezzel, E. (1985, 1993): Kompendium der Vögel Mitteleuropas. 2 Bände. Wiesbaden.

Clement, P., A. Harris & J. Davis (1993): Finches and Sparrows. London.

Cramp, S., K. E. L. Simmons & C. M. Perrins (Hrsg.; 1977-1994): Handbook of the Birds of Europe, North Africa and the Middle East. 9 Bände. Oxford.

Forsman, D. (1998): The Raptors of Europe and the Middle East. London.

Fry, C. H., K. Fry & A. Harris (1992): Kingfishers, Bee-eaters & Rollers. London.

Heinzel, H., R. Fitter & J. Parslow (1996): Pareys Vogelbuch: alle Vögel Europas, Nordafikas und des Mittleren Ostens.

Glutz von Blotrzheim, U. N. & K. M. Bauer (Hrsg.; 1966-1997): Handbuch der Vögel Mitteleuropas. 14 Bände. Frankfurt/M., Wiesbaden.

Grant, P. (1986): Gulls: A Guide to Identification. 2. Aufl. Calton.

Harrap, S. & D. Quinn (1996): Tits, Nuthatches & Treecreepers. London.

Harris, A., L. Tucker & K. Vinicombe (1991): Vogelbestimmung für Fortgeschrittene. Stuttgart.

Harrison, P. (1985): Seabirds. 2. Aufl. London.

Hayman, P., J. Marchant & T. Prater (1987): Shorebirds. 2. Aufl. London.

Jonsson, L. (1999): Die Vögel Europas und des Mittelmeerraumes. 2. Aufl. Stuttgart.

Lewington, I., P. Alström & P. Colston (1991): A Field Guide to the Rare Birds of Britain and Europe. London.

Madge, S. & H. Brun (1989): Wassergeflügel. Hamburg, Berlin.

Madge, S. & H. Brun (1994): Crows and Jays. London.

Malling Olsen, K. & H. Larsson (1997): Skuas and Jaegers. Sussex.

Perrins, C. (1987): Pareys Naturführer Plus Vögel: Biologie + Bestimmen + Ökologie. Hamburg, Berlin.

Svensson, L., P. J. Grant, K. Mullarney & D. Zetterström (1999): Der neue Kosmos Vogelführer: alle Arten Europas, Nordafrikas und Vorderasiens. Stuttgart.

Turner, A. & C. Rose (1989): A Handbook to the Swallows and Martins of the World. London.

Vogelstimmenschallplatten und -CDs

Palmer, S. & J. Boswall (1970-1973): A Field Guide to the Bird Songs of Britain and Europe. 15 Schallplatten bzw. 16 Kassetten. Stockholm.

Roché, J. C. (1995): Die Vogelstimmen Europas auf 4 CDs. Stuttgart.

Die englischen Namen der beschriebenen Vögel

Aaskrähe	Carrion Crow
Abendkernbeißer	Evening Grosbeak
Adlerbussard	Long-legged Buzzard
Afrikanischer Löffler	African Spoonbill
Aleutenseeschwalbe	Aleutian Tern
Alpenbraunelle	Alpine Accentor
Alpendohle	Alpine Chough
Alpenkrähe	Chough
Alpenschneehuhn	Ptarmigan
Alpensegler	Alpine Swift
Alpenstrandläufer	Dunlin
Amerikanische Rohrdommel	American Bittern
Amerikanische Zwergdommel	Least Bittern
Amerikanischer Goldregenpfeifer	American Golden Plover
Amsel	Blackbird
Anadyr-Knutt	Great Knot
Atlasgrasmücke	Tristram´s Warbler
Auerhuhn	Capercaillie
Austernfischer	Oystercatcher
Aztekenmöwe	Laughing Gull
Azurbischof	Blue Grosbeak
Bacchusreiher	Chinese Pond Heron
Bachstelze	White Wagtail
Bairdstrandläufer	Baird´s Sandpiper
Baltimoretrupial	Northern Oriole
Bartgeier	Lammergeier
Bartkauz	Great Grey Owl
Bartlaubsänger	Radde´s Warbler
Bartmeise	Bearded Tit
Baßtölpel	Northern Gannet
Baumfalke	Hobby
Baumpieper	Tree Pipit
Bekassine	Snipe
Bergbraunelle	Siberian Accentor
Bergente	Scaup
Bergfink	Brambling
Berghänfling	Twite
Bergkalanderlerche	Bimaculated Lark
Berglaubsänger	Bonelli´s Warbler
Bergpieper	Water Pipit
Bergstrandläufer	Western Sandpiper
Beutelmeise	Penduline Tit
Bienenfresser	Bee-Eater
Bindenkreuzschnabel	Two-barred Crossbill
Bindenseeadler	Pallas´s Fish Eagle
Bindenstrandläufer	Stilt Sandpiper
Bindentaucher	Pied-Billed Grebe

Birkenzeisig	Redpoll
Birkhuhn	Black Grouse
Bläßgans	White-fronted Goose
Bläßhuhn	Coot
Blaßspötter	Olivaceous Warbler
Blauelster	Azure-winged Magpie
Blauflügelente	Blue-winged Teal
Blaukehlchen	Bluethroat
Blaumeise	Blue Tit
Blaumerle	Blue Rock Thrush
Blaunachtigall	Siberian Blue Robin
Blauracke	Roller
Blaurücken-Waldsänger	Black-throated Blue Warbler
Blauschwanz	Red-flanked Bluetail
Blauwangenspint	Blue-cheeked Bee-Eater
Bluthänfling	Linnet
Blutspecht	Syrian Woodpecker
Bobolink	Bobolink
Bonapartemöwe	Bonaparte´s Gull
Brachpieper	Tawny Pipit
Brandgans	Shelduck
Brandseeschwalbe	Sandwich Tern
Brauenwaldsänger	Tennessee Warbler
Braunkehlchen	Whinchat
Braunkopfammer	Red-headed Bunting
Braunliest	Smyrna Kingfisher
Braunschnäpper	Brown Flycatcher
Braunsichler	Glossy Ibis
Braunwürger	Brown Shrike
Brillenente	Surf Scoter
Brillengrasmücke	Spectacled Warbler
Brillenstärling	Yellow-headed Blackbird
Bronzesultanshuhn	Allen´s Gallinule
Bruchwasserläufer	Wood Sandpiper
Buchentyrann	Acadian Flycatcher
Buchfink	Chaffinch
Büffelkopfente	Bufflehead
Bulwersturmvogel	Bulwer´s Petrel
Buntfalke	American Kestrel
Buntfuß-Sturmschwalbe	Wilson´s Petrel
Buntspecht	Great Spotted Woodpecker
Buschrohrsänger	Blyth´s Reed Warbler
Buschspötter	Booted Warbler
Carolinasumpfhuhn	Sora
Carolinataube	Mournig Dove
Chukarhuhn	Chukar
Cistensänger	Fan-tailed Warbler
Dachsammer	White-crowned Sparrow
Daurischer Star	Daurian Starling
Diademrotschwanz	Moussier´s Redstart
Diamantfasan	Lady Amherst´s Pheasant

Dickschnabellumme	Brünnich´s Guillemot
Dickschnabelsänger	Thick-billed Warbler
Dickzissel	Dickzissel
Dohle	Jackdaw
Doppelschnepfe	Great Snipe
Dorngrasmücke	Whitethroat
Dreizehenmöwe	Kittiwake
Dreizehenspecht	Three-toed Woodpecker
Drosselrohrsänger	Great Reed Warbler
Drosseluferläufer	Spotted Sandpiper
Dunkelente	Black Duck
Dunkellaubsänger	Dusky Warbler
Dunkler Sturmtaucher	Sooty Shearwater
Dunkler Wasserläufer	Spotted Redshank
Dünnschnabel-Brachvogel	Slender-Billed Curlew
Dünnschnabelmöwe	Slender-billed Gull
Dupontlerche	Dupont´s Lark
Eichelhäher	Jay
Eiderente	Eider
Einfarbdrossel	Tickell´s Thrush
Einfarbstar	Spotless Starling
Einsiedelwasserläufer	Solitary Sandpiper
Einsiedlerdrossel	Heremit Thrush
Eisente	Long-Tailed Duck
Eismöwe	Glaucous Gull
Eissturmvogel	Fulmar
Eistaucher	Great Northern Diver
Eisvogel	Kingfisher
Eleonorenfalke	Eleonora´s Falcon
Elfenbeinmöwe	Ivory Gull
Elster	Magpie
Elsterndohle	Daurian Jackdaw
Erddrossel	White´s Thrush
Erlenzeisig	Siskin
Eskimobrachvogel	Eskimo Curlew
Fahlsegler	Pallid Swift
Fahlstirnschwalbe	Cliff Swallow
Falkenraubmöwe	Long-tailed Skua
Fasan	Pheasant
Feldlerche	Skylark
Feldrohrsänger	Paddyfield Warbler
Feldschwirl	Grasshopper Warbler
Feldsperling	Tree Sparrow
Felsenhuhn	Barbary Partridge
Felsenkleiber	Rock Nuthatch
Felsenschwalbe	Crag Martin
Felsentaube	Rock Dove
Fichtenammer	Pine Bunting
Fichtenkreuzschnabel	Crossbill
Fichtenwaldsänger	Blackburnian Warbler
Fischadler	Osprey

Fischmöwe	Great Black-headed Gull
Fitis	Willow Warbler
Flamingo	Greater Flamingo
Flußregenpfeifer	Little Ringed Plover
Flußseeschwalbe	Common Tern
Flußuferläufer	Common Sandpiper
Forsterseeschwalbe	Forster´s Tern
Fregattensturmschwalbe	White-faced Storm Petrel
Fuchsammer	Fox Sparrow
Gänsegeier	Griffon Vulture
Gänsesäger	Goosander
Gartenbaumläufer	Short-toed Treecreeper
Gartengrasmücke	Garden Warbler
Gartenrotschwanz	Redstart
Gebirgsstelze	Grey Wagtail
Gelbbauch-Saftlecker	Yellow-billed Sapsucker
Gelbbrauen-Laubsänger	Yellow-browed Warbler
Gelbbrauenammer	Yellow-browed Bunting
Gelbbrustpfeifgans	Fulvous Whistling Duck
Gelbkehlvireo	Yellow-throated Vireo
Gelbscheitel-Waldsänger	Chestnut-sided Warbler
Gelbschnabel-Sturmtaucher	Cory´s Shearwater
Gelbschnabelkuckuck	Yellow-billed Cuckoo
Gelbschnabeltaucher	White-billed Diver
Gelbspötter	Icterine Warbler
Gerfalke	Gyrfalcon
Gimpel	Bullfinch
Girlitz	Serin
Gleitaar	Black-shouldered Kite
Gluckente	Baikal Teal
Goldammer	Yellowhammer
Goldfasan	Golden Phaesant
Goldflügel-Waldsänger	Golden-winged Warbler
Goldhähnchen-Laubsänger	Pallas´s Warbler
Goldregenpfeifer	Golden Plover
Goldspecht	Northern Flicker
Goldwaldsänger	Yellow Warbler
Grasammer	Savannah Sparrow
Grasläufer	Buff-breasted Sandpiper
Grauammer	Corn Bunting
Graubrust-Strandläufer	Pectoral Sandpiper
Graubürzel-Singhabicht	Dark Chanting Goshawk
Graubürzel-Wasserläufer	Grey-tailed Tattler
Graufischer	Pied Kingfisher
Graugans	Greylag Goose
Graukopfmöwe	Grey-headed Gull
Grauortolan	Cretzschmar´s Bunting
Graureiher	Grey Heron
Grauschnäpper	Spotted Flycatcher
Grauschulterammer	Pallas´s Reed Bunting
Grauspecht	Grey-headed Woodpecker
Grauwangendrossel	Grey-cheeked Thrush

Großer Brachvogel	Curlew
Großer Gelbschenkel	Greater Yellowlegs
Großer Schlammläufer	Long-billed Dowitcher
Großer Sturmtaucher	Great Shearwater
Großtrappe	Great Bustard
Grünlaubsänger	Greenish Warbler
Grünling	Greenfinch
Grünreiher	Green-backed Heron
Grünschenkel	Greenshank
Grünspecht	Green Woodpecker
Grünwaldsänger	Black-throated Green Warbler
Gryllteiste	Black Guillemont
Gürtelfischer	Belted Kingfischer
Habicht	Goshawk
Habichtsadler	Bonelli´s Eagle
Habichtskauz	Ural Owl
Häherkuckuck	Great Spotted Cuckoo
Hakengimpel	Pine Grosbeak
Halbringschnäpper	Semi-collared Flycatcher
Halsbanddrossel	Varied Thrush
Halsbandfrankolin	Black Francolin
Halsbandschnäpper	Collared Flycatcher
Halsbandsittich	Rose-ringed Parakeet
Halsringente	Ring-necked Duck
Haselhuhn	Hazel Grouse
Haubenlerche	Crested Lark
Haubenmeise	Crested Tit
Haubentaucher	Great Crested Grebe
Hausrotschwanz	Black Redstart
Haussegler	Little Swift
Haussperling	House Sparrow
Heckenbraunelle	Dunnock
Heckensänger	Rufous Bush Robin
Heidelerche	Woodlark
Hemlockwaldsänger	Magnolia Warbler
Heringsmöwe	Lesser Black-backed Gull
Höckerschwan	Mute Swan
Hohltaube	Stock Dove
Hornlerche	Temminck´s Horned Lark
Hudsonschnepfe	Hudsonian Godwit
Indianerbläßhuhn	American Coot
Indigo Bunting	Indigofink
Isabellsteinschmätzer	Isabelline Wheatear
Isabellwürger	Isabelline Shrike
Jungfernkranich	Demoiselle Crane
Junko	Dark-eyed Junco
Kaffernsegler	White-rumped Swift
Kaiseradler	Imperial Eagle
Kalanderlerche	Calandra Lark

Kammbläßhuhn	Crested Coot
Kampfläufer	Ruff
Kanadagans	Canada Goose
Kanadakleiber	Red-breasted Nuthatch
Kanadakranich	Sandhill Crane
Kanadareiher	Great Blue Heron
Kanadawaldsänger	Canada Warbler
Kapohreule	African Marsh Owl
Kappenammer	Black-headed Bunting
Kappensäger	Hooded Merganser
Kapuzenwaldsänger	Hooded Warbler
Karmingimpel	Scarlet Rosefinch
Katzendrossel	Grey Catbird
Keilschwanz-Regenpfeifer	Killdeer
Kernbeißer	Hawfinch
Kiebitz	Lapwing
Kiebitzregenpfeifer	Grey Plover
Kiefernkreuzschnabel	Parrot Crossbill
Klappergrasmücke	Lesser Whitethroat
Kleiber	Nuthatch
Kleiner Gelbschenkel	Lesser Yellowlegs
Kleiner Schlammläufer	Short-billed Dowitcher
Kleiner Sturmtaucher	Little Shearwater
Kleines Sumpfhuhn	Little Crake
Kleinseeschwalbe	Least Tern
Kleinspecht	Lesser Spotted Woodpecker
Kletterwaldsänger	Black-and-white Warbler
Knäkente	Garganey
Knutt	Knot
Kohlmeise	Great Tit
Kolbenente	Red-crested Pochard
Kolkrabe	Raven
Königsseeschwalbe	Royal Tern
Korallenmöwe	Audouin´s Gull
Kormoran	Cormorant
Kornweihe	Hen Harrier
Korsenkleiber	Corsican Nuthatch
Krabbentaucher	Little Auk
Kragenente	Harlequin
Kragentrappe	Houbara Bustard
Krähenscharbe	Shag
Kranich	Crane
Krauskopfpelikan	Dalmatian Pelican
Krickente	Teal
Kronenlaubsänger	Eastern Crowned Warbler
Kronwaldsänger	Yellow-rumped Warbler
Kuckuck	Cuckoo
Kuhreiher	Cattle Egret
Kuhstärling	Brown-headed Cowbird
Kurzfangsperber	Levant Sparrowhawk
Kurzschnabelgans	Pink-footed Goose
Kurzzehenlerche	Short-toed Lark
Küstenreiher	Western Reef Heron

Küstenseeschwalbe	Arctic Tern
Lachmöwe	Black-headed Gull
Lachseeschwalbe	Gull-billed Tern
Langzehen-Strandläufer	Long-toed Stint
Lannerfalke	Lanner
Lapplandmeise	Siberian Tit
Lasurmeise	Azure Tit
Laufhühnchen	Andalusian Hemipode
Lazuli Bunting	Lazulifink
Löffelente	Shoveler
Löffler	Spoonbill
Madeira-Wellenläufer	Madeiran Petrel
Mandarinente	Mandarin
Mandschurendommel	Schrenck´s Little Bittern
Mantelmöwe	Great Black-backed Gull
Mariskensänger	Moustached Warbler
Marmelente	Marbled Duck
Maskenammer	Black-faced Bunting
Maskengrasmücke	Rüppell´s Warbler
Maskentölpel	Masked Booby
Maskenwürger	Masked Shrike
Mauerläufer	Wallcreeper
Mauersegler	Swift
Mäusebussard	Buzzard
Meerstrandläufer	Purple Sandpiper
Mehlschwalbe	House Martin
Meisengimpel	Long-tailed Rosefinch
Meisenwaldsänger	Northern Parula
Merlin	Merlin
Misteldrossel	Mistle Thrush
Mittelmeer-Steinschmätzer	Black-eared Wheatear
Mittelmeer-Sturmtaucher	Mediterranean Shearwater
Mittelsäger	Red-breasted Merganser
Mittelspecht	Middle Spotted Woodpecker
Moabsperling	Dead Sea Sparrow
Mohrenlerche	Black Lark
Mönchsgeier	Black Vulture
Mönchsgrasmücke	Blackcap
Mönchswaldsänger	Wilson´s Warbler
Mongolenregenpfeifer	Lesser Sand Plover
Moorente	Ferruginous Duck
Moorschneehuhn	Willow Grouse
Mornellregenpfeifer	Dotterel
Mugimakischnäpper	Mugimakiflycatcher
Nachtfalke	Comman Nighthawk
Nachtigall	Nightingale
Nachtreiher	Night Heron
Nebelkrähe	Hooded Crow
Neuntöter	Red-backed Shrike
Nilgans	Egyptian Goose

Noddiseeschwalbe	Brown Noddy
Nonnengans	Barnacle Goose
Nonnensteinschmätzer	Pied Wheatear
Nordamerikanische Pfeifente	American Wigeon
Odinshühnchen	Red-necked Phalarope
Ohrengeier	Lappet-faced Vulture
Ohrenlerche	Shore Lark
Ohrenscharbe	Double-crested Cormorant
Ohrentaucher	Slavonian Grebe
Olivenspötter	Olive-tree Warbler
Orientturteltaube	Rufous Turtle Dove
Orpheusgrasmücke	Orphean Warbler
Orpheusspötter	Melodious Warbler
Ortolan	Ortolan Bunting
Palmtaube	Laughing Dove
Papageitaucher	Puffin
Pazifiksegler	Pacific Swift
Pazifischer Goldregenpfeifer	Pacific Golden Plover
Pazifischer Wasserpieper	Buff-bellied Pipit
Petschorapieper	Pechora Pipit
Pfeifente	Wigeon
Pfuhlschnepfe	Bar-tailed Godwit
Pharaonenziegenmelker	Egyptian Nightjar
Phoebe	Eastern Phoebe
Pieperwaldsänger	Ovenbird
Pirol	Golden Oriole
Plüschkopfente	Spectacled Eider
Polarbirkenzeisig	Arctic Redpoll
Polarmöwe	Iceland Gull
Prachteiderente	King Eider
Prachtfregattvogel	Magnificent Frigatebird
Prachttaucher	Black-throated Diver
Präriebussard	Swainsons Hawk
Prärieläufer	Upland Sandpiper
Präriemöwe	Franklin´s Gull
Provencegrasmücke	Dartford Warbler
Purpurgrackel	Common Grackle
Purpurhuhn	Purple Gallinule
Purpurreiher	Purple Heron
Rainammer	Lark Sparrow
Rallenreiher	Squacco Heron
Raubseeschwalbe	Caspian Tern
Raubwürger	Great Grey Shrike
Rauchschwalbe	Swallow
Rauhfußbussard	Rough-legged Buzzard
Rauhfußkauz	Tengmalm´s Owl
Rebhuhn	Grey Partridge
Regenbrachvogel	Whimbrel
Reiherente	Tufted Duck
Rennvogel	Cream-coloured Courser

Riesenrotschwanz	Güldenstadt´s Redstart
Riesenschwirl	Gray´s Grasshopper Warbler
Riesensturmvogel	Giant Petrel
Ringdrossel	Ring Ouzel
Ringelgans	Brent Goose
Ringeltaube	Wood Pigeon
Ringregenpfeifer	Semipalmated Plover
Ringschnabelmöwe	Ring-billed Gull
Rohrammer	Reed Bunting
Rohrdommel	Bittern
Rohrschwirl	Savi´s Warbler
Rohrweihe	Marsh Harrier
Rosapelikan	White Pelican
Rosenbrust-Kernknacker	Rose-breasted Grosbeak
Rosengimpel	Pallas´s Rosefinch
Rosenmöwe	Ross´s Gull
Rosenseeschwalbe	Roseate Tern
Rosenstar	Rose-coloured Starling
Rostflügeldrossel	Dusky Thrush
Rostgans	Ruddy Shelduck
Rotaugenvireo	Red-eyed Vireo
Rotbrust-Brachschwalbe	Oriental Pratincole
Rotdrossel	Redwing
Rötelammer	Chestnut Bunting
Rötelfalke	Lesser Kestrel
Rötelgrundammer	Rufous-sided Towhee
Rötelschwalbe	Red-rumped Swallow
Rotflügel-Brachschwalbe	Collared Pratincole
Rotfußfalke	Red-Footed Falcon
Rotfußtölpel	Red-footed Booby
Rothals-Ziegenmelker	Red-necked Nightjar
Rothalsgans	Red-breasted Goose
Rothalstaucher	Red-necked Grebe
Rothuhn	Red-legged Partridge
Rotkehl-Strandläufer	Red-necked Stint
Rotkehlchen	Robin
Rotkehldrossel	Red-throated Thrush
Rotkehlpieper	Red-throated Pipit
Rotkopfwürger	Woodchat Shrike
Rotmilan	Red Kite
Rotrücken-Spottdrossel	Brown Thrasher
Rotschenkel	Redshank
Rotschnabel-Tropikvogel	Red-billed Tropicbird
Rotschnabelalk	Parakeet Auklet
Rotschwanzdrossel	Naumann´s Thrush
Rotstirngirlitz	Red-fronted Serin
Rubingoldhähnchen	Ruby-crowned Kinglet
Rubinkehlchen	Siberian Rubythroat
Rüppellseeschwalbe	Lesser Crested Tern
Rußseeschwalbe	Sooty Tern
Saatgans	Bean Goose
Saatkrähe	Rook

Säbelschnäbler	Avocet
Saharasteinschmätzer	White-crowned Black Wheatear
Samtente	Velvet Scoter
Samtkopfgrasmücke	Sardinian Warbler
Sanderling	Sanderling
Sandflughuhn	Black-billed Sandgrouse
Sandlerche	Bar-tailed Desert Lark
Sandregenpfeifer	Ringed Plover
Sandstrandläufer	Semipalmated Sandpiper
Sardengrasmücke	Marmora´s Warbler
Savannenadler	Tawny Eagle
Schachwürger	Rufous-backed Shrike
Schafstelze	Yellow Wagtail
Scharlachtangare	Scarlet Tanager
Scheckente	Steller´s Eider
Schelladler	Spotted Eagle
Schellente	Goldeneye
Schieferdrossel	Siberian Thrush
Schieferfalke	Sooty Falcon
Schilfrohrsänger	Sedge Warbler
Schlagschwirl	River Warbler
Schlammtreter	Willet
Schlangenadler	Short-toed Eagle
Schleiereule	Barn Owl
Schlichtvireo	Philadelphia Vireo
Schmarotzerraubmöwe	Arctic Skua
Schmuckreiher	Snowy Egret
Schmuckseeschwalbe	Elegant Tern
Schmutzgeier	Egyptian Vulture
Schnäpperwaldsänger	American Redstart
Schnatterente	Gadwell
Schnee-Eule	Snowy Owl
Schneeammer	Snow Bunting
Schneefink	Snowfinch
Schneegans	Snow Goose
Schopfalk	Crested Auklet
Schornsteinsegler	Chimney Swift
Schottischer Kreuzschnabel	Scottish Crossbill
Schottisches Moorschneehuhn	Red Grouse
Schreiadler	Lesser Spotted Eagle
Schwalbenmöwe	Sabine´s Gull
Schwanzmeise	Long-tailed Tit
Schwarzbrauenalbatros	Black-browed Albatross
Schwarzflügel-Brachschwalbe	Black-Winged Pratincole
Schwarzhalstaucher	Black-necked Grebe
Schwarzkehlbraunelle	Black-throated Accentor
Schwarzkehlchen	Stonechat
Schwarzkehldrossel	Black-throated Thrush
Schwarzkopf-Ruderente	Ruddy Duck
Schwarzkopfmöwe	Mediterranean Gull
Schwarzmilan	Black Kite
Schwarzschnabel-Sturmtaucher	Manx Shearwater
Schwarzschnabelkuckuck	Black-billed Cuckoo

Schwarzspecht	Black Woodpecker
Schwarzstirnwürger	Lesser Grey Shrike
Schwarzstorch	Black Stork
Seeadler	White-tailed Eagle
Seeregenpfeifer	Kentish Plover
Seggenrohrsänger	Aquatic Warbler
Seidenreiher	Little Egret
Seidensänger	Cetti´s Warbler
Seidenschwanz	Waxwing
Sichelente	Falcated Duck
Sichelstrandläufer	Curlew Sandpiper
Silberalk	Ancient Murrelet
Silbermöwe	Herring Gull
Silberreiher	Great White Egret
Singammer	Song Sparrow
Singdrossel	Song Thrush
Singschwan	Whooper Swan
Skua	Great Skua
Sommergoldhähnchen	Firecrest
Sommertangare	Summer Tanager
Spatelente	Barrow´s Goldeneye
Spatelraubmöwe	Pomarine Skua
Sperber	Sparrowhawk
Sperbereule	Hawk Owl
Sperbergrasmücke	Barred Warbler
Sperlingskauz	Pygmy Owl
Spießente	Pintail
Spießflughuhn	Pin-tailed Sandgrouse
Spitzschwanz-Strandläufer	Sharp-tailed Sandpiper
Spornammer	Lapland Bunting
Spornkiebitz	Spur-winged Plover
Spornpieper	Richard´s Pipit
Spottdrossel	Northern Mockingbird
Sprosser	Thrush Nightingale
Stachelschwanzsegler	Needle-tailed Swift
Star	Starling
Steinadler	Golden Eagle
Steinhuhn	Rock Partridge
Steinkauz	Little Owl
Steinrötel	Rock Thrush
Steinschmätzer	Northern Wheatear
Steinsperling	Rock Sparrow
Steinwälzer	Turnstone
Stelzenläufer	Black-winged Stilt
Steppenadler	Steppe Eagle
Steppenflughuhn	Pallas´s Sandgrouse
Steppenkiebitz	Sociable Plover
Steppenpieper	Blyth´s Pipit
Steppenweihe	Pallid Harrier
Sterntaucher	Red-throated Diver
Stieglitz	Goldfinch
Stockente	Mallard
Strandpieper	Rock Pipit

Straßentaube	Feral Pigeon
Streifengans	Bar-headed Goose
Streifenschwirl	Palla´s Grasshopper Warbler
Streifenwaldsänger	Blackpoll Warbler
Strichelschwirl	Lanceolated Warbler
Stummellerche	Lesser Short-toed Lark
Sturmmöwe	Common Gull
Sturmschwalbe	Storm Petrel
Sumpfläufer	Broad-billed Sandpiper
Sumpfmeise	Marsh Tit
Sumpfohreule	Short-eared Owl
Sumpfrohrsänger	Marsh Warbler
Swinhoe-Wellenläufer	Swinhoe´s Petrel
Tafelente	Pochard
Tamariskengrasmücke	Ménétries´s Warbler
Tannenhäher	Nutcracker
Tannenmeise	Coal Tit
Teichhuhn	Moorhen
Teichrohrsänger	Reed Warbler
Teichwasserläufer	Marsh Sandpiper
Temminckstrandläufer	Temminck´s Stint
Terekwasserläufer	Terek Sandpiper
Teufelssturmvogel	Black-capped Petrel
Theklalerche	Thekla Lark
Thorshühnchen	Grey Phalarope
Tigerfink	Avadavat
Tigerwaldsänger	Cape May Warbler
Tordalk	Razorbill
Trauerbachstelze	Pied Wagtail
Trauerente	Common Scoter
Trauermeise	Sombre Tit
Trauerschnäpper	Pied Flycatcher
Trauerseeschwalbe	Black Tern
Trauersteinschmätzer	Black Wheatear
Triel	Stone Curlew
Tropfenflughuhn	Spotted Sandgrouse
Trottellumme	Guillemot
Tüpfelsumpfhuhn	Spotted Crake
Türkenammer	Cinereous Bunting
Türkenkleiber	Krüper´s Nuthatch
Türkentaube	Collared Dove
Turmfalke	Kestrel
Turteltaube	Turtle Dove
Uferschnepfe	Black-tailed Godwit
Uferschwalbe	Sand Martin
Uferwaldsänger	Northern Waterthrush
Uhu	Eagle Owl
Unglückshäher	Siberian Jay
Vallisneriaente	Canvasback
Veilchenente	Lesser Scaup

Wacholderdrossel	Fieldfare
Wacholderlaubsänger	Green Warbler
Wachtel	Quail
Wachtelkönig	Corncrake
Waldammer	Rustic Bunting
Waldbaumläufer	Treecreeper
Walddrossel	Wood Thrush
Waldkauz	Twany Owl
Waldlaubsänger	Wood Warbler
Waldohreule	Long-eared Owl
Waldpieper	Olive-backed Pipit
Waldrapp	Bald Ibis
Waldschnepfe	Woodcock
Waldwasserläufer	Green Sandpiper
Wanderalbatros	Wandering Albatross
Wanderdrossel	American Robin
Wanderfalke	Peregrine
Wanderlaubsänger	Arctic Warbler
Wasseramsel	Dipper
Wasserralle	Water Rai
Weichfeder-Sturmvogel	Soft-plumaged Petrel
Weidenammer	Yellow-breasted Bunting
Weidengelbkehlchen	Common Yellowthroat
Weidenmeise	Willow Tit
Weidensperling	Spanish Sparrow
Weißaugenmöwe	White-eyed Gull
Weißbart-Seeschwalbe	Whiskered Tern
Weißbartgrasmücke	Subalpine Warbler
Weißbauchtölpel	Brown Booby
Weißbrauendrossel	Eye-browed Thrush
Weißbürzel-Strandläufer	White-rumped Sandpiper
Weißflügel-Seeschwalbe	White-winged Tern
Weißflügellerche	White-winged Lark
Weißkehlammer	White-throated Sparrow
Weißkehlsänger	White-Throated Robin
Weißkopf-Ruderente	White-Headed Duck
Weißkopfmöwe	Yellow-legged Gull
Weißrückenspecht	White-backed Woodpecker
Weißschwanzkiebitz	White-tailed Plover
Weißstorch	White Stork
Weißwangenseeschwalbe	White-cheeked Tern
Wellenastrild	Common Waxbill
Wellenläufer	Leach´s Petrel
Wendehals	Wryneck
Wermutregenpfeifer	Caspian Plover
Wespenbussard	Honney Buzzard
Wiedehopf	Hoopoe
Wiesenpieper	Meadow Pipit
Wiesenstrandläufer	Least Sandpiper
Wiesenweihe	Montagu´s Harrier
Wilsondrossel	Veery
Wilsonwassertreter	Wilson´s Phalarope

Wintergoldhähnchen	Goldcrest
Würgfalke	Saker
Wüstenfalke	Barbary Falcon
Wüstengimpel	Trumpeter Finch
Wüstengrasmücke	Desert Warbler
Wüstenläuferlerche	Hoopoe Lark
Wüstenregenpfeifer	Greater Sand Plover
Wüstensteinschmätzer	Desert Wheatear
Zaunammer	Cirl Bunting
Zaunkönig	Wren
Zedernseidenschwanz	Cedar Waxwing
Ziegenmelker	Nightjar
Zilpzalp	Chiffchaff
Zippammer	Rock Bunting
Zitronengirlitz	Citril Finch
Zitronenstelze	Citrine Wagtail
Zügelseeschwalbe	Bridled Tern
Zwergadler	Booted Eagle
Zwergammer	Little Bunting
Zwergbrachvogel	Little Whimbrel
Zwergdommel	Little Bittern
Zwergdrossel	Swainson´s Thrush
Zwergflamingo	Lesser Flamingo
Zwerggans	Lesser White-fronted Goose
Zwergmöwe	Little Gull
Zwergohreule	Scops Owl
Zwergsäger	Smew
Zwergscharbe	Pygmy Cormorant
Zwergschnäpper	Red-breasted Flycatcher
Zwergschnepfe	Jack Snipe
Zwergschwan	Bewick´s Swan
Zwergseeschwalbe	Little Tern
Zwergstrandläufer	Little Stint
Zwergsultanshuhn	American Purple Gallinule
Zwergsumpfhuhn	Baillon´s Crake
Zwergtaucher	Little Grebe
Zwergtrappe	Little Bustard

Index

Die in gewöhnlicher Schrift gedruckten Zahlen weisen auf die Textseite, die fett gedruckten auf die Tafeln und die kursiv gedruckten auf die Verbreitungskarten hin.

Deutsche Namen

Wissenschaftliche Namen

1
2
3
4
5
6
7
8
9
10
11
12
13
14
15